张掖灌区农作物科学施肥理论与实践

毛涛 等 编著

中国农业科学技术出版社

图书在版编目（CIP）数据

张掖灌区农作物科学施肥理论与实践／毛涛等编著 . —北京：中国农业
科学技术出版社，2020. 6
ISBN 978-7-5116-4759-7

Ⅰ. ①张…　Ⅱ. ①毛…　Ⅲ. ①灌区-作物-施肥-张掖　Ⅳ. ①S147. 2

中国版本图书馆 CIP 数据核字（2020）第 082769 号

责任编辑	白姗姗
责任校对	贾海霞

出 版 者	中国农业科学技术出版社
	北京市中关村南大街 12 号　邮编：100081
电　　话	（010）82106638（编辑室）　（010）82109702（发行部）
	（010）82109709（读者服务部）
传　　真	（010）82106650
网　　址	http://www.castp.cn
经 销 者	各地新华书店
印 刷 者	北京建宏印刷有限公司
开　　本	787mm×1 092mm　1/16
印　　张	42
字　　数	1 000 千字
版　　次	2020 年 6 月第 1 版　2020 年 6 月第 1 次印刷
定　　价	198.00 元

《张掖灌区农作物科学施肥理论与实践》
编著名单

主 编 著：毛 涛（张掖市耕地质量建设管理站）

副主编著：赵 蕊（张掖市耕地质量建设管理站）

张 栋（张掖市耕地质量建设管理站）

编写人员：（按姓氏笔画为序）

王勤礼（河西学院）

毛 涛（张掖市耕地质量建设管理站）

付忠卫（张掖市耕地质量建设管理站）

刘宾华（张掖市耕地质量建设管理站）

李文伟（张掖市耕地质量建设管理站）

何振明（山丹县农业技术推广中心）

张 栋（张掖市耕地质量建设管理站）

赵 蕊（张掖市耕地质量建设管理站）

赵 霞（张掖市耕地质量建设管理站）

谢福平（张掖市耕地质量建设管理站）

前　言

　　科学施肥不仅能供给作物营养，提高作物产量，改善作物品质，增加经济效益，还能改良培肥土壤。而盲目超量施肥，导致土壤养分比例失调，增加施肥成本、降低施肥利润和肥料投资效率，乃至影响作物产量和农产品品质。本书从科学施肥的视角，比较系统地阐述了张掖灌区主要农作物科学施肥方法，氮、磷、钾、微肥及复混肥和有机肥科学施肥技术，不同种植区土壤理化性质变化特征，不同种植区粮食作物、经济作物、豆类作物、蔬菜和果树等农作物氮磷钾素平衡补充量和科学施肥方法，使读者在了解作物科学施肥的基本理论后，掌握不同作物科学施肥的要点，从而降低施肥成本，改善作物品质，提高经济效益。

　　参加本书编著的人员及分工为：第一章、第二章、第三章、第四章由毛涛编著，第五章由毛涛和谢福平编著，第六章由张栋编著，第七章由付忠卫编著，第八章由李文伟编著，第九章由赵蕊编著，第十章由张栋和谢福平编著，第十一章由何振明、谢福平、刘宾华和王勤礼编著，第十二章由赵蕊、何振明、付忠卫和谢福平编著，第十三章由赵霞和刘宾华编著，第十四章由李文伟、张栋和王勤礼编著，第十五章由毛涛、赵蕊、张栋、付忠卫、李文伟和赵霞编著。在个人编著的基础上，由毛涛统一统稿。主编著毛涛完成字数15.3万字；副主编著赵蕊完成13.2万字，张栋完成12.4万字；编写人员中，何振明完成12.3万字，付忠卫完成8.6万字，赵霞完成8.7万字，李文伟完成8.5万字，刘宾华完成8.2万字，谢福平完成8.1万字，王勤礼完成4.6万字。

　　本书具有较强的科学性和地方性，适合广大农业科技工作者，也可供农业院校种植类专业使用。本书在编著、修订、出版过程中曾得到了张掖市农业农村局、张掖市各地农业部门领导和专家的支持，河西学院秦嘉海教授提供了部分资料，并对该书进行了审稿把关，在此一并致谢。

　　该书是张掖市耕地质量提升与化肥减量增效综合技术模式集成研究与示范推广项目和张掖市祁连山（黑河流域）山水林田湖生态保护修复工程有机肥替代化肥示范推广奖补项目的共同成果。在编著过程中，参考引用了许多有关书籍和科研论文资料，在此向其作者深表谢意。由于编者水平有限，时间仓促，书中错误、疏漏之处在所难免，敬请各界人士不吝批评指正。

编著者

2020 年 3 月

目　　录

第一篇　理论篇

張掖灌区农作物科学施肥理论与实践

第二篇　实践篇

张掖灌区农作物科学施肥理论与实践

第一篇　理论篇

第一章　张掖灌区作物科学施肥方法

第一节　作物的营养成分及养分的吸收

一、作物营养组成及必需营养元素

（一）作物的营养组成

（1）作物体 H_2O 一般在 75%~95%，干物质一般在 5%~25%。

（2）干物质中无氮浸出物 48%，粗纤维 30%，蛋白质 12%，灰分 6%，脂肪 4%。

（3）作物体灰分的主要成分见表 1-1。

表 1-1　作物体灰分的主要成分

成分	含量（%）	成分	含量（%）
K	42	Ca	5
O	24	Mg	4
Cl	7	S	4
Si	7	Na	1
P	5	微量元素	1

（二）作物的必需营养元素

1. 作物必需营养元素的确定方法

作物必需营养元素的确定方法是在营养液中系统的减去作物灰分中的某一种元素，如果表现出缺素症状，不能完成生活周期，称为必需营养元素。如果减去作物灰分中的某一种元素，作物照常生长发育，称为非必需营养元素。

2. 判断必需营养元素的标准

（1）必要性。这些元素是作物完成生活周期所必不可少的，如果缺少该元素，作物就不能完成周期。

（2）专一性。一种元素的功能其他元素不能代替，缺乏这种元素时，作物会表现出特有的症状，只有补充这种元素后症状才能减轻或消失。

作物缺氮（N）的症状：植株矮小，叶片薄而小，叶色淡绿，乃至黄色。

作物缺磷（P）的症状：叶色呈紫红色，根系发育不良。

作物缺钾（K）的症状：玉米叶缘呈焦枯状，番茄果皮呈绿背病状，黄瓜形如大肚瓜。

作物缺硼（B）的症状：油菜花而不实，小麦穗而不孕，棉花蕾而不花，萝卜褐腐病。

作物缺锌（Zn）的症状：苹果小叶病，玉米白苗花叶病，水稻僵苗病。

（3）直接性。这种元素对作物营养起直接作用，而不是改善土壤理化性质起间接作用。

3. 作物必需营养元素的种类

作物所需的营养元素可由植株体内的养分组成而确定。据测定，一般新鲜植株中含有75%~95%的水分和5%~25%的干物质。干物质含有有机和无机两种物质。干物质燃烧时，有机物在燃烧过程中氧化挥发，余下的部分就是灰分，是无机态氧化物，由几十种元素构成。经生物试验证实，其中有16种元素是植物生长所必需的基本营养元素。在必需的16种基本营养元素中，C、H、O来源于空气和水，作物比较容易获得，而其他营养元素必须由土壤供给。一般根据作物体内各种元素含量的多少分为大中量营养元素和微量营养元素。大中量营养元素一般占干物质重量的0.1%以上，如N、P、K、Ca、Mg、S等；微量营养元素含量一般在0.1%以下，如B、Mn、Cu、Zn、Fe、Mo、Cl等。以上13种营养元素占作物干物质重量的10%以下。

4. 作物必需营养元素的分组

（1）大量元素。大量元素分别是C、H、O、N、P、K。

（2）中量元素。中量元素分别是Ca、Mg、S。

（3）微量元素。微量元素分别是B、Mn、Cu、Zn、Fe、Mo、Cl。

5. 张掖灌区农业土壤必需营养元素的现状

（1）C、H、O由土壤中的H_2O、CO_2、O_2提供，不需要施肥。

（2）N、P、K是作物的三要素，作物需要的多，土壤提供的少，需要施肥补充。

（3）Ca、Mg、S，作物需要的多，河西灌区土壤提供的也多，目前不需要施肥。

（4）B、Mn、Cu、Zn、Fe、Mo，作物需要的少，河西灌区土壤提供的也少，但B、Mn、Cu、Fe目前尚未达到缺乏临界浓度，Zn和Mo已达到缺乏临界浓度。

果树和玉米可以考虑施用锌肥，豆类作物可以考虑施用钼肥。

二、土壤有机养分及土壤养分的消耗

（一）土壤有机养分

土壤中有机养分是指土壤来自动植物的所有有机物质，外观上可分为基本上保持动植物残体原有状态的有机物，被分解而原始残体状态已辨认不出的腐烂物，以及微生物作用下合成的、往往和土壤有机胶体及微生物复合在一起的腐殖质有机胶体三种类型。三种类型是动植物残体分解转化的不同阶段，但其主要成分均是碳水化合物、含氮化合物和类木质素。在自然条件下，树木、草类和其他植物的植被、落叶和根部，每年提供大量的有机残体。另外，农田的大量植物残体仍留在土壤中，这些物质被土壤中的微生物分解转化成各种营养养分，贮藏在土壤中，形成土壤有机质。土壤有机质由于微生物的活动而不断分解，分解的速度要比岩石矿物风化快得多，所以很不稳定。土壤有机质含量的多少，直接影响着土壤养分的供应。

（二）土壤养分的消耗

土壤养分的消耗，主要是指每年作物从土壤吸取的养分、土壤中随下渗水淋失的养分以及在养分转化过程中以气体形式挥发的氮素养分，另外，土表水土流失造成的土壤侵蚀，也引起各种土壤养分损失。土壤中含有大量的微生物，这些微生物种类繁多，时刻在分解土壤有机质，从中获取它们生长繁殖所需的能量和营养物质，同时将那些与有机质结合而植物难以利用的各种潜在养分变成有效养分，供作物生长发育，使土壤中的营养物质总量下降。作物生长发育所需的营养物质，几乎都是从土壤溶液中吸取。降水或灌溉，增加了土壤中水分的含量，能够满足作物对水分和养分的需求。但是土壤中水分的增加，也加速了土壤溶液的扩散，使营养物质从作物根层范围内被淋溶或淋洗到土壤深层，从而导致作物根际有效空间内的养分含量减少。养分淋失的程度与土壤质地密切相关，黏土地中的黏粒对养分离子有较强的吸附保持力，养分淋失相对要少，而沙土吸附力弱，养分很容易随水分淋溶到土壤深层。土壤养分消耗，使作物根际有效空间内养分配比和含量发生很大变化，有的养分不能满足作物对营养的需求，影响作物的正常生长发育。在这种情况，就必须进行人工施肥，补充营养物质，以满足作物的正常生长发育。

三、作物的非必需元素

（一）作物的非必需元素

是指一些元素，对多数作物是不需要的，但对个别作物是必需的，这些元素为非必需元素。

（二）常见的非必需元素

（1）豆科作物——钴。
（2）盐生草、滨藜、甜菜、芹菜——钠。
（3）水稻——硅。
（4）黄芪——硒。

四、作物的根部营养

（一）作物根系吸收养分的形态

作物根系可以吸收离子态、分子态和气态养分。离子态养分是作物吸收的主要形态；其次是少量的分子态；气态养分主要通过扩散作用进入植物体内，也可以由气孔经细胞间隙进入叶内。

（二）作物根系的特性与施肥

1. 作物根系的特性
（1）根系具有趋水肥性。
（2）根毛能够分泌有机酸，促进了难溶性养分的溶解，提高了难溶性养分的利用率。
2. 根据根的特性施肥
（1）种肥要与播种深度相吻合。
（2）基肥应施到根系分布最密的根毛区（耕作层）。
（3）追肥应根据肥料性质、作物生长状况将肥料施到离作物根系不太远的地方。
（4）易挥发的肥料要深施。

（三）作物根系对无机态养分的吸收

1. 土壤养分向根系的迁移过程
土壤养分向根系的迁移过程分为截获、质流和扩散。
（1）截获。
① 作物根系与土粒接触获取养分的方式。
② 实质：接触交换。
③ 数量：约占10%，远小于作物的需要。
④ 截获的离子种类：P、Ca、Mg。
（2）质流。

① 作物蒸腾作用消耗了土壤水分，土体水分向根际移动，从而把土壤溶液中的养分带到根际，供作物吸收。

② 离子种类：N、Ca、Mg。

（3）扩散。

① 作物根系对根际养分吸收后，根际离子浓度下降，养分由土体向根际迁移的过程。

② 离子种类：P、K。

2. 作物根对离子态养分的吸收

作物根对离子态养分的吸收分为被动吸收和主动吸收。

（1）被动吸收。

① 不需要消耗能量，养分由高浓度向低浓度的进入根细胞的自由空间。

② 特点：A. 养分只能进入细胞的自由空间，不能进入原生质膜；B. 吸收速度快；C. 无选择性；D. 不消耗能量。

（2）主动吸收。

① 作物根的细胞利用呼吸作用产生的能量做功，逆浓度的吸收养分的过程。

② 特点：A. 养分能通过细胞质膜，进入细胞内部；B. 持续时间长；C. 有选择性；D. 要消耗能量。

（四）作物根对分子态养分的吸收

1. 吸收范围

（1）分子量小的。

（2）分子结构简单的。

2. 两种假说

（1）脂质假说。能溶于脂的分子易透过细胞膜进入细胞内。

（2）分子筛假说。膜对分子来说像个筛子，分子颗粒小的能透过膜进入细胞内。

五、作物的叶部营养

（一）作物叶部营养的特点

叶部营养具有较高的吸收转化速率，能及时满足作物对养分的需要（叶部营养 5min 后能转运到根、生长点和嫩叶等器官中；土壤施肥后，经 15 天后才能达到相同位置）。

叶部营养直接供给作物营养（如作物开花时喷施硼肥，可以防止"花而不实"）。

　　叶部喷施可以防止养分在土壤中固定（如磷、锌等养分施入土壤时被固定而降低其有效性）。

　　叶部施肥用量少。用量仅相当于土壤施肥量的 1/10~1/5 或更少，可大大减少肥料投资。

　　叶部营养与根部施肥相结合，可以起到相互促进、相互补充的作用。特别是在作物生长中后期，根系吸收能力减弱时，叶面施肥是防止后期脱肥早衰的好办法。

　　叶部营养只是一种辅助性的吸收方式，不能完全代替土壤施肥。对于作物需要量大的营养元素，应通过土壤施肥来供给，只是在作物生长后期根系吸收能力减弱，出现缺素症状，或因遭受自然灾害而需要迅速补给养分等特殊情况时，才应用叶面施肥。

（二）影响作物叶部营养的因素

1. 叶片结构

（1）叶片类型。双子叶角质层薄，浓度要小。

（2）叶的年龄。幼叶>老叶。

（3）叶的正反面。叶背面>叶表面。

2. 肥料种类

（1）氮肥。尿素>硝酸铵。

（2）磷肥。过磷酸钙>重过磷酸钙。

（3）钾肥。硝酸钾>磷酸二氢钾。

3. 湿润时间

0.5~1h。

4. 喷施时间

8—10 时或 16—18 时。

5. 溶液反应

（1）供给阳离子。喷洒液调微碱性（作物细胞原生质在碱性条件下带负电荷）。

（2）供给阴离子。喷洒液调酸性。

6. 溶液浓度

0.1%~2.0%。

六、作物的关键营养时期

（一）作物营养临界期

　　在作物生长发育过程中，常有一个阶段对某种养分需要的绝对数量虽然不多，

张掖灌区农作物科学施肥理论与实践

但要求却很迫切，此时如果不能满足作物对该种养分的需求，作物的生长发育将会受到严重影响，即使后期大量补给含有这种养分的肥料，也难以弥补，这个时期称为作物营养的临界期。

1. 氮的营养临界期

一般作物氮的营养临界期在幼苗期。其中，小麦氮的营养临界期在分蘖初期，玉米氮的营养临界期在出苗23天。

2. 磷的营养临界期

一般作物磷的营养临界期也在幼苗期。其中，大麦磷的营养临界期在出苗后15天，棉花在出苗后10~20天，玉米在出苗后7天，水稻在3叶期，小麦在3叶期，油菜在3~5叶期。

3. 钾的营养临界期

水稻钾的营养临界期在分蘖初期，小麦钾的营养临界期在分蘖初期至幼穗分化期。

（二）作物营养最大效率期（作物营养强度期）

单位时间内作物吸收养分最多的时期，称为作物需肥的强度营养期（一般在作物营养生长的盛期或营养生长与殖生长同时并进的时期）。

（1）小麦拔节期。
（2）油菜抽薹期。
（3）玉米大喇叭口期。
（4）棉花开花期。
（5）甜菜块根膨大期。

第二节 作物营养元素失调症

作物正常生长发育需要吸收各种必需的营养元素，如果缺乏任何一种营养元素，其生理代谢就会发生障碍，使作物不能正常生长发育，使根、茎、叶、花或果实在外形上表现出一定的症状，通常称为缺素症。不同作物缺乏同一种营养元素的外部症状不一定完全相同，同一种作物缺乏不同营养元素的症状也有明显区别，这就为通过识别作物缺素症来诊断作物营养状况提供了可能。如氮、磷、钾、镁、锌等元素，在作物体内具有再利用的特点，当缺乏时，它们可以从下部老叶转移到上部新叶而再度利用，所以缺素症首先从下部老叶上表现出来，而钙、硼、铁、硫等其他元素因在体内没有再利用的特点，缺素症最先在上部新生组织上表现出来。同在老叶上出现症状条件下，如果没有病斑，可能是缺氮或缺磷；如果有病斑，可能是缺钾、缺锌或缺镁。在症状从新叶开始出现的情况下，如很容易出现顶芽枯死，可能是缺硼或缺钙，而缺其他元素时，一般不出现顶芽枯死。

一、作物大中量元素营养失调症

（一）氮营养失调症

缺氮的症状最为常见。一般情况下，作物都需要施用数量不同的氮肥，否则，就会出现不同程度地缺氮症状。从幼苗开始到成熟的整个生育阶段，都可能出现缺氮问题。即使是依靠根瘤菌共生固氮的豆科作物，当生长在肥力瘠薄或生荒地上时，如不施用适量氮肥和接种根瘤菌也会出现缺氮症状。

缺氮对作物地上部和根系的生长、发育都有影响，对地上部的影响比根更为明显。缺氮时，由于蛋白质形成少，细胞小而壁厚，特别是细胞分裂减少，使生长缓慢、植株矮小、瘦弱、直立。同时缺氮引起叶绿素含量降低或不能形成，使叶片绿色转淡，严重时呈淡黄色。失绿的叶片色泽均一，一般不出现斑点或花斑。叶细而直，茎的夹角小。茎的绿色也会因缺氮而褪淡。有些蔬菜包括番茄由于花青甙的积累，叶脉和叶柄上还可出现红色或暗紫色，由于氮化物在作物体内有高度的移动性，能从老叶转移到幼叶再利用。因此缺氮的症状通常从老叶开始，逐渐扩展到上部叶片。下部叶片黄化后提早脱落，使植株上留存叶少。缺氮的作物根系比正常的色白而细长，根量少。某些蔬菜也会出现淡红色，一般情况下不出现坏死。此外，缺氮植株侧芽处于休眠状态或死亡。花和果实数量少而易早衰，籽粒提前成熟，种子小而不充实，显著影响作物的产量和品质。

氮素过多促进植株体内蛋白质和叶绿素的大量形成，使叶面积增大，叶色深绿，叶片披散，相互遮阴，影响通风透光。过量的氮素虽然增强了碳水化合物的合成，但蛋白质的合成会消耗大量碳水化合物，从而影响碳水化合物的累积。由于蛋白质的水合作用，使作物茎秆软弱，抗病、抗倒伏能力差。叶菜类则组织含水量高，不利于贮藏。此外，氮素过量一般使根系发育不良，短而少，并且早衰。

1. 作物缺氮的主要症状

作物缺氮在苗期生长缓慢，植株矮小；叶片薄而小，叶色淡绿乃至黄色；缺氮症状首先在下部老叶出现症状，氮素可以再利用。

2. 氮素过多的为害

作物贪青晚熟，生长期延长；植株柔软，易倒伏；易发生病害（如大麦褐锈病、小麦赤霉病、水稻褐斑病）；降低作物品质（如甜菜块根产糖率下降；纤维作物产量减少，纤维品质降低；作物硝酸盐超标）。

（二）磷营养失调症

作物缺磷的症状在形态表现上没有缺氮那样明显，但在很多方面又类似于缺氮。由于缺磷，使各种代谢过程受到抑制，植株生长迟缓、矮小、瘦弱、直立、分枝少。延迟成熟，谷粒或果实细小。

缺磷植株的叶小、易脱落，色泽一般呈现暗绿或灰绿色，缺乏光泽。这主要是由于细胞发育不良，致使叶绿素密度相对提高，植株体内碳水化合物相对积累，形成较多的花青甙。因此，在许多作物的茎、叶上出现紫红色。当缺磷严重时，叶片枯死、脱落。症状的出现一般都从茎基部老叶开始，逐渐向上部发展。

许多作物对磷素需要的临界期在苗期，缺乏症状在早期就很明显。一般轻度缺乏时不出现症状，只在作物产量和品质上有影响，而在中度缺乏以至严重缺乏时才有明显的症状。

虽然在植株上出现暗紫色是缺磷时一般具有的叶色特征。但值得注意的是有些品种表皮细胞含有紫色色素，而不是由于缺磷。这类情况在玉米上特别明显。另外还有些作物如番茄、向日葵等缺磷和缺氮的症状很难从叶色加以区分。有时缺磷还会出现叶片卷曲、叶缘焦枯等症状。

磷素过多能增强作物的呼吸作用，消耗大量碳水化合物，叶肥厚而密集，繁殖器官过早发育，茎叶生长受到抑制，引起植株早衰。

1. 作物缺磷的症状

细胞分裂受阻，生长停滞；根系发育不良；叶片狭窄，叶色暗绿，严重缺磷呈紫红色；分蘖或分枝少；症状常首先出现在下部老叶上。

2. 磷过量的症状

地上部生长受抑制，地上部与根系生长量比例失调，根系生长量>地上部生长量；叶用蔬菜的纤维素含量增加；烟草的燃烧性差；诱发缺铁、锌、镁等养分。

（三）钾营养失调症

缺钾的主要特征，通常是老叶和叶缘发黄，进而变褐，焦枯似灼烧状。叶片上出现褐色斑点或斑块，但叶中部、叶脉和靠近叶脉处仍保持绿色，随着缺钾程度的加剧，整个叶片变为红棕色或干枯状，坏死脱落。有的蔬菜叶片呈青铜色，向下卷曲，叶表面叶肉组织凸起，叶脉下陷。根系受损害最为明显，短而少，易早衰，严重时腐烂，使蔬菜产生根际倒伏。但不同作物缺钾症状也有特殊性，不同作物缺钾的症状如下。

1. 加工型番茄

在果实膨大期，叶缘黄化，果实蒂部周围的果皮呈"绿背病状"，果实发育不良，果实汁液少。

2. 甜菜

块根膨大期，下部老叶脉间失绿，呈"花斑叶"，叶片尖端和边缘发黄，形成褐色斑点和斑状，有时叶片呈焦枯状，枯萎卷缩。

3. 芹菜

生长中期，老叶叶缘发黄，进而变褐呈"焦枯状"，叶柄短而粗，小叶卷曲不舒展。

4. 黄瓜

在果实膨大期，下部叶片黄化，叶脉呈绿色，老叶边缘出现褐色枯边，叶面有不规则的白斑，果实发育不良，易产生"大肚瓜"。

5. 甜椒

在果实膨大期，下部老叶边缘发黄，叶片呈焦枯状或出现"疮痂症状"。

6. 西葫芦

在坐瓜盛期，下部老叶边缘发黄，形成褐色斑点，叶片呈"焦枯状"。

（四）钙营养失调症

作物缺钙的主要特征是幼叶和茎、根生长点首先出现症状，轻则呈现凋萎，重则生长点坏死。幼叶变形，叶尖往往出现弯钩状，叶片皱缩，边缘向下或向前卷曲，新叶抽出困难，叶尖相互粘连，有时叶缘呈不规则的锯齿状，叶尖和叶缘发黄或焦枯坏死。植株矮小或簇生状，早衰、倒伏。不结实或少结实。

双子叶蔬菜缺钙时，叶缘和脉间发白，叶缘向下卷曲，顶端叶芽基部弯曲，形成缺钙的特殊症状。极度缺钙时，顶芽死亡，老叶增厚，在叶腋上开始生长出侧芽，再生的侧芽同样由于缺钙而死亡。严重缺钙时不仅叶片表现出特殊的症状，同时也会使花和花芽大量脱落。而未脱落的花，其花冠在受粉之前就枯萎，雌蕊则裸露在外面。一般情况下，能看到萼片的死亡组织上有斑点，果实和种子不能发育。

（五）镁营养失调

缺镁在叶片上表现特别明显，首先出现在中下部叶片，然后逐渐向上发展。由于镁是叶绿素中唯一的金属元素，因此缺镁时，叶片通常失绿，开始从叶尖端和叶缘的脉间色泽褪淡，由淡绿变黄再变紫，随后便向叶基部和中央扩展。但叶脉仍保持绿色，在叶片上形成清晰的网状脉纹。严重时叶片枯萎、脱落。缺镁症状一般在作物生长后期出现。

双子叶作物一般对镁较敏感。如油菜从苗期开始，在子叶的反面，首先是边缘呈现出紫红色斑块，逐渐向子叶的中央和基部发展，而后扩展到子叶的正面，随着油菜的生长下部叶片边缘附近脉间失绿，变为浅绿色"晕轮"状斑块。以后随着缺镁程度的加剧，脉间失绿由边缘向中央和基部伸展，失绿部分由淡绿变为黄绿直至紫红色斑块，上、中、下叶片之间失绿层次也非常明显，即淡绿+黄绿+紫色斑块。

（六）硫营养失调症

缺硫的症状类似于缺氮的症状，失绿和黄化比较明显。但这种失绿现象出现的部位不同于缺氮。特别是双子叶作物的缺硫，植株顶部的叶片失绿和黄化较老叶明显，有时出现紫红色斑块。极度缺乏时，也出现棕色斑点。一般症状为植株矮，叶细小，叶片向上卷曲，变硬，易碎，提早脱落。茎生长受阻滞，僵直，开花迟，结果和结荚少。

二、作物微量元素营养失调症

（一）铁营养失调症

铁由于在植株体内不易再利用，又是叶绿素形成不可缺乏的元素，因此，缺铁的症状主要表现为顶端或幼嫩部位失绿，失绿初期叶脉仍保持绿色，随着缺铁的加重，叶片由浅绿色变为灰绿，在某些情况下，叶片出现棕色斑点。严重缺铁时，整个叶片枯黄、发白或脱落，甚至出现整株叶片全部脱落的现象，嫩枝条易于死亡，植株顶枯。

1. 作物缺铁症状

（1）首先表现为迅速生长的幼叶缺绿黄白化。

（2）大豆缺铁。脉间黄化，严重时，整个植株白化。

（3）棉花和马铃薯缺铁。脉间失绿，出现网状叶脉。

（4）玉米缺铁。叶脉间呈现黄色。

（5）番茄缺铁。顶部叶片黄化，呈网状叶脉。

（6）苹果缺铁。顶部新生叶片黄化，叶脉绿色。

2. 作物缺铁及其对缺铁的反应

作物缺铁总是从幼叶开始，典型症状是叶片的叶脉间和细网组织中出现失绿症，叶片上叶脉深绿而脉间黄化，黄绿相间明显；严重缺铁时，叶片出现坏死斑点，并且逐渐枯死。作物的根系形态会出现明显的变化，如根的生长受阻、产生大量根毛等。作物缺铁时根中可能有有机酸积累，其中主要是苹果酸和柠檬酸。

（二）硼营养失调症

作物缺硼主要表现在生长点受到影响，如根尖、茎尖的生长点停止生长。严重时生长点萎缩而死亡，侧芽大量发生，使植株生长畸形。根尖死亡后又长侧根，侧根再次死亡，使根系形成短丛根。缺硼时，繁殖器官受影响最明显，开花结实不正常，花粉畸形，蕾、花和子房易脱落，果实种子不充实。严重时见蕾不见花，或见花不见果，就是有果也是阴荚秕粒多，花期延长。叶片肥厚，粗糙，发皱卷曲，呈现失水似的凋萎，以及出现失绿的紫色斑块，叶柄和茎变粗，厚或开裂，枝扭曲畸形，茎基部肿胀膨大。

1. 作物缺硼的共同特征

茎尖生长点生长受抑制，严重时枯萎，甚至死亡；老叶叶片变厚变脆、畸形，枝条节间短，出现木栓化现象；根的生长发育明显受阻，根短粗兼有褐色；生殖器官发育受阻，结实率低，果实小、畸形，缺硼导致种子和果实减产。

2. 作物缺硼的症状

甜菜腐心病、萝卜褐腐病、花椰菜褐心病、萝卜黑心病。

（三）锰营养失调症

作物缺锰，首先在幼嫩叶片上失绿发黄，但叶脉和叶脉附近保持绿色，脉纹较清晰。严重缺锰时叶面发生黑褐色的细小斑点，并逐渐增多扩大，散布于整个叶片。有些作物的叶片可能发皱卷曲或凋萎，植株瘦小，花的发育不良，根系细弱。锰过剩引起植株中毒的症状，表现为老叶边缘和叶尖出现许多焦枯棕褐色的小斑，并逐渐扩大。但与缺锰不同，不出现失绿现象，如甜菜缺锰黄斑病。

（四）锌营养失调症

由于锌影响生长素的形成，因此缺锌植株矮小，节间短簇，叶片扩展和伸长受到阻滞，出现小叶，叶缘常呈扭曲和褶皱状。中脉附近首先出现脉间失绿，并可能发展成褐斑、组织坏死。一般症状最先表现在新生组织上，如新叶失绿呈灰绿色或黄白色，生长发育推迟，果实小，根系生长差。

作物缺锌症状

（1）作物缺锌时，株型矮小，叶小畸形，叶脉间失绿或黄化。

（2）果树顶端枝条或侧枝节间缩短，成莲座状，新生叶小，并丛生。

（3）苹果缺锌时，易患小叶病。

（五）铜营养失调症

缺铜植株生长瘦弱，新生叶失绿发黄，呈凋萎干枯状，叶尖发白卷曲，叶缘黄灰色，叶片上出现坏死的斑点，分蘖或侧芽多，呈丛生状，繁殖器官的发育受阻。

作物缺铜症状

（1）缺铜一般表现为顶端枯萎，节间缩短，叶尖发白，叶片变窄变薄，扭曲，繁殖器官发育受阻、裂果。

（2）作物的开垦病最早在新开垦地上发现，病株穗部变形，结实率低。

（六）钼营养失调症

作物缺钼所呈现的症状有两种类型。一种是脉间叶色变淡、发黄，类似于缺氮和缺硫的症状，但缺钼时叶片易出现斑点，边缘发生焦枯并向内卷曲，并由于组织失水而萎蔫。一般老叶先出现症状，新叶在相当长时间内仍表现正常。定型的叶片有的尖端有灰色、褐色或坏死斑点，叶柄和叶脉干枯。另一种类型是十字花科作物常见的症状，即叶片表现为瘦长畸形，螺旋状扭曲，老叶变厚、焦枯。钼、磷、硫三元素之间存在着相互影响、相互制约的作用。钼、磷、硫同时缺乏时，农作物表现缺磷和缺硫的症状，而不出现缺钼的现象。当满足磷肥以后，作物吸钼能力加强，则易出现缺钼症状。而施用硫肥以后，也容易出现缺钼现象。

作物缺钼的共同症状

（1）作物矮小。

（2）生长缓慢。

（3）叶片失绿，且有大小不一的黄色和橙黄色斑点。

（4）严重缺钼时叶缘萎蔫，有时叶片扭曲呈杯状，老叶变厚、焦枯，以致死亡。

三、作物缺素症状

（一）作物缺氮症状

作物缺氮时，植株矮小、瘦弱、直立，叶片呈浅绿或黄绿。失绿叶片色泽均一，一般不出现斑点或花斑，叶细而直。缺氮症状从下而上扩展，严重时下部叶片枯黄早落；根量少，细长；侧芽休眠，花和果实量少，种子小而不充实，成熟提早，产量下降。

（二）作物缺磷症状

作物缺磷时，生长缓慢，矮小瘦弱，直立，分枝少，叶小易脱落，色泽一般，呈暗绿色或灰绿色，叶缘及叶柄常出现紫红色。根系发育不良，成熟延迟，产量和品质降低。缺磷症状一般先从茎基部老叶开始，逐渐向上发展。

（三）作物缺钾症状

作物缺钾通常是老叶和叶缘发黄，进而变褐，焦枯似灼烧状。叶片上出现褐色斑点或斑块，但叶中部、叶脉和近叶脉处仍为绿色。随着缺钾程度的加剧，整个叶片变为红棕色或干枯状，坏死脱落。根系短而少，易早衰，严重时腐烂，易倒伏。番茄果实着色不匀，背部常绿色不褪，称为绿背病；黄瓜易产生大肚瓜。

（四）作物缺钙症状

作物缺钙，生长点首先出现症状，轻则呈现凋萎，重则生长点坏死。幼叶变形，叶尖呈弯钩状，叶片皱缩，边缘卷曲。叶尖和叶缘黄化或焦枯坏死。植株矮小或簇生、早衰、倒伏，不结实或少结实。番茄果实出现脐腐病。大白菜缺钙的典型特征是内叶叶间发黄，呈枯焦状，俗称干烧心，又叫心腐病。芹菜部分叶片上发生与病毒相似的黄化现象。

（五）作物缺镁症状

作物缺镁，叶片通常失绿，始于叶尖和叶缘的脉间色泽变淡，由淡绿变黄再变紫，随后向叶基部和中央扩展，但叶脉仍保持绿色，在叶片上形成清晰的网状脉纹。严重时叶片枯萎、脱落。番茄老叶脉间呈黄色，黄瓜老叶脉间失绿。

（六）作物缺硫症状

作物缺硫，全株体色褪淡，呈淡绿或黄绿色，叶脉和叶肉失绿，叶色浅，幼叶较老叶明显。植株矮小，叶细小，向上卷曲，变硬，易碎，提早脱落。茎生长受阻，开花迟，结果或结荚少。番茄老叶的小叶叶尖和叶缘坏死，脉间组织出现紫色小斑点，幼叶僵硬并向后卷曲，最后出现大块不规则坏死斑。黄瓜叶片向后卷曲，呈绿白到淡黄色，叶缘有明显锯齿状。

（七）作物缺微量元素症状

1. 作物缺硼症状

作物缺硼症状表现多样化，顶芽生长受抑制，并逐步枯萎死亡，侧芽萌发，弱枝丛生，根系不发达，叶片增厚变脆，皱缩，叶形变小，茎、叶柄粗短，开裂，木栓化，出现水渍状斑点或环节状突起；肉质根内部出现褐色坏死，开裂；繁殖器官分化发育受阻，易出现蕾而不花或花而不实。番茄整个植株丛生状。芹菜缺硼引起茎裂病，老叶叶柄出现较多裂纹裂口。

2. 作物缺铁症状

缺铁时症状首先出现在顶部幼叶。新叶缺绿黄白化，心（幼）叶常白化，叶脉颜色深于叶肉，色界清晰。双子叶作物形成网纹花叶，单子叶作物形成黄绿相间条纹花叶。番茄脉间焦枯和坏死。黄瓜叶脉绿色，叶肉黄色。茄子从顶端叶片开始黄化。

3. 作物缺锰症状

作物缺锰，首先表现在幼嫩叶片上失绿发黄，但叶脉和叶脉附近保持绿色，脉纹较清晰，严重缺锰时叶面发生黑褐色细小斑点，逐渐增多扩大，散布于整个叶片，并可能坏死穿孔。有些作物的叶片可能发皱卷曲或凋萎，植株瘦小，花发育不良，根细弱。番茄叶片上出现褐色小斑点。

4. 作物缺锌症状

缺锌植株矮小，节间短簇，叶片扩展和伸长受到阻滞，出现小叶，叶缘常扭曲皱缩。中脉附近首先出现脉间失绿，并可能发展成褐斑、组织坏死。一般症状最先表现在新生组织上，如新叶失绿呈灰绿或黄白色，生长发育推迟，果实小，根系生长差。

5. 作物缺铜症状

缺铜植株生长瘦弱，新生叶失绿发黄，呈凋萎干枯状，叶尖发白卷曲，叶缘灰黄色，叶片上出现坏死斑点，分蘖或侧芽多，呈丛生状。繁殖器官发育受阻，种子呈瘪粒。

6. 作物缺钼症状

作物缺钼呈现的症状有两种类型：一种类型为脉间叶色变淡、发黄，叶片易出现斑点，边缘发生焦枯并向内卷曲，并由于组织失水而呈萎蔫。一般老叶先出现症状，新叶在相当长时间内仍表现正常。定型叶片有的尖端有灰色、褐色或坏死斑点，叶柄和叶脉干枯。另一种类型为十字花科蔬菜，叶片瘦长畸形，螺旋状扭曲，老叶变厚、焦枯。

四、作物营养元素过剩症状及中毒症状

(一) 作物营养元素过剩症状

营养元素过剩主要通过破坏细胞原生质，杀伤细胞和抑制对其他必需元素的吸收，伤害作物导致生长呆滞、发僵，严重的甚至死亡。常见症状有叶片黄白化、褐斑、边缘焦干；茎叶畸形，扭曲；根伸长不良，弯曲、变粗或尖端死亡，分枝增加，出现狮尾、鸡爪等畸形根。症状出现的部位因元素移动性不同，一般出现症状的部位是该元素易积累的部位，这点与元素缺乏症正好相反。由于某些元素间具有拮抗作用，所以，不少元素的缺乏症其真正原因往往是某一元素的过剩吸收。较常见的元素过剩（中毒）症状如下。

1. 氮过剩症

氮素过多，作物枝叶生长旺盛，营养生长过旺，茎秆细弱，纤维素、木质素减少，易倒伏，组织柔嫩，抗病虫能力下降，后期贪青晚熟，产量和品质下降。

2. 磷过剩症

作物一般不出现磷过剩症，但大量施磷会使茎叶转为紫色，早衰。磷素过多，

常以缺铁、锌、镁等失绿症表现出来。

3. 钾过剩症

作物一般不会出现过剩症。如大量施用，黄瓜出现两种类型的钾过剩症状，一是叶缘上卷呈凹凸状，另一种是叶片黄化，脉间失绿，而叶脉仍保持绿色。

4. 镁过剩症

作物一般不会出现镁过剩，但会阻碍蔬菜生长。

5. 硫过剩症

蔬菜一般不会出现硫过剩，但通气不良的水田可使根系中毒发黑。

6. 锰过剩症

因作物而有较大差异，但多数表现根褐变，叶片出现褐色斑点，也有叶缘黄白化或呈紫红色、嫩叶上卷等。锰过剩抑制钼的吸收，酸性土壤上蔬菜缺钼有可能是锰过剩引起的。

7. 锌过剩症

多数情况下作物幼嫩叶片表现失绿、黄化茎、叶柄、叶片下表皮出现赤褐色。大豆锌过剩，叶片尤其中肋基部出现紫色，叶片卷缩。

8. 铜过剩症

多数作物叶黄化，根伸长受阻，盘曲不展或形成分歧根、鸡爪根。铜过剩明显抑制铁吸收，有时作物铜过剩以缺铁症出现。

9. 钼过剩症

作物钼过剩在形态上不易表现，茄科蔬菜对钼过量较敏感，番茄、马铃薯钼过量，小枝呈金黄色或红黄色。

10. 硼过剩症

硼在作物体内随蒸腾流移动，水分随蒸腾散失而硼残留，叶片尖端及边缘硼浓集，所以硼过剩主要表现于叶片周缘，大多呈黄色或褐色的镶边，叶片黄化，严重时变褐枯焦，在蔬菜作物上有所谓"金边菜"一说。

11. 钙过剩症

作物一般不出现钙过剩症，但是大量施用石灰则抑制镁、钾和磷的吸收。当pH值高时，锰、硼、铁等的溶解性降低，助长这些元素缺乏症发生。土壤中的镁/钙比高时，作物生长受到阻碍。

12. 铁过剩症

大量施入含铁物质，则增大了磷酸的固定，从而降低了磷的肥效。

13. 氯过剩症

氯过剩时作物易出现烧根、死苗现象。忌氯作物如甘薯、烟草、果树等产品品质下降。

（二）作物营养元素中毒症状

1. 镉中毒症

大豆叶片黄化，叶脉呈棕褐色；菜豆镉过剩，茎弯曲。镉污染食物危及人类健康，人类长期食用含镉作物（或饮用含镉水、食用含镉水产品），易患骨痛病。

2. 砷中毒症

一般作物表现生长停滞，叶片发黄、脱落，根系受害。

3. 汞中毒症

通常表现叶片发黄，植株矮小，分蘖受抑，发育不良，受汞蒸气毒害，叶片、花瓣可能呈棕色或黑色。

4. 铅中毒症

大量使用含有重金属铅的农药、化肥时，会使作物的色素器官遭到严重损害，产生失绿症，严重时作物叶片枯萎，甚至死亡；降低作物根部细胞分裂速度，造成作物生长缓慢。

五、作物营养缺乏的判断

（一）病状发生的部位

营养缺乏的病状可以发生在植株不同的部位，如新梢、老叶、根系，这些都有助于进行诊断。有些病是从老的组织开始，因为这些元素如 N、P、K 可以转移到新的组织中，让新的组织正常生长。但不能转移的元素，缺乏症首先发生在幼叶或生长点，如 Ca、Fe、Mn、Zn、Cu、B。许多元素中毒现象是发生在老叶，尤其在营养液循环中，因植株蒸腾作用而使营养液中如硝酸盐、Cl、Na、K、B 的浓度上升。此外，根系生长不正常，也是营养缺乏或中毒的表现。

（二）病状种类

1. 全株失绿

全株叶子发黄、失绿是缺氮和缺硫的象征。尤其是发生在老叶子上。在土壤栽培中，由于缺氮而植株失绿是常见的现象。Cl、K、Na、P 过度施用，也会产生这种现象。老叶失绿有时是缺镁的症状。

2. 叶脉间失绿

叶脉间黄化是缺 Fe、Mn、Zn、Cu 等的生理病症。pH 值大于 7.50 时 Fe 产生沉淀，也会发生叶脉间失绿的现象。

3. 发紫

植株茎叶发紫是由于花青素积累的结果。使叶色淡绿中带紫色、红色、蓝绿色，这是缺磷的表现。由于干旱和 Al 中毒，植株也会发紫。

4. 局部坏死

像灼伤或出现坏死的叶缘斑点是缺钾的表现。如硝酸盐、铵、氯、钠过多时，则上述病症表现更为明显。硼中毒也会出现叶缘坏死。

5. 矮化

植株矮化是全部营养元素不足的表现。许多作物缺锌时叶子比正常的小，茎的生长比生长点生长慢，顶端形成紧缩的叶丛。缺硼、钙、钾会使生长点枯死。

6. 根生长短缩

根生长受阻、短粗、变褐是营养液太浓、偏酸、缺钙、铝和铜中毒的早期症状。有些作物缺硼也会发生这种现象。根系发育不良是整个系统出现毛病的表现。

（三）病例

1. 缺氮

辣椒缺氮叶片小，浅黄色，下部叶黄化早衰；番茄缺氮叶浅绿，局部紫色，下部叶黄化枯死；黄瓜缺氮新叶小，淡绿色，老叶黄化，早衰，果少，果短，呈淡绿色。

2. 缺磷

辣椒缺磷叶色深绿，叶缘向上向内卷曲，叶小，下部叶早衰；番茄缺磷叶柄、叶背面变紫，连续缺磷，下部叶出现褐色小斑；黄瓜缺磷幼叶小，黑绿色，成熟叶出现褐斑，老叶早衰，连续缺磷，下部叶变褐，叶缘卷曲，早死。

3. 缺钾

辣椒缺钾叶上出现红褐小点，幼叶上小点由尖端开始扩展；番茄缺钾上部叶叶缘黄化，然后褐色，果呈不均匀成熟态；黄瓜缺钾叶缘黄化，叶片下卷，严重缺钾时，伸展叶黄化，缺钾果茎端发育不良，尖端肿胀。

4. 缺钙

辣椒缺钙幼叶叶缘黄化，果上长出浅褐色凹痕，通常发生于果端；番茄缺钙新生叶卷曲，生长点坏死，果端腐烂，叶尖端迅速黄化；黄瓜幼叶叶缘卷曲，伸展着的叶为杯状，严重时生长点坏死。

5. 缺锰

辣椒缺锰幼叶鲜黄绿色，内部区域深棕色，成熟叶中出现分散的小黄斑，以后褐化；番茄缺锰幼叶黄化，黄叶中存在深绿色分布不均一的叶脉网；黄瓜缺锰叶黄绿色，叶脉网为绿色。

6. 缺铜

辣椒缺铜叶小，深绿色，叶缘上卷。番茄幼叶深绿色，后枯萎，严重缺乏时，花芽停止发育；连续缺乏时，下部叶近叶尖处产生白斑，叶发脆。黄瓜缺铜果实难发育，老叶黄化死亡，成熟叶上有斑点，局部叶面的主脉保持绿色。

7. 缺硼

辣椒缺硼成熟叶叶尖黄化，由叶缘逐渐扩展，主脉红褐色，叶易碎；番茄缺硼下部叶尖黄化，叶易碎，连续缺硼叶脉处形成紫褐小斑，严重缺硼生长点坏死；黄瓜缺硼叶极脆，老叶叶缘有大面积奶白色，生长点坏死，连续缺乏，叶缘褐化，叶向上、向下卷曲，果皮纵向出现木栓化条纹。

8. 缺钼

辣椒缺钼叶黄绿色，幼苗叶黄化，这种症状多发生于 pH 值<5.0 的酸性基质中；番茄缺钼叶黄绿色，老叶叶缘浅黄色，pH 值<5.0 时植株易患此症；黄瓜缺钼叶浅绿色，近叶缘处淡黄色，叶脉绿色，下部叶枯死。

9. 缺硫

辣椒缺硫叶呈黄绿色，新叶细窄多斑；番茄缺硫叶呈黄绿色，叶柄不能正常伸长。

10. 缺镁

辣椒缺镁成熟叶黄化，主脉周围存留一些深绿色区域；番茄缺镁中下部叶片黄化，主脉与叶缘保持绿色，严重缺乏时下部叶枯黄并出现紫色；黄瓜缺镁黄化由中下部叶始而扩至整株，除主脉外，叶其他部位黄化。

11. 缺铁

辣椒缺铁幼叶黄化，叶内黄化由叶尖延伸至老叶基部；番茄缺铁顶端幼叶淡黄色，成熟叶色彩斑驳；黄瓜缺铁幼叶小而黄化，而后变白。

第三节　作物科学施肥的环节与方法

一、基肥

（一）概念

作物播种或定植前结合土壤耕作施用的肥料。

（二）作用

给作物整个生育期所需的养分。

（三）施肥量

占施肥量的 1/2 以上。

（四）肥料种类

1. 有机肥

2. 迟效态的化学肥料

（五）主要作物施肥方法

1. 大田作物施肥方法

结合深耕施入土壤、集中施用、多种肥料混合施用。

2. 果树施肥方法

环状沟施肥方法、放射沟施肥法、条沟施肥法、穴施法和全园施肥法。

3. 蔬菜施肥方法

（1）有机肥。用作蔬菜基肥的有机肥主要以腐熟的人粪尿、堆肥、厩肥和优质土杂肥为主。

（2）氮肥。常用的氮肥有硫铵、碳铵、尿素等。氮肥要采取深施的方法，即结合深耕，与有机肥混合，以减少损失。

（3）磷肥。常用的磷肥为过磷酸钙，施用时常将过磷酸钙与有机肥混合，采取条施或穴施等方法集中施肥。

（4）钾肥。钾肥如草木灰，结合深耕施入土壤，提高肥效。

（5）其他肥料的施用。如白菜、萝卜对钙、镁的需求比较敏感，番茄对锌比较敏感，甜菜、芹菜对硼比较敏感等。

二、种肥

（一）概念

种肥是播种（或定植）时施于种子附近或与种子混播的肥料。

（二）目的

满足作物苗期特别是营养临界期对养分的需求。

（三）施肥方法

常采用拌种、浸种、条施、穴施或沾秧根等方法施肥。

三、追肥

（一）概念

追肥是在作物生长期间施用的肥料，其目的是补充作物在生长发育过程中所需的养分。

（二）肥料种类

1. 速效性的化肥

2. 腐熟的有机肥

（三）方法

1. 深施覆土

2. 结合灌水施肥

3. 根外追肥

第四节　作物 CO_2 科学施肥方法

一、作物 CO_2 施用浓度及时间和控制面积

（一）作物 CO_2 施用浓度

1. 黄瓜

CO_2 施用浓度为 2 000mg/kg。

2. 芹菜

CO_2 施用浓度为 1 000~1 200mg/kg。

3. 叶菜类

CO_2 施用浓度为 1 500~2 000mg/kg。

4. 番茄

CO_2 施用浓度为 500~1 000mg/kg。

5. 茄子

CO_2 施用浓度为 1 000～1 500mg/kg。

6. 辣椒

CO_2 施用浓度为 1 000～1 500mg/kg。

（二）CO_2 施用时间及时期和控制面积

1. CO_2 施用时间

（1）11 月至翌年 1 月，9 时。

（2）3—4 月，7 时。

2. CO_2 施用时期

（1）果菜类——开花期。

（2）叶菜类——定植后。

3. CO_2 施用控制面积

以 1 亩[①]为例，施用 CO_2 数量＝总面积÷15（1 个桶控制面积 15m^2）

$$= 666.7m^2 \div 15m^2/桶$$

$$=45（桶）$$

二、作物 CO_2 施肥量计算方法

（一）NH_4HCO_3 用量（g/天）

NH_4HCO_3 用量（g/天）＝温室长度×温室跨度×桶的垂直高度 1.2m（m^3）×施用 CO_2 浓度×0.0036

例如，张掖市甘州区沙井镇古城村日光节能温室长度 75m，跨度 8m，桶的垂直高度为 1.2m，辣椒 CO_2 施用浓度为 1 500mg/kg。

NH_4HCO_3 用量（g/天）＝75m×8m×1.2×1 500×0.0036＝3 888（g/天）

（二）H_2SO_4 用量（g/天）

H_2SO_4 用量（g/天）＝每天所需 NH_4HCO_3 的克数×0.62

$$=3 888×0.62$$

$$=2 410.56（g/天）$$

式中，0.0036 表示 1m^3 温室发生 1mg/kg CO_2 所需 NH_4HCO_3 的克数，0.62 表

---

① 1 亩≈667m^2，1hm^2＝15 亩。全书同

示 1g NH_4HCO_3 与 0.62g H_2SO_4 反应。

第五节　作物科学施肥的几个参数

一、形成 100kg 经济产量作物吸收 N、P_2O_5、K_2O 的量

(一) 粮食作物

(1) 张掖灌区主要粮食作物形成 100kg 经济产量吸收 N 最多的是春小麦和冬小麦，平均为 3.00kg，分别是大麦、玉米、谷子、高粱、马铃薯的 1.11 倍、1.17 倍、1.20 倍、1.15 倍、6.25 倍。

(2) 张掖灌区主要粮食作物形成 100kg 经济产量吸收 P_2O_5 最多的是高粱，平均为 2.30kg，分别是春小麦、冬小麦、大麦、玉米、谷子、马铃薯的 2.30 倍、1.84 倍、2.56 倍、2.67 倍、1.84 倍、10.45 倍。

(3) 张掖灌区主要粮食作物形成 100kg 经济产量吸收 K_2O 最多的是高粱，平均为 3.00kg，分别是春小麦、冬小麦、大麦、玉米、谷子、马铃薯的 1.20 倍、1.20 倍、1.40 倍、1.71 倍、3.00 倍，见表 1-2。

表 1-2　张掖灌区主要粮食作物形成 100kg 经济产量吸收氮磷钾的量

编号	作物	收获物	N (kg)	P_2O_5 (kg)	K_2O (kg)
001	春小麦	籽粒	3.00	1.00	2.50
002	冬小麦	籽粒	3.00	1.25	2.50
003	大麦	籽粒	2.70	0.90	2.20
004	玉米	籽粒	2.57	0.86	2.14
005	谷子	籽粒	2.50	1.25	1.75
006	高粱	籽粒	2.60	2.30	3.00
007	马铃薯	块茎	0.48	0.22	1.00

(二) 经济作物

(1) 张掖灌区主要经济作物形成 100kg 经济产量吸收 N 最多的是油菜，平均为 5.80kg，分别是棉花和甜菜的 1.16 倍和 14.50 倍。

(2) 张掖灌区主要经济作物形成 100kg 经济产量吸收 P_2O_5 最多的是油菜，平均为 2.50kg，分别是棉花和甜菜的 1.39 倍和 16.67 倍。

(3) 张掖灌区主要经济作物形成 100kg 经济产量吸收 K_2O 最多的是油菜，平

均为 4.30kg，分别是棉花和甜菜 1.08 倍和 7.17 倍，见表 1-3。

表 1-3 张掖灌区主要经济作物形成 100kg 经济产量吸收氮磷钾的量

编号	作物	收获物	N（kg）	P_2O_5（kg）	K_2O（kg）
001	棉花	籽棉	5.00	1.80	4.00
002	油菜	菜籽	5.80	2.50	4.30
003	甜菜	块根	0.40	0.15	0.60

（三）豆类作物

（1）张掖灌区主要豆类作物形成 100kg 经济产量吸收 N 最多的是绿豆，平均为 9.68kg，分别是大豆、蚕豆、豌豆、架豆、芸豆、豇豆的 1.34 倍、1.50 倍、3.23 倍、11.80 倍、2.85 倍、2.36 倍。

（2）张掖灌区主要豆类作物形成 100kg 经济产量吸收 P_2O_5 最多的是豇豆，平均为 2.70kg，分别是大豆、蚕豆、豌豆、绿豆、架豆、芸豆的 1.50 倍、1.35 倍、3.14 倍、2.90 倍、11.74 倍、1.17 倍。

（3）张掖灌区主要豆类作物形成 100kg 经济产量吸收 K_2O 最多的是芸豆，平均为 6.00kg，分别是大豆、蚕豆、豌豆、绿豆、架豆、豇豆的 1.50 倍、1.20 倍、2.26 倍、1.90 倍、8.82 倍、1.58 倍，见表 1-4。

表 1-4 张掖灌区主要豆类作物形成 100kg 经济产量吸收氮磷钾的量

编号	作物	收获物	N（kg）	P_2O_5（kg）	K_2O（kg）
001	大豆	豆粒	7.20	1.80	4.00
002	蚕豆	豆粒	6.44	2.00	5.00
003	豌豆	豆粒	3.00	0.86	2.66
004	绿豆	豆粒	9.68	0.93	3.15
005	架豆	豆荚	0.82	0.23	0.68
006	芸豆	豆荚	3.40	2.30	6.00
007	豇豆	豆荚	4.10	2.70	3.80

（四）葫芦科瓜菜

（1）张掖灌区主要葫芦科瓜菜形成 100kg 经济产量吸收 N 最多的是南瓜，平均为 4.80kg，分别是黄瓜、西瓜、甜瓜、白兰瓜、西葫芦、冬瓜的 12.00 倍、19.20 倍、6.00 倍、4.80 倍、13.71 倍、1.71 倍。

（2）张掖灌区主要葫芦科瓜菜形成 100kg 经济产量吸收 P_2O_5 最多的是南瓜，平均为 2.20kg，分别是黄瓜、西瓜、甜瓜、白兰瓜、西葫芦、冬瓜的 6.29 倍、24.44 倍、6.29 倍、5.50 倍、24.44 倍、1.83 倍。

（3）张掖灌区主要葫芦科瓜菜形成 100kg 经济产量吸收 K_2O 最多的是南瓜，平均为 5.80kg，分别是黄瓜、西瓜、甜瓜、白兰瓜、西葫芦、冬瓜的 10.55 倍、19.33 倍、11.60 倍、10.55 倍、13.81 倍、1.93 倍，见表 1-5。

表 1-5 张掖灌区主要葫芦科瓜菜形成 100kg 经济产量吸收氮磷钾的量

编号	作物	收获物	N（kg）	P_2O_5（kg）	K_2O（kg）
001	黄瓜	果实	0.40	0.35	0.55
002	西瓜	果实	0.25	0.09	0.30
003	甜瓜	果实	0.80	0.35	0.50
004	白兰瓜	果实	1.00	0.40	0.55
005	西葫芦	果实	0.35	0.09	0.42
006	冬瓜	果实	2.80	1.20	3.00
007	南瓜	果实	4.80	2.20	5.80

（五）茄科果菜

（1）张掖灌区主要茄科果菜形成 100kg 经济产量吸收 N 最多的是辣椒，平均为 0.58kg，分别是茄子、番茄、人参果的 1.93 倍、1.29 倍、1.45 倍。

（2）张掖灌区主要茄科果菜形成 100kg 经济产量吸收 P_2O_5 最多的是番茄，平均为 0.50kg，分别是茄子、辣椒、人参果的 5.00 倍、4.55 倍、2.00 倍。

（3）张掖灌区主要茄科果菜形成 100kg 经济产量吸收 K_2O 最多的是辣椒，平均为 0.74kg，分别是茄子、番茄、人参果的 1.85 倍、1.48 倍、2.47 倍，见表 1-6。

表 1-6 张掖灌区主要茄科果菜形成 100kg 经济产量吸收氮磷钾的量

编号	作物	收获物	N（kg）	P_2O_5（kg）	K_2O（kg）
001	茄子	果实	0.30	0.10	0.40
002	辣椒	果实	0.58	0.11	0.74
003	番茄	果实	0.45	0.50	0.50
004	人参果	果实	0.40	0.25	0.30

（六）十字花科蔬菜

（1）张掖灌区主要十字花科蔬菜形成100kg经济产量吸收N最多的是茴香，平均为3.80kg，分别是大白菜、结球甘蓝、花椰菜、西蓝花、油白菜、莴苣的10.56倍、7.60倍、9.27倍、8.44倍、1.36倍、1.81倍。

（2）张掖灌区主要十字花科蔬菜形成100kg经济产量吸收P_2O_5最多的是茴香，平均为1.10kg，分别是大白菜、结球甘蓝、花椰菜、西蓝花、油白菜、莴苣的5.50倍、6.11倍、7.33倍、5.50倍、3.67倍、1.57倍。

（3）张掖灌区主要十字花科蔬菜形成100kg经济产量吸收K_2O最多的是莴苣，平均为3.20kg，分别是大白菜、结球甘蓝、花椰菜、西蓝花、油白菜、茴香的5.16倍、9.14倍、8.42倍、8.00倍、1.52倍、1.39倍，见表1-7。

表1-7 张掖灌区主要十字花科蔬菜形成100kg经济产量吸收氮磷钾的量

编号	作物	收获物	N（kg）	P_2O_5（kg）	K_2O（kg）
001	大白菜	全株	0.36	0.20	0.62
002	结球甘蓝	果实	0.50	0.18	0.35
003	花椰菜	果实	0.41	0.15	0.38
004	西蓝花	果实	0.45	0.20	0.40
005	油白菜	全株	2.80	0.30	2.10
006	茴香	全株	3.80	1.10	2.30
007	莴苣	全株	2.10	0.70	3.20

（七）其他蔬菜

（1）张掖灌区其他蔬菜形成100kg经济产量吸收N最多的是红萝卜，平均为0.60kg，分别是大葱、大蒜、胡萝卜、洋葱、芹菜、菠菜的2.00倍、1.20倍、1.40倍、2.22倍、3.75倍、1.67倍。

（2）张掖灌区其他蔬菜形成100kg经济产量吸收P_2O_5最多的是红萝卜，平均为0.21kg，分别是大葱、大蒜、胡萝卜、洋葱、芹菜、菠菜的1.75倍、1.62倍、1.24倍、1.75倍、2.63倍、1.17倍。

（3）张掖灌区其他蔬菜形成100kg经济产量吸收K_2O最多的是菠菜，平均为0.52kg，分别是大葱、红萝卜、大蒜、胡萝卜、洋葱、芹菜的3.47倍、1.11倍、2.08倍、1.49倍、2.26倍、1.24倍，见表1-8。

表1-8　张掖灌区其他蔬菜形成100kg经济产量吸收氮磷钾的量

编号	作物	收获物	N（kg）	P₂O₅（kg）	K₂O（kg）
001	大葱	全株	0.30	0.12	0.15
002	大蒜	鲜蒜	0.50	0.13	0.47
003	红萝卜	块根	0.60	0.21	0.25
004	胡萝卜	块根	0.43	0.17	0.35
005	洋葱	葱头	0.27	0.12	0.23
006	芹菜	全株	0.16	0.08	0.42
007	菠菜	全株	0.36	0.18	0.52

（八）果树

（1）张掖灌区主要果树形成100kg经济产量吸收N最多的是红枣，平均为1.49kg，分别是桃、梨、杏、苹果、葡萄的3.10倍、3.17倍、2.98倍、4.97倍、2.48倍。

（2）张掖灌区主要果树形成100kg经济产量吸收P_2O_5最多的是红枣，平均为1.00kg，分别是桃、梨、杏、苹果、葡萄的5.00倍、4.35倍、5.56倍、12.50倍、3.33倍。

（3）张掖灌区主要果树形成100kg经济产量吸收K_2O最多的是红枣，平均为1.30kg，分别是桃、梨、杏、苹果、葡萄的1.71倍、2.71倍、2.00倍、4.06倍、1.81倍，见表1-9。

表1-9　张掖灌区主要果树形成100kg经济产量吸收氮磷钾的量

编号	作物	收获物	N（kg）	P₂O₅（kg）	K₂O（kg）
001	桃	果实	0.48	0.20	0.76
002	梨	果实	0.47	0.23	0.48
003	杏	果实	0.50	0.18	0.65
004	苹果	果实	0.30	0.08	0.32
005	葡萄	果实	0.60	0.30	0.72
006	红枣	鲜果	1.49	1.00	1.30

二、土壤供肥量计算方法

（一）依据当地不施肥产量计算土壤供肥量

土壤供肥量=不施肥产量×形成 100kg 经济产量作物吸收氮磷钾的量/100kg

例如，不施肥苹果产量为 45 000kg/hm²，形成 100kg 果实吸收的 N 为 0.30kg，则土壤的供氧量计算如下。

土壤的供氮量=45 000kg/hm²×0.30kg/100kg=135kg/hm²

（二）依据耕作层土壤速效养分测定值计算土壤供肥量

土壤供肥量=耕作层土壤速效 N、P_2O_5、K_2O 测定值×2.25×土壤养分利用系数

（1）2.25——土壤耕作层养分测定值换算每公顷土壤养分含量系数（1/1 000 000×每公顷土壤耕作层土壤重量 2 250 000kg）。

（2）张掖灌区土壤氮素利用系数为 0.50。

（3）张掖灌区土壤磷素利用系数为 0.20。

（4）张掖灌区土壤钾素利用系数为 0.50。

例如，测得张掖市甘州区新墩镇南华村灌漠土耕作层碱解 N 为 86.35mg/kg，有效 P_2O_5 为 24.43mg/kg，速效 K_2O 为 165.38mg/kg，土壤氮磷钾供肥如下。

① 土壤供氮量
=86.35×2.25×0.50
=97.14kg/hm²

② 土壤供磷量
=24.43×2.25×0.20
=10.99kg/hm²

③ 土壤供钾量
=165.38×2.25×0.50
=186.05kg/hm²

三、不同种类化肥有效成分

1. 大量中量元素化肥有效成分（表 1-10）

表 1-10 张掖灌区化肥大量中量元素有效成分

化肥名称	N（%）	P_2O_5（%）	K_2O（%）	Ca（%）	Mg（%）	S（%）
碳酸氢铵	17					
硫酸铵	20~21					

（续表）

化肥名称	N（%）	P$_2$O$_5$（%）	K$_2$O（%）	Ca（%）	Mg（%）	S（%）
氯化铵	25					
液铵	82					
硝酸铵	33~34					
硝酸钙	11.90			17		
尿素	46					
石灰氮	20~21					
过磷酸钙		14~20				
重过磷酸钙		36~52				
磷酸一氢铵	21	53.7				
钙镁磷肥		14~19			24	
钢渣磷肥		8~14				
氯化钾			50~60			
硫酸钾			48~52			
硝酸钾	13.9		38.7			
窑灰钾肥			17~20			
草木灰			5~10			
钾盐			30~40			
钾镁盐			33			
氨化过磷酸钙	2~3	13~15				
氯化钙				36		
硝酸磷肥		12~20				
磷酸二氢钾		50	30			
磷酸二氢铵	18	46				
硫磷铵	16	20				
偏磷酸铵	15~19	70~75				
钙镁磷钾肥		12~16	1~2.5			
偏磷酸钾		54~59	39~39			
氮钾复合肥	14		16			
铵磷钾	10~12	20~30	10~15			
硝磷钾	10	10	10			
尿素钾磷肥	28	14	14			

（续表）

化肥名称	N（%）	P_2O_5（%）	K_2O（%）	Ca（%）	Mg（%）	S（%）
硫酸镁					9.86	
氯化镁					25.6	
硝酸镁					16.4	
磷酸铵镁					14	
钾镁肥					8.1	
氧化镁					55	
白云石粉					13	
硫酸钙				23.8		18.6
熟石膏						10
磷石膏						11.9
硫硝酸铵						12.1
绿矾						11.5
硫黄						95

2. 微量元素化肥有效成分（表1-11）

表1-11　张掖灌区微量元素化肥有效成分

化肥名称	B（%）	Mn（%）	Cu（%）	Zn（%）	Fe（%）	Mo（%）
硼砂	11					
硼酸	11.7					
硼泥	0.5~2					
硼镁肥	1.5					
含硼过磷酸钙	0.6					
钼酸铵						50~54
钼酸钠						35~39
钼渣						5~10
含钼玻璃肥料						2~3
硫酸锌				23~24		
氯化锌				40~48		
氧化锌				70~80		
硫酸锰		26~28				
氯化锰		27				

（续表）

化肥名称	B（%）	Mn（%）	Cu（%）	Zn（%）	Fe（%）	Mo（%）
锰矿泥		6~22				
炼铁炉渣					1~6	
硫酸亚铁					19~20	
三氯化铁					20.6	
螯合铁					14.3	
硫酸亚铵					14	
硫酸铜			25.4			
氯化铜			37.3			
含铜矿渣			0.3~1			

四、不同种类有机肥及有机物料有效成分

1. 张掖灌区各类废渣的有效成分（表1-12）

表1-12 张掖灌区各类废渣的有效成分

编号	种类	有机物质（%）	N（%）	P_2O_5（%）	K_2O（%）
001	沼气渣	30.42	1.02	0.25	1.11
002	糠醛渣	26.20	0.73	0.14	0.38
003	蘑菇渣	34.80	0.96	0.21	0.42
004	锯末渣	85.20	0.24	0.10	0.14
005	河泥	5.28	0.20	0.36	1.82
	平均	36.38	0.62	0.21	0.77

2. 张掖灌区各类家畜肥料的有效成分（表1-13）

表1-13 张掖灌区各类家畜肥料的有效成分

编号	种类	有机物质（%）	N（%）	P_2O_5（%）	K_2O（%）
001	猪粪	15.0	0.60	0.40	0.44
002	马粪	21.0	0.58	0.30	0.24

（续表）

编号	种类	有机物质（%）	N（%）	P_2O_5（%）	K_2O（%）
003	牛粪	14.5	0.32	0.25	0.16
004	羊粪	31.4	0.65	0.47	0.23
005	鸡粪	23.77	1.03	0.41	0.72
	平均	21.13	0.64	0.37	0.36

3. 张掖灌区各类饼肥的有效成分（表1-14）

表1-14　张掖灌区各类饼肥的有效成分

编号	种类	有机物质（%）	N（%）	P_2O_5（%）	K_2O（%）
001	大豆饼	67.70	6.68	0.44	1.19
002	油菜籽饼	73.80	5.25	0.80	1.04
003	葵花籽饼	92.40	4.76	0.43	1.32
004	棉籽饼	83.60	4.29	0.54	0.76
005	胡麻籽饼	92.50	5.60	0.76	1.10
	平均	82.00	5.32	0.59	1.08

4. 各类作物秸秆的有效成分（表1-15）

表1-15　张掖灌区各类作物秸秆的有效成分

编号	种类	有机物质（%）	N（%）	P_2O_5（%）	K_2O（%）
001	小麦秸秆	83.12	0.65	0.08	1.12
002	玉米秸秆	87.10	0.95	0.15	1.18
003	蚕豆秸秆	78.80	2.45	0.24	1.71
004	豌豆秸秆	57.30	2.57	0.21	1.08
005	大麦秸秆	92.50	0.56	0.09	1.37
006	油菜秸秆	85.21	0.87	0.14	1.94
007	葵花秸秆	92.04	0.82	0.11	1.77
008	马铃薯茎	80.20	2.65	0.27	3.96
009	棉籽壳	62.10	2.20	0.21	0.17
010	苜蓿秸秆	65.23	3.23	0.81	2.38

（续表）

编号	种类	有机物质（%）	N（%）	P_2O_5（%）	K_2O（%）
011	毛苕子秸秆	42.80	2.35	0.48	2.26
012	苦豆子秸秆	75.12	0.47	0.13	0.42
013	蒿秆	79.03	0.48	0.06	1.05
014	田间杂草	69.34	0.45	0.04	0.96
015	三叶草	54.23	2.98	0.31	1.87
016	茄子秸秆	65.10	0.63	0.11	1.21
017	紫云英秸秆	65.23	2.76	0.66	1.91
018	绿豆秸秆	70.04	2.71	0.31	0.82
019	草木樨秸秆	69.45	2.82	0.92	2.40
	平均	72.31	1.72	0.28	1.56

五、有机肥提供的养分量

（一）计算公式

有机肥提供的养分量＝有机肥施肥量×有机肥有效成分×有机肥利用率

（二）计算方法

例如，张掖市临泽县沙河镇农户番茄种植前施用发酵牛粪 30 000kg/hm²，牛粪含 N 为 0.35%，含 P_2O_5 为 0.25%，含 K_2O 为 0.16%，利用率为 15%，能提供多少 N、P_2O_5 和 K_2O，计算方法如下。

1. 提供的 N

＝30 000kg/hm²×0.35%×15%

＝15.75kg/hm²

2. 提供的 P_2O_5

＝30 000kg/hm²×0.25%×15%

＝11.25kg/hm²

3. 提供的 K_2O

＝30 000kg/hm²×0.16%×15%

＝7.20kg/hm²

六、不同种类肥料利用率

在目前的栽培水平下，张掖灌区氮、磷、钾和有机肥利用率如下。

（1）氮肥利用率为 40%～50%。

（2）磷肥利用率为 15%～20%。

（3）钾肥利用率为 40%～60%。

（4）有机肥利用率 10%～15%。

第六节 科学施肥量计算方法

一、化肥科学施肥量计算方法

（一）依据土壤测定值计算化肥施肥量

例如，张掖市甘州区明永乡燎原村四社制种玉米田 $0\sim20cm$ 耕作层碱解氮 39.54mg/kg，有效磷 15.16mg/kg，速效钾为 142.35mg/kg，2020 年计划制种玉米产量为 6 750kg/hm²，生产 100kg 玉米籽粒从土壤中吸收 N 2.57kg、P_2O_5 0.86kg、K_2O 2.14kg，还需要施用尿素（含 N 46%，利用率 50%）、磷酸二铵（含 N 18%，含 P_2O_5 46%，利用率 20%）、硫酸钾（含 K_2O 50%，利用率 50%）多少千克，具体计算方法如下。

1. 总需 N、P_2O_5 和 K_2O 量

（1）总需 N、P_2O_5 和 K_2O 计算公式

＝计划产量×形成 100kg 经济产量作物吸收氮磷钾的量/100kg

（2）总需 N 量

＝6 750kg/hm²×2.57kg/100kg

＝173.48kg/hm²

（3）总需 P_2O_5 量

＝6 750kg/hm²×0.86kg/100kg

＝58.05kg/hm²

（4）总需 K_2O 量

＝6 750kg/hm²×2.14kg/100kg

＝144.45kg/hm²

2. 土壤提供 N、P_2O_5 和 K_2O 量

（1）土壤供肥量

＝耕作层土壤速效 N、P_2O_5、K_2O 测定值×2.25×土壤养分利用系数

（2）土壤供 N 量

＝39.54mg/kg×2.25×0.50

＝44.48kg/hm²

（3）土壤供 P$_2$O$_5$ 量

＝15.16mg/kg×2.25×0.20

＝6.82kg/hm²

（4）土壤供 K$_2$O 量

＝142.35mg/kg×2.25×0.50

＝160.14kg/hm²

3. 需补充的 N、P$_2$O$_5$、K$_2$O

（1）补充的 N

＝总需 N 量 173.48kg/hm²－土壤供 N 量 44.48kg/hm²

＝129.00kg/hm²

（2）补充的 P$_2$O$_5$

＝总需 P$_2$O$_5$ 量 58.05kg/hm²－土壤供 P$_2$O$_5$ 量 6.82kg/hm²

＝51.23kg/hm²

（3）补充的 K$_2$O

＝总需 K$_2$O 量 144.45kg/hm²－土壤供 K$_2$O 量 160.14kg/hm²

＝－15.69kg/hm²

4. 化肥科学施肥量

（1）磷酸二铵施肥量

＝补充的 P$_2$O$_5$ 51.23kg/hm²÷（46%×20%）

＝556.85kg/hm²

（2）磷酸二铵提供的 N

＝556.85kg/hm²×18%

＝100.23kg/hm²

（3）尿素施肥量

＝（129.00kg/hm²－100.23kg/hm²）÷（46%×50%）

＝125.09kg/hm²

5. 科学施肥方案

（1）施用尿素 125.09kg/hm²。

（2）施用磷酸二铵 556.85kg/hm²。

（3）不需要施用钾肥。

张掖灌区农作物科学施肥理论与实践

（二）依据不施肥产量计算化肥施肥量

例如，张掖市民乐县六坝镇六坝村五社 2020 年计划马铃薯产量为 39 000kg/hm²，生产 100kg 块茎从土壤中吸收 N 0.48kg、P_2O_5 0.22kg、K_2O 1.00kg，经田间试验不施肥马铃薯产量为 22 250kg/hm²，还需要施用尿素（含 N 46%，利用率 50%）、磷酸二铵（含 N 18%、P_2O_5 46%，利用率 20%）、硫酸钾（含 K_2O 50%，利用率 50%）多少千克，具体计算方法如下。

1. 总需 N、P_2O_5 和 K_2O 量

（1）总需 N、P_2O_5 和 K_2O 计算公式

=计划产量×形成 100kg 经济产量作物吸收氮磷钾的量/100kg

（2）总需 N 量

=39 000kg/hm²×0.48kg/100kg

=187.20kg/hm²

（3）总需 P_2O_5 量

=39 000kg/hm²×0.22kg/100kg

=85.80kg/hm²

（4）总需 K_2O 量

=39 000kg/hm²×1.00kg/100kg

=390.00kg/hm²

2. 土壤提供 N、P_2O_5 和 K_2O 量

（1）土壤供肥量

=不施肥马铃薯产量×形成 100kg 经济产量作物吸收氮磷钾的量/100kg

（2）土壤供 N 量

=22 250kg/hm²×0.48kg/100kg

=106.80kg/hm²

（3）土壤供 P_2O_5 量

=22 250kg/hm²×0.22kg/100kg

=48.95kg/hm²

（4）土壤供 K_2O 量

=22 250kg/hm²×1.00kg/100kg

=222.50kg/hm²

3. 需补充的 N、P_2O_5、K_2O

（1）补充的 N

=总需 N 量 187.20kg/hm²−土壤供 N 量 106.80kg/hm²

= 80. 40kg/hm²

（2）补充的 P_2O_5

=总需 P_2O_5 量 85.80kg/hm² - 土壤供 P_2O_5 量 48.95kg/hm²

= 36.85kg/hm²

（3）补充的 K_2O

=总需 K_2O 量 390.00kg/hm² - 土壤供 K_2O 量 222.50kg/hm²

= 167.50kg/hm²

4. 化肥科学施肥量

（1）磷酸二铵施肥量

=补充的 P_2O_5 36.85kg/hm² ÷（46%×20%）

= 400.54kg/hm²

（2）磷酸二铵提供的 N

= 400.54kg/hm²×18%

= 72.10kg/hm²

（3）尿素施肥量

=（80.40kg/hm² - 72.10kg/hm²）÷（46%×50%）

= 36.09kg/hm²

（4）硫酸钾施肥量

= 167.50kg/hm² ÷（50%×50%）

= 670.00kg/hm²

5. 科学施肥方案

（1）施用尿素 36.09kg/hm²。
（2）施用磷酸二铵 400.54kg/hm²。
（3）施用硫酸钾 670.00kg/hm²。

（三）依据有机肥施肥量计算化肥施肥量

例如，张掖市临泽县鸭暖乡昭武村四社 2020 年计划温室黄瓜产量为 97 500kg/hm²，定植黄瓜前施用发酵羊粪 60 000 kg/hm²（含 N 0.65%，P_2O_5 0.47%，K_2O 0.23%，利用率为 15%），生产 100kg 黄瓜从土壤中吸收 N 0.40kg，P_2O_5 0.35kg，K_2O 0.55kg，测得温室黄瓜种植田 0 ~ 20cm 耕作层碱解 N 84.21mg/kg，有效 P_2O_5 26.12mg/kg，速效 K_2O 186.34mg/kg。还需要施用尿素（含 N 46%，利用率 50%）、磷酸二铵（含 N 18%，P_2O_5 46%，利用率 20%）、硫酸钾（含 K_2O 50%，利用率 50%）多少千克，具体计算方法如下。

1. 总需 N、P_2O_5 和 K_2O 量

（1）总需 N、P_2O_5 和 K_2O 计算公式

=计划产量×形成 100kg 经济产量作物吸收氮磷钾的量/100kg

（2）总需 N 量

=97 500kg/hm²×0.40kg/100kg

=390.00kg/hm²

（3）总需 P_2O_5 量

=97 500kg/hm²×0.35kg/100kg

=341.25kg/hm²

（4）总需 K_2O 量

=97 500kg/hm²×0.55kg/100kg

=536.25kg/hm²

2. 土壤提供 N、P_2O_5 和 K_2O 量

（1）土壤供肥量

=耕作层土壤速效 N、P_2O_5、K_2O 测定值×2.25×土壤养分利用系数

（2）土壤供 N 量

=84.21mg/kg×2.25×0.50

=94.74kg/hm²

（3）土壤供 P_2O_5 量

=26.12mg/kg×2.25×0.20

=11.75kg/hm²

（4）土壤供 K_2O 量

=186.34mg/kg×2.25×0.50

=209.63kg/hm²

3. 羊粪供 N、P_2O_5 和 K_2O 计算方法

（1）羊粪供 N、P_2O_5 和 K_2O 量

=羊粪施肥量×羊粪有效成分×羊粪利用率

（2）羊粪供 N 量

=60 000kg/hm²×0.65%×15%

=58.50kg/hm²

（3）羊粪供 P_2O_5 量

=60 000kg/hm²×0.47%×15%

=42.30kg/hm²

（4）羊粪供 K_2O 量

$=60\ 000kg/hm^2 \times 0.23\% \times 15\%$

$=20.70kg/hm^2$

4. 需补充的 N、P_2O_5、K_2O

（1）补充的 N

$=$总需 N 量 390.00kg/hm^2 – 土壤供 N 量 94.74kg/hm^2 – 羊粪供 N 量 58.50kg/hm^2

$=236.76kg/hm^2$

（2）补充的 P_2O_5

$=$总需 P_2O_5 量 341.25kg/hm^2 – 土壤供 P_2O_5 量 11.75kg/hm^2 – 羊粪供 P_2O_5 量 42.30kg/hm^2

$=287.20kg/hm^2$

（3）补充的 K_2O

$=$总需 K_2O 量 536.25kg/hm^2 – 土壤供 K_2O 量 209.63kg/hm^2 – 羊粪供 K_2O 量 20.70kg/hm^2

$=305.92kg/hm^2$

5. 化肥科学施肥量

（1）磷酸二铵施肥量

$=$补充的 P_2O_5 287.20$kg/hm^2 \div$（$46\% \times 20\%$）

$=3\ 121.74kg/hm^2$

（2）磷酸二铵提供的 N

$=3\ 121.74kg/hm^2 \times 18\%$

$=561.91kg/hm^2$

（3）硫酸钾施肥量

$=305.92kg/hm^2 \div$（$50\% \times 50\%$）

$=1\ 223.68kg/hm^2$

6. 科学施肥方案

（1）总需 N 量为 390.00kg/hm^2。

（2）土壤供 N 量为 94.74kg/hm^2。

（3）磷酸二铵提供 N 量为 561.91kg/hm^2。

（4）不需要施用尿素。

（5）施用磷酸二铵 3 121.74kg/hm^2。

（6）施用硫酸钾 1 223.68kg/hm^2。

(四) 依据计划增产量计算化肥施肥量

例如，张掖市高台县宣化镇王马湾村 2018 年温室辣椒产量为 60 000kg/hm²，经田间试验不施肥辣椒产量为 43 200kg/hm²，2019 年计划增产 20%，生产 100kg 辣椒从土壤中吸收 N 0.58kg，P_2O_5 0.11kg，K_2O 0.74kg，辣椒定植前施用发酵鸡粪 22 500kg/hm²（含 N 1.03%，P_2O_5 0.41%，K_2O 0.72%，利用率为 15%）。还需要施用尿素（含 N 46%，利用率 50%）、磷酸二铵（含 N 18%，P_2O_5 46%，利用率 20%）、硫酸钾（含 K_2O 50%，利用率 50%）多少千克，具体计算方法如下。

1. 目标产量

= （60 000kg/hm²×20%）+60 000kg/hm²

=72 000kg/hm²

2. 总需 N、P_2O_5 和 K_2O 量

（1）总需 N 量

=72 000kg/hm²×0.58kg/100kg

=417.60kg/hm²

（2）总需 P_2O_5 量

=72 000kg/hm²×0.11kg/100kg

=79.20kg/hm²

（3）总需 K_2O 量

=72 000kg/hm²×0.74kg/100kg

=532.80kg/hm²

3. 土壤提供 N、P_2O_5 和 K_2O 量

（1）土壤供 N 量

=43 200kg/hm²×0.58kg/100kg

=250.56kg/hm²

（2）土壤供 P_2O_5 量

=43 200kg/hm²×0.11kg/100kg

=47.52kg/hm²

（3）土壤供 K_2O 量

=43 200kg/hm²×0.74kg/100kg

=319.68kg/hm²

4. 鸡粪供 N、P_2O_5 和 K_2O 计算方法

（1）鸡粪供 N 量

= 22 500kg/hm² × 1.03% × 15%

= 34.76kg/hm²

（2）鸡粪供 P_2O_5 量

= 22 500kg/hm² × 0.41% × 15%

= 13.84kg/hm²

（3）鸡粪供 K_2O 量

= 22 500kg/hm² × 0.72% × 15%

= 24.30kg/hm²

5. 需补充的 N、P_2O_5、K_2O

（1）补充的 N

= 总需 N 量 417.60kg/hm² − 土壤供 N 量 250.56kg/hm² − 鸡粪供 N 量 34.76kg/hm²

= 132.28kg/hm²

（2）补充的 P_2O_5

= 总需 P_2O_5 量 79.20kg/hm² − 土壤供 P_2O_5 量 47.52kg/hm² − 鸡粪供 P_2O_5 量 13.84kg/hm²

= 17.84kg/hm²

（3）补充的 K_2O

= 总需 K_2O 量 532.80kg/hm² − 土壤供 K_2O 量 319.68kg/hm² − 鸡粪供 K_2O 量 24.30kg/hm²

= 188.82kg/hm²

6. 化肥科学施肥量

（1）磷酸二铵施肥量

= 补充的 P_2O_5 17.84kg/hm² ÷（46% × 20%）

= 193.91kg/hm²

（2）磷酸二铵提供的 N

= 193.91kg/hm² × 18%

= 34.90kg/hm²

（3）尿素施肥量

=（132.28kg/hm² − 34.90kg/hm²）÷（46% × 50%）

= 423.39kg/hm²

（4）硫酸钾施肥量

$= 188.82 \text{kg/hm}^2 \div (50\% \times 50\%)$

$= 755.28 \text{kg/hm}^2$

7. 科学施肥方案

（1）施用尿素 423.39 kg/hm²。

（2）施用磷酸二铵 193.91 kg/hm²。

（3）施用硫酸钾 755.28 kg/hm²。

二、经济效益最佳施肥量计算

（一）加工型马铃薯氮磷钾最佳施肥量

1. 试验处理设计

试验1：氮素经济效益最佳施肥量研究。试验共设 8 个处理，处理 1，N_0（不施 N 为 CK）；处理 2，N_{18}（N 18kg/hm²）；处理 3，N_{36}（N 36kg/hm²）；处理 4，N_{54}（N 54kg/hm²）；处理 5，N_{72}（N 72kg/hm²）；处理 6，N_{90}（N 90kg/hm²）。处理 7，N_{108}（N 108kg/hm²）。处理 8，N_{126}（N 126kg/hm²）。每个处理施用 P_2O_5 80kg/hm²+K_2O 200kg/hm²做底肥。

试验2：P_2O_5 经济效益最佳施肥量研究。试验共设 8 个处理，处理 1，P_0（不施 P_2O_5 为 CK）；处理 2，$P_{12.50}$（P_2O_5 12.50kg/hm²）；处理 3，P_{25}（P_2O_5 25kg/hm²）；处理 4，$P_{37.50}$（P_2O_5 37.50kg/hm²）；处理 5，P_{50}（P_2O_5 50kg/hm²）；处理 6，$P_{62.50}$（P_2O_5 62.50kg/hm²）；处理 7，$P_{75.00}$（P_2O_5 75.00kg/hm²）；处理 8，$P_{87.50}$（P_2O_5 87.50kg/hm²）。每个处理施用 N 115kg/hm²+K_2O 200kg/hm²做底肥。

试验3：K_2O 经济效益最佳施肥量研究。试验共设 8 个处理，处理 1，K_0（不施 K_2O 为 CK）；处理 2，K_{33}（K_2O 33kg/hm²）；处理 3，K_{66}（K_2O 66kg/hm²）；处理 4，K_{99}（K_2O 99kg/hm²）；处理 5，K_{132}（K_2O 132kg/hm²）；处理 6，K_{165}（K_2O 165kg/hm²）；处理 7，K_{198}（K_2O 198kg/hm²）；处理 8，K_{231}（K_2O 231kg/hm²）。每个处理施用 N 115kg/hm²+P_2O_5 80kg/hm²做底肥。

2. 计算经济效益最佳施肥量

（1）氮素经济效益最佳施肥量计算方法。将表 1-16 中氮素不同用量与加工型马铃薯产量两者间的关系用 SAS 软件统计分析，用一元二次肥料效应数学模型 $y = a + bx - cx^2$ 拟合，得到的肥料效应回归方程是 $y = 10.51 + 217.72x - 1061.73x^2$，对回归方程进行显著性测验，$F = 28.85^{**}$，$>F_{0.01} = 26.92$，$R = 0.9440^{**}$，说明回归方程拟合良好。氮素价格（$p_x$）为 4 300.00元/t、加工型马铃薯价格（$p_y$）为 800.00 元/t，将 p_x、p_y、回归方程的 b 和 c 代入最佳施肥量计算公式 $x_0 = [(p_x/p_y) - b]/2c$，加工型马铃薯氮素最佳施肥量（x_0）为 0.10t/hm²，将 x_0 代入回归方程 $y = 10.51 + 217.72x - 1061.73x^2$，求出加工型马铃薯氮素经济效益最佳施肥量时的理论产量（y）为 21.66t/hm²，与田间试验处理 3 结果相吻合，见表 1-16。

表 1-16　氮素对加工型马铃薯增产效应及经济效益分析

氮素施肥量 (kg/hm²)	产量 (t/hm²)	边际产量 (t/hm²)	边际产值 (元/hm²)	边际成本 (元/hm²)	边际利润 (元/hm²)	增产值 (元/hm²)	施肥成本 (元/hm²)	施肥利润 (元/hm²)
N_0	10.51 hH	/	/	/	/	/	/	/
N_{18}	16.96 gG	6.45	5 160	77.40	5 082.60	5 160	77.40	508.26
N_{36}	23.02 fF	6.06	4 848	77.40	4 770.60	10 008	154.80	9 853.20
N_{54}	28.72 eE	5.70	4 560	77.40	4 482.60	14 568	232.20	14 335.80
N_{72}	33.75 dD	5.03	4 024	77.40	3 946.60	18 592	309.60	18 282.40
N_{90}	38.45 cC	4.70	3 760	77.40	3 682.60	22 352	387.00	21 960.50
N_{108}	42.90 aA	4.45	3 560	77.40	3 482.60	25 912	464.40	25 447.60
N_{126}	40.76 bB	-2.14	-1 712	77.40	-1 789.40	24 200	541.80	23 658.20

（2）P_2O_5 经济效益最佳施肥量计算方法。将表 1-17 中磷素不同施肥量与加工型马铃薯产量两者间的关系用 SAS 软件统计分析，用一元二次肥料效应数学模型 $y = a + bx - cx^2$ 拟合，得到的肥料效应回归方程是 $y = 11.86 + 257.583x - 1657.62x^2$，对回归方程进行显著性测验，$F = 31.74^{**}$，$>F_{0.01} = 29.61$，$R = 0.9251^{**}$，说明回归方程拟合良好。磷素价格（$p_x$）为 4 500.00 元/t、加工型马铃薯价格（p_y）为 800.00 元/t，将 p_x、p_y、回归方程的 b 和 c 代入最佳施肥量计算公式 $x_0 = [(p_x/p_y) - b]/2c$，加工型马铃薯磷素最佳施肥量（x_0）为 0.076t/hm²，将 x_0 代入回归方程 $y = 11.86 + 257.583x - 1657.62x^2$，求出加工型马铃薯磷素最佳施肥量时的理论产量（$y$）21.86t/hm²，与田间试验处理 3 结果相吻合，见表 1-17。

表 1-17　加工型马铃薯磷素增产效应及经济效益分析

磷素施肥量 (kg/hm²)	产量 (t/hm²)	边际产量 (t/hm²)	边际产值 (元/hm²)	边际成本 (元/hm²)	边际利润 (元/hm²)	增产值 (元/hm²)	施肥成本 (元/hm²)	施肥利润 (元/hm²)
$P_{0.00}$	11.86 hH	/	/	/	/	/	/	/
$P_{12.50}$	17.34 gG	5.48	4 384	56.25	4 327.75	4 384	56.25	4 327.75
$P_{25.00}$	22.54 fF	5.20	4 160	56.25	4 103.75	8 544	112.50	8 431.50
$P_{37.50}$	27.62 eE	5.08	4 064	56.25	4 007.75	12 608	168.75	12 439.25

（续表）

磷素施肥量 （kg/hm²）	产量 （t/hm²）	边际产量 （t/hm²）	边际产值 （元/hm²）	边际成本 （元/hm²）	边际利润 （元/hm²）	增产值 （元/hm²）	施肥成本 （元/hm²）	施肥利润 （元/hm²）
$P_{50.00}$	32.52 dD	4.90	3 920	56.25	3 863.75	16 528	225.00	16 303.00
$P_{62.50}$	37.00 cC	4.48	3 584	56.25	3 527.75	20 112	281.25	19 860.75
$P_{75.00}$	41.20 aA	4.20	3 360	56.25	3 303.75	23 472	337.50	23 134.50
$P_{87.50}$	39.21 bB	−1.99	−1 592	56.25	−1 648.25	21 880	393.75	21 486.25

（3）K_2O 经济效益最佳施肥量计算方法。将表 1-18 中钾素不同施肥量与加工型马铃薯产量两者间的关系用一元二次数学模型 $y = a + bx - cx^2$ 拟合，得到的回归方程是 $y = 14.16 + 100.265x - 239.36x^2$，对回归方程进行显著性测验，$F = 30.06^{**}$，$>F_{0.01} = 28.05$，$R = 0.9834^{**}$，说明回归方程拟合良好。钾素价格（$p_x$）为 4 000.00元/t、加工型马铃薯价格（$p_y$）为 800.00 元/t，将 p_x、p_y、回归方程的 b 和 c 代入最佳施肥量计算公式 $x_0 = [（p_x / p_y）- b] / 2c$，加工型马铃薯钾素最佳施肥量（$x_0$）为 0.198t/hm²，将 x_0 代入回归方程 $y = 14.16 + 100.265x - 239.36x^2$，求出加工型马铃薯钾最佳施肥量时的理论产量（$y$）24.63t/hm²，与田间试验处理 3 结果相吻合。由此可见加工型马铃薯最佳产量时的钾素施肥量为 0.198t/hm²，此时获得的利润最大，见表 1-18。

表 1-18 加工型马铃薯钾素增产效应及经济效益分析

钾素施肥量 （kg/hm²）	产量 （t/hm²）	边际产量 （t/hm²）	边际产值 （元/hm²）	边际成本 （元/hm²）	边际利润 （元/hm²）	增产值 （元/hm²）	施肥成本 （元/hm²）	施肥利润 （元/hm²）
K_0	14.16 hH	/	/	/	/	/	/	/
K_{33}	19.86 gG	5.70	4 560	99.00	4 461	4 560	132	4 428
K_{66}	25.22 fF	5.36	4 288	99.00	4 189	8 848	264	8 584
K_{99}	30.25 eE	5.03	4 024	99.00	3 925	12 872	396	12 476
K_{132}	34.95 dD	4.70	3 760	99.00	3 661	16 632	528	16 104
K_{165}	39.40 cC	4.45	3 560	99.00	3 461	20 192	660	19 832
K_{198}	43.50 aA	4.10	3 280	99.00	3 181	23 472	792	22 680
K_{231}	41.54 bB	−1.96	−1 568	99.00	−1 667	21 904	924	20 980

3. 结论

（1）氮素最佳施肥量为 0.100t/hm²，理论产量为 21.66t/hm²。

（2）P_2O_5 最佳施肥量为 0.076t/hm²，理论产量为 21.86t/hm²。

（3）K_2O 最佳施肥量为 0.198t/hm^2，理论产量为 24.63t/hm^2。

（二）甜菜氮磷钾肥经济效益最佳施肥量

1. 试验处理设计

试验 1：尿素经济效益最佳施肥量研究。将尿素施肥量梯度设计为 0.00t/hm^2（CK）、0.09t/hm^2、0.18t/hm^2、0.28t/hm^2、0.36t/hm^2、0.45t/hm^2、0.54t/hm^2 7 个处理。每个处理施用磷酸二铵 0.72t/hm^2、硫酸钾 0.95t/hm^2 做底肥，每个处理重复 3 次，随机区组排列。

试验 2：磷酸二铵经济效益最佳施肥量研究。将磷酸二铵施肥量梯度设计为 0.00t/hm^2（CK）、0.18t/hm^2、0.36t/hm^2、0.54t/hm^2、0.72t/hm^2、0.90t/hm^2、1.08t/hm^2 7 个处理。每个处理施用尿素 0.45t/hm^2 做追施，硫酸钾 0.95t/hm^2 做底肥。每个处理重复 3 次，随机区组排列。

试验 3：硫酸钾经济效益最佳施肥量研究。将硫酸钾施肥量梯度设计为 0.00t/hm^2（CK）、0.19t/hm^2、0.38t/hm^2、0.57t/hm^2、0.76t/hm^2、0.95t/hm^2、1.14t/hm^2 7 个处理。每个处理施用尿素 0.45t/hm^2 做追施，磷酸二铵 0.72t/hm^2 做底肥，每个处理重复 3 次，随机区组排列。

2. 计算经济效益最佳施肥量

（1）尿素经济效益最佳施肥量。将表 1-19 中尿素施肥量与甜菜块根产量间的关系采用回归方程 $y = a + bx - cx^2$ 拟合，得到的回归方程是 $y = 69.7500 + 62.56x - 66.1054x^2$。对回归方程进行显著性测验的结果表明回归方程拟合良好。尿素价格（p_x）为 2 000.00元/t，2016—2018 年甜菜块根平均售价（p_y）为 350.00 元/t，将（p_x）、（p_y）、回归方程的参数 b 和 c，代入经济效益最佳施肥量计算公式 $x_0 = [(p_x/p_y) - b] / 2c$，求得尿素最佳施肥量（$x_0$）为 0.43t/hm^2，将 x_0 代入回归方程，求得甜菜块根理论产量（y）为 84.43t/hm^2，回归分析结果与田间试验处理 6 尿素施肥量 0.45t/hm^2 基本吻合，见表 1-19。

表 1-19　尿素施肥量对甜菜农艺性状及经济性状和效益的影响

尿素施肥量 （t/hm^2）	块根产量 （t/hm^2）	边际产量 （t/hm^2）	边际产值 （元/hm^2）	边际成本 （元/hm^2）	边际利润 （元/hm^2）
0.00（CK）	69.75 dC	/	/	/	/
0.09	75.79 cB	6.04	2 114.00	180.00	1 934.00
0.18	80.17 bA	4.38	1 533.00	180.00	1 353.00
0.27	82.62 aA	2.45	857.50	180.00	677.50
0.36	83.97 aA	1.35	472.50	180.00	292.50

（续表）

尿素施肥量 （t/hm²）	块根产量 （t/hm²）	边际产量 （t/hm²）	边际产值 （元/hm²）	边际成本 （元/hm²）	边际利润 （元/hm²）
0.45	84.62 aA	0.65	227.50	180.00	47.50
0.54	85.05 aA	0.43	150.50	180.00	−29.50

（2）磷酸二铵经济效益最佳施肥量。将表 1-20 中磷酸二铵施肥量与甜菜块根产量间的关系采用回归方程 $y = a + bx - cx^2$ 拟合，得到的回归方程是 $y = 71.0000 + 39.6856x - 20.1836x^2$。对回归方程进行显著性测验的结果表明回归方程拟合良好。磷酸二铵价格（p_x）为 4 000.00 元/t，2016—2018 年甜菜块根平均售价（p_y）为 350.00 元/t，将（p_x）、（p_y）、回归方程的参数 b 和 c，代入经济效益最佳施肥量计算公式 $x_0 = [(p_x/p_y) - b]/2c$，求得磷酸二铵最佳施肥量（x_0）为 0.70t/hm²，将 x_0 代入回归方程，求得甜菜块根理论产量（y）为 88.89t/hm²，回归分析结果与田间试验处理 5 磷酸二铵施肥量 0.72t/hm² 基本吻合，见表 1-20。

表 1-20 磷酸二铵施肥量对甜菜农艺性状及经济性状和效益的影响

磷酸二铵施肥量 （t/hm²）	块根产量 （t/hm²）	边际产量 （t/hm²）	边际产值 （元/hm²）	边际成本 （元/hm²）	边际利润 （元/hm²）
0.00（CK）	71.00 eC	/	/	/	/
0.18	78.71 dB	7.71	2 698.50	720.00	1 978.50
0.36	83.66 cB	4.95	1 732.50	720.00	1 012.50
0.54	86.85 bA	3.19	1 116.50	720.00	396.50
0.72	89.05 aA	2.20	770.00	720.00	50.00
0.90	90.11 aA	1.06	371.00	720.00	−349.00
1.08	90.75 aA	0.64	224.00	720.00	−496.00

（3）硫酸钾经济效益最佳施肥量。将表 1-21 中硫酸钾施肥量与甜菜块根产量间的关系采用回归方程 $y = a + bx - cx^2$ 拟合，得到的回归方程是 $y = 74.2600 + 33.9138x - 12.8569x^2$。对回归方程进行显著性测验的结果表明回归方程拟合良好。硫酸钾价格（p_x）为 3 500.00 元/t，2016—2018 年甜菜块根平均售价（p_y）为 350.00 元/t，将（p_x）、（p_y）、回归方程的参数 b 和 c，代入经济效益最佳施肥量计算公式 $x_0 = [(p_x/p_y) - b]/2c$，求得硫酸钾最佳施肥量（x_0）为 0.93t/hm²，将 x_0 代入回归方程，求得甜菜块根理论产量（y）为 94.68t/hm²，回归分析结果与田间试验处理 6 硫酸钾施肥量 0.95t/hm² 基本吻合，见表 1-21。

表 1-21　硫酸钾施肥量对甜菜农艺性状及经济性状和效益的影响

硫酸钾施肥量 （t/hm²）	块根产量 （t/hm²）	边际产量 （t/hm²）	边际产值 （元/hm²）	边际成本 （元/hm²）	边际利润 （元/hm²）
0.00（CK）	74.26 fE	/	/	/	/
0.19	81.69 eD	7.43	2 698.50	665.00	1 978.50
0.38	85.84 dC	4.15	1 732.50	665.00	1 012.50
0.57	89.42 cB	3.58	1 116.50	665.00	396.50
0.76	92.61 bA	3.19	770.00	665.00	50.00
0.95	95.39 aA	2.78	973.00	665.00	308.00
1.14	97.20 aA	1.81	633.50	665.00	-31.50

3. 结论

（1）甜菜尿素、磷酸二铵和硫酸钾经济效益最佳施肥量分别为 0.43t/hm²、0.70t/hm² 和 0.93t/hm²。

（2）甜菜氮磷钾肥经济效益最佳施肥量的块根理论产量分别为 84.43t/hm²、88.89t/hm² 和 94.68t/hm²。

（三）制种玉米有机肥及氮磷钾锌钼肥经济效益最佳施肥量

1. 试验处理设计

（1）有机肥施肥量梯度设计为 0t/hm²、12t/hm²、24t/hm²、36t/hm²、48t/hm²、60t/hm²、72t/hm²、84t/hm² 8 个处理，以不施机肥施肥为 CK。每个试验设计 8 个处理，每个处理重复 3 次，采用随机区组排列。

（2）尿素施肥量梯度设计为 0kg/hm²、200kg/hm²、400kg/hm²、600kg/hm²、800kg/hm²、1 000kg/hm²、1 200kg/hm²、1 400kg/hm² 8 个处理，以不施尿素为 CK，每个处理施用磷酸二铵 600kg/hm²+硫酸钾 375kg/hm² 做底肥。每个试验设计 8 个处理，每个处理重复 3 次，采用随机区组排列。

（3）磷酸二铵施肥量梯度设计为 0kg/hm²、100kg/hm²、200kg/hm²、300kg/hm²、400kg/hm²、500kg/hm²、600kg/hm²、700kg/hm² 8 个处理，以不施磷酸二铵为 CK，每个处理施用尿素 900kg/hm²+硫酸钾 375kg/hm² 做底肥。每个试验设计 8 个处理，每个处理重复 3 次，采用随机区组排列。

（4）硫酸钾施肥量梯度设计为 0kg/hm²、80kg/hm²、160kg/hm²、240kg/hm²、320kg/hm²、400kg/hm²、480kg/hm²、560kg/hm² 8 个处理，以不施硫酸钾为 CK，每个处理施用尿素 900kg/hm²+磷酸二铵 600kg/hm² 做底肥。每个试验设计 8 个处理，每个处理重复 3 次，采用随机区组排列。

（5）硫酸锌施肥量梯度设计为 0kg/hm²、20kg/hm²、40kg/hm²、60kg/hm²、80kg/hm²、100kg/hm²、120kg/hm²、140kg/hm² 8 个处理，以不施硫酸锌为 CK，每个处理施用尿素 900kg/hm²+磷酸二铵 600kg/hm²+硫酸钾 375kg/hm² 做底肥。每个试验设计 8 个处理，每个处理重复 3 次，采用随机区组排列。

（6）钼酸铵施肥量梯度设计为 0kg/hm²、6kg/hm²、12kg/hm²、18kg/hm²、24kg/hm²、30kg/hm²、36kg/hm²、42kg/hm² 8 个处理，以不施钼酸铵为 CK，每个处理施用尿素 900kg/hm²+磷酸二铵 600kg/hm²+硫酸钾 375kg/hm² 做底肥。每个试验设计 8 个处理，每个处理重复 3 次，采用随机区组排列。

2. 计算经济效益最佳施肥量

（1）有机肥经济效益最佳施肥量。有机肥施肥量与玉米产量间的回归方程为 $y = 4.9600 + 0.0394x - 0.0002x^2$。对回归方程进行显著性测验，$F = 29.67^{**}$，$> F_{0.01} = 27.69$，$R = 0.9764^{**}$，说明回归方程拟合良好。2018 年有机肥市场平均销售价格（p_x）为 750.00 元/t，玉米种子市场平均收购价格（p_y）为 8 500.00 元/t，将 p_x、p_y、回归方程的 b 和 c 代入最佳施肥量计算公式 $x_0 = [(p_x/p_y) - b]/2c$，求得有机肥最佳施肥量（x_0）76.45t/hm²，将 x_0 代入回归方程，求得有机肥最佳施肥量时的理论产量（y）为 6.80t/hm²，回归统计分析结果与田间试验处理 7 基本吻合。

（2）尿素经济效益最佳施肥量。尿素施肥量与玉米产量间的回归方程为 $y = 5.1200 + 3.1740x - 1.4863x^2$。对回归方程进行显著性测验，$F = 18.17^{**}$，$> F_{0.01} = 16.96$，$R = 0.9364^{**}$，说明回归方程拟合良好。尿素市场平均销售价格（$p_x$）为 1 800.00 元/t，2017 年玉米种子市场平均收购价格为（p_y）为 8 500.00 元/t，将 p_x、p_y、回归方程的 b 和 c 代入最佳施肥量计算公式 $x_0 = [(p_x/p_y) - b]/2c$，求得尿素经济效益最佳施肥量（x_0）为 998.30kg/hm²，将 x_0 代入回归方程，求得尿素经济效益最佳施肥量时的理论产量（y）为 6.81t/hm²，回归统计分析结果与田间试验处理 6 基本吻合。

（3）磷酸二铵经济效益最佳施肥量。磷酸二铵施肥量与玉米产量间的回归方程为 $y = 5.1600 + 4.4925x - 3.3718x^2$。对回归方程进行显著性测验，$F = 22.39^{**}$，$> F_{0.01} = 20.89$，$R = 0.9465^{**}$，说明回归方程拟合良好。磷酸二铵市场平均销售价格（p_x）为 4 000.00 元/t，玉米种子市场平均收购价格（P_y）为 8 500.00 元/t，将 p_x、p_y、回归方程的 b 和 c 代入最佳施肥量计算公式 $x_0 = [(p_x/p_y) - b]/2c$，求得磷酸二铵最佳施肥量（x_0）596.40kg/hm²，将 x_0 代入回归方程，求得磷酸二铵最佳施肥量时的理论产量（y）为 6.64t/hm²，回归统计分析结果与田间试验处理 7 基本吻合。

（4）硫酸钾经济效益经济效益最佳施肥量。硫酸钾施肥量与玉米产量间的回归方程为 $y = 5.4700 + 5.3293x - 6.1879x^2$。对回归方程进行显著性测验，$F = 18.76^{**}$，

$>F_{0.01}=15.70$，$R=0.9678^{**}$，说明回归方程拟合良好。硫酸钾市场平均销售价格（p_x）为3 600.00元/t，玉米种子市场平均收购价格（p_y）为8 500.00元/t，将p_x、p_y、回归方程的b和c代入最佳施肥量计算公式$x_0=[(p_x/p_y)-b]/2c$，求得硫酸钾最佳施肥量（x_0）396.43kg/hm²，将x_0代入回归方程，求得硫酸钾最佳施肥量时的理论产量（y）为6.61t/hm²，回归统计分析结果与田间试验处理6基本吻合。

（5）硫酸锌经济效益经济效益最佳施肥量。硫酸锌施肥量与玉米产量间的回归方程为$y=6.4600+4.8949x-22.7367x^2$。对回归方程进行显著性测验，$F=13.71^{**}$，$>F_{0.01}=12.78$，$R=0.9463^{**}$，说明回归方程拟合良好。硫酸锌市场平均销售价格（$p_x$）为4 500.00元/t，玉米种子市场平均收购价格（p_y）为5 800.00元/t，将p_x、p_y、回归方程的b和c代入最佳施肥量计算公式$x_0=[(p_x/p_y)-b]/2c$，求得硫酸锌最佳施肥量（x_0）96kg/hm²，将x_0代入回归方程，求得硫酸锌最佳施肥量时的理论产量（y）为6.72t/hm²，回归统计分析结果与田间试验处理6基本吻合。

（6）钼酸铵经济效益经济效益最佳施肥量。钼酸铵施肥量与玉米产量间的回归方程为$y=6.3900+21.8092x-301.2875x^2$。对回归方程进行显著性测验，$F=15.58^{**}$，$>F_{0.01}=14.54$，$R=0.9458^{**}$，说明回归方程拟合良好。钼酸铵市场平均销售价格（$p_x$）为35 000.00元/t，玉米种子市场平均收购价格（p_y）为8 500.00元/t，将p_x、p_y、回归方程的b和c代入最佳施肥量计算公式$x_0=[(p_x/p_y)-b]/2c$，求得钼酸铵最佳施肥量（x_0）29.36kg/hm²，将x_0代入回归方程，求得钼酸铵最佳施肥量时的理论产量（y）为6.77t/hm²。

3. 结论

（1）制种玉米产量与有机肥、尿素、磷酸二铵、硫酸钾、硫酸锌和钼酸铵的肥料效应回归方程为$y=4.9600+0.0394x-0.0002x^2$、$y=5.1200+3.1740x-1.4863x^2$、$y=5.1600+4.4925x-3.3718x^2$、$y=5.4700+5.3293x-6.1879x^2$、$y=6.4600+4.8949x-22.7367x^2$和$y=6.3900+21.8092x-301.2875x^2$。

（2）制种玉米有机肥、尿素、磷酸二铵、硫酸钾、硫酸锌和钼酸铵经济效益最佳施肥量分别为76 450kg/hm²、998.30kg/hm²、596.40kg/hm²、396.43kg/hm²、96.00kg/hm²和29.36kg/hm²。

（3）制种玉米有机肥、尿素、磷酸二铵、硫酸钾、硫酸锌和钼酸铵最佳施肥量时的理论产量分别为6.80t/hm²、6.81t/hm²、6.64t/hm²、6.61t/hm²、6.72t/hm²和6.77t/hm²。

（四）甘草氮磷钾锌经济效益最佳施肥量

1. 试验处理设计

（1）氮（N）素施肥量梯度分别设计为0kg/hm²、90kg/hm²、180kg/hm²、270kg/hm²、360kg/hm²、450kg/hm²、540kg/hm²、630kg/hm²，以不施氮为CK，

每个处理施用 P_2O_5 260kg/hm^2+K_2O 160kg/hm^2 做底肥。每个试验设计 8 个处理，每个处理重复 3 次，随机区组排列。

（2）磷（P_2O_5）素施肥量梯度分别设计为 0kg/hm^2、45kg/hm^2、90kg/hm^2、135kg/hm^2、180kg/hm^2、225kg/hm^2、270kg/hm^2、315kg/hm^2，以不施磷为 CK，每个处理施用 N 460kg/hm^2+K_2O 160kg/hm^2 做底肥。每个试验设计 8 个处理，每个处理重复 3 次，随机区组排列。

（3）钾（K_2O）素施肥量梯度分别设计为 0kg/hm^2、30kg/hm^2、60kg/hm^2、90kg/hm^2、120kg/hm^2、150kg/hm^2、180kg/hm^2、210kg/hm^2，以不施钾为 CK，每个处理施用 N 460kg/hm^2+P_2O_5 260kg/hm^2 做底肥。每个试验设计 8 个处理，每个处理重复 3 次，随机区组排列。

（4）锌（Zn）素施肥量梯度分别设计为 0kg/hm^2、4.50kg/hm^2、9.00kg/hm^2、13.50kg/hm^2、18.00kg/hm^2、22.50kg/hm^2、27.00kg/hm^2、31.50kg/hm^2，以不施锌为 CK，每个处理施用 N 460kg/hm^2+P_2O_5 260kg/hm^2+K_2O 160kg/hm^2 做底肥。每个试验设计 8 个处理，每个处理重复 3 次，随机区组排列。

2. 计算经济效益最佳施肥量

（1）甘草氮素经济效益最佳施肥量。将表 1-22 中氮素施肥量与甘草鲜根产量间的关系，采用肥料效应函数方程 $y = a + bx - cx^2$ 拟合，得到的回归方程为 $y = 8.4500 + 11.1306x - 3.5919x^2$。对回归方程进行显著性测验，$F = 20.19^{**}$，$> F_{0.01} = 18.84$，$R = 0.9834^{**}$，说明回归方程拟合良好。氮素市场平均销售价格（$p_x$）为 3 913.00 元/t，甘草鲜根市场平均收购价格为（p_y）为 5 000.00 元/t，将 p_x、p_y、回归方程的 b 和 c 代入最佳施肥量计算公式 $x_0 = [(p_x/p_y) - b]/2c$，求得甘草氮素经济效益最佳施肥量（x_0）为 0.46t/hm^2，将 x_0 代入回归方程，求得甘草氮素经济效益最佳施肥量时的甘草鲜根理论产量（y）为 12.81t/hm^2，回归统计分析结果与田间试验处理 6 氮素施肥量 450kg/hm^2 基本吻合，见表 1-22。

表 1-22　氮素施肥量对甘草增产效果和经济效益的影响

氮素施肥量 （kg/hm^2）	鲜根产量 （t/hm^2）	边际产量 （t/hm^2）	边际产值 （元/hm^2）	边际成本 （元/hm^2）	边际利润 （元/hm^2）
0（CK）	8.45 hE	/	/	/	/
90	9.36 gD	0.91	4 550.00	3 521.70	1 028.30
180	10.21 fC	0.85	4 250.00	3 521.70	728.30
270	11.02 eB	0.81	4 050.00	3 521.70	528.30
360	11.79 dB	0.77	3 850.00	3 521.70	328.30
450	12.53 cA	0.74	3 700.00	3 521.70	178.30
540	13.18 bA	0.65	3 250.00	3 521.70	-271.70
630	13.26 aA	0.08	400.00	3 521.70	-3121.70

（2）甘草磷素经济效益最佳施肥量。将表1-23中磷素施肥量与甘草鲜根产量间的关系，采用肥料效应函数方程 $y = a + bx - cx^2$ 拟合，得到的回归方程为 $y = 9.9000 + 18.3043x - 16.9358x^2$。对回归方程进行显著性测验，$F = 26.98^{**}$，$> F_{0.01} = 25.17$，$R = 0.9658^{**}$，说明回归方程拟合良好。2018年磷素市场平均销售价格（p_x）为4 444.00元/t，甘草鲜根市场平均收购价格（p_y）为5 000.00元/t，将 p_x、p_y、回归方程的 b 和 c 代入最佳施肥量计算公式 $x_0 = [(p_x/p_y) - b]/2c$，求得甘草磷素最佳施肥量（x_0）为0.26t/hm²，将 x_0 代入回归方程，求得甘草磷素最佳施肥量时的甘草鲜根理论产量（y）为13.51t/hm²，回归统计分析结果与田间试验处理8磷素施肥量315kg/hm²基本吻合，见表1-23。

表1-23　磷素施肥量对甘草增产效果和经济效益的影响

磷素施肥量 （kg/hm²）	鲜根产量 （t/hm²）	边际产量 （t/hm²）	边际产值 （元/hm²）	边际成本 （元/hm²）	边际利润 （元/hm²）
0（CK）	9.90 eD	/	/	/	/
45	10.79 dC	0.89	4 450.00	1 999.80	2 450.20
90	11.40 cB	0.61	3 050.00	1 999.80	1 050.20
135	11.94 cB	0.54	2 700.00	1 999.80	700.20
180	12.42 bB	0.48	2 400.00	1 999.80	400.20
225	12.86 bA	0.44	2 200.00	1 999.80	200.20
270	13.27 aA	0.41	2 050.00	1 999.80	50.20
315	13.60 aA	0.33	1 650.00	1 999.80	-349.80

（3）甘草钾素经济效益最佳施肥量。将表1-24中钾素施肥量与甘草鲜根产量间的关系，采用肥料效应函数方程 $y = a + bx - cx^2$ 拟合，得到的回归方程为 $y = 10.5500 + 19.3780x - 23.0469x^2$。对回归方程进行显著性测验，$F = 24.05^{**}$，$> F_{0.01} = 22.44$，$R = 0.9823^{**}$，说明回归方程拟合良好。钾素市场平均销售价格（$p_x$）为60 000.00元/t，2018年甘草鲜根市场平均收购价格（p_y）为5 000.00元/t，将 p_x、p_y、回归方程的 b 和 c 代入最佳施肥量计算公式 $x_0 = [(p_x/p_y) - b]/2c$，求得甘草钾素最佳施肥量（x_0）为0.16 t/hm²，将 x_0 代入回归方程，求得甘草钾素最佳施肥量时的甘草鲜根理论产量（y）为13.06t/hm²，回归统计分析结果与田间试验处理7钾素施肥量180kg/hm²基本吻合，见表1-24。

表1-24　钾素施肥量对甘草增产效果和经济效益的影响

钾素施肥量 （kg/hm²）	鲜根产量 （t/hm²）	边际产量 （t/hm²）	边际产值 （元/hm²）	边际成本 （元/hm²）	边际利润 （元/hm²）
0（CK）	10.55 dD	/	/	/	/
30	11.11 cC	0.56	2 800.00	1 800.00	1 000.00
60	11.59 cC	0.48	2 400.00	1 800.00	600.00
90	12.03 bB	0.44	2 200.00	1 800.00	400.00
120	12.44 bA	0.41	2 050.00	1 800.00	250.00
150	12.82 aA	0.38	1 900.00	1 800.00	100.00
180	13.11 aA	0.29	1 450.00	1 800.00	−350.00
210	13.34 aA	0.23	1 150.00	1 800.00	−650.00

（4）甘草锌素经济效益经济效益最佳施肥量。将表1-25中锌素施肥量与甘草鲜根产量间的关系，采用肥料效应函数方程 $y=a+bx-cx^2$ 拟合，得到的回归方程为 $y=12\ 020+55.3374x-0.6440x^2$。对回归方程进行显著性测验，$F=14.43^{**}$，$>F_{0.01}=13.46$，$R=0.9657^{**}$，说明回归方程拟合良好。2017年锌素市场平均销售价格（p_x）为139 000.00元/t，甘草鲜根市场平均收购价格（p_y）为5 000.00元/t，将 p_x、p_y、回归方程的 b 和 c 代入最佳施肥量计算公式 $x_0=[(p_x/p_y)-b]/2c$，求得甘草锌素最佳施肥量（x_0）为21.38kg/hm²，将 x_0 代入回归方程，求得甘草锌素最佳施肥量时的甘草鲜根理论产量（y）为12.91t/hm²，回归统计分析结果与田间试验处理6锌素施肥量22.50kg/hm²基本吻合，见表1-25。

表1-25　锌素施肥量对甘草增产效果和经济效益的影响

锌素施肥量 （kg/hm²）	鲜根产量 （t/hm²）	边际产量 （t/hm²）	边际产值 （元/hm²）	边际成本 （元/hm²）	边际利润 （元/hm²）
0（CK）	12.02 dD	/	/	/	/
4.50	12.27 cC	0.25	1 250.00	625.50	624.50
9.00	12.48 cC	0.21	1 050.00	625.50	424.50
13.50	12.66 bB	0.18	900.00	625.50	274.50
18.00	12.82 bB	0.16	800.00	625.50	174.50
22.50	12.96 bB	0.14	700.00	625.50	74.50

（续表）

锌素施肥量 （kg/hm²）	鲜根产量 （t/hm²）	边际产量 （t/hm²）	边际产值 （元/hm²）	边际成本 （元/hm²）	边际利润 （元/hm²）
27.00	13.08 aA	0.12	600.00	625.50	−25.50
31.50	13.18 aA	0.10	500.00	625.50	−125.50

3. 结论

（1）甘草鲜根产量与氮磷钾锌的肥料效应回归方程分别为 $y = 8.4500 + 11.1306x - 3.5919x^2$，$y = 9.9900 + 18.3043x - 16.9358x^2$，$y = 10.5500 + 19.3780x - 23.0469x^2$ 和 $y = 12\ 020 + 173.4363x - 3.4059x^2$；

（2）甘草氮磷钾锌经济效益最佳施肥量分别为 0.46t/hm²、0.26t/hm²、0.16t/hm² 和 0.02t/hm²，甘草鲜根理论产量为 12.81t/hm²、13.51t/hm²、13.06t/hm² 和 12.91t/hm²。

第七节　科学施肥的经济效益分析

一、作物科学施肥的六个要诀

1. 坚持一个原则

即有机肥与无机肥相结合的原则。

2. 做到两个平衡

即氮磷钾之间的平衡，大量元素与中、微量元素之间的平衡。

3. 应用三种施肥方式

即基肥、追肥和叶面施肥。

4. 应用四个施肥原理

即养分归还学说、最小养分律、报酬递减律和因子综合作用律。

5. 兼顾五项施肥指标

即质量指标、产量指标、经济指标、环保指标和改土指标。

6. 掌握六项施肥技术

即肥料种类、施肥量、养分比例、施肥时期、施肥方法和施肥位置。

二、增产效应及经济效益分析

增产量 = 施肥产量 − 不施肥产量

边际产量=后一个处理的产量−前一个处理的产量

边际产值=边际产量×产品价格

边际施肥量=后一个处理施肥量−前一个处理施肥量

边际成本=边际施肥量×肥料价格

边际利润=边际产值−边际成本

增产值=增产量×产品价格

施肥成本=施肥量×肥料价格

施肥利润=增产值−施肥成本

肥料投资效率=施肥利润÷施肥成本

张掖灌区农作物科学施肥理论与实践

第二章　张掖灌区氮肥科学施肥技术

第一节　农作物的氮素营养

一、农作物体内氮的含量和分布

（一）含量

（1）除碳、氢、氧外，氮是农作物体内含量最多的元素，在农作物体内的总含量为 0.3%~5%。

（2）种类。大豆>玉米>小麦>水稻。

（3）器官。叶片>籽粒>茎秆。

（4）组织。幼嫩组织>成熟组织>衰老组织。

（5）生长时期。苗期>旺长期>成熟期>衰老期。

（二）分布

幼嫩组织>成熟组织>衰老组织，生长点>非生长点。

二、氮的主要生理功能

（一）氮是蛋白质的重要成分

氮构成氨基酸，氨基酸构成蛋白质，蛋白质含氮 16%~18%。

（二）氮是核酸的成分

氮是含氮碱基的组分，碱基、戊糖又是核酸成分。核酸与蛋白质的结合组成核蛋白，是一切农作物生命活动和遗传变异的基础。

（三）氮是叶绿素的成分

叶绿体是制造碳水化合物的工厂，叶绿素是机器，而叶绿素 a 和叶绿素 b 都含氮。所以，农作物缺氮叶子发黄，光合作用下降，产量低。

（四）氮是酶的成分

酶是具有催化功能的蛋白质，作物体内各种代谢反应需酶参与。酶是由蛋白质构成，蛋白质含氮。

（五）氮是多种维生素的成分

许多维生素也含氮，维生素 B_1、维生素 B_2、维生素 B_3、维生素 B_6 等是辅酶的成分。

三、农作物对氮的吸收与同化

（一）农作物对氮的吸收形态

1. 无机态

铵态氮、硝态氮和亚硝态氮。

2. 有机态

氨基酸、酰胺。

（二）农作物对氮的吸收与同化

1. 农作物对氮的吸收

大气中含氮（N_2）80%。但除豆科农作物外，一般农作物不能吸收利用。根系吸收的主要是 NH_4^+ 和 NO_3^-。在旱地农田中，硝态氮是农作物的主要氮源。因为土壤中的铵态氮通过硝化作用可转变为硝态氮。

2. 农作物对氮的同化

（1）农作物对硝态氮的同化。硝态氮进入农作物体内的细胞质中，在硝酸还原酶的作用下，还原成亚硝酸，又进入叶绿体内在亚硝酸还原酶的作用下，还原成氨，氨被还原成氨基酸。

（2）农作物对铵态氮的同化。铵态氮与呼吸作用产生的 α-酮戊二酸作用下形成各种氨基酸。

四、铵态氮和硝态氮的营养特点

铵态氮和硝态氮都是作物能够很好吸收利用的氮源。但铵态氮是还原态，为阳离子；硝态氮是氧化态，为阴离子。

由于形态不同，作物对它们的吸收能力也不同。甘薯、马铃薯等含碳水化合物较多的作物，吸收铵离子之后，立即被同化为有机态氮化合物，不会因氮积累造成危害，所以适于使用铵态氮肥。反之，含碳水化合物少的作物，特别是在苗期，则吸收硝酸盐多于铵盐。其次，由于作物对酸碱度的适应性不同，对两种形态氮源的吸收也有差异。例如，玉米对生理碱性氮肥硝酸钠的反应良好；而水稻喜欢酸性，则适于施用硫酸铵。水田适于施用铵态氮肥，除水稻本身的吸肥特性外，还由于铵态氮在淹水条件下，淋失和反硝化脱氮造成的氮损失要比硝酸态氮小的缘故。另外，有的作物生育前期和后期，对铵态氮和硝态氮的吸收能力也不相同，如小麦苗期对铵盐的吸收强于硝酸盐；番茄则不同，前期喜欢吸收铵盐，后期又喜欢吸收硝酸盐。总的来说，只有合理分配使用不同氮肥才能更好地发挥其增产作用。

常见的喜铵农作物有水稻、甘薯、马铃薯，兼性喜硝农作物有小麦、玉米、棉花、向日葵、大麻等，喜硝农作物有黄瓜、番茄、莴苣，专性喜硝农作物有甜菜。

五、农作物氮素营养失调症状及其丰缺指标

（一）农作物缺氮症状

（1）农作物缺氮在苗期生长缓慢，植株矮小，叶片薄而小，叶色淡绿，乃至黄色。

（2）禾本科农作物缺氮分蘖少。

（3）双子叶农作物缺氮分枝少。

（4）缺氮症状首先在下部老叶出现症状，氮素可以再利用。

（二）氮素过多的危害

（1）农作物贪青晚熟，生长期延长。

（2）植株柔软，易倒伏和易发生病害（大麦褐锈病、小麦赤霉病、水稻褐斑病）。

（3）降低果蔬品质，如棉花蕾铃稀少易脱落，甜菜块根产糖率下降；纤维农作物产量减少、纤维品质降低；蔬菜硝酸盐超标。

第二节　土壤中氮素及转化

一、土壤中氮素的来源及其含量

（一）来源

（1）施入土壤中的化学氮肥和有机肥料。

（2）动物农作物残体的归还。

（3）生物固氮。

（4）雷电降雨带来的 NH_4^+-N 和 NO_3^--N。

（二）含量

张掖灌区 0～20cm 土层碱解氮变幅为 40.62～88.50mg/kg，均值为 60.81mg/kg，属于缺氮的土壤（表2-1）。

表2-1 张掖灌区土壤碱解氮含量

编号	采样地点	土壤类型	碱解氮（mg/kg）	编号	采样地点	土壤类型	碱解氮（mg/kg）
001	甘州区长安乡五座桥	暗灌漠土	74.13	025	高台县南华镇小海子村	潮土	42.56
002	甘州区明永乡燎原村	灰灌漠土	68.42	026	高台县黑泉镇定平村	盐化潮土	53.45
003	甘州区沙井镇沙井村	灰灌漠土	79.51	027	高台县合黎乡六三村	盐化潮土	67.02
004	甘州区甘浚镇工联村	灰灌漠土	60.87	028	高台县南华镇成号村	盐化潮土	65.23
005	甘州区大满镇陈西闸	灌漠土	71.43	029	高台县骆驼城乡健康村	盐化潮土	58.23
006	甘州区大满镇大沟村	灌漠土	76.05	030	高台县新坝乡新沟村	灰灌漠土	46.24
007	甘州区靖安乡上堡村	盐化潮土	58.37	031	高台县新坝乡下坝村	灰灌漠土	49.59
008	甘州区小河乡三道桥	灌漠土	61.44	032	高台县宣化镇王马湾村	灌漠土	45.07
009	甘州区沙井镇八庙村	灰灌漠土	59.01	033	民乐县六坝镇六坝村	灰灌漠土	63.45
010	甘州区平原堡镇	灰灌漠土	53.60	034	民乐县六坝镇六坝村	耕种灰漠	67.15
011	甘州区乌江镇东湖村	盐化潮土	88.50	035	民乐县洪水镇益民村	耕种灰钙	71.46
012	临泽县倪家营镇下营村	灰灌漠土	40.62	036	民乐县洪水镇吴家庄村	耕种灰钙	62.50
013	临泽县倪家营镇上营村	灰灌漠土	58.81	037	民乐县永固镇西村子村	耕种栗钙	67.90
014	临泽县倪家营镇	灰灌漠土	44.27	038	民乐县永固镇高家庄村	耕种栗钙	64.58
015	临泽县板桥镇板桥村	灰灌漠土	50.50	039	民乐县新天镇王什村	耕种灰钙	63.15
016	临泽县鸭暖镇昭武村	盐化潮土	65.59	040	民乐县新天镇马均村	耕种灰钙	64.46
017	临泽县沙河镇兰家堡村	灌漠土	60.30	041	民乐县南丰乡马营墩村	耕种栗钙	75.60
018	临泽县沙河镇沙河村	暗灌漠土	61.57	042	山丹县霍城镇西坡村	耕种灰钙	64.06
019	临泽县沙河镇汪庄村	灰灌漠土	69.36	043	山丹县霍城镇双湖村	耕种灰钙	62.85
020	临泽县沙河镇西关村	灰灌漠土	65.06	044	山丹县霍城镇泉头村	耕种灰钙	56.17
021	临泽县平川镇黄一村	灰灌漠土	59.36	045	山丹县老军乡老军村	耕种栗钙	59.69
022	临泽县平川镇三里墩村	暗灌漠土	51.46	046	山丹县老军乡祝庄村	耕种栗钙	56.02
023	临泽县平川镇单家庄村	暗灌漠土	59.43	047	山丹县老军乡孙庄村	耕种栗钙	52.16
024	临泽县平川镇贾家墩村	灰灌漠土	52.34	048	山丹县老军乡丰城村	耕种栗钙	50.52
				均值			60.81

二、土壤中氮的种类

（一）无机氮

（1）NH_4^+-N，占土壤全 N 量的 98%~99%。

（2）NO_3^--N，占土壤全 N 量的 1%~2%。

（二）有机氮

1. 水溶性有机氮

主要是氨基酸、胺基盐、尿素、酰胺类，占全 N 含量的 5% 左右。有少数可以直接被农作物利用，如氨基酸。

2. 水解性有机氮

如蛋白质、多肽核蛋白类、氨基糖类，占全 N 含量的 50%~70%，为缓效或迟效养分。

3. 非水解态氮

占有机 N 的 30% 左右，高者可达 50%，矿化速率很低，有效性低。

第三节　氮肥的种类及性质

一、铵态氮肥

（一）共同特性

（1）均含有 NH_4^+。

（2）易溶于水，易被农作物吸收。

（3）易被土壤胶体吸附和固定。

（4）可发生硝化作用。

（5）碱性环境中氨易挥发。

（6）高浓度对农作物，尤其是幼苗易产生毒害。

（7）对钙、镁、钾等的吸收有拮抗作用。

（二）碳酸氢铵（NH_4HCO_3）

1. 性质

（1）含氮 17%，白色粉末。

张掖灌区农作物科学施肥理论与实践

（2）水溶液呈碱性。

（3）含水量为 5.0%~6.5%，易结块。

（4）易自行分解、挥发，称为气肥。

2. 施用方法

（1）深施覆土。

（2）做基肥、追肥，不做种肥。

（3）不能与碱性物质混施。

（4）水田深施。

（5）砂性土上少量多次施用。

（三）硫酸铵 $[(NH_4)_2SO_4]$

1. 性质

（1）含氮 20%~21%，称标准氮肥。

（2）无色结晶，易溶，速效，生理酸性。

（3）物理性状好，不吸湿，不结块。

2. 施用方法

（1）可做基肥、追肥和种肥。

（2）水田不施用。

（3）石灰性土壤深施。

（4）喜硫农作物优选，如马铃薯、十字花科农作物。

（四）氯化铵 (NH_4Cl)

1. 性质

（1）含氮 24%~25%。

（2）白色结晶，易溶，速效。

（3）吸湿性稍大，生理酸性肥。

2. 施用方法

（1）可做基肥和追肥。

（2）水田施用优于硫酸铵。

（3）忌氯农作物尽量不施。

（4）对土壤的酸化能力强于硫酸铵，注意配施石灰。

（5）盐碱地上一般不用。

二、硝态氮肥

（一）共同特性

（1）易溶于水，易被农作物吸收（主动吸收）。
（2）不被土壤胶体吸附，易随水流失。
（3）易发生反硝化作用。
（4）促进钙、镁、钾等的吸收。
（5）吸湿性大，具助燃性（易燃易爆）。
（6）硝态氮含氮量均较低。

（二）硝酸铵（NH_4NO_3）

1. 性质
（1）含氮 33%~35%，硝态氮和铵态氮各占一半。
（2）易溶、速效，生理中性肥料。
（3）易吸潮结块，制造时在颗粒表面涂有疏水物质。

2. 施用方法
（1）作为追肥施用。
（2）用于旱田。
（3）烟草上优先施用。
（4）施用结块的硝酸铵时，不能猛砸。

三、酰胺态氮肥

（一）性质

（1）尿素含氮 46%，是固体氮肥中含氮最高的一种。
（2）尿素易溶、结晶、半速效。
（3）尿素含缩二脲 2% 以下。

（二）施用方法

（1）尿素适合于各种农作物和各种土壤。
（2）尿素做追肥应提前 4~5 天，施后不要立即灌水。
（3）尿素做种肥，每亩用量小于 5kg，种与肥分离。
（4）尿素很适合做根外追肥，浓度 0.2%~2.0%。

张掖灌区农作物科学施肥理论与实践

第四节 氮肥科学施用技术

一、根据农作物种类施用氮肥

（一）根据农作物需氮量施用氮肥

（1）双子叶农作物>单子叶农作物。

（2）叶菜类农作物>果菜类和根菜类。

（3）高产品种>低产品种。

（4）营养最大效率期>其他时期。

（二）根据农作物种类施用氮肥

（1）水稻宜用铵态氮肥，尤以氯化铵、氨水等。

（2）马铃薯不仅利用铵态氮效果较好，而且硫对其生长有良好影响。

（三）根据农作物生育期施肥

（1）农作物需肥关键时期如营养临界期或最大效率期，进行施肥，增产作用显著。

（2）玉米在五六片叶和大喇叭口时期。

（3）小麦在 3 叶期至分蘖期和拔节孕穗期。

二、根据土壤条件施用氮肥

（一）根据土壤质地施用氮肥

（1）砂质土壤前轻后重，少量多次。

（2）黏质土壤前重后轻。

（二）根据水分状况施用氮肥

（1）水田区不宜用硝态氮肥。

（2）旱可以施用硝态氮肥。

三、根据肥料品种施用氮肥

（一）NH_4^+-N

水田、旱地，深施。

（二）NO_3^--N

旱地追肥，少量多次。

（三）NH_2-N

水田、旱地，深施。

四、氮肥科学施用方法

（一）氮肥深施

1. 优点

提高肥料利用率、肥效持久，深施利用率为 50%～80%，肥效持续 30～40 天。

2. 深度

根系集中分布的土层。

3. 方法

基肥深施、种肥深施、追肥深施。

（二）根据目标产量确定经济效益最佳施用量

（三）与有机肥配合施用

1. 优点

无机氮可以提高有机氮的矿化率，有机氮可以加强无机氮的生物固定率。

2. 目的

农作物高产、稳产、优质，改良土壤，提高氮肥利用率。

（四）氮磷钾配合施用

第三章　张掖灌区磷肥科学施肥技术

第一节　农作物的磷素营养

一、农作物体内磷的含量、分布和形态

（一）农作物体内含量

（1）农作物体内磷的含量占植株干重的 0.2%~1.1%。

（2）农作物种类。油料农作物>豆科农作物>禾本科农作物。

（3）生育期。生育前期>生育后期。

（4）器官。幼嫩器官>衰老器官，繁殖器官>营养器官，种子>叶片>根系>茎秆。

（5）生长环境。高磷土壤>低磷土壤。

（6）农作物体磷的类型。有机态磷>无机磷。幼叶中含有机态磷较高，老叶中则含无机态磷较多，农作物缺磷时，常表现出组织中的无机磷含量明显下降，而有机磷含量变化较小。

（二）农作物体内磷的分布和形态

1. 农作物体内磷的分布

农作物体内磷集中分布在幼芽和根尖，磷的再利用能力强达80%以上。

2. 农作物体内磷的形态

（1）有机磷。以核酸、磷脂、植素为主。

（2）无机磷。以钙、镁、钾的磷酸盐形式存在。

二、磷的生理作用

1. 六种物质的主要成分

磷是核酸、核蛋白、磷脂、植素、ATP、辅酶 A 的主要成分。

2. 两个促进

磷可以促进农作物的光合作用，促进农作物碳水化合物的合成与运载。

3. 三个代谢

磷可以促进农作物蛋白质的代谢，促进农作物脂肪的代谢，促进农作物糖的代谢。

4. 四个提高

磷可以提高农作物的抗旱性，提高农作物的抗寒性，提高农作物的抗倒伏性，提高农作物的抗病性。

三、农作物对磷的吸收和利用

（一）农作物对磷的吸收形态

农作物吸收的大多数磷主要是以一价正磷酸根离子（$H_2PO_4^-$）形态吸收的，同时也吸收少量的二价正磷酸根离子（HPO_4^{2-}）。

（二）影响吸收磷的主要因素

1. 农作物种类

豆科农作物>禾本科农作物；木本农作物>草本农作物。

2. 土壤供磷状况

无机磷>有机磷。

3. 环境因素

温度升高有利于磷的吸收，增加水分也有利于土壤溶液中磷的扩散，能提高磷的有效性。

4. 养分种类

施用氮肥可以促进磷的吸收。

四、农作物对缺磷和供磷过多的反应

（一）农作物缺磷的症状

（1）细胞分裂受阻，生长停滞。

（2）根系发育不良。

（3）叶片狭窄，叶色暗绿，严重缺磷呈紫红色。

（4）禾本科农作物缺磷分蘖少，双子叶农作物缺磷分枝少。

（5）农作物籽粒不饱满。

（6）缺磷症状常首先出现在下部老叶上，因为磷素可以再利用。

（二）农作物磷过量的症状

（1）地上部生长受抑制。

（2）地上部与根系生长量比例失调，根系生长量>地上部生长量。

（3）谷类农作物的无效分蘗增加；叶用蔬菜的纤维素含量增加；水稻呈一炷香。

（4）诱发缺铁、锌和镁等养分。

第二节　土壤中的磷素

一、土壤中磷的含量

（一）土壤有效磷的表示方法

1. 土壤有效磷

用 P_2O_5 表示。

2. 有效磷较高

土壤有效磷>10mg/kg。

3. 有效磷低

土壤有效磷<5mg/kg。

4. P 与 P_2O_5 之间的关系

（1）$P_2O_5 \times 0.436 = P$

（2）$P \times 2.29 = P_2O_5$

（二）土壤中有效磷含量

（1）张掖灌区不同种植区 0~20cm 土层有效磷变幅为 13.24~29.98mg/kg，均值为 21.23mg/kg，属于含磷丰富的土壤。

（2）不同种植区土壤速效磷由大到小的变化顺序依次为：一等地种植区>二等地种植区>三等地种植区>四等地种植区。

（3）一等地种植区有效磷均值为 25.71mg/kg，与二等地种植区、三等地种植区和四等地种植区比较，分别高 14.06%、30.64%和 53.04%。

二、土壤中磷的形态

(一) 土壤中的有机态磷

1. 含量

土壤中的有机态磷占土壤全磷量的 10%~50%。

2. 种类

土壤中有机态磷以核酸、磷脂、植素、ATP、辅酶等形态存在。

3. 来源

土壤中有机态磷主要来源于动物、农作物、微生物和有机肥料。

(二) 土壤中的无机态磷

1. 含量

张掖灌区 0~20cm 土层中有效磷变幅为 13.24~29.98mg/kg，均值为21.23mg/kg，属于磷甚丰富的土壤，见表 3-1。

表 3-1　张掖灌区土壤有效磷含量

编号	采样地点	土壤类型	有效磷(mg/kg)	编号	采样地点	土壤类型	有效磷(mg/kg)
001	甘州区长安乡五座桥	暗灌漠土	21.18	015	临泽县板桥镇板桥村	灰灌漠土	20.40
002	甘州区明永乡燎原村	灰灌漠土	24.77	016	临泽县鸭暖镇昭武村	盐化潮土	21.13
003	甘州区沙井镇沙井村	灰灌漠土	28.11	017	临泽县沙河镇兰家堡	灌漠土	19.92
004	甘州区甘浚镇工联村	灰灌漠土	26.03	018	临泽县沙河镇沙河村	暗灌漠土	18.66
005	甘州区大满镇陈西闸	灌漠土	26.12	019	临泽县沙河镇汪庄村	灰灌漠土	18.37
006	甘州区大满镇大沟村	灌漠土	25.66	020	临泽县沙河镇西关村	灰灌漠土	22.23
007	甘州区靖安乡上堡村	盐化潮土	27.45	021	临泽县平川镇黄一村	灰灌漠土	18.37
008	甘州区小河乡三道桥	灌漠土	24.80	022	临泽县平川镇三里墩	暗灌漠土	17.13
009	甘州区沙井镇八庙村	灰灌漠土	24.24	023	临泽县平川镇单家庄	暗灌漠土	16.07
010	甘州区平原堡镇	灰灌漠土	22.45	024	临泽县平川镇贾家墩	灰灌漠土	18.67
011	甘州区乌江镇东湖村	盐化潮土	26.63	025	高台县南华镇小海子村	潮土	14.37
012	临泽县倪家营镇下营村	灰灌漠土	27.73	026	高台县黑泉镇定平村	盐化潮土	15.13
013	临泽县倪家营镇上营村	灰灌漠土	20.61	027	高台县合黎乡六三村	盐化潮土	14.07
014	临泽县倪家营镇	灰灌漠土	23.68	028	高台县南华镇成号村	盐化潮土	13.67

（续表）

编号	采样地点	土壤类型	有效磷（mg/kg）	编号	采样地点	土壤类型	有效磷（mg/kg）
029	高台县骆驼城乡健康村	盐化潮土	13.37	039	民乐县新天镇王什村	耕种灰钙	29.98
030	高台县新坝乡新沟村	灰灌漠土	15.13	040	民乐县新天镇马均村	耕种灰钙	29.89
031	高台县新坝乡下坝村	灰灌漠土	14.98	041	民乐县南丰乡马营墩村	耕种栗钙	24.51
032	高台县宣化镇王马湾村	灌漠土	13.24	042	山丹县霍城镇西坡村	耕种灰钙	29.77
033	民乐县六坝镇六坝村	灰灌漠土	25.38	043	山丹县霍城镇双湖村	耕种灰钙	15.03
034	民乐县六坝镇六坝村	耕种灰漠	26.52	044	山丹县霍城镇泉头村	耕种灰钙	15.18
035	民乐县洪水镇益民村	耕种灰钙	27.17	045	山丹县老军乡老军村	耕种栗钙	14.56
036	民乐县洪水镇吴家庄村	耕种灰钙	26.13	046	山丹县老军乡祝庄村	耕种栗钙	14.31
037	民乐县永固镇西村子村	耕种栗钙	29.84	047	山丹县老军乡孙庄村	耕种栗钙	15.01
038	民乐县永固镇高家庄村	耕种栗钙	27.30	048	山丹县老军乡丰城村	耕种栗钙	14.15
				均值			21.23

2. 种类

土壤中无机态磷以水溶性磷、弱酸溶性磷、吸附态磷、矿物态磷和闭蓄态磷等形态存在。

第三节　磷肥的种类和性质

一、水溶性磷肥

（一）过磷酸钙

1. 过磷酸钙成分与性质

（1）成分。主要成分是磷酸一钙和硫酸钙，含 P_2O_5 12% ~ 20%，含硫酸钙50%，磷酸和硫酸 3.5% ~ 5.0%，硫酸铁和硫酸铝 2.0% ~ 4.0%。

（2）性质。灰白色粉末，呈酸性反应，具有腐蚀性。

2. 过磷酸钙的退化作用

过磷酸钙与硫酸铁或硫酸铝发生化学反应，生成难溶性的磷酸铁或磷酸铝的过程，反应如下。

$$Fe_2(SO_4)_3 + Ca(H_2PO_4)_2 \cdot H_2O + 5H_2O \rightarrow 2FePO_4 \cdot 4H_2O \downarrow + CaSO_4 +$$

$2H_2O + 2H_2SO_4$

3. 过磷酸钙的施用方法

(1) 集中施用 (穴施,条施)。

(2) 分层施用 (耕作层,心土层)。

(3) 与有机肥料混合施用 (有机肥料中的酸促进磷的溶解)。

(4) 作根外追肥 (浓度 1%～2%)。

(5) 做成颗粒施用 (减少与土壤的面积)。

(6) NP 混合施用 (相互促进)。

(二) 重过磷酸钙

1. 重过磷酸钙成分与性质

(1) 成分。主要成分是磷酸一钙的一水结晶 $[Ca(H_2PO_4)_2 \cdot H_2O]$,含 P_2O_5 40%～50%,简称重钙,是固体单质磷中含磷最高的磷肥。

(2) 性质。深灰色颗粒或粉末状,呈酸性反应,具有较强吸湿性和腐蚀性。

2. 重过磷酸钙的施用方法

施肥方法与过磷酸钙基本相同,但用量要小。

二、弱酸溶性磷肥 (钙镁磷肥)

1. 钙镁磷肥成分

无定形磷酸钙 $[Ca_3(PO_4)_2]$ (含 P_2O_5 14%～18%)、氧化钙、氧化镁、二氧化硅等。

2. 钙镁磷肥性质

(1) 灰绿色或灰棕色粉末 (90% 过 0.177mm 筛)。

(2) 溶于 2% 柠檬酸溶液。

(3) 呈碱性反应 (化学碱性,pH 值 8.0～8.5)。

(4) 吸湿性小,无腐蚀性。

三、难溶性磷肥

(一) 磷矿粉

1. 磷矿粉的成分

主要是氟磷灰石 $[Ca_{10}(PO_4)_6 \cdot F_2]$,含全磷 (五氧化二磷) 10%～35%。

2. 磷矿粉的性质

磷矿粉是将天然磷矿石磨成粉直接施用的磷肥,呈灰白粉末状,其中 3%～5%

的磷溶于弱酸，可被作物吸收利用，是一种迟效性磷肥。

3. 磷矿粉的施用方法

（1）宜做基肥施用。

（2）施用量 750~1 500kg/hm²。

（3）与酸性或生理酸性肥料混施。

（4）与过磷酸钙配施。

（5）肥效持久，连施几年后可暂停施用。

（二）骨粉

兽骨加工而成，肥效缓慢，宜做基肥，宜施于酸性土壤及适用于生长期长的农作物。

第四节　磷肥的合理分配与科学施用方法

一、因土施用

（一）土壤有效磷的等级

张掖灌区土壤有效磷的等级与肥效，见表 3-2。

表 3-2　张掖灌区土壤有效磷的等级与肥效

含量（mg/kg）	供磷能力	施磷效果
<5	极低	显效
5~10	低	有效
10~20	中	部分有效
>20	高	多数无效

（二）土壤有机质含量

在旱地土壤上，有机质含量<25.00g/kg 施磷效果显著，有机质含量>25.00g/kg 施磷效果不显效。

（三）土壤水分含量

土壤水分含量低，磷扩散受阻，农作物易缺磷，施磷效果显著。

（四）土壤 pH 值

土壤 pH 值 6.50~7.50 时，施磷效果显著，土壤 pH 值<6.50 或 pH 值>7.50

时，磷在土壤中易固定，施磷效果不显著。

二、因磷营养临界期施用

磷的营养临界期一般都在苗期，如小麦、水稻在 3 叶期，棉花在 2~3 叶期，油菜、玉米在 5 叶期，果树在苗期，茄果类蔬菜在开花前，此时对磷的需要量虽不多，但很迫切，施磷效果显著。

三、因农作物施用

（一）需磷较多的农作物

需磷较多的农作物主要包括豆科农作物、豆科绿肥农作物、甜菜、棉花、油菜、马铃薯、瓜类、果树、桑树和茶树，施磷肥效果较好。

（二）大田农作物对磷肥的反应

绿肥农作物>一般豆科旱地农作物>大麦、小麦>水稻。

四、因农作物生育期施用

（1）多数农作物苗期是磷素的营养临界期，所以在苗期应分配少量水溶性磷肥。

（2）在旺盛生长期农作物虽然对磷素需求增加，但此时根系发达，吸收磷的能力强，可以利用作为基肥的难溶性或弱酸溶性磷肥。

（3）生长后期可以通过磷在体内的再利用来满足需要。

五、因轮作制度施用

1. 豆科及绿肥农作物参与轮作

该季要重施磷肥，轻施氮肥，发挥以磷增氮的作用。

2. 小麦—玉米轮作

重施小麦，轻施后季玉米，利用磷肥后效。

3. 水—旱轮作

旱重水轻，淹水条件下（土壤氧化还原电位）Eh 降低，磷酸高铁还原，闭蓄态磷的铁膜消失，磷有效性升高。所以在水旱轮作中，磷肥的分配应掌握旱重水轻的原则，将磷肥重点分配在旱作上。

4. 绿肥与水稻轮作

更应该将磷肥施在绿肥上，特别是豆科绿肥，在改善豆科农作物磷素的同时，可促进其生物固氮作用，更能充分发挥以磷增氮的效果。

六、因肥施用

（1）水溶性磷肥适合各种农作物与土壤，做基肥或追肥。

（2）弱酸溶性磷肥做基肥施用，在酸性土壤或中性土壤上优于碱性土壤。

（3）难溶性磷肥在酸性土上做基肥。

七、磷肥施用的基本技术

1. 合理确定磷肥的施用时间

水溶性磷肥不宜提早施用，以减少磷肥与土壤的接触时间，减少土壤对磷的固定，弱酸溶性和难溶性磷肥往往提早施用。

磷肥以在播种或移栽时一次性基肥施入较好，多数情况下，磷肥因其移动性小不宜做追肥施用。

2. 正确选择磷肥的施用方式

水溶性磷肥提倡集中施用，以减少土壤对磷的固定。

弱酸溶性和难溶性磷肥提倡全层撒施。

3. 氮、磷、钾配合施用

缺乏微量元素的土壤还须增施微量元素肥料，以保证各种营养元素协调供应。

第四章 张掖灌区钾肥科学施肥技术

第一节 作物的钾素营养

一、农作物体内钾的含量、分布和形态

（一）含量

农作物体内钾含量（K_2O）一般为植株干重的 $1\% \sim 5\%$。

（二）分布

农作物体内的钾集中分布在代谢最活跃的器官和组织中。

（三）形态

钾在农作物体内以离子形态、水溶性盐类吸附在原生质表面。

二、钾的生理功能及钾对农作物产量和品质的影响

（一）钾的主要生理功能

1. 钾促进叶绿素的合成

供钾充足时，叶菜类叶片中的叶绿素含量均有提高。

2. 钾参与光合作用产物的运输

钾能促进光合作用产物向贮藏器官中运输，特别是对于没有光合作用功能的器官，它们的生长和养分的贮存，主要靠地上部所同化的产物向根或果实中的运送，例如，马铃薯、萝卜、胡萝卜等以块茎、块根为收获物的蔬菜，在缺钾条件下，虽然地上部生长得很茂盛，但往往不能获得满意的产量。

3. 钾有利于蛋白质合成

钾是多肽合成酶的活化剂，钾能促进蛋白质和谷胱甘肽的合成。供钾不足时，农作物体内蛋白质的合成下降，可溶性氨基酸含量明显增加。当严重缺钾时，农作

物组织中原有的蛋白质有可能被分解，引起氮素代谢紊乱。钾还能增强根瘤菌的固氮能力，这除了与促进蛋白质合成有关外，与钾促进光合产物的运输也有密切关系。由于光合产物向根部的运输，从而保证了根瘤菌对能量和碳素营养的需求。

4. 钾调节渗透作用

由于钾离子多在细胞质的溶胶和液泡中累积，因而使农作物具有调节胶体存在状态和细胞吸水的能力。钾是细胞中构成渗透势的重要无机成分。细胞内钾离子浓度较高时，细胞的渗透势也随之增大，并促进细胞从外界吸收水分，从而又会引起压力势的变化，使细胞充水膨胀。对含水量很高的蔬菜来说，钾有特殊的作用。

此外，钾还能调节叶片气孔的运动，有利于农作物经济用水。气孔张开和关闭可控制蔬菜的蒸腾作用，减少水分的散失，尤其在干旱的条件下更有重要意义。

5. 钾增强抗逆性

钾不仅能提高农作物的抗旱、抗寒、抗病、抗盐、抗倒伏的能力，而且还可提高抵御外界恶劣环境的忍耐力。因此，钾有抗逆元素之称。

6. 钾改善农作物品质

钾可改善蔬菜品质，不仅能提高产品的营养成分，而且还能延长产品的贮存期，减少其在运输过程中的损耗。钾能使蔬菜外形美观，汁液含糖量和酸度都有所改善，使产品风味更浓，从而全面提高产品的商品价值。

（二）钾对农作物产量和品质的影响

（1）油料农作物的含油量增加。
（2）纤维农作物的纤维长度和强度改善。
（3）淀粉农作物的淀粉含量增加。
（4）糖料农作物的含糖量增加。
（5）果树的含糖量、维生素 C 和糖酸比提高，果实风味增加。
（6）钾通常被称为品质元素。

三、农作物对钾的吸收及钾营养失调的症状

（一）农作物对钾的吸收

1. 主动吸收
主动吸收占主导地位，具有自动调节功能。

2. 被动吸收
外界 K^+ 浓度过高时，吸收曲线呈二重图型。

（二）钾营养失调的症状

1. 缺钾的一般症状

缺钾时通常老叶叶尖和叶缘发黄，在叶片上出现褐色斑点，甚至成为斑块。

2. 不同农作物缺钾的症状

（1）禾谷类农作物缺钾时，下部叶片上出现"褐色斑点"。

（2）棉花缺钾的症状是"红叶茎枯病"，严重时叶片焦枯脱落。

（3）玉米缺钾的症状是"果穗尖端"呈空粒。

（4）加工型番茄在果实膨大期，叶缘黄化，果实蒂部周围的果皮呈"绿背病状"，果实发育不良，果实汁液少。

（5）甜菜块根膨大期，下部老叶脉间失绿，呈"花斑叶"，叶片尖端和边缘发黄，形成褐色斑点和斑状，有时叶片呈焦枯状，枯萎卷缩。

（6）芹菜生长中期老叶叶缘发黄，进而变褐呈"焦枯状"，叶柄短而粗，小叶卷曲不舒展。

（7）黄瓜在果实膨大期，下部叶片黄化，叶脉呈绿色，老叶边缘出现褐色枯边，叶面有不规则的白斑，果实发育不良，易产生"大肚瓜"。

（8）甜椒在果实膨大期，下部老叶边缘发黄，叶片呈焦枯状或出现"疮痂症状"。

（9）西葫芦在坐瓜盛期，下部老叶边缘发黄，形成褐色斑点，叶片呈"焦枯状"。

第二节　土壤中钾的含量和形态

一、土壤中的钾素含量和形态

（一）土壤中钾的含量

张掖灌区 0～20cm 土层速效钾变幅为 137.97～179.81mg/kg，均值为 158.92mg/kg，属于钾丰富的土壤（表4-1）。

表4-1　张掖灌区土壤速效钾含量

编号	采样地点	土壤类型	速效钾(mg/kg)	编号	采样地点	土壤类型	速效钾(mg/kg)
001	甘州区长安乡五座桥村	暗灌漠土	154.75	003	甘州区沙井镇沙井村	灰灌漠土	156.89
002	甘州区明永乡燎原村	灰灌漠土	179.81	004	甘州区甘浚镇工联村	灰灌漠土	145.65

（续表）

编号	采样地点	土壤类型	速效钾 (mg/kg)	编号	采样地点	土壤类型	速效钾 (mg/kg)
005	甘州区大满镇陈西闸村	灌漠土	147.84	027	高台县合黎乡六三村	盐化潮土	142.01
006	甘州区大满镇大沟村	灌漠土	137.97	028	高台县南华镇成号村	盐化潮土	153.85
007	甘州区靖安乡上堡村	盐化潮土	167.7	029	高台县骆驼城乡健康村	盐化潮土	151.86
008	甘州区小河乡三道桥村	灌漠土	142.97	030	高台县新坝乡新沟村	灰灌漠土	147.80
009	甘州区沙井镇八庙村	灰灌漠土	147.75	031	高台县新坝乡下坝村	灰灌漠土	161.68
010	甘州区平原堡镇	灰灌漠土	159.72	032	高台县宣化镇王马湾村	灌漠土	167.75
011	甘州区乌江镇东湖村	盐化潮土	164.57	033	民乐县六坝镇六坝村	灰灌漠土	179.37
012	临泽县倪家营镇下营村	灰灌漠土	147.42	034	民乐县六坝镇六坝村	耕种灰漠土	167.88
013	临泽县倪家营镇上营村	灰灌漠土	152.74	035	民乐县洪水镇益民村	耕种灰钙土	151.46
014	临泽县倪家营镇	灰灌漠土	157.37	036	民乐县洪水镇吴家庄村	耕种灰钙土	153.27
015	临泽县板桥镇板桥村	灰灌漠土	156.68	037	民乐县永固镇西村子村	耕种栗钙土	162.14
016	临泽县鸭暖乡昭武村	盐化潮土	161.67	038	民乐县永固镇高家庄村	耕种栗钙土	160.13
017	临泽县沙河镇兰家堡村	灌漠土	168.8	039	民乐县新天镇王什村	耕种灰钙土	167.7
018	临泽县沙河镇沙河村	暗灌漠土	155.77	040	民乐县新天镇马均村	耕种灰钙土	162.97
019	临泽县沙河镇汪庄村	灰灌漠土	150.03	041	民乐县南丰乡马营墩村	耕种栗钙土	177.75
020	临泽县沙河镇西关村	灰灌漠土	167.95	042	山丹县霍城镇西坡村	耕种灰钙土	169.72
021	临泽县平川镇黄一村	灰灌漠土	150.03	043	山丹县霍城镇双湖村	耕种灰钙土	164.57
022	临泽县平川镇三里墩村	暗灌漠土	167.80	044	山丹县霍城镇泉头村	耕种灰钙土	167.42
023	临泽县平川镇单家庄村	暗灌漠土	151.90	045	山丹县老军乡老军村	耕种栗钙土	162.74
024	临泽县平川镇贾家墩村	灰灌漠土	157.98	046	山丹县老军乡祝庄村	耕种栗钙土	157.37
025	高台县南华镇小海子村	潮土	166.95	047	山丹县老军乡孙庄村	耕种栗钙土	156.68
026	高台县黑泉镇定平村	盐化潮土	161.92	048	山丹县老军乡丰城村	耕种栗钙土	161.67
				均值			158.92

（二）土壤中钾的形态

1. 矿物态钾

矿物态钾占全钾量的 90%~98%，存在于微斜长石、正斜长石和白云母中，以原生矿物形态分布在土壤粗粒部分。

2. 缓效态钾

缓效态钾占全钾量的 2%~8%。主要存在与晶层固定态钾和次生矿物如水云母等以及部分黑云母中的钾。有些次生黏土矿物晶层（主要为 2∶1 型黏土矿物）吸水膨胀，使半径与晶格孔隙半径相当的 K^+ 进入晶格的孔中，而当失水以后晶层收缩，落入孔穴中的 K^+ 较难回复到自由状态，这种现象称为钾的晶格固定作用。它难以与其他离子产生离子交换，所以是非交换性钾。

3. 速效性钾

速效性钾占全钾的 0.1%~2%，其中交换性钾占 90%，水溶性钾占 10% 左右。

二、土壤中钾的表示方法

土壤中钾的用 K_2O 表示，K_2O 与 K 之间的换算关系：

$K_2O×0.83=K$

$K×1.20=K_2O$

第三节　钾肥的种类、性质及施用

一、氯化钾

（一）成分和性质

（1）含 K_2O 60% 左右。

（2）白色或淡黄色或紫红色结晶。

（3）易溶于水。

（4）是一种生理酸性肥料。

（二）在土壤中的转化

（1）在土壤溶液中钾呈离子状态，与土壤胶体产生离子交换。

（2）酸性土壤中，K^+ 与胶体上的 H^+、Al^{3+} 产生离子交换，使 H^+ 浓度升高，再加上生理酸性的影响，使 pH 值迅速下降。

（3）大量 Al^{3+} 存在易产生铝毒，所以应配施石灰和有机肥。

（4）中性土壤中，K^+ 与胶体上的 Ca^{2+} 产生代换作用，形成 $CaCl_2$。因为 $CaCl_2$ 溶解度大，易引起 Ca 的淋失，若长期使用，会使土壤板结。

（5）KCl 是生理酸性肥料，会使土壤变酸，所以要配施石灰，防止酸化。

（6）石灰性土壤有大量 $CaCO_3$，可以中和酸性，不致变酸。

张掖灌区农作物科学施肥理论与实践

（三）施用方法

1. 不做种肥

2. 做基肥

做基肥时，在酸性和中性土壤上应与磷矿粉、有机肥、石灰等配合施用，防止酸化，促进磷的有效化。

3. Cl^- 作用

KCl含有 Cl^-，对马铃薯、甘薯、甜菜、柑橘、烟草、茶树等的产量和品质有不良影响，不宜多用。氯化钾特别适于棉花、麻类等纤维农作物，因为 Cl^- 对提高纤维含量和质量有良好的作用。

二、硫酸钾

（一）成分与性质

（1）含 K_2O 50%~52%，含硫18%。
（2）白色结晶。
（3）溶于水。
（4）生理酸性肥料。

（二）在土壤中的转化

（1）与KCl相似。在中性土壤中的 Ca^{2+} 形成的产物为 $CaSO_4$，溶解度比 $CaCl_2$ 小，对土壤脱钙程度也较小，酸化速度比氯化钾缓慢。
（2）含少量杂质时呈微黄色，易溶于水，吸湿性小，物理性状良好，化学性质稳定。

（三）施用方法

适合各种农作物和土壤，可做基肥、追肥、种肥和根外追肥。在酸性土壤上应与有机肥、石灰等配合施用，在通气不良的土壤中尽量少用。

三、草木灰

（一）成分与性质

（1）草木灰中的钾以碳酸钾为主，其次是硫酸钾和氯化钾。
（2）草木灰呈碱性反应。

（二）施用方法

可做基肥、追肥，也可做种肥。在酸性土壤上使用不仅能供钾，而且可以降低酸度，并可补充 Ca、Mg 等元素。

（三）注意事项

草木灰是碱性肥料，不能和化学碱性肥料，腐熟的人粪尿混合施用，草木灰也不能垫厕所，以免引起氮的挥发损失。

第四节　钾肥科学施用技术

一、土壤供钾能力与钾肥肥效

土壤速效钾（K_2O）在 100mg/kg 以下，农作物表现出缺钾，钾肥效果明显。土壤供钾能力与钾肥肥效见表 4-2。

表 4-2　土壤速效钾分级指标

供钾能力	速效钾（mg/kg）	施钾效果
高	>150	多数无效
中	100~150	部分有效
低	50~100	有效
缺	<50	显效

二、农作物需钾特性与钾肥肥效

（一）农作物种类对钾的要求

薯类、纤维、糖料、油料农作物对钾的需要较多。

（二）农作物不同生育期对钾的需要

农作物钾的临界期在苗期，钾肥一般用于基肥。

（三）农作物根系特性与钾肥施用

须根农作物>直根农作物。

三、气候条件与钾肥肥效

通过土壤暴晒和冻融，可以促进土壤含钾矿物的风化，增加了土壤速效钾的含量。如果水分不足会使 K^+ 的活度下降。

四、钾肥种类、施用方法与钾肥肥效

（1）氯化钾对忌氯农作物如薯类、糖用农作物、浆果类果树、茶树等影响品质，而对于纤维农作物效果较好。

（2）硫酸钾适于各种农作物，尤其是喜硫农作物。

（3）盐土上不宜用氯化钾。

第五节 钾肥肥效研究

一、氮钾不同水平对作物的肥效研究

（一）氮钾不同水平配施对作物增产效果的影响

根据田间试验资料统计分析，甜菜、油菜、马铃薯 3 种农作物氮、钾水平不同配施，增产效果不同，一般规律是氮素水平低，施用钾肥增产率小，随着氮素水平的提高，钾肥的增产效果逐渐增大，甜菜、油菜、马铃薯氮素低水平下，增产率分别为 5.08%～11.11%、11.15%～21.07%、8.71%～15.57%，而氮素高水平下则增产率分别为 8.36%～16.72%、12.44%～30.90%、12.34%～22.14%。由此可知，当土壤氮素含量低，氮素用量少时，配施钾肥增产率较低，氮素用量增加到一定水平后，而土壤供钾水平较低时，施用钾肥可获得明显的增产效果，而土壤缺钾后，提高氮素的施用量，氮钾配施增产效果更明显。氮钾配施对不同作物的增产效果存在一定的差异性，其中增产效果为油菜>马铃薯>甜菜。

（二）氮钾不同水平配施对作物的经济效益的影响

氮钾不同水平配施增产效果是高水平>低水平，氮钾配施虽然增产了，但能否增收，这是农户和种植者最关心的问题。据资料统计分析，氮不同水平配施后，施肥利润和肥料投资效率一般是高水平>低水平。其中甜菜、油菜、马铃薯在氮素低水平下，施肥利润分别为 1 200～3 100 元/hm²、200～600 元/hm²、1 900～3 600 元/hm²，在氮素高水平下，依次为 2 000～4 700 元/hm²、300～900 元/hm²、2 900～5 400 元/hm²。从肥料投资效率分析，甜菜、油菜、马铃薯在氮素低水平下，肥料投资效率分别为 1.78～2.95、1.48～2.85、4.61～4.95，在氮素高水平下依次为 2.05～3.48、1.54～3.33、5.26～5.66。甜菜施用氮素 300kg/hm²、钾素 300kg/hm²，油菜施用氮素 60kg/hm²、

钾素 60kg/hm²，马铃薯施用氮素 200kg/hm²、钾素 125kg/hm² 时，肥料投资效率最大。不同作物的施肥利润和肥料投资效率依次为马铃薯>甜菜>油菜。

二、主要作物钾肥施肥方案的研究

张掖灌区农作物 K_2SO_4 施用量一般为 256～844kg/hm²。

(一) 经济类作物

棉花、油菜籽、马铃薯、西瓜、甜菜土壤速效钾含量分别为 129mg/kg、102mg/kg、140mg/kg、105mg/kg、168mg/kg 时，K_2SO_4 的施用量分别为 556kg/hm²、564kg/hm²、548kg/hm²、728kg/hm²、688kg/hm²，一般为 616.80kg/hm²。

(二) 蔬菜类

番茄、甜椒、芹菜、黄瓜、西葫芦土壤速效钾含量分别为 142mg/kg、123mg/kg、90mg/kg、129mg/kg、149mg/kg 时，K_2SO_4 的施用量分别为 672kg/hm²、844kg/hm²、632kg/hm²、812kg/hm²，一般为 755.20kg/hm²。

(三) 中药材

甘草、板蓝根土壤速效钾含量为 85mg/kg、96mg/kg 时，K_2SO_4 的施用量分别为 236kg/hm²、604kg/hm²，一般为 420kg/hm²。

(四) 苜蓿草

苜蓿草土壤速效钾含量为 117mg/kg，K_2SO_4 的平均施用量为 780kg/hm²。

(五) 制种玉米

土壤速效钾含量为 85mg/kg 时，K_2SO_4 施用量为 256kg/hm²。

(六) 不同作物钾肥施用量

牧草>经济作物>蔬菜作物>中药材>粮食作物。

三、不同作物钾素经济效益最佳施肥量

应用 SAS 软件将田间试验的 K_2O 不同用量与作物产量两者间的关系用一元二次数学模型 $y = a + bx - cx^2$ 拟合，得到数学回归方程，K_2O 价格 (p_x) 2.5 元/kg，甜椒、西葫芦、番茄、黄瓜、芹菜、甜菜价格 (p_y) 分别为 0.60 元/kg、0.80 元/kg、0.25 元/kg、0.80 元/kg、0.60 元/kg、0.15 元/kg，将 p_x、p_y、b、c 代入最佳施肥量计算公式 $x_0 = [(p_x/p_y) - b]/2c$，甜椒、西葫芦、番茄、黄瓜、芹菜、甜菜

K₂O 经济效益最佳施肥量（x_0）分别为 299.85kg/hm²、296.10kg/hm²、225.00kg/hm²、428.10kg/hm²、119.95kg/hm²、355.51kg/hm²；将 x_0 代入回归方程，求得甜椒、西葫芦、番茄、黄瓜、芹菜、甜菜 K₂O 最佳施肥量时的理论产量（y）分别为 68 681.56kg/hm²、75 837.99kg/hm²、113 532.43kg/hm²、94 661.59kg/hm²、90 170.60kg/hm²、112 477.67kg/hm²，与田间钾素不同用量试验结果相吻合，见表4-3。

表 4-3 不同作物钾素最佳施用量

试验地点	土类	速效K含量（mg/kg）	供试作物	K₂O 施用量（kg/hm²）	肥料效应方程式	最佳用量（kg/hm²）	理论产量（kg/hm²）
甘州长安	灌漠土	144.25	甜椒	100~400	$Y=2\,908.46+432.5357x-0.7143x^2$	299.85	68 681.56
甘州新敦	灌漠土	148.60	西葫芦	100~400	$Y=3\,298.08+485.7730x-0.8132x^2$	296.10	75 837.99
高台南化	盐化潮土	132.40	番茄	75~300	$Y=6\,786.24+938.8500x-2.0641x^2$	225.00	113 532.43
甘州长安	灌漠土	144.25	黄瓜	142~568	$Y=4\,087.66+420.0138x-0.4869x^2$	428.10	94 661.59
甘州白塔	灌漠土	150.21	芹菜	40~160	$Y=5\,761.02+1\,403.2428x-5.8319x^2$	119.95	90 170.60
临泽小屯	耕种风沙土	120.28	甜菜	135~540	$Y=6\,048.09+582.0731x-0.7952x^2$	355.51	112 477.67

四、农作物有机废弃物中的钾素资源

张掖灌区土壤速效钾含量较低，大多数作物在栽培中已经表现出了缺钾的生理性病害，在不同土类，不同作物上进行了无机钾肥的肥效研究，都具有明显的增产作用。但是随着无机钾肥的施用，施肥成本在增加，施肥利润、肥料投资效率在下降，长期大量施用 K₂SO₄ 化肥，K⁺ 离子代换了土壤中的 Ca²⁺ 离子，破坏了土壤团粒结构，土壤将会发生板结。而张掖灌区是典型的农业种植业区域，伴随着作物的收获，每年都有 500 万~800 万 t 的农作物有机废弃物资源堆放在路旁，村庄附近，而这些废弃物中含有较高的 K⁺ 离子，将废弃物通过生物化学发酵处理后，施用于农田不仅可以补充土壤中的钾，而且为废弃物合理利用找到了行之有效的途径。经室内化验分析，张掖灌区农作物有机废弃物中 K₂O 的含量一般变动在 0.86%~5.67%，平均为 2.13%；其中甜菜茎叶、马铃薯茎、棉花秆、油菜秸、糠醛渣含 K₂O 分别为 5.26%、3.90%、2.66%、2.59%、0.86%，见表4-4。

表 4-4 张掖灌区部分农业有机废弃物中钾素的含量

固体废弃物	K₂O（%）	固体废弃物	K₂O（%）
玉米秆	1.62	蚕豆秸	2.25
棉花秆	2.66	紫云英	1.91

（续表）

固体废弃物	K$_2$O（%）	固体废弃物	K$_2$O（%）
糠醛渣	0.86	苜蓿草	1.49
稻 草	1.16	麦 草	0.98
油菜秸	2.59	甜菜茎叶	5.26
马铃薯茎	3.90	葵花秆	1.77
黄瓜藤	1.62	西瓜藤	1.97

将上述废弃物切碎，经高温发酵处理后，可直接施入缺 K 的农田，补充土壤中 K 的亏缺，供给作物吸收利用。经试验含 K$_2$O 的废弃物施用量一般为 22.50～30t/hm^2，与施用化肥比较，土壤容重、全盐、pH 值分别降低 0.21g/cm^3、0.36g/kg、0.37；总孔度、自然含水量、贮水量、团粒结构、有机质、碱解氮、有效磷、速效钾、CEC 分别增加 7.93%、79.90g/kg、131.95m^3/hm^2、4.75%、0.61g/kg、12.96mg/kg、1.24mg/kg、6.78mg/kg、1.89cmol/kg。施肥成本降低 90 元/hm^2，施肥利润增加 1 716元/hm^2。经研究糠醛渣也是蔬菜无土栽培和花卉盆土较好的基质，糠醛渣施用在石灰性土壤中能够提高磷的活性和利用率。

五、钾肥的增产增收效益

1. 增产效果

豆科牧草平均增产 36.59%；经济作物棉花、油菜籽、马铃薯、西瓜、甜菜平均增产 22.68%；蔬菜番茄、甜椒、芹菜、黄瓜、西葫芦平均增产 16.35%；粮食作物平均增产 7.46%。

2. 钾肥投入成本

经济作物钾肥投入成本为 699.21 元/hm^2；蔬菜投入成本为 684.50 元/hm^2；中药材投入成本为 539.89 元/hm^2；牧草投入成本为 313.25 元/hm^2；粮食作物投入成本为 148.03 元/hm^2。

3. 钾肥收益

蔬菜作物钾肥平均收益为 4.21×10^4 元/hm^2；经济作物平均为 1.42×10^{4}元/hm^2；中药材和粮食作物平均为 1.76×10^{4}元/hm^2；牧草为 1.03×10^{4}元/hm^2。

4. 经济效益最佳施钾量

经济作物经济效益最佳施钾量为 293.90kg/hm^2；蔬菜作物为 273.38kg/hm^2；中药材、牧草、粮食作物分别为 214.16kg/hm^2、125.30kg/hm^2、59.21kg/hm^2。

5. 肥料投资效率

中药材、蔬菜、经济作物、牧草、粮食作物肥料投资效率分别为 25.45、

16.10、11.63、7.98、7.30。

6. 不同土壤类型钾肥增产效应

在张掖灌区的主要农业土壤灌漠土、潮土、耕种风沙土上进行了番茄、马铃薯、芹菜、棉花、甘草、苜蓿草、油菜籽、甜菜、玉米肥效试验，结果表明，土壤速效 K_2O 含量与钾肥的增产效果呈反比，速效 K_2O 含量低的土壤施用钾肥增产效果好。耕种风沙土耕层速效 K_2O 含量平均为 107.49mg/kg，6 种作物平均增产28.70%；潮土耕层速效 K_2O 含量平均为 129.67mg/kg，7 种作物平均增产20.53%；灌漠土耕层速效 K_2O 平均含量为 158.28mg/kg，8 种作物平均增产9.75%。不同土类的增产顺序是耕种风沙土>潮土>灌漠土。因此，钾肥的施用应首先施在耕层速效钾含量低的耕种风沙土、潮土上。

7. 钾与氮、磷配合施用增产效果

根据 14 种作物田间试验，在氮、磷做底肥的基础上，施用钾肥，与氮、磷配合比较，牧草平均增产 36.59%；中药材增产 24.69%；经济作物增产 22.68%；蔬菜增产 17.96%；粮食作物增产 7.46%。

8. 不同钾肥品种的肥效

从试验结果看，棉花、番茄、苜蓿草、甘草 4 种作物施用 K_2SO_4、KNO_3、KCl 平均增产率分别为 31.82%、30.49%、29.92%，其增产顺序是 K_2SO_4>KNO_3>KCl，施等量 K_2O 折不同钾肥品种 K_2SO_4、KNO_3、KCl，其增产效果相似，不同钾肥品种经 LSR 检验，差异不显著，说明施用 K_2SO_4 和 KNO_3、KCl 的肥效是相同的。

第五章 张掖灌区钙镁硫微肥科学施肥技术

第一节 钙肥科学施肥技术

一、土壤中钙的含量和形态

（一）土壤中钙的含量

土壤中钙的含量平均为 36.4g/kg。

（二）土壤中钙的形态

（1）矿物态——存在于矿物晶格中的钙。
（2）交换性——土壤胶体表面吸附的钙。
（3）水溶性——土壤溶液中的钙离子。

二、钙的生理功能与缺钙症状

（一）钙的生理功能

1. 稳定细胞壁

钙是作物细胞质膜的重要组成成分，可防止细胞液外渗；钙也是构成细胞壁不可缺少的物质。钙与果胶酸结合形成果胶酸钙，存在于细胞之间的细胞壁中，它使细胞联结，既能稳定细胞壁，又可使作物的器官和组织具有一定的机械强度。果胶酸钙的作用不仅表现在对地上部细胞壁的稳定性，而且对根系的发育也有明显作用。缺钙时，根系在几小时之内就会停止伸长。这是由于缺钙破坏了细胞之间的黏结力所致。

2. 保持细胞的完整性

钙能把生物膜表面的磷酸盐、磷酸酯与蛋白质的羧基桥接起来，从而保证了生物膜结构的稳定性，并能提高生物膜对离子（K^+、Na^+、Mg^{2+}等）的选择性。钙对细胞的渗透调节作用也十分重要。在缺钙的条件下，一些低分子的溶质可从细胞中渗透出来，使细胞丧失选择吸收能力。膜结构受损及细胞内可溶物外渗，是缺钙作物抵御病菌侵袭能力大大降低的原因。许多试验都证明钙有抗病的作用。缺钙时，细胞中膜的分隔作用遭破坏，明显影响细胞的分裂和新细胞的形成，使细胞的内容物外渗，提高呼吸强度，增加乙烯的合成，从而加速组织衰老。

3. 酶促作用

钙是某些酶的活化剂，例如能提高淀粉酶的活性；它还参与离子和其他物质的跨膜运输。此外，钙还有协调阴阳离子平衡和渗透调节作用。钙可与草酸结合形成草酸钙，有中和酸性及解毒的作用。

（二）缺钙的症状

（1）根系生长受阻，根尖呈棕色。
（2）早衰、倒伏、结实少。
（3）幼叶卷曲，叶尖出现弯钩状。
（4）症状一般出现在根尖、顶芽、幼叶。

（三）蔬菜缺钙病例

（1）番茄缺钙脐腐病。
（2）甘蓝、白菜缺钙焦叶病。
（3）胡萝卜缺钙空心病。
（4）苹果缺钙苦痘病。
（5）芹菜缺钙黑心病。
（6）辣椒缺钙脐腐病。
（7）甘蓝缺钙夹皮烂。
（8）胡萝卜缺钙凹斑病。

三、钙肥

（一）硝酸钙

（1）含有氮和钙两种营养元素，分子式为 $Ca(NO_3)_2 \cdot 4H_2O$，分子量为 236.15，其中含 N 11.9%，Ca 含量为 17.0%。

（2）硝酸钙外观为白色结晶，极易溶解于水中，20℃ 时每 100mL 水可溶解 129.3g，吸湿性极强，暴露于空气中极易吸水潮解，高温高湿条件下更易发生。因此，储存时应密闭并放置于阴凉处。

（3）硝酸钙是一种生理碱性盐，作物根系吸收硝酸根离子的速率大于吸收钙离子，因此表现出生理碱性。由于钙离子也被作物吸收，其生理碱性表现得不太强烈，随着钙离子被作物吸收之后，其生理碱性会逐渐减弱。

（二）过磷酸钙

（1）含磷的有效成分为磷酸一钙 $[Ca(H_2PO_4)_2]$，同时还含有在制造过程中产生的硫酸钙（石膏，$CaSO_4 \cdot H_2O$），它们分别占肥料重量的 30%~50%，其余的为其他杂质。

（2）过磷酸钙的外观为灰色或灰黑色颗粒或粉末，分子量为234。一级品过磷酸钙的有效磷含量（P_2O_5）为18%，游离酸含量<4%，水分含量<10%，同时还含有 Ca 19%~22%，S 10%~12%。

（3）过磷酸钙是一种水溶性磷肥，当把过磷酸钙溶解于水中时会在容器底部残留一些沉淀，这些沉淀就是难溶性的硫酸钙，但不要误会为过磷酸钙是一种缓效性的或难溶性的肥料。

（4）在制造过程中原来磷矿石中的 Fe、Al 等化合物也被硫酸溶解而同时存在于肥料中，当过磷酸钙吸湿后，磷酸一钙会与 Fe、Al 化合物形成难溶性的磷酸铁和磷酸铝等化合物，这时磷酸的有效性就降低了，这个过程称为磷酸的退化作用。因此，在贮藏时要放在干燥处，以防吸湿而降低过磷酸钙的肥效。

（三）重过磷酸钙

（1）重过磷酸钙的有效成分为磷酸二氢钙即磷酸一钙 $[Ca(H_2PO_4)_2 \cdot H_2O]$。

（2）外观为灰白色或灰黑色颗粒状或粉末，含磷量（P_2O_5）为40%~50%，不含有硫酸钙，易溶于水，游离酸含量较高，可达4%~8%，故水溶液呈酸性。

（3）吸湿性和腐蚀性都比过磷酸钙强，但不像过磷酸钙那样存在着磷酸的退化作用。

（四）氯化钙

（1）外观为白色粉末或结晶。

（2）含钙（Ca）36%，含氯（Cl）64%。

（3）吸湿性强，易溶于水，水溶液呈中性，属生理酸性肥料。

（4）主要用于作物钙营养不足时叶面喷施使用。

（5）也可用于不使用硝酸钙作为钙源的配方中。

（6）不宜在忌氯作物上使用，其他作物上使用时也要慎重。

（五）硫酸钙

（1）硫酸钙又称石膏，外观为白色粉末状。

（2）含钙（Ca）23.28%，含硫（S）18.62%。

（3）农用石膏有生石膏（$CaSO_4 \cdot 2H_2O$）、熟石膏（$CaSO_4 \cdot 1/2H_2O$）和含磷石膏（$CaSO_4 \cdot 2H_2O$）三种。

（4）溶解度很低，20℃时100g水中只能溶解0.204g硫酸钙。

（5）水溶液呈中性，属生理酸性肥料。

（六）其他钙肥

（1）生石灰，含 Ca 60.30%。

（2）熟石灰，含 Ca 46.10%。

（3）方解石石灰岩，含 Ca 31.70%。

（4）白云石石灰岩，含 Ca 21.50%。

（5）高炉炉渣，含 Ca 21.50%。

（6）石灰氮，含 Ca 38.50%。

（7）磷灰岩，含 Ca 33.10%。

（8）钙镁磷肥，含 Ca 24.00%。

（9）沉淀磷酸钙，含 Ca 22.00%。

（10）钢渣磷肥，含 Ca 35.10%。

（11）窑灰钾肥，含 Ca 28.20%。

四、石灰施用量计算

测得土壤 CEC 为 10m.e/100g 土，交换性 H^+ 和 Al^{3+} 的饱和度为 40%，每公顷耕地土壤 CaO 施用量计算方法如下。

1. 土壤 CaO 施用量

＝4 500 000×500×10÷100×40%

＝90 000 000 毫克当量

＝90 000 克当量

2. 以等当量 CaO 中和，其 CaO 施用量

＝90 000×56÷2

＝2 520 000g

＝2 520kg/hm²

五、钙肥科学施用技术

（一）土壤含钙量及特点

（1）地层中含钙量约为 3.64%。但不同土壤中钙的含量不同。在黏重土壤中，每亩约含几百千克可交换钙，而在砂性土壤上含钙量只有黏土的一半。

（2）钙在土壤中以阳离子的形式存在，它可中和由黏土和有机物质所产生的阴性反应。钙的这一特性可以防止土壤营养的很快流失。

（3）在潮湿的酸性土壤中，钙主要以可交换态和难分解初始矿石的形式存在。与其他阳离子一样，可交换钙和溶液中的钙总是处于动态平衡中。当被淋失或吸收时，吸附钙就会进来补充。相反，如果土壤溶液中钙浓度突然增加，就会有一些钙离子被可交换复合物所吸附。

（4）钙在土壤中有两种作用，一是作为植株生长所必需的营养元素；二是作为土壤中的主导盐基离子，它保持着土壤的中性反应。

（5）土壤中钙离子饱和后，能中和溶液中大部分阴离子。如果土壤中淋失的钙不能得到补充，就会有带正电的氢离子来代替它，因而使土壤 pH 值降低，即土壤变为酸性，这样会引起下列一些现象的出现，如黏土结构遭到破坏，铁、铝、镁等盐类溶解度增加，加大了它们在土壤溶液中的浓度。

（6）过高的浓度对一些作物会产生毒害作用，如磷酸盐溶解性降低，土壤生物（如昆虫、蚯蚓和一些微生物等）在酸性土壤中不能很好地生存，硝化细菌受影响最大。

（二）作物对钙的反应及需钙量

（1）钙是以 Ca^{2+} 的形式被植株吸收。作物只能通过根尖吸收钙离子。因此，虽然土壤中含有较丰富的钙，但作物吸收钙的速度和数量都较小。

（2）钙可促进细胞的伸长和分裂，在保证细胞膜的渗透性和完整性上很重要，因而也保证了作物对其他离子的选择吸收。

（3）作物缺钙后生长点和幼叶首先出现缺钙症状，细胞壁溶解、组织变软，出现褐色物质并积聚在细胞间隙和维管束组织中，从而影响了植株的运输机制。实际中，上述绝对缺钙的情况很少出现。而间接缺钙常发生在供钙不足的果实和其他贮藏器官上。例如，番茄果实脐部出现裂纹、辣椒的脐腐病、甘蓝的夹皮烂、胡萝卜的凹斑病等。所有这些组织都是通过蒸腾流直接从土壤溶液中获得钙离子的。因此，如果木质部汁液中 Ca^{2+} 含量低，或器官的蒸腾量低（如在潮湿情况下），该器官就不能获得足够的 Ca^{2+} 而出现缺钙症状。

（4）钙离子在植株体内的移动性很小，例如，番茄植株在坐果期间缺钙仍能造成脐腐病，这就说明植株在坐果前所吸收的钙对以后果实的发育是用不上的。

（三）钙的施用方法

（1）土壤是否需要施钙，要根据土壤反应和蔬菜种类而定。钙在土壤中的主要作用是调节土壤酸碱度。多数蔬菜在 pH 值 6.50~7.00 时生长良好。

（2）有些作物如甜菜对酸性土壤敏感，其次是豆类、芜菁、芜菁甘蓝等。而有的蔬菜如土豆对酸性土壤的敏感性较低。许多蔬菜在 pH 值低于 5.00~5.50 时生长就受到影响。因此，在决定是否施钙之前，首先应测定一下土壤 pH 值。当 pH 值较低时，可酌情施以一定量石灰。当 pH 值在 6.50 以上时，不需要施钙。在需要施钙的土壤上，要施用细石灰或白云石。因为石灰磨得细，容易撒得均匀，效果较好。

（3）当土壤酸性较大时，或要种植耐酸性较差的蔬菜时，不要在耕地前施石灰，因为耕地时会将石灰翻到深层而降低施石灰的效果。一般应于耕后进行地面撒施，然后耙平土地，使石灰与表层土壤混合。

第二节　镁肥科学施肥技术

一、土壤中镁的含量和形态

（一）土壤中镁的含量

土壤中镁的含量平均为 19.3g/kg。

（二）土壤中镁的形态

（1）矿物态——存在于矿物晶格中的镁。
（2）交换性——土壤胶体表面吸附的镁。
（3）非交换性——能被酸提出的潜在镁。
（4）水溶性——土壤溶液中的镁离子。

二、镁的生理功能和缺镁症状

（一）镁的生理功能

1. 叶绿素的组分

镁是叶绿素的组成成分，缺镁时不仅作物合成叶绿素受阻，而且会导致叶绿素结构严重破坏。对于高等作物来说，没有镁就意味着没有叶绿素，也就不存在光合作用。

2. 稳定细胞的 pH 值

在细胞质代谢过程中，镁是中和有机酸、磷酸酯的磷酰基团以及核酸酸性时所必需的元素。为了适合大多数酶促反应，要求细胞质和叶绿体中 pH 值稳定在 7.5~8.0，镁和钾一样对稳定 pH 值是有贡献的。

3. 酶的活化剂或构成元素

许多酶促反应中，Mg^{2+} 是酶的活化剂或者是某些酶的构成元素。由镁活化的酶类大约有几十种。在作物体内各项代谢和能量转化等重要生化反应中，都需要有 Mg^{2+} 参加。镁是糖代谢过程中许多酶的活化剂。镁能促进磷酸盐在体内的运转。它参与脂肪的代谢和促进维生素 A 及维生素 C 的合成。

4. 参与蛋白质合成

镁是联接核糖体亚单位的桥接元素，为蛋白质合成提供场所。缺镁时，蛋白质含量下降，非蛋白态氮的比例增加，从而抑制了蛋白质的合成。据报道，镁对核糖体有稳定作用。在蛋白质合成过程中，氨基酸的活化、多肽链的启动和延长都需要有镁参与。镁能激活谷氨酰胺合成酶，因此，镁对氮素代谢有重要作用。

（二）缺镁症状

（1）叶片失绿，叶脉仍保持绿色。
（2）叶尖出现赤色、紫色。

三、镁肥

（1）硫酸镁，含镁 Mg 9.86%。
（2）钙镁磷肥，含 Mg 24.00%。
（3）氯化镁，含 Mg 25.60%。
（4）硝酸镁，含 Mg 16.40%。
（5）磷酸铵镁，含 Mg 14.00%。
（6）钾镁肥，含 Mg 8.01%。
（7）氧化镁，含 Mg 55.00%。
（8）白云石粉，含 Mg 13.00%。

四、镁肥科学施肥技术

（一）土壤含镁量及特点

（1）各种土壤的含镁量是不同的。砂质土约为 0.05%，黏土约 0.5%。一般来说，由含镁较高的成土母质形成的土壤含镁元素都较高。土壤中有效镁是以可交换态或水溶态（或二者同时存在）的形式存在的。与钾元素相似，镁主要是以缓慢有效态存在的，并与可交换态达到一定的动态平衡。

（2）潮湿地区的粗质地土壤中，往往缺少可交换镁。这种情况下，如果大量施用其他肥料，而不施镁元素，土壤条件则会更加恶化。

（3）当施入其他元素后，镁会通过离子交换而被释放出来，与溶液中氯离子和硫酸根离子结合后随水渗漏流失。土壤中每年流失镁的量为 $20\sim30kg/hm^2$，植株每年约吸收镁 $15kg/hm^2$。在含镁丰富的土壤中，每年失去镁的总量可以通过土壤矿质或黏土中释放来补充。但在砂性土壤中，由土壤矿质分解释放出来的镁就远远不能弥补土壤中每年镁的损失量。即使在轻壤土中，镁的释放量也不能完全弥补镁的损失。因此，在后两种土壤中就应考虑施镁的问题。

（4）在淋溶流失不严重的土壤上，会因为有效镁、钙、钾等离子间的不平衡而导致缺镁现象。可交换镁与其他可交换阳离子之间的比例低于4%时，会引起植株缺镁。例如，在砂质土上钾的施用量过高时，会降低植株对镁的吸收，如果这时增施镁元素，也不能完全消除因钾过剩而对植株引起的缺镁影响。

（二）作物对镁的需要量

（1）镁是叶绿素的组成成分，当作物缺镁时，叶片在叶脉间变黄或缺绿。

（2）各种作物叶片出现缺镁症状时镁的临界含量是不同的。例如，番茄叶片含镁量降到3mg/g干物质以下时就出现症状，而甜菜叶片含镁量降到0.4mg/g干重时也未出现缺镁症状。

（三）镁肥科学施用技术

（1）通常在作物生产中，只要每季都坚持施农家肥，一般不会出现缺镁现象。但是在复种指数较高的砂土、轻壤土上，或很少施用有机肥的土壤上，含镁量会逐年减少，很容易出现缺镁现象。因此，需要考虑施镁的问题。

（2）pH值较低的土壤缺镁时，施用白云石即可。但在中性或偏碱性土壤上，则应施用其他含镁肥料。

（3）白云石和熔渣粉碎后撒施于土壤表面，然后与土壤混合掺匀即可。

（4）硫酸镁等可溶性盐类可直接撒施于土中，或随水灌溉。

（5）在作物出现缺镁症状时，可叶面喷施0.5%~1.0%的硫酸镁溶液，豆类蔬菜和甜菜用2%硫酸镁水溶液浸种，可促进种子发芽。

第三节 硫肥科学施肥技术

一、土壤中硫的含量和形态

（一）土壤中硫的含量

土壤中硫的含量平均为26.54g/kg。

（二）土壤中硫的形态

（1）无机硫——存在于土壤溶液和硫酸盐中的硫。

（2）有机硫——存在于土壤中的有机含硫化合物。

二、硫的生理功能和缺硫症状

（一）硫的生理功能

1. 参与蛋白质合成和代谢

硫也是生命物质的组成元素，作物体内有 3 种含硫的氨基酸（蛋氨酸、胱氨酸、半胱氨酸）。没有硫就没有含硫的氨基酸，作为生命基础物质的蛋白质也就不能合成，这表明硫和生命活动关系密切。缺硫时，蛋白质合成受阻。

2. 参与体内氧化还原反应

作物体内存在着一种极其重要的生物氧化剂，即谷胱甘肽（GSH）。它是由谷氨酸、含硫的半胱氨酸和甘氨酸组成的，它在作物呼吸作用中起重要作用。作物缺硫时，谷胱甘肽难以合成，导致正常的氧化还原反应受阻，有机酸形成减少，进而还会影响蛋白质的合成。此外，还有许多含硫有机化合物在作物代谢中具有重要作用。例如，脂肪酶、脲酶都是含硫的酶；辅酶 A 的分子结构中也含有硫。铁氧还蛋白和硫氧还蛋白则是豆科作物固氮所必需的。

3. 影响叶绿素形成

硫虽然不是叶绿素的组成成分，但缺硫时往往使叶片中的叶绿素含量降低，叶色淡绿，严重时变为黄白色。

硫还是许多挥发性化合物的结构成分，这些成分使葱头、大蒜、大葱和芥菜等作物具有特殊的气味。因此，种植这类作物时，适当施用含硫肥料对改善其品质是非常重要的。

（二）缺硫症状

（1）叶片失绿黄化。

（2）症状首先在幼叶上出现。

（3）开花结实推迟，果实减少。

三、硫肥

（一）硫酸铵

（1）硫酸铵中含氮（N）量为 20%~21%，分子量为 132.10，它是用硫酸中和 NH_3 而制得的。

（2）外观为白色结晶，易溶于水，在 20℃时，每 100g 水可溶解 75g 硫酸铵。

（3）物理性状良好，不易吸湿。但当硫酸铵中含有较多的游离酸或空气湿度较大时，长期存放也会吸湿结块。

（4）溶液中的硫酸铵被作物吸收时，由于多数作物根系对 NH_4^+ 的吸收速率比 SO_4^{2-} 来得快，而使得溶液中累积较多的硫酸，呈酸性。所以，硫酸铵是一种生理酸性肥料。

（二）硫酸钾

（1）含钾（K_2O）50%～52%，含硫（S）18%。

（2）分子量为 174.25。

（3）易溶解于水，但溶解度稍小，20℃时 100g 水中可溶解 11.1g，吸湿性小。

（4）不结块，物理性状良好，水溶液呈中性，属生理酸性肥料。

（三）过磷酸钙

（1）过磷酸钙又称普通过磷酸钙或普钙。它是由粉碎的磷矿粉中加入硫酸溶解而制成的，其中含磷的有效成分为磷酸一钙 $[Ca(H_2PO_4)_2]$，同时还含有在制造过程中产生的硫酸钙（石膏，$CaSO_4 \cdot H_2O$），它们分别占肥料重量的 30%～50%，其余的为其他杂质。

（2）过磷酸钙的外观为灰色或灰黑色颗粒或粉末，分子量为 234，一级品的过磷酸钙的有效磷含量（P_2O_5）为 18%，游离酸含量<4%，水分含量<10%，同时还含有钙（Ca）19%～22%、硫（S）10%～12%。

（3）过磷酸钙是一种水溶性磷肥，当把过磷酸钙溶解于水中时会在容器底部残留一些沉淀，这些沉淀就是难溶性的硫酸钙，但不要误会为过磷酸钙是一种缓效性的或难溶性的肥料。

（4）过磷酸钙由于在制造过程中原来磷矿石中的 Fe、Al 等化合物也被硫酸溶解而同时存在于肥料中，当过磷酸钙吸湿后，磷酸一钙会与 Fe、Al 化合物形成难溶性的磷酸铁和磷酸铝等化合物，这时磷酸的有效性就降低了，这个过程称为磷酸的退化作用。因此，在贮藏时要放在干燥处，以防吸湿而降低过磷酸钙的肥效。

（四）硫酸钙

（1）硫酸钙又称石膏，外观为白色粉末状，含钙（Ca）23.28%、含硫（S）18.62%。

（2）溶解度很低，20℃时 100g 水中只能溶解 0.204g 硫酸钙。

（3）生理酸性肥料。

（五）其他硫肥

其他硫肥见表 5-1。

表 5-1　其他硫肥的含硫量

编号	肥料种类	S（%）	编号	肥料种类	S（%）
1	生石膏	18.60	9	家禽粪	0.08
2	熟石膏	20.70	10	谷类秸秆	0.15
3	磷石膏	11.90	11	豆类秸秆	0.19
4	硫硝酸铵	12.10	12	玉米秸秆	0.16
5	绿矾	11.50	13	棉花类秸秆	0.04
6	硫黄	95.00	14	油菜籽秸秆	0.92
7	猪粪	0.12	15	紫花苜蓿秸秆	0.45
8	牛粪	0.03	16	草木樨秸秆	0.21

第四节　土壤中的微量元素

一、影响土壤微量元素有效性的因素

（一）土壤 pH 值

（1）土壤中 B、Mn、Cu、Zn、Fe 的有效性随土壤 pH 值的升高而降低。

（2）土壤中 Mo 的有效性随土壤 pH 值的升高而增大。

（二）土壤有机质

土壤有机质与微量元素螯合，形成螯合物，提高了其有效性。

（三）土壤 Eh

土壤 Eh<250mv 时进行还原反应，微量元素的化合价降低，提高了其有效性。

二、土壤中的微量元素含量及缺乏的临界浓度

（1）中国土壤中的微量元素 B、Mn、Cu、Zn、Fe 含量高于世界，而世界土壤中的微量元素 B、Mn、Cu、Zn 含量高于甘肃和张掖灌区。

（2）张掖灌区土壤中的微量元素 B、Mn、Cu、Fe 含量大于临界浓度，而 Zn 和 Mo 小于临界浓度，可以考虑施用锌肥和钼肥。土壤中的微量元素含量及缺乏的临界浓度，见表 5-2。

表 5-2 土壤中的微量元素含量及缺乏的临界浓度

种类	世界（mg/kg）	中国（mg/kg）	甘肃（mg/kg）	张掖灌区（mg/kg）	临界浓度（mg/kg）
B	10.80	64.00	0.78	1.22	0.50
Mn	500.00	710.00	9.47	8.41	7.00
Cu	20.00	22.00	1.01	1.35	0.50
Zn	50.58	100.00	0.51	0.48	0.50
Fe	3.80	6.42	11.08	12.21	4.50
Mo	1.20	1.00	0.11	0.13	0.15

第五节 微量元素生理功能与缺素症

一、微量元素生理功能

（一）铁的生理功能

1. 影响叶绿素合成

尽管铁不是叶绿素的组成成分，但合成叶绿素时需要铁。缺铁时，叶绿体结构被破坏，从而导致叶绿素不能合成。作物缺铁常出现失绿症，症状首先表现在幼叶上。因为铁在体内流动性很小，老叶中的铁很难再转移到新生组织中去，所以一旦缺铁就会在新生的幼叶上出现失绿症，而植株的下部老叶仍能保持绿色。

2. 参与作物体内的氧化还原反应

无机铁盐的氧化还原能力并不强，但是当铁与某些有机物结合形成铁血红素或进一步合成铁血红蛋白，它们的氧化还原能力就能提高千倍、万倍。例如，在固氮酶中含有钼铁蛋白，它是豆科蔬菜固氮时所必需，缺铁时，豆科蔬菜就不能固氮。

3. 促进作物细胞的呼吸作用

因为铁是某些与呼吸作用有关酶的成分，例如，细胞色素氧化酶、过氧化氢酶、过氧化物酶等都含有铁。

此外，铁是磷酸蔗糖合成酶最好的活化剂。缺铁会导致体内蔗糖形成减少。

（二）硼的生理功能

1. 参与碳水化合物的运输和代谢

硼的重要营养功能之一是促进碳水化合物运输。供硼充足时，糖在体内运输就顺利；供硼不足时，则会有大量糖类化合物在叶片中积累，使叶片变厚、变脆，甚至畸形。糖运输受阻会造成分生组织中糖分明显不足，致使新生组织形成受阻，往往表现为植株生长停滞，甚至生长点死亡。

2. 促进生殖器官的建成和发育

人们很早就发现，蔬菜的生殖器官，尤其是花的柱头和子房中硼的含量很高。所有缺硼的高等作物，其生殖器官均发育不良，影响受精作用。硼能促进蔬菜花粉的萌发和花粉管伸长。缺硼还会影响种子的形成和成熟，如甘蓝型油菜出现的"花而不实"，就是由于缺硼引起的。

3. 调节体内氧化系统

硼对多酚氧化酶所活化的氧化系统有一定的调节作用。缺硼时氧化系统失调，多酚氧化酶活性提高。当酚氧化成醌以后，产生黑色的醌类聚合物而使蔬菜出现病症。如甜菜的腐心病和萝卜的褐腐病等都是醌类聚合物积累所致。

4. 提高根瘤菌的固氮能力

硼具有改善碳水化合物运输的功能，能为根瘤菌提供更多的能源和碳水化合物。缺硼时根部维管束发育不良，影响碳水化合物向根部运输，从而使根瘤菌得不到充足的碳源，最终导致根瘤菌固氮能力下降。

5. 促进细胞伸长和分裂

缺硼最明显的反应之一是主根和侧根的伸长受到抑制，甚至停止生长，使根系呈短粗丛枝状。缺硼时细胞分裂素合成受阻，而生长素（IAA）却大量累积，最终致使作物细胞坏死而出现枯斑或坏死组织。研究证明，硼不仅是细胞生长所必需，同时也是细胞分裂所必需。

此外，硼还能促进核酸和蛋白质的合成、影响生长素的运转以及提高蔬菜抗旱能力。

（三）锰的生理功能

1. 直接参与光合作用

在光合作用中，锰参与水的光解和电子传递作用。缺锰时叶绿体仅能产生少量的氧，因而光合磷酸化作用受阻，糖和纤维素也随之减少。许多资料表明，叶绿体含锰量较高，它能稳定维持叶绿体的结构。缺锰时膜结构遭破坏而导致叶绿体解体、叶绿素含量下降。如甜菜缺锰可使叶绿体的数目、体积和叶绿素浓度都明显减少。许多缺锰的作物，在未出现缺锰症状前，叶绿体的结构就已经明显受损伤。由此可见，在所有细胞器中，叶绿体对缺锰最为敏感。

2. 许多酶的活化剂

锰在蔬菜代谢过程中的作用是多方面的，如直接参与光合作用、促进氮素代谢、调节作物体内氧化还原状况等，而这些作用往往是通过锰对酶活性的影响来实现的。锰能提高植株的呼吸强度，增加 CO_2 的同化量。锰还能促进碳水化合物的水解作用。

缺锰时硝酸还原酶活性下降，作物体内硝态氮的还原作用受阻，从而导致体内硝酸盐积累、蛋白质合成受阻。现已发现，各种作物体内都有含锰的超氧化物歧化酶。它具有保护光合系统免遭活性氧的毒害以及稳定叶绿素的功能。锰在吲哚乙酸（IAA）氧化反应中能提高吲哚乙酸氧化酶的活性，有助于过多的生长素及时降解，以保证作物能正常生长和发育。

3. 促进种子萌发和幼苗生长

锰能促进种子萌发和幼苗早期生长。锰不仅对胚芽鞘的伸长有刺激作用，而且能加速种子内淀粉和蛋白质的水解，从而保证幼苗及时能获得养料。锰对作物还有许多良好的作用，如促进维生素 C 的形成以及增强茎的机械组织等。

（四）锌的生理功能

1. 某些酶的组分或活化剂

锌是许多酶的组成成分。例如，乙醇脱氢酶、铜–锌超氧化物歧化酶、碳酸酐酶和 RNA 聚合酶都含有结合态锌。锌也是许多酶的活化剂，在糖酵解过程中，锌是磷酸甘油醛脱氢酶、乙醇脱氢酶和乳酸脱氢酶的活化剂，这表明锌参与呼吸作用及多种物质的代谢。缺锌还会降低作物体内硝酸还原酶和蛋白酶的活性。总之，锌通过酶对作物碳、氮代谢产生相当广泛的影响。

2. 参与生长素的合成

缺锌时，蔬菜体内吲哚乙酸合成锐减，尤其是在芽和茎中的含量明显减少，导致蔬菜生长发育出现停滞状态，其典型表现是叶片变小、节间缩短等，通常把这种生理病害称为小叶病和簇叶病。

3. 促进光合作用

在作物中首先发现含锌的酶是碳酸酐酶。它可催化光合作用过程中 CO_2 的水合作用。缺锌时蔬菜光合作用的强度大大降低，这不仅与叶绿素含量减少有关，而且与 CO_2 的水合反应受阻有关。

4. 参与蛋白质合成

在 RNA 聚合酶的组分中就含有锌，它是蛋白质合成所必需的酶。作物缺锌的一个明显特征是作物体内 RNA 酶的活性提高。缺锌时作物体内蛋白质含量降低是由于 RNA 降解速率加快所引起的。

此外，锌不仅是核糖核蛋白体的组成成分，而且是保持核糖核蛋白体结构完整性所必需。对裸藻属细胞的研究表明，在缺锌的条件下，核糖核蛋白体解体；恢复供锌后，核糖核蛋白体又可重建。

在几种微量元素中，锌是影响蛋白质合成最为突出的元素。锌是蛋白质合成时一些酶的组分，如 RNA 聚合酶、谷氨酸脱氢酶等。最近几年又发现了另外一些对氮素代谢有影响的含锌酶，如蛋白酶和肽酶等。所以，锌和蛋白质合成紧密相连。

5. 影响生殖器官的建成和发育

锌对生殖器官发育和种子受精都有影响。缺锌的豌豆不能形成种子。有试验表明，三叶草增施锌肥，产草量可提高 1 倍，而种子的产量则可增加近 100 倍。由此可见，锌对繁殖器官的形成和发育具有重要作用。

（五）铜的生理功能

1. 参与体内氧化还原反应

铜以酶的方式积极参与作物体内的氧化还原反应，并对作物的呼吸作用有明显影响。铜还能提高硝酸还原酶的活性。在催化脂肪酸的饱和作用和羧化作用中铜也有贡献。铜在上述氧化反应中起传递电子的作用。

2. 构成铜蛋白并参与光合作用

铜在叶绿体中含量较高。缺铜时，很少见到叶绿体结构遭破坏，但淀粉含量明显减少，这说明光合作用受到抑制。铜与色素可形成络合物，对叶绿素和其他色素有稳定作用，特别是在不良环境中能明显增加色素的稳定性。

3. 超氧化物歧化酶（SOD）的组成成分

近年来，在作物体内发现铜与锌共同存在于超氧化物歧化酶之中。这种酶（Cu-Zn-SOD）是所有好氧有机体所必需的。生物体中的氧分子能产生超氧化物自由基，它能使生物体的代谢作用发生紊乱，而导致作物中毒。含铜和锌的超氧化物歧化酶却具有催化超氧自由基歧化的作用。缺铜时，植株中超氧化物歧化酶的活性降低。

超氧自由基是叶绿素光反应还原产物还原氧时所产生的。现已证实，厌氧有机体不能在有氧条件下生存的原因就在于体内缺少超氧化物歧化酶。

4. 参与氮素代谢和生物固氮作用

在复杂的蛋白质形成过程中，铜对氨基酸活化及蛋白质合成有促进作用。缺铜时常出现蛋白质合成受阻，可溶性铵态氮和天冬酰胺积累。因为铜能使核糖核酸酶的活性下降，从而对核糖体有保护作用，进而促进蛋白质合成。铜对共生固氮作用也有影响，它可能是共生固氮过程中某种酶的成分。

张掖灌区农作物科学施肥理论与实践

（六）钼的生理功能

1. 参与氮素代谢

钼的营养作用突出表现在氮素代谢方面。它是酶的金属组分，并会发生化合价的变化。在作物体中，钼是硝酸还原酶和固氮酶的成分，它们是氮素代谢过程中所不可缺少的酶。对于豆科蔬菜，钼有特殊的作用。

蔬菜吸收的硝态氮必须经过一系列的还原过程，转变成铵态氮以后才能用于合成氨基酸和蛋白质。在这一系列还原过程中，钼是硝酸还原酶辅基中的金属元素。钼在硝酸还原酶中与蛋白质部分结合，构成该酶不可缺少的一部分。缺钼时，植株内硝酸盐积累，体内氨基酸和蛋白质的数量明显减少。

钼的另一重要营养功能是参与根瘤菌的固氮作用，因为固氮酶中含有钼。固氮酶是由钼铁氧还蛋白和铁氧还蛋白两种蛋白组成的。这两种蛋白单独存在时都不能固氮，只有两者结合才具有固氮能力。钼不仅直接影响根瘤菌的活性，而且影响根瘤的形成和发育。缺钼时，豆科蔬菜的根瘤不仅数量少，且发育不良，固氮能力弱。

钼除参与硝酸盐还原和固氮作用外，还可能参与氨基酸的合成与代谢。钼能阻止核酸降解，也有利于蛋白质的合成。

2. 影响光合作用强度和维生素 C 的合成

缺钼时叶绿素含量减少，并会降低光合作用强度，还原糖的含量下降。钼是维持叶绿素的正常结构所必需的。用示踪元素钼所做的试验表明，叶绿素减少的区位往往正好发生在缺钼的同一脉间区内。

钼对维生素 C 的合成也有良好的作用。施钼能提高维生素 C 的含量，因钼参与了碳水化合物的代谢过程。

3. 参与繁殖器官的建成

钼除在豆科蔬菜根瘤和叶片脉间组织积累外，也积累在繁殖器官中。它在作物受精和胚胎发育中有特殊作用。许多作物缺钼时，花的数量减少。番茄缺钼表现出花特别小，而且丧失开放的能力。

二、微量元素缺素症状

（一）常见的缺硼生理性病害

（1）油菜缺硼花而不实。

（2）棉花缺硼蕾而不花。

（3）小麦缺硼穗而不实。

（4）花生缺硼存壳无仁。

（5）甜菜缺硼心腐病。

（6）萝卜缺硼褐腐病。

（7）芹菜缺硼茎折病。

（8）玉米缺硼果穗无粒。

（9）烟草缺硼顶腐病。

（10）桑树缺硼粗皮病。

（11）苹果缺硼缩果病。

（12）柑橘缺硼硬化病。

（13）葡萄缺硼缩果病。

（14）苜蓿缺硼黄化病。

（15）番茄缺硼丛生病。

（16）马铃薯缺硼丛生病。

（二）常见的缺锰生理性病害

（1）燕麦缺锰灰斑病。

（2）甜菜缺锰小斑病。

（3）豌豆缺锰坑点病。

（4）小麦缺锰条纹病。

（5）甘蔗缺锰条纹病。

（6）菠菜缺锰黄病。

（7）烟草缺锰花叶病。

（三）常见的缺锌生理性病害

（1）水稻缺锌矮缩病。

（2）玉米缺锌白苗花叶病。

（3）苹果缺锌簇叶病。

（4）柑橘缺锌小叶病。

（四）常见的缺铜生理性病害

作物缺铜顶枯病。

（五）常见的缺钼生理性病害

（1）甜菜缺钼叶片金黄色。

（2）豆科作物缺钼根瘤发育不良。

（3）根菜类缺钼内部形成黑色空洞。

（4）甘蓝、花椰菜缺钼鞭尾病。

张掖灌区农作物科学施肥理论与实践

（5）柑橘缺钼黄斑病。

（6）大豆、萝卜缺钼环状叶。

（7）小麦缺钼叶色褪绿不均匀。

（六）常见的缺铁生理性病害

果树缺铁上部叶片黄化，叶脉呈绿色。

（七）对微量元素敏感的作物

1. 对硼敏感作物

甜菜、芹菜、萝卜。

2. 对锰敏感的作物

小麦、萝卜、甜菜、草莓等。

3. 对锌敏感作物

玉米、水稻、棉花、甜菜、小麦等。

4. 对铜敏感作物

小麦、水稻、大麦等。

5. 对钼敏感作物

大豆、绿豆、绿肥作物。

6. 对铁敏感作物

葡萄、苹果、梨、桃等果树。

第六节　微肥科学施肥技术

一、微肥的施用技术

（一）基肥

7.50~30.00kg/hm^2。

（二）拌种

2~3g/kg 种子。

（三）浸种

浓度 0.01%~0.05%。

（四）叶面喷施

浓度 0.1%~0.2%。

（五）树杆注射

浓度 0.05%~1.10%。

二、施用微肥注意的事项

（一）适时适量均匀

从缺乏到毒害的范围很窄。

（二）要因作物施用

施在需要量较多的作物上。

1. 需硼较多作物

白菜、萝卜、苹果、豆科作物、油菜。

2. 需锰较多作物

马铃薯、大豆、甘薯。

3. 需铜较多作物

小麦。

4. 需锌较多作物

玉米、水稻。

5. 需钼较多作物

豆科作物。

6. 需铁较多作物

果树。

（三）要因土壤施用

土测值为临界浓度。

1. 硼土测值

<0.50mg/kg。

2. 锰土测值

<7.0mg/kg。

3. 铜土测值

<0.50mg/kg。

4. 锌土测值

<0.50mg/kg。

5. 钼土测值

<0.15mg/kg。

6. 铁土测值

<4.50mg/kg。

（四）与其他营养元素配合施用

（1）N+微量元素。
（2）P+微量元素。
（3）K+微量元素。
（4）N+P+微量元素。
（5）N+K+微量元素。
（6）P+K+微量元素。
（7）N+P+K+微量元素。
（8）氨基酸+微量元素。
（9）沼液+微量元素。
（10）生物肥料+微量元素。

三、微量元素肥料科学施用技术

（一）硼酸（H_3BO_3）

1. 含有效硼 17%

2. 基肥

3.75~11.25kg/hm²。

3. 浸种

浓度 0.01%~0.1%。

4. 拌种

0.4~1.0g/kg 种子。

5. 追肥

基肥 50~75kg/hm²，喷洒浓度 0.02%~0.10%。

6. 敏感作物

十字花科（油菜、萝卜等）、豆科、绿肥作物，棉花、苹果、葡萄等。

（二） 硫酸锰 （$MnSO_4 \cdot 3H_2O$）

1. 含有效锰 26%～28%

2. 基肥

15～45kg/hm^2。

3. 种肥

2～4g/kg 种子。

4. 叶面喷施

750～9 000kg/hm^2，浓度 0.01%～0.1%。

5. 需锰较多作物

小麦、大豆、洋葱、菠菜等。

（三） 硫酸锌 （$ZnSO_4 \cdot 7H_2O$）

1. 含有效锌 23%

2. 基肥

15～30kg/hm^2。

3. 种肥

拌种 4g/kg 种子。

4. 浸种

浓度 0.05%～0.10%，时间 12h。

5. 追肥

喷洒浓度 0.02%～0.05%，数量 750kg/hm^2。

6. 对锌敏感作物

玉米、水稻、甜菜、小麦、高粱、棉花、苹果、桃、水稻。

（四） 硫酸铜 （$CuSO_4 \cdot 5H_2O$）

1. 含有效铜 25%

2. 基肥

15～30kg/hm^2。

张掖灌区农作物科学施肥理论与实践

3. 根外追肥

喷洒浓度 0.02%~0.04%，数量 750kg/hm²。

4. 种肥

拌种 0.6~1.2g/kg。

5. 浸种

浓度 0.01%~0.05%，时间 12h。

6. 对铜敏感作物

小麦、水稻、大麦、牧草、亚麻、向日葵、甘蔗、柑橘等。

（五）钼酸铵 $[(NH_4)_2MoO_4]$

1. 含有效钼 50%

2. 基肥

0.75~1.50kg/hm²。

3. 种肥

浸种浓度 0.05%~0.1%，时间 12h。

4. 拌种

2g/kg 种子。

5. 根外追肥

浓度 0.01%~0.10%，数量 750~900kg/hm²。

6. 敏感作物

大豆、花生、绿豆、绿肥作物、棉花、玉米。

（六）硫酸亚铁 $(FeSO_4 \cdot 7H_2O)$

1. 含有效铁 19%

2. 基肥

450~675kg/hm²。

3. 种肥

浸种浓度 0.05%~0.10%，时间 12h。

4. 拌种

2g/kg 种子。

5. 根外追肥

浓度 0.01%~0.4%，数量 750~900kg/hm²。

6. 敏感作物

苹果、桃树、梨树、杏树、葡萄、草莓等。

四、张掖灌区微量元素含量

张掖灌区土壤有效硼含量为 0.84~1.45mg/kg，平均为 1.22mg/kg，属于硼适量的土壤；有效锰含量 7.16~9.40mg/kg，平均为 8.41mg/kg，属于锰丰富的土壤；有效铜含量为 0.99~1.60mg/kg，平均为 1.35mg/kg，属于铜丰富的土壤；有效锌含量为 0.34~0.66mg/kg，平均为 0.48mg/kg，属于缺锌的土壤；有效铁含量为 7.73~18.03mg/kg，平均为 12.21mg/kg，属于铁丰富的土壤；有效钼含量为 0.08~0.21mg/kg，平均为 0.13mg/kg，属于缺钼的土壤。张掖灌区玉米、水稻、棉花、甜菜、小麦应施用锌肥，大豆、绿豆、绿肥作物应施用钼肥，见表5-3。

表5-3 张掖灌区土壤微量元素含量

区县	样本数（个）	B（mg/kg）	Mn（mg/kg）	Cu（mg/kg）	Zn（mg/kg）	Fe（mg/kg）	Mo（mg/kg）
甘州	11	1.16	8.29	1.60	0.49	13.67	0.08
临泽	13	1.45	9.40	1.42	0.34	13.47	0.09
高台	8	1.33	9.18	1.60	0.44	18.03	0.11
山丹	7	1.30	8.05	0.99	0.66	7.73	0.18
民乐	9	0.84	7.16	1.16	0.48	8.15	0.21
均值	/	1.22	8.41	1.35	0.48	12.21	0.13

第六章 张掖灌区复混肥及新型 肥料科学施肥技术

第一节 复混肥种类及性质和混合方法

一、复混肥的种类

复混肥是复混肥料的简称，是含有多种植物所需矿物质元素或其他养分的肥料。氮、磷、钾三种养分中，至少有两种养分标明量的由化学方法和（或）掺混方法制成的肥料。这里所说的至少有两种养分是构成复混肥料的基础，否则，就属于单一肥料或单质肥料，如尿素、硫酸铵、过磷酸钙等。其中两种以上的单质肥料是由化学方法合成的，或由物理的掺混方法，以及在生产过程中既有化学反应，又有物理掺混而制成的产品，通称为复混肥料。二元复混肥主要有以下几种。

1. 氮磷复混肥

常见的氮磷复混肥有氨化过磷酸钙、硝酸磷肥、磷酸铵、液体磷酸铵、尿素磷铵、偏磷酸铵、硫磷铵和聚磷酸铵等。

2. 氮钾复混肥

常见的氮钾复混肥有硝酸钾和氮钾肥。

3. 磷钾复混肥

常见的磷钾复混肥有磷酸二氢钾和磷钾复肥。

二、复混肥的性质

1. 磷酸一铵

含 N 12%、P_2O_5 52%。

2. 磷酸二铵

含 N 18%、P_2O_5 46%。

3. 硝酸钾

含 N 12%~15%、K_2O 45%~60%。

4. 磷酸二氢钾

含 P_2O_5 52%、K_2O 35%。

5. 硝磷钾肥

含 N 10%、P_2O_5 10%、K_2O 10%。

三、复混肥混合原则及剂型和配制方法

（一）复混肥混合原则

（1）选择吸湿性小的肥料品种，混合后物理性状不能变坏。
（2）混合后养分不受损失，有利于提高肥效和施肥功效。

（二）复混肥混合剂型

（1）粉状混合肥料。
（2）粒状混合肥料。
（3）料浆混合造粒。
（4）液体或悬液混合肥料。

（三）复混肥生产配料的选择原则

（1）复混肥的配料选择必须按复混肥专业标准组织配料生产。
（2）复混肥养分配比和基础肥料品种的选用，以工业配方和农业配方相结合的原则进行。
（3）基础原料品种应考虑其化学相合性、造粒过程的成粒性、养分的稳定性，并有利于生产过程的控制，有利于产品品质的保证。

（四）复混肥配制方法

配制 $N-P_2O_5-K_2O-Zn$ 分别为 8%-10%-4%-0.46% 复混肥 1t，需（NH_4）$_2SO_4$（N 20%）、CaH_2PO_4（P_2O_5 20%）、K_2SO_4（K_2O 50%）、$ZnSO_4$（Zn 23%）各多少吨？

（1）（NH_4）$_2SO_4$ 需要量

＝1×8%÷20%

＝0.40t

（2）CaH_2PO_4 需要量

＝1×10%÷20%

＝0.50t

（3）K_2SO_4 需要量

$= 1 \times 4\% \div 50\%$

$= 0.08t$

（4）$ZnSO_4$ 需要量

$= 1 \times 0.46\% \div 23\%$

$= 0.02t$

第二节 主要作物复混肥配合比例及有效成分

配制复混肥一般选择的原料是 $CO(NH_2)_2$（含 N 46%）、$NH_4H_2PO_4$（含 N 12%、P_2O_5 52%）和 K_2SO_4（含 K_2O 50%）。粮食作物、经济作物、豆类作物、葫芦科瓜菜、茄科果菜、十字花科蔬菜、其他蔬菜和果树复混肥原料比例及产品指标分述如下。

一、粮食作物

（一）N 有效成分

粮食作物复混肥 N 有效成分变动在 15.15%～28.89%，平均值为 19.73%，有效成分最高的是高粱，平均值为 28.89%，有效成分最低的是冬小麦，平均值为 15.15%，见表6-1。

（二）P_2O_5 有效成分

粮食作物复混肥 P_2O_5 有效成分变动在 10.40%～34.59%，平均值为 24.36%，有效成分最高的是春小麦，平均值为 34.59%，有效成分最低的是马铃薯，平均值为 10.40%，见表6-1。

（三）K_2O 有效成分

粮食作物复混肥 K_2O 有效成分变动在 7.65%～24.00%，平均值为 11.26%，有效成分最高的是马铃薯，平均值为 24.00%，有效成分最低的是高粱，平均值为 7.65%，见表6-1。

（四）复混肥 N、P_2O_5、K_2O 总量

粮食作物复混肥 N、P_2O_5、K_2O 总量变动在 51.52%～58.76%，平均值为 55.63%，N、P_2O_5、K_2O 总量最高的是春小麦，平均值为 58.76%，N、P_2O_5、K_2O 总量最低的是马铃薯，平均值为 51.52%，见表6-1。

表 6-1　粮食作物复混肥配合比例及有效成分

编号	作物种类	生产 1t 复混肥原料比例			有效成分（%）			
		$CO(NH_2)_2$	$NH_4H_2PO_4$	K_2SO_4	N	P_2O_5	K_2O	总量
001	春小麦	0.1629	0.6651	0.1740	15.47	34.59	8.70	58.76
002	冬小麦	0.1820	0.5656	0.2524	15.15	29.41	12.62	57.18
003	大麦	0.2409	0.6015	0.1576	18.29	31.28	7.88	57.45
004	玉米	0.1613	0.6565	0.1822	15.29	34.14	9.11	58.54
005	谷子	0.5294	0.2941	0.1765	27.88	15.29	8.83	52.00
006	高粱	0.5508	0.2962	0.1530	28.89	15.40	7.65	51.94
007	马铃薯	0.3200	0.2000	0.4800	17.12	10.40	24.00	51.52
均值					19.73	24.36	11.26	55.63

二、经济作物

（一）N 有效成分

经济作物复混肥 N 有效成分变动在 10.79%～20.40%，平均值为 16.60%，有效成分最高的是甜菜，平均值为 20.40%，有效成分最低的是棉花，平均值为 10.79%，见表 6-2。

（二）P_2O_5 有效成分

经济作物复混肥 P_2O_5 有效成分变动在 10.91%～22.47%，平均值为 14.92%，有效成分最高的是棉花，平均值为 22.47%，有效成分最低的是甜菜，平均值为 10.91%，见表 6-2。

（三）K_2O 有效成分

经济作物复混肥 K_2O 有效成分变动在 20.06%～22.30%，平均值为 21.35%，有效成分最高的是棉花，平均值为 22.30%，有效成分最低的是甜菜，平均值为 20.06%，见表 6-2。

（四）N、P_2O_5、K_2O 总量

经济作物复混肥 N、P_2O_5、K_2O 总量变动在 51.37%～55.56%，平均值为 52.81%，N、P_2O_5、K_2O 总量最高的是棉花，平均值为 55.56%，N、P_2O_5、K_2O

张掖灌区农作物科学施肥理论与实践

总量最低的是甜菜，平均值为 51.37%，见表 6-2。

表 6-2 经济作物复混肥配合比例及有效成分

编号	作物种类	生产 1t 复混肥原料比例			产品指标（%）			
		$CO(NH_2)_2$	$NH_4H_2PO_4$	K_2SO_4	N	P_2O_5	K_2O	总量
001	棉花	0.1219	0.4321	0.4460	10.79	22.47	22.30	55.56
002	油菜	0.3475	0.2189	0.4336	18.62	11.38	21.68	51.68
003	甜菜	0.3890	0.2098	0.4012	20.40	10.91	20.06	51.37
均值					16.60	14.92	21.35	52.81

三、豆类作物

（一）N 有效成分

豆类作物复混肥 N 有效成分变动在 16.25%～27.39%，平均值为 20.84%，有效成分最高的是绿豆，平均值为 27.39%，有效成分最低的是芸豆，平均值为 16.25%，见表 6-3。

（二）P_2O_5 有效成分

豆类作物复混肥 P_2O_5 有效成分变动在 8.78%～27.20%，平均值为 14.73%，有效成分最高的是大豆，平均值为 27.20%，有效成分最低的是架豆，平均值为 8.78%，见表 6-3。

（三）K_2O 有效成分

豆类作物复混肥 K_2O 有效成分变动在 13.14%～22.99%，平均值为 16.94%，有效成分最高的是芸豆，平均值为 22.99%，有效成分最低的是绿豆，平均值为 13.14%，见表 6-3。

（四）N、P_2O_5、K_2O 总量

豆类作物复混肥 N、P_2O_5、K_2O 总量变动在 50.51%～56.76%，平均值为 52.50%，N、P_2O_5、K_2O 总量最高的是大豆，平均值为 56.76%，N、P_2O_5、K_2O 总量最低的是绿豆，平均值为 50.51%，见表 6-3。

表 6-3　豆类作物复混肥配合比例及有效成分

编号	作物种类	生产1t复混肥原料比例			有效成分（%）			
		$CO(NH_2)_2$	$NH_4H_2PO_4$	K_2SO_4	N	P_2O_5	K_2O	总量
001	大豆	0.2190	0.5230	0.2651	16.30	27.20	13.26	56.76
002	蚕豆	0.2450	0.4280	0.3270	16.41	22.26	16.35	55.02
003	豌豆	0.4632	0.2059	0.3309	23.78	10.71	16.55	51.04
004	绿豆	0.5454	0.1919	0.2627	27.39	9.98	13.14	50.51
005	架豆	0.4594	0.1689	0.3717	23.16	8.78	18.59	50.53
006	芸豆	0.2873	0.2528	0.4598	16.25	13.15	22.99	52.39
007	豇豆	0.4343	0.2121	0.3536	22.53	11.03	17.68	51.24
均值					20.84	14.73	16.94	52.50

四、葫芦科瓜菜复混肥

（一）N 有效成分

葫芦科瓜菜复混肥 N 有效成分变动在 10.60% ~ 24.92%，平均值为 16.10%，有效成分最高的是黄瓜，平均值为 24.92%，有效成分最低的是西瓜，平均值为 10.60%，见表 6-4。

（二）P_2O_5 有效成分

葫芦科瓜菜复混肥 P_2O_5 有效成分变动在 8.73% ~ 41.78%，平均值为 24.17%，有效成分最高的是甜瓜，平均值为 41.78%，有效成分最低的是南瓜，平均值为 8.73%，见表 6-4。

（三）K_2O 有效成分

葫芦科瓜菜复混肥 K_2O 有效成分变动在 6.56% ~ 25.20%，平均值为 15.62%，有效成分最高的是南瓜，平均值为 25.20%，有效成分最低的是白兰瓜，平均值为 6.56%，见表 6-4。

（四）N、P_2O_5、K_2O 总量

葫芦科瓜菜复混肥 N、P_2O_5、K_2O 总量变动在 51.05% ~ 62.39%，平均值为 55.90%，N、P_2O_5、K_2O 总量最高的是白兰瓜，平均值为 62.39%，N、P_2O_5、

K_2O 总量最低的是南瓜，平均值为 51.05%，见表 6-4。

表 6-4　葫芦科瓜菜复混肥配合比例及有效成分

编号	作物种类	生产1t复混肥原料比例			产品指标（%）			
		$CO(NH_2)_2$	$NH_4H_2PO_4$	K_2SO_4	N	P_2O_5	K_2O	总量
001	黄瓜	0.4615	0.3076	0.2309	24.92	16.00	11.55	52.48
002	西瓜	0.0722	0.6063	0.3215	10.60	31.52	16.08	58.20
003	甜瓜	0.0296	0.8035	0.1669	11.00	41.78	8.35	61.13
004	白兰瓜	0.1354	0.7734	0.1312	15.51	40.22	6.56	62.39
005	西葫芦	0.2300	0.3470	0.4230	14.74	18.04	21.15	53.93
006	冬瓜	0.3440	0.2480	0.4080	18.80	12.90	20.40	52.10
007	南瓜	0.3282	0.1679	0.5039	17.12	8.73	25.20	51.05
均值					16.10	24.17	15.62	55.90

五、茄科果菜

（一）N 有效成分

茄科果菜复混肥 N 有效成分变动在 10.89%～22.17%，平均值为 17.00%，有效成分最高的是番茄，平均值为 22.17%，有效成分最低的是茄子，平均值为 10.89%，见表 6-5。

（二）P_2O_5 有效成分

茄科果菜复混肥 P_2O_5 有效成分变动在 11.57%～24.77%，平均值为 18.39%，有效成分最高的是茄子，平均值为 24.77%，有效成分最低的是辣椒，平均值为 11.57%，见表 6-5。

（三）K_2O 有效成分

茄科果菜复混肥 K_2O 有效成分变动在 13.04%～23.56%，平均值为 18.38%，有效成分最高的是辣椒，平均值为 23.56%，有效成分最低的是番茄，平均值为 13.04%，见表 6-5。

（四）N、P_2O_5、K_2O 总量

茄科果菜复混肥 N、P_2O_5、K_2O 总量变动在 51.60%～56.22%，平均值为

53.76%，N、P_2O_5、K_2O 总量最高的是茄子，平均值为 56.22%，N、P_2O_5、K_2O 总量最低的是辣椒，平均值为 51.60%，见表 6-5。

表 6-5 茄科果菜复混肥配合比例及有效成分

编号	作物种类	生产 1t 复混肥原料比例			有效成分（%）			
		$CO(NH_2)_2$	$NH_4H_2PO_4$	K_2SO_4	N	P_2O_5	K_2O	总量
001	茄子	0.1124	0.4764	0.4112	10.89	24.77	20.56	56.22
002	辣椒	0.2975	0.2313	0.4712	16.47	11.57	23.56	51.60
003	番茄	0.3913	0.3478	0.2608	22.17	18.09	13.04	53.30
004	人参果	0.3061	0.3673	0.3266	18.49	19.10	16.33	53.92
均值					17.00	18.39	18.38	53.76

六、十字花科蔬菜

（一）N 有效成分

十字花科蔬菜复混肥 N 有效成分变动在 18.46%~27.13%，平均值为 23.90%，有效成分最高的是花椰菜，平均值为 27.13%，有效成分最低的是莴苣，平均值为 18.46%，见表 6-6。

（二）P_2O_5 有效成分

十字花科蔬菜复混肥 P_2O_5 有效成分变动在 7.34%~14.56%，平均值为 10.36%，有效成分最高的是结球甘蓝，平均值为 14.56%，有效成分最低的是莴苣，平均值为 7.34%，见表 6-6。

（三）K_2O 有效成分

十字花科蔬菜复混肥 K_2O 有效成分变动在 12.00%~24.71%，平均值为 16.67%，有效成分最高的是莴苣，平均值为 24.71%，有效成分最低的是结球甘蓝，平均值为 12.00%，见表 6-6。

（四）N、P_2O_5、K_2O 总量

十字花科蔬菜复混肥 N、P_2O_5、K_2O 总量变动在 50.39%~52.00%，平均值为 51.08%，N、P_2O_5、K_2O 总量最高的是结球甘蓝，平均值为 52.00%，N、P_2O_5、K_2O 总量最低的是油白菜，平均值为 50.39%，见表 6-6。

表 6-6　十字花科蔬菜复混肥配合比例及有效成分

编号	作物种类	生产1t复混肥原料比例			有效成分（%）			
		$CO(NH_2)_2$	$NH_4H_2PO_4$	K_2SO_4	N	P_2O_5	K_2O	总量
001	大白菜	0.5333	0.2000	0.2667	26.95	10.40	13.34	50.69
002	结球甘蓝	0.4800	0.2800	0.2400	25.44	14.56	12.00	52.00
003	花椰菜	0.5405	0.1890	0.2705	27.13	9.83	13.53	50.49
004	西蓝花	0.4379	0.2302	0.3319	22.90	11.87	16.60	51.37
005	油白菜	0.4479	0.1562	0.3959	22.47	8.12	19.80	50.39
006	莴苣	0.3647	0.1412	0.4941	18.46	7.34	24.71	51.51
均值					23.90	10.36	16.67	51.08

七、其他蔬菜

（一）N 有效成分

其他蔬菜复混肥 N 有效成分变动在 7.89%～28.49%，平均值为 17.31%，有效成分最高的是红萝卜，平均值为 28.49%，有效成分最低的是韭菜，平均值为 7.89%，见表 6-7。

（二）P_2O_5 有效成分

其他蔬菜复混肥 P_2O_5 有效成分变动在 7.43%～42.46%，平均值为 22.06%，有效成分最高的是大葱，平均值为 42.46%，有效成分最低的是菠菜，平均值为 7.43%，见表 6-7。

（三）K_2O 有效成分

其他蔬菜复混肥 K_2O 有效成分变动在 4.30%～25.72%，平均值为 15.39%，有效成分最高的是菠菜，平均值为 25.72%，有效成分最低的是大葱，平均值为 4.30%，见表 6-7。

（四）N、P_2O_5、K_2O 总量

其他蔬菜复混肥 N、P_2O_5、K_2O 总量变动在 50.51%～61.03%，平均值为 54.76%，N、P_2O_5、K_2O 总量最高的是大葱，平均值为 61.03%，N、P_2O_5、K_2O 总量最低的是红萝卜，平均值为 50.51%，见表 6-7。

表 6-7　其他蔬菜复混肥配合比例及有效成分

编号	作物种类	生产 1t 复混肥原料比例			有效成分（%）			
		$CO(NH_2)_2$	$NH_4H_2PO_4$	K_2SO_4	N	P_2O_5	K_2O	总量
001	大葱	0.0974	0.8166	0.0860	14.27	42.46	4.30	61.03
002	大蒜	0.3333	0.4444	0.2223	20.66	23.11	11.11	54.88
003	红萝卜	0.5675	0.1981	0.2344	28.49	10.30	11.72	50.51
004	胡萝卜	0.0898	0.6190	0.2912	11.56	32.19	14.56	58.31
005	洋葱	0.3158	0.4736	0.2106	20.21	24.63	10.53	55.37
006	芹菜	0.3316	0.2215	0.4469	17.92	11.52	22.35	51.79
007	菠菜	0.3428	0.1428	0.5144	17.48	7.43	25.72	50.63
008	韭菜	0.0667	0.4767	0.4566	7.89	24.79	22.83	55.51
均值					17.31	22.06	15.39	54.76

八、果树复混肥配合

（一）N 有效成分

果树复混肥 N 有效成分变动在 15.85%~21.03%，平均值为 19.61%，有效成分最高的是红枣，平均值为 21.03%，有效成分最低的是桃，平均值为 15.85%，见表 6-8。

（二）P_2O_5 有效成分

果树复混肥 P_2O_5 有效成分变动在 7.41%~18.53%，平均值为 11.84%，有效成分最高的是桃，平均值为 18.53%，有效成分最低的是杏，平均值为 7.41%，见表 6-8。

（三）K_2O 有效成分

果树复混肥 K_2O 有效成分变动在 16.82%~22.57%，平均值为 20.10%，有效成分最高的是杏，平均值为 22.57%，有效成分最低的是红枣，平均值为 16.82%，见表 6-8。

（四）N、P_2O_5、K_2O 总量

果树复混肥 N、P_2O_5、K_2O 总量变动在 50.37%~53.98%，平均值为 51.56%，

N、P_2O_5、K_2O 总量最高的是桃，平均值为 53.98%，N、P_2O_5、K_2O 总量最低的是杏，平均值为 50.37%，见表 6-8。

表 6-8 果树复混肥配合比例及有效成分

编号	作物种类	生产1t复混肥原料比例			有效成分（%）			
		$CO(NH_2)_2$	$NH_4H_2PO_4$	K_2SO_4	N	P_2O_5	K_2O	总量
001	桃	0.2516	0.3564	0.3920	15.85	18.53	19.60	53.98
002	梨	0.3534	0.2364	0.4102	19.09	12.29	20.51	51.89
003	杏	0.4062	0.1424	0.4514	20.39	7.41	22.57	50.37
004	苹果	0.3998	0.1990	0.4012	20.77	10.35	20.06	51.18
005	葡萄	0.3988	0.1802	0.4210	20.55	9.37	21.05	50.98
006	红枣	0.3916	0.2520	0.3364	21.03	13.10	16.82	50.95
均值					19.61	11.84	20.10	51.56

第三节 生活垃圾复混肥科学施肥技术

一、生活垃圾主要成分及重金属元素的控制方法

（一）生活垃圾主要成分

（1）经室内化验分析甘州、临泽、高台、山丹、民乐城镇 5 个垃圾点，生活垃圾含有机质 363.50g/kg，全氮 0.247%，全磷 0.393%，全钾 1.426%。

（2）含微量元素 B 2.55mg/kg，Mn 20.49mg/kg，Cu 1.25mg/kg，Zn 2.52 mg/kg，Fe 14.56mg/kg。

（3）含重金属 Hg 1.79mg/kg，Cd 1.32mg/kg，Cr 127.43mg/kg，Pb 30.06mg/kg。

（4）容重 0.63g/cm³，总孔度 79.39%，pH 值 7.87。

（5）根据室内化验分析资料表明，甘州区、临泽、高台、山丹、民乐城镇生活垃圾中的细土物质和有机质含量较高，并含有作物所需要的氮、磷、钾和微量元素，而重金属元素 Hg、Cd、Cr、Pb 含量均小于农用生活垃圾控制标准（表 6-9）。

表 6-9　生活垃圾主要成分分析表

项 目	甘州区	临泽	高台	山丹	民乐	平均
细土物质（%）	42.34	40.40	50.28	36.40	43.86	42.67
有机质（g/kg）	214.6	285.2	284.3	452.0	481.5	363.5
全氮（g/kg）	2.01	2.42	3.20	1.45	3.28	2.47
全磷（g/kg）	3.64	3.42	3.56	4.28	4.76	3.93
全钾（g/kg）	14.26	13.05	15.20	16.52	12.30	14.26
B（mg/kg）	2.05	1.43	2.48	3.60	3.21	2.55
Mn（mg/kg）	20.16	18.43	19.20	18.40	26.24	20.49
Cu（mg/kg）	1.05	1.12	1.24	1.56	1.30	1.25
Zn（mg/kg）	2.45	2.48	3.16	2.01	1.84	2.52
Fe（mg/kg）	11.20	16.45	12.38	14.56	18.22	14.56
Hg（mg/kg）	1.86	1.10	3.04	2.10	1.89	1.97
Cd（mg/kg）	1.22	1.44	1.32	1.40	1.22	1.32
Cr（mg/kg）	112.24	120.25	138.42	145.20	121.08	127.43
Pb（mg/kg）	28.42	27.60	38.42	40.30	24.68	30.06
水分（g/kg）	125.62	143.48	156.20	128.40	138.60	138.46
容量（g/cm³）	0.42	0.68	0.35	0.76	0.53	0.63
总孔度（%）	84.50	74.33	86.79	71.32	80.00	79.39
pH 值	2.50	8.10	7.92	8.15	7.70	7.87

（二）生活垃圾重金属元素的控制方法

1. 物理方法分离

将生活垃圾中不能利用的石砾、碎砖、瓦片、塑料等分拣，剩余物质风干粉碎，然后过筛，粒径小于 2mm 的细土垃圾重金属离子含量高，可以填埋，粒径 2~5mm 的垃圾作为材料使用。

2. 添加碱性基质

在生活垃圾发酵过程中添加粉煤灰等碱性基质，提高 pH 值，重金属离子的有效性随 pH 值升高而降低，pH 值在 7.50~8.20 时，可以明显减少作物对重金属的吸收。粉煤灰 N、P、K、Cu、Zn、Fe、Ca、Mg、Na 含量高，所含 CaO 和 MgO 具有强碱性，pH 值为 8.10~12.80，施用粉煤灰，提高了土壤 pH 值，可以钝化垃圾中重金属离子，从而有效地降低了重金属离子的活性。

3. 添加磷酸盐

生活垃圾中添加磷矿粉或钙镁磷肥，使重金属与磷酸根结合形成磷酸盐沉淀，使重金属离子有效性降低。

4. 添加生物有机肥

纯生物有机肥（纯鸡、羊粪）有机质含量高，有机质经腐殖化过程合成腐殖质，腐殖质具有多种功能团（羧基、酚羟基、烯醇羟基、醌基等），这些功能团解离后带负电荷，吸附了重金属离子形成不溶性的络合物，使作物不能吸收，从而降低作物体内重金属离子浓度。垃圾与生物有机肥（鸡粪）加入比例为 1：1。这样可以有效地降低生活垃圾堆肥中重金属的含量。垃圾堆肥与鸡粪堆肥腐熟后比较，Hg、Pb、Cr、Cd 分别降低 54.88%、57.58%、60.00%、63.92%。垃圾堆肥与垃圾+鸡粪堆置初期比较，Hg、Pb、Cr、Cd 分别降低 1.13mg/kg、17.82mg/kg、70.65mg/kg、0.80mg/kg。因此，在垃圾中加入生物有机肥可以明显降低垃圾堆肥中重金属的含量，使垃圾堆肥中重金属指标降低，从而减轻潜在性的土壤污染。垃圾堆肥中重金属指标一般为 Hg 1.34mg/kg、Pb 16.49mg/kg、Cr 61.65mg/kg、Cd 0.57mg/kg，见表 6-10。

表 6-10　生活垃圾加鸡粪堆肥前后重金属元素变化

时期	元素	垃圾	垃圾+鸡粪
初期	Hg（mg/kg）	2.05	0.92
	Pb（mg/kg）	32.40	14.58
	Cr（mg/kg）	128.45	57.80
	Cd（mg/kg）	1.32	0.52
腐熟期	Hg（mg/kg）	2.97	1.34
	Pb（mg/kg）	38.88	16.49
	Cr（mg/kg）	154.14	61.65
	Cd（mg/kg）	1.58	0.57

二、生活垃圾无害化处理及复混肥配制方法

（一）生活垃圾发酵处理

1. 生活垃圾分拣与过筛

将不能利用的杂物进行分拣填埋，剩余细土物质全部过 10mm 筛备用。

2. 生活垃圾无害化处理

（1）预处理。生活垃圾养分含量低，碳氮比大，发酵腐熟慢，无害化处理前，加入热性肥料羊粪提高发酵物的温度，促进碳水化合物的分解。

（2）发酵方法。将日光节能温室的温度调整到30~32℃，生活垃圾与纯羊粪混合比例为1:0.50，加入少量水，将含水量调整到50%~60%（用手握手指缝有水滴滴下），搅拌均匀，覆盖一层旧棚膜，在棚膜上钻许多直径3~5cm的小孔，堆置发酵25~30天，堆内温度达到50~55℃，然后倒翻1次，在发酵第45~60天，堆内温度降至室温时发酵结束。

（3）发酵后的性质。经高温发酵处理的生活垃圾，没有令人难闻的臭味，堆内颜色呈黑褐色，堆肥蛔虫死亡率95%，C/N比18:1，粒径2~5mm，有机质>30%，N、P_2O_5、K_2O含量分别为1.50%、0.50%、2.40%。

（二）复混肥配制技术

1. 原料选择

（1）发酵腐熟的生活垃圾，粒经2mm，含有机质30%、N 1.50%、P_2O_5 0.50%、K_2O 2.40%。

（2）$CO(NH_2)_2$，含N 46%。

（3）$Ca(H_2PO_4)_2$，含P_2O_5 16%。

（4）$NH_4H_2PO_4$，含N 12%、P_2O_5 52%。

（5）K_2SO_4，含K_2O 50%。

2. 配方确定

配制N 15.50%、P_2O_5 6.50%、有机质18.10%的生活垃圾复混肥1t，需$CO(NH_2)_2$、$Ca(H_2PO_4)_2$、生活垃圾分别为0.34t、0.41t、0.25t，3种肥料的混合比例为1.00:1.21:0.74。

（三）生活垃圾复混肥指标

1. 生活垃圾复混肥产品指标（表6-11）

表6-11 生活垃圾复混肥产品指标

项目	标准
N+P_2O_5+K_2O（%）	≥24
有机质（%）	≥10~20
水分（%）	≤5

（续表）

项目	标准
pH 值	5.5~6.5
粒度（1mm 筛）（%）	≥95
抗压强度（kg/cm³）	6~8

2. 生活垃圾复混肥质量标准（表6-12）

表6-12　生活垃圾复混肥质量标准

项目	标准	项目	标准
蛔虫死亡率（%）	9~100	As（mg/kg）	18.00
粪大肠杆菌值（ml）	10^{-2}~10^{-1}	Pb（mg/kg）	6.00
pH 值	6.5~8.5	Cr（mg/kg）	6.50
Cd（mg/kg）	0.80	六六六（mg/kg）	0.10
Hg（mg/kg）	0.07	DDT（mg/kg）	0.20

3. 生活垃圾复混肥原料标准（表6-13）

表6-13　生活垃圾复混肥原料标准

原料	标准	原料	标准
1. 生活垃圾		2. 鸡、羊粪	
有机质（%）	≥15	有机质（%）	23~32
水分（%）	≤14	C/N 比	≤20
C/N 比	≤20	全 N（%）	1.01
全 N（%）	≥0.50	全 P_2O_5（%）	0.41
全 P_2O_5（%）	≥0.30	全 K_2O（%）	0.72
全 K_2O（%）	≥0.10	pH 值	7.7~7.9
pH 值	6.5~8.5	CO（NH_2）$_2$	N 46%
蛔虫死亡率（%）	95~100	$NH_4H_2PO_4$	N 12%，P_2O_5 52%
总汞（mg/kg）	≤3	Ca（H_2PO_4）$_2$	P_2O_5 14%~16%
总镉（mg/kg）	≤15	K_2SO_4	K_2O 50%
总铅（mg/kg）	≤100	黏合剂（H_2SO_4）	98%
总铬（mg/kg）	≤300	扑粉（$CaSO_4$）	粒径≤2mm

三、生产工艺

（一）原材料及预处理

1. 原材料

（1）有机物料。经高温发酵处理，然后风干、粉碎和筛分处理的垃圾堆肥，粒径 2～5mm。

（2）化学原料。氮肥 [$CO(NH_2)_2$]、磷肥 [$Ca(H_2PO_4)_2$]。

2. 预处理

（1）$Ca(H_2PO_4)_2$ 的预干燥。$Ca(H_2PO_4)_2$ 一般含游离水 10%～15%，很难粉碎，最好将 $Ca(H_2PO_4)_2$ 进行预干燥处理，使其水分降到 5% 以下，$Ca(H_2PO_4)_2$ 预干燥方法通常采用烟道气流直接加热，烟道气流温度为 400～550℃，物料出口温度为 75～85℃。

（2）原料的粉碎。$Ca(H_2PO_4)_2$、$CO(NH_2)_2$ 可用链式粉碎机粉碎，用振动筛选，<1mm 的物料可以混合造粒，>1mm 的物料返回再次粉碎。

（3）$Ca(H_2PO_4)_2$ 氨化。$Ca(H_2PO_4)_2$ 含 3.5%～5% 游离酸，可用 NH_4HCO_3 中和氨化，$Ca(H_2PO_4)_2$ 与 NH_4HCO_3 氨化比为 10：1（重量比）。

（4）混合处理。把所用原料按配方计量后，输送于混合机内，混合机可用滚筒式或立式圆型，转变为 24～30r/min，混合时间 30min。

（二）造粒

1. 团粒法

（1）黏合剂 H_2SO_4、H_3PO_3，1t 垃圾复混肥用 98% 浓 H_2SO_4 50kg。

（2）圆盘造粒机。倾角 45°，转速 30r/min，Φ 1.60～2.20m，Φ 2 200mm 造粒机，每小时给料 4t，24r/min。

2. 挤压法

（1）生活垃圾堆肥在进入挤压机之前，进行磁选，除去物料中夹带的铁屑。

（2）$Ca(H_2PO_4)_2$ 烘干，粉碎，分筛，氨化。

（3）垃圾堆肥烘干，粉碎，分筛，粒度（1mm 筛）。

（4）$CO(NH_2)_2$、K_2SO_4 无须粉碎，可直接送入挤压造粒机内加工而成。

3. 扑粉处理

（1）扑粉处理原料为黏土、石膏粉、滑石粉。

（2）扑粉处理用量为复混合肥 2%～4%。

（3）经扑粉处理的垃圾复混肥疏松，无块，物理性质较好。

（三）主要造粒机

1. 圆盘造粒机

主要技术参数：倾角 45°，转速 30r/min，Φ1.6~2.20m，每小时给料 4t。

2. 转鼓造粒机

主要技术参数：Φ1 000mm×2 000mm，生产能力 5 000t/年，物料停留时间 3~5min，转速 16r/min，造粒温度 50~55℃，吨肥消耗指标煤 500kg、蒸气 53kg、用电量 54kW·h。

3. 挤压造粒机

主要技术参数：9KJ-25B 型挤压机，滑膜孔径 Φ2.50~3.50mm、转速 192r/min、产量 0.80t/h，电机型号 J×J111-35LW、功率 0.60kW。

四、产品经济效益分析

（一）固定资产投资与产品生产成本

1. 固定资产投资预算

（1）生产设备 55 万元。

（2）发酵间 0.50 万元。

（3）办公室、宿舍 2.50 万元。

（4）水电安装费 1.5 万元。

（5）粉碎机 0.50 万元。

（6）劳保用品 0.50 万元。

（7）其他辅助工具 0.50 万元。

（8）合计 61 万元。

2. 产品生产成本预算（生产 1t）

（1）生活垃圾费=0.40t×62.5 元/t
$$=25 元$$

（2）配料费（967 元/t）。

$CO(NH_2)_2$ = 0.40t×1 800 元
$$=720 元/t$$

$Ca(H_2PO_4)$ = 0.38t×650 元
$$=247 元/t$$

（3）电费 15 元。

（4）人工费 15 元。

（5）设备折旧费 10 元。

（6）贷款利息费 8 元。

（7）不可预算费 10 元。

（8）合计 1 050 元/t。

（二）利润预算

（1）产品销售价 = 1 050 元 + （1 050 元×20%）

$$= 1 260 元/t$$

（2）年生产量 = （30t/天×20 天×7.5 月）

$$= 4 500t/年$$

（3）总产值 = 4 500t×1 260 元

$$= 567 万元/年$$

（4）年税前利润 = （1 260 元/t - 1 050 元/t）×4 500t/年

$$= 94.50 万/年$$

（5）投资回收期（年）= 61 万元÷94.50 万元

$$= 0.65 年$$

五、生活垃圾复混肥的肥效

（一）生活垃圾复混肥对牧草鲁梅克斯牧草的肥效

施用生活垃圾复混肥与传统化肥比较，耕作层 0～20cm 土层容重降低 0.14g/cm³，总孔隙度增加 5.28%，>0.25mm 的团粒结构增加 5.50%，自然含水量增加 71.68g/kg，蓄水量增加 181.12m³/hm²，阳离子交换量增加 7.03cmol/kg，有机质增加 1.77g/kg，碱解氮、有效磷、速效钾分别增加 20.51mg/kg、2.95mg/kg、11.10mg/kg，pH 值降低 0.07 个单位。鲁梅克斯牧草单株鲜重、干重分别增加 469.86g 和 150.35g，鲜草和干草重分别增加 65.15t/hm² 和 16.27t/hm²，增产率达 30.18%。并对土壤中重金属元素 Hg、Cd、Cr、Pb 的富集有明显的减缓趋势。

（二）生活垃圾复混肥对土壤理化性质和苜蓿草产草量的影响

施用生活垃圾复混肥与传统化肥比较，耕作层 0～20cm 土层容重降低 0.14g/cm³，总孔度增加 5.29%，>0.25mm 团粒结构增加 5.50%，自然含水量增加 71.68g/kg，蓄水量增加 130.56m³/hm²，阳离子交换量增加 7.03cmol/kg，有机质增加 1.77g/kg，碱解氮、有效磷、速效钾分别增加 20.42mg/kg、2.81mg/kg、13.06mg/kg，pH 值降低 0.05 个单位。苜蓿草单株鲜重、干重分别增加 234.93g 和 75.17g，鲜草和干草重分别增加 40.76t/hm² 和 13.59t/hm²，产值增加 5 500元/hm²。

张掖灌区农作物科学施肥理论与实践

(三) 生活垃圾复混肥对土壤理化性质和小麦产量的影响

施用生活垃圾复混肥与传统化肥比较，耕作层 0～20cm 土层容重降低 0.04g/cm³，总孔度增加 1.51%，>0.25mm 团粒结构增加 5.10%，自然含水量增加 71.68g/kg，蓄水量增加 153.50m³/hm²，阳离子交换量增加 7.03cmol/kg，有机质增加 1.77g/kg，碱解氮、有效磷、速效钾分别增加 20.51mg/kg、2.95mg/kg、11.10mg/kg，pH 值降低 0.07 个单位。小麦穗数、穗粒数、千粒重分别增加 1.70×10⁵穗/hm²、8.73 粒、7.24g，增产率 31.23%。

(四) 生活垃圾复混肥对土壤理化性质和玉米增产效果的影响

施用生活垃圾复混肥与传统化肥比较，耕作层土壤容重降低 0.11g/cm³，总孔度增加 3.4%，>0.25mm 团粒结构增加 5.51%，自然含水量增加 71.68g/kg，蓄水量增加 145.69m³/hm²，阳离子交换量增加 7.03cmol/kg，有机质增加 1.77g/kg，碱解氮、有效磷、速效钾分别增加 20.51mg/kg、2.95mg/kg、11.10mg/kg，pH 值降低 0.17 个单位。玉米株高、穗粒数、穗粒重、百粒重分别增加 43.20cm、25.55 粒、28.75g、2.43g，增产率 25.86%。

(五) 生活垃圾复混肥对土壤理化性质和番茄产量的影响

施用生活垃圾复混肥与传统化肥比较，0～20cm 土层容重降低 0.31g/cm³，总孔隙度、毛管孔隙度、空气孔隙度分别增加 11.71%、6.12% 和 5.59%；自然含水量、容积含水量、水层厚度、蓄水量分别增加 106.93g/kg、61.20g/kg、12.24mm 和 122.46m³/hm²；有机质、碱解氮、有效磷、速效钾、阳离子交换量分别增加 16.70g/kg、29.97mg/kg、11.37mg/kg、35.25mg/kg 和 5.73cmol/kg；番茄株高、茎粗、单果重、单株果重、产量、产值、利润分别增加 36.16cm、0.50cm、33.30g、0.97kg、36.30t/hm²、2.18 万元/hm² 和 1.07 万元/hm²。

(六) 生活垃圾复混肥对土壤理化性质和人参果产量的影响

施用生活垃圾复混肥与传统化肥比较，0～20cm 土层容重降低 0.24g/cm³，总孔度、毛管孔度、空气孔度分别增加 9.96%、5.21%、5.03%；自然含水量、蓄水量分别增加 90.89g/kg、104.09m³/hm²；有机质、碱解氮、有效磷、速效钾、阳离子交换量分别增加 14.19g/kg、25.47mg/kg、9.66mg/kg、29.96mg/kg、4.88cmol/kg；人参果株高、茎粗、单果重、单株果重、产量、产值、利润分别增加 21.70cm、0.55cm、43.29g、0.59kg/株、21.78t/hm²、4.36 万元/hm²、3.25 万元/hm²。

第四节 新型肥料科学施肥技术

一、新型肥料的类型

（一）按形态分

1. 固体肥料

缓释肥料（SRF）、控释肥料（CRF）和长效肥。

2. 液体肥料

清液型、悬浮型和泥浆型叶面肥料。

3. 气体肥料

二氧化碳气肥。

（二）按功能分

1. 养分型

含作物所需的营养元素。

2. 功能型

具有除草、杀虫、防病、抗病、光合、刺激等功能。

3. 兼用型

既有养分的特点，又有一定的其他功能，如生物肥料。

二、新型肥料的特点及现状

（一）新型肥料的特点

（1）降低施肥作业成本（减少施肥次数，便于机械施肥）。

（2）可以减少肥料的淋溶和径流损失。

（3）减少肥料在土壤中的固定作用。

（4）按照作物的需肥强度提供养分，提高肥料的利用率。

（二）新型肥料现状

（1）20 世纪 60 年代中期，控效肥料在美国、加拿大、英国、日本、以色列相继问世。

（2）我国在 70 年代中期开始研究，并未形成规模。

（3）20世纪80年代末再度成为研究热点，截至目前，我国已成为世界上控效肥料种类最多的国家。我国化肥生产企业自主研发的控释肥产品，不但技术领先于国际先进水平，而且产品远销美国、澳大利亚等30多个国家和地区。

三、缓（效）释氮肥

（一）脲甲醛

（1）以尿素为基体，加入甲醛化合而成的直链聚合物。

（2）含N量36%~38%，其中水溶性氮10%左右，热水溶性氮15%左右，热水不溶性氮13%左右，N活度系数（AI）55。冷水溶性氮为25℃，热水溶性氮为98~100℃。

（3）脲甲醛在土壤中被微生物逐步矿化，首先分解为尿素和甲醛，偏酸性时易矿化。甲醛的暂时残留对土壤微生物和作物有副作用。

（4）等氮量脲甲醛施于棉花、小麦、谷子、玉米等作物上，当季氮吸收量和产量不及尿素、硝铵和硫铵，但后效长。作物生长前期应配合速效氮肥施用。

（二）脲乙醛

（1）白色微溶粉末，无吸湿性，含N量28%~32%，随温度和酸度增加而溶解度增大。

（2）对不断刈割的牧草效果良好，特别适合果树、蔬菜、草坪、糖料作物、马铃薯等。

（三）脲异丁醛

（1）白色粉末，无吸湿性，含N量32.18%。

（2）N活度系数（AI）为96，水溶性很小，易被微生物水解为尿素和异丁醛，无残毒。

（3）在水稻上的肥效相当等氮量的水溶性氮的104%~125%，也适合在牧草、草坪、观赏作物上施用，不必掺入速效氮肥。

（4）在禾谷类作物和蔬菜上使用需掺入一定量的速效氮肥。

（四）草酰胺

（1）白色粉末，含N量31.8%，不吸湿，工业生产成本低。

（2）施用后矿化快，可形成碳酸铵，局部pH值升高，NH_3浓度大而挥发损失。

（3）在玉米上和硝酸铵效果相同。

四、包膜缓释肥料

（一）硫衣尿素

（1）含 N 量 34.2%，氮素释放与环境温度、湿度密切相关，温暖潮湿快，低温干旱慢。

（2）在很多作物上施用比水溶性氮肥优越。

（二）涂层尿素

（1）黄色颗粒，海藻胶膜包被。

（2）可以延缓脲酶对尿素的酶解速度，从而延长肥效。

（三）长效碳酸氢铵

（1）用钙镁磷肥和白云石粉造粒，表面形成微溶于水的磷酸镁铵薄膜，防止 NH_3 挥发，控制氮的释放。

（2）主要在水稻上施用。

（四）聚天冬氨酸复混肥

（1）聚天冬氨酸是一种氨基酸的聚合物。

（2）它是一种水溶性多肽，天然存在于带有贝壳的海洋生物，如牡蛎、蜗牛等黏液中，牡蛎就是靠此黏液富集周围环境中的钙、镁等元素营造贝壳和珍珠。

（3）聚天冬氨酸本身无毒无害，可完全生物降解，是世界公认的绿色化学品。

（4）是一类多功能的环境友好的生物高分子材料。

（5）氮肥利用率可提高 60.3%，磷肥的利用率提高 5.3%，钾肥的利用率提高 16.7%。

（6）促进生长，增加产量，玉米增产 14.8%、白菜增产 11.9%、番茄增产 12.9%、萝卜增产 18.4%。

（7）改善作物品质，促进根系生长，增强抗逆性，改良土壤。

五、玉米新型肥料

（一）固体活性有机肥

1. 材料及指标

（1）糠醛渣，含有机质 76.36%、全 N 0.55%、全 P 0.43%、全 K 1.18%、pH 值 2.1，粒径 2~3mm。

（2）牛粪，含有机质 14.50%、全 N 0.33%、全 P 0.25%、全 K 0.16%，粒径

张掖灌区农作物科学施肥理论与实践

2～20mm。

（3）生物菌肥，有效活菌数≥0.2亿个/g。

（4）聚乙烯醇，分子质量5 500～7 500，黏度12～16，粒径0.05mm。

（5）保水剂，吸水倍率645g/g，粒径1～2mm。

2. 配合比例

风干的糠醛渣、牛粪、生物菌肥、聚乙烯醇、保水剂重量比按 39.947 : 59.920 : 0.053 : 0.027 : 0.053 配比。

3. 合成方法

将风干的糠醛渣、牛粪、生物菌肥、聚乙烯醇、保水剂按重量比混合，将其倒入预先挖好的坑内，每立方米加入尿素2kg，调节 C/N 比为（20～25）:1，加水使其含水量调到用手握有水滴漏出，堆高1.5m，用泥巴土封严，堆置发酵120天后，每立方米加入75%的多菌灵100g消毒处理后备用。

4. 产品指标（表6-14）

表6-14　固体活性有机肥产品指标

项目	指标	项目	指标
有机质（%）	54.45	颗粒百分率（%）	>95
$N+P_2O_5+K_2O$（%）	>1.63	粒径（mm）	2～6
水分（%）	<5.00	pH值	6.00～6.50
活性微生物（$\times 10^9$/g）	0.01	吸水倍率（g/g）	>160
颗粒抗压强度（kg/cm^2）	>5		

5. 施用方法

在玉米播种前做底肥施入20cm土层。

6. 施肥量

最佳施肥量为111.40t/hm²。

（二）生物有机无机复混肥

1. 材料及指标

（1）糠醛渣，含有机质76%、全N 0.61%、全P 0.36%、全K 1.18%，pH值为2.1，粒径0.5～1.00mm。

（2）5406菌剂，有效活菌数≥2.0亿/g。

（3）CO（NH_2）$_2$，含N 46%。

（4）（NH₄）₂HPO₄，含 N 18%、P₂O₅ 46%。

（5）ZnSO₄·7H₂O，含 Zn 23%。

2. 配合比例

5406 菌剂、糠醛渣、CO（NH₂）₂、（NH₄）₂HPO₄、ZnSO₄·7H₂O 分别按 0.00125 ∶ 0.93749 ∶ 0.03750 ∶ 0.02188 ∶ 0.00188。

3. 合成方法

将 5406 菌剂、糠醛渣、CO（NH₂）₂、（NH₄）₂HPO₄、ZnSO₄·7H₂O 按比例组合成生物有机无机多功能复混肥，搅拌均匀，过 5mm 筛。

4. 产品指标（表 6-15）

表 6-15　生物有机无机复混肥产品指标

项目	指标	项目	指标
有机质（%）	71.25	颗粒百分率（%）	>95
N+P₂O₅+K₂O（%）	>2.91	粒径（mm）	2~6
水分（%）	<5.00	pH 值	6.00~6.50
活性微生物（×10⁶/g）	≥5.00	Zn（%）	0.043
吸水倍率（g/g）	>150		

5. 施肥量

经济效益最佳施肥量为 1 350.01kg/hm²。

6. 施用方法

1/3 在玉米播种前做底肥施入 0~20cm 土层，剩余 2/3 分别在玉米大喇叭口期和抽雄期做追肥穴施。

（三）多功能专用肥

1. 材料及指标

（1）糠醛渣，含有机质 66%~70%、全 N 0.61%、全 P 0.36%、全 K 1.18%，pH 值为 2.1。

（2）CO（NH₂）₂，含 N 46%。

（3）（NH₄）₂HPO₄，含 N 18%、P₂O₅ 46%。

（4）ZnSO₄·7H₂O，含 Zn 23%。

（5）聚乙烯醇，分子质量 5 500~7 500，pH 值 6.0~8.0，黏度 12~16，粒径 0.05mm。

（6）保水剂，吸水倍率 645g/g，粒径 1~2mm。

2. 配合比例

聚乙烯醇、保水剂、$(NH_4)_2HPO_4$、$ZnSO_4 \cdot 7H_2O$、$CO(NH_2)_2$、糠醛渣重量比为 0.02 : 0.02 : 0.30 : 0.03 : 0.52 : 0.11。

3. 合成方法

聚乙烯醇、保水剂、$(NH_4)_2HPO_4$、$ZnSO_4 \cdot 7H_2O$、$CO(NH_2)_2$、糠醛渣按比例组合成有机营养改土肥，搅拌均匀，造粒，过 3~5mm 筛。

4. 产品指标（表6-16）

表6-16　多功能专用肥产品指标

项目	指标	项目	指标
有机质（%）	7.60	颗粒百分率（%）	>90
$N+P_2O_5$（%）	>43.12	粒径（mm）	3~5
水分（%）	<5.00	pH 值	6.00~6.50
活性微生物（$\times10^6$/g）	/	Zn（%）	0.92
颗粒抗压强度（kg/cm²）	5~6	吸水倍率（g/g）	>180

5. 施肥量

经济效益最佳施肥量（x_0）为 1 199.36kg/hm²。

6. 施用方法

1/3 播种前做底肥施入 0~20cm 土层，2/3 在玉米拔节期结合灌水追施。

（四）营养型专用肥

1. 材料及指标

（1）$CO(NH_2)_2$，含 N 46%。

（2）$(NH_4)_2HPO_4$，含 N 18%、P_2O_5 46%。

（3）$ZnSO_4 \cdot 7H_2O$，含 Zn 23%。

2. 配合比例

$CO(NH_2)_2$、$(NH_4)_2HPO_4$、$ZnSO_4 \cdot 7H_2O$ 重量比按 0.66 : 0.29 : 0.05 组合。

3. 合成方法

$CO(NH_2)_2$、$(NH_4)_2HPO_4$、$ZnSO_4 \cdot 7H_2O$ 按比例组合成营养型专用肥，搅拌均匀，造粒，过 3~5mm 筛。

4. 产品指标（表 6-17）

表 6-17　营养型专用肥产品指标

项目	指标	项目	指标
有机质（%）	/	颗粒百分率（%）	>90
N+P$_2$O$_5$（%）	>49.36	粒径（mm）	3~5
水分（%）	<5.00	pH 值	6.00~6.50
活性微生物（×10^6/g）	/	Zn（%）	0.83
颗粒抗压强度（kg/cm^2）	5~6		

5. 施肥量

经济效益最佳施肥量为 1 350.01kg/hm^2。

6. 施用方法

1/3 播种前做底肥施入 0~20cm 土层，2/3 在玉米拔节期结合灌水追施。

（五）氮磷钾锌钼复混肥

1. 材料及指标

（1）尿素，含 N 46%。

（2）磷酸一铵，含 N 12%、P$_2$O$_5$ 52%。

（3）硫酸钾，含 K$_2$O 50%。

（4）硫酸锌，含 Zn 23%。

（5）钼酸铵，含 Mo 54.3%。

（6）硼酸，含 B 17.5%。

2. 配合比例

尿素 44 份，磷酸一铵 32 份，硫酸钾 18 份，硫酸锌 3 份，钼酸铵 2 份，硼酸 0.5 份，工业柠檬酸 0.5 份。

3. 合成方法

（1）将各原料分别粉碎成为粉末状，按比例称取上述各原料粉末。

（2）将步骤（1）中所得各原料粉末输送至混合机内，混合时间 25~30min，得到混合均匀的混合物。

（3）将步骤（2）中所得混合物输送至造粒机内进行造粒，干燥。

（4）将步骤（3）中所得混合物颗粒冷却至室温，分级、筛分、包装，即得玉米专用复混肥。其中步骤（3）中所述干燥方式为采用干燥机，干燥机入口温度为

340~350℃，出口温度为 110~120℃，造粒的粒度为 0.50~1mm。

4. 产品指标（表 6-18）

表 6-18　氮磷钾锌钼复混肥产品指标

项目	指标	项目	指标
氮磷钾锌钼养分总量（%）	44.00~46.69	抗压强度（kg/cm²）	5.50~6.00
N（%）	18.00~20.00	粒度（%）	88~95
P₂O₅（%）	12.50~16.00	Cd（mg/kg）	0.60~0.70
K₂O（%）	12.50~9.00	Hg（mg/kg）	0.05~0.06
Zn（%）	0.80~0.69	As（mg/kg）	16.00~17.00
M₀	0.80~1.00	Pb（mg/kg）	5.00~6.00
H₂O（%）	4.50~5.00	Cr（mg/kg）	5.00~5.50
pH 值	6.50~7.50		

5. 施肥量

经济效益最佳施肥量为 771kg/hm²。

6. 施用方法

1/3 播种前做底肥施入 0~20cm 土层，2/3 在玉米大喇叭口期结合灌水追施。

（六）有机废弃物组合肥

1. 材料及指标

（1）改性糠醛渣，每 1 000kg 糠醛渣加入 30~32kg（NH₄）₂CO₃，使糠醛渣的 pH 值为 7.0~7.5，得到改性糠醛渣，粒径为 2~5mm，含有机质 66%~70%、C 49%~64%、全 N 0.50%~0.61%、全 P 0.30%~0.36%、全 K 1.10%~1.18%。

（2）羊粪，粒径为 2~5mm，含有机质 28%、全 N 0.65%、全 P 0.50%、全 K 0.25%。

（3）玉米秸秆，长度为 10~20mm，含有机质 87.10%、全 N 0.90%、全 P 0.15%、全 K 1.18%。

（4）油菜籽饼肥，粒径为 2~5mm，含有机质 73.80%、全 N 4.60%、全 P 2.48%、全 K 1.40%。

2. 配合比例

改性糠醛渣、羊粪、玉米秸秆、油菜籽饼肥重量比按 0.50∶0.25∶0.20∶0.05 混合。

3. 合成方法

将所述的改性糠醛渣、羊粪、玉米秸秆、油菜籽饼肥重量比混合，每吨加入 $CO(NH_2)_2$ 4.50~5.0kg，使其 C/N 为 25:1；然后加水使其含水量达到 50%~55%，混合均匀，全部填入预先挖好的深 2.0m、宽 2.5m、长 4.0m 的坑内，用泥巴土封严，堆置发酵 150~160 天，得到发酵后的有机废弃物组合肥，将有机废弃物组合肥在阴凉干燥处风干 28~30 天，含水量小于 15% 时，过 20mm 筛，得到有机废弃物组合肥。

4. 产品指标（表 6-19）

表 6-19　有机废弃物组合肥产品指标

项目	指标	项目	指标
容重（g/cm³）	0.54~0.57	P_2O_5（%）	0.75~0.81
总孔隙度（%）	74.56~78.49	K_2O（%）	1.00~1.03
EC（ms/cm）	6.31~6.65	pH 值	6.69~7.05
有机质（%）	60.00~64.50		
N（%）	1.50~1.69		

5. 施肥量

有机废弃物组合肥经济效益最佳施肥量为 9.12t/hm² 。

6. 施用方法

有机废弃物组合肥播种前做底肥施入 0~20cm 土层。

（七）抗旱性专用肥

1. 材料及指标

（1）豆粕有机肥，褐色颗粒，粒度 2~3mm，含有机质质量分数为 30%~32%，$N+P_2O_5+K_2O$ 质量分数为 4%~5%，氨基酸质量分数为 14%~15%，pH 值为 5.50~6.50。

（2）NPK 复混肥，粒度 2~3mm，含 N 质量分数为 14%、P_2O_5 质量分数为 16%、K_2O 质量分数为 15%。

（3）$ZnSO_4 \cdot 7H_2O$，粒度 1~2mm，含 Zn 质量分数为 23% 的 $ZnSO_4 \cdot 7H_2O$ 粉末。

（4）保水剂，粒度 1~2mm，吸水倍率 645g/g 的保水剂粉末。

（5）钼酸铵，粒度 0.50~1mm，含 Mo 质量分数为 54.3% 的钼酸铵粉末。

2. 配合比例

豆粕有机肥、NPK 复混肥、$ZnSO_4 \cdot 7H_2O$、保水剂、钼酸铵风干重量百分比按 $61.12 : 31.11 : 3.33 : 3.33 : 1.11$ 混合而成。

3. 合成方法

（1）按配方称量各组分。

（2）将豆粕有机肥、NPK 复混肥、$ZnSO_4 \cdot 7H_2O$、保水剂、钼酸铵按照配方比例计量后混合均匀，包装得到玉米制种抗旱性专用肥。

4. 产品指标（表6-20）

表6-20 抗旱性专用肥产品指标

项目	指标	项目	指标
有机质（%）	18.57~19.55	Zn（%）	0.73~0.77
N（%）	5.09~5.36	Mo（%）	0.57~0.60
P_2O_5（%）	5.67~5.97	H_2O（%）	4.50~5.00
K_2O（%）	5.39~5.67	pH 值	6.00~6.50

5. 施肥量

施肥量为 $2.87t/hm^2$。

6. 施用方法

播种前做底肥施入 0~20cm 土层。

（八）生物活性肥

1. 材料及指标

（1）营养因子，由 $CO(NH_2)_2$、$(NH_4)_2HPO_4$、$ZnSO_4 \cdot 7H_2O$、$(NH_4)_6Mo_7O_{24} \cdot 4H_2O$ 风干重量百分比按 $56.90 : 39.10 : 3.00 : 1.00$ 混合而成，且含 N 质量分数为 33%、含 P_2O_5 质量分数为 18%、含 Zn 质量分数为 0.69%、含 Mo 质量分数为 0.50% 的颗粒。

（2）$CO(NH_2)_2$，粒度 2~3mm，含 N 质量分数为 46% 的 $CO(NH_2)_2$ 颗粒。

（3）$(NH_4)_2HPO_4$，粒度 2~4mm，含 N 质量分数为 18%、P_2O_5 质量分数为 46% 的 $(NH_4)_2HPO_4$ 颗粒。

（4）$ZnSO_4 \cdot 7H_2O$，粒度 2~3mm，含 Zn 质量分数为 23% 的 $ZnSO_4 \cdot 7H_2O$ 颗粒。

（5）$(NH_4)_6Mo_7O_{24} \cdot 4H_2O$，粒度 0.50~1mm，含 Mo 质量分数为 54.3% 的钼

酸铵粉末。

(6) 生物菌肥，粒度 0.50~1mm，含有效活菌数≥20 亿个/g 的粉末。

(7) 聚乙烯醇，粒度 2~3mm 的聚乙烯醇粉末。

(8) 保水剂，粒度 1~2mm，吸水倍率 645g/g 的保水剂粉末。

(9) 工业柠檬酸，粒度 0.50~1mm 的工业柠檬酸粉末。

2. 配合比例

生物活性肥由营养因子、生物菌肥、聚乙烯醇、保水剂、柠檬酸风干重量百分比按 88.30：5.90：3.90：1.30：0.60 混合而成。

3. 合成方法

(1) 按配方称量各组分。

(2) 将上述各组分混合均匀，包装得到玉米制种生物活性肥。

4. 产品指标（表 6-21）

表 6-21 生物活性肥产品指标

项目	指标	项目	指标
N（%）	28.81~29.40	Mo（%）	0.41~0.44
P_2O_5（%）	15.52~15.84	H_2O（%）	4.50~5.00
Zn（%）	0.59~0.61	pH 值	5.50~6.50

5. 施肥量

施肥量为 524.50kg/hm²。

6. 施用方法

1/3 播种前做底肥施入 0~20cm 土层，2/3 在玉米大喇叭口期结合灌水追施。

（九）有机生态肥

1. 材料及指标

(1) 发酵牛粪，粒度 3~4mm，含有机质质量分数为 14%~15%、全 N 质量分数为 0.30%~0.32%、全 P 质量分数为 0.24%~0.25%、全 K 质量分数为 0.13%~0.15%，C/N 为（45：1）~（46：1）的粉末。

(2) CO（NH_2）$_2$，粒度 2~3mm，含 N 质量分数为 46% 的尿素颗粒。

(3) $NH_4H_2PO_4$，粒度 2~4mm，含 N 质量分数为 12%、含 P_2O_5 质量分数为 52% 的 $NH_4H_2PO_4$ 颗粒。

(4) 聚乙烯醇，粒度 2~3mm 的聚乙烯醇粉末。

张掖灌区农作物科学施肥理论与实践

（5）$ZnSO_4 \cdot 7H_2O$，粒度 $1 \sim 2mm$，含 Zn 质量分数为 23% 的 $ZnSO_4 \cdot 7H_2O$ 粉末。

（6）生物菌肥，粒度 $0.50 \sim 1mm$，含有效活菌数 ≥20 亿个/g 的粉末。

2. 配合比例

发酵牛粪、$CO(NH_2)_2$、$NH_4H_2PO_4$、聚乙烯醇、$ZnSO_4 \cdot 7H_2O$、生物菌肥风干重量百分比按 40.23：30.73：24.59：2.45：1.20：0.80 混合而成。

3. 合成方法

（1）按配方称量各组分。

（2）牛粪发酵。将所述牛粪按每立方米加入 $CO(NH_2)_2$ $3.72 \sim 3.91kg$，使其 C/N 为 (23:1) ～ (25:1)；然后加水使其含水量达到 60%～65%，混合均匀，全部填入预先挖好的深 $2.50 \sim 3m$、宽 $2 \sim 2.50m$、长 $8 \sim 10m$ 的坑内，用泥巴土封严，堆置发酵 150～160 天，当堆内温度降到室温，风干后粉碎，粒度 $3 \sim 4mm$，得到发酵牛粪。

（3）将上述发酵后的牛粪与 $CO(NH_2)_2$、$NH_4H_2PO_4$、聚乙烯醇、$ZnSO_4 \cdot 7H_2O$、生物菌肥按照配方比例计量后混合包装得到玉米制种有机生态肥。

4. 产品指标（表 6-22）

表 6-22　有机生态肥产品指标

项目	指标	项目	指标
有机质（%）	9.50~10.05	pH 值	6.00~6.50
N（%）	18.00~18.63	Cd（mg/kg）	0.55~0.60
P_2O_5（%）	12.50~11.25	Hg（mg/kg）	0.04~0.05
Zn（%）	0.80~0.28	As（mg/kg）	15.00~16.00
有效活菌数（亿个/g）	0.38~0.40	Pb（mg/kg）	4.50~5.00
H_2O（%）	4.50~5.00	Cr（mg/kg）	5.00~5.50

5. 施肥量

常规施肥量为 $830kg/hm^2$。

6. 施用方法

播种前做底肥施入 $0 \sim 20cm$ 土层。

（十）玉米药肥

1. 材料及指标

（1）糠醛渣，粒径为 $2 \sim 5mm$，含有机质 66%～70%、C 49%～64%、全

N 0.50%~0.61%、全P 0.30%~0.36%、全K 1.10%~1.18%，pH值为3.1。

（2）尿素，粒径为2~3mm，含N质量分数为46%。

（3）磷酸一铵，粒径为2~5mm，含N质量分数为12%、P_2O_5质量分数为52%。

（4）硫酸锌，粒径为0.50~1mm，含Zn质量分数为23%。

（5）乙酸铜，粒径为0.50~1mm，纯度为98%的可湿性粉剂。

（6）农用硫酸链霉素，粒径为0.50~1mm，为72%的可湿性粉剂。

2. 配合比例

糠醛渣、尿素、磷酸一铵、硫酸锌、乙酸铜、农用硫酸链霉素重量比分别按50.63：24.86：18.98：2.95：1.47：1.11混合而成。

3. 合成方法

（1）按配方称量各组分。

（2）糠醛渣改性。每1 000kg糠醛渣加入28~30kg石灰粉，使糠醛渣的pH值为7.0~7.5，得到改性糠醛渣。

（3）将改性糠醛渣、尿素、磷酸一铵、硫酸锌、乙酸铜、农用硫酸链霉素按配方比例混合均匀包装得到土壤消毒复混肥。

4. 产品指标（表6-23）

表6-23　玉米药肥产品指标

项目	指标	项目	指标
有机质（%）	9.60~10.20	Zn（%）	0.65~0.69
N（%）	28.50~30.00	H_2O（%）	4.50~5.00
P_2O_5（%）	9.50~10.00	pH值	6.50~7.50

5. 施肥量

常规施肥量为515kg/hm²。

6. 施用方法

播种前做底肥施入0~20cm土层。

（十一）保水性专用肥

1. 材料及指标

（1）糠醛渣，粒径为2~5mm，含有机质66%~70%、C 49%~64%、全N 0.50%~0.61%、全P 0.30%~0.36%、全K 1.10%~1.18%，pH值为3.1。

张掖灌区农作物科学施肥理论与实践

（2）CO（NH$_2$）$_2$，粒径为 2~3mm，含 N 质量分数为 46% 的 CO（NH$_2$）$_2$ 颗粒。

（3）（NH$_4$）$_2$HPO$_4$，粒径为 2~4mm，含 N 质量分数为 18%、P$_2$O$_5$ 质量分数为 46% 的（NH$_4$）$_2$HPO$_4$ 颗粒。

（4）ZnSO$_4$·7H$_2$O，粒径为 1~2mm，含 Zn 质量分数为 23% 的 ZnSO$_4$·7H$_2$O 粉末。

（5）保水剂，粒径为 0.50~1mm，吸水倍率 645g/g 的保水剂粉末。

2. 配合比例

糠醛渣、CO（NH$_2$）$_2$、（NH$_4$）$_2$HPO$_4$、ZnSO$_4$·7H$_2$O、保水剂风干重量比分别按（89.07~93.76）:（3.46~3.75）:（1.90~2.18）:（0.16~0.18）:（0.10~0.13）混合而成。

3. 合成方法

（1）按配方称量各组分。

（2）糠醛渣改性。每 1 000kg 糠醛渣加入 28~30kg 石灰粉，使糠醛渣的 pH 值为 7.0~7.5，得到改性糠醛渣。

（3）将改性糠醛渣、CO（NH$_2$）$_2$、（NH$_4$）$_2$HPO$_4$、ZnSO$_4$·7H$_2$O、保水剂按配方比例混合均匀包装得到保水性专用肥。

4. 产品指标（表 6-24）

表 6-24　保水性专用肥产品指标

项目	指标	项目	指标
有机质（%）	69.69~71.12	Zn（%）	0.30~0.40
N（%）	1.95~2.12	H$_2$O（%）	4.50~5.00
P$_2$O$_5$（%）	0.95~1.00	pH 值	6.50~7.50

5. 施肥量

常规施肥量为 7.30t/hm^2。

6. 施用方法

播种前做底肥施入 0~20cm 土层。

（十二）环保型专用肥

1. 材料及指标

（1）糠醛渣，粒径为 2~5mm，含有机质 66%~70%、C 49%~64%、全 N 0.50%~0.61%、全 P 0.30%~0.36%、全 K 1.10%~1.18%，pH 值为 3.1。

（2）豆粕有机肥，粒径为 2~3mm，含有机质质量分数为 30%~32%，N+P_2O_5+K_2O 质量分数为 4%~5%，氨基酸质量分数为 14%~15%，pH 值为5.50~6.50。

（3）生物菌肥，粒径为 0.50~1mm，含有效活菌数≥20 亿个/g 的粉末。

（4）$ZnSO_4 \cdot 7H_2O$，粒径为 1~2mm，含 Zn 质量分数为 23%的 $ZnSO_4 \cdot 7H_2O$粉末。

（5）钼酸铵，粒径为 0.50~1mm，含 Mo 质量分数为 54.3%的钼酸铵粉末。

（6）聚乙烯醇，粒径为 0.50~1mm 的聚乙烯醇粉末。

（7）保水剂，粒径为 0.50~1mm，吸水倍率 645g/g 的保水剂粉末。

2. 配合比例

糠醛渣、豆粕有机肥、生物菌肥、$ZnSO_4 \cdot 7H_2O$、钼酸铵、聚乙烯醇、保水剂风干重量百分比按（38~41）：（52~55）：（1.53~1.70）：（0.65~0.85）：（0.35~0.45）：（0.40~0.60）：（0.30~0.40）混合而成。

3. 合成方法

（1）按配方称量各组分。

（2）糠醛渣改性。每 1 000kg 糠醛渣加入 28~30kg 石灰粉，使糠醛渣的 pH 值为 7.0~7.5，得到改性糠醛渣。

（3）将改性糠醛渣、豆粕有机肥、生物菌肥、$ZnSO_4 \cdot 7H_2O$、钼酸铵、聚乙烯醇、保水剂按配方比例混合，将其倒入预先挖好的坑内，每立方米加入尿素4.85~5.39kg，使其 C/N 为（22~25）：1；然后加水使其含水量达到 60%~65%，用泥巴土封严，堆置发酵 150~170 天，堆内温度降到室温，且堆内出现灰白色菌丝体，得到环保型专用肥。

4. 产品指标（表 6-25）

表 6-25 环保型专用肥产品指标

项目	指标	项目	指标
有机质（%）	51~54	Zn（%）	0.43~0.46
N（%）	0.53~0.56	Mo（%）	0.57~0.60
P_2O_5（%）	0.38~0.40	H_2O（%）	4.50~5.00
K_2O（%）	0.63~0.67	pH 值	6.50~7.50

5. 施肥量

常规施肥量为 27.50t/hm²。

6. 施用方法

播种前做底肥施入 0~20cm 土层。

(十三) 抗重茬复混肥

1. 原料及指标

(1) 尿素,粒径为 2~3mm,含 N 质量分数为 46%。

(2) 磷酸一铵,粒径为 2~5mm,含 N 质量分数为 12%、P_2O_5 质量分数为 52%。

(3) 硫酸锌,粒径为 0.50~1mm,含 Zn 质量分数为 23%。

(4) 抗重茬剂,粒径为 0.50~1mm,含有效活菌数 ≥25 亿个/g。

2. 配方比例

尿素、磷酸一铵、硫酸锌、抗重茬剂风干重量比按 (55.20~60) : (31.28~34) : (3.31~3.60) : (2.20~2.40) 混合。

3. 生产方法

(1) 按配方称量各组分。

(2) 将尿素、磷酸一铵、硫酸锌、抗重茬剂按配方比例混合包装得到制种玉米抗重茬复混肥。

4. 产品指标 (表6-26)

表6-26 抗重茬复混肥产品指标

检测项目	检测结果	检测项目	检测结果
N (%)	30.35~33.72	H_2O (%)	4.50~5.00
P_2O_5 (%)	14.05~15.64	pH 值	6.50~7.50
Zn (%)	0.72~0.80		

(十四) 多功能复混肥

1. 原料

(1) 尿素,粒度 0.50~1mm,含 N 质量分数为 46% 的尿素粉末。

(2) 磷酸一铵,粒度 0.50~1mm,含 N 质量分数为 12%、P_2O_5 质量分数为 52% 的磷酸一铵粉末。

(3) 牛粪,粒度 0.50~1mm,含有机质质量分数为 14%~15%、全 N 质量分数为 0.30%~0.32%、全 P 质量分数为 0.24%~0.25%、全 K 质量分数为 0.13%~0.15%,C/N 为 (45~46) : 1。

（4）硫酸锌，粒度 0.50~1mm，含 Zn 质量分数为 23% 的硫酸锌粉末。

（5）聚乙烯醇，粒度 0.50~1mm 的聚乙烯醇粉末。

（6）保水剂，粒度 0.50~1mm，吸水倍率 645g/g 的保水剂粉末。

（7）抗重茬因子，由硫酸链霉素、甲霜锰锌、五硝多菌灵、乙酸铜进行粉碎、粒度 0.50~1.00mm，风干重量百分比按（30~35）：（28~30）：（18~20）：（10~15）混合而得的粉末。

2. 配方比例

尿素、磷酸一铵、牛粪、硫酸锌、聚乙烯醇、保水剂、抗重茬因子风干重量百分比按（50~52）：（28~30）：（6~8）：（3~4）：（1~2）：（1~2）：（1~2）混合。

3. 生产方法

（1）按配方称量各组分。

（2）牛粪发酵。将所述牛粪按每立方米加入 1.00~1.38kg 尿素，使其 C/N 为（20~25）：1；然后加水使其含水量达到 60%~65%，混匀，堆成 1.0~1.2m 高的梯形，堆置发酵 60~90 天，当堆内温度降到室温，风干后粉碎，粒度 0.50~1mm，得到无害化处理的牛粪。

（3）将所述发酵后的牛粪与尿素、磷酸一铵、硫酸锌、聚乙烯醇、保水剂、抗重茬因子按照配方比例计量后输送于混合机内，混合时间 25~30min，得到混合物。

（4）所述混合物经造粒后进行干燥，干燥入口温度 340~350℃，干燥出口温度 110~120℃，冷却至室温，然后按常规方法进行分级、筛分、包装即得。

4. 产品指标（表 6-27）

表 6-27　多功能复混肥产品指标

检测项目	检测结果	检测项目	检测结果
有机质（%）	4.50~5.00	粒度（%）	88~90
N（%）	28.00~29.00	吸水倍率（g/g）	135~140
P_2O_5（%）	12.50~13.00	Cd（mg/kg）	0.70~0.80
Zn（%）	0.80~0.90	Hg（mg/kg）	0.06~0.07
H_2O（%）	4.50~5.00	As（mg/kg）	17.00~18.00
pH 值	6.50~7.50	Pb（mg/kg）	5.50~6.00
抗压强度（kg/cm²）	5.50~6.00	Cr（mg/kg）	6.00~6.50

张掖灌区农作物科学施肥理论与实践

（十五）氮腐酸肥

1. 原料

（1）腐殖酸铵，有机质质量分数为 56.07%、腐殖酸质量分数为 67.82%、N 质量分数为 3.64%、P_2O_5 质量分数为 0.38%、K_2O 质量分数为 0.21%，粒径为 0.05~0.10mm。

（2）硫酸铵，N 质量分数为 20%，粒径为 1~2mm。

（3）尿素，N 质量分数为 46%，粒径为 2~3mm。

（4）腐殖酸，有机质质量分数 63.80%、腐殖酸质量分数 42.50%、N 质量分数为 1.80%、P_2O_5 质量分数 0.43%、K_2O 质量分数 0.24%，粒径为 0.10mm。

（5）碳酸氢铵，N 质量分数 17%，粒径为 1~2mm。

2. 配方比例（风干重量比）

原料按重量份数计，包括腐殖酸铵 32~40 份、硫酸铵 28~35 份、尿素 20~25 份，粉碎混合搅拌均匀造粒即得。

3. 生产方法

（1）将腐殖酸、硫酸铵、尿素分别粉碎，过 0.10mm 筛，得到腐殖酸、硫酸铵、尿素粉末。

（2）将 1 000kg 粒径 0.10mm 的腐殖酸粉末与 120kg 碳酸氢铵混合喷洒自来水是使其含水量达到 15%，搅拌均匀得到腐殖酸铵。

（3）将腐殖酸、硫酸铵、尿素按配方比例混合。

（4）将步骤（3）中所得混合物输送至造粒机内进行造粒，干燥；干燥方式为采用干燥机，干燥机入口温度为 340~350℃，出口温度为 110~120℃，步骤（4）中造粒的粒度为 2~5mm。

（5）将步骤（4）中所得混合物颗粒冷却至室温，分级、筛分、包装，即得氮腐酸肥。

4. 产品指标（表 6-28）

表 6-28 氮腐酸肥产品指标

检测项目	检测结果	检测项目	检测结果
有机质（%）	18.00~22.42	P_2O_5（%）	0.12~0.15
腐殖酸（%）	21.00~27.13	K_2O（%）	0.06~0.08
N（%）	16.00~20.00	pH 值	5.00~6.00

六、马铃薯新型肥料

(一) 微型薯药肥

1. 原料

(1) 微型薯专用肥, 含 N 20.00%、P_2O_5 4.14%、K_2O 24.00%, 粒径为 2~5mm。

(2) $CO(NH_2)_2$, 含 N 46%, 粒径为 2~3mm。

(3) $(NH_4)_2HPO_4$, 含 N 18%、P_2O_5 46%, 粒径为 2~5mm。

(4) K_2SO_4, 含 K_2O 50%, 粒径为 2~3mm。

(5) 安泰生, 粒径为 0.01~0.05mm。

(6) 克露, 粒径为 0.01~0.05mm。

(7) 生根粉, 粒径为 0.01~0.05mm。

(8) 细胞分裂素, 粒径为 0.01~0.05mm。

2. 配方比例

微型薯专用肥、安泰生、克露、生根粉、细胞分裂素风干重量比按 (0.921~0.970) : (0.014~0.015) : (0.009~0.01) : (0.002~0.003) : (0.001~0.002) 混合。

3. 生产方法

(1) 将 $CO(NH_2)_2$、$(NH_4)_2HPO_4$、K_2SO_4 重量比按 (0.35~0.37) : (0.10~0.12) : (0.48~0.51) 混合, 过 1~5mm 筛, 得到微型薯专用肥。

(2) 将微型薯专用肥、安泰生、克露、生根粉、细胞分裂素, 重量比按 (0.921~0.970) : (0.014~0.015) : (0.009~0.01) : (0.002~0.003) : (0.001~0.002) 混合, 过 1~5mm 筛, 得到脱毒微型薯多功能药肥。

4. 产品指标 (表 6-29)

表 6-29　微型薯药肥产品指标

检测项目	检测结果	检测项目	检测结果
N (%)	18.43~19.40	pH 值	6.50~7.50
P_2O_5 (%)	3.82~4.02	水分 (%)	3~5
K_2O (%)	22.11~23.28		

张掖灌区农作物科学施肥理论与实践

（二）抗旱性复混肥

1. 原料

（1）羊粪，含有机质 31.40%、N 0.65%、P_2O_5 0.47%、K_2O 0.23%。

（2）胡麻籽饼，含有机质 92.50%、N 5.65%、P_2O_5 0.72%、K_2O 1.10%。

（3）尿素，含 N 46%。

（4）磷酸一铵，含 N 12%、P_2O_5 52%。

（5）硫酸钾，含 K_2O 50%。

（6）硫酸锌，含 Zn 23%。

2. 配方比例

马铃薯抗旱性复混肥原料按重量份数计，包括硫酸钾 45～45.8 份、尿素 17.3～18 份、磷酸一铵 13.6～14.4 份、羊粪 8～8.8 份、胡麻籽饼 5～5.9 份、聚丙烯酸钠 2.8～3.5 份、硫酸锌 1.8～2.5 份、杜邦克露 0.9～1 份、安泰生杀菌剂 0.05～0.10 份。

3. 生产方法

（1）羊粪和胡麻籽饼按配方比例混合均匀，全部填入预先挖好的深 2～3m、宽 2～3m、长 8～10m 的坑内，用泥巴土封严，堆置发酵 130～133 天，放在阴凉干燥处风干 30～45 天，含水量小于 5% 时，全部过 5mm 筛，得到发酵后的羊粪和胡麻籽饼。

（2）按上述配方比例分别加入硫酸钾、尿素、磷酸一铵、聚丙烯酸钠、硫酸锌、杜邦克露和安泰生杀菌剂混合得到马铃薯抗旱性复混肥。

4. 产品指标（表 6-30）

表 6-30　抗旱性复混肥产品指标

检测项目	检测结果	检测项目	检测结果
有机质（%）	55.00～57.25	H_2O（%）	4.50～5.00
N（%）	9.50～10.00	pH 值	6.00～7.50
P_2O_5（%）	7.00～7.50	抗压强度（kg/cm^2）	4.00～5.00
K_2O（%）	21.00～22.90	粒度（%）	92～95
Zn（%）	0.50～0.58		

（三）有机碳肥

1. 原料

（1）营养剂，原料按重量份数计，包括碳酸氢铵 79.99~88.88 份、磷酸二氢钾 6.66~7.40 份、硫酸锌 2.66~2.96 份、钼酸铵 0.66~0.74 份，含 N 14.96%、P_2O_5 3.84%、K_2O 2.52%、Zn 0.68%、Mo 0.38%，粒径为 1~5mm。

（2）聚丙烯酸钠，粒径为 1~5mm。

（3）羊粪，含有机质 31.40%、N 0.65%、P_2O_5 0.47%、K_2O 0.23%，粒径为 1~5mm。

（4）胡麻籽饼，含有机质 92.50%、N 5.65%、P_2O_5 0.72%、K_2O 1.10%，粒径为 1~5mm。

2. 配方比例（风干重量比）

营养剂 72.63~80.70 份，羊粪 7.92~8.8 份，胡麻籽饼 6.30~7.0 份，聚丙烯酸钠 3.15~3.5 份。

3. 生产方法

（1）羊粪喷水使含水量达到 60%，堆置发酵 60~80 天，放在阴凉干燥处风干 30 天，含水量小于 5% 时，全部过 5mm 筛，得到发酵后的羊粪。

（2）胡麻籽饼，喷水使含水量达到 60%，堆置发酵 120~140 天，放在阴凉干燥处风干 30 天，含水量小于 5% 时，全部过 5mm 筛，得到发酵后的胡麻籽饼。

（3）按配方比例将营养剂、羊粪、胡麻籽饼和聚丙烯酸钠混合得到马铃薯有机碳肥。

4. 产品指标（表 6-31）

表 6-31　有机碳肥产品指标

检测项目	检测结果	检测项目	检测结果
有机质（%）	55.00~57.25	Zn（%）	0.52~0.55
N（%）	11.40~12	Mo（%）	0.29~0.31
P_2O_5（%）	2.92~3.07	pH 值	6.00~7.50
K_2O（%）	1.92~2.02	H_2O（%）	4.50~5.00

（四）有机型药肥

1. 原料

（1）有机营养剂（自制），棉籽饼、油菜籽饼、胡麻籽饼、大豆饼、葵花籽饼风干重量比按 0.30∶0.20∶0.20∶0.15∶0.10 混合，含有机质 81.43%、

张掖灌区农作物科学施肥理论与实践

N 5.20%、P_2O_5 0.62%、K_2O 1.02%，粒径 1~5mm。

（2）棉籽饼，含有机质 83.60%、N 4.29%、P_2O_5 0.54%、K_2O 0.76%，粒径 1~10mm。

（3）油菜籽饼，含有机质 73.80%、N 5.25%、P_2O_5 0.80%、K_2O 1.04%，粒径 1~10mm。

（4）胡麻籽饼，含有机质 92.50%、N 5.60%、P_2O_5 0.76%、K_2O 1.10%，粒径 1~10mm。

（5）大豆饼，含有机质 67.70%、N 6.68%、P_2O_5 0.44%、K_2O 1.19%，粒径 1~10mm。

（6）葵花籽饼，含有机质 92.40%、N 4.76%、P_2O_5 0.43%、K_2O 1.32%，粒径 1~10mm。

（7）土壤结构改良剂（自制），聚丙烯酰胺、多聚糖风干重量比按 0.60∶0.40 混合，粒径 1~2mm。

（8）聚丙烯酰胺，吸水倍率 200g/g，pH 值 6.9，粒径 1~2mm。

（9）多聚糖，粒径 1~2mm。

（10）土壤消毒剂（自制），安泰生杀菌剂、72%杜邦克露可湿性粉剂风干重量比按 0.5000∶0.5000 混合。

（11）安泰生杀菌剂，一种速效、低毒、广谱的保护性杀菌剂，粒径 1~2mm。

（12）72%杜邦克露可湿性粉剂，一种高效杀菌剂，粒径 1~2mm。

2. 配方比例（风干重量比）

有机营养剂 79.52~99.40 份，土壤结构改良剂 0.40~0.50 份，土壤消毒剂 0.08~0.10 份混合搅拌均匀即得。

3. 生产方法

（1）有机营养剂发酵处理。将粒径 1~10mm 的棉籽饼、油菜籽饼、胡麻籽饼、大豆饼、葵花籽饼风干重量比按 0.30∶0.25∶0.20∶0.15∶0.10 混合均匀，全部填入预先挖好的深 3m、宽 5m、长 30m 的坑内，用泥巴土封严，堆置发酵 150 天，放在阴凉干燥处风干 30 天，含水量小于 5%时，全部过 10mm 筛，得到发酵后的有机营养剂。

（2）按上述配方比例分别加入土壤结构改良剂和土壤消毒剂混合得到一种马铃薯有机营养型药肥。

4. 产品指标（表 6-32）

表 6-32 有机型药肥产品指标

检测项目	检测结果	检测项目	检测结果
有机质（%）	79.80~81.43	K_2O（%）	0.99~1.02

（续表）

检测项目	检测结果	检测项目	检测结果
N（%）	5.09~5.20	H_2O（%）	4.50~5.00
P_2O_5（%）	0.60~0.62	pH 值	6.00~7.50

（五）脱毒马铃薯原原种专用肥

1. 原料

（1）三聚磷酸，含 P_2O_5 76%~85%。

（2）聚磷酸钾，含 P_2O_5 57%、K_2O 37%。

（3）脲异丁醛，含 N 32.18%。

（4）黄磷渣，含 P_2O_5 57%、B 0.50%、Mn 0.35%、Cu 0.21%、Zn 0.18%、Fe 2.50%、Mo 0.11%。

2. 配方比例（风干重量比）

原料按重量份数计，包括三聚磷酸 32~40 份、聚磷酸钾 24~30 份、脲异丁醛 20~25 份、黄磷渣 3~5 份混合搅拌均匀即得。

3. 生产方法

（1）将三聚磷酸粉碎，过粒径 0.1mm 筛，得到三聚磷酸粉末。

（2）将聚磷酸钾粉碎，过粒径 0.1mm 筛，得到聚磷酸钾粉末。

（3）将脲异丁醛粉碎，过粒径 0.1mm 筛，得到脲异丁醛粉末。

（4）将黄磷渣粉碎，过粒径 0.1mm 筛，得到黄磷渣粉末。

（5）将三聚磷酸粉末、聚磷酸钾粉末、脲异丁醛粉末、黄磷渣粉末按重量份数按（32~40）：（20~25）：（16~20）：（12~15）混合搅拌均匀即得一种脱毒马铃薯原原种专用肥。

4. 产品指标（表6-33）

表6-33 脱毒马铃薯原原种专用肥产品质量分析结果

检测项目	检测结果	检测项目	检测结果
N（%）	5.14~6.43	Cu（%）	0.02~0.03
P_2O_5（%）	42.56~53.20	Zn（%）	0.01~0.02
K_2O（%）	7.40~9.25	Fe（%）	0.30~0.38
B（%）	0.06~0.08	Mo（%）	0.005~0.01
Mn（%）	0.04~0.05		

（六）腐殖酸铵生态肥

1. 原料

（1）腐殖酸铵，含有机质质量分数为56.07%、腐殖酸质量分数为67.82%、N质量分数为3.64%、P_2O_5质量分数为0.38%、K_2O质量分数为0.21%，粒径为0.10mm。

（2）磷酸一铵，含N质量分数为12%、含P_2O_5质量分数为52%，粒径为0.10mm。

（3）硫酸钾，含K_2O质量分数为50%，粒径为0.10mm。

（4）腐殖酸，含有机质质量分数为63.80%，腐殖酸质量分数为42.50%、N质量分数为1.80%、P_2O_5质量分数为0.43%、K_2O质量分数为0.24%，粒径为0.10mm。

（5）碳酸氢铵，含N质量分数为17%，粒径为0.10mm。

（6）硫酸铵，含N质量分数为20%，粒径为0.10mm。

2. 配方比例（风干重量比）

原料按重量份数计，包括硫酸铵24~35份、腐殖酸铵24~30份、磷酸一铵20~25份、硫酸钾8~10份，粉碎混合搅拌均匀造粒即得。

3. 生产方法

（1）将硫酸铵、腐殖酸、磷酸一铵、硫酸钾分别粉碎，过0.1mm筛，得到硫酸铵、腐殖酸、磷酸一铵、硫酸钾粉末。

（2）将1 000kg粒径0.1mm的腐殖酸粉末与120kg碳酸氢铵混合喷洒自来水，使其含水量达到15%，搅拌均匀得到腐殖酸铵。

（3）将粉碎的硫酸铵、腐殖酸铵、磷酸一铵、硫酸钾按配方比例混合。

（4）将步骤（3）中所得混合物输送至造粒机内进行造粒，干燥。

（5）将步骤（4）中所得混合物颗粒冷却至室温，分级、筛分、包装，即得硫酸铵型腐殖酸铵生态肥。

其中步骤（4）中所述干燥方式为采用干燥机，干燥机入口温度为340~350℃，出口温度为110~120℃，步骤（4）中造粒的粒度为2~5mm。

4. 产品指标（表6-34）

表6-34 腐殖酸铵生态肥产品质量分析结果

检测项目	检测结果	检测项目	检测结果
有机质（%）	14.01~16.82	P_2O_5（%）	10.48~13.11
腐殖酸（%）	16.40~20.50	K_2O（%）	4.00~5.07
N（%）	8.88~11.09	pH值	5.50~6.50

（七）多功能生态肥

1. 原料

（1）尿素，含 N 46%。

（2）磷酸二铵，含 N 18%、含 P_2O_5 46%。

（3）硫酸钾，含 K_2O 50%。

（4）硫酸锌，含 Zn 23%。

（5）硫酸锰，含 Mn 26%。

（6）钼酸铵，含 Mo 54%。

（7）抗重茬菌肥，有效活菌数≥20 亿个/g。

（8）发酵羊粪，有机质 38.30%、N 0.01%、P_2O_5 0.22%、K_2O 0.53%，粒径 1~5mm。

（9）发酵鸡粪，有机质 42.77%、N 1.031%、P_2O_5 0.41%、K_2O 0.72%，粒径 1~5mm。

（10）改性糠醛渣，在糠醛渣中加入 4%碳酸氢铵，将 pH 值调整到 7.50，有机质 76.21%、N 0.66%、P_2O_5 0.36%、K_2O 1.18%，粒径 1~2mm。

（11）聚丙烯酰胺，吸水倍率 200g/g，pH 值 6.9，粒径 1~2mm。

（12）多聚糖，pH 值为 6.50，粒径 1~2mm。

（13）无机营养剂，依据马铃薯对养分的吸收比例和试验区土壤速效养分供肥量自制，将尿素、磷酸二铵、硫酸锌、硫酸锰和钼酸铵风干重量比按 0.5515：0.3676：0.0552：0.0183：0.0074 混合，含 N 31.99%、P_2O_5 16.91%、Zn 1.27%、Mn 0.48%、Mo 0.40%。

（14）有机营养剂，依据试验区糠醛渣和畜禽粪便资源量自制，将改性糠醛渣、发酵羊粪、发酵鸡粪风干重量比按 0.50：0.30：0.20 混合，含有机质 38.04%、N 0.54%、P_2O_5 0.33%、K_2O 0.89%，粒径 1~5mm。

（15）马铃薯营养剂，自制，有机营养剂与无机营养剂风干重量比按 0.9478：0.0522 混合，含有机质 36.05%，N 2.18%；P_2O_5 1.20%，K_2O 0.84%，Zn 0.07%，Mn 0.03%，Mo 0.02%，粒径 1~5mm。

（16）土壤结构改良剂，自制，聚丙烯酰胺、多聚糖风干重量比按 0.60：0.40 混合。

2. 配方比例（风干重量比）

抗重茬菌肥、马铃薯营养剂、土壤结构改良剂风干重量比按 0.0036：0.9936：0.0028 混合，有机质 35.82%、N 2.16%、P_2O_5 1.19%、K_2O 0.83%、Zn 0.07%、Mn 0.03%、Mo 0.02%。

3. 产品有效成分

含有机质 35.82%、N 2.16%、P_2O_5 1.19%、K_2O 0.83%、Zn 0.07%、Mn 0.03%、Mo 0.02%。

（八）抗旱性复混肥

1. 原料

（1）尿素，含 N 46%。

（2）磷酸二铵，含 N 18%、P_2O_5 46%。

（3）硫酸钾，含 K_2O 50%。

（4）保水剂，吸水倍率 645g/g，粒径 1~2mm。

2. 配方比例（风干重量比）

保水剂、硫酸钾、尿素、磷酸二铵重量比按 0.03:0.48:0.40:0.09 混合。

3. 产品有效成分

含 N 20.00%、P_2O_5 4.14%、K_2O 24.00%。

（九）糠醛渣有机碳肥

1. 原料

（1）$CO(NH_2)_2$，含 N 质量分数为 46%。

（2）$(NH_4)_2HPO_4$，N 质量分数为 18%、P_2O_5 质量分数为 46%。

（3）K_2SO_4，含 K_2O 质量分数为 50%。

（4）营养因子，按照马铃薯对氮磷钾的吸收比例，将 $CO(NH_2)_2$、$(NH_4)_2HPO_4$、K_2SO_4 重量百分比按 45.17:11.66:43.17 混合，粒度 1~4mm。

（5）糠醛渣，含有机质 76.36%、全 N 0.55%、全 P 0.23%、全 K 1.18%，pH 值为 2.1，粒径 0.5~3mm。

（6）聚乙烯醇，分子质量为 5 500~7 500，pH 值为 6.0~8.0，黏度 12~16，粒径 0.5~2mm。

2. 配方比例（风干重量比）

营养因子、糠醛渣、聚乙烯醇风干重量百分比按 74.10:23.55:2.35 混合。

3. 产品有效成分

含有机质 18%、N 17%、P_2O_5 4%、K_2O 16%。

（十）多功能生物肥

1. 原料

（1）5406 菌剂，有效活菌数 ≥0.2 亿个/g。

（2）多元复混肥（自制），$CO(NH_2)_2$、$(NH_4)_2HPO_4$、$ZnSO_4 \cdot 7H_2O$、$(NH_4)_6Mo_7O_{24} \cdot 4H_2O$ 风干重量比按 569:391:30:10g 混合，含 N 33%、P_2O_5 18%、Zn 0.69%、Mo 0.50%。

（3）聚乙烯醇，粒径 0.05~2mm。

（4）糠醛渣，含有机质 76.36%、全 N 0.55%、全 P 0.23%、全 K 1.18%，pH 值为 3.20，粒径 0.5~3mm。

（5）保水剂。吸水倍率 645g/g，粒径 1~2mm。

2. 配方比例（风干重量比）

5406 菌剂、多元复混肥、保水剂、聚乙烯醇、糠醛渣风干重量比按 0.059:0.881:0.013:0.040:0.007 混合。

3. 产品有效成分

含 N 29.14%、P_2O_5 15.84%、Zn 0.61%、Mo 0.44%。

（十一）抗重茬复混肥

1. 原料

（1）尿素，粒径 2~3mm，含 N 46%。

（2）磷酸二铵，粒径 2~5mm，含 N 18%、P_2O_5 46%。

（3）硫酸钾，含 K_2O 50%。

（4）硫酸锌，粒径 1~2mm。

（5）油菜籽饼中含有机质 73.8%、N 5.25%、P_2O_5 0.8%、K_2O 1.04%。

（6）抗重茬剂，含海洋生物钙 18%、甲壳素 1.5%，美国司特邦科技有限公司产品。

（7）5406 菌剂，有效活菌数 ≥0.2 亿个/g。

（8）马铃薯专用肥，尿素、磷酸二铵、硫酸钾、硫酸锌重量比按 0.41:0.10:0.47:0.02 混合，含 N 9.04%、P_2O_5 4.60%、K_2O 23.50%。

2. 配方比例（风干重量比）

马铃薯专用肥、5406 菌剂、油菜籽饼肥、抗重茬剂重量百分比按 0.3957:0.0539:0.5396:0.0108 混合。

3. 产品有效成分

含有机质 39.82%、N 3.57%、P_2O_5 1.82%、K_2O 9.30%。

张掖灌区农作物科学施肥理论与实践

（十二）生物复混肥

1. 原料

（1）尿素，含 N 46%。

（2）磷酸二铵，含 N 18%、P_2O_5 46%。

（3）硫酸钾，含 K_2O 50%。

（4）硫酸锌，含 Zn 23%。

（5）5406 菌肥，有效活菌数≥20 亿个/g。

（6）马铃薯专用肥（自制），尿素、磷酸二铵、硫酸钾重量比按 0.43∶0.10∶0.47 混合，含 N 19.78%、P_2O_5 4.60%、K_2O 23.50%。

2. 配方比例（风干重量比）

马铃薯专用肥、硫酸锌、5406 菌肥重量百分比按 0.8333∶0.0238∶0.1429 混合。

3. 产品有效成分

含 N 16.42%、P_2O_5 3.83%、K_2O 19.58%、Zn 0.55%。

（十三）葡萄酒渣复混肥

1. 原料

（1）葡萄酒渣，是酿酒后提取多酚酶、蛋白质、粗纤维后剩余的皮和种子，含有机质 40%、P_2O_5 2.20%、K_2O 6.8%。

（2）尿素，含 N 46%。

（3）磷酸二铵，含 N 18%、P_2O_5 46%，粒径为 2~5mm。

（4）硫酸钾，含 K_2O 50%，粒径为 2~3mm。

（5）土壤酵母肥，澳大利亚独资生物工程有限公司产品。

（6）5406 抗生菌肥，有效活菌数≥20 亿个/g。

（7）马铃薯专用肥（自制），尿素、磷酸二铵、硫酸钾、硫酸锌重量比按 0.41∶0.10∶0.47∶0.02 混合，含 N 20.66%、含 P_2O_5 4.60%、K_2O 23.50%。

2. 配方比例（风干重量比）

葡萄酒渣、马铃薯专用肥、土壤酵母肥风干重量比按 0.7268∶0.2616∶0.0116 混合。

3. 产品有效成分

含有机质 29.07%、N 5.37%、P_2O_5 2.78%、K_2O 11.04%。

（十四）有机无机复混肥

1. 原料

（1）糠醛渣，含有机质 76%、全 N 0.61%、全 P 0.36%、全 K 1.18%，残余硫酸 3%~5%，pH 值 2~3，粒径 0.05~1mm。

（2）尿素，粒径 2~3mm，含 N 46%。

（3）磷酸二铵，粒径 2~5mm，含 N 18%、P_2O_5 46%。

（4）硫酸锌，粒径 1~2mm。

（5）钼酸铵，含 Mo 50%，粒径 1~2mm。

（6）聚乙烯醇，粒径 0.05~2mm。

（7）柠檬酸，粒径 1~2mm。

（8）保水剂，吸水倍率为 645g/g，粒径 1~2mm。

（9）抗重茬剂，含海洋生物钙 18%，甲壳素 1.5%，美国司特邦科技有限公司产品。

（10）多元复混肥（自制），将尿素、磷酸二铵、硫酸锌、钼酸铵重量比按 0.57:0.39:0.03:0.01 混合，含 N 33%、P_2O_5 18%、Zn 0.69%、Mo 0.50%。

（11）功能性改土剂（自制），将聚乙烯醇、抗重茬剂、保水剂、柠檬酸重量比按 0.30:0.28:0.22:0.20 混合。

2. 配方比例（风干重量比）

多元复混肥、功能性改土剂、糠醛渣重量比按 0.0738:0.0037:0.9225 混合。

3. 产品有效成分

含 N 2.30%、P_2O_5 1.26%、Zn 0.06%、Mo 0.04%。

（十五）生物有机生态肥

1. 原料

（1）$CO(NH_2)_2$，含 N 46%。

（2）$(NH_4)_2HPO_4$，含 N 18%、P_2O_5 46%。

（3）K_2SO_4，含 K_2O 50%。

（4）$ZnSO_4$，含 Zn 23%。

（5）生物活性菌肥，含有效活菌数 ≥20 亿个/g。

（6）土壤结构改良剂——聚丙烯酰胺，粒径 0.05~2mm。

（7）发酵牛粪，含有机质 43.58%、全 N 1.56%、全 P 0.38%、全 K 1.10%，粒径 1~2mm。

（8）发酵猪粪，含有机质 38.42%、全 N 2.03%、全 P 0.65%、全 K 0.98%，

粒径 1~2mm。

（9）土壤营养剂（自制），$CO(NH_2)_2$、$(NH_4)_2HPO_4$、K_2SO_4、$ZnSO_4$ 风干重量比按 0.41：0.10：0.47：0.02 混合，含 N 19.69%、P_2O_5 4.60%、K_2O 23.50%、Zn 0.46%。

（10）生物有机碳肥（自制），发酵牛粪、发酵猪粪、生物活性菌肥风干重量比按 0.60：0.39：0.01 混合，含有机质 40.75%、N 1.71%、P_2O_5 0.48%、K_2O 1.03%，有效活菌数 0.20 亿个/g。

2. 牛粪与猪粪发酵方法

将牛粪、猪粪晾干粉碎过 2cm 筛，每立方米牛粪、猪粪加入 2% 尿素溶液 100kg 混合均匀，喷洒自来水，水分含量达到 60%~65%（用手握有水分从指缝滴出）全部混合均匀，堆成高 1.50m 的梯形，盖上塑料薄膜，在塑料薄膜上开直径 3~5cm 小洞 15~20 个，堆在温室内（室温 25~30℃）发酵 30 天后捣翻 1 次，再发酵 60 天，堆内出现白色菌丝，颜色呈黑褐色，没有讨厌的臭味，发酵结束。

3. 产品合成方法

（1）将生物有机碳肥、土壤营养剂和土壤结构改良剂（聚丙烯酰胺风干，含水量<5%）分别粉碎，过粒径 1~2mm 筛。

（2）将生物有机碳肥、土壤营养剂和土壤结构改良剂（聚丙烯酰胺）重量比按 0.8811：0.1133：0.0056 混合搅拌均匀，采用螺旋挤压造粒机造粒（粒径 4~6mm），得到有机碳生态肥产品。

4. 产品有效成分

含有机质 35.86%、N 2.17%、P_2O_5 0.51%、K_2O 2.59%、Zn 0.05%，有效活菌数 0.35 亿个/g。

七、蔬菜新型肥料

（一）番茄多功能药肥

1. 原料

（1）糠醛渣，粒径 2~3mm，有机质质量分数为 76.36%、全 N 质量分数为 0.61%、全 P 质量分数为 0.36%、全 K 质量分数为 1.18%，pH 值为 2.1。

（2）尿素，粒径为 2~3mm，含 N 质量分数为 46% 尿素粉末。

（3）硫酸钾，粒径为 2~3mm，含 K_2O 质量分数为 50% 硫酸钾粉末。

（4）磷酸一铵，粒径为 2~5mm，含 N 质量分数为 12%、P_2O_5 质量分数为 52% 磷酸一铵粉末。

（5）硫酸锌，粒径为 0.50~1mm 的硫酸锌粉末。

（6）聚乙烯醇，粒径为 0.50~1mm 聚乙烯醇粉末。

（7）聚丙烯酰胺，粒径为 0.50~1mm 的聚丙烯酰胺粉末。

（8）80%喷克可，粒径为 0.01~0.05mm 的 80%喷克可粉末。

（9）72%克露，粒径为 0.01~0.05mm 的 72%克露粉末。

（10）50%速克灵，粒径为 0.01~0.05mm 的 50%速克灵粉末。

（11）高锰酸钾，粒径为 0.01~0.05mm 高锰酸钾粉末。

（12）柠檬酸，粒径为 0.50~1mm 柠檬酸粉末。

（13）72%农用硫酸链霉素，粒径为 0.01~0.05mm 的 72%农用硫酸链霉素粉末。

（14）64%杀毒矾，粒径为 0.01~0.05mm 的 64%杀毒矾粉末。

（15）钼酸铵，粒径为 0.50~1mm 钼酸铵粉末。

（16）EDTA，粒径为 0.01~0.05mm EDTA 粉末。

（17）复硝酸钠，粒径为 0.01~0.05mm 复硝酸钠粉末。

2. 配方比例

番茄多功能药肥，包括以下重量份的原料：糠醛渣 31~31.62 份、尿素 13~13.4 份、硫酸钾 21~21.6 份、磷酸一铵 23~23.5 份、硫酸锌 1.8~2 份、聚乙烯醇 1.8~2 份、聚丙烯酰胺 1.8~2 份、80%喷克可 0.6~0.8 份、72%克露 0.4~0.6 份、50%速克灵 0.3~0.5 份、高锰酸钾 0.2~0.4 份、柠檬酸 0.2~0.4 份、72%农用硫酸链霉素 0.2~0.3 份、64%杀毒矾 0.2~0.3 份、钼酸铵 0.2~0.3 份、EDTA 0.16~0.2 份、复硝酸钠 0.06~0.08 份。

3. 生产方法

（1）在 1 000kg 糠醛渣加入尿素 5.4kg，碳酸氢铵 30kg，将 C/N 调整为 25∶1；酸碱度调整为 6.50~7.50，加水使其含水量达到 60%~65%，全部掺匀，堆成 2~3m 高的体形，覆盖 1 层塑料棚膜，棚膜上均匀地开许多小孔，堆置发酵 165~170 天，得到发酵糠醛渣。

（2）将发酵后的糠醛渣在阴凉干燥处风干 28~30 天，含水量小于 5%时，粉碎全部过 5mm 筛备用。

（3）将步骤（2）得到的糠醛渣与尿素、硫酸钾、磷酸一铵、硫酸锌、聚乙烯醇、聚丙烯酰胺、80%喷克、72%克露、50%速克灵、高锰酸钾、柠檬酸、72%农用硫酸链霉素、64%杀毒矾、钼酸铵、EDTA、复硝酸钠按配方重量比混合，过 5mm 筛，采用常规方法包装，即得番茄多功能药肥。

4. 产品指标（表 6-35）

表 6-35 番茄多功能药肥产品指标

检测项目	检测结果	检测项目	检测结果
养分总量（%）	32.00~32.61	Zn（%）	0.40~0.46
有机质（%）	41.00~41.60	Mo（%）	0.10~0.15

张掖灌区农作物科学施肥理论与实践

（续表）

检测项目	检测结果	检测项目	检测结果
N（%）	8.50~9.00	H_2O（%）	4.50~5.00
P_2O_5（%）	11.50~12.20	pH 值	5.50~6.50
K_2O（%）	10.00~10.80		

（二）黄瓜多功能药肥

1. 原料

（1）硫酸钾，含 K_2O 50%。

（2）磷酸一铵，含 N 12%、P_2O_5 52%。

（3）尿素，含 N 46%。

（4）糠醛渣，含有机质 76%、全 N 0.61%、全 P 0.36%、全 K 1.18%，残余硫酸 3%~5%，pH 值 2~3，粒径 0.05~1mm，重金属元素 Hg、Cd、Cr、Pb 含量均小于 GB 8172—87 规定的农用有机废弃物控制含量标准。

（5）杀菌剂，20%盐酸吗啉胍乙酸铜可湿性粉剂。

2. 配方比例

黄瓜多功能药肥，按重量份数计，包括：硫酸钾 32.3~33 份、磷酸一铵 21.2~22 份、尿素 19.3~20 份、糠醛渣 17.8~18.6 份、聚乙烯醇 1.98~2.3 份、聚丙烯酸钠 1.94~2.1 份、杀菌剂 1.92~2 份。

3. 生产方法

（1）将各原料分别粉碎为粉末状，粉末粒径为 0.1~0.5mm，按上述配比称取粉碎的各原料。

（2）将称取的各粉末状原料输送至混合机内，混合时间 30~35min，得到混合均匀的混合物。

（3）将步骤（2）得到的混合物输送至造粒机内进行造粒，造粒粒度为 2~5mm。

（4）干燥机入口温度为 330~350℃，出口温度为 75~85℃。

（5）将步骤（4）得到的混合物颗粒冷却至室温，分级、筛分、包装。

4. 产品指标（表6-36）

表6-36 黄瓜多功能药肥产品指标

检测项目	检测结果	检测项目	检测结果
养分总量（%）	38.00~38.50	H_2O（%）	4.50~5.00

（续表）

检测项目	检测结果	检测项目	检测结果
有机质（%）	13.50~14.13	pH 值	6.00~7.50
N（%）	11.50~12.00	抗压强度（kg/cm²）	4.00~4.50
P_2O_5（%）	10.00~10.50	粒度（%）	92~95
K_2O（%）	16.00~16.60		

（三）番茄专用肥

1. 原料

（1）尿素，含 N 质量分数为 46%，粒径为 2~3mm。

（2）磷酸二铵，含 N 质量分数为 18%、P_2O_5 质量分数为 46%。

（3）硫酸锌，含 Zn 质量分数为 23%。

（4）葡萄酒渣，是酿酒后提取多酚酶、蛋白质、粗纤维后剩余的皮和种子，含有机碳 36%~40%、粗纤维 18.8%~29.5%、粗蛋白 4.0%~11.8%、粗脂肪 7.2%~8.0%、粗灰分 7.05%~9.30%、P_2O_5 2.40%、K_2O 7.20%、Ca 0.20%~0.55%、Mg 0.23%~0.97%、Fe 0.07%~0.09%、Zn 0.01%~0.03%、B 0.01%~0.02%。

（5）聚丙烯酸钠，保水剂材料。

2. 配方比例（风干重量比）

葡萄酒渣 28~38 份、磷酸二铵 25~35 份、硫酸钾 12~23 份、尿素 7~13 份、硝酸钙 2~5.5 份、硫酸锌 1.5~3.2 份、聚丙烯酸钠 1~2.5 份。

3. 生产方法

（1）在 1 000kg 原葡萄酒渣中加入 3.47kg 尿素，混合，调整 C/N 为 25∶1，得葡萄酒渣。

（2）将步骤（1）得到的葡萄酒渣，加水后混合均匀，并填入坑内堆置处理，封存发酵，得发酵后葡萄酒渣。

（3）将步骤（2）得到的发酵后葡萄酒渣风干处理，并粉碎过筛备用，得风干葡萄酒渣。

（4）称取其他几种原料，并将步骤（3）得到的风干葡萄酒渣与其他各原料分别粉碎成粉末。

（5）将步骤（4）得到的粉末进行混合，得到混合物。

（6）将步骤（5）得到的混合物进行造粒及干燥，得到番茄专用肥。

4. 产品指标（表6-37）

表6-37 番茄专用肥产品指标

检测项目	检测结果	检测项目	检测结果
有机碳（%）	11.52~12.80	Fe	0.02
N（%）	9.25~10.28	Zn（%）	0.01
P_2O_5（%）	12.68~14.09	B	0.01
K_2O（%）	10.56~11.73	pH 值	5.50~7.50
Mg	0.27~0.30	水分（%）	5.0~5.5
Fe	0.02		

（四）辣椒多功能药肥

1. 原料

（1）尿素，含 N 46%，粒径为 2~3mm。

（2）硫酸钾，含 K_2O 50%，粒径为 2~3mm。

（3）磷酸一铵，含 N 12%、P_2O_5 52%，粒径为 2~5mm。

（4）聚丙烯酸钠，粒径为 0.50~1mm。

（5）硫酸铜，粒径为 0.01~0.05mm。

（6）高锰酸钾，粒径为 0.01~0.05mm。

（7）50%瑞毒铝，粒径为 0.01~0.05mm。

（8）70%甲基托布津，粒径为 0.01~0.05mm。

（9）75%多菌灵，粒径为 0.01~0.05mm。

（10）72%农用硫酸链霉素，粒径为 0.01~0.05mm。

（11）复硝酚钠，粒径为 0.01~0.05mm。

（12）菇渣，含有机质 34.80%、全 N 0.96%、全 P 0.21%、全 K 0.42%，粒径为 2~5mm。

2. 配方比例（风干重量比）

原料按质量分数计，包括菇渣 33.1~33.4 份、尿素 32~34 份、硫酸钾 19.4~20 份、磷酸一铵 7.1~7.5 份、聚丙烯酸钠 2~2.5 份、硫酸铜 0.6~0.8 份、高锰酸钾 0.4~0.5 份、50%瑞毒铝 0.35~0.4 份、70%甲基托布津 0.29~0.3 份、75%多菌灵 0.29~0.3 份、72%农用硫酸链霉素 0.18~0.2 份和复硝酚钠 0.08~0.1 份。

3. 生产方法

（1）菇渣发酵处理。1 000kg 菇渣中加入 4.33kg 尿素，将菇渣 C/N 调整为 25：1；加水使其含水量达到 50%～55%，混合均匀后，堆置并覆盖塑料膜，塑料膜上均匀设有多个小孔，堆置发酵 85～90 天，即制得发酵后的菇渣。

（2）菇渣风干处理。将步骤（1）中制得的发酵后的菇渣在阴凉干燥处风干 28～30 天，待含水量小于 5% 时，全部过 5mm 筛，即制得风干的菇渣。

（3）药肥混合。将步骤（2）制得的风干的菇渣 33.1～33.4 份、尿素 32～34 份、硫酸钾 19.4～20 份、磷酸一铵 7.1～7.5 份、聚丙烯酸钠 2～2.5 份、硫酸铜 0.6～0.8 份、高锰酸钾 0.4～0.5 份、50% 瑞毒铝 0.35～0.4 份、70% 甲基托布津 0.29～0.3 份、75% 多菌灵 0.29～0.3 份、72% 农用硫酸链霉素 0.18～0.2 份和复硝酚钠 0.08～0.1 份混合均匀，全部过 5mm 筛，即得辣椒多功能药肥。

（4）步骤（1）加入尿素的菇渣发酵时，堆成高为 1.5～2.5m 的梯形，塑料膜上横向每隔 0.4m，纵向每隔 1m 开一个直径 3～5cm 的小孔。

4. 产品指标（表 6-38）

表 6-38　辣椒多功能药肥产品指标

检测项目	检测结果	检测项目	检测结果
养分总量（%）	30.00～31.00	K_2O（%）	9.50～10.00
有机质（%）	11.00～11.36	H_2O（%）	4.50～5.00
N（%）	16.50～17.00	pH 值	5.50～7.50
P_2O_5（%）	3.80～4.00		

（五）茄子多功能药肥

1. 原料

（1）硫酸钾，含 K_2O 50%，粒径为 2～3mm。

（2）尿素，含 N 46%，粒径为 2～3mm。

（3）磷酸一铵，含 N 12%、P_2O_5 52%，粒径为 2～5mm。

（4）72.2% 普力克产品，指标为 72.2% 霜霉威盐酸盐，粒径为 0.01～0.05mm。

（5）70% 甲基硫菌灵，粒径为 0.01～0.05mm。

（6）柠檬酸，粒径为 0.01～0.05mm。

（7）EDTA，粒径为 0.01～0.05mm。

（8）50% 苯菌灵，粒径为 0.01～0.05mm。

（9）3% 克菌康，粒径为 0.01～0.05mm。

（10）芸薹素内酯，粒径为 0.01~0.05mm。

2. 配方比例（风干重量比）

包括油菜籽饼肥 34.3~34.8 份、硫酸钾 25.5~26 份、尿素 25~25.6 份、磷酸一铵 10~10.5 份、72.2%普力克 0.49~0.8 份、70%甲基硫菌灵 0.55~0.6 份、柠檬酸 0.45~0.5 份、EDTA 0.45~0.5 份、50%苯菌灵 0.35~0.4 份、3%克菌康 0.15~0.2 份和芸薹素内酯 0.05~0.1 份。

3. 生产方法

（1）油菜籽饼肥发酵处理。1 000kg 油菜籽饼肥中加入 5.14kg 尿素，将 C/N 调整为 25∶1，加水使其含水量达到 50%~55%；混合均匀后，填入长 8~10m、宽 2~3m、深 2~3m 坑内，用土封严，堆置发酵 190~195 天，即制得发酵后的油菜籽饼肥。

（2）油菜籽饼肥风干处理。将步骤（1）中制得的发酵后的油菜籽饼肥在阴凉干燥处风干 30~45 天，待含水量小于 5%时，全部过 5mm 筛，即制得风干的油菜籽饼肥。

（3）原料混合。将步骤（2）中制得的风干的油菜籽饼肥 34.3~34.8 份、硫酸钾 25.5~26 份、尿素 25~25.6 份、磷酸一铵 10~10.5 份、72.2%普力克 0.49~0.8 份、70%甲基硫菌灵 0.55~0.6 份、柠檬酸 0.45~0.5 份、EDTA 0.45~0.5 份、50%苯菌灵 0.35~0.4 份、3%克菌康 0.15~0.2 份和芸薹素内酯 0.05~0.1 份混合均匀，全部过 5mm 筛，即得茄子多功能药肥。

4. 产品指标（表6-39）

表6-39　茄子多功能药肥产品指标

检测项目	检测结果	检测项目	检测结果
养分总量（%）	31.00~31.50	K_2O（%）	12.50~13.00
有机质（%）	46.00~47.26	H_2O（%）	4.50~5.00
N（%）	12.50~13.00	pH 值	5.50~7.50
P_2O_5（%）	5.00~5.50		

（六）番茄固体活性有机肥

1. 原料

（1）发酵牛粪，含有机质 14.50%、N 0.32%、P_2O_5 0.25%、K_2O 0.15%，粒径 1~5mm。

（2）糠醛渣，含有机质 76.36%、N 0.55%、P_2O_5 0.43%、K_2O 1.18%，pH 值

2.1，粒径 2~3mm。

（3）改性糠醛渣，将糠醛渣、水、石灰、尿素重量比按 100∶50∶8∶2 混合。

（4）生物菌肥，有效活菌数≥0.2 亿个/g。

（5）聚乙烯醇，粒径 0.05mm。

（6）保水剂，吸水倍率 645g/g，粒径 1~2mm。

（7）有机组合肥，将改性糠醛渣、发酵牛粪重量比按 0.30∶0.70 混合。

（8）改土保水剂，将聚乙烯醇、保水剂重量按 0.34∶0.66 混合。

2. 配方比例（风干重量比）

将有机组合肥、生物菌肥、改土保水剂重量比按 0.9974∶0.0013∶0.0013 混合。

3. 产品有效成分

含有机质 57.50%、N 0.48%、P_2O_5 0.38%、K_2O 0.86%。

（七）黄瓜有机碳肥

1. 原料

（1）尿素，含 N 46%。

（2）磷酸二铵，含 N 18%、P_2O_5 46%。

（3）硫酸锌，含 Zn 23%。

（4）钼酸铵，含 Mo 50%。

（5）糠醛渣，含有机质 650~700g/kg、全 N 0.61%、全 P 0.36%、全 K 1.18%，pH 值为 2.1，粒径 1~2mm。

（6）锌钼微肥（自制），将硫酸锌、钼酸铵重量比按 0.70∶0.30 混合，含 Zn 16.10%、Mo 15%。

2. 配方比例（风干重量比）

将糠醛渣、尿素、磷酸二铵、锌钼微肥重量比按 0.5128∶0.3419∶0.1111∶0.0342 混合。

3. 产品有效成分

含有机质 35.89%、N 18.03%、P_2O_5 5.30%、Zn 0.54%、Mo 0.51%。

（八）番茄废弃物组合肥

1. 原料

（1）腐熟鸡粪，含有机质 42.77%、N 1.03%、P_2O_5 0.41%、K_2O 0.72%，粒径 1~5mm。

（2）腐熟羊粪，含有机质 38.30%、N 1.01%、P_2O_5 0.22%、K_2O 0.53%，粒径 1~5mm。

（3）腐熟牛粪，含有机质 16.00%、N 0.32%、P_2O_5 0.25%、K_2O 0.16%，粒径 1~5mm。

（4）改性糠醛渣，在糠醛渣中加入 4%的碳酸氢铵，将 pH 值调整到 6.5~7.5，含有机质 70.23%、N 0.61%、P_2O_5 0.36%、K_2O 1.18%，粒径 1~5mm。

（5）菜籽饼渣，含有机质 77.50%、N 4.50%、P_2O_5 1.50%、K_2O 1.43%，粒径 1~5mm。

（6）沼渣，含有机质 26.42%、N 1.25%、P_2O_5 1.90%、K_2O 1.33%，粒径 1~5mm。

（7）生物菌肥，有效活菌数≥10 亿个/g，粒径 1~2mm。

（8）聚丙烯酰胺，吸水倍率 200g/g，pH 值 6.9，粒径 1~2mm。

（9）畜禽粪便组合肥（自制），腐熟鸡粪、腐熟羊粪、腐熟牛粪风干质量比按 0.50∶0.30∶0.20 混合，含有机质 36.19%、有机碳 20.99%、N 0.86%、P_2O_5 0.33%、K_2O 0.55%，粒径 4~6mm。

（10）废渣组合肥（自制），改性糠醛渣、菜籽饼渣、沼渣、生物菌肥风干质量比按 0.40∶0.30∶0.28∶0.02 混合，含有机质 56.53%、有机碳 32.79%、N 1.10%、P_2O_5 0.83%、K_2O 1.16%，有效活菌数≥0.20 亿个/g，粒径 4~6mm。

2. 配方比例（风干重量比）

畜禽粪便组合肥、废渣组合肥和聚丙烯酰胺风干质量配方比按 0.3995∶0.5993∶0.0012 混合。

3. 产品有效成分

含有机质 48.40%、有机碳 28.07%、N 0.99%、P_2O_5 0.63%、K_2O 0.92%。

八、甜菜新型肥料

（一）有机生态肥

1. 原料

（1）尿素，含 N 46%，粒径为 2~3mm。

（2）磷酸二铵，含 N 18%、P_2O_5 46%。

（3）硫酸钾，含 K_2O 50%，粒径为 2~3mm。

（4）硫酸锌，含 Zn 23%。

（5）硼酸，含 B 17.50%。

（6）钼酸铵，含 Mo 54.3%。

（7）甜菜专用肥（自主研发），将硫酸钾、尿素、磷酸二铵、硫酸锌、硼酸、钼酸铵风干重量比按 0.5075 : 0.3082 : 0.1511 : 0.0242 : 0.0060 : 0.0030 混合，含 N 15.42%、P_2O_5 6.95%、K_2O 25.38%、Zn 0.56%、B 0.11%、Mo 0.16%。

（8）腐熟牛粪，含有机质 36%、全 N 0.32%、全 P 0.25%、全 K 0.16%，粒径 1~2mm。

（9）腐熟羊粪，含有机质 38.30%、全 N 1.01%、全 P 0.22%、全 K 0.53%，粒径 1~2mm。

（10）沼渣，有机质 26.42%、全 N 1.25%、全 P 1.90%、全 K 1.33%，粒径 1~2mm。

（11）腐熟鸡粪，含有机质 42.77%、全 N 1.03%、全 P 0.41%、全 K 0.72%，粒径 1~2mm。

（12）生物菌肥，有效活菌数≥10 亿个/g。

（13）生物有机碳肥（自主研发），将腐熟牛粪、腐熟羊粪、沼渣、腐熟鸡粪和生物菌肥风干重量比按 0.4000 : 0.3200 : 0.2000 : 0.0780 : 0.0020 混合，含有机质 38.64%、N 0.79%、P_2O_5 0.44%、K_2O 1.14%。

（14）石膏粉，含 Ca 22.50%、S 20.70%。

（15）硫黄，含 S 95%。

（16）硫酸亚铁，含 Fe 19.00%。

（17）硫酸铝，含 Al_2O_3 15.90%。

（18）盐土调控剂（自主研发），将石膏粉、硫黄、硫酸亚铁和硫酸铝风干重量比按 0.9202 : 0.0368 : 0.0240 : 0.0180 混合，含 Ca 20.71%、S 22.55%、Fe 0.46%、Al_2O_3 0.29%。

2. 配方比例（风干重量比）

甜菜专用肥、盐土调控剂和有机碳肥风干重量比按 0.0587 : 0.0612 : 0.8801 混合。

3. 产品有效成分

含有机质 34.85%、N 1.61%、P_2O_5 0.80%、K_2O 2.49%、Zn 0.03%、B 0.006%、Mo 0.009%、Ca 1.24%、S 1.24%、Fe 0.03%、Al_2O_3 0.02%。

（二）功能性环保肥

1. 原料

（1）尿素，含 N 46%，粒径 2~3mm。

（2）磷酸二铵，含 N 18%、P_2O_5 46%，粒径 2~5mm。

（3）硫酸钾，含 K_2O 50%，粒径 2~3mm。

（4）硫酸锌，含 Zn 23%，粒径 2~3mm。

（5）钼酸铵，含 Mo 54.30%，粒径 2~3mm。

张掖灌区农作物科学施肥理论与实践

（6）聚丙烯酸钠，吸水倍率 684g/g，pH 值 6.9，粒径 1~2mm。

（7）聚乙烯醇，粒径 0.05~2mm。

（8）多聚糖，粒径 1~2mm。

（9）胡麻籽饼，含有机质 92.50%、有机碳 53.65%、C/N 9.58、N 5.60%、P_2O_5 0.76%、K_2O 1.10%，粒径 1~5mm。

（10）鸡粪，含有机质 25.50%、有机碳 14.79%、C/N 9.07、N 1.63%、P_2O_5 1.54%、K_2O 0.85%，粒径 1~5mm。

（11）蘑菇渣，粒径 1~5mm，含有机质 48.78%、有机碳 28.29%、C/N 15.72、N 1.80%、P_2O_5 0.25%、K_2O 1.11%，粒径 1~5mm。

（12）秸秆发酵剂，主要成分为酿酒酵母、植物乳杆菌、粪肠球菌、蛋白酶、玉米蛋白粉、乳清粉、乳糖等，微生物含量≥100 亿个/g，北京康源绿洲生物科技有限公司产品。

（13）生物菌肥，含有效活菌数≥0.50 亿个/ml。

（14）抗重茬剂，有效活菌≥2 亿个/g，北京华远丰农生物科技有限公司产品。

（15）无机营养剂（自主研发），尿素、磷酸二铵、硫酸钾、硫酸锌、钼酸铵风干重量比按 0.49：0.28：0.19：0.04：0.01 混合，室内化验分析，含 N 27.58%、P_2O_5 12.88%、K_2O 9.50%、Zn 0.92%、Mo 0.54%，粒径 2~5mm。

（16）改土保水剂（自主研发），聚乙烯醇、多聚糖聚、丙烯酸钠风干重量比按 0.45：0.30：0.25 混合。

2. 有机改良剂发酵

胡麻籽饼、鸡粪、蘑菇渣、抗重茬剂、生物菌肥风干重量比按 0.5250：0.2510：0.2160：0.0050：0.0030 混合，每立方米混合物料加入秸秆发酵剂 2kg，喷自来水，水分含量用手握有水分从指缝滴下（含水量 50%~60%），混合均匀，堆成高 2m 高的梯形，盖上塑料薄膜，在塑料薄膜上开直径 5cm 小洞 20~30 个，堆在温室内（室温 25~30℃）发酵 30 天后，温度上升到 60~65℃，捣翻 1 次，再发酵 50 天温度降到室温，有大量白色菌丝产生，颜色呈黑褐色，自然风干（含水量 3%~5%），过 5mm 筛得到有机改良剂，室内化验分析，含有机质 63.66%、N 3.64%、P_2O_5 0.88%、K_2O 3.03%、有效活菌≥110 万个/g。

3. 配方比例（风干重量比）

有机改良剂、无机营养剂、改土保水剂风干重量比按 0.9732：0.0195：0.0073 混合。

4. 产品有效成分

含有机质 61.95%、N 4.09%、P_2O_5 1.12%、K_2O 3.14%、Zn 0.02%、Mo 0.01%、有效活菌 $1.07×10^7$ 个/g。

（三）连作障碍调控肥

1. 原料

（1）尿素，含 N 46%。

（2）磷酸二铵，含 N 18%、P_2O_5 46%。

（3）硫酸锌，含 Zn 23%。

（4）硫酸锰，含 Mn 26%。

（5）钼酸铵，含 Mo 54%。

（6）发酵羊粪，含有机质 38.30%、N 0.01%、P_2O_5 0.22%、K_2O 0.53%，粒径 1~5mm。

（7）发酵鸡粪，含有机质 42.77%、N 1.031%、P_2O_5 0.41%、K_2O 0.72%，粒径 1~5mm。

（8）改性糠醛渣，在糠醛渣中加入 4% 石灰粉，将 pH 值调整到 6.50~7.50，含有机碳 76%、N 0.66%、P_2O_5 0.36%、K_2O 1.18%，粒径 1~2mm。

（9）抗重茬剂，含海洋生物钙 18%、甲壳素 1.5%、有效活菌数 ≥20 亿个/g，美国司特邦科技有限公司产品。

（10）聚丙烯酰胺，吸水倍率 200g/g，pH 值 6.9，粒径 1~2mm。

（11）多聚糖，粒径 1~2mm。

（12）无机营养剂（自制），尿素、磷酸二铵、硫酸锌、硫酸锰和钼酸铵风干重量比按 0.5515：0.3676：0.0552：0.0183：0.0074 混合，含 N 31.99%、P_2O_5 16.91%、Zn 1.27%、Mn 0.48%、Mo 0.40%。

（13）有机营养剂（自制），改性糠醛渣、发酵羊粪、发酵鸡粪风干重量比按 0.5000：0.3000：0.2000 混合，含有机质 58.04%、N 0.54%、P_2O_5 0.33%、K_2O 0.89%，粒径 1~5mm。

（14）作物营养剂（自制），有机营养剂、无机营养剂风干重量比按 0.9514：0.0486 混合，含有机质 55.01%、N 2.18%、P_2O_5 1.20%、K_2O 0.84%、Zn 0.07%、Mn 0.03%、Mo 0.02%，粒径 1~5mm。

（15）土壤结构改良剂（自制），聚丙烯酰胺、多聚糖风干重量比按 0.6000：0.4000 混合。

2. 配方比例（风干重量比）

土壤结构改良剂、作物营养剂和抗重茬剂风干重量比按 0.0027：0.9964：0.0009 混合。

3. 产品有效成分

有机质 54.82%、N 2.17%、P_2O_5 1.20%、K_2O 0.84%、Zn 0.07%、Mn 0.03%、Mo 0.02%。

（四）功能型复混肥

1. 原料

（1）尿素，含 N 46%。

（2）磷酸二铵，含 N 18%、P_2O_5 46%。

（3）硫酸钾，含 K_2O 50%。

（4）硫酸锌，含 Zn 23%。

（5）钼酸铵，含 Mo 54.3%。

（6）生物菌肥，有效活菌数 ≥ 10 亿个/g。

（7）腐熟牛粪，含有机质 16%、全 N 0.32%、全 P 0.25%、全 K 0.16%，粒径 1~2mm。

（8）改性糠醛渣，在糠醛渣中加入 4% 的碳酸氢铵，将 pH 值调整到 6.50~7.50，经室内化验分析，含有机质 70.23%、腐殖酸 11.63%、全 N 0.61%、全 P 0.36%、全 K 1.18%，pH 值为 6.04~6.50，粒径 1~2mm。

（9）聚乙烯醇，粒径 0.05~2mm。

（10）保水剂，吸水倍率 645g/g，粒径 1~2mm。

（11）甜菜专用肥（自制），将尿素、磷酸二铵、硫酸钾、硫酸锌、钼酸铵风干重量比按 0.5430：0.2715：0.1357：0.0362：0.0136 混合，含 N 29.87%、P_2O_5 12.49%、K_2O 6.79%、Zn 0.83%、Mo 0.74%。

（12）有机碳肥（自制），将改性糠醛渣、腐熟牛粪、生物菌肥风干重量比按 0.7500：0.2480：0.0020 混合，含有机质 56.47%、N 0.54%、P_2O_5 0.33%、K_2O 0.93%。

2. 配方比例（风干重量比）

有机碳肥、保水剂、甜菜专用肥、聚乙烯醇风干重量比按 0.9288：0.0012：0.0681：0.0019 混合，得到甜菜功能型复混肥。

3. 产品有效成分

含有机质 52.38%、N 2.54%、P_2O_5 1.19%、K_2O 1.32%、Zn 0.06%、Mo 0.05%。

（五）糠醛渣有机碳生态肥

1. 原料

（1）尿素，含 N 46%。

（2）磷酸二铵，含 N 18%、P_2O_5 46%。

（3）硫酸钾，含 K_2O 50%。

（4）硫酸锌，含 Zn 23%。

（5）硼酸，含 B 17.50%。

（6）钼酸铵，含 Mo 54.3%。

（7）甜菜多元肥（自主研发），将硫酸钾、尿素、磷酸二铵、硫酸锌、硼酸、钼酸铵风干重量比按 0.5000：0.3095：0.1429：0.0360：0.0089：0.0027 混合，含 N 15.44%、P_2O_5 6.57%、K_2O 25.00%、Zn 0.83%、B 0.16%、Mo 0.15%。

（8）改性糠醛渣，在糠醛渣中加入 4% 的碳酸氢铵，将糠醛渣 pH 值由原来的 2.20~3.10 调整到 6.00~6.50，含有机碳 73.23%、腐殖酸 11.63%、全 N 0.61%、全 P 0.36%、全 K 1.18%，粒径 0.05~1mm。

（9）生物菌肥，有效活菌数 ≥10 亿个/g。

2. 配方比例（风干重量比）

改性糠醛渣、甜菜多元肥、生物菌肥风干重量比按 0.8180：0.1718：0.0102 混合，得到糠醛渣有机碳生态肥。

3. 产品有效成分

含有机质 60.53%、N 2.65%、P_2O_5 1.13%、K_2O 4.30%、Zn 0.14%、B 0.03%、Mo 0.03%，有效活菌数 ≥0.10 亿个/g。

（六）抗旱性复混肥

1. 原料

（1）尿素，含 N 46%，粒径为 2~3mm。

（2）磷酸二铵，含 N 18%、P_2O_5 46%。

（3）硫酸钾，含 K_2O 50%，粒径为 2~3mm。

（4）硫酸锌，含 Zn 23%。

（5）硼酸，含 B 17.50%。

（6）钼酸铵，含 Mo 54.3%。

（7）生物菌肥，有效活菌数 ≥20 亿个/g。

（8）甜菜专用肥（自主研发），将硫酸钾、尿素、磷酸二铵、硫酸锌、硼酸、钼酸铵重量比按 0.5075：0.3082：0.1511：0.0242：0.0060：0.0030 混合，含 N 15.42%、P_2O_5 6.95%、K_2O 25.38%、Zn 0.56%、B 0.11%、Mo 0.16%。

（9）改性糠醛渣，在糠醛渣中加入 4% 碳酸氢铵，将 pH 值调整到 7.50，含有机碳 76%、全 N 0.66%、全 P 0.36%、全 K 1.18%，粒径 1~2mm。

（10）有机碳肥（自主研发），将改性糠醛渣、生物菌肥风干重量比按 0.9800：0.0200 混合，含有机质 74.49%、全 N 0.60%、全 P 0.35%、全 K 1.16%，pH 值为 6.50。

（11）聚乙烯醇，粒径 0.05~2mm。

张掖灌区农作物科学施肥理论与实践

（12）保水剂，吸水倍率 645g/g，粒径 1～2mm。

2. 配方比例（风干重量比）

有机碳肥、保水剂、甜菜专用肥、聚乙烯醇重量比按 0.9375∶0.0025∶0.0563∶0.0037 混合，得到甜菜抗旱改土复混肥。

3. 产品有效成分

含有机质 69.83%、N 1.46%、P_2O_5 0.72%、K_2O 2.52%、Zn 0.03%、B 0.01%、Mo 0.01%。

（七）多功能复混肥

1. 原料

（1）尿素，含 N 46%。

（2）磷酸二铵，含 N 18%、P_2O_5 46%。

（3）硫酸钾，含 K_2O 50%。

（4）硫酸锌，含 Zn 23%。

（5）硼酸，含 B 17.50%。

（6）钼酸铵，含 Mo 54.3%。

（7）腐熟牛粪，含有机质 36%、全 N 0.32%、全 P 0.25%、全 K 0.16%，粒径 1～2mm。

（8）腐熟羊粪，含有机质 38.30%、全 N 1.01%、全 P 0.22%、全 K 0.53%，粒径 1～2mm。

（9）沼渣，含有机质 26.42%、全 N 1.25%、全 P 1.90%、全 K 1.33%，粒径 1～2mm。

（10）腐熟鸡粪，含有机质 42.77%、全 N 1.03%、全 P 0.41%、全 K 0.72%，粒径 1～2mm。

（11）生物菌肥，有效活菌数 ≥10 亿个/g。

（12）石膏粉，含 Ca 22.50%、S 20.70%。

（13）硫黄，含 S 95%。

（14）硫酸亚铁，含 Fe 19.00%。

（15）硫酸铝，含 Al_2O_3 15.90%。

（16）甜菜专用肥（自主研发），将硫酸钾、尿素、磷酸二铵、硫酸锌、硼酸和钼酸铵风干重量比按 0.5075∶0.3082∶0.1511∶0.0242∶0.0060∶0.0030 混合，含 N 15.42%、P_2O_5 6.95%、K_2O 25.38%、Zn 0.56%、B 0.11%、Mo 0.16%。

（17）盐渍土调控剂（自主研发），将石膏粉、硫黄、硫酸亚铁和硫酸铝风干重量比按 0.9202∶0.0368∶0.0240∶0.0180 混合，含 Ca 20.71%、S 22.55%、Fe 0.46%、Al_2O_3 0.29%。

（18）生物有机碳肥（自主研发），将腐熟牛粪、腐熟羊粪、沼渣、腐熟鸡粪和生物菌肥风干重量比按 0.4000：0.3200：0.2000：0.0780：0.0020 混合，含有机质 38.64%、N 0.79%、P_2O_5 0.44%、K_2O 1.14%。

2. 配方比例（风干重量比）

甜菜专用肥、盐渍土调控剂和生物有机碳肥风干重量比按 0.0586：0.0623：0.8791 混合。

3. 产品有效成分

含有机质 34.85%、N 1.61%、P_2O_5 0.80%、K_2O 2.49%、Zn 0.03%、B 0.006%、Mo 0.009%、Ca 1.24%、S 1.24%、Fe 0.03%、Al_2O_3 0.02%。

九、高粱新型肥料

（一）高粱药肥

1. 原料

磷酸一铵，含 N 12%、P_2O_5 52%；尿素，含 N 46%；硫酸锌，含 Zn 23%；硫酸锰，含 Mn 26%；硼砂，含 B 11.30%；钼酸铵，含 Mo 54.30%；12.5%烯唑醇可湿性粉剂；2%立克秀可湿性粉剂。

2. 配方比例

磷酸一铵 35.00~50.00 份、尿素 30.10~43.00 份、硫酸锌 2.31~3.30 份、硫酸锰 1.05~1.50 份、硼砂 0.70~1.00 份、钼酸铵 0.35~0.50 份、12.5%烯唑醇可湿性粉剂 0.28~0.40 份、2%立克秀可湿性粉剂 0.21~0.30 份。

3. 生产方法

将磷酸一铵、尿素、硫酸锌、硫酸锰、硼砂、钼酸铵、12.5%烯唑醇可湿性粉剂、2%立克秀可湿性粉剂按上述配方比例混合得到杂交高粱药肥。

4. 产品指标（表 6-40）

张掖甘州区农作物科学施肥理论与实践

表 6-40　高粱药肥产品指标

项目	指标	项目	指标
N（%）	27.55~29.00	Mn（%）	0.36~0.38
P_2O_5（%）	24.79~26.10	Mo（%）	0.23~0.25
Zn（%）	0.72~0.76	H_2O（%）	4.50~5.00
B（%）	0.10~0.11	pH 值	6.00~7.50

（二）甜高粱有机碳肥

1. 原料

（1）糠醛渣，含有机碳 74%、全 N 0.61%、全 P 0.36%、全 K 1.18%，粒径 0.05~1mm。

（2）尿素，粒径 2~3mm，含 N 46%。

（3）磷酸二铵，粒径 2~5mm，含 N 18%、P_2O_5 46%。

（4）硫酸钾，含 K_2O 50%，粒径为 2~3mm。

（5）硫酸锌，含 Zn 23%，粒径 1~2mm。

（6）生物菌肥，有效活菌数≥20 亿个／g。

（7）高粱专用肥（自配），将尿素、磷酸二铵、硫酸钾、硫酸锌重量比按 0.41：0.10：0.47：0.02 混合，含 N 20.66%、P_2O_5 4.60%、K_2O 23.50%、Zn 0.46%。

2. 配方比例（风干重量比）

糠醛渣、高粱专用肥、生物菌肥重量比按 0.4478：0.4478：0.1044 混合。

3. 产品有效成分

含有机质 34.03%、N 8.53%、P_2O_5 2.22%、K_2O 11.04%、Zn 0.21%。

（三）甜高粱营养型药肥

1. 原料

（1）尿素，含 N 46%。

（2）磷酸二铵，含 N 18%、P_2O_5 46%。

（3）硫酸锌，含 Zn 23%。

（4）硫酸锰，含 Mn 26%。

（5）硼砂，含 B 11.30%。

（6）钼酸铵，含 Mo 54.30%。

（7）12.5%烯唑醇可湿性粉剂。

（8）立克秀可湿性粉剂。

（9）氮磷复混肥（自制），磷酸二铵、尿素风干重量比按 0.5376：0.4624 混合，含 N 30.95%、P_2O_5 24.73%。

（10）多元微肥（自制），硫酸锌、硫酸锰、硼砂、钼酸铵风干重量比按 0.5238：0.2381：0.1587：0.0794 混合，含 Zn 12.05%、Mn 6.19%、B 1.79%、Mo 4.31%。

（11）杀菌剂（自制），12.5%烯唑醇可湿性粉剂、立克秀可湿性粉剂风干重量比按 0.6000∶0.4000 混合。

2. 配方比例（风干重量比）

多元微肥、氮磷复混肥和杀菌剂风干重量比按 0.0083∶0.9901∶0.0016 混合搅拌均匀。

3. 产品有效成分

含 N 30.67%、P_2O_5 24.48%、Zn 0.10%、Mn 0.05%、B 0.02%、Mo 0.05%。

（四）甜高粱营养保水改土肥

1. 原料

（1）尿素，含 N 46%。

（2）磷酸二铵，含 N 18%、P_2O_5 46%。

（3）硫酸钾，含 K_2O 50%。

（4）硫酸锌，含 Zn 23%。

（5）钼酸铵，含 Mo 54.3%。

（6）生物菌肥，有效活菌数≥10 亿个/g。

（7）腐熟牛粪，含有机质 16%、N 0.32%、P_2O_5 0.25%、K_2O 0.16%，粒径 1~2mm。

（8）改性糠醛渣，在糠醛渣筛中加入 8% 的碳酸钙，将 pH 值调整到 6.50~6.80，含有机质 70.23%、N 0.61%、P_2O_5 0.36%、K_2O 1.18%，pH 值 6.04~6.50，粒径 1~2mm。

（9）土壤结构改良剂，聚乙烯醇，粒径 0.05~2mm。

（10）土壤保水剂，聚丙烯酸钠，吸水倍率 645g/g，粒径 1~2mm。

（11）土壤营养剂（自制），尿素、磷酸二铵、硫酸钾、硫酸锌、钼酸铵风干重量比按 0.5430∶0.2715∶0.1357∶0.0362∶0.0136 混合，含 N 29.87%、P_2O_5 12.49%、K_2O 6.79%、Zn 0.83%、Mo 0.74%。

（12）土壤调控剂（自制），改性糠醛渣、腐熟牛粪、生物菌肥风干重量比按 0.7500∶0.2480∶0.0020 混合，含有机质 56.47%、N 0.54%、P_2O_5 0.33%、K_2O 0.93%。

2. 配方比例（风干重量比）

土壤调控剂、土壤保水剂、土壤营养剂、土壤结构改良剂风干重量比按 0.9288∶0.0012∶0.0681∶0.0019 混合。

3. 产品有效成分

含有机质 52.38%、N 2.54%、P_2O_5 1.19%、K_2O 1.32%、Zn 0.06%、Mo 0.05%。

(五) 甜高粱生物有机肥

1. 原料

（1）发酵牛粪，含有机质 36%、全 N 0.61%、全 P 0.36%、全 K 1.18%。

（2）尿素，含 N 46%。

（3）磷酸二铵，含 N 18%、P_2O_5 46%。

（4）硫酸钾，含 K_2O 50%。

（5）硫酸锌，含 Zn 23%。

（6）生物菌肥，有效活菌数≥20 亿个/g。

（7）高粱专用肥，尿素、磷酸二铵、硫酸钾、硫酸锌重量比按 0.4100：0.1000：0.4700：0.0200 混合，含 N 20.66%、含 P_2O_5 4.60%、K_2O 23.50%、Zn 0.46%。

2. 配方比例（风干重量比）

发酵牛粪、高粱专用肥、生物菌肥重量比按 0.4478：0.4478：0.1044 混合。

3. 产品有效成分

含有机质 34.03%、N 8.53%、P_2O_5 2.22%、K_2O 11.04%、Zn 0.21%。

(六) 甜高粱有机营养复混肥

1. 原料

（1）尿素，含 N 46%，粒径为 2~3mm。

（2）磷酸二铵，含 N 质量分数为 18%，含 P_2O_5 质量分数为 45%。

（3）硫酸钾，含 K_2O 50%，粒径为 2~3mm。

（4）硫酸锌，含 Zn 质量分数为 23%。

（5）钼酸铵，含 Mo 质量分数为 54.3%。

（6）甜高粱专用肥（自主研发），将尿素、磷酸二铵、硫酸钾、硫酸锌、钼酸铵质量比按 0.4145：0.0521：0.5000：0.0234：0.0100 混合，含 N 20%、P_2O_5 2.40%、K_2O 23%、Zn 0.54%、Mo 0.50%。

（7）活性有机肥（自主研发），将发酵牛粪、生物菌肥风干重量比按 0.9800：0.0200 混合，含有机质 26%、全 N 0.61%、全 P 0.36%、全 K 1.18%，pH 值为 2.1，粒径 1~2mm。

（8）聚乙烯醇，粒径 0.05~2mm。

（9）保水剂，吸水倍率 645g/g，粒径 1~2mm 。

2. 配方比例（风干重量比）

活性有机肥、保水剂、杂交高粱专用肥、聚乙烯醇重量比按 0.9375：0.0025：0.0563：0.0037 混合。

3. 产品有效成分

含有机质 15.14%、N 1.69%、P_2O_5 0.48%、K_2O 2.39%、Zn 0.03%、Mo 0.02%。

(七) 甜高粱糠醛渣复混肥

1. 原料

(1) 改性糠醛渣，含有机碳 74%、全 N 0.61%、全 P 0.36%、全 K 1.18%、粒径 1~10mm，pH 值 6.50~7.00。

(2) 尿素，含 N 46%。

(3) 磷酸二铵，含 N 18%、P_2O_5 46%。

(4) 硫酸钾，含 K_2O 50%。

(5) 硫酸锌，含 Zn 23%。

(6) 生物菌肥，有效活菌数 ≥20 亿个/g。

(7) 甜高粱专用肥 (自制)，尿素、磷酸二铵、硫酸钾、硫酸锌重量比按 0.4100：0.1000：0.4700：0.0200 混合。

2. 配方比例 (风干重量比)

糠醛渣、高粱专用肥、生物菌肥重量比按 0.4500：0.4500：0.1000 混合。

3. 产品有效成分

含有机质 34.03%、N 8.53%、P_2O_5 2.22%、K_2O 11.04%、Zn 0.21%。

(八) 甜高粱有机营养复混肥

1. 原料

(1) 改性糠醛渣，在糠醛渣中加入 4% 的碳酸氢铵，将 pH 值调整到 6.00~6.50，经室内化验分析，含有机质 74%、腐殖酸 11.63%、全 N 0.61%、全 P 0.36%、全 K 1.18%，pH 值为 6.04~6.50，粒径 0.05~1mm。

(2) 尿素，含 N 46%，粒径 2~3mm。

(3) 磷酸二铵，含 N 18%、P_2O_5 46%，粒径 2~5mm。

(4) 硫酸钾，含 K_2O 50%，粒径为 2~3mm。

(5) 硫酸锌，含 Zn 23%，粒径 1~2mm。

(6) 生物菌肥，有效活菌数 ≥20 亿个/g，山东大地生物科技有限公司产品。

(7) 高粱专用肥 (自主研发)，将尿素、磷酸二铵、硫酸钾、硫酸锌重量比按 0.41：0.10：0.47：0.02 混合。

2. 配方比例 (风干重量比)

改性糠醛渣、高粱专用肥、生物菌肥风干重量比按 0.4478：0.4478：0.1044

混合。

3. 产品有效成分

含有机质34.03%、N 8.53%、P_2O_5 2.22%、K_2O 11.04%、Zn 0.21%。

(九) 甜高粱专用肥

1. 原料

(1) 尿素，含 N 46%，粒径2~3mm。

(2) 磷酸二铵，含 N 18%、P_2O_5 46%，粒径2~5mm。

(3) 硫酸锌，含 Zn 23%，粒径1~2mm。

(4) 钼酸铵，含 Mo 54.3%。

2. 配方比例 (风干重量比)

磷二铵、尿素、硫酸锌、钼酸铵质量比按0.50∶0.455∶0.040∶0.005混合。

3. 产品有效成分

含 N 29%、P_2O_5 26.10%、Zn 0.76%、Mo 0.25%。

第七章　有机肥科学施肥技术

第一节　有机肥概述

有机肥料亦称农家肥料。凡以有机物质（含有碳元素的化合物）作为肥料的均称为有机肥料。主要来源于植物和（或）动物，施于土壤以提供植物营养为其主要功能的含碳物料。经生物物质、动植物废弃物、植物残体加工而来，消除了其中的有毒有害物质，富含大量有益物质，包括多种有机酸、肽类以及包括氮、磷、钾在内的丰富的营养元素。不仅能为农作物提供全面营养，而且肥效长，可增加和更新土壤有机质，促进微生物繁殖，改善土壤的理化性质和生物活性，是绿色食品生产的主要养分。

一、有机肥的特点及分类和作用

（一）有机肥的特点

1. 来源广

2. 含有机质

3. 肥效缓长

4. 完全肥料

5. 养分含量少，用量大

（二）有机肥的分类

1. 堆肥

以各类秸秆、落叶、青草、动植物残体、人畜粪便为原料，按比例相互混合或与少量泥土混合进行好氧发酵腐熟而成的一种肥料。

2. 沤肥

沤肥所用原料与堆肥基本相同，只是在淹水条件下进行发酵而成。

3. 厩肥

指猪、牛、马、羊、鸡、鸭等畜禽的粪尿与秸秆垫料堆沤制成的肥料。

4. 沼气肥

在密封的沼气池中，有机物腐解产生沼气后的副产物，包括沼气液和残渣。

5. 绿肥

利用栽培或野生的绿色植物体作肥料，如豆科的绿豆、蚕豆、草木樨、田菁、苜蓿、苕子等。非豆科绿肥有黑麦草、肥田萝卜、小葵子、满江红、水葫芦、水花生等。

6. 作物秸秆

农作物秸秆是重要的肥料品种之一，作物秸秆含有作物所必需的营养元素，如氮、磷、钾、钙、硫等。在适宜条件下通过土壤微生物的作用，这些元素经过矿化再回到土壤中，为作物吸收利用。

7. 纯天然矿物质肥

包括钾矿粉、磷矿粉、氯化钙、天然硫酸钾镁肥等没有经过化学加工的天然物质。此类产品要通过有机认证，并严格按照有机标准生产才可用于有机农业。

8. 饼肥

菜籽饼、棉籽饼、豆饼、芝麻饼、蓖麻饼、茶籽饼等。

9. 泥肥

未经污染的河泥、塘泥、沟泥、港泥、湖泥等。

10. 农业废弃物

包括生活垃圾、糠醛渣、食用菌渣、沼气渣等。

（三）有机肥的作用

1. 植物养分的重要来源

有机肥分解后可为植物提供各种营养，特别是氮素。因为土壤矿物质中一般不含有氮素，除施用氮肥外，土壤氮素的主要来源是有机肥分解后提供的。有机肥分解后产生的二氧化碳，可以供给绿色植物进行光合作用的需要。此外，有机肥也是土壤中磷、硫、钙、镁以及微量元素的主要来源。

2. 提高土壤的保蓄性和缓冲性

有机肥是有机胶体，带有大量负电荷，能吸附大量阳离子和水分，其阳离子交换量（CEC）和吸水率比土壤黏粒大几倍到几十倍，所以能提高土壤的保肥蓄水能力，同时可提高土壤对酸碱的缓冲。

3. 改善土壤物理性质

有机肥的黏结性小于土壤黏粒的黏性，只占黏粒的几分之一。有机肥一方面能降低黏性土壤的黏性，减少耕作阻力，提高耕作质量；另一方面能够提高砂粒的团聚性，改善其过分松散的状态。有机肥是有机胶体，是形成土壤水稳性团粒结构不可缺少的胶结物质，有利于帮助黏粒形成良好的团粒结构，从而改善土壤的孔隙状况和水、气比例。此外，由于有机肥是含碳的有机化合物，颜色黑暗，有利于吸收热量提高地温。

4. 促进微生物的活动

有机肥可以减轻或消除土壤中农药残留和重金属污染对农作物生长的刺激作用。有机肥在分解过程中产生的低浓度胡敏酸和富里酸可以促进作物根系生长、提高根系对养分的吸收量、加速根系细胞的分裂等。

二、有机肥国家标准及有机肥与化肥配合施用的好处

（一）有机肥国家标准

1. 发布时间

现行的《有机肥料 NY 525—2012》标准由中华人民共和国农业部于 2012 年 3 月 1 日发布，自 2012 年 6 月 1 日起实施。

2. 适用范围

以畜禽粪便、动植物残体和以动植物产品为原料加工的下脚料为原料，并经发酵腐熟后制成的有机肥料。

3. 标准要求

（1）外观颜色为褐色或灰褐色，粒状或粉状，均匀，无恶臭，无机械杂质。

（2）有机质的质量分数（以烘干基计）≥45%，总养分（氮+五氧化二磷+氧化钾）的质量分数（以烘干基计）≥5.0%，水分（鲜样）的质量分数≤30%，酸碱度为 5.5~8.5。

（3）重金属的限量指标为总砷（As）（以烘干基计）≤15mg/kg，总汞（Hg）（以烘干基计）≤2mg/kg，总铅（Pb）（以烘干基计）≤50mg/kg，总镉（Cd）（以烘干基计）≤3mg/kg，总铬（Cr）（以烘干基计）≤150mg/kg。

（4）蛔虫卵死亡率≥95%，粪大肠菌群数≤100 个/g（ml）。

（二）长期单独施用化肥对土壤环境的影响

1. 土壤养分比例失衡

化肥基本上是单质肥料，施入土壤后，打破了土壤原有的养分平衡，长期过量

施入而不补充有机物，土壤有机质消耗过度，养分比例失调反过来影响化肥的肥效。

2. 农田生态环境遭到破坏

过度施入化肥，通过淋失、挥发和固定，大量的化学物质进入土壤、空气和水系，致使环境状况逐渐恶化，特别是水系化学物质的增加，富营养化严重影响人身安全。

3. 土壤理化性状恶化

长期施用化肥，土壤有机质下降，团粒结构性能降低，土壤板结现象加剧，保肥保水能力降低。

4. 土壤微生物区系遭到破坏

过量施用化肥，尤其是氮肥对微生物具有杀伤作用和抑制作用，长期施用，大量的微生物死亡，土壤微生物区系发生变化，许多有益微生物从优势种群变为次要种群，作物易发生各类病害。

5. 农产品品质下降

化肥的肥效较快，对作物前期生长作用明显，而作物养分积累不利，化肥部分物质被作物吸收积累到植物体中，影响产品品质。

（三）增施有机肥的好处

1. 养分全面，肥效持久

有机肥中不仅有植物必需的大量营养元素、微量元素，还含有丰富有机养分，如胡敏酸、维生素、生长素、抗生素和有机氮、磷的小分子化合物等。所以说有机肥是最全面的肥料。另外，有机肥施用量允许变化幅度较大，一般不会危害作物生长。施用有机肥不仅当季作物增产，一般若干年后仍可见效，肥效缓慢而持久。

2. 改善土壤理化性状，提高土壤肥力

有机肥含有大量有机质，一般含量为200g/kg左右。有机质是土壤肥力的重要物质基础。土壤有机质主体是腐殖质，占土壤有机质总量的50%~65%。腐殖质是一种复杂的有机胶体，能调节和缓冲土壤的酸碱度；增加土壤阳离子代换量，提高土壤的保肥性能；增加土壤有机质含量，有利于良好土壤结构的形成，特别是水稳性团粒结构的增加，从而改善土壤的松紧度、通气性、保水性和热状况，对决定土壤肥力的水、肥、气、热状况均有良好的作用，有利于改善土壤的理化性状，提高土壤肥力。

3. 促进土壤微生物活动

土壤微生物在有机质转化过程中起着重要的作用，是衡量土壤肥力水平的重要标志之一。如土壤中有机质的矿化过程，土壤中有机态氮、磷的有效化过程，豆科植物生物固氮过程等，都与土壤微生物的作用有关。因此，施用有机肥料一方面增

加了土壤有益微生物的数量和种群，另一方面为土壤微生物活动提供了良好的环境条件，使土壤微生物活动显著增强。

4. 维持和促进土壤养分平衡

植物从土壤中摄取的各种养分可通过施用有机肥料和以植物残体形式回归土壤。回归的程度如何，主要取决于各种有机肥源是否充分积攒、合理积造施用及残体回田率。在农业生产中，只有把握这个平衡环节，才能在配合施用化肥的条件下使土壤肥力螺旋式上升。因此，施有机肥是土壤培肥的重要措施。

5. 降低肥料投入成本

有机肥可就地取材，就地施用，来源广、成本低，通过增施有机肥不仅可以培肥地力，增加土壤养分，而且可以提高化肥利用率，相应降低化肥施用量，从而降低农业投入成本。以上有机肥的特点和作用，决定了它在现代可持续农业中不可替代的重要作用。

（四）有机肥与化肥配合施用的好处

（1）化肥养分含量高，肥效快，但持续时间短，养分单一，有机肥正好相反，有机肥与化肥混用可取长补短，满足作物各个生长期对养分的需要。

（2）化肥施入土壤后，有些养分被土壤吸收或固定，降低了养分的有效性。而与有机肥混施后，可以减少化肥与土壤的接触面，减少化肥被土壤固定的概率，提高养分的有效性。

（3）一般化肥溶解度大，施用后对土壤造成较高的渗透压，影响作物对养分和水分的吸收，增加养分流失的机会。如与有机肥搭配混用，能克服这个弊端，促进作物对养分和水分的吸收。

（4）碱性土壤单一施酸性化肥，铵被植物吸收后，剩下的酸根与土壤中氢离子结合生成酸，会导致酸性增强，土壤板结加剧。如与有机肥搭配混用，能提高土壤的缓冲能力，有效地调节酸碱度，使土壤酸性不至增高。

（5）有机肥是微生物生活的能源，化肥是供给微生物生长发育的无机营养。两者混用能促进微生物的活力，进而促进有机肥的分解。土壤微生物的活动还能产生维生素、生物素、烟碱酸等，增加土壤养分，提高土壤活力，促进作物的生长。

第二节　粪尿肥和厩肥

一、人粪尿

（一）粪便

（1）主要含纤维素、半纤维素、脂肪、脂肪酸、蛋白质及氨基酸、酶、粪胆质等。

（2）含水 70% 以上，含有机物 20% 左右，含 N 1.0%，含 P_2O_5 0.5%，含 K_2O 0.31%。

（3）有机物约占 20%，主要是纤维素、脂肪酸、氨基酸和酶类等。

（4）含有少量吲哚、硫化氢、丁酸等臭味物质；约 5% 的灰分，主要是钙镁钾钠等。

（二）尿

（1）黄色透明、无微生物的弱酸性液体。

（2）主成分为尿素 1%~2%，氯化钠 1%，少量的尿酸、马尿酸和肌酸酐、氨基酸、磷酸盐、铵盐等。

（3）含水 95% 以上，有机物 3% 左右，含 N 0.5%，含 P_2O_5 0.13%，含 K_2O 0.19%。

（4）含氮较多，而磷钾较少，常可用作速效氮肥。

（三）人粪尿的贮存

1. 化学变化

（1）腐熟时间。尿液夏季 2~3 天，冬季 10 天，由清亮变混浊，由黄褐色变成暗绿色。

（2）人粪尿混存。夏季 7 天，冬季 10~20 天，以烂浆状流体或半流体为准。

2. 贮存方法

贮存的要求是减少氨的挥发和肥分渗漏，既要卫生又要保肥。

（1）水贮法。加保氮剂，防雨棚。

（2）干贮法。加干细土，或草炭、风化煤。

（3）人尿单存。尿量大、成分简单、腐熟快、无病菌、虫卵等。

3. 人粪尿的无害化处理目的

杀死粪便中的病菌、病毒和寄生虫卵，防止蚊蝇滋生，防止污染环境、水源和土壤，促进腐熟、防止养分损失，提高肥效。

4. 无害化处理

新鲜人粪尿中常含有多种寄生虫卵、病菌和病毒，是痢疾、伤寒、肝炎和血吸虫病等多种疾病的主要传染源，必须经无害化处理。

5. 无害化处理方法

（1）高温堆肥处理。在 60℃ 高温下，痢疾杆菌 10~20min 死亡；伤寒杆菌 10min 死亡；结核杆菌 15~20min 死亡；55℃ 高温下，钩虫卵、血吸虫卵等 1min

死亡。

（2）人粪尿嫌气发酵。利用嫌气环境和高浓度的氨抑制和杀死各种病毒、虫卵等。在嫌气条件下，伤寒杆菌只能存活 14 天；霍乱、痢疾等不到 2 周，血吸虫卵 15~30 天；钩虫卵 14~21 天，蛔虫卵失去活力，不宜孵化。

（3）处理方法。人粪尿密封贮存、三格化粪池、沼气池等。

（4）药物处理。给粪便中加入农药（如敌百虫 1/100 000）、氨水（1%~2%）、尿素（1%）、石灰氮（0.2%~0.3%）、漂白粉等化学物质。

6. 人粪尿的施用

人粪尿可做基肥和追肥施用，用量一般为 7.5~15t/hm²；也可用于浸种，用新鲜人尿浸种可使幼苗健壮、根系发达，有增产效果。人粪尿对一般作物均有良好效果，特别对叶菜类作物和纤维作物的效果更好；但是由于人粪尿中含有大量的盐分，不宜于在烟草、马铃薯、甘薯瓜果、生姜等作物上施用，以免影响品质。另外，人粪尿因磷钾含量低，施用时应注意配合磷钾肥或其他有机肥。

二、家畜粪尿

（一）成分与性质

1. 家畜粪

主要含纤维素、半纤维素、木质素、蛋白质、氨基酸、脂肪类、有机酸、酶和无机盐类。

2. 家畜尿

主要含尿素、尿酸、马尿酸及钾、钠、钙、镁等无机盐类。

（二）合理施用

1. 猪粪和猪厩肥

中性肥料，适用于各种土壤和作物。

2. 牛粪和牛厩肥

冷性肥料，有利于改良有机质少的轻质土壤。

3. 马粪和马厩肥

热性肥料，可用于改良质地黏重土壤。

4. 羊粪和羊厩肥

热性肥料，是一种优质有机肥，适用于各种土壤和作物厩肥和家畜粪一般做基肥施用，全面撒施或集中施用均可，用量为 1.50~2.25t/hm²，并注意与化肥配合施用。

三、厩肥

(一) 性质

（1）厩肥是指以家畜粪尿为主，加入作物秸秆、草炭或泥土等垫圈材料集制而成的有机肥料。厩肥的成分因家畜的种类、饲料的优劣、垫圈材料及用量等条件而异。

（2）家畜粪尿、垫圈料和饲料残渣混合堆积而成，分为土粪，草粪。

（3）厩肥含有机质 25%、N 0.5%、P_2O_5 0.25%、K_2O 0.6%。

（4）鲜厩肥含有较多的纤维素、半纤维素、碳氮比高，直接施用会与作物争氮，反硝化脱氮，应堆腐后施用。

(二) 垫圈材料

1. 秸秆类

吸水性强，能增加厩肥的有机质和养分，如稻草含 N 0.63%、P_2O_5 0.11%、K_2O 0.85%；麦秆含 N 0.48%、P_2O_5 0.22%、K_2O 0.63%。

2. 干细土

来源广泛，取用方便，吸氨能力强，吸氨量达 99%。

3. 野草和落叶

类似于秸秆。

4. 草炭

吸水力强，吸水率达 300%～600%，吸氮量为 1.5%～3.0%；含有大量有机质和养分。

(三) 积制方法

1. 圈内堆积法

深坑式、粪池式、半坑式等。

2. 圈外堆积法

定期将圈内粪便等废弃物移出，堆积到一个平坦、干燥的地方堆制。

(四) 厩肥堆腐过程中有机物的转化

（1）在好气条件下，纤维素、半纤维素、淀粉等物质降解形成单糖，最后水解为 CO_2 和 H_2O。

（2）在嫌气条件下，形成一些有机酸、醛、醇、酮等中间产物。

（3）木质素分解缓慢，形成一些芳香酸，如丁香酸、原儿茶酸、没食子酸、香豆酸等，这些物质在微生物的作用下形成腐殖酸。

（五）厩肥施用方法

（1）未腐熟或半腐熟的厩肥或家畜粪肥一般做基肥施用。

（2）腐熟的厩肥可以做基肥，也可以做种肥或追肥。

（3）生粪不能做种肥或追肥，以免造成生粪咬苗现象。

（4）厩肥施用时，最好配施化学氮肥。

（5）厩肥施肥量 $5 \sim 10t/hm^2$。

第三节　绿　肥

一、种植绿肥的意义及种类和栽培方式

（一）意义

1. 增加了肥源

绿肥能增加土壤有机质，提供氮磷钾养分（多为豆科作物，可固氮），分解快，肥效持久。

2. 培肥地力，改良土壤

种植绿肥增加了地面覆盖，防止水田流失；有机质使土壤形成良好的结构；根系深、密集、富集和转化土壤养分。

3. 促进农业的全面发展

绿肥作物一般富含蛋白质，是优质饲料；紫云英、苕子、苜蓿、草木樨花期长，是良好的绿肥作物。

（二）种类

绿肥的种类很多，根据分类原则不同，有下列各种类型的绿肥。

（1）按作物学种分为豆科绿肥和非豆科绿肥。

（2）按栽培年限分为一年生和多年生绿肥。

（3）按绿肥来源分为栽培绿肥和野生绿肥。

（4）按栽培季节分为冬季绿肥作物和夏季绿肥作物。

（5）按生长环境分为旱生绿肥和水生绿肥。

(三) 绿肥的栽培方式

绿肥的主要栽培方式有如下几种。

1. 单种

在一块地只种一种绿肥作物。

2. 插种

在主作物换茬的短暂空隙种植一次生长期较短的绿肥作物。

3. 间种

在主作物的株行间与主作物同时种植的绿肥作物。

4. 套种

在主作物种植之前或之后种植的绿肥作物,分别称为前套和后套。

5. 混种

多种绿肥作物按一定比例混合或相间种植在同一块地里。

二、绿肥作物的种植方式及常见的几种绿肥作物

(一) 种植方式

1. 粮草轮作

一粮一草两年轮作制、二粮一草三年轮作制等。

2. 粮草间作套种

玉米套种(错开播期)草木樨,冬小麦间作(同期播种)苕子。

3. 果园生草

果树行间种植三叶草等。

4. 粮草混种

种子掺混播。

(二) 张掖灌区常见的几种绿肥作物

1. 苕子

又名蓝花草、野豌豆,一年生或越年生豆科草本作物,是栽培最多的绿肥作物,又分光叶紫花苕子、毛叶紫花苕子和蓝花苕子等。

(1) 特性。养分含量高,干草含 N 3.12%、P_2O_5 0.83%、K_2O 2.60%;适应性强,耐寒,毛叶苕子-17℃,光叶苕子-12℃;耐酸碱,pH 值 5.0~8.5 均可生长。

（2）种植与利用。麦地套种绿肥，6月中旬播种，9月底翻压；留种要有支架，密度要小；注意施用磷肥。

2. 紫花苜蓿

（1）特性。养分含量高，干草含 N 2.16%、P_2O_5 0.53%、K_2O 1.49%；耐寒性强，-25℃可越冬；耐旱、耐瘠、耐盐力强，不耐涝；第1年生长慢，第2、3年旺长，5年后产量下降，灭茬改种。

（2）种植与利用。春秋均可播种，每亩播种量为1kg；翌年后每年可收割2~3次，可作饲料和肥料。

三、张掖灌区绿肥种植技术

（一）品种选择

箭筈豌豆宜选用速生早发的苏箭3号、陇箭1号、春箭碗等品种；毛苕子宜选用速生早发的土库曼、郑州7406苕子、徐苕1号等品种。

（二）麦田套种小麦品种要求

小麦应选中矮秆、中早热、抗倒伏和丰产性好的品种。

（三）种子用量

1. 麦田套种

麦田套种箭筈豌豆单播播种量为 150~195kg/hm²，毛苕子单播播种量为 60kg/hm²。箭筈豌豆与毛苕子混播，箭筈豌播种量为90kg/hm²，毛苕子播种量为 22.50kg/hm²。

2. 麦后复种

（1）灭茬复种单种箭筈豌豆播种量为 187.50kg/hm²，单种毛苕子播种量为 60kg/hm²；混播毛苕子播种量为 22.50kg/hm²，混播箭筈豌豆播种量为 120kg/hm²。

（2）硬茬地复种单种箭筈豌豆播种量为 225kg/hm²，单种毛苕子播种量为 60kg/hm²；混播毛苕子播种量为 22.50kg/hm²，混播箭筈豌播种量为 150kg/hm²。

（四）播种时期

1. 复种

复种可在麦类作物收获后抢时播种箭筈豌豆、毛苕子。可采用灭茬播种，也可采用硬茬播种。

2. 套种

箭筈豌豆和毛苕子套种在冬（春）小麦、啤酒大麦抽穗至蜡熟期，最适套播期为冬（春）小麦、啤酒大麦扬花至灌浆阶段。

（五）播种方法

以撒播为主，将绿肥种子均匀撒入小麦田间，立即灌水。

（六）管理技术

麦田套种绿肥与小麦共生期间，田间管理以小麦为主。小麦高茬收割，留茬高度20cm。小麦收后及时拉运，随即灌水。小麦收后至绿肥收割，灌水2~3次。土壤肥力高的地块可不追肥，否则，在灌第二水时追施硝酸铵45~90kg/hm²，以促进生长，达到小肥换大肥。

（七）绿肥利用技术

麦田套种和麦后复种绿肥，还田方式有根茬还田和翻压还田两种。翻压还田时，箭筈豌豆和毛苕子在9月中下旬，用机引圆盘耙纵横切割1次，然后翻压，平整田面，灌好冬水，促进腐解。

第四节　其他有机肥

一、堆肥

（一）分类和原料

1. 堆肥的分类

（1）按所含的主要材料分为泥土质堆肥、厩肥质堆肥、秸秆质堆肥等。
（2）按堆积方式分为普通堆肥和高温堆肥。

2. 堆肥的原料

（1）主料。秸秆、杂草、垃圾、各种作物残体等，富含纤维素和半纤维素，也是升温材料。
（2）促分解物。含氮丰富的人畜粪尿和石灰等物质，是影响堆肥质量的关键。
（3）吸附物。主要是肥土、河泥、草炭等，可以吸水、保肥。

（二）堆肥堆制的原理及堆肥的阶段性

1. 堆肥堆制的原理

以高纤维的秸秆、杂草为主要原料，加入一定量的人畜粪尿，堆腐温度较高，时间短，适合集中处理大量农作物秸秆、生活垃圾，使其在时间内迅速成肥，无害化处理较彻底，养分含量高，粪质好，气味小。

2. 高温堆肥的阶段性

（1）发热阶段。堆温升到50℃左右称为发热阶段。主要是无芽孢杆菌、放线菌、真菌等中温性微生物活动，分解有机物，同时释放氨、二氧化碳和热量。

（2）高温阶段。堆温升到65℃，称为高温阶段。主要有好热放线菌、高温纤维分解菌，主要分解纤维素、半纤维素和部分木质素，并进行腐殖化过程。

（3）降温阶段。堆温降到50℃以下，称为降温阶段。此时，堆内的微生物种类和数量都比前一阶段多，中温性微生物数量显著增加，腐殖化作用占优势。

（4）腐熟保肥阶段。堆内碳氮比减小，腐殖质明显增加，放线菌继续分解有机质，缓慢进行后期的腐熟作用。

（三）堆肥的堆制条件和堆肥腐熟度评价

1. 堆肥的堆制条件

（1）水分。适宜的含水量为原材料湿重的60%左右，升温阶段水分不宜过多，保肥阶段适当增加水分。

（2）通气。堆制初期要创造较为好气的条件，以加速分解并产生高温，堆制后期要创造较为嫌气的条件，以利腐殖质形成和减少养分损失。

（3）温度。好气性微生物适宜温度40~50℃，好热性微生物适宜温度为60~65℃。

（4）养分。碳氮比大致调到25∶1，为此要加入一定量的高氮物质，如腐熟的人畜粪尿及化学氮肥等。

（5）酸碱度。中性和微碱性条件有利于堆肥中微生物的活动，能加速腐解，为此可加入一些石灰、草木灰等物质。

2. 堆肥腐熟度评价

（1）腐熟度。就是堆肥腐熟的程度，即堆肥中的有机质经过矿化、腐殖化过程最后达到稳定的程度。

（2）物理评价指标。堆肥后期温度自然降低；不再吸引蚊蝇；不再有令人讨厌的臭味；由于真菌的生长，堆肥出现白色或灰白色菌丝；堆肥产品呈现疏松的团粒结构。

（3）化学评价指标。

① pH值。许多研究者提出，pH值可以作为评价堆肥腐熟程度的一个指标；堆肥原料或发酵初期，pH值为弱酸性到中性，一般为6.5~7.5；而腐熟的堆肥一般呈弱碱性，pH值在8.0~9.0。

② 挥发性固体（有机质或全碳）含量。堆肥的实质是挥发性固体物质（有机质或全碳含量）分解和转化为气体及水分，通过蒸发或挥发使堆肥的体积和重量

减少；挥发性固体代表着堆肥中可被微生物利用的有机质含量，影响着堆肥过程的温度变化。在适宜的条件下，当挥发性固体含量高时（堆肥初期），微生物拥有大量可以利用的碳素能源，使堆垛温度上升，随挥发性固体含量的减少，堆垛温度也呈降低趋势。

③ 固相或液相的碳氮比值。固相碳氮比是一种传统的方法，常常被作为评价腐熟度的一个经典参数。一般地，碳氮比从最初的 35~40 或更高（木材类废弃物）降低到 18~20，表示堆肥已腐熟。但是用碳氮比评价腐熟度也存在着明显不足，因为对于像活性污泥、鸡粪、城市垃圾及泥炭残余物等碳氮比低（$C/N \leqslant 15$）的废物的堆肥，则不能用碳氮比评价腐熟度。

二、家禽粪

家禽粪包括鸡粪、鸭粪、鹅粪、鸽粪等。农户散养鸡，鸡粪积存量不大，但现在大型养鸡场很多，鸡粪生产量很可观，科学加工处理和施用鸡粪，不仅可以改善农村生活环境，而且可以变废为宝，为农业生产提供优质高效的有机肥料。据统计，1 只鸡的年排泄量为 25.9kg，鸭为 48.2kg，鹅为 70.8kg，鸽为 2~3kg。禽粪的养分含量与性质不同于牲畜粪尿，家禽的粪尿是混合排出的，不能分存。家禽是杂食性动物，以虫、谷、菜、草、鱼等为食，饮水较少，故禽粪中的各种养分含量比各种牲畜粪尿都高。在各种禽粪中，以鸽粪的养分含量最高，其次为鸡粪，鸭粪、鹅粪的含量较低。禽粪中不仅养分含量浓厚，所含氮素形态也以尿素态氮为主，虽不能直接为蔬菜吸收利用，但容易分解转化成铵态氮，是一种易腐熟的有机肥料。禽粪在发酵分解过程中产生的热量较高，属于热性肥料。

三、秸秆肥

秸秆是农蔬菜的副产品，含有较多的营养元素，既可作积制堆沤肥的原料，也可作为有机肥料直接施用。我国蔬菜种类繁多，生产上常用于无土栽培的秸秆主要有稻草、麦秸、玉米秸、豆秸等。由于秸秆的碳氮比较高，远远超过微生物生活和繁殖的适宜的碳氮比 25∶1，因此为防止秸秆分解时微生物与幼苗争夺氮素，并加速秸秆腐解，秸秆直接还田时应配施一定数量的氮肥。据试验，稻草直接还田需补施氮素 1.0%～2.0%，麦秸需补施氮素 0.6%～2.0%，玉米秸需补施氮素 1.7%~2.0%。

四、饼肥

饼肥又叫油枯，是含油分较多的作物种子经过压榨去油后剩下的残渣，是我国传统的优质农家肥料，因其肥效好，但产量少，所以价格较高，一般多用于蔬菜、果树等经济价值较高的作物。饼肥品种很多，农业生产上常用的有大豆饼、菜籽饼、花生饼、芝麻饼、棉籽饼、葵花籽饼等。饼肥中含有大量有机质、蛋白质、剩余油脂、维生素等成分，营养价值很高，含 N 5.5%、P_2O_5 2.0%、K_2O 1.0%，是蔬菜无土栽培的优质肥料。有的还是良好的畜禽饲料，如大豆饼、花生饼、芝麻饼等，饼肥是以含氮为主，并含相当数量磷、钾和多种微量元素的有机肥。饼肥因含有较多的氮素，碳氮比较小，一般易于矿质化，但由于常含有一定量的油脂，且组织致密呈块状，影响分解速度。为加快分解应将饼肥进行粉碎，粉碎越细，腐烂分解越快，肥效也越快。

饼肥的肥效高而持久，用于蔬菜无土栽培生产，不但能提高产量，对于改善蔬菜品质也有良好作用。饼肥可做基肥或追肥。做基肥时，提倡先发酵再施用，但也可以直接施用，应在播种前或移植前提前施入，且应深施，深度在 10cm 以下。未发酵的饼肥应严格避免与种子直接接触，以免影响种子发芽。做追肥时必须先经过发酵，以免烧苗。饼肥发酵多采用沤制的方法，将粉碎的油饼与人粪尿或水混合浸泡至发热，也可与堆肥厩肥混合堆积发酵。

五、沼气发酵肥料

沼气发酵肥料是将蔬菜秸秆与人畜粪尿在密闭的嫌气条件下，发酵制取沼气后沤制而成的一种有机肥料。沼气是很好的生物能源，可用作燃料或照明。沼气发酵残渣和沼气发酵液则是优质的肥料，其养分含量受原料种类、比例和加水量的影响而差异较大。一般沼气发酵残渣含全氮 0.5%～1.2%，碱解氮 430～880mg/kg，有效磷 50～300mg/kg，速效钾 1 700～3 200mg/kg；沼气发酵液中含全氮 0.07%～0.09%，铵态氮 200～600mg/kg，有效磷 20～90mg/kg，速效钾 400～1 100mg/kg。沼气发酵残渣的碳氮比为（12.6～23.5）∶1，质量较高，但仍属迟效性肥料，而发酵液则属速效性氮肥。残渣和发酵液可分别施用，也可混合施用，都可做基肥或追肥，但发酵液大多做追肥。

六、泥炭肥

（一）泥炭分类

1. 低位泥炭
地势低洼积水处，草本和木本作物死亡后长期堆积形成。其分解程度高，灰分和氮素高，微酸—中性，利用方便。

2. 高位泥炭
地势较高的高寒山区形成。其分解程度差，氮和灰分含量低，呈酸—强酸性反应，宜作垫圈材料。

3. 中位泥炭
介于上两者之间。

张掖灌区农作物科学施肥理论与实践

（二）泥炭的成分和性质

1. 富含有机质和有机酸

有机质 40%~70%，腐殖酸 20%~40%，胡敏酸较多，富里酸较少。

2. 全氮含量

全氮含量高，速效养分低，全氮 1.5%~2.5%，速效氮及磷钾都非常低。

3. 酸度大

泥炭多为酸性—微酸性反应，pH 值 4.5~6.0。

4. 有强烈的吸水吸氨性

干泥炭吸水 300%~600%，吸氨 0.5%~4.0%。

（三）泥炭在农业生产中的利用

1. 直接做肥料施用

对分解程度好、养分多、酸性小的泥炭可直接做肥料用。

2. 制作腐殖酸类肥料

泥炭与氨水、碳铵、磷钾肥制成混合肥料。

七、腐殖酸类肥料

腐殖酸类肥料是用氨水或碳酸氢铵处理泥炭、褐煤、风化煤制成的有机无机肥料，不仅能供应蔬菜氮素，其中的腐殖酸还具有改善基质理化形状、刺激蔬菜生长的作用。酸类肥料适用于各种基质、各类蔬菜。在各种蔬菜中，以蔬菜增产效果最好。一般做基肥，采用撒施、穴施或条施的方法，一级腐殖酸铵用量为 750~2 250kg/hm²，二级腐殖酸铵用量为 1 500~3 000kg/hm²。

第五节　有机肥利用技术及施用标准

一、有机肥利用技术

（一）农家粪肥发酵技术

1. 牛羊粪平地堆沤技术

（1）上堆。将混合均匀的原料在发酵场上堆成底边 1.8~3.0m、上边宽 0.8~1.0m、高 1.0~1.5m 的梯形条垛，条垛之间间隔 0.5m。

（2）翻堆。每一天的上堆发酵原料作为一个批次，原料上堆后在 24~48h 内温度会上升到 60℃ 以上，保持 48h 后，开始翻堆，当温度超过 70℃ 后，必须立即翻堆，翻堆时务必均匀彻底，将低层物料尽量翻入堆中上部，以便充分腐熟。

（3）发酵。发酵完整的堆肥过程由低温、中温、高温和降温 4 个阶段组成。温度由低向高再逐渐回落，此时物料应无任何异味，即可结束发酵。

2. 畜禽粪便坑式堆沤技术

（1）建坑。在田头地角、牲畜棚圈旁边，依照牲畜粪便的数量建堆沤池，或利用自然地形凹坑作为积肥坑。

（2）积肥。根据粪便类型，增加热性肥料，如果堆沤材料以厩肥为主，添加部分过磷酸钙，可加快厩肥腐熟，防止厩肥中氮素挥发流失，同时还能增加肥料中有机磷含量，提高磷肥功效。

（3）翻堆腐熟。秋季入冬前或者春季翻混肥料，并加水腐熟。温度过低时，可在粪堆中刨一个坑，内填干草等易燃物，点燃，通过缓慢烟熏提高肥堆温度，促进堆肥快速升温、发酵腐熟。

3. 畜禽粪便—秸秆堆沤发酵技术模式

（1）选点。堆肥场选在背风向阳的平坦地方，堆底铺好细土，上面铺秸秆。

（2）秸秆处理。把 1 000kg 农作物秸秆用粉碎机进行粉碎，粉碎后加水搅拌，使秸秆充分吸水，至含水量达到 60%～80%，加入秸秆腐熟剂 2kg，加入尿素 5kg 混合均匀，调整碳氮比值在（30∶1）～（40∶1）。

（3）混合畜禽粪便和秸秆。把畜禽粪便和处理好的碎秸秆进行均匀混合，堆成宽 2m、高 1.5m 的长垄，用塑料膜或泥巴将其盖严封实，以提高堆内温度，防止水分蒸发和氨气的挥发损失。

（4）堆沤。堆沤 5～7 天可进入发热阶段，7～15 天进入高温杀菌阶段，当发现堆体有下陷的现象，说明堆内温度已经达到 60℃，此现象持续 3～5 天后，及时翻堆降温，翻堆后重新堆积，注意加水拌匀，进行熟化处理。一般 30～50 天就能达到充分腐熟。腐熟程度既要考虑培肥地力的需要，也要考虑当年增产。要因地制宜，易旱、水分不足的岗坡地，要充分发酵，达到黑、烂、臭为好；在涝洼地，土壤水较充足的条件下，半腐熟即当秸秆变黄灰色、干后一触即碎的程度为宜。

（二）秸秆还田技术

1. 秸秆粉碎还田技术模式

（1）小麦秸秆处理。在小麦成熟后，根据灌浆程度和天气状况，适时采用机械收割，做到收脱一体化。大动力机械收割时，应尽量平地收割；小动力机械收割时，一般留高茬 15cm 左右；人工收割时，尽量齐地收割，并在田间就地小麦脱粒，小麦秸秆留于本田。按每亩 250～350kg 小麦秸秆量就地均匀铺于农田畦面。对配有机械粉碎装置的收割机，将秸秆切段为 5～10cm，然后均匀铺散在农田垄面，并施用秸秆腐熟剂。

（2）玉米秸秆处理。在玉米成熟后，采取联合收获机械收割的，一边收获玉米穗，另一边将玉米秸秆粉碎，并覆盖地表；采用人工收割的，在摘穗、运穗出地后，用机械粉碎秸秆并均匀覆盖地表。秸秆粉碎长度应小于10cm，留茬高度小于5cm。在秸秆覆盖后，趁秸秆青绿（最适宜含水量30%以上），若土壤温度在12℃以上且土壤含水量能保证在40%以上时，可施用秸秆腐熟剂。

（3）调节碳氮比。一般可选择增施尿素等氮肥以调节碳氮比，施用量要根据配方施肥建议和还田秸秆有效养分量确定，酌情减少磷肥、钾肥和中微量元素肥料，适量增加氮肥基施比例，将碳氮比调至（20~40）∶1。

（4）深翻整地。采取机械旋耕、翻耕作业，将粉碎玉米秸秆、尿素与表层土壤充分混合，及时耙实，以利保墒。为防止玉米病株被翻埋入土，在翻埋玉米秸秆前，及时进行杀菌处理。在秸秆翻入土壤后，需浇水调节土壤含水量，保持适宜的湿度，以达到快速腐解的目的。

（5）注意事项。在秸秆处理时，清除病虫害较严重的秸秆和田间杂草。对于连续少（免）耕的，应适时深耕1次，合理深耕翻周期为2~3年1次。在玉米秸秆还田地块，早春地温低，出苗缓慢，易患丝黑穗病、黑粉病，可选用包衣种子或相关农药拌种处理。

2. 秸秆集中堆沤腐熟还田技术模式

（1）修建堆沤坑。挖深1.5m的坑，坑的大小、形状根据场地和材料灵活掌握。

（2）制堆与调节碳氮比。将坑底夯实，铺一层厚30cm左右、未切碎的玉米秸秆或麦秆，加水调节含水量。将玉米秸秆粉碎成10cm左右小段后堆成20cm厚，向堆上泼洒秸秆腐熟剂、人畜粪（可用尿素或碳铵代替）水液，然后堆第二层，以此类推，逐层撒铺，共堆10层左右。每1 000kg秸秆，加入秸秆腐熟剂2kg，人畜粪200kg（可用尿素5kg或碳铵20kg代替）。将小麦秸秆切成约3cm，撒铺30cm厚，再撒10cm厚的土杂肥、人尿粪、家畜粪等，逐层撒铺，堆成高出地面1m左右为宜。

（3）腐熟。在玉米秸秆或麦秆堆好后，用挖坑的土将肥堆覆盖或加盖黑塑料膜封严沤制。秸秆堆沤的温度应控制在50~60℃，最高不宜超过70℃。堆沤湿度以60%~70%为宜，即用手捏混合物，以手湿并见有水挤出为适度，秸秆过干要补充水分。在夏、秋季多雨高温时期，一般堆腐时间5~7天，即可作为底肥施用。

二、有机肥施用标准

（一）有机肥施用量

有机肥料养分完全，肥效稳而长，含有机质多，能提高土壤有机质含量，改善土壤理化性状，提高土壤保肥供肥和保水供水能力。因此，必须定期向土壤中补充有机肥料。每年向土壤中施有机肥的数量，水田和旱地不同，砂土地与黏土地矿化率，地下水位低和地下水位高的田矿化率不同。土壤有机质的矿化率，旱地比水田大，砂土地比黏土地大，犁冬田比浸冬田大，地下水位低比地下水位高的田大。

确定维持耕层土壤有机质平衡的有机肥用量。根据当地土壤有机质含量、腐殖化系数、土壤有机质年矿化率确定维持耕层土壤有机质平衡的有机肥用量。例如，张掖市临泽县沙河镇兰家堡村制种玉米地耕作层土壤有机质含量为 15g/kg，耕层有机质含量为 2.25t/hm²，若年矿化率为 2%，则每年消耗的有机质量为 675kg/hm²。若有机质的腐殖化系数为 0.25，则需施用有机肥 2.70t/hm² 才能达到土壤耕层有机质平衡。

确定有机肥施用量。应用测土配方施肥成果，确定目标产量下的需肥总量。依照生态平衡和经济环保的原则，综合考虑维持耕层土壤有机质平衡，有机肥用量上限和秸秆还田量，采用同效当量法，确定商品有机肥用量。

（二）有机肥料在土壤中的转化过程

有机肥料施入土壤后向两个方向转化。一是把复杂的有机质分解为简单的化合物，最终变成无机化合物，即矿质化过程；二是把有机质矿化过程形成的中间产物合成为比较复杂的化合物，即腐殖化过程。

1. 矿质化过程

进入土壤的有机肥料在微生物分泌的酶作用下，使有机物分解为最简单的化合物，最终变成二氧化碳、水和矿质养分，同时释放出能量。这种过程为植物和微生物提供养分和活动能量，有一部分最后产物或中间产物直接或间接地影响土壤性质，并提供合成腐殖质的物质来源。这些有机质包括糖类化合物、含氮有机化合物、含磷有机化合物、核蛋白、磷脂、含硫有机化合物、含硫蛋白质、脂肪、单宁、树脂等。土壤有机质的矿化过程，一般在好氧条件下进行速度快，分解彻底，放出大量的热能，不产生有毒物质。在厌氧条件下，进行速度慢，分解不彻底，放出能量少，其分解产物除二氧化碳、水和矿质养分外，还会产生还原性的有毒物质，如甲烷、硫化氢等。旱地土壤中有机质一般以好氧性分解为主，水稻田则以厌氧性分解为主，只有在排水晒田，冬种旱作时，才转为以好氧性为主的分解过程。

2. 腐殖化过程

该过程是在土壤微生物所分泌的酶作用下，将有机质分解所形成的简单化合物和微生物生命活动产物合成为腐殖质。土壤腐殖质的形成一般分为两个阶段：第一阶段，微生物将有机残体分解并转化为较简单的有机化合物，一部分在转化为矿化作用最终产物时，微生物本身的生命活动又产生再合成产物和代谢产物。第二阶段，再合成组分，主要是芳香族物质和含氮的蛋白质类物质，缩合成腐殖质分子。

腐殖质是黑褐色凝胶状物质，分子量大、具有多种有机酸根离子、不均质的无定型的缩聚产物。在一定条件下，可与矿物质胶体结合为有机无机复合胶体。腐殖质在一定的条件下也会矿质化、分解，但其分解比较缓慢，是土壤有机质中最稳定的成分。

（三）没有腐熟的畜禽粪便不能直接使用

没有经过腐熟的禽畜粪便直接施入土壤内，遇水发酵产生高温，容易烧根烧苗。由于微生物参与发酵而大量活动，消耗氧气，造成土壤缺氧，将会致使生长较弱的作物死亡；畜禽粪便在发酵时会产生臭味，招来蝇蛆，危害作物生长，臭味还能污染环境；畜禽粪便中含有的大量尿酸，未经腐熟转化，直接接触种苗，将会抑制种苗生长。没有腐熟的粪便在土壤中发酵，争夺土壤原有的氮素养分，造成土壤微环境内瞬时缺氮，影响种苗生长。因此，一定要施用充分腐熟的有机肥料，才能保证作物生长发育良好。

（四）盐碱地改良增施有机肥

盐碱地的共性是有机质含量低，土壤理化性状差，对作物生长有害的阴、阳离子多，土壤肥力低，作物不易促苗。盐碱地施用有机肥能提高土壤肥力，改善土壤结构，减少毛细管水运动的速度和水分的无效蒸发，有明显的抑制返盐效果。施用有机肥后还能增加土壤有效钙的含量，同时微生物分解有机质产生的有机酸也能使土壤吸附的钙活化，加强了对土壤吸附性钠的置换作用，才使其脱盐脱碱。在有机肥的作用下，盐碱地的有害离子含量和 pH 值明显降低，土壤缓冲性能增加，提高了作物的耐盐碱性。

盐碱地不易发苗，施肥总的原则是增施有机肥，适当控制化肥施用。基肥要多施有机质含量高的有机肥，减少化肥施用量，而化肥尽量不靠近种子，以免增加土壤溶液浓度，影响发芽。追肥根据情况，及时施入，避免过量。在有条件的地方，可以大量采用秸秆还田、种植耐盐碱的绿肥等办法，减少盐碱对作物的危害。

（五）黏土地施用有机肥

黏土地一般含有机、无机胶体多，土壤保肥能力强，养分不易流失。黏土供肥慢，施肥后见效也慢，这种土壤"发老苗不发小苗"，肥效缓而长，土壤紧实，通透性差，作物发根困难。施用有机肥，可以改善土壤团粒结构，增加通透性，提高保肥保水能力。

黏土保肥能力强，化肥应与有机肥配合施用。单独施用化肥，若一次多施尤其是多施氮肥，因养分不易流失，后期肥效充分发挥出来，容易引起作物贪青晚熟，导致病虫害发生和减产。

（六）壤土地施用有机肥

壤土砂粒黏粒含量适中，集砂土、黏土优点于一身，消除了砂土类和黏土类的缺点，是农业生产上质地比较理想的土壤，适种作物广，肥力较高。壤土通气透水性良好，又有一定的保水保肥性能，含水量适宜，土温比较稳定，黏性不大，耕性较好，宜耕期较长，既发小苗又发老苗。

壤土要做到合理施用，培肥地力，更好地发挥肥料增产效应。原则上要做到长效肥与短效肥结合，及时满足作物不同生育期对肥料的需求；有机肥与化肥结合培肥土壤，用养并重；大量元素肥料与微肥结合，及时为作物提供所需的各种养分氮、磷、钾结合互相增效。

（七）砂土地施用有机肥

砂土地一般有机质、养分含量少，肥力较低，保肥能力差。但砂土供肥好，施肥后见效快，这种土壤"发小苗不发老苗"，肥效猛而短，没有后劲。

砂土地要大量增施有机肥，提高土壤有机质含量，改善保肥能力。由于砂土通气状况好，土性暖，有机质容易分解。有条件的地区可种植耐瘠薄的绿肥，以改良土壤理化性状。

砂土地施用化肥，一次量不能过多，否则容易引起"烧苗"或造成养分大量流失。所以砂土地施用化肥，必须与有机肥或生物有机肥配合施用，而且要分次少量施用，即"少吃多餐"，以提高肥效，减少养分损失。

第六节　蔬菜施用有机肥模式

一、设施蔬菜有机肥替代化肥施肥技术

（一）有机肥+配方肥模式

1. 设施番茄

（1）基肥。定植前施用腐熟的猪粪、鸡粪、牛粪等农家肥 $75 \sim 120 m^3/hm^2$，或施用商品有机肥（含生物有机肥）$6 \sim 12 t/hm^2$，施用45%配方肥（18-18-9或相近配方）$0.45 \sim 0.60 t/hm^2$。

（2）追肥。每次追施45%配方肥（15-5-25或相近配方）$120 \sim 150 kg/hm^2$，分3~4次随水追施。施肥时期为苗期、初花期、坐果期、果实膨大期，每收获1~2次追施1次肥。

2. 设施黄瓜

（1）基肥。定植前施用腐熟的猪粪、鸡粪、牛粪等农家肥 $105 \sim 150 m^3/hm^2$，

或施用商品有机肥（含生物有机肥）6～12t/hm²，施用45%配方肥（18-18-9或相近配方）0.45～0.60t/hm²。

（2）追肥。每次追施45%配方肥（17-5-23或相近配方）0.15～0.23t/hm²。追肥时期为3叶期、初瓜期、盛瓜期，初花期以控为主，盛瓜期根据收获情况每收获1～2次追施1次肥。秋冬茬和冬春茬共分7～9次追肥，越冬长茬共分10～14次追肥，每次追尿素0.25～0.30t/hm²。

（二）"菜—沼—畜"模式

1. 沼渣沼液发酵技术

将畜禽粪便、蔬菜残茬和秸秆等物料投入沼气发酵池中，按1：10的比例加水稀释，再加入复合微生物菌剂，对畜禽粪便、蔬菜残茬和秸秆生产沼气，充分发酵后的沼渣、沼液直接作为有机肥施用在设施菜田中。

2. 设施番茄

（1）基肥。定植前施用沼渣75～120m³/hm²，或用猪粪、鸡粪、牛粪等经过充分腐熟的农家肥75～120m³/hm²，或施用商品有机肥（含生物有机肥）6～12t/hm²，施用45%配方肥（14-16-15或相近配方）0.45～0.6t/hm²。

（2）追肥。在番茄苗期、初花期，结合灌溉分别冲施沼液45～60m³/hm²；在坐果期和果实膨大期，结合灌溉将沼液和配方肥分5～8次追施，其中沼液每次追施45～60m³/hm²，45%配方肥（15-5-25或相近配方）每次施用0.12～0.15t/hm²。

3. 设施黄瓜

（1）基肥。定植前施用沼渣90～12m³/hm²，或腐熟的猪粪、鸡粪、牛粪等农家肥60～120m³/hm²，或施用商品有机肥（含生物有机肥）6～12t/hm²，施用45%配方肥（14-16-15或相近配方）0.45～0.60kg。

（2）追肥。在黄瓜苗期、初花期，结合灌溉分别冲施沼液45～60m³/hm²。在初瓜期和盛瓜期，结合灌溉将沼液和配方肥分8～12次追施，每次追施沼液45～60m³/hm²，45%配方肥（17-5-23或相近配方）0.12～0.18t/hm²。

（三）"有机肥+水肥一体化"模式

1. 设施番茄

（1）基肥。定植前施用腐熟的猪粪、鸡粪、牛粪等农家肥75～120m³/hm²，或施用商品有机肥（含生物有机肥）6～12t/hm²，施用45%配方肥（18-18-9或相近配方）0.45～0.60t/hm²。

（2）追肥。定植后前两次只灌水，不施肥，每次灌水量为225～300m³/hm²。

苗期每次施用 50% 水溶肥（20-10-20 或相近配方）45~57kg/hm²，每隔 5~10 天结合灌水施肥 1 次，每次灌水量为 150~225m³/hm²，共灌水 3~5 次；开花期、坐果期和果实膨大期每次追施 54% 水溶肥（19-8-27 或相近配方）45~75kg/hm²，灌水量为 75~225m³/hm²，每隔 7~10 天灌水 1 次，共灌水 10~15 次。注意秋冬茬前期（8—9 月）灌水施肥频率较高，而冬春茬在果实膨大期（4—5 月）灌水施肥频率较高。

2. 设施黄瓜

（1）基肥。定植前施用腐熟的猪粪、鸡粪、牛粪等农家肥 60~120m³/hm²，或施用商品有机肥（含生物有机肥）6~12t/hm²，施用 45% 配方肥（18-18-9 或相近配方）0.45~0.60t/hm²。

（2）追肥。定植后前两次只灌水不施肥，灌水量为 225~300m³/hm²。苗期施用 50% 水溶肥（20-10-20 或相近配方）30~45kg/hm²，每隔 5~6 天结合灌水施肥 1 次，共灌水 3~5 次，每次灌水量为 150~225m³/hm²；在开花坐果后，每次采摘结合灌水施用配方为 49% 水溶肥（18-6-25 或相近配方）1 次，每次施用量为 45~75kg/hm²，共灌水 8~15 次，每次亩灌水量为 150~225m³/hm²。

二、商品有机肥科学施肥技术

（一）茄果类蔬菜商品有机肥科学施肥技术

茄果类蔬菜包括番茄、茄子和辣椒等茄科以采收果实为产品的一类蔬菜，属喜温耐肥性蔬菜。这类蔬菜根系发达，吸肥力强，其中以茄子的吸肥能力最强，辣椒次之，番茄的耐肥力较低。茄果类蔬菜生长阶段性比较明显，可分为苗期和开花结果期两个阶段，苗期以营养生长为主，并完成花芽分化，而开花结果期与整个植株的生长发育及总产量有关。茄果类蔬菜各阶段需肥不同，施肥一般分育苗肥、移栽肥和追肥三种。茄果类蔬菜育苗方法和用肥量基本相同，但移栽肥和追肥略有差异。

培育壮苗是减少畸形果、增强抗病性和获得高产的基础。培育壮苗不仅需要肥沃疏松的床土，而且还需要土壤中有丰富的速效氮磷钾和其他养分，pH 值在 6.0~7.0 范围内。营养土的配制方法是 60% 没有种过茄果类的菜园土、20% 细沙、20% 发酵腐熟有机肥全部混合均匀，在每 1 000kg 营养土，加入过磷酸钙 30kg、硫酸钾 2.00kg。如果采用苗床育苗，一般每平方米苗床土用发酵腐熟有机肥 2kg，撒施后结合翻地与 15cm 耕层内的土壤混合均匀后播种。

1. 番茄

番茄根群较发达，需肥量较大，应选择土壤肥沃、保水、保肥力强的壤质土种植。整地翻耕前施用有机肥 45~60t/hm²、过磷酸钙 0.60~0.75t/hm²、硫酸钾

$0.23t/hm^2$。结果期番茄对水肥要求较高。早熟品种生长期短，可在第 1 花序坐果后，集中追肥 1 次，施用有机肥 $0.60\sim0.75t/hm^2$，一般在植株的行间开浅沟施入，再加土覆盖。中、晚熟品种在第 1 穗果膨大期施用有机肥 $0.60t/hm^2$，结合追肥浇水 1 次。以后第 2、第 3、第 4 层果结实期，依次追尿素 $0.12\sim0.15t/hm^2$，施肥后浇水。进入盛果期，选晴天下午施用 0.4%磷酸二氢钾进行叶面喷施。

2. 茄子

茄子是喜肥作物，土壤状况和施肥水平对茄子的坐果率影响较大。在营养条件好时，落花少，营养不良会使短柱花增加，花器发育不良，不宜坐果。移栽前，施用有机肥 $3\sim4t/hm^2$、过磷酸钙 $0.35\sim0.50t/hm^2$、硫酸钾 $0.25\sim0.30t/hm^2$，撒施土表，并结合翻地均匀地耙入耕层土壤。茄子达到"瞪眼期"，果实开始迅速生长，进行第 1 次追肥，施用有机肥 $0.40\sim0.50t/hm^2$。当"对茄"果实膨大时进行第 2 次追肥，"四面斗"开始发育时，是茄子需肥的高峰，进行第 3 次追肥。前 3 次的追肥量相同，以后的追肥量可减半。

3. 辣椒

在辣椒生长发育的各个时期，按照它对养分的要求，增施不同种类和数量的肥料，实行科学追肥，做到"一控、二促、三保、四忌"。一控是在开花期控制施肥，以免落花、落叶、落果；二促是在幼果期和采收期要及时追肥，以促幼果迅速膨大；三保是保不脱肥、不徒长、不受肥害；四忌是忌用高浓度肥料，忌湿土追肥，忌高温时追肥，忌过于集中追肥。基肥是促使缓苗后加快生长、提前封垄夺取辣椒高产的有效措施之一。在耕翻前，撒施或沟施有机肥 $3\sim4t/hm^2$、硫酸钾 $0.15t/hm^2$；进入幼果期可进行第 1 次追肥，追施有机肥 $1.50t/hm^2$；采收期要猛追猛促，视苗情追施有机肥，每次 $0.60t/hm^2$。

（二）瓜类蔬菜商品有机肥科学施肥技术

瓜类蔬菜指黄瓜、南瓜、冬瓜、西葫芦、苦瓜等葫芦科中以采收嫩果或老熟果为产品的一类蔬菜。瓜类蔬菜为蔓性植物，茎长可达数米。瓜类蔬菜的全生育期中，相当长的时间为营养生长和生殖生长并进的阶段，以黄瓜最为典型，尤其在进入结果期以后，其生长和结果之间的矛盾突出，必须十分注意肥料的供应，以调节植株的生长和养分吸收分配间的平衡。

瓜类蔬菜的育苗营养土要求质地疏松，透气性好，养分充足，pH 值在 5.5～7.2，配制方法参照番茄的营养土配方。在营养土配制时，加入营养土总量 2%～3%的过磷酸钙，对促进秧苗根系生长、培育壮苗有明显的作用。采用苗床育苗，在播种前整地时，按每平方米用 2kg 有机肥的量均匀撒施，施后翻耕播种。

1. 黄瓜

黄瓜根系扎得不深，主要分布在 15～25cm 的耕层内，根系的耐盐性又较差，不宜一次性施用大量化肥，而黄瓜对氮磷钾等营养元素的需要量大，吸收速率快。因此，大量施用有机肥是黄瓜高产栽培的基础，一般在定植前施用有机肥 4 ~ 5t/hm²、过磷酸钙 0.40t/hm²、硫酸钾 0.30t/hm²。根据黄瓜的根系分布特点和需肥规律，每次的追肥量不要过大，追肥的次数要多，掌握好"少吃多餐"的原则。在结瓜初期进行第 1 次追肥，施用有机肥 0.60t/hm²、尿素 0.30t/hm²、硫酸钾 0.15t/hm²；盛瓜初期进行第 2 次追肥，在盛瓜期每次的追肥间隔要缩短，结合灌水进行；第 3 次以前的追肥相同，以后各次减半；在结瓜盛期可以用 0.5% 的尿素和 0.3% ~ 0.5% 的磷酸二氢钾水溶液或用液态肥叶面喷施。

2. 冬瓜

冬瓜栽培分为地冬瓜、棚冬瓜和架冬瓜 3 种栽培方式。冬瓜的根系非常发达，要求土层深厚，因此必须深耕 25 ~ 35cm。整地前施足基肥，一般施用有机肥 30t/hm²、过磷酸钙 0.75t/hm²，然后根据栽培方式起垄定植；定植后，用腐熟粪水浇施 2~3 次，促其快长；当果实长到拳头大小时，追施坐果肥 1 次，施用有机肥 15t/hm²，尿素 0.30t/hm²；当第 1 批瓜采收后至第 2 批瓜着生前追施有机肥 15t/hm²。

3. 南瓜

南瓜根系发达，对土质要求不严，但它的生长期长且喜肥，须深耕。南瓜以直播为主，除为提早上市用保护地育苗移栽外，很少育苗。播种前开沟施肥，每窝施入有机肥 2kg，与土层混匀后直接播种。南瓜生长期长，产量高消耗养分多，除施足基肥外，还应分期追肥。追肥要生长前期勤施薄施，结果期重施。苗期以腐熟的粪水浇泼为主，防止徒长，影响坐果，结果后株穴施有机肥 1kg，促进果实肥大。

4. 苦瓜

苦瓜为一年生攀缘草本植物，其根系较发达，侧根多。苦瓜在定植前整地施基肥，一般施用生物有机肥 2.25t/hm²，撒施后做畦或垄。苦瓜生长期长，雌花多，可连续不断地结瓜，采收时间长，消耗肥量大，及时追肥，以补充养分。在开花结果后，结合浇水每 15 ~ 20 天追施有机肥 7.50t/hm²。结果盛期应增施 1 次过磷酸钙，延长采收期，增加产量，提高品质。

（三）根菜类蔬菜商品有机肥科学施肥技术

根菜类蔬菜包括的种类较广，有十字花科的萝卜、根用芥菜（大头菜）、芜菁甘蓝、芜菁和辣根，伞形花科的胡萝卜等。供食用的产品器官肉质直根构造不一，植物学特性的差异也较大，但在养分的吸收和其他生物学特性方面亦有其共同之处。根菜类蔬菜系深根性植物，根部为吸收养分和水分的主要器官，根部的发育及其在土壤中的分布，对矿质营养及水分的吸收影响很大。

1. 萝卜

萝卜的生育期分为营养生长期和生殖生长期，产品器官的形成在营养生长期。萝卜根系发达，需要施足基肥，一般基肥用量占总施肥量的70%。以种冬萝卜为例，施用有机肥 $2.00 \sim 2.50t/hm^2$、过磷酸钙 $0.70 \sim 0.90t/hm^2$，耕入土中，耙平做畦。萝卜在生长前期，需氮肥较多，有利于促进营养生长；中后期应增施磷钾肥，以促进肉质根的迅速膨大。一般中型萝卜追肥3次以上，主要在地上旺盛生长前期施下，第1、第2次追肥结合匀苗进行，"破肚"时施第3次追肥，施用有机肥 $150kg/hm^2$，配施过磷酸钙、硫酸钾各 $75kg/hm^2$。大型萝卜"露肩"时，再追施硫酸钾 $120 \sim 150kg/hm^2$。

2. 胡萝卜

胡萝卜营养生长期可分为苗期、叶丛生长期和肉质根生长期，其中肉质根生长期是需肥量最大的时期。胡萝卜要选择土层深厚肥沃、排灌方便、土质疏松的沙壤土或壤土。基施有机肥 $2.40t/hm^2$，配施过磷酸钙 $375kg/hm^2$、硫酸钾 $75kg/hm^2$，深耕 $25 \sim 30cm$，耙平后起垄。追肥视土壤肥力和田间植株长势，可追肥 $1 \sim 2$ 次。叶部生长旺盛期长势弱，可在定苗后，结合浇水追施有机肥 $150kg/hm^2$，肉质根膨大期追施有机肥 $300kg/hm^2$，配施硫酸钾 $150kg/hm^2$。

（四）葱蒜类蔬菜商品有机肥科学施肥技术

葱蒜类蔬菜属单子叶作物，其味辛辣，是生活中必不可少的调味类蔬菜，深受欢迎，在我国各地都有种植。葱蒜类包括以鲜嫩茎叶供食用的大葱、韭菜和以嫩鳞茎供食的大蒜、洋葱等，其根部的生长弱，入土均浅，吸水吸肥能力弱，对土壤肥力要求严格，尤其是在叶生长量迅速增加时，要及时补充植株生长所需的养分。

1. 大葱

大葱选用地势平坦、地力肥沃、灌排方便、耕作层厚的地块，茬口应选择三年内没种过大葱、洋葱、大蒜、韭菜的地块。育苗田每平方米施有机肥 $2kg$，浅耕 $25cm$ 左右，整平耧细，做畦播种。定植前，大田采用沟施的方法，施用 $1.80t/hm^2$ 有机肥做基肥。缓苗后，新叶开始缓慢生长，当葱白开始加速生长时，则需要开始追肥，施用有机肥 $0.60t/hm^2$ 撒在垄背上，接着浇水，以促生长。进入管状叶盛长期，$5 \sim 7$ 天浇泼1次腐熟粪水或冲施有机肥。葱白产量显著增长时期，要根据葱白高度适当培土，培土后沟内施用有机肥 $600kg/hm^2$、尿素 $150kg/hm^2$、磷酸二铵 $150kg/hm^2$，然后中耕覆盖肥料，浇水促进肥效。

2. 大蒜

大蒜适于富含有机质、疏松肥沃的沙壤土栽培。根据大蒜的根系特点，大蒜栽种前，要求土地精耕细耙，垄面平整。大蒜对基肥质量要求较高，施用有机肥 $2 \sim$

$3t/hm^2$，一次施足。大蒜的栽培形式分垄作和畦作两种，春季垄作较好，植株受光好，地温上升快，出苗早，秋播多采用平畦栽培。大蒜萌芽期，一般不需较多水肥，主要是中耕松土，提高地温，促根催苗。抽薹分瓣时，加强肥水，适时收获蒜薹，促进蒜头肥大。蒜薹采收后茎叶不再增长，大量养分向贮藏器官转运，鳞芽生长加速。此期应追施有机肥 $600kg/hm^2$，并增加灌水次数和加大灌水量，保持土壤湿润。

3. 洋葱

洋葱根系浅，吸收能力弱，要求肥沃、疏松、保水保肥力强的土壤。洋葱在营养生长期间，只有很短缩的茎盘，茎盘下部称为盘踵。茎盘上部环生圆筒形的叶鞘和芽，下面着生须根。洋葱对土壤营养要求较高，幼苗以氮素为主，鳞茎膨大期增施磷钾肥，能促进磷茎肥大和提高品质。栽培洋葱整地前施用有机肥 $3t/hm^2$，然后深耕细耙，精细整地，做成宽 1.7m 平垄。植株开始返青时灌返青水，并追肥1~2 次促进地上部生长，施用有机肥 $450\sim600kg/hm^2$，并进行中耕。鳞茎开始膨大期是追肥的关键时期，追施有机肥 $600kg/hm^2$。

4. 韭菜

韭菜栽培，其根株培养非常关键，有育苗移栽养根和直播养根两种方法，但一般都采取育苗移栽的办法。育苗床宜选择富含有机质的肥沃土壤。整地起垄前，施用有机肥 $1.80\sim2.00t/hm^2$ 做基肥，精细整地，使土壤与肥料充分混合，然后起垄。幼苗期加强管理，当株高达 18~20cm 即可移栽。韭菜田整地施用有机肥 $2.00\sim2.50t/hm^2$、过磷酸钙 $750kg/hm^2$。定植后的管理以促进缓苗为主。立秋后是最适宜韭菜生长的季节，也是肥水管理的关键时期，应每隔 5~7 天浇泼 1 次腐熟粪水或撒施有机肥 $600kg/hm^2$，促进植株生长，为根茎的膨大和根系的生长奠定物质基础。养根如采用直播法应尽量早播，一般 3 月下旬至 4 月上旬播种。头刀韭菜收获后，每次浇水时追 1 次肥料，追施有机肥 $1.00\sim1.20t/hm^2$。

（五）包心类蔬菜商品有机肥科学施肥技术

包心类蔬菜包括大白菜、结球甘蓝、生菜等，其共同的特点是供食的器官都以营养体为主。这类蔬菜除结球叶菜外，一般生长期均较短，尤其是初期的生长，对产量品质影响较大。同时，由于此类蔬菜属浅根型蔬菜，根系入土浅，应浅层施肥。

1. 大白菜

大白菜根系发达，生长期间对水、肥需求量大，并易感染病虫害。种植要求土层选择深厚、疏松、肥沃；附近有水源且排灌方便，前茬为瓜类、豆类作物的沙壤土或轻黏壤土栽培。结合耕地施有机肥 $2\,400\sim2\,500kg/hm^2$、过磷酸钙 $300kg/hm^2$，其中 2/3 的肥料施入土壤中下层，1/3 肥料撒在地表。整平土地后在播种前 2~3 天起垄。夏大白菜生育期短,水肥管理上采取一促到底的措施。定苗后,追施硫酸铵 200~300kg/hm²,其后适当浅中耕 1 次,不蹲苗;莲座末期施硫酸铵 400~450kg/hm²,促进植株早结球,早成熟。秋大白菜生育期长,水肥管理上采取前控、后促的办法。定苗后,追施硫酸铵 300~375kg/hm²;结球初期,随水冲施腐熟粪水;结球中期追施硫酸铵 350~375kg/hm²。

2. 甘蓝

甘蓝易栽植,耐严寒,产量高。甘蓝选择土壤肥沃、排灌方便、不重茬的地块。每平方米苗床施用有机肥 2kg,并使有机肥与苗床土混合均匀,精细整地播种育苗。苗龄 30 天、幼苗 4~6 叶即可定植。栽前施用有机肥 3.50~3.60t/hm²,起垄单行定植。栽苗后浇水,缓苗后追施尿素 225~250kg/hm²,莲座期前后追肥 2 次,结合浇水施用有机肥 300~450kg/hm²。结球后,停止肥水管理。

3. 生菜

生菜又名叶用莴苣,根系浅,须根发达,根群主要分布在地表 20~30cm 的土层中。茎短缩,生长后期伸长,抽薹后形成肉质茎。播种前,每平方米施用有机肥 2kg,与苗床土混合均匀后播种。定植前先整地施肥,施用有机肥 2.40t/hm²,然后做成宽 1m、高 10~15cm 的垄。移栽缓苗后,即可追肥浇水。生菜蹲苗 5~7 天后,追施有机肥 600kg/hm²,随水追肥,保持土壤湿润。在心叶内卷初期,叶面喷施 0.2%尿素和 0.2%磷酸二氢钾。

(六) 绿叶类蔬菜商品有机肥科学施肥技术

绿叶类蔬菜的种类多,涉及植物学上的许多科,包括芹菜、菠菜、茼蒿等。绿叶类蔬菜生长期短,株型小,根系浅,单株产量低,种植株数多,以撒播或高密度定植为主,一年可多茬次栽培,对土壤肥水的要求严格。

1. 芹菜

芹菜可在春、秋两季进行露地栽培,早春可进行保护地栽培。夏秋季苗床上要加荫棚,防止雨水冲刷和阳光直射。芹菜需肥量大,定植前要施足基肥,一般施用有机肥 2.50~3.00t/hm²,并适当施些硼和钙肥。定植初期,幼苗生长缓慢。定植后 30 天左右,植株进入旺盛生长期,追施有机肥 600kg/hm²。立心期后,心叶进入生长和肥大充实期,追施硫酸铵 200~225kg/hm²,以保证养分供应。

2. 菠菜

菠菜以撒播为主,播种密度大,多秋冬及早春栽培,分次采收。菠菜一般选用肥力好的田块,施有机肥 2.00~2.50t/hm²,出苗至采收期追施 2~3 次,每次追施有机肥 600kg/hm²。

(七) 花椰菜商品有机肥科学施肥技术

花椰菜是以花球为产品的十字花科甘蓝类蔬菜,其生长分发芽期、幼苗期、莲座期、花球成熟期与抽薹开花结果期 5 个阶段。花椰菜根系分布浅，主根群密集在 12~15cm 土层。花椰菜需肥量大，必须选择肥沃、疏松，富含有机质，保肥、保水性能好的壤土或黏质壤土，还须施足基肥。基肥一般施用有机肥 3.00~3.50t/hm²。花椰菜的大田管理主要分三个阶段。第一阶段为扎根期，缓苗后施少量腐熟粪水；第二阶段为旺盛期，是莲座叶生长和花芽发育阶段，带水施硫酸铵 120~150kg/hm²，隔 8~10 天施 1 次；第三阶段为结球期，栽培上要保证足肥足水，促进花球膨大、紧实。一般利用灌水施硫酸铵 450kg/hm²，每隔 8~10 天追肥 1 次，直到花球充分长大为止。

第七节 果类施用有机肥模式及技术

一、苹果、梨有机肥科学施肥技术

苹果和梨是我国北方地区的主要水果，因其产量高，需要及时补充生长所需的营养物质，才能保证产量，提高品质。苹果树的施肥应以基肥为主。最好的基肥施用时间为秋季，早熟的品种在果实采收后进行；中晚熟的品种可在果实采收前进行。秋季是苹果树的根系快速生长期，施肥后的断根容易伤口愈合，并且起到一定的根系修剪作用，促进新根的萌发，有利于养分的吸收积累。一般情况下，幼龄树株施有机肥 2~3kg，成年果树株施 5~8kg。追肥的施用时间因树势的不同有一定的差异，一般在萌芽前、花期、果实膨大期进行。施肥方法以树的大小而定，树体较小时采用环状施肥，施肥的位置以树冠的外围 0.5~1.5m 为宜，开宽 20~40cm、深 20~30cm 的沟，株施有机肥 1~2kg，将肥料与土壤适度混合后施入沟内，再将沟填平。成年果树采用全园施肥，施用有机肥 1.50t/hm²，结合中耕将肥料翻入土中。

短枝型苹果树，多为密植，早果性、丰产性较好，其需肥量较普通型为多。一般幼龄树年施用有机肥 3.00~4.50t/hm² 做基肥，成年短枝型苹果树年施用有机肥 6.00~7.50t/hm²。重施秋季基肥，及时于花前、果实膨大期、花芽分化期进行追肥。短枝型苹果树施肥采用沟施的方法，每次施用量不宜过大，在施用量较大时应全园撒施、适度深翻防止肥害。

梨树施肥时间和方法与苹果基本一致。基肥在秋季施入，追肥在萌芽前、花期、果实膨大期进行。1~2 年生幼树，基施有机肥 3.00~4.50t/hm²，同时株施三元复混肥 0.5~1kg。成年树基施有机肥 6.00~7.50t/hm²，株施三元复混肥 1~1.5kg，株施有机肥 3~5kg，条状沟施或放射状沟施。

二、桃树商品有机肥科学施肥技术

桃树的根系较浅，吸收根主要分布在 10~30cm，但根系较发达，侧根和须根较多，吸收养分的能力较强。桃树施肥应适当深施，或深施与浅施相结合。桃树的施肥时期有基肥、促花肥、坐果肥、果实膨大肥。桃树的肥料施用量应根据土壤的肥力、树龄、品种、产量、气候因素等灵活确定。土壤肥力低、树龄高、产量高的果园，施肥量要高一些；土壤肥力较高、树龄小、产量低的果园施肥量适当降低。

1. 基肥

果实采摘后落叶前1个月左右施入。株施有机肥5~8kg。施肥时不要靠树体太近，施肥时适当与土壤混合。树势较好的少施，树势差的多施。

2. 追肥

第1次是早春后开花前的促花肥，株施用有机肥2~3kg，配施尿素100g。若长势较强，没有缺肥现象，则促花肥可不施或少施。第2次是开花之后至果实核硬化前之间的坐果肥，株施有机肥3~5kg，配施尿素150g，提高坐果率、改善树体营养、促进果实前期的快速生长。第3次是果实膨大肥，株施有机肥3~5kg，配施尿素200g，促进果实的快速生长和促进花芽分化，为翌年生产打好基础具有重要意义。

三、葡萄商品有机肥科学施肥技术

提倡配方施肥、科学施肥，防止偏施氮肥。葡萄前期需氮肥较多，后期需磷钾肥多。葡萄施用有机肥要充分腐熟，有机肥中还可掺入化学肥料（应选硝酸铵、尿素、硝酸钾、过磷酸钙等），肥料（固氮菌肥、增产菌肥、钾肥和酵素菌肥等）既可做基肥，又可做追肥和叶肥。基肥施用最佳期为葡萄采收后到落叶前。地面追肥多在萌芽前、开花前、坐果后、成熟前和采收后等几个关键时期。

1. 基肥

果实采收后至新梢充分成熟的9月底10月初进行施肥。基肥以有机肥为主，施用有机肥5.25~6.75t/hm²，混加过磷酸钙750kg/hm²，采用沿葡萄树行在一边开沟施入，注意不可离树过近，以免伤根过重影响葡萄的长势。

2. 追肥

一般在花前10天追施，株施有机肥3~5kg，配施100g尿素，沟施或穴施。7月初第2次追肥，株施有机肥2~3kg，配施硫酸钾100g。根外追肥对提高产量和质量有显著效果，而且方法简便。花前、幼果期和浆果成熟期喷1%~3%的过磷酸钙溶液，能增加产量和提高品质。

四、猕猴桃商品有机肥科学施肥技术

猕猴桃为浆果类藤本果树，是一种营养价值很高的水果。其果实食用价值和药用价值均很高，近几年栽培面积逐年扩大。猕猴桃生长旺盛，枝叶繁茂，结果多而早，每年要消耗大量的养分，需要土壤及时补充有效养分以满足其生长发育需求。

1．基肥

施肥时期一般为 10—11 月。采果后叶片内失去大量营养，及时补充养分，有利于提高树体中贮藏营养水平，促进落叶前后和翌年开花前一段时间的花芽分化。幼树株施有机肥 5~8kg；成年树进入盛果期，株施有机肥 8~12kg。

2．追肥

根据猕猴桃根系生长特点和地上部生长物候期及时追肥，幼树追肥采用少量多次的方法，一般从萌芽前后开始到 7 月，每月施有机肥 1kg，盛果期树一般分 3 次追肥。第 1 次是早春催芽肥，在 2—3 月萌芽前后施入，株施有机肥 3~5kg，促进腋芽萌发和枝叶生长，提高坐果率；第 2 次是花后促果肥，落花后 30~40 天是猕猴桃果实迅速膨大时期，缺肥会使猕猴桃膨大受阻，促果肥宜在落花后 20~30 天施入，株施有机肥 2~3kg；第 3 次是盛夏壮果肥，为使果实内部充实，增加单果重和提高品质，在 6—7 月追施 1 次磷、钾肥，也可选用 0.5%磷酸二氢钾，0.3%~0.5%尿素液及 0.5%硝酸钙叶面喷施。

五、樱桃商品有机肥科学施肥技术

樱桃的果实发育期较短，其结果树一般只有春梢一次生长，且春梢的生长与果实的发育基本同步。樱桃的枝叶生长、开花结实都集中在生长季的前半期，而花芽分化也多在采果后的较短的时间内完成。冬前、花期及采收后是樱桃施肥的三个重要时期。樱桃不同树龄和不同时期对肥料的要求不同，3 年生以下的幼稚树，树体处于扩冠期，营养生长旺盛，这个时期对氮需要量多，应以氮肥为主，辅助适量的磷肥，促进树冠的形成；3~6 年生和初果期幼树，树体由营养生长转入生殖生长，促进花芽分化，在施肥上要注意控氮、增磷、补钾；7 年生以上树进入盛果期，树体消耗营养较多，每年施肥量增加，氮、磷、钾都需要，但在果实生长阶段要补充钾肥，可提高果实的产量与品质。

1．基肥

一般在 9—11 月进行，以早施为好，尽早发挥肥效，有利于树体贮藏养分的积累。一般株施有机肥 2~3kg，结果大树株施有机肥 5~8kg。樱桃开花坐果期间对营养条件有较多的要求。

2．追肥

（1）盛花期应追肥。对盛果期大树可追施有机肥 3~5kg，复合肥 1~2kg，促进开花和展叶，提高坐果率，加速果实的增长。若采取根外喷施的方法，迅速补充樱桃所需的养分。一般相隔 10 天连喷 2 次 0.5%尿素液或 0.2%磷酸二氢钾液，增产显著。樱桃采果后 10 天左右，即开始大量分化花芽，此时正是新梢接近停止生长时期。整个花芽分化期 40~45 天。

（2）采收后施肥。株施有机肥 5~8kg，配施复合肥 2kg。樱桃的须根发达，在

张掖灌区农作物科学施肥理论与实践

土壤中分布层浅、水平伸展范围很广，集中分布在地表下 5~35cm 的土层中，以 20~25cm 土层为最多。一般果树基肥在树盘外部挖大穴、开放射状或弧状深沟的施用方法，会造成大量伤根。对结果树，在初冬将有机肥撒施到树盘上，刨树盘，深 5~7cm，整平后立即浇水，浇水后划锄保墒或盖草、覆膜。追肥，最好往树盘中撒施，并立即轻轻划锄，使肥土混匀，然后浇水。树盘覆草时，可直接撒施在草上，以水冲下，或扒开覆草的一角，撒在土表，浇水冲下，再将草覆上。

第八节　药材有机肥科学施用技术

一、药材种植过程中的施肥技术

为避免肥料烧伤种子，种肥的施用深度以 5~6cm 为宜，种肥与种子的水平距离（侧距）应适当，一般为 3~5cm。施追肥时中药材根系已初步形成，如采用机械追肥，应尽量减少伤根，施肥不宜太深，侧距应适当。一般情况在行间追肥，适宜窄行栽培的中药材如薏苡、车前子等的追肥深度以 6~8cm 为宜，侧距以 10~15cm 为宜；适宜宽行栽培的中药材如金银花、黄栀子等的追肥深度以 8~12cm 为宜，侧距以 10~15cm 为宜。底肥的施用深度为 15~20cm 或更深，可先将肥料撒施于地表再用犁耕翻入土，也可在犁耕作业的同时将肥料施入犁沟内。

二、几种主要药材有机肥科学施用技术

（一）黄芩有机肥科学施用技术

在中下等肥力的土壤上种植黄芩，施用有机肥的最佳品种为鸡粪，其次为羊粪，牛粪效果最差。同时，在施用有机肥的过程中，一定要拌土发酵，杀灭病菌和寄生虫，活化土壤微生物，施肥方法为底施并旋耕，以防止有机肥烧苗。在生产上，应根据不同的地力条件，采用不同的施入量，以达到优质无污染、增产、增收的目的。

（二）柴胡有机肥科学施用技术

在中下等的土地上种植柴胡施用有机肥是有效的，能增加根长、根粗和根的根鲜比，从而提高产量，可施用发酵羊粪 $30t/hm^2$ 或发酵鸡粪 $20t/hm^2$。同时，在施用有机肥的过程中，一定要拌土发酵，杀灭病菌和寄生虫，活化土壤微生物，施肥方法为底施并旋耕，以防止有机肥烧苗。在生产上，应根据不同的地力条件，采用不同的施入量，以达到优质无污染、增产、增收的目的。

（三）板蓝根有机肥科学施用技术

在中下等肥力的土壤上种植板蓝根，施用有机肥的最佳品种为鸡粪，其次为羊粪，牛粪效果最差。同时，在施用有机肥的过程中，一定要拌土发酵，杀灭病菌和寄生虫，活化土壤微生物，施肥方法为底施并旋耕，以防止有机肥烧苗。在生产上，应根据不同的地力条件，采用不同的施入量，以达到优质无污染、增产、增收的目的。

第九节　玉米施用有机肥模式及技术

一、玉米的需肥规律

（一）玉米不同生育时期的养分需求规律

玉米全生育期吸收的氮最多，钾次之，磷较少。在不同的生育阶段，玉米对氮、磷、钾的吸收不同。研究资料表明，春玉米苗期对氮的吸收量较少，只占总氮量的 2.14%；拔节孕穗期吸收量较多，占总量的 32.21%；抽穗开花期吸收占总量的 18.95%；籽粒形成阶段，吸收量占总量的 46.7%。夏玉米由于生育期短，吸收氮的时间较早，吸收速度较快，苗期吸收量占总量的 9.7%；拔节孕穗期吸收量占总量的 76.19%；抽穗至成熟期吸收量占总量的 14.11%。玉米对磷的吸收，春玉米在苗期吸收量占总量的 1.12%；拔节孕穗期吸收量占总量的 45.04%；抽穗受精和籽粒形成阶段，吸收量占总量的 53.84%。夏玉米对磷的吸收也较早，苗期吸收 10.16%；拔节孕穗期吸收 62.60%；抽穗受精期吸收 17.37%；籽粒形成期吸收 9.87%。玉米对钾素的吸收，春玉米与夏玉米基本相似，在抽穗前有 70% 以上被吸收，抽穗受精时吸收 30%。玉米干物质累积与营养水平密切相关，对氮、磷、钾三要素的吸收量都表现出苗期少、拔节期显著增加、孕穗到抽穗期达到最高峰的需肥特点。因此玉米施肥应根据这一特点，尽可能在需肥高峰期之前施肥。

（二）玉米整个生育期的养分需求规律

玉米对氮、磷、钾的吸收数量受土壤、肥料、气候及种植方式的影响，有较大变化。一般来说，每生产 100kg 玉米籽粒需要从土壤中吸收 N 2.57kg、P_2O_5 0.86kg、K_2O 2.14kg，这是确定玉米施肥量的重要依据，也是开展玉米配方施肥的重要参考数据。

二、玉米有机肥与化肥配合施用技术

(一) 基肥

基肥以优质的有机肥为好，一般玉米生产中，全部有机肥 $30\sim45t/hm^2$，$1/3$ 氮肥，全部磷、钾肥做基肥，一次性施入，尽量使肥料施到 $10\sim15cm$ 的耕层中。

(二) 种肥

种肥是最经济有效的施肥方法。播种时施用复合肥 $60\sim75kg/hm^2$，肥料一定要与种子隔开，深施肥更好，深度以 $10\sim15cm$ 为宜。如果土壤墒情不足，种肥应慎施。如未施底肥，磷肥要与种肥同时施入。如底肥未施有机肥、磷肥，磷肥应增至 $750kg/hm^2$。尿素、碳酸氢铵、氯化铵、氯化钾不宜做种肥。

种肥的施用方法有多种，如拌种、浸种、条施、穴施。拌种，可选用腐殖酸、生物肥以及微肥，将肥料溶解，喷洒在玉米种子上，边喷边拌，使肥料溶液均匀地沾在种子表面，阴干后播种。

(三) 追肥

1. 重施拔节肥

剩下 $2/3$ 的氮肥做追肥，在拔节期和大喇叭口期追施。拔节后 10 天（$6\sim6.5$ 片叶展开期）内追施，有促进茎生长和幼穗分化的作用。将追肥中 40% 的氮肥用做拔节肥，肥与苗的距离为 $5\sim7cm$。

2. 补施穗肥

将追肥中 60% 氮肥在玉米抽雄前 $10\sim15$ 天大喇叭口期（$10\sim12$ 片叶展开期）施入，有促进穗大粒多、减少小花退化的作用，并对后期籽粒灌浆有良好效果。追肥可以条施，也可以穴施，施肥深度 15cm 左右，否则施肥后要及时浇水以提高肥料利用率，减少损失。若有脱肥早衰现象，施肥期应适当提前，施肥量可以适当增加。

3. 酌情追施花粒肥

花粒肥的主要作用是在籽粒灌浆开始后补充植株养分，防止后期植株早衰、促进籽粒灌浆、提高千粒重。花粒肥以速效氮肥为宜，追施量不应太多，以补为主。花粒肥主要适用于高产田，一般可追施尿素 $150\sim225kg/hm^2$，在玉米行侧深施或结合灌溉施用，也可以在开花期补施 10% 左右的氮素化肥或在叶面喷施磷钾肥如磷酸二氢钾，用以防早衰、争粒重、夺高产。

第十节　小麦有机肥施用模式及技术

一、小麦的需肥规律

(一) 小麦不同生育时期的养分需求规律

小麦在生长发育过程中，对养分的要求有两个极其重要的时期，即营养临界期和最大效率期。小麦在营养临界期，对某种养分的需求绝对数量虽然不多，但敏感而迫切。如果这种养分缺少，生长发育就会受到抑制，即使以后再补充这种养分，也难以弥补损失。小麦不同养分的临界期，出现时期不同。氮素的临界期在分蘖期和幼穗分化的四分体期，如果这两个时期氮素营养供不上，就会使分蘖和穗粒数明显减少，造成减产；磷素的营养临界期在小麦的 3 叶期；钾素的临界期在拔节期。小麦营养的最大效率期，不同的营养元素，出现时期不尽相同。氮素的最大效率期在拔节前至孕穗期，需氮量占整个生育期的 37% 以上；磷素的最大效率期在抽穗至扬花期；钾素的最大效率期在孕穗期。

(二) 小麦整个生育期的养分需求规律

小麦产量不同，对矿质元素的吸收量不同，吸收比例也有较大差异。小麦生育期较长，在整个生育期内，需要的氮、磷、钾数量及比例，因自然条件、小麦品种、栽培技术、施肥水平等因素不同存在一定差异。在一般产量水平下，每生产 100kg 小麦籽粒，需从土壤中吸收 N 3.0kg、P_2O_5 1.0kg、K_2O 2.5kg。不同产量水平的需肥量有一定的规律，从低产到高产，随着小麦产量的提高，需氮肥量增加。

二、小麦科学施肥技术

合理施用有机肥是培肥地力的关键。施用有机肥既要考虑肥源，还要考虑劳力、农时、气候、农机等多种因素。小麦生长期长，微生物活动较弱，有机肥在土壤中腐解时间较长，可发挥培肥改土、提高土壤肥力的作用。小麦秸秆，过去大多数地区都是将其地中直接烧掉，使大量的有机质白白地浪费掉了。1999 年国家环保局颁布《秸秆禁烧和综合利用管理办法》（环发〔1999〕98 号）后，大部分地区农民在使用联合收割机收获小麦时，将地上部分秸秆粉碎直接还田，地上留有 15~20cm 的秸秆。有机肥主要是畜禽粪便，施用量为 30~45t/hm^2。

第十一节 盐碱地改良中有机肥的施用技术

一、盐碱地概况

盐碱地是盐类集积的一个种类，是指土壤里面所含的盐分影响作物的正常生长。根据联合国教科文组织和粮农组织不完全统计，全世界盐碱地的面积为9.5438 亿 hm²，其中我国为 9 913 万 hm²。我国碱土和碱化土壤的形成，大部分与土壤中碳酸盐的累计有关，因而碱化度普遍较高，严重的盐碱土壤地区植物几乎不能生存。

盐碱地在利用过程当中，可以分为轻盐碱地、中度盐碱地和重盐碱地。轻盐碱地是指它的出苗率在 70%~80%，含盐量在千分之三以下；重盐碱地是指它的含盐量超过千分之六，出苗率低于 50%；处于二者之间的是中度盐碱地；用 pH 值表示为轻度盐碱地 pH 值为 7.1~8.5，中度盐碱地 pH 值为 8.5~9.5，重度盐碱地 pH 值为 9.5 以上。

二、盐碱地的施肥原则及方案

（一）盐碱地的施肥原则

盐碱土的施肥原则是以施有机肥料和高效复合肥为主，控制低浓度化肥的使用。有机肥含有大量的有机质，对土壤中的有害阴、阳离子起缓冲作用，有利于发根、促苗。高浓度复合肥无效成分少，残留少，但化肥的用量每次也不能过多，以避免加重土壤的次生盐渍化，施过化肥后应结合灌水，以降低土壤溶液浓度。

（二）盐碱地增施有机肥

盐碱地一般有低温、土瘦、结构差的特点。有机肥经微生物分解、转化形成腐殖质，能提高土壤的缓冲能力，并可和碳酸钠作用形成腐殖酸钠，降低土壤碱性。腐殖酸钠还能刺激作物生长，增强抗盐能力。腐殖质可以促进团粒结构形成，从而使孔度增加，透水性增强，有利于盐分淋洗，抑制返盐。有机质在分解过程中产生大量有机酸，一方面可以中和土壤碱性，另一方面可加速养分分解，促进迟效养分转化，提高磷的有效性。因此，增施有机肥料是改良盐碱地、提高土壤肥力的重要措施。

（三）盐碱地有机肥施用方案

（1）将重量百分比为 89% 秸秆有机肥、重量百分比为 8% 盐碱地改良材料和重量百分比为 3% 中微量元素添加剂，混合堆成长条，用翻堆机充分搅拌均匀，通过添加质量比 1：100 的水解聚马来酸酐有机水溶液，调整 pH 值为 3，得盐碱地改良专用有机肥。其中，秸秆有机肥为按重量百分比为 10：3 相混合的植物秸秆和牲畜粪便；盐碱地改良材料为按重量比 3：3：2：2 相混合的过磷酸钙、含腐殖酸 70%以上的过 60 目筛风化煤、硫酸亚铁和醋渣；中微量元素添加剂的组成按重量百分比为硫磷铵 25%、硫酸铵 45%、硫酸锌 5%、硫酸镁 10%、硼砂 10%和硝酸钙 5%。用此方案制成的有机肥实施。

（2）将重量百分比为 90%秸秆有机肥、重量百分比为 8%盐碱地改良材料和重量百分比为 2%中微量元素添加剂，混合堆成长条，用翻堆机充分搅拌均匀，通过添加质量比 1：250 的水解聚马来酸酐有机水溶液，调整 pH 值为 3.5，得盐碱地改良专用有机肥。其中，秸秆有机肥为按重量百分比为 10：3 相混合的植物秸秆和牲畜粪便；盐碱地改良材料为按重量比 3：3：2：2 相混合的过磷酸钙、含腐殖酸 70%以上的过 60 目筛风化煤、硫酸亚铁和醋渣；中微量元素添加剂的组成按重量百分比为硫磷铵 30%、硫酸铵 35%、硫酸锌 8%、硫酸镁 10%、硼砂 10%和硝酸钙 7%。用此方案制成的有机肥实施。

（四）盐土改良肥

1. 原料

（1）营养因子，将 $CO(NH_2)_2$、$(NH_2)_2HPO_4$、$ZnSO_4 \cdot 7H_2O$、$(NH_4)_6Mo_7O_{24} \cdot 4H_2O$ 按（55~57）：（37~39）：（2.00~3.00）：（0.05~1.00）的重量比混合。

（2）$CO(NH_2)_2$，含 N 46%，粒径为 2~3mm。

（3）$(NH_4)_2HPO_4$，含 N 18%、P_2O_5 46%，粒径为 2~5mm。

（4）$ZnSO_4 \cdot 7H_2O$，含 Zn 23%，粒径为 2~3mm。

（5）$(NH_4)_6Mo_7O_{24} \cdot 4H_2O$，含 Mo 50%，粒径为 2~3mm。

（6）保水剂，吸水倍率 645g/g，粒径为 1~2mm。

（7）$Al_2(SO_4)_3$，含 Al_2O_3 15.90%，粒径为 0.5~1mm。

（8）硫黄，含 S 95%，粒径为 0.5~1mm。

（9）聚乙烯醇，粒径为 0.05~2mm。

（10）生物有机肥（自制），将发酵腐熟的牛粪、糠醛渣、5406 生物菌肥重量比按 0.68：0.30：0.02 混合，粒径为 2~5mm。

（11）牛粪，含有机质 14.50%、全 N 0.52%、全 P 0.28%、全 K 0.16%，粒径为 2~5mm。

（12）糠醛渣，含有机质 66%~70%、C 49%~64%、全 N 0.50%~0.61%、全 P 0.30%~0.36%、全 K 1.10%~1.18%，粒径为 2~5mm。

（13）5406 菌剂，有效活菌数≥2.0 亿/g，粒径为 0.01~0.05mm。

2. 配方比例

将营养因子、保水剂、硫酸铝、硫黄、聚乙烯醇重量比按（0.45～0.52）：（0.01～0.02）：（0.11～0.14）：（0.28～0.31）：（0.008～0.01）混合后，再加入重量比 33～35 份的生物有机肥。

3. 生产方法

（1）糠醛渣改性。按每吨糠醛渣加入 20～23kg（NH$_4$）$_2$CO$_3$，使糠醛渣的 pH 值为 4～5，得到改性糠醛渣。

（2）生物有机肥发酵。将所述的牛粪、改性糠醛渣与 5406 生物菌肥质量比按 0.68：0.30：0.02 混合，每吨加入 CO（NH$_2$）$_2$ 4.18～4.50kg，使其碳氮比为 25：1；然后加水使其含水量达到 18%～20%，混合均匀，堆长 2～4m、宽 2.5m、高 1.5m 的梯形堆，用泥巴土封严，堆置发酵 140～145 天，当堆内温度降到室温，得到发酵后的生物有机肥，将生物有机肥在阴凉干燥处风干 28～30 天，含水量小于 1%～2%时，过 5mm 筛备用。

（3）盐土改良肥合成。将营养因子、保水剂、硫酸铝、硫黄、聚乙烯醇重量比按（0.45～0.52）：（0.01～0.02）：（0.11～0.14）：（0.28～0.31）：（0.008～0.01）混合后，再加入重量比 33～35 份的生物有机肥，得到盐土改良肥。

4. 施用量

45～60t/hm^2。

第八章　张掖灌区测土配方科学施肥技术

第一节　测土配方施肥的作用

配方施肥是综合应用农业现代高新技术，根据作物需肥规律、土壤供肥水平和肥料效应，在有机肥为基础的前提下，产前提出氮磷钾和微肥的适宜用量、比例以及相应的施肥方法。测土配方施肥的作用主要有以下几个方面。

一、具有增产增收作用

1. 调肥增产作用

不增加化肥投资，只通过调整 $N:P_2O_5:K_2O$ 比例，起到增产增收作用。

2. 减肥增产作用

在高肥料投入、以高肥换取高产地区，通过配方施肥，适当减少肥料的用量，以取得增产或平产效果。

3. 增肥增产作用

化肥用量水平很低或单一施用某种养分肥料的地区和田块，合理增加肥料用量或配施某一养分肥料，可使农作物大幅度增产。

二、具有培肥地力、保护生态作用

配方施肥不仅直接表现在农作物增产效应上，还体现在培肥土壤、保护生态、提高土壤肥力等方面。例如，张掖市甘州区党寨镇汪家堡村连续五年施行配方施肥，全村肥力有明显提高，土壤有机质增加 2.1g/kg，碱解氮增加 14mg/kg，有效磷增加 5.2mg/kg，有效钾增加 18mg/kg，土壤理化性状得到改善。

三、具有协调养分、提高品质作用

过去我国农田大多偏施氮肥，造成土壤养分失调，不仅有损于产量，而且殃及产品质量。而测土配方施肥能改变偏施氮肥的习惯，调节作物的养分平衡，降低农产品硝酸盐的含量，防止水果变酸和蔬菜、瓜果畸形等，从而改善农产品品质。

四、具有调控营养、防治病害作用

据报道，湖北省实行配方施肥的早稻"叶斑病"发病率由 45.2% 减少到 2.9%~9%；棉花枯萎病发病率由 56% 下降到 5% 左右。缺硼土壤上配施硼肥后，对防治棉花蕾而不花、油菜花而不实、小麦"亮穗"等生理病症均有明显效用。

五、具有肥源合理分配作用

利用肥料效应回归方程，以经济效益为主要目标，可以合理分配有限肥源。

第二节　测土配方施肥理论依据

一、作物营养元素的同等重要性和不可代替性

（一）同等重要性

作物必需营养元素在作物体内的数量不论多少都是同等重要的。

（二）不可代替性

作物的每一种必需营养元素都有特殊的功能，不能被其他元素所代替。作物必需的 16 种营养元素，尽管需要量各不相同，但是它们对作物生长发育所起的作用都同等重要，且不能相互代替。因为每一种元素都有特殊的生理功能，且在作物生长过程中所起的作用不同。

二、养分归还学说

（一）概念

伴随着作物的每次收获，必然要从土壤中取走大量养分，从而土壤养分越来越少，要恢复地力就必须归还从土壤中拿走的全部东西，不然就难以指望再获得过去那样高的产量。养分归还学说即指植物收获物从土壤带走的养分必须"返还"土壤才能维持生产力的观点。

（二）养分归还学说的基本内容

（1）随着作物每次收获，必然要从土壤中取走大量养分。张掖灌区几种作物收获时从土壤中摄取的养分量见表 8-1。

表 8-1 张掖灌区几种作物摄取养分量

作物	地点	土类	产量 (t/hm²)	摄取养分量（kg/hm²）	
				N	P₂O₅
春小麦	甘州新墩	灌漠土	7.50	225.00	75.00
制种玉米	甘州明永	灌漠土	12.00	308.40	103.20
马铃薯	民乐顺化	耕种灰钙土	42.00	231.00	92.40
棉花	高台罗城	耕种灰棕漠土	3.75	517.50	180.00
油菜	山丹霍城	耕种栗钙土	6.30	567.00	189.00
甜菜	临泽小屯	盐化潮土	82.50	330.00	123.75
黄瓜	甘州长安	灌漠土	97.50	253.50	146.25
加工番茄	高台南华	盐化潮土	135.00	521.10	155.25
加工甜椒	甘州粱家墩	灌漠土	108.00	561.60	118.80

（2）如果不正确地归还土壤养分，地力就将逐渐下降。

（3）要想恢复地力就必须归还从土壤中取走的全部养分。

（4）为了增加产量就应该向土壤施加养分。

（三）养分归还的方式

（1）施用有机肥料。

（2）施用无机肥料。

（3）有机肥料与无机肥料配合施用。

三、最小养分律

（一）概念

作物为了生长发育需要吸收各种养分，但是决定作物产量的却是土壤中那个相对含量最小的有效养分，产量在一定限度内随着这个最小养分的增减而变化。无视这个最小养分，即使继续增加其他养分也难以再提高产量。最小养分律就是指植物的生长受相对含量最少的养分所支配的定律。

（二）最小养分律的基本要点

（1）决定作物产量的是土壤中某种对作物需要来说相对含量最少而非绝对含量最少的养分。

（2）最小养分不是固定不变的，而是随条件变化而变化的。当土壤中的最小养分得到补充，满足作物需求之后，原来的最小养分就不再成为最小养分而让位于其他养分。

（3）继续增加最小养分以外的其他养分，不但难以提高产量而且还会降低施肥的经济效益。

四、限制因子律

（一）概念

增加一个因子的供应，可以使作物生长增加。但在遇到另一个生长因子不足时，即使增加前一个因子，也不能使作物增产，直到缺少的因子得到满足，作物产量才能继续增长。限制因子律是最小养分律的扩展和引申。

（二）意义

施肥既要考虑各种养分供应状况，又要注意与生长有关的环境因素。

五、报酬递减律

（一）概念

在技术条件相对稳定的情况下，随着施肥量的增加，作物的总产量是增加的，但单位施肥量的增产量却是依次递减的。

（二）意义

（1）揭示了作物产量与施肥量之间的一般规律。

（2）用肥料效应方程式 $y=a+bx-cx^2$ 反映了肥料递减规律，并求得最佳施肥量。张掖市灌漠土主要蔬菜氮素最佳用量见表 8-2。

表 8-2　张掖灌区灌漠土主要蔬菜氮素最佳用量

蔬菜种类	N 素用量	肥料效应方程式	最佳用量 （kg/hm²）	理论产量 （kg/hm²）
西葫芦	42~172	$y=4\,758.67+923.3885x-2.7475x^2$	167.66	82 342.09
黄瓜	60~300	$y=4\,678.62+634.4496x-1.3192x^2$	239.52	80 959.71
茄子	57~285	$y=3\,635.38+519.1249x-1.1368x^2$	227.54	62 899.86
辣椒	78~390	$y=3\,988.01+415.9299x-0.6652x^2$	311.38	69 004.13
番茄	92~460	$y=5\,632.05+5273.09061x-7.1747x^2$	367.26	974 504.41

六、最适因子律

作物生长受许多条件的影响，自然界生活条件变化的范围很广，作物适应的能力有限，只有影响生产的因子处于中间地位，最适于作物生长，产量才能达到最高。张掖市灌漠土主要蔬菜密度和氮磷适宜用量见表 8-3。

表 8-3　张掖灌区灌漠土主要蔬菜密度和氮磷适宜用量

蔬菜种类	理论产量 （t/hm²）	氮素 （kg/hm²）	磷素 （kg/hm²）	密度 （万株/hm²）
西葫芦	82.34	167.66	182.00	2.50
黄瓜	80.96	239.52	269.00	6.75
茄子	62.90	227.54	49.00	6.00
辣椒	69.00	311.38	60.00	6.30
番茄	97.45	367.26	468.00	6.15

七、因子综合作用律

作物产量是各种因子，如水分、养分、光照、温度、空气、品种等因子综合作用的结果，其中必然有一个起主导作用的限制因子，产量也在一定程度上受该种限制因子的制约。只有在外界条件保证作物正常生长发育的前提下，才能充分发挥施肥的效果。所以，施肥要与其他农业技术措施配合，各种肥分之间也要配合施用。例如水能控肥，施肥与灌溉的配合就很重要。

第三节　测土配方施肥基本方法

一、地力分区（级）配方法

地力分区（级）配方法，是利用土壤普查、耕地地力调查和当地田间试验资料，把土壤按肥力高低分成若干等级，或划出一个肥力均等的田片，作为一个配方区，再应用资料和田间试验成果，结合当地的实践经验，估算出这一配方区内，比较适宜的肥料种类及其施用量。该方法的优点是较为简便，提出的肥料用量和措施接近当地的经验，方法简单，群众易接受。缺点是局限性较大，每种配方只能适应于生产水平差异较小的地区，而且依赖于一般经验较多，对具体田块来说针对性不强。施肥量计算公式为：

施肥量（kg/hm²）= ｛作物总需肥量（产量×形成 100kg 经济产量所吸收养分量）−土壤供肥量［土壤养分测定值（mg/kg）×2.25×校正系数）］｝÷（肥料中

有效养含量×肥料利用率）

例如，张掖市高台县骆驼城乡健康村2020年制种玉米产量为6 900kg/hm²，测得土壤碱解氮含量为65.43mg/kg，校正系数为0.60，有效磷23.14mg/kg，校正系数为0.30，速效钾148.63mg/kg，校正系数为0.40，生产100kg玉米籽粒吸收N 2.57kg、P₂O₅ 0.86kg、K₂O 2.14kg，计算还需要施用尿素、磷酸二铵、硫酸钾各多少千克（尿素含N 46%，利用率50%；磷酸二铵含N 18%、P₂O₅ 46%，利用率20%；硫酸钾含K₂O 50%，利用率40%）。

解：磷酸二铵施肥量

= [（6 900×0.86%）-（23.14×2.25×0.30）] ÷（46%×20%）

=（59.34-15.62）÷0.092

=475.22kg/hm²

需要补充的N

=总需N量-磷酸二铵提供的N

=6 900×2.57% - 475.22×18%

=177.33 - 85.54

=91.79kg/hm²

尿素施肥量

=91.79kg/hm²÷（46%×50%）

=399.09kg/hm²

硫酸钾施肥量

= [（6 900×2.14%）-（148.63×2.25×0.40）] ÷（50%×40%）

=（147.66-133.77）÷0.20

=69.45kg/hm²

通过计算，还需要施用尿素399.09kg/hm²、磷酸二铵475.22kg/hm²、硫酸钾69.45kg/hm²。

同理，通过地力分区（级）配方法测算的张掖市春小麦氮素施用量见表8-4。

表8-4 张掖灌区春小麦氮素地力分区（级）配方

肥力水平	碱解氮土测值 （mg/kg）	土壤供氮量 （kg/hm²）	校正系数	总需氮量 （kg/hm²）	CO（NH₂）₂施用量 （kg/hm²）
缺	<45.00	70.88	0.70	225.00	670.08
低	45~76.00	70.88~102.60	0.60	225.00	532.17~670.08
中	76~116.00	102.60~130.50	0.50	225.00	410.87~532.17
高	>150.00	>135.00	0.40	225.00	391.30

注：小麦产量为7 500kg/hm²；CO（NH₂）₂含N量46%，利用率50%。

二、目标产量配方法

目标产量配方法是根据作物产量的构成，由土壤本身和施肥两个方面供给养分的原理来计算肥料的用量。先确定目标产量，以及为达到这个产量所需要的养分数量，再计算作物除土壤所供给的养分外，需要补充的养分数量，最后确定施用多少肥料。包括养分平衡法和地力差减法。

（一）养分平衡法

施肥量（kg/hm²）=［目标产量所需养分总量-（土测值×2.25×校正系数）］÷（肥料养分含量×肥料当季利用率）

例如，春小麦目标产量为7 500kg/hm²，测得碱解 N 为 80mg/kg，校正系数为0.50，计算每公顷施用尿素（含 N 46%，利用率 50%）的量。

解：尿素施用量

=［（7 500×3%）-（80×2.25×0.50）］÷（46%×50%）

= 586.96kg/hm²

（二）地力差减法

施肥量（kg/hm²）=（目标产量-不施肥产量）×形成 100kg 经济产量所吸收养分量÷（肥料养分含量×肥料利用率）

例如，玉米目标产量为12 000kg/hm²，不施肥产量为6 000kg/hm²，形成 100kg 玉米产量吸收 N 2.57kg，计算每公顷施用尿素（含 N 46%，利用率 50%）的量。

解：尿素施用量

=（12 000-6 000）×2.57%÷（46%×50%）

= 670.43kg/hm²

（三）相关参数

1. 作物目标产量

以当地前 3 年作物平均产量为基础，增加 10%～15%作为目标产量。

2. 作物需肥量

=目标产量×100kg 经济产量吸收养分量

3. 土壤供肥量

养分平衡法计算公式：土壤供肥量（kg/hm²）=土壤养分测定值×2.25×土壤养分利用系数，式中 2.25 换算系数 = 2 250×1 000×1÷1 000 000。

地力差减法计算公式：土壤供肥量（kg/hm²）=空白亩产量×100kg 经济产量吸收养分量

4. 肥料利用率

是指当季作物从所施肥料中吸收的养分占施入肥料养分总量的百分数。其计算公式为：

肥料利用率（%）=（施肥区作物吸收养分量−不施肥区作物吸收养分量）÷（肥料施用量×肥料中有效养含量）×100

例如，某农田无氮肥区小麦产量为 3 750kg/hm²，施用尿素 300kg/hm² 后，小麦产量为 6 000kg/hm²，则尿素利用率为：

解：尿素利用率（%）

=［（6 000×3%）−（3 750×3%）］÷（300×46%）×100%

=48.91%

5. 肥料中有效养含量

指成品化肥的有效成分，其都有定值。

三、肥料试验配方法

肥料试验配方法是通过简单的单一对比，或应用较复杂的正交、回归等试验设计，进行多点田间试验，从而选出最优处理，确定肥料施用量。

（一）肥料效应函数法

采用单因素、二因素或多因素的多水平回归设计进行布点试验，将不同处理得到的产量进行数理统计，求得产量与施肥量之间的肥料效应方程式。根据其函数关系式，可直观地看出不同元素肥料的不同增产效果，以及各种肥料配合施用的联应效果，确定施肥上限和下限，计算出经济施肥量，作为实际施肥量的依据。这一方法的优点是能客观地反映肥料等因素的单一和综合效果，施肥精确度高，符合实际情况，缺点是地区局限性强，不同土壤、气候、耕作、品种等需布置多点不同试验。

单因子回归方程模式为：$y = a + bx - cx^2$

最佳经济施肥量 $(x_0) = [(p_x/p_y) - b] / 2c$

例如，不同剂量连作障碍调控肥施用量与杂交制种玉米产量间的关系采用回归方程拟合，得到肥料效应回归方程 $y = 4.5500 + 0.1055x - 0.0013x^2$。对回归方程显著性测验，$F = 14.33^{**}$，$> F_{0.01} = 13.38$，$R = 0.9657^{**}$，说明回归方程拟合良好。连作障碍调控肥价格 (p_x) 为 239.83 元/t，2016—2018 年杂交制种玉米种子市场平均售价 (p_y) 为 12 000 元/t，将 (p_x)、(p_y)、回归方程的参数 b 和 c，代入经济效益最佳施肥量计算公式 $x_0 = [(p_x/p_y) - b] / 2c$，求得连作障碍调控肥经济效益最佳施肥量 (x_0) 为 32.92t/hm²，将 x_0 代入回归方程式，求得杂交制种玉米理论产量 (y) 为 6.61t/hm²。

（二）养分丰缺指标法

此法利用土壤养分测定值与作物吸收养分之间存在的相关性，对不同作物通过田间试验，根据在不同土壤养分测定值下所得的产量分类，把土壤的测定值按一定的级差分等，制成养分丰缺及应该施肥量对照检索表。在实际应用中，只要测得土壤养分值，就可以从对照检索表中，按级确定肥料施用量。

（三）氮、磷、钾比例法

此法是通过田间试验，在一定地区的土壤上，取得某一作物不同产量情况下各种养分之间的最好比例，然后通过对一种养分的定量，按各种养分之间的比例关系，来决定其他养分的肥料用量，如以氮定磷、定钾，以磷定氮、以钾定氮等。

四、有机肥与无机肥养分换算法

（一）同效当量法

有机肥和无机肥的当季利用率不同，通过试验，先计算出某有机肥所含的养分，相当于几个单位的化肥所含养分的肥效，这个系数称为同效当量。

以氮素为例，在磷、钾满足的情况下，用等量的有机氮和无机氮进行试验，并以不施氮肥为对照，得出产量后，用下列公式计算同效当量：

同效当量＝（有机肥氮处理产量−无氮处理产量）÷（无机肥氮处理产量−无氮处理产量）

例如，施用厩肥 30 000kg/hm^2，厩肥含氮 0.50%，玉米产量为 7 500kg/hm^2；施用化肥氮 10kg，玉米产量为 8 850kg/hm^2；不施氮玉米产量为 6 000kg/hm^2。

解：厩肥的同效当量

＝（7 500−6 000）÷（8 850−6 000）

＝0.53

即 1kg 厩肥氮相当于 0.53kg 化肥氮的肥效。

（二）产量差减法

先通过试验，取得某一种有机肥料单位施用量的增产量，然后从目标产量中减去有机肥能增产部分，所得的产量就是应施化肥才能得到的产量。

例如，施厩肥 60 000kg/hm^2，玉米产量为 12 750kg/hm^2，而不施肥玉米亩产 8 287.50kg/hm^2，则 1 000 kg 厩肥可增产多少玉米。某一块地目标产量为 11 250kg/hm^2，计划施用厩肥 60 000kg/hm^2，若已知土壤供氮量为 67.50kg/hm^2，问施用尿素（N 46%，利用率为 50%）多少？

解：1 000kg 厩肥增产玉米量

$=1\ 000\times\ (12\ 750-8\ 287.50)\ \div60\ 000$

$=74.38kg$

$60\ 000kg$ 厩肥可增产玉米量

$=60\ 000kg/hm^2\times74.38\div1\ 000$

$=4\ 462.80kg/hm^2$

施用尿素应得到的玉米产量

$=11\ 250kg/hm^2-4\ 462.80kg/hm^2$

$=6\ 787.20kg/hm^2$

尿素施用量

$=\left[\ (6\ 787.20kg/hm^2\times2.57\%)\ -67.50kg/hm^2\right]\ \div\ (46\%\times50\%)$

$=464.92kg/hm^2$

所以，需要施用尿素 $464.92kg/hm^2$。

（三）养分差减法

在掌握各种有机肥料利用率的情况下，可先计算出有机肥料中的养分含量，同时，计算出当季能利用多少，然后从需肥总量中减去有机肥能利用部分，留下的就是无机肥的施用量。

化肥施用量=（总需肥量−有机肥用量×养分含量×该有机肥当季利用率）÷（化肥养分×化肥当季利用率）

第九章 张掖灌区主要农作物科学施肥技术

第一节 大田作物科学施肥技术

一、春小麦科学施肥技术

（一）需肥特点

1. 苗期

苗期是小麦磷肥的敏感期，磷肥不足影响小麦正常生长。如果磷肥施用不足，出苗延迟，小麦苗期缺磷，次生根稀少，植株矮瘦，生长迟缓，叶色暗绿，叶尖紫红色，叶鞘发紫，苗期不分蘖或分蘖较少。如果钾肥亏缺，小麦苗期就会缺钾，表现为麦苗新叶呈蓝绿色，叶质柔弱并卷曲，严重时老叶由黄渐渐变成棕色以致枯死，呈烧焦状。

2. 返青期

返青期小麦虽然开始缓慢生长，但养分需要量也不多。起身拔节期，植株生长迅速，养分需求量急剧增加，拔节期至孕穗期小麦对氮、磷、钾的吸收达到一生的高峰期。其中，小麦对氮素的吸收有两个高峰期，一是拔节到抽穗，日吸收量为 $2\,100 \sim 2\,400 \text{g/hm}^2$；二是开花到灌浆期，日吸收量 $2\,550 \sim 2\,850 \text{g/hm}^2$。磷和钾的吸收高峰均在拔节至开花期，其日吸收量分别为 $540 \sim 1\,050 \text{g/hm}^2$ 和 $4\,950 \sim 5\,250 \text{g/hm}^2$。

3. 起身拔节期

起身拔节期中高产麦田氮肥使用过早、过量，就会引起小麦生长加速、导致无效分蘖大量增多，田间郁蔽加重，小麦茎秆细弱；基部节间伸长加快，容易导致小麦生长后期倒伏。拔节以后小麦缺钾，表现为茎秆短而细弱，容易倒伏，成穗少而小。容易早衰、灌浆不足，籽粒不饱满。

4. 孕穗挑旗期

孕穗挑旗期以后氮肥使用过晚、过量，常常会导致小麦贪青晚熟。氮肥使用过量的麦田，后期也很容易出现倒伏。

5. 扬花灌浆期

扬花灌浆期小麦需肥量开始下降，到后期由于根系吸收能力下降，所以高产田常常需要叶面喷肥来补充。如果养分供应跟不上，常常会导致灌浆不足，影响粒重。

（二）施肥量

小麦是需肥量较多的作物之一，小麦对氮、磷、钾三要素的吸收量因产量水平、品种不同而有差异。一般来说，在高产水平（7 500kg/hm²）下，氮的吸收比例小、钾的吸收比例大；中产水平（4 500kg/hm²）下，氮的吸收比例相对增大；低产水平（3 000kg/hm²）下，氮的吸收比例最大。虽然不同产量、品种对氮磷钾三要素的需求量、需求比例有所区别，但小麦不同生育期吸收养分的动态大致相似。小麦每生产 100kg 籽粒，需吸收氮 3.00kg、磷 1.00kg、钾 2.50kg，氮、磷、钾三者的比例约为 3.00∶1.00∶2.50，其中氮和磷主要集中在籽粒中，钾则主要积累在茎叶中。因此小麦的施肥量要根据产量水平、土壤、气候和栽培制度等具体情况而定。在目前广泛推广的测土配方施肥技术中，以产定肥是一种最基本的方法。确定产量指标后，根据 100kg 籽粒中吸收氮、磷、钾的量，参考土壤的基础肥力，选择适宜的肥料品种，并利用本地肥料利用率的数据，就可确定肥料的具体用量。

1. 产量指标的确定

目标产量就是当年种植小麦要定多少产量，它是由耕地的土壤肥力高低情况来确定的。此外，可根据该地块前 3 年的平均产量，再提高 10%~15% 作为小麦的目标产量。

2. 计算土壤基础肥力（土壤养分供应量）

基础肥力即土壤中含有多少速效养分，首先测定土壤中有效养分含量，然后计算出 1hm² 耕地中含有多少养分。此外，由于土壤多种因素影响土壤养分的有效性，土壤中的有效养分并不能全部被小麦吸收利用，需要乘上一个土壤养分校正系数。

张掖灌区科学施肥参数研究表明，碱解氮的校正系数在 0.50 左右，有效磷的校正系数在 0.15~0.20，有效钾的校正系数在 0.40~0.50。

3. 小麦肥料的利用率

小麦肥料的利用率受多种因素的影响，在目前的栽培水平下，张掖灌区氮肥的当季利用率一般在 50%，磷肥当季利用率一般为 20%，钾肥的当季利用率一般在 40%。

4. 施肥量

计划春小麦产量为 7 500kg/hm²，尿素平均科学施肥量为 174.21kg/hm²，磷酸二铵平均科学施肥量为 711.63kg/hm²，硫酸钾平均科学施肥量为 184.36kg/hm²。

（三）施肥技术

根据张掖灌区小麦施肥分两次施用，包括底肥和一次追肥，适当将氮肥施用时间后移，可有效提高小麦的产量和品质。

1. 底肥

全部的有机肥（30 000~60 000kg/hm²）、复合肥（或复混肥，提倡使用配方肥或小麦专用肥）以及氮肥的一部分（高产田的 30%、中产田的 70%~80%、低产田的全部）作为底肥一次性施入。施用方法可撒施于地表后结合耕翻，将肥料施入地下 0~20cm 的土层中，以利于发挥肥效。

2. 追肥

由于氮素的积累量在小麦的全生育期中以拔节至孕穗期最多，考虑氮肥利用率低、易挥发、易流失的特点，近年来在小麦施肥中大力推广应用氮肥后移及水肥一体化技术，即把一部分氮肥（高产田的 70%、中产田 20%）做为追肥在拔节至孕穗期追施，施用方法可随水冲施。此外还可用腐殖酸类冲施肥代替氮肥冲施，也可取得较好的效果，后期出现早衰或贪青晚熟现象的麦田，还可以采用叶面喷施的方法补施少量尿素（早衰田）或磷酸二氢钾（贪青晚熟）。此外，还可视土壤中养分丰缺状况决定是否在喷施肥中添加微量元素肥料。

二、啤酒大麦科学施肥技术

（一）施肥特点

啤酒大麦比小麦生育期短，而吸肥能力比小麦差。其栽培要求是：前期争取早发壮苗，争取多穗；中期掌握平稳生长；后期补肥，防早衰，争粒重。因此，啤酒大麦的施肥特点是：施足基肥，绝大部分化肥一次做基肥非常必要。

（二）控制氮肥用量

要想啤酒大麦优质高产，施用氮肥要适量，否则用量过高，会增加蛋白质含量，降低淀粉含量，从而导致品质低劣。据研究，亩产 400kg 的高产啤酒大麦，一般每公顷施氮素 195kg。

（三）氮磷钾肥配合施用

在施用适量氮肥的同时应配施磷钾肥，对提高啤酒大麦的产量和改善品质具有双重作用，不应忽视。西北地区的土壤，氮、磷、钾三者比例为 2.00：0.33：0.81。

（四）施肥量

计划啤酒大麦产量为 6 750kg/hm²，尿素施肥量为 109.57kg/hm²，磷酸二铵施肥量为 556.74kg/hm²，硫酸钾施肥量为 28.36kg/hm²。

（五）叶面施肥

针对啤酒大麦的吸肥特点，在生育后期叶面喷施一次 0.10%~0.20% 磷酸二氢钾，对提高啤酒大麦的产量和改善其品质很有必要。

三、玉米科学施肥技术

（一）需肥特点

1. 不同生长时期玉米对养分的需求特点

（1）玉米各生育时期养分需求比例。玉米从出苗到拔节，吸收氮 2.50%、有效磷 1.12%、速效钾 3.00%；从拔节到开花，吸收氮素 51.15%、有效磷 63.81%、速效钾 97.00%；从开花到成熟，吸收氮 46.35%、有效磷 35.07%。

（2）玉米营养临界期。玉米磷素营养临界期在 3 叶期，一般是种子营养转向土壤营养时期；玉米氮素临界期则比磷稍后，通常在营养生长转向生殖生长的时期。临界期对养分需求并不大，但养分要全面，比例要适宜。这个时期营养元素过多过少或者不平衡，对玉米生长发育都将产生明显不良影响，而且以后无论怎样补充缺乏的营养元素都无济于事。

（3）玉米营养最大效率期。玉米最大效率期在大喇叭口期，这是玉米养分吸收最快最大的时期。这期间玉米需要养分的绝对数量和相对数量都最大，吸收速度也最快，肥料的作用最大，此时肥料施用量适宜，玉米增产效果最明显。

2. 玉米整个生育期内对养分的需求量

玉米生长需要从土壤中吸收多种矿质营养元素，其中以氮素最多，钾次之，磷居第三位。一般每生产 100kg 籽粒需从土壤中吸收纯氮 2.57kg、五氧化二磷 0.86kg、氧化钾 2.14kg。氮、磷、钾比例为 1∶0.33∶0.83。

（二）施肥量

1. 制种玉米施肥量

计划制种玉米产量为 9 000kg/hm²，尿素平均施肥量为 181.17kg/hm²，磷酸二铵平均施肥量为 737.72kg/hm²，硫酸钾平均施肥量为 204.76kg/hm²。

2. 大田玉米施肥量

计划大田玉米产量为 13 500kg/hm²，尿素平均施肥量为 354.78kg/hm²，磷酸二铵平均施肥量为 1 158.37kg/hm²，硫酸钾平均施肥量为 589.96kg/hm²。

3. 鲜食甜玉米施肥量

计划鲜食甜玉米产量为 13 000kg/hm²，尿素平均施肥量为 335.52kg/hm²，磷酸二铵平均施肥量为 1 111.63kg/hm²，硫酸钾平均施肥量为 547.16kg/hm²。

4. 鲜食糯玉米施肥量

计划鲜食糯玉米产量为 11 250kg/hm²，尿素平均施肥量为 268.04kg/hm²，磷酸二铵平均施肥量为 948.04kg/hm²，硫酸钾平均施肥量为 397.36kg/hm²。

5. 微肥施肥量

玉米对锌非常敏感，如果土壤中有效锌少于 0.50~1.05mg/kg，就需要施用锌肥。土壤中锌的有效性在酸性条件下比碱性条件要高，所以现在碱性和石灰性土壤容易缺锌。长期施磷肥的地区，由于磷与锌的拮抗作用，易诱发缺锌，应给予补充。常用锌肥有硫酸锌和氯化锌，基肥用量 45~60kg/hm²，拌种 4~5g/kg，浸种浓度 0.02%~0.05%。

（三）施肥方法

1. 基肥

30 000~45 000kg/hm² 腐熟有机肥、全部磷肥、1/3 氮肥、全部的钾肥做基肥或种肥，可结合犁地旋耕一次施入耕层土壤中。

2. 种肥

种肥是最经济有效的施肥方法。种肥的施用方法多种，如拌种、浸种、条施、穴施等。拌种可选用腐殖酸、生物肥以及微肥，将肥料溶解，喷洒在玉米种子上，边喷边拌，使肥料溶液均匀地沾在种子表面，阴干后播种。浸种是将肥料溶解配成一定浓度，把种子放入溶液中浸泡 12h，阴干后随即播种。化肥适宜条施、穴施，做种肥化肥用量 30~75kg/hm²，但肥料一定与种子隔开；深施肥更好，深度以 10~15cm 为宜。尿素、硝酸铵、碳酸氢铵、氯化铵、氯化钾不宜做种肥。

3. 追施苗肥

玉米定苗后立即将氮肥（配方复合肥）总量的 30%加全部磷、钾、微肥（基肥施过的不再重施）开沟（穴）深施，施过基肥和种肥的可适当推后追施苗肥。

4. 拔节肥

拔节肥也叫攻秆肥，一般在出苗后 30 天左右追施，是促根、壮秆、增穗、增产的关键。如基肥和种肥充足，植株生长旺盛可不追，不足时应适当早追。拔节肥以速效性氮肥为主，底肥磷、钾不足时，可适当配合一些磷、钾肥。拔节肥一般占追肥总量的 20%~30%。

5. 重施穗、粒肥

在玉米大喇叭口期（第 11~12 叶展开）可将剩余全部氮肥（复合肥）总量的 60%~70% 作为攻穗、攻粒肥一次性全部追施。但高产、超高产地块用肥总量大或土壤保肥能力差的地块，也可留出全部施肥量的 10%~20% 专门作为攻粒肥于玉米开花授粉后施用。

四、马铃薯科学施肥技术

（一）营养特性

马铃薯属高淀粉块茎作物，生育期分苗期、块茎形成与增长期、淀粉积累期，在整个生育期中，吸收钾肥最多，氮肥次之，磷肥最少。苗期由于块茎含有丰富的营养物质，故需要养分较少，大约占全生育期的 1/4；块茎形成与增长期，地上部茎叶生长与块茎的膨大同时进行，需肥较多，约占总需肥量的 1/2；淀粉积累期，需要养分较少，约占全生育期的 1/4。可见，块茎形成与增长期的养分供应充足，对提高马铃薯的产量和淀粉含量起重要作用。

马铃薯吸收氮、磷、钾的数量和比例随生育期的不同而变化。苗期是马铃薯的营养生长期，吸收的氮、磷、钾分别为全生育总量的 18%、14%、14%。块茎形成期（孕薯至开花初期），植株营养生长和生殖生长并进，对养分的需求明显增多，吸收的氮、磷、钾已分别占到总量的 35%、30%、29%，而且吸收速度快，此期供肥好坏将影响结薯多少。块茎增长期（开花初期到茎叶衰老期），茎叶生长减慢或停止，主要以块茎生长为主。植株吸收的氮、磷、钾分别占总量的 35%、35%、43%，养分需要量最大，吸收速率仅次于块茎形成期。淀粉积累期，此期茎叶中的养分向块茎转移，茎叶逐渐枯萎，养分吸收减少，植株吸收氮、磷、钾分别占总量的 12%、21%、14%，此时，供应一定的养分，防止茎叶早衰，适当延长绿色体寿命，对块茎的形成与淀粉积累有着重要意义。所以施肥就采用"前促、中控、后保"的施肥原则。

马铃薯生长适应性较强，在张掖灌区海拔 1 450~2 600m 的区域都可以种植，一般生育期为 90~110 天，每生产 100kg 马铃薯块茎，需吸收氮 0.48kg、磷（P_2O_5）0.22kg、钾（K_2O）1.00kg。如果马铃薯目标产量为 37 500kg/hm²，需吸收 N、P_2O_5、K_2O 分别为 180.00kg/hm²、82.50kg/hm²、375.00kg/hm²。氮素能促进茎、叶生长及块茎淀粉、蛋白质的积累。磷素促进植株生育健壮，提高块茎品质和耐贮性，增加淀粉含量和产量。钾素促进马铃薯生长后期的块茎淀粉积累，增进植株抗病和耐寒能力。另外，马铃薯对硼、锌比较敏感，硼有利于薯块膨大，防止龟裂，对提高植株净光合生产率有特殊作用。

（二）施肥技术

1. 重施基肥

马铃薯是块茎作物，喜欢疏松的砂性土壤，要求气候凉爽。基肥用量一般占总施肥量的 2/3 以上，基肥以充分腐熟的农家肥为主，增施一定量的化肥，特别是磷钾化肥做基肥，这样能改善土壤的物理性质，有利于生长和结薯。基肥中氮肥用量约占 50%，基肥的施用方法是在种植前沟施或穴施，深 15cm 左右。化肥要施于离种薯 2~3cm 处，避免与种薯直接接触，施肥后覆土。

2. 及早追肥

追肥要结合马铃薯生长时期进行合理施用。幼苗期要追施氮肥，有利于保苗。马铃薯开花后，一般不进行根际追肥，特别是不能追施氮肥，马铃薯开花后，主要以叶面喷施磷、钾肥，叶面喷施 0.2%~0.3% 的磷酸二氢钾。马铃薯对硼、锌比较敏感，如果土壤缺硼或缺锌，可以用 0.1%~0.3% 的硼砂或硫酸锌根外喷施，一般每隔 7 天喷 1 次，连喷 2 次。马铃薯是喜钾作物，在科学施肥中要特别重视钾肥的施用。同时，不宜施用过多的含氯肥料，如氯化钾，应选用硫酸钾，否则会影响马铃薯品质。

（三）施肥量

计划马铃薯产量为 39t/hm² 时，尿素平均施肥量为 600.00kg/hm²，磷酸二铵平均施肥量为 829.02kg/hm²，硫酸钾平均施肥量为 994.36kg/hm²。

五、棉花科学施肥技术

（一）需肥特性

棉花的生长特点是无限生长，再生能力强，株形可控性强，需肥量大。一般来说，足够的肥料，是棉花高产优质的基础。充足的磷肥能促进棉株健壮生长，增加铃重，提早成熟。钾肥是作物体内多种酶的催化剂，能促进光合作用和纤维素的合成。棉花的生长发育需氮量大于粮食作物，通常每生产 100kg 皮棉，需吸收氮 5.00kg、磷（P_2O_5）1.80kg、钾（K_2O）4.00kg。棉花需肥高峰期在花铃期，氮吸收高峰在始花期至盛花期，磷、钾吸收高峰在盛花期至吐絮期。

（二）施肥技术

棉花全生育期施肥应注重有机肥和无机肥相结合，施足基肥，早施轻施苗肥，巧施蕾肥，重施花铃肥，补施盖顶肥；各营养元素肥料施用应注重"调氮、增钾、补磷、喷硼"八字配方施肥法。具体来说，应抓好以下五项技术措施。

1. 重视农家肥的施用

农家肥能改良土壤，培肥地力。供给作物各种营养元素，并配合施用一定数量的化肥，是对农家肥的补充与增效。在此基础上，施用微肥，会有显著的增效作用。如果农家肥或化肥得不到满足，则微肥的效果也不显著。

2. 调节氮肥比例

农民长期偏施氮肥，其结果不仅造成氮素养分的流失与浪费，而且使氮、磷、钾比例严重失调。根据不同土壤地力，适当调节氮肥使用量（包括有机肥氮素）。

3. 增加钾肥施用量

棉花从出苗到现蕾吸收钾素约占整个生育期总量的24%；现蕾到开花约占42%；开花到成熟约占34%。因此钾肥应基施或现蕾前追施，以利于棉花早期生长，重点满足蕾、花、铃生长发育的需要。后期也可叶面喷施钾肥，补充钾元素。

4. 补充磷肥

磷在土壤中不易移动，且溶解释放缓慢，不易被根系吸收，所以磷肥可作为基肥施用，使其在生育前期发生肥效。生产中，常将氮肥与磷肥混合使用，其肥效大大超过单独施用磷肥。也可在后期根外追肥，用优质磷酸二氢钾等叶面喷施。

5. 喷施硼肥

充足的硼，不但可以促进花器发育，有利于授粉和提高结实率，还可以加速植株体内碳水化合物的运输，增加单桃重和衣分率，所以应在蕾期、初花期、盛花期各进行一次叶面喷施硼肥。

（三）施肥量

计划棉花皮棉产量为 3 750kg/hm^2，尿素平均施肥量为 74.96kg/hm^2，磷酸二铵平均施肥量为 630.11kg/hm^2，硫酸钾平均施肥量为 34.36kg/hm^2。

六、油菜科学施肥技术

（一）施足基肥

油菜植株高大，需肥量多，应重视基肥的施用，基肥不足，幼苗瘦弱，进而影响植株的生长乃至油菜的经济产量。基肥以有机肥为主，化肥为辅，为油菜一生需肥打好基础。

（二）早施苗肥

早施、勤施苗肥，及时供应油菜苗期所需养分，为油菜高产稳产打下基础。苗肥可分苗前期和苗后期两次追肥。苗前期肥在定苗时或5片真叶时施用，在缺磷钾的土壤中，如基肥未施磷钾肥，应补施磷钾肥；苗后期追肥应视苗情和气候而定。

（三）稳施薹肥

油菜薹期是营养生长和生殖生长并进期，植株迅速抽薹、长枝，叶面积增大，花芽大量分化，是需肥最多的时期，也是增枝增荚的关键时期。因此要根据底肥、苗肥的施用情况和长势酌情稳施薹肥。基、苗肥充足，植株生长健壮，可少施或不施薹肥；若基、苗肥不足，有脱肥趋势的应早施薹肥。一般每亩施用高氮复合肥15~20kg。施肥时间一般以抽薹中期，薹高 15~30cm 为好。但长势弱的可在抽薹初期施肥，以免早衰；长势强的可在抽薹后期，薹高 30~50cm 时追施，以免花期疯长而造成郁闭。

（四）巧施花肥

油菜抽薹后边开花边结荚，种子的粒数和粒重与开花后的营养条件关系密切。对于长势旺盛、薹期施肥量大的可以不施或少施；对早熟品种不施，或在始花期少施；花期追肥可以叶面喷施，在开花结荚时期喷施 0.1%~0.2% 的尿素或 0.2% 磷酸二氢钾。另外，可在苗后期、抽薹期各喷施 1 次 0.2% 硼砂水溶液，防止出现"花而不实"的现象，提高产量。

（五）施肥量

计划油菜籽粒产量为 6 300kg/hm²，尿素平均施肥量为 82.83kg/hm²，磷酸二铵平均施肥量为 1 608.37kg/hm²，硫酸钾平均施肥量为 517.96kg/hm²。

第二节　蔬菜科学施肥技术

一、无公害蔬菜科学施肥技术

（一）无公害蔬菜施肥原则

根据不同蔬菜类型和品种、生长发育情况、产量和测定土壤养分含量情况，确定施肥种类和数量。要根据农家肥和化肥的特点，合理搭配施肥。农家肥肥效长，所含养分全面，有微生物活动，可疏松和改善土壤理化性质，具有明显提高蔬菜产量和改善蔬菜品质的作用，发育很好、生育周期短的蔬菜，应少追肥或不追肥；生长发育差、生育期长的蔬菜，应增加追肥次数，多追肥。一般每隔 7~15 天追 1 次，共追 3~5 次。根据不同蔬菜品种和肥料种类，确定不同的施肥方法。

（二）无公害蔬菜施肥方法

1. 多施有机肥

有机肥通过充分发酵，营养丰富，肥效持久，利于吸收，可供蔬菜整个生长发育周期使用。

2. 科学合理施用化肥

根据土壤养分含量测试情况和各种化肥的性能，确定使用化肥的品种、数量和配比。化肥做基肥时最好与农家肥混合使用，因为农家肥有吸附化肥营养元素的能力，可提高肥效。化肥做追肥时尽量采取"少量多次"的施肥方法。化肥的养分含量高，用量不宜过多，否则易出现烧种、烧根、烧苗、烧叶等现象，同时造成浪费和污染，不利于生产无公害蔬菜。根据不同蔬菜类型和品种，确定施用不同化肥品种。如叶菜类需氮较多，可适量施用尿素等；果菜类需磷较多，可多施磷酸二铵、磷酸二氢钾、过磷酸钙等；根茎类需磷、钾肥较多，可多施硫酸钾、磷酸二氢钾、多元复合肥等。

3. 配合多种微量元素，推广叶面追肥

叶面追肥方便简单，省工省时省事，养分全面，吸收养分快，见效快。多种营养元素配合使用，缺什么施什么，有些肥料可以与中性农药混合使用，起到防虫治病同时施肥的多种效应。

4. 提倡结合深翻施基肥

结合深翻施基肥，使土肥充分混合，上下土层混合，把板结土壤粉碎并翻到下层，可以大大减轻表土板结和盐害。

在蔬菜生长中期，选择适宜的专用复合肥，是做到科学施肥的关键。复合肥生产和使用的目的就是满足科学施肥和经济施肥的要求，做到科学施肥。使用复合肥可以节省贮、运、施等环节的费用，做到肥料合理配方，保证增产效果，特别是针对当地土壤养分和农作物品种生产的专用复合肥，效果更好。

（三）降低蔬菜硝酸盐积累的施肥方法

1. 分期施用氮肥

氮肥分期使用，可降低土壤中硝态氮的含量，从而减少蔬菜中硝酸盐的积累。蔬菜特别是叶类蔬菜施用氮肥时要重施基肥轻施追肥，以减少硝酸盐的积累。

2. 正确搭配使用氮、磷、钾肥

磷既影响作物对硝态氮的吸收，也影响作物的生长发育。施用钾素也有利于硝酸盐的还原，从而降低蔬菜尤其是叶类蔬菜因大量施用氮肥而造成的硝酸盐积累。

因此，氮磷钾三要素适宜配比，不但能提高蔬菜的产量，还能使蔬菜中硝酸盐含量达到最低，真正实现无公害生产。

3. 增施有机肥

有机肥养分释放缓慢，适合蔬菜对养分的吸收，土壤中有机质能促进土壤的硝化速度，从而有效地降低土壤中硝态氮的浓度，减少了蔬菜对硝态氮的吸收。此外，有机肥料中含有多种酶类物质，可促进蔬菜生长，从而产生稀释效应，降低硝酸盐含量。

4. 采取适当的施肥方法

在实施化肥、蔬菜专用肥时要深施、早施。深施可以减少养分挥发，一般铵态氮施于 6cm 以下土层，尿素施于 10cm 以下土层，磷钾肥施于 15cm 以下土层，蔬菜专用肥施于 15cm 以下土层。不同类型的蔬菜，硝酸盐的累积程度有很大差异，一般是叶菜高于瓜菜，瓜菜高于果菜。另外，同一种蔬菜在不同气候条件下，硝酸盐含量也有差异，一般高温强光下，硝酸盐积累少。因此，要针对不同情况，采取不同的防御措施，减少硝酸盐积累，使蔬菜达到无公害标准。

二、茄子科学施肥技术

（一）生长特点

茄子喜高温、光照。根系发达，主要分布在 30cm 的表土层中，其再生能力差，木质化较早，不宜多次移栽。根系吸收能力强，喜水肥，不耐干旱，也不耐涝。设施栽培茄子生长期比露地长，要求肥料充足。茄子对土壤的适应性广，砂质土和黏质土均可栽培，适宜土壤 pH 值 6.8~7.2，较耐盐碱。

茄子普通早熟品种从开花到果实成熟需要 20~30 天，生物学成熟则要 50~60 天，中晚熟品种则需要更长的时间。结果期间适温为 25~30℃，17℃以下生长缓慢，35℃以上花器发育不良。对光照要求较强，光饱和点为 4 万 lx，日照时间长时，花芽分化提早，落花率低。适宜的湿度为 60%~70%。

（二）需肥特性

茄子以采收嫩果为食，氮对产量的影响特别明显。氮不足，植株矮小，发育不良。定植到采收结束均需供应氮肥，特别是在生育盛期需要量最大。磷对花芽分化发育有很大影响，如磷不足，则花芽发育迟缓或不发育，或形成不能结实的花。苗期施磷多，可促进发根和定植后的成活，有利植株生长和提高产量。进入果实膨大期和生育盛期，三要素吸收量增多，但对磷的需要量较少。施磷过多易使果皮硬化，影响品质。钾对花芽的发育虽不密切，但如缺钾或少钾，也会延迟花的形成。在茄子生育中期以前，吸收量与氮相似，至果实采收盛期，吸收量明显增多。茄子

张掖灌区农作物科学施肥理论与实践

叶片主脉附近容易退绿变黄，这是缺镁的症状。一到采果期，镁吸收量增加，这时如果镁不足，常发生落叶而影响产量。土壤过湿或氮、钾、钙过多，都会诱发缺镁症。果实表面或叶片网状叶脉褐变产生铁锈的原因，是缺钙或肥料过多引起的锰过剩症，或者是亚硝酸气体引起的危害，这些都会影响同化作用而降低产量。茄子对钙的反应不如番茄敏感。

（三）营养诊断

茄子缺氮症：自下部叶开始，叶色淡绿色到黄色。

茄子缺磷症：自生长初期长势差，下部叶变黄褐色。

茄子缺钾症：下部叶的叶脉间出现淡绿到黄色斑点。

茄子缺锌症：顶部叶的中间隆起、畸形，生长差，茎叶硬。

茄子缺钙症：顶部生长发育受阻，叶脉间变黄褐色，果实容易发生顶腐。

茄子缺铜症：整个叶色淡，上部叶多少有点下垂，出现沿主脉脉间小斑点状失绿的叶。

茄子缺硼症：茎叶发硬，叶硬邦邦的，严重顶叶变黄，生长发育受阻，果实受害显著，近萼部的果皮受害，果实内部变褐，易落果。

茄子缺铁症：幼叶鲜黄色，根也易变黄。

茄子缺锰症：中上部叶的叶脉间产生不明显的黄斑和褐色斑点，易落叶。

茄子缺镁症：沿下部叶的叶脉变黄，叶脉间变黄。

茄子铜过剩：生长受阻，同时上部叶淡绿，根变褐。

茄子锰过剩：下部叶的叶脉呈褐色，沿叶脉发生褐色斑点。

茄子硼过剩：从下部叶的叶脉间发生褐色的坏死小斑点，逐渐往上部叶发展。

茄子锌过剩：生长发育受阻，上部叶易诱发缺铁症。

（四）施肥技术

1. 基肥

腐熟有机肥 60 000kg/hm²，磷酸二铵 375kg/hm²，硫酸钾 300kg/hm²。

2. 苗期施肥

每公顷苗床上施入过筛腐熟有机肥 100t、过磷酸钙 0.50t、硫酸钾 0.35t，叶片发黄缺氮可喷 0.2% 尿素。培育壮苗，促进花芽分化。

3. 定植后追肥

缓苗后，结合浇水施一次腐熟的人粪尿或化肥。第一次花开后幼果期结合浇水，每亩施尿素 10~15kg。门茄膨大后，增加追肥次数，10 天左右追 1 次，直至四门斗茄收获完毕，减少结实较少的间歇周期，促多坐果，防落花，长大果。

（五）施肥量

每生产 100kg 茄子，需吸收氮 0.30kg、五氧化二磷 0.10kg、氧化钾 0.40kg。计划温室茄子产量为 72 000kg/hm²，尿素平均施肥量为 160.61kg/hm²，磷酸二铵平均施肥量为 679.02kg/hm²，硫酸钾平均施肥量为 586.36kg/hm²。

三、辣椒科学施肥技术

辣椒属果菜类，对氮、磷、钾肥料有较高的要求，钾素营养对果实的膨大和提高商品果产量有促进作用，因此钾肥又称辣椒的果实膨大肥，而且还可以提高辣椒红素和维生素 C 的含量。辣椒对磷营养的需要比氮、钾元素要少，但磷肥对辣椒生长发育和果实品质有重要作用。增施磷肥可促进辣椒早开花结果，还可促进辣椒油和辣椒素的合成，使辣椒鲜红发亮，品质提高。所以加工辣椒栽培中，增施磷、钾肥就显得尤为重要。根据辣椒的需肥特性施肥应该主要掌握以下技术环节。

（一）配方施肥

根据土壤营养元素和所种植的作物需要的营养元素，合理施用肥料。现在生产上存在施肥不合理的问题，滥施肥料，破坏土壤结构和污染环境，各地栽植辣椒的土壤营养成分不一样，应该根据土壤检测结果，配方施肥，缺哪种营养元素就增加其施肥量，拒绝滥施肥料。

（二）重施有机肥

有机肥是全营养肥，包含 N、P、K、Ca、Zn 等营养元素，同时也是缓效肥，在作物生长过程中逐渐释放，还兼有改良土壤团粒结构的作用。在栽培过程中，应该重视有机肥的施用。有机肥主要包括腐熟的堆肥、厩肥、沼气肥、绿肥、饼肥及人畜粪等，还包括商品有机肥、微生物肥、有机复合肥等。有机肥既含有机氮、磷、钾，又含无机氮、磷、钾，速效与缓效共存，有利于作物吸收和品质的改善。准备农家有机肥要经过堆沤、发酵、腐熟，方法是将原料（牛粪、鸡粪、猪粪、草木灰等）加入少量过磷酸钙（比例为 5%）充分混合，用 800 倍多菌灵消毒，同时泼上粪水堆好，再用薄膜覆盖严实，覆盖时间越长越好，一般在一个月以上。

（三）增施钾肥，科学施肥

根据辣椒的需肥特点，在栽培中要贯彻增钾、补磷、控钙的施肥原则。每生产 100kg 辣椒需要吸收氮素 0.58kg、磷素 0.11kg、钾素 0.75kg，其吸收顺序为钾>氮>磷。辣椒各生育期的施肥量有差异，幼苗期需氮素较少，适当增施磷肥、钾肥，可促进根系发育，如氮肥施用过多，则容易形成徒长苗，而延迟开花或落花落果。初花期对氮肥的需要量逐渐增加，同时需更多的磷、钾肥，使植株茎秆粗壮，促进开花和果实膨大，提高植株抗病力。在张掖灌区一般每公顷施用腐熟有机肥75 000kg，硫酸钾450kg，磷酸二铵750kg，肥力较差的地块，施肥量还应适当增加。

（四）科学合理的施肥方法

1. 重施基肥

露地栽培将占施肥总量50%的肥料，做为基肥一次性施入栽植行中，如是地膜栽培则应将60%~70%的肥料施入，其中磷肥全部做为基肥施用。基肥应该在定植前7~10天施入土壤中，并与土壤充分拌匀，避免定植时烧根，造成死苗。

2. 合理追肥

追肥应该以腐熟的粪肥为主，配以一定数量的钾肥。地膜覆盖栽培的追肥1~2次，露地栽培的追肥3~4次。在开花结果期间，可用0.2%~0.3%磷酸二氢钾叶面追肥2~3次，可减少落花落果。

（五）施肥量

计划温室辣椒产量为67 500kg/hm²，尿素平均施肥量为904.48kg/hm²，磷酸二铵平均施肥量为703.48kg/hm²，硫酸钾平均施肥量为1 432.36kg/hm²。

四、番茄科学施肥技术

（一）需肥特点

春茬番茄养分吸收主要在中后期，而秋茬番茄则集中在前中期。番茄定植后，各个时期吸收的氮、钾量均大于吸磷量。春秋茬番茄苗期对养分的吸收量较少，秋茬养分吸收比例比春茬高。定植后20~40天，秋茬的吸收量明显高于春茬，且吸钾量较高。盛果期，春茬番茄对养分的吸收量达到高峰，而秋茬对养分吸收的速率下降。在生育末期，春茬吸收氮、磷、钾的量高于秋茬。

（二）科学施肥技术

中等肥力水平下番茄农家肥施肥量为75 000kg/hm²。氮、钾肥分基肥和3次追肥施用，施肥比例为2:3:3:2，磷肥全部做基肥，化肥和农家肥混合施用。

1. 基肥

施用农家肥52 500kg/hm²、尿素300kg/hm²、磷酸二铵450kg/hm²、硫酸钾225kg/hm²。

2. 追肥

第一穗果膨大期施尿素 300kg/hm²，硫酸钾 270kg/hm²；第二穗果膨大期施尿素 450kg/hm²、硫酸钾 300kg/hm²；第三穗果膨大期亩施尿素 300kg/hm²、硫酸钾 225kg/hm²。

3. 根外追肥

第一穗果至第三穗果膨大期，叶面喷施 0.3%~0.5% 的尿素或磷酸二氢钾或 0.4%~0.6% 的硝酸钙水溶液或微量元素肥料 2~3 次。

（三）施肥量

计划温室番茄产量为 90 000kg/hm²，尿素平均施肥量为 1 350kg/hm²，磷酸二铵平均施肥量为 2 250kg/hm²，硫酸钾平均施肥量为 1 236.00kg/hm²。

五、黄瓜科学施肥技术

（一）生长需肥量

每生产 100kg 黄瓜需要吸收氮素 0.40kg、磷素 0.35kg、钾素 0.55kg，其吸收顺序为钾>氮>磷。从定植到收获，单株养分吸收量是氮 5~7g、磷 1~1.5g、钾 6~8g、钙 3~4g、镁 1~1.2g。氮、磷、钾在收获初期偏高，随着生育期的延长，其含量下降；钙和镁则是随着生育期的延长而增加。

肥料的吸收与栽培方式有关，生育期长的春早熟保护地黄瓜比生育期短和秋延后栽培黄瓜吸收养分量高。另外，秋延后栽培黄瓜，前期产量高，养分的吸收主要在前期，因而施足底肥是栽培的关键。

（二）科学施肥技术

1. 苗期施肥

苗床营养土配制，未种过瓜的菜园土 4 份、河泥 2 份，腐熟厩肥 3 份、草木灰 1 份，加入占总量 2% 的过磷酸钙，充分均匀即可。如发现苗期缺肥，在每 1 000L 水中加入硝酸钾 810g、硝酸钙 950g、硫酸铵 500g、磷酸二氢钾 350g、三氯化铁 20g，喷洒在叶面上，有利于培育壮苗。

2. 施足底肥

一般施腐熟有机肥 60~75t/hm²，磷酸二铵 0.30~0.45t/hm²。

3. 冲肥追肥

（1）黄瓜定植后到坐瓜前，一般都是浇清水，不带肥，因为底肥使用充足，完全可以供应黄瓜苗期生长。待瓜条坐住，长至 10~15cm 的时候，浇水时要带肥，并且开始进入正常浇水冲肥阶段。

（2）生长后期，温度较低，放弃施用化学肥料，而选用一些有机冲施肥。在早春茬种植的黄瓜，进入结瓜盛期以后，要有机肥混合化学肥料一起冲施，这样才能达到高产的目的。

4. 喷施叶面肥

叶面施肥要遵循缺什么补什么的原则进行，在植株生长过程中做到及时补充。在施用叶面肥时主要注意以下五点。

（1）含有大量激素的叶面肥要慎用，叶肥中含有大量的激素会造成植株早衰，造成植株后期产量降低，品质下降。

（2）叶面肥的使用一般都是在结瓜盛期，前期养分较充足。而在结瓜后，生殖生长旺盛，所需肥料较大，况且在此阶段，气温较低，根系活动较差，吸收养分能力降低，为满足正常结瓜需要，叶面喷施肥料能补充植株所需要的养分。

（3）要密切注意黄瓜叶片的变化，及时补充钙、铁、锌、硼等元素，防止缺素症的发生。

（4）在深冬时节出现生长点停滞的情况，要及时喷施爱多收等药剂，促进黄瓜生长正常。

（5）在黄瓜生长中后期出现植株长势弱的情况，及时喷施肥料，防治植株早衰。

5. 增施二氧化碳气肥

在大棚、温室内每日清晨日出后半小时施放二氧化碳 1 500mg/L，有利于增强植株光合效率，提高总体产量。

（三）施肥量

计划温室黄瓜产量为 97 500kg/hm^2，尿素施肥量约为 1 800kg/hm^2，磷酸二铵施肥量约为 2 400kg/hm^2，硫酸钾施肥量约为 1 576.36kg/hm^2。

六、西葫芦科学施肥技术

（一）生长特性

西葫芦根系强大，耐低温和弱光的能力强，具有较强的吸水力和抗旱能力，同时对土壤的要求也不太严格，在沙土、壤土或黏土上均可很好地生长，而且产量高，病害相对较轻、采瓜期长，效益高。

（二）需肥规律

需肥量较大，生产 100kg 商品瓜，需肥折合氮 0.35kg、五氧化二磷 0.09kg、氧化钾 0.42kg。

（三）施肥要点

西葫芦的施肥应以有机肥为主，肥料配合上必须注意磷钾肥的供给，特别是结瓜期必须有足够的磷钾肥。

1. 重施基肥

西葫芦茬栽培，为防止冬季低温追肥不及时发生脱肥，应施足底肥，在没有前茬作物占地的情况下，整地前浇透水。当土壤适耕时撒施优质腐熟有机肥 75.00t/hm²、磷酸二铵 0.60t/hm²、尿素 0.45t/hm²、硫酸钾 0.50t/hm²，深翻 30cm，施肥后闭棚升温烤地 5~7 天后再定植，也可用硫黄或百菌清烟雾熏剂熏蒸，灭菌效果也很好。

2. 巧施追肥

缓苗后及时浇水，结合浇水可随水冲施尿素 0.15t/hm²，后控水蹲苗。进入结瓜期，也是冬季气温较低、不利瓜秧生长时期，此期营养生长和生殖生长同时进行，协调好二者关系，科学施肥是关键，当根瓜开始膨大时结合浇水进行第二次追肥，追磷酸二铵 0.30t/hm²、尿素 0.50t/hm²、硫酸钾 0.60t/hm²。追肥时将肥料先溶于水再随水灌于地膜下的暗沟中。灌水后封严地膜加强放风排湿。进入盛果期，肥水管理非常重要。西葫芦采收频率高，15 天左右追肥 1 次，每次随水冲施尿素 0.45t/hm²，同时叶面交替喷施 0.1% 尿素。

除以上施肥外，应特别注重施用二氧化碳气肥，一般择晴天上午日出后半小时左右，温度升到 15℃ 时，开施 CO_2 气肥，浓度为 1 000~1 300mg/L，3~5 天 1 次，每次 2h，可提高坐果率，延长结果期。

（四）施肥量

计划温室西葫芦产量为 90 000kg/hm²，尿素施肥量约为 2 250kg/hm²，磷酸二铵施肥量约为 2 100kg/hm²，硫酸钾施肥量约为 1 875kg/hm²。

七、芹菜科学施肥技术

（一）营养特性

芹菜是以柔嫩的叶柄或茎食用。芹菜种植密度大，且生长快，对肥水要求高。据研究每生产 100kg 芹菜（鲜菜），其养分吸收量为氮 0.16kg、磷 0.08kg、钾 0.42kg。氮主要影响芹菜叶柄的长度和叶数，氮素不足时显著影响叶片的分化，叶柄老化中空；磷对芹菜的品质有较大影响，但磷过多时会使叶片细长和纤维增多；钾不仅促进养分运转，还能促使叶柄粗壮而充实，光泽性好，有利提高产量与改善品质。

芹菜的生长前期以发棵长叶为主，进入生长的中后期则以伸长叶柄和叶柄增粗为主。芹菜在其生长期中吸收的养分是随着生长量的增加而增加的。芹菜在其生长前期吸收氮、磷养分为主，以促进根系发达和叶片的生长，到生长中期（4~5叶到8~9叶期）养分吸收由氮、磷为主逐渐转入以氮、钾为主，促进心叶发育。随着生育天数的增加，氮、磷、钾吸收量迅速增加，在芹菜生长最盛期（8~9叶到11~12叶期）也是养分吸收最多的时期。芹菜对钙、镁、硼的需要量也很大。在缺硼的土壤或由于干旱低温条件抑制芹菜对硼吸收时，芹菜叶柄易发生横裂等病症，芹菜缺钙易引起心腐病，从而影响芹菜的品质。

（二）施肥技术

芹菜施肥有苗床施肥和本田施肥。由于芹菜苗龄较长，为培育壮苗，苗床施肥应在有机肥基础上，施尿素 $0.25t/hm^2$、磷酸二铵 $0.36t/hm^2$、硫酸钾 $0.15t/hm^2$，出苗后根据苗的长势在中后期追施适量氮肥。

本田施肥分基肥和追肥。芹菜定植前要施足基肥，在施用优质有机肥 $75t/hm^2$ 基础上，施尿素 $0.22t/hm^2$、磷酸二铵 $0.45t/hm^2$、硫酸钾 $0.25t/hm^2$。定植缓苗后的生长初期，发育缓慢，养分吸收量少，可以不施肥。到植株长出 5~6 片叶时进入生长盛期，进行第 1 次追肥，施尿素 $0.25t/hm^2$；相隔 15~20 天后植株长出 8~9 片叶时，进行第 2 次追肥；在旺盛生长期，还可以进行叶面追肥，如喷施 0.5% 尿素溶液，或 0.2% 的硝酸钾溶液；秋季干旱容易缺硼，可以用 0.2%~0.5% 的硼砂溶液喷施，防止叶柄粗糙和龟裂。

（三）施肥量

计划芹菜产量为 $112\ 500kg/hm^2$，尿素平均施肥量为 $1\ 800kg/hm^2$，磷酸二铵平均施肥量为 $900kg/hm^2$，硫酸钾平均施肥量为 $1\ 324.36kg/hm^2$。

第三节　果树科学施肥技术

一、果树需肥特点与肥料施用

（一）幼年果树的需肥特点与施肥

幼年果树管理的主要目标是搭好骨架，扩大树冠，建立强大的支撑根系，为以后高产奠定基础。在幼树期，充足的氮素供应对树体生长十分有利；供给较多的磷元素，对幼树根系生长发育作用重大，有助于幼树形成强大的根系；幼年果树的需钾量比结果期果树要少，但适量的钾素供应还是必要的。

幼年果树一年以施 3 次肥料为宜。第 1 次在萌芽前，施用高氮中磷低钾型复合肥，施用量 0.60t/hm²。第 2 次在 5 月下旬至 6 月上旬施用（根系第 2 次生长高峰期），施用高氮中磷中钾型复合肥，施用量 1.50t/hm²。第 3 次是在 8 月下旬左右施肥（根系第 3 次生长高峰期），施用氮、磷、钾比例相等（土壤速效钾含量较低的果园）或者高氮高磷中钾型比例的肥料，施用量 1.20t/hm²。

（二）进入结果期果树的需肥特点与施肥

果树进入结果期以后，对各种养分的需求数量逐年增多，到盛果期吸收各种养分的数量达到了高峰。果树对钾和氮的吸收数量最多，对磷的吸收数量相对较少；对钙、镁、硫、硼、锌、铁等微量元素的吸收数量比常规作物都多。在一年中，从果树萌芽到春梢生长，是吸收氮素的第 1 个高峰期；从幼果期到果实膨大期，果树吸收氮素的数量也较多；果实采收以后到果树落叶，吸收氮素的数量在三元素中为最多。果树吸收钾元素的最多时期是幼果到果实膨大期。果树对磷元素的吸收在一年中比较平稳，果实膨大期相对较多。

适期适量施肥，是强壮树势、提高产量和品质的重要措施。生产中，有很多果园因施肥不当，造成树势衰弱、产量出现"大小年"现象。果树一年中，需要施用 3~4 次肥料。施肥种类和用量，应以树势强弱、计划产量、土壤养分含量等因素为主要依据。

在早熟品种果实采收后、晚熟品种果实成熟后，应抓紧时间施用底肥。此时是恢复树势、纠正生理缺素症的最佳时期。根据此时果树的需肥特点和肥料特性，应该施用有机肥料和氮、磷、钾化肥；有缺素症的果园，还要有针对性的施用微量元素肥料。并且，还应根据树势强弱，调整好氮、磷、钾肥比例。对树势较弱的果园，适当调高氮肥施用比例。一般情况下，施用腐熟的有机肥 75t/hm²、尿素 0.75t/hm²、普钙 3.00t/hm²、硫酸钾 0.60t/hm²。在果树萌芽前，应进行第 1 次追肥。此时应追施氮素为主的肥料，每亩追施尿素 0.60t/hm²。在幼果期，应进行第 2 次追肥，此时应追施含氮、磷、钾的复合肥料。在果实膨大期，应进行第 3 次追肥，此时应追施高氮、高钾、低磷型复合肥料。

（三）果树正确的施肥方法

1. 条状沟施法

在树冠垂直投影的外缘，与树行同方向挖条形沟，沟宽 20~40cm，沟深 40~50cm。施肥时，先将肥料与土混匀后回填入沟中，距地表 10cm 的土中不施肥。通过挖沟，既将肥料施入深层土壤中，有利于肥料效果的发挥，又能使挖沟部位的土壤疏松。随着树冠扩大，挖沟部位逐年外扩，果园大面积土壤结构得到改善。这种施肥方法适宜在秋季施底肥时采用。

张掖灌区农作物科学施肥理论与实践

2. 环状沟施肥

以树干为中心，在树冠垂直投影外缘挖环形沟，沟宽 20～40cm，沟深 40～50cm。将肥料与土混匀后填入沟中，距地表 10cm 土中不施肥。秋季施底肥时适宜采用这种方法。

3. 放射状沟施法

以树冠垂直投影外缘为沟长的中心，以树干为轴，每棵树呈放射形挖 4～6 条沟，沟长 60～80cm；沟宽呈楔形，里窄外宽，里宽 20cm，外宽 40cm；沟底部呈斜坡，里浅外深，里深 20～30cm，外深 40～50cm。

4. 穴施法

沿树冠垂直投影外缘挖穴，每株树挖 8～12 个穴，穴深 20～30cm。肥料必须与土混匀后填入穴中。

二、目前果树施肥中存在的主要问题

1. 盲目选用肥料的现象比较普遍

盲目选用肥料的主要表现：一是所施肥料中的养分比例与果树生育阶段的需肥特点不符合，不仅满足不了果树阶段性的需肥要求，还造成肥料浪费。二是为省事，不结合实际的滥用冲施肥，造成根系上浮、树势渐衰、果实品质变劣等问题。三是图便宜，选购价格低的肥料，忽视了所购肥料中的养分含量、比例能否满足果树需求。四是随大流，人家买什么肥料咱就买什么肥料，忽视了所购肥料中的养分比例是否与本园果树长势相匹配。

2. 多数果园施肥次数少

有些果园一年只施一次肥料，忽视了肥料的基本特性，造成果树阶段性营养缺乏问题，导致树势偏弱，抗病虫害能力差。

3. 施肥量不足

多数果园的肥料用量偏少，使果园土壤中养分含量年渐贫瘠。

4. 忽视了微量元素的补充

只重视大量元素肥料的施用，忽视微量元素肥料的施用，果树缺素症问题年渐明显，如缺锌、缺硼、缺铁、缺钙等。

5. 施肥方法不合理

多数果园施肥方法不正确，造成肥料利用率低，甚至有些果园造成肥害现象。表现在肥料施的浅、集中施肥、施肥部位不合理等方面。

6. 普遍不重视果园土壤管理工作

果园中由于有机肥施用量少，果园土壤紧实，固、气、液三相比例失调等问题，不利于微生物活动，不利于土壤中难溶性和有机态养分的分解、转化，极易造成果树缺素症；也不利于果树根系发育，主要表现在根数少、根短，难以吸收深层土壤中的水分和养分，果树耐旱耐寒能力差；还极易诱发根腐病的发生。由于不重视通过深施肥来疏松果园土壤，使耕层土壤中养分过剩，下层土壤中养分贫乏，造成根系上浮；忽视了对不良土壤的改良，如黏质土的改良，使土壤中潜在养分不能很好利用，也不利于果树根系的伸展。

第四节　施肥与生态环境和食品安全

一、施肥与环境

（一）过量施肥对土壤、水体与大气环境的影响

1. 对土壤环境的影响

施肥对土壤的污染主要表现在重金属、氟、放射性元素等对土壤的污染；农膜对土壤结构和长期偏施某种化肥对土壤物理、化学和生物学性质的不良影响。

（1）土壤化学污染。土壤化学污染是指施肥带入的化学物质产生的对土壤性质和土壤肥力的影响。土壤化学污染对土壤环境的影响，使土壤变酸或变碱，增加有毒有害元素的含量，促进有毒元素的活化，影响作物营养元素的吸收和代谢。

（2）土壤生物污染。土壤生物污染是指施肥带入土壤的对作物和人体有害的微生物、寄生虫病原体等生物污染源引起土壤的污染，并对人体健康产生的不良影响。

（3）土壤的物理污染。土壤物理污染是指施用肥料导致的土壤物理性质的改变，降低土壤保水、保肥能力，使土壤肥力下降。

（4）土壤物理污染的来源及对土壤的影响。碎玻璃、旧金属片、煤渣等，使土壤碴砾化，降低土壤的保水、保肥能力；塑料薄膜，降低土壤水分的移动、存储及作物对水分的吸收和利用；硫酸钾、氯化钾过量，使土壤板结。

2. 过量施肥对水体环境的影响

（1）施肥与水体富营养化。水体的富营养化是指湖泊、水库水体内的氮、磷的营养元素的富集，导致某些藻类异常增加，致使水体透明度下降、溶解氧降低、水生生物大批死亡、水体腥臭的现象。水体中氮、磷营养物质的主要来源有城乡生活污水、施肥和土壤水的渗漏。

（2）施肥与地下水污染。磷在淋溶过程中与土壤中的 Ca^{2+}、Fe^{3+}、Al^{3+} 等作用而沉淀于土层中，因而较少进入地下水。当土壤中有效磷超过 60mg/kg 时，磷的淋失呈线性增加趋势；有机质含量越高，土壤中磷的淋失量越大。氮肥施用量与

NO_3^-的淋失量呈正相关。

3. 过量施肥对大气环境的影响

过量施肥产生的大气污染主要表现在对温室效应的促进作用，对臭氧层的破坏以及酸雨的影响。造成温室效应的主要气体是二氧化碳、甲烷、氧化亚氮、一氧化氮。施用无机氮肥和有机氮肥产生的 N_2O 占年排放总量的 60%，世界土壤中有机碳 800 亿 t 分解后向大气排放 CO_2，施用有机肥可增加 CH_4 的排放量。温室效应产生会对平均气温升高，蒸发量增大，冰山、积雪融化，N_2O 对臭氧层的破坏，形成酸雨等产生一定影响。

（二）施肥对环境影响的防治对策与措施

1. 宏观管理方面

（1）调整肥料结构。在农田施肥中首先要强调有机与无机配合施用，大量元素与微量元素配合施用。

（2）调整肥料投向，发挥肥料效益。不同区域土壤状况不一样，应根据具体的土壤状况和作物生长实际进行合理施肥。

（3）加强土壤管理。主要包括土壤水肥管理、土壤耕作管理体制、灌溉与排水等。

2. 农业技术方面

（1）合理施肥，改进施肥技术，确定最佳施肥量。

（2）严格执行科学施肥制度。确定最佳的施肥量、营养元素比例、肥料形态、施肥时间及方法。

（3）发展节肥施肥技术，提高肥料利用率。大力发展叶面喷施肥、长效缓释肥，减少肥料的流失机会。

（4）在轮作中采用作物密植技术。广泛利用填闲作物，其中包括饲料作物和绿肥作物。

（5）采用防止水蚀和风蚀综合措施。在坡地上建立农田冲沟和河床防护林带，大于 25°坡耕地退耕还林还草。

3. 肥料生产方面

（1）开发肥料新品种。发展长效缓释、控释肥料，取代低浓度、利用率低、损失大的肥料品种，减少养分释放过程中直接或间接对环境的污染和生态破坏。

（2）加强管理，提高化肥质量。加强肥料的生产管理，选用优质肥料生产原料，防止重金属等有毒有害物质超标，导致不合格肥料产品上市。

（3）严格执行垃圾堆肥和污泥农用的相关标准。严禁以环境保护为由，放松了对垃圾堆肥和污泥农用这两类有机肥的施用标准。

二、施肥与品质

（一）施肥与农产品品质

农产品质量通常包括营养品质、商品品质和卫生品质三方面。传统的农产品质量的含义多指农产品的营养品质，具体地说，是农产品的碳水化合物、蛋白质、必需氨基酸、脂肪、膳食纤维、维生素及矿物质等的含量。合理施肥是纠正土壤养分失衡最有效的措施，更是解决因土壤养分失衡导致农产品品质变劣问题的关键。

1. 氮肥与农产品品质的关系

氮肥对农产品品质的影响主要是通过提高农产品中蛋白质含量来实现的。施用氮肥增加了籽粒中谷蛋白的含量，因而提高烘烤质量；增加作物叶绿素、胡萝卜素、维生素 B_1、维生素 C、草酸、氰氢酸的含量。

在施用适量氮素范围内，农产品中蛋白质随施氮量的增加而增加；超量施用氮素时，硝酸盐在叶片中积累，硝酸盐在还原条件下易形成亚硝酸盐，亚硝酸和仲胺形成亚硝胺。

2. 磷肥与农产品品质的关系

磷对植物体内许多重要组分的形成有重要作用，对植物生长发育和品质提高都有重要作用。增加磷的供应可以增加植物的粗蛋白含量，特别是增加必需氨基酸的含量。合理供应磷可以使植物的淀粉和糖含量达到正常水平，并可增加多种维生素含量。

适量施用磷肥，绿色作物的粗蛋白、必需氨基酸、碳水化合物、维生素增加，而烟草中的烟碱含量和叶片中的草酸含量下降。

3. 钾肥与农产品品质的关系

钾通常被称为"品质元素"。钾可以活化植物体内的一系列酶系统，改善碳水化合物代谢，并能提高植物的抗逆能力，合理的钾素营养可以增加产品中碳水化合物含量，合理的钾素营养可以增加某些维生素含量，改善水果、蔬菜作物的品质。

适量施用钾肥，可增加绿色作物的糖、淀粉、粗纤维和维生素 A、维生素 B、维生素 C，降低有害的草酸含量等。施用钾肥能增加马铃薯块茎中的粗蛋白、淀粉含量和产量，对减少马铃薯的"黑斑病"有良好作用；对改善烟叶品质尤为重要。

4. 中微量元素与农产品品质的关系

中微量元素营养状况的好坏对农产品品质有重要影响。如缺钙时，苹果患苦痘病和痘斑病，花生空壳率提高。缺硫时，一些必需氨基酸无法形成，而降低蛋白质含量与质量。缺硫会使芥菜、洋葱口味变差。缺铜时不利于谷类作物籽实的灌浆和形成，导致小粒、瘪粒增加。缺铜还影响花椰菜花序的形成与外观。

（二）施肥与食品安全

1. 农产品污染的主要物质

农产品污染的主要物质是硝酸盐、亚硝酸盐、重金属离子、生物、农药污染。

2. AA 级与 A 级农产品施肥标准

（1）绿色食品 AA 级（1 级）施肥标准。不准施用人工合成的肥料，只能施用有机肥料和部分天然矿质肥料。

（2）绿色食品 A 级（2 级）施肥标准。可以限量施用尿酸和磷酸二铵，禁止施用硝态氮肥。

3. 无公害农产品

（1）概念。无公害农产品是指在具备良好生态环境的产地，采用安全的生产资料和生产技术，经专门机构认定，允许使用无公害农产品标志的安全、优质、营养的农产品及其加工品。

（2）特点。生产产品必须符合国家规定的卫生标准，生产环境必须无污染；以无公害农药和有机肥为主，可使用少量农药和化肥，但必须保证农产品达到国家规定的标准；无公害农产品必须优质。

（3）对肥料要求。肥料质量必须符合国家标准；肥料中不得含有对作物品质和土壤环境有害的成分；商品肥料必须获得国家农业部登记证；农家自积的有机肥料必须高温腐熟发酵。

（4）允许施用的肥料。有机肥料有粪尿肥、堆沤肥、绿肥、饼肥、腐殖酸类肥料、秸秆、沼气肥、草木灰等；无机肥料有硫酸铵、碳酸氢铵、尿素、过磷酸钙、重过磷酸钙、硫酸钾、硼砂、硼酸、硫酸锌、硫酸锰、硫酸亚铁、硫酸铜、钼酸铵、磷酸二铵、磷酸二氢钾；有机无机肥料有是一种既含有机质又含适量化肥的复混肥；微生物肥料有固氮菌肥、根瘤菌肥、磷细菌肥、钾细菌肥。

（5）禁止施用的肥料。激素、城市生活垃圾、污泥、工业废渣、医院的粪便垃圾等。

（6）限量施用的肥料。含氯化肥和含硝态氮化肥。

（三）提高农产品品质和保证食品安全的对策与措施

1. 坚持施肥对作物主要品质的调控

应根据栽培目的和食用要求，以调控某些主要品质进行施肥。

2. 加速发展专用复合肥，促进作物品质的普遍提高

在发展优质复合肥的基础上，大力发展优质高产专用复合肥，使科学施肥技术物化，促进作物品质的普遍提高和高产优质。

3. 建立调控作物多项品质指标的优化施肥模式

采用最优化技术广泛深入研究主要作物各种品质指标与施肥量比之间的复合函数关系，确定出优质高产最佳施肥量，定向调控和提高作物品质。

4. 深入开展施肥对作物矿质品质影响的研究

植物体内的必需营养元素中，除硼外其余均为动物和人体所必需。人类当今的食品中必需矿质元素较缺少。

5. 加强施肥与综合农艺措施组合对作物品质影响的研究

生产实践中肥料对作物品质的影响是在一定的栽培条件下产生的，这方面近年来对稻、麦研究较多，但其他主要作物涉及甚少。

6. 严格执行农产品质量标准的肥料农用标准，保证食品安全和人体健康

7. 从农业生产措施上保证食品安全

三、作物营养与人体健康

人类生存需要的营养物质主要有两大类，即有机物和矿物质。这些物质由植物、动物和天然物质提供。作物营养品质和卫生品质比外观品质更为复杂和重要。在作物营养品质中，蛋白质和各种必需氨基酸、脂肪、碳水化合物、维生素及各种矿物质，是人类营养和维持生命活动不可缺少的物质。

（一）中微量元素对人体健康的影响

1. 人体缺钙——诱发高血压

2. 人体缺硒——诱发克山病

3. 人体缺锌——智力发育不良

4. 人体缺铁——诱发贫血病

（二）氟和硝酸盐对人体健康的危害

1. 氟对人体健康的危害

氟对人体的毒害机理主要是影响钙和磷的正常代谢，抑制酶的活化过程，破坏原生质的结构，影响中枢神经系统的活力。

2. 硝酸盐对人体的危害

硝酸盐在人体内还原为亚硝酸盐，与仲胺结合形成次亚级硝胺，是强致癌物质（食道癌、鼻咽癌、胃癌、肝癌等）。

第十章 张掖灌区不同种植区土壤理化性质变化特征

第一节 样品采集区概况与研究方法

一、样品采集区概况和样品采集方法

(一) 样品采集区概况

甘肃省张掖灌区主要农作物种植区域，海拔高度 1 351~2 850m，采样区域是张掖市甘州区、临泽县、高台县、民乐县和山丹县，采样基地全年日照时数 2 964~3 194h，年平均气温 7.3~7.6℃，≥10℃ 的活动积温 2 450~3 400℃，太阳总辐射量 148.42kcal/cm²，无霜期 130~165 天，年降水量 116~200mm，蒸发量 1 850~2 200mm。

(二) 样品采集方法

2018 年 9 月 30 日至 10 月 30 日，在张掖市甘州区、临泽县、高台县、民乐县和山丹县海拔高度 1 351~2 850m 的灌溉区域，按海拔高度升高 100m 为一个样品采集区，共确定 48 个样品采集区，覆盖面积为 15.99hm²，每个样品采集区按 S 形布点，设置 3 个样点，每个采样点代表面积为 1.11hm²，采用传统样品采集方法，每个样点采集耕层 0~20cm 土样 3kg，用四分法留 1kg 土样放在阴凉干燥处风干，保存在塑料瓶中供化验分析用（土壤容重用环刀采集原状土）。样品采集点基本情况见表 10-1。

表 10-1 张掖灌区不同种植区土壤样品采样点基本情况

编号	采样地点	土壤类型	海拔高度（m）	编号	采样地点	土壤类型	海拔高度（m）
001	甘州区长安乡五座桥	暗灌漠土	1 510	004	甘州区甘俊镇工联村	灰灌漠土	1 560
002	甘州区明永乡燎原村	灰灌漠土	1 450	005	甘州区大满镇陈西闸	灌漠土	1 534
003	甘州区沙井镇沙井村	灰灌漠土	1 451	006	甘州区大满镇大沟村	灌漠土	1 612

（续表）

编号	采样地点	土壤类型	海拔高度（m）	编号	采样地点	土壤类型	海拔高度（m）
007	甘州区靖安乡上堡村	盐化潮土	1 434	028	高台县南华镇成号村	盐化潮土	1 357
008	甘州区小河镇三道桥	灌漠土	1 459	029	高台县骆驼城乡健康村	盐化潮土	1 368
009	甘州区沙井镇八庙村	灰灌漠土	1 457	030	高台县新坝乡新沟村	灰灌漠土	1 867
010	甘州区平原堡镇	灰灌漠土	1 463	031	高台县新坝乡下坝村	灰灌漠土	1 780
011	甘州区乌江镇东湖村	盐化潮土	1 426	032	高台县宣化镇王马湾村	灌漠土	1 430
012	临泽县倪家营下营村	灰灌漠土	1 538	033	民乐县六坝镇六坝村	灰灌漠土	1 764
013	临泽县倪家营上营村	灰灌漠土	1 604	034	民乐县六坝镇六坝村	耕种灰漠土	1 764
014	临泽县倪家营	灰灌漠土	1 653	035	民乐县洪水镇益民村	耕种灰钙土	2 201
015	临泽县板桥镇板桥村	灰灌漠土	1 398	036	民乐县洪水镇吴家庄村	耕种灰钙土	2 198
016	临泽县鸭暖乡昭武村	盐化潮土	1 396	037	民乐县永固镇西村子村	耕种栗钙土	2 850
017	临泽县沙河镇兰家堡	灌漠土	1 450	038	民乐县永固镇高家庄村	耕种栗钙土	2 846
018	临泽县沙河镇沙河村	暗灌漠土	1 430	039	民乐县新天镇王什村	耕种灰钙土	2 120
019	临泽县沙河镇汪庄村	灰灌漠土	1 460	040	民乐县新天镇马均村	耕种灰钙土	2 150
020	临泽县沙河镇西关村	灰灌漠土	1 450	041	民乐县南丰乡马营墩村	耕种栗钙土	2 845
021	临泽县平川镇黄一村	灰灌漠土	1 456	042	山丹县霍城镇西坡村	耕种灰钙土	2 330
022	临泽县平川镇三里墩	暗灌漠土	1 451	043	山丹县霍城镇双湖村	耕种灰钙土	2 350
023	临泽县平川镇单家庄	暗灌漠土	1 468	044	山丹县霍城镇泉头村	耕种灰钙土	2 300
024	临泽县平川镇贾家墩	灰灌漠土	1 459	045	山丹县老军乡老军村	耕种栗钙土	2 480
025	高台县南华镇小海子村	潮土	1 440	046	山丹县老军乡祝庄村	耕种栗钙土	2 450
026	高台县黑泉镇定平村	盐化潮土	1 362	047	山丹县老军乡孙庄村	耕种栗钙土	2 500
027	高台县合黎乡六三村	盐化潮土	1 351	048	山丹县老军乡丰城村	耕种栗钙土	2 430

二、样品测定方法和数据处理方法

（一）测定项目及方法

土壤容重测定采用环刀法；总孔隙度测定采用计算法；自然含水量测定采用烘干法；pH 值测定采用电位法（5∶1 水土比浸提）；全盐测定采用电导法测定，即在室内将分析纯氯化钠配制为 0.01%、0.05%、0.10%、0.15%、0.20%、0.25%、0.30%、0.35%、0.40%、0.45%、0.50%、0.55%、0.60%、0.65%、0.70%、

张掖灌区农作物科学施肥理论与实践

0.75%、0.80%、0.85%、0.90%、1.00%系列浓度，用 DDS-11 型电导仪测定电导率，以盐浓度为纵坐标，电导率为横坐标，绘制标准曲线，将测定的样品电导率在标准曲线查得盐浓度，再乘样品稀释倍数得到样品全盐含量；土壤有机质测定采用重铬酸钾容量法；碱解氮测定采用扩散法；有效磷测定采用碳酸氢钠浸提—钼锑抗比色法；速效钾测定采用火焰光度计法；土壤供碳量（t/hm²）按公式（土壤供碳量=土壤有机碳测定值×2.25）求得；土壤有机碳（g/kg）按公式（土壤有机碳=土壤有机质测定值÷1.724）求得；总需氮（N）量（kg/hm²）按公式［总需氮（N）量=计划目标产量×形成 100kg 经济产量作物吸收 N 的量］求得；总需磷（P_2O_5）量（kg/hm²）按公式［总需磷（P_2O_5）量=计划目标产量×形成 100kg 经济产量作物吸收 P_2O_5 的量］求得；总需钾（K_2O）量（kg/hm²）按公式［总需钾（K_2O）量=计划目标产量×形成 100kg 经济产量作物吸收 K_2O 的量］求得；土壤供氮量（kg/hm²）按公式［土壤供氮量=土壤碱解氮（N）测定值×2.25×土壤氮素利用系数 0.50］求得；土壤供磷量（kg/hm²）按公式［土壤供磷量=土壤有效磷（P_2O_5）测定值×2.25×土壤磷素利用系数 0.15］求得；土壤供钾量（kg/hm²）按公式［土壤供钾量=土壤速效钾（K_2O）测定值×2.25×土壤钾素利用系数 0.50］求得；土壤有机碳储量（t/hm²）按公式［土壤有机碳储量（t/hm²）= 土壤有机碳密度×10 000］求得；土壤供盐量（t/hm²）按公式（土壤供盐量=土壤全盐含量×2 250）求得；种植区划分，一等地种植区海拔高度为 1 400~1 450m，二等地种植区海拔高度为 1 451~1 500m，三等地种植区海拔高度为 1 501~1 550m，四等地种植区海拔高度 >1 550m；土壤有机碳密度（kg/m²）按公式（土壤有机碳密度 SOC=土层厚度 T×土壤容重 θ×土壤有机碳平均含量 C×0.01）计算。

（二）数据处理方法

采用 Excel 2003 和 SPSS 统计软件进行数据统计分析。

第二节　不同种植区土壤理化性质及养分变化特征

一、张掖灌区不同种植区土壤物理性质变化特征

（一）容重变化特征

张掖灌区不同种植区 0~20cm 土层容重平均变幅为 1.30~1.48g/cm³，均值为 1.40g/cm³，属于紧实的土壤；不同种植区土壤容重由小到大的变化顺序依次为：一等地种植<二等地种植区<三等地种植区<四等地种植区。一等地种植区容重均值为 1.37g/cm³，分别是二等地种植区、三等地种植区、四等地种植区的 0.99 倍、0.97 倍和 0.96 倍，究其原因是二等地种植区、三等地种植区、四等地种植区的根

系分布等因素的影响，导致其土壤容重存在一定差异（表10-2）。

表10-2 张掖灌区不同种植区土壤容重变化特征

编号	种植区	样本数	变幅（g/cm³）	均值（g/cm³）	分级
1	一等地种植区	12	1.28~1.48	1.37	紧实
2	二等地种植区	12	1.26~1.47	1.38	紧实
3	三等地种植区	12	1.35~1.46	1.41	紧实
4	四等地种植区	12	1.31~1.52	1.42	紧实
平均		12	1.30~1.48	1.40	紧实

（二）总孔隙度变化特征

张掖灌区不同种植区0~20cm土层总孔隙度平均变幅为43.29%~50.93%，均值为47.13%，属于紧实的土壤。不同种植区土壤总孔隙度由大到小的变化顺序依次为：一等地种植区>二等地种植区>三等地种植区>四等地种植区。一等地种植区总孔隙度均值为47.82%，分别是二等地种植区、三等地种植区和四等地种植区的1.005倍、1.02倍和1.03倍，这种变化规律与土壤容重有关（表10-3）。

表10-3 张掖灌区不同种植区土壤总孔隙度变化特征

编号	种植区	样本数	变幅（%）	均值（%）	分级
1	一等地种植区	12	41.13~51.69	47.82	紧实
2	二等地种植区	12	44.52~52.45	47.59	紧实
3	三等地种植区	12	44.90~49.05	46.76	紧实
4	四等地种植区	12	42.64~50.56	46.35	紧实
平均		12	43.29~50.93	47.13	紧实

二、张掖灌区不同种植区土壤有机质和有机碳变化特征

（一）有机质含量变化特征

张掖灌区不同种植区0~20cm土层有机质含量变幅为10.74~29.47g/kg，均值为14.73g/kg，属于有机质缺乏的土壤，究其原因是制种玉米种植面积大，化肥补充量大，有机肥料补充量小。不同种植区土壤有机质含量由大到小的变化顺序依次为：一等地种植区>二等地种植区>三等地种植区>四等地种植区。一等地种植区有机质含量均值为18.96g/kg，分别是二等地种植区、三等地种植区和四等地种植区

的 1.23 倍、1.41 倍和 1.71 倍，这种变化规律与农户村庄距离有关，距农户村庄远的，有机肥料补充量较少（表 10-4）。

表 10-4 张掖灌区不同种植区土壤有机质含量变化特征

编号	种植区	样本数	变幅（g/kg）	均值（g/kg）
1	一等地种植区	12	10.74~29.47	18.96
2	二等地种植区	12	13.90~18.43	15.36
3	三等地种植区	12	11.27~16.42	13.49
4	四等地种植区	12	11.09~12.25	11.12
平均		12	10.74~29.47	14.73

（二）有机质碳含量变化特征

张掖灌区不同种植区 0~20cm 土层有机碳含量变幅为 6.22~17.09g/kg，均值为 8.54g/kg，属于有机碳缺乏的土壤。不同种植区土壤有机碳含量由大到小的变化顺序依次为：一等地种植区>二等地种植区>三等地种植区>四等地种植区。一等地种植区有机碳含量均值为 10.99g/kg，分别是二等地种植区、三等地种植区和四等地种植区的 1.23 倍、1.41 倍和 1.70 倍，这种变化规律与有机质含量相一致（表 10-5）。

表 10-5 张掖灌区不同种植区土壤有机碳含量变化特征

编号	种植区	样本数	变幅（g/kg）	均值（g/kg）
1	一等地种植区	12	6.22~17.09	10.99
2	二等地种植区	12	8.06~10.69	8.90
3	三等地种植区	12	6.53~9.52	7.82
4	四等地种植区	12	6.43~7.10	6.45
平均		12	6.22~17.09	8.54

（三）有机质碳密度变化特征

张掖灌区不同种植区 0~20cm 土层有机碳密度变幅为 1.60~5.05kg/m²，均值为 2.37kg/m²，属于有机碳密度中等的土壤。不同种植区土壤有机碳密度由大到小的变化顺序依次为：一等地种植区>二等地种植区>三等地种植区>四等地种植区。一等地种植区有机碳密度均值为 3.02kg/m²，分别是二等地种植区、三等地种植区和四等地种植区的 1.23 倍、1.37 倍和 1.66 倍，这种变化规律与有机质碳含量相一致（表10-6）。

表10-6　张掖灌区不同种植区土壤有机碳密度变化特征

编号	种植区	样本数	变幅（kg/m²）	均值（kg/m²）
1	一等地种植区	12	1.60~5.05	3.02
2	二等地种植区	12	2.03~3.14	2.45
3	三等地种植区	12	1.76~2.78	2.20
4	四等地种植区	12	1.68~2.16	1.82
平均		12	1.60~5.05	2.37

（四）有机质碳储量变化特征

张掖灌区不同种植区 0~20cm 土层有机碳储量变幅为 16.00~50.50t/hm²，均值为 23.73t/hm²，属于有机碳储量中等的土壤。不同种植区土壤有机碳储量由大到小的变化顺序依次为：一等地种植区>二等地种植区>三等地种植区>四等地种植区。一等地种植区有机碳储量均值为 30.20t/hm²，分别是二等地种植区、三等地种植区和四等地种植区的 1.23 倍、1.37 倍和 1.66 倍，这种变化规律与有机质碳密度相一致（表10-7）。

表10-7　张掖灌区不同种植区土壤有机碳储量变化特征

编号	种植区	样本数	变幅（t/hm²）	均值（t/hm²）
1	一等地种植区	12	16.00~50.50	30.20
2	二等地种植区	12	20.30~31.40	24.50
3	三等地种植区	12	17.60~27.80	22.00
4	四等地种植区	12	16.80~21.60	18.20
平均		12	16.00~50.50	23.73

（五）供碳量变化特征

张掖灌区不同种植区 0~20cm 土层供碳量变幅为 13.99~38.45t/hm²，均值为 19.22t/hm²，属于供碳量中等的土壤。不同种植区土壤供碳量由大到小的变化顺次为：一等地种植区>二等地种植区>三等地种植区>四等地种植区。一等地种植区供碳量均值为 24.72t/hm²，分别是二等地种植区、三等地种植区和四等地种植区的 1.23 倍、1.41 倍和 1.70 倍，这种变化规律与有机质碳储量相一致（表10-8）。

表 10-8　张掖灌区不同种植区土壤供碳量变化特征

编号	种植区	样本数	变幅（t/hm²）	均值（t/hm²）
1	一等地种植区	12	13.99~38.45	24.72
2	二等地种植区	12	18.14~24.05	20.02
3	三等地种植区	12	14.69~21.42	17.59
4	四等地种植区	12	14.46~15.98	14.51
平均		12	13.99~38.45	19.22

三、张掖灌区不同种植区土壤速效养分变化特征

（一）碱解氮变化特征

张掖灌区不同种植区 0~20cm 土层碱解氮变幅为 39.36~88.50mg/kg，均值为 60.82mg/kg，属于缺氮的土壤。不同种植区土壤碱解氮由大到小的变化顺序依次为：一等地种植区>二等地种植区>三等地种植区>四等地种植区。一等地种植区碱解氮均值为 79.01mg/kg，与二等地种植区、三等地种植区和四等地种植区比较，分别高出 26.29%、38.66% 和 76.72%，这种变化规律与农户化肥施肥量有关（表 10-9）。

表 10-9　张掖灌区不同种植区土壤碱解氮变化特征

编号	种植区	样本数	变幅（mg/kg）	均值（mg/kg）
1	一等地种植区	12	69.51~85.50	79.01
2	二等地种植区	12	56.62~78.50	62.56
3	三等地种植区	12	48.46~65.50	56.98
4	四等地种植区	12	39.36~50.06	44.71
平均		12	39.36~88.50	60.82

（二）有效磷变化特征

张掖灌区不同种植区 0~20cm 土层有效磷变幅为 14.03~28.89mg/kg，均值为 21.23mg/kg，属于磷甚丰富的土壤。不同种植区土壤有效磷由大到小的变化顺序依次为是：一等地种植区>二等地种植区>三等地种植区>四等地种植区。一等地种植区有效磷均值为 25.71mg/kg，与二等地种植区、三等地种植区和四等地种植区比较，分别高出 14.32%、32.73% 和 48.10%，这种变化规律与农户长期超量施用

磷酸二铵化肥有关（表10-10）。

表10-10 张掖灌区不同种植区土壤有效磷变化特征

编号	种植区	样本数	范围（mg/kg）	均值（mg/kg）
1	一等地种植区	12	20.87~28.89	25.71
2	二等地种植区	12	18.24~26.73	22.49
3	三等地种植区	12	16.51~23.23	19.37
4	四等地种植区	12	14.03~20.68	17.36
平均		12	14.03~28.89	21.23

（三）速效钾变化特征

张掖灌区不同种植区 0~20cm 土层速效钾变幅为 137.97~179.91mg/kg，均值为 157.13mg/kg，属于钾丰富的土壤。不同种植区土壤速效钾由小到大的变化顺序依次为：一等地种植区<二等地种植区<三等地种植区<四等地种植区。一等地种植区速效钾均值为 153.15mg/kg，与二等地种植区、三等地种植区和四等地种植区比较，分别降低 1.44%、2.54%和5.96%，究其原因是一等地种植区种植制种玉米，连作年限长，伴随着每年玉米的收获，都要从土壤中带走一部分钾素，加之原先农户没有施用钾肥的习惯，故一等地土壤速效钾含量最低（表10-11）。

表10-11 张掖灌区不同种植区土壤速效钾变化特征

编号	种植区	样本数	范围（mg/kg）	均值（mg/kg）
1	一等地种植区	12	137.97~179.91	153.15
2	二等地种植区	12	147.42~164.57	155.38
3	三等地种植区	12	142.01~167.95	157.14
4	四等地种植区	12	150.03~179.37	162.85
平均		12	137.97~179.91	157.13

四、张掖灌区不同种植区土壤化学性质变化特征

（一）全盐变化特征

张掖灌区不同种植区 0~20cm 土层全盐变幅为 0.11%~0.29%，均值为 0.17%，属于非盐渍化土壤，对制种玉米幼苗生长发育无大碍。不同种植区土壤全盐由大到小的变化顺序依次为：一等地种植区>二等地种植区>三等地种植区>四等

地种植区。一等地种植区全盐均值为 0.21%，与二等地种植区、三等地种植区和四等地种植区比较，分别高出 10.53%、31.25% 和 61.54%，究其原因是一等地种植区农户长期超量施用化肥，作物选择吸收了必需营养元素，将盐基离子留在土壤中，因而提高了全盐含量（表 10-12）。

表 10-12　张掖灌区不同种植区土壤全盐变化特征

编号	种植区	样本数	范围（%）	均值（%）
1	一等地种植区	12	0.13~0.29	0.21
2	二等地种植区	12	0.14~0.27	0.19
3	三等地种植区	12	0.12~0.19	0.16
4	四等地种植区	12	0.11~0.14	0.13
平均		12	0.11~0.29	0.17

（二）酸碱度变化特征

张掖灌区不同种植区 0~20cm 土层酸碱度变幅为 8.11~8.89，均值为 8.36，属于碱性土壤，不影响制种玉米生长发育。不同种植区土壤酸碱度由大到小的变化顺序依次为：一等地种植区>二等地种植区>三等地种植区>四等地种植区。一等地种植区酸碱度均值为 8.49，与二等地种植区、三等地种植区和四等地种植区比较，分别高出 0.07、0.17 和 0.29，这种变化规律与土壤全盐含量有关（表 10-13）。

表 10-13　张掖灌区不同种植区土壤 pH 值变化特征

编号	种植区	样本数	范围	均值
1	一等地种植区	12	8.14~8.89	8.49
2	二等地种植区	12	8.30~8.55	8.42
3	三等地种植区	12	8.24~8.41	8.32
4	四等地种植区	12	8.11~8.29	8.20
平均		12	8.11~8.89	8.36

五、张掖灌区不同种植区土壤供肥量变化特征

（一）供氮量变化特征

张掖灌区不同种植区 0~20cm 土层供氮量变幅为 34.45~99.56kg/hm²，均值为 56.84kg/hm²，属于供氮低的土壤。不同种植区土壤供氮量由大到小的变化顺序依

次为：一等地种植区>二等地种植区>三等地种植区>四等地种植区。一等地种植区
供氮量均值为 68.29kg/hm²，分别是二等地种植区、三等地种植区和四等地种植区
的 1.19 倍、1.29 倍和 1.41 倍，究其原因是与农户氮肥施肥量有关（表 10-14）。

表 10-14　张掖灌区不同种植区土壤供氮量变化特征

编号	种植区	样本数	范围（kg/hm²）	均值（kg/hm²）
1	一等地种植区	12	55.69~78.09	68.29
2	二等地种植区	12	34.45~99.56	57.44
3	三等地种植区	12	50.02~56.51	53.14
4	四等地种植区	12	44.28~49.57	48.48
平均		12	34.45~99.56	56.84

（二）供磷量变化特征

张掖灌区不同种植区 0~20cm 土层供磷量变幅为 6.31~13.00kg/hm²，均值为
9.53kg/hm²，属于供磷甚丰富的土壤。不同种植区土壤供磷量由大到小的变化顺
序依次为是：一等地种植区>二等地种植区>三等地种植区>四等地种植区。一等地
种植区供磷量均值为 11.57kg/hm²，分别是二等地种植区、三等地种植区和四等地
种植区的 1.14 倍、1.31 倍和 1.53 倍，这种变化规律与农户超量施用磷肥有关
（表 10-15）。

表 10-15　张掖灌区不同种植区土壤供磷量变化特征

编号	种植区	样本数	范围（kg/hm²）	均值（kg/hm²）
1	一等地种植区	12	9.39~13.00	11.57
2	二等地种植区	12	6.86~12.48	10.14
3	三等地种植区	12	6.53~10.00	8.86
4	四等地种植区	12	6.31~8.99	7.56
平均		12	6.31~13.00	9.53

（三）供钾量变化特征

张掖灌区不同种植区 0~20cm 土层供钾量变幅为 124.17~161.83kg/hm²，均值
为 141.42kg/hm²，属于供钾丰富的土壤。不同种植区土壤供钾量由小到大的变化
顺序依次为：一等地种植区<二等地种植区<三等地种植区<四等地种植区。一等地
种植区供钾量均值为 137.84kg/hm²，与二等地种植区、三等地种植区和四等地种

植区比较，分别降低 1.43%、2.54% 和 5.95%，究其原因是一等地种植区种植制种玉米时间长，作物对钾的吸收比例较大，加之农户没有施用钾肥的习惯，而二等地种植区、三等地种植区和四等地种植区作物对钾的携出量较小（表 10-16）。

表 10-16 张掖灌区不同种植区土壤供钾量变化特征

编号	种植区	样本数	范围（kg/hm^2）	均值（kg/hm^2）
1	一等地种植区	12	124.17~161.83	137.84
2	二等地种植区	12	132.68~148.11	139.84
3	三等地种植区	12	127.81~151.16	141.43
4	四等地种植区	12	135.03~161.43	146.56
平均		12	124.17~161.83	141.42

第十一章 张掖灌区不同种植区农作物氮磷钾素平衡补充量

第一节 粮食作物氮磷钾素平衡补充量

一、春小麦氮磷钾素平衡补充量

(一) 氮素平衡补充量

生产 100kg 春小麦籽粒从土壤中吸收 N 3.00kg，计划春小麦产量为 7 500kg/hm²，总需氮量 225.00kg/hm²。一等地种植区土壤供氮量为 68.29kg/hm²，二等地种植区土壤供氮量为 57.44kg/hm²，三等地种植区土壤供氮量为 53.14kg/hm²，土壤平均供氮量为 59.62kg/hm²；一等地种植区氮素补充量为 156.71kg/hm²，二等地种植区氮素补充量为 167.56kg/hm²，三等地种植区氮素补充量为 171.86kg/hm²，氮素平均平衡补充量为 165.38kg/hm²（表 11-1）。

表 11-1 春小麦不同种植区氮素平衡补充量

编号	种植区	计划产量 (kg/hm²)	总需氮量 (kg/hm²)	土壤供氮量 (kg/hm²)	氮素平衡补充量 (kg/hm²)
1	一等地种植区	7 500	225.00	68.29	156.71
2	二等地种植区	7 500	225.00	57.44	167.56
3	三等地种植区	7 500	225.00	53.14	171.86
平均		7 500	225.00	59.62	165.38

(二) 磷素平衡补充量

生产 100kg 春小麦籽粒从土壤中吸收 P_2O_5 1.00kg，计划春小麦产量为 7 500kg/hm²，总需磷量 75.00kg/hm²。一等地种植区土壤供磷量为 11.57kg/hm²，二等地种植区土壤供磷量为 10.14kg/hm²，三等地种植区土壤供磷量为 8.86kg/hm²，土壤平均供磷量为 10.19kg/hm²；一等地种植区磷素补充量为

张掖灌区农作物科学施肥理论与实践

63.43kg/hm²，二等地种植区磷素补充量为 64.86kg/hm²，三等地种植区磷素补充量为 66.14kg/hm²，磷素平均平衡补充量为 64.81kg/hm²（表 11-2）。

表 11-2　春小麦不同种植区磷素平衡补充量

编号	种植区	计划产量 （kg/hm²）	总需磷量 （kg/hm²）	土壤供磷量 （kg/hm²）	磷素平衡补充量 （kg/hm²）
1	一等地种植区	7 500	75.00	11.57	63.43
2	二等地种植区	7 500	75.00	10.14	64.86
3	三等地种植区	7 500	75.00	8.86	66.14
平均		7 500	75.00	10.19	64.81

（三）钾素平衡补充量

生产 100kg 春小麦籽粒从土壤中吸收 K_2O 2.50kg，计划春小麦产量为 7 500kg/hm²，总需钾量 187.50kg/hm²。一等地种植区土壤供钾量为 137.84kg/hm²，二等地种植区土壤供钾量为 139.84kg/hm²，三等地种植区土壤供钾量为 141.43kg/hm²，土壤平均供钾量为 139.70kg/hm²；一等地种植区钾素补充量为 49.66kg/hm²，二等地种植区钾素补充量为 47.66kg/hm²，三等地种植区钾素补充量为 46.07kg/hm²，钾素平均平衡补充量为 47.80kg/hm²（表 11-3）。

表 11-3　春小麦不同种植区钾素平衡补充量

编号	种植区	计划产量 （kg/hm²）	总需钾量 （kg/hm²）	土壤供钾量 （kg/hm²）	钾素平衡补充量 （kg/hm²）
1	一等地种植区	7 500	187.50	137.84	49.66
2	二等地种植区	7 500	187.50	139.84	47.66
3	三等地种植区	7 500	187.50	141.43	46.07
平均		7 500	187.50	139.70	47.80

二、冬小麦氮磷钾素平衡补充量

（一）氮素平衡补充量

生产 100kg 冬小麦籽粒从土壤中吸收 N 3.00kg，计划冬小麦产量为 7 425kg/hm²，总需氮量 222.75kg/hm²。一等地种植区土壤供氮量为 68.29kg/hm²，二等地种植区土壤供氮量为 57.44kg/hm²，三等地种植区土壤供氮量为 53.14kg/hm²，土壤平均供氮量为 59.62kg/hm²；一等地种植区氮素补充量为

154.46kg/hm²，二等地种植区氮素补充量为165.31kg/hm²，三等地种植区氮素补充量为169.61kg/hm²，氮素平均平衡补充量为163.13kg/hm²（表11-4）。

表11-4　冬小麦不同种植区氮素平衡补充量

编号	种植区	计划产量（kg/hm²）	总需氮量（kg/hm²）	土壤供氮量（kg/hm²）	氮素平衡补充量（kg/hm²）
1	一等地种植区	7 425	222.75	68.29	154.46
2	二等地种植区	7 425	222.75	57.44	165.31
3	三等地种植区	7 425	222.75	53.14	169.61
平均		7 425	222.75	59.62	163.13

（二）磷素平衡补充量

生产100kg冬小麦籽粒从土壤中吸收P_2O_5 1.25kg，计划冬小麦产量为7 425kg/hm²，总需磷量92.81kg/hm²。一等地种植区土壤供磷量为11.57kg/hm²，二等地种植区土壤供磷量为10.14kg/hm²，三等地种植区土壤供磷量为8.86kg/hm²，土壤平均供磷量为10.19kg/hm²；一等地种植区磷素补充量为81.24kg/hm²，二等地种植区磷素补充量为82.67kg/hm²，三等地种植区磷素补充量为83.95kg/hm²，磷素平均平衡补充量为82.62kg/hm²（表11-5）。

表11-5　冬小麦不同种植区磷素平衡补充量

编号	种植区	计划产量（kg/hm²）	总需磷量（kg/hm²）	土壤供磷量（kg/hm²）	磷素平衡补充量（kg/hm²）
1	一等地种植区	7 425	92.81	11.57	81.24
2	二等地种植区	7 425	92.81	10.14	82.67
3	三等地种植区	7 425	92.81	8.86	83.95
平均		7 425	92.81	10.19	82.62

（三）钾素平衡补充量

生产100kg冬小麦籽粒从土壤中吸收K_2O 2.50kg，计划冬小麦产量为7 425kg/hm²，总需钾量185.63kg/hm²。一等地种植区土壤供钾量为137.84kg/hm²，二等地种植区土壤供钾量为139.84kg/hm²，三等地种植区土壤供钾量为141.43kg/hm²，土壤平均供钾量为139.70kg/hm²；一等地种植区钾素补充量为47.79kg/hm²，二等地种植区钾素补充量为45.79kg/hm²，三等地种植区钾素补充量为44.20kg/hm²，钾素平均平衡补充量为45.93kg/hm²（表11-6）。

表 11-6　冬小麦不同种植区钾素平衡补充量

编号	种植区	计划产量 （kg/hm²）	总需钾量 （kg/hm²）	土壤供钾量 （kg/hm²）	钾素平衡补充量 （kg/hm²）
1	一等地种植区	7 425	185.63	137.84	47.79
2	二等地种植区	7 425	185.63	139.84	45.79
3	三等地种植区	7 425	185.63	141.43	44.20
平均		7 425	185.63	139.70	45.93

三、大麦氮磷钾素平衡补充量

（一）氮素平衡补充量

生产 100kg 大麦籽粒从土壤中吸收 N 2.70kg，计划大麦产量为 6 750kg/hm²，总需氮量 182.25kg/hm²。一等地种植区土壤供氮量为 68.29kg/hm²，二等地种植区土壤供氮量为 57.44kg/hm²，三等地种植区土壤供氮量为 53.14kg/hm²，土壤平均供氮量为 59.62kg/hm²；一等地种植区氮素补充量为 113.96kg/hm²，二等地种植区氮素补充量为 124.81kg/hm²，三等地种植区氮素补充量为 129.11kg/hm²，氮素平均平衡补充量为 122.63kg/hm²（表 11-7）。

表 11-7　大麦不同种植区氮素平衡补充量

编号	种植区	计划产量 （kg/hm²）	总需氮量 （kg/hm²）	土壤供氮量 （kg/hm²）	氮素平衡补充量 （kg/hm²）
1	一等地种植区	6 750	182.25	68.29	113.96
2	二等地种植区	6 750	182.25	57.44	124.81
3	三等地种植区	6 750	182.25	53.14	129.11
平均		6 750	182.25	59.62	122.63

（二）磷素平衡补充量

生产 100kg 大麦籽粒从土壤中吸收 P_2O_5 0.90kg，计划大麦产量为 6 750kg/hm²，总需磷量 60.75kg/hm²。一等地种植区土壤供磷量为 11.57kg/hm²，二等地种植区土壤供磷量为 10.14kg/hm²，三等地种植区土壤供磷量为 8.86kg/hm²，土壤平均供磷量为 10.19kg/hm²；一等地种植区磷素补充量为 49.18kg/hm²，二等地种植区磷素补充量为 50.61kg/hm²，三等地种植区磷素补充量为 51.89kg/hm²，磷素平均平衡补充量为 50.56kg/hm²（表 11-8）。

表 11-8 大麦不同种植区磷素平衡补充量

编号	种植区	计划产量 （kg/hm²）	总需磷量 （kg/hm²）	土壤供磷量 （kg/hm²）	磷素平衡补充量 （kg/hm²）
1	一等地种植区	6 750	60.75	11.57	49.18
2	二等地种植区	6 750	60.75	10.14	50.61
3	三等地种植区	6 750	60.75	8.86	51.89
平均		6 750	60.75	10.19	50.56

（三）钾素平衡补充量

生产100kg大麦籽粒从土壤中吸收K_2O 2.20kg，计划大麦产量为6 750kg/hm²，总需钾量148.50kg/hm²。一等地种植区土壤供钾量为137.84kg/hm²，二等地种植区土壤供钾量为139.84kg/hm²，三等地种植区土壤供钾量为141.43kg/hm²，土壤平均供钾量为139.70kg/hm²；一等地种植区钾素补充量为10.66kg/hm²，二等地种植区钾素补充量为8.66kg/hm²，三等地种植区钾素补充量为7.07kg/hm²，钾素平均平衡补充量为8.80kg/hm²（表11-9）。

表 11-9 大麦不同种植区钾素平衡补充量

编号	种植区	计划产量 （kg/hm²）	总需钾量 （kg/hm²）	土壤供钾量 （kg/hm²）	钾素平衡补充量 （kg/hm²）
1	一等地种植区	6 750	148.50	137.84	10.66
2	二等地种植区	6 750	148.50	139.84	8.66
3	三等地种植区	6 750	148.50	141.43	7.07
平均		6 750	148.50	139.70	8.80

四、制种玉米氮磷钾素平衡补充量

（一）氮素平衡补充量

生产100kg玉米籽粒从土壤中吸收N 2.57kg，计划制种玉米产量为9 000kg/hm²，总需氮量231.30kg/hm²。一等地种植区土壤供氮量为68.29kg/hm²，二等地种植区土壤供氮量为57.44kg/hm²，三等地种植区土壤供氮量为53.14kg/hm²，土壤平均供氮量为59.62kg/hm²；一等地种植区氮素补充量为163.01kg/hm²，二等地种植区氮素补充量为173.86kg/hm²，三等地种植区氮素补充量为178.16kg/hm²，氮素平均平衡补充量为171.68kg/hm²（表11-10）。

张掖灌区农作物科学施肥理论与实践

表 11-10　制种玉米不同种植区氮素平衡补充量

编号	种植区	计划产量 （kg/hm²）	总需氮量 （kg/hm²）	土壤供氮量 （kg/hm²）	氮素平衡补充量 （kg/hm²）
1	一等地种植区	9 000	231. 30	68. 29	163. 01
2	二等地种植区	9 000	231. 30	57. 44	173. 86
3	三等地种植区	9 000	231. 30	53. 14	178. 16
平均		9 000	231. 30	59. 62	171. 68

（二）磷素平衡补充量

生产 100kg 玉米籽粒从土壤中吸收 P_2O_5 0.86kg，计划制种玉米产量为 9 000kg/hm²，总需磷量 77.40kg/hm²。一等地种植区土壤供磷量为 11.57kg/hm²，二等地种植区土壤供磷量为 10.14kg/hm²，三等地种植区土壤供磷量为 8.86kg/hm²，土壤平均供磷量为 10.19kg/hm²；一等地种植区磷素补充量为 65.83kg/hm²，二等地种植区磷素补充量为 67.26kg/hm²，三等地种植区磷素补充量为 68.54kg/hm²，磷素平均平衡补充量为 67.21kg/hm²（表 11-11）。

表 11-11　制种玉米不同种植区磷素平衡补充量

编号	种植区	计划产量 （kg/hm²）	总需磷量 （kg/hm²）	土壤供磷量 （kg/hm²）	磷素平衡补充量 （kg/hm²）
1	一等地种植区	9 000	77. 40	11. 57	65. 83
2	二等地种植区	9 000	77. 40	10. 14	67. 26
3	三等地种植区	9 000	77. 40	8. 86	68. 54
平均		9 000	77. 40	10. 19	67. 21

（三）钾素平衡补充量

生产 100kg 玉米籽粒从土壤中吸收 K_2O 2.14kg，计划制种玉米产量为 9 000kg/hm²，总需钾量 192.60kg/hm²。一等地种植区土壤供钾量为 137.84kg/hm²，二等地种植区土壤供钾量为 139.84kg/hm²，三等地种植区土壤供钾量为 141.43kg/hm²，土壤平均供钾量为 139.70kg/hm²；一等地种植区钾素补充量为 54.76kg/hm²，二等地种植区钾素补充量为 52.76kg/hm²，三等地种植区钾素补充量为 51.17kg/hm²，钾素平均平衡补充量为 52.90kg/hm²（表 11-12）。

表 11-12　制种玉米不同种植区钾素平衡补充量

编号	种植区	计划产量 （kg/hm²）	总需钾量 （kg/hm²）	土壤供钾量 （kg/hm²）	钾素平衡补充量 （kg/hm²）
1	一等地种植区	9 000	192.60	137.84	54.76
2	二等地种植区	9 000	192.60	139.84	52.76
3	三等地种植区	9 000	192.60	141.43	51.17
平均		9 000	192.60	139.70	52.90

五、大田玉米氮磷钾素平衡补充量

（一）氮素平衡补充量

生产 100kg 玉米籽粒从土壤中吸收 N 2.57kg，计划大田玉米产量为 13 500kg/hm²，总需氮量 346.95kg/hm²。一等地种植区土壤供氮量为 68.29kg/hm²，二等地种植区土壤供氮量为 57.44kg/hm²，三等地种植区土壤供氮量为 53.14kg/hm²，土壤平均供氮量为 59.62kg/hm²；一等地种植区氮素补充量为 278.66kg/hm²，二等地种植区氮素补充量为 289.51kg/hm²，三等地种植区氮素补充量为 293.81kg/hm²，氮素平均平衡补充量为 287.33kg/hm²（表 11-13）。

表 11-13　大田玉米不同种植区氮素平衡补充量

编号	种植区	计划产量 （kg/hm²）	总需氮量 （kg/hm²）	土壤供氮量 （kg/hm²）	氮素平衡补充量 （kg/hm²）
1	一等地种植区	13 500	346.95	68.29	278.66
2	二等地种植区	13 500	346.95	57.44	289.51
3	三等地种植区	13 500	346.95	53.14	293.81
平均		13 500	346.95	59.62	287.33

（二）磷素平衡补充量

生产 100kg 玉米籽粒从土壤中吸收 P_2O_5 0.86kg，计划大田玉米产量为 13 500kg/hm²，总需磷量 116.10kg/hm²。一等地种植区土壤供磷量为 11.57kg/hm²，二等地种植区土壤供磷量为 10.14kg/hm²，三等地种植区土壤供磷量为 8.86kg/hm²，土壤平均供磷量为 10.19kg/hm²；一等地种植区磷素补充量为 104.53kg/hm²，二等地种植区磷素补充量为 105.96kg/hm²，三等地种植区磷素补充量为 107.24kg/hm²，磷素平均平衡补充量为 105.91kg/hm²（表 11-14）。

表 11-14 大田玉米不同种植区磷素平衡补充量

编号	种植区	计划产量 （kg/hm²）	总需磷量 （kg/hm²）	土壤供磷量 （kg/hm²）	磷素平衡补充量 （kg/hm²）
1	一等地种植区	13 500	116.10	11.57	104.53
2	二等地种植区	13 500	116.10	10.14	105.96
3	三等地种植区	13 500	116.10	8.86	107.24
平均		13 500	116.10	10.19	105.91

（三）钾素平衡补充量

生产 100kg 玉米籽粒从土壤中吸收 K_2O 2.14kg，计划大田玉米产量为 13 500kg/hm²，总需钾量 288.90kg/hm²。一等地种植区土壤供钾量为 137.84kg/hm²，二等地种植区土壤供钾量为 139.84kg/hm²，三等地种植区土壤供钾量为 141.43kg/hm²，土壤平均供钾量为 139.70kg/hm²；一等地种植区钾素补充量为 151.06kg/hm²，二等地种植区钾素补充量为 149.06kg/hm²，三等地种植区钾素补充量为 147.47kg/hm²，钾素平均平衡补充量为 149.20kg/hm²（表 11-15）。

表 11-15 大田玉米不同种植区钾素平衡补充量

编号	种植区	计划产量 （kg/hm²）	总需钾量 （kg/hm²）	土壤供钾量 （kg/hm²）	钾素平衡补充量 （kg/hm²）
1	一等地种植区	13 500	288.90	137.84	151.06
2	二等地种植区	13 500	288.90	139.84	149.06
3	三等地种植区	13 500	288.90	141.43	147.47
平均		13 500	288.90	139.70	149.20

六、鲜食甜玉米氮磷钾素平衡补充量

（一）氮素平衡补充量

生产 100kg 玉米籽粒从土壤中吸收 N 2.57kg，计划鲜食甜玉米产量为 13 000kg/hm²，总需氮量 334.10kg/hm²。一等地种植区土壤供氮量为 68.29kg/hm²，二等地种植区土壤供氮量为 57.44kg/hm²，三等地种植区土壤供氮量为 53.14kg/hm²，土壤平均供氮量为 59.62kg/hm²；一等地种植区氮素补充量为 265.81kg/hm²，二等地种植区氮素补充量为 276.66kg/hm²，三等地种植区氮素补充量为 280.96kg/hm²，氮素平均平衡补充量为 274.48kg/hm²（表 11-16）。

表 11-16 甜玉米不同种植区氮素平衡补充量

编号	种植区	计划产量 （kg/hm²）	总需氮量 （kg/hm²）	土壤供氮量 （kg/hm²）	氮素平衡补充量 （kg/hm²）
1	一等地种植区	13 000	334. 10	68. 29	265. 81
2	二等地种植区	13 000	334. 10	57. 44	276. 66
3	三等地种植区	13 000	334. 10	53. 14	280. 96
平均		13 000	334. 10	59. 62	274. 48

（二）磷素平衡补充量

生产 100kg 玉米籽粒从土壤中吸收 P_2O_5 0.86kg，计划鲜食甜玉米产量为 13 000 kg/hm²，总需磷量 111.80kg/hm²。一等地种植区土壤供磷量为 11.57kg/hm²，二等地种植区土壤供磷量为 10.14kg/hm²，三等地种植区土壤供磷量为 8.86kg/hm²，土壤平均供磷量为 10.19kg/hm²；一等地种植区磷素补充量为 100.23kg/hm²，二等地种植区磷素补充量为 101.66kg/hm²，三等地种植区磷素补充量为 102.94kg/hm²，磷素平均平衡补充量为 101.61kg/hm²（表 11-17）。

表 11-17 甜玉米不同种植区磷素平衡补充量

编号	种植区	计划产量 （kg/hm²）	总需磷量 （kg/hm²）	土壤供磷量 （kg/hm²）	磷素平衡补充量 （kg/hm²）
1	一等地种植区	13 000	111. 80	11. 57	100. 23
2	二等地种植区	13 000	111. 80	10. 14	101. 66
3	三等地种植区	13 000	111. 80	8. 86	102. 94
平均		13 000	111. 80	10. 19	101. 61

（三）钾素平衡补充量

生产 100kg 玉米籽粒从土壤中吸收 K_2O 2.14kg，计划鲜食甜玉米产量为 13 000kg/hm²，总需钾量 278.20kg/hm²。一等地种植区土壤供钾量为 137.84kg/hm²，二等地种植区土壤供钾量为 139.84kg/hm²，三等地种植区土壤供钾量为 141.43kg/hm²，土壤平均供钾量为 139.70kg/hm²；一等地种植区钾素补充量为 140.36kg/hm²，二等地种植区钾素补充量为 138.36kg/hm²，三等地种植区钾素补充量为 136.77kg/hm²，钾素平均平衡补充量为 138.50kg/hm²（表 11-18）。

表 11-18 甜玉米不同种植区钾素平衡补充量

编号	种植区	计划产量 （kg/hm²）	总需钾量 （kg/hm²）	土壤供钾量 （kg/hm²）	钾素平衡补充量 （kg/hm²）
1	一等地种植区	13 000	278.20	137.84	140.36
2	二等地种植区	13 000	278.20	139.84	138.36
3	三等地种植区	13 000	278.20	141.43	136.77
平均		13 000	278.20	139.70	138.50

七、鲜食糯玉米氮磷钾素平衡补充量

（一）氮素平衡补充量

生产 100kg 玉米籽粒从土壤中吸收 N 2.57kg，计划鲜食糯玉米产量为 11 250kg/hm²，总需氮量 289.13kg/hm²。一等地种植区土壤供氮量为 68.29kg/hm²，二等地种植区土壤供氮量为 57.44kg/hm²，三等地种植区土壤供氮量为 53.14kg/hm²，土壤平均供氮量为 59.62kg/hm²；一等地种植区氮素补充量为 220.84kg/hm²，二等地种植区氮素补充量为 231.69kg/hm²，三等地种植区氮素补充量为 235.99kg/hm²，氮素平均平衡补充量为 229.51kg/hm²（表 11-19）。

表 11-19 糯玉米不同种植区氮素平衡补充量

编号	种植区	计划产量 （kg/hm²）	总需氮量 （kg/hm²）	土壤供氮量 （kg/hm²）	氮素平衡补充量 （kg/hm²）
1	一等地种植区	11 250	289.13	68.29	220.84
2	二等地种植区	11 250	289.13	57.44	231.69
3	三等地种植区	11 250	289.13	53.14	235.99
平均		11 250	289.13	59.62	229.51

（二）磷素平衡补充量

生产 100kg 玉米籽粒从土壤中吸收 P_2O_5 0.86kg，计划鲜食糯玉米产量为 11 250kg/hm²，总需磷量 96.75kg/hm²。一等地种植区土壤供磷量为 11.57kg/hm²，二等地种植区土壤供磷量为 10.14kg/hm²，三等地种植区土壤供磷量为 8.86kg/hm²，土壤平均供磷量为 10.19kg/hm²；一等地种植区磷素补充量为 85.18kg/hm²，二等地种植区磷素补充量为 86.61kg/hm²，三等地种植区磷素补充量为 87.89kg/hm²，磷素平均平衡补充量为 86.56kg/hm²（表 11-20）。

表 11-20 糯玉米不同种植区磷素平衡补充量

编号	种植区	计划产量 (kg/hm²)	总需磷量 (kg/hm²)	土壤供磷量 (kg/hm²)	磷素平衡补充量 (kg/hm²)
1	一等地种植区	11 250	96.75	11.57	85.18
2	二等地种植区	11 250	96.75	10.14	86.61
3	三等地种植区	11 250	96.75	8.86	87.89
平均		11 250	96.75	10.19	86.56

（三）钾素平衡补充量

生产100kg玉米籽粒从土壤中吸收 K_2O 2.14kg，计划鲜食糯玉米产量为11 250kg/hm²，总需钾量240.75kg/hm²。一等地种植区土壤供钾量为137.84kg/hm²，二等地种植区土壤供钾量为139.84kg/hm²，三等地种植区土壤供钾量为141.43kg/hm²，土壤平均供钾量为139.70kg/hm²；一等地种植区钾素补充量为102.91kg/hm²，二等地种植区钾素补充量为100.91kg/hm²，三等地种植区钾素补充量为99.32kg/hm²，钾素平均平衡补充量为101.05kg/hm²（表11-21）。

表 11-21 糯玉米不同种植区钾素平衡补充量

编号	种植区	计划产量 (kg/hm²)	总需钾量 (kg/hm²)	土壤供钾量 (kg/hm²)	钾素平衡补充量 (kg/hm²)
1	一等地种植区	11 250	240.75	137.84	102.91
2	二等地种植区	11 250	240.75	139.84	100.91
3	三等地种植区	11 250	240.75	141.43	99.32
平均		11 250	240.75	139.70	101.05

八、谷子氮磷钾素平衡补充量

（一）氮素平衡补充量

生产100kg谷子籽粒从土壤中吸收 N 2.50kg，计划谷子籽粒产量为5 250kg/hm²，总需氮量131.25kg/hm²。一等地种植区土壤供氮量为68.29kg/hm²，二等地种植区土壤供氮量为57.44kg/hm²，三等地种植区土壤供氮量为53.14kg/hm²，土壤平均供氮量为59.62kg/hm²；一等地种植区氮素补充量为62.96kg/hm²，二等地种植区氮素补充量为73.81kg/hm²，三等地种植区氮素补充量为78.11kg/hm²，氮素平均平衡补充量为71.63kg/hm²（表11-22）。

表 11-22 谷子不同种植区氮素平衡补充量

编号	种植区	计划产量 （kg/hm²）	总需氮量 （kg/hm²）	土壤供氮量 （kg/hm²）	氮素平衡补充量 （kg/hm²）
1	一等地种植区	5 250	131.25	68.29	62.96
2	二等地种植区	5 250	131.25	57.44	73.81
3	三等地种植区	5 250	131.25	53.14	78.11
平均		5 250	131.25	59.62	71.63

（二）磷素平衡补充量

生产 100kg 谷子籽粒从土壤中吸收 P_2O_5 1.25kg，计划谷子籽粒产量为 5 250kg/hm²，总需磷量 65.63kg/hm²。一等地种植区土壤供磷量为 11.57kg/hm²，二等地种植区土壤供磷量为 10.14kg/hm²，三等地种植区土壤供磷量为 8.86kg/hm²，土壤平均供磷量为 10.19kg/hm²；一等地种植区磷素补充量为 54.06kg/hm²，二等地种植区磷素补充量为 55.49kg/hm²，三等地种植区磷素补充量为 56.77kg/hm²，磷素平均平衡补充量为 55.44kg/hm²（表 11-23）。

表 11-23 谷子不同种植区磷素平衡补充量

编号	种植区	计划产量 （kg/hm²）	总需磷量 （kg/hm²）	土壤供磷量 （kg/hm²）	磷素平衡补充量 （kg/hm²）
1	一等地种植区	5 250	65.63	11.57	54.06
2	二等地种植区	5 250	65.63	10.14	55.49
3	三等地种植区	5 250	65.63	8.86	56.77
平均		5 250	65.63	10.19	55.44

（三）钾素平衡补充量

生产 100kg 谷子籽粒从土壤中吸收 K_2O 1.75kg，计划谷子籽粒产量为 5 250kg/hm²，总需钾量 91.88kg/hm²。一等地种植区土壤供钾量为 137.84kg/hm²，二等地种植区土壤供钾量为 139.84kg/hm²，三等地种植区土壤供钾量为 141.43kg/hm²，土壤平均供钾量为 139.70kg/hm²，不需要施用钾肥（表 11-24）。

表 11-24 谷子不同种植区钾素平衡补充量

编号	种植区	计划产量 （kg/hm²）	总需钾量 （kg/hm²）	土壤供钾量 （kg/hm²）	钾素平衡补充量 （kg/hm²）
1	一等地种植区	5 250	91.88	137.84	/
2	二等地种植区	5 250	91.88	139.84	/
3	三等地种植区	5 250	91.88	141.43	/
平均		5 250	91.88	139.70	/

九、高粱氮磷钾素平衡补充量

（一）氮素平衡补充量

生产 100kg 高粱籽粒从土壤中吸收 N 2.60kg，计划高粱籽粒产量为 5 700kg/hm²，总需氮量 148.20kg/hm²。一等地种植区土壤供氮量为 68.29kg/hm²，二等地种植区土壤供氮量为 57.44kg/hm²，三等地种植区土壤供氮量为 53.14kg/hm²，土壤平均供氮量为 59.62kg/hm²；一等地种植区氮素补充量为 79.91kg/hm²，二等地种植区氮素补充量为 90.76kg/hm²，三等地种植区氮素补充量为 95.06kg/hm²，氮素平均平衡补充量为 88.58kg/hm²（表 11-25）。

表 11-25 高粱不同种植区氮素平衡补充量

编号	种植区	计划产量 （kg/hm²）	总需氮量 （kg/hm²）	土壤供氮量 （kg/hm²）	氮素平衡补充量 （kg/hm²）
1	一等地种植区	5 700	148.20	68.29	79.91
2	二等地种植区	5 700	148.20	57.44	90.76
3	三等地种植区	5 700	148.20	53.14	95.06
平均		5 700	148.20	59.62	88.58

（二）磷素平衡补充量

生产 100kg 高粱籽粒从土壤中吸收 P_2O_5 1.30kg，计划高粱籽粒产量为 5 700kg/hm²，总需磷量 74.10kg/hm²。一等地种植区土壤供磷量为 11.57kg/hm²，二等地种植区土壤供磷量为 10.14kg/hm²，三等地种植区土壤供磷量为 8.86kg/hm²，土壤平均供磷量为 10.19kg/hm²；一等地种植区磷素补充量为 62.53kg/hm²，二等地种植区磷素补充量为 63.94kg/hm²，三等地种植区磷素补充量为 65.24kg/hm²，磷素平均平衡补充量为 63.91kg/hm²（表 11-26）。

表 11-26　高粱不同种植区磷素平衡补充量

编号	种植区	计划产量 （kg/hm²）	总需磷量 （kg/hm²）	土壤供磷量 （kg/hm²）	磷素平衡补充量 （kg/hm²）
1	一等地种植区	5 700	74.10	11.57	62.53
2	二等地种植区	5 700	74.10	10.14	63.94
3	三等地种植区	5 700	74.10	8.86	65.24
平均		5 700	74.10	10.19	63.91

（三）钾素平衡补充量

生产 100kg 高粱籽粒从土壤中吸收 K_2O 3.00kg，计划高粱籽粒产量为 5 700kg/hm²，总需钾量 171.00kg/hm²。一等地种植区土壤供钾量为 137.84kg/hm²，二等地种植区土壤供钾量为 139.84kg/hm²，三等地种植区土壤供钾量为 141.43kg/hm²，土壤平均供钾量为 139.70kg/hm²；一等地种植区钾素补充量为 33.16kg/hm²，二等地种植区钾素补充量为 31.16kg/hm²，三等地种植区钾素补充量为 29.57kg/hm²，钾素平均平衡补充量为 31.30kg/hm²（表 11-27）。

表 11-27　高粱不同种植区钾素平衡补充量

编号	种植区	计划产量 （kg/hm²）	总需钾量 （kg/hm²）	土壤供钾量 （kg/hm²）	钾素平衡补充量 （kg/hm²）
1	一等地种植区	5 700	171.00	137.84	33.16
2	二等地种植区	5 700	171.00	139.84	31.16
3	三等地种植区	5 700	171.00	141.43	29.57
平均		5 700	171.00	139.70	31.30

十、马铃薯氮磷钾素平衡补充量

（一）氮素平衡补充量

生产 100kg 马铃薯块茎从土壤中吸收 N 0.48kg，计划马铃薯产量为 39 000kg/hm²，总需氮量为 187.20kg/hm²。一等地种植区土壤供氮量为 68.29kg/hm²，二等地种植区土壤供氮量为 57.44kg/hm²，三等地种植区土壤供氮量为 53.14kg/hm²，土壤平均供氮量为 59.62kg/hm²；一等地种植区氮素补充量为 118.91kg/hm²，二等地种植区氮素补充量为 129.76kg/hm²，三等地种植区氮素补充量为 134.06kg/hm²，氮素平均平衡补充量为 127.58kg/hm²（表 11-28）。

表 11-28 马铃薯不同种植区氮素平衡补充量

编号	种植区	计划产量 （kg/hm²）	总需氮量 （kg/hm²）	土壤供氮量 （kg/hm²）	氮素平衡补充量 （kg/hm²）
1	一等地种植区	39 000	187.20	68.29	118.91
2	二等地种植区	39 000	187.20	57.44	129.76
3	三等地种植区	39 000	187.20	53.14	134.06
平均		39 000	187.20	59.62	127.58

（二）磷素平衡补充量

生产 100kg 马铃薯块茎从土壤中吸收 P_2O_5 0.22kg，计划马铃薯产量为 39 000kg/hm²，总需磷量为 85.80kg/hm²。一等地种植区土壤供磷量为 11.57kg/hm²，二等地种植区土壤供磷量为 10.14kg/hm²，三等地种植区土壤供磷量为 8.86kg/hm²，土壤平均供磷量为 10.19kg/hm²；一等地种植区磷素补充量为 74.23kg/hm²，二等地种植区磷素补充量为 75.66kg/hm²，三等地种植区磷素补充量为 76.94kg/hm²，磷素平均平衡补充量为 75.61kg/hm²（表 11-29）。

表 11-29 马铃薯不同种植区磷素平衡补充量

编号	种植区	计划产量 （kg/hm²）	总需磷量 （kg/hm²）	土壤供磷量 （kg/hm²）	磷素平衡补充量 （kg/hm²）
1	一等地种植区	39 000	85.80	11.57	74.23
2	二等地种植区	39 000	85.80	10.14	75.66
3	三等地种植区	39 000	85.80	8.86	76.94
平均		39 000	85.80	10.19	75.61

（三）钾素平衡补充量

生产 100kg 马铃薯块茎从土壤中吸收 K_2O 1.00kg，计划马铃薯产量为 39 000kg/hm²，总需钾量为 390.00kg/hm²。一等地种植区土壤供钾量为 137.84kg/hm²，二等地种植区土壤供钾量为 139.84kg/hm²，三等地种植区土壤供钾量为 141.43kg/hm²，土壤平均供钾量为 139.70kg/hm²；一等地种植区钾素补充量为 252.16kg/hm²，二等地种植区钾素补充量为 250.16kg/hm²，三等地种植区钾素补充量为 248.57kg/hm²，钾素平均平衡补充量为 250.30kg/hm²（表 11-30）。

张掖灌区农作物科学施肥理论与实践

表 11-30 马铃薯不同种植区钾素平衡补充量

编号	种植区	计划产量（kg/hm²）	总需钾量（kg/hm²）	土壤供钾量（kg/hm²）	钾素平衡补充量（kg/hm²）
1	一等地种植区	39 000	390.00	137.84	252.16
2	二等地种植区	39 000	390.00	139.84	250.16
3	三等地种植区	39 000	390.00	141.43	248.57
平均		39 000	390.00	139.70	250.30

第二节　经济作物氮磷钾素平衡补充量

一、棉花氮磷钾素平衡补充量

（一）氮素平衡补充量

生产 100kg 皮棉从土壤中吸收 N 5kg，计划棉花皮棉产量为 3 750kg/hm²，总需氮量 187.50kg/hm²。一等地种植区土壤供氮量为 68.29kg/hm²，二等地种植区土壤供氮量为 57.44kg/hm²，三等地种植区土壤供氮量 53.14kg/hm²，土壤平均供氮量为 59.62kg/hm²；一等地种植区氮素补充量为 119.21kg/hm²，二等地种植区氮素补充量为 130.06kg/hm²，三等地种植区氮素补充量为 134.36kg/hm²，氮素平均平衡补充量为 127.88kg/hm²（表 11-31）。

表 11-31 棉花不同种植区氮素平衡补充量

编号	种植区	计划产量（kg/hm²）	总需氮量（kg/hm²）	土壤供氮量（kg/hm²）	氮素平衡补充量（kg/hm²）
1	一等地种植区	3 750	187.50	68.29	119.21
2	二等地种植区	3 750	187.50	57.44	130.06
3	三等地种植区	3 750	187.50	53.14	134.36
平均		3 750	187.50	59.62	127.88

（二）磷素平衡补充量

生产 100kg 皮棉从土壤中吸收 P_2O_5 1.80kg，计划棉花皮棉产量为 3 750kg/hm²，总需磷量 67.50kg/hm²。一等地种植区土壤供磷量为 11.57kg/hm²，二等地种植区土壤供磷量为 10.14kg/hm²，三等地种植区土壤供磷量为 8.86kg/hm²，土壤平均供磷量为 10. 19kg/hm²；一等地种植区磷素补充量为 55. 93kg/hm²，二等地种植区磷素补充量为 57. 36kg/hm²，三等地种植区磷素补充量为 58. 64kg/hm²，磷素平均平衡补充量为 57. 31kg/hm²（表 11-32）。

表 11-32 棉花不同种植区磷素平衡补充量

编号	种植区	计划产量 （kg/hm²）	总需磷量 （kg/hm²）	土壤供磷量 （kg/hm²）	磷素平衡补充量 （kg/hm²）
1	一等地种植区	3 750	67. 50	11. 57	55. 93
2	二等地种植区	3 750	67. 50	10. 14	57. 36
3	三等地种植区	3 750	67. 50	8. 86	58. 64
平均		3 750	67. 50	10. 19	57. 31

（三）钾素平衡补充量

生产 100kg 皮棉从土壤中吸收 K_2O 4kg，计划棉花皮棉产量为 3 750kg/hm²，总需钾量 150. 00kg/hm²。一等地种植区土壤供钾量为 137. 84kg/hm²，二等地种植区土壤供钾量为 139. 84kg/hm²，三等地种植区土壤供钾量为 141. 43kg/hm²，土壤平均供钾量为 139. 70kg/hm²；一等地种植区钾素补充量为 12. 16kg/hm²，二等地种植区钾素补充量为 10. 16kg/hm²，三等地种植区钾素补充量为 8. 57kg/hm²，钾素平均平衡补充量为 10. 30kg/hm²（表 11-33）。

表 11-33 棉花不同种植区钾素平衡补充量

编号	种植区	计划产量 （kg/hm²）	总需钾量 （kg/hm²）	土壤供钾量 （kg/hm²）	钾素平衡补充量 （kg/hm²）
1	一等地种植区	3 750	150. 00	137. 84	12. 16
2	二等地种植区	3 750	150. 00	139. 84	10. 16
3	三等地种植区	3 750	150. 00	141. 43	8. 57
平均		3 750	150. 00	139. 70	10. 30

二、油菜氮磷钾素平衡补充量

（一）氮素平衡补充量

生产 100kg 油菜籽粒从土壤中吸收 N 5. 80kg，计划油菜籽产量为 6 300kg/hm²，总需氮量为 365. 40kg/hm²。一等地种植区土壤供氮量为 68. 29kg/hm²，二等地种植区土壤供氮量为 57. 44kg/hm²，三等地种植区土壤供氮量为 53. 14kg/hm²，土壤平

张掖灌区农作物科学施肥理论与实践

均供氮量为59.62kg/hm²；一等地种植区氮素补充量为297.11kg/hm²，二等地种植区氮素补充量为307.96kg/hm²，三等地种植区氮素补充量为312.26kg/hm²，氮素平均平衡补充量为305.78kg/hm²（表11-34）。

表11-34 油菜不同种植区氮素平衡补充量

编号	种植区	计划产量 （kg/hm²）	总需氮量 （kg/hm²）	土壤供氮量 （kg/hm²）	氮素平衡补充量 （kg/hm²）
1	一等地种植区	6 300	365.40	68.29	297.11
2	二等地种植区	6 300	365.40	57.44	307.96
3	三等地种植区	6 300	365.40	53.14	312.26
平均		6 300	365.40	59.62	305.78

（二）磷素平衡补充量

生产100kg油菜籽粒从土壤中吸收P_2O_5 2.50kg，计划油菜籽产量为6 300kg/hm²，总需磷量157.50kg/hm²。一等地种植区土壤供磷量为11.57kg/hm²，二等地种植区土壤供磷量为10.14kg/hm²，三等地种植区土壤供磷量为8.86kg/hm²，土壤平均供磷量为10.19kg/hm²；一等地种植区磷素补充量为145.93kg/hm²，二等地种植区磷素补充量为147.36kg/hm²，三等地种植区磷素补充量为148.64kg/hm²，磷素平均平衡补充量为147.31kg/hm²（表11-35）。

表11-35 油菜不同种植区磷素平衡补充量

编号	种植区	计划产量 （kg/hm²）	总需磷量 （kg/hm²）	土壤供磷量 （kg/hm²）	磷素平衡补充量 （kg/hm²）
1	一等地种植区	6 300	157.50	11.57	145.93
2	二等地种植区	6 300	157.50	10.14	147.36
3	三等地种植区	6 300	157.50	8.86	148.64
平均		6 300	157.50	10.19	147.31

（三）钾素平衡补充量

生产100kg油菜籽粒从土壤中吸收K_2O 4.30kg，计划油菜籽粒产量为6 300kg/hm²，总需钾量为270.90kg/hm²。一等地种植区土壤供钾量为137.84kg/hm²，二等地种植区土壤供钾量为139.84kg/hm²，三等地种植区土壤供钾量为141.43kg/hm²，土壤平均供钾量为139.70kg/hm²；一等地种植区钾素补充量为133.06kg/hm²，二等地种植区钾素补充量为131.06kg/hm²，三等地种植区钾素补充量为129.47kg/hm²，钾素平均平衡补充量为

131. 20kg/hm² （表 11-36）。

表 11-36　油菜不同种植区钾素平衡补充量

编号	种植区	计划产量 （kg/hm²）	总需钾量 （kg/hm²）	土壤供钾量 （kg/hm²）	钾素平衡补充量 （kg/hm²）
1	一等地种植区	6 300	270.90	137.84	133.06
2	二等地种植区	6 300	270.90	139.84	131.06
3	三等地种植区	6 300	270.90	141.43	129.47
平均		6 300	270.90	139.70	131.20

三、甜菜氮磷钾素平衡补充量

（一）氮素平衡补充量

生产 100kg 甜菜块茎从土壤中吸收 N 0.40kg，计划甜菜块茎产量为 69 000kg/hm²，总需氮量276.00kg/hm²，一等地种植区土壤供氮量为68.29kg/hm²，二等地种植区土壤供氮量为 57.44kg/hm²，三等地种植区土壤供氮量为 53.14kg/hm²，土壤平均供氮量为 59.62kg/hm²；一等地种植区氮素补充量为 207.71kg/hm²，二等地种植区氮素补充量为 218.56kg/hm²，三等地种植区氮素补充量为 222.86kg/hm²，氮素平均平衡补充量为 216.38kg/hm²（表 11-37）。

表 11-37　甜菜不同种植区氮素平衡补充量

编号	种植区	计划产量 （kg/hm²）	总需氮量 （kg/hm²）	土壤供氮量 （kg/hm²）	氮素平衡补充量 （kg/hm²）
1	一等地种植区	69 000	276.00	68.29	207.71
2	二等地种植区	69 000	276.00	57.44	218.56
3	三等地种植区	69 000	276.00	53.14	222.86
平均		69 000	276.00	59.62	216.38

（二）磷素平衡补充量

生产 100kg 甜菜块茎从土壤中吸收 P_2O_5 0.15kg，计划甜菜块茎产量为 69 000kg/hm²，总需磷量103.50kg/hm²。一等地种植区土壤供磷量为 11.57kg/hm²，二等地种植区土壤供磷量为 10.14kg/hm²，三等地种植区土壤供磷量为 8.86kg/hm²，土壤平均供磷量为10.19kg/hm²；一等地种植区磷素补充量为 91.93kg/hm²，二等地种植区磷素补充量为 93.36kg/hm²，三等地种植区磷素补充量为 94.64kg/hm²，磷素平均平衡补充量为93.31kg/hm² （表11-38）。

表11-38　甜菜不同种植区磷素平衡补充量

编号	种植区	计划产量 （kg/hm²）	总需磷量 （kg/hm²）	土壤供磷量 （kg/hm²）	磷素平衡补充量 （kg/hm²）
1	一等地种植区	69 000	103.50	11.57	91.93
2	二等地种植区	69 000	103.50	10.14	93.36
3	三等地种植区	69 000	103.50	8.86	94.64
平均		69 000	103.50	10.19	93.31

（三）钾素平衡补充量

生产100kg块茎从土壤中吸收 K_2O 0.60kg，计划甜菜块茎产量为69 000kg/hm²，总需钾量414.00kg/hm²。一等地种植区土壤供钾量为137.84kg/hm²，二等地种植区土壤供钾量为139.84kg/hm²，三等地种植区土壤供钾量为141.43kg/hm²，土壤平均供钾量为139.70kg/hm²；一等地种植区钾素补充量为276.16kg/hm²，二等地种植区钾素补充量为274.16kg/hm²，三等地种植区钾素补充量为272.57kg/hm²，钾素平均平衡补充量为274.30kg/hm² （表11-39）。

表11-39　甜菜不同种植区钾素补充量

编号	种植区	计划产量 （kg/hm²）	总需钾量 （kg/hm²）	土壤供钾量 （kg/hm²）	钾素平衡补充量 （kg/hm²）
1	一等地种植区	69 000	414.00	137.84	276.16
2	二等地种植区	69 000	414.00	139.84	274.16
3	三等地种植区	69 000	414.00	141.43	272.57
平均		69 000	414.00	139.70	274.30

第三节　豆类作物氮磷钾素平衡补充量

一、大豆氮磷钾素平衡补充量

（一）氮素平衡补充量

生产100kg大豆粒从土壤中吸收 N 7.20kg，计划大豆产量2 025kg/hm²，总需氮量145.80kg/hm²。一等地种植区土壤供氮量为68.29kg/hm²，二等地种植区土壤供氮量为 57.44kg/hm²，三等地种植区土壤供氮量为 53.14kg/hm²，土壤平均供氮量为 59.62kg/hm²；一等地种植区氮素补充量为 77.51kg/hm²，二等地种植区氮素补充量为 88.36kg/hm²，三等地种植区氮素补充量为 92.66kg/hm²，氮素平均平衡补充量为 86.18kg/hm²（表 11-40）。

表 11-40　大豆不同种植区氮素平衡补充量

编号	种植区	计划产量 （kg/hm²）	总需氮量 （kg/hm²）	土壤供氮量 （kg/hm²）	氮素平衡补充量 （kg/hm²）
1	一等地种植区	2 025	145.80	68.29	77.51
2	二等地种植区	2 025	145.80	57.44	88.36
3	三等地种植区	2 025	145.80	53.14	92.66
平均		2 025	145.80	59.62	86.18

（二）磷素平衡补充量

生产 100kg 大豆粒从土壤中吸收 P_2O_5 1.80kg，计划大豆产量为 2 025kg/hm²，总需磷量 36.45kg/hm²。一等地种植区土壤供磷量为 11.57kg/hm²，二等地种植区土壤供磷量为 10.14kg/hm²，三等地种植区土壤供磷量为 8.86kg/hm²，土壤平均供磷量为 10.19kg/hm²；一等地种植区磷素补充量为 24.88kg/hm²，二等地种植区磷素补充量为 26.31kg/hm²，三等地种植区磷素补充量为 27.59kg/hm²，磷素平均平衡补充量为 26.26kg/hm²（表 11-41）。

表 11-41　大豆不同种植区磷素平衡补充量

编号	种植区	计划产量 （kg/hm²）	总需磷量 （kg/hm²）	土壤供磷量 （kg/hm²）	磷素平衡补充量 （kg/hm²）
1	一等地种植区	2 025	36.45	11.57	24.88
2	二等地种植区	2 025	36.45	10.14	26.31
3	三等地种植区	2 025	36.45	8.86	27.59
平均		2 025	36.45	10.19	26.26

（三）钾素平衡补充量

生产 100kg 大豆粒从土壤中吸收 K_2O 4.00kg，计划大豆产量 2 025kg/hm²，总需钾量 81.00kg/hm²。一等地种植区土壤供钾量为 137.84kg/hm²，二等地种植区土壤供钾量为 139.84kg/hm²，三等地种植区土壤供钾量为 141.43kg/hm²，土壤平均供钾量为 139.70kg/hm²，不需要施用钾肥（表 11-42）。

表 11-42　大豆不同种植区钾素平衡补充量

编号	种植区	计划产量 （kg/hm²）	总需钾量 （kg/hm²）	土壤供钾量 （kg/hm²）	钾素平衡补充量 （kg/hm²）
1	一等地种植区	2 025	81.00	137.84	/
2	二等地种植区	2 025	81.00	139.84	/
3	三等地种植区	2 025	81.00	141.43	/
平均		2 025	81.00	139.70	/

二、豌豆氮磷钾素平衡补充量

（一）氮素平衡补充量

生产 100kg 豌豆粒从土壤中吸收 N 4.00kg，计划豌豆产量为 2 625kg/hm²，总需氮量为 105.00kg/hm²。一等地种植区土壤供氮量为 68.29kg/hm²，二等地种植区土壤供氮量为 57.44kg/hm²，三等地种植区土壤供氮量为 53.14kg/hm²，土壤平均供氮量为 59.62kg/hm²；一等地种植区氮素补充量为 36.71kg/hm²，二等地种植区氮素补充量为 47.56kg/hm²，三等地种植区氮素补充量为 51.86kg/hm²，氮素平均平衡补充量为 45.38kg/hm²（表 11-43）。

表 11-43　豌豆不同种植区氮素平衡补充量

编号	种植区	计划产量 （kg/hm²）	总需氮量 （kg/hm²）	土壤供氮量 （kg/hm²）	氮素平衡补充量 （kg/hm²）
1	一等地种植区	2 625	105.00	68.29	36.71
2	二等地种植区	2 625	105.00	57.44	47.56
3	三等地种植区	2 625	105.00	53.14	51.86
平均		2 625	105.00	59.62	45.38

（二）磷素平衡补充量

生产 100kg 豌豆粒从土壤中吸收 P_2O_5 0.86kg，计划豌豆产量为 2 625kg/hm²，总需磷量 22.58kg/hm²。一等地种植区土壤供磷量为 11.57kg/hm²，二等地种植区土壤供磷量为 10.14kg/hm²，三等地种植区土壤供磷量为 8.86kg/hm²，土壤平均供磷量为 10.19kg/hm²；一等地种植区磷素补充量为 11.01kg/hm²，二等地种植区磷素补充量为 12.44kg/hm²，三等地种植区磷素补充量为 13.72kg/hm²，磷素平均平衡补充量为 12.39kg/hm²（表 11-44）。

表 11-44 豌豆不同种植区磷素平衡补充量

编号	种植区	计划产量 （kg/hm²）	总需磷量 （kg/hm²）	土壤供磷量 （kg/hm²）	磷素平衡补充量 （kg/hm²）
1	一等地种植区	2 625	22. 58	11. 57	11. 01
2	二等地种植区	2 625	22. 58	10. 14	12. 44
3	三等地种植区	2 625	22. 58	8. 86	13. 72
平均		2 625	22. 58	10. 19	12. 39

（三）钾素平衡补充量

生产 100kg 豌豆粒从土壤中吸收 K_2O 2.86kg，计划豌豆产量 2 625kg/hm²，总需钾量 75.08kg/hm²。一等地种植区土壤供钾量为 137.84kg/hm²，二等地种植区土壤供钾量为 139.84kg/hm²，三等地种植区土壤供钾量为 141.43kg/hm²，土壤平均供钾量为 139.70kg/hm²，不需要施用钾肥（表 11-45）。

表 11-45 豌豆不同种植区钾素平衡补充量

编号	种植区	计划产量 （kg/hm²）	总需钾量 （kg/hm²）	土壤供钾量 （kg/hm²）	钾素平衡补充量 （kg/hm²）
1	一等地种植区	2 625	75. 08	137. 84	/
2	二等地种植区	2 625	75. 08	139. 84	/
3	三等地种植区	2 625	75. 08	141. 43	/
平均		2 625	75. 08	139. 70	/

三、绿豆氮磷钾素平衡补充量

（一）氮素平衡补充量

生产 100kg 绿豆粒从土壤中吸收 N 9.68kg，计划绿豆产量 4 200kg/hm²，总需氮量 406.56kg/hm²。一等地种植区土壤供氮量为 68.29kg/hm²，二等地种植区土壤供氮量为 57.44kg/hm²，三等地种植区土壤供氮量为 53.14kg/hm²，土壤平均供氮量为 59.62kg/hm²；一等地种植区氮素补充量为 338.27kg/hm²，二等地种植区氮素补充量为 349.12kg/hm²，三等地种植区氮素补充量为 353.42kg/hm²，氮素平均平衡补充量为 346.94kg/hm²（表 11-46）。

表 11-46 绿豆不同种植区氮素平衡补充量

编号	种植区	计划产量 （kg/hm²）	总需氮量 （kg/hm²）	土壤供氮量 （kg/hm²）	氮素平衡补充量 （kg/hm²）
1	一等地种植区	4 200	406.56	68.29	338.27
2	二等地种植区	4 200	406.56	57.44	349.12
3	三等地种植区	4 200	406.56	53.14	353.42
平均		4 200	406.56	59.62	346.94

（二）磷素平衡补充量

生产 100kg 绿豆粒从土壤中吸收 P_2O_5 0.93kg，计划绿豆产量为 4 200kg/hm²，总需磷量 39.06kg/hm²。一等地种植区土壤供磷量为 11.57kg/hm²，二等地种植区土壤供磷量为 10.14kg/hm²，三等地种植区土壤供磷量为 8.86kg/hm²，土壤平均供磷量为 10.19kg/hm²；一等地种植区磷素补充量为 27.49kg/hm²，二等地种植区磷素补充量为 28.92kg/hm²，三等地种植区磷素补充量为 30.20kg/hm²，磷素平均平衡补充量为 28.87kg/hm²（表 11-47）。

表 11-47 绿豆不同种植区磷素平衡补充量

编号	种植区	计划产量 （kg/hm²）	总需磷量 （kg/hm²）	土壤供磷量 （kg/hm²）	磷素平衡补充量 （kg/hm²）
1	一等地种植区	4 200	39.06	11.57	27.49
2	二等地种植区	4 200	39.06	10.14	28.92
3	三等地种植区	4 200	39.06	8.86	30.20
平均		4 200	39.06	10.19	28.87

（三）钾素平衡补充量

生产 100kg 绿豆粒从土壤中吸收 K_2O 3.15kg，计划绿豆产量为 4 200kg/hm²，总需钾量 132.30kg/hm²。一等地种植区土壤供钾量为 137.84kg/hm²，二等地种植区土壤供钾量为 139.84kg/hm²，三等地种植区土壤供钾量为 141.43kg/hm²，土壤平均供钾量为 139.70kg/hm²，不需要施用钾肥（表 11-48）。

表 11-48 绿豆不同种植区钾素平衡补充量

编号	种植区	计划产量 （kg/hm²）	总需钾量 （kg/hm²）	土壤供钾量 （kg/hm²）	钾素平衡补充量 （kg/hm²）
1	一等地种植区	4 200	132.30	137.84	/
2	二等地种植区	4 200	132.30	139.84	/
3	三等地种植区	4 200	132.30	141.43	/
平均		4 200	132.30	139.70	/

四、蚕豆氮磷钾素平衡补充量

（一）氮素平衡补充量

生产 100kg 蚕豆粒从土壤中吸收 N 6.44kg，计划蚕豆产量为 5 700kg/hm²，总需氮量 367.08kg/hm²。一等地种植区土壤供氮量为 68.29kg/hm²，二等地种植区土壤供氮量为 57.44kg/hm²，三等地种植区土壤供氮量为 53.14kg/hm²，土壤平均供氮量为 59.62kg/hm²；一等地种植区氮素补充量为 298.79kg/hm²，二等地种植区氮素补充量为 309.64kg/hm²，三等地种植区氮素补充量为 313.94kg/hm²，氮素平均平衡补充量为 307.46kg/hm²（表 11-49）。

表 11-49 蚕豆不同种植区氮素平衡补充量

编号	种植区	计划产量 （kg/hm²）	总需氮量 （kg/hm²）	土壤供氮量 （kg/hm²）	氮素平衡补充量 （kg/hm²）
1	一等地种植区	5 700	367.08	68.29	298.79
2	二等地种植区	5 700	367.08	57.44	309.64
3	三等地种植区	5 700	367.08	53.14	313.94
平均		5 700	367.08	59.62	307.46

（二）磷素平衡补充量

生产 100kg 蚕豆粒从土壤中吸收 P_2O_5 2.00kg，计划蚕豆产量 5 700kg/hm²，总需磷量 114.00kg/hm²。一等地种植区土壤供磷量为 11.57kg/hm²，二等地种植区土壤供磷量为 10.14kg/hm²，三等地种植区土壤供磷量为 8.86kg/hm²，土壤平均供磷量为 10.19kg/hm²；一等地种植区磷素补充量为 102.43kg/hm²，二等地种植区磷素补充量为 103.86kg/hm²，三等地种植区磷素补充量为 105.14kg/hm²，磷素平均平衡补充量为 103.81kg/hm²（表 11-50）。

张掖灌区农作物科学施肥理论与实践

表 11-50　蚕豆不同种植区磷素平衡补充量

编号	种植区	计划产量 （kg/hm²）	总需磷量 （kg/hm²）	土壤供磷量 （kg/hm²）	磷素平衡补充量 （kg/hm²）
1	一等地种植区	5 700	114.00	11.57	102.43
2	二等地种植区	5 700	114.00	10.14	103.86
3	三等地种植区	5 700	114.00	8.86	105.14
平均		5 700	114.00	10.19	103.81

（三）钾素平衡补充量

生产 100kg 蚕豆粒从土壤中吸收 K_2O 5.00kg，计划蚕豆产量为 5 700kg/hm²，则总需钾量为 285.00kg/hm²。一等地种植区土壤供钾量为 137.84kg/hm²，二等地种植区土壤供钾量为 139.84kg/hm²，三等地种植区土壤供钾量为 141.43kg/hm²，土壤平均供钾量为 139.70kg/hm²；一等地种植区钾素补充量为 147.16kg/hm²，二等地种植区钾素补充量为 145.16kg/hm²，三等地种植区钾素补充量为 143.57kg/hm²，钾素平均平衡补充量为 145.30kg/hm²（表 11-51）。

表 11-51　蚕豆不同种植区钾素平衡补充量

编号	种植区	计划产量 （kg/hm²）	总需钾量 （kg/hm²）	土壤供钾量 （kg/hm²）	钾素平衡补充量 （kg/hm²）
1	一等地种植区	5 700	285.00	137.84	147.16
2	二等地种植区	5 700	285.00	139.84	145.16
3	三等地种植区	5 700	285.00	141.43	143.57
平均		5 700	285.00	139.70	145.30

五、架豆氮磷钾素平衡补充量

（一）氮素平衡补充量

生产 100kg 架豆豆荚从土壤中吸收 N 0.82kg，计划架豆豆荚产量为 60 000kg/hm²，则总需氮量为 492.00kg/hm²。一等地种植区土壤供氮量为 68.29kg/hm²，二等地种植区土壤供氮量为 57.44kg/hm²，三等地种植区土壤供氮量为 53.14kg/hm²，土壤平均供氮量为 59.62kg/hm²；一等地种植区氮素补充量为 423.71kg/hm²，二等地种植区氮素补充量为 434.56kg/hm²，三等地种植区氮素补充量为 438.86kg/hm²，氮素平均平衡补充量为 432.38kg/hm²（表 11-52）。

表 11-52 架豆不同种植区氮素平衡补充量

编号	种植区	计划产量 （kg/hm²）	总需氮量 （kg/hm²）	土壤供氮量 （kg/hm²）	氮素平衡补充量 （kg/hm²）
1	一等地种植区	60 000	492.00	68.29	423.71
2	二等地种植区	60 000	492.00	57.44	434.56
3	三等地种植区	60 000	492.00	53.14	438.86
平均		60 000	492.00	59.62	432.38

（二）磷素平衡补充量

生产 100kg 架豆豆荚从土壤中吸收 P_2O_5 0.23kg，计划架豆产量为 60 000kg/hm²，则总需磷量 138.00kg/hm²。一等地种植区土壤供磷量为 11.57kg/hm²，二等地种植区土壤供磷量为 10.14kg/hm²，三等地种植区土壤供磷量为 8.86kg/hm²，土壤平均供磷量为 10.19kg/hm²；一等地种植区磷素补充量为 126.43kg/hm²，二等地种植区磷素补充量为 127.86kg/hm²，三等地种植区磷素补充量为 129.14kg/hm²，磷素平均平衡补充量为 127.81kg/hm²（表 11-53）。

表 11-53 架豆不同种植区磷素平衡补充量

编号	种植区	计划产量 （kg/hm²）	总需磷量 （kg/hm²）	土壤供磷量 （kg/hm²）	磷素平衡补充量 （kg/hm²）
1	一等地种植区	60 000	138.00	11.57	126.43
2	二等地种植区	60 000	138.00	10.14	127.86
3	三等地种植区	60 000	138.00	8.86	129.14
平均		60 000	138.00	10.19	127.81

（三）钾素平衡补充量

生产 100kg 架豆豆荚从土壤中吸收 K_2O 0.68kg，计划架豆产量为 60 000kg/hm²，则总需钾量为 408.00kg/hm²。一等地种植区土壤供钾量为 137.84kg/hm²，二等地种植区土壤供钾量为 139.84kg/hm²，三等地种植区土壤供钾量为 141.43kg/hm²，土壤平均供钾量为 139.70kg/hm²；一等地种植区钾素补充量为 270.16kg/hm²，二等地种植区钾素补充量为 268.16kg/hm²，三等地种植区钾素补充量为 266.57kg/hm²，钾素平均平衡补充量为 268.30kg/hm²（表 11-54）。

表 11-54 架豆不同种植区钾素平衡补充量

编号	种植区	计划产量 （kg/hm²）	总需钾量 （kg/hm²）	土壤供钾量 （kg/hm²）	钾素平衡补充量 （kg/hm²）
1	一等地种植区	60 000	408.00	137.84	270.16
2	二等地种植区	60 000	408.00	139.84	268.16
3	三等地种植区	60 000	408.00	141.43	266.57
平均		60 000	408.00	139.70	268.30

第四节　葫芦科瓜菜氮磷钾素平衡补充量

一、西瓜氮磷钾素平衡补充量

（一）氮素平衡补充量

生产 100kg 西瓜果实从土壤中吸收 N 为 0.25kg，计划西瓜产量为 75 000kg/hm²，则总需氮量为 187.50kg/hm²。一等地种植区土壤供氮量为 68.29kg/hm²，二等地种植区土壤供氮量为 57.44kg/hm²，三等地种植区土壤供氮量为 53.14kg/hm²，种植区土壤平均供氮量为 59.62kg/hm²；一等地种植区氮素补充量为 119.21kg/hm²，二等地种植区氮素补充量为 130.06kg/hm²，三等地种植区氮素补充量为 134.36kg/hm²，氮素平均平衡补充量为 127.88kg/hm²（表 11-55）。

表 11-55 西瓜不同种植区氮素平衡补充量

编号	种植区	计划产量 （kg/hm²）	总需氮量 （kg/hm²）	土壤供氮量 （kg/hm²）	氮素平衡补充量 （kg/hm²）
1	一等地种植区	75 000	187.50	68.29	119.21
2	二等地种植区	75 000	187.50	57.44	130.06
3	三等地种植区	75 000	187.50	53.14	134.36
平均		75 000	187.50	59.62	127.88

（二）磷素平衡补充量

生产 100kg 西瓜果实从土壤中吸收 P_2O_5 0.09kg，计划西瓜产量为 75 000kg/hm²，则总需磷量为 67.50kg/hm²。一等地种植区土壤供磷量为 11.57kg/hm²，二等地种植区土壤供磷量为 10.14kg/hm²，三等地种植区土壤供磷量为 8.86kg/hm²，土壤平均供磷量为 10.19kg/hm²；一等地种植区磷素补充量为 55.93kg/hm²，二等地种植区磷素补充量为 57.36kg/hm²，三等地种植区磷素补充量为 58.64kg/hm²，磷素平均平衡补充量为 57.31kg/hm²（表 11-56）。

表 11-56 西瓜不同种植区磷素平衡补充量

编号	种植区	计划产量 （kg/hm²）	总需磷量 （kg/hm²）	土壤供磷量 （kg/hm²）	磷素平衡补充量 （kg/hm²）
1	一等地种植区	75 000	67.50	11.57	55.93
2	二等地种植区	75 000	67.50	10.14	57.36
3	三等地种植区	75 000	67.50	8.86	58.64
平均		75 000	67.50	10.19	57.31

（三）钾素平衡补充量

生产 100kg 西瓜果实从土壤中吸收 K_2O 为 0.30kg，计划西瓜产量为 75 000kg/hm²，则总需钾量为 225.00kg/hm²。一等地种植区土壤供钾量为 137.84kg/hm²，二等地种植区土壤供钾量为 139.84kg/hm²，三等地种植区土壤供钾量为 141.43kg/hm²，土壤平均供钾量为 139.70kg/hm²；一等地种植区钾素补充量为 87.16kg/hm²，二等地种植区钾素补充量为 85.16kg/hm²，三等地种植区钾素补充量为 83.57kg/hm²，钾素平均平衡补充量为 85.30kg/hm²（表 11-57）。

表 11-57 西瓜不同种植区钾素平衡补充量

编号	种植区	计划产量 （kg/hm²）	总需钾量 （kg/hm²）	土壤供钾量 （kg/hm²）	钾素平衡补充量 （kg/hm²）
1	一等地种植区	75 000	225.00	137.84	87.16
2	二等地种植区	75 000	225.00	139.84	85.16
3	三等地种植区	75 000	225.00	141.43	83.57
平均		75 000	225.00	139.70	85.30

二、温室黄瓜氮磷钾素平衡补充量

（一）氮素平衡补充量

生产 100kg 黄瓜果实从土壤中吸收 N 0.40kg，计划温室黄瓜产量为 97 500kg/hm²，总需氮量为 390.00kg/hm²。一等地种植区土壤供氮量为 68.29kg/hm²，二等地种植区土壤供氮量为 57.44kg/hm²，三等地种植区土壤供氮量为 53.14kg/hm²，土壤平均供

张掖灌区农作物科学施肥理论与实践

氮量为 59.62kg/hm²；一等地种植区氮素补充量为 321.71kg/hm²，二等地种植区氮素补充量为 332.56kg/hm²，三等地种植区氮素补充量为 336.86kg/hm²，氮素平均平衡补充量为 330.38kg/hm²（表 11-58）。

表 11-58　黄瓜不同种植区氮素平衡补充量

编号	种植区	计划产量 （kg/hm²）	总需氮量 （kg/hm²）	土壤供氮量 （kg/hm²）	氮素平衡补充量 （kg/hm²）
1	一等地种植区	97 500	390.00	68.29	321.71
2	二等地种植区	97 500	390.00	57.44	332.56
3	三等地种植区	97 500	390.00	53.14	336.86
平均		97 500	390.00	59.62	330.38

（二）磷素平衡补充量

生产 100kg 黄瓜果实从土壤中吸收 P_2O_5 0.35kg，计划温室黄瓜产量为 97 500kg/hm²，总需磷量为 341.25kg/hm²。一等地种植区土壤供磷量为 11.57kg/hm²，二等地种植区土壤供磷量为 10.14kg/hm²，三等地种植区土壤供磷量为 8.86kg/hm²，土壤平均供磷量为 10.19kg/hm²；一等地种植区磷素补充量为 329.68kg/hm²，二等地种植区磷素补充量为 331.11kg/hm²，三等地种植区磷素补充量为 332.39kg/hm²，磷素平均平衡补充量为 331.06kg/hm²（表 11-59）。

表 11-59　黄瓜不同种植区磷素平衡补充量

编号	种植区	计划产量 （kg/hm²）	总需磷量 （kg/hm²）	土壤供磷量 （kg/hm²）	磷素平衡补充量 （kg/hm²）
1	一等地种植区	97 500	341.25	11.57	329.68
2	二等地种植区	97 500	341.25	10.14	331.11
3	三等地种植区	97 500	341.25	8.86	332.39
平均		97 500	341.25	10.19	331.06

（三）钾素平衡补充量

生产 100kg 黄瓜果实从土壤中吸收 K_2O 0.55kg，计划温室黄瓜产量为 97 500kg/hm²，则总需钾量 536.25kg/hm²。一等地种植区土壤供钾量为 137.84kg/hm²，二等地种植区土壤供钾量为 139.84kg/hm²，三等地种植区土壤供钾量为 141.43kg/hm²，土壤平均供钾量为 139.70kg/hm²；一等地种植区钾素补充量为 398.41kg/hm²，二等地种植区钾素补充量为 396.41kg/hm²，三等地种植区钾素补充量为 394.82kg/hm²，钾素平均平衡补充量为 396.55kg/hm²（表 11-60）。

表 11-60　黄瓜不同种植区钾素平衡补充量

编号	种植区	计划产量 （kg/hm²）	总需钾量 （kg/hm²）	土壤供钾量 （kg/hm²）	钾素平衡补充量 （kg/hm²）
1	一等地种植区	97 500	536.25	137.84	398.41
2	二等地种植区	97 500	536.25	139.84	396.41
3	三等地种植区	97 500	536.25	141.43	394.82
平均		97 500	536.25	139.70	396.55

三、甜瓜氮磷钾素平衡补充量

（一）氮素平衡补充量

生产 100kg 甜瓜果实从土壤中吸收 N 0.80kg，计划甜瓜产量为 45 000kg/hm²，总需氮量 360.00kg/hm²。一等地种植区土壤供氮量为 68.29kg/hm²，二等地种植区土壤供氮量为 57.44kg/hm²，三等地种植区土壤供氮量为 53.14kg/hm²，土壤平均供氮量为 59.62kg/hm²；一等地种植区氮素补充量为 291.71kg/hm²，二等地种植区氮素补充量为 302.56kg/hm²，三等地种植区氮素补充量为 306.86kg/hm²，氮素平均平衡补充量为 300.38kg/hm²（表 11-61）。

表 11-61　甜瓜不同种植区氮素平衡补充量

编号	种植区	计划产量 （kg/hm²）	总需氮量 （kg/hm²）	土壤供氮量 （kg/hm²）	氮素平衡补充量 （kg/hm²）
1	一等地种植区	45 000	360.00	68.29	291.71
2	二等地种植区	45 000	360.00	57.44	302.56
3	三等地种植区	45 000	360.00	53.14	306.86
平均		45 000	360.00	59.62	300.38

（二）磷素平衡补充量

生产 100kg 甜瓜果实从土壤中吸收 P_2O_5 0.35kg，计划甜瓜产量为 45 000kg/hm²，则总需磷量为 157.50kg/hm²。一等地种植区土壤供磷量为 11.57kg/hm²，二等地种植区土壤供磷量为 10.14kg/hm²，三等地种植区土壤供磷量为 8.86kg/hm²，土壤平均供磷量为 10.19kg/hm²；一等地种植区磷素补充量为 145.93kg/hm²，二等地种植区磷素补充量为 147.36kg/hm²，三等地种植区磷素补充量为 148.64kg/hm^2，磷素平均平衡补充量为 147.31kg/hm^2（表 11-62）。

表 11-62 甜瓜不同种植区磷素平衡补充量

编号	种植区	计划产量 （kg/hm^2）	总需磷量 （kg/hm^2）	土壤供磷量 （kg/hm^2）	磷素平衡补充量 （kg/hm^2）
1	一等地种植区	45 000	157.50	11.57	145.93
2	二等地种植区	45 000	157.50	10.14	147.36
3	三等地种植区	45 000	157.50	8.86	148.64
平均		45 000	157.50	10.19	147.31

（三）钾素平衡补充量

生产 100kg 甜瓜果实从土壤中吸收 K$_2$O 0.50kg，计划甜瓜产量为 45 000kg/hm^2，总需钾量 225.00kg/hm^2。一等地种植区土壤供钾量为 137.84kg/hm^2，二等地种植区土壤供钾量为 139.84kg/hm^2，三等地种植区土壤供钾量为 141.43kg/hm^2，土壤平均供钾量为 139.70kg/hm^2；一等地种植区钾素补充量为 87.16kg/hm^2，二等地种植区钾素补充量为 85.16kg/hm^2，三等地种植区钾素补充量为 83.57kg/hm^2，钾素平均平衡补充量为 85.30kg/hm^2（表 11-63）。

表 11-63 甜瓜不同种植区钾素平衡补充量

编号	种植区	计划产量 （kg/hm^2）	总需钾量 （kg/hm^2）	土壤供钾量 （kg/hm^2）	钾素平衡补充量 （kg/hm^2）
1	一等地种植区	45 000	225.00	137.84	87.16
2	二等地种植区	45 000	225.00	139.84	85.16
3	三等地种植区	45 000	225.00	141.43	83.57
平均		45 000	225.00	139.70	85.30

四、白兰瓜氮磷钾素平衡补充量

（一）氮素平衡补充量

生产 100kg 白兰瓜果实从土壤中吸收 N 1.00kg，计划白兰瓜产量为 37 500kg/hm^2，总需氮量为 375.00kg/hm^2。一等地种植区土壤供氮量为 68.29kg/hm^2，二等地种植区土壤供氮量为 57.44kg/hm^2，三等地种植区土壤供氮量为 53.14kg/hm^2，土壤平均供氮量为 59.62kg/hm^2；一等地种植区氮素补充量为 306.71kg/hm^2，二等地种植区氮素补充量为 317.56kg/hm^2，三等地种植区氮素补充量为 321.86kg/hm^2，氮素平均平衡补充量为

315.38kg/hm² (表 11-64)。

表 11-64 白兰瓜不同种植区氮素平衡补充量

编号	种植区	计划产量 (kg/hm²)	总需氮量 (kg/hm²)	土壤供氮量 (kg/hm²)	氮素平衡补充量 (kg/hm²)
1	一等地种植区	37 500	375.00	68.29	306.71
2	二等地种植区	37 500	375.00	57.44	317.56
3	三等地种植区	37 500	375.00	53.14	321.86
平均		37 500	375.00	59.62	315.38

(二) 磷素平衡补充量

生产 100kg 白兰瓜果实从土壤中吸收 P_2O_5 0.40kg，计划白兰瓜产量为 37 500kg/hm²，总需磷量为 150.00kg/hm²。一等地种植区土壤供磷量为 11.57kg/hm²，二等地种植区土壤供磷量为 10.14kg/hm²，三等地种植区土壤供磷量为 8.86kg/hm²，土壤平均供磷量为 10.19kg/hm²；一等地种植区磷素补充量为 138.43kg/hm²，二等地种植区磷素补充量为 139.86kg/hm²，三等地种植区磷素补充量为 141.14kg/hm²，磷素平均平衡补充量为 139.81kg/hm² (表 11-65)。

表 11-65 白兰瓜不同种植区磷素平衡补充量

编号	种植区	计划产量 (kg/hm²)	总需磷量 (kg/hm²)	土壤供磷量 (kg/hm²)	磷素平衡补充量 (kg/hm²)
1	一等地种植区	37 500	150.00	11.57	138.43
2	二等地种植区	37 500	150.00	10.14	139.86
3	三等地种植区	37 500	150.00	8.86	141.14
平均		37 500	150.00	10.19	139.81

(三) 钾素平衡补充量

生产 100kg 白兰瓜果实从土壤中吸收 K_2O 0.55kg，计划白兰瓜产量为 37 500kg/hm²，总需钾量为 206.25kg/hm²。一等地种植区土壤供钾量为 137.84kg/hm²，二等地种植区土壤供钾量为 139.84kg/hm²，三等地种植区土壤供钾量为 141.43kg/hm²，土壤平均供钾量为 139.70kg/hm²；一等地种植区钾素补充量为 68.41kg/hm²，二等地种植区钾素补充量为 66.41kg/hm²，三等地种植区钾素补充量为 64.82kg/hm²，钾素平均平衡补充量为 66.55kg/hm² (表 11-66)。

张掖灌区农作物科学施肥理论与实践

表 11-66 白兰瓜不同种植区钾素平衡补充量

编号	种植区	计划产量（kg/hm²）	总需钾量（kg/hm²）	土壤供钾量（kg/hm²）	钾素平衡补充量（kg/hm²）
1	一等地种植区	37 500	206.25	137.84	68.41
2	二等地种植区	37 500	206.25	139.84	66.41
3	三等地种植区	37 500	206.25	141.43	64.82
平均		37 500	206.25	139.70	66.55

五、温室西葫芦氮磷钾素平衡补充量

（一）氮素平衡补充量

生产 100kg 温室西葫芦果实从土壤中吸收 N 0.35kg，计划温室西葫芦产量为 90 000kg/hm²，总需氮量 315.00kg/hm²。一等地种植区土壤供氮量为 68.29kg/hm²，二等地种植区土壤供氮量为 57.44kg/hm²，三等地种植区土壤供氮量为 53.14kg/hm²，土壤平均供氮量为 59.62kg/hm²；一等地种植区氮素补充量为 246.71kg/hm²，二等地种植区氮素补充量为 257.56kg/hm²，三等地种植区氮素补充量为 261.86kg/hm²，氮素平均平衡补充量为 255.38kg/hm²（表 11-67）。

表 11-67 西葫芦不同种植区氮素平衡补充量

编号	种植区	计划产量（kg/hm²）	总需氮量（kg/hm²）	土壤供氮量（kg/hm²）	氮素平衡补充量（kg/hm²）
1	一等地种植区	90 000	315.00	68.29	246.71
2	二等地种植区	90 000	315.00	57.44	257.56
3	三等地种植区	90 000	315.00	53.14	261.86
平均		90 000	315.00	59.62	255.38

（二）磷素平衡补充量

生产 100kg 温室西葫芦果实从土壤中吸收 P_2O_5 0.09kg，计划温室西葫芦产量为 90 000kg/hm²，总需磷量 81.00kg/hm²。一等地种植区土壤供磷量为 11.57kg/hm²，二等地种植区土壤供磷量为 10.14kg/hm²，三等地种植区土壤供磷量为 8.86kg/hm²，土壤平均供磷量为 10.19kg/hm²；一等地种植区磷素补充量为 69.43kg/hm²，二等地种植区磷素补充量为 70.86kg/hm²，三等地种植区磷素补充量为 72.14kg/hm²，磷素平均平衡补充量为 70.81kg/hm²（表 11-68）。

表 11-68　西葫芦不同种植区磷素平衡补充量

编号	种植区	计划产量 （kg/hm²）	总需磷量 （kg/hm²）	土壤供磷量 （kg/hm²）	磷素平衡补充量 （kg/hm²）
1	一等地种植区	90 000	81.00	11.57	69.43
2	二等地种植区	90 000	81.00	10.14	70.86
3	三等地种植区	90 000	81.00	8.86	72.14
平均		90 000	81.00	10.19	70.81

（三）钾素平衡补充量

生产100kg温室西葫芦果实从土壤中吸收 K_2O 0.42kg，计划温室西葫芦产量为90 000kg/hm²，总需钾量 378.00kg/hm²。一等地种植区土壤供钾量为137.84kg/hm²，二等地种植区土壤供钾量为139.84kg/hm²，三等地种植区土壤供钾量为141.43kg/hm²，土壤平均供钾量为139.70kg/hm²；一等地种植区钾素补充量为240.16kg/hm²，二等地种植区钾素补充量为238.16kg/hm²，三等地种植区钾素补充量为236.57kg/hm²，钾素平均平衡补充量为238.30kg/hm²（表11-69）。

表 11-69　西葫芦不同种植区钾素平衡补充量

编号	种植区	计划产量 （kg/hm²）	总需钾量 （kg/hm²）	土壤供钾量 （kg/hm²）	钾素平衡补充量 （kg/hm²）
1	一等地种植区	90 000	378.00	137.84	240.16
2	二等地种植区	90 000	378.00	139.84	238.16
3	三等地种植区	90 000	378.00	141.43	236.57
平均		90 000	378.00	139.70	238.30

第五节　茄科果菜类氮磷钾素平衡补充量

一、温室茄子氮磷钾素平衡补充量

（一）氮素平衡补充量

生产100kg温室茄子果实从土壤中吸收 N 0.30kg，计划温室茄子产量为72 000kg/hm²，总需氮量 216.00kg/hm²。一等地种植区土壤供氮量为68.29kg/hm²，二等地种植区土壤供氮量为57.44kg/hm²，三等地种植区土壤供氮

张掖灌区农作物科学施肥理论与实践

量为 53.14kg/hm²，土壤平均供氮量为 59.62kg/hm²；一等地种植区氮素补充量为 147.71kg/hm²，二等地种植区氮素补充量为 158.56kg/hm²，三等地种植区氮素补充量为 162.86kg/hm²，氮素平均平衡补充量为 156.38kg/hm²（表 11-70）。

表 11-70　茄子不同种植区氮素平衡补充量

编号	种植区	计划产量（kg/hm²）	总需氮量（kg/hm²）	土壤供氮量（kg/hm²）	氮素平衡补充量（kg/hm²）
1	一等地种植区	72 000	216.00	68.29	147.71
2	二等地种植区	72 000	216.00	57.44	158.56
3	三等地种植区	72 000	216.00	53.14	162.86
平均		72 000	216.00	59.62	156.38

（二）磷素平衡补充量

生产 100kg 温室茄子果实从土壤中吸收 P_2O_5 0.10kg，计划温室茄子产量为 72 000kg/hm²，总需磷量 72.00kg/hm²。一等地种植区土壤供磷量为 11.57kg/hm²，二等地种植区土壤供磷量为 10.14kg/hm²，三等地种植区土壤供磷量为 8.86kg/hm²，土壤平均供磷量为 10.19kg/hm²；一等地种植区磷素补充量为 60.43kg/hm²，二等地种植区磷素补充量为 61.86kg/hm²，三等地种植区磷素补充量为 63.14kg/hm²，磷素平均平衡补充量 61.81kg/hm²（表 11-71）。

表 11-71　茄子不同种植区磷素平衡补充量

编号	种植区	计划产量（kg/hm²）	总需磷量（kg/hm²）	土壤供磷量（kg/hm²）	磷素平衡补充量（kg/hm²）
1	一等地种植区	72 000	72.00	11.57	60.43
2	二等地种植区	72 000	72.00	10.14	61.86
3	三等地种植区	72 000	72.00	8.86	63.14
平均		72 000	72.00	10.19	61.81

（三）钾素平衡补充量

生产 100kg 温室茄子果实从土壤中吸收 K_2O 0.40kg，计划温室茄子产量为 72 000 kg/hm²，总需钾量 288.00kg/hm²。一等地种植区土壤供钾量为 137.84kg/hm²，二等地种植区土壤供钾量为 139.84kg/hm²，三等地种植区土壤供钾量为 141.43kg/hm²，土壤平均供钾量为 139.70kg/hm²；一等地种植区钾素补充量为 150.16kg/hm²，二等地种植区钾素补充量为 148.16kg/hm²，三等地种植区钾素补充量为 146.57kg/hm²，钾素平均平衡补充量为 148.30kg/hm²（表 11-72）。

表 11-72 茄子不同种植区钾素平衡补充量

编号	种植区	计划产量 （kg/hm²）	总需钾量 （kg/hm²）	土壤供钾量 （kg/hm²）	钾素平衡补充量 （kg/hm²）
1	一等地种植区	72 000	288.00	137.84	150.16
2	二等地种植区	72 000	288.00	139.84	148.16
3	三等地种植区	72 000	288.00	141.43	146.57
平均		72 000	288.00	139.70	148.30

二、温室辣椒氮磷钾素平衡补充量

（一）氮素平衡补充量

生产 100kg 温室辣椒果实从土壤中吸收 N 0.58kg，计划温室辣椒产量为 67 500kg/hm²，总需氮量 391.50kg/hm²。一等地种植区土壤供氮量为 68.29kg/hm²，二等地种植区土壤供氮量为 57.44kg/hm²，三等地种植区土壤供氮量为 53.14kg/hm²，土壤平均供氮量为 59.62kg/hm²；一等地种植区氮素补充量为 323.21kg/hm²，二等地种植区氮素补充量为 334.06kg/hm²，三等地种植区氮素补充量为 338.36kg/hm²，氮素平均平衡补充量为 331.88kg/hm²（表 11-73）。

表 11-73 辣椒不同种植区氮素平衡补充量

编号	种植区	计划产量 （kg/hm²）	总需氮量 （kg/hm²）	土壤供氮量 （kg/hm²）	氮素平衡补充量 （kg/hm²）
1	一等地种植区	67 500	391.50	68.29	323.21
2	二等地种植区	67 500	391.50	57.44	334.06
3	三等地种植区	67 500	391.50	53.14	338.36
平均		67 500	391.50	59.62	331.88

（二）磷素平衡补充量

生产 100kg 温室辣椒果实从土壤中吸收 P_2O_5 0.11kg，计划温室辣椒产量为 67 500kg/hm²，总需磷量 74.25kg/hm²。一等地种植区土壤供磷量为 11.57kg/hm²，二等地种植区土壤供磷量为 10.14kg/hm²，三等地种植区土壤供磷量为 8.86kg/hm²，土壤平均供磷量为 10.19kg/hm²；一等地种植区磷素补充量为 62.68kg/hm²，二等地种植区磷素补充量为 64.11kg/hm²，三等地种植区磷素补充

张掖灌区农作物科学施肥理论与实践

量为 65.39kg/hm²，磷素平均平衡补充量为 64.06kg/hm²（表 11-74）。

表 11-74 辣椒不同种植区磷素平衡补充量

编号	种植区	计划产量 （kg/hm²）	总需磷量 （kg/hm²）	土壤供磷量 （kg/hm²）	磷素平衡补充量 （kg/hm²）
1	一等地种植区	67 500	74.25	11.57	62.68
2	二等地种植区	67 500	74.25	10.14	64.11
3	三等地种植区	67 500	74.25	8.86	65.39
平均		67 500	74.25	10.19	64.06

（三）钾素平衡补充量

生产 100kg 温室辣椒果实从土壤中吸收 K_2O 0.74kg，计划温室辣椒产量为 67 500kg/hm²，总需钾量 499.50kg/hm²。一等地种植区土壤供钾量为 137.84kg/hm²，二等地种植区土壤供钾量为 139.84kg/hm²，三等地种植区土壤供钾量为 141.43kg/hm²，土壤平均供钾量为 139.70kg/hm²；一等地种植区钾素补充量为 361.66kg/hm²，二等地种植区钾素补充量为 359.66kg/hm²，三等地种植区钾素补充量为 358.07kg/hm²，钾素平均平衡补充量为 359.80kg/hm²（表 11-75）。

表 11-75 辣椒不同种植区钾素平衡补充量

编号	种植区	计划产量 （kg/hm²）	总需钾量 （kg/hm²）	土壤供钾量 （kg/hm²）	钾素平衡补充量 （kg/hm²）
1	一等地种植区	67 500	499.50	137.84	361.66
2	二等地种植区	67 500	499.50	139.84	359.66
3	三等地种植区	67 500	499.50	141.43	358.07
平均		67 500	499.50	139.70	359.80

三、温室番茄氮磷钾素平衡补充量

（一）氮素平衡补充量

生产 100kg 温室番茄果实从土壤中吸收 N 0.45kg，计划温室番茄产量为 90 000kg/hm²，总需氮量 405.00kg/hm²。一等地种植区土壤供氮量为 68.29kg/hm²，二等地种植区土壤供氮量为 57.44kg/hm²，三等地种植区土壤供氮量为 53.14kg/hm²，土壤平均供氮量为 59.62kg/hm²；一等地种植区氮素补充量为 336.71kg/hm²，二等地种植区氮素补充量为 347.56kg/hm²，三等地种植区氮素补充量为 351.86kg/hm²，氮素平均平衡补充量为 345.38kg/hm²（表 11-76）。

表 11-76　番茄不同种植区氮素平衡补充量

编号	种植区	计划产量 （kg/hm²）	总需氮量 （kg/hm²）	土壤供氮量 （kg/hm²）	氮素平衡补充量 （kg/hm²）
1	一等地种植区	90 000	405.00	68.29	336.71
2	二等地种植区	90 000	405.00	57.44	347.56
3	三等地种植区	90 000	405.00	53.14	351.86
平均		90 000	405.00	59.62	345.38

（二）磷素平衡补充量

生产 100kg 温室番茄果实从土壤中吸收 P_2O_5 0.50kg，计划温室番茄产量为 90 000kg/hm²，总需磷量 450.00kg/hm²。一等地种植区土壤供磷量为 11.57kg/hm²，二等地种植区土壤供磷量为 10.14kg/hm²，三等地种植区土壤供磷量为 8.86kg/hm²，土壤平均供磷量为 10.19kg/hm²；一等地种植区磷素补充量为 438.43kg/hm²，二等地种植区磷素补充量为 439.86kg/hm²，三等地种植区磷素补充量为 441.14kg/hm²，磷素平均平衡补充量为 439.81kg/hm²（表 11-77）。

表 11-77　番茄不同种植区磷素平衡补充量

编号	种植区	计划产量 （kg/hm²）	总需磷量 （kg/hm²）	土壤供磷量 （kg/hm²）	磷素平衡补充量 （kg/hm²）
1	一等地种植区	90 000	450.00	11.57	438.43
2	二等地种植区	90 000	450.00	10.14	439.86
3	三等地种植区	90 000	450.00	8.86	441.14
平均		90 000	450.00	10.19	439.81

（三）钾素平衡补充量

生产 100kg 温室番茄果实从土壤中吸收 K_2O 0.50kg，计划温室番茄产量为 90 000kg/hm²，总需钾量 450.00kg/hm²。一等地种植区土壤供钾量为 137.84kg/hm²，二等地种植区土壤供钾量为 139.84kg/hm²，三等地种植区土壤供钾量为 141.43kg/hm²，土壤平均供钾量为 139.70kg/hm²；一等地种植区钾素补充量为 312.16kg/hm²，二等地种植区钾素补充量为 310.16kg/hm²，三等地种植区钾素补充量为 308.57kg/hm²，钾素平均平衡补充量为 310.30kg/hm²（表 11-78）。

表 11-78 番茄不同种植区钾素平衡补充量

编号	种植区	计划产量 （kg/hm²）	总需钾量 （kg/hm²）	土壤供钾量 （kg/hm²）	钾素平衡补充量 （kg/hm²）
1	一等地种植区	90 000	450.00	137.84	312.16
2	二等地种植区	90 000	450.00	139.84	310.16
3	三等地种植区	90 000	450.00	141.43	308.57
平均		90 000	450.00	139.70	310.30

四、温室人参果氮磷钾素平衡补充量

（一）氮素平衡补充量

生产 100kg 温室人参果果实从土壤中吸收 N 0.40kg，计划温室人参果产量为 82 500kg/hm²，总需氮 330.00kg/hm²。一等地种植区土壤供氮量为 68.29kg/hm²，二等地种植区土壤供氮量为 57.44kg/hm²，三等地种植区土壤供氮量为 53.14kg/hm²，土壤平均供氮量为 59.62kg/hm²；一等地种植区氮素补充量为 261.71kg/hm²，二等地种植区氮素补充量为 272.56kg/hm²，三等地种植区氮素补充量为 276.86kg/hm²，氮素平均平衡补充量为 270.38kg/hm²（表 11-79）。

表 11-79 人参果不同种植区氮素平衡补充量

编号	种植区	计划产量 （kg/hm²）	总需氮量 （kg/hm²）	土壤供氮量 （kg/hm²）	氮素平衡补充量 （kg/hm²）
1	一等地种植区	82 500	330.00	68.29	261.71
2	二等地种植区	82 500	330.00	57.44	272.56
3	三等地种植区	82 500	330.00	53.14	276.86
平均		82 500	330.00	59.62	270.38

（二）磷素平衡补充量

生产 100kg 温室人参果果实从土壤中吸收 P_2O_5 0.25kg，计划温室人参果产量为 82 500kg/hm²，总需磷量 206.25kg/hm²。一等地种植区土壤供磷量为 11.57kg/hm²，二等地种植区土壤供磷量为 10.14kg/hm²，三等地种植区土壤供磷量为 8.86kg/hm²，土壤平均供磷量为 10.19kg/hm²；一等地种植区磷素补充量为 194.68kg/hm²，二等地种植区磷素补充量为 196.11kg/hm²，三等地种植区磷素补充量为 197.39kg/hm²，磷素平均平衡补充量为 196.06kg/hm²（表 11-80）。

张掖灌区农作物科学施肥理论与实践

表 11-80　人参果不同种植区磷素平衡补充量

编号	种植区	计划产量（kg/hm²）	总需磷量（kg/hm²）	土壤供磷量（kg/hm²）	磷素平衡补充量（kg/hm²）
1	一等地种植区	82 500	206.25	11.57	194.68
2	二等地种植区	82 500	206.25	10.14	196.11
3	三等地种植区	82 500	206.25	8.86	197.39
平均		82 500	206.25	10.19	196.06

（三）钾素平衡补充量

生产 100kg 温室人参果果实从土壤中吸收 K_2O 0.30kg，计划温室人参果产量为 82 500kg/hm²，总需钾量 247.50kg/hm²。一等地种植区土壤供钾量为 137.84kg/hm²，二等地种植区土壤供钾量为 139.84kg/hm²，三等地种植区土壤供钾量为 141.43kg/hm²，土壤平均供钾量为 139.70kg/hm²；一等地种植区钾素补充量为 109.66kg/hm²，二等地种植区钾素补充量为 107.66kg/hm²，三等地种植区钾素补充量为 106.07kg/hm²，钾素平均平衡补充量为 107.80kg/hm²（表 11-81）。

表 11-81　人参果不同种植区钾素平衡补充量

编号	种植区	计划产量（kg/hm²）	总需钾量（kg/hm²）	土壤供钾量（kg/hm²）	钾素平衡补充量（kg/hm²）
1	一等地种植区	82 500	247.50	137.84	109.66
2	二等地种植区	82 500	247.50	139.84	107.66
3	三等地种植区	82 500	247.50	141.43	106.07
平均		82 500	247.50	139.70	107.80

第六节　十字花科蔬菜氮磷钾素平衡补充量

一、大白菜氮磷钾素平衡补充量

（一）氮素平衡补充量

生产 100kg 大白菜从土壤中吸收 N 0.40kg，计划大白菜产量为 82 500kg/hm²，总需氮量 330.00kg/hm²。一等地种植区土壤供氮量为 68.29kg/hm²，二等地种植区土壤供氮量为 57.44kg/hm²，三等地种植区土壤供氮量为 53.14kg/hm²，土壤平均供氮量为59.62kg/hm²；一等地种植区氮素补充量为261.71kg/hm²，二等地种植区氮素补充量为272.56kg/hm²，三等地种植区氮素补充量为276.86kg/hm²，氮素平均平衡补充量为270.38kg/hm²（表11-82）。

表11-82 大白菜不同种植区氮素平衡补充量

编号	种植区	计划产量 （kg/hm²）	总需氮量 （kg/hm²）	土壤供氮量 （kg/hm²）	氮素平衡补充量 （kg/hm²）
1	一等地种植区	82 500	330.00	68.29	261.71
2	二等地种植区	82 500	330.00	57.44	272.56
3	三等地种植区	82 500	330.00	53.14	276.86
平均		82 500	330.00	59.62	270.38

（二）磷素平衡补充量

生产100kg大白菜从土壤中吸收P₂O₅ 0.25kg，计划大白菜产量为82 500kg/hm²，总需磷量206.25kg/hm²。一等地种植区土壤供磷量为11.57kg/hm²，二等地种植区土壤供磷量为10.14kg/hm²，三等地种植区土壤供磷量为8.86kg/hm²，土壤平均供磷量为10.19kg/hm²；一等地种植区磷素补充量为194.68kg/hm²，二等地种植区磷素补充量为196.11kg/hm²，三等地种植区磷素补充量为197.39kg/hm²，磷素平均平衡补充量为196.06kg/hm²（表11-83）。

表11-83 大白菜不同种植区磷素平衡补充量

编号	种植区	计划产量 （kg/hm²）	总需磷量 （kg/hm²）	土壤供磷量 （kg/hm²）	磷素平衡补充量 （kg/hm²）
1	一等地种植区	82 500	206.25	11.57	194.68
2	二等地种植区	82 500	206.25	10.14	196.11
3	三等地种植区	82 500	206.25	8.86	197.39
平均		82 500	206.25	10.19	196.06

（三）钾素平衡补充量

生产100kg大白菜从土壤中吸收K₂O 0.30kg，计划大白菜产量为82 500kg/hm²，总需钾量247.50kg/hm²。一等地种植区土壤供钾量为137.84kg/hm²，二等地种植区土壤供钾量为139.84kg/hm²，三等地种植区土壤供钾量为141.43kg/hm²，土壤平均供钾量为139.70kg/hm²；一等地种植区钾素补充量为109.66kg/hm²，二等地种植区钾素补充量为107.66kg/hm²，三等地种植区钾素补充量为106.07kg/hm²，钾素平均平衡补充量为 107.80kg/hm² （表 11-84）。

表 11-84 大白菜不同种植区钾素平衡补充量

编号	种植区	计划产量 （kg/hm²）	总需钾量 （kg/hm²）	土壤供钾量 （kg/hm²）	钾素平衡补充量 （kg/hm²）
1	一等地种植区	82 500	247.50	137.84	109.66
2	二等地种植区	82 500	247.50	139.84	107.66
3	三等地种植区	82 500	247.50	141.43	106.07
平均		82 500	247.50	139.70	107.80

二、结球甘蓝氮磷钾素平衡补充量

（一）氮素平衡补充量

生产 100kg 甘蓝从土壤中吸收 N 0.40kg，计划结球甘蓝产量为 82 500kg/hm²，总需氮量 330.00kg/hm²。一等地种植区土壤供氮量为 68.29kg/hm²，二等地种植区土壤供氮量为 57.44kg/hm²，三等地种植区土壤供氮量为 53.14kg/hm²，土壤平均供氮量为 59.62kg/hm²；一等地种植区氮素补充量为 261.71kg/hm²，二等地种植区氮素补充量为 272.56kg/hm²，三等地种植区氮素补充量为 276.86kg/hm²，氮素平均平衡补充量为 270.38kg/hm²（表 11-85）。

表 11-85 结球甘蓝不同种植区氮素平衡补充量

编号	种植区	计划产量 （kg/hm²）	总需氮量 （kg/hm²）	土壤供氮量 （kg/hm²）	氮素平衡补充量 （kg/hm²）
1	一等地种植区	82 500	330.00	68.29	261.71
2	二等地种植区	82 500	330.00	57.44	272.56
3	三等地种植区	82 500	330.00	53.14	276.86
平均		82 500	330.00	59.62	270.38

（二）磷素平衡补充量

生产 100kg 甘蓝从土壤中吸收 P_2O_5 0.25kg，计划结球甘蓝产量为 82 500kg/hm²，总需磷量 206.25kg/hm²。一等地种植区土壤供磷量为 11.57kg/hm²，二等地种植区土壤供磷量为 10.14kg/hm²，三等地种植区土壤供磷量为 8.86kg/hm²，土壤平均供磷量为 10.19kg/hm²；一等地种植区磷素补充量为 194.68kg/hm²，二等地种植区磷素补充量为 196.11kg/hm²，三等地种植区磷素补充量为 197.39kg/hm²，磷素平均平衡补充量为 196.06kg/hm² （表 11-86）。

表 11-86 结球甘蓝不同种植区磷素平衡补充量

编号	种植区	计划产量 （kg/hm²）	总需磷量 （kg/hm²）	土壤供磷量 （kg/hm²）	磷素平衡补充量 （kg/hm²）
1	一等地种植区	82 500	206.25	11.57	194.68
2	二等地种植区	82 500	206.25	10.14	196.11
3	三等地种植区	82 500	206.25	8.86	197.39
平均		82 500	206.25	10.19	196.06

（三）钾素平衡补充量

生产 100kg 甘蓝从土壤中吸收 K_2O 0.30kg，计划结球甘蓝产量为 82 500kg/hm²，总需钾量 247.50kg/hm²。一等地种植区土壤供钾量为 137.84kg/hm²，二等地种植区土壤供钾量为 139.84kg/hm²，三等地种植区土壤供钾量为 141.43kg/hm²，土壤平均供钾量为 139.70kg/hm²；一等地种植区钾素补充量为 109.66kg/hm²，二等地种植区钾素补充量为 107.66kg/hm²，三等地种植区钾素补充量为 106.07kg/hm²，钾素平均平衡补充量为 107.80kg/hm²（表 11-87）。

表 11-87 结球甘蓝不同种植区钾素平衡补充量

编号	种植区	计划产量 （kg/hm²）	总需钾量 （kg/hm²）	土壤供钾量 （kg/hm²）	钾素平衡补充量 （kg/hm²）
1	一等地种植区	82 500	247.50	137.84	109.66
2	二等地种植区	82 500	247.50	139.84	107.66
3	三等地种植区	82 500	247.50	141.43	106.07
平均		82 500	247.50	139.70	107.80

三、花椰菜氮磷钾素平衡补充量

（一）氮素平衡补充量

生产 100kg 花椰菜从土壤中吸收 N 0.40kg，计划花椰菜产量为 82 500kg/hm²，总需氮量 330.00kg/hm²。一等地种植区土壤供氮量为 68.29kg/hm²，二等地种植区土壤供氮量为 57.44kg/hm²，三等地种植区土壤供氮量为 53.14kg/hm²，土壤平均供氮量为 59.62kg/hm²；一等地种植区氮素补充量为 261.71kg/hm²，二等地种植区氮素补充量为 272.56kg/hm²，三等地种植区氮素补充量为 276.86kg/hm²，氮素平均平衡补充量为270.38kg/hm²（表11-88）。

表11-88 花椰菜不同种植区氮素平衡补充量

编号	种植区	计划产量 （kg/hm²）	总需氮量 （kg/hm²）	土壤供氮量 （kg/hm²）	氮素平衡补充量 （kg/hm²）
1	一等地种植区	82 500	330.00	68.29	261.71
2	二等地种植区	82 500	330.00	57.44	272.56
3	三等地种植区	82 500	330.00	53.14	276.86
平均		82 500	330.00	59.62	270.38

（二）磷素平衡补充量

生产100kg花椰菜从土壤中吸收P_2O_5 0.25kg，计划花椰菜产量为82 500kg/hm²，总需磷量206.25kg/hm²。一等地种植区土壤供磷量为11.57kg/hm²，二等地种植区土壤供磷量为10.14kg/hm²，三等地种植区土壤供磷量为8.86kg/hm²，土壤平均供磷量为10.19kg/hm²；一等地种植区磷素补充量为194.68kg/hm²，二等地种植区磷素补充量为196.11kg/hm²，三等地种植区磷素补充量为197.39kg/hm²，磷素平均平衡补充量为196.06kg/hm²（表11-89）。

表11-89 花椰菜不同种植区磷素平衡补充量

编号	种植区	计划产量 （kg/hm²）	总需磷量 （kg/hm²）	土壤供磷量 （kg/hm²）	磷素平衡补充量 （kg/hm²）
1	一等地种植区	82 500	206.25	11.57	194.68
2	二等地种植区	82 500	206.25	10.14	196.11
3	三等地种植区	82 500	206.25	8.86	197.39
平均		82 500	206.25	10.19	196.06

（三）钾素平衡补充量

生产100kg花椰菜从土壤中吸收K_2O 0.30kg，计划花椰菜产量为82 500kg/hm²，总需钾量247.50kg/hm²。一等地种植区土壤供钾量为137.84kg/hm²，二等地种植区土壤供钾量为139.84kg/hm²，三等地种植区土壤供钾量为141.43kg/hm²，土壤平均供钾量为139.70kg/hm²；一等地种植区钾素补充量为109.66kg/hm²，二等地种植区钾素补充量为107.66kg/hm²，三等地种植区钾素补充量为106.07kg/hm²，钾素平均平衡补充量为107.80kg/hm²（表11-90）。

表 11-90 花椰菜不同种植区钾素平衡补充量

编号	种植区	计划产量 （kg/hm²）	总需钾量 （kg/hm²）	土壤供钾量 （kg/hm²）	钾素平衡补充量 （kg/hm²）
1	一等地种植区	82 500	247.50	137.84	109.66
2	二等地种植区	82 500	247.50	139.84	107.66
3	三等地种植区	82 500	247.50	141.43	106.07
平均		82 500	247.50	139.70	107.80

四、西蓝花氮磷钾素平衡补充量

（一）氮素平衡补充量

生产 100kg 西蓝花从土壤中吸收 N 0.40kg，计划西蓝花产量为 82 500kg/hm²，总需氮量 330.00kg/hm²。一等地种植区土壤供氮量为 68.29kg/hm²，二等地种植区土壤供氮量为 57.44kg/hm²，三等地种植区土壤供氮量为 53.14kg/hm²，土壤平均供氮量为 59.62kg/hm²；一等地种植区氮素补充量为 261.71kg/hm²，二等地种植区氮素补充量为 272.56kg/hm²，三等地种植区氮素补充量为 276.86kg/hm²，氮素平均平衡补充量为 270.38kg/hm²（表 11-91）。

表 11-91 西蓝花不同种植区氮素平衡补充量

编号	种植区	计划产量 （kg/hm²）	总需氮量 （kg/hm²）	土壤供氮量 （kg/hm²）	氮素平衡补充量 （kg/hm²）
1	一等地种植区	82 500	330.00	68.29	261.71
2	二等地种植区	82 500	330.00	57.44	272.56
3	三等地种植区	82 500	330.00	53.14	276.86
平均		82 500	330.00	59.62	270.38

（二）磷素平衡补充量

生产 100kg 西蓝花从土壤中吸收 P_2O_5 0.25kg，计划西蓝花产量为 82 500kg/hm²，总需磷量 206.25kg/hm²。一等地种植区土壤供磷量为 11.57kg/hm²，二等地种植区土壤供磷量为 10.14kg/hm²，三等地种植区土壤供磷量为 8.86kg/hm²，土壤平均供磷量为 10.19kg/hm²；一等地种植区磷素补充量为 194.68kg/hm²，二等地种植区磷素补充量为 196.11kg/hm²，三等地种植区磷素补充量为 197.39kg/hm²，磷素平均平衡补充量为 196.06kg/hm²（表 11-92）。

表 11-92　西蓝花不同种植区磷素平衡补充量

编号	种植区	计划产量 （kg/hm²）	总需磷量 （kg/hm²）	土壤供磷量 （kg/hm²）	磷素平衡补充量 （kg/hm²）
1	一等地种植区	82 500	206.25	11.57	194.68
2	二等地种植区	82 500	206.25	10.14	196.11
3	三等地种植区	82 500	206.25	8.86	197.39
平均		82 500	206.25	10.19	196.06

（三）钾素平衡补充量

生产 100kg 西蓝花从土壤中吸收 K_2O 0.30kg，计划西蓝花产量为 82 500kg/hm²，总需钾量 247.50kg/hm²。一等地种植区土壤供钾量为 137.84kg/hm²，二等地种植区土壤供钾量为 139.84kg/hm²，三等地种植区土壤供钾量为 141.43kg/hm²，土壤平均供钾量为 139.70kg/hm²；一等地种植区钾素补充量为 109.66kg/hm²，二等地种植区钾素补充量为 107.66kg/hm²，三等地种植区钾素补充量为 106.07kg/hm²，钾素平均平衡补充量为 107.80kg/hm²（表 11-93）。

表 11-93　西蓝花不同种植区钾素平衡补充量

编号	种植区	计划产量 （kg/hm²）	总需钾量 （kg/hm²）	土壤供钾量 （kg/hm²）	钾素平衡补充量 （kg/hm²）
1	一等地种植区	82 500	247.50	137.84	109.66
2	二等地种植区	82 500	247.50	139.84	107.66
3	三等地种植区	82 500	247.50	141.43	106.07
平均		82 500	247.50	139.70	107.80

第七节　其他蔬菜氮磷钾素平衡补充量

一、大葱氮磷钾素平衡补充量

（一）氮素平衡补充量

生产 100kg 大葱从土壤中吸收 N 0.30kg，计划大葱产量为 120 000kg/hm²，总需氮量 360.00kg/hm²。一等地种植区土壤供氮量为 68.29kg/hm²，二等地种植区土壤供氮量为 57.44kg/hm²，三等地种植区土壤供氮量为 53.14kg/hm²，土壤平均供氮量为 59.62kg/hm²；一等地种植区氮素补充量为 291.71kg/hm²，二等地种植区氮素补充量为 302.56kg/hm²，三等地种植区氮素补充量为 306.86kg/hm²，氮素平均平衡补充量为 300.38kg/hm²（表 11-94）。

表 11-94   大葱不同种植区氮素平衡补充量

编号	种植区	计划产量 （kg/hm²）	总需氮量 （kg/hm²）	土壤供氮量 （kg/hm²）	氮素平衡补充量 （kg/hm²）
1	一等地种植区	120 000	360.00	68.29	291.71
2	二等地种植区	120 000	360.00	57.44	302.56
3	三等地种植区	120 000	360.00	53.14	306.86
平均		120 000	360.00	59.62	300.38

（二）磷素平衡补充量

生产 100kg 大葱从土壤中吸收 P_2O_5 0.12kg，计划大葱产量为 120 000kg/hm²，总需磷量 144.00kg/hm²。一等地种植区土壤供磷量为 11.57kg/hm²，二等地种植区土壤供磷量为 10.14kg/hm²，三等地种植区土壤供磷量为 8.86kg/hm²，土壤平均供磷量为 10.19kg/hm²；一等地种植区磷素补充量为 132.43kg/hm²，二等地种植区磷素补充量为 133.86kg/hm²，三等地种植区磷素补充量为 135.14kg/hm²，磷素平均平衡补充量为 133.81kg/hm²（表 11-95）。

表 11-95   大葱不同种植区磷素平衡补充量

编号	种植区	计划产量 （kg/hm²）	总需磷量 （kg/hm²）	土壤供磷量 （kg/hm²）	磷素平衡补充量 （kg/hm²）
1	一等地种植区	120 000	144.00	11.57	132.43
2	二等地种植区	120 000	144.00	10.14	133.86
3	三等地种植区	120 000	144.00	8.86	135.14
平均		120 000	144.00	10.19	133.81

（三）钾素平衡补充量

生产 100kg 大葱从土壤中吸收 K_2O 0.15kg，计划大葱产量为 120 000kg/hm²，总需钾量 180.00kg/hm²。一等地种植区土壤供钾量为 137.84kg/hm²，二等地种植区土壤供钾量为 139.84kg/hm²，三等地种植区土壤供钾量为 141.43kg/hm²，土壤平均供钾量为 139.70kg/hm²；一等地种植区钾素补充量为 42.16kg/hm²，二等地种植区钾素补充量为 40.16kg/hm²，三等地种植区钾素补充量为 38.57kg/hm²，钾素平均平衡补充量为 40.30kg/hm² （表 11-96）。

表 11-96 大葱不同种植区钾素平衡补充量

编号	种植区	计划产量 （kg/hm²）	总需钾量 （kg/hm²）	土壤供钾量 （kg/hm²）	钾素平衡补充量 （kg/hm²）
1	一等地种植区	120 000	180.00	137.84	42.16
2	二等地种植区	120 000	180.00	139.84	40.16
3	三等地种植区	120 000	180.00	141.43	38.57
平均		120 000	180.00	139.70	40.30

二、大蒜氮磷钾素平衡补充量

（一）氮素平衡补充量

生产 100kg 蒜头从土壤中吸收 N 0.50kg，计划大蒜产量为 30 000kg/hm²，总需氮量 150.00kg/hm²。一等地种植区土壤供氮量为 68.29kg/hm²，二等地种植区土壤供氮量为 57.44kg/hm²，三等地种植区土壤供氮量为 53.14kg/hm²，土壤平均供氮量为 59.62kg/hm²；一等地种植区氮素补充量为 81.71kg/hm²，二等地种植区氮素补充量为 92.56kg/hm²，三等地种植区氮素补充量为 96.86kg/hm²，氮素平均平衡补充量为 90.38kg/hm²（表 11-97）。

表 11-97 大蒜不同种植区氮素平衡补充量

编号	种植区	计划产量 （kg/hm²）	总需氮量 （kg/hm²）	土壤供氮量 （kg/hm²）	氮素平衡补充量 （kg/hm²）
1	一等地种植区	30 000	150.00	68.29	81.71
2	二等地种植区	30 000	150.00	57.44	92.56
3	三等地种植区	30 000	150.00	53.14	96.86
平均		30 000	150.00	59.62	90.38

（二）磷素平衡补充量

生产 100kg 蒜头从土壤中吸收 P_2O_5 0.13kg，计划大蒜产量为 30 000kg/hm²，总需磷量 39.00kg/hm²。一等地种植区土壤供磷量为 11.57kg/hm²，二等地种植区土壤供磷量为 10.14kg/hm²，三等地种植区土壤供磷量为 8.86kg/hm²，土壤平均供磷量为 10.19kg/hm²；一等地种植区磷素补充量为 27.43kg/hm²，二等地种植区磷素补充量为 28.86kg/hm²，三等地种植区磷素补充量为 30.14kg/hm²，磷素平均平衡补充量为 28.81kg/hm² (表 11-98)。

表 11-98 大蒜不同种植区磷素平衡补充量

编号	种植区	计划产量 (kg/hm²)	总需磷量 (kg/hm²)	土壤供磷量 (kg/hm²)	磷素平衡补充量 (kg/hm²)
1	一等地种植区	30 000	39.00	11.57	27.43
2	二等地种植区	30 000	39.00	10.14	28.86
3	三等地种植区	30 000	39.00	8.86	30.14
平均		30 000	39.00	10.19	28.81

(三) 钾素平衡补充量

生产 100kg 蒜头从土壤中吸收 K_2O 0.47kg，计划大蒜产量为 30 000kg/hm²，总需钾量 141.00kg/hm²。一等地种植区土壤供钾量为 137.84kg/hm²，二等地种植区土壤供钾量为 139.84kg/hm²，三等地种植区土壤供钾量为 141.43kg/hm²，土壤平均供钾量为 139.70kg/hm²；一等地种植区钾素平衡补充量为 3.16kg/hm²，二等地种植区钾素平衡补充量为 1.16kg/hm²，三等地种植区不需要施用钾肥，钾素平均平衡补充量为 1.30kg/hm² (表 11-99)。

表 11-99 大蒜不同种植区钾素平衡补充量

编号	种植区	计划产量 (kg/hm²)	总需钾量 (kg/hm²)	土壤供钾量 (kg/hm²)	钾素平衡补充量 (kg/hm²)
1	一等地种植区	30 000	141.00	137.84	3.16
2	二等地种植区	30 000	141.00	139.84	1.16
3	三等地种植区	30 000	141.00	141.43	/
平均		30 000	141.00	139.70	1.30

三、红萝卜氮磷钾素平衡补充量

(一) 氮素平衡补充量

生产 100kg 红萝卜块根从土壤中吸收 N 0.60kg，计划红萝卜产量为 90 000kg/hm²，总需氮量 330.00kg/hm²。一等地种植区土壤供氮量为 68.29kg/hm²，二等地种植区土壤供氮量为 57.44kg/hm²，三等地种植区土壤供氮量为 53.14kg/hm²，土壤平均供氮量为 59.62kg/hm²；一等地种植区氮素补充量为 261.71kg/hm²，二等地种植区氮素补充量为 272.56kg/hm²，三等地种植区氮素补充量为 276.86kg/hm²，氮素平均平衡补充量为 270.38kg/hm²（表 11-100）。

表 11-100 红萝卜不同种植区氮素平衡补充量

编号	种植区	计划产量 （kg/hm²）	总需氮量 （kg/hm²）	土壤供氮量 （kg/hm²）	氮素平衡补充量 （kg/hm²）
1	一等地种植区	90 000	330.00	68.29	261.71
2	二等地种植区	90 000	330.00	57.44	272.56
3	三等地种植区	90 000	330.00	53.14	276.86
平均		90 000	330.00	59.62	270.38

（二）磷素平衡补充量

生产 100kg 红萝卜块根从土壤中吸收 P_2O_5 0.21kg，计划红萝卜产量为 90 000kg/hm²，总需磷量 189.00kg/hm²。一等地种植区土壤供磷量为 11.57kg/hm²，二等地种植区土壤供磷量为 10.14kg/hm²，三等地种植区土壤供磷量为 8.86kg/hm²，土壤平均供磷量为 10.19kg/hm²；一等地种植区磷素补充量为 177.43kg/hm²，二等地种植区磷素补充量为 178.86kg/hm²，三等地种植区磷素补充量为 180.14kg/hm²，磷素平均平衡补充量为 178.81kg/hm²（表 11-101）。

表 11-101 红萝卜不同种植区磷素平衡补充量

编号	种植区	计划产量 （kg/hm²）	总需磷量 （kg/hm²）	土壤供磷量 （kg/hm²）	磷素平衡补充量 （kg/hm²）
1	一等地种植区	90 000	189.00	11.57	177.43
2	二等地种植区	90 000	189.00	10.14	178.86
3	三等地种植区	90 000	189.00	8.86	180.14
平均		90 000	189.00	10.19	178.81

（三）钾素平衡补充量

生产 100kg 红萝卜块根从土壤中吸收 K_2O 0.25kg，计划红萝卜产量为 90 000kg/hm²，总需钾量 225.00kg/hm²。一等地种植区土壤供钾量为 137.84kg/hm²，二等地种植区土壤供钾量为 139.84kg/hm²，三等地种植区土壤供钾量为 141.43kg/hm²，土壤平均供钾量为 139.70kg/hm²；一等地种植区钾素补充量为 87.16kg/hm²，二等地种植区钾素补充量为 85.16kg/hm²，三等地种植区钾素补充量为 83.57kg/hm²，钾素平均平衡补充量为 85.30kg/hm²（表 11-102）。

表 11-102 红萝卜不同种植区钾素平衡补充量

编号	种植区	计划产量 （kg/hm²）	总需钾量 （kg/hm²）	土壤供钾量 （kg/hm²）	钾素平衡补充量 （kg/hm²）
1	一等地种植区	90 000	225.00	137.84	87.16
2	二等地种植区	90 000	225.00	139.84	85.16
3	三等地种植区	90 000	225.00	141.43	83.57
平均		90 000	225.00	139.70	85.30

四、胡萝卜氮磷钾素平衡补充量

（一）氮素平衡补充量

生产 100kg 胡萝卜块根从土壤中吸收 N 0.43kg，计划胡萝卜产量为 97 500kg/hm²，总需氮量 419.25kg/hm²。一等地种植区土壤供氮量为 68.29kg/hm²，二等地种植区土壤供氮量为 57.44kg/hm²，三等地种植区土壤供氮量为 53.14kg/hm²，土壤平均供氮量为 59.62kg/hm²；一等地种植区氮素补充量为 350.96kg/hm²，二等地种植区氮素补充量为 361.81kg/hm²，三等地种植区氮素补充量为 366.11kg/hm²，氮素平均平衡补充量为 359.63kg/hm²（表 11-103）。

表 11-103 胡萝卜不同种植区氮素平衡补充量

编号	种植区	计划产量 （kg/hm²）	总需氮量 （kg/hm²）	土壤供氮量 （kg/hm²）	氮素平衡补充量 （kg/hm²）
1	一等地种植区	97 500	419.25	68.29	350.96
2	二等地种植区	97 500	419.25	57.44	361.81
3	三等地种植区	97 500	419.25	53.14	366.11
平均		97 500	419.25	59.62	359.63

（二）磷素平衡补充量

生产 100kg 胡萝卜块根从土壤中吸收 P_2O_5 0.17kg，计划胡萝卜产量为 97 500kg/hm²，总需磷量 165.75kg/hm²。一等地种植区土壤供磷量为 11.57kg/hm²，二等地种植区土壤供磷量为 10.14kg/hm²，三等地种植区土壤供磷量为 8.86kg/hm²，土壤平均供磷量为 10.19kg/hm²；一等地种植区磷素补充量为 154.18kg/hm²，二等地种植区磷素补充量为 155.61kg/hm²，三等地种植区磷素补充量为 156.89kg/hm²，磷素平均平衡补充量为 155.56kg/hm²（表 11-104）。

表 11-104　胡萝卜不同种植区磷素平衡补充量

编号	种植区	计划产量 （kg/hm²）	总需磷量 （kg/hm²）	土壤供磷量 （kg/hm²）	磷素平衡补充量 （kg/hm²）
1	一等地种植区	97 500	165.75	11.57	154.18
2	二等地种植区	97 500	165.75	10.14	155.61
3	三等地种植区	97 500	165.75	8.86	156.89
平均		97 500	165.75	10.19	155.56

（三）钾素平衡补充量

生产 100kg 胡萝卜块根从土壤中吸收 K_2O 0.35kg，计划胡萝卜产量为 97 500kg/hm²，总需钾量 341.25kg/hm²。一等地种植区土壤供钾量为 137.84kg/hm²，二等地种植区土壤供钾量为 139.84kg/hm²，三等地种植区土壤供钾量为 141.43kg/hm²，土壤平均供钾量为 139.70kg/hm²；一等地种植区钾素补充量为 203.41kg/hm²，二等地种植区钾素补充量为 201.41kg/hm²，三等地种植区钾素补充量为 199.82kg/hm²，钾素平均平衡补充量为 201.55kg/hm²（表 11-105）。

表 11-105　胡萝卜不同种植区钾素平衡补充量

编号	种植区	计划产量 （kg/hm²）	总需钾量 （kg/hm²）	土壤供钾量 （kg/hm²）	钾素平衡补充量 （kg/hm²）
1	一等地种植区	97 500	341.25	137.84	203.41
2	二等地种植区	97 500	341.25	139.84	201.41
3	三等地种植区	97 500	341.25	141.43	199.82
平均		97 500	341.25	139.70	201.55

五、洋葱氮磷钾素平衡补充量

（一）氮素平衡补充量

生产 100kg 洋葱头从土壤中吸收 N 0.27kg，计划洋葱产量为 105 000kg/hm²，总需氮量 283.50kg/hm²。一等地种植区土壤供氮量为 68.29kg/hm²，二等地种植区土壤供氮量为 57.44kg/hm²，三等地种植区土壤供氮量为 53.14kg/hm²，土壤平均供氮量为 59.62kg/hm²；一等地种植区氮素补充量为 215.21kg/hm²，二等地种植区氮素补充量为 226.06kg/hm²，三等地种植区氮素补充量为 230.36kg/hm²，氮素平均平衡补充量为 223.88kg/hm²（表 11-106）。

表 11-106 洋葱不同种植区氮素平衡补充量

编号	种植区	计划产量 (kg/hm²)	总需氮量 (kg/hm²)	土壤供氮量 (kg/hm²)	氮素平衡补充量 (kg/hm²)
1	一等地种植区	105 000	283.50	68.29	215.21
2	二等地种植区	105 000	283.50	57.44	226.06
3	三等地种植区	105 000	283.50	53.14	230.36
平均		105 000	283.50	59.62	223.88

（二）磷素平衡补充量

生产 100kg 洋葱头从土壤中吸收 P_2O_5 0.12kg，计划洋葱产量为 105 000kg/hm²，总需磷量 126.00kg/hm²。一等地种植区土壤供磷量为 11.57kg/hm²，二等地种植区土壤供磷量为 10.14kg/hm²，三等地种植区土壤供磷量为 8.86kg/hm²，土壤平均供磷量为 10.19kg/hm²；一等地种植区磷素补充量为 114.43kg/hm²，二等地种植区磷素补充量为 115.86kg/hm²，三等地种植区磷素补充量为 117.14kg/hm²，磷素平均平衡补充量为 115.81kg/hm²（表 11-107）。

表 11-107 洋葱不同种植区磷素平衡补充量

编号	种植区	计划产量 (kg/hm²)	总需磷量 (kg/hm²)	土壤供磷量 (kg/hm²)	磷素平衡补充量 (kg/hm²)
1	一等地种植区	105 000	126.00	11.57	114.43
2	二等地种植区	105 000	126.00	10.14	115.86
3	三等地种植区	105 000	126.00	8.86	117.14
平均		105 000	126.00	10.19	115.81

（三）钾素平衡补充量

生产 100kg 洋葱头从土壤中吸收 K_2O 0.23kg，计划洋葱产量为 105 000kg/hm²，总需钾量 241.50kg/hm²。一等地种植区土壤供钾量为 137.84kg/hm²，二等地种植区土壤供钾量为 139.84kg/hm²，三等地种植区土壤供钾量为 141.43kg/hm²，土壤平均供钾量为 139.70kg/hm²；一等地种植区钾素补充量为 103.66kg/hm²，二等地种植区钾素补充量为 101.66kg/hm²，三等地种植区钾素补充量为 100.07kg/hm²，钾素平均平衡补充量为 101.80kg/hm²（表 11-108）。

表 11-108 洋葱不同种植区钾素平衡补充量

编号	种植区	计划产量 （kg/hm²）	总需钾量 （kg/hm²）	土壤供钾量 （kg/hm²）	钾素平衡补充量 （kg/hm²）
1	一等地种植区	105 000	241.50	137.84	103.66
2	二等地种植区	105 000	241.50	139.84	101.66
3	三等地种植区	105 000	241.50	141.43	100.07
平均		105 000	241.50	139.70	101.80

六、芹菜氮磷钾素平衡补充量

（一）氮素平衡补充量

生产 100kg 芹菜从土壤中吸收 N 0.16kg，计划芹菜产量为 112 500kg/hm²，总需氮量 180.00kg/hm²。一等地种植区土壤供氮量为 68.29kg/hm²，二等地种植区土壤供氮量为 57.44kg/hm²，三等地种植区土壤供氮量为 53.14kg/hm²，土壤平均供氮量为 59.62kg/hm²；一等地种植区氮素补充量为 111.71kg/hm²，二等地种植区氮素补充量为 122.56kg/hm²，三等地种植区氮素补充量为 126.86kg/hm²，氮素平均平衡补充量为 120.38kg/hm²（表 11-109）。

表 11-109 芹菜不同种植区氮素平衡补充量

编号	种植区	计划产量 （kg/hm²）	总需氮量 （kg/hm²）	土壤供氮量 （kg/hm²）	氮素平衡补充量 （kg/hm²）
1	一等地种植区	112 500	180.00	68.29	111.71
2	二等地种植区	112 500	180.00	57.44	122.56
3	三等地种植区	112 500	180.00	53.14	126.86
平均		112 500	180.00	59.62	120.38

（二）磷素平衡补充量

生产 100kg 芹菜从土壤中吸收 P_2O_5 0.08kg，计划芹菜产量为 112 500kg/hm²，总需磷量 90.00kg/hm²。一等地种植区土壤供磷量为 11.57kg/hm²，二等地种植区土壤供磷量为 10.14kg/hm²，三等地种植区土壤供磷量为 8.86kg/hm²，土壤平均供磷量为 10.19kg/hm²；一等地种植区磷素补充量为 78.43kg/hm²，二等地种植区磷素补充量为 79.86kg/hm²，三等地种植区磷素补充量为 81.14kg/hm²，磷素平均平衡补充量为 79.81kg/hm²（表 11-110）。

表 11-110 芹菜不同种植区磷素平衡补充量

编号	种植区	计划产量 （kg/hm²）	总需磷量 （kg/hm²）	土壤供磷量 （kg/hm²）	磷素平衡补充量 （kg/hm²）
1	一等地种植区	112 500	90.00	11.57	78.43
2	二等地种植区	112 500	90.00	10.14	79.86
3	三等地种植区	112 500	90.00	8.86	81.14
平均		112 500	90.00	10.19	79.81

（三）钾素平衡补充量

生产 100kg 芹菜从土壤中吸收 K_2O 0.42kg，计划芹菜产量为 112 500kg/hm²，总需钾量 472.50kg/hm²。一等地种植区土壤供钾量为 137.84kg/hm²，二等地种植区土壤供钾量为 139.84kg/hm²，三等地种植区土壤供钾量为 141.43kg/hm²，土壤平均供钾量为 139.70kg/hm²；一等地种植区钾素补充量为 334.66kg/hm²，二等地种植区钾素补充量为 332.66kg/hm²，三等地种植区钾素补充量为 331.07kg/hm²，钾素平均平衡补充量为 332.80kg/hm²（表 11-111）。

表 11-111 芹菜不同种植区钾素平衡补充量

编号	种植区	计划产量 （kg/hm²）	总需钾量 （kg/hm²）	土壤供钾量 （kg/hm²）	钾素平衡补充量 （kg/hm²）
1	一等地种植区	112 500	472.50	137.84	334.66
2	二等地种植区	112 500	472.50	139.84	332.66
3	三等地种植区	112 500	472.50	141.43	331.07
平均		112 500	472.50	139.70	332.80

七、菠菜氮磷钾素平衡补充量

（一）氮素平衡补充量

生产 100kg 菠菜从土壤中吸收 N 0.36kg，计划菠菜产量为 75 000kg/hm²，总需氮量 270.00kg/hm²。一等地种植区土壤供氮量为 68.29kg/hm²，二等地种植区土壤供氮量为 57.44kg/hm²，三等地种植区土壤供氮量为 53.14kg/hm²，土壤平均供氮量为 59.62kg/hm²；一等地种植区氮素补充量为 201.71kg/hm²，二等地种植区氮素补充量为 212.56kg/hm²，三等地种植区氮素补充量为 216.86kg/hm²，氮素平均平衡补充量为 210.38kg/hm²（表 11-112）。

表 11-112 菠菜不同种植区氮素平衡补充量

编号	种植区	计划产量 （kg/hm²）	总需氮量 （kg/hm²）	土壤供氮量 （kg/hm²）	氮素平衡补充量 （kg/hm²）
1	一等地种植区	75 000	270.00	68.29	201.71
2	二等地种植区	75 000	270.00	57.44	212.56
3	三等地种植区	75 000	270.00	53.14	216.86
平均		75 000	270.00	59.62	210.38

（二）磷素平衡补充量

生产 100kg 菠菜从土壤中吸收 P_2O_5 0.18kg，计划菠菜产量为 75 000kg/hm²，总需磷量 135.00kg/hm²。一等地种植区土壤供磷量为 11.57kg/hm²，二等地种植区土壤供磷量为 10.14kg/hm²，三等地种植区土壤供磷量为 8.86kg/hm²，土壤平均供磷量为 10.19kg/hm²；一等地种植区磷素补充量为 123.43kg/hm²，二等地种植区磷素补充量为 124.86kg/hm²，三等地种植区磷素补充量为 126.14kg/hm²，磷素平均平衡补充量为 124.81kg/hm²（表 11-113）。

表 11-113 菠菜不同种植区磷素平衡补充量

编号	种植区	计划产量 （kg/hm²）	总需磷量 （kg/hm²）	土壤供磷量 （kg/hm²）	磷素平衡补充量 （kg/hm²）
1	一等地种植区	75 000	135.00	11.57	123.43
2	二等地种植区	75 000	135.00	10.14	124.86
3	三等地种植区	75 000	135.00	8.86	126.14
平均		75 000	135.00	10.19	124.81

（三）钾素平衡补充量

生产 100kg 菠菜从土壤中吸收 K_2O 0.52kg，计划菠菜产量为 75 000kg/hm²，总需钾量 390.00kg/hm²。一等地种植区土壤供钾量为 137.84kg/hm²，二等地种植区土壤供钾量为 139.84kg/hm²，三等地种植区土壤供钾量为 141.43kg/hm²，土壤平均供钾量为 139.70kg/hm²；一等地种植区钾素补充量为 252.16kg/hm²，二等地种植区钾素补充量为 250.16kg/hm²，三等地种植区钾素补充量为 248.57kg/hm²，钾素平均平衡补充量为 250.30kg/hm²（表 11-114）。

张掖灌区农作物科学施肥理论与实践

表 11-114 菠菜不同种植区钾素平衡补充量

编号	种植区	计划产量 （kg/hm²）	总需钾量 （kg/hm²）	土壤供钾量 （kg/hm²）	钾素平衡补充量 （kg/hm²）
1	一等地种植区	75 000	390.00	137.84	252.16
2	二等地种植区	75 000	390.00	139.84	250.16
3	三等地种植区	75 000	390.00	141.43	248.57
平均		75 000	390.00	139.70	250.30

八、韭菜氮磷钾素平衡补充量

（一）氮素平衡补充量

生产 100kg 韭菜从土壤中吸收 N 0.60kg，计划韭菜产量为 75 000kg/hm²，总需氮量 450.00kg/hm²。一等地种植区土壤供氮量为 68.29kg/hm²，二等地种植区土壤供氮量为 57.44kg/hm²，三等地种植区土壤供氮量为 53.14kg/hm²，土壤平均供氮量为 59.62kg/hm²；一等地种植区氮素补充量为 381.71kg/hm²，二等地种植区氮素补充量为 392.56kg/hm²，三等地种植区氮素补充量为 396.86kg/hm²，氮素平均平衡补充量为 390.38kg/hm²（表 11-115）。

表 11-115 韭菜不同种植区氮素平衡补充量

编号	种植区	计划产量 （kg/hm²）	总需氮量 （kg/hm²）	土壤供氮量 （kg/hm²）	氮素平衡补充量 （kg/hm²）
1	一等地种植区	75 000	450.00	68.29	381.71
2	二等地种植区	75 000	450.00	57.44	392.56
3	三等地种植区	75 000	450.00	53.14	396.86
平均		75 000	450.00	59.62	390.38

（二）磷素平衡补充量

生产 100kg 韭菜从土壤中吸收 P_2O_5 0.24kg，计划韭菜产量为 75 000kg/hm²，总需磷量 180.00kg/hm²。一等地种植区土壤供磷量为 11.57kg/hm²，二等地种植区土壤供磷量为 10.14kg/hm²，三等地种植区土壤供磷量为 8.86kg/hm²，土壤平均供磷量为 10.19kg/hm²；一等地种植区磷素补充量为 168.43kg/hm²，二等地种植区磷素补充量为 169.86kg/hm²，三等地种植区磷素补充量为 171.14kg/hm²，磷素平均平衡补充量为 169.81kg/hm²（表 11-116）。

表 11-116　韭菜不同种植区磷素平衡补充量

编号	种植区	计划产量 （kg/hm²）	总需磷量 （kg/hm²）	土壤供磷量 （kg/hm²）	磷素平衡补充量 （kg/hm²）
1	一等地种植区	75 000	180.00	11.57	168.43
2	二等地种植区	75 000	180.00	10.14	169.86
3	三等地种植区	75 000	180.00	8.86	171.14
平均		75 000	180.00	10.19	169.81

（三）钾素平衡补充量

生产 100kg 韭菜从土壤中吸收 K_2O 0.78kg，计划韭菜产量为 75 000kg/hm²，总需钾量 585.00kg/hm²。一等地种植区土壤供钾量为 137.84kg/hm²，二等地种植区土壤供钾量为 139.84kg/hm²，三等地种植区土壤供钾量为 141.43kg/hm²，土壤平均供钾量为 139.70kg/hm²；一等地种植区钾素补充量为 447.16kg/hm²，二等地种植区钾素补充量为 445.16kg/hm²，三等地种植区钾素补充量为 443.57kg/hm²，钾素平均平衡补充量为 445.30kg/hm²（表 11-117）。

表 11-117　韭菜不同种植区钾素平衡补充量

编号	种植区	计划产量 （kg/hm²）	总需钾量 （kg/hm²）	土壤供钾量 （kg/hm²）	钾素平衡补充量 （kg/hm²）
1	一等地种植区	75 000	585.00	137.84	447.16
2	二等地种植区	75 000	585.00	139.84	445.16
3	三等地种植区	75 000	585.00	141.43	443.57
平均		75 000	585.00	139.70	445.30

第八节　果树氮磷钾素平衡补充量

一、桃氮磷钾素平衡补充量

（一）氮素平衡补充量

生产 100kg 桃从土壤中吸收 N 0.48kg，计划桃产量为 52 500kg/hm²，总需氮量 252.00kg/hm²。一等地种植区土壤供氮量为 68.29kg/hm²，二等地种植区土壤供氮量为 57.44kg/hm²，三等地种植区土壤供氮量为 53.14kg/hm²，土壤平均供氮量为

59.62kg/hm²；一等地种植区氮素补充量为183.71kg/hm²，二等地种植区氮素补充量为194.56kg/hm²，三等地种植区氮素补充量为198.86kg/hm²，氮素平均平衡补充量为192.38kg/hm²（表11-118）。

表11-118 桃树不同种植区氮素平衡补充量

编号	种植区	计划产量 （kg/hm²）	总需氮量 （kg/hm²）	土壤供氮量 （kg/hm²）	氮素平衡补充量 （kg/hm²）
1	一等地种植区	52 500	252.00	68.29	183.71
2	二等地种植区	52 500	252.00	57.44	194.56
3	三等地种植区	52 500	252.00	53.14	198.86
平均		52 500	252.00	59.62	192.38

（二）磷素平衡补充量

生产100kg桃从土壤中吸收P_2O_5 0.20kg，计划桃产量为52 500kg/hm²，总需磷量105.00kg/hm²。一等地种植区土壤供磷量为11.57kg/hm²，二等地种植区土壤供磷量为10.14kg/hm²，三等地种植区土壤供磷量为8.86kg/hm²，土壤平均供磷量为10.19kg/hm²；一等地种植区磷素补充量为93.43kg/hm²，二等地种植区磷素补充量为94.86kg/hm²，三等地种植区磷素补充量为96.14kg/hm²，磷素平均平衡补充量为94.81kg/hm²（表11-119）。

表11-119 桃树不同种植区磷素平衡补充量

编号	种植区	计划产量 （kg/hm²）	总需磷量 （kg/hm²）	土壤供磷量 （kg/hm²）	磷素平衡补充量 （kg/hm²）
1	一等地种植区	52 500	105.00	11.57	93.43
2	二等地种植区	52 500	105.00	10.14	94.86
3	三等地种植区	52 500	105.00	8.86	96.14
平均		52 500	105.00	10.19	94.81

（三）钾素平衡补充量

生产100kg桃从土壤中吸收K_2O 0.76kg，计划桃产量为52 500kg/hm²，总需钾量399.00kg/hm²。一等地种植区土壤供钾量为137.84kg/hm²，二等地种植区土壤供钾量为139.84kg/hm²，三等地种植区土壤供钾量为141.43kg/hm²，土壤平均供钾量为139.70kg/hm²；一等地种植区钾素补充量为261.16kg/hm²，二等地种植区钾素补充量为259.16kg/hm²，三等地种植区钾素补充量为257.57kg/hm²，钾素平

张掖灌区农作物科学施肥理论与实践

均平衡补充量为 259.30kg/hm² （表 11-120）。

表 11-120 桃树不同种植区钾素平衡补充量

编号	种植区	计划产量 （kg/hm²）	总需钾量 （kg/hm²）	土壤供钾量 （kg/hm²）	钾素平衡补充量 （kg/hm²）
1	一等地种植区	52 500	399.00	137.84	261.16
2	二等地种植区	52 500	399.00	139.84	259.16
3	三等地种植区	52 500	399.00	141.43	257.57
平均		52 500	399.00	139.70	259.30

二、梨氮磷钾素平衡补充量

（一）氮素平衡补充量

生产 100kg 梨从土壤中吸收 N 0.48kg，计划梨产量为 75 000kg/hm²，总需氮量 360.00kg/hm²。一等地种植区土壤供氮量为 68.29kg/hm²，二等地种植区土壤供氮量为 57.44kg/hm²，三等地种植区土壤供氮量为 53.14kg/hm²，土壤平均供氮量为 59.62kg/hm²；一等地种植区氮素补充量为 291.71kg/hm²，二等地种植区氮素补充量为 302.56kg/hm²，三等地种植区氮素补充量为 306.86kg/hm²，氮素平均平衡补充量为 300.38kg/hm²（表 11-121）。

表 11-121 梨树不同种植区氮素平衡补充量

编号	种植区	计划产量 （kg/hm²）	总需氮量 （kg/hm²）	土壤供氮量 （kg/hm²）	氮素平衡补充量 （kg/hm²）
1	一等地种植区	75 000	360.00	68.29	291.71
2	二等地种植区	75 000	360.00	57.44	302.56
3	三等地种植区	75 000	360.00	53.14	306.86
平均		75 000	360.00	59.62	300.38

（二）磷素平衡补充量

生产 100kg 梨从土壤中吸收 P_2O_5 0.20kg，计划梨产量为 75 000kg/hm²，总需磷量 150.00kg/hm²。一等地种植区土壤供磷量为 11.57kg/hm²，二等地种植区土壤供磷量为 10.14kg/hm²，三等地种植区土壤供磷量为 8.86kg/hm²，土壤平均供磷量为 10.19kg/hm²；一等地种植区磷素补充量为 138.43kg/hm²，二等地种植区磷素补充量为 139.86kg/hm²，三等地种植区磷素补充量为 141.14kg/hm²，磷素平均平衡补充量为 139. 81kg/hm² (表 11-122)。

表 11-122 梨树不同种植区磷素平衡补充量

编号	种植区	计划产量 (kg/hm²)	总需磷量 (kg/hm²)	土壤供磷量 (kg/hm²)	磷素平衡补充量 (kg/hm²)
1	一等地种植区	75 000	150. 00	11. 57	138. 43
2	二等地种植区	75 000	150. 00	10. 14	139. 86
3	三等地种植区	75 000	150. 00	8. 86	141. 14
平均		75 000	150. 00	10. 19	139. 81

(三) 钾素平衡补充量

生产 100kg 梨从土壤中吸收 K_2O 0. 76kg, 计划梨产量为 75 000kg/hm², 总需钾量 570. 00kg/hm²。一等地种植区土壤供钾量为 137. 84kg/hm², 二等地种植区土壤供钾量为 139. 84kg/hm², 三等地种植区土壤供钾量为 141. 43kg/hm², 土壤平均供钾量为 139. 70kg/hm²; 一等地种植区钾素补充量为 432. 16kg/hm², 二等地种植区钾素补充量为 430. 16kg/hm², 三等地种植区钾素补充量为 428. 57kg/hm², 钾素平均平衡补充量为 430. 30kg/hm² (表 11-123)。

表 11-123 梨树不同种植区钾素平衡补充量

编号	种植区	计划产量 (kg/hm²)	总需钾量 (kg/hm²)	土壤供钾量 (kg/hm²)	钾素平衡补充量 (kg/hm²)
1	一等地种植区	75 000	570. 00	137. 84	432. 16
2	二等地种植区	75 000	570. 00	139. 84	430. 16
3	三等地种植区	75 000	570. 00	141. 43	428. 57
平均		75 000	570. 00	139. 70	430. 30

三、杏氮磷钾素平衡补充量

(一) 氮素平衡补充量

生产 100kg 杏从土壤中吸收 N 0. 50kg, 计划杏产量为 37 500kg/hm², 总需氮量 187. 50kg/hm²。一等地种植区土壤供氮量为 68. 29kg/hm², 二等地种植区土壤供氮量为 57. 44kg/hm², 三等地种植区土壤供氮量为 53. 14kg/hm², 土壤平均供氮量为 59. 62kg/hm²; 一等地种植区氮素补充量为 119. 21kg/hm², 二等地种植区氮素补充量为 130. 06kg/hm², 三等地种植区氮素补充量为 134. 36kg/hm², 氮素平均平衡补充量为 127.88kg/hm² (表 11-124)。

表 11-124 杏树不同种植区氮素平衡补充量

编号	种植区	计划产量 (kg/hm²)	总需氮量 (kg/hm²)	土壤供氮量 (kg/hm²)	氮素平衡补充量 (kg/hm²)
1	一等地种植区	37 500	187.50	68.29	119.21
2	二等地种植区	37 500	187.50	57.44	130.06
3	三等地种植区	37 500	187.50	53.14	134.36
平均		37 500	187.50	59.62	127.88

(二) 磷素平衡补充量

生产 100kg 杏从土壤中吸收 P_2O_5 0.18kg，计划杏产量为 37 500kg/hm²，总需磷量 67.50kg/hm²。一等地种植区土壤供磷量为 11.57kg/hm²，二等地种植区土壤供磷量为 10.14kg/hm²，三等地种植区土壤供磷量为 8.86kg/hm²，土壤平均供磷量为 10.19kg/hm²；一等地种植区磷素补充量为 55.93kg/hm²，二等地种植区磷素补充量为 57.36kg/hm²，三等地种植区磷素补充量为 58.64kg/hm²，磷素平均平衡补充量为 57.31kg/hm² (表 11-125)。

表 11-125 杏树不同种植区磷素平衡补充量

编号	种植区	计划产量 (kg/hm²)	总需磷量 (kg/hm²)	土壤供磷量 (kg/hm²)	磷素平衡补充量 (kg/hm²)
1	一等地种植区	37 500	67.50	11.57	55.93
2	二等地种植区	37 500	67.50	10.14	57.36
3	三等地种植区	37 500	67.50	8.86	58.64
平均		37 500	67.50	10.19	57.31

(三) 钾素平衡补充量

生产 100kg 杏从土壤中吸收 K_2O 0.65kg，计划杏产量为 37 500kg/hm²，总需钾量 243.75kg/hm²。一等地种植区土壤供钾量为 137.84kg/hm²，二等地种植区土壤供钾量为 139.84kg/hm²，三等地种植区土壤供钾量为 141.43kg/hm²，土壤平均供钾量为 139.70kg/hm²；一等地种植区钾素补充量为 105.91kg/hm²，二等地种植区钾素补充量为 103.91kg/hm²，三等地种植区钾素补充量为 102.32kg/hm²，钾素平均平衡补充量为 104.05kg/hm² (表 11-126)。

表 11-126　杏树不同种植区钾素平衡补充量

编号	种植区	计划产量 （kg/hm²）	总需钾量 （kg/hm²）	土壤供钾量 （kg/hm²）	钾素平衡补充量 （kg/hm²）
1	一等地种植区	37 500	243.75	137.84	105.91
2	二等地种植区	37 500	243.75	139.84	103.91
3	三等地种植区	37 500	243.75	141.43	102.32
平均		37 500	243.75	139.70	104.05

四、苹果氮磷钾素平衡补充量

（一）氮素平衡补充量

生产 100kg 苹果从土壤中吸收 N 0.30kg，计划苹果产量为 60 000kg/hm²，总需氮量 180.00kg/hm²。一等地种植区土壤供氮量为 68.29kg/hm²，二等地种植区土壤供氮量为 57.44kg/hm²，三等地种植区土壤供氮量为 53.14kg/hm²，土壤平均供氮量为 59.62kg/hm²；一等地种植区氮素补充量为 111.71kg/hm²，二等地种植区氮素补充量为 122.56kg/hm²，三等地种植区氮素补充量为 126.86kg/hm²，氮素平均平衡补充量为 120.38kg/hm²（表 11-127）。

表 11-127　苹果树不同种植区氮素平衡补充量

编号	种植区	计划产量 （kg/hm²）	总需氮量 （kg/hm²）	土壤供氮量 （kg/hm²）	氮素平衡补充量 （kg/hm²）
1	一等地种植区	60 000	180.00	68.29	111.71
2	二等地种植区	60 000	180.00	57.44	122.56
3	三等地种植区	60 000	180.00	53.14	126.86
平均		60 000	180.00	59.62	120.38

（二）磷素平衡补充量

生产 100kg 苹果从土壤中吸收 P_2O_5 0.08kg，计划苹果产量为 60 000kg/hm²，总需磷量 48.00kg/hm²。一等地种植区土壤供磷量为 11.57kg/hm²，二等地种植区土壤供磷量为 10.14kg/hm²，三等地种植区土壤供磷量为 8.86kg/hm²，土壤平均供磷量为 10.19kg/hm²；一等地种植区磷素补充量为 36.43kg/hm²，二等地种植区磷素补充量为 37.86kg/hm²，三等地种植区磷素补充量为 39.14kg/hm²，磷素平均平衡补充量为 37.81kg/hm²（表 11-128）。

表 11-128　苹果树不同种植区磷素平衡补充量

编号	种植区	计划产量 （kg/hm²）	总需磷量 （kg/hm²）	土壤供磷量 （kg/hm²）	磷素平衡补充量 （kg/hm²）
1	一等地种植区	60 000	48.00	11.57	36.43
2	二等地种植区	60 000	48.00	10.14	37.86
3	三等地种植区	60 000	48.00	8.86	39.14
平均		60 000	48.00	10.19	37.81

（三）钾素平衡补充量

生产 100kg 苹果从土壤中吸收 K_2O 0.32kg，计划苹果产量为 60 000kg/hm²，总需钾氮量 192.00kg/hm²。一等地种植区土壤供钾量为 137.84kg/hm²，二等地种植区土壤供钾量为 139.84kg/hm²，三等地种植区土壤供钾量为 141.43kg/hm²，土壤平均供钾量为 139.70kg/hm²；一等地种植区钾素补充量为 54.16kg/hm²，二等地种植区钾素补充量为 52.16kg/hm²，三等地种植区钾素补充量为 50.57kg/hm²，钾素平均平衡补充量为 52.30kg/hm²（表 11-129）。

表 11-129　苹果树不同种植区钾素平衡补充量

编号	种植区	计划产量 （kg/hm²）	总需钾量 （kg/hm²）	土壤供钾量 （kg/hm²）	钾素平衡补充量 （kg/hm²）
1	一等地种植区	60 000	192.00	137.84	54.16
2	二等地种植区	60 000	192.00	139.84	52.16
3	三等地种植区	60 000	192.00	141.43	50.57
平均		60 000	192.00	139.70	52.30

五、葡萄氮磷钾素平衡补充量

（一）氮素平衡补充量

生产 100kg 葡萄果实从土壤中吸收 N 0.60kg，计划葡萄产量为 67 500kg/hm²，总需氮量 405.00kg/hm²。一等地种植区土壤供氮量为 68.29kg/hm²，二等地种植区土壤供氮量为 57.44kg/hm²，三等地种植区土壤供氮量为 53.14kg/hm²，土壤平均供氮量为 59.62kg/hm²；一等地种植区氮素补充量为 336.71kg/hm²，二等地种植区氮素补充量为 347.56kg/hm²，三等地种植区氮素补充量为 351.86kg/hm²，氮素平均平衡补充量为 345.38kg/hm²（表 11-130）。

表 11-130　葡萄树不同种植区氮素平衡补充量

编号	种植区	计划产量 （kg/hm²）	总需氮量 （kg/hm²）	土壤供氮量 （kg/hm²）	氮素平衡补充量 （kg/hm²）
1	一等地种植区	67 500	405.00	68.29	336.71
2	二等地种植区	67 500	405.00	57.44	347.56
3	三等地种植区	67 500	405.00	53.14	351.86
平均		60 000	405.00	59.62	345.38

（二）磷素平衡补充量

生产 100kg 葡萄果实从土壤中吸收 P_2O_5 0.30kg，计划葡萄产量为 67 500kg/hm²，总需磷量 202.50kg/hm²。一等地种植区土壤供磷量为 11.57kg/hm²，二等地种植区土壤供磷量为 10.14kg/hm²，三等地种植区土壤供磷量为 8.86kg/hm²，土壤平均供磷量为 10.19kg/hm²；一等地种植区磷素补充量为 190.93kg/hm²，二等地种植区磷素补充量为 192.36kg/hm²，三等地种植区磷素补充量为 193.64kg/hm²，磷素平均平衡补充量为 192.31kg/hm²（表 11-131）。

表 11-131　葡萄树不同种植区磷素平衡补充量

编号	种植区	计划产量 （kg/hm²）	总需磷量 （kg/hm²）	土壤供磷量 （kg/hm²）	磷素平衡补充量 （kg/hm²）
1	一等地种植区	67 500	202.50	11.57	190.93
2	二等地种植区	67 500	202.50	10.14	192.36
3	三等地种植区	67 500	202.50	8.86	193.64
平均		67 500	202.50	10.19	192.31

（三）钾素平衡补充量

生产 100kg 葡萄果实从土壤中吸收 K_2O 0.72kg，计划葡萄产量为 67 500kg/hm²，总需钾量 486.00kg/hm²。一等地种植区土壤供钾量为 137.84kg/hm²，二等地种植区土壤供钾量为 139.84kg/hm²，三等地种植区土壤供钾量为 141.43kg/hm²，土壤平均供钾量为 139.70kg/hm²；一等地种植区钾素补充量为 348.16kg/hm²，二等地种植区钾素补充量为 346.16kg/hm²，三等地种植区钾素补充量为 344.57kg/hm²，钾素平均平衡补充量为 346.30kg/hm²（表 11-132）。

表 11-132 葡萄树不同种植区钾素平衡补充量

编号	种植区	计划产量 （kg/hm²）	总需钾量 （kg/hm²）	土壤供钾量 （kg/hm²）	钾素平衡补充量 （kg/hm²）
1	一等地种植区	67 500	486.00	137.84	348.16
2	二等地种植区	67 500	486.00	139.84	346.16
3	三等地种植区	67 500	486.00	141.43	344.57
平均		67 500	486.00	139.70	346.30

六、红枣氮磷钾素平衡补充量

（一）氮素平衡补充量

生产 100kg 鲜红枣从土壤中吸收 N 1.49kg，计划红枣产量为 7 500kg/hm²。总需氮量 111.75kg/hm²。一等地种植区土壤供氮量为 68.29kg/hm²，二等地种植区土壤供氮量为 57.44kg/hm²，三等地种植区土壤供氮量为 53.14kg/hm²，土壤平均供氮量为 59.62kg/hm²；一等地种植区氮素补充量为 43.46kg/hm²，二等地种植区氮素补充量为 54.31kg/hm²，三等地种植区氮素补充量为 58.61kg/hm²，氮素平均平衡补充量为 52.13kg/hm²（表 11-133）。

表 11-133 红枣树不同种植区氮素平衡补充量

编号	种植区	计划产量 （kg/hm²）	总需氮量 （kg/hm²）	土壤供氮量 （kg/hm²）	氮素平衡补充量 （kg/hm²）
1	一等地种植区	7 500	111.75	68.29	43.46
2	二等地种植区	7 500	111.75	57.44	54.31
3	三等地种植区	7 500	111.75	53.14	58.61
平均		7 500	111.75	59.62	52.13

（二）磷素平衡补充量

生产 100kg 鲜红枣从土壤中吸收 P_2O_5 1.00kg，计划红枣产量为 7 500kg/hm²，总需磷量 75.00kg/hm²。一等地种植区土壤供磷量为 11.57kg/hm²，二等地种植区土壤供磷量为 10.14kg/hm²，三等地种植区土壤供磷量为 8.86kg/hm²，土壤平均供磷量为 10.19kg/hm²；一等地种植区磷素补充量为 63.43kg/hm²，二等地种植区磷素补充量为 64.86kg/hm²，三等地种植区磷素补充量为 66.14kg/hm²，磷素平均平衡补充量为 64.81kg/hm²（表 11-134）。

张掖灌区农作物科学施肥理论与实践

表 11-134 红枣树不同种植区磷素平衡补充量

编号	种植区	计划产量 （kg/hm²）	总需磷量 （kg/hm²）	土壤供磷量 （kg/hm²）	磷素平衡补充量 （kg/hm²）
1	一等地种植区	7 500	75.00	11.57	63.43
2	二等地种植区	7 500	75.00	10.14	64.86
3	三等地种植区	7 500	75.00	8.86	66.14
平均		7 500	75.00	10.19	64.81

（三）钾素平衡补充量

生产 100kg 鲜红枣从土壤中吸收 K_2O 1.30kg，计划红枣产量为 7 500kg/hm²，总需钾量 97.50kg/hm²。一等地种植区土壤供钾量为 137.84kg/hm²，二等地种植区土壤供钾量为 139.84kg/hm²，三等地种植区土壤供钾量为 141.43kg/hm²，土壤平均供钾量为 139.70kg/hm²，不需要施用钾肥（表 11-135）。

表 11-135 红枣树不同种植区钾素平衡补充量

编号	种植区	计划产量 （kg/hm²）	总需钾量 （kg/hm²）	土壤供钾量 （kg/hm²）	钾素平衡补充量 （kg/hm²）
1	一等地种植区	7 500	97.50	137.84	/
2	二等地种植区	7 500	97.50	139.84	/
3	三等地种植区	7 500	97.50	141.43	/
平均		7 500	97.50	139.70	/

第二篇　实践篇

第十二章 制种玉米科学施肥技术研究

第一节 制种玉米化肥与有机肥科学施肥技术研究

一、糠醛渣对土壤理化性质和制种玉米效益影响的研究

张掖内陆灌区拥有得天独厚的自然条件和区位优势，吸引了国内外一大批种业集团，建立了玉米制种生产基地 $15×10^4hm^2$，年产玉米芯 45 万 t。为了促进资源循环和增值，甘肃共享化工有限公司、张掖市玉鑫化工有限责任公司、临泽县汇隆化工有限公司、张掖市糠醛厂用玉米芯生产糠醛后排出的糠醛渣约 50 万 t，经室内化验分析糠醛渣含有丰富的有机质和 N、P、K 以及微量元素，重金属元素 Hg、Cd、Cr、Pb 含量均小于 GB 8172—87 规定的农用有机物料控制标准。而张掖内陆灌区的玉米制种田化学肥料 N、P_2O_5 投入量与有机肥料 N、P_2O_5 投入量之比为1:0.28，制种玉米产量的提高主要依赖于化肥的施用，长期大量施用化肥，导致土壤有机质含量降低，土壤板结，贮水功能削弱，生产成本增加。为了促进资源循环，本试验选用糠醛渣为材料，经高效堆肥处理后替代部分化肥，从而实现资源循环、化肥减量、节本增效，达到改土培肥、实施沃土工程的目的，现将研究结果分述如下。

（一）材料与方法

1. 试验地概况与材料

（1）试验地概况。试验于 2017—2018 年在张掖市临泽县沙河镇兰家堡村进行，东经 99°51′~100°30′，北纬 38°57′~39°42′，年降水量 118.4mm，年蒸发量 1 830.5mm，年平均气温 7.70℃，≥10℃积温 3 053h，海拔 1 430m。土壤类型是灌漠土，耕作层 0~20cm 土壤农化性质是：有机质含量 12.54g/kg，碱解氮 76.24mg/kg，有效磷 8.74mg/kg，速效钾 152.38mg/kg，pH 值为 7.79，土壤质地为轻壤质土，前茬作物是制种玉米。

（2）试验材料。糠醛渣，粒径 2~3mm，容重 0.35~0.42g/cm³，碳 64%，硫 1.08%，多缩戊糖 2.05%，腐殖酸 11.63%，纤维素 35.84%，木质素 37.88%，灰分 6.9%，粗蛋白 3.0%，有机质 64.36%，全氮 0.55%，全磷 0.23%，全钾 1.18%，有效硼 1.50mg/kg，有效锰 9.80mg/kg，有效锌 1.24mg/kg，有效铁

14.20mg/kg，醋酸（$C_2H_4O_2$）3.34%，硫酸3.27%，水分22.50%，pH值为2.1，临泽县汇隆化工有限公司提供。石灰粉，尿素含N46%，磷酸二铵含N18%、$P_2O_5$46%。参试玉米品种组合：郑单958（郑58×昌7-2）。

2. 试验方法

（1）试验处理。在氮磷投入量相等的条件下（折纯N为359kg/hm²，折纯P_2O_5为150kg/hm²）试验共设计4个处理：处理1，不施肥为CK（对照）；处理2，化肥；处理3，糠醛渣；处理4，化肥+糠醛渣，其中化肥+糠醛渣配施按照50%化肥+50%糠醛渣（按纯N、P_2O_5计），各处理施肥类型和施肥量见表12-1。

（2）试验方法。试验小区面积为20m²（5m×4m），每个处理重复3次，随机区组排列，小区四周筑埂，埂宽50cm、埂高30cm。磷酸二铵、糠醛渣全部做底肥施入耕作层，尿素40%做底肥施入耕作层，40%在玉米拔节期结合灌水追施，20%在玉米抽雄期结合灌水追施。2018年4月12日播种，母本定植密度8.00×10⁴株/hm²，株距25cm、行距50cm，父本以满天星配置。

表12-1　不同处理的施肥量

试验处理	尿素 （kg/hm²）	磷酸二铵 （kg/hm²）	糠醛渣 （kg/hm²）
CK	0	0	/
化肥	652	326	/
糠醛渣	/	/	65 350
化肥+糠醛渣	326	163	32 675

（3）糠醛渣发酵。在糠醛渣中加入CO（NH_2）₂ 1.50kg/m³，调节C/N比为（25~30）∶1，加水把含水量调到60%~65%（手握有水滴漏出），全部掺匀堆成1.20m厚的形状，发酵60天，间隔20天捣翻1次，堆内温度稳定到室温，有机物料色黄褐形整易碎便可施用。

（4）测定项目与方法。玉米收获时分别在试验小区内按"S"形布点，每个小区采30个果穗室内测定穗粒数、穗粒重、百粒重，每个试验小区单独收获，将小区产量折合成公顷产量。定点试验2年后，在试验小区内按"S"形布点，采集耕层（0~20cm）土样4kg，用四分法带回1kg混合土样室内风干化验分析（土壤容重、团粒结构用环刀取原状土）。土壤自然含水量按公式［土壤自然含水量=（湿土重-烘干土重）/烘干土重×100］求得；土壤容重按公式［土壤容重=环刀内湿土的质量/（100+自然含水量）］求得；土壤总孔隙度按公式［土壤总孔隙度=（土壤密度-土壤容重）/土壤密度×100］求得；土壤毛管孔隙按公式［土壤毛管孔隙=自然含水量（%）×土壤容重］求得；土壤非毛管孔隙按公式（土壤非毛管孔隙=总孔隙度-毛管孔隙度）求得；土壤贮水量按公式（土壤贮水量=土壤容重×自然含水量×土层深度×

面积）求得。肥料投资效率按公式（肥料投资效率=施肥利润/施肥成本）求得；肥料贡献率按公式［肥料贡献率（%）=（施肥区产量−无肥区产量）/施肥区产量×100］求得；土壤团粒结构测定采用湿筛法；土壤有机质测定采用重铬酸钾法；土壤pH值采用5∶1水土比浸提，用pH-2F数字pH计测定；土壤CEC测定采用草酸铵–氯化铵法；地上干重采用105℃烘箱杀青30min，80℃烘干至恒重。

（5）资料统计方法。多重比较，LSR检验。

（二）结果与分析

1. 不同处理对土壤物理性质的影响

糠醛渣含有丰富的有机质，土壤连续2年施用糠醛渣后使土壤疏松，孔隙度增大，容重降低。从表12-2资料可以看出，0~20cm土层容重最小的是单施糠醛渣，平均值为1.19g/cm³，最大的为单施化肥，平均值为1.38g/cm³，糠醛渣与化肥+糠醛渣、单施化肥、CK比较，容重分别降低了0.12g/cm³、0.19g/cm³和0.18g/cm³；化肥+糠醛渣与单施化肥、CK比较，容重分别降低了0.07g/cm³和0.06g/cm³。土壤总孔隙度最大的为单施糠醛渣，平均值为55.09%，最小的为单施化肥，平均值为47.92%，单施糠醛渣与化肥+糠醛渣、单施化肥、CK比较，总孔隙度分别增大了4.53%、7.17%和6.79%；化肥+糠醛渣与单施化肥、CK比较，总孔隙度分别增大了2.64%和2.26%。毛管孔隙度最大的为单施糠醛渣，平均值为15.96%，最小的为CK，平均值为13.69%，单施糠醛渣与化肥+糠醛渣、单施化肥、CK比较，毛管孔隙度分别增大了1.84%、2.01%和2.27%；化肥+糠醛渣与单施化肥、CK比较，毛管孔隙度分别增大了0.17%和0.43%。非毛管孔隙度最大的为单施糠醛渣，平均值为39.13%，最小的为单施化肥，平均值为33.97%，单施糠醛渣与化肥+糠醛渣、单施化肥、CK比较，非毛管孔隙度分别增大了2.69%、5.16%和4.52%；化肥+糠醛渣与单施化肥、CK比较，非毛管孔隙度分别增大了2.47%和1.83%。糠醛渣含有丰富的有机质，施入土壤后，在微生物的作用下合成了腐殖质，腐殖质中的酚羟基、羧基、甲氧基、羰基、羟基、醌基等功能团解离后带负电荷，吸附了河西走廊石灰性土壤中的Ca²⁺离子，Ca²⁺离子是一种胶结物质有利于土壤团粒结构的形成，从表12-2可以看出，团粒结构最大的为单施糠醛渣，平均值为48.55%，最小的为单施化肥，平均值为35.68%，单施糠醛渣与化肥+糠醛渣、单施化肥、CK比较，团粒结构分别增加了5.35%、12.87%和12.83%；化肥+糠醛渣与单施化肥、CK比较，团粒结构分别增加了7.52%和7.48%；处理间的差异显著性，经LSR检验达到显著和极显著水平。

表12-2　不同处理对土壤物理性质的影响

试验处理	土壤容重（g/cm³）	总孔隙度（%）	毛管孔隙度（%）	非毛管孔隙度（%）	>0.25mm团粒结构（%）
CK	1.37 cB	48.30 dC	13.69 cC	34.61 cC	35.72 cC

张掖灌区农作物科学施肥理论与实践

（续表）

试验处理	土壤容重（g/cm³）	总孔隙度（%）	毛管孔隙度（%）	非毛管孔隙度（%）	>0.25mm团粒结构（%）
化肥	1.38 dB	47.92 cC	13.95 cC	33.97 cC	35.68 cC
糠醛渣	1.19 aA	55.09 aA	15.96 aA	39.13 aA	48.55 aA
化肥+糠醛渣	1.31 bB	50.56 bB	14.12 bA	36.44 bB	43.20 bB

注：表内数据后大写字母为 $LSR_{0.01}$，小写字母为 $LSR_{0.05}$ 显著差异水平（下同）。

2. 不同处理对土壤水分的影响

糠醛渣在土壤微生物作用下合成的腐殖质是一种亲水胶体，吸水率为400%~600%，比黏土大10倍，腐殖质在提高土壤持水性能方面具有重要的作用，连续2年施用糠醛渣，土壤水分含量发生了明显的变化。据2018年6月14日4个处理灌水后，第7天测定结果表明，土壤水分含量最大的为单施糠醛渣，最小的为CK，处理间土壤水分含量变化顺序为单施糠醛渣>化肥+糠醛渣>单施化肥>CK。其中施用糠醛渣土壤耕层（0~20cm）自然含水量、蓄水量分别为123.76g/kg、319.20t/hm²，与化肥+糠醛渣比较，分别增加了15.97g/kg和36.79t/hm²；与单施化肥比较，分别增加了22.67g/kg和40.20t/hm²；与CK比较，分别增加了23.80g/kg和45.31t/hm²。化肥+糠醛渣土壤耕层自然含水量、蓄水量分别为107.79g/kg和282.41t/hm²，与单施化肥比较，分别增加了6.70g/kg和3.41t/hm²；与CK比较，分别增加了7.83g/kg和8.52t/hm²。处理间的差异显著性，经LSR检验达到显著和极显著水平（表12-3）。

3. 不同处理对土壤化学性质的影响

土壤有机质是土壤的重要组成部分，是衡量土壤肥力的重要指标之一，连续2年施用糠醛渣，土壤有机质含量有所提高。从表12-3资料可以看出，土壤有机质含量最高的为单施糠醛渣，平均值为13.28g/kg，最低的为单施化肥，平均值为12.34g/kg，单施糠醛渣与化肥+糠醛渣、单施化肥、CK比较，土壤有机质分别增加了2.87%、7.62%和5.90%；化肥+糠醛渣与单施化肥、CK比较，土壤有机质分别增加了4.62%和2.95%，说明施用糠醛渣可以快速提高土壤有机质含量。糠醛渣在土壤微生物作用下合成了土壤腐殖质，土壤腐殖质是有机胶体，有机胶体的吸附能力较大，提高了土壤的阳离子交换量（CEC），单施糠醛渣土壤CEC平均为19.20coml/kg，与化肥+糠醛渣、单施化肥、CK比较，土壤CEC分别增大了13.68%、20.45%和27.74%；化肥+糠醛渣土壤CEC平均为16.89coml/kg，与单施化肥、CK比较，土壤CEC分别增大了5.96%和12.38%。糠醛渣的pH值为3.42，水溶液呈极强酸性反应，糠醛渣施入土壤后，土壤的pH值发生了很大的变化，糠醛渣施用量越大，土壤pH值越小，土壤pH值最小的为单施糠醛渣，平均值为 7.13，最大的为单施化肥，平均值为 7.87，单施糠醛渣与化肥+糠醛渣、单施化肥、CK 比较，土壤 pH 值分别降低 0.38、0.74 和 0.66 个单位；化肥+糠醛渣与单施化肥、CK 比较，土壤 pH 值分别降低 0.36 和 0.28 个单位。处理间差异显著性，经 LSR 检验达到显著和极显著水平。

表 12-3　不同处理对土壤水分和化学性质的影响

试验处理	自然含水量（g/kg）	蓄水量（m³/hm²）	有机质（g/kg）	pH 值	CEC（cmol/kg）
CK	99.96 cC	273.89 cC	12.54 cC	7.79 bA	15.03 cC
化肥	101.09 cC	279.00 cC	12.34 cC	7.87 aA	15.94 cC
糠醛渣	123.76 aA	319.20 aA	13.28 aA	7.13 dA	19.20 aA
化肥+糠醛渣	107.79 bB	282.41 bB	12.91 bB	7.51 cA	16.89 bB

4. 不同处理对玉米植物学性状的影响

从 2018 年 6 月 14 日玉米拔节期测定结果可以看出，玉米株高最大的是化肥+糠醛渣，平均值为 50.90cm，最小的为 CK，平均值为 38.75cm，化肥+糠醛渣与单施化肥、单施糠醛渣、CK 比较，玉米株高分别增加了 6.40cm、8.17cm 和 12.15cm。玉米茎粗最大的是化肥+糠醛渣，平均值为 1.95cm，最小的为 CK，平均值为 1.58cm，化肥+糠醛渣与单施化肥、单施糠醛渣、CK 比较，玉米茎粗分别增加了 0.01cm、0.22cm 和 0.37cm。玉米生长速度最大的是化肥+糠醛渣，平均值为 0.97cm/天，最小的为 CK，平均值为 0.74cm/天，化肥+糠醛渣与单施化肥、单施糠醛渣、CK 比较，玉米生长速度分别增加了 0.12cm/天、0.15cm/天 和 0.23cm/天。玉米地上干重最大的是化肥+糠醛渣，平均值为 27.33g，最小的为 CK，平均值为 18.80g，化肥+糠醛渣与单施化肥、单施糠醛渣、CK 比较，玉米地上干重分别增加了 0.66g、5.13g 和 8.53g。处理间的差异显著性，经 LSR 检验达到显著和极显著水平（表 12-4）。

表 12-4　不同处理对玉米植物学性状的影响

试验处理	株高（cm）	生长速度（cm/天）	茎粗（cm）	地上鲜重（g）	地上干重（g）
CK	38.75 dD	0.74 cC	1.58 cC	64.40 dD	18.80 dD
化肥	44.50 bB	0.85 bB	1.94 aA	88.90 bB	26.67 bB
糠醛渣	42.73 cC	0.82 bB	1.73 bB	72.20 cC	22.20 cC
化肥+糠醛渣	50.90 aA	0.97 aA	1.95 aA	91.10 aA	27.33 aA

5. 不同处理对玉米经济性状和产量的影响

2018 年 9 月 28 日玉米收获时分别采样，室内测定经济性状，每个试验小区单独收获，将小区产量折合成公顷产量进行统计分析可以看出，玉米经济性状和产量变化顺序为化肥+糠醛渣>单施化肥>单施糠醛渣>CK。其中化肥+糠醛渣，穗粒数、穗粒重、百粒重、产量分别为 509.26 粒、164.30g、32.28g、6.16t/hm²，与单施化肥比较，分别增加 31.02 粒、13.52g、0.75g、0.31t/hm²；与单施糠醛渣比较，分别增加 61.10g、31.20g、2.58g、0.72t/hm²；与 CK 比较，分别增加 65.37g、55.55g、7.78g、1.74t/hm²。化肥+糠醛渣与单施化肥、单施糠醛渣、CK 比较，增产率分别增加 7.02%、16.29%和 39.37%；单施化肥与单施糠醛渣、CK 比较，增产率分别增加 9.27%和 32.35%；单施糠醛渣与 CK 比较，增产率为 23.08%。处理间的差异显著性，经 LSR 检验达到显著和极显著水平（表 12-5）。

表 12-5 不同处理对玉米经济性状的影响

试验处理	穗粒数（粒）	穗粒重（g）	百粒重（g）	产量（t/hm²）	增产率（%）
CK	443.89 dD	108.75 dD	24.50 cC	4.42 cC	/
化肥	478.24 bB	150.78 bB	31.53 aA	5.85 aA	32.35
糠醛渣	448.16 cC	133.10 cC	29.70 bB	5.44 bB	23.08
化肥+糠醛渣	509.26 aA	164.30 aA	32.28 aA	6.16 aA	39.37

6. 不同处理对玉米经济效益的影响

将 2017—2018 年平均数据统计分析（表 12-6）可以看出，不同处理玉米施肥利润、肥料投资效率和肥料贡献率变化顺序为化肥+糠醛渣>单施化肥>单施糠醛渣。其中化肥+糠醛渣施肥利润为 3 870.50元/hm²，与单施化肥和单施糠醛渣比较，分别增加 1 343.10元/hm²和 2 261.00元/hm²；化肥+糠醛渣肥料投资效率为 1.74，与单施化肥、单施糠醛渣比较，分别增加 0.72 和 0.92；化肥+糠醛渣肥料贡献率为 28.25%，与单施化肥、单施糠醛渣比较，分别增加 3.80%和 9.50%。由此可知，化肥与糠醛渣配施实现了资源循环、化肥减量、节本增效、改土培肥的目的，化肥与糠醛渣配施是提高土壤有机质和肥料贡献率的有效措施。

表 12-6 不同处理对玉米经济效益的影响

试验处理	产量（t/hm²）	增产量（t/hm²）	增产值（元/hm²）	施肥成本（元/hm²）	施肥利润（元/hm²）	肥料投资效率	肥料贡献率（%）
CK	4.42 cC	/	/	/	/	/	/

（续表）

试验处理	产量 （t/hm²）	增产量 （t/hm²）	增产值 （元/hm²）	施肥成本 （元/hm²）	施肥利润 （元/hm²）	肥料投资 效率	肥料 贡献率 （%）
化肥	5.85 aA	1.43	5 005.00	2 477.60	2 527.40	1.02	24.45
糠醛渣	5.44 bB	1.02	3 570.00	1 960.50	1 609.50	0.82	18.75
化肥+糠醛渣	6.16 aA	1.74	6 090.00	2 219.05	3 870.50	1.74	28.25

注：价格分别为玉米 3 500 元/t，尿素 1 800 元/t，磷酸二氢铵 4 000 元/t，糠醛渣 30 元/t。

（三）小结与讨论

化肥与糠醛渣配施使土壤疏松，土壤结构得到改善，孔隙度增大，容重降低，保水保肥能力增强，土壤孔隙度、团粒结构、自然含水量、蓄水量变化顺序为化肥+糠醛渣>CK>化肥。土壤容重变化顺序为化肥+糠醛渣<CK<化肥。化肥与糠醛渣配施后增加了土壤有机质，提高了土壤的保肥性能，化肥+糠醛渣与化肥、CK比较，土壤有机质分别增加 0.57 和 0.37 个百分点，土壤 CEC 分别增加了 0.95 和 4.85 个百分点。糠醛渣是一种强酸性废弃物，糠醛渣施入土壤后，土壤的 pH 值发生了很大的变化，糠醛渣施用量越大，土壤 pH 值越小。化肥与糠醛渣配施玉米的植物学性状、经济性状、施肥利润、肥料投资效率、肥料贡献率均优于单施化肥和单施糠醛渣。化肥与糠醛渣配施是提高土壤有机质、肥料贡献率和降低化肥施用量的有效措施。

二、沼渣与化肥配施对土壤理化性质和制种玉米效益的影响

张掖市制种玉米化学肥料 N、P_2O_5 投入量与有机肥料 N、P_2O_5 投入量之比为 1∶0.28。制种玉米产量的提高主要依赖于化肥的施用，长期大量施用化肥，导致土壤有机质含量降低，土壤板结，生产成本增加。随着沼气工程在张掖市农村大面积推广与示范，每年排出的沼渣约 50 万 t，经室内化验分析，沼渣含有丰富的有机质、氮、磷、钾以及微量元素，重金属元素 Hg、Cd、Cr、Pb 含量均小于 GB 8172—87 规定的农用有机物料控制标准。为了促进资源循环和增值，本试验进行了沼渣与化肥配施对土壤理化性质和制种玉米经济性状及效益影响的研究，其目的是促进资源循环，减少化肥施用量，节约能源，达到改土培肥的目的。

（一）材料与方法

1. 试验材料

试验于 2018 年在甘肃省张掖市临泽县沙河镇兰家堡村八社连作 16 年的制种玉米田上进行，东经 99°51′~100°30′，北纬 38°57′~39°42′，年降水量 118.4mm，年

蒸发量 1 830.5mm，年平均气温 7.70℃，全年日照时数 3 053h，海拔 1 430m，土壤类型是灰灌漠土，耕层 0~20cm 土壤有机质含量 12.36g/kg，碱解氮 81.13mg/kg，有效磷 8.94mg/kg，速效钾 154.36mg/kg，pH 值为 7.72，土壤质地为轻壤质土，前茬作物是制种玉米。沼渣含有机质 36.50%、全氮 0.61%、全磷 0.25%、全钾 0.77%，碱解氮 3.79mg/kg，有效磷 7.09mg/kg，速效钾 8.37mg/kg，粒径 2~10mm。尿素 $[CO(NH_2)_2]$ 含 N 46%，磷酸二氢铵含 N 18%、P_2O_5 46%。参试玉米品种为丰玉 4 号。

2. 试验方法

（1）沼渣发酵方法。在沼渣中加入 $CO(NH_2)_2$ 2.00kg/m³ 调节 C/N，加水把含水量调到用手握有水滴漏出，全部掺匀堆成 1.20m 厚的形状，发酵 60 天后施用。

（2）试验处理。在纯 N、P_2O_5 投入量相等的条件下（纯 N 为 388kg/hm²，纯 P_2O_5 为 159kg/hm²），试验共设计 5 个处理。处理 1，CK（不施肥）；处理 2，25% 沼渣+75%化肥；处理 3，50%沼渣+50%化肥；处理 4，100%化肥；处理 5，100% 沼渣，各处理施肥量见表 12-7，每个处理重复 3 次，随机区组排列。

表 12-7　不同处理的施肥量

试验处理	沼渣（t/hm²）	尿素（t/hm²）	磷酸二氢铵（t/hm²）
不施肥（CK）	0.00	0.00	0.00
25%沼渣+75%化肥	15.90	0.53	0.26
50%沼渣+50%化肥	31.80	0.36	0.18
100%化肥	0.00	0.71	0.35
100%沼渣	63.60	0.00	0.00

（3）种植方法。试验小区面积为 26.40m²（6.6m×4m），小区四周筑埂，埂宽 50cm、埂高 30cm。磷酸二氢铵和沼渣全部做底肥施入耕作层；尿素 40%做底肥施入耕作层，40%在玉米拔节期结合灌水追施，20%在玉米抽雄期结合灌水追施。2018 年 4 月 28 日播种，母本定植株距为 20cm，行距为 50cm，每公顷保苗数为 9.45 万株，父本以满天星配置。

（4）测定项目与方法。玉米收获时分别在试验小区内按 S 形布点，采集耕层（0~20cm）土样 4kg，用四分法带回 1kg 混合土样室内风干化验分析（土壤容重、团粒结构用环刀取原状土）。土壤自然含水量按公式［土壤自然含水量 =（湿土重−烘干土重）/烘干土重×100］求得；土壤容重按公式［土壤容重=环刀内湿土的质量/（100+自然含水量）］求得；土壤总孔隙度按公式［土壤总孔隙度 =（土壤密度-土壤容重）/土壤密度×100］求得；土壤毛管孔隙按公式自然［土壤毛管孔隙（%）=含水量×土壤容重］求得；土壤非毛管孔隙按公式（土壤非毛管孔隙=总孔隙度-毛管孔隙度）求得；土壤蓄水量按公式（土壤蓄水量=土壤容重×自然含水量×土层深度×面积）求得；土壤团粒结构测定采用湿筛法；土壤有机质测定采用重铬酸钾法；土壤 pH 值采用 5∶1 水土比浸提，用 pH-2F 数字 pH 计测定。玉米出苗后第 50 天测定株高、茎粗、生长速度、地上部分鲜重、地上部分干重。玉米收获时每个小区随机采 30 个果穗室内测定穗粒数、穗粒重、百粒重。每个试验小区单独收获，将小区产量折合成公顷产量进行统计分析。玉米茎粗采用游标卡尺测定，地上部分干重采用 105℃烘箱杀青 30min，80℃烘干至恒重。肥料投资效率=施肥利润/施肥成本；肥料贡献率（%）=（施肥区产量-无肥区产量）/施肥区产量×100。

（5）数据统计方法。采用多重比较，LSR 检验。

（二）结果与分析

1. 不同处理对土壤物理性质的影响

（1）不同处理对土壤容重的影响。沼渣含有丰富的有机质，随着沼渣施用量的增加，土壤容重在降低。制种玉米收获后测定结果可以看出，0~20cm 土层容重最小的是 100%沼渣，平均值为 1.19g/cm³，最大的为 CK，平均值为 1.45g/cm³，100%沼渣与 50%沼渣+50%化肥、25%沼渣+75%化肥、100%化肥、CK 比较，容重分别降低了 0.09g/cm³、0.17g/cm³、0.23g/cm³ 和 0.26g/cm³；50%沼渣+50%化肥与 25%沼渣+75%化肥、100%化肥、CK 比较，容重分别降低了 0.08g/cm³、0.14g/cm³ 和 0.17g/cm³；25%沼渣+75%化肥与 100%化肥、CK 比较，容重分别降低了 0.06g/cm³ 和 0.09g/cm³（表 12-8）。

（2）不同处理对土壤孔隙度的影响。随着沼渣施用量的增加，土壤孔隙度在增大。制种玉米收获后测定结果可以看出，0~20cm 土层土壤总孔隙度最大的为 100%沼渣，平均值为 55.09%，最小的为 CK，平均值为 45.28%，100%沼渣与 50%沼渣+50%化肥、25%沼渣+75%化肥、100%化肥、CK 比较，总孔隙度分别增大了 3.40%、6.41%、8.67% 和 9.81%；50%沼渣+50%化肥与 25%沼渣+75%化肥、100%化肥、CK 比较，总孔隙度分别增大了 3.01%、5.27% 和 6.41%；25%沼渣+75%化肥与 100%化肥、CK 比较，总孔隙度分别增大了 2.26% 和 3.40%。毛管孔隙度最大的为 100%沼渣，平均值为 18.87%，最小的为 CK，平均值为 17.50%，100%沼渣与 50%沼渣+50%化肥、25%沼渣+75%化肥、100%化肥、CK 比较，毛管孔隙度分别增大了 0.24%、0.49%、0.70% 和 1.37%；50%沼渣+50%化肥与 25%沼渣+75%化肥、100%化肥、CK 比较，毛管孔隙度分别增大了 0.25%、0.46% 和 1.13%；25%沼渣+75%化肥与 100%化肥、CK 比较，毛管孔隙度分别增大了 0.21% 和 0.88%。非毛管孔隙度最大的为 100%沼渣，平均值为 36.22%，最小的为 CK，平均值为 27.78%，100% 沼渣与 50% 沼渣+50% 化肥、25% 沼渣+75% 化肥、100% 化肥、CK 比较，非毛管孔隙度分别增大了 3.16%、5.92%、7.97% 和 8.44%；50% 沼渣+50% 化肥与 25% 沼渣+75% 化肥、100% 化肥、CK 比较，非毛管孔隙度分别增大了 2.76%、4.81% 和 5.28%；25% 沼渣+75% 化肥与 100% 化肥、CK 比较，非毛管孔隙度分别增大了 2.05% 和 2.52%（表 12-8）。

（3）不同处理对土壤团粒结构的影响。沼渣含有丰富的有机质，施入土壤后，在微生物的作用下合成了腐殖质，腐殖质中的酚羟基、羧基、甲氧基、羰基、羟基、醌基等功能团解离后带负电荷，吸附了河西走廊石灰性土壤中的 Ca^{2+}，Ca^{2+} 是一种胶结物质有利于土壤团粒结构的形成。制种玉米收获后测定结果可以看出，团粒结构最多的为 100% 沼渣，平均值为 42.34%，最少的为 CK，平均值为 37.07%，100% 沼渣与 50% 沼渣+50% 化肥、25% 沼渣+75% 化肥、100% 化肥、CK 比较，团粒结构分别增加了 2.12%、3.33%、4.89% 和 5.27%；50% 沼渣+50% 化肥与 25% 沼渣+75% 化肥、100% 化肥、CK 比较，团粒结构分别增加了 1.21%、2.77% 和 3.15%；25% 沼渣+75% 化肥与 100% 化肥、CK 比较，团粒结构分别增加了 1.56% 和 1.94%。处理间的差异显著性，经 LSR 检验达到显著和极显著水平（表 12-8）。

表 12-8　不同处理对土壤物理性质的影响

试验处理	容重（g/cm^3）	总孔隙度（%）	毛管孔隙度（%）	非毛管孔隙度（%）	>0.25mm 团粒结构（%）
CK（不施肥）	1.45 aA	45.28 dD	17.50 dB	27.78 dC	37.07 dD
25% 沼渣+75% 化肥	1.36 bB	48.68 cC	18.38 bA	30.30 cB	39.01 cC
50% 沼渣+50% 化肥	1.28 cC	51.69 bB	18.63 aA	33.06 bA	40.22 bB
100% 化肥	1.42 aA	46.42 dD	18.17 cA	28.25 dC	37.45 dD
100% 沼渣	1.19 dD	55.09 aA	18.87 aA	36.22 aA	42.34 aA

2. 不同处理对土壤水分的影响

（1）不同处理对土壤自然含水量的影响。沼渣在土壤微生物作用下合成的腐殖质是一种亲水胶体，吸水率比黏土大 10 倍，腐殖质在提高土壤持水性能方面具有重要的作用，施用沼渣，土壤水分含量发生了明显的变化。制种玉米收获后测定结果（表 12-9）可以看出，处理间土壤水分含量变化顺序为 100% 沼渣>50% 沼渣+50% 化肥>25% 沼渣+75% 化肥>100% 化肥>CK。100% 沼渣与 50% 沼渣+50% 化肥、25% 沼渣+75% 化肥、100% 化肥、CK 比较，0~20cm 土层自然含水量分别增加 12.94g/kg、23.36g/kg、28.53g/kg 和 28.81g/kg；50% 沼渣+50% 化肥与 25% 沼渣+75% 化肥、100% 化肥、CK 比较，0~20cm 土层自然含水量分别增加 10.42g/kg、15.59g/kg 和 15.87g/kg；25% 沼渣+75% 化肥与 100% 化肥、CK 比较，0~20cm 土层自然含水量分别增加 5.17g/kg 和 5.45g/kg。

（2）不同处理对土壤蓄水量的影响。制种玉米田施用沼渣后，增加了土壤有机胶体，有机胶体的吸水率比土粒大，对土壤蓄水量有重要的影响。制种玉米收获后测定结果可以看出，土壤蓄水量最大的是 100%沼渣，最小的是 CK，100%沼渣与 50%沼渣+50%化肥、25%沼渣+75%化肥、100%化肥、CK 比较，0～20cm 土层蓄水量分别增加了 4.80m³/hm²、9.80m³/hm²、14.00m³/hm² 和 27.40m³/hm²；50%沼渣+50%化肥与 25%沼渣+75%化肥、100%化肥、CK 比较，0～20cm 土层蓄水量分别增加了 5.00m³/hm²、9.20m³/hm² 和 22.60m³/hm²；25%沼渣+75%化肥与 100%化肥、CK 比较，0～20cm 土层蓄水量分别增加了 4.20m³/hm² 和 17.60m³/hm²。处理间的差异显著性，经 LSR 检验达到显著和极显著水平（表12-9）。

3. 不同处理对土壤有机质和酸碱度的影响

土壤有机质是土壤的重要组成部分，是衡量土壤肥力的重要指标之一，沼渣含有丰富的有机质，施用沼渣后土壤有机质含量发生了明显的变化。制种玉米收获后测定结果可以看出，土壤有机质含量最高的为 100%沼渣，平均值为 17.51g/kg，最低的为 CK，平均值为 12.36g/kg，100%沼渣与 50%沼渣+50%化肥、25%沼渣+75%化肥、100%化肥、CK 比较，0～20cm 土层有机质分别增加了 2.58g/kg、3.90g/kg、4.97g/kg 和 5.15g/kg；50%沼渣+50%化肥与 25%沼渣+75%化肥、100%化肥、CK 比较，0～20cm 土层有机质分别增加了 1.32g/kg、2.39g/kg 和 2.57g/kg；25%沼渣+75%化肥与 100%化肥、CK 比较，0～20cm 土层有机质分别增加了 1.07g/kg 和 1.25g/kg。土壤 pH 值最小的为 100%沼渣，平均值为 7.72，最大的为 100%化肥，平均值为 7.84，其原因是沼渣在土壤微生物的分解作用下形成的有机酸降低了土壤 pH 值。处理间差异显著性，经 LSR 检验达到显著和极显著水平（表12-9）。

表 12-9 不同处理对土壤水分、有机质和酸碱度的影响

试验处理	自然含水量（g/kg）	蓄水量（m³/hm²）	有机质（g/kg）	pH 值
CK（不施肥）	129.75 dD	350.00 bB	12.36 dD	7.82 aA
25%沼渣+75%化肥	135.20 cC	367.60 bB	13.61 cC	7.80 bA
50%沼渣+50%化肥	145.62 bB	372.60 aA	14.93 bB	7.76 cA
100%化肥	130.03 dD	363.40 bB	12.54 dD	7.84 aA
100%沼渣	158.56 aA	377.40 aA	17.51 aA	7.72 dA

4. 不同处理对玉米幼苗生长发育的的影响

玉米出苗后第 50 天测定结果可以看出，玉米株高最大的是 50%沼渣+50%化肥，平均值为 67.13cm，最小的为 CK，平均值为 62.77cm，50%沼渣+50%化肥与 25%沼渣+75%化肥、100%化肥、100%沼渣、CK 比较，玉米株高分别增加了 2.02cm、2.76cm、4.03cm、4.36cm。玉米茎粗最大的是 50%沼渣+50%化肥，平均值为 2.44cm，最小的为 CK，平均值为 2.21cm，50%沼渣+50%化肥与 25%沼渣+75%化肥、100%化肥、100%沼渣、CK 比较，玉米茎粗分别增加了 0.08cm、0.15cm、0.16cm、0.23cm。玉米生长速度最大的是 50%沼渣+50%化肥，平均值为 13.42mm/天，最小的为 CK，平均值为 12.55mm/天，50%沼渣+50%化肥与 25%沼渣+75%化肥、100%化肥、100%沼渣、CK 比较，玉米生长速度分别增加了 0.40mm/天、0.55mm/天、0.80mm/天、0.87mm/天。玉米地上部分干重最大的是 50%沼渣+50%化肥，平均值为 56.89g，最小的为 CK，平均值为 42.99g，50%沼渣+50%化肥与 25%沼渣+75%化肥、100%化肥、100%沼渣、CK 比较，玉米地上部分干重分别增加了 2.31g、11.63g、13.66g、13.90g。处理间差异显著性，经 LSR 检验达到显著和极显著水平（表 12-10）。

表 12-10　不同处理对玉米幼苗生长发育的的影响

试验处理	株高 （cm）	生长速度 （mm/天）	茎粗 （cm）	地上部分鲜重 （g/株）	地上部分干重 （g/株）
不施肥（CK）	62.77 bB	12.55 bB	2.21 bA	122.82 dD	42.99 dD
25%沼渣+75%化肥	65.11 bB	13.02 aA	2.36 aA	155.96 bB	54.58 bB
50%沼渣+50%化肥	67.13 aA	13.42 aA	2.44 aA	162.54 aA	56.89 aA
100%化肥	64.37 bB	12.87 bB	2.29 aA	129.32 cC	45.26 cC
100%沼渣	63.10 bB	12.62 bB	2.28 aA	123.51 dD	43.23 dD

5. 不同处理对玉米经济性状和增产效果的影响

2018 年 9 月 29 日制种玉米收获后室内考种资料看出，玉米经济性状和产量变化顺序为 50%沼渣+50%化肥＞25%沼渣+75%化肥＞100%化肥＞100%沼渣＞CK。其中 50%沼渣+50%化肥，穗粒数、穗粒重、百粒重分别为 217.10 粒、65.10g、30.12g，与 25%沼渣+75%化肥比较，分别增加 0.97 粒、1.02g、0.60g；与 100%化肥比较，分别增加 2.03 粒、1.95g、0.49g；与 100%沼渣比较，分别增加 8.79 粒、8.67g、2.07g；与 CK 比较，分别增加 27.41 粒、18.89g、5.76g。每个试验小区单独收获，将小区产量折合成公顷产量进行统计分析可以看出，玉米产量最高的是 50%沼渣+50%化肥，平均值为 6 151.95kg/hm²，最低的为 CK，平均值为 4 366.85kg/hm²，50%沼渣+50%化肥与 25%沼渣+75%化肥、100%化肥、100%沼渣、CK 比较，分别增产 96.39kg/hm²、184.28kg/hm²、819.31kg/hm²、1 785.10kg/hm²，增产率分别为 1.59%、3.09%、15.36%和 40.88%。分析其原因，一是沼渣含有大量元素和微量元素，经分解后可以平衡地供给玉米生长所需的各种养分；二是沼渣施入土壤后，有机物质经分解合成，形成腐殖质，使土壤形成稳定的团粒结构，改善了土壤的物理性质，协调了土壤水、肥、气、热，提高了土壤的供肥能力，因而提高了玉米产量。处理间的差异显著性，经 LSR 检验达到显著和极显著水平（表 12-11）。

表 12-11 不同处理对玉米经济性状和增产效果的影响

试验处理	穗粒数（粒）	穗粒重（g）	百粒重（g）	产量（kg/hm²）	增产率（%）
不施肥（CK）	189.69 cC	46.21 dC	24.36 dB	4 366.85 dB	/
25%沼渣+75%化肥	216.13 aA	64.08 aA	29.52 bA	6 055.56 aA	38.67
50%沼渣+50%化肥	217.10 aA	65.10 aA	30.12 aA	6 151.95 aA	40.88
100%化肥	215.07 aA	63.15 aA	29.63 bA	5 967.67 bA	36.66
100%沼渣	208.31 bB	56.43 cB	28.05 cA	5 332.64 cA	22.12

6. 不同处理对玉米经济效益的影响

沼渣与化肥配合施用，减少了化肥施用量，节约了能源，促进了有机肥料的循环和增值，降低了施肥成本，提高了施肥利润，达到了节本增效的目的。从表 12-12 可以看出，50% 沼渣 + 50% 化肥，与 100% 化肥比较，施肥利润增加了 1 000.98 元/hm²。肥料投资效率增加了 0.60。肥料贡献率变化顺序是：50%沼渣+50%化肥>25%沼渣+75%化肥>100%化肥>100%沼渣，由此可见，制种玉米 50%沼渣与 50%化肥配合施肥经济效益比单施化肥好。

表 12-12 不同处理对玉米经济效益的影响

试验处理	产量（kg/hm²）	增产量（kg/hm²）	增产值（元/hm²）	施肥成本（元/hm²）	施肥利润（元/hm²）	肥料投资效率	肥料贡献率（%）
不施肥（CK）	4 366.85 dB	/	/	/	/	/	/
25%沼渣+75%化肥	6 055.56 aA	1 688.71	5 910.49	2 471	3 439.49	1.39	27.89
50%沼渣+50%化肥	6 151.95 aA	1 785.10	6 247.85	2 322	3 925.85	1.69	29.02
100%化肥	5 967.67 bA	1 600.82	5 602.87	2 678	2 924.87	1.09	26.81
100%沼渣	5 332.64 cA	965.79	3 380.27	1 908	1 472.27	0.77	18.11

注：价格分别为制种玉米 3 500元/t，沼渣 30 元/t，尿素 1 800元/t，磷酸二氢铵 4 000元/t。

（三）问题讨论

田间试验资料表明，0~20cm 土层土壤总孔隙度、团粒结构、蓄水量、土壤有机质含量变化顺序均为：100%沼渣＞50%沼渣＋50%化肥＞25%沼渣＋75%化肥＞100%化肥，而容重和 pH 值变化顺序均为 100%化肥＞25%沼渣＋75%化肥＞50%沼渣＋50%化肥＞100%沼渣。制种玉米生长发育、经济性状、产量、经济效益、肥料投资效率和肥料贡献率变化顺序均为 50%沼渣＋50%化肥＞25%沼渣＋75%化肥＞100%化肥＞100%沼渣。沼渣与化肥配合施用是一项科学的施肥决策，沼渣的优点正是化肥的缺点，而化肥的优点正是沼渣的缺点，二者结合施用可以取长补短，缓急相济，充分发挥了各自的特点。沼渣与化肥配合施用，促进了资源循环和增值，达到了化肥减量、节本增效的目的。沼渣与化肥配合施用可有效提高土壤的有机质和肥料贡献率。从制种玉米可持续发展来看，沼渣与化肥配合施用在肥效上缓急相济，在养分种类上，大量元素与中微量元素相结合；在农田保护上，可以用地与养地相结合，实现农业资源合理利用与持续发展，沼渣与化肥配合施用有利于制种玉米可持续发展。

三、牛粪与化肥配施对土壤理化性质和制种玉米效益的影响研究

张掖市气候干燥，光照充足，灌溉便利，昼夜温差大，天然隔离条件好，是国内制种玉米生产和贮藏的最佳区域。近 10 年来，建立了玉米制种基地 5 万多公顷，成为河西走廊规模最大的玉米制种基地，平均产值达 2.78 万元/hm²，玉米制种产业在农业增效和农民增收方面起到了积极作用。目前存在的主要问题是：由于种植面积大，不利于轮作倒茬，重茬年限较长，有机肥料投入量不足，制种玉米产量的提高主要依赖于化肥的施用，长期大量施用化肥，导致土壤板结，缺素的生理性病害经常发生，使制种玉米产量和品质下降，生产成本增加。张掖市百万头肉牛基地建设工程截至 2017 年年底肉牛的饲养量已达到 100 万余头，年产鲜牛粪 564.67 万 t，折风干重 96.00 万 t，其中家庭燃料、沼气工程、直接还田等减量系数折算为 0.54，还有 44.16 万 t 的剩余牛粪没有相应的管理措施，随意堆放在居民点、田间地头、道路上，经风吹日晒雨淋后污染了环境。经室内化验分析，牛粪含有丰富的有机质、氮、磷、钾以及微量元素，重金属元素 Hg、Cd、Cr、Pb 含量均小于GB 8172—87规定的农用有机物料控制标准。为了促进资源循环和增值，本试验进行了牛粪与化肥配施对土壤理化性质和制种玉米经济性状与效益的影响研究，现将研究结果分述如下。

（一）材料与方法

1. 试验材料

试验于 2018 年在甘肃省张掖市临泽县沙河镇兰家堡村八社连作 16 年的制种玉米田上进行，东经 99°51′～100°30′，北纬 38°57′～39°42′，年降水量 118.4mm，年蒸发量1 830.5mm，年平均气温 7.70℃，全年日照时数 3 053h，海拔 1 430m，土壤类型是灰灌漠土，耕层 0～20cm 土壤有机质含量 12.36g/kg，碱解氮81.13mg/kg，

有效磷 8.94mg/kg，速效钾 154.36mg/kg，pH 值为 7.72，土壤质地为轻壤质土，前茬作物是制种玉米。牛粪，含有机质 36.35%，全氮 0.54%，全磷 0.23%，全钾 0.77%，碱解氮 3.79mg/kg，有效磷 7.09mg/kg，速效钾 8.37mg/kg，粒径 2～20mm。尿素含 N 46%，磷酸二氢铵含 N 18%、P_2O_5 46%。参试玉米品种为丰玉 4 号。

2. 试验方法

（1）牛粪发酵处理。在牛粪种加入尿素 2.00kg/m^3 调节 C/N，加水把含水量调到用手握有水滴漏出，全部掺匀堆成 1.20m 厚的形状，发酵 60 天后施用。

（2）试验处理。在纯 N、P_2O_5 投入量相等的条件下（纯 N 为 386kg/hm^2，纯 P_2O_5 为 165kg/hm^2），试验共设计 5 个处理。处理 1，CK（不施肥）；处理 2，25% 牛粪+75%化肥；处理 3，50%牛粪+50%化肥；处理 4，100%化肥；处理 5，100% 牛粪，各处理施肥量见表 12-13，每个处理重复 3 次，随机区组排列。

表 12-13　不同处理施肥量

试验处理	牛粪 (t/hm^2)	尿素 (t/hm^2)	磷酸二氢铵 (t/hm^2)
CK（不施肥）	0.00	0.00	0.00
25%牛粪+75%化肥	17.88	0.53	0.27
50%牛粪+50%化肥	35.76	0.35	0.18
100%化肥	0.00	0.70	0.36
100%牛粪	71.52	0.00	0.00

（3）种植方法。试验小区面积 26.40m^2（6.6m×4m），小区四周筑埂，埂宽 50cm，埂高 30cm。磷酸二氢铵、牛粪全部做底肥施入耕作层，尿素 40%做底肥施入耕作层，40%在玉米拔节期结合灌水追施，20%在玉米抽雄期结合灌水追施。2018 年 4 月 28 日播种，母本定植株距为 20cm，行距为 50cm，公顷保苗数为 9.45 万株，父本以满天星配置。

（4）测定项目与方法。玉米收获时分别在试验小区内按 S 形布点，采集耕层（0～20cm）土样 4kg，用四分法带回 1kg 混合土样室内风干化验分析（土壤容重、团粒结构用环刀取原状土）。土壤自然含水量按公式［土壤自然含水量=（湿土重-烘干土重）/烘干土重×100］求得；土壤容重按公式［土壤容重=环刀内湿土的质量/（100+自然含水量）］求得；土壤总孔隙度按公式［土壤总孔隙度=（土壤密度-土壤容重）/土壤密度×100］求得；土壤毛管孔隙按公式［土壤毛管孔隙=自然含水量（%）×土壤容重］求得；土壤非毛管孔隙按公式（土壤非毛管孔隙=总孔隙度-毛管孔隙度）求得；土壤蓄水量按公式（土壤蓄水量=土壤容重×自然含水量×土层深度×面积）求得；土壤团粒结构测定采用湿筛法；土壤有机质测定采用重铬酸钾法；土壤 pH 值采用 5：1 水土比浸提，用 pH-2F 数字 pH 计测定。

玉米出苗后第 50 天测定株高、茎粗、生长速度、地上部分鲜重、地上部分干重。玉米收获时每个小区随机采 30 个果穗室内测定穗粒数、穗粒重、百粒重。每个试验小区单独收获，将小区产量折合成公顷产量进行统计分析。玉米茎粗采用游标卡尺测定，地上部分干重采用 105℃烘箱杀青 30min，80℃烘干至恒重。肥料投资效率=施肥利润/施肥成本；肥料贡献率（%）＝（施肥区产量−无肥区产量）/施肥区产量×100%。

（5）数据统计方法。采用多重比较，LSR 检验。

（二）结果与分析

1. 不同处理对土壤物理性质的影响

（1）不同处理对土壤容重的影响。牛粪含有丰富的有机质，随着牛粪施用量的增加，土壤容重在降低。制种玉米收获后测定结果可以看出，0~20cm 土层容重最小的是 100%牛粪，平均值为 1.21g/cm³，最大的为 CK，平均值为 1.35g/cm³，100%牛粪与 50%牛粪+50%化肥、25%牛粪+75%化肥、100%化肥、CK 比较，容重分别降低了 0.03g/cm³、0.08g/cm³、0.11g/cm³ 和 0.14g/cm³；50%牛粪+50%化肥与 25%牛粪+75%化肥、100%化肥、CK 比较，容重分别降低了 0.05g/cm³、0.08g/cm³ 和 0.11g/cm³；25%牛粪+75%化肥与 100%化肥、CK 比较，容重分别降低了 0.03g/cm³ 和 0.06g/cm³（表 12-14）。

（2）不同处理对土壤孔隙度的影响。随着牛粪施用量的增加，土壤孔隙度在增大。制种玉米收获后测定结果可以看出，0~20cm 土层土壤总孔隙度最大的为 100%牛粪，平均值为 54.33%，最小的为 CK，平均值为 49.06%，100%牛粪与 50%牛粪+50%化肥、25%牛粪+75%化肥、100%化肥、CK 比较，总孔隙度分别增大了 1.12%、3.01%、4.15% 和 5.27%；50%牛粪+50%化肥与 25%牛粪+75%化肥、100%化肥、CK 比较，总孔隙度分别增大了 1.89%、3.03% 和 4.15%；25%牛粪+75%化肥与 100%化肥、CK 比较，总孔隙度分别增大了 1.14% 和 2.26%。毛管孔隙度最大的为 100%牛粪，平均值为 17.33%，最小的为 CK，平均值为 14.94%，100%牛粪与 50%牛粪+50%化肥、25%牛粪+75%化肥、100%化肥、CK 比较，毛管孔隙度分别增大了 0.24%、0.96%、1.42% 和 2.39%；50%牛粪+50%化肥与 25%牛粪+75%化肥、100%化肥、CK 比较，毛管孔隙度分别增大了 0.72%、1.18% 和 2.15%；25%牛粪+75%化肥与 100%化肥、CK 比较，毛管孔隙度分别增大了 0.46% 和 1.43%。非毛管孔隙度最大的为 100%牛粪，平均值为 37.00%，最小的为 CK，平均值为 34.12%，100%牛粪与 50%牛粪+50%化肥、25%牛粪+75%化肥、100%化肥、CK 比较，非毛管孔隙度分别增大了 0.88%、2.05%、2.73% 和 2.88%；50%牛粪+50%化肥与 25%牛粪+75%化肥、100%化肥、CK 比较，非毛管孔隙度分别增大了 1.17%、1.85% 和 2.00%；25%牛粪+75%化肥与 100%化肥、CK 比较，非毛管孔隙度分别增大了 0.68% 和 0.83%（表 12-14）。

（3）不同处理对土壤团粒结构的影响。牛粪含有丰富的有机质，施入土壤后，在微生物的作用下合成了腐殖质，腐殖质中的酚羟基、羧基、甲氧基、羰基、羟基、醌基等功能团解离后带负电荷，吸附了河西走廊石灰性土壤中的 Ca^{2+}，Ca^{2+} 是一种胶结物质有利于土壤团粒结构的形成。制种玉米收获后测定结果可以看出，团粒结构最多的为 100%牛粪，平均值为 39.86%，最少的为 CK，平均值为 32.67%，100%牛粪与 50%牛粪+50%化肥、25%牛粪+75%化肥、100%化肥、CK 比较，团粒结构分别增加了 3.99%、6.72%、7.26% 和 7.19%；50%牛粪+50%化肥与 25%牛粪+75%化肥、100%化肥、CK 比较，团粒结构分别增加了 2.73%、3.27% 和 3.20%；25%牛粪+75%化肥与 100%化肥、CK 比较，团粒结构分别增加了 0.54% 和 0.47%。处理间的差异显著性，经 LSR 检验达到显著和极显著水平（表 12-14）。

表 12-14　不同处理对土壤物理性质的影响

试验处理	容重（g/cm³）	总孔隙度（%）	毛管孔隙度（%）	非毛管孔隙度（%）	>0.25mm 团粒结构（%）
CK（不施肥）	1.35 aA	49.06 cB	14.94 cB	34.12 cC	32.67 dD
25%牛粪+75%化肥	1.29 bB	51.32 bB	16.37 bB	34.95 cC	33.14 cC
50%牛粪+50%化肥	1.24 cB	53.21 aA	17.09 aA	36.12 bB	35.87 bB
100%化肥	1.32 aA	50.18 bB	15.91 bB	34.27 cC	32.60 dD
100%牛粪	1.21 dB	54.33 aA	17.33 aA	37.00 aA	39.86 aA

2. 不同处理对土壤水分的影响

（1）不同处理对土壤自然含水量的影响。牛粪在土壤微生物作用下合成的腐殖质是一种亲水胶体，吸水率比黏土大 10 倍，腐殖质在提高土壤持水性能方面具有重要的作用，施用牛粪，土壤水分含量发生了明显的变化。制种玉米收获后测定结果可以看出，处理间土壤水分含量变化顺序为 100%牛粪>50%牛粪+50%化肥>25%牛粪+75%化肥>100%化肥>CK。100%牛粪与 50%牛粪+50%化肥、25%牛粪+75%化肥、100%化肥、CK 比较，0~20cm 土层自然含水量分别增加 5.33g/kg、16.37g/kg、22.71g/kg 和 32.54g/kg；50%牛粪+50%化肥与 25%牛粪+75%化肥、100%化肥、CK 比较，0~20cm 土层自然含水量分别增加 11.04g/kg、17.38g/kg 和 27.21g/kg；25%牛粪+75%化肥与 100%化肥、CK 比较，0~20cm 土层自然含水量分别增加 6.34g/kg 和 16.17g/kg（表 12-15）。

（2）不同处理对土壤蓄水量的影响。制种玉米田施用牛粪后，增加了土壤有机胶体，有机胶体的吸水率比土粒大，对土壤蓄水量有重要的影响。制种玉米收获后测定结果可以看出，土壤蓄水量最大的是100%牛粪，最小的是CK，100%牛粪与50%牛粪+50%化肥、25%牛粪+75%化肥、100%化肥、CK比较，0~20cm土层蓄水量分别增加了4.80m³/hm²、19.20m³/hm²、28.40m³/hm²和47.80m³/hm²；50%牛粪+50%化肥与25%牛粪+75%化肥、100%化肥、CK比较，0~20cm土层蓄水量分别增加了14.40m³/hm²、23.60m³/hm²和43.00m³/hm²；25%牛粪+75%化肥与100%化肥、CK比较，0~20cm土层蓄水量分别增加了9.20m³/hm²和28.60 m³/hm²。处理间的差异显著性，经LSR检验达到显著和极显著水平（表12-15）。

3. 不同处理对土壤有机质和酸碱度的影响

土壤有机质是土壤的重要组成部分，是衡量土壤肥力的重要指标之一，牛粪含有丰富的有机质，施用牛粪后土壤有机质含量发生了明显的变化。制种玉米收获后测定结果可以看出，土壤有机质含量最高的为100%牛粪，平均值为18.14g/kg，最低的为CK，平均值为12.36g/kg，100%牛粪与50%牛粪+50%化肥、25%牛粪+75%化肥、100%化肥、CK比较，0~20cm土层有机质分别增加了2.89g/kg、4.33g/kg、5.35g/kg和5.78g/kg；50%牛粪+50%化肥与25%牛粪+75%化肥、100%化肥、CK比较，0~20cm土层有机质分别增加了1.44g/kg、2.46g/kg和2.89g/kg；25%牛粪+75%化肥与100%化肥、CK比较，0~20cm土层有机质分别增加了1.02g/kg和1.45g/kg。土壤pH值最小的为100%牛粪，平均值为7.70，最大的为100%化肥，平均值为7.81，其原因是牛粪在土壤微生物的分解作用下形成的有机酸降低了土壤pH值。处理间差异显著性，经LSR检验达到显著和极显著水平（表12-15）。

表12-15　不同处理对土壤水分、有机质和酸碱度的影响

试验处理	自然含水量 （g/kg）	蓄水量 （m³/hm²）	有机质 （g/kg）	pH值
CK（不施肥）	110.72 eE	298.80 dD	12.36 dD	7.78 bA
25%牛粪+75%化肥	126.89 cC	327.40 bB	13.81 cC	7.76 bcA
50%牛粪+50%化肥	137.93 bB	341.80 aA	15.25 bB	7.74 cdA
100%化肥	120.55 dD	318.20 cC	12.79 dD	7.81 aA
100%牛粪	143.26 aA	346.60 aA	18.14 aA	7.70 dA

4. 不同处理对玉米幼苗生长发育的影响

据玉米出苗后第50天测定结果可以看出，玉米株高最大的是50%牛粪+50%化肥，平均值为69.80cm，最小的为CK，平均值为59.16cm，50%牛粪+50%化肥与

25%牛粪+75%化肥、100%化肥、100%牛粪、CK 比较，玉米株高分别增加了
2.58cm、3.43cm、6.03cm、10.64cm。玉米茎粗最大的是 50%牛粪+50%化肥，平
均值为 2.43cm，最小的为 CK，平均值为 2.28cm，50%牛粪+50%化肥与 25%牛
粪+75%化肥、100%化肥、100%牛粪、CK 比较，玉米茎粗分别增加了 0.04cm、
0.09cm、0.10cm、0.15cm。玉米生长速度最大的是 50%牛粪+50%化肥，平均值为
13.96mm/天，最小的为 CK，平均值为 11.83mm/天，50%牛粪+50%化肥与 25%牛
粪+75%化肥、100%化肥、100%牛粪、CK 比较，玉米生长速度分别增加了
0.52mm/天、0.69mm/天、1.21mm/天、2.13mm/天。玉米地上部分干重最大的是
50%牛粪+50%化肥，平均值为 51.08g，最小的为 CK，平均值为 43.33g，50%牛
粪+50%化肥与 25%牛粪+75%化肥、100%化肥、100%牛粪、CK 比较，玉米地上
部分干重分别增加了 0.94g、1.95g、2.93g、7.75g。处理间差异显著性，经 LSR
检验达到显著和极显著水平（表 12-16）。

表 12-16 不同处理对玉米幼苗生长发育的的影响

试验处理	株高 （cm）	生长速度 （mm/天）	茎粗 （cm）	地上部分鲜重 （g/株）	地上部分干重 （g/株）
CK（不施肥）	59.16 dD	11.83 bC	2.28 bA	123.82 cC	43.33 cC
25%牛粪+75%化肥	67.22 bB	13.44 aA	2.39 aA	143.26 aA	50.14 aA
50%牛粪+50%化肥	69.80 aA	13.96 aA	2.43 aA	145.93 aA	51.08 aA
100%化肥	66.37 bB	13.27 aA	2.34 aA	140.39 aA	49.13 aA
100%牛粪	63.77 cC	12.75 bB	2.33 aA	137.58 bB	48.15 bB

5. 不同处理对玉米经济性状和增产效果的影响

制种玉米收获后室内考种资料看出，玉米经济性状和产量变化顺序为 50%牛
粪+50%化肥>25%牛粪+75%化肥>100%化肥>100%牛粪>CK。其中 50%牛粪+50%
化肥，穗粒数、穗粒重、百粒重分别为 230.97 粒、63.91g、27.67g，与 25%牛粪+
75%化肥比较，分别增加 1.05 粒、1.28g、0.56g；与 100%化肥比较，分别增加
3.09 粒、2.54g、0.74g；与 100%牛粪比较，分别增加 3.85 粒、5.75g、1.43g；与
CK 比较比较，分别增加 10.91 粒、18.79g、6.71g。每个试验小区单独收获，将小
区产量折合成公顷产量进行统计分析可以看出，玉米产量最高的是 50%牛粪+50%
化肥，平均值为 6 039.49kg/hm²，最低的为 CK，平均值为 4 263.84kg/hm²，50%
牛粪+50%化肥与 25%牛粪+75%化肥、100%化肥、100%牛粪、CK 比较，分别增
产 120.96kg/hm²、240.03kg/hm²、543.37kg/hm²、1 775.65kg/hm²，增产率分别为
2.04%、4.14%、9.89%和 41.64%。分析其原因，一是牛粪含有大量元素和微量
元素，经分解后可以平衡地供给玉米生长所需的各种养分；二是牛粪施入土壤后，

有机物质经分解合成，形成腐殖质，使土壤形成稳定的团粒结构，改善了土壤的物理性质，协调了土壤水、肥、气、热，提高了土壤的供肥能力，因而提高了玉米产量。处理间的差异显著性，经 LSR 检验达到显著和极显著水平（表 12-17）。

表 12-17　不同处理对玉米经济性状和增产效果的影响

试验处理	穗粒数（粒）	穗粒重（g）	百粒重（g）	产量（kg/hm²）	增产率（%）
CK（不施肥）	220.06 cC	45.12 cC	20.96 cC	4 263.84 eD	/
25%牛粪+75%化肥	229.92 aA	62.63 aA	27.11 aA	5 918.53 bA	38.80
50%牛粪+50%化肥	230.97 aA	63.91 aA	27.67 aA	6 039.49 aA	41.64
100%化肥	227.88 bB	61.37 aA	26.93 bB	5 799.46 cB	36.01
100%牛粪	227.12 bB	58.16 bB	26.24 bB	5 496.12 dC	28.90

6. 不同处理对玉米经济效益的影响

牛粪与化肥配合施用，减少了化肥施用量，节约了能源，促进了有机肥料的循环和增值，降低了施肥成本，提高了施肥利润，达到了节本增效的目的。从表 12-18 可以看出，50%牛粪+50%化肥，与 100%化肥比较，施肥利润增加了 1 117.30 元/hm²，肥料投资效率增加了 0.58。肥料贡献率变化顺序是 50%牛粪+50%化肥>25%牛粪+75%化肥>100%化肥>100%牛粪。由此可见，制种玉米 50%牛粪与 50%化肥配合施肥经济效益比单施化肥好。

表 12-18　不同处理对玉米经济效益的影响

试验处理	产量（kg/hm²）	增产量（kg/hm²）	增产值（元/hm²）	施肥成本（元/hm²）	施肥利润（元/hm²）	肥料投资效率	肥料贡献率（%）
CK（不施肥）	4 263.84 eD	/	/	/	/	/	/
25%牛粪+75%化肥	5 918.53 bA	1 654.69	5 791.42	2 570.40	3 221.02	1.25	27.95
50%牛粪+50%化肥	6 039.49 aA	1 775.65	6 214.77	2 422.80	3 791.97	1.57	29.40
100%化肥	5 799.46 cB	1 535.62	5 374.67	2 700.00	2 674.67	0.99	26.48
100%牛粪	5 496.12 dC	1 232.28	4 312.98	2 145.60	2 167.38	1.01	22.34

注：价格分别为制种玉米 3 500 元/t，牛粪 30 元/t，尿素 1 800 元/t，磷酸二氢铵 4 000 元/t。

（三）问题与讨论

田间试验资料表明，0～20cm 土层土壤总孔隙度、团粒结构、蓄水量、土壤有机质含量变化顺序均为 100%牛粪>50%牛粪+50%化肥>25%牛粪+75%化肥>

100%化肥，而容重和 pH 值变化顺序均为 100%化肥>25%牛粪+75%化肥>50%牛粪+50%化肥>100%牛粪。制种玉米生长发育、经济性状、经济效益、肥料投资效率和肥料贡献率变化顺序均为 50%牛粪+50%化肥>25%牛粪+75%化肥>100%化肥>100%牛粪。牛粪与化肥配合施用是一项科学的施肥决策，二者结合施用可以取长补短、缓急相济，促进资源循环和增值，达到了化肥减量、节本增效的目的。牛粪与化肥配合施用在养分种类上，大量元素与中微量元素相结合；在农田保护上，实现了用地与养地相结合，实现农业资源合理利用与持续发展，有利于制种玉米可持续发展。

四、化肥与生物菌肥配施对玉米产量及经济效益影响的研究

张掖市气候干燥，光照充足，灌溉便利，昼夜温差大，天然隔离条件好，是国内玉米种子生产和贮藏的理想场所。近年来，吸引了中国种业、辽宁东亚、北京德农、奥瑞金、甘肃金象等国内一大批种业集团，建立了玉米制种生产基地 5.56hm^2，产种量达 38×10^{4}t，种子合格率达到 100%，目前已经发展成为河西走廊规模最大的玉米制种基地。有关生物菌肥在农作物方面的施用，国内外报道的较多，而在制种玉米方面的施用国内外未见报道，本文选用生物菌肥与氮、磷化肥配施，旨在探索生物菌肥对制种玉米产量及经济效益的关系，从而实现资源循环、节本增效、改土培肥、实施沃土工程的目的，现将研究结果分述如下。

（一）材料与方法

1. 试验材料

试验于 2018 年在张掖市临泽县沙河镇兰家堡村进行，东经 99°51′~100°30′，北纬 38°57′~39°42′，年降水量 118.4mm，年蒸发量 1 830.5mm，年平均气温 7.70℃，≥10℃积温 3 053h，海拔高度 1 430m，土壤类型是灌漠土，土壤质地为轻壤质土，前茬作物是制种玉米。生物菌肥，由河北省武安市金大地生物工程有限公司生产，有机质≥20%、总养分≥6%、有效活菌数≥0.2 亿个/g、腐殖酸 10%。CO（NH$_2$）$_2$（含 N 46%），NH$_4$H$_2$PO$_4$（含 N 18%、P$_2$O$_5$ 46%）。参试玉米品种组合：郑单 958（郑 58×昌 7-2）。

2. 试验方法

（1）试验处理。在氮磷投入量相等的条件下（折纯 N 为 359kg/hm^2，折纯 P$_2$O$_5$ 为 150kg/hm^2）试验共设计 3 个处理。处理 1，不施肥为对照（CK）；处理 2，化肥；处理 3，化肥+生物菌肥，各处理施肥类型和施肥量见表 12-19。试验小区面积为 20m^2（5m×4m），每个处理重复 3 次，随机区组排列，小区四周筑埂，埂宽 50cm、埂高 30cm。

表 12-19 不同处理的施肥量

试验处理	CO（NH$_2$）$_2$ （kg/hm^2）	NH$_4$H$_2$PO$_4$ （kg/hm^2）	生物菌肥 （kg/hm^2）
CK	0	0	0
化肥	652	326	0
化肥+生物菌肥	652	326	180

（2）种植方法。NH$_4$H$_2$PO$_4$、生物菌肥全部做底肥施入耕作层；CO（NH$_2$）$_2$40%做底肥施入耕作层，40%在玉米拔节期结合灌水追施，20%在玉米抽雄期结合灌水追施。2018 年 4 月 12 日播种，母本定植密度 8.00×10^{4}株/hm^2，株距25cm、行距50cm，父本以满天星配置。

（3）测定项目与方法。制种玉米收获时分别在试验小区采 20 个果穗室内测定穗粒数、穗粒重、百粒重，将小区产量折合成公顷产量。地上干重采用 105℃烘箱杀青 30min，80℃烘干至恒重。

（4）数据统计方法。多重比较，LSR 检验。

（二）结果与分析

1. 不同处理对玉米植物学性状的影响

从 2018 年 6 月 14 日制种玉米拔节期测定结果可以看出，株高最大的是化肥+生物菌肥，平均值为 48.81cm，最小的为 CK，平均值为 37.98cm，化肥+生物菌肥与单施化肥、CK 比较，株高分别增加了 5.20cm 和 10.83cm。茎粗最大的是化肥+生物菌肥，平均值为 1.93cm，最小的为 CK，平均值为 1.54cm，化肥+生物菌肥与单施化肥、CK 比较，茎粗分别增加了 0.03cm 和 0.39cm。生长速度最大的是化肥+生物菌肥，平均值为 0.88cm/天，最小的为 CK，平均值为 0.73cm/天，化肥+生物菌肥与单施化肥、CK 比较，生长速度分别增加了 0.04cm/天和 0.15cm/天。地上干重最大的是化肥+生物菌肥，平均值为 26.61g，最小的为 CK，平均值为18.42g，化肥+生物菌肥与单施化肥、CK 比较，地上干重分别增加了 0.47g 和8.19g。处理间的差异显著性，经 LSR 检验达到显著和极显著水平（表 12-20）。

表 12-20 不同处理对制种玉米植物学性状的影响

试验处理	株高 （cm）	生长速度 （cm/天）	茎粗 （cm）	地上鲜重 （g）	地上干重 （g）
CK	37.98 cC	0.73 bB	1.54 bB	63.00 cC	18.42 bB
化肥	43.61 bB	0.84 aA	1.90 aA	87.12 aA	26.14 aA
化肥+生物菌肥	48.81 aA	0.88 aA	1.93 aA	88.69 aA	26.61 aA

2. 不同处理对玉米经济性状和产量的影响

2018 年 9 月 23 日制种玉米收获时测定经济性状可以看出，经济性状和产量变化顺序为化肥+生物菌肥>单施化肥>CK。其中化肥+生物菌肥，穗粒数、穗粒重、百粒重分别为 300.66 粒、78.86g、26.23g，与单施化肥比较，分别增加 3.55 粒、5.15g、1.42g；与 CK 比较，分别增加 25.60 粒、20.72g、5.09g。产量最高的是化肥+生物菌肥，平均值为 7.78t/hm²，最低的为 CK，平均值为 5.75t/hm²，化肥+生物菌肥与单施化肥、CK 比较，分别增产 0.49t/hm² 和 2.03t/hm²，增产率分别为 6.72%和 35.30%。处理间的差异显著性，经 LSR 检验达到显著和极显著水平（表 12-21）。

表 12-21　不同处理对制种玉米经济性状的影响

试验处理	穗粒数 （粒）	穗粒重 （g）	百粒重 （g）	产量 （t/hm²）	增产率 （%）
CK	275.06 cC	58.14 cC	21.14 cC	5.75 cB	/
化肥	297.11 bB	73.71 bB	24.81 bB	7.29 bA	26.78
化肥+生物菌肥	300.66 aA	78.86 aA	26.23 aA	7.78 aA	35.30

3. 不同处理对玉米经济效益的影响

从表 12-22 可以看出，制种玉米增产值、施肥利润、肥料贡献率变化顺序均为化肥+生物菌肥>单施化肥。增产值最大的是化肥+生物菌肥，平均值为 5 075 元/hm²，最小的为单施化肥，平均值为 3 850元/hm²，化肥+生物菌肥与单施化肥比较，增产值增加了 1 225元/hm²。施肥利润最大的是化肥+生物菌肥，平均值为 1 877.40元/hm²，与单施化肥比较，施肥利润增加了 505 元/hm²。肥料贡献率最大的是化肥+生物菌肥，平均值为 26.09%，与单施化肥比较，肥料贡献率增加了 4.97%（表 12-22）。

表 12-22　不同处理对制种玉米经济效益的影响

试验处理	产量 （t/hm²）	增产量 （t/hm²）	增产值 （元/hm²）	施肥成本 （元/hm²）	施肥利润 （元/hm²）	肥料贡献率 （%）
CK	5.75 cB	/	/	/	/	/
化肥	7.29 bA	1.54	3 850	2 477.60	1 372.40	21.12
化肥+生物菌肥	7.78 aA	2.03	5 075	3 197.60	1 877.40	26.09

注：价格分别为玉米 2 500 元/t，尿素 1 800 元/t，磷酸二氢铵 4 000 元/t，生物菌肥 4 000 元/t。

（三）小结与讨论

（1）化肥+生物菌肥与单施化肥化较，制种玉米株高、茎粗、生长速度、地上干重分别增加了 5.20cm、0.39cm、0.04cm、0.47g。

（2）化肥+生物菌肥与单施化肥比较，穗粒数、穗粒重、百粒重、产量分别增加 3.55 粒、5.15g、1.42g、0.49t/hm²。

（3）化肥+生物菌肥与单施化肥比较，增产值、施肥利润、肥料贡献率分别增加了 1 225元/hm²、505 元/hm²、4.97%。

五、农业废弃物替代部分化肥对灌漠土理化性质和玉米效益影响的研究

河西走廊农业废弃物资源年拥有量为 3 470.10 万 t，其中，畜禽粪便 2 734.36 万 t，占总资源的 78.80%；作物秸秆 645.42 万 t，占总资源的 18.60%；各种废渣 79.81 万 t，占总资源的 2.30%；饼肥 10.41 万 t，占总资源的 0.30%。农业废弃物有机物质含量为 24.85%~87.80%，全氮含量为 0.32%~0.65%，全磷含量为 0.21%~0.59%，全钾含量为 0.43%~1.55%。农业废弃物目前的利用方式主要是直接还田、垫圈、生产沼气、高温堆肥、蔬菜栽培基质、焚烧。农业废弃物重金属元素 Hg、Cd、Cr、Pb 含量均小于 GB 8172—87 规定的农用有机废弃物控制含量标准。目前，河西走廊粮食和蔬菜作物化肥氮磷钾投入总量为 570kg/hm²，高于世界水平（日本、德国、英国、美国、荷兰、中国化肥氮磷钾投入量分别为 413.50kg/hm²、238.10kg/hm²、381.90kg/hm²、108.30kg/hm²、564.10kg/hm²、215.00kg/hm²）。从肥料施用结构方面来看，粮食和蔬菜作物以化肥为主，有机肥料不论从数量上还是农户施用比例上都较少，化肥氮磷钾投入量为 410.40kg/hm²，有机肥氮磷钾投入量为 159.60kg/hm²，农作物产量的提高主要依赖于化肥的施用，长期大量施用化肥，导致土壤有机质含量降低，土壤板结，贮水功能削弱，生产成本增加。为了促进资源循环，本试验选用糠醛渣、沼渣、牛粪等农业废弃物为材料，经发酵处理后施入土壤替代部分化肥，从而实现资源循环、化肥减量、节本增效，达到改土培肥、实施沃土工程的目的，现将研究结果分述如下。

（一）材料与方法

1. 试验地概况与材料

（1）试验地概况。试验于 2018 年在张掖市临泽县沙河镇兰家堡村进行，东经 99°51′~100°30′，北纬 38°57′~39°42′，年降水量 118.4mm，年蒸发量 1 830.5mm，年平均气温 7.70℃，≥10℃积温 3 053h，海拔高度 1 430m，土壤类型是灌漠土。耕作层 0~20cm 土壤农化性质是：有机质 12.54g/kg，碱解氮 76.24mg/kg，有效磷 8.74mg/kg，速效钾 152.38mg/kg，pH 值为 7.79，土壤质地为轻壤质土，前茬作物

是玉米。

（2）试验材料。糠醛渣，含有机质 645.21g/kg，硫酸 3.27%，pH 值为 3.42，全氮 0.55%，全磷 0.23%，全钾 1.18%，粒径 2~3mm。沼渣，含有机质 363.50g/kg，全氮 6.05g/kg，全磷 2.53g/kg，全钾 7.70g/kg，碱解氮 3.79mg/kg，有效磷 7.09mg/kg，速效钾 8.37mg/kg，粒径 2~10mm。牛粪，含有机质 145.00g/kg，全氮 5.20g/kg，全磷 2.18g/kg，全钾 1.60g/kg，粒径 2~10mm。尿素（含 N 46%），磷酸二氢铵（含 N 18%、P_2O_5 46%）。参试玉米品种：丰玉 4 号。

2. 试验方法

（1）试验处理。在氮磷投入量相等的条件下（折纯 N 为 359kg/hm^2，折纯 P_2O_5 为 150kg/hm^2），试验共设计 5 个处理。处理 1，不施肥为对照（CK）；处理 2，100%化肥；处理 3，50%化肥+50%糠醛渣；处理 4，50%化肥+50%沼渣；处理 5，50%化肥+50%牛粪，各处理施肥类型和施肥量见表 12-23。糠醛渣、沼渣、牛粪含水量调到用手握有水滴漏出，掺匀堆成 1m 厚的形状，发酵 90 天后施用。

表 12-23　不同处理的施肥量

试验处理	尿素 （kg/hm^2）	磷酸二氢铵 （kg/hm^2）	糠醛渣 （kg/hm^2）	沼渣 （kg/hm^2）	牛粪 （kg/hm^2）
CK	0	0	0	0	0
100%化肥	0.66	0.33	0	0	0
50%化肥+50%糠醛渣	0.33	0.16	32.65	0	0
50%化肥+50%沼渣	0.33	0.16	0	29.65	0
50%化肥+50%牛粪	0.33	0.16	0	0	34.52

（2）田间种植方法。试验小区面积为 24m^2（8m×3m），每个处理重复 3 次，随机区组排列，小区四周筑埂，埂宽 50cm，埂高 30cm。磷酸二氢铵、糠醛渣、沼渣、牛粪全部做底肥施入耕作层；尿素 40%做底肥施入耕作层，40%在玉米拔节期结合灌水追施，20%在玉米抽雄期结合灌水追施。母本定植密度为 8.00×10^4 株/hm^2，株距 25cm、行距 50cm，父本以满天星配置。

（3）测定项目与方法。玉米收获时每个小区采 30 个果穗室内测定穗粒数、穗粒重、百粒重，将小区产量折合成公顷产量。在试验小区内按 S 形布点，采集耕层（0~20cm）土样 4kg，用四分法带回 1kg 混合土样室内风干化验分析（土壤容重、团粒结构用环刀取原状土）。土壤自然含水量按公式 [土壤自然含水量 =（湿土重-烘干土重）/烘干土重×100] 求得；土壤容重按公式 [土壤容重=环刀内湿土的质量/（100+自然含水量）] 求得；土壤总孔隙度按公式 [土壤总孔隙度 =（土壤密度-土壤容重）/土壤密度×100] 求得；肥料贡献率按公式 [肥料贡献率

张掖灌区农作物科学施肥理论与实践

（%）=（施肥区产量-无肥区产量）/施肥区产量×100］求得。土壤团粒结构测定采用湿筛法；土壤有机质测定采用重铬酸钾法；土壤 pH 值采用 5∶1 水土比浸提，用pH-2F 数字 pH 计测定。

（4）数据分析方法。多重比较，LSR 检验。

（二）结果与分析

1. 不同处理对土壤理化性质的影响

（1）不同处理对土壤物理性质的影响。不同处理 0~20cm 土层容重最小的是化肥+沼渣，平均值为 1.26g/cm³，容重最大的是单施化肥，平均值为 1.38g/cm³，化肥+沼渣、化肥+糠醛渣、化肥+牛粪与单施化肥比较，容重分别降低了 0.12g/cm³、0.09g/cm³和 0.07g/cm³。不同处理 0~20cm 土层总孔隙度最大的为化肥+沼渣，平均值为 52.45%，最小的为单施化肥，平均值为 47.92%，化肥+沼渣、化肥+糠醛渣、化肥+牛粪与单施化肥比较，总孔隙度分别增大了 4.53%、3.40% 和 2.65%。原因是施用糠醛渣、沼渣、牛粪后使土壤疏松，增大了孔隙度，降低了容重。不同处理团粒结构最大的为化肥+沼渣，平均值为 43.20%，最小的为单施化肥，平均值为 35.68%，化肥+沼渣、化肥+糠醛渣、化肥+牛粪与单施化肥比较，团粒结构分别增加了 7.52%、5.79%和 5.36%。原因是糠醛渣含有丰富的有机质，施入土壤后，在微生物的作用下合成了腐殖质，腐殖质中的酚羟基、羧基、甲氧基、羰基、羟基、醌基等功能团解离后带负电荷，吸附了河西走廊石灰性土壤中的 Ca^{2+} 离子，Ca^{2+} 离子是一种胶结物质有利于土壤团粒结构的形成（表 12-24）。

（2）不同处理对土壤自然含水量的影响。据 2018 年 6 月 14 日 5 个处理灌水后，第 7 天测定结果可以看出，不同处理 0~20cm 土层自然含水量最大的为化肥+糠醛渣，平均值为 142.46g/kg，最小的为 CK，平均值为 99.96g/kg，处理间自然含水量变化顺序为化肥+糠醛渣>化肥+沼渣>化肥+牛粪>单施化肥>CK。化肥+糠醛渣、化肥+沼渣、化肥+牛粪与 CK 比较，自然含水量分别增加了 42.50g/kg、35.37g/kg 和 28.61g/kg（表 12-24）。其原因是糠醛渣、沼渣、牛粪在土壤微生物作用下合成了腐殖质，腐殖质是一种亲水胶体，具有很高的吸水率，对保存土壤水分具有重要的意义。

（3）不同处理对土壤化学性质的影响。不同处理土壤有机质含量最高的为化肥+糠醛渣，平均值为 12.91g/kg，最低的为单施化肥，平均值为 12.34g/kg，化肥+糠醛渣、化肥+沼渣、化肥+牛粪与单施化肥比较，有机质分别增加了 0.57g/kg、0.55g/kg 和 0.31g/kg。其原因是糠醛渣、沼渣、牛粪含有丰富的有机质，对提高土壤有机质含量具有明显的作用。不同处理土壤 pH 值最小的为化肥+糠醛渣，平均值为 7.12，最大的为单施化肥，平均值为 7.89，化肥+糠醛渣与化肥+沼渣、化肥+牛粪、单施化肥比较，pH 值分别降低 0.63、0.66 和 0.77 个单位。其原因是糠醛渣呈极强酸性反应，土壤施用糠醛渣后降低了 pH 值。处理间差异显著性，经 LSR 检验达到显著和极显著水平（表 12-24）。

表 12-24 不同处理对土壤理化性质的影响

试验处理	容重 （g/cm³）	总孔隙 （%）	团粒结构 （%）	自然含水量 （g/kg）	有机质 （g/kg）	pH 值
CK	1.37 abA	48.30 dB	35.72 dC	99.96 eB	12.54 cdA	7.79 abA
100%化肥	1.38 aA	47.92 eB	35.68 deC	101.09 dB	12.34 deA	7.89 aA
50%化肥+50%糠醛渣	1.29 dB	51.32 abA	41.47 bB	142.46 aA	12.91 aA	7.12 eB
50%化肥+50%沼渣	1.26 eC	52.45 aA	43.20 aA	135.33 abA	12.89 abA	7.75 cdA
50%化肥+50%牛粪	1.31 cB	50.57 bcA	41.04 bcB	128.57 bcA	12.65 bcA	7.78 bcA

2. 不同处理对玉米经济性状和产量的影响

（1）不同处理对玉米经济性状的影响。不同处理制种玉米经济性状变化顺序为化肥+沼渣>化肥+牛粪>化肥+糠醛渣>单施化肥>CK。化肥+沼渣与单施化肥比较，穗粒数、穗粒重、百粒重分别增加 12.32 粒、2.02g、5.04g；化肥+牛粪与单施化肥比较，穗粒数、穗粒重、百粒重分别增加 9.29 粒、1.42g、3.21g；化肥+糠醛渣与单施化肥比较，穗粒数、穗粒重、百粒重分别增加 5.94 粒、0.91g、2.97g。处理间的差异显著性，经 LSR 检验达到显著和极显著水平（表 12-25）。

（2）不同处理对玉米产量的影响。不同处理制种玉米产量最高的是化肥+沼渣，平均值为 8.49t/hm²，最低的为 CK，平均值为 5.87t/hm²，化肥+沼渣、化肥+牛粪、化肥+糠醛渣、单施化肥与 CK 比较，分别增产 2.62t/hm²、2.56t/hm²、2.51t/hm² 和 2.42t/hm²，增产率分别为 44.63%、43.61%、42.76%和 41.23%。处理间的差异显著性，经 LSR 检验达到显著和极显著水平（表 12-25）。

表 12-25 不同处理对玉米经济性状的影响

试验处理	穗粒数 （粒）	穗粒重 （g）	百粒重 （g）	产量 （t/hm²）	增产率 （%）
CK	248.50 eD	59.29 eB	22.04 eE	5.87 eB	/
100%化肥	290.62 cdC	83.73 cdA	24.81 dD	8.29 cdA	41.23
50%化肥+50%糠醛渣	296.56 bcB	84.64 bcA	27.78 bcBC	8.38 bcA	42.76
50%化肥+50%沼渣	302.94 aA	85.75 aA	29.85 aA	8.49 aA	44.63
50%化肥+50%牛粪	299.91 abAB	85.15 abA	28.02 abAB	8.43 abA	43.61

3. 不同处理对玉米经济效益的影响

不同处理制种玉米施肥利润变化顺序为化肥+沼渣>化肥+糠醛渣>化肥+牛粪>

单施化肥。化肥+沼渣、化肥+糠醛渣、化肥+牛粪与单施化肥比较，施肥利润分别增加 864.50 元/hm²、499.50 元/hm² 和 223.20 元/hm²。不同处理肥料贡献率变化顺序为化肥+沼渣>化肥+牛粪>化肥+糠醛渣>单施化肥（表 12-26）。

表 12-26　不同处理对玉米经济效益的影响

试验处理	产量 （t/hm²）	增产值 （元/hm²）	施肥成本 （元/hm²）	施肥利润 （元/hm²）	肥料贡献率 （%）
CK	5.87 eB	/	/	/	/
100%化肥	8.29 cdA	6 050	2 508.00	3 542.00	29.19
50%化肥+50%糠醛渣	8.38 bcA	6 275	2 233.50	4 041.50	29.95
50%化肥+50%沼渣	8.49 aA	6 550	2 143.50	4 406.50	30.86
50%化肥+50%牛粪	8.43 abA	6 400	2 634.80	3 765.20	30.36

注：价格分别为玉米 2 500 元/t，尿素 1 800 元/t，磷酸二氢铵 4 000 元/t，糠醛渣 30 元/t，沼渣 30 元/t，牛粪 30 元/t。

（三）小结

化肥与沼渣、糠醛渣、牛粪配施使土壤疏松，土壤结构得到改善，孔隙度增大，容重降低，保水保肥能力增强。不同处理制种玉米经济性状和产量变化顺序为化肥+沼渣>化肥+牛粪>化肥+糠醛渣>单施化肥>CK。施肥利润变化顺序为化肥+沼渣>化肥+糠醛渣>化肥+牛粪>单施化肥。肥料贡献率变化顺序为化肥+沼渣>化肥+牛粪>化肥+糠醛渣>单施化肥。农业废弃物替代部分化肥是资源循环、化肥减量、节本增效，实施沃土工程的有效途径。

六、缓（控）释肥对制种玉米经济效益最佳施用量的研究

玉米是我国三大粮食作物之一，玉米产量的高低，直接影响国家的粮食总量和安全。据联合国粮农部门统计，2015 年我国玉米的种植面积突破 5 亿亩，年用种量将达到 10 亿 kg 以上，每年需玉米制种面积 30 万~40 万 hm²。随着我国畜牧业和玉米深加工业的发展对玉米需求量的不断增加，玉米种子的需求量也将不断增加。近年来，东北制种玉米经常受到冻害的威胁，制种基地大举西迁，而甘肃河西走廊具有得天独厚的自然环境条件和区位优势，日照时间 3 000~3 400h，年均温度 7.0~7.5℃，≥10℃ 的积温为 2 400~2 800℃，年降水量 150~250mm，年蒸发量 2 000~3 000mm，是杂交玉米种植的最佳区域。近年来吸引了美国杜邦先锋、美国孟山都、登海先锋、中国种业、辽宁东亚、北京德农、奥瑞金、敦煌种业等国内外种业集团，建立了杂交玉米制种基地 10 万 hm²，年生产玉米种子 6.5 亿 kg，成为全国最大的玉米种子生产基地，玉米制种产业在产业化经营、调整种植业结构、提

高农业科技含量和农产品质量、增加农民收入方面起到了积极作用。在制种玉米产业发展过程中日益凸显的主要问题是：传统化肥尿素和磷酸二铵化肥施用量多，农户施用缓（控）释肥相对较少；长期大量施用尿素，土壤胶体上吸附的钙离子被铵离子置换，土壤团粒结构遭到破坏，土壤板结，贮水功能降低；长期大量施用磷二铵，磷二铵的磷酸根离子与河西石灰性土壤中的钙离子结合，形成磷酸氢钙，磷酸氢钙吸附 5 个水分子，形成难溶性的磷酸八钙沉淀，使磷的利用率降低到 15%~20%；制种玉米产量的提高主要源于化肥的施用，经调查制种玉米在播种前施用尿素 300kg/hm²，拔节期、大喇叭口期和开花期结合灌水追施氮肥 3 次，尿素施用量为 750kg/hm²，化肥的费用占生产总成本的 50% 左右，长期大量施用尿素，带来的负面效应是臭氧层的破坏以及饮用水源的硝酸盐污染，由于尿素的挥发、反硝化、淋溶和固定等原因，利用率只有 50%。由于施肥方面存在上述问题，导致生产成本较高，部分种业集团流向新疆、内蒙古和宁夏，影响了本区制种玉米产业的可持续发展。缓（控）释肥料是能够控制养分供应速度的肥料，自 20 世纪 90 年代以来在我国农业、肥料制造业等行业和相关领域备受关注，开展控释肥料研究主要解决我国农业持续发展的肥料问题，可以实现一次性施肥，可以大幅度提高肥料利用率，从而达到减少化肥施用量和保护农业环境的目的。

目前，缓（控）释肥的研制方向主要关乎肥料的供肥量和供肥速度与作物吸收基本吻合，控释肥料本身及其制造过程对环境无污染，控释肥料的经济效益最佳施用量问题，控释肥料的价格问题等。不少学者也曾认为，包膜控释肥料、缓（控）释肥料是世界肥料的发展方向，其原因是控释肥料及其延伸产品能明显地提高肥料利用率，大大降低施肥劳动强度。全球现有包膜控释肥料消费量虽在150 万 t 左右，但是近几年消费量的增长速度很快。中国是世界上的肥料消耗大国，目前年需要化肥 112 亿~113 亿 t，但是肥料利用率低及其引发的问题已经引起各界的关注。因此，开展缓（控）释肥料的研究，对保障国家粮食安全具有非常重要的意义。本文针对缓（控）释肥料存在的问题，以甘肃施可丰新型肥料有限公司生产的缓（控）释肥为材料，研究了缓（控）释肥对敦玉 328 制种玉米经济效益最佳施用量，解决制种玉米田存在的上述问题，为河西内陆灌区制种玉米产业可持续发展提供技术支撑。

（一）材料与方法

1. 试验材料

（1）试验地概况。试验 2017 年在甘肃省张掖市甘州区沙井镇南沟村连续种植20 多年的玉米制种基地上进行，试验地位于东经 100°17′29.65″、北纬39°5′56.72″，海拔 1 445m，年均温度 8.90℃，年均降水量 166.5mm，年均蒸发量 1 810.9mm，无霜期 145 天。土壤类型是灌漠土，耕作层 0~20cm 土壤基础理化性质是有机质含量 18.31g/kg、碱解氮 67.24mg/kg、有效磷 9.68mg/kg、速效钾 148.40mg/kg、pH

张掖灌区农作物科学施肥理论与实践

值 8.12。

（2）试验材料缓（控）释肥，含 N 26%、P_2O_5 13%、K_2O 7%，甘肃施可丰新型肥料有限公司产品；尿素，含 N 46%，甘肃刘家峡化工厂产品；磷酸二铵，含 N 18%、P_2O_5 46%，云南云天化国际化工股份有限公司产品，玉米品系是敦玉328，由甘肃省敦煌种业股份有限公司研究院选育。

2. 试验方法

（1）试验处理缓（控）释肥。施用量梯度设计为 6 个处理，分别是 $0.00t/hm^2$、$0.30t/hm^2$、$0.60t/hm^2$、$0.90t/hm^2$、$1.20t/hm^2$、$1.50t/hm^2$，每个处理重复 3 次，随机区组排列。

（2）种植方法。试验小区面积为 $32m^2$（8m×4m），试验小区四周筑埂，埂宽30cm，埂高35cm，缓（控）释肥在玉米播种前做底肥施入 0~20cm 耕作层。2017年 4 月 24 日播种，播种深度为 4~5cm，母本株距 22cm、行距为 50cm，父本株距20cm、行距50cm，父母本行比为 1:6，先播全部母本，父本采用"行比+满天星"方式种植，母本播后 5 天，播种第一期父本及满天星，10 天后播种第二期父本。

（3）田间管理。分别在玉米拔节期、大喇叭口期、开花期、灌浆期、乳熟期各灌水 1 次，每个小区灌水量相等；在出苗后 5 叶期和大喇叭口期各中耕 1 次；在田间 60% 以上母本植株只有 2~3 片叶未展开时，摸苞带叶抽雄，出现花期不协调时，进行人工辅助授粉和剪苞授粉；在授粉结束后，及时割除父本，玉米籽粒成熟后及时收获。

（4）测定指标。2017 年 7 月 10 日玉米出苗 60 天后测定玉米农艺性状，玉米收获时在试验小区内随机采 30 个果穗，晾晒 45 天后测定玉米经济性状。每个试验小区单独收获，将小区产量折合成公顷产量进行统计分析。

（5）测定方法。株高采用钢卷尺测量法；茎粗采用游标卡尺测量法；地上部分干重和根系干重采用 105℃ 烘箱杀青 30min，80℃ 烘干至恒重。

（6）经济效益分析方法。边际产量按公式（边际产量=后一个处理产量–前一个处理产量）求得；边际产值按公式（边际产值=边际产量×产品价格）求得；边际施用量按公式（边际施用量=后一个处理施用量–前一个处理施用量）求得；边际成本按公式（边际成本=边际施用量×肥料价格）求得；边际利润按公式（边际利润=边际产值–边际成本）求得。

（7）数据处理方法。农艺性状、经济性状和产量采用多重比较，LSR 检验。依据最佳施用量计算公式 $x_0 = [(p_x/p_y) - b]/2c$ 求得多功能复混肥最佳施用量（x_0）。

（二）结果分析

1. 不同剂量缓（控）释肥对玉米幼苗农艺性状的影响

（1）对株高的影响。玉米出苗 60 天后测定结果可以看出，随着缓（控）释肥施用量梯度的增加，玉米株高在增加，经线性回归分析，缓（控）释肥施用量与玉米株高呈显著的正相关关系，相关系数（R）为 0.9972。缓（控）释肥施用量 1.50t/hm² 的玉米株高最大，平均为 55.47cm，对照株高最小，平均为 46.52cm，缓（控）释肥施用量 1.50t/hm² 与对照比较，玉米株高增加了 8.95cm，差异显著（$P<0.05$）（表 12-27）。

（2）对茎粗的影响。由表 12-27 可知，随着缓（控）释肥施用量梯度的增加，玉米茎粗在增加，经线性回归分析，缓（控）释肥施用量与玉米茎粗呈显著的正相关关系，相关系数（R）为 0.9770。缓（控）释肥施用量 1.50t/hm² 的玉米茎粗最大，平均为 2.72cm，对照茎粗最小，平均为 1.50cm，缓（控）释肥施用量 1.50t/hm² 与对照比较，玉米茎粗增加了 1.22cm，差异极显著（$P<0.01$）。

（3）对生长速度的影响。由表 12-27 可知，随着缓（控）释肥施用量梯度的增加，玉米生长速度在增加，经线性回归分析，缓（控）释肥施用量与玉米生长速度呈显著的正相关关系，相关系数（R）为 0.9968。缓（控）释肥施用量 1.50t/hm² 的玉米生长速度最大，平均为 9.25mm/天，对照生长速度最小，平均为 7.75mm/天，缓（控）释肥施用量 1.50t/hm² 与对照比较，玉米生长速度增加了 1.50mm/天，差异显著（$P<0.05$）。

（4）对地上部分鲜重的影响。由表 12-27 可知，随着缓（控）释肥施用量梯度的增加，玉米地上部分鲜重在增加，经线性回归分析，缓（控）释肥施用量与玉米地上部分鲜重呈显著的正相关关系，相关系数（R）为 0.9524。缓（控）释肥施用量 1.50t/hm² 的玉米地上部分鲜重最大，平均为 88.70g/株，对照地上部分鲜重最小，平均为 54.27g/株，缓（控）释肥施用量 1.50t/hm² 与对照比较，玉米地上部分鲜重增加了 34.43g/株，差异极显著（$P<0.01$）。

（5）对地上部分干重的影响。由表 12-27 可知，随着缓（控）释肥施用量梯度的增加，玉米地上部分干重在增加，经线性回归分析，缓（控）释肥施用量与玉米地上部分干重呈显著的正相关关系，相关系数（R）为 0.9522。缓（控）释肥施用量 1.50t/hm² 的玉米地上部分干重最大，平均为 31.05g/株，对照地上部分干重最小，平均为 18.99g/株，缓（控）释肥施用量 1.50t/hm² 与对照比较，玉米地上部分干重增加了 12.06g/株，差异达极显著水平（$P<0.01$）。

表 12-27　不同剂量缓（控）释肥对玉米幼苗农艺性状的影响

施用量（t/hm²）	株高（cm）	茎粗（cm）	生长速度（mm/天）	地上部分鲜重（g/株）	地上部分干重（g/株）
0（对照）	46.52 fA	1.50 fE	7.75 dA	54.27 fF	18.99 fD
0.30	48.23 eA	1.91 eD	8.04 cA	56.38 eE	19.73 eD
0.60	50.13 dA	2.20 dC	8.36 cA	59.01 dD	20.65 dD

（续表）

施用量 （t/hm²）	株高 （cm）	茎粗 （cm）	生长速度 （mm/天）	地上部分鲜重 （g/株）	地上部分干重 （g/株）
0.90	52.29 cA	2.30 cB	8.72 bA	65.38 cC	22.88 cC
1.20	53.30 bA	2.48 bB	8.88 bA	78.43 bB	27.45 bB
1.50	55.47 aA	2.72 aA	9.25 aA	88.70 aA	31.05 aA

2. 不同剂量缓（控）释肥对玉米经济性状和增产效果的影响

（1）对穗粒数的影响。2017年10月10日玉米收获时测定结果可以看出，随着缓（控）释肥施用量梯度的增加，玉米穗粒数在增加，经线性回归分析，缓（控）释肥施用量与玉米穗粒数呈显著的正相关关系，相关系数（R）为0.9409。缓（控）释肥施用量1.50t/hm²的玉米穗粒数最大，平均为343.00粒，对照玉米穗粒数最小，平均为293.00粒，缓（控）释肥施用量1.50t/hm²与对照比较，玉米穗粒数增加了50.00粒，差异极显著（$P<0.01$）（表12-28）。

（2）对穗粒重的影响。由表12-28可知，随着缓（控）释肥施用量梯度的增加，玉米穗粒重在增加，经线性回归分析，缓（控）释肥施用量与玉米穗粒重呈显著的正相关关系，相关系数（R）为0.9812。缓（控）释肥施用量1.50t/hm²的玉米穗粒重最大，平均为79.01g，对照玉米穗粒重最小，平均为60.07g，缓（控）释肥施用量1.50t/hm²与对照比较，玉米穗粒重增加了18.94g，差异极显著（$P<0.01$）。

（3）对百粒重的影响。由表12-28可知，随着缓（控）释肥施用量梯度的增加，玉米百粒重在增加，经线性回归分析，缓（控）释肥施用量与玉米百粒重呈显著的正相关关系，相关系数（R）为0.9355。缓（控）释肥施用量1.50t/hm²的玉米百粒重最大，平均为26.78g，对照玉米百粒重最小，平均为20.50g，缓（控）释肥施用量1.50t/hm²与对照比较，玉米百粒重增加了6.28g，差异极显著（$P<0.01$）。

（4）对产量的影响。由表12-28可知，随着缓（控）释肥施用量梯度的增加，玉米产量在增加，经线性回归分析，缓（控）释肥施用量与玉米产量呈显著的正相关关系，相关系数（R）为0.9815。缓（控）释肥施用量1.50t/hm²的玉米产量最大，平均为7 182.87kg/hm²，对照玉米产量最小，平均为5 460.96kg/hm²，缓（控）释肥施用量1.50t/hm²与对照比较，玉米产量增加了1 721.91kg/hm²，差异极显著（$P<0.01$）。

表 12-28 不同剂量缓（控）释肥对玉米经济性状和增产效果的影响

施用量 （t/hm²）	穗粒数 （粒）	穗粒重 （g）	百粒重 （g）	产量 （kg/hm²）	增产量 （kg/hm²）	增产率 （%）
0（对照）	293.00 bB	60.07 dB	20.50 cB	5 460.96 dC	/	/
0.30	298.00 bB	65.60 cA	23.86 bA	5 963.37 cB	502.41	9.20
0.60	303.00 bB	70.57 bA	24.11 bA	6 415.54 bA	954.58	17.48
0.90	335.00 aA	74.65 aA	24.39 bA	6 786.32 aA	1 325.36	24.27
1.20	337.00 aA	77.46 aA	26.09 aA	7 042.16 aA	1 581.20	28.95
1.50	343.00 aA	79.01 aA	26.78 aA	7 182.87 aA	1 721.91	31.53

3. 不同剂量缓（控）释肥对玉米增产效应和经济效益的影响

由表 12-29 可知，随着缓（控）释肥施用量的增加，玉米边际产量由最初的 502.41kg/hm²，递减到 140.71kg/hm²。边际利润由 1 312.05 元/hm²，递减到 -496.45 元/hm²，缓（控）释肥施用量在 1.20t/hm² 的基础上，再增加 0.30t/hm²，边际利润出现负值。由此可见，缓（控）释肥施用量 1.20t/hm² 时，玉米增产效应和经济效益较好。

4. 缓（控）释肥经济效益最佳施用量的确定

将缓（控）释肥不同施用量与玉米产量间的关系，应用肥料效应回归方程 $y = a + bx - cx^2$ 拟合，得到的回归方程为：

$$y = 5\ 460.96 + 1.7792x - 0.0004x^2 \tag{12-1}$$

对回归方程进行显著性测验的结果表明回归方程拟合良好。缓（控）释肥施用量价格（p_x）为 4 000 元/t，玉米价格（p_y）为 5 000 元/t，将（p_x）、（p_y）、回归方程的参数 b 和 c，代入最佳施用量计算公式（x_0）=［（p_x/p_y）$-b$］/2c，求得缓（控）释肥最佳施用量（x_0）为 1 224kg/hm²，将 x_0 代入式（12-1），可求得玉米的理论产量（y）为 7 039.43kg/hm²，统计分析结果与田间小区试验处理 5 基本吻合（表 12-29）。

表 12-29 不同剂量缓（控）释肥对制种玉米增产效应和经济效益的影响

施用量 （t/hm²）	产量 （kg/hm²）	增产量 （kg/hm²）	边际产量 （kg/hm²）	边际产值 （元/hm²）	边际施肥量 （t/hm²）	边际成本 （元/hm²）	边际利润 （元/hm²）
0（对照）	5 460.96 dC	/	/	/	/	/	/
0.30	5 963.37 cB	502.41	502.41	2 512.05	0.30	1 200.00	1 312.05
0.60	6 415.54 bA	954.58	452.17	2 260.85	0.30	1 200.00	1 060.85
0.90	6 786.32 aA	1 325.36	370.78	1 853.90	0.30	1 200.00	653.90

（续表）

施用量 （t/hm²）	产量 （kg/hm²）	增产量 （kg/hm²）	边际产量 （kg/hm²）	边际产值 （元/hm²）	边际施肥量 （t/hm²）	边际成本 （元/hm²）	边际利润 （元/hm²）
1.20	7 042.16 aA	1 581.20	255.84	1 279.20	0.30	1 200.00	79.20
1.50	7 182.87 aA	1 721.91	140.71	703.55	0.30	1 200.00	-496.45

（三）问题讨论与结论

当前我国农民购买化肥的费用仍然占生产总成本的 50% 左右，有些地区甚至更高，为了有效地解决当前化肥价格高涨、化肥利用率低、劳动力成本增加、化肥面源污染严重等问题，迫切需要研制系列专用复混型缓或控释肥。因此，开展掺混控释技术的研究，控释包膜工艺的研究，快速低能耗包膜工艺的研发，无溶剂回收包膜工艺的研发，水溶性树脂或水基聚合包膜材料的研发，控释肥料养分的配比、养分形态及其配比关系的研究，对保障我国粮食安全，减轻农业环境污染，改善作物品质，降低施肥成本，提高肥料利用率具有重要的意义。

研究结果表明，缓（控）释肥施用量与敦玉 328 玉米农艺性状、经济性状和产量呈正相关关系。随着缓（控）释肥施用量梯度的增加，玉米边际利润由最初的 1 312.05 元/hm²，递减到 -496.45 元/hm²，出现了报酬递减律。将不同梯度的缓（控）释肥施用量与玉米的田间试验产量进行回归统计分析，得到的肥料效应回归方程式为：$y = 5\,460.96 + 878.71x - 365.80x^2$，缓（控）释肥最佳施用量为 1 224kg/hm²，敦玉 328 玉米的理论产量为 7 039.43kg/hm²，回归统计分析结果与田间试验处理 5 结果相吻合，为指导制种玉米敦玉 328 大田生产提供了科学依据。

第二节 制种玉米氮磷钾科学施肥技术研究

一、灌漠土制种玉米有机肥及氮磷钾锌钼肥最佳施肥量研究

灌漠土，1970 年中国土壤系统分类为绿洲土，20 世纪 80 年代分类为灌淤土，2001 年分类为灌漠土，此类土壤在甘肃河西走廊分布面积约 3.03×10⁵hm²，占灌溉面积的 45%。灌漠土的成土矿物是石英、长石、云母、方解石、蒙脱石和伊利石，成土的母质是洪积物，它是由自然灰漠土、灰棕荒漠土和棕漠土经过农民长期耕作、灌溉、施肥等因素作用下发育而成的一种面积最大的农业土壤，主要分布在河西走廊的绿洲平原和荒漠洪积扇形地带，海拔高度为 1 450～1 650m，日照时间 3 000～3 400h，年均温 7.2～7.6℃，年均降水量 86～150mm，年均蒸发量 1 800～3 000mm，无霜期 120～130 天，≥10℃ 的有效积温 2 400～3 100℃，平均相对湿度 60%。制种玉米播种期气温 14～16℃，苗期气温 18～20℃，抽雄至开花期气温 25～

28℃，灌浆期气温 19～22℃。2016 年在河西走廊的武威、金昌、张掖、酒泉和嘉峪关采集耕层 0～20cm 土样 56 份室内化验分析，灌漠土含有机质 12.74～14.43g/kg，碱解氮 46.51～69.42mg/kg，有效磷 14.87～20.89mg/kg，速效钾147.97～159.81mg/kg，有效硼 0.40～0.61mg/kg，有效锰 6.72～9.72mg/kg，有效铜 1.10～1.24mg/kg，有效锌 0.38～0.41mg/kg，有效铁 14.15～17.32mg/kg，有效钼 0.10～0.13mg/kg，CEC（阳离子交换量）16.81～20.81cmol/kg，pH 值 8.14～8.53，全盐 1.61～1.82g/kg。由于灌漠土自然环境条件好，土壤肥沃，非常适应制种玉米生长发育，被国内外专家确定为国家级杂交玉米制种最佳生态区。2008—2019 年在灌漠土上种植的杂交玉米制种面积稳定在 $6.67×10^4hm^2$，繁育杂交玉米种子 $4.30×10^5t$，产值达 16 亿元左右，成为全国最大的杂交玉米良种繁育基地。经室内化验分析，灌漠土有机质含量低，速效氮磷中等，速效钾丰富，有效锌和有效钼缺乏；经田间生产实际调查，80% 的制种玉米田化肥纯氮磷投入量为 979.50kg/hm²，而有机肥纯氮磷钾投入量为 146.93kg/hm²，化肥纯氮磷投入量与有机肥纯氮磷钾比例为 1∶0.15，没有施用有机肥、钾肥和微肥的习惯，制种玉米产量的提高主要依赖氮磷化肥的施用，长期超量施用氮磷化肥，土壤养分比例失衡，制种玉米田有机质、有效锌、有效钼含量低，制种玉米在苗期缺锌和缺钼的生理性病害经常发生，繁育的杂交玉米种子品质差，产量低而不稳，影响了本区制种玉米产业的可持续发展。近年来，有关制种玉米施肥技术研究受到了广泛关注。其中秦嘉海等在张掖内陆灌区玉米制种田上，研究了多功能专用肥与制种玉米经济性状及效益的关系，认为随着多功能专用肥施用量的增加制种玉米生物学性状和经济性状在增加，但单位（1kg）多功能专用肥的增产量则随着多功能专用肥施肥量的增加而递减，出现报酬递减律；肖占文等认为在张掖内陆灌区肥力水平高的暗灌漠土上，玉米氮素经济效益最佳施肥量为 124.81kg/hm²，在肥力水平中等的灰灌漠土上，玉米氮素经济效益最佳施肥量为 93.52kg/hm²，在肥力水平低的盐化灌漠土上，玉米氮素经济效益最佳施肥量为 80.5kg/hm²；孙宁科等研究指出制种玉米拔节前段需肥量较大，氮、磷、钾分别占总吸收量的 43.6%、37.8% 和 58.3%；拔节—抽雄期分别占 22.1%、27.8% 和 18.3%；抽雄—灌浆期分别占 26.4%、19.4%和 14.5%；后期分别占 8.0%、15.7% 和 8.9%；师伟杰等研究了多功能复混肥对张掖内陆灌区制种玉米田土壤理化性质的影响，认为随着多功能复混肥施肥量的增加，土壤总孔隙度、团聚体、CEC、有机质、碱解氮、有效磷、速效钾含量随之增大，而容重和 pH 值在降低，多功能复混肥施肥量与玉米植物学性状、经济性状、产量呈正相关，与单位肥料增产量呈负相关；刘金蓉等认为在武威市的土壤上，制种玉米配施钾肥用量以施 60～90kg/hm² 为宜，增幅一般为 6.83%～12.80%。然而未见灌漠土制种玉米有机肥及氮磷钾锌钼肥经济效益最佳施肥量研究方面的报道。本文以有机肥和氮磷钾锌钼肥为研究材料，旨在探索甘肃河西走廊灌漠土制种玉米有机肥及氮磷钾和锌钼肥经济效益最佳施肥量，为甘肃河西走廊制种玉米合理施肥提供技术支撑，现将研究结果分述如下。

（一）材料与方法

1. 试验材料

（1）试验地概况。试验于 2016—2019 年在甘肃省张掖市甘州区明永乡明永村连续种植近 20 年的玉米制种基地上进行。试验地位于东经 100°18′01″、北纬 39°00′48″、海拔 1 472m，年均气温 8.50℃，年均降水量 142.3mm，年均蒸发量 1 850.1mm，无霜期 145 天，土壤类型是灌漠土，在试验地种植前（2016 年 4 月 26 日）采用对角线采样方法，在试验地布置 5 个采样点，每个采样点采集 0~20cm 土样 3kg，用四分法带回 1kg 混合土样，风干 15 天，过 1mm 筛，室内测定含有机质 16.54g/kg，碱解氮 58.46mg/kg，有效磷 17.30mg/kg，速效钾 153.04mg/kg，有效硼 0.53mg/kg，有效锰 7.89mg/kg，有效铜 1.28mg/kg，有效锌 0.41mg/kg，有效铁 15.60mg/kg，有效钼 0.11mg/kg，CEC（阳离子交换量）18.50cmol/kg，pH 值 8.52，全盐 1.72g/kg，容重 1.26g/cm³，总孔隙度 52.45%，土壤质地为壤质土，前茬作物是制种玉米。

（2）试验材料。有机肥（牛厩肥，有机质 16.54%、N 0.32%、P_2O_5 0.21%、K_2O 0.16%，粒径 5~10mm）；尿素（N 46%，粒径 2~3mm）；磷酸二铵（N 18%、P_2O_5 46%，粒径 3~5mm）；硫酸钾（K_2O 50%，粒径 1~2mm）；七水硫酸锌（Zn 23%，粒径 1~2mm）；钼酸铵（Mo 54%，粒径 1~2mm）；玉米品系敦玉 328（甘肃省敦煌种业股份有限公司研究院选育）。

2. 试验方法

（1）试验处理。有机肥施肥量梯度设计为 0t/hm²、12t/hm²、24t/hm²、36t/hm²、48t/hm²、60t/hm²、72t/hm²、84t/hm²，以不施有机肥（0t/hm²）为 CK；尿素施肥量梯度设计为 0kg/hm²、200kg/hm²、400kg/hm²、600kg/hm²、800kg/hm²、1 000kg/hm²、1 200kg/hm²、1 400kg/hm²，以不施尿素（0kg/hm²）为 CK，每个处理施用磷酸二铵 600kg/hm²+硫酸钾 375kg/hm² 做肥底；磷酸二铵施肥量梯度设计为 0kg/hm²、100kg/hm²、200kg/hm²、300kg/hm²、400kg/hm²、500kg/hm²、600kg/hm²、700kg/hm²，以不施磷酸二铵（0kg/hm²）为 CK，每个处理施用尿素 900kg/hm²+硫酸钾 375kg/hm² 做肥底；硫酸钾施肥量梯度设计为 0kg/hm²、80kg/hm²、160kg/hm²、240kg/hm²、320kg/hm²、400kg/hm²、480kg/hm²、560kg/hm²，以不施硫酸钾（0kg/hm²）为 CK，每个处理施用尿素 900kg/hm²+磷酸二铵 600kg/hm² 做肥底；硫酸锌施肥量梯度设计为 0kg/hm²、20kg/hm²、40kg/hm²、60kg/hm²、80kg/hm²、100kg/hm²、120kg/hm²、140kg/hm²，以不施硫酸锌（0kg/hm²）为 CK，每个处理施用尿素 900kg/hm²+磷酸二铵 600kg/hm²+硫酸钾 375kg/hm² 做肥底；钼酸铵施肥量梯度设计为 0kg/hm²、6kg/hm²、12kg/hm²、18kg/hm²、24kg/hm²、30kg/hm²、36kg/hm²、

42kg/hm²，以不施钼酸铵（0kg/hm²）为 CK，每个处理施用尿素900kg/hm²+磷酸二铵 600kg/hm²+硫酸钾 375kg/hm² 做肥底。每个试验设计 8 个处理，每个处理重复 3 次，采用随机区组排列。

（2）种植方法。试验小区面积 32m²（8m×4m），播种时间为 2016—2018 年每年的 4 月 26 日，播种深度 4~5cm，母本株距22cm，父母本行距50cm，父母本行比 1∶6，磷酸二铵、硫酸钾、硫酸锌、钼酸铵在播种前施入 0~20cm 耕作层做肥底，1/3 尿素在玉米大喇叭口期结合灌水追施，2/3 尿素在玉米开花期结合灌水追施，追肥方法为穴施。每个试验小区为一个支管单元，在支管单元入口安装闸阀、压力表和水表，在膜内铺设 1 条薄壁滴灌带，滴头间距 0.30m，流量 2.60L/（m·h），每个支管单元压力控制在 0.14MPa，分别在玉米拔节期、大喇叭口期、开花期、灌浆期、乳熟期各灌水 1 次，每个小区灌水量为 2.06m³，其他与常规制种方法相同。

（3）测定项目与方法。每个试验小区单独收获，将小区产量折合成公顷产量进行统计分析。边际产量按公式（边际产量=每增加一个单位肥料用量时所得到的产量−前一个处理的产量）求得；边际产值按公式（边际产值=边际产量×产品价格）求得；边际成本按公式（边际成本=边际施肥量×肥料价格）求得；边际利润按公式（边际利润=边际产值−边际成本）求得；边际施肥量按公式（边际施肥=后一个处理施肥量−前一个处理施肥量）求得。

（4）数据分析方法。采用 SPSS 16.0 统计软件进行数据统计分析，采用 Duncan 新复极差法进行多重比较。依据经济效益最佳施肥量计算公式 $x_0 = [(p_x/p_y) - b]/2c$，求得氮磷钾锌钼经济效益最佳施肥量（x_0），依据 $y = a + bx - cx^2$ 回归方程，求得玉米种子理论产量（y）。

（二）结果与分析

1. 有机肥经济效益最佳施肥量

（1）有机肥施肥量对制种玉米产量和效益的影响。连续定点试验 3 年，由 2016—2018 年玉米收获时测定结果平均值可以看出，随着有机肥施肥量梯度的增加，玉米产量在递增。有机肥施肥量由 12t/hm² 递增到 84t/hm² 时，产量由 5.50t/hm² 递增到 6.91t/hm²。有机肥施肥量 84t/hm² 产量最高，与 CK 比较，增产 39.31%，差异极显著（$P < 0.01$）。经施肥利润分析可以看出，有机肥施肥量由 12t/hm² 递增到 72t/hm² 时，施肥利润随着有机肥施肥量梯度的增加而递增，有机肥施肥量超过 72t/hm² 时，施肥利润开始下降。由此可见，有机肥适宜施肥量不要超过 72t/hm²。采用经济学理论分析可以看出，随着有机肥施肥量梯度的增加，边际产量由最初的 0.54t/hm² 递减到 0.10t/hm²；边际产值由 4 590 元/hm² 递减到 850 元/hm²；边际利润由 3 690元/hm²减少到−50 元/hm²。有机肥施肥量在 72t/hm²

张掖灌区农作物科学施肥理论与实践

的基础上再继续增加施肥量，边际利润出现负值（表12-30）。

（2）有机肥经济效益最佳施肥量确定。将表12-30有机肥不同梯度施肥量与玉米产量间的关系，采用肥料效应函数方程 $y=a+bx-cx^2$ 拟合，得到的回归方程为：

$$y=4.9600+0.0394x-0.0002x^2 \tag{12-2}$$

对回归方程进行显著性测验，$F=29.67^{**}$，$>F_{0.01}=27.69$，$R=0.9764^{**}$，说明回归方程拟合良好。2017年有机肥市场平均销售价格（p_x）为75元/t，玉米种子市场平均收购价格（p_y）为8 500元/t，将 p_x、p_y、回归方程的 b 和 c 代入最佳施肥量计算公式 $x_0=[(p_x/p_y)-b]/2c$，求得有机肥最佳施肥量（x_0）为76.45t/hm²，将 x_0 代入式（12-2），求得有机肥最佳施肥量时的理论产量（y）为6.80t/hm²，回归统计分析结果与田间试验处理7基本吻合（表12-30）。

表12-30　有机肥施肥量对制种玉米增产效果和经济效益的影响

有机肥施肥量（t/hm²）	产量（t/hm²）	增产值（元/hm²）	施肥成本（元/hm²）	施肥利润（元/hm²）	边际产量（t/hm²）	边际产值（元/hm²）	边际成本（元/hm²）	边际利润（元/hm²）
0（CK）	4.96 fD	/	/	/	/	/	/	/
12	5.50 eC	4 590.00	900.00	3 690.00	0.54	4 590.00	900.00	3 690.00
24	5.96 dB	8 500.00	1 800.00	6 700.00	0.46	3 910.00	900.00	3 010.00
36	6.29 cB	11 305.00	2 700.00	8 605.00	0.33	2 805.00	900.00	1 905.00
48	6.52 bA	13 260.00	3 600.00	9 660.00	0.23	1 955.00	900.00	1 055.00
60	6.69 aA	14 705.00	4 500.00	10 205.00	0.17	1 445.00	900.00	545.00
72	6.81 aA	15 725.00	5 400.00	10 325.00	0.12	1 020.00	900.00	120.00
84	6.91 aA	16 575.00	6 300.00	10 275.00	0.10	850.00	900.00	-50.00

2. 尿素经济效益最佳施肥量

（1）尿素施肥量对制种玉米产量和经济效益的影响。连续定点试验3年，由2016—2018年玉米收获时测定结果平均值可以看出，随着尿素施肥量梯度的增加，产量在递增。尿素施肥量由200kg/hm²递增到1 400kg/hm²时，产量由5.75t/hm²递增到6.89t/hm²。尿素施肥量1 400kg/hm²产量最高，与CK比较，增产34.57%，差异极显著（$P<0.01$）。经施肥利润分析可以看出，尿素施肥量由200kg/hm²递增到1 000kg/hm²时，施肥利润随着尿素施肥量梯度的增加而递增，尿素施肥量超过1 000kg/hm²时，施肥利润开始下降。由此可见，尿素适宜施肥量一般不要超过1 000kg/hm²。采用经济学理论分析可以看出，随着尿素施肥量梯度的增加，边际产量由最初的0.63t/hm²递减到0.02t/hm²；边际产值由最初的5 355元/hm²递减到170元/hm²；边际利润由最初的4 995元/hm²递减到-190元/hm²。尿素施肥量在

1 000kg/hm² 的基础上再继续增加施肥量，边际利润出现负值（表 12-31）。

（2）尿素经济效益最佳施肥量确定。将表 12-31 尿素不同梯度施肥量与玉米产量间的关系，采用肥料效应函数方程 $y=a+bx-cx^2$ 拟合，得到的回归方程为：

$$y=5.1200+3.1740x-1.4863x^2 \tag{12-3}$$

对回归方程进行显著性测验，$F=18.17^{**}$，$>F_{0.01}=16.96$，$R=0.9364^{**}$，说明回归方程拟合良好。2016—2018 年尿素市场平均销售价格（p_x）为 1 800 元/t，玉米种子市场平均收购价格为（p_y）为 8 500 元/t，将 p_x、p_y、回归方程的 b 和 c 代入最佳施肥量计算公式 $x_0=[(p_x/p_y)-b]/2c$，求得尿素经济效益最佳施肥量（x_0）为 998.30kg/hm²，将 x_0 代入式（12-3），求得尿素经济效益最佳施肥量时的理论产量（y）为 6.81t/hm²，回归统计分析结果与田间试验处理 6 基本吻合（表12-31）。

表 12-31　尿素施肥量对制种玉米增产效果和经济效益的影响

尿素施肥量（kg/hm²）	产量（t/hm²）	增产值（元/hm²）	施肥成本（元/hm²）	施肥利润（元/hm²）	边际产量（t/hm²）	边际产值（元/hm²）	边际成本（元/hm²）	边际利润（元/hm²）
0（CK）	5.12 eD	/	/	/	/	/	/	/
200	5.75 dC	5 355.00	360.00	4 995.00	0.63	5 355.00	360.00	4 995.00
400	6.17 cB	8 925.00	720.00	8 205.00	0.42	3 570.00	360.00	3 210.00
600	6.50 bA	11 730.00	1 080.00	10 650.00	0.33	2 805.00	360.00	2 445.00
800	6.75 aA	13 855.00	1 440.00	12 415.00	0.25	2 125.00	360.00	1 765.00
1 000	6.84 aA	14 620.00	1 800.00	12 820.00	0.09	765.00	360.00	405.00
1 200	6.87 aA	14 875.00	2 160.00	12 715.00	0.03	255.00	360.00	-105.00
1 400	6.89 aA	15 045.00	2 520.00	12 525.00	0.02	170.00	360.00	-190.00

3. 磷酸二铵经济效益最佳施肥量

（1）磷酸二铵施肥量对制种玉米产量和经济效益的影响。连续定点试验 3 年，由 2016—2018 年玉米收获时测定结果平均值可以看出，随着磷酸二铵施肥量梯度的增加，产量在递增。磷酸二铵施肥量由 100kg/hm² 递增到 700kg/hm² 时，产量由 5.67t/hm² 递增到 6.72t/hm²。磷酸二铵施肥量 700kg/hm² 产量最高，与 CK 比较，增产 30.23%，差异极显著（$P<0.01$）。经施肥利润分析可以看出，磷酸二铵施肥量由 100kg/hm² 递增到 600kg/hm² 时，施肥利润随着磷酸二铵施肥量梯度的增加而递增，磷酸二铵施肥量大于 600kg/hm² 时，施肥利润开始下降。由此可见，磷酸二铵适宜施肥量不要超过 600kg/hm²。采用经济学理论分析可以看出，随着磷酸二铵施肥量梯度的增加，边际产量由最初的 0.51t/hm² 递减到 0.04t/hm²；边际产值由

4 335元/hm² 递减到 340 元/hm²；边际利润由 3 935元/hm² 减少到 -60 元/hm²。磷酸二铵施肥量在 600kg/hm² 的基础上再继续增加施肥量，边际利润出现负值（表 12-32）。

（2）磷酸二铵经济效益最佳施肥量确定。将表 12-32 磷酸二铵不同梯度施肥量与玉米产量间的关系，采用肥料效应函数方程 $y=a+bx-cx^2$ 拟合，得到的回归方程为：

$$y=5.1600+4.4925x-3.3718x^2 \qquad (12-4)$$

对回归方程进行显著性测验，$F=22.39^{**}$，$>F_{0.01}=20.89$，$R=0.9465^{**}$，说明回归方程拟合良好。2016—2018 年磷酸二铵市场平均销售价格（p_x）为 4 000 元/t，玉米种子市场平均收购价格（p_y）为 8 500元/t，将 p_x、p_y、回归方程的 b 和 c 代入最佳施肥量计算公式 $x_0=[(p_x/p_y)-b]/2c$，求得磷酸二铵最佳施肥量（x_0）为 596.40kg/hm²，将 x_0 代入式（12-4），求得磷酸二铵最佳施肥量时的理论产量（y）为 6.64t/hm²，回归统计分析结果与田间试验处理 7 基本吻合（表12-32）。

表 12-32　磷酸二铵施肥量对制种玉米增产效果和经济效益的影响

磷酸二铵施肥量（kg/hm²）	产量（t/hm²）	增产值（元/hm²）	施肥成本（元/hm²）	施肥利润（元/hm²）	边际产量（t/hm²）	边际产值（元/hm²）	边际成本（元/hm²）	边际利润（元/hm²）
0（CK）	5.16 eC	/	/	/	/	/	/	/
100	5.67 dB	4 335.00	400.00	3 935.00	0.51	4 335.00	400.00	3 935.00
200	6.05 cB	7 565.00	800.00	6 765.00	0.38	3 230.00	400.00	2 830.00
300	6.32 bA	9 860.00	1 200.00	8 660.00	0.27	2 295.00	400.00	1 895.00
400	6.50 aA	11 390.00	1 600.00	9 790.00	0.18	1 530.00	400.00	1 130.00
500	6.61 aA	12 325.00	2 000.00	10 325.00	0.11	935.00	400.00	535.00
600	6.68 aA	12 920.00	2 400.00	10 520.00	0.07	595.00	400.00	195.00
700	6.72 aA	13 260.00	2 800.00	10 460.00	0.04	340.00	400.00	-60.00

4. 硫酸钾经济效益经济效益最佳施肥量

（1）硫酸钾施肥量对制种玉米产量和经济效益的影响。连续定点试验 3 年，由 2016—2018 年玉米收获时测定结果平均值可以看出，随着硫酸钾施肥量梯度的增加，产量在递增。硫酸钾施肥量由 80kg/hm² 递增到 560kg/hm² 时，产量由 5.86t/hm² 递增到 6.69t/hm²。硫酸钾施肥量 560kg/hm² 产量最高，与 CK 比较，增产 22.30%，差异极显著（$P<0.01$）。经施肥利润分析可知，硫酸钾施肥量由 80kg/hm² 递增到 400kg/hm² 时，施肥利润随着硫酸钾施肥量梯度的增加而递增，当

硫酸钾施肥量在 400kg/hm² 的基础上再继续增加施肥量，施肥利润开始下降。由此可见，硫酸钾适宜施肥量一般为 400kg/hm² 时，施肥利润达到最大值。采用经济学理论分析可以看出，随着硫酸钾施肥量梯度增加，边际产量由最初的 0.39t/hm² 递减到 0.02t/hm²；边际产值由 3 315 元/hm² 递减到 170 元/hm²；边际利润由 3 027 元/hm² 减少到 −118 元/hm²，硫酸钾施肥量在 400kg/hm² 的基础上再增加 80kg/hm²，边际利润出现负值（表 12-33）。

（2）硫酸钾经济效益最佳施肥量确定。将表 12-33 硫酸钾不同梯度施肥量与玉米产量间的关系，采用肥料效应函数方程 $y = a + bx - cx^2$ 拟合，得到的回归方程为：

$$y = 5.4700 + 5.3293x - 6.1879x^2 \tag{12-5}$$

对回归方程进行显著性测验，$F = 18.76^{**}$，$> F_{0.01} = 15.70$，$R = 0.9678^{**}$，说明回归方程拟合良好。2016—2018 年硫酸钾市场平均销售价格（p_x）为 3 600 元/t，玉米种子市场平均收购价格（p_y）为 8 500 元/t，将 p_x、p_y、回归方程的 b 和 c 代入最佳施肥量计算公式 $x_0 = [(p_x/p_y) - b]/2c$，求得硫酸钾最佳施肥量（x_0）为 396.43kg/hm²，将 x_0 代入式（12-5），求得硫酸钾最佳施肥量时的理论产量（y）为 6.61t/hm²，回归统计分析结果与田间试验处理 6 基本吻合（表 12-33）。

表 12-33 硫酸钾施肥量对制种玉米增产效果和经济效益的影响

硫酸钾施肥量（kg/hm²）	产量（t/hm²）	增产值（元/hm²）	施肥成本（元/hm²）	施肥利润（元/hm²）	边际产量（t/hm²）	边际产值（元/hm²）	边际成本（元/hm²）	边际利润（元/hm²）
0（CK）	5.47	/	/	/	/	/	/	/
80	5.86	3 315.00	288.00	3 027.00	0.39	3 315.00	288.00	3 027.00
160	6.16	5 865.00	576.00	5 289.00	0.30	2 550.00	288.00	2 262.00
240	6.39	7 820.00	864.00	6 956.00	0.23	1 955.00	288.00	1 667.00
320	6.57	9 350.00	1 152.00	8 198.00	0.18	1 530.0	288.00	1 242.00
400	6.64	9 945.00	1 440.00	8 505.00	0.07	595.00	288.00	307.00
480	6.67	10 200.00	1 728.00	8 472.00	0.03	255.00	288.00	−33.00
560	6.69	10 370.00	2 016.00	8 354.00	0.02	170.00	288.00	−118.00

5. 硫酸锌经济效益经济效益最佳施肥量

（1）硫酸锌施肥量对制种玉米产量和经济效益的影响。连续定点试验 3 年，由 2017—2019 年玉米收获时测定结果平均值可以看出，随着硫酸锌施肥量梯度的增加，产量在递增。硫酸锌施肥量由 20kg/hm² 递增到 140kg/hm² 时，产量由 6.60t/hm² 递增到 6.79t/hm²。硫酸锌施肥量 140kg/hm² 产量最高，与 CK 比较，增产 5.11%，差异显著（$P < 0.05$）。经施肥利润分析可知，硫酸锌施肥量由

20kg/hm²递增到100kg/hm²时，施肥利润随着硫酸锌施肥量梯度的增加而递增，当硫酸锌施肥量在100kg/hm²的基础上再继续增加20kg/hm²，施肥利润开始下降。由此可见，硫酸锌适宜施肥量一般为100kg/hm²时，施肥利润最大。采用经济学理论分析可以看出，随着硫酸锌施肥量梯度增加，边际产量由最初的0.14t/hm²递减到0.01t/hm²；边际产值由1 190元/hm²递减到85元/hm²；边际利润由1 100元/hm²减少到-5元/hm²，硫酸锌施肥量在100kg/hm²的基础上再继续增加施用量，边际利润出现负值（表12-34）。

（2）硫酸锌经济效益最佳施肥量确定。将表12-34硫酸钾不同梯度施肥量与玉米产量间的关系，采用肥料效应函数方程$y=a+bx-cx^2$拟合，得到的回归方程为：

$$y=6\ 460.00+5.4840x-0.0244x^2 \tag{12-6}$$

对回归方程进行显著性测验，$F=13.71^{**}$，$>F_{0.01}=12.78$，$R=0.9463^{**}$，说明回归方程拟合良好。2017—2019年硫酸锌市场平均销售价格（p_x）为4 500元/t，玉米种子市场平均收购价格（p_y）为5 800元/t，将p_x、p_y、回归方程的b和c代入最佳施肥量计算公式$x_0=[(p_x/p_y)-b]/2c$，求得硫酸锌最佳施肥量（x_0）为96kg/hm²，将x_0代入式（12-6），求得硫酸锌最佳施肥量时的理论产量（y）为6 761.59kg/hm²，回归统计分析结果与田间试验处理6基本吻合（表12-34）。

表12-34 硫酸锌施肥量对制种玉米增产效果和经济效益的影响

硫酸锌施肥量（kg/hm²）	产量（t/hm²）	增产值（元/hm²）	施肥成本（元/hm²）	施肥利润（元/hm²）	边际产量（t/hm²）	边际产值（元/hm²）	边际成本（元/hm²）	边际利润（元/hm²）
0（CK）	6.46 bA	/	/	/	/	/	/	/
20	6.60 aA	1 190.00	90.00	1 100.00	0.14	1 190.00	90.00	1 100.00
40	6.67 aA	1 445.00	180.00	1 265.00	0.07	595.00	90.00	505.00
60	6.72 aA	1 870.00	270.0	1 600.00	0.05	425.00	90.00	335.00
80	6.75 aA	2 125.00	360.00	1 765.00	0.03	255.00	90.00	165.00
100	6.77 aA	2 295.00	450.00	1 845.00	0.02	170.00	90.00	80.00
120	6.78 aA	2 380.00	540.00	1 840.00	0.01	85.00	90.00	-5.00
140	6.79 aA	2 465.00	630.00	1 835.00	0.01	85.00	90.00	-5.00

6. 钼酸铵经济效益经济效益最佳施肥量

（1）钼酸铵施肥量对制种玉米产量和经济效益的影响。连续定点试验3年，由2017—2019年玉米收获时测定结果平均值可以看出，随着钼酸铵施肥量梯度的增加，产量在递增。钼酸铵施肥量由6kg/hm²递增到42kg/hm²时，产量由6.53t/hm²递增到6.81t/hm²。钼酸铵施肥量42kg/hm²产量最高，与CK比较，增产

6.57%，差异显著（$P<0.05$）。经施肥利润分析可知，钼酸铵施肥量由 6kg/hm² 递增到 30kg/hm² 时，施肥利润随着钼酸铵施肥量梯度的增加而递增，当钼酸铵施肥量在 30kg/hm² 的基础上再继续增加施肥量，施肥利润开始下降。由此可见，钼酸铵适宜施肥量一般为 30kg/hm² 时，施肥利润最大。采用经济学理论分析可以看出，随着钼酸铵施肥量梯度增加，边际产量由最初的 0.14t/hm² 递减到 0.01t/hm²；边际产值由 1 190 元/hm² 递减到 85 元/hm²；边际利润由 980 元/hm² 递减到 −125 元/hm²，钼酸铵施肥量在 30kg/hm² 的基础上再继续增加施肥量，边际利润出现负值（表 12-35）。

（2）钼酸铵经济效益最佳施肥量确定。将表 12-35 钼酸铵不同梯度施肥量与玉米产量间的关系，采用肥料效应函数方程 $y=a+bx-cx^2$ 拟合，得到的回归方程为：

$$y=6.3900+21.8092x-301.2875x^2 \tag{12-7}$$

对回归方程进行显著性测验，$F=15.58^{**}$，$>F_{0.01}=14.54$，$R=0.9458^{**}$，说明回归方程拟合良好。2017—2019 年钼酸铵市场平均销售价格（p_x）为 35 000 元/t，玉米种子市场平均收购价格（p_y）为 8 500元/t，将 p_x、p_y、回归方程的 b 和 c 代入最佳施肥量计算公式 $x_0=[(p_x/p_y)-b]/2c$，求得钼酸铵最佳施肥量（x_0）为 29.36kg/hm²，将 x_0 代入式（12-7），求得钼酸铵最佳施肥量时的理论产量（y）为 6.77t/hm²，回归统计分析结果与田间试验处理 6 基本吻合（表 12-35）。

表 12-35　钼酸铵施肥量对制种玉米增产效果和经济效益的影响

钼酸铵施肥量（kg/hm²）	产量（t/hm）	增产值（元/hm²）	施肥成本（元/hm²）	施肥利润（元/hm²）	边际产量（t/hm²）	边际产值（元/hm²）	边际成本（元/hm²）	边际利润（元/hm²）
0 (CK)	6.39 bA	/	/	/	/	/	/	/
6	6.53 bA	1 190.00	210.00	980.00	0.14	1 190.00	210.00	980.00
12	6.63 aA	2 040.00	420.00	1 620.00	0.10	850.00	210.00	640.00
18	6.70 aA	2 635.00	630.00	2 005.00	0.07	595.00	210.00	385.00
24	6.75 aA	3 060.00	840.00	2 220.00	0.05	425.00	210.00	215.00
30	6.78 aA	3 315.00	1 050.00	2 265.00	0.03	255.00	210.00	45.00
36	6.80 aA	3 485.00	1 260.00	2 225.00	0.02	170.00	210.00	−40.00
42	6.81 aA	3 570.00	1 470.00	2 100.00	0.01	85.00	210.00	−125.00

（三）问题讨论与结论

制种玉米产量随着有机肥、氮磷钾锌钼施肥量梯度的增加而增加，但增产量、边际产量和边际产值均随着有机肥、氮磷钾锌钼施肥量梯度的增加而递减；施肥利润随着有机肥、氮磷钾锌钼施肥量梯度的增加而逐渐增大，到达最大值后，施肥利润开始下降，呈现报酬递减律；边际利润随着有机肥、氮磷钾锌钼施肥量梯度的增加在逐渐下降，最终出现负值。边际产值大于边际成本时，施肥利润大于肥料投资，说明边际产值虽然递减，但是收入不断增加，施肥还可以增收，此时应继续增加施肥量，扩大施肥利润；边际产值小于边际成本时，施肥所增加的收入小于肥料投资，此时施肥虽然制种玉米产量在增加，但从经济效益来讲是不合算的，应适当减少施肥量。上述试验说明，最高产量的施肥量并不是经济效益最佳施肥量，经济效益最佳施肥量必然低于最高产量施肥量。在生产实践中，一定要重视经济效益最佳施肥量，不能单纯追求高产，以防止盲目投入造成不必要的经济损失。

经回归统计分析，制种玉米产量与有机肥、尿素、磷酸二铵、硫酸钾、硫酸锌和钼酸铵的肥料效应回归方程分别为 $y = 4.9600 + 0.0394x - 0.0002x^2$、$y = 5.1200 + 3.1740x - 1.4863x^2$、$y = 5.1600 + 4.4925x - 3.3718x^2$、$y = 5.4700 + 5.3293x - 6.1879x^2$、$y = 6.4600 + 4.8949x - 22.7367x^2$ 和 $y = 6.3900 + 21.8092x - 301.2875x^2$。经济效益最佳施肥量分别为 76 450 kg/hm^2、998.30kg/hm^2、596.40kg/hm^2、396.43kg/hm^2、96.00kg/hm^2 和 29.36kg/hm^2，最佳施肥量时的理论产量分别为 6.80t/hm^2、6.81t/hm^2、6.64t/hm^2、6.61t/hm^2、6.76t/hm^2 和 6.77t/hm^2。统计分析结果与田间试验结果基本一致，对指导农户合理施肥具有一定的参考价值。

二、张掖内陆灌区主要农业土壤制种玉米氮素经济效益最佳施用量研究

张掖内陆灌区拥有得天独厚的光照、水分和土地资源，先后吸引了先锋种业、敦煌种业、中国种业、辽宁东亚、北京德农、奥瑞金等国内外 90 多家种业集团，建立了制种玉米生产基地 5×10^4 hm^2，现已成为农民增收，农业增效的重要支柱产业之一。目前，存在的主要问题是种植面积大，重茬年限长，70%以上的农户普遍存在着超量施用氮肥的现象，长期超量施用氮肥，不但增加了施肥成本，而且使土壤养分比例失调，制种玉米生理性病害增加，导致产量和品质下降，部分制种企业流失到新疆、内蒙古、宁夏等地。为了使张掖内陆灌区制种产业可持续发展，本文应用肥料效应和回归统计分析理论，在张掖内陆灌区主要农业土壤灌漠土、潮土、耕种风沙土上，进行了制种玉米氮素适宜用量的研究，旨在探索不同土类上制种玉米氮素适宜用量，为张掖内陆灌区制种玉米产业可持续发展提供技术支撑，现将研究结果分述如下。

（一）材料与方法

1. 试验材料

试验于 2017—2019 年在甘肃省张掖市甘州区乌江镇、临泽县板桥镇、高台县

罗城镇进行，海拔 1 420~1 480m，年均温度 7.50~7.8℃，≥10℃积温 3 050~3 100℃，年均降水量 98.56~116mm，年均蒸发量 1 800~2 000mm，无霜期 150~160 天。供试土类分别有灌漠土（临泽县板桥镇）、潮土（甘州区乌江镇）耕种风沙土（高台县罗城镇），耕层理化性质见表 12-36。供试肥料：$CO(NH_2)_2$（含 N 46%）、$NH_4H_2PO_4$（含 N 18%、P_2O_5 46%）、K_2SO_4（含 K_2O 50%）。参试玉米品种组合：沈单 16 号（K12×沈 137）。

表 12-36 供试土类耕层化学性质

供试土类	试验地点	有机质 (g/kg)	碱解氮 (mg/kg)	有效磷 (mg/kg)	速效钾 (mg/kg)	pH 值	全盐 (g/kg)	CEC (cmol/kg)
灌漠土	临泽板桥	18.74	96.04	12.35	168.36	7.68	3.35	18.23
潮土	甘州乌江	14.98	65.21	10.52	142.21	7.80	2.64	15.62
耕种风沙土	高台罗城	9.72	31.86	6.28	135.84	8.16	4.21	11.29

2. 试验方法

（1）试验处理。试验Ⅰ供试土类是灌漠土：N 素施用量共设 5 个处理，处理 1，N_0（不施 N 为 CK）；处理 2，N_{44}（N 44kg/hm²）；处理 3，N_{88}（N 88kg/hm²）；处理 4，N_{132}（N 132kg/hm²）；处理 5，N_{176}（N 176kg/hm²）；每个处理施用 P_2O_5 60kg/hm²+K_2O 40kg/hm² 做底肥。试验Ⅱ供试土类是潮土：N 素施用量共设 5 个处理，处理 1，N_0（不施 N 为 CK）；处理 2，N_{30}（N 30kg/hm²）；处理 3，N_{60}（N 60kg/hm²）；处理 4，N_{90}（N 90kg/hm²）；处理 5，N_{120}（N 120kg/hm²）；每个处理施用 P_2O_5 40kg/hm²+K_2O 30kg/hm² 做底肥。试验Ⅲ供试土类是耕种风沙土：N 素施用量共设 5 个处理，处理 1，N_0（不施 N 为 CK）；处理 2，N_{27}（N 27kg/hm²）；处理 3，N_{54}（N 54kg/hm²）；处理 4，N_{81}（N 81kg/hm²）；处理 5，N_{108}（N 108kg/hm²）；每个处理施用 P_2O_5 30kg/hm²+K_2O 20kg/hm² 做底肥。

（2）试验方法。试验小区面积为 60m²（10m×6m），3 次重复，随机区组排列，播种时间分别在每年的 4 月中旬，母本定植密度 9.75×10⁴ 株/hm²，父本以满天星配置，株距 50cm，$NH_4H_2PO_4$、K_2SO_4 定植前全部做底肥施入耕作层，$CO(NH_2)_2$ 分别在玉米大喇叭口期、吐丝期结合灌水追施。

（3）测定项目与方法。玉米收获时分别在试验小区内按"S"形布点，每个小区采 30 个果穗室内测定穗行数、穗粒数、穗粒重、百粒重，将小区产量折合成公顷产量进行统计分析。

（4）数据统计方法。回归统计分析，LSR 检验。

（二）结果与分析

1. 灌漠土制种玉米 N 素适宜用量

（1）N 素对制种玉米经济性状的影响。在张掖内陆灌区的灌漠土上，N 素施用量由 44kg/hm² 增加到 132kg/hm² 时，制种玉米穗粒数、穗粒重、百粒重随着 N 素用量的增加而增加。N 素施用量 132kg/hm² 时，制种玉米穗粒数、穗粒重、百粒重分别为 527.13 粒、184.41g、33.12g，与 N 素施用量 88kg/hm² 比较，分别增加 10.55 粒、7.39g、1.01g；与 N 素施用量 176kg/hm² 比较，分别增加 5.29 粒、5.53g、1.33g。说明在张掖内陆灌区的灌漠土上制种玉米对 N 素的适宜用量一般不要超过 132kg/hm²，处理间的差异显著性经 LSR 检验达到显著和极显著水平（表 12-37）。

（2）N 素对制种玉米产量的影响。在张掖内陆灌区的灌漠土上，施用 N 素对制种玉米具有一定的增产效果。N 素不同施用量制种玉米增产的顺序是：132kg/hm²>176kg/hm²>88kg/hm²>44kg/hm²。N 素施用量 132kg/hm²，与不施 N 比较，增产 0.56t/hm²，增产率 6.16%；N 素施用量 176kg/hm² 和 88kg/hm²，分别比不施 N 增产 0.46t/hm² 和 0.45t/hm²，增产率分别为 5.06% 和 4.95%；N 素施用量 44kg/hm²，与不施 N 比较，增产 0.28t/hm²，增产率为 3.08%。处理间的差异显著性经 LSR 检验达到显著和极显著水平。N 素施用量由 0kg/hm² 增加到 44kg/hm²、88kg/hm²、132kg/hm²、176kg/hm² 时，每千克 N 素制种玉米增产量分别为 6.36kg、5.11kg、4.24kg、2.61kg，说明单位 N 素增产量是随着 N 素施用量的增加而递减（表 12-37）。

表 12-37　灌漠土氮素不同施用量对制种玉米经济性状和产量的影响

N 施用量 （kg/hm²）	穗粒数 （粒）	穗粒重 （g）	百粒重 （g）	产量 （t/hm²）	增产量 （t/hm²）	增产率 （%）	千克 N 增产 （kg）
N₀	496.11 eB	163.15 eB	30.21 eC	9.09 eE	/	/	/
N₄₄	506.24 dA	169.95 dA	31.15 dD	9.37 dD	0.28	3.08	6.36
N₈₈	516.58 cdA	177.02 cA	32.11 cdD	9.54 cC	0.45	4.95	5.11
N₁₃₂	527.13 bcA	184.41 bcA	33.12 bB	9.65 bB	0.56	6.16	4.24
N₁₇₆	521.84 abA	178.88 abA	31.79 abA	9.55 aAB	0.46	5.06	2.61

（3）N 素经济效益最佳施用量。在张掖内陆灌区的灌漠土上，随着 N 素用量增加，制种玉米边际产量在递减，由最初的 0.28t/hm² 递减到 -0.10t/hm²。从经济效益变化来看，边际利润由 492.00 元/hm² 减少到 -325.00 元/hm²，N 素施用量 132kg/hm² 的基础上再增加 44kg/hm²，边际产量、边际产值、边际利润出现负值。

从 N 素的施肥利润分析，N 素施用量由 44kg/hm² 增加到 88kg/hm²、132kg/hm²、176kg/hm² 时，施肥利润依次为 492.00 元/hm²、747.50 元/hm²、874.00 元/hm²、549.00 元/hm²；肥料投资效率依次为 4.47、3.39、2.65、1.25（表 12-38）。将 N 素不同用量与制种玉米产量间的关系用一元二次肥料效应数学模型 $y = a + bx - cx^2$ 拟合，得到的肥料效应回归方程是：

$$y = 9\ 090.00 + 7.7249x - 0.0270x^2 \tag{12-8}$$

对回归方程进行显著性测验，$F = 31.73^{**}$，$> F_{0.01} = 29.61$，$R = 0.9563^{**}$，说明回归方程拟合良好。N 素价格（p_x）为 2.5 元/kg、制种玉米价格（p_y）为 2.15 元/kg，求得制种玉米 N 素经济效益最佳施肥量（x_0）为 124.81kg/hm²，将 x_0 代入式（12-8），求得制种玉米 N 素最佳施肥量的理论产量（y）为 9.64t/hm²，与田间试验结果基本吻合。由此可见，在张掖内陆灌区的灌漠土上制种玉米最佳产量的 N 素施用量为 124.81kg/hm²，此时获得的收益最大。

表 12-38　灌漠土氮素不同施用量制种玉米增产效应及经济效益分析

N 施用量 (kg/hm²)	产量 (t/hm²)	增产量 (t/hm²)	边际产量 (t/hm²)	边际产值 (元/hm²)	边际成本 (元/hm²)	边际利润 (元/hm²)	增产值 (元/hm²)	施肥成本 (元/hm²)	施肥利润 (元/hm²)	肥料投资效率
N₀	9.09 eE	/	/	/	/	/	/	/	/	/
N₄₄	9.37 dD	0.28	0.28	602.00	110	492.00	602.00	110.00	492.00	4.47
N₈₈	9.54 cC	0.45	0.17	365.50	110	255.00	967.50	220.00	747.50	3.39
N₁₃₂	9.65 bB	0.56	0.11	236.50	110	126.00	1 204.00	330.00	874.00	2.65
N₁₇₆	9.55 aAB	0.46	-0.10	-215.00	110	-325.00	989.00	440.00	549.00	1.25

2. 潮土制种玉米 N 素适宜用量

（1）N 素对玉米经济性状的影响。在张掖内陆灌区的潮土上，N 素施用量由 30kg/hm² 增加到 90kg/hm² 时，制种玉米穗粒数、穗粒重、百粒重随着 N 素用量的增加而增加。N 素施用量 90kg/hm² 时，制种玉米穗粒数、穗粒重、百粒重分别为 500.77 粒、175.19g、31.46g，与 N 素施用量 60kg/hm² 比较，分别增加 10.02 粒、7.02g、0.96g；与 N 素施用量 120kg/hm² 比较，分别增加 5.02 粒、5.26g、1.26g。说明在张掖内陆灌区的潮土上，制种玉米 N 素适宜用量一般不要超过 90kg/hm²，处理间的差异显著性经 LSR 检验达到显著和极显著水平（表 12-39）。

（2）N 素对玉米产量的影响。在张掖内陆灌区的潮土上，施用 N 素对制种玉米有增产效果，N 素不同施用量制种玉米增产的顺序是：90kg/hm² > 60kg/hm² > 120kg/hm² > 30kg/hm²。N 素施用量 90kg/hm²，与不施 N 比较，增产 0.42t/hm²，增产率为 6.10%；N 素施用量 60kg/hm² 和 120kg/hm²，分别比不施 N 增产

0.35t/hm² 和 0.32t/hm²，增产率分别为 5.09% 和 4.65%；N 素施用量 30kg/hm²，比不施 N 增产 0.22t/hm²，增产率为 3.20%，处理间的差异显著性经 LSR 检验达到显著和极显著水平。N 素用量由 0kg/hm² 增加到 30kg/hm²、60kg/hm²、90kg/hm²、120kg/hm² 时，每千克 N 素制种玉米增产量分别为 7.33kg、5.83kg、4.67kg、2.67kg（表 12-39）。

表 12-39　潮土氮素不同施用量对制种玉米经济性状和产量的影响

N 施用量 （kg/hm²）	穗粒数 （粒）	穗粒重 （g）	百粒重 （g）	产量 （t/hm²）	增产量 （t/hm²）	增产率 （%）	千克N 增产 （kg）
N₀	471.30 eB	154.99 eB	28.69 eC	6.88 eE	/	/	/
N₃₀	480.92 dA	161.45 dA	29.59 dD	7.10 dD	0.22	3.20	7.33
N₆₀	490.75 cdA	168.17 cA	30.50 cdD	7.23 cC	0.35	5.09	5.83
N₉₀	500.77 bcA	175.19 bcA	31.46 bB	7.30 bB	0.42	6.10	4.67
N₁₂₀	495.75 abA	169.93 abA	30.20 abA	7.20 aAB	0.32	4.65	2.67

（3）N 素经济效益最佳施用量。在张掖内陆灌区的潮土上，随着 N 素用量增加，制种玉米边际产量在递减，由最初的 0.22t/hm² 递减到 -0.10t/hm²。从经济效益变化来看，边际利润由 398.00 元/hm² 减少到 -290.00 元/hm²，N 素施用量 90kg/hm² 的基础上再增加 30kg/hm²，边际产量、边际产值、边际利润出现负值。从 N 素的施肥利润分析，N 素施用量由 30kg/hm² 增加到 60kg/hm²、90kg/hm²、120kg/hm² 时，施肥利润依次为 398.00 元/hm²、602.50 元/hm²、678.00 元/hm²、388.00 元/hm²；肥料投资效率依次为 5.31、4.02、3.01、1.29（表 12-40）。将表 N 素不同用量与制种玉米产量间的关系用一元二次肥料效应数学模型 $y = a + bx - cx^2$ 拟合，得到的肥料效应回归方程是：

$$y = 6\,880.00 + 7.8186x - 0.0356x^2 \tag{12-9}$$

对回归方程进行显著性测验，$F = 28.56^{**}$，$> F_{0.01} = 26.65$，$R = 0.9830^{**}$，说明回归方程拟合良好。N 素价格（p_x）为 2.5 元/kg、玉米价格（p_y）为 2.15 元/kg，制种玉米 N 素经济效益最佳施肥量（x_0）为 93.52kg/hm²，将 x_0 代入式（12-9），求得制种玉米 N 素最佳施肥量的理论产量（y）为 7.30t/hm²，与田间试验结果相吻合。由此可见，在张掖内陆灌区的潮土上制种玉米最佳产量的 N 素施肥量为 93.52kg/hm²，此时获得的收益最大。

表 12-40　潮土氮素不同施用量制种玉米增产效应及经济效益分析

N 施用量 （kg/hm²）	产量 （t/hm²）	增产量 （t/hm²）	边际产量 （t/hm²）	边际产值 （元/hm²）	边际成本 （元/hm²）	边际利润 （元/hm²）	增产值 （元/hm²）	施肥成本 （元/hm²）	施肥利润 （元/hm²）	肥料投资 效率
N_0	6.88 eE	/	/	/	/	/	/	/	/	/
N_{30}	7.10 dD	0.22	0.22	473.00	75.00	398.00	473.00	75.00	398.00	5.31
N_{60}	7.23 cC	0.35	0.13	279.50	75.00	204.50	752.50	150.00	602.50	4.02
N_{90}	7.30 bB	0.42	0.07	150.50	75.00	75.50	903.00	225.00	678.00	3.01
N_{120}	7.20 aAB	0.32	-0.10	-215.00	75.00	-290.00	688.00	300.00	388.00	1.29

3. 耕种风沙土制种玉米 N 素适宜用量

（1）N 素对玉米经济性状的影响。在张掖内陆灌区的耕种风沙土上，N 素施用量由 27kg/hm² 增加到 81kg/hm² 时，制种玉米穗粒数、穗粒重、百粒重随着 N 素用量的增加而增加。N 素施用量 81kg/hm² 时，制种玉米穗粒数、穗粒重、百粒重分别为 475.73 粒、166.43g、29.89g，与 N 素施用量 54kg/hm² 比较，分别增加 9.52 粒、6.67g、0.92g；与 N 素施用量 108kg/hm² 比较，分别增加 4.77 粒、4.99g、1.20g。说明在张掖内陆灌区的耕种风沙土上，制种玉米 N 素适宜用量一般不要超过 81kg/hm²，处理间的差异显著性经 LSR 检验达到显著和极显著水平（表 12-41）。

（2）N 素对玉米产量的影响。在张掖内陆灌区的耕种风沙土上，施用 N 素对制种玉米具有明显的增产效果，N 素不同施用量制种玉米增产的顺序是：81kg/hm²>108kg/hm²>54kg/hm²>27kg/hm²。N 素施用量 81kg/hm²，与不施 N 比较，增产 1.30t/hm²，增产率 28.26%；N 素施用量 108kg/hm² 和 54kg/hm²，分别比不施 N 增产 1.24t/hm² 和 1.06t/hm²，增产率分别为 26.96% 和 23.04%；N 素施用量 27kg/hm²，比不施 N 增产 0.66t/hm²，增产率为 14.30%，处理间的差异显著性经 LSR 检验达到显著和极显著水平。N 素用量由 0kg/hm² 增加到 27kg/hm²、54kg/hm²、81kg/hm²、108kg/hm² 时，每千克 N 素制种玉米增产量分别为 24.44kg、19.62kg、16.04kg、11.48kg。说明单位 N 素增产量是随着 N 素施用量的增加而递减，符合报酬递减律（表 12-41）。

表 12-41　耕种风沙土氮素不同施用量对制种玉米经济性状和产量的影响

N 施用量 （kg/hm²）	穗粒数 （粒）	穗粒重 （g）	百粒重 （g）	产量 （t/hm²）	增产量 （t/hm²）	增产率 （%）	千克 N 增产 （kg）
N_0	447.74 eB	147.24 eB	27.26 eC	4.60 eE	/	/	/

（续表）

N 施用量 （kg/hm²）	穗粒数 （粒）	穗粒重 （g）	百粒重 （g）	产量 （t/hm²）	增产量 （t/hm²）	增产率 （%）	千克 N 增产 （kg）
N_{27}	456.88 dA	153.37 dA	28.11 dD	5.26 dD	0.66	14.30	24.44
N_{54}	466.21 cdA	159.76 cA	28.97 cdD	5.66 cC	1.06	23.04	19.62
N_{81}	475.73 bcA	166.43 bcA	29.89 bB	5.90 bB	1.30	28.26	16.04
N_{108}	470.96 abA	161.44 abA	28.69 abA	5.84 aAB	1.24	26.96	11.48

（3）N 素经济效益最佳施用量。在张掖内陆灌区的耕种风沙土上，随着 N 素用量增加，制种玉米边际产量在递减，由最初的 0.66t/hm² 递减到 -0.06t/hm²。从经济效益变化来看，边际利润由 1 351.50 元/hm² 减少到 -196.50 元/hm²，N 素施用量 81kg/hm² 的基础上再增加 27kg/hm²，边际产量、边际产值、边际利润出现负值。从 N 素的施肥利润分析，N 素施用量由 27kg/hm² 增加到 54kg/hm²、81kg/hm²、108kg/hm² 时，施肥利润依次为 1 351.50元/hm²、2 144.00元/hm²、2 592.50 元/hm²、2 396.00元/hm²；肥料投资效率依次为 20.02、15.88、12.80、8.87（表 12-42）。将 N 素不同用量与制种玉米产量两者间的关系用一元二次肥料效应数学模型 $y = a + bx - cx^2$ 拟合，得到的肥料效应回归方程是：

$$y = 4\ 600.00 + 31.1295x - 0.1861x^2 \qquad (12-10)$$

对回归方程进行显著性测验，$F = 27.79^{**}$，$> F_{0.01} = 25.84$，$R = 0.9432^{**}$，说明回归方程拟合良好。N 素价格（p_x）为 2.5 元/kg、玉米价格（p_y）为 2.15 元/kg，制种玉米 N 素经济效益最佳施肥量（x_0）为 80.52kg/hm²，将 x_0 代入式（12-10），求得制种玉米 N 素最佳施肥量的理论产量（y）为 5.90t/hm²，与田间试验结果相吻合。由此可见，在张掖内陆灌区的耕种风沙土上制种玉米最佳产量的 N 素施用量为 80.52kg/hm²，此时获得的收益最大。

表 12-42 耕种风沙土氮素不同施用量制种玉米增产效应及经济效益分析

N 施用量 （kg/hm²）	产量 （t/hm²）	增产量 （t/hm²）	边际产量 （t/hm²）	边际产值 （元/hm²）	边际成本 （元/hm²）	边际利润 （元/hm²）	增产值 （元/hm²）	施肥成本 （元/hm²）	施肥利润 （元/hm²）	肥料投资效率
N_0	4.60eE	/	/	/	/	/	/	/	/	/
N_{27}	5.26dD	0.66	0.66	1 419.00	67.50	1 351.50	1 419.00	67.50	1 351.50	20.02
N_{54}	5.66cC	1.06	0.40	860.00	67.50	792.50	2 279.00	135.00	2 144.00	15.88
N_{81}	5.90bB	1.30	0.24	516.00	67.50	448.50	2 795.00	202.50	2 592.50	12.80
N_{108}	5.84 aAB	1.24	-0.06	-129.00	67.50	-196.50	2 666.00	270.00	2 396.00	8.87

（三）结论

在张掖内陆灌区的灌漠土、潮土、耕种风沙土上，N 素经济效益最佳施用量分别为 124.81kg/hm²、93.52kg/hm² 和 80.52kg/hm²；制种玉米理论产量分别为 9.64t/hm²、7.30t/hm² 和 5.90t/hm²。制种玉米产量随着 N 素用量的增加而增加，但单位 N 素的增产效果则随 N 素用量的增加而递减。

三、锌肥对河西走廊制种玉米的肥效与施用技术研究

河西走廊凭借优越的自然环境条件，吸引了中国种业、辽宁东亚种业、北京德农种业、敦煌种业、奥瑞金种业等 60 多家种业集团，建立了制种玉米生产基地 15×10⁴hm²，占农作物总播种面积的 30% 以上。由于制种玉米种植年限的延长，产量不断的提高，连续重茬，大多数农户在制种玉米种植过程中只注重化学肥料的施用，有机肥料施用量严重不足，化肥 N、P_2O_5 投入量与有机肥 N、P_2O_5 投入总量之比为 1：0.28。制种玉米产量的提高主要依赖于化肥的施用，长期大量施用化学肥料土壤养分失去平衡，经室内化验分析，长期种植制种玉米的甘州区、高台县、临泽县，土壤耕层有效锌含量分别为 0.49mg/kg、0.44mg/kg、0.34mg/kg。种植制种玉米的灌漠土、潮土、耕种棕漠土、耕种风沙土，0 ~ 20cm 土层有效锌含量分别为 0.45mg/kg、0.38mg/kg、0.26mg/kg、0.20mg/kg，均小于缺锌临界值 0.50mg/kg，制种玉米在幼苗期叶片失绿，叶片呈淡黄色或灰白色，植株矮小，大面积发生白苗花叶病，使制种玉米减产 25% ~ 30%，究其原因是土壤缺锌引起的生理性病害。为了将锌肥的施用做出科学合理的评价，于 2017—2019 年进行了锌肥对河西走廊制种玉米的肥效与施用技术研究，现将研究结果分述如下。

（一）材料与方法

1. 材料

试验于 2017—2019 年在甘肃省甘州区、高台县、临泽县进行，海拔高度 1 312 ~ 1 460m，年均温度 6.50 ~ 7.80℃，年均降水量 89.50 ~ 120mm，年均蒸发量 1 985 ~ 2 535mm，无霜期 150 ~ 160 天，供试土壤耕层理化性质见表 12-43。

参试肥料：$ZnSO_4 \cdot 7H_2O$（含 Zn 23%）；$CO(NH_2)_2$（含 N 46%）；$NH_4H_2PO_4$（含 N 18%，P_2O_5 46%）。

参试玉米品种组合：沈单 16 号（K12×沈 137）。

表 12-43　供试土壤耕层理化性质

土壤类型	采样深度（cm）	地点	有机质（g/kg）	碱解氮（mg/kg）	有效磷（mg/kg）	速效钾（mg/kg）	有效锌（mg/kg）	pH 值	容重（g/cm³）	总孔隙度（%）
灌漠土	0~20	甘州	14.35	68.85	12.57	176.35	0.45	7.76	1.12	57.74
潮土	0~20	高台	12.67	56.21	10.81	165.28	0.38	7.69	1.16	56.23
耕种棕漠土	0~20	临泽	10.34	48.64	7.35	135.28	0.26	7.89	1.24	53.21
耕种风沙土	0~20	高台	8.93	32.18	6.28	110.13	0.20	7.45	1.43	46.04

2. 方法

（1）试验处理。试验Ⅰ硫酸锌拌种：每千克玉米种子分别拌硫酸锌 2g、4g、6g、8g，以拌清水为对照（CK），共设 5 个处理。试验Ⅱ硫酸锌浸种：浸种浓度分别为 0.01%、0.05%、0.10%，以清水浸种为对照（CK），共设 4 个处理。试验Ⅲ硫酸锌不同浓度叶面喷洒：叶面喷洒浓度分别为 0.10%、0.20%、0.30%，以喷洒清水为对照（CK），共设 4 个处理。试验Ⅳ硫酸锌叶面喷洒次数：0.2%硫酸锌喷洒 1 次、2 次、3 次，以喷洒清水为对照（CK），共设 4 个处理。试验Ⅴ硫酸锌基施：基肥施用量分别为 22.50kg/hm²、45.00kg/hm²、67.50kg/hm²、90.00kg/hm²，以不施硫酸锌为对照（CK），共设 5 个处理。

（2）试验方法。试验小区面积为 60m²（10m×6m），3 次重复，随机区组排列，播种时间为每年的 4 月中旬，母本定植密度为 9.75×10⁴株/hm²，父本以"满天星"配置，株距 50cm，每个处理施用 N 120kg/hm²+P₂O₅ 60kg/hm² 做肥底，NH₄H₂PO₄ 播种前全部做底肥施入耕作层，CO（NH₂）₂ 分别在玉米大喇叭口期、吐丝期结合灌水追施。于每年 9 月下旬玉米收获时分别在试验小区内按 S 形布点，每个小区采 30 个果穗室内测定穗粒数、穗粒重、百粒重。

（3）测定项目与方法。土壤容重（环刀法）；孔隙度（计算法）；土壤有机质（K₂Cr₂O₇法）；碱解氮（扩散法）；有效磷（NaHCO₃浸提—钼锑抗比色法）；速效钾（火焰光度计法）；CEC（NH₄OAc—NH₄Cl 法）；有效 Zn（DTPA 提取，原子吸收光谱法）；pH 值（酸度计法，水提）。

（4）资料统计方法。取 2017—2019 年连续 3 年平均数统计分析，多重比较，LSR 检验。

（二）结果与分析

1. 硫酸锌拌种对制种玉米经济性状和产量的影响

在高台县的潮土上开展制种玉米硫酸锌拌种试验。据试验结果分析，每千克玉米种子分别拌硫酸锌 2g、4g、6g，玉米穗粒数、穗粒重、百粒重、产量随着硫酸锌用量的增加而增加，其中每千克玉米种子拌种硫酸锌 6g，玉米穗粒数、穗粒重、百粒重、产量分别为 519.94 粒、177.81g、32.83g、10.98t/hm²，与每千克玉米种子拌种硫酸锌4g 比较，分别增加20.80 粒、15.09g、1.54g、0.33t/hm²；与每千克玉米种硫酸锌2g 比较，分别增加31.20 粒、24.06g、2.63g、0.62t/hm²；与拌清水（CK）比较，分别增加41.60 粒、35.03g、3.28g、1.03t/hm²；而每千克玉米种子拌种硫酸锌8g，玉米穗粒数、穗粒重、百粒重、产量比每千克玉米种子拌种硫酸锌6g 分别降低 5.21 粒、3.51g、0.33g、0.18t/hm²，硫酸锌不同用量拌种的肥效是6g>8g>4g>2g>CK，因此初步认为制种玉米硫酸锌拌种适宜用量是每千克玉米种子 4～6g，处理间的差异显著性经 LSR 检验达到显著和极显著水平（表12-44）。

表 12-44 硫酸锌拌种对制种玉米经济性状和产量的影响

拌种量 （g/kg）	穗粒数 （粒）	穗粒重 （g）	百粒重 （g）	产量 （t/hm²）	增产量 （t/hm²）	增产率 （%）
2	488.74 cdCD	153.75 cdCD	30.20 cdA	10.36 cdCD	0.41	4.12
4	499.14 cC	162.72 cC	31.29 cA	10.65 bcBC	0.70	7.04
6	519.94 aA	177.81 aA	32.83 aA	10.98 aA	1.03	10.35
8	514.73 abAB	174.30 abAB	32.50 abA	10.80 abAB	0.85	8.54
CK	478.34 deDE	142.78 deDE	29.55 deA	9.95 deDE	/	/

2. 硫酸锌浸种对制种玉米经济性状和产量的影响

在甘州区的灌漠土上开展制种玉米硫酸锌浸种试验，浸种溶液与种子重量比为1∶1，浸种时间12h。据试验结果分析，硫酸锌浸种浓度为0.05%，玉米穗粒数、穗粒重、百粒重、产量分别为 488.93 粒、163.49g、33.10g、10.43t/hm²，与0.01%浓度浸种比较，分别增加9.78 粒、6.47g、0.64g、0.29t/hm²；与清水浸种（CK）比较，分别增加14.67 粒、9.65g、0.92g、0.61t/hm²；而0.10%浓度浸种与0.05%浓度浸种比较，玉米穗粒数、穗粒重、百粒重、产量分别降低4.89 粒、3.23g、0.31g、0.16t/hm²，硫酸锌浸种适宜浓度为0.05%～0.10%，不同浓度硫酸锌浸种的肥效是0.05%>0.10%>0.01%>清水（CK），处理间的差异显著性经 LSR 检验达到显著和极显著水平（表12-45）。

表 12-45 硫酸锌浸种对制种玉米经济性状和产量的影响

浸种浓度 （%）	穗粒数 （粒）	穗粒重 （g）	百粒重 （g）	产量 （t/hm²）	增产量 （t/hm²）	增产率 （%）
0.01	479.15 bcA	157.02 bcA	32.46 bcA	10.14 bcA	0.32	3.26

（续表）

浸种浓度 （%）	穗粒数 （粒）	穗粒重 （g）	百粒重 （g）	产量 （t/hm²）	增产量 （t/hm²）	增产率 （%）
0.05	488.93 aA	163.49 aA	33.10 aA	10.43 aA	0.61	6.21
0.10	484.04 abA	160.26 abA	32.79 abA	10.27 abA	0.45	4.58
CK	474.26 cdA	153.84 cdA	32.18 cdA	9.82 cdA	/	/

3. 硫酸锌不同浓度喷洒对制种玉米经济性状和产量的影响

在临泽县的耕种棕漠土上开展制种玉米在 8 叶期和 10 叶期分别用 0.10%、0.20%、0.30%的硫酸锌和清水叶面喷洒，喷洒数量 900kg/hm²，喷洒次数为 2 次，喷洒时间 10 时。据试验结果分析，硫酸锌喷洒浓度 0.10%～0.20%玉米穗粒数、穗粒重、百粒重、产量随着喷洒浓度的增大而增加，其中 0.20%浓度喷洒，玉米穗粒数、穗粒重、百粒重、产量分别为 531.45 粒、189.36g、37.63g、12.57t/hm²，与 0.10%浓度喷洒比较，分别增加 21.26 粒、15.90g、1.43g、0.73t/hm²；与喷洒等量清水（CK）比较，分别增加 31.89 粒、22.06g、2.14g、1.58t/hm²；而 0.30%浓度喷洒与 0.20%浓度喷洒比较，玉米穗粒数、穗粒重、百粒重、产量分别降低 10.63 粒、5.67g、0.36g、0.27t/hm²；不同浓度的硫酸锌喷洒肥效是 0.20%＞0.30%＞0.10%＞清水（CK），硫酸锌适宜喷洒浓度为 0.10%～0.20%，处理间的差异显著性经 LSR 检验达到显著和极显著水平（表 12-46）。

表 12-46　硫酸锌不同浓度喷洒对制种玉米经济性状和产量的影响

浓度 （%）	穗粒数 （粒）	穗粒重 （g）	百粒重 （g）	产量 （t/hm²）	增产量 （t/hm²）	增产率 （%）
0.10	510.19 bcBC	173.46 cC	36.20 bcBC	11.84 cC	0.85	7.73
0.20	531.45 aA	189.36 aA	37.63 aA	12.57 aA	1.58	14.38
0.30	520.82 abAB	183.69 abAB	37.27 bAB	12.30 abAB	1.31	11.92
CK	499.56 cdCD	167.30 dD	35.49 cdCD	10.99 dD	/	/

4. 硫酸锌喷洒次数对制种玉米经济性状和产量的影响

在临泽县的耕种棕漠土上，从制种玉米 8 叶期开始，每隔 7 天分别叶面喷洒 0.2%的硫酸锌 1 次、2 次、3 次，以喷洒清水为对照（CK），喷洒量为 900kg/hm²，喷洒时间 10 时。据试验结果分析，0.2%的硫酸锌喷洒 2 次，玉米穗粒数、穗粒重、百粒重、产量分别为 538.49 粒、195.15g、36.24g、11.80t/hm²，与喷洒 1 次比较，分别增加 21.54 粒、11.59g、0.73g、0.83t/hm²；与喷洒清水比较，分别增加 32.31 粒、19.05g、1.45g、1.48t/hm²；喷洒 3 次与喷洒 2 次比较，玉米穗粒数、穗粒重、百粒重、产量分别降低 5.39 粒、3.93g、0.37g、0.28t/hm²，叶面喷洒硫酸锌 2 次效果最好，增产率是 14.34%，喷洒 1 次效果最差，增产率是 6.30%，硫酸锌不同喷洒次数的效应是喷洒 2 次>3 次>1 次>CK，可见制种玉米叶面喷洒0.20% 的硫酸锌 2 次，增产效果较好，处理间的差异显著性经 LSR 检验达到显著和极显著水平（表 12-47）。

表 12-47 硫酸锌喷洒次数对制种玉米经济性状和产量的影响

喷洒次数	穗粒数（粒）	穗粒重（g）	百粒重（g）	产量（t/hm²）	增产量（t/hm²）	增产率（%）
1	516.95 cC	183.56 cC	35.51 bcBC	10.97 cC	0.65	6.30
2	538.49 aA	195.15 aA	36.24 aA	11.80 aA	1.48	14.34
3	533.10 abAB	191.22 abAB	35.87 abAB	11.52 abAB	1.20	11.63
CK	506.18 dD	176.10 dD	34.79 cdCD	10.32 cdCD	/	/

5. 硫酸锌基肥施用对制种玉米经济性状和经济效益的影响

在高台县的耕种风沙土上开展制种玉米基施硫酸锌试验。施用方法是将计量好的硫酸锌兑细沙 300kg/hm² 混合均匀，在玉米播种时条施在 20cm 土层。据试验结果分析，基施硫酸锌 67.50kg/hm²，玉米穗粒数、穗粒重、百粒重、产量分别为534.76 粒、198.29g、36.71g、11.82t/hm²，与基施 45.00kg/hm² 比较，分别增加10.70 粒、11.78g、1.48g、0.94t/hm²；与基施 22.50kg/hm² 比较，分别增加21.40 粒、23.19g、2.94g、1.41t/hm²；与 CK 比较，分别增加 42.79 粒、34.07g、3.66g、1.81t/hm²；基施 90.00kg/hm² 与基施 67.50kg/hm² 比较，玉米穗粒数、穗粒重、百粒重、产量分别降低 5.36 粒、3.95g、0.37g、0.14t/hm²。从肥料投资效率方面分析，基施 22.50kg/hm²、45.00kg/hm²、67.50kg/hm²、90.00kg/hm²，肥料投资效率分别为 2.78、3.10、4.69、2.94，硫酸锌施用量为 67.50kg/hm²，肥料投资效率最大，不同施用量的肥料投资效率是 67.50kg/hm² > 45.00kg/hm² >90.00kg/hm²>22.50kg/hm²，可见硫酸锌做基肥适宜用量是 45.00~67.50kg/hm²，处理间的差异显著性经 LSR 检验达到显著和极显著水平（表 12-48）。

表 12-48 硫酸锌基肥施用对制种玉米经济性状和经济效益的影响

施用量（kg/hm²）	穗粒数（粒）	穗粒重（g）	百粒重（g）	产量（t/hm²）	增产量（t/hm²）	增产值（元/hm²）	施肥成本（元/hm²）	施肥利润（元/hm²）	肥料投资效率
22.50	513.36 dD	175.10 dD	33.77 cdCD	10.41 dD	0.40	340.00	90.00	250.00	2.78
45.00	524.06 bcBC	186.51 bcBC	35.23 bcBC	10.88 cC	0.87	739.50	180.00	559.50	3.10

张掖灌区农作物科学施肥理论与实践

（续表）

施用量 （kg/hm²）	穗粒数 （粒）	穗粒重 （g）	百粒重 （g）	产量 （t/hm²）	增产量 （t/hm²）	增产值 （元/ hm²）	施肥成本 （元/ hm²）	施肥利润 （元/ hm²）	肥料投资效率
67.50	534.76 aA	198.29 aA	36.71 aA	11.82 aA	1.81	1 538.50	270.00	1 268.50	4.69
90.00	529.40 abAB	194.34 abAB	36.34 abAB	11.68 abAB	1.67	1 419.50	360.00	1 059.50	2.94
CK	491.97 eE	164.22 eE	33.05 deDE	10.01 eE	/	/	/	/	/

6. 硫酸锌不同施用方法对制种玉米经济性状和经济效益的影响

在上述试验的基础上进行了硫酸锌不同施用方法与制种玉米增产效应比较分析，结果表明，硫酸锌施用方法不同，对制种玉米的增产效应是不同的，不同施用方法的增产顺序是：基施>叶面喷洒>拌种>浸种，不同施用方法施肥利润的顺序是：叶面喷洒>基施>拌种>浸种（表12-49）。

表12-49 硫酸锌不同施用方法对制种玉米经济性状和经济效益的影响

试验处理	浓度	硫酸锌用量 （kg/hm²）	施肥产量 （t/hm²）	CK产量 （t/hm²）	增产量 （t/hm²）	增产值 （元/ hm²）	增产率 （%）	施肥成本 （元/ hm²）	施肥利润 （元/hm²）
拌种	6g/kg	0.72	10.98	9.95	1.03	875.50	10.35	2.88	872.62
浸种	0.05%	0.06	10.43	9.82	0.61	518.50	6.21	0.24	518.26
叶面喷洒	0.20%	3.60	12.57	10.99	1.58	1 343.00	14.37	14.40	1 328.60
基肥施用	67.50kg/hm²	67.50	11.82	10.01	1.81	1 538.50	18.08	270.00	1 268.50

（三）结论

在河西走廊有效锌低的灌漠土、潮土、耕种棕漠土、耕种风沙土上，进行了硫酸锌对制种玉米的肥效试验，试验结果表明，每千克玉米种子拌种硫酸锌6g，增产率为10.35%；0.05%硫酸锌浸种，增产率为6.21%；0.20%的硫酸锌叶面喷洒，增产率为14.38%；硫酸锌做基肥施用量67.50kg/hm²，增产率为18.08%。硫酸锌拌种适宜量是4~6g/kg种子，硫酸锌浸种适宜浓度是0.01%~0.05%，叶面喷洒适宜浓度是0.10%~0.20%，基肥一般用量是45.00~67.50kg/hm²。不同施用方法的增产顺序是：基施>叶面喷洒>拌种>浸种，不同施用方法施肥利润的顺序是：叶面喷洒>基施>拌种>浸种。

第三节　制种玉米田改土培肥技术研究

一、有机环保型土壤改良剂对荒漠化土壤改土效果和杂交玉米效益的影响

河西走廊位于甘肃省内黄河以西，土地总面积 $2\,800\times10^4\text{hm}^2$，其中荒漠化土壤 $2\,360\times10^4\text{hm}^2$，此类土壤是在漠境自然环境条件下发育的一种地带性土壤。近年来，河西走廊杂交玉米制种面积逐渐扩大，常年玉米制种面积稳定在 $1.20\times10^5\text{hm}^2$，分布在河西走廊的荒漠化土壤被农户开垦后种植制种玉米，目前存在的主要问题是：土层薄，黏粒少，沙粒多，保水能力弱，有机质、速效氮磷钾和微量元素锌钼含量低，制种玉米缺素的生理性病害经常发生，产量低而不稳，影响了制种农户和种子公司的经济效益。有关土壤改良剂的研究前人报道的文献较多。杨凤军等研究了不同土壤改良剂对番茄苗期土壤微生物及理化性状的影响，研究表明，施用磷石膏及禾康土壤改良剂后，土壤有效微生物菌群数量、有机质和营养物质含量显著增加，对番茄生长发育有一定的促进作用；刘维涛等研究了不同土壤改良剂及其组合对降低大白菜镉和铅含量的作用，研究表明，施用改良剂可提高土壤 pH 值，降低大白菜中 Cd 和 Pb 的含量，对大白菜的生长具有促进作用；蒋坤云等研究了环保型土壤改良剂的引进及对沙化土壤改良效果，研究表明，Arkadolith 土壤改良剂，使风沙土容重降低，孔隙度增大，有效的降低了土壤 pH 值和电导率；刘慧军等研究了聚丙烯酸盐类土壤改良剂对燕麦土壤微生物量氮及酶活性的影响，研究表明，聚丙烯酸钾、聚丙烯酰胺、腐植酸钾均能提高土壤有机质、碱解氮、有效磷和速效钾的含量；张微等研究了生物质土壤改良剂对风沙土改良效果研究，研究表明，随着生物质改良剂追施比例增大，土壤容重降低，孔隙度和饱和含水量增加；李玉利等研究了土壤改良剂对大棚辣椒连作土壤理化性质的影响，研究表明，施用土壤改良剂能够有效缓解土壤盐渍化和酸化程度，增加土壤有机质含量，改善土壤理化性质；刘慧军等研究了土壤改良剂对土壤水分及燕麦产量的影响，研究表明，各土壤改良剂处理均能提高 0~40cm 土层土壤含水率，其中"聚丙烯酸盐"和"聚丙烯酸盐+腐殖酸"较其他处理效果明显；孙宁川等研究了生物炭对风沙土理化性质及玉米生长的影响，研究结果表明，风沙土施用生物炭能够通过降低土壤容重，提高土壤的疏松性和保水保肥性，使玉米的产量提高；杨文等研究了风沙土麻黄基地土壤培肥措施及肥料效应研究，发现有机肥、无机肥配施能使风沙土有机质、全量养分和速效养分含量比单施有机肥或无机肥明显升高；摄晓燕等研究了砒砂岩改良风沙土对磷的吸附特性影响研究，结果表明，砒砂岩可显著减小风沙土对磷的吸附固定，提高磷肥的有效性。综上所述，土壤改良剂研究较多的有生物炭、泥炭、腐泥、黏土、有机物料、砒砂岩、沸石、粉煤灰、污泥、绿肥、聚丙烯酰胺等单一改良剂，存在的主要问题是单一改良剂只具备改土功效，不具备营养、保

张掖灌区农作物科学施肥理论与实践

水、保肥功能。因此，研究和开发集有机、营养、保水、改土为一体的功能性土壤改良剂成为本文研究的关键所在。近年来，有关土壤改良剂研究受到了广泛关注，而有机环保型土壤改良剂对河西走廊荒漠化土壤改良效果的研究未见文献报道。本文依据上述存在的问题，采用作物营养平衡理论和改土培肥理论，选择土壤调控剂、土壤营养剂、土壤保水剂和土壤结构改良剂为原料，采用正交试验方法确定原料兼最佳配合比例，合成有机环保型土壤改良剂，并进行田间验证试验，以便对有机环保型土壤改良剂改土培肥效果做出确切的评价。

（一）材料与方法

1. 试验材料

（1）试验地概况。试验于2015—2019年在甘肃省张掖市高台县骆驼城镇骆驼城村玉米制种基地上进行，试验地海拔为1 402m，东经99°34′26″，北纬39°22′34″，年均气温9.20℃，年均降水量141.2mm，年均蒸发量1 394mm，无霜期148天。土壤类型是灰棕荒漠土，0~20cm耕作层有机质含量12.91g/kg、碱解氮43.83mg/kg、有效磷4.43mg/kg、速效钾108.71mg/kg、有效锌0.46mg/kg、有效钼0.11mg/kg、pH值8.01、全盐1.72g/kg、容重1.26g/cm³、总孔隙度52.45%、团聚体23.14%、饱和持水量1 049.00t/hm²，土壤质地为轻壤质土，前茬作物是玉米。

（2）参试材料。尿素，含N 46%，粒径为2~3mm；磷酸二铵，含N 18%，含P_2O_5 46%；硫酸钾，含K_2O 50%，粒径为2~3mm；硫酸锌，含Zn 23%；钼酸铵，含Mo 54.3%；生物菌肥，有效活菌数≥10亿个/g；腐熟牛粪，含有机质16%、全氮0.32%、全磷0.25%、全钾0.16%，粒径1~2mm；改性糠醛渣，在糠醛渣中加入4%的碳酸氢铵，将pH值调整到6.50~7.50，经室内化验分析，含有机质70.23%、腐殖酸11.63%、全氮0.61%、全磷0.36%、全钾1.18%，粒径1~2mm；土壤结构改良剂（聚乙烯醇）：粒径0.05~2mm；土壤保水剂，吸水倍率645g/g，粒径1~2mm；土壤营养剂（自主研发），将尿素、磷酸二铵、硫酸钾、硫酸锌、钼酸铵风干重量比按0.5430∶0.2715∶0.1357∶0.0362∶0.0136混合，含N 29.87%，P_2O_5 12.49%，K_2O 6.79%，Zn 0.83%，Mo 0.74%；土壤调控剂（自主研发），将改性糠醛渣、腐熟牛粪、生物菌肥风干重量比按0.7500∶0.2480∶0.0020混合，含有机质56.47%、N 0.54%、P_2O_5 0.33%、K_2O 0.93%；玉米品系为敦玉328，甘肃省敦煌种业股份有限公司研究院选育。

2. 试验方法

（1）试验处理。

试验Ⅰ：有机环保型土壤改良剂配方筛选。2015年4月24日选择A土壤调控剂、B土壤保水剂、C土壤营养剂和D土壤结构改良剂（聚乙烯醇）为4个因素，每个因素设计3个水平，按正交表$L_9(3^4)$设计9个处理（表12-50）。

表 12-50　L_9（3^4）正交试验设计表

试验处理	A 土壤调控剂	B 土壤保水剂	C 土壤营养剂	D 土壤结构改良剂
1	(11.25) 1	(0.03) 1	(0.55) 1	(0.045) 3
2	(11.25) 1	(0.06) 2	(1.10) 2	(0.030) 2
3	(11.25) 1	(0.09) 3	(1.65) 3	(0.015) 1
4	(22.50) 2	(0.03) 1	(1.10) 2	(0.045) 3
5	(22.50) 2	(0.06) 2	(1.65) 3	(0.030) 2
6	(22.50) 2	(0.09) 3	(0.55) 1	(0.015) 1
7	(33.75) 3	(0.03) 1	(1.65) 3	(0.045) 3
8	(33.75) 3	(0.06) 2	(0.55) 1	(0.030) 2
9	(33.75) 3	(0.09) 3	(1.10) 2	(0.015) 1

注：括号内数据为施用量（t/hm^2），括号外数据为正交试验编码值。

试验Ⅱ：有机环保型土壤改良剂经济效益最佳施用量研究。2016—2017 年 4 月 24 日，依据试验Ⅰ筛选的配方，将土壤调控剂、土壤保水剂、土壤营养剂、土壤结构改良剂风干重量比按 0.9288∶0.0012∶0.0681∶0.0019 混合，得到有机环保型土壤改良剂，经室内化验分析，含有机质 52.38%、N 2.54%、P_2O_5 1.19%、K_2O 1.32%、Zn 0.06%、Mo 0.05%。将有机环保型土壤改良剂施用量梯度设计为 0.00t/hm^2（CK）、6.00t/hm^2、12.00t/hm^2、18.00t/hm^2、24.00t/hm^2、30.00t/hm^2、36.00t/hm^2共 7 个处理，以处理 1 为 CK（对照），每个处理重复 3 次，随机区组排列。

试验Ⅲ：有机环保型土壤改良剂与传统化肥比较试验。2018—2019 年 4 月 24 日，在纯 N、P_2O_5、K_2O、Zn、Mo 投入量相等的条件下（纯 N 0.61t/hm^2 + P_2O_5 0.29t/hm^2+K_2O 0.31t/hm^2+Zn 0.014t/hm^2+Mo 0.012t/hm^2），设计 3 个处理。处理 1 对照（不施肥）；处理 2 施用传统化肥，尿素 1.08t/hm^2 + 磷酸二铵 0.63t/hm^2+硫酸钾 0.62t/hm^2+硫酸锌 0.06t/hm^2+钼酸铵 0.02t/hm^2；处理 3 施用有机环保型土壤改良剂 24.00t/hm^2。每个处理重复 3 次，随机区组排列。

（2）种植方法。试验小区面积为 40m^2（8m×5m），每个小区四周筑埂，埂宽 40cm、埂高 30cm，试验地四周种植保护行，磷酸二铵、硫酸钾、硫酸锌、钼酸铵、有机环保型土壤改良剂在播种前施入 0～20cm 耕作层做肥底，尿素分别在玉米拔节期、大喇叭口期和开花期结合灌水追施，追肥方法为穴施，播种时间为 2015—2019 年每年的 4 月 24 日，母本株距 22cm，父母本行距 50cm，按照 1 行父本、6 行母本的比例方式播种。在玉米拔节期、大喇叭口期、开花期、乳熟期、灌浆期各滴灌 1 次，每个试验小区灌水量相等。

（3）样品采集方法。杂交玉米收获时，在试验小区内按照对角线采样方法，确定5个样品采集点，每个点连续采集10株，测定株高、茎粗、地上部分鲜重、地上部分干重、根系鲜重、根系干重、穗粒数、穗粒重和百粒重，取平均数进行统计分析，每个试验小区单独收获，将小区产量折合成公顷产量进行统计分析。在试验小区内按对角线布点，采集0~20cm耕作层土样5kg，用四分法带回1kg混合土样，风干15天，过1mm筛供室内化验分析，其中土壤容重、土壤团聚体用环刀采集原状土。

（4）测定指标与方法。玉米秸秆茎粗采用游标卡尺法测定，地上部分干重采用烘干法测定。土壤容重采用环刀法测定；孔隙度采用计算法求得；团聚体采用干筛法测定；碱解氮采用扩散法测定；有效磷采用碳酸氢钠浸提—钼锑抗比色法测定；速效钾采用火焰光度计法测定；pH值采用5∶1水土比浸提，用pH-2F数字pH计测定；总持水量按公式=（面积×总孔隙度×土层深度）求得；毛管持水量=（面积×毛管孔隙度×土层深度）求得；非毛管持水量=（面积×非毛管孔隙度×土层深度）求得；Cd采用石墨炉原子吸收分光光度法测定；Hg采用冷原子-荧光光谱法测定；Pb采用火焰原子吸收分光光度法测定；Cr采用分光光度法测定；微生物数量采用稀释平板法；脲酶测定采用靛酚比色法；蔗糖酶测定采用3，5-二硝基水杨酸比色法；磷酸酶测定采用磷酸苯二钠比色法；过氧化氢酶测定采用滴定法；多酚氧化酶测定采用碘量滴定法。

（5）数据处理方法。差异显著性采用DPSS 10.0统计软件分析，多重比较，LSR检验法。依据经济效益最佳施用量计算公式 $x_0 = \left[\ (p_x/p_y)\ -b\right]\ /2c$ 求得有机环保型土壤改良剂最佳施用量（x_0），依据肥料效应回归方程式 $y = a + bx - cx^2$，求得有机环保型土壤改良剂最佳施用量时的杂交玉米理论产量（y）。

（二）结果与分析

1. 有机环保型土壤改良剂配方筛选

2015年9月30日杂交玉米收获后测定数据（表12-51）可以看出，不同因素间的效应（R）是C>A>B和D，说明影响杂交玉米产量的因素依次是：土壤营养剂>土壤调控剂>土壤保水剂和土壤结构改良剂。比较T值可知，$T_{A2}>T_{A1}>T_{A3}$，说明土壤调控剂施用量超过22.50t/hm²，杂交玉米产量随着土壤调控剂施用量梯度的增大而降低。$T_{B1}>T_{B2}$和T_{B3}，说明土壤保水剂适宜用量一般为0.03t/hm²。$T_{C3}>T_{C2}>T_{C1}$，$T_{D3}>T_{D2}>T_{D1}$说明随着土壤营养剂和土壤结构改良剂施用量梯度的增加，杂交玉米产量在递增，土壤营养剂和土壤结构改良剂适宜用量一般为1.65t/hm²和0.045t/hm²。因素间最佳组合为：A_2（土壤调控剂22.50t/hm²）B_1（土壤保水剂0.03/hm²）C_3（土壤营养剂1.65t/hm²）D_3（土壤结构改良剂0.045t/hm²），即将土壤调控剂、土壤保水剂、土壤营养剂、土壤结构改良剂重量比按0.9288：

0.0012∶0.0681∶0.0019 混合，得到最佳有机环保型土壤改良剂。

表 12-51 L₉（3⁴）正交试验分析表

表 12-51 L_9（3^4）正交试验分析表

试验处理	A 土壤调控剂	B 土壤保水剂	C 土壤营养剂	D 土壤结构改良剂	产量（t/hm²）
1	（11.25）1	（0.03）1	（0.55）1	（0.045）3	5.19 cC
2	（11.25）1	（0.06）2	（1.10）2	（0.030）2	6.64 aA
3	（11.25）1	（0.09）3	（1.65）3	（0.015）1	5.12 cC
4	（22.50）2	（0.03）1	（1.10）2	（0.045）3	5.84 bB
5	（22.50）2	（0.06）2	（1.65）3	（0.030）2	5.90 bB
6	（22.50）2	（0.09）3	（0.55）1	（0.015）1	5.92 bB
7	（33.75）3	（0.03）1	（1.65）3	（0.045）3	6.74 aA
8	（33.75）3	（0.06）2	（0.55）1	（0.030）2	3.76 dD
9	（33.75）3	（0.09）3	（1.10）2	（0.015）1	4.70 cC
T₁	16.95	17.77	14.87	15.74	
T₂	17.66	16.30	17.18	16.30	49.81（T）
T₃	15.20	15.74	17.76	17.77	
极差（R）	2.46	2.03	2.89	2.03	
主次顺序		C>A>B 和 D			
最优水平	A₂	B₁	C₃	D₃	
最优组合		A₂B₁C₃D₃			

2. 不同剂量有机环保型土壤改良剂对荒漠化土壤改土效果和杂交玉米效益的影响

（1）对物理性质的影响。连续定点试验 2 年后，于 2017 年 9 月 30 日杂交玉米收获后采集耕作层 0~20cm 土样测定结果（表 12-52）可以看出，随着有机环保型土壤改良剂施用量梯度的增加，荒漠化土壤容重在降低，孔隙度和团聚体在递增。有机环保型土壤改良剂施用量 36t/hm² 容重最小，与 CK 比较，容重降低 10.32%，差异极显著（$P<0.01$）。经相关分析，有机环保型土壤改良剂施用量与容重之间呈显著的负相关关系，相关系数（R）为 -0.9572。总孔隙度、毛管孔隙度、非毛管孔隙度和团聚体最大的是有机环保型土壤改良剂施用量 36t/hm²，与 CK 比较，分别增加 9.36%、9.39%、9.33% 和 47.49%，差异极显著（$P<0.01$）。经相关分析，有机环保型土壤改良剂施用量与总孔隙度、毛管孔隙度、非毛管孔隙度和团聚体之

间呈显著的正相关关系，相关系数（R）分别为0.9572、0.9578、0.9565和9461。

（2）对持水量的影响。由表12-52可知，持水量变化与孔隙度和团聚体变化一致。荒漠化土壤饱和持水量、毛管持水量和非毛管持水量最大的是有机环保型土壤改良剂施用量36t/hm²，与CK比较，分别增加9.36%、9.39%和9.33%，差异极显著（P<0.01）。经相关分析，有机环保型土壤改良剂施用量与荒漠化土壤饱和持水量、毛管持水量和非毛管持水量之间呈显著的正相关关系，相关系数（R）分别为0.9572、0.9578、0.9565。

表12-52　不同剂量有机环保型土壤改良剂对荒漠化土壤物理性质和持水量的影响

改良剂施用量（t/hm²）	容重（g/cm³）	总孔隙度（%）	毛管孔隙度（%）	非毛管孔隙度（%）	>0.25mm团聚体（%）	饱和持水量（t/hm²）	毛管持水量（t/hm²）	非毛管持水（t/hm²）
0.00（CK）	1.26 aB	52.45 fB	27.27 cC	25.18 cB	23.14 dD	1 049.00 cC	545.40 cB	503.60 cC
6.00	1.25 aB	52.83 eB	27.47 cC	25.36 cB	27.22 cC	1 056.60 bB	549.40 bA	507.20 bB
12.00	1.24 aB	53.21 eB	27.67 cC	25.54 cB	28.18 cC	1 064.20 bB	553.40 bA	510.80 bB
18.00	1.22 bA	53.96 dA	28.06 bB	25.90 cB	29.05 cC	1 079.20 bB	561.20 bA	518.00 bB
24.00	1.19 cA	55.09 cA	28.65 bB	26.44 bA	30.26 cC	1 101.80 aA	573.00 aA	528.80 aA
30.00	1.16 dA	56.22 bA	29.23 aA	26.99 aA	31.85 bB	1 124.40 aA	584.60 aA	539.80 aA
36.00	1.13 eA	57.36 aA	29.83 aA	27.53 aA	34.13 aA	1 147.20 aA	596.60 aA	550.60 aA

（3）对化学性质及有机质和速效养分的影响。由表12-53可知，随着有机环保型土壤改良剂施用量梯度的增加，荒漠化土壤pH值在降低，有机质和速效养分在递增。有机环保型土壤改良剂施用量36t/hm²，pH值最低，与CK比较，pH值降低了7.99%，差异显著（P<0.05）。经相关分析，有机环保型土壤改良剂施用量与pH值之间呈显著的负相关关系，相关系数（R）为-0.9680。有机环保型土壤改良剂施用量36t/hm²有机质和速效养分含量最高，与CK比较，有机质、碱解氮、有效磷和速效钾分别增加11.85%、31.53%、34.54%和12.14%，差异极显著（P<0.01）。经相关分析，有机环保型土壤改良剂施用量与有机质、碱解氮、有效磷和速效钾之间呈显著的正相关关系，相关系数（R）分别为0.6021、0.8106、0.8414和0.9722。

表12-53　不同剂量有机环保型土壤改良剂对荒漠化土壤化学性质的影响

改良剂施用量（t/hm²）	pH值	有机质（g/kg）	碱解氮（mg/kg）	有效磷（mg/kg）	速效钾（mg/kg）
0.00（CK）	8.01 aA	12.91 bB	43.83 cB	4.43 cD	108.71 cB
6.00	7.92 bA	14.08 aA	51.57 bA	5.22 bC	113.00 bA

（续表）

改良剂施用量 （t/hm²）	pH 值	有机质 （g/kg）	碱解氮 （mg/kg）	有效磷 （mg/kg）	速效钾 （mg/kg）
12.00	7.91 bA	14.21 aA	52.61 bA	5.38 bB	114.45 bA
18.00	7.76 cA	14.25 aA	54.81 aA	5.66 aA	115.91 bA
24.00	7.60 dB	14.29 aA	55.94 aA	5.78 aA	117.38 bA
30.00	7.53 dB	14.43 aA	56.50 aA	5.89 aA	120.39 aA
36.00	7.37 eB	14.44 aA	57.65 aA	5.96 aA	121.91 aA

（4）对农艺性状及经济性状和产量的影响。连续定点试验 2 年后，于 2017 年 9 月 30 日玉米收获后测定数据（表 12-54）可知，随着有机环保型土壤改良剂施用量梯度的增加，玉米株高、茎粗、玉米地上部分干重和玉米根系干重在增加，株高、茎粗、生长速度、地上部分干重和根系干重最大的是有机环保型土壤改良剂施用量 36t/hm²，与 CK 比较，分别增加 65.10%、57.45%、65.13%、34.36% 和 77.65%，差异极显著（$P<0.01$）。经相关分析，有机环保型土壤改良剂施用量与株高、茎粗、生长速度、地上部分干重和根系干重之间呈显著的正相关关系，相关系数（R）分别为 0.9715、0.6222、0.9994、0.9492 和 0.5856。杂交玉米经济性状和产量的变化与农艺性状变化一致，穗粒数、穗粒重、百粒重和产量最高的是有机环保型土壤改良剂，施用量 36t/hm²，与 CK 比较，分别增加 18.33%、67.43%、15.86% 和 36.99%，差异极显著（$P<0.01$）。经相关分析，有机环保型土壤改良剂施用量与穗粒数、穗粒重、百粒重和产量之间呈显著的正相关关系，相关系数（R）分别为 0.9306、0.9656、0.9152 和 0.9511。

表 12-54　不同剂量有机环保型土壤改良剂对玉米农艺性状及经济性状和产量的影响

改良剂施 用量 （t/hm²）	株高 （m）	茎粗 （mm）	生长速度 （mm/天）	地上部 分干重 （g/株）	根系干重 （g/株）	穗粒数 （粒）	穗粒重 （g/穗）	百粒重 （g）	产量 （t/hm²）	增产率 （%）
0.00（CK）	1.49 fE	12.29 cC	10.64 dD	188.80 ec	31.54 dD	201.23 gF	67.14 gE	27.93 eB	5.11 cC	/
6.00	1.69 eD	17.11 bB	12.07 cC	210.25 dB	50.11 cC	208.89 fE	82.67 fD	29.74 dA	5.64 bB	10.37
12.00	1.90 dC	18.44 aA	13.57 bB	221.77 cA	52.83 bB	216.57 eD	88.05 eC	30.58 cA	6.02 bB	17.81
18.00	2.09 cB	19.07 aA	14.92 bB	233.33 bA	53.45 dB	229.72 dC	90.76 dC	30.86 cA	6.45 bB	26.22
24.00	2.31 bA	19.15 aA	16.50 aA	242.57 aA	54.98 aA	233.47 cC	98.34 cB	31.62 bA	6.71 aA	31.31
30.00	2.37 aA	19.21 aA	16.92 aA	249.49 aA	55.01 aA	235.15 bB	106.90 bA	32.24 aA	6.89 aA	34.83
36.00	2.46 aA	19.35 aA	17.57 aA	253.68 aA	56.03 aA	238.12 aA	112.41 aA	32.36 aA	7.00 aA	36.98

（5）有机环保型土壤改良剂最佳施用量的确定。由表12-55可知，随着有机环保型土壤改良剂施用量梯度的增加，施肥利润在递增，有机环保型土壤改良剂施用量24t/hm²时，施肥利润为0.70万元/hm²，当有机环保型土壤改良剂施用量超过24t/hm²时，施肥利润开始递减，将有机环保型土壤改良剂施用量与杂交玉米产量间的关系采用回归方程 $y=a+bx-cx^2$ 拟合，得到的回归方程是：

$$y=5.1100+0.1117x-0.0018x^2 \qquad (12-11)$$

对回归方程进行显著性测验的结果表明回归方程拟合良好。有机环保型土壤改良剂价格（p_x）为294.05元/t，2016—2017年杂交玉米种子平均售价（p_y）为12 000元/t，将p_x、p_y、回归方程的参数b和c，代入最佳施用量计算公式 $x_0=[(p_x/p_y)-b]/2c$，求得有机环保型土壤改良剂经济效益最佳施用量（x_0）为24.22t/hm²，将x_0代入式（12-11），求得杂交玉米理论产量（y）为6.76t/hm²，回归分析结果与田间试验处理5改良剂施用量24t/hm²基本吻合。

表12-55　有机环保型土壤改良剂杂交玉米经济性状及产量和施肥利润的影响

改良剂施用量 （t/hm²）	产量 （t/hm²）	增产量 （t/hm²）	增产值 （万元/hm²）	施肥成本 （万元/hm²）	施肥利润 （万元/hm²）
0.00（CK）	5.11 cC	/	/	/	/
6.00	5.64 bB	0.53	0.42	0.18	0.24
12.00	6.02 bB	0.91	0.73	0.35	0.38
18.00	6.45 bB	1.34	1.07	0.53	0.54
24.00	6.71 aA	1.60	1.41	0.71	0.70
30.00	6.89 aA	1.78	1.42	0.88	0.54
36.00	7.00 aA	1.89	1.51	1.06	0.45

备注：参试材料单价分别为：尿素2 000元/t、磷酸二铵4 000元/t、硫酸钾4 000元/t、硫酸锌3 000元/t、钼酸铵5 000元/t、聚乙烯醇13 000元/t、土壤保水剂4 000元/t、糠醛渣60元/t、羊粪80元/t、生物菌肥4 000元/t、杂交玉米种子12 000元/t。

3. 有机环保型土壤改良剂与传统化肥对荒漠化土壤改土效果和杂交玉米效益的对比

（1）对容重和pH值的影响。连续定点试验2年后，由2019年9月30日玉米收获时耕层土壤测定结果（表12-56）可知，不同处理荒漠化土壤容重和pH值由小到大的变化顺序依次为：有机环保型土壤改良剂<传统化肥<对照。施用有机环保型土壤改良剂与传统化肥和对照比较，容重分别降低7.20%和7.94%，pH值分别降低5.51%和5.75%，差异显著（$P<0.05$）；施用传统化肥与对照比较，容重和pH值分别降低0.79%和0.25%，差异不显著（$P>0.05$）。

（2）对孔隙度和团聚体的影响。由表12-56可知，不同处理荒漠化土壤总孔隙度、毛管孔隙度、非毛管孔隙度和团聚体由大到小的变化顺序依次为：有机环保型土壤改良剂>传统化肥>对照。施用有机环保型土壤改良剂与传统化肥比较，总孔隙度、毛管孔隙度和非毛管孔隙度分别增加6.44%、6.43%和6.44%，差异显著（$P<0.05$）；与对照比较，总孔隙度、毛管孔隙度和非毛管孔隙度分别增加7.21%、7.21%和7.20%，差异显著（$P<0.05$）；施用传统化肥与对照比较，总孔隙度、毛管孔隙度和非毛管孔隙度分别增加0.72%、0.73%和0.72%，差异不显著（$P>0.05$）。施用有机环保型土壤改良剂与传统化肥和对照比较，>0.25mm团聚体分别增加27.35%和28.59%，差异极显著（$P<0.01$），施用传统化肥与对照比较，>0.25mm团聚体增加0.97%，差异不显著（$P>0.05$）。

（3）对持水量的影响。由表12-56可知，不同处理荒漠化土壤总持水量、毛管持水量和非毛管持水量变化规律与总孔隙度、毛管孔隙度、非毛管孔隙度变化规律一致。施用有机环保型土壤改良剂与传统化肥比较，总持水量、毛管持水量和非毛管持水量分别增加6.44%、6.43%和6.44%，差异显著（$P<0.05$）；与对照比较，总持水量、毛管持水量和非毛管持水量分别增加7.02%、7.21%和7.20%，差异显著（$P<0.05$），施用传统化肥与对照比较，总持水量、毛管持水量和非毛管持水量分别增加0.55%、0.73%和0.72%，差异不显著（$P>0.05$）。

表12-56　有机环保型土壤改良剂和传统化肥对比对荒漠化土壤物理性质和持水量的影响

试验处理	容重 (g/cm³)	总孔隙度 (%)	毛管孔隙度 (%)	非毛管孔隙度 (%)	>0.25mm 团聚体 (%)	pH值	饱和持水量 (t/hm²)	毛管持水量 (t/hm²)	非毛管持水 (t/hm²)
对照不施肥	1.26aA	52.45bA	28.85bA	23.60bA	24.73bB	8.00aA	1 050.80bA	577.00bA	472.00bA
传统化肥	1.25aA	52.83bA	29.06bA	23.77bA	24.97bB	7.98aA	1 056.60bA	581.20bA	475.40bA
有机环保型土壤改良剂	1.16bA	56.23aA	30.93aA	25.30aA	31.80aA	7.54bA	1 124.60aA	618.60aA	506.00aA

（4）对有机质和速效养分的影响。由表12-57可知，不同处理荒漠化土壤有机质和速效养分由大到小的变化顺序依次为：有机环保型土壤改良剂>传统化肥>对照。施用有机环保型土壤改良剂与传统化肥和对照比较，有机质分别增加20.12%和21.61%，差异极显著（$P<0.01$）；施用传统化肥与对照比较，有机质增加1.24%，差异不显著（$P>0.05$）。施用有机环保型土壤改良剂与传统化肥比较，碱解氮、有效磷和速效钾分别增加0.80%、0.96%和0.16%，差异不显著（$P>0.05$）；与对照比较，碱解氮、有效磷和速效钾分别增加91.67%、114.67%和25.69%，差异极显著（$P<0.01$）；施用传统化肥与对照比较，碱解氮、有效磷和速效钾分别增加90.14%、112.64%和25.49%，差异极显著（$P<0.01$）。

表 12-57 有机环保型土壤改良剂和传统化肥对比对荒漠化土壤有机质和速效养分的影响

试验处理	有机质 （g/kg）	碱解氮 （mg/kg）	有效磷 （mg/kg）	速效钾 （mg/kg）
对照不施肥	12.91 bB	43.83 bB	4.43 bB	108.71 bB
传统化肥	13.07 bB	83.34 aA	9.42 aA	136.42 aA
有机环保型土壤改良剂	15.70 aA	84.01 aA	9.51 aA	136.64 aA

（5）对微生物、酶活性和重金属离子的影响。从表 12-58 可知，不同处理荒漠化土壤微生物和酶活性变化顺序与有机质和速效养分变化顺序一致。施用有机环保型土壤改良剂与传统化肥比较，真菌、细菌和放线菌分别增加 117.31%、34.83% 和 22.06%，差异极显著（$P<0.01$）；与对照比较，真菌、细菌和放线菌分别增加 123.76%、36.36% 和 25.76%，差异极显著（$P<0.01$）。施用传统化肥与对照比较，真菌、细菌和放线菌分别增加 2.97%、1.14% 和 3.03%，差异不显著（$P>0.05$）。施用有机环保型土壤改良剂与传统化肥比较，蔗糖酶、脲酶、磷酸酶和多酚氧化酶分别增加 61.48%、45.92%、34.78% 和 60.32%，差异极显著（$P<0.01$）；与对照比较，蔗糖酶、脲酶、磷酸酶和多酚氧化酶分别增加 62.81%、70.24%、72.22% 和 65.57%，差异极显著（$P<0.01$）。施用传统化肥与对照比较，脲酶和磷酸酶分别增加 16.67% 和 27.78%，差异极显著（$P<0.01$）；蔗糖酶和多酚氧化酶分别增加 0.83% 和 3.28%，差异不显著（$P>0.05$）。

不同处理荒漠化土壤重金属离子由大到小的变化顺序为：传统化肥>有机环保型土壤改良剂>不施肥。施用有机环保型土壤改良剂与传统化肥比较，重金属离子 Hg、Cd、Cr 和 Pb 分别降低 16.22%、28.85%、15.74% 和 18.02%，差异极显著（$P<0.01$），与不施肥比较，Hg、Cd、Cr 和 Pb 分别增加 3.33%、2.78%、0.27% 和 0.68%，差异不显著（$P>0.05$）；传统化肥与不施肥比较，Hg、Cd、Cr 和 Pb 分别增加 23.33%、44.44%、19.00% 和 22.81%，差异极显著（$P<0.01$）。

表 12-58 有机环保型土壤改良剂与传统化肥对比对荒漠化土壤微生物及酶活性和重金属离子的影响

试验处理	真菌 （×10⁴/g）	细菌 （×10⁷/g）	放线菌 （×10⁷/g）	蔗糖酶 [mg/（g·d）]	脲酶 [mg/（kg·h）]	磷酸酶 [g/（kg·d）]	多酚 氧化酶 （ml/g）	Hg （mg/kg）	Cd （mg/kg）	Cr （mg/kg）	Pb （mg/kg）
对照	1.01 bB	0.88 bB	0.66 bB	2.42 bB	0.84 cC	0.18 cC	0.61 bB	0.30 dB	0.36 bB	22.53 bB	7.32 bB
传统化肥	1.04 bB	0.89 bB	0.68 bB	2.44 bB	0.98 bB	0.23 bB	0.63 bB	0.37 aA	0.52 aA	26.81 aA	8.99 aA
有机环保型土壤改良剂	2.26 aA	1.20 aA	0.83 aA	3.94 aA	1.43 aA	0.31 aA	1.01 aA	0.31 aA	0.37 bB	22.59 bB	7.37 bB

（6）对农艺性状的影响。连续定点试验 2 年后，由 2019 年 9 月 30 日玉米收获时测定结果（表 12-59）可知，不同处理杂交玉米农艺性状及经济性状和产量变化顺序与有机质和速效养分变化顺序一致。施用有机环保型土壤改良剂与传统化肥比较，玉米株高、茎粗、地上部分干重和根系干重分别增加 3.59%、2.92%、1.25% 和 2.58%，差异不显著（$P>0.05$）；与对照比较，株高、茎粗、地上部分干重和根系干重分别增加 17.44%、32.63%、44.56% 和 56.37%，差异极显著（$P<0.01$）。施用传统化肥与对照比较，株高、茎粗、地上部分干重和根系干重分别增加 13.37%、28.87%、42.78% 和 52.43%，差异极显著（$P<0.01$）。

（7）对经济性状和产量的影响。从表 12-59 可知，施用有机环保型土壤改良剂与传统化肥比较，穗粒重和产量分别增加 8.20% 和 7.15%，差异显著（$P<0.05$），穗粒数和百粒重分别增加 2.28% 和 4.83%，差异不显著（$P>0.05$），与对照比较，穗粒数、穗粒重、百粒重和产量分别增加 16.41%、28.87%、11.77% 和 30.12%，差异极显著（$P<0.01$）。施用传统化肥与对照比较，穗粒数、穗粒重、百粒重和产量分别增加 13.82%、19.10%、6.62% 和 21.43%，差异极显著（$P<0.01$）。

表 12-59　有机环保型土壤改良剂与传统化肥对比对杂交玉米
农艺性状及经济性状和产量的影响

试验处理	株高 （cm）	茎粗 （mm）	地上部分 干重 （g/株）	根系干重 （g/株）	穗粒数 （粒/穗）	穗粒重 （g/穗）	百粒重 （g）	产量 （t/hm²）
对照	1.72 bB	15.17 bB	183.62 bB	38.62 bB	205.13 bB	57.53 cB	27.78 bB	5.18 cB
传统化肥	1.95 aA	19.55 aA	262.17 aA	58.87 aA	233.47 aA	68.52 bA	29.62 aA	6.29 bA
有机环保型 土壤改良剂	2.02 aA	20.12 aA	265.45 aA	60.39 aA	238.80 aA	74.14 aA	31.05 aA	6.74 aA

（8）对经济效益的影响。由表 12-60 可知，不同处理杂交玉米增产值、施肥利润由大到小的变化顺序依次为：有机环保型土壤改良剂>传统化肥。施用有机环保型土壤改良剂增产值、施肥利润和投资效率分别为 1.87 万元/hm²、1.16 万元/hm² 和 1.63，与传统化肥比较，分别增加 40.60%、96.61% 和 103.75%。

表 12-60　有机环保型土壤改良剂和传统化肥对比对杂交玉米经济效益的影响

试验处理	产量 （t/hm²）	增产量 （t/hm²）	增产值 （万元/hm²）	投入成本 （万元/hm²）	施肥利润 （万元/hm²）	投资效率
对照	5.18 cB	/	/	/	/	/
传统化肥	6.29 bA	1.11	1.33	0.74	0.59	0.80

（续表）

试验处理	产量 （t/hm²）	增产量 （t/hm²）	增产值 （万元/hm²）	投入成本 （万元/hm²）	施肥利润 （万元/hm²）	投资效率
有机环保型 土壤改良剂	6.74 aA	1.56	1.87	0.71	1.16	1.63

（三）问题讨论与结论

荒漠化土壤施用有机环保型土壤改良剂后，容重降低，总孔隙度增大，原因是有机环保型土壤改良剂含有丰富的有机质，施用有机环保型土壤改良剂后使板结的土壤疏松了，因而增大了孔隙度，降低了容重。施用有机环保型土壤改良剂后，荒漠化土壤团聚体有所增加，原因一是有机环保型土壤改良剂中的聚乙烯醇是一种胶结物质，可以把小土粒粘在一起，形成较稳定的团粒；二是有机环保型土壤改良剂中的有机质在土壤微生物的作用下合成了土壤腐殖质，腐殖质中的酚羟基、羧基、甲氧基、羰基、羟基、醌基等功能团解离后带负电荷，吸附了荒漠化土壤中的胶结物质 Ca^{2+}，有利于土壤团聚体的形成。随着有机环保型土壤改良剂施用量梯度的增加，荒漠化土壤持水量在增加，分析这一结果产生的原因是有机环保型土壤改良剂中的土壤保水剂是一类高分子土壤保水剂，吸水倍率很大，在提高土壤持水性能方面具有重要的作用。施用有机环保型土壤改良剂后荒漠化土壤有机质在增加，原因是有机环保型土壤改良剂含有丰富的有机质，因而提高了土壤有机质含量。随着有机环保型土壤改良剂施用量梯度的增加，荒漠化土壤碱解氮、有效磷、速效钾在增加，原因是有机环保型土壤改良剂含有氮磷钾，因而提高了荒漠化土壤速效养分含量。pH 值是土壤重要的化学指标，施用有机环保型土壤改良剂后，荒漠化土壤 pH 值在下降，其原因是有机环保型土壤改良剂中的糠醛渣是一种酸性废弃物，因而降低了土壤酸碱度。施用有机环保型土壤改良剂后，荒漠化土壤微生物和酶活性有所增加，原因是有机环保型土壤改良剂含有丰富的有机质和氮磷钾锌钼元素，为微生物的生长发育提供了有机质及氮磷钾和微量元素，促进了微生物的繁殖和生长发育，提高了土壤酶的活性。施用有机环保型土壤改良剂与传统化肥比较，重金属离子有所降低，施用传统化肥与不施肥比较，重金属离子有所增加，这与长期施用化学肥料有关，林葆研究也认为，土壤中重金属离子富集与施用化学肥料有关，长期施用磷肥土壤 Cd 含量偏高，可能影响土壤的环境质量。

研究结果表明，将土壤调控剂、土壤保水剂、土壤营养剂、土壤结构改良剂风干质量比按 0.9288 : 0.0012 : 0.0681 : 0.0019 混合，合成的有机环保型土壤改良剂改土培肥效果比较明显，有机环保型土壤改良剂施用量与荒漠化土壤理化性质、持水量、有机质、速效氮磷钾、杂交玉米农艺性状、经济性状和产量呈显著的正相关关系，与容重、pH 值呈显著的负相关关系，经回归统计分析，有机环保型土壤改良剂经济效益最佳施用量为 24.22t/hm²，杂交玉米理论产量为 6.76t/hm²。施用有机环保型土壤改良剂与传统化肥比较，荒漠化土壤容重和 pH 值变化顺序依次为：对照>传统化肥>有机环保型土壤改良剂；重金属离子变化顺序依次为：传统化肥>有机环保型土壤改良剂>对照；孔隙度、团聚体、持水量、有机质、速效氮磷钾、微生物、酶活性、玉米性状、经济性状和产量变化顺序依次为：有机环保型土壤改良剂>传统化肥>对照。在甘肃河西走廊的荒漠化土壤施用有机环保型土壤改良剂，有效地改善了土壤理化性质和生物学性质，提高了酶活性和杂交玉米的经济效益。

二、多功能改土营养剂对制种玉米经济性状与效益的影响

张掖内陆灌区拥有得天独厚的自然条件和区位优势，吸引了国内外一大批种业集团，建立了玉米制种生产基地 5.33×10⁴hm²，种子产业已发展为河西内陆灌区农民增收，农业增效的重要支柱产业之一。目前存在的问题是制种玉米种植面积大，连作年限长，有机肥投入量不足，化肥超量施用，土壤板结，贮水功能削弱；市场上流通的改土剂只具备改土功能，不具备营养功效。因此，研究和开发集营养、改土为一体的有机营养改土剂成为改土剂研发的关键所在，本文针对制种玉米生产上存在的上述问题，采用作物营养科学施肥理论和改土培肥理论，将土壤结构改良剂聚乙烯醇，与农业固体废弃物糠醛渣、矿质元素按比例组合配制成有机营养改土剂，利用农业废弃物腐殖质的功能团吸附土壤养分，聚乙烯醇与土壤颗粒粘合形成团粒结构，将有机废弃物的长效、矿质元素的速效、聚乙烯醇的改土作用融为一体，达到供给作物营养、改善土壤结构的目的。

（一）材料与方法

1. 试验材料

试验于 2017 年在甘肃省张掖市临泽县沙河镇兰家堡村八社连作 15 年的制种玉米田上进行，东经 99°51′~100°30′，北纬 38°57′~39°42′，年降水量 118.4mm，年蒸发量 1 830.5mm，年平均气温 7.70℃，全年日照时数 3 053h，海拔高度 1 430m，土壤类型是灰灌漠土，耕层 0~20cm 土壤有机质含量 13.45g/kg，碱解氮86.24mg/kg，有效磷 9.10mg/kg，速效钾 158.48mg/kg，pH 值为 7.76，土壤质地为轻壤质土，前茬作物是制种玉米。

参试材料：糠醛渣，由临泽县汇隆化工有限责任公司提供，粒径 2~3mm，容重 0.35~0.42g/cm³，碳 64%，硫 1.08%，多缩戊糖 2.05%，腐殖酸 11.63%，纤维素 35.84%，木质素 37.88%，灰分 6.9%，粗蛋白 3.0%，有机质 76.58%，全氮0.54%，全磷 0.23%，全钾 0.38%，有效硼 1.50mg/kg，有效锰 9.80mg/kg，有效锌 1.24mg/kg，有效铁 14.20mg/kg，醋酸（$C_2H_4O_2$）3.34%，硫酸 3.27%，水分

22.50%，pH 值为 2.1；尿素，含 N 46%；磷酸二氢铵，含 N 18%、P_2O_5 46%；硫酸锌，含 Zn 23%；聚乙烯醇（$[C_2H_4O]_n$），白色絮状，张掖市甘州区南环路饮马桥建材门市部出售；改土剂，河西学院土壤肥料实验室合成，粒径 1mm 的糠醛渣、尿素、磷酸二氢铵、硫酸锌、聚乙烯醇质量比为 409：308：246：15：22，聚乙烯醇用 80℃ 的热水稀释 20 倍，与糠醛渣、尿素、磷酸二氢铵、硫酸锌混合搅拌均匀，置于阴凉干燥处风干，过 1mm 筛备用，含有机质 31.15%、N 18.57%、P_2O_5 11.31%、Zn 0.28%，吸水倍率为 245g/g。参试玉米品种为丰玉 4 号。

2. 试验方法

（1）试验处理。在纯 N、P_2O_5 投入量相等的条件下（纯 N 319kg/hm²，纯 P_2O_5 为 194kg/hm²），试验共设计 5 个处理，处理 1，CK（不施肥）；处理 2，25% 改土剂+75% 化肥；处理 3，50% 改土剂+50% 化肥；处理 4，100% 化肥；处理 5，100% 改土剂。各处理施肥量见表 12-61，试验小区面积 26.40m²（6.6m×4m），每个处理重复 3 次，随机区组排列。

表 12-61　不同处理的施肥量

试验处理	改土剂（t/hm²）	尿素（t/hm²）	磷酸二氢铵（t/hm²）
CK（不施肥）	0.00	0.00	0.00
25%改土剂+75%化肥	0.43	0.40	0.31
50%改土剂+50%化肥	0.86	0.27	0.21
100%化肥	0.00	0.53	0.42
100%改土剂	1.72	0.00	0.00

（2）种植方法。试验小区四周筑埂，埂宽 50cm，埂高 30cm。磷酸二氢铵、改土剂全部做底肥施入耕作层，尿素 40% 做底肥施入耕作层，40% 在玉米拔节期结合灌水追施，20% 在玉米抽雄期结合灌水追施。2017 年 4 月 28 日播种，母本定植株距为 20cm、行距为 50cm，公顷保苗数为 9.45 万株，父本以满天星配置。

（3）测定项目与方法。玉米出苗后第 50 天测定株高、茎粗、生长速度、地上部分鲜重、地上部分干重。玉米收获时每个小区随机采 30 个果穗室内测定穗粒数、穗粒重、百粒重。每个试验小区单独收获，将小区产量折合成公顷产量进行统计分析。玉米茎粗采用游标卡尺测定，地上部分干重采用 105℃ 烘箱杀青 30min，80℃ 烘干至恒重。肥料投资效率=施肥利润/施肥成本；肥料贡献率（%）=（施肥区产量-无肥区产量）/施肥区产量×100。

（4）数据统计方法。采用多重比较，LSR 检验。

（二）结果与分析

1. 不同处理对玉米幼苗生长发育的影响

玉米出苗后第 50 天测定结果可以看出，玉米株高最大的是 50%改土剂+50%化肥，平均值为 80.50cm，最小的为 CK，平均值为 72.40cm，50%改土剂+50%化肥与 25%改土剂+75%化肥、100%化肥、100%改土剂、CK 比较，玉米株高分别增加了 2.63cm、4.26cm、6.20cm、8.10cm。玉米茎粗最大的是 50%改土剂+50%化肥，平均值为 2.83cm，最小的为 CK，平均值为 2.60cm，50%改土剂+50%化肥与 25%改土剂+75%化肥、100%化肥、100%改土剂、CK 比较，玉米茎粗分别增加了 0.09cm、0.19cm、0.22cm、0.23cm。玉米生长速度最大的是 50%改土剂+50%化肥，平均值为 16.10mm/天，最小的为 CK，平均值为 14.48mm/天，50%改土剂+50%化肥与 25%改土剂+75%化肥、100%化肥、100%改土剂、CK 比较，玉米生长速度分别增加了 0.53mm/天、0.85mm/天、1.24mm/天、1.62mm/天。玉米地上部分干重最大的是 50%改土剂+50%化肥，平均值为 77.31g，最小的为 CK，平均值为 57.09g，50%改土剂+50%化肥与 25%改土剂+75%化肥、100%化肥、100%改土剂、CK 比较，玉米地上部分干重分别增加了 0.86g、3.34g、7.93g、20.22g。处理间差异显著性，经 LSR 检验达到显著和极显著水平（表 12-62）。

表 12-62　不同处理对玉米幼苗生长发育的影响

试验处理	株高 （cm）	生长速度 （mm/天）	茎粗 （cm）	地上部分鲜重 （g/株）	地上部分干重 （g/株）
不施肥（CK）	72.40 dD	14.48 cC	2.60 cA	163.12 cC	57.09 cC
25%改土剂+75%化肥	77.87 bB	15.57 bB	2.74 bA	218.42 aA	76.45 aA
50%改土剂+50%化肥	80.50 aA	16.10 aA	2.83 aA	220.90 aA	77.31 aA
100%化肥	76.24 bB	15.25 bB	2.64 cA	211.34 aA	73.97 aA
100%改土剂	74.30 cC	14.86 cC	2.61 cA	198.23 bB	69.38 bB

2. 不同处理对玉米经济性状和产量的影响

2017 年 9 月 29 日制种玉米收获后室内考种资料看出，玉米经济性状变化的顺序为 50%改土剂+50%化肥＞25%改土剂+75%化肥＞100%化肥＞100%改土剂＞CK。其中 50%改土剂+50%化肥，穗粒数、穗粒重、百粒重分别为 258.69 粒、72.59g、28.06g，与 25%改土剂+75%化肥比较，分别增加 2.73 粒、1.46g、0.27g；与100%化肥比较，分别增加 4.42 粒、3.55g、1.12g；与 100%改土剂比较，分别增加 7.38 粒、4.63g、1.65g；与 CK 比较，分别增加 35.55 粒、18.66g、6.64g。每个试验小区单独收获，将小区产量折合成公顷产量进行统计分析可以看出，玉米产量

张掖灌区农作物科学施肥理论与实践

最高的是 50%改土剂+50%化肥，平均值为 6 859.96kg/hm²，最低的为 CK，平均值为 5 096.39kg/hm²，50%改土剂+50%化肥与 25%改土剂+75%化肥、100%化肥、100%改土剂、CK 比较，分别增产 138.18kg/hm²、335.68kg/hm²、437.74kg/hm²、1 763.57kg/hm²，增产率分别为 2.06%、5.15%、6.82%和 34.60%。分析其原因，一是改土剂含有大量元素和微量元素，经分解后可以平衡地供给玉米生长所需的各种养分；二是改土剂施入土壤后，有机物质经分解合成，形成腐殖质，使土壤形成稳定的团粒结构，改善了土壤的物理性质，协调了土壤水、肥、气、热，提高了土壤的供肥能力，因而提高了玉米产量。处理间的差异显著性，经 LSR 检验达到显著和极显著水平（表 12-63）。

表 12-63　不同处理对玉米经济性状和增产效果的影响

试验处理	穗粒数（粒）	穗粒重（g）	百粒重（g）	产量（kg/hm²）	增产率（%）
不施肥（CK）	223.14 cC	53.93 dC	21.42 cC	5 096.39 eC	/
25%改土剂+75%化肥	255.96 aA	71.13 aA	27.79 aA	6 721.78 bA	31.89
50%改土剂+50%化肥	258.69 aA	72.59 aA	28.06 aA	6 859.96 aA	34.60
100%化肥	254.27 bB	69.04 bB	26.94 bB	6 524.28 cB	28.02
100%改土剂	251.31 bB	67.96 cB	26.41 bB	6 422.22 dB	26.01

3. 不同处理对玉米经济效益的影响

改土剂与化肥配合施用，减少了化肥施用量，节约了能源，降低了施肥成本，提高了施肥利润，达到了节本增效的目的。从表 12-64 可以看出，50%改土剂+50%化肥，与 100%化肥比较，施肥利润增加了 851.46 元/hm²，肥料投资效率增加了 0.19。肥料贡献率变化顺序是 50%改土剂+50%化肥>25%改土剂+75%化肥>100%化肥>100%改土剂。由此可见，制种玉米"50%改土剂+50%化肥"配合施肥经济效益比单施化肥好。

表 12-64　不同处理对玉米经济效益的影响

试验处理	产量（kg/hm²）	增产量（kg/亩）	增产值（元/亩）	施肥成本（元/亩）	施肥利润（元/亩）	肥料投资效率	肥料贡献率（%）
不施肥（CK）	5 096.39 eC	/	/	0.00	/	/	/
25%改土剂+75%化肥	6 721.78 bA	1 625.39	5 688.87	2 775.71	2 913.16	1.05	24.18
50%改土剂+50%化肥	6 859.96 aA	1 763.57	6 172.50	2 957.42	3 215.08	1.08	25.71
100%化肥	6 524.28 cB	1 427.89	4 997.62	2 634.00	2 363.62	0.89	21.89

（续表）

试验处理	产量 （kg/hm²）	增产量 （kg/亩）	增产值 （元/亩）	施肥成本 （元/亩）	施肥利润 （元/亩）	肥料投资 效率	肥料贡献率 （%）
100%改土剂	6 422.22 dB	1 325.83	4 640.41	3 262.84	1 377.57	0.42	20.64

注：参试材料价格分别为：制种玉米 3 500元/t，糠醛渣 30 元/t，尿素 1 800元/t，磷酸二氢铵 4 000元/t，硫酸锌 4 000元/t，聚乙烯醇 13 000元/t，改土剂 1 897元/t。

（三）问题讨论

田间试验结果表明，制种玉米生长发育、经济性状、产量、经济效益、肥料投资效率和肥料贡献率变化顺序均为 50%改土剂+50%化肥>25%改土剂+75%化肥>100%化肥>100%改土剂。初步认为，在纯养分投入量相等的条件下，利用 25%～50%改土剂替代 25%～50%化肥后，可以达到改土培肥的目的。

三、土壤改良剂对制种玉米田物理性质和玉米效益影响的研究

张掖内陆灌区水资源丰富，光照时间长，昼夜温差大，气候干燥，天然隔离条件好，是玉米种子制种和贮藏的理想场所。近年来，以美国孟山都、先锋、先正达、迪卡种业，我国登海种业、隆平高科、敦煌种业、北京德农、中国种业、丰乐种业为代表的玉米制种公司，在张掖内陆灌区建立杂交玉米制种基地 10 万 hm²，产种量达 6.5 亿 kg，面积和产量居全国首位。在制种玉米产业发展过程中日益凸显的问题是：玉米种植面积大，连作年限长；有机肥料投入量不足，长期大量施用化肥，土壤胶体上吸附的钙离子被铵离子置换，土壤团粒结构遭到破坏，土壤板结，贮水性能降低。因此，研究和开发制种玉米田土壤改良剂成为本文的关键所在。本文以甘肃省河西内陆灌区制种玉米生产过程中存在的问题为切入点，应用改土培肥理论，选择土壤结构改良剂——聚乙烯醇、豆粕有机肥、活性有机肥、土壤活化剂、柠檬酸、保水剂为原料，在室内合成土壤改良剂，进行田间验证试验，以便对土壤改良剂的改土效果做出确切的评价。

（一）材料与方法

1. 试验材料

（1）试验地概况。试验 2019 年在甘肃省张掖市甘州区沙井镇五个墩村连续种植制种玉米的基地上进行，试验地海拔 1 484m，年均温度 8.20℃，年均降水量 125.1mm，年均蒸发量 1 900mm，无霜期 148 天，土壤类型是耕灌灰棕漠土，0～20cm 耕作层有机质含量 18.41g/kg，碱解氮 67.26mg/kg，有效磷 9.43mg/kg，速效钾 151.29mg/kg，pH 值 8.31，土壤容重 1.56g/cm³，总孔隙度 41.13%，团聚体

35.58%，饱和持水量 822.60t/hm²，土壤质地为壤质土，前茬作物是制种玉米。

（2）试验材料。活性有机肥，含有机质 76%，全氮 0.61%，全磷 0.36%，全钾 1.18%；豆粕有机肥，含有机质>30%，N+P₂O₅+K₂O>4%，潍坊科技学院农业化学研究所产品；土壤活化剂，有效活菌数≥10 亿个/g，河北德强生物科技有限公司产品；聚乙烯醇，粒径 0.05~2mm，甘肃兰维新材料有限公司产品；柠檬酸，粒径 1~2mm，山东潍坊英轩实业有限公司产品；保水剂，吸水倍率 645g/g，粒径 1~2mm，甘肃民乐县福民精细化工有限责任公司生产；参试玉米品系为敦玉 328，由甘肃省敦煌种业股份有限公司提供种子。

2. 试验方法

（1）试验方法。

土壤改良剂合成：豆粕有机肥、活性有机肥、土壤活化剂、聚乙烯醇、柠檬酸、保水剂风干重量比按 59.37∶31.25∶3.75∶2.50∶1.88∶1.25 混合，得到土壤改良剂，含有机质 41.56%。

试验处理：土壤改良剂施用量梯度设计为 0t/hm²、0.60t/hm²、1.20t/hm²、1.80t/hm²、2.40t/hm²、3.00t/hm²6 个处理，以处理 1 为对照（CK），每个处理重复 3 次，随机区组排列。

（2）种植方法。试验小区面积为 32m²（8m×4m），试验小区四周筑埂，埂宽 30cm，埂高 35cm，土壤改良剂在玉米播种前施入 0~20cm 耕作层做肥底，在播种前将尿素 0.15t/hm²，磷酸二铵 0.45t/hm²做底肥施入 0~20cm 土层，播种时间分别为 2019 年的 4 月 24 日，播种深度为 4~5cm，株距为 22cm，行距为 50cm，父母本行比为 1∶6，先播全部母本，父本采用"行比+满天星"方式配置，母本播后 5 天，播种第一期父本及满天星，10 天后播种第二期父本。在玉米拔节期、大喇叭口期和开花期结合灌水分别追施尿素 0.30t/hm²，追肥方法为穴施，在玉米拔节期、大喇叭口期、开花期、灌浆期、乳熟期各灌水 1 次，每个小区灌水量相等，田间管理措施与大田制种玉米相同。

（3）测定指标。2019 年 6 月 30 日玉米出苗 60 天后测定玉米植物学性状。2019 年 10 月 10 日玉米收获时在试验小区内随机采 30 个果穗，晾晒 45 天后测定玉米经济性状。每个试验小区单独收获，将小区产量折合成公顷产量进行统计分析。玉米收获后分别在试验小区内按对角线布点，采集耕层（0~20cm）土样 5kg，用四分法带回 1kg 混合土样风干 15 天测定理化性质；土壤容重、团粒结构用环刀取原状土，不需要风干。

（4）测定方法。株高采用钢卷尺测量法；茎粗采用游标卡尺测量法；地上部分干重和根系干重采用 105℃烘箱杀青 30min，80℃烘干至恒重；土壤容重采用环刀法；孔隙度采用计算法；团粒结构采用干筛法；有机质采用重铬酸钾法；碱解氮采用扩散法；有效磷采用碳酸氢钠浸提—钼锑抗比色法；速效钾采用火焰光度计法；饱和蓄水量按公式（饱和蓄水量=面积×总孔隙度×土层深度）求得；毛管蓄水量按公式（毛管蓄水量＝面积×毛管孔隙度×土层深度）求得；非毛管蓄水量按公式（非毛管蓄水量＝面积×非毛管孔隙度×土层深度）求得。

（5）经济效益分析方法。边际产量按公式（边际产量＝后一个处理产量−前一个处理产量）求得；边际产值按公式（边际产值＝边际产量×产品价格）求得；边际施用量按公式（边际施用量＝后一个处理施用量−前一个处理施用量）求得；边际成本按公式（边际成本＝边际施用量×肥料价格）求得；边际利润按公式（边际利润＝边际产值−边际成本）求得。

（6）数据处理方法。植物学性状、经济性状和产量采用多重比较，LSR 检验。依据最佳施用量计算公式 $x_0 = [(p_x/p_y) - b]/2c$ 求得土壤改良剂最佳施用量（x_0）。

（二）结果分析

1. 土壤改良剂对土壤物理性质的影响

2019 年 10 月 10 日玉米收获后测定结果（表 12-65）可以看出，土壤改良剂施用量与土壤容重之间呈负相关关系，相关系数为−0.9837；与土壤总孔隙度、团聚体和饱和持水量之间呈正相关关系，相关系数分别为 0.9838、0.9700 和 0.9838。土壤容重最小的是土壤改良剂施用量 3.60t/hm² 时，平均为 1.29g/cm³；土壤容重最大的是对照，平均为 1.56g/cm³；土壤改良剂施用量 3.60t/hm²，与对照比较，土壤容重减低了 17.31%，差异显著（$P < 0.05$）。土壤改良剂施用量 3.60t/hm²，土壤总孔隙度、>0.25mm 团聚体和饱和持水量最大，平均为 51.32%、39.92% 和 1 026.40t/hm²，与对照比较，土壤总孔隙度、>0.25mm 团聚体和饱和持水量分别增加了 24.78%、12.20% 和 24.78%，差异极显著（$P < 0.01$）。

表 12-65　土壤改良剂对土壤物理性质的影响

土壤改良剂施用量 （t/hm²）	容重 （g/cm³）	总孔隙度 （%）	>0.25mm 团聚体 （%）	饱和持水量 （t/hm²）
0（CK）	1.56 aA	41.13 cC	35.58 dB	822.60 cB
0.60	1.47 bA	44.52 bB	35.70 dB	890.40 cA
1.20	1.44 bA	45.66 bB	35.90 dB	913.20 bA
1.80	1.42 bA	46.41 bB	37.47 cA	928.20 bA
2.40	1.35 cA	49.06 aA	38.17 bA	981.20 bA
3.00	1.32 cA	50.19 aA	39.65 aA	1 003.80 aA
3.60	1.29 cA	51.32 aA	39.92 aA	1 026.40 aA

2. 土壤改良剂对玉米幼苗植物学性状的影响

2019 年 6 月 30 日玉米出苗 60 天后测定结果（表 12-66）可知，土壤改良剂施用量与玉米幼苗株高、茎粗、生长速度、地上部分鲜重和地上部分干重呈正相关关系，其回归方程分别为 $y=52.6164+12.7155x$、$y=11.9679+3.0798x$、$y=11.7021+2.8131x$、$y=34.2071+65.6048x$ 和 $y=11.9736+22.9607x$，相关系数分别为 0.9720、0.9750、0.9731、0.9866 和 0.9866。土壤改良剂施用量 3.60t/hm² 时，与对照（CK）比较，玉米幼苗株高、茎粗、生长速度、地上部分鲜重和地上部分干重分别增加了 27.62cm、6.62mm、4.60mm/天、75.27g/株和 26.35g/株，差异极显著（$P<0.01$）。

表 12-66　土壤改良剂对玉米幼苗植物学性状的影响

土壤改良剂施用量 （t/hm²）	株高 （cm）	茎粗 （mm）	生长速度 （mm/天）	地上部分鲜重 （g/株）	地上部分干重 （g/株）
0（CK）	67.50 dD	15.44 eE	11.25 bB	189.05 dD	66.16 eC
0.60	77.32 cC	16.22 dD	12.88 bB	201.52 cC	70.53 dB
1.20	79.11 bB	18.14 cC	13.19 bB	216.36 dB	75.73 cB
1.80	80.50 bB	18.28 cC	13.42 bB	238.27 bA	83.39 bA
2.40	82.45 bB	20.42 bB	13.74 bB	242.35 bA	84.83 bA
3.00	94.53 aA	22.02 aA	15.76 aA	250.20 aA	87.57 bA
3.60	95.12 aA	22.06 aA	15.85 aA	264.32 aA	92.51 aA

3. 土壤改良剂对玉米经济性状和产量的影响

（1）对玉米穗粒数的影响。2019 年 10 月 10 日玉米收获后测定结果可以看出，随着土壤改良剂施用量的增加，玉米穗粒数在增加，土壤改良剂施用量 3.60t/hm² 时，与对照比较，玉米穗粒数增加了 19.55%，差异显著（$P<0.05$）。将土壤改良剂施用量与玉米穗粒数进行线性回归分析，得到的回归方程为：$y=70.9407+7.6607x$，相关系数（R）为 0.9487，说明土壤改良剂施用量与玉米穗粒数之间呈显著的正相关关系（表 12-67）。

（2）对玉米穗粒重的影响。从表 12-67 看出，随着土壤改良剂施用量的增加，玉米穗粒重在增加，土壤改良剂施用量 3.60t/hm² 时，与对照比较，玉米穗粒重增加了 42.99%，差异极显著（$P<0.01$）。将土壤改良剂施用量与玉米穗粒重进行线性回归分析，得到的回归方程为：$y=270.25+15.1786x$，相关系数（R）为 0.9721，说明土壤改良剂施用量与玉米穗粒重之间呈显著的正相关关系。

（3）对玉米百粒重的影响。从表 12-67 看出，随着土壤改良剂施用量的增加，玉米百粒重在增加，土壤改良剂施用量 3.60t/hm² 时，与对照比较，玉米百粒重增加了 20.37%，差异极显著（$P<0.01$）。将土壤改良剂施用量与玉米百粒重进行线性回归分析，得到的回归方程为：$y = 26.2364 + 1.2060x$，相关系数（R）为 0.8784，说明土壤改良剂施用量与玉米百粒重之间呈显著的正相关关系。

（4）对玉米产量的影响。从表 12-67 看出，随着土壤改良剂施用量的增加，玉米产量在增加，土壤改良剂施用量 3.60t/hm² 时，与对照比较，玉米产量增加了 41.75%，差异极显著（$P<0.01$）。将土壤改良剂施用量与玉米产量进行线性回归分析，得到的回归方程为：$y = 6\ 225.4725+702.3232x$，相关系数（$R$）为 0.9814，说明土壤改良剂施用量与玉米产量之间呈显著的正相关关系。

表 12-67 土壤改良剂对玉米经济性状和增产效果的影响

土壤改良剂施用量 （t/hm²）	穗粒数 （粒）	穗粒重 （g）	百粒重 （g）	产量 （kg/hm²）	增产量 （kg/hm²）	增产率 （%）
0（CK）	266 eA	65.94 fD	24.79 bB	5 994.61 fB	/	/
0.60	279 dA	76.78 eC	27.52 aA	6 654.02 eA	659.41	11.00
1.20	288 cA	82.43 dB	28.62 aA	7 187.05 dA	1 192.44	19.89
1.80	303 bA	88.23 cA	29.12 aA	7 669.44 cA	1 674.83	27.94
2.40	313 aA	91.24 bA	29.15 aA	8 064.47 bA	2 069.86	34.53
3.00	316 aA	94.20 aA	29.81 aA	8 360.49 aA	2 365.88	39.47
3.60	318 aA	94.29 aA	29.84 aA	8 497.50 aA	2 502.89	41.75

4. 土壤改良剂对制种玉米经济效益的影响

从表 12-68 看出，随着土壤改良剂施用量的增加，玉米边际产量由最初的 659.41kg/hm²，递减到 137.01kg/hm²。边际利润由 1 894.12 元/hm²，递减到 -717.88 元/hm²，土壤改良剂施用量在 3.00t/hm² 的基础上，再增加 0.60t/hm²，边际利润出现负值，由此可见，土壤改良剂施用量 3.00t/hm² 时，玉米增经济效益较好。

5. 土壤改良剂最大利润施用量确定

将表 12-68 土壤改良剂不同施用量与玉米产量间的关系采用一元二次回归方程 $y=a+bx-cx^2$ 拟合，得到的回归方程是

$$y=5\ 994.61+1.066x-0.0001x^2 \tag{12-12}$$

对回归方程进行显著性测验，$F=23.56^{**}$，$>F_{0.01}=19.87$，$R=0.9897^{**}$，说明回归方程拟合良好。土壤改良剂价格（p_x）为 2.34 元/kg，玉米市场价格（p_y）为 5.00 元/kg，将（p_x）、（p_y）、回归方程的 b 和 c，代入经济效益最佳施用量计算公式（x_0）= ［（p_x/p_y）-b］/2c，求得土壤改良剂最大利润施用量（x_0）为 2 980kg/hm²，将 x_0 代入式（12-12），可求得玉米的最大理论产量（y）为

张掖灌区农作物科学施肥理论与实践

$8\ 283.25kg/hm^2$，回归分析结果与田间试验处理 6 基本吻合。

表 12-68　土壤改良剂不同施用量对制种玉米增产效应和经济效益的影响

土壤改良剂施用量（t/hm^2）	产量（kg/hm^2）	增产量（kg/hm^2）	边际产量（kg/hm^2）	边际产值（元/hm^2）	边际施用量（t/hm^2）	边际成本（元/hm^2）	边际利润（元/hm^2）
0（CK）	5 994.61	/	/	/	/	/	/
0.60	6 654.02	659.41	659.41	3 297.05	0.60	1 402.93	1 894.12
1.20	7 187.05	1 192.44	533.03	2 665.15	0.60	1 402.93	1 262.22
1.80	7 669.44	1 674.83	482.39	2 411.95	0.60	1 402.93	1 009.02
2.40	8 064.47	2 069.86	395.03	1 975.15	0.60	1 402.93	572.22
3.00	8 360.49	2 365.88	296.02	1 480.10	0.60	1 402.93	77.17
3.60	8 497.50	2 502.89	137.01	685.05	0.60	1 402.93	−717.88

注：试验材料单价分别为：豆粕有机肥 1 600 元/t、活性有机肥 120 元/t、土壤活化剂 4 000 元/t、聚乙烯醇 26 000 元/t、柠檬酸 16 000 元/t、保水剂 20 000 元/t、土壤改良剂（豆粕有机肥、活性有机肥、土壤活化剂、聚乙烯醇、柠檬酸、保水剂风干重量比按 59.37：31.25：3.75：2.50：1.88：1.25 混合）2 338.22 元/t。

（三）问题讨论与结论

1. 问题讨论

土壤容重是表征土壤物理性质的一个重要指标。随着土壤改良剂施用量梯度的增加，土壤容重在降低，其原因一是土壤改良剂中的活性有机肥含有丰富的有机质，使土壤疏松，降低了容重；二是土壤改良剂中的聚乙烯醇在土壤中形成团粒结构，使土壤变得疏松，土壤的孔隙增多，容重下降，疏松的土壤有利于土壤中的水、气、热交换，有利于土壤中养分对植物的供应，从而提高了土壤肥力。土壤总孔隙度是表征土壤通气性和透水性的重要指标，随着土壤改良剂施用量梯度的增加，土壤总孔隙度在增大，其原因是土壤改良剂含有丰富的有机质，施用土壤改良剂后，使土壤疏松，增大了土壤总孔隙度。土壤团聚体是表征肥沃土壤的指标之一，团聚体发达的土壤保水肥能力强。施用土壤改良剂可以使分散的土壤颗粒团聚，形成团聚体，随着施用量梯度的增加，土壤团聚体在递增，分析这一结果产生的原因，一是土壤改良剂中的聚乙烯醇是一种胶结物质，使分散的土粒胶结成蜂窝状，形成较稳定的团聚体；二是土壤改良剂中的活性有机肥和豆粕有机肥在土壤微生物的作用下合成了土壤腐殖质，腐殖质中的酚羟基、羧基、甲氧基、羰基、羟基、醌基等功能团解离后带负电荷，吸附了河西内陆盐土中的 Ca^{2+}，促进了土壤团聚体的形成。土壤饱和持水量是评价土壤涵养水源及调节水分循环的重要指标，随着土壤改良剂施用量梯度的增加，土壤饱和持水量在增加，其原因一是土壤改良剂中的保水剂是一类高分子聚合物，这类物质分子结构交联成网络，本身不溶于水，却能在 10min 内吸附超过自身重量 100~1 400 倍的水分，体积大幅度膨胀后形成饱和吸附水球，吸水倍率很大，在提高土壤持水性能方面具有重要的作用；二是土壤改良剂中的豆粕有机肥在土壤微生物的作用下合成了土壤腐殖质，腐殖质的最大吸水量可以超过 500%，因而提高了土壤饱和持水量。

2. 结论

在对土壤改良剂增产效应研究中发现，土壤改良剂与玉米的经济效益并不是一直呈正相关关系，随着土壤改良剂施用量梯度的增加，玉米边际利润在递减，出现了报酬递减律。土壤改良剂施用量在 3.00t/hm^2 的基础上，再继续增加施用量，边际利润出现负值，经回归统计分析，土壤改良剂施用量与玉米产量间的肥料效应回归方程为：$y= 5 994.61+1.066x-0.0001x^2$，经济效益最佳施用量为 2 980kg/hm^2，回归分析结果与田间试验处理 6 基本吻合。

四、功能性改土剂对土壤物理性质和玉米经济效益影响的研究

张掖内陆灌区水资源丰富，光照时间长，昼夜温差大，气候干燥，天然隔离条件好，是玉米种子制种和贮藏的理想场所，近 10 年来，建立了制种玉米生产基地 10 万 hm^2，产种量达 6.5 亿 kg。目前存在的主要问题是：制种玉米种植面积大，连作年限长，氮磷化肥投入量大于有机肥投入量，土壤碱解氮、有效磷含量较高，有效锌和有机质含量低，土壤养分比例失衡，土壤板结，缺素的生理性病害经常发生；蒸发量大，降水量小，制种玉米在开花期经常遇到干旱，使制种玉米不能正常授粉，结实率降低，导致制种玉米产量下降。因此，研究和开发集营养、保水、改土为一体的功能性改土剂成为改土剂研发的关键所在。近年来，有关改土剂研究受到了广泛关注，有关功能性改土剂对土壤物理性质和玉米经济效益的影响还未见文献报道。本文针对上述存在的问题，本文选择玉米专用肥、保水剂、糠醛渣为 3 种原料，采用正交试验方法，确定原料最佳比例，合成功能性改土剂，并进行验证试验，以便对功能性改土剂对土壤物理性质和玉米经济效益的影响做出准确的评价。

（一）材料与方法

1. 田间试验

（1）试验材料。试验于 2018 年在甘肃省张掖市甘州区甘俊镇高家庄村四社连作 20 年的制种玉米田上进行，海拔 1 495m，年均温度 6.80℃，年均降水量 116mm，年均蒸发量 1 900mm，无霜期 160 天。土壤类型是灌漠土，0~20cm 土层含有机质 23.45g/kg，碱解氮 66.43mg/kg，有效磷 8.25mg/kg，速效钾 135.54mg/kg，有效锌 0.42mg/kg，pH 值 8.33，前茬作物是制种玉米，土壤质地为壤质土，土壤容重为

$1.36g/cm^3$，总孔隙度为48.68%。保水剂，吸水倍率645g/g，粒径 1~2mm，甘肃民乐县福民精细化工有限责任公司产品；$CO（NH_2）_2$，含氮46%，甘肃刘家峡化工厂产品；$（NH_4）_2HPO_4$，含氮18%，含磷46%，云南云天化国际化工股份有限公司产品；K_2SO_4，含钾50%，河北省东昊化工有限公司产品；$ZnSO_4 \cdot 7H_2O$，含锌23%，甘肃刘家峡化工厂生产；糠醛渣，含有机质763.60g/kg，全氮5.50g/kg，全磷2.30g/kg，全钾11.80g/kg，pH值为2.1，粒径 2~5mm，临泽县汇隆化工有限责任公司产品；玉米专用肥，依据每形成100kg经济产量玉米对氮磷钾的吸收比例将 $CO（NH_2）_2$、$（NH_4）_2HPO_4$、K_2SO_4、$ZnSO_4 \cdot 7H_2O$ 重量百分比按 44.80：15.20：35.00：5.00 混合，得到玉米专用肥，含 N 26.68%、P_2O_5 7.00%、K_2O 17.50%、Zn 1.15%，价格为 2 929.00元/t；参试玉米品种为郑单958（郑58×昌7-2）。

（2）试验处理。选择A玉米专用肥、B保水剂、C糠醛渣为3个因素，每个因素设计3个水平，选择正交表 $L_9（3^3）$，按表12-69因子与水平编码括号中的数量称取各种原料混合均匀后组成9个试验处理。

表 12-69　$L_9（3^3）$ 正交试验设计表

试验处理	A 玉米专用肥	B 保水剂	C 糠醛渣
$1 = A_1B_3C_2$	1（900）	3（19.98）	2（30 000）
$2 = A_3B_1C_3$	3（2 700）	1（6.66）	3（45 000）
$3 = A_2B_2C_1$	2（1 800）	2（13.32）	1（15 000）
$4 = A_2B_2C_2$	2（1 800）	2（13.32）	2（30 000）
$5 = A_3B_3C_3$	3（2 700）	3（19.98）	3（45 000）
$6 = A_1B_1C_1$	1（900）	1（6.66）	1（15 000）
$7 = A_3B_1C_2$	3（2 700）	1（6.66）	2（30 000）
$8 = A_1B_2C_3$	1（900）	2（13.32）	3（45 000）
$9 = A_2B_3C_1$	2（1 800）	3（19.98）	1（15 000）

注：括号内数据为施用量（kg/hm²），括号外数据为正交试验编码值。

（3）试验方法。试验小区面积为24m²（6m×4m），每个小区四周筑埂，埂宽40cm、埂高30cm，2019年4月22日播种母本，过8天播一期父本，再过5天播剩余1/2父本，播种量为母本60kg/hm²、父本15kg/hm²，母本株距22cm，行距50cm，父本以满天星配置，株距50cm。不同处理改土剂在玉米播种前做底肥施入0~20cm土层；在玉米拔节期、大喇叭口期、开花期、灌浆期、乳熟期各灌水1次，每个小区灌水量相等。玉米收获时，每个小区随机采集30个果穗室内测定经济性状，每个试验小区单独收获，将小区产量折合成公顷产量，计算出因素间效应值（R）和各因素不同水平的 T 值，确定因素间最佳组合，组成功能性改土剂配方。

2. 盆栽试验

（1）试验材料。参试土壤类型与田间试验相同。改性糠醛渣，在 10kg 糠醛渣中加入石灰粉 800g，使糠醛渣的 pH 值由 2.10，调整为 6.50~7.50，得到改性糠醛渣；功能性改土剂，根据田间试验筛选的配方自己配制，将玉米专用肥、保水剂、改性糠醛渣重量百分比按 10.70∶0.12∶89.18 混合，搅拌均匀，过 5mm 筛，经室内测定含有机质 67.77%、N 2.85%、P_2O_5 0.75%、K_2O 1.87%、Zn 0.12%，吸水倍率 145g/g，pH 值 6.50~7.50，价格为 426.50 元/t。参试玉米品种与田间试验相同。

（2）试验处理。功能性改土剂施用量梯度设计为 0.00t/hm^2、2.50t/hm^2、5.00t/hm^2、7.50t/hm^2、10.00t/hm^2、12.50t/hm^2 6 个处理（折盆栽施用量为 0.00g/kg 土、1.11g/kg 土、2.22g/kg 土、3.33g/kg 土、4.44g/kg 土、5.55g/kg 土），以处理 1 为 CK（对照），每个处理重复 3 次，随机区组排列。

（3）试验方法。试验于 2019 年在河西学院生命科学实验楼顶层阳台上进行，称取过 10mm 筛的风干土 10kg 加入胶木桶内，将胶木桶置于室外，每个处理功能性改土剂在播种前施入 15cm 土层，每桶定量浇水 3 000ml，使土壤自然含水量达到 30%，浇水第 5 天后，于 4 月 20 日浅耕后播种，播种深度 2cm，每桶播种 4 株，在桶上覆盖 1 层地膜，出苗后，去掉地膜间苗，每桶留 3 株，以后根据湿度间隔 5~7 天浇水 1 次，每次定量浇水 3 000ml，使土壤含水量保持在 30%。9 月 28 日玉米收获时测定植物学性状和经济性状，每个盆钵单独收获，将盆钵产量折合成公顷产量进行统计分析。

3. 测定项目与方法

玉米收获后分别在盆钵内用环刀采集耕层（0~20cm）原状土测定土壤物理性质。土壤容重按公式（土壤容重=环刀内湿土质量÷100+自然含水量）求得；土壤总孔隙度按公式［土壤总孔隙度=（土壤比重−土壤容重）/土壤比重×100］求得，土壤毛管孔隙度按公式（土壤毛管孔隙度=自然含水量×土壤容重×100）求得；土壤非毛管孔隙度按公式（土壤非毛管孔隙度=总孔隙度−毛管孔隙度）求得；土壤自然含水量按公式［土壤自然含水量=（湿土重−烘干土重）/烘干土重×1 000］求得；自然含水量采用烘干法；饱和蓄水量按公式（饱和蓄水量=面积×总孔隙度×土层深度）求得；毛管蓄水量按公式（毛管蓄水量=面积×毛管孔隙度×土层深度）求得；非毛管蓄水量按公式（非毛管蓄水量=面积×非毛管孔隙度×土层深度）求得；>0.25mm 团聚体采用干筛法；有机质采用重铬酸钾法；pH 值采用5∶1水土比浸提，用 pH-2F 数字 pH 计测定。玉米秸秆茎粗采用游标卡尺法，玉米秸秆地上部分干重采用 105℃烘箱杀青 30min，80℃烘干至恒重。

4. 数据统计方法

植物学性状、经济性状采用 DPS V13.0 软件分析，差异显著性采用多重比较，LSR 检验。边际产量按公式（边际产量＝后一个处理产量–前一个处理产量）求得；边际产值按公式（边际产值＝边际产量×产品价格）求得；边际施肥量按公式（边际施肥量＝后一个处理施肥量–前一个处理施肥量）求得；边际成本按公式（边际成本＝边际施肥量×产品价格）求得；边际利润按公式（边际利润＝边际产值–边际成本）求得。依据经济效益最佳施用量计算公式 $x_0 = [(p_x/p_y)-b]/2c$ 求得功能性改土剂最佳施用量（x_0）；依据回归方程式 $y = a+bx-cx^2$，求得功能性改土剂最佳施用量时的玉米理论产量（y）。

（二）结果分析

1. 功能性改土剂配方确定

经田间正交试验资料统计分析可以看出，因素间的效应（R）是 A>C>B，说明影响玉米产量因素的大小依次为：玉米专用肥>糠醛渣>保水剂。比较各因素不同水平的 T 值，表现为：$T_{A2}>T_{A3}>T_{A1}$，说明玉米产量随玉米专用肥用量的增大而增加，但玉米专用肥用量超过 1 800kg/hm² 后，玉米产量又随专用肥用量的增大而降低；$T_{B3}>T_{B2}>T_{B1}$，说明随着保水剂施用量的增加，玉米产量也在增加，保水剂适宜用量一般为 19.98kg/hm²；$T_{C1}>T_{C3}$ 和 T_{C2}，说明糠醛渣适宜用量为 15 000kg/hm²；从各因素的 T 值可以看出，因素间最佳组合是：$A_2B_3C_1$（即玉米专用肥（A）1 800kg/hm²，保水剂（B）19.98kg/hm²，糠醛渣（C）15 000kg/hm²，即玉米专用肥、保水剂、糠醛渣重量比为：0.1070：0.0012：0.8918）（表 12-70）。

表 12-70 试验方案及结果分析表

试验处理	A 玉米专用肥	B 保水剂	C 糠醛渣	空列	玉米产量 （t/hm²）
1＝$A_1B_3C_2$	1（900）	1（6.66）	1（1 500）	1	0.82
2＝$A_3B_1C_3$	1	2（13.32）	2（3 000）	2	4.56
3＝$A_2B_2C_1$	1	3（19.98）	3（4 500）	3	4.86
4＝$A_2B_2C_2$	2（1 800）	1	2	3	4.58
5＝$A_3B_3C_3$	2	2	3	1	4.66
6＝$A_1B_1C_1$	2	3	1	2	2.62
7＝$A_3B_1C_2$	3（2 700）	1	3	2	0.21
8＝$A_1B_2C_3$	3	2	1	3	3.13

（续表）

试验处理	A 玉米专用肥	B 保水剂	C 糠醛渣	空列	玉米产量 (t/hm²)
$9 = A_2 B_3 C_1$	3	3	2	1	7.28
K_{1j}	10.24	5.61	6.57	12.76	
K_{2j}	11.86	12.35	16.42	7.39	T = 32.72
K_{3j}	10.62	14.76	9.73	12.57	
K_{1j}^2	104.86	31.47	43.17	162.82	
K_{2j}^2	140.66	152.52	269.92	54.61	
K_{3j}^2	112.78	217.86	94.67	158.01	

2. 功能性改土剂对土壤物理性质的影响

9月28日玉米收获后，分别在盆钵内采集耕层0~20cm土样测定结果可以看出，随着功能性改土剂施用量的增加，土壤总孔隙度、毛管孔隙度、非毛管孔隙度、>0.25mm团聚体在增加，容重在降低。功能性改土剂施用量为12.50t/hm²时，与对照（CK）比较，总孔隙度、毛管孔隙度、非毛管孔隙度、>0.25mm团聚体分别增加6.79%、4.48%、2.31%、11.80%，容重降低0.18g/cm³。处理间的差异显著性，经LSR检验达到显著和极显著水平（表12-71）。

3. 功能性改土剂对土壤pH值和有机质的影响

将表12-71数据回归统计分析可以看出，功能性改土剂施用量与土壤有机质呈线性正相关关系，与土壤pH值呈线性负相关关系，其回归方程分别为 $y = 23.6566 + 0.1000x$ 和 $y = 8.33 - 0.0148x$，相关系数（R）分别为0.9545和-0.9988。功能性改土剂施用量为12.50t/hm²时，与对照（CK）比较，土壤有机质增加了1.30g/kg，pH值降低了0.18个单位。处理间的差异显著性，经LSR检验达到显著和极显著水平。

表12-71　功能性改土剂对土壤理化性质和有机质含量的影响

改土剂施用量 (t/hm²)	容重 (g/cm³)	总孔隙度 (%)	毛管孔隙度 (%)	非毛管孔隙度 (%)	>0.25mm团聚体 (%)	pH值	有机质 (g/kg)
0.00 (CK)	1.36 aA	48.68 fF	27.40 efEF	21.28 cB	22.76 fF	8.33 aA	23.45 fA
2.50	1.32 bB	50.19 deDE	27.68 eDE	22.51 bB	25.29 eE	8.30 bA	24.03 deA
5.00	1.29 cC	51.32 dD	28.57 dD	22.75 bB	27.79 dD	8.26 cA	24.29 cdA
7.50	1.24 dD	53.21 bcBC	30.10 bcBC	23.11 aA	30.57 cC	8.22 dA	24.44 bcA

（续表）

改土剂施用量 （t/hm²）	容重 （g/cm³）	总孔隙度 （%）	毛管孔隙度 （%）	非毛管孔隙度 （%）	>0.25mm团聚体 （%）	pH 值	有机质 （g/kg）
10.00	1.21 eE	54.34 abAB	31.07 abAB	23.27 aA	32.79 bB	8.18 eA	24.73 abA
12.50	1.18 fF	55.47 aA	31.88 aA	23.59 aA	34.56 aA	8.15 fA	24.75 aA

4. 功能性改土剂对土壤蓄水量的影响

将表12-72数据进行回归统计分析可以看出，功能性改土剂施用量与土壤自然含水量、饱和蓄水量、毛管蓄水量、非毛管蓄水量均呈线性正相关关系，其回归方程分别为 $y = 197.5543 + 5.7883x$、$y = 975.0476 + 11.0377x$、$y = 541.2857 + 7.7943x$、$y = 434.7619 + 3.2434x$，相关系数 （R） 分别为 0.9931、0.9973、0.9867、0.9302。功能性改土剂施用量为 12.50t/hm²时，与对照（CK）比较，土壤自然含水量、饱和蓄水量、毛管蓄水量、非毛管蓄水量分别增加了 68.77g/kg、135.80t/hm²、89.60t/hm²和 46.20t/hm²。处理间的差异显著性，经 LSR 检验达到显著和极显著水平。

表 12-72　功能性改土剂对土壤蓄水量的影响

改土剂施用量 （t/hm²）	自然含水量 （g/kg）	饱和蓄水量 （t/hm²）	毛管蓄水量 （t/hm²）	非毛管蓄水量 （t/hm²）
0.00（CK）	201.46 efEF	973.60 fF	548.00 efEF	425.60 cB
2.50	209.68 eE	1 003.80 deDE	553.60 eDE	450.20 bB
5.00	221.46 dD	1 026.40 dD	571.40 dD	455.00 bB
7.50	242.76 cBC	1 064.20 bcBC	602.00 bcBC	462.20 aA
10.00	256.76 bB	1 086.80 abAB	621.40 abAB	465.40 aA
12.50	270.23 aA	1 109.40 aA	637.60 aA	471.80 aA

5. 功能性改土剂对玉米植物学性状的影响

于日玉米收获后测定结果可以看出，功能性改土剂施用量与玉米株高、茎粗、生长速度、地上部分干重均呈线性正相关关系，其回归方程分别为 $y = 178.5942 + 1.3165x$、$y = 27.2571 + 0.1333x$、$y = 12.4833 + 0.0927x$、$y = 206.2528 + 9.0755x$，相关系数 （R） 分别为 0.9826、0.9254、0.9826、0.9948。功能性改土剂施用量 12.50t/hm²时，与对照（CK）比较，玉米株高、茎粗、生长速度、地上部分干重分别增加了 15.22cm/天、1.85mm/天、1.07mm/天和 109.74g/株。处理间的差异显著性，经 LSR 检验达到显著和极显著水平（表 12-73）。

表 12-73　功能性改土剂对玉米植物学性状的影响

改土剂施用量 （t/hm²）	株高 （cm）	茎粗 （mm）	生长速度 （mm/天）	地上部干重 （g/株）
0.00（CK）	179.12 fF	26.91 fF	12.52 efF	206.82 fA
2.50	181.31 deDE	27.71 eE	12.67 beDE	230.41 eB
5.00	183.73 dD	28.29 cdCD	12.85 bD	244.64 dB
7.50	190.30 bcBC	28.39 bcBC	13.31 bcBC	278.49 cA
10.00	192.21 abAB	28.48 abAB	13.44 abAB	300.93 bA
12.50	194.34 aA	28.76 aA	13.59 aA	316.56 aA

6. 功能性改土剂对玉米经济性状和产量的影响

将表 12-74 数据进行回归统计分析可以看出，功能性改土剂施用量与玉米穗粒数、穗粒重、百粒重、产量均呈线性正相关关系，其回归方程分别为 $y = 238.6580 + 6.2821x$、$y = 55.5366 + 3.4088x$、$y = 23.3076 + 0.6473x$、$y = 4443.0328 + 272.6931x$，相关系数（$R$）分别为 0.9099、0.9545、0.9642、0.9549。功能性改土剂施用量 12.50t/hm² 时，与对照（CK）比较，玉米穗粒数、穗粒重、百粒重、产量分别增加了 85.18 粒、42.66g、7.75g 和 3 412.61kg/hm²，但单位（1kg）功能性改土剂的增产量则随着功能性改土剂施肥量的增加而递减。处理间的差异显著性，经 LSR 检验达到显著和极显著水平。

表 12-74　功能性改土剂对玉米经济性状和产量的影响

改土剂 施用量 （t/hm²）	穗粒数 （粒）	穗粒重 （g）	百粒重 （g）	产量 （kg/hm²）	增产量 （kg/hm²）	千克改土剂 增产量 （kg）
0.00（CK）	219.06 fR	49.28 fE	22.49 fE	3 942.59 fF	/	/
2.50	264.79 eE	66.01 eD	24.92 eD	5 280.80 eE	1 338.21	0.54
5.00	283.08 dCD	76.80 dC	27.13 dC	6 144.00 dD	2 201.41	0.44
7.50	294.02 cC	85.63 cB	29.12 bcB	6 850.40 cC	2 907.81	0.39
10.00	302.39 abAB	91.39 bA	30.22 bB	7 311.20 abAB	3 368.61	0.34
12.50	304.24 aA	91.94 aA	30.24 aA	7 355.20 aA	3 412.61	0.27

7. 功能性改土剂对玉米的增产效应和经济效益

采用经济学原理分析可以看出，随着功能性改土剂施用量梯度的增加，玉米边际产量由最初的 1 338.21kg/hm²，递减到 44.00kg/hm²。从经济效益变化来看，随着功能性改土剂施用量梯度的增加，边际利润由最初的 5 892.44元/hm²，递减到 -837.45 元/hm²。功能性改土剂施用量在 10.00t/hm² 的基础上，再增加 2.50t/hm²，边际利润出现了负值。由此可见，功能性改土剂施用量 10.00t/hm²时，玉米的增产效应和经济效益较好（表12-75）。

8. 功能性改土剂经济效益最佳施肥量的确定

将功能性改土剂施用量与玉米产量间的关系应用肥料效应回归方程 $y=a+bx-cx^2$ 进行拟合，得到的回归方程为：

$$y = 3.9426 + 0.5925x - 0.0255x^2 \qquad (12-13)$$

对回归方程进行显著性测验，$F=20.91^{**}$，$>F_{0.01}=17.77$，$R=0.9862^{**}$，说明回归方程拟合良好。功能性改土剂价格（p_x）为 426.50 元/t，玉米价格（p_y）为 5200 元/t，将 p_x、p_y、回归方程的参数 b 和 c，代入经济效益最佳施肥量计算公式 $x_0 = [(p_x/p_y) - b]/2c$，求得功能性改土剂经济效益最佳施肥量（x_0）为 9.99t/hm²，将 x_0代入式（12-13），可求得玉米的理论产量（y）为 7.32t/hm²，回归统计分析结果与试验处理 5 基本吻合（表12-75）。

表 12-75　功能性改土剂对玉米经济效益分析

改土剂施用量（t/hm²）	产量（kg/hm²）	增产量（kg/hm²）	边际产量（kg/hm²）	边际产值（元/hm²）	边际成本（元/hm²）	边际利润（元/hm²）
0.00（CK）	3 942.59 fF	/	/	/	/	/
2.50	5 280.80 eE	1 338.21	1 338.21	6 958.69	1 066.25	5 892.44
5.00	6 144.00 dD	2 201.41	863.20	4 488.64	1 066.25	3 422.39
7.50	6 850.40 cC	2 907.81	706.40	3 673.28	1 066.25	2 607.03
10.00	7 311.20 abAB	3 368.61	460.80	2 396.16	1 066.25	1 329.91
12.50	7 355.20 aA	3 412.61	44.00	228.80	1 066.25	-837.45

注：玉米专用肥 2 929.00 元/t、保水剂 20 000.00 元/t、糠醛渣 100.00 元/t、功能性改土剂 426.50 元/t，制种玉米 5 200元/t。

（三）问题讨论与结论

（1）影响玉米产量的因素由大到小依次为：玉米专用肥>糠醛渣>保水剂；因素间最佳组合是：玉米专用肥 1 800 kg/hm²，保水剂 19.98kg/hm²，糠醛渣 15 000kg/hm²；玉米专用肥、保水剂、糠醛渣重量百分比为：10.70∶0.12∶89.18。

（2）功能性改土剂中的糠醛渣是一种有机废弃物，施在土壤中使土壤疏松，增大了土壤孔隙度，降低了土壤容重；功能性改土剂中的糠醛渣在土壤微生物的作用下可以合成土壤腐殖质，腐殖质中的酚羟基、羧基、甲氧基、羰基、羟基、醌基等功能团解离后带负电荷，吸附了河西走廊石灰性土壤中的 Ca^{2+}，Ca^{2+} 是一种胶结物质，有利于土壤团聚体的形成；功能性改土剂中的糠醛渣是一种极强酸性物质，pH 值为 2.1，能显著降低土壤的酸碱度；功能性改土剂含有丰富的有机质，可以提高土壤有机质含量；功能性改土剂中的保水剂是一类高分子聚合物，这类物质分子结构交联成网络，本身不溶于水，却能在 10min 内吸附超过自身重量 100～1 400 倍的水分，体积大幅度膨胀后形成饱和吸附水球，吸水倍率很大，在提高土壤持水性能方面具有重要的作用；功能性改土剂中的糠醛渣，在土壤中合成腐殖质，腐殖质的最大吸水量可以超过 500%，因而提高了土壤的蓄水量。

（3）随着功能性改土剂施用量梯度的增加，玉米产量在增加，但单位（1kg）功能性改土剂的增产量则随着功能性改土剂施用量梯度的增加而递减。随着功能性改土剂施用量的梯度的增加，玉米边际产量、边际利润在递减，功能性改土剂施用量在 $10.00t/hm^2$ 的基础上，再继续增加施用量，边际利润出现负值。

（4）经回归统计分析，功能性改土剂施用量与玉米产量间的回归方程是：$y = 3.9426 + 0.5925x - 0.0255x^2$，经济效益最佳施用量为 $9.99t/hm^2$，玉米的理论产量为 $7.32t/hm^2$，回归统计分析结果与试验处理 5 基本吻合。

五、营养型改土剂对玉米制种田理化性质和玉米经济影响的研究

张掖内陆灌区拥有得天独厚的自然条件和区位优势，吸引了国内外 60 多家种业集团，建立了玉米制种生产基地 $15 \times 10^4 hm^2$，种子产业已发展为河西内陆灌区农民增收、农业增效的重要支柱产业之一。目前存在的问题是制种玉米种植面积大，连作年限长，有机肥投入量不足，化肥超量施用，土壤板结，贮水功能削弱；市场上流通的改土剂只具备改土功能，不具备营养功效。因此，研究和开发集营养、改土为一体的营养型改土剂成为改土剂研发的关键所在。本文根据制种玉米需肥规律和土壤供肥水平，采用作物营养科学施肥理论和改土培肥理论，将土壤结构改良剂——聚乙烯醇，与农业固体废弃物糠醛渣、$CO(NH_2)_2$、$NH_4H_2PO_4$、$ZnSO_4 \cdot 7H_2O$ 按比例组合配制成营养型改土剂，利用糠醛渣合成腐殖质的功能团吸附土壤养分和水分，聚乙烯醇与土壤颗粒黏合形成团粒结构，将有机废弃物的长效、化肥的速效、聚乙烯醇的改土作用融为一体，达到供给作物营养，改善土壤结构的目的。

（一）材料与方法

1. 试验材料

试验于 2017—2019 年在甘肃省张掖市甘州区沙井镇南沟村连续种植近 20 年的制种玉米田内进行，海拔 1 445m，年均温度 8.50℃，年均降水量 142mm，年均蒸发量 1 850mm，无霜期 145 天。供试土壤类型是灌漠土，耕层 0～20cm 有机质含量为 14.23g/kg，碱解氮 86.45mg/kg，有效磷 8.68mg/kg，速效钾 158.67mg/kg，pH

值 8.46。糠醛渣，由甘肃共享化工有限公司提供，含有机质 68%，全氮 0.61%，全磷 0.36%，全钾 1.18%，腐殖酸 11.63%，pH 值 2.1，粒径 1～2mm。$CO（NH_2)_2$，含 N 46%。$NH_4H_2PO_4$，含 N 18%、P_2O_5 46%。$ZnSO_4 \cdot 7H_2O$，含 Zn 23%。聚乙烯醇，天津市光复精细化工研究所产品，分子质量为 5 500～7 500，熔点 57，pH 值 6.0～8.0，黏度 12～16，粒径 1～2mm。营养型改土剂（河西学院自主研发），糠醛渣、$CO（NH_2)_2$、$NH_4H_2PO_4$、聚乙烯醇、$ZnSO_4 \cdot 7H_2O$ 重量比为 0.41∶0.31∶0.25∶0.02∶0.01，含有机质 31.15%，N 18.57%，P_2O_5 11.31%，K_2O 4.10%，Zn 0.28%，吸水倍率 245g/g，价格 2 500元/t。参试玉米品种组合是郑单 958（郑 58×昌 7-2）。

2. 试验处理

营养型改土剂施用量共设 5 个处理，处理 1，0kg/hm² 为 CK（对照）；处理 2，450kg/hm²；处理 3，900kg/hm²；处理 4，1 350kg/hm²；处理 5，1 800kg/hm²。每个处理重复 3 次，随机区组排列。

3. 试验方法

试验小区面积为 32m²（8m×4m），每个小区四周筑埂，埂宽 40cm，埂高 30cm。播种前将营养型改土剂全部施入 20cm 土层，播种时间为每年 4 月下旬，母本定植密度 8.00 万株/hm²，父本以满天星配置，株距 50cm。

4. 测定项目与方法

每年玉米收获时每个小区随机采 30 个果穗，室内测定穗粒数、穗粒重、百粒重，每个试验小区单独收获，将小区产量折合成公顷产量进行统计分析。定点试验 3 年，于 2019 年玉米收获后，分别在试验小区采集 0～20cm 土样 3kg，用四分法带回 1kg 混合土样室内风干化验分析土壤理化性质（土壤容重用环刀采样，团粒结构采原状土）。土壤容重采用环刀法，总孔隙度采用计算法，团粒结构采用干筛法，总孔隙度采用计算法，自然含水量采用烘干法，土壤蓄水量采用计算法，有机质采用重铬酸钾法，碱解氮采用扩散法，有效磷采用碳酸氢钠浸提——钼锑抗比色法，速效钾采用火焰光度计法，CEC（阳离子交换量）采用 $NH_4OAc—NH_4Cl$ 法，全盐采用电导法（水∶土=5∶1），pH 值采用酸度计法（水提）。

5. 数据统计方法

经济性状和产量采用多重比较，LSR 检验，边际产量、边际产值、边际施肥量、边际成本、边际利润采用经济学原理分析法。依据经济效益最佳施用量计算公式 $x_0 = [（p_x/p_y)-b]/2c$ 求得营养型改土剂经济效益最佳施用量（x_0），依据回归方程式 $y = a+bx-cx^2$，求得营养型改土剂经济效益最佳施用量时的制种玉米理论产量（y）。

(二) 结果与分析

1. 营养型改土剂对玉米制种田物理性质的影响

土壤孔隙度和容重反映了土壤的疏松和紧实的程度，据 2019 年 10 月 8 日制种玉米收获时测定结果可以看出，营养型改土剂施用量与土壤总孔隙度、毛管孔隙度、非毛管孔隙度呈正相关，回归方程分别为 $y=50.34+0.0021x$、$y=17.2240+0.0010x$、$y=33.1160+0.0010x$，相关系数 (R) 分别为 0.9944、0.9923、0.9840。营养型改土剂施用量 1 800kg/hm^2 时，土壤总孔隙度、毛管孔隙度、非毛管孔隙度最大，分别比 CK 增加 3.77%、1.77%、2.00%。营养型改土剂施用量与土壤容重呈负相关，回归方程为 $y=1.3160-5.5555x$，相关系数 (R) 为 0.9944。营养型改土剂施用量 1 800kg/hm^2 时，土壤容重比 CK 降低 0.10g/cm^3，分析这一结果产生的原因是营养型改土剂中的糠醛渣使土壤疏松，增大了土壤孔隙度，降低了土壤容重。营养型改土剂施用量与土壤团粒结构呈正相关，回归方程为 $y=29.9550+0.0044x$，相关系数 (R) 为 0.9668。营养型改土剂施用量 1 800kg/hm^2 时，土壤团粒结构比 CK 增加 9.94 的百分点，分析这一结果产生的原因，一是营养型改土剂中的聚乙烯醇是一种胶结物质，可以把小土粒粘在一起，形成较稳定的团粒；二是营养型改土剂中的糠醛渣在土壤微生物的作用下合成了土壤腐殖质，腐殖质中的酚羟基、羧基、甲氧基、羰基、羟基、醌基等功能团解离后带负电荷，吸附了河西走廊石灰性土壤中的 Ca^{2+}，Ca^{2+} 是一种胶结物质，有利于土壤团粒结构的形成。处理间的差异显著性，经 LSR 检验达到显著和极显著水平（表 12-76）。

表 12-76　营养型改土剂对玉米制种田物理性质的影响

营养型改土剂用量（kg/hm^2）	土壤容重（g/cm^3）	总孔隙度（%）	毛管孔隙度（%）	非毛管孔隙度（%）	>0.25mm 团粒结构（%）
0 (CK)	1.32 aA	50.19 deA	17.19 deA	33.00 deA	30.59 deD
450	1.29 bA	51.32 cdA	17.68 cdA	33.64 cdA	31.21 cdD
900	1.26 cA	52.45 bcA	18.15 bcA	34.30 bcA	33.56 cC
1 350	1.24 cdA	53.21 abA	18.75 abA	34.46 abA	36.48 bB
1 800	1.22 deA	53.96 aA	18.96 aA	35.00 aA	40.53 aA

2. 营养型改土剂对玉米制种田蓄水量的影响

据制种玉米收获时测定结果可以看出，营养型改土剂施用量与自然含水量、饱和蓄水量、毛管蓄水量、非毛管蓄水量呈正相关，回归方程分别为 $y=130.7140+0.0143x$、$y=1 006.788+0.0419x$、$y=344.52+0.0204x$、$y=662.32+0.0214x$，相关系数 (R) 分别为 0.9967、0.9945、0.9917、0.9840。营养型改土剂用量 1 800kg/hm^2 时，自然含水量、

张掖灌区农作物科学施肥理论与实践

饱和蓄水量、毛管蓄水量、非毛管蓄水量分别比 CK 增加25.18g/kg、75.46t/hm²、35.40t/hm²、40.00t/hm²。分析这一结果产生的原因是营养型改土剂中的聚乙烯醇是一种亲水胶体，吸水率很大，在提高土壤持水性能方面具有重要的作用。处理间的差异显著性，经 LSR 检验达到显著和极显著水平（表12-77）。

表 12-77　营养型改土剂对玉米制种田蓄水量的影响

营养型改土剂用量 （kg/hm²）	自然含水量 （g/kg）	饱和蓄水量 （t/hm²）	毛管蓄水量 （t/hm²）	非毛管蓄水量 （t/hm²）
0（CK）	130.31 eA	1 003.80 eA	343.80 dA	660.00 eA
450	137.02 dA	1 026.40 dA	353.60 dA	672.80 dA
900	144.09 cA	1 049.00 cA	363.00 cA	686.00 cA
1 350	151.19 bA	1 064.20 bA	375.00 bA	689.20 bA
1 800	155.49 aA	1 079.26 aA	379.20 aA	700.00 aA

3. 营养型改土剂对玉米制种田化学性质的影响

在配制营养型改土剂时加入了有机质和钾含量较高的糠醛渣，以及尿素和磷酸二铵，营养型改土剂施入玉米制种田后，土壤的有机质和速效氮、磷、钾发生了明显的变化，定点试验3年后，于2019年10月8日制种玉米收获后测定结果可以看出，营养型改土剂施用量与土壤有机质、碱解 N、有效 P、速效 K、EC、CEC 呈正相关，回归方程分别为 $y = 14.2360 + 0.0002x$、$y = 84.1420 + 0.0116x$、$y = 8.6820 + 0.0027x$、$y = 158.4000 + 0.0037x$、$y = 4.6740 + 0.0080x$、$y = 14.6040 + 0.0020x$，相关系数（R）分别为0.9857、0.9566、0.9999、0.9943、0.9940、0.9738。营养型改土剂施用量1 800kg/hm²时，土壤有机质、碱解 N、有效 P、速效 K、EC、CEC 分别比 CK 增加 0.38g/kg、20.76mg/kg、4.94mg/kg、6.57mg/kg、1.62ms/cm、3.72cmol/kg，产生此结果的原因是营养型改土剂含有丰富的有机质和氮、磷、钾，提高了制种玉米田土壤有机质和速效养分的含量。营养型改土剂施用量与土壤 pH 值呈负相关，回归方程为 $y = 8.4760 - 7.5550x$，相关系数（R）为-0.9260。营养型改土剂用量1 800kg/hm²时，与 CK 比较，pH 值降低了0.12个单位。其原因是营养型改土剂中的糠醛渣是一种极强酸性物质，因而降低了土壤的酸碱度。处理间的差异显著性，经 LSR 检验达到显著和极显著水平（表12-78）。

表 12-78　营养型改土剂对玉米制种田化学性质的影响

营养型改 土剂用量 （kg/hm²）	pH 值	EC （ms/cm）	有机质 （g/kg）	碱解 N （mg/kg）	有效 P （mg/kg）	速效 K （mg/kg）	CEC （cmol/kg）
0（CK）	8.46 aA	4.60 deA	14.23 deA	86.45 eDE	8.68 eA	158.67 deA	14.32 eA

（续表）

营养型改土剂用量（kg/hm²）	pH 值	EC（ms/cm）	有机质（g/kg）	碱解 N（mg/kg）	有效 P（mg/kg）	速效 K（mg/kg）	CEC（cmol/kg）
450	8.45 abA	5.11 cdA	14.34 cdA	88.92 dCD	9.92 dA	159.96 cdA	15.56 dA
900	8.44 bcA	5.55 bcA	14.42 bcA	90.73 cC	11.15 cA	161.31 bcA	16.98 cA
1 350	8.35 cdA	5.91 abA	14.58 abA	99.71 bB	12.39 bA	163.58 abA	17.21 bA
1 800	8.34 deA	6.22 aA	14.61 aA	107.21 aA	13.62 aA	165.24 aA	18.04 aA

4. 营养型改土剂对制种玉米经济性状和产量的影响

据 2017—2019 年田间试验资料可以看出，营养型改土剂施用量由 450kg/hm²，增加到 900kg/hm²、1 350kg/hm²、1 800kg/hm² 时，制种玉米穗粒数、穗粒重、百粒重、产量、增产量和增产率随着营养型改土剂施用量的增加而增加，但每千克营养型改土剂的增产量则随着营养型改土剂施肥量的增加而递减，符合报酬递减律，处理间的差异显著性，经 LSR 检验达到显著和极显著水平（表 12-79）。

表 12-79　营养型改土剂对制种玉米经济性状和产量的影响

营养型改土剂用量（kg/hm²）	穗粒数（粒）	穗粒重（g）	百粒重（g）	产量（kg/hm²）	增产量（kg/hm²）	增产率（%）	千克营养型改土剂增产量（kg）
0（CK）	272.65 eE	69.60 eE	25.59 eA	5 612.76 eE	/	/	/
450	300.95 dD	83.97 dCD	27.99 cdA	6 202.90 dD	590.14	10.51	1.32
900	309.72 cC	88.09 cC	28.51 cA	6 687.81 cC	1 075.05	19.15	1.20
1 350	318.73 bB	96.64 bB	30.39 abA	7 049.81abAB	1 437.05	25.61	1.07
1 800	328.04 aA	102.50 aA	31.25 aA	7 176.71 aA	1 563.95	27.86	0.87

5. 营养型改土剂对制种玉米增产效应及经济效益的影响

营养型改土剂施用量由 450kg/hm²，增加到 900kg/hm²、1 350 kg/hm²、1 800kg/hm² 时，边际利润由 704.43 元/hm² 递减到 -732.07 元/hm²；投资效率依次为 1.53 元/元、0.48 元/元、0.32 元/元、0.08 元/元。将营养型改土剂施用量与制种玉米产量间的关系采用一元二次回归方程 $y=a+bx-cx^2$ 拟合，得到的回归方程是：

$$y = 5\ 612.76 + 0.6220x - 0.0002x^2 \qquad (12\text{-}14)$$

对回归方程进行显著性测验，$F=28.75^{**}$，$>F_{0.01}=26.51$，$R=0.9989^{**}$，说明回归方程拟合良好。营养型改土剂价格（p_x）为 2.50 元/kg，制种玉米价格

张掖灌区农作物科学施肥理论与实践

（p_y）为 3.10 元/kg，将 p_x、p_y、回归方程的 b 和 c，代入最佳施用量计算公式 $x_0 =$ [（p_x/p_y）$- b$]$/2c$，求得营养型改土剂经济效益最佳施用量（x_0）为 1 350kg/hm²，将 x_0 代入式（12-14），求得制种玉米的理论产量（y）为 6 087.98kg/hm²（表12-80）。

表 12-80　营养型改土剂对制种玉米增产效应及经济效益的影响

营养型改土剂用量（kg/hm²）	产量（kg/hm²）	增产量（kg/hm²）	边际产量（kg/hm²）	边际产值（元/hm²）	边际成本（元/hm²）	边际利润（元/hm²）	增产值（元/hm²）	成本（元/hm²）	利润（元/hm²）	投资效率
0 (CK)	5 612.76 eE	/	/	/	/	/	/	/	/	/
450	6 202.90 dD	590.14	590.14	1 829.43	1 125.00	704.43	1 829.43	1 125.00	1 717.43	1.53
900	6 687.81 cC	1 075.05	484.91	1 503.22	1 125.00	378.22	3 332.66	2 250.00	1 082.66	0.48
1 350	7 049.81abAB	1 437.20	362.00	1 122.00	1 125.00	0.00	4 455.32	3 375.00	1 080.32	0.32
1 800	7 176.71 aA	1 563.95	126.75	392.93	1 125.00	-732.07	4 848.25	4 500.00	1 348.25	0.08

（三）结论

随着营养型改土剂施用量的增加，土壤总孔隙度、毛管孔隙度、非毛管孔隙度、团粒结构在增加，容重在降低。营养型改土剂施用量与土壤蓄水量、有机质、碱解 N、有效 P、速效 K、CEC、EC 呈正相关，与土壤 pH 值呈负相关。随着营养型改土剂施用量的增加，制种玉米穗粒数、穗粒重、百粒重、产量、增产量和增产率在增加，但单位增产量则随着营养型改土剂施用量的增加而递减。经回归统计分析，营养型改土剂经济效益最佳施用量为 1 350kg/hm² 时，制种玉米的理论产量为 6 087.98kg/hm²。

六、营养保水改土剂对土壤物理性质和制种玉米效益影响的研究

张掖内陆灌区水资源丰富，光照时间长，昼夜温差大，气候干燥，天然隔离条件好，是玉米种子制种和贮藏的理想场所，近 10 年来，建立了制种玉米生产基地 10 万 hm²，产种量达 6.5 亿 kg。目前存在的主要问题是：制种玉米种植面积大，连作年限长，氮磷化肥投入量大于有机肥投入量，土壤碱解氮、有效磷含量较高，有效锌和有机质含量低，土壤养分比例失衡，土壤板结，缺素的生理性病害经常发生；蒸发量大，降水量小，制种玉米在开花期经常遇到干旱，使制种玉米不能正常授粉，结实率降低，导致制种玉米产量下降。因此，研究和开发集营养、保水、改土为一体的营养保水改土剂成为改土剂研发的关键所在。近年来，有关改土剂研究受到了广泛关注，有关营养保水改土剂对土壤物理性质和玉米经济效益的影响还未见文献报道。本文针对上述存在的问题，选择玉米专用肥、保水剂、糠醛渣 3 种原料，采用正交试验

方法，确定原料最佳比例，合成营养保水改土剂，并进行验证试验，以便对营养保水改土剂对土壤物理性质和玉米经济效益的影响做出确切的评价。

（一）材料与方法

1. 田间试验

（1）试验材料。试验于 2017—2018 年在甘肃省张掖市临泽县新华镇富强村制种玉米田上进行，海拔 1 425m，年均温度 9.20℃，年均降水量 158.8mm，年均蒸发量 1 400mm，无霜期 146 天。土壤类型是灌漠土，0～20cm 土层含有机质 23.45g/kg，碱解氮 66.43mg/kg，有效磷 8.25mg/kg，速效钾 135.54mg/kg，有效锌 0.42mg/kg，pH 值 8.33，前茬作物是制种玉米，土壤质地为壤质土，土壤容重为 1.36g/cm³，总孔隙度为 48.68%。保水剂，吸水倍率 645g/g，粒径 1～2mm，甘肃民乐县福民精细化工有限责任公司产品；CO（NH₂）₂，含氮 46%，甘肃刘家峡化工厂产品；（NH₄）₂HPO₄，含氮 18%，含磷 46%，云南云天化国际化工股份有限公司产品；K₂SO₄，含钾 50%，河北省东昊化工有限公司产品；ZnSO₄·7H₂O，含锌 23%，甘肃刘家峡化工厂生产；糠醛渣，含有机质 763.60g/kg，全氮 5.50g/kg，全磷 2.30g/kg，全钾 11.80g/kg，pH 值为 2.1，粒径 2～5mm，临泽县汇隆化工有限责任公司产品；玉米专用肥，依据每形成 100kg 经济产量玉米对氮磷钾的吸收比例和供试土壤灌漠土的供肥水平将 CO（NH₂）₂、（NH₄）₂HPO₄、K₂SO₄、ZnSO₄·7H₂O 重量百分比按 44.80∶15.20∶35.00∶5.00 混合，得到玉米专用肥，含 N 26.68%、P₂O₅ 7.00%、K₂O 17.50%、Zn 1.15%，价格为 2 929.00元/t；参试玉米品种为敦玉 328，甘肃敦煌种业股份有限公司研究院选育。

（2）试验处理。2017 年选择玉米专用肥、保水剂、糠醛渣为 3 个因素，每个因素设计 3 个水平，选择正交表 L₉（3³），按表 12-81 因子与水平编码括号中的数量称取各种原料混合均匀后组成 9 个试验处理。

表 12-81　L₉（3³）正交试验设计表

试验处理	A 玉米专用肥	B 保水剂	C 糠醛渣
1 = A₁B₃C₂	1（900）	3（19.98）	2（30 000）
2 = A₃B₁C₃	3（2 700）	1（6.66）	3（45 000）
3 = A₂B₂C₁	2（1 800）	2（13.32）	1（15 000）
4 = A₂B₂C₂	2（1 800）	2（13.32）	2（30 000）
5 = A₃B₃C₃	3（2 700）	3（19.98）	3（45 000）
6 = A₁B₁C₁	1（900）	1（6.66）	1（15 000）
7 = A₃B₁C₂	3（2 700）	1（6.66）	2（30 000）

（续表）

试验处理	A 玉米专用肥	B 保水剂	C 糠醛渣
8 = $A_1B_2C_3$	1（900）	2（13.32）	3（45 000）
9 = $A_2B_3C_1$	2（1 800）	3（19.98）	1（15 000）

注：括号内数据为试验数据（kg/hm²）。

（3）试验方法。试验小区面积为 24m²（6m×4m），每个小区四周筑埂，埂宽 40cm、埂高 30cm，播种时间每年的 4 月 22 日，播种量为母本 60kg/hm²，父本 15kg/hm²。播种密度：母本株距 22cm，行距 50cm，母本保苗 8.25 万株/hm²，父本以满天星配置，株距 50cm。播种方法：先播全部母本，过 8 天播一期父本，再过 5 天播剩余 1/2 父本，不同处理 2/3 改土剂在玉米播种前做底肥施入 0~20cm 土层，剩余 1/3 改土剂在玉米大喇叭口期结合灌水穴施。在玉米拔节期、大喇叭口期、开花期、灌浆期、乳熟期各灌水 1 次，每个小区灌水量相等。在田间 60% 以上母本植株只有 2~3 片叶未展开时，摸苞带叶抽雄。授粉出现花期不协调时，进行人工辅助授粉和剪苞授粉。在授粉结束后，及时割除父本。玉米收获时，每个小区随机采集 30 个果穗室内测定经济性状，每个试验小区单独收获，将小区产量折合成公顷产量，计算出因素间效应值（R）和各因素不同水平的 T 值，确定因素间最佳组合，组成营养保水改土剂配方。

2. 盆栽试验

（1）试验材料。参试土壤类型与田间试验相同；营养保水改土剂：每 1 000kg 糠醛渣加入（NH_4）$_2CO_3$ 25.60kg，使糠醛渣的 pH 值由 2.10，调整为 6.50~7.50，得到改性糠醛渣。根据田间试验筛选的配方，将玉米专用肥、保水剂、糠醛渣重量百分比按 10.70∶0.12∶89.18 混合，搅拌均匀，过 1~5mm 筛，经室内测定含有机质 67.77%，氮（N）2.85%，磷（P_2O_5）0.75%，钾（K_2O）1.87%，锌（Zn）0.12%，吸水倍率 145g/g，pH 值 6.50~7.50，价格为 426.50 元/t。参试玉米品种与田间试验相同。

（2）试验处理。2018 年将营养保水改土剂施用量梯度设计为 0.00t/hm²、2.50t/hm²、5.00t/hm²、7.50t/hm²、10.00t/hm²、12.50t/hm² 6 个处理（折盆栽施用量为 0.00g/kg 土、1.11g/kg 土、2.22g/kg 土、3.33g/kg 土、4.44g/kg 土、5.55g/kg 土），以处理 1 为 CK（对照），每个处理重复 3 次，随机区组排列。

（3）试验方法。称取过 10mm 筛的风干土 10kg 加入胶木桶内，将胶木桶置于室外，每个处理营养保水改土剂在播种前施入 15cm 土层，每桶定量浇水 3 000ml，使土壤自然含水量达到 30%，浇水第 5 天后，于 4 月 20 日浅耕后播种，播种深度 2cm，每桶播种 4 株，在桶上覆盖 1 层地膜，5 月 5 日出苗后，去掉地膜间苗，每桶留 3 株，以后根据湿度间隔 5~7 天浇水 1 次，每次定量浇水 3 000ml，使土壤含水量保持在30%。9月28日玉米收获时测定植物学性状和经济性状，每个盆钵单独收获，将盆钵产量折合成公顷产量进行统计分析。

3. 测定项目与方法

玉米收获后分别在盆钵内用环刀采集耕层（0~20cm）原状土测定土壤物理性质。土壤容重按公式（土壤容重=环刀内湿土质量÷100+自然含水量）求得；土壤总孔隙度按公式［土壤总孔隙度=（土壤比重-土壤容重）÷土壤比重×100）］求得；土壤毛管孔隙度按公式（土壤毛管孔隙度=自然含水量×土壤容重×100）求得；土壤非毛管孔隙度按公式（土壤非毛管孔隙度=总孔隙度-毛管孔隙度）求得；土壤自然含水量按公式［土壤自然含水量=（湿土重-烘干土重）/烘干土重×1 000］求得；自然含水量采用烘干法；饱和蓄水量按公式（饱和蓄水量=面积×总孔隙度×土层深度）求得；毛管蓄水量按公式（毛管蓄水量=面积×毛管孔隙度×土层深度）求得；非毛管蓄水量按公式（非毛管蓄水量=面积×非毛管孔隙度×土层深度）求得；>0.25mm团聚体采用干筛法；有机质采用重铬酸钾法；pH值采用5：1水土比浸提，用pH-2F数字pH计测定。玉米秸秆茎粗采用游标卡尺法，玉米秸秆地上部分干重采用105℃烘箱杀青30min，80℃烘干至恒重。

4. 数据统计方法

植物学性状、经济性状采用DPS V13.0软件分析，差异显著性采用多重比较，LSR检验。边际产量按公式（边际产量=后一个处理产量-前一个处理产量）求得；边际产值按公式（边际产值=边际产量×产品价格）求得；边际施肥量按公式（边际施肥量=后一个处理施肥量-前一个处理施肥量）求得；边际成本按公式（边际成本=边际施肥量×产品价格）求得；边际利润按公式（边际利润=边际产值-边际成本）求得。依据经济效益最佳施用量计算公式 $x_0 = [(p_x/p_y)-b]/2c$ 求得营养保水改土剂最佳施用量（x_0）；依据回归方程式 $y=a+bx-cx^2$，求得营养保水改土剂最佳施用量时的玉米理论产量（y）。

（二）结果分析

1. 营养保水改土剂配方确定

将田间正交试验资料统计分析可以看出，因素间的效应（R）是A>C>B，说明影响玉米产量因素的大小依次为：玉米专用肥>糠醛渣>保水剂。比较各因素不同水平的T值，表现为：$T_{A2}>T_{A3}>T_{A1}$，说明玉米产量随玉米专用肥用量的增大而增加，但玉米专用肥用量超过1 800kg/hm²土后，玉米产量又随专用肥用量的增大而降低；$T_{B3}>T_{B2}>T_{B1}$，说明随着保水剂施用量的增加，玉米产量也在增加，保水剂适宜用量一般为19.98kg/hm²；$T_{C1}>T_{C3}$ 和 T_{C2}，说明糠醛渣适宜用量为15 000kg/hm²；从各因素的T值可以看出，因素间最佳组合是：$A_2B_3C_1$（即玉米专用肥A 1 800kg/hm²，保水剂B 19.98kg/hm²，糠醛渣C 15 000kg/hm²，即玉米专用肥、保水剂、糠醛渣重量百分比为 10.70：0.12：89.18）（表 12-82）。

表 12-82　L_9（3^3）正交试验分析

试验处理	A 玉米专用肥	B 保水剂	C 糠醛渣	玉米产量 （t/hm²）
$1 = A_1B_3C_2$	1	3	2	0.82
$2 = A_3B_1C_3$	3	1	3	4.56
$3 = A_2B_2C_1$	2	2	1	4.86
$4 = A_2B_2C_2$	2	2	2	4.58
$5 = A_3B_3C_3$	3	3	3	4.66
$6 = A_1B_1C_1$	1	1	1	2.62
$7 = A_3B_1C_2$	3	1	2	0.21
$8 = A_1B_2C_3$	1	2	3	3.13
$9 = A_2B_3C_1$	2	3	1	7.28
T_1	6.57	7.39	14.76	
T_2	16.72	12.57	5.61	32.72（T）
T_3	9.43	12.73	12.35	
R	10.15	5.37	9.15	

2. 营养保水改土剂对土壤物理性质的影响

玉米收获后，分别在盆钵内采集耕层 0~20cm 土样，从土样测定结果可以看出，随着营养保水改土剂施用量的增加，土壤总孔隙度、毛管孔隙度、非毛管孔隙度、>0.25mm 团聚体在增加，容重在降低。营养保水改土剂施用量为 12.50t/hm² 时，与对照（CK）比较，总孔隙度、毛管孔隙度、非毛管孔隙度、>0.25mm 团聚体分别增加 6.79%、4.48%、2.31%、11.80%，容重降低 0.18g/cm³。处理间的差异显著性，经 LSR 检验达到显著和极显著水平（表 12-83）。

3. 营养保水改土剂对土壤 pH 值和有机质的影响

将表 12-83 数据回归统计分析可以看出，营养保水改土剂施用量与土壤有机质呈线性正相关关系，与土壤 pH 值呈线性负相关关系，其回归方程分别为 $y = 23.6566 + 0.1000x$ 和 $y = 8.33 - 0.0148x$，相关系数（R）分别为 0.9545 和 -0.9988。营养保水改土剂施用量为 12.50t/hm² 时，与对照（CK）比较，土壤有机质增加了 1.30g/kg，pH 值降低了 0.18 个单位。处理间的差异显著性，经 LSR 检验达到显著和极显著水平。

表 12-83 营养保水改土剂对土壤理化性质和有机质含量的影响

改土剂施用量 (t/hm²)	容重 (g/cm³)	总孔隙度 (%)	毛管孔隙度 (%)	非毛管孔隙度 (%)	>0.25mm 团聚体 (%)	pH 值	有机质 (g/kg)
0.00 (CK)	1.36 aA	48.68 fF	27.40 efEF	21.28 cB	22.76 fF	8.33 aA	23.45 fA
2.50	1.32 bB	50.19 deDE	27.68 eDE	22.51 bB	25.29 eE	8.30 bA	24.03 deA
5.00	1.29 cC	51.32 dD	28.57 dD	22.75 bB	27.79 dD	8.26 cA	24.29 cdA
7.50	1.24 dD	53.21 bcBC	30.10 bcBC	23.11 aA	30.57 cC	8.22 dA	24.44 bcA
10.00	1.21 eE	54.34 abAB	31.07 abAB	23.27 aA	32.79 bB	8.18 eA	24.73 abA
12.50	1.18 fF	55.47 aA	31.88 aA	23.59 aA	34.56 aA	8.15 fA	24.75 aA

4. 营养保水改土剂对土壤蓄水量的影响

将表 12-84 数据进行回归统计分析可以看出，营养保水改土剂施用量与土壤自然含水量、饱和蓄水量、毛管蓄水量、非毛管蓄水量均呈线性正相关关系，其回归方程分别为 $y = 197.5543 + 5.7883x$、$y = 975.0476 + 11.0377x$、$y = 541.2857 + 7.7943x$、$y = 434.7619 + 3.2434x$，相关系数（R）分别为 0.9931、0.9973、0.9867、0.9302。营养保水改土剂施用量为 12.50t/hm² 时，与对照（CK）比较，土壤自然含水量、饱和蓄水量、毛管蓄水量、非毛管蓄水量分别增加了 68.77g/kg、135.80t/hm²、89.60t/hm² 和 46.20t/hm²。处理间的差异显著性，经 LSR 检验达到显著和极显著水平。

表 12-84 营养保水改土剂对土壤蓄水量的影响

改土剂施用量 (t/hm²)	自然含水量 (g/kg)	饱和蓄水量 (t/hm²)	毛管蓄水量 (t/hm²)	非毛管蓄水量 (t/hm²)
0.00 (CK)	201.46 efEF	973.60 fF	548.00 efEF	425.60 cB
2.50	209.68 eE	1 003.80 deDE	553.60 eDE	450.20 bB
5.00	221.46 dD	1 026.40 dD	571.40 dD	455.00 bB
7.50	242.76 cBC	1 064.20 bcBC	602.00 bcBC	462.20 aA
10.00	256.76 bB	1 086.80 abAB	621.40 abAB	465.40 aA
12.50	270.23 aA	1 109.40 aA	637.60 aA	471.80 aA

5. 营养保水改土剂对玉米植物学性状的影响

于 2018 年 9 月 28 日玉米收获后测定结果可以看出，营养保水改土剂施用量与玉米株高、茎粗、生长速度、地上部分干重均呈线性正相关关系，其回归方程分别

为 $y = 178.5942 + 1.3165x$、$y = 27.2571 + 0.1333x$、$y = 12.4833 + 0.0927x$、$y = 206.2528 + 9.0755x$，相关系数（R）分别为0.9826、0.9254、0.9826、0.9948。营养保水改土剂施用量12.50t/hm²时，与对照（CK）比较，玉米株高、茎粗、生长速度、地上部分干重分别增加了15.22cm、1.85mm、1.07mm/天和109.74g/株。处理间的差异显著性，经LSR检验达到显著和极显著水平（表12-85）。

表12-85 营养保水改土剂对玉米植物学性状的影响

改土剂施用量 （t/hm²）	株高 （cm）	茎粗 （mm）	生长速度 （mm/天）	地上部干重 （g/株）
0.00（CK）	179.12 fF	26.91 fF	12.52 efEF	206.82 fA
2.50	181.31 deDE	27.71 eE	12.67 beDE	230.41 eB
5.00	183.73 dD	28.29 cdCD	12.85 bD	244.64 dB
7.50	190.30 bcBC	28.39 bcBC	13.31 bcBC	278.49 cA
10.00	192.21 abAB	28.48 abAB	13.44 abAB	300.93 bA
12.50	194.34 aA	28.76 aA	13.59 aA	316.56 aA

6. 营养保水改土剂对玉米经济性状和产量的影响

将表12-86数据进行回归统计分析可以看出，营养保水改土剂施用量与玉米穗粒数、穗粒重、百粒重、产量均呈线性正相关关系，其回归方程分别为 $y = 238.6580 + 6.2821x$、$y = 55.5366 + 3.4088x$、$y = 23.3076 + 0.6473x$、$y = 4443.0328 + 272.6931x$，相关系数（$R$）分别为0.9099、0.9545、0.9642、0.9549。营养保水改土剂施用量12.50t/hm²时，与对照（CK）比较，玉米穗粒数、穗粒重、百粒重、产量分别增加了85.18粒、42.66g、7.75g和3 412.61kg/hm²。但单位（1kg）营养保水改土剂的增产量则随着营养保水改土剂施肥量的增加而递减。处理间的差异显著性，经LSR检验达到显著和极显著水平。

表12-86 营养保水改土剂对玉米经济性状和产量的影响

改土剂施用量 （t/hm²）	穗粒数 （粒）	穗粒重 （g）	百粒重 （g）	产量 （kg/hm²）	增产量 （kg/hm²）	千克改土剂增 产量（kg）
0.00（CK）	219.06 fF	49.28 fE	22.49 fE	3 942.59 fF	/	/
2.50	264.79 eE	66.01 eD	24.92 eD	5 280.80 eE	1 338.21	0.54
5.00	283.08 dCD	76.80 dC	27.13 dC	6 144.00 dD	2 201.41	0.44
7.50	294.02 cC	85.63 cB	29.12 bcB	6 850.40 cC	2 907.81	0.39
10.00	302.39 abAB	91.39 bA	30.22 bB	7 311.20 abAB	3 368.61	0.34
12.50	304.24 aA	91.94 aA	30.24 aA	7 355.20 aA	3 412.61	0.27

7. 营养保水改土剂对玉米的增产效应和经济效益

采用经济学原理分析可以看出，随着营养保水改土剂施用量梯度的增加，玉米边际产量由最初的 1 338.21kg/hm²，递减到 44.00kg/hm²。从经济效益变化来看，随着营养保水改土剂施用量梯度的增加，边际利润由最初的 5 892.44 元/hm²，递减到 −837.45 元/hm²。营养保水改土剂施用量在 10.00t/hm² 的基础上，再增加 2.50t/hm²，边际利润出现了负值。由此可见，营养保水改土剂施用量 10.00t/hm² 时，玉米的增产效应和经济效益较好（表12-87）。

8. 营养保水改土剂经济效益最佳施肥量的确定

将营养保水改土剂施用量与玉米产量间的关系应用肥料效应回归方程 $y=a+bx-cx^2$ 进行拟合，得到的回归方程为：

$$y=3.9400+0.5992x-0.0263x^2 \tag{12-15}$$

对回归方程进行显著性测验，$F=20.91^{**}$，$>F_{0.01}=17.77$，$R=0.9862^{**}$，说明回归方程拟合良好。营养保水改土剂价格（p_x）为 426.50 元/t，2016 年玉米种子价格（p_y）为 5 200元/t，将 p_x、p_y、回归方程的参数 b 和 c，代入经济效益最佳施肥量计算公式 $x_0=[(p_x/p_y)-b]/2c$，求得营养保水改土剂经济效益最佳施肥量（x_0）为 9.89t/hm²，将 x_0 代入式（12-15），可求得玉米的理论产量（y）为 7.30t/hm²，回归统计分析结果与试验处理 5 基本吻合（表12-87）。

表 12-87 营养保水改土剂对玉米经济效益分析

改土剂施用量 （t/hm²）	产量 （kg/hm²）	增产量 （kg/hm²）	边际产量 （kg/hm²）	边际产值 （元/hm²）	边际成本 （元/hm²）	边际利润 （元/hm²）
0.00（CK）	3 942.59 fF	/	/	/	/	/
2.50	5 280.80 eE	1 338.21	1 338.21	6 958.69	1 066.25	5 892.44
5.00	6 144.00 dD	2 201.41	863.20	4 488.64	1 066.25	3 422.39
7.50	6 850.40 cC	2 907.81	706.40	3 673.28	1 066.25	2 607.03
10.00	7 311.20 ab AB	3 368.61	460.80	2 396.16	1 066.25	1 329.91
12.50	7 355.20 aA	3 412.61	44.00	228.80	1 066.25	−837.45

注：玉米专用肥 2 929.00 元/t，保水剂 20 000.00 元/t，糠醛渣 100.00 元/t，营养保水改土剂 426.50 元/t；制种玉米 5 200元/t。

（三） 问题讨论与结论

（1）影响玉米产量的因素由大到小依次为：玉米专用肥>糠醛渣>保水剂；因素间最佳组合是：玉米专用肥 1 800 kg/hm²，保水剂 19.98kg/hm²，糠醛渣 15 000kg/hm²；玉米专用肥、保水剂、糠醛渣重量百分比为：10.70∶0.12∶89.18。

（2）营养保水改土剂中的糠醛渣是一种有机废弃物，施在土壤中使土壤疏松，增大了土壤孔隙度，降低了土壤容重；营养保水改土剂中的糠醛渣在土壤微生物的作用下可以合成土壤腐殖质，腐殖质中的酚羟基、羧基、甲氧基、羰基、羟基、醌基等功能团解离后带负电荷，吸附了河西走廊石灰性土壤中的 Ca^{2+}，Ca^{2+} 是一种胶结物质，有利于土壤团聚体的形成；营养保水改土剂中的糠醛渣是一种极强酸性物质，pH 值为 2.1，能显著降低土壤的酸碱度；营养保水改土剂含有丰富的有机质，可以提高土壤有机质含量；营养保水改土剂中的保水剂是一类高分子聚合物，这类物质分子结构交联成网络，本身不溶于水，却能在 10min 内吸附超过自身重量 100~1 400倍的水分，体积大幅度膨胀后形成饱和吸附水球，吸水倍率很大，在提高土壤持水性能方面具有重要的作用；营养保水改土剂中的糠醛渣，在土壤中合成腐殖质，腐殖质的最大吸水量可以超过 500%，因而提高了土壤的蓄水量。

（3）随着营养保水改土剂施用量梯度的增加，玉米产量在增加，但单位（1kg）营养保水改土剂的增产量则随着营养保水改土剂施用量梯度的增加而递减。随着营养保水改土剂施用量的梯度的增加，玉米边际产量、边际利润在递减，营养保水改土剂施用量在 $10.00t/hm^2$ 的基础上，再继续增加施用量，边际利润出现负值。

（4）经回归统计分析，营养保水改土剂施用量与玉米产量间的回归方程是：$y = 3.9400 + 0.5992x - 0.0263x^2$，经济效益最佳施用量为 $9.89t/hm^2$，玉米的理论产量为 $7.30t/hm^2$，回归统计分析结果与试验处理 5 基本吻合。

第四节　制种玉米专用肥科学施肥技术研究

一、改土性专用肥配方筛选及对土壤物理性质和玉米效益影响的研究

张掖内陆灌区水资源丰富，光照时间长，昼夜温差大，气候干燥，天然隔离条件好，是玉米种子制种和贮藏的理想场所。近 10 年来，吸引了先锋种业、敦煌种业、中国种业、辽宁东亚、北京德农、奥瑞金等国内一大批种业集团，建立了制种玉米生产基地 10 万 hm^2，产种量达 6.5 亿 kg，面积和产量居全国首位，制种玉米产业在增加农民收入方面起到了积极作用。目前存在的主要问题是：有机肥料投入量不足，制种玉米产量的提高主要依赖化学肥料的施用，长期大量施用化学肥料，土壤团粒结构遭到破坏，导致土壤板结，市场上流通的复合肥不具备改土功效，导致制种玉米品质和产量下降。因此，研究和开发改土性专用肥成为复合肥研发的关键所在。近年来，有关复合肥研究受到了广泛关注，但制种玉米改土性专用肥的研究未见报道。针对上述存在的问题，本文应用改土培肥理论，以土壤结构改良剂——聚乙烯醇、玉米专用肥、牛粪为原料，采用正交试验方法确定改土性专用肥配方，合成改土性专用肥，并进行验证试验，以便对改土性专用肥的肥效做出准

确的评价。

（一）材料与方法

1. 盆栽试验

（1）试验材料。供试土壤采于甘肃省张掖市甘州区甘俊镇工联村九社丁明国连作 15 年的制种玉米田，土壤类型是灌漠土，0~20cm 土层含有机质 12.35g/kg，碱解氮 96.43mg/kg，有效磷 12.65mg/kg，速效钾 165.54mg/kg，pH 值 7.73；聚乙烯醇，甘肃兰维新材料有限公司产品，分子质量 5 500~7 500，pH 值为 6.0~8.0，黏度 12~16，粒径 0.05mm；玉米专用肥，$CO(NH_2)_2$、$(NH_4)_2HPO_4$、$ZnSO_4 \cdot 7H_2O$ 重量比按 0.61：0.34：0.04 混合配制，含 N 34.72%，P_2O_5 15.64%，Zn 0.96%，价格为 2 740元/t；牛粪，含有机质 14.50%，全氮 0.33%，全磷 0.25%，全钾 0.16%，粒径 2~5mm，张掖市甘州区长安乡奶牛养殖场提供；参试玉米品种为郑单 958（郑 58×昌 7-2）。

（2）试验处理。选择聚乙烯醇、玉米专用肥、牛粪为 3 个因素，每个因素设计 3 个水平，按正交表 $L_9(3^3)$ 设计 9 个处理，按表 12-88 因素与水平编码括号中的数量称取各种材料组成 9 个试验处理。

表 12-88　$L_9(3^3)$ 正交试验设计表

试验处理	A 聚乙烯醇	B 玉米专用肥	C 牛粪
$1 = A_1B_1C_3$	1（15）	1（900）	3（30 000）
$2 = A_1B_3C_1$	1（15）	3（2 700）	1（10 000）
$3 = A_1B_2C_2$	1（15）	2（1 800）	2（20 000）
$4 = A_2B_2C_2$	2（30）	2（1 800）	2（20 000）
$5 = A_2B_3C_3$	2（30）	3（2 700）	3（30 000）
$6 = A_2B_1C_1$	2（30）	1（900）	1（10 000）
$7 = A_3B_3C_1$	3（45）	3（2 700）	1（10 000）
$8 = A_3B_1C_2$	3（45）	1（900）	2（20 000）
$9 = A_3B_2C_3$	3（45）	2（1 800）	3（30 000）

注：括号内数据为试验数据（kg/hm²），括号外数据为正交试验水平代码值。

（3）种植方法。试验于 2019 年在河西学院生命科学实验楼顶上进行，称取过 10mm 筛的风干土 10kg 加入胶木桶内，将胶木桶置于室外，1/3 肥料在播种前做底肥施入 15cm 土层，剩余 2/3 肥料在玉米大喇叭口期结合灌水穴施。每桶浇水 3 000ml，使土壤自然含水量达到 30%，浇水第 5 天浅耕后播种，播种深度 2cm，

张掖灌区农作物科学施肥理论与实践

每桶播种 4 株，在桶上覆盖 1 层地膜，出苗后去掉地膜间苗，每桶留 3 株，以后间隔 5 天浇水 1 次，每次浇水 3 000ml。

（4）数据处理方法。2019 年 9 月 28 日每个盆钵单独收获，将盆钵产量折合成公顷产量，采用正交试验直观分析方法，计算出因素间效应值（R）和各因素不同水平的 T 值，确定因素间最佳组合，组成改土性专用肥配方。

2. 田间试验

（1）试验材料。改土性专用肥根据盆栽试验筛选的配方，将聚乙烯醇、玉米专用肥、牛粪组合比例是 0.0010：0.0565：0.9425 混合配制，含 N 1.96%、P_2O_5 0.88%、Zn 0.05%；参试土壤类型、玉米品种与盆栽试验相同。

（2）试验处理。改土性专用肥施用量梯度设计为 0t/hm²、3.50t/hm²、7.00t/hm²、10.50t/hm²、14.00t/hm²、17.50t/hm² 6 个处理，以处理 1 为 CK（对照），每个处理重复 3 次，随机区组排列。

（3）试验方法。试验于 2018 年在张掖市甘州区甘俊镇工联村九社丁明国连作 14 年的制种玉米田上进行，土壤类型是灌漠土，试验小区面积为 24m²（6m×4m），每个小区四周筑埂，埂宽 40cm，埂高 30cm，播种时间为 4 月 22 日，母本定植株距 25cm、行距 50cm，父本以满天星配置，株距 50cm。不同处理的肥料在玉米播种前做底肥施入 20cm 土层，施肥方法是条施。在玉米开花期、灌浆期分别追施尿素 225kg/hm²，追肥方法是穴施。玉米收获时，每个试验小区随机采集 30 个果穗室内测定经济性状，每个试验小区单独收获，将小区产量折合成公顷产量进行统计分析。

（4）测定项目与方法。2018 年 9 月 24 日玉米收获后分别在试验小区内用环刀采集耕层（0~20cm）原状土测定土壤物理性质，土壤容重按公式［环刀内湿土的质量/（100+自然含水量）］求得；土壤总孔隙度按公式［（土壤密度−土壤容重）/土壤密度×100］求得；土壤团聚体测定采用干筛法；在玉米出苗后 60 天，每个处理随机采集 30 株测定植物学性状，玉米秸秆茎粗采用游标卡尺法，地上部分干重采用 105℃烘箱杀青 30min，80℃烘干至恒重。

（5）数据处理方法。植物学性状、经济性状和产量采用直线回归分析方法，差异显著性采用多重比较，LSR 检验。边际产量按公式（后一个处理产量−前一个处理产量）求得；边际产值按公式（边际产量×产品价格）求得；边际施肥量按公式（后一个处理施肥量−前一个处理施肥量）求得；边际成本按公式（边际施肥量×肥料价格）求得；边际利润按公式（边际产值−边际成本）求得。依据经济效益最佳施用量计算公式 $x_0 = [(p_x/p_y) - b]/2c$ 求得改土性专用肥最佳施用量（x_0），依据肥料效应回归方程式 $y = a + bx - cx^2$，求得改土性专用肥最佳施用量时的玉米理论产量（y）。

（二）结果分析

1. 改土性专用肥配方筛选

将盆栽试验产量折合成公顷产量进行统计分析可以看出，因素间的效应（R）是 B>C>A，说明影响制种玉米产量的因素依次是：玉米专用肥>牛粪>聚乙烯醇。比较各因素不同水平的 T 值可以看出，$T_{A2}>T_{A3}$ 和 T_{A1}，$T_{B2}>T_{B3}$ 和 T_{B1}，说明随着聚乙烯醇和玉米专用肥施用量的增加，玉米产量在增加，当聚乙烯醇和玉米专用肥施用量大于 $30kg/hm^2$ 和 $1\,800kg/hm^2$ 时，玉米产量又随聚乙烯醇和玉米专用肥施用量的增加而递减。$T_{C3}>T_{C2}>T_{C1}$，说明随着牛粪施用量的增加，玉米产量在增加。从各因素的 T 值看出，因素间最佳组合是：$A_2B_2C_3$（即聚乙烯醇 $30kg/hm^2$，玉米专用肥 $1\,800kg/hm^2$，牛粪 $30\,000kg/hm^2$，聚乙烯醇、玉米专用肥、牛粪组合比例是 $0.0010:0.0565:0.9425$）（表 12-89）。

表 12-89 L_9（3^3）正交试验分析

试验处理	A 聚乙烯醇	B 玉米专用肥	C 牛粪	玉米产量 （t/hm^2）
$1=A_1B_1C_3$	1 （15）	1 （900）	3 （30 000）	2.05
$2=A_1B_3C_1$	1 （15）	3 （2 700）	1 （10 000）	5.41
$3=A_1B_2C_2$	1 （15）	2 （1 800）	2 （20 000）	5.68
$4=A_2B_2C_2$	2 （30）	2 （1 800）	2 （20 000）	5.42
$5=A_2B_3C_3$	2 （30）	3 （2 700）	3 （30 000）	5.50
$6=A_2B_1C_1$	2 （30）	1 （900）	1 （10 000）	3.65
$7=A_3B_3C_1$	3 （45）	3 （2 700）	1 （10 000）	1.49
$8=A_3B_1C_2$	3 （45）	1 （900）	2 （20 000）	4.13
$9=A_3B_2C_3$	3 （45）	2 （1 800）	3 （30 000）	7.84
T_1	13.14	9.83	10.55	
T_2	14.57	18.94	15.23	41.17 （T）
T_3	13.46	12.39	15.39	
R	1.43	9.11	4.84	

注：括号内数据为试验数据（kg/hm^2），括号外数据为正交试验水平代码值。

2. 改土性专用肥对土壤物理性质的影响

（1）对土壤容重的影响。9 月 24 日玉米收获后采集耕层 0~20cm 土样测定结果可以看出，随着改土性专用肥施用量梯度的增加，土壤容重在降低，改土性专用肥施用量为 17.50t/hm²，土壤容重为 1.24g/cm³，与 CK、改土性专用肥施用量 3.50t/hm²、7.00t/hm²、10.50t/hm² 比较，土壤容重分别降低了 15.07%、13.29%、9.49%、7.46%，差异极显著（$P<0.01$），与改土性专用肥施用量 14.00t/hm² 比较，土壤容重分别降低了 2.36%，差异显著（$P<0.05$）。将不同剂量改土性专用肥施用量与土壤容重进行线性回归统计分析，得到的回归方程为：$y=1.4666-0.0131x$，相关系数（R）为 -0.9939，说明改土性专用肥施用量与土壤容重呈显著的负相关关系（表 12-90）。

（2）对土壤总孔隙度的影响。从表 12-90 可以看出，随着改土性专用肥施用量梯度的增加，土壤总孔隙度在递增，改土性专用肥施用量为 17.50t/hm²，土壤总孔隙度为 53.21%，与 CK、改土性专用肥施用量 3.50t/hm²、7.00t/hm²、10.50t/hm² 比较，土壤总孔隙度分别增加了 18.48%、15.60%、10.17%、7.65%，差异极显著（$P<0.01$），与改土性专用肥施用量为 14.00t/hm² 比较，土壤总孔隙度增加了 2.17%，差异不显著（$P>0.05$）。将不同剂量改土性专用肥施用量与土壤总孔隙度进行线性回归统计分析，得到的回归方程为：$y=44.6919+0.4961x$，相关系数（R）为 0.9938，说明改土性专用肥施用量与土壤总孔隙度呈显著的正相关关系。

（3）对土壤团聚体的影响。从表 12-90 可以看出，随着改土性专用肥施用量梯度的增加，土壤团聚体在递增，改土性专用肥施用量为 17.50t/hm²，土壤团聚体为 34.23%，与 CK、改土性专用肥施用量 3.50t/hm²、7.00t/hm²、10.50t/hm² 比较，土壤团聚体分别增加了 29.41%、19.06%、11.94%、6.34%，差异极显著（$P<0.01$），与改土性专用肥施用量为 14.00t/hm² 比较，土壤团聚体增加了 2.06%，差异显著（$P<0.05$）。将不同剂量改土性专用肥施用量与土壤团聚体进行线性回归统计分析，得到的回归方程为：$y=26.9817+0.4596x$，相关系数（R）为 0.9893，说明改土性专用肥施用量与土壤团聚体呈显著的正相关关系。

表 12-90　改土性专用肥对玉米田物理性质的影响

施肥量 （t/hm²）	容重 （g/cm³）	总孔隙度 （%）	>0.25mm 团聚体 （%）
0（CK）	1.46 aA	44.91 dD	26.45 fF
3.50	1.43 bA	46.03 cC	28.75 eE
7.00	1.37 cB	48.30 bB	30.58 dD
10.50	1.34 dB	49.43 bB	32.19 cC
14.00	1.27 eC	52.08 aA	33.54 bA
17.50	1.24 fC	53.21 aA	34.23 aA

3. 改土性专用肥对玉米植物学性状的影响

（1）对玉米株高的影响。据玉米出苗后 60 天测定结果可以看出，随着改土性专用肥施用量梯度的增加，玉米株高在递增，改土性专用肥施用量为 17.50t/hm²，玉米株高为 75.63cm，与 CK、改土性专用肥施用量 3.50t/hm²、7.00t/hm²、10.50t/hm²比较，玉米株高分别增加了 32.71%、19.42%、12.26%、7.77%，差异极显著（$P<0.01$），与改土性专用肥施用量为 14.00t/hm²比较，玉米株高增加了 3.45%，差异显著（$P<0.05$）。将不同剂量改土性专用肥施用量与玉米株高进行线性回归统计分析，得到的回归方程为：$y=58.8147+1.0232x$，相关系数（R）为 0.9832，说明改土性专用肥施用量与玉米株高呈显著的正相关关系（表 12-91）。

（2）对玉米茎粗的影响。从表 12-91 可以看出，随着改土性专用肥施用量梯度的增加，玉米茎粗在递增，改土性专用肥施用量为 17.50t/hm²，玉米茎粗为 22.63mm，与 CK、改土性专用肥施用量 3.50t/hm²、7.00t/hm²、10.50t/hm²、14.00t/hm²比较，玉米茎粗分别增加了 45.16%、15.75%、8.80%、7.40%、3.10%，差异显著（$P<0.05$）。将不同剂量改土性专用肥施用量与玉米茎粗进行线性回归统计分析，得到的回归方程为：$y=17.2171+0.3493x$，相关系数（R）为 0.9053，说明改土性专用肥施用量与玉米茎粗呈显著的正相关关系。

（3）对玉米生长速度的影响。从表 12-91 可以看出，随着改土性专用肥施用量梯度的增加，玉米生长速度在递增，改土性专用肥施用量为 17.50t/hm²，玉米生长速度为 12.61mm/天，与 CK、改土性专用肥施用量 3.50t/hm²、7.00t/hm²、10.50t/hm²比较，玉米生长速度分别增加了 32.88%、19.53%、12.39%、7.87%，差异极显著（$P<0.01$），与改土性专用肥施用量为 14.00t/hm²比较，玉米生长速度增加了 3.53%，差异不显著（$P>0.05$）。将不同剂量改土性专用肥施用量与玉米生长速度进行线性回归统计分析，得到的回归方程为：$y=9.7928+0.1711x$，相关系数（R）为 0.9836，说明改土性专用肥施用量与玉米生长速度呈显著的正相关关系。

（4）对玉米地上部干重的影响。从表 12-91 可以看出，随着改土性专用肥施用量梯度的增加，玉米地上部干重在递增，改土性专用肥施用量为 17.50t/hm²，玉米地上部干重为 68.14g/株，与 CK、改土性专用肥施用量 3.50t/hm²、7.00t/hm²、10.50t/hm²、14.00t/hm²比较，玉米地上部干重分别增加了 28.76%、15.88%、10.81%、6.37%、2.05%，差异极显著（$P<0.01$）。将不同剂量改土性专用肥施用量与玉米地上部干重进行线性回归统计分析，得到的回归方程为：$y=54.7028+0.8373x$，相关系数（R）为 0.9765，说明改土性专用肥施用量与玉米地上部干重呈显著的正相关关系。

表 12-91　改土性专用肥对制种玉米植物学性状的影响

施肥量 （t/hm²）	株高 （cm）	茎粗 （mm）	生长速度 （mm/天）	地上部干重 （g/株）
0（CK）	56.99 fE	15.59 eA	9.49 dD	52.92 fF

（续表）

施肥量 （t/hm²）	株高 （cm）	茎粗 （mm）	生长速度 （mm/天）	地上部干重 （g/株）
3.50	63.33 eD	19.55 dA	10.55 cC	58.80 eE
7.00	67.37 dC	20.80 cA	11.22 bB	61.49 dD
10.50	70.18 cB	21.07 bA	11.69 bB	64.06 cC
14.00	73.11 bA	21.95 bA	12.18 aA	66.77 bB
17.50	75.63 aA	22.63 aA	12.61 aA	68.14 aA

4. 改土性专用肥对制种玉米经济性状和产量的影响

（1）对玉米穗粒数的影响。据玉米收获后测定结果可以看出，随着改土性专用肥施用量梯度的增加，玉米穗粒数在增加，改土性专用肥施用量为 17.50t/hm²，玉米穗粒数为 291 粒，与 CK、改土性专用肥施用量 3.50t/hm² 比较，玉米穗粒数分别增加了 9.81%、5.82%，差异极显著（$P<0.01$），与改土性专用肥施用量 7.00t/hm²、10.50t/hm²、14.00t/hm² 比较，玉米穗粒数分别增加了 2.46%、2.11%、0.69%，差异显著（$P<0.05$）。将不同剂量改土性专用肥施用量与玉米穗粒数进行线性回归统计分析，得到的回归方程为：$y=269.1428+1.4122x$，相关系数（R）为 0.9442，说明改土性专用肥施用量与玉米穗粒数呈显著的正相关关系（表 12-92）。

（2）对玉米穗粒重的影响。从表 12-92 可以看出，随着改土性专用肥施用量梯度的增加，玉米穗粒重在增加，改土性专用肥施用量为 17.50t/hm²，玉米穗粒重为 95.24g，与 CK、改土性专用肥施用量 3.50t/hm²、7.00t/hm² 比较，玉米穗粒重分别增加了 28.58%、11.97%、7.40%，差异极显著（$P<0.01$），与改土性专用肥施用量 10.50t/hm²、14.00t/hm² 比较，玉米穗粒重分别增加了 4.01%、1.37%，差异显著（$P<0.05$）。将不同剂量改土性专用肥施用量与玉米穗粒重进行线性回归统计分析，得到的回归方程为：$y=78.4228+1.1053x$，相关系数（R）为 0.9287，说明改土性专用肥施用量与玉米穗粒重呈显著的正相关关系。

（3）对玉米百粒重的影响。从表 12-92 可以看出，随着改土性专用肥施用量梯度的增加，玉米百粒重在增加，改土性专用肥施用量为 17.50t/hm²，玉米百粒重为 32.70g，与 CK、改土性专用肥施用量 3.50t/hm²、7.00t/hm² 比较，玉米百粒重分别增加了 16.99%、5.72%、4.61%，差异显著（$P<0.05$），与改土性专用肥施用量 10.50t/hm²、14.00t/hm² 比较，玉米百粒重分别增加了 1.77%、0.58%，差异不显著（$P>0.05$）。将不同剂量改土性专用肥施用量与玉米百粒重进行线性回归统计分析，得到的回归方程为：$y=29.1495+0.2396x$，相关系数（R）为 0.8925，说明改土性专用肥施用量与玉米百粒重呈显著的正相关关系。

（4）对玉米产量的影响。从表 12-92 可以看出，随着改土性专用肥施用量梯度的增加，玉米产量在增加，改土性专用肥施用量为 17.50t/hm²，玉米产量为6.69t/hm²，与 CK、改土性专用肥施用量 3.50t/hm² 比较，玉米产量分别增加了27.43% 和 15.94%，差异极显著（$P<0.01$），与改土性专用肥施用量 7.00t/hm²、10.05t/hm² 比较，玉米产量分别增加了 8.60% 和 4.69%，差异显著（$P<0.05$），与改土性专用肥施用量 14.00t/hm² 比较，玉米产量增加了 1.98%，差异不显著（$P>0.05$）。将不同剂量改土性专用肥施用量与玉米产量进行线性回归统计分析，得到的回归方程为：$y=5.4366+0.0800x$，相关系数（R）为 0.9658，说明改土性专用肥施用量与玉米产量呈显著的正相关关系。

表 12-92　改土性专用肥对制种玉米经济性状和产量的影响

施肥量 （t/hm²）	穗粒数 （粒）	穗粒重 （g）	百粒重 （g）	产量 （t/hm²）	增产量 （t/hm²）	增产率 （%）
0（CK）	265.00 fC	74.07 fC	27.95 dB	5.25 eC	/	/
3.50	275.00 eB	85.06 eB	30.93 cA	5.77 dB	0.52	9.90
7.00	284.00 dA	88.68 dB	31.26 bA	6.16 cA	0.91	17.33
10.50	285.00 cA	91.57 cA	32.13 aA	6.39 bA	1.14	21.71
14.00	289.00 bA	93.95 bA	32.51 aA	6.56 aA	1.31	24.95
17.50	291.00 aA	95.24 aA	32.70 aA	6.69 aA	1.44	27.43

5. 改土性专用肥对制种玉米经济效益的影响

从表 12-93 可以看出，随着改土性专用肥施用量的增加，边际产量由最初的0.52t/hm²，递减到 0.13t/hm²，从经济效益变化来看，随着改土性专用肥施用量的增加，边际利润由最初的 1 702.60元/hm²，递减到 -47.40 元/hm² 和 -247.40 元/hm²，改土性专用肥施用量在 10.50t/hm² 的基础上，再继续增加施用量，边际利润出现负值。由此可见，改土性专用肥适宜施用量为 10.50t/hm²。

6. 改土性专用肥最佳施用量与制种玉米的理论产量

将改土性专用肥不同施用量与制种玉米产量间的关系，应用肥料效应回归方程$y=a+bx-cx^2$ 拟合，得到的回归方程为：

$$y=5.25+0.1698x-0.0056x^2 \tag{12-16}$$

对回归方程进行显著性测验的结果表明回归方程拟合良好。改土性专用肥价格（p_x）为 256.21 元/t，制种玉米价格（p_y）为 5 000元/t，将（p_x）、（p_y）、回归方程的参数 b 和 c，代入经济最佳施用量计算公式（x_0）$=[(p_x/p_y)-b]/2c$，求得改土性专用肥经济最佳施用量（x_0）为 10.61t/hm²，将 x_0 代入式（12-16），可求得制种玉米理论产量（y）为 6.42t/hm²，统计分析结果与田间小区试验处理 4 基本吻合（表12-93）。

表12-93 改土性专用肥对制种玉米经济效益的分析

施肥量 （t/hm²）	产量 （t/hm²）	边际产量 （t/hm²）	边际产值 （元/hm²）	边际成本 （元/hm²）	边际利润 （元/hm²）
0（CK）	5.25 dC	/	/	/	/
3.50	5.77 cB	0.52	2 600.00	897.40	1 702.60
7.00	6.16 bA	0.39	1 950.00	897.40	1 052.60
10.50	6.39 aA	0.23	1 150.00	897.40	252.60
14.00	6.56 aA	0.17	850.00	897.40	−47.40
17.50	6.69 aA	0.13	650.00	897.40	−247.40

注：制种玉米5 000元/t，聚乙烯醇26 000元/t，牛粪80元/t，玉米专用肥2 740元/t，改土性专用肥256.21元/t。

（三）问题讨论与结论

土壤容重可以表明土壤的松紧程度及孔隙状况，反映土壤的透水性、通气性和植物根系生长的阻力状况，是表征土壤物理性质的一个重要指标。随着改土性专用肥施用量梯度的增加，土壤容重在降低，其原因：一是改土性专用肥中的牛粪含有丰富的有机质，使土壤疏松，降低了容重；二是改土性专用肥中的聚乙烯醇在土壤中形成团粒结构，使土壤变得疏松，土壤的孔隙增多，容重下降，疏松的土壤有利于土壤中的水、气、热交换，有利于土壤中养分对植物的供应，从而提高了土壤肥力。土壤总孔隙度是表征土壤通气性和透水性的重要指标，从而影响地上植物的生长，总孔隙度大的土壤具有较好的水分渗透性，对土壤蓄水具有重要的意义。随着改土性专用肥施用量梯度的增加，土壤总孔隙度在递增，其原因是改土性专用肥含有丰富的有机质，施用改土性专用肥后，使土壤疏松，增大了土壤总孔隙度。土壤团聚体是表征肥沃土壤的指标之一，团聚体发达的土壤保水肥能力强。施用改土性专用肥可以使分散的土壤颗粒团聚，形成团聚体，随着改土性专用肥施用量梯度的增加，土壤团聚体在递增，分析这一结果产生的原因，一是改土性专用肥中的聚乙烯醇是一种胶结物质，使分散的土粒胶结成蜂窝状，形成较稳定的团聚体；二是改土性专用肥中的牛粪在土壤微生物的作用下合成了土壤腐殖质，腐殖质中的酚羟基、羧基、甲氧基、羰基、羟基、醌基等功能团解离后带负电荷，吸附了河西内陆盐土中的 Ca^{2+}，Ca^{2+}是一种胶结物质，促进了土壤团聚体的形成。

改土性专用肥施用量与玉米植物学、经济性状呈显著的正相关关系，其原因是改土性专用肥含有丰富的有机质、氮、磷和锌元素，施用改土性专用肥协调了土壤养分平衡，有效地促进了玉米的生长发育。

在对改土性专用肥的增产效应研究中发现，随着改土性专用肥施用量梯度的增加，玉米边际利润在递减，经回归统计分析，改土性专用肥经济最佳施用量为 10.61t/hm²，制种的玉米理论产量为 6.42t/hm²。

二、多功能专用肥对土壤理化性质和制种玉米效益影响的研究

张掖内陆灌区近 10 年来建立了玉米制种生产基地 10 万 hm²，产种量达 6.5 亿 kg，玉米制种产业在增加农民收入方面起到了积极作用。目前存在的主要问题是：制种玉米种植面积大，连作年限长；化学肥料投入量较大，有机肥料投入量严重不足；市场上流通的复合肥有效成分和比例不完全符合本区风沙土养分现状和玉米对养分的吸收比例，导致土壤养分比例失衡，制种玉米品质和产量下降，影响了本区制种玉米产业的可持续发展。因此，研究和开发玉米多功能专用肥成为复合肥研发的关键所在。近年来，有关复合肥研究受到了广泛关注，有关玉米多功能专用肥混肥还未见报道。针对上述存在的问题，应用作物营养科学施肥理论，选择聚乙烯醇、5406 菌剂、$(NH_4)_2HPO_4$、$ZnSO_4 \cdot 7H_2O$、$CO(NH_2)_2$、活性有机肥 6 种原料，采用正交试验方法确定原料最佳组合，合成玉米多功能专用肥，并进行验证试验，以便对玉米多功能专用肥的肥效做出准确的评价。

（一）材料与方法

1. 试验材料

（1）试验地概况。试验于 2017—2018 年在甘肃省张掖市甘州区沙井镇南沟村连续种植制种玉米的基地上进行，试验地海拔 1 445m，年均温度 8.50℃，年均降水量 142.4mm，年均蒸发量 1 850.1mm，无霜期 145 天，土壤类型是灌漠土，0~20cm 土层含有机质 13.45g/kg，碱解氮 34.27mg/kg，有效磷 6.14mg/kg，速效钾 126.57mg/kg，pH 值 8.43。

（2）试验材料。活性有机肥，含有机质 76%，全氮 0.61%，全磷 0.36%，全钾 1.18%，pH 值为 2.1，粒径 0.5~1.00mm；聚乙烯醇，分子质量 5 500~7 500，pH 值 6.0~8.0，黏度 12~16，粒径 0.05mm，甘肃兰维新材料有限公司产品；5406 菌剂，有效活菌数≥2.0 亿/g，北京颐生堂生物工程有限公司产品；$CO(NH_2)_2$，含 N 46%；$(NH_4)_2HPO_4$，含 N 18%、P_2O_5 46%；$ZnSO_4 \cdot 7H_2O$，含 Zn 23%；玉米品系是敦玉 328，由甘肃省敦煌种业股份有限公司研究院选育。

2. 试验方法

（1）试验处理。

试验一：玉米多功能专用肥配方筛选。2017 年 4 月 24 日，选择聚乙烯醇、5406 菌剂、$(NH_4)_2HPO_4$、$ZnSO_4 \cdot 7H_2O$、$CO(NH_2)_2$、活性有机肥为 6 个因素，每个因素素设计 3 个水平，按正交表 $L_9(3^6)$ 设计 9 个处理。按表 12-94 因素与

水平编码括号中的数量称取各种材料组成 9 个试验处理。

表 12-94　L₉（3⁶）正交试验设计表

试验处理	A 聚乙烯醇	B 5406 菌剂	C （NH₄）₂ HPO₄	D ZnSO₄	E CO （NH₂）₂	F 活性 有机肥
1	（15）1	（69）3	（376）2	（69）3	（368）1	（1 500）1
2	（30）2	（23）1	（188）1	（46）2	（1 104）3	（1 500）1
3	（45）3	（46）2	（564）3	（23）1	（736）2	（1 500）1
4	（15）1	（46）2	（188）1	（69）3	（736）2	（3 000）2
5	（30）2	（69）3	（564）3	（46）2	（1 104）3	（3 000）2
6	（45）3	（23）1	（376）2	（23）1	（368）1	（3 000）2
7	（15）1	（23）1	（564）3	（69）3	（1 104）3	（4 500）3
8	（30）2	（46）2	（376）2	（46）2	（368）1	（4 500）3
9	（45）3	（69）3	（188）1	（23）1	（736）2	（4 500）3

注：括号内数据为公顷施用量（kg/hm²），括号外数据为正交试验编码值。

试验二：多功能专用肥经济效益最佳施用量研究。根据试验一筛选的配方，将聚乙烯醇、5406 菌剂、（NH₄）₂HPO₄、ZnSO₄·7H₂O、CO（NH₂）₂、活性有机肥重量比按 0.0048∶0.0109∶0.0893∶0.0073∶0.1749∶0.7128 混合，得到多功能专用肥产品，经室内化验分析，含有机质 54.21%，N 9.65%，P₂O₅ 4.10%，Zn 0.16%，有效活菌数 ≥500 万/g。将多功能专用肥施肥量设计为 0kg/hm²、375kg/hm²、750kg/hm²、1 125kg/hm²、1 500kg/hm²、1 875kg/hm²、2 250kg/hm² 7 个处理，以处理 1 为 CK（对照），每个处理重复 3 次，随机区组排列。

（2）种植方法。试验小区面积为 32m²（8m×4m），每个小区四周筑埂，埂宽 40cm，埂高 30cm，多功能专用肥 1/3 在玉米播种前做底肥施入 20cm 土层，2/3 在玉米拔节期结合灌水追施，播种时间为每年的 4 月 24 日，母本定植株距 25cm，行距 50cm，父本以满天星配置，株距 50cm。父母本行比为 1∶6，先播全部母本，父本采用"行比+满天星"方式种植，母本播后 5 天，播种第一期父本及满天星，10 天后播种第二期父本；分别在玉米拔节期、孕穗期、抽穗期、灌浆期、乳熟期各灌水 1 次，每个小区灌水量相等。

（3）样品采集方法。玉米收获时分别在试验小区内随机采集 30 株，测定植物学性状和经济性状，每个小区单独收获，将小区产量折合成公顷产量进行统计分析。定点试验 2 年后，于 2018 年 10 月 10 日玉米收获后，在试验小区内按"S"形布点，采集耕层（0~20cm）土样 5kg，用四分法带回 1kg 混合土样室内风干化验分析（土壤容重、土壤团聚体、土壤微生物用环刀采原状土，不风干）。

（4）测定项目与方法。土壤容重采用环刀法；孔隙度采用计算法；团聚体采用湿筛法；自然含水量采用烘干法；有机质采用重铬酸钾法；碱解氮采用扩散法；有效磷采用碳酸氢钠浸提—钼锑抗比色法；速效钾采用火焰光度计法；pH 值采用 5∶1 水土比浸提，用 pH-2F 数字 pH 计测定；EC（电导率）采用电导法，DDS—11 型电导仪测定；土壤微生物数量采用平板稀释法；玉米植株茎粗采用游标卡尺法，地上部分干重，采用 105℃烘箱杀青 30min，80℃烘干至恒重。

（5）数据统计方法。土壤物理化性质、有机质和速效养分、玉米植物学性状采用直线回归统计法；处理间的差异显著性采用多重比较，LSR 检验法。依据经济效益最佳施肥量计算公式 $x_0 = [(p_x/p_y) - b]/2c$ 求得多功能专用肥最佳施肥量（x_0），依据肥料效应回归方程式 $y = a + bx - cx^2$，求得多功能专用肥最佳施肥量时的玉米理论产量（y）。

（二）结果分析

1. 多功能专用肥配方确定

（1）因素间的效应（R）值。据 2017 年 9 月 30 日玉米收获后测定结果可以看出，因素间的效应（R）是 C>E>F>A＝D>B，说明影响玉米穗粒数、穗粒重、产量因素依次是（NH_4）$_2HPO_4$>CO（NH_2）$_2$>活性有机肥>聚乙烯醇、$ZnSO_4 \cdot 7H_2O$>5406 菌剂。

（2）各因素不同水平的 T 值。由表 12-95 可以看出，$T_{A2} > T_{A3} > T_{A1}$，说明穗玉米粒数、穗粒重、产量随聚乙烯醇用量的增大而增加，但聚乙烯醇用量超过 30kg/hm^2 后，玉米穗粒数、穗粒重、产量又随聚乙烯醇用量的增大而降低。$T_{B3} > T_{B1} > T_{B2}$，$T_{C3} > T_{C1} > T_{C2}$，说明 5406 菌剂和（NH_4）$_2HPO_4$ 的适宜用量分别为 69kg/hm^2 和 564kg/hm^2。$T_{D2} > T_{D1}$，$T_{D3} < T_{D1}$，说明玉米穗粒数、穗粒重、产量随 $ZnSO_4 \cdot 7H_2O$ 用量的增大而增加，但 $ZnSO_4 \cdot 7H_2O$ 用量超过 46kg/hm^2 后，玉米穗粒数、穗粒重、产量又随 $ZnSO_4 \cdot 7H_2O$ 用量的增大而降低。$T_{E3} > T_{E2} > T_{E1}$，$T_{F3} > T_{F2} > T_{F1}$，说明玉米穗粒数、穗粒重、产量随着 CO（NH_2）$_2$ 和活性有机肥用量的增大而增加，CO（NH_2）$_2$ 和活性有机肥的适宜用量分别为 1 104kg/hm^2 和 4 500kg/hm^2。

（3）因素间最佳组合。各因素的 T 值可以看出，因素间最佳组合是：$A_2B_3C_3D_2E_3F_3$［聚乙烯醇 30kg/hm^2，5406 菌剂 69kg/hm^2，（NH_4）$_2HPO_4$564kg/hm^2，$ZnSO_4 \cdot 7H_2O$ 46kg/hm^2，CO（NH_2）$_2$ 1 104kg/hm^2，活性有机肥 4 500kg/hm^2。即聚乙烯醇、5406 菌剂、（NH_4）$_2HPO_4$、$ZnSO_4 \cdot 7H_2O$、CO（NH_2）$_2$、活性有机肥组合比例分别为 0.0048∶0.0109∶0.0893∶0.0073∶0.1749∶0.7128］（表 12-95）。

表 12-95 L₉（3⁶）正交试验分析

试验处理	A 聚乙烯醇	B 5406菌剂	C (NH₄)₂HPO₄	D ZnSO₄·7H₂O	E CO(NH₂)₂	F 活性有机肥	穗粒重（g/株）	穗粒数（粒）	产量（kg/hm²）
1	1	3	2	3	1	1	21.3985	102	1 711.880
2	2	1	1	2	3	1	35.3985	169	2 831.880
3	3	2	3	1	2	1	39.3334	188	3 146.672
4	1	2	1	3	2	2	36.4575	175	2 916.600
5	2	3	3	2	3	2	62.4465	299	4 995.720
6	3	1	2	1	1	2	29.1650	140	2 333.200
7	1	1	3	3	3	3	47.1275	225	3 770.200
8	2	2	2	2	1	3	32.6124	156	2 608.992
9	3	3	1	1	2	3	49.8148	238	3 985.184
穗粒重 T1	104.9835	111.691	124.5467	118.3132	83.1759	96.1304			
T2	130.4574	108.4033	83.1759	130.4574	125.6057	128.069	324.5891		
T3	118.3132	133.6598	148.9074	104.9835	144.9725	129.5547			
R	25.4739	25.2565	65.7351	25.4739	42.4298	33.4243	/		
穗粒数 T1	502	534	595	566	398	459			
T2	624	519	398	624	601	614		1 692	
T3	566	639	712	502	693	619			
R	122	120	314	122	295	160		/	
产量 T1	8 398.680	8 935.280	9 963.736	9 465.056	6 654.072	7 690.432			
T2	10 436.590	8 672.264	6 654.072	10 436.590	10 048.460	10 245.520			28 300.328
T3	9 465.056	10 692.780	11 912.590	8 398.680	11 597.800	10 364.380			
R	2 037.910	1 757.500	5 258.518	2 037.910	4 943.728	2 673.948			/

2. 多功能专用肥对土壤物理性质的影响

2018 年 10 月 10 日玉米收获后测定结果可以看出，随着多功能专用肥施肥量的增加，土壤自然含水量、总孔隙度在增大，容重在降低。多功能专用肥施肥量 2 250kg/hm² 时，与对照（CK）比较，自然含水量、总孔隙度分别增加 44.82%、17.43%，容重降低 0.19g/cm³。分析这一结果产生的原因是多功能专用肥中的活性有机肥使土壤疏松，增大了土壤孔隙度，降低了土壤容重。随着多功能专用肥施肥量的增加，土壤团聚体逐渐增多，其中多功能专用肥用量 2 250kg/hm² 时，与对照

（CK）比较，团聚体增加 50.07%。分析这一结果产生的原因，一是多功能专用肥中的聚乙烯醇是一种胶结物质，可以把小土粒粘在一起，形成较稳定的团聚体；二是多功能专用肥中的活性有机肥在土壤微生物的作用下合成了土壤腐殖质，腐殖质中的酚羟基、羧基、甲氧基、羰基、羟基、醌基等功能团解离后带负电荷，吸附了河西走廊石灰性土壤中的 Ca^{2+}，Ca^{2+} 是一种胶结物质，有利于土壤团聚体的形成。处理间的差异显著性，经 LSR 检验达到显著和极显著水平（表 12-96）。

表 12-96 多功能专用肥对土壤物理性质的影响

施肥量（kg/hm²）	自然含水量（%）	容重（g/cm³）	总孔隙度（%）	>0.25mm 团聚体（%）
0	11.67 gG	1.56 aA	41.13 fgF	21.91 gG
375	12.63 fF	1.53 abAB	42.36 efF	25.78 fF
750	13.32 deDE	1.51 bcC	43.39 deDE	27.05 deDE
1 125	13.62 dB	1.49 ceCE	43.77 dD	28.18 cdCD
1 500	14.80 cC	1.44 fF	45.66 cC	29.98 bcBC
1 875	16.34 abA	1.39 gG	47.55 abAB	31.23 abAB
2 250	16.90 aA	1.37 ghG	48.30 aA	32.88 aA

3. 多功能专用肥对土壤化学性质及有机质和速效养分的影响

由表 12-97 可知，多功能专用肥施肥量与土壤 EC、有机质、碱解氮、有效磷和速效钾呈显著的正相关关系，相关系数（R）分别为 0.9795、0.9560、0.9940、0.9981、0.9718。多功能专用肥用量 2 250kg/hm² 时，与对照（CK）比较，土壤 EC、有机质、碱解氮、有效磷和速效钾分别增加 0.81mS/cm、1.48g/kg、10.00mg/kg、1.47mg/kg 和 16.01mg/kg。原因是多功能专用肥含有丰富的有机质和氮磷钾，因而提高了土壤有机质和速效养分的含量。多功能专用肥施肥量与风沙土 pH 值呈显著的负相关关系，相关系数（R）为 -0.9966。多功能专用肥施肥量 2 250kg/hm² 时，与对照（CK）比较，土壤 pH 值降低了 0.12 个单位。原因是多功能专用肥中的活性有机肥是一种极强酸性物质，因而降低了土壤的酸碱度。处理间的差异显著性，经 LSR 检验达到显著和极显著水平。

表 12-97 多功能专用肥对土壤化学性质及有机质和速效养分的影响

施肥量（kg/hm²）	pH 值	EC（mS/cm）	有机质（g/kg）	碱解氮（mg/kg）	有效磷（mg/kg）	速效钾（mg/kg）
0	8.43 aA	2.86 gG	13.45 gC	34.27 gG	6.14 gG	126.57 gG
375	8.40 bB	3.15 fEF	14.03 fB	36.85 fF	6.45 efEF	132.21 efEF

（续表）

施肥量 （kg/hm²）	pH 值	EC （mS/cm）	有机质 （g/kg）	碱解氮 （mg/kg）	有效磷 （mg/kg）	速效钾 （mg/kg）
750	8.39 bcB	3.25 eDE	14.29 eB	38.39 deDE	6.67 deBE	133.56 eE
1 125	8.37 cB	3.34 dCD	14.44 dB	39.58 cdCD	6.95 dB	136.29 dD
1 500	8.35 dB	3.45 cBC	14.73 bcB	40.79 cC	7.19 cA	139.07 cBC
1 875	8.33 eB	3.55 bAB	14.75 bB	42.49 bB	7.38 bA	140.48 bAB
2 250	8.31 fB	3.67 aA	14.93 aA	44.27 aA	7.61 aA	142.58 aA

4. 多功能专用肥对土壤微生物数量的影响

由表 12-98 可知，多功能专用肥施肥量与土壤真菌、细菌、放线菌、菌体总量呈显著的正相关关系，相关系数（R）分别为 0.9387、0.9935、0.9909、0.9959。多功能专用肥施肥量 2 250kg/hm²时，与对照（CK）比较，土壤中真菌、细菌、放线菌、菌体总量分别增加 159.46%、51.47%、43.88%、48.29%。分析这一结果产生的原因，一是多功能专用肥中的 5406 菌肥增加了土壤微生物的数量；二是多功能专用肥中的活性有机肥含有丰富的有机质，为土壤微生物生长发育提供了碳源，因而增加了微生物的数量。处理间的差异显著性，经 LSR 检验达到显著和极显著水平。

表 12-98　多功能专用肥对土壤微生物数量的影响

施肥量 （kg/hm²）	真菌 （×10⁴/g）	细菌 （×10⁷/g）	放线菌 （×10⁷/g）	总量 （×10⁷/g）
0	1.48 gG	1.36 gG	0.98 gB	2.34 gG
375	1.72 fF	1.51 efEF	1.09 fA	2.60 fEF
750	1.86 eE	1.58 eE	1.18 eA	2.76 eDE
1 125	2.76 dD	1.69 dD	1.23 dA	2.92 dCD
1 500	2.91 cC	1.86 cC	1.29 cA	3.15 cBC
1 875	3.80 abAB	2.01 abAB	1.35 abA	3.38 bAB
2 250	3.84 aA	2.06 aA	1.41 aA	3.47 aA

5. 多功能专用肥对玉米植物学性状的影响

由表 12-99 可知，多功能专用肥施肥量与玉米株高、茎粗、生长速度、地上部鲜重、地上部分干重呈显著的正相关关系，相关系数（R）分别为 0.9374、0.9881、0.7671、0.9520、0.9503。多功能专用肥施肥量 2 250kg/hm²时，与对照（CK）比较，株高、茎粗、生长速度、地上部鲜重、地上部分干重分别增加 0.26m、4.48mm、

2.61mm/天、174.41g/株、55.01g/株。处理间的差异显著性，经 LSR 检验达到显著和极显著水平。

表 12-99　多功能专用肥对玉米植物学性状的影响

施肥量（kg/hm²）	株高（m）	茎粗（mm）	生长速度（mm/天）	地上部鲜重（g/株）	地上部干重（g/株）
0	1.48 gE	33.11 gA	7.89 hC	662.33 gG	216.04 gG
375	1.59 fD	33.70 fA	9.89 gB	742.72 fF	241.61 fF
750	1.63 deC	35.11 deA	10.08 efA	759.02 eDE	246.91 eE
1 125	1.65 dC	35.82 cdA	10.21 cdA	775.65 dD	252.08 dD
1 500	1.69 cC	36.16 bcA	10.28 bcA	801.38 cC	260.37 cC
1 875	1.72 abA	36.92 abA	10.36 abA	818.88 bB	265.97 bB
2 250	1.74 aA	37.59 aA	10.50 aA	836.74 aA	271.05 aA

6. 多功能专用肥对玉米经济性状和产量的影响

由表 12-100 可知，多功能专用肥施肥量与玉米穗粒数、穗粒重、百粒重、产量呈正相关，其直线回归方程分别为 $y=218.2193+0.0190x$、$y=47.5930+0.0094x$、$y=21.7582+0.0022x$、$y=3\,594.9539+1.1395x$、相关系数（R）分别为 0.8956、0.9002、0.8717、0.9293。多功能专用肥施肥量 2 250kg/hm² 时，与对照（CK）比较，穗粒数、穗粒重、百粒重、产量分别增加 50.50 粒、24.64g、5.67g、2 700.83kg/hm²，但单位（1kg）多功能专用肥的增产量则随着多功能专用肥施肥量的增加而递减，出现报酬递减律。处理间的差异显著性，经 LSR 检验达到显著和极显著水平。

表 12-100　多功能专用肥对玉米经济性状和产量的影响

施肥量（kg/hm²）	穗粒数（粒）	穗粒重（g）	百粒重（g）	产量（kg/hm²）	增产量（kg/hm²）	单位肥料增产量（kg）
0	204.62 gG	41.18 gG	20.12 gD	3 043.18 gG	/	/
375	233.58 fF	53.86 fF	23.06 fC	4 090.70 fF	1 047.52	2.79
750	238.66 eE	58.54 eDE	24.53 fB	4 817.38 eE	1 774.20	2.37
1 125	243.73 dD	60.97 dCD	25.02 cdA	5 254.13 dD	2 210.95	1.96
1 500	248.94 cBC	62.86 cBC	25.25 bcA	5 515.88 cBC	2 472.70	1.65
1 875	252.30 bAB	64.35 abAB	25.51 abA	5 672.94 abAB	2 629.76	1.40
2 250	255.12 aA	65.82 aA	25.79 aA	5 744.01 aA	2 700.83	1.20

7. 多功能专用肥对玉米增产效应和经济效益的影响

采用经济学原理进行分析可以看出，随着多功能专用肥施肥量的增加，玉米边际产量由最初的 1 047.52kg/hm²，递减到 71.07kg/hm²，符合报酬递减律。从经济效益变化来看，边际利润由 4 810.10元/hm²，递减到-72.15元/hm²，多功能专用肥施肥量在 1 875kg/hm² 的基础上，再增加 375kg/hm²，收益出现负值，由此可见，多功能专用肥施肥量 1 875 kg/hm² 时，玉米增产效应和经济效益最好（表12-101）。

8. 多功能专用肥经济效益最佳施肥量与玉米的预测产量

将多功能专用肥不同施肥量与玉米产量间的关系应用肥料效应回归方程 $y=a+bx-cx^2$ 拟合，得到的回归方程是：

$$y = 3\ 043.18+2.4798x-0.0006x^2 \tag{12-17}$$

对回归方程进行显著性测验，$F = 19.34^{**}$，$>F_{0.01} = 16.45$，$R = 0.9865^{**}$，说明回归方程拟合良好。多功能专用肥价格（p_x）为 1.14 元/kg，玉米种子价格（p_y）为 5.00 元/kg，将 p_x、p_y、回归方程的 b 和 c，代入经济效益最佳施肥量计算公式 $x_0 = [(p_x/p_y)-b]/2c$，求得多功能专用肥经济效益最佳施肥量（x_0）为 1 874.81 kg/hm²，将 x_0 代入式（12-17），求得玉米的预测产量（y）为 5 583.40kg/hm²，计算结果与田间试验处理6基本吻合（表12-101）。

表 12-101　多功能专用肥对玉米增产效应和经济效益的影响

施肥量 （kg/hm²）	产量 （kg/hm²）	增产量 （kg/hm²）	边际产量 （kg/hm²）	边际产值 （元/hm²）	边际成本 （元/hm²）	边际利润 （元/hm²）
0	3 043.18 gG	/	/	/	/	/
375	4 090.70 fF	1 047.52	1 047.52	5 237.60	427.50	4 810.10
750	4 817.38 eE	1 774.20	726.68	3 633.40	427.50	3 205.90
1 125	5 254.13 dD	2 250.95	436.75	2 183.75	427.50	1 756.25
1 500	5 515.88 cBC	2 472.70	261.75	1 308.75	427.50	881.25
1 875	5 672.94 abAB	2 629.76	157.06	785.30	427.50	357.80
2 250	5 744.01 aA	2 700.83	71.07	355.35	427.50	-72.15

注：价格分别为 CO（NH₂）₂ 2 000元/t，（NH₄）₂HPO₄ 4 000元/t，ZnSO₄·7H₂O 4 000元/t，5406菌剂 20 000 元/t，活性有机肥 100 元/t，聚乙烯醇 26 000 元/t，多功能专用肥为 1 143.33 元/t，制种玉米 5 000元/t。

（三）结论

聚乙烯醇、5406菌剂、（NH₄）₂HPO₄、ZnSO₄·7H₂O、CO（NH₂）₂、活性有机

肥重量比按 0.0048∶0.0109∶0.0893∶0.0073∶0.1749∶0.7128 组合而成的多功能专用肥,将活性有机肥的长效、矿质元素的速效、生物菌肥的增效、聚乙烯醇的改土作用融为一体,弥补了生产上施用的专用肥养分比例不符合本区土壤肥力特点,且不具备保水、改土功效的缺点。

随着多功能专用肥施肥量的增加,风沙土总孔隙度团聚体、EC、有机质、碱解氮、有效磷、速效钾在增大,而容重和 pH 值在降低。多功能专用肥施肥量与玉米植物学性状、经济性状、产量呈正相关,与单位(1kg)肥料增产量呈负相关。随着多功能专用肥施肥量的增加,玉米边际产量、边际利润在递减,多功能专用肥施肥量在 1 875.00kg/hm² 的基础上,再增加 375.00kg/hm²,收益出现负值。多功能专用肥与玉米产量间的肥料效应回归方程是:$y = 3\ 043.18 + 2.4798x - 0.0006x^2$,多功能专用肥经济效益最佳施肥量($x_0$)为 1 874.81kg/hm²,玉米预测产量(y)为 5 583.40kg/hm²。

三、葡萄酒渣复混肥对土壤物理性质和玉米最佳施用量的研究

玉米是我国三大粮食作物之一,玉米产量的高低,直接影响国家的粮食总量和安全。据联合国粮农部门统计,2015 年我国玉米的种植面积突破 5 亿亩,年用种量将达到 10 亿 kg 以上,每年需玉米制种面积 30 万~40 万 hm²。随着我国畜牧业和玉米深加工业的发展对玉米需求量的不断增加,玉米种子的需求量也将不断增加。近年来,东北制种玉米经常受到冻害的威胁,制种基地大举西迁,而甘肃河西走廊具有得天独厚的自然环境条件和区位优势,日照时间 3 000~3 400h,年均温度 7.0~7.5℃,≥10℃的积温为 2 400~2 800℃,年降水量 150~250mm,年蒸发量 2 000~3 000mm,是杂交玉米种植的最佳区域。近 10 年来吸引了美国杜邦先锋、美国孟山都、登海先锋、中国种业、辽宁东亚、北京德农、奥瑞金、敦煌种业等国内外种业集团,建立了杂交玉米制种基地 10 万 hm²,年生产玉米种子 6.5 亿 kg,成为全国最大的玉米种子生产基地,玉米制种产业在产业化经营、调整种植业结构、提高农业科技含量和农产品质量、增加农民收入等方面起到了积极作用。目前存在的主要问题是:种植面积大,连作年限长,化肥超量施用,有机肥投入量不足,土壤板结,贮水功能削弱;市场上流通的复混肥有效成分和比例不完全符合本区土壤养分现状和玉米对养分的吸收比例,且不具备改土功效,导致制种玉米品质和产量下降,部分种业集团流向新疆、内蒙古和宁夏,影响了本区制种玉米产业的可持续发展。近年来,有关复混肥研究受到了广泛的关注,而制种玉米葡萄酒渣复混肥的研发未见文献报道。本文选择有机生态肥、葡萄酒渣、玉米专用肥为原料,合成葡萄酒渣复混肥,解决传统复混肥只具备营养、改土、保水的疑难问题,为河西走廊制种玉米合理施肥提供理论依据。

（一）材料与方法

1. 试验地概况

试验于 2017 年在甘肃省张掖市甘州区党寨镇杨家墩村四社村民刘玉泉连续种植制种玉米 16 年的基地上进行，试验地海拔为 1 501m，经度 100°28′36″，北纬 38°51′47″，年均气温 7.50℃，年均降水量 116mm，年均蒸发量 1 900mm，无霜期 160 天，土壤类型是灌漠土，0～20cm 耕作层含有机质含量 16.21g/kg、碱解氮 60.31mg/kg、有效磷 11.80mg/kg、速效钾 156.28mg/kg、pH 值 8.23、全盐 1.6g/kg、容重 1.70g/m³、总孔隙度 35.85%，土壤质地为轻壤质土，前茬作物是制种玉米。

2. 试验材料

葡萄渣，是酿酒后提取多酚酶、蛋白质、粗纤维后剩余的皮和种子，含有机质 40%、P_2O_5 2.20%、K_2O 6.8%，葡萄酒厂提供；牛粪，粒径为 2～5mm，含有机质 14.50%、全 N 0.52%、全 P 0.28%、全 K 0.16%，张掖市甘州区长安乡前进村奶牛场提供；玉米专用肥，含 N 35%，P_2O_5 11%，中农集团控股股份有限公司产品；5406 抗生菌肥，有效活菌数≥20 亿个/g，华远丰农生物科技有限公司产品；油菜籽渣，含有机质 73.8%、N 5.25%、P_2O_5 0.8%、K_2O 1.04%，油菜籽榨油厂提供；硫酸锌，含 Zn 23%，甘肃刘家峡化工厂产品；聚乙烯醇，分子质量 5 500～7 500，pH 值 6.0～8.0，黏度 12～16，粒径 0.05mm，甘肃兰维新材料有限公司产品；玉米专用肥，将 CO（NH_2）$_2$、（NH_4）$_2HPO_4$、$ZnSO_4·7H_2O$、聚乙烯醇重量比按 0.569：0.391：0.03：0.01 混合而成，含 N 33%、P_2O_5 18%、Zn 0.69%；有机生态肥，将牛粪、油菜籽渣、生物菌肥风干重量比按 0.77：0.20：0.03 混合而成，含有机质 25.54%、全 N 1.45%、全 P 0.37%、全 K 0.33%；葡萄酒渣复混肥，将有机生态肥、葡萄酒渣、玉米专用肥重量比按 0.6666：0.0666：0.2668 混合而成，含有机质 17.02%、N 8.80%、P_2O_5 4.80%、Zn 0.18%。玉米品系为吉祥一号，由甘肃敦煌种业股份有限公司提供。

3. 试验方法

（1）试验处理。制种玉米葡萄酒渣复混肥施用量梯度设计为 0.00t/hm²（不施肥）、0.90t/hm²、1.80t/hm²、2.70t/hm²、3.60t/hm²、4.50t/hm²、5.40t/hm² 共 7 个处理，以处理 1 为对照，每个处理重复 3 次，随机区组排列。

（2）种植方法。小区面积为 32m²（4m×8m）。葡萄酒渣复混肥在播种前施入 0～20cm 耕作层做底肥，播种时间为 4 月 18 日，播种深度为 4～5cm，株距为 22cm，行距为 50cm，父母本行比为 1：7，再配置满天星父本，株距为 50cm。分别在玉米拔节期、大喇叭口期、开花期、灌浆期、乳熟期各灌水 1 次，每个小区灌水量相等。

（3）测定项目与方法。玉米收获时测定玉米植物学性状，茎粗采用游标卡尺法；地上部分干重、根系干重采用 105℃ 烘箱杀青 30min，80℃ 烘干至恒重。9 月 13 日玉米收获时，在试验小区内随机采集 30 个果穗，风干 45 天后，测定玉米经济性状，每个试验小区单独收获，将小区产量折合成公顷产量进行统计分析。玉米收获后，分别在试验小区内按 S 形路线布点，采集 0～20cm 耕作层土样 4kg，用四分法带回 1kg 混合土样，风干后过 1mm 筛供室内化验分析，其中土壤容重、土壤团聚体用环刀采集原状土，未进行风干。土壤容重按公式（土壤容重=环刀内湿土质量÷100+自然含水量）求得；土壤总孔隙度按公式［土壤总孔隙度=（土壤比重-土壤容重）/土壤比重×100］求得；饱和蓄水量按公式（饱和蓄水量=面积×总孔隙度×土层深度）求得；>0.25mm 团聚体采用干筛法测定。边际产量按公式（边际产量=后一个处理产量-前一个处理产量）求得；边际产值按公式（边际产值=边际产量×产品价格）求得；边际施肥量按公式（边际施肥量=后一个处理施肥量-前一个处理施肥量）求得；边际成本按公式（边际成本=边际施肥量×肥料价格）求得；边际利润按公式（边际利润=边际产值-边际成本）求得。

（4）数据处理方法。经济性状和产量采用 DPS V13.0 软件分析，差异显著性采用多重比较，LSR 检验。依据最佳施用量计算公式 $x_0 = \left[(p_x/p_y) - b \right]/2c$，求得葡萄酒渣复混肥最佳施用量（$x_0$），依据肥料效应回归方程式 $y = a + bx - cx^2$，求得葡萄酒渣复混肥最佳施用量时的玉米理论产量（y）。

（二）结果分析

1. 不同剂量葡萄酒渣复混肥对土壤物理性质和蓄水量的影响

（1）对土壤容重的影响。土壤容重是土壤重要的物理性质，是计算土壤孔隙度的重要参数。由 9 月 13 日玉米收获后采集耕作层 0～20cm 土样测定结果可知，随着葡萄酒渣复混肥施用量梯度的增加，土壤容重在降低，葡萄酒渣复混肥施用量为 5.40t/hm²，土壤容重为 1.58g/cm³，与对照、葡萄酒渣复混肥施用量 0.90t/hm²、1.80t/hm²、2.70t/hm²、3.60t/hm²、4.50t/hm² 比较，土壤容重分别降低了 7.06%、5.95%、4.24%、3.66%、3.07%、1.25%。经相关性分析看出，葡萄酒渣复混肥施用量与土壤容重之间呈显著的负相关关系，相关系数为 -0.9912（表 12-102）。

（2）对土壤总孔隙度的影响。土壤总孔隙度是表征土壤松紧程度的一个重要指标。从表 12-102 可以看出，随着葡萄酒渣复混肥施用量梯度的增加，土壤总孔隙度在递增，葡萄酒渣复混肥施用量为 5.40t/hm²，土壤总孔隙度为 40.37%，与对照、葡萄酒渣复混肥施用量 0.90t/hm²、1.80t/hm²、2.70t/hm²、3.60t/hm²、4.50t/hm² 比较，土壤总孔隙度分别增加了 12.61%、10.30%、6.97%、5.93%、4.88%、1.89%。经相关性分析，葡萄酒渣复混肥施用量与土壤总孔隙之间呈显著的正相关关系，相关系数为 0.9911。

（3）对土壤团聚体的影响。土壤团聚体是表征土壤肥沃程度的指标之一。从表 12-102 可以看出，随着葡萄酒渣复混肥施用量梯度的增加，土壤团聚体在递增，葡萄酒渣复混肥施用量为 5.40t/hm²，土壤团聚体为 38.50%，与对照、葡萄酒渣复混肥施用量 0.90t/hm²、1.80t/hm²、2.70t/hm²、3.60t/hm²、4.50t/hm² 比较，土壤团聚体分别增加了 47.96%、31.09%、28.12%、16.77%、8.73%、7.51%。经相关性分析看出，葡萄酒渣复混肥施用量与团聚体之间呈显著的正相关关系，相关系数为 0.9862。

（4）对土壤饱和蓄水量的影响。土壤饱和蓄水量是表征土壤贮水量的重要指标。从表 12-102 可以看出，随着葡萄酒渣复混肥施用量梯度的增加，土壤饱和蓄水量在递增，葡萄酒渣复混肥施用量为 5.40t/hm²，土壤饱和蓄水量为 807.40t/hm²，与对照、葡萄酒渣复混肥施用量 0.90t/hm²、1.80t/hm²、2.70t/hm²、3.60t/hm²、4.50t/hm² 比较，土壤饱和蓄水量分别增加了 12.61%、10.30%、6.97%、5.93%、4.88%、1.89%。增加了经相关性分析看出，葡萄酒渣复混肥施用量与土壤饱和蓄水量之间呈显著的正相关关系，相关系数为 0.9911。

表 12-102　不同剂量葡萄酒渣复混肥对土壤物理性质的影响

施肥量 （t/hm²）	容重 （g/cm³）	总孔隙度 （%）	团聚体 （%）	饱和蓄水量 （t/hm²）
0.00（对照）	1.70	35.85	26.02	717.00
0.90	1.68	36.60	29.37	732.00
1.80	1.65	37.74	30.05	754.80
2.70	1.64	38.11	32.97	762.20
3.60	1.63	38.49	35.41	769.80
4.50	1.60	39.62	35.81	792.40
5.40	1.58	40.37	38.50	807.40

2. 不同剂量葡萄酒渣复混肥对玉米植物学性状的影响

（1）对玉米株高的影响。从表 12-103 可以看出，随着葡萄酒渣复混肥施用量梯度的增加，玉米株高在递增，葡萄酒渣复混肥施用量为 5.40t/hm²，玉米株高为 2.08m，与对照、葡萄酒渣复混肥施用量 0.90t/hm²、1.80t/hm²、2.70t/hm²、3.60t/hm²、4.50t/hm² 比较，玉米株高分别增加了 26.06%、16.20%、11.83%、10.64%、7.77%、4.52%。经相关性分析看出，葡萄酒渣复混肥施用量与玉米株高之间呈显著的正相关关系，相关系数为 0.9768 。

（2）对玉米茎粗的影响。从表 12-103 可以看出，随着葡萄酒渣复混肥施用量梯度的增加，玉米茎粗在递增，葡萄酒渣复混肥施用量为 5.40t/hm²，玉米茎粗为 21.50mm，与对照、葡萄酒渣复混肥施用量 0.90t/hm²、1.80t/hm²、2.70t/hm²、3.60t/hm²、4.50t/hm² 比较，玉米茎粗分别增加了 30.30%、22.86%、19.44%、9.69%、8.04%、7.50%。经相关性分析看出，葡萄酒渣复混肥施用量与玉米茎粗之间呈显著的正相关关系，相关系数为 0.9777。

（3）对玉米生长速度的影响。从表 12-103 可以看出，随着葡萄酒渣复混肥施用量梯度的增加，玉米生长速度在递增，葡萄酒渣复混肥施用量为 5.40t/hm²，玉米生长速度为 15.64mm/天，与对照、葡萄酒渣复混肥施用量 0.90t/hm²、1.80t/hm²、2.70t/hm²、3.60t/hm²、4.50t/hm² 比较，玉米生长速度分别增加了 26.13%、16.28%、11.87%、10.61%、7.79%、4.55%。经相关性分析看出，葡萄酒渣复混肥施用量与玉米生长速度之间呈显著的正相关关系，相关系数为 0.9711。

（4）对玉米地上部鲜重的影响。从表 12-103 可以看出，随着葡萄酒渣复混肥施用量梯度的增加，玉米地上部鲜重在递增，葡萄酒渣复混肥施用量为 5.40t/hm²，地上部鲜重为 316.23g/株，与对照、葡萄酒渣复混肥施用量 0.90t/hm²、1.80t/hm²、2.70t/hm²、3.60t/hm²、4.50t/hm² 比较，玉米地上部鲜重分别增加了 43.38%、17.57%、10.51%、7.11%、3.48%、2.30%。经相关性分析看出，葡萄酒渣复混肥施用量与玉米地上部鲜重之间呈显著的正相关关系，相关系数为 0.90729。

（5）对玉米地上部分干重的影响。从表 12-103 可以看出，随着葡萄酒渣复混肥施用量梯度的增加，玉米地上部干重在递增，葡萄酒渣复混肥施用量为 5.40 t/hm²，玉米地上部干重为 110.68g/株，与对照、葡萄酒渣复混肥施用量 0.90 t/hm²、1.80t/hm²、2.70t/hm²、3.60t/hm²、4.50t/hm² 比较，玉米地上部干重分别增加了 43.39%、17.57%、10.51%、7.11%、3.48%、2.30%。经相关性分析看出，葡萄酒渣复混肥施用量与玉米地上部干重之间呈显著的正相关关系，相关系数为 0.9069。

表 12-103 不同剂量葡萄酒渣复混肥对玉米植物学性状的影响

施肥量 （t/hm²）	株高 （m）	茎粗 （mm）	生长速度 （mm/天）	地上部鲜重 （g/株）	地上部干重 （g/株）
0.00（对照）	1.65	16.50	12.40	220.56	77.19
0.90	1.79	17.50	13.45	268.98	94.14
1.80	1.86	18.00	13.98	286.15	100.15
2.70	1.88	19.60	14.14	295.25	103.33
3.60	1.93	19.90	14.51	305.61	106.96
4.50	1.99	20.00	14.96	309.11	108.19

（续表）

施肥量 （t/hm²）	株高 （m）	茎粗 （mm）	生长速度 （mm/天）	地上部鲜重 （g/株）	地上部干重 （g/株）
5.40	2.08	21.50	15.64	316.23	110.68

3. 不同剂量葡萄酒渣复混肥对玉米经济性状的影响

（1）对玉米穗粒数的影响。从表 12-104 可以看出，随着葡萄酒渣复混肥施用量梯度的增加，玉米穗粒数在递增，葡萄酒渣复混肥施用量为 5.40t/hm²，玉米穗粒数为 312 粒，与对照、葡萄酒渣复混肥施用量 0.90t/hm²、1.80t/hm²、2.70 t/hm²、3.60t/hm²、4.50t/hm² 比较，土壤总孔隙度分别增加了 12.64%、5.76%、4.35%、2.97%、1.30%、0.97%。经相关性分析看出，葡萄酒渣复混肥施用量与玉米穗粒数之间呈显著的正相关关系，相关系数为 0.9195。

（2）对玉米穗粒重的影响。从表 12-104 可以看出，随着葡萄酒渣复混肥施用量梯度的增加，玉米穗粒重在递增，葡萄酒渣复混肥施用量为 5.40t/hm²，玉米穗粒重为 83.13g，与对照、葡萄酒渣复混肥施用量 0.90t/hm²、1.80t/hm²、2.70 t/hm²、3.60t/hm²、4.50t/hm² 比较，玉米穗粒重分别增加了 40.04%、19.03%、10.69%、6.26%、3.08%、1.02%。经相关性分析看出，葡萄酒渣复混肥施用量与玉米穗粒重之间呈显著的正相关关系，相关系数为 0.9263。

（3）对玉米百粒重的影响。从表 12-104 可以看出，随着葡萄酒渣复混肥施用量梯度的增加，玉米百粒重在递增，葡萄酒渣复混肥施用量为 5.40t/hm²，玉米百粒重为 30.75g，与对照、葡萄酒渣复混肥施用量 0.90t/hm²、1.80t/hm²、2.70 t/hm²、3.60t/hm²、4.50t/hm² 比较，玉米百粒重分别增加了 25.66%、15.04%、9.66%、6.07%、3.96%、2.19%。经相关性分析看出，葡萄酒渣复混肥施用量与玉米百粒重之间呈显著的正相关关系，相关系数为 0.9597。

表 12-104 不同剂量葡萄酒渣复混肥对玉米经济性状的影响

施肥量 （t/hm²）	穗粒数 （粒）	穗粒重 （g）	百粒重 （g）
0.00（对照）	277	59.36	24.47
0.90	295	69.84	26.73
1.80	299	75.10	28.04
2.70	303	78.23	28.99
3.60	308	80.65	29.58
4.50	309	82.29	30.09
5.40	312	83.13	30.75

4. 不同剂量葡萄酒渣复混肥对玉米产量的影响

玉米收获后产量测定结果看出，葡萄酒渣复混肥施用量由 0.90t/hm² 增加到 1.80t/hm²、2.70t/hm²、3.60t/hm²、4.50t/hm²、5.40t/hm² 时，玉米产量随着葡萄酒渣复混肥施用量的增加而增大，其中，葡萄酒渣复混肥施用量 5.40t/hm² 时，玉米产量为 7.56t/hm²，与对照比较，玉米产量增加了 2.17t/hm²。将葡萄酒渣复混肥施用量与玉米产量进行相关性分析看出，葡萄酒渣复混肥施用量与玉米产量之间呈显著的正相关关系，相关系数（R）为 0.9253（表 12-105）。

5. 不同剂量葡萄酒渣复混肥对玉米单位肥料增产量的影响

从表 12-105 看出，随着葡萄酒渣复混肥施用量梯度的增加，玉米产量在增加，但单位（1kg）葡萄酒渣复混肥的增产量则随着葡萄酒渣复混肥施用量的增加而递减，将葡萄酒渣复混肥施用量与单位葡萄酒渣复混肥增产量进行回归方程拟合，得到的相关系数（R）为 -0.9658，说明葡萄酒渣复混肥施用量与玉米产量之间呈显著的负相关关系。

表 12-105 不同剂量葡萄酒渣复混肥对玉米产量的影响

施肥量（t/hm²）	产量（t/hm²）	增产量（t/hm²）	千克肥料增产量（kg）
0.00（对照）	5.39	/	/
0.90	6.35	0.96	1.06
1.80	6.83	1.44	0.80
2.70	7.12	1.73	0.64
3.60	7.33	1.94	0.54
4.50	7.48	2.09	0.46
5.40	7.56	2.17	0.40

6. 葡萄酒渣复混肥对玉米施肥利润的影响

从表 12-106 可知，葡萄酒渣复混肥施用量由 0.90t/hm²，增加到 3.60t/hm² 时，施肥利润随着葡萄酒渣复混肥施用量的增加而递增，葡萄酒渣复混肥施用量大于 3.60t/hm² 时，施肥利润出现了负值，由此可见，葡萄酒渣复混肥适宜用量一般为 3.60/hm²。

7. 葡萄酒渣复混肥经济效益最佳施用量的确定

将葡萄酒渣复混肥不同施用量与玉米产量间的关系采用肥料效应回归方程 $y = a + bx - cx^2$ 拟合，得到的回归方程为：

$$y = 5.39 + 0.8583x - 0.0895x^2 \qquad (12-18)$$

张掖灌区农作物科学施肥理论与实践

对回归方程进行显著性测验的结果表明回归方程拟合良好。葡萄酒渣复混肥价格 (p_x) 为 1 146.32元/t，玉米价格 (p_y) 为 5 000元/t，将 (p_x)、(p_y)、回归方程的参数 b 和 c，代入经济效益最佳施用量计算公式 $x_0 = [(p_x/p_y) - b]/2c$，求得葡萄酒渣复混肥经济效益最佳施用量 (x_0) 为 3.51t/hm²，将 x_0 代入式 (12-18)，求得制种玉米理论产量 (y) 为 7.30t/hm²，计算结果与田间试验处理 5 基本吻合。

表 12-106　葡萄酒渣复混肥对玉米增产效应和经济效益的影响

施肥量 (t/hm²)	产量 (t/hm²)	增产量 (t/hm²)	边际产量 (t/hm²)	边际产值 (元/hm²)	边际成本 (元/hm²)	边际利润 (元/hm²)
0.00 (对照)	5.39	/	/		/	/
0.90	6.35	0.96	0.96	4 800.00	1 031.69	3 768.31
1.80	6.83	1.44	0.48	2 400.00	1 031.69	1 368.31
2.70	7.12	1.73	0.29	1 450.00	1 031.69	418.31
3.60	7.33	1.94	0.21	1 050.00	1 031.69	19.00
4.50	7.48	2.09	0.15	750.00	1 031.69	-281.69
5.40	7.56	2.17	0.08	400.00	1 031.69	-631.69

注：葡萄酒渣 800 元/t，牛粪 60 元/t，5406 抗生菌肥 4 000 元/t，油菜籽渣 1 200 元/t，尿素 2 000元/t，磷酸二铵 4 000 元/t，硫酸锌 4 000 元/t，聚乙烯醇 26 000 元/t，玉米专用肥 3 082 元/t，有机生态肥406.20 元/t,；葡萄酒渣复混肥 1 146.32元/t，玉米种子 5 000 元/t。

(三) 讨论与结论

将有机生态肥、葡萄酒渣、玉米专用肥重量比按 0.6666：0.0666：0.2668 合成的葡萄酒渣复混肥对土壤物理性质具有良好的影响，随着葡萄酒渣复混肥施用量的增加，土壤总孔隙度、团聚体、饱和蓄水量在增加，而土壤容重在降低，原因一是葡萄酒渣复混肥含有丰富的有机质，使土壤疏松，孔隙度增大，容重降低；二是葡萄酒渣复混肥中的聚乙烯醇是一种高分子聚合物，具有良好的粘结作用，与土粒粘合后可以形成团聚体；三是葡萄酒渣复混肥中的有机质，在微生物作用下合成了土壤腐殖质，腐殖质的吸水率较大，因而提高了土壤蓄水量。随着葡萄酒渣复混肥施用量的增加，玉米穗粒数、穗粒重、百粒重、产量、增产量和增产率在增加，但单位肥料的增产量、边际利润则随着葡萄酒渣复混肥施用量的增加而递减，经回归统计分析，葡萄酒渣复混肥与玉米产量间的肥料效应回归方程为：$y = 5.39 + 0.8583x + 0.0895x^2$，葡萄酒渣复混肥最佳施肥量 ($x_0$) 为 3.51t/hm²，计算结果与田间试验处理 5 基本吻合。

四、生物活性肥配方筛选及对土壤理化性质和制种玉米效益影响的研究

甘肃河西走廊拥有耕地面积 $67.4×10^4 hm^2$，地表水 73.45 亿 m^3，地下水 1 500 亿 m^3，日照时间 3 000~3 400h，年均温度 7.0~7.5℃，≥10℃ 的积温为 2 400~2 800℃，年降水量 80~450mm，年蒸发量 1 800~2 500mm，海拔 1 400~1 650m，均能种植制种玉米。近 10 年来吸引了国内外制种企业建立了杂交玉米制种基地 10 万 hm^2，年生产玉米种子 6.5 亿 kg，成为全国最大的玉米种子生产基地。目前日益凸显的主要问题是：制种玉米种植面积大，不利于轮作倒茬，连作年限较长，病原菌积累，土壤环境恶化，使土传病害越来越严重，长期连作，玉米按比例吸收土壤养分，导致土壤养分比例失衡，缺锌的生理性病害经常发生，使作物抗病能力降低；根系生长过程中分泌的有毒有害物质的积累，进而影响玉米的正常生长，最终使生育受阻，产量和品质下降。制种玉米产量的提高主要依赖化肥的施用，长期大量施用 CO（NH_2）$_2$，导致 NH_4^+ 在土壤中富集，NH_4^+ 代换了土壤胶体上的 Ca^{2+}，土壤的团粒结构遭到破坏，土壤容重增大，孔隙度降低，土壤板结；长期大量施用（NH_4）$_2HPO_4$，（NH_4）$_2HPO_4$ 中的磷酸根离子与河西石灰性土壤中的 Ca^{2+} 结合，形成溶解度很低的 Ca_8H_2（PO_4）$_6$·$5H_2O$，降低了磷的利用率；化肥投入量大，有机肥投入量少，化肥氮磷投入量与有机肥氮磷投入量之比为 1∶0.28，导致施肥成本高。经调查，生产 7.50t/hm^2 玉米种子，CO（NH_2）$_2$ 投入量为 0.90t/hm^2，（NH_4）$_2HPO_4$ 投入量为 0.45t/hm^2，施肥成本为 3 600元/hm^2；市场上销售的复合肥养分种类和有效成分不符合本区玉米制种田养分的现状，制种玉米功能性肥料研发力度薄弱。由于上述问题严重影响了河西走廊制种玉米产业的可持续发展，部分制种企业流向内蒙古、新疆和宁夏。近年来，有关复合肥研究受到了广泛关注，而制种玉米生物活性肥的研究未见文献报道，因此开发制种玉米生物活性肥成为复合肥研究的关键所在，本文采用作物营养科学施肥理论和改土培肥理论，将多元复混肥与生物菌肥、功能性改土剂融为一体，利用多元复混肥提供氮、磷、锌、钼；生物菌肥分解土壤中的磷和钾、功能性改土剂中的聚乙烯醇与土粒粘合形成团粒结构，功能性改土剂中的保水剂吸附水分子，提高土壤的保水性，功能性改土剂中的柠檬酸降低土壤 pH 值，提高养分的利用率，从而达到供给作物营养，改善土壤结构的目的。

（一）材料与方法

1. 试验地概况

试验于 2016—2018 年在甘肃省张掖市甘州区明永乡明永村连续种植制种玉米的基地上进行，试验地海拔为 1 472.5m，年均温 8.50℃，年均降水量 142.3mm，

年均蒸发量 1 850.1mm，无霜期 145 天，土壤类型是灌漠土，0~20cm 耕作层有机质含量为 18.31g/kg，碱解氮 67.24mg/kg，有效磷 9.68mg/kg，速效钾 148.4mg/kg，pH 值 8.33，土壤质地为轻壤质土，前茬作物是制种玉米。

2. 试验材料

$CO(NH_2)_2$，粒径 2~3mm，含 N 46%，甘肃刘家峡化工厂产品；$(NH_4)_2HPO_4$，粒径 2~5mm，含 N 18%、P_2O_5 46%，云南云天化国际化工股份有限公司产品；$ZnSO_4 \cdot 7H_2O$，粒径 1~2mm，甘肃刘家峡化工厂产品；$(NH_4)_6Mo_7O_{24} \cdot 4H_2O$，含 Mo 50%，粒径 1~2mm，郑州裕达化工原料有限公司产品；生物菌肥，有效活菌数≥20 亿个/g，粒径 1~2mm，华远丰农生物科技有限公司产品；聚乙烯醇，粒径 0.05~2mm，甘肃兰维新材料有限公司产品；柠檬酸，粒径 1~2mm 山东潍坊英轩实业有限公司产品；保水剂，吸水倍率 645g/g，粒径 1~2mm，甘肃民乐县福民精细化工有限责任公司产品；多元复混肥（自己配制），将 $CO(NH_2)_2$、$(NH_4)_2HPO_4$、$ZnSO_4 \cdot 7H_2O$、$(NH_4)_6Mo_7O_{24} \cdot 4H_2O$ 重量比按 569:391:30:10 混合，含 N 33%、P_2O_5 18%、Zn 0.69%、Mo 0.50%；功能性改土剂（自己配制），将聚乙烯醇、柠檬酸、保水剂重量比按 0.3071:0.2309:0.4620 混合；生物活性肥（自己配制），将功能性改土剂、生物菌肥、多元复混肥重量比按 0.0851:0.0638:0.8511 混合，含 N 29.14%、P_2O_5 15.84%、Zn 0.61%、Mo 0.44%；玉米品系为敦玉 13，由甘肃敦煌种业股份有限公司选育。

3. 试验方法

（1）试验处理设计。

试验一：生物活性肥配方的筛选。2016 年选择功能性改土剂、生物菌肥、多元复混肥为 3 个因素，每个因素设计 3 个水平，按正交表 $L_9(3^3)$ 设计 9 种生物活性肥配方，按表 12-107 因子与水平编码括号中的数量称取各种材料混合，在玉米播种前做底肥施入 20cm 土层，每个试验小区单独收获，将小区产量折合成公顷产量，计算因素间的效应（R）和各因素不同水平的 T 值，组成生物活性肥配方。

表 12-107 $L_9(3^3)$ 正交试验设计表

试验处理	A 功能性改土剂	B 生物菌肥	C 多元复混肥
$1 = A_2B_3C_1$	2（0.24）	3（0.27）	1（0.60）
$2 = A_1B_2C_3$	1（0.12）	2（0.18）	3（1.80）
$3 = A_3B_1C_2$	3（0.36）	1（0.09）	2（1.20）
$4 = A_1B_3C_2$	1（0.12）	3（0.27）	2（1.20）
$5 = A_3B_2C_3$	3（0.36）	2（0.18）	3（1.80）

（续表）

试验处理	A 功能性改土剂	B 生物菌肥	C 多元复混肥
6＝$A_2B_1C_1$	2（0.24）	1（0.09）	1（0.60）
7＝$A_2B_3C_3$	2（0.24）	3（0.27）	3（1.80）
8＝$A_3B_2C_1$	3（0.36）	2（0.18）	1（0.60）
9＝$A_1B_1C_2$	1（0.12）	1（0.09）	2（1.20）

注：括号内数据单位为 t/hm^2。

试验二：生物活性肥经济效益最佳施用量的确定。2017 年按照试验一筛选的生物活性肥配方比例，将功能性改土剂、生物菌肥、多元复混肥重量比按 0.0851∶0.0638∶0.8511 混合得到生物活性肥，生物活性肥施用量梯度设计为 $0.00t/hm^2$（不施肥）、$0.45t/hm^2$、$0.90t/hm^2$、$1.35t/hm^2$、$1.80t/hm^2$、$2.25t/hm^2$、$2.70t/hm^2$ 共 7 个处理，以处理 1 为对照，每个处理重复 3 次，随机区组排列。

试验三：生物活性肥与传统化肥的肥效比较。2018 年在纯 N、P_2O_5 投入量相等的条件下（纯 N 437.10kg/hm^2+P_2O_5 237.60kg/hm^2），试验共设计 3 个处理。处理 1 为不施肥（对照）；处理 2 为传统化肥，CO$(NH_2)_2$748.05kg/hm^2 +$(NH_4)_2HPO_4$ 516.45kg/hm^2；处理 3 为生物活性肥，施用量为 1 500kg/hm^2。每个处理重复 3 次，随机区组排列。

（2）种植方法。试验小区面积为 $32m^2$（4m×8m），生物活性肥在播种前施入 0～20cm 耕作层做底肥，在玉米大喇叭口期和开花期结合灌水，每次追施 CO$(NH_2)_2$300kg/hm^2，追肥方法为穴施，播种时间为每年的 4 月 26 日，播种深度为 4～5cm，株距为 22cm、行距为 50cm，父母本行比为 1∶6，再配置满天星父本，株距为 50cm。分别在玉米拔节期、大喇叭口期、开花期、灌浆期、乳熟期各灌水 1 次，每个小区灌水量相等。

（3）测定项目与方法。玉米出苗 49 天后测玉米植物学性状，茎粗采用游标卡尺法；地上部分干重、根系干重采用 105℃烘箱杀青 30min，80℃烘干至恒重。9 月 14 日玉米收获时在试验小区内随机采集 30 个果穗，风干 30 天后测定玉米经济性状，玉米收获后分别在试验小区内按 S 形路线布点，采集 0～20cm 耕作层土样 4kg，用四分法带回 1kg 混合土样室内风干化验分析（土壤容重、团粒结构用环刀取原状土）。土壤容重＝环刀内湿土重量÷（100+自然含水量）；总孔隙度＝（土壤密度-土壤容重）÷土壤密度×100；饱和持水量＝（面积×总孔隙度×土层深度）；团粒结构采用干筛法；pH 值采用 5∶1 水土比浸提，pH-2F 数字 pH 计测定。边际产量＝后一个处理产量-前一个处理产量；边际产值＝边际产量×产品价格；边际施用量＝后一个处理施用量-前一个处理施用量；边际成本＝边际施用量×肥料价格；边际利润＝边际产值-边际成本。

张掖灌区农作物科学施肥理论与实践

（4）数据处理方法。每个试验小区单独收获，将小区产量折合成公顷产量进行统计分析。植物学性状、经济性状和产量采用多重比较，LSR 检验。依据最佳施用量计算公式 $x_0 = [(p_x/p_y)-b]/2c$ 求得多功能复混肥最佳施用量（x_0），依据肥料效应回归方程式 $y = a+bx-cx^2$，求得多功能复混肥最佳施用量时的玉米理论产量（y）。

（二）结果分析

1. 生物活性肥配方筛选

2016 年 9 月 22 日玉米收获后产量测定结果可以看出，因素间效应（R）是 C>A>B，说明影响玉米产量大小的因素依次是多元复混肥>功能性改土剂>生物菌肥。比较各因素不同水平的 T 值，可以看出，$T_{A1}>T_{A3}$ 和 T_{A2}，$T_{B1}>T_{B3}$ 和 T_{B2}，说明功能性改土剂和生物菌肥适宜用量为 $0.12t/hm^2$ 和 $0.09t/hm^2$。$T_{C2}>T_{C3}$ 和 T_{C1}，说明玉米产量随着多元复混肥施用量的增大而增加，但多元复混肥施用量超过 $1.20t/hm^2$ 后，玉米产量又随着多元复混肥施用量的增大而降低。从各因素的 T 值可以看出，因素间最佳组合组合是：A_1（功能性改土剂 $0.12t/hm^2$）：B_1 生物菌肥（$0.09t/hm^2$）：C_2（多元复混肥 $1.20t/hm^2$），将功能性改土剂、生物菌肥、多元复混肥重量组合比按 0.0851：0.0638：0.8511 混合得到生物活性肥（表 12-108）。

表 12-108 L_9（3^3）正交试验分析

试验处理	A 功能性改土剂	B 生物菌肥	C 多元复混肥	玉米产量（t/hm^2）
$1=A_2B_3C_1$	2	3	1	1.01 eE
$2=A_1B_2C_3$	1	2	3	4.95 cC
$3=A_3B_1C_2$	3	1	2	5.28 bB
$4=A_1B_3C_2$	1	3	2	4.97 cC
$5=A_3B_2C_3$	3	2	3	5.07 bB
$6=A_2B_1C_1$	2	1	1	2.91 dD
$7=A_2B_3C_3$	3	3	3	0.36 fF
$8=A_3B_2C_1$	2	2	1	0.49 fF
$9=A_1B_1C_2$	1	1	2	7.82 aA
T_1	17.74	16.01	4.41	
T_2	4.41	10.51	18.07	32.86（T）

（续表）

试验处理	A 功能性改土剂	B 生物菌肥	C 多元复混肥	玉米产量（t/hm²）
T₃	10.71	6.32	10.38	
R	13.33	9.69	13.66	

2. 施用生物活性肥对土壤理化性质和持水量的影响

（1）对土壤容重的影响。2017 年 9 月 22 日玉米收获后采集耕作层 0~20cm 土样测定结果可以看出，随着生物活性肥施用量梯度的增加，土壤容重在降低，容重最小的是生物活性肥施用量 2.70t/hm²，平均为 1.20g/cm³，容重最大的是对照，平均为 1.51g/cm³，生物活性肥施用量 2.70t/hm² 与对照比较，容重降低了 0.31g/cm³，差异极显著（$P<0.01$）。经线性回归分析可以看出，生物活性肥施用量与土壤容重之间呈显著的负相关关系，相关系数（R）为 -0.9694（表 12-109）。

（2）对土壤总孔隙度的影响。随着生物活性肥施用量梯度的增加，总孔隙度在增大，总孔隙度最大的是生物活性肥施用量 2.70t/hm²，平均为 54.72%，总孔隙度最小的是对照，平均为 43.02%，生物活性肥施用量 2.70t/hm² 与对照比较，总孔隙度增大了 11.70%，差异极显著（$P<0.01$）。经线性回归分析可以看出，生物活性肥施用量与总孔隙度之间呈显著的正相关关系，相关系数（R）为 0.9695（表 12-109）。

（3）对土壤团聚体的影响。随着生物活性肥施用量梯度的增加，>0.25mm 团聚体在增加，>0.25mm 团聚体最大的是生物活性肥施用量 2.70t/hm²，平均为 33.04%，>0.25mm 团聚体最小的是对照，平均为 22.34%，生物活性肥施用量 2.70t/hm²，与对照比较，>0.25mm 团聚体增大了 10.70%，差异极显著（$P<0.01$）。经线性回归分析可以看出，生物活性肥施用量与>0.25mm 团聚体之间呈显著的正相关关系，相关系数（R）为 0.9884（表 12-109）。

（4）对土壤 pH 值的影响。随着生物活性肥施用量梯度的增加，pH 值在减小，pH 值最小的是生物活性肥施肥 2.70t/hm²，平均为 8.07，pH 值最大的是对照，平均为 8.33，生物活性肥施用量 2.70t/hm² 与对照比较，pH 值降低了 0.26 个单位，差异显著（$P<0.05$）。经线性回归分析可以看出，生物活性肥施用量与土壤 pH 值之间呈显著的负相关关系，相关系数（R）为 -0.9631（表 12-109）。

（5）对土壤田间持水量和饱和持水量的影响。随着生物活性肥施用量梯度的增加，土壤田间持水量在增加，田间持水量最大的是生物活性肥施用量 2.70t/hm²，平均为 22.91%，田间持水量最小的是对照，平均为 13.11%，生物活性肥施用量 2.70t/hm² 与对照比较，田间持水量增大了 9.80%，差异极显著（$P<0.01$），经线性回归分析可以看出，生物活性肥施用量与土壤田间持水量之间呈显著的正相关关

张掖灌区农作物科学施肥理论与实践

系，相关系数（R）为 0.9883。随着生物活性肥施用量梯度的增加，土壤饱和持水量在增加，饱和持水量最大的是生物活性肥施用量 2.70t/hm²，平均为 1 094.40t/hm²，饱和持水量最小的是对照，平均为 860.40t/hm²，生物活性肥施用量 2.70t/hm²，与对照比较，饱和持水量增大了 234t/hm²，差异极显著（P<0.01）。经线性回归分析可以看出，生物活性肥施用量与土壤饱和持水量之间呈显著的正相关关系，相关系数（R）为 0.9573（表 12-109）。

表 12-109　生物活性肥对土壤理化性质和持水量的影响

施用量 （t/hm²）	容重 （g/cm³）	总孔隙度 （%）	>0.25mm 团聚体（%）	pH 值	田间持水量 （%）	饱和持水量 （t/hm²）
不施肥 （对照）	1.51 aA	43.02 eC	22.34 fD	8.33 eA	13.11 eD	860.40 gF
0.45	1.44 bA	45.66 dC	24.02 eC	8.29 dA	15.02 dC	913.20 fD
0.90	1.33 cB	49.81 cB	25.46 dC	8.25 cA	17.67 cB	996.20 eC
1.35	1.32 dB	50.19 cdB	28.12 cB	8.13 bA	18.59 cB	1 003.80 dC
1.80	1.26 eB	52.45 bA	31.10 bA	8.11 bA	20.91 bA	1 049.00 cB
2.25	1.24 fB	53.21 bA	32.21 aA	8.09 aA	21.62 bA	1 064.20 bA
2.70	1.20 gB	54.72 aA	33.04 aA	8.07 aA	22.91 aA	1 094.40 aA

3. 施用生物活性肥对玉米幼苗植物学性状和经济性状及产量的影响

（1）对玉米幼苗植物学性状的影响。将玉米出苗 49 天后的测定数据进行线性回归分析可以看出，生物活性肥施用量与玉米幼苗株高、茎粗、生长速度、地上部分干重、根系干重呈显著的正相关关系，相关系数（R）分别为 0.9712、0.9274、0.9728、0.9898、0.9840。生物活性肥施用量 2.70t/hm² 与对照比较，玉米幼苗株高增加了 14.22cm，差异极显著（P<0.01）；茎粗增加了 4.61mm，差异显著（P<0.05）；生长速度增加了 4.26mm/天，差异极显著（P<0.01）；地上部分干重增加了 14.62g，差异极显著（P<0.01）；根系干重增加了 1.82g，差异极显著（P<0.01）（表 12-110）。

表 12-110　生物活性肥对玉米幼苗植物学性状的影响

施用量 （t/hm²）	株高 （cm）	茎粗 （mm）	生长速度 （mm/天）	地上部分干重 （g/株）	根系干重 （g/株）
不施肥（对照）	42.23 fD	13.11 eA	12.42 dC	16.83 fF	2.50 cC
0.45	45.06 eC	14.72 dA	13.25 cB	21.08 eE	2.79 cC
0.90	46.37 dC	15.72 cA	13.64 cB	22.48 dD	2.88 cC

（续表）

施用量 （t/hm²）	株高 （cm）	茎粗 （mm）	生长速度 （mm/天）	地上部分干重 （g/株）	根系干重 （g/株）
1.35	47.01 cC	16.73 bA	13.83 cB	24.21 cC	3.57 bB
1.80	53.08 bB	17.36 aA	15.61 bA	28.03 bB	3.88 bB
2.25	56.13 aA	17.70 aA	16.51 aA	30.17 aA	4.14 aA
2.70	56.45 aA	17.72 aA	16.68 aA	31.45 aA	4.32 aA

（2）对玉米经济性状和产量的影响。将玉米收获后的测定数据进行线性回归分析可以看出，生物活性肥施用量与玉米穗粒数、穗粒重、百粒重、产量呈显著的正相关关系，相关系数（R）分别为 0.9599、0.9267、0.8211、0.9733。生物活性肥施用量 2.70t/hm² 与对照比较，穗粒数增加了 77 粒，差异极显著（$P<0.01$）；穗粒重增加了 19.48g，差异极显著（$P<0.01$）；百粒重增加了 4.61g，差异极显著（$P<0.01$）；产量增加了 1 886.73kg/hm²，差异极显著（$P<0.01$）（表 12-111）。

表 12-111　生物活性肥对玉米经济性状和产量的影响

施用量 （t/hm²）	穗粒数 （粒）	穗粒重 （g）	百粒重 （g）	产量 （kg/hm²）	增产量 （kg/hm²）	增产率 （%）
不施肥 （对照）	264 fE	54.12 fC	24.75 dB	4 919.87 gF	/	/
0.45	294 eD	61.73 eB	27.99 cA	5 385.62 fE	465.75	9.47
0.90	303 dC	67.03 dB	28.09 bA	5 832.06 eD	912.19	18.54
1.35	308 cC	69.07 cB	28.13 bA	6 234.00 dC	1 314.13	26.71
1.80	320 bB	72.40 bA	28.32 bA	6 597.23 cB	1 677.36	34.09
2.25	322 bB	72.46 bA	28.91 bA	6 716.87 bA	1 797.00	36.52
2.70	341 aA	73.60 aA	29.36 aA	6 806.60 aA	1 886.73	38.35

4. 施用生物活性肥对玉米施肥利润的影响

从表 12-112 可以看出，生物活性肥施用量由 0.45t/hm²，增加到 1.80t/hm² 时，施肥利润随着生物活性肥施用量的增加而递增，当生物活性肥施用量大于 1.80t/hm² 时，施肥利润随着生物活性肥施用量的增加而递减，出现了报酬递减律。由此可见，生物活性肥适宜用量为 1.80t/hm²。

5. 生物活性肥经济效益最佳施用量和理论产量的确定

将生物活性肥不同施用量与玉米产量间的关系采用肥料效应回归方程 $y=a+bx-cx^2$ 拟合，得到的回归方程为：

$$y = 4.92 + 0.9210x - 0.0031x^2 \tag{12-19}$$

对回归方程进行显著性测验的结果表明回归方程拟合良好。生物活性肥价格（p_x）为 4.53 元/kg，玉米价格（p_y）为 5.00 元/kg，将 p_x、p_y、回归方程的参数 b 和 c，代入经济效益最佳施用量计算公式 $x_0 = [(p_x/p_y) - b]/2c$，求得生物活性肥经济效益最佳施用量（x_0）为 1.77t/hm²，将 x_0 代入式（12-19），求得玉米的理论产量（y）为 6.54t/hm²，计算结果与田间小区试验处理 5 基本吻合（表 12-112）。

表 12-112　生物活性肥对玉米施肥利润的影响

施用量 （t/hm²）	产量 （kg/hm²）	增产量 （kg/hm²）	增产值 （元/hm²）	施肥成本 （元/hm²）	施肥利润 （元/hm²）
对照（不施肥）	4 919.87 gF	/	/	/	/
0.45	5 385.62 fE	465.75	2 328.75	1 782.00	546.75
0.90	5 832.06 eD	912.19	4 560.95	3 564.00	996.95
1.35	6 234.00 dC	1 314.13	6 570.65	5 346.00	1 224.65
1.80	6 597.23 cB	1 677.36	8 386.80	7 128.00	1 258.80
2.25	6 716.87 bA	1 797.00	8 985.00	8 910.00	75.00
2.70	6 806.60 aA	1 886.73	9 433.65	10 692.00	1 258.40

注：多元复混肥 2 930 元/t，功能性改土剂 20 919元/t，生物菌肥 4 000元/t，聚乙烯醇 26 000元/t，保水剂 20 000元/t，柠檬酸 16 000元/t，生物活性肥 4 529.13元/t。

6. 生物活性肥与传统化肥对土壤理化性质和饱和持水量的影响

2018 年 9 月 22 日玉米收获后测定数据可以看出，不同处理容重变化顺序为：对照＞传统化肥＞生物活性肥，生物活性肥与传统化肥比较，容重降低了 0.05g/cm³，差异极显著（$P<0.01$）。总孔隙度变化顺序为：生物活性肥＞传统化肥＞对照，生物活性肥与传统化肥比较，总孔隙度增加了 2.26%，差异极显著（$P<0.01$）。团聚体变化顺序为：生物活性肥＞传统化肥＞对照，生物活性肥与传统化肥比较，团聚体增加了 1.28%，差异极显著（$P<0.01$）。饱和持水量变化顺序为：生物活性肥＞传统化肥＞对照，生物活性肥与传统化肥比较，饱和持水量增加了 45.20m³/hm²，差异显著（$P<0.05$）。pH 值变化顺序为：生物活性肥＜传统化肥＜对照，生物活性肥与传统化肥比较，pH 值降低了 0.06 个单位，差异显著（$P<0.05$）（表 12-113）。

表 12-113　生物活性肥与传统化肥对土壤物理性质的影响

试验处理	容重 （g/cm³）	总孔隙度 （%）	>0.25mm 团聚体（%）	饱和持水量 （t/hm²）	pH 值
对照	1.33 aA	49.81 bB	32.23 bB	993.20 cA	8.31 aA

（续表）

试验处理	容重 （g/cm³）	总孔隙度 （%）	>0.25mm 团聚体（%）	饱和持水量 （t/hm²）	pH 值
传统化肥	1.31 aA	50.19 bB	32.40 bB	1 003.80 bA	8.29 bA
生物活性肥	1.26 bB	52.45 aA	33.68 aA	1 049.00 aA	8.23 cA

7. 生物活性肥与传统化肥对玉米幼苗植物学性状的影响

玉米出苗 49 天后测定结果可以看出，不同处理玉米幼苗植物学性状从好到差的变化顺序为：生物活性肥>传统化肥>对照，生物活性肥与传统化肥比较，玉米生长速度增加了 0.73mm/天，差异极显著（$P<0.01$）；地上部分干重增加了 0.78g/株，差异显著（$P<0.05$）；根系干重增加了 0.06g/株，差异显著（$P<0.05$）（表 12-114）。

表 12-114　生物活性肥与传统化肥对玉米幼苗植物学性状的影响

试验处理	生长速度 （mm/天）	地上部分干重 （g/株）	根系干重 （g/株）
对照	11.15 bB	25.42 cC	3.18 cC
传统化肥	11.55 bB	36.20 bA	4.57 bA
生物活性肥	12.28 aA	36.98 aA	4.63 aA

8. 生物活性肥与传统化肥对玉米经济性状和产量及施肥利润的影响

玉米收获后测定结果可以看出，不同处理玉米经济性状、产量、施肥利润变化顺序依次为：生物活性肥>传统化肥，生物活性肥与传统化肥比较，玉米穗粒数增加了 13.32 粒/穗，差异显著（$P<0.05$）；穗粒重增加了 9.06g/穗，差异极显著（$P<0.01$）；百粒重增加了 1.21g，差异显著（$P<0.05$）；产量增加了 823.64kg/hm²，差异极显著（$P<0.01$）；施肥利润增加了 885.12 元/hm²（表 12-115）。

表 12-115　生物活性肥与传统化肥对玉米经济性状和增产效果的影响

试验处理	穗粒数 （粒）	穗粒重 （g）	百粒重 （g）	产量 （kg/hm²）	增产量 （kg/hm²）	增产值 （元/hm²）	施肥成本 （元/hm²）	施肥利润 （元/hm²）
对照	248.31 cB	60.92 cC	25.34cB	5 538.24 cC	/	/	/	/
传统化肥	270.65 bA	71.78 bB	27.26 bA	6 525.52 bB	987.28	4 936.40	3 561.90	1 374.50
生物活性肥	283.97 aA	80.84 aA	28.47 aA	7 349.16 aA	1 810.92	9 054.62	6 795.00	2 259.62

（三） 问题讨论与结论

土壤容重是土壤重要的物理性质，容重小的土壤比较疏松，有利于作物种子出苗，也有利于作物根系下扎，土壤容重又是计算土壤孔隙度的重要参数，土壤总孔隙度是表征土壤松紧程度的一个重要指标，土壤团聚体是表征土壤肥沃程度的指标之一，团聚体发达的土壤保水肥能力强，土壤三相物质比例合适，水肥气热协调，团聚体越多、水稳性越强，土壤抗蚀性能越强。研究结果表明，随着生物活性肥施用量梯度的增加，土壤容重在降低，总孔隙度在增大，团聚体在增加，原因是生物活性肥中的聚乙烯醇是一种胶结物质，可以把小土粒粘在一起，形成较稳定的团粒结构，使土壤疏松，增大了土壤孔隙度，降低了土壤容重。pH 值是土壤重要的化学性质，随着生物活性肥施用量梯度的增加，pH 值在降低，究其原因是生物活性肥中的柠檬酸是一种酸性化合物，对降低土壤 pH 值有明显的作用。土壤持水量是评价土壤涵养水源及调节水分循环的重要指标，随着生物活性肥施用量梯度的增加，土壤田间持水量、饱和持水量在增加，分析这一结果产生的原因是生物活性肥中的保水剂是一类高分子聚合物，这类物质分子结构交联成网络，本身不溶于水，却能在 10min 内吸附超过自身重量 100~1 400 倍的水分，体积大幅度膨胀后形成饱和吸附水球，吸水倍率很大，在提高土壤持水性能方面具有重要的作用。生物活性肥施用量由 $0.45t/hm^2$，增加到 $1.80t/hm^2$ 时，施肥利润随着生物活性肥施用量的增加而递增，当生物活性肥施用量大于 $1.80t/hm^2$ 时，施肥利润随着生物活性肥施用量的增加而递减。经回归统计分析，生物活性肥施用量与玉米产量间的肥料效应回归方程是：$y = 4.92 + 0.9210x - 0.0031x^2$，经济效益最佳施用量为 $1.77t/hm^2$，玉米理论产量为 $6.54t/hm^2$。

第十三章 马铃薯科学施肥技术研究

第一节 马铃薯专用肥科学施肥技术研究

一、不同剂量抗旱性专用肥对土壤持水量和马铃薯经济效益影响的研究

我国是一个严重缺水的国家。近年来，随着全球气候变暖，干旱加剧，干旱面积不断扩大。干旱对作物种子发芽、成苗及生长造成不同程度的危害作用，导致作物成苗率低，缺苗断垄，直接危害作物的产量和品质。为了解决土壤干旱的问题，人们把注意力主要集中在灌溉方面，虽然灌溉能解决土壤干旱的问题，但是，我国45%的地区年均降水量不足400mm，灌溉农田缺水300多亿 m³。我国西部地区降水量低，空气湿度小，地壳矿物岩石以物理风化为主，形成的土壤质地粗，土壤持水能力低，由于蒸发量大，土壤保水能力差，大量宝贵的水分只是把土壤作为一个短暂停留的旅站而迅速丧失，作物本身利用的不多。保水剂是一种含有植物生长素等的高分子吸水树脂，吸水能力达400~1 200倍，能在种子周围形成一个含植物生长素等的"小蓄水库"，为种子发芽生长提供必要的水分和生长物质。张掖市民乐、山丹县海拔1 750~2 300m的冷凉灌区拥有得天独厚的自然环境条件和区位优势，日照时数3 100~3 400h，年太阳辐射量130.92~156.10kcal/cm²，>0℃以上的积温1 700~2 600℃，年均温度4.5~5.5℃，年均降水量250~350mm，年均蒸发量1 700~1 800mm，无霜期140~145天，这种气候条件是马铃薯生长发育的理想场所，有利于马铃薯淀粉和干物质的积累。近年来，张掖市提出了在全省建设一流的马铃薯生产加工基地的目标。目前，已建成加工型马铃薯生产基地3 万 hm²，年产加工型马铃薯112.5万 t，加工型马铃薯产业已发展成为本区农民增收、企业增效的支柱产业之一。在马铃薯产业发展的同时，日益凸显的主要问题是加工型马铃薯种植面积大，马铃薯在块茎膨大期由于不能及时灌水，影响了马铃薯产量的提高；其次，市场上流通的复混肥只具备营养，不具备保水的功效，影响了本区马铃薯产业的可持续发展。因此，研究和开发马铃薯抗旱性专用肥成为新型肥料研发的关键所在。近年来，有关新型肥料研究受到了广泛关注，但马铃薯抗旱性专用肥未见文献报道。本文针对上述存在的问题，应用作物营养科学施肥理论和水土保持理论，

在化肥中添加保水剂，将化肥的营养作用和保水剂的保水作用融为一体，合成马铃薯抗旱性专用肥，解决目前复混肥只具备营养，不具备抗旱保水的问题。

（一）材料与方法

1. 试验材料

（1）参试土壤类型。参试土壤类型是暗灌漠土，采自张掖市甘州区党寨镇汪家堡村三社农户彭亮承包地，0~20cm 土层含有机质 12.35g/kg，碱解氮 96.43mg/kg，有效磷 12.65mg/kg，速效钾 165.54mg/kg，pH 值 7.73。

（2）参试肥料。尿素，含 N 46%，生产厂家为宁波远东化工集团有限公司；磷酸二铵，含 N 18%、P_2O_5 46%，生产厂家为青岛市三华化工有限责任公司；硫酸钾，含 K_2O 50%，生产厂家为湖北兴银河化工有限公司；抗旱性专用肥，自制，将保水剂、硫酸钾、尿素、磷酸二铵重量比按 0.03:0.48:0.40:0.09 混合，含 N 20.00%、P_2O_5 4.14%、K_2O 24.00%，价格为 3 116.00元/t。

（3）其他参试材料。保水剂，吸水倍率 645g/g，粒径 1~2mm，生产厂家为甘肃民乐福民精细化工有限公司；马铃薯品种是大西洋，由甘肃万向德农马铃薯种业有限公司提供；栽培容器是再生塑料桶，口径 30cm、底径 28cm、高 35cm。

2. 试验方法

（1）试验处理。抗旱性专用肥施用量梯度设计为不施肥、0.16g/kg 土、0.32g/kg土、0.48g/kg 土、0.64g/kg 土、0.80g/kg 土、0.96g/kg 土（折 0.00t/hm²、0.35t/hm²、0.70t/hm²、1.05t/hm²、1.40t/hm²、1.75t/hm²、2.10t/hm²）7 个处理，以处理 1 不施肥为对照，每个试验处理重复 3 次，随机区组排列。

（2）种植方法。试验在河西学院生命科学实验楼顶阳台上进行，2017 年 4 月 15 日将盆钵洗刷干净，用 0.20% 的高锰酸钾浸泡盆钵 10min 进行消毒后，称取过 10mm 筛的风干土 15kg 加入盆钵内，每个处理的肥料在播种前做底肥施入 20cm 土层，定量浇水 3 000ml/盆，浇水第 5 天后浅耕播种，播种深度 5cm，每个盆钵播种 4 粒马铃薯块茎，在盆钵上覆盖 1 层地膜，4 月 25 日出苗后去掉地膜间苗，每盆留 3 株，以后根据湿度每间隔 7 天浇水 1 次，每次定量浇水 3 000ml/盆。

（3）测定指标及方法。9 月 28 日马铃薯收获时测定农艺性状和经济性状，每个盆钵单独收获，将盆钵产量折合成公顷产量进行统计分析，茎粗采用游标卡尺法测定，地上部分干重采用 105℃烘箱杀青 30min，80℃烘干至恒重。马铃薯边际产量按公式（边际产量=后一个处理产量-前一个处理产量）求得；边际产值按公式（边际产值=边际产量×产品价格）求得；边际施肥量按公式（边际施肥量=后一个处理施肥量-前一个处理施肥量）求得；边际成本按公式（边际成本=边际施肥量×肥料价格）求得；边际利润按公式（边际利润=边际产值-边际成本）求得（浙江农业大学，1988；陈伦寿，1983）。马铃薯收获后，分别在盆钵内用环刀采集耕层（0~20cm）原状土测定土壤总孔隙度、毛管孔隙度和毛管孔隙度等参数，依据参数计算土壤持水量，饱和持水量按公式（饱和持水量=面积×总孔隙度×土层深度）求得；毛管持水量按公式（毛管持水量=面积毛管孔隙度×土层深度）求得；非毛管持水量按公式（非毛管持水量=面积×非毛管孔隙度×土层深度）求得。

（4）数据处理方法。马铃薯农艺性状、经济性状采用 DPS V13.0 软件分析，差异显著性采用多重比较，LSR 检验。依据经济效益最佳施肥量计算公式 $x_0 = [(p_x/p_y) - b]/2c$ 求得抗旱性专用肥经济效益最佳施肥量（x_0）；依据肥料效应回归方程式 $y = a + bx - cx^2$，求得抗旱性专用肥经济效益最佳施肥量时的马铃薯理论产量（y）。

（二）结果与分析

1. 不同剂量抗旱性专用肥对土壤持水量的影响

（1）对饱和持水量的影响。据 9 月 28 日马铃薯收获后测定结果进行相关分析可知，抗旱性专用肥施用量与土壤饱和持水量之间呈显著正相关关系，相关系数（R）为 0.9754。抗旱性专用肥施用量 2.10t/hm² 时，土壤饱和持水量均值为 1 049.00t/hm²，与对照、抗旱性专用肥施用量 0.35t/hm²、0.70t/hm²、1.05t/hm²、1.40t/hm²、1.75t/hm² 比较，土壤饱和持水量分别增加了 75.40t/hm²、52.80t/hm²、37.60t/hm²、22.60t/hm²、15.20t/hm²、7.60t/hm²。抗旱性专用肥施用量 2.10t/hm²，与 1.05t/hm²、1.40t/hm²、1.75t/hm² 比较，差异达到显著水平（$P < 0.05$）；抗旱性专用肥施用量 0.70t/hm²，与对照、抗旱性专用肥施用量 0.35t/hm² 比较，差异达到极显著水平（$P < 0.01$）（表 13-1）。

（2）对毛管持水量的影响。抗旱性专用肥施用量与土壤毛管持水量之间呈显著正相关关系，相关系数（R）为 0.9554。抗旱性专用肥施用量 2.10t/hm² 时，土壤毛管持水量均值为 339.00t/hm²，与对照、抗旱性专用肥施用量 0.35t/hm²、0.70t/hm²、1.05t/hm²、1.40t/hm²、1.75t/hm² 比较，土壤毛管持水量分别增加了 14.60t/hm²、12.20t/hm²、10.20t/hm²、8.80t/hm²、8.00t/hm²、6.20t/hm²，差异达显著水平（$P < 0.05$）（表 13-1）。

（3）对非毛管持水量的影响。抗旱性专用肥施用量与土壤非毛管持水量之间呈显著正相关关系，相关系数（R）为 0.8703。抗旱性专用肥施用量 2.10t/hm² 时，土壤非毛管持水量均值为 710.00t/hm²，与对照、抗旱性专用肥施用量 0.35t/hm²、0.70t/hm²、1.05t/hm²、1.40t/hm²、1.75t/hm² 比较，非毛管持水量分别增加了 100.80t/hm²、40.60t/hm²、27.40t/hm²、13.80t/hm²、7.20t/hm²、1.40t/hm²。抗旱性专用肥施用量 2.10t/hm²，与 1.75t/hm²、1.40t/hm² 比较，差异达到显著水平（$P < 0.05$）；抗旱性专用肥施用量 1.05t/hm²，与对照、抗旱性专用肥施用量 0.35t/hm²、0.70t/hm² 比较，差异达到极显著水平（$P < 0.01$）（表 13-1）。

表 13-1 不同剂量抗旱性专用肥对土壤持水量的影响

抗旱性专用肥施用量（t/hm²）	容重（g/cm³）	总孔隙度（%）	毛管孔隙度（%）	非毛管孔隙度（%）	自然含水量（g/kg）	饱和持水量（t/hm²）	毛管持水量（t/hm²）	非毛管持水量（t/hm²）
0.00（对照）	1.36	48.67	16.22	32.45	119.25	973.60 gD	324.40 fgA	609.20 fE
0.35	1.33	49.81	16.34	33.47	122.94	996.20 fC	326.80 efA	669.40 eD
0.70	1.31	50.57	16.44	34.13	125.45	1 011.40 eB	328.80 deA	682.60 dC
1.05	1.29	51.32	16.51	34.81	128.01	1 026.40 dA	330.20 cdA	696.20 cB
1.40	1.28	51.69	16.55	35.14	129.30	1 033.80 cA	331.00 bcA	702.80 bA
1.75	1.27	52.07	16.64	35.43	131.10	1 041.40 bA	332.80 bA	708.60 aA
2.10	1.26	52.45	16.95	35.50	134.64	1 049.00 aA	339.00 aA	710.00 aA

注：表内数据后大写字母为 $LSR_{0.01}$，小写字母为 $LSR_{0.05}$ 显著差异水平（下同）。

2. 不同剂量抗旱性专用肥对马铃薯农艺性状的影响

（1）对株高的影响。2017 年 9 月 28 日马铃薯收获时测定结果看出，随着抗旱性专用肥施用量的增加，马铃薯株高在增加，经相关分析可知，抗旱性专用肥施用量与马铃薯株高呈正相关关系，相关系数（R）为 0.9972，抗旱性专用肥施用量 2.10t/hm² 时，马铃薯株高均值为 91.30cm，与对照、抗旱性专用肥施用量 0.35t/hm²、0.70t/hm²、1.05t/hm²、1.40t/hm²、1.75t/hm² 比较，株高分别增加了 37.00cm、32.30cm、26.00cm、20.20cm、12.30cm、8.60cm，差异达到极显著水平（P<0.01）（表 13-2）。

（2）对茎粗的影响。从表 13-2 看出，随着抗旱性专用肥施用量的增加，马铃薯茎粗在增加，经相关分析可知，抗旱性专用肥施用量与马铃薯茎粗呈正相关关系，相关系数（R）为 0.9699，抗旱性专用肥施用量 2.10t/hm² 时，马铃薯茎粗均值为 11.51mm，与对照、抗旱性专用肥施用量 0.35t/hm²、0.70t/hm²、1.05t/hm²、1.40t/hm²、1.75t/hm² 比较，茎粗分别增加了 3.35mm、3.17mm、3.05mm、2.18mm、1.60mm、1.14mm。抗旱性专用肥施用量 2.10t/hm² 与 1.75t/hm² 比较，差异达到显著水平（P<0.05）；抗旱性专用肥施用量 1.40t/hm² 与 1.05t/hm² 比较，差异达到显著水平（P<0.05）；抗旱性专用肥施用量 0.70t/hm² 与对照、抗旱性专用肥施用量 0.35t/hm² 比较，差异达到显著水平（P<0.05）。

（3）对生长速度的影响。随着抗旱性专用肥施用量的增加，马铃薯生长速度在增加，经相关分析可知，抗旱性专用肥施用量与马铃薯生长速度呈正相关关系，相关系数（R）为 0.9970，抗旱性专用肥施用量 2.10t/hm² 时，马铃薯生长速度均值为 5.13mm/天，与对照、抗旱性专用肥施用量 0.35t/hm²、0.70t/hm²、1.05t/hm²、1.40t/hm²、1.75t/hm² 比较，生长速度分别增加了 2.08mm/天、

1.82mm/天、1.47mm/天、1.14mm/天、0.70mm/天、0.49mm/天。抗旱性专用肥施用量2.10t/hm²与1.75t/hm²比较，差异达到极显著水平（$P<0.01$）；1.75t/hm²与1.40t/hm²比较，差异不显著（$P>0.05$）；抗旱性专用肥施用量1.05t/hm²与对照、抗旱性专用肥施用量0.35t/hm²、0.70t/hm²比较，差异不显著（$P>0.05$）（表13-2）。

（4）对地上部分鲜重的影响。随着抗旱性专用肥施用量的增加，马铃薯地上部分鲜重在增加，经相关分析可知，抗旱性专用肥施用量与马铃薯地上部分鲜重呈正相关，相关系数（R）为0.9971，抗旱性专用肥施用量2.10t/hm²时，马铃薯地上部分鲜重均值为156.03g/株，与对照、抗旱性专用肥施用量0.35t/hm²、0.70t/hm²、1.05t/hm²、1.40t/hm²、1.75t/hm²比较，马铃薯地上部分鲜重分别增加了63.23g/株、55.52g/株、44.44g/株、34.52g/株、21.01g/株、14.69g/株，差异达到极显著水平（$P<0.01$）（表13-2）。

（5）对地上部分干重的影响。从表13-2看出，随着抗旱性专用肥施用量的增加，马铃薯地上部分干重在增加，经相关分析可知，抗旱性专用肥施用量与马铃薯地上部分干重呈正相关，相关系数（R）为0.9971，抗旱性专用肥施用量2.10t/hm²时，马铃薯地上部分干重均值为98.30g/株，与对照、抗旱性专用肥施用量0.35t/hm²、0.70t/hm²、1.05t/hm²、1.40t/hm²、1.75t/hm²比较，地上部分干重分别增加了39.84g/株、34.98g/株、28.00g/株、21.75g/株、13.24g/株、9.26g/株，差异达到极显著水平（$P<0.01$）。

表13-2 不同剂量抗旱性专用肥对马铃薯农艺性状的影响

抗旱性专用肥施用量（t/hm²）	株高（cm）	茎粗（mm）	生长速度（mm/天）	地上部分鲜重（g/株）	地上部分干重（g/株）
0.00（对照）	54.30 gG	8.16 eC	3.05 cC	92.80 gG	58.46 gG
0.35	59.00 fF	8.34 dC	3.31 cC	100.51 fF	63.32 fF
0.70	65.30 eE	8.46 dC	3.66 cC	111.59 eE	70.30 eE
1.05	71.10 dD	9.33 cB	3.99 cC	121.51 dD	76.55 dD
1.40	79.00 cC	9.91 cB	4.43 bB	135.02 cC	85.06 cC
1.75	82.70 bB	10.37 bA	4.64 bB	141.34 bB	89.04 bB
2.10	91.30 aA	11.51 aA	5.13 aA	156.03 aA	98.30 aA

3. 不同剂量抗旱性专用肥对马铃薯经济性状和增产效果的影响

（1）对块茎重的影响。2017年9月28日马铃薯收获时测定结果看出，随着抗旱性专用肥施用量的增加，马铃薯块茎重在增加，经相关分析可知，抗旱性专用肥

施用量与马铃薯块茎重呈正相关，相关系数（R）为0.9825，抗旱性专用肥施用量
2.10t/hm²时，马铃薯块茎重均值为190.20g，与对照、抗旱性专用肥施用量
0.35t/hm²、0.70t/hm²、1.05t/hm²、1.40t/hm²、1.75t/hm²比较，块茎重分别增加
了103.50g、98.80g、76.00g、42.70g、26.20g、1.40g。抗旱性专用肥施用量
2.10t/hm²与1.75t/hm²比较，差异不显著（P>0.05）；1.40t/hm²与1.05t/hm²比
较，差异显著（P<0.05）；0.70t/hm²与0.35t/hm²比较，差异极显著（P<0.01）；
0.35t/hm²与对照比较，差异显著（P<0.05）（表13-3）。

（2）对单株块茎重的影响。随着抗旱性专用肥施用量的增加，马铃薯单株块
茎重在增加，经相关分析可知，抗旱性专用肥施用量与马铃薯单株块茎重呈正相
关，相关系数（R）为0.9877，抗旱性专用肥施用量2.10t/hm²时，马铃薯单株块
茎重均值为762.80g/株，与对照、抗旱性专用肥施用量0.35t/hm²、0.70t/hm²、
1.05t/hm²、1.40t/hm²、1.75t/hm²比较，单株块茎重分别增加了416.00g/株、
369.78g/株、306.00g/株、217.05g/株、106.80g/株、7.60g/株。抗旱性专用肥施
用量2.10t/hm²与1.75t/hm²比较，差异不显著（P>0.05）；1.40t/hm²与1.05t/hm²
比较，差异极显著（P<0.01）；0.70t/hm²与0.35t/hm²比较，差异极显著
（P<0.01）；0.35t/hm²与对照比较，差异显著（P<0.05）（表13-3）。

（3）对增产效果的影响。随着抗旱性专用肥施用量的增加，马铃薯产量在增
加，经相关分析可知，抗旱性专用肥施用量与马铃薯产量呈正相关，相关系数
（R）为0.9625，抗旱性专用肥施用量2.10t/hm²时，马铃薯产量均值为
29.11t/hm²，与对照、抗旱性专用肥施用量0.35t/hm²、0.70t/hm²、1.05t/hm²、
1.40t/hm²、1.75t/hm²比较，增产率分别为45.70%、27.56%、16.91%、8.90%、
4.19%、0.83%。抗旱性专用肥施用量2.10t/hm²，与1.75t/hm²、1.40t/hm²比较，
差异不显著（P>0.05）；1.40t/hm²与1.05t/hm²比较，差异极显著（P<0.01）；
1.05t/hm²与0.70t/hm²比较，差异极显著（P<0.01）；0.70t/hm²与0.35t/hm²比
较，差异极显著（P<0.01）；0.35t/hm²与对照比较，差异极显著（P<0.01）。研
究结果发现，随着抗旱性专用肥施用量的增加，马铃薯产量在增加，但单位
（1kg）抗旱性专用肥的增产量则随着抗旱性专用肥施肥量的增加而递减，抗旱性
专用肥施用量为0.35t/hm²时，每千克肥料增产8.11kg，但抗旱性专用肥施用量为
2.10t/hm²时，每千克肥料只增产4.35kg，由此可见，单位施肥量与单位肥料增产
量呈负相关关系（表13-3）。

表13-3 不同剂量抗旱性专用肥对马铃薯经济性状和增产效果的影响

抗旱性专用肥施用量（t/hm²）	块茎重（g）	单株块茎重（g/株）	产量（t/hm²）	增产量（t/hm²）	每千克肥料增产量（kg）
0.00（对照）	86.70 fD	346.80 fE	19.98 eE	/	
0.35	91.40 eD	393.02 eE	22.82 dD	2.84	8.11

（续表）

抗旱性专用肥施用量（t/hm²）	块茎重（g）	单株块茎重（g/株）	产量（t/hm²）	增产量（t/hm²）	每千克肥料增产量（kg）
0.70	114.20 dC	456.80 dD	24.90 cC	4.92	7.03
1.05	147.50 cB	545.75 cC	26.73 bB	6.75	6.43
1.40	164.00 bB	656.00 bB	27.94 aA	7.96	5.69
1.75	188.80 aA	755.20 aA	28.87 aA	8.89	5.08
2.10	190.20 aA	762.80 aA	29.11 aA	9.13	4.35

4. 不同剂量抗旱性专用肥对马铃薯增产效应和经济效益的影响

随着抗旱性专用肥施肥量的增加，马铃薯边际产量由最初的 2.84t/hm²，递减到 2.08t/hm²、1.83t/hm²、1.21t/hm²、0.93t/hm²、0.24t/hm²，边际利润由 4 589.40元/hm²，递减到 3 069.40 元/hm²、2 569.40 元/hm²、1 329.40 元/hm²、769.40 元/hm²、−610.60 元/hm²，由此可见，抗旱性专用肥施肥量在 1.75t/hm² 的基础上，再继续增加施肥量，利润出现负值（表13-4）。

5. 抗旱性专用肥经济效益最佳施肥量和马铃薯理论产量的确定

将抗旱性专用肥不同施肥量与马铃薯产量间的关系采用肥料效应回归方程 $y=a+bx-cx^2$ 拟合，得到的回归方程是：

$$y = 19.98 + 10.8740x - 3.5220x^2 \qquad (13-1)$$

对回归方程进行显著性测验，$F=14.34^{**}$，$>F_{0.01}=12.46$，$R=0.9989^{**}$，说明回归方程拟合良好。抗旱性专用肥价格（p_x）为 3 116元/t，马铃薯价格（p_y）为 2 000元/t，将（p_x）（p_y）、回归方程的 b 和 c，代入经济效益最佳施肥量计算公式 $x_0 = [(p_x/p_y) - b]/2c$，求得抗旱性专用肥经济效益最佳施肥量（x_0）为 1.75t/hm²，将 x_0 代入式（13-1），求得马铃薯理论产量（y）为 28.22t/hm²，回归统计分析结果与试验处理6基本吻合，说明试验结果对指导大田生产具有较好的实际意义（表13-4）。

表 13-4　不同剂量抗旱性专用肥对马铃薯增产效应和经济效益的影响

抗旱性专用肥施用量（t/hm²）	产量（t/hm²）	增产量（t/hm²）	边际产量（t/hm²）	边际施肥量（t/hm²）	边际产值（元/hm²）	边际成本（元/hm²）	边际利润（元/hm²）
0.00（对照）	19.98	/	/	/	/	/	/
0.35	22.82	2.84	2.84	0.35	5 680.00	1 090.60	4 589.40
0.70	24.90	4.92	2.08	0.35	4 160.00	1 090.60	3 069.40

（续表）

抗旱性专用肥施用量 (t/hm^2)	产量 (t/hm^2)	增产量 (t/hm^2)	边际产量 (t/hm^2)	边际施肥量 (t/hm^2)	边际产值 $(元/hm^2)$	边际成本 $(元/hm^2)$	边际利润 $(元/hm^2)$
1.05	26.73	6.75	1.83	0.35	3 660.00	1 090.60	2 569.40
1.40	27.94	7.96	1.21	0.35	2 420.00	1 090.60	1 329.40
1.75	28.87	8.89	0.93	0.35	1 860.00	1 090.60	769.40
2.10	29.11	9.13	0.24	0.35	480.00	1 090.60	-610.60

注：保水剂 30 000元/t，K_2SO_4 2 200元/t；$CO(NH_2)_2$ 2 000元/t，$NH_4H_2PO_4$ 4 000元/t；抗旱性专用肥 3 116元/t（保水剂：K_2SO_4：$CO(NH_2)_2$：$NH_4H_2PO_4$ 重量比按 0.03：0.48：0.40：0.09 混合），马铃薯 2 000元/t。

（三）问题讨论与结论

土壤饱和持水量是土壤贮水能力的一项重要指标，它是土壤涵蓄潜力的最大值，也可以反映土壤水源涵养的能力。毛管持水量可以表征土壤有效水的数量，它的吸力为 0.08~6.25 的大气压，小于植物根系细胞的吸力，它是土壤中最宝贵的水分，也是植物吸收水分的主要来源，毛管持水量反映了土壤中植被可利用的有效水的多少，毛管持水量越大，表明土壤中的有效水越多。研究结果表明抗旱性专用肥施用量与土壤饱和持水量、毛管持水量之间呈显著的正相关关系，随着抗旱性专用肥施用量梯度的增加，土壤饱和持水量、毛管持水量在增加，究其原因是抗旱性专用肥的保水剂是一类高分子聚合物，这类物质分子结构交联成网络，本身不溶于水，却能在 10min 内吸附超过自身重量 100~1 400倍的水分，体积大幅度膨胀后形成饱和吸附水球，吸水倍率很大，在提高土壤持水性能方面具有重要的作用。在肥料中添加保水剂，其本身无毒无害无环境污染，对人体无刺激，因而在农业生产中应用前景广阔。美国 20 世纪 70 年代开发的抗旱性复混肥在玉米和大豆上进行了大面积推广与示范，日本的抗旱性肥料在沙漠绿化、水土保持、土壤改良等方面得到了广泛的应用，我国对抗旱性肥料在农业生产中才开始研究。

研究结果表明，抗旱性专用肥施用量与马铃薯农艺性状、经济性状和产量呈显著的正相关关系。抗旱性专用肥不同施肥量与马铃薯产量间的肥料效应回归方程为：$y = 19.98 + 10.8740x - 3.5220x^2$，进一步回归分析得出的结论是，抗旱性专用肥经济效益最佳施肥量为 1.75t/hm^2 时，马铃薯理论产量为 28.22t/hm^2，此时马铃薯经济效益最佳。

二、改土性专用肥对土壤物理性质和马铃薯经济效益影响的研究

张掖市海拔 1 800~2 800m，是祁连山区与走廊平原的过渡地带，区内日照时

间长，昼夜温差大，种植的马铃薯平均产量为 37.50t/hm²，产值为 2.7 万元/hm²，纯收入为 1.35 万元/hm²。近年来，市委、市政府不断深化对区域资源优势的认识，力求变沿山冷凉资源劣势为独特的经济优势，下发了《关于加快马铃薯产业发展的意见》，制定了《张掖市马铃薯产业发展规划》，提出了在全省建设一流的马铃薯生产加工基地的目标，目前形成了以山丹、民乐、甘州、高台沿山地区为主的专用薯和种薯生产基地，民乐、甘州低海拔地区为主的鲜食薯生产基地，建立了马铃薯生产基地 2.45 万 hm²，总产量达 91.87 万 t，建成了有年金龙 6 000t 雪花全粉生产线，荷兰爱味客 10 万 t 马铃薯全粉生产线，20 万 t 法式薯条生产线，西域恒昌 3 万 t 精淀粉生产线，丰源薯业 1 万 t 精淀粉生产线，瑞达公司 5 000t 全粉生产线，马铃薯产业已发展成为张掖冷凉灌区农民增收，企业增效的重要支柱产业之一。目前日益凸显的首要问题是：马铃薯种植面积大，轮作倒茬矛盾特别突出，连作年限较长，土壤养分比例失衡，缺素的生理性病害经常发生；有机肥料投入量严重不足，化肥超量施用，施肥成本增加，土壤板结；市场上流通的复混肥有效成分和比例不符合本区冷凉灌区土壤养分现状和马铃薯对养分的吸收比例，且不具备改土功效，影响了本区马铃薯产业的可持续发展。因此，研究和开发马铃薯改土性专用肥成为张掖冷凉灌区专用肥研发的关键所在。近年来，有关功能性肥料研究受到了广泛关注，但马铃薯改土性专用肥未见文献报道。本文针对上述存在的问题，应用作物营养科学施肥理论和改土培肥理论，选择无机肥料 CO（NH₂）₂、（NH₄）₂HPO₄、K₂SO₄，有机质含量高的废弃物糠醛渣，土壤结构改良剂聚乙烯醇为原料，合成集营养、改土为一体的马铃薯改土性专用肥，进行不同剂量改土性专用肥对土壤物理性质和马铃薯经济效益影响的研究，以便对马铃薯改土性专用肥的肥效做出确切的评价。

（一）材料与方法

1. 试验材料

（1）参试土壤类型。参试土壤采自张掖市民乐县六坝开发园区，土壤类型是淡灌漠土，0~20cm 土层含有机质 14.25g/kg，碱解氮 66.43mg/kg，有效磷 8.65mg/kg，速效钾 155.40mg/kg，pH 值 7.50，土壤质地为沙质土，前茬作物是马铃薯。

（2）参试肥料。CO（NH₂）₂，含 N 46%，甘肃刘家峡化工厂生产产品；（NH₄）₂HPO₄，含 N 18%、含 P₂O₅ 46%，云南云天化国际化工股份有限公司产品；K₂SO₄，含 K₂O 50%，陕西宝化科技有限责任公司产品；营养因子，按照马铃薯对氮磷钾的吸收比例，将 CO（NH₂）₂、（NH₄）₂HPO₄、K₂SO₄ 重量百分比按 45.17：11.66：43.17 混合，粒度 1~4mm；改土性专用肥，按试验一筛选的配方，将营养因子、糠醛渣、聚乙烯醇风干重量百分比按 74.10：23.55：2.35 混合，含有机质

18%，含 N 17%，含 P_2O_5 4%，含 K_2O 16%，粒度 0.5~4mm；价格为 2 291.40元/t。

（3）其他材料。糠醛渣，含有机质 76.36%，全氮 0.55%，全磷 0.23%，全钾 1.18%，pH 值为 2.1，粒径 0.5~3mm，临泽县汇隆化工有限责任公司糠醛厂提供；聚乙烯醇，分子质量为 5 500~7 500，pH 值为 6.0~8.0，黏度 12~16，粒径 0.5~2mm，甘肃兰维新材料有限公司产品；参试作物是马铃薯，品种是陇薯 3 号，由甘肃万向德农马铃薯种业有限公司提供；栽培容器是胶木桶，口径 30cm，底径 28cm，高 35cm。

2. 试验方法

（1）试验处理。

试验一，改土性专用肥配方的确定：选择营养因子、糠醛渣、聚乙烯醇为 3 个因素，每个因素设计 3 个水平，按正交表 $L_9(3^3)$ 设计 9 个试验处理（表 13-5）。按表 13-5 因素与水平编码括号中的数量称取各种材料组成 9 种改土性专用肥。

试验二，改土性专用肥最大利润施肥量的确定：不同剂量改土性专用肥施用量梯度设计为 0.00t/hm^2（不施肥）、0.38t/hm^2、0.76t/hm^2、1.14t/hm^2、1.52t/hm^2、1.90t/hm^2、2.28t/hm^2 共 7 个处理（折盆栽试验 0g/kg、0.17g/kg、0.34g/kg、0.51g/kg、0.68g/kg、0.85g/kg、1.02g/kg 土），以处理 1 为 CK（对照），每个试验处理重复 3 次，随机区组排列。

（2）种植方法。试验于 2016—2017 年在河西学院生命科学实验楼顶层阳台上进行。将胶木桶用自来水冲洗干净，称取过 10mm 筛的风干土 10kg 加入胶木桶内，将胶木桶置于室外，每个处理的改土性专用肥在播种前做底肥施入 20cm 土层，每桶定量浇水 3 000ml，使土壤自然含水量达到 30%，浇水第 5 天浅耕后播种，播种深度 3cm，每桶播种 3 粒，在桶上覆盖 1 层地膜，出苗后去掉地膜间苗，每桶留 2 株，以后根据湿度每 5~7 天定量浇水 3 000ml。

（3）测定指标与方法。马铃薯收获时测定植物学和经济性状，每个桶单独收获，将每桶产量折合成公顷产量进行统计分析，茎粗采用游标卡尺法测定，地上部分干重采用 105℃烘箱杀青 30min，80℃烘干至恒重。马铃薯收获后，分别在盆钵内用环刀采集耕层（0~20cm）原状土测定土壤物理性质。土壤团聚体采用干筛法；容重按公式（容重＝环刀内湿土质量÷100＋自然含水量）求得；总孔隙度按公式（总孔隙度＝土壤比重－土壤容重÷土壤比重×100%）求得；毛管孔隙度按公式（毛管孔隙度＝自然含水量×土壤容重×100%）求得；非毛管孔隙度按公式（非毛管孔隙度＝总孔隙度－毛管孔隙度）求得；边际产量按公式（后一个处理产量－前一个处理产量）求得；边际产值按公式（边际产量×产品价格）求得；边际施肥量按公式（后一个处理施肥量－前一个处理施肥量）求得；边际成本按公式（边际施肥量×肥料价格）求得；边际利润按公式（边际产值－边际成本）求得。依据最大利润施肥量计算公式 $x_0 = [(p_x/p_y) - b]/2c$，求得改土性专用肥最大利润施肥量

（x_0）；依据肥料效应回归方程式 $y = a + bx - cx^2$，求得改土性专用肥最大利润施肥量时的马铃薯理论产量（y）。

（4）数据处理方法。植物学性状、经济性状采用 DPS V13.0 软件分析，差异显著性采用多重比较，LSR 检验。

（二）结果与分析

1. 改土性专用肥配方的确定

2016 年 9 月 28 日马铃薯收获后，将不同处理的产量采用 DPS V13.0 软件分析，多重比较，LSR 检验可以看出，处理 9 极显著的高于与处理 1、2、3、4、5、6、7、8；处理 3 与处理 2、4、5 比较，差异不显著，但与处理 6、7、8 比较，差异达到显著和极显著水平；处理 1 与处理 7 比较，差异不显著。由此可见，处理 9 是改土性专用肥最佳配方［营养因子（A）9.44g/10kg 土，糠醛渣（B）3.00g/10kg 土，聚乙烯醇（C）0.30g/10kg 土，即营养因子、糠醛渣、聚乙烯醇重量百分比分别为 74.10 : 23.55 : 2.35］（表 13-5）。

表 13-5　L$_9$（3^3）正交试验设计

试验处理	A 营养因子	B 糠醛渣	C 聚乙烯醇	马铃薯产量 （kg/株）
1 = A$_1$B$_1$C$_3$	1（4.72）	1（1.00）	3（0.30）	0.35 dD
2 = A$_3$B$_1$C$_1$	3（14.16）	1（1.00）	1（0.10）	0.68 bB
3 = A$_2$B$_1$C$_2$	2（9.44）	1（1.00）	2（0.20）	0.70 bB
4 = A$_2$B$_2$C$_2$	2（9.44）	2（2.00）	2（0.20）	0.68 bB
5 = A$_3$B$_2$C$_3$	3（14.16）	2（2.00）	3（0.30）	0.69 bB
6 = A$_1$B$_2$C$_1$	1（4.72）	2（2.00）	1（0.10）	0.51 cC
7 = A$_3$B$_3$C$_1$	3（14.16）	3（3.00）	1（0.10）	0.29 dD
8 = A$_1$B$_3$C$_2$	1（4.72）	3（3.00）	2（0.20）	0.55 cC
9 = A$_2$B$_3$C$_3$	2（9.44）	3（3.00）	3（0.30）	0.92 aA

注：括号内数据为试验数据（g/10kg 土）。

2. 不同剂量改土性专用肥对土壤物理性质的影响

（1）对土壤容重的影响。土壤容重是表征土壤物理性质的一个重要指标，土壤容重越小，其蓄水能力越强。2016 年 9 月 28 日马铃薯收获后，分别在盆钵内采集耕层 0～20cm 土样测定结果可以看出，改土性专用肥施用量与土壤容重呈线性负相关关系，相关系数（R）为 -0.9962，改土性专用肥施用量为 2.28t/hm^2 时，与对照（CK）比较，土壤容重降低了 0.23g/cm^3，差异极显著（$P < 0.01$）（表 13-6）。

张掖灌区农作物科学施肥理论与实践

（2）对土壤孔隙度的影响。土壤孔隙的大小直接影响土壤中的水分状况，毛管孔隙度大的土壤蓄水能力强。据 2016 年 9 月 28 日测定结果可以看出，改土性专用肥施用量与土壤总孔隙度、毛管孔隙度、非毛管孔隙度呈线性正相关关系，相关系数（R）分别为 0.9962、0.9769、0.9795。改土性专用肥施用量为 2.28t/hm² 时，与对照（CK）比较，土壤总孔隙度、毛管孔隙度和非毛管孔隙度分别增加了 8.67%、2.88% 和 5.78%，差异极显著（$P<0.01$）。究其原因是改土性专用肥中的糠醛渣含有丰富的有机质，使土壤疏松，增大了土壤孔隙度，降低了土壤容重（表 13-6）。

（3）对土壤团聚体的影响。土壤团聚体是表征肥沃土壤的指标之一。改土性专用肥施用量与土壤团聚体呈线性正相关关系，相关系数（R）为 0.9889。改土性专用肥施用量 2.28t/hm² 时，与对照（CK）比较，差异极显著（$P<0.01$），分析这一结果产生的原因，一是改土性专用肥中的聚乙烯醇是一种胶结物质，可以把小土粒粘在一起，形成较稳定的团粒。二是改土性专用肥中的糠醛渣在土壤微生物的作用下合成了土壤腐殖质，腐殖质中的酚羟基、羧基、甲氧基、羰基、羟基、醌基等功能团解离后带负电荷，吸附了河西走廊石灰性土壤中的 Ca^{2+}，Ca^{2+} 是一种胶结物质，有利于土壤团聚体的形成。处理间的差异显著性，经 LSR 检验达到显著和极显著水平。

表 13-6　不同剂量改土性专用肥对土壤物理性质的影响

施肥量（t/hm²）	容重（g/cm³）	总孔隙度（%）	毛管孔隙度（%）	非毛管孔隙度（%）	>0.25mm 团聚体（%）
0.00（CK）	1.42 aA	46.42 eE	14.47 dC	31.96 fD	30.49 gE
0.38	1.39 bB	47.56 eE	15.52 cC	32.04 eD	31.81 fE
0.76	1.34 cC	49.43 dD	15.81 cC	33.62 dC	33.23 eD
1.14	1.32 dC	50.19 cC	16.24 bB	33.95 dC	35.21 dC
1.52	1.28 eD	51.68 cC	16.84 bB	34.84 cB	38.59 cB
1.90	1.23 fD	53.58 bB	17.04 aA	36.54 bA	40.23 bA
2.28	1.19 gE	55.09 aA	17.35 aA	37.74 aA	41.08 aA

3. 不同剂量改土性专用肥对马铃薯植物学性状的影响

（1）对马铃薯株高的影响。马铃薯收获时测定结果可以看出，改土性专用肥施用量与马铃薯株高呈正相关关系，相关系数（R）为 0.9604。处理间株高最大的是改土性专用肥施用量为 2.28t/hm²，平均为 61.02cm，与改土性专用肥施用量 1.90t/hm² 比较，差异不显著（$P>0.05$），与对照（CK）、专用肥施用量 0.38t/hm²、0.76t/hm²、1.14t/hm²、1.52t/hm² 比较，株高分别增加了 17.79cm、

15. 16cm、13. 68cm、4. 63cm、2. 40cm，差异极显著（$P<0.01$）（表13-7）。

（2）对马铃薯茎粗的影响。从表13-7看出，改土性专用肥施用量与马铃薯茎粗呈正相关关系，相关系数（R）为0.9510。茎粗最大的是改土性专用肥施用量2. 28t/hm^2，平均为10. 10mm，与改土性专用肥施用量1. 90t/hm^{2}比较，茎粗增加了0. 08mm，差异不显著（$P>0.05$），与对照（CK）、专用肥施用量0. 38t/hm^2、0. 76t/hm^2、1. 14t/hm^2、1. 52t/hm^{2}比较，茎粗分别增加了4. 80mm、2. 96mm、1. 75mm、1. 60mm、0. 60mm，差异显著（$P<0.05$）。

（3）对马铃薯生长速度的影响。从表13-7看出，改土性专用肥施用量与马铃薯生长速度呈正相关关系，相关系数（R）为0.9602。生长速度最大的是专用肥施用量2. 28t/hm^2，平均为4. 42mm/天，与改土性专用肥施用量1. 90t/hm^{2}比较，生长速度增加了0. 06mm/天，差异不显著（$P>0.05$），与对照（CK）、改土性专用肥施用量0. 38t/hm^2、0. 76t/hm^2、1. 14t/hm^2、1. 52t/hm^{2}比较，生长速度分别增加了1. 29mm/天、1. 10mm/天、0. 99mm/天、0. 33mm/天、0. 18mm/天，差异显著（$P<0.05$）。

（4）对马铃薯地上部分鲜重的影响。从表13-7看出，改土性专用肥施用量与马铃薯地上部分鲜重呈正相关关系，相关系数（R）为0.9704。处理间地上部分鲜重最大的是改土性专用肥施用量2. 28t/hm^2，平均为195. 04g/株，与改土性专用肥施用量1. 90t/hm^{2}比较，地上部分鲜重增加了0. 59g/株，差异不显著（$P>0.05$），与对照（CK）、改土性专用肥施用量0. 38t/hm^2、0. 76t/hm^2、1. 14t/hm^2、1. 52t/hm^{2}比较，地上部分鲜重分别增加了16. 39g/株、13. 52g/株、10. 73g/株、4. 5g/株、2. 54g/株，差异显著（$P<0.05$）。

（5）对马铃薯地上部分干重的影响。从表13-7看出，改土性专用肥施用量与马铃薯地上部分干重呈正相关关系，相关系数（R）为0.9737。处理间地上部分干重最大的是专用肥施用量2. 28t/hm^2，平均为68. 26g/株，与改土性专用肥施用量1. 90t/hm^{2}比较，地上部分干重增加了0. 21g/株，差异不显著（$P>0.05$），与对照（CK）、改土性专用肥施用量0. 38t/hm^2、0. 76t/hm^2、1. 14t/hm^2、1. 52t/hm^{2}比较，地上部分干重分别增加了5. 74g/株、4. 73g/株、3. 75g/株、1. 57g/株、0. 88 g/株，差异显著（$P<0.05$）。

表13-7　不同剂量改土性专用肥对马铃薯植物学性状的影响

施肥量 (t/hm^2)	株高 (cm)	茎粗 (mm)	生长速度 (mm/天)	地上部分鲜重 (g/株)	地上部分干重 (g/株)
0.00（CK）	43. 23 gG	5. 30 eA	3. 13 fA	178. 65 gG	62. 52 gG
0.38	45. 86 fF	7. 14 dA	3. 32 efA	181. 52 fEF	63. 53 fEF
0.76	47. 34 eE	8. 35 cdA	3. 43 deA	184. 31 eDE	64. 51 eDE

（续表）

施肥量 （t/hm²）	株高 （cm）	茎粗 （mm）	生长速度 （mm/天）	地上部分鲜重 （g/株）	地上部分干重 （g/株）
1.14	56.39 dD	8.50 cA	4.09 cdA	190.54 dCD	66.69 dCD
1.52	58.62 cC	9.50 bA	4.24 dcA	192.50 cBC	67.38 cBC
1.90	60.23 abAB	10.02 abA	4.36 abA	194.45 abAB	68.05 abAB
2.28	61.02 aA	10.10 aA	4.42 aA	195.04 aA	68.26 aA

4. 不同剂量改土性专用肥对马铃薯经济性状和增产效果的影响

（1）对马铃薯块茎重的影响。从表13-8看出，改土性专用肥施用量与马铃薯块茎重呈正相关关系，相关系数（R）为0.9417。处理间块茎重最大的是改土性专用肥施用量2.28t/hm²，平均为55.99g，与改土性专用肥施用量1.90t/hm²比较，块茎重增加了0.35g，差异不显著（$P>0.05$），与对照（CK）、改土性专用肥施用量0.38t/hm²、0.76t/hm²、1.14t/hm²、1.52t/hm²比较，茎重分别增加了32.47g、17.38g、12.43g、9.49g、4.53g，差异极显著（$P<0.01$）。

（2）对马铃薯单株块茎重的影响。从表13-8看出，改土性专用肥施用量与马铃薯单株块茎重呈正相关关系，相关系数（R）为0.9897。处理间单株块茎重最大的是改土性专用肥施用量2.28t/hm²，平均为503.69g/株，与改土性专用肥施用量1.90t/hm²比较，单株块茎重增加了2.93g/株，差异不显著（$P>0.05$），与对照（CK）、改土性专用肥施用量0.38t/hm²、0.76t/hm²、1.14t/hm²、1.52t/hm²比较，单株块茎重分别增加了192.01g/株、156.20g/株、111.65g/株、85.19g/株、40.55g/株，差异极显著（$P<0.01$）。

（3）不同剂量改土性专用肥对马铃薯产量的影响。从表13-8看出，改土性专用肥施用量与马铃薯产量呈正相关关系，相关系数（R）为0.9890。处理间产量最高的是改土性专用肥施用量2.28t/hm²，平均产量为30.84t/hm²，与对照（CK）、改土性专用肥施用量0.38t/hm²和0.76t/hm²比较，增产26.86%、17.67%和10.78%，差异极显著（$P<0.01$）；与改土性专用肥施用量1.14t/hm²比较，增产6.09%，差异显著（$P<0.05$）；与改土性专用肥施用量1.52t/hm²和1.90t/hm²比较，增产2.77%和0.59%，差异不显著。

表13-8　不同剂量改土性专用肥对马铃薯经济性状和增产效果的影响

施肥量 （t/hm²）	块茎重 （g）	单株块茎重 （g/株）	产量 （t/hm²）	增产量 （t/hm²）
0.00（CK）	23.52 gG	311.68 gG	24.31 gG	/
0.38	38.61 fF	347.49 fF	26.21 fF	1.90

（续表）

施肥量 （t/hm²）	块茎重 （g）	单株块茎重 （g/株）	产量 （t/hm²）	增产量 （t/hm²）
0.76	43.56 eE	392.04 eE	27.84 eDE	3.53
1.14	46.50 dD	418.50 dD	29.07 dD	4.76
1.52	51.46 cC	463.14 cC	30.01 cC	5.70
1.90	55.64 abAB	500.76 abAB	30.66 abAB	6.35
2.28	55.99 aA	503.69 aA	30.84 aA	6.53

5. 不同剂量改土性专用肥对马铃薯增产效应和经济效益的影响

改土性专用肥施用量由 0.38t/hm² 增加到 0.76t/hm²、1.14t/hm²、1.52t/hm²、1.90t/hm²、2.28t/hm²，马铃薯增产量由 1.90t/hm² 增加到 3.53t/hm²、4.76t/hm²、5.70t/hm²、6.35t/hm²、6.53t/hm²；边际产量由 1.90t/hm²，递减到 1.64t/hm²、1.23t/hm²、0.94t/hm²、0.65t/hm²、0.18t/hm²；边际利润由 2 929.27元/hm²，递减到 2 389.27 元/hm²、1 589.27 元/hm²、1 009.27 元/hm²、429.27 元/hm²、-510.73 元/hm²。采用经济学原理分析可以看出，随着改土性专用肥施用量的增加，马铃薯产量在增加，但是边际产量、边际利润在递减，出现了报酬递减率，改土性专用肥施用量在 1.90t/hm² 的基础上，再增加 0.38t/hm²，边际利润为负值，由此可见，改土性专用肥适宜施肥量一般为 1.90t/hm²（表13-9）。

6. 改土性专用肥最大利润施肥量和马铃薯理论产量的确定

将专用肥不同施肥量与马铃薯产量间的关系采用肥料效应函数方程 $y = a + bx - cx^2$ 拟合，得到的肥料效应函数为：

$$y = 24.31 + 5.5168x - 1.1383x^2 \qquad (13-2)$$

对肥料效应函数进行显著性测验，$F = 16.15^{**}$，$>F_{0.01} = 14.33$，$R = 0.9846^{**}$，说明肥料效应函数拟合良好。专用肥价格（p_x）为 2 291.40元/t，2016 年马铃薯市场价格（p_y）为 2 000元/t，将（p_x）、（p_y）、肥料效应函数的 b 和 c，代入最大利润施肥量计算公式 $x_0 = [(p_x/p_y) - b]/2c$，求得专用肥最大利润施肥量（x_0）为 1.90t/hm²，将 x_0 代入式（13-2），求得马铃薯理论产量（y）为 30.68t/hm²，回归统计分析结果与试验处理 6 相吻合。

7. 专用肥最高产量施肥量与马铃薯理论产量

将肥料效应函数式（13-2）中的 b 和 c，代入最高产量施肥量计算公式 $x_0 = -b/2c$，求得专用肥最高产量的施肥量（x_0）为 2.42t/hm²，将 x_0 代入肥料效应函数 $y = 24.31 + 5.5168x - 1.1383x^2$，求得马铃薯最高产量时的理论产量（$y$）为

30.99t/hm²（表13-9）。

表13-9 不同剂量改土性专用肥对马铃薯增产效应和经济效益的影响

施肥量（t/hm²）	产量（t/hm²）	增产量（t/hm²）	边际产量（t/hm²）	边际产值（元/hm²）	边际成本（元/hm²）	边际利润（元/hm²）
0.00（CK）	24.31 gG	/	/	/	/	/
0.38	26.21 fF	1.90	1.90	3 800.00	870.73	2 929.27
0.76	27.84 eDE	3.53	1.64	3 260.00	870.73	2 389.27
1.14	29.07 dD	4.76	1.23	2 460.00	870.73	1 589.27
1.52	30.01 cC	5.70	0.94	1 880.00	870.73	1 009.27
1.90	30.66 abAB	6.35	0.65	1 300.00	870.73	429.27
2.28	30.84 aA	6.53	0.19	360.000	870.73	-510.73

注：聚乙烯醇26 000元/t，K₂SO₄2 200元/t，CO（NH₂）₂2 000元/t，NH₄H₂PO₄4 000元/t，改土性专用肥2 291.40元/t（CO（NH₂）₂、（NH₄）₂HPO₄、K₂SO₄、糠醛渣、聚乙烯醇重量比为0.336：0.087：0.320：0.237：0.020混合），马铃薯2 000元/t。

（三）问题讨论与结论

土壤容重是土壤重要的物理性质，土壤容重越小，其蓄水能力越强，是计算土壤孔隙度的重要参数。土壤总孔隙度是表征土壤松紧程度的一个重要指标，土壤孔隙的大小直接影响土壤中的水分状况，毛管孔隙度大的土壤蓄水能力强。土壤团聚体是表征肥沃土壤的指标之一，改土性专用肥施用量与土壤团聚体呈线性正相关关系。研究结果表明，随着改土性专用肥施用量梯度的增加，土壤容重降低，总孔隙度增大，团聚体增加，究其原因，改土性专用肥中的聚乙烯醇是一种胶结物质，可以把小土粒粘在一起，形成较稳定的团粒结构，增大了土壤孔隙度，降低了土壤容重。研究结果表明：随着改土性专用肥施用量的增加，马铃薯植物学性状、经济性状、产量在增加；但边际产量、边际利润随着改土性专用肥施用量的增加而递减，出现了报酬递减率。改土性专用肥施用量在1.90t/hm²的基础上，再继续增加施肥量，边际利润出现负值。经回归统计分析，改土性专用肥与马铃薯产量间肥料效应回归方程是：$y=24.31+5.5168x-1.1383x^2$，最大利润施肥量（$x_0$）为1.92t/hm²，马铃薯最大利润施肥量时的理论产量为30.68t/hm²；最高产量的施肥量（x_m）为2.42t/hm²，马铃薯最高产量时的理论产量为30.99t/hm²。

三、多功能专用肥对土壤理化性质和马铃薯效益影响的研究

甘肃省张掖市海拔1 650~2 800m的民乐、山丹县，昼夜温差大，是加工型马铃薯种植和贮藏的理想场所。近年来，从国外引进了大西洋、夏波蒂、费乌瑞它等

马铃薯新品种，建成了加工型马铃薯生产基地 3 万 hm²，年产加工型马铃薯
112.5 万 t，马铃薯产业已发展成为本区农民增收、企业增效的重要支柱产业之一。
目前日益凸显的主要问题是：种植面积大，连作年限长，土壤养分比例失衡，缺素
的生理性病害经常发生；有机肥料投入量严重不足，化肥超量施用，不但增加了施
肥成本，而且导致土壤板结，贮水功能削弱；市场上销售的复混肥有效成分和比例
不符合本区冷凉灌区土壤养分现状和马铃薯对养分的吸收比例，且不具备保水、改
土功效，影响了本区马铃薯产业的可持续发展。因此，研究和开发多功能专用肥成
为复混肥研发的关键所在。近年来，有关复混肥研究受到了广泛关注，但多功能专
用肥对土壤理化性质和马铃薯经济效益的影响未见文献报道。针对上述存在的问
题，应用作物营养科学施肥理论和改土培肥理论，选择多元复混肥、5406 菌剂、
土壤结构改良剂聚乙烯醇、保水剂、糠醛渣 5 种原料，采用正交试验方法，筛选出
了配方，合成了马铃薯多功能专用肥，在甘肃省张掖市的冷凉灌区进行了验证试
验，以便对多功能专用肥的肥效做出确切的评价。

（一）材料与方法

1. 试验材料

（1）试验地概况。试验地位于张掖市山丹县位奇镇孙家营村连作 10 年的马铃
薯田上进行，海拔高度 1 750m，年均温度 6.50℃，年均降水量 250mm，年均蒸发
量 1 800mm，无霜期 140~150 天。土壤类型是耕种灰钙土，0~20cm 土层含有机质
14.25g/kg，碱解氮 66.43mg/kg，有效磷 8.65mg/kg，速效钾 155.40mg/kg，pH 值
7.50，土壤质地为沙质土，前茬作物是马铃薯。

（2）试验材料。5406 菌剂，有效活菌数 ≥0.2 亿个/g，金肥王股份有限公司
产品；多元复混肥，自己配制，$CO(NH_2)_2$、$(NH_4)_2HPO_4$、$ZnSO_4 \cdot 7H_2O$、
$(NH_4)_6Mo_7O_{24} \cdot 4H_2O$ 风干重量比按 569：391：30：10 混合，含 N 33%、
P_2O_5 18%、Zn 0.69%、Mo 0.50%；聚乙烯醇，粒径 0.05~2mm，甘肃兰维新材料
有限公司产品；糠醛渣，含有机质 76.36%、全氮 0.55%、全磷 0.23%、全钾
1.18%，pH 值为 3.20，粒径 0.5~3mm，临泽县汇隆化工有限责任公司提供；保水
剂：吸水倍率 645g/g，粒径 1~2mm，甘肃民乐福民精细化工有限公司产品；多功
能专用肥，根据试验一筛选的配方自己配制，将 5406 菌剂、多元复混肥、保水剂、
聚乙烯醇、糠醛渣风干重量比按 0.059：0.881：0.013：0.040：0.007 混合，含
N 29.14%、P_2O_5 15.84%、Zn 0.61%、Mo 0.44%，价格 4 740.73 元/t；参试作物
是马铃薯，品种是大西洋，甘肃万向德农马铃薯种业公司提供。

2. 试验方法

（1）试验一，多功能专用肥配方筛选。

① 试验设计。2017 年 4 月 22 日，选择 5406 菌剂、多元复混肥、保水剂、聚

乙烯醇、糠醛渣为 5 个因素，每个因素设计 3 个水平，按正交表 L_9 (3^5) 设计 9 个试验处理。按表 13-10 因子与水平编码括号中的数量称取各种原料混合均匀后组成 9 个试验处理。

表 13-10 L_9 (3^5) 正交试验设计

试验处理	A 5406 菌剂	B 多元复混肥	C 保水剂	D 聚乙烯醇	E 糠醛渣
$1 = A_3B_2C_3D_2E_1$	3 (101.25)	2 (1 500)	3 (67.50)	2 (67.50)	1 (11.25)
$2 = A_2B_1C_1D_3E_1$	2 (67.50)	1 (750)	1 (22.50)	3 (101.25)	1 (11.25)
$3 = A_1B_3C_2D_1E_1$	1 (33.75)	3 (2 250)	2 (45.00)	1 (33.75)	1 (11.25)
$4 = A_3B_1C_2D_2E_2$	3 (101.25)	1 (750)	2 (45.00)	2 (67.50)	2 (22.50)
$5 = A_2B_3C_3D_3E_2$	2 (67.50)	3 (2 250)	3 (67.50)	3 (101.25)	2 (22.50)
$6 = A_1B_2C_1D_1E_2$	1 (33.75)	2 (1 500)	1 (22.50)	1 (33.75)	2 (22.50)
$7 = A_3B_3C_1D_2E_3$	3 (101.25)	3 (2 250)	1 (22.50)	2 (67.90)	3 (33.75)
$8 = A_2B_2C_2D_3E_3$	2 (67.50)	2 (1 500)	2 (45.00)	3 (101.25)	3 (33.75)
$9 = A_1B_1C_3D_1E_3$	1 (33.75)	1 (750)	3 (67.50)	1 (33.75)	3 (33.75)

注：括号内数据为试验数据（kg/hm²）。

② 种植方法。田间试验小区面积为 28.80m²（6m×4.8m），每个小区四周筑埂，埂宽 40cm，埂高 30cm，播种时间 2017 年 4 月 22 日，选择 90cm 地膜，25g 左右的薯块，采用高垄覆膜双行种植，每个小区种植 4 垄，垄距 120cm、垄宽 40cm、垄高 40cm，行距 50cm，播种深度 15cm，每垄两行，株距 25cm，两行穴眼错开呈三角形，在播种垄中间开一条深 20cm 的沟，将肥料撒施在沟内，覆土起垄。

③ 灌水方法。每个试验小区为一个支管单元，在支管单元入口安装闸阀、压力表和水表，在马铃薯沟内安装 1 条薄壁滴灌带，滴头间距 25cm，流量 4.65L/（m·h），每个支管单元压力控制在 5m 水头，分别在马铃薯拔节期、孕穗期、抽穗期、灌浆期、乳熟期各滴灌 1 次，每个小区灌水量相等，每次灌水 2.16m³。

（2）试验二，多功能专用肥经济效益最佳施用量确定。

① 多功能专用肥合成。根据试验一筛选的配方，将 5406 菌剂、多元复混肥、保水剂、聚乙烯醇、糠醛渣重量比按 0.059∶0.881∶0.013∶0.040∶0.007 混合，搅拌均匀过 5mm 筛备用。

② 试验处理。多功能专用肥施用量设计为 0t/hm²、0.43t/hm²、0.86t/hm²、1.29t/hm²、1.72t/hm²、2.15t/hm²，共 6 个处理，以处理 1 为 CK（对照），每个试验重复 3 次，随机区组排列。

③ 种植方法。2018 年 4 月 20 日播种，小区面积、马铃薯品种、施肥方法、株

行距、灌水方法、灌水量与试验一相同。

3. 测定项目与方法

2018 年 9 月 10 日马铃薯收获后分别在试验小区内按"S"形路线布点，采集耕层 0~20cm 土样 4kg，用四分法带回 1kg 混合土样室内风干化验分析（土壤容重、团聚体用环刀取原状土）。自然含水量测定采用烘干法；容重采用环刀法；孔隙度采用计算法；团聚体采用干筛法；碱解氮采用扩散法；有效磷采用碳酸氢钠浸提—钼锑抗比色法；速效钾采用火焰光度计法；pH 值采用 5：1 水土比浸提，用 pH-2F 数字 pH 计测定；土壤微生物数量采用平板稀释法；饱和蓄水量 =（面积×总孔隙度×土层深度）；毛管蓄水量 =（面积×毛管孔隙度×土层深度）；非毛管蓄水量 =（面积×非毛管孔隙度×土层深度）；边际产量 =（后一个处理产量-前一个处理产量）；边际产值 =（边际产量×产品价格）；边际施肥量 =（后一个处理施肥量-前一个处理施肥量）；边际成本 =（边际施肥量×肥料价格）；边际利润 =（边际产值-边际成本）；肥料贡献率 = [（施肥区产量-无肥区产量）/施肥区产量×100%）]。马铃薯收获时每个试验小区随机采集 30 株，测定植物学性状和经济性状，茎粗采用游标卡尺法测定，地上部分干重采用 105℃烘箱杀青 30min，80℃烘干至恒重。

4. 数据统计方法

试验小区单独收获，将小区产量折合成公顷产量进行统计分析。多功能专用肥配方筛选采用方差分析，结果用±标准误表示，因素间的效应（R）和各因素的 T 值采用正交试验直观分析方法求得。土壤物理化性质、蓄水量、微生物数量、马铃薯植物学性状、经济性状等数据采用 DPSS 10.0 统计软件分析，差异显著性采用多重比较，LSR 检验。多功能专用肥最佳施肥量按公式（x_0）= [（p_x/p_y）$-b$] /2c 求得；马铃薯理论产量按肥料效应回归方程式 $y=a+bx-cx^2$ 求得。

（二）结果分析

1. 多功能专用肥配方筛选

将表 13-11 数据采用正交试验直观分析方法可以看出，5 个因素间的效应（R）由大到小的变化顺序依次为：多元复混肥（32.40）>保水剂（19.80）>聚乙烯醇（4.95）和 5406 菌剂（4.95）>糠醛渣（4.40）。比较各因素不同水平的 T 值，可以看出，$T_{A3}>T_{A2}>T_{A1}$，说明随着 5406 菌剂用量的增加，马铃薯产量在增加。$T_{B2}>T_{B3}>T_{B1}$，说明多元复混肥适宜用量为 1 500kg/hm²。$T_{C1}>T_{C3}>T_{C2}$，说明保水剂最大用量不要超过 22.50kg/hm²。$T_{D2}>T_{D3}>T_{D1}$，说明聚乙烯醇的施用量一般为 67.50kg/hm²。$T_{E1}>T_{E2}>T_{E3}$，说明随着糠醛渣施用量的增加，马铃薯产量在递减，糠醛渣最大用量不要超过 11.25kg/hm²。从各因素的 T 值可以看出，因素间 T 值最大的是：$A_3 B_2 C_1 D_2 E_1$。由此可见，多功能专用肥配方组合为：5406 菌剂 101.25kg/hm²、多元复混肥 1 500 kg/hm²、保水剂 22.50kg/hm²、聚乙烯醇 67.50kg/hm²、糠醛渣 11.25kg/hm²，即 5406 菌剂、多元复混肥、保水剂、聚乙烯醇、糠醛渣重量组合比例分别为 0.059 : 0.881 : 0.013 : 0.040 : 0.007。

表 13-11 L_9 (3^5) 正交试验分析

试验处理	A 5406 菌剂	B 多元复混肥	C 保水剂	D 聚乙烯醇	E 糠醛渣	产量（t/hm²）
$1 = A_3 B_2 C_3 D_2 E$	3	2	3	2	1	41.25
$2 = A_2 B_1 C_1 D_3 E$	2	1	1	3	1	31.80
$3 = A_1 B_3 C_2 D_1 E$	1	3	2	1	1	34.95
$4 = A_3 B_1 C_2 D_2 E$	3	1	2	2	2	25.05
$5 = A_2 B_3 C_3 D_3 E_2$	2	3	3	3	2	38.10
$6 = A_1 B_2 C_1 D_1 E_2$	1	2	1	1	2	40.80
$7 = A_3 B_3 C_1 D_2 E_3$	3	3	1	2	3	41.70
$8 = A_2 B_2 C_2 D_3 E_3$	2	2	2	3	3	34.50
$9 = A_1 B_1 C_3 D_1 E_3$	1	1	3	1	3	27.30
T_1	103.05	84.15	114.30	103.05	108.00	
T_2	104.40	116.55	94.50	108.00	103.95	315.45 (T)
T_3	108.00	114.75	106.60	104.40	103.60	
R	4.95	32.40	19.80	4.95	4.40	

2. 施用多功能专用肥对土壤物理性质的影响

2018 年 9 月 10 日马铃薯收获后分别在试验小区内采集耕层 0~20cm 土样测定结果可以看出，多功能专用肥施用量与土壤总孔隙度、毛管孔隙度、非毛管孔隙度、团聚体呈显著的正相关关系，与容重呈显著的负相关关系，相关系数（R）分别为 0.9880、0.9790、0.9486、0.9774 和 -0.9978。多功能专用肥施用量为 2.15t/hm² 时，与对照比较，总孔隙度、毛管孔隙度、非毛管孔隙度、团聚体分别增加了 3.90、1.97、1.93、11.67 个百分点，而容重降低了 0.13g/cm³。究其原因是多功能专用肥中的聚乙烯醇是一种胶结物质，可以把小土粒粘在一起，形成较稳定的团聚体，具有团聚体的土壤比较疏松，因而增大了孔隙度，降低了容重。处理间的差异显著性，经 LSR 检验达到显著和极显著水平（表 13-12）。

表 13-12 多功能专用肥对土壤物理性质的影响

施肥量 （t/hm²）	容重 （g/cm³）	总孔隙度 （%）	毛管孔隙度 （%）	非毛管孔隙度 （%）	>0.25mm 团聚体（%）
0（对照）	1.27 aA	52.08 dA	18.36 cC	33.7 cC	28.54 fE
0.43	1.25 bB	52.83 dA	18.93 cC	33.90 cC	33.23 eD
0.86	1.22 cC	53.96 cA	19.34 bB	34.62 bB	34.84 dD
1.29	1.20 dD	54.72 bA	19.87 bB	34.85 bB	36.31 cC
1.72	1.17 eE	55.85 aA	19.87 bB	35.98 aA	38.60 bB
2.15	1.14 fF	55.98 aA	20.33 aA	35.65 aA	40.21 aA

3. 施用多功能专用肥对土壤蓄水量的影响

从表 13-13 看出，多功能专用肥施用量与土壤自然含水量、饱和蓄水量、毛管蓄水量、非毛管蓄水量呈显著的正相关关系，相关系数（R）分别为 0.9980、0.9880、0.9789、0.9486。多功能专用肥施用量为 2.15t/hm² 时，与对照比较，自然含水量、饱和蓄水量、毛管蓄水量、非毛管蓄水量分别增加了 33.69g/kg、78.00t/hm²、39.40t/hm² 和 38.60t/hm²。分析这一结果产生的原因是多功能专用肥中的保水剂是一类高分子聚合物，分子结构交联成网络，本身不溶于水，却能在 10min 内吸附超过自身重量 100~1 400 倍的水分，体积大幅度膨胀后形成饱和吸附水球，吸水倍率很大，在提高土壤持水性能方面具有重要的作用。处理间的差异显著性，经 LSR 检验达到显著和极显著水平。

表 13-13 多功能专用肥对土壤蓄水量的影响

施肥量 （t/hm²）	自然含水量 （g/kg）	饱和蓄水量 （t/hm²）	毛管蓄水量 （t/hm²）	非毛管蓄水量 （t/hm²）
0（对照）	144.63 fA	1 041.60 dA	367.20 cD	674.40 cC
0.43	151.36 eA	1 056.60 dA	378.60 cC	678.00 cC
0.86	158.45 dA	1 079.20 cA	386.80 bC	692.40 bB
1.29	165.58 cA	1 094.40 bA	397.40 bB	697.00 bB
1.72	169.91 bA	1 117.00 aA	397.40 bB	719.60 aA
2.15	178.32 aA	1 119.60 aA	406.60 aA	713.00 aA

4. 施用多功能专用肥对土壤速效养分和 pH 值的影响

从表 13-14 看出，多功能专用肥施用量与土壤碱解氮、有效磷、速效钾呈显著的正相关关系，相关系数（R）分别为 0.9905、0.9823、0.9864。多功能专用肥施用量为 2.15t/hm² 时，与对照比较，碱解氮、有效磷、速效钾分别增加了 14.02mg/kg、3.22mg/kg、11.85mg/kg。产生的原因是多功能专用肥含有氮磷钾，施用多功能专用肥可以增加土壤速效养分的含量。多功能专用肥施用量与土壤 pH 值呈显著的负相关关系，相关系数（R）为 -0.9829。多功能专用肥施用量 2.15t/hm² 时，与对照比较，土壤 pH 值降低了 0.14。其原因是多功能专用肥中的糠醛渣是一种极强酸性废弃物，因而降低了土壤的酸碱度。处理间的差异显著性，经 LSR 检验达到显著和极显著水平。

表 13-14　多功能专用肥对土壤 pH 值和速效养分的影响

施肥量 （t/hm²）	pH 值	碱解氮 （mg/kg）	有效磷 （mg/kg）	速效钾 （mg/kg）
0（对照）	8.33 aA	61.83 eD	11.75 cC	141.61 bB
0.43	8.31 aA	65.75 dC	12.54 bB	143.99 bB
0.86	8.30 aA	68.50 cB	12.80 bB	145.75 bB
1.29	8.26 bB	72.09 bA	14.14 aA	147.24 bB
1.72	8.22 cC	74.34 aA	14.66 aA	151.85 aA
2.15	8.19 dC	75.85 aA	14.97 aA	153.46 aA

5. 施用多功能专用肥对马铃薯植物学性状的影响

从表 13-15 看出，多功能专用肥施肥量与马铃薯株高、茎粗、生长速度、地上部分鲜重、地上部分干重呈显著的正相关关系，相关系数（R）分别为 0.9969、0.9707、0.9696、0.9967、0.9966。多功能专用肥施肥量为 2.15t/hm² 时，与对照比较，马铃薯株高、茎粗、生长速度、地上部分鲜重、地上部分干重分别增加了 28.40cm、2.21mm、1.59mm/天、48.54g/株、30.58g/株。处理间的差异显著性，经 LSR 检验达到显著和极显著水平。

表 13-15　多功能专用肥对马铃薯植物学性状的影响

施肥量 （t/hm²）	株高 （cm）	茎粗 （mm）	生长速度 （mm/天）	地上部分鲜重 （g/株）	地上部分干重 （g/株）
0（对照）	54.30 fF	8.16 fA	3.05 fA	92.80 fF	58.46 fC
0.43	59.00 eE	8.34 eA	3.31 eA	100.51 eE	63.32 eC
0.86	65.30 dD	8.46 dA	3.66 bA	111.59 dD	70.30 dB
1.29	71.10 cC	9.33 cA	3.99 cA	121.51 cC	76.55 cB
1.72	79.00 bB	9.91 bA	4.43 bA	135.02 bB	85.06 bA
2.15	82.70 aA	10.37 aA	4.64 aA	141.34 aA	89.04 aA

6. 施用多功能专用肥对马铃薯经济性状和产量的影响

从表13-16看出，多功能专用肥施肥量与马铃薯块茎重、单株块茎重、产量呈显著的正相关关系，相关系数（R）分别为0.9954、0.9988、0.9730。随着多功能专用肥施肥量的增加，增产率和肥料贡献率在增加，但单位（1kg）多功能专用肥的增产量则随着多功能专用肥施肥量的增加而递减。处理间的差异显著性，经LSR检验达到显著和极显著水平。

表13-16　多功能专用肥对马铃薯经济性状和产量的影响

施肥量 （t/hm²）	块茎重 （g）	单株块茎重 （g/株）	产量 （t/hm²）	增产量 （t/hm²）	增产率 （%）	肥料贡献率 （%）	肥料增产量 （kg）
0（对照）	141.44 eF	393.05 fF	24.79 fE	/	/	/	/
0.43	148.89 dE	422.64 eE	28.51 eD	3.72	15.00	13.05	8.65
0.86	153.50 dD	454.45 dD	31.48 dC	6.69	26.98	21.25	7.78
1.29	161.57 cC	478.36 cC	33.85 cB	9.06	36.54	26.76	7.02
1.72	169.76 bB	503.55 bB	35.76 bA	10.97	44.25	30.59	6.38
2.15	179.03 aA	530.05 aA	36.17 aA	11.38	45.90	31.46	5.29

7. 施用多功能专用肥对马铃薯增产效应和经济效益的影响

采用经济学原理进行分析可以看出，随着多功能专用肥施用量的增加，边际产量由最初的3.72t/hm²，递减到0.41t/hm²。从经济效益变化来看，边际利润由最初的2 425.49元/hm²，递减到−1 546.51元/hm²，多功能专用肥施肥量在1.72t/hm²的基础上，再增加0.43t/hm²，边际利润出现负值。由此可见，多功能专用肥施肥量1.72t/hm²时，马铃薯增产效应和经济效益较好（表13-17）。

8. 多功能专用肥经济效益最佳施用量的确定

将多功能专用肥不同施肥量与马铃薯产量间的关系，应用肥料效应回归方程$y=a+bx-cx^2$拟合，得到的回归方程为：

$$y=24.79+5.5687x-0.47041x^2 \tag{13-3}$$

对回归方程进行显著性测验的结果表明回归方程拟合良好。多功能专用肥价格（p_x）为4 740.73元/t，2018年马铃薯市场收购价格（p_y）为1 200元/t，将（p_x、p_y）、回归方程的参数b和c，代入最佳施肥量计算公式（x_0）=［（p_x/p_y）−b］/2c，求得多功能专用肥最佳施用量（x_0）为1.72t/hm²，将x_0代入式（13-3），可求得马铃薯理论产量（y）为32.98t/hm²，统计分析结果与田间小区试验处理4相吻合（表13-17）。

表 13-17　不同剂量多功能专用肥对马铃薯增产效应和经济效益的影响

施肥量 （t/hm²）	产量 （t/hm²）	增产量 （t/hm²）	边际产量 （t/hm²）	边际产值 （元/hm²）	边际成本 （元/hm²）	边际利润 （元/hm²）
0（对照）	24.79 fE	/	/	/	/	/
0.43	28.51 eD	3.72	3.72	4 464.00	2 038.51	2 425.49
0.86	31.48 dC	6.69	2.97	3 564.00	2 038.51	1 525.49
1.29	33.85 cB	9.06	2.37	2 844.00	2 038.51	805.49
1.72	35.76 bA	10.97	1.91	2 280.00	2 038.51	241.49
2.15	36.17 aA	11.38	0.41	492.00	2 038.51	-1 546.51

（三）结论

甘肃省张掖市冷凉灌区海拔 1 650~2 800m 的热量条件非常适应马铃薯的生长发育。目前，影响马铃薯产业可持续发展的环境条件一是种植面积大，马铃薯在块茎膨大期，灌水矛盾比较突出；二是有机肥料投入量严重不足，尿素化肥超量施用，土壤胶体上的吸附的 Ca^{2+} 被 NH_4^+ 代换，土壤团粒结构遭到破坏，土壤板结，不利于马铃薯块茎的膨大；三是具有自主知识产权的功能性肥料研发薄弱，市场上流通的复混肥有效成分和养分比例不符合冷凉灌区土壤养分现状和马铃薯对养分的吸收比例，且不具备保水、改土的功效。针对上述存在的问题，本文将多元复混肥的速效、5406 菌剂的增效、保水剂的保水、聚乙烯醇的改土作用融为一体，合成多功能专用肥，有效的解决了上述存在的问题。研究结果表明，多功能专用肥施用量与土壤孔隙度、团聚体、蓄水量、碱解氮、有效磷、速效钾、马铃薯植物学性状、经济性状和产量呈显著的正相关关系，与土壤容重、pH 值呈显著的负相关关系。经回归统计分析，多功能专用肥经济效益最佳施用量为 1.72t/hm² 时，马铃薯的理论产量为 32.98t/hm²。

第二节　马铃薯复混肥科学施肥技术研究

一、生物有机抗重茬复混肥对土壤物理性质和马铃薯经济效益影响的研究

甘肃省张掖市民乐、山丹县昼夜温差大，是加工型马铃薯种植和贮藏的理想场所，近年来，建成了加工型马铃薯生产基地 3 万 hm²，年产加工型马铃薯 112.5 万 t，马铃薯产业已发展成为本区农民增收，企业增效的重要支柱产业之一。目前日益凸显的主要问题是：一是马铃薯种植面积大，连作年限长；二是有机肥投

入量少，化肥投入量多，有机肥氮磷钾投入量与化肥氮磷钾投入量 0.30∶0.70，土壤有机质含量低；三是农户施用的传统复混肥有效成分和比例不符合本区冷凉灌区土壤养分现状和马铃薯对养分的吸收比例，影响了本区马铃薯产业的可持续发展。因此，研究和开发多功能专用肥成为复混肥研发的关键所在。近年来，有关复混肥研究受到了广泛关注，但生物有机抗重茬复混肥对土壤理化性质和马铃薯经济效益的影响未见文献报道。针对上述存在的问题，应用作物营养科学施肥理论和改土培肥理论，选择马铃薯专用肥、5406 菌剂、油菜籽饼肥、抗重茬剂 4 种原料，采用正交试验方法，筛选出了配方，合成生物有机抗重茬复混肥，在甘肃省张掖市民乐县南固镇城南村连续种植马铃薯 10 年的基地上进行了验证试验，以便对生物有机抗重茬复混肥的改土培肥效益做出确切的评价。

（一）材料与方法

1. 试验材料

（1）试验地概况。试验在民乐县南固镇城南村连作 10 年的马铃薯田上进行，该试验地海拔高度 2 200m，年均温度 6.50℃，年均降水量 250mm，年均蒸发量 1 800mm，无霜期 140~150 天，土壤类型是耕种灰钙土，0~20cm 土层含有机质 15.56g/kg，碱解氮 62.08mg/kg，有效磷 6.18mg/kg，速效钾 143.76mg/kg，pH 值 7.80，土壤质地为轻壤质土，前茬作物是马铃薯。

（2）参试材料。尿素，粒径 2~3mm，含 N 46%，甘肃刘家峡化工厂产品；磷酸二铵，粒径 2~5mm，含 N 18%、P_2O_5 46%，云南云天化国际化工股份有限公司产品；硫酸钾，含 K_2O 50%，甘肃刘家峡化工厂产品；硫酸锌，粒径 1~2mm，甘肃刘家峡化工厂产品；油菜籽饼中含有机质 73.8%、N 5.25%、P_2O_5 0.8%、K_2O 1.04%，张掖市甘州区南关饮马桥榨油厂产品；抗重茬剂，含海洋生物钙 18%，甲壳素 1.5%，美国司特邦科技有限公司产品；5406 菌剂，有效活菌数≥0.2 亿个/g，金肥王股份有限公司产品；马铃薯专用肥，尿素、磷酸二铵、硫酸钾、硫酸锌重量比按 0.41∶0.10∶0.47∶0.02 混合，含 N 9.04%；含 P_2O_5 4.60%、K_2O 23.50%；生物有机抗重茬复混肥，马铃薯专用肥、5406 菌剂、油菜籽饼肥、抗重茬剂重量百分比按 0.3957∶0.0539∶0.5396∶0.0108 混合，含有机质 39.82%、N 3.57%、P_2O_5 1.82%、K_2O 9.30%；马铃薯品种为克新，由甘肃万向德农马铃薯种业有限公司提供。

2. 试验方法

（1）试验处理。

试验一，生物有机抗重茬复混肥配方筛选 2017 年 4 月 20 日，选择马铃薯专用肥、5406 菌剂、油菜籽饼肥、抗重茬剂为 4 个因素，每个因素设计 3 个水平，按正交表 $L_9(3^4)$ 设计 9 个处理，按表 13-18 因子与水平编码括号中的数量称取各种原料混合均匀后组成 9 个试验处理。每个试验小区单独收获，将田间试验小区产量折合成公顷产量，采用正交试验分析方法计算出各因素不同水平的 T 值和因素间效应值（R），确定因素间最佳组合，组成抗重茬专用肥配方。

张掖灌区农作物科学施肥理论与实践

表 13-18　L$_9$（3^4）正交试验设计

试验处理	A 马铃薯复混肥	B 5406 菌剂	C 油菜籽饼肥	D 抗重茬剂
1 = A$_1$B$_2$C$_3$D$_2$	1（1 100）	2（600）	3（3 000）	2（120）
2 = A$_3$B$_1$C$_1$D$_3$	3（3 300）	1（300）	1（1 000）	3（180）
3 = A$_2$B$_3$C$_2$D$_1$	2（2 200）	3（900）	2（2 000）	1（60）
4 = A$_2$B$_1$C$_2$D$_2$	2（2 200）	1（300）	2（2 000）	2（120）
5 = A$_3$B$_3$C$_3$D$_3$	3（3 300）	3（900）	3（3 000）	3（180）
6 = A$_1$B$_2$C$_1$D$_1$	1（1 100）	2（600）	1（1 000）	1（60）
7 = A$_3$B$_3$C$_1$D$_2$	3（3 300）	3（900）	1（1 000）	2（120）
8 = A$_1$B$_2$C$_2$D$_3$	1（1 100）	2（600）	2（2 000）	3（180）
9 = A$_2$B$_1$C$_3$D$_1$	2（2 200）	1（300）	3（3 000）	1（60）

注：括号内数据为试验数据（kg/hm^2），括号外数据为正交试验编码值。

试验二，生物有机抗重茬复混肥对土壤物理性质和马铃薯经济效益影响的研究 2018 年 4 月 27 日将生物有机抗重茬复混肥施用量梯度设计为 0t/hm^2、1.39t/hm^2、2.78t/hm^2、4.17t/hm^2、5.56t/hm^2、6.95t/hm^2、8.34t/hm^{2}共 7 个处理，以处理 1 为对照，每个试验处理重复 3 次，随机区组排列。

（2）种植方法。田间试验小区面积为 28.80m^2（6m×4.8m），每个小区四周筑埂，埂宽 40cm、埂高 30cm。2018 年 4 月 27 日播种，选择 90cm 地膜，25g 左右的薯块，采用高垄覆膜双行种植，每个小区种植 4 垄，垄距 110cm，垄宽 70cm，垄高 40cm，行距 55cm，播种深度 15cm，每垄两行，株距 25cm，两行穴眼错开呈三角形。生物有机抗重茬复混肥做底肥，在播种垄中间开一条深 20cm 的沟，将肥料撒施在沟内，覆土起垄。分别在马铃薯发棵期和开花期各灌水 1 次，灌水量 80m^3/亩，其他田间管理措施与大田相同。

（3）测定项目与方法。马铃薯收获后分别在试验小区内按 S 形路线布点，采集耕层 0~20cm 土样 4kg，用四分法带回 1kg 混合土样室内风干化验分析（土壤容重、团聚体用环刀取原状土）。自然含水量测定采用烘干法；容重采用环刀法；孔隙度采用计算法；团聚体采用干筛法；碱解氮采用扩散法；有效磷采用碳酸氢钠浸提—钼锑抗比色法；速效钾采用火焰光度计法；pH 值采用 5∶1 水土比浸提，用 pH-2F 数字 pH 计测定；最大持水量=（面积×总孔隙度×土层深度）；田间持水量采用威尔科克斯法；有机碳贮量（t/hm^2）按公式（有机碳贮量=有机碳含量×

2.25）。马铃薯收获时每个试验小区随机采集 30 株，测定植物学性状和经济性状，茎粗采用游标卡尺法测定，地上部分干重采用 105℃烘箱杀青 30min，80℃烘干至恒重。

（4）数据处理方法。试验小区单独收获，将小区产量折合成公顷产量进行统计分析。土壤物理化性质马铃薯植物学性状、经济性状等数据采用 DPSS10.0 统计软件分析，差异显著性采用多重比较，LSR 检验。生物有机抗重茬复混肥最佳施肥量按公式 $(x_0) = [(p_x/p_y) - b]/2c$ 求得；马铃薯理论产量按肥料效应回归方程式 $y = a + bx - cx^2$ 求得。

（二）结果分析

1. 生物有机抗重茬复混肥配方确定

从 2018 年正交试验资料统计分析可以看出，不同因素间的效应（R）是 A>C>D>B，说明影响马铃薯产量的因素依次是：马铃薯专用肥>油菜籽饼肥>抗重茬剂>5406 菌剂。比较各因素不同水平的 T 值可以看出，$T_{A2}>T_{A1}>T_{A3}$，说明马铃薯产量随马铃薯专用肥施用量的增大而增加，当马铃薯专用肥超过 2 200kg/hm^2，马铃薯产量又随马铃薯专用肥施用量的增大而降低。$T_{B1}>T_{B3}$ 和 T_{B2}，$T_{D1}>T_{D3}$ 和 T_{D2}，说明 5406 菌剂和抗重茬剂适宜用量一般为 300kg/hm^2 和 60kg/hm^2，$T_{C3}>T_{C2}>T_{C1}$，说明随着油菜籽饼肥施用量的增加，马铃薯产量在增加，油菜籽饼肥适宜用量一般为 3 000kg/hm^2。从各因素的 T 值可以看出，因素间最佳组合为：A$_2$（马铃薯专用肥 2 200kg/hm^2），B$_1$（5406 菌剂 300kg/hm^2），C$_3$（油菜籽饼肥 3 000kg/hm^2），D$_1$（抗重茬剂 60kg/hm^2），将马铃薯专用肥、5406 菌剂、硫酸锌、抗重茬剂重量百分比按 0.3957：0.0539：0.5396：0.0108 混合得到生物有机抗重茬复混肥（表 13-19）。

表 13-19 L$_9$（3^4）正交试验分析

试验处理	A 马铃薯复混肥	B 5406 菌剂	C 油菜籽饼肥	D 抗重茬剂	马铃薯产量（t/hm^2）
1 = A$_1$B$_2$C$_3$D$_2$	1（1 100）	2（600）	3（3 000）	2（120）	11.90
2 = A$_3$B$_1$C$_1$D$_3$	3（3 300）	1（300）	1（1 000）	3（180）	6.67
3 = A$_2$B$_3$C$_2$D$_1$	2（2 200）	3（900）	2（2 000）	1（60）	27.45
4 = A$_2$B$_1$C$_2$D$_2$	2（2 200）	1（300）	2（2 000）	2（120）	25.86
5 = A$_3$B$_3$C$_3$D$_3$	3（3 300）	3（900）	3（3 000）	3（180）	26.62
6 = A$_1$B$_2$C$_1$D$_1$	1（1 100）	2（600）	1（1 000）	1（60）	14.77
7 = A$_3$B$_3$C$_1$D$_2$	3（3 300）	3（900）	1（1 000）	2（120）	1.18
8 = A$_1$B$_2$C$_2$D$_3$	1（1 100）	2（600）	2（2 000）	3（180）	16.93

（续表）

试验处理	A 马铃薯复混肥	B 5406 菌剂	C 油菜籽饼肥	D 抗重茬剂	马铃薯产量 （t/hm²）
$9 = A_2B_1C_3D_1$	2（2 200）	1（300）	3（3 000）	1（60）	41.19
T_1	43.60	73.72	22.62	83.41	
T_2	94.49	43.61	70.23	38.94	172.57（T）
T_3	34.17	54.94	79.41	49.92	
R	60.32	30.11	56.79	44.47	

2. 生物有机抗重茬复混肥对土壤物理性质的影响

（1）对土壤容重的影响。2018 年 9 月 10 日马铃薯收获后采集耕作层 0～20cm 土样测定结果可知，随着生物有机抗重茬复混肥施用量梯度的增加，土壤容重在下降，生物有机抗重茬复混肥施用量为 8.34t/hm²，土壤容重为 1.13g/cm³；对照土壤容重为 1.32g/cm³，生物有机抗重茬复混肥施用量 8.34t/hm²，与对照比较，土壤容重降低了 14.39%，差异极显著（$P<0.01$）。经相关性分析，生物有机抗重茬复混肥施用量与土壤容重之间呈显著的负相关关系，相关系数（R）为 -0.9974（表 13-20）。

（2）对土壤总孔隙度的影响。随着生物有机抗重茬复混肥施用量梯度的增加，土壤总孔隙度在增大，生物有机抗重茬复混肥施用量 8.34t/hm²，土壤总孔隙度为 57.35%，对照总孔隙度为 50.19%，生物有机抗重茬复混肥施用量 8.34t/hm²，与对照比较，总孔隙度增加了 14.27%，差异极显著（$P<0.01$）。经相关性分析，生物有机抗重茬复混肥施用量与总孔隙度之间呈显著正相关关系，相关系数（R）为 0.9975（表 13-20）。

（3）对土壤团聚体的影响。随着生物有机抗重茬复混肥施用量梯度的增加，土壤团聚体在增加，生物有机抗重茬复混肥施用量 8.34t/hm²，土壤团聚体为 47.11%，对照土壤团聚体为 31.44%，生物有机抗重茬复混肥施用量 8.34t/hm²，与对照比较，土壤团聚体增加了 49.84%，差异极显著（$P<0.01$）。经相关性分析，生物有机抗重茬复混肥施用量与土壤团聚体之间呈显著正相关关系，相关系数（R）为 0.9864（表 13-20）。

3. 生物有机抗重茬复混肥对土壤持量的影响

（1）对土壤田间持水量的影响。随着生物有机抗重茬复混肥施用量梯度的增加，土壤田间持水量在增加，生物有机抗重茬复混肥施用量 8.34t/hm²，田间持水量为 19.10%，对照田间持水量为 13.80%，生物有机抗重茬复混肥施用量 8.34t/hm²，与对照比较，田间持水量增加了 38.41%，差异极显著（$P<0.01$）。经相关性分析，生物有机抗重茬复混肥施用量与土壤田间持水量之间呈显著正相关关

系，相关系数（R）为 0.9776（表 13-20）。

（2）对土壤最大持水量的影响。随着生物有机抗重茬复混肥施用量梯度的增加，土壤最大持水量在增加，生物有机抗重茬复混肥施用量 8.34t/hm²，最大持水量为 1 147.00t/m³，对照最大持水量为 1 003.80t/m³，生物有机抗重茬复混肥施用量 8.34t/hm²，与对照比较，最大持水量增加了 14.27%，差异极显著（$P<0.01$）。经相关性分析，生物有机抗重茬复混肥施用量与土壤持水量之间呈显著正相关关系，相关系数（R）为 0.9776（表 13-20）。

表 13-20 生物有机抗重茬复混肥对土壤物理性质的影响

施肥量（t/hm²）	容重（g/cm³）	总孔隙度（%）	团聚体（%）	田间持水量（%）	最大持水量（t/hm²）
0（对照）	1.32 aA	50.19 gB	31.44 fF	13.80 fC	1 003.80 gB
1.39	1.28 bB	51.69 fB	33.87 eE	14.09 eC	1 033.80 fB
2.78	1.26 cB	52.45 eB	34.01 eE	15.02 dC	1 049.00 eB
4.17	1.23 dB	53.58 dB	37.13 dD	15.80 dC	1 071.60 dB
5.56	1.20 eB	54.72 cB	40.38 cC	16.60 cC	1 094.40 cB
6.95	1.16 fC	56.22 bA	44.58 bB	17.80 bB	1 124.40 bA
8.34	1.13 gC	57.35 aA	47.11 aA	19.10 aA	1 147.00 aA

4. 生物有机抗重茬复混肥对土壤有机质及有机碳和有机质贮量影响

随着生物有机抗重茬复混肥施用量梯度的增加，土壤有机质及有机碳和有机质贮量在增加，生物有机抗重茬复混肥施用量 8.34t/hm²，有机质、有机碳和有机质贮量分别为 27.13g/kg、15.74g/kg 和 35.42t/hm²，对照有机质、有机碳和有机质贮量分别为 15.56g/kg、9.03g/kg 和 20.32t/hm²，生物有机抗重茬复混肥施用量 8.34t/hm²，与对照比较，有机质、有机碳和有机质贮量分别增加 11.57g/kg、6.71g/kg 和 15.10t/hm²，差异极显著（$P<0.01$）。经相关性分析，生物有机抗重茬复混肥施用量与土壤有机质、有机碳和有机质贮量之间呈显著正相关关系，相关系数（R）分别为 0.9874、0.9632、0.9954（表 13-21）。

5. 生物有机抗重茬复混肥对土壤速效养分影响

随着生物有机抗重茬复混肥施用量梯度的增加，土壤速效养分在增加，生物有机抗重茬复混肥施用量 8.34t/hm²，碱解氮及有效磷和速效钾分别为 88.32mg/kg、7.62mg/kg 和 156.43mg/kg，对照碱解氮及有效磷和速效钾分别为 62.08mg/kg、6.18mg/kg 和 143.76mg/kg，生物有机抗重茬复混肥施用量 8.34t/hm²与对照比较，碱解氮及有效磷和速效钾分别增加 26.24mg/kg、1.44mg/kg 和 12.67mg/kg，差异极显著（$P<0.01$）。经相关性分析，生物有机抗重茬复混肥施用量与土壤碱解氮及

有效磷和速效钾之间呈显著正相关关系，相关系数（R）分别为 0.9874、0.9632、0.9954（表 13-21）。

6. 生物有机抗重茬复混肥对土壤 pH 值的影响

随着生物有机抗重茬复混肥施用量梯度的增加，土壤 pH 值在下降，生物有机抗重茬复混肥施用量为 8.34/hm²，土壤 pH 值为 7.23，对照土壤 pH 值为 7.80，生物有机抗重茬复混肥施用量 8.34t/hm²，与对照比较，土壤 pH 值降低了 0.57，差异显著（$P<0.05$），经相关性分析，生物有机抗重茬复混肥施用量与土壤 pH 值之间呈显著负相关关系，相关系数（R）分别为 -0.9954（表 13-21）。

表 13-21 生物有机抗重茬复混肥对土壤有机质和速效养分及 pH 值的影响

施用量 （t/hm²）	有机质 （g/kg）	有机碳 （g/kg）	有机碳贮量 （t/hm²）	碱解氮 （mg/kg）	速效磷 （mg/kg）	速效钾 （mg/kg）	pH
对照（对照）	15.56gF	9.03fF	20.32gF	62.08gF	6.18bB	143.76fB	7.80aA
1.39	18.87fE	10.95eE	24.63fE	67.48fE	6.4bB	145.66eB	7.66bA
2.78	20.89eD	12.12dD	27.27eD	73.34eD	6.64bB	147.55dB	7.63bA
4.17	22.42dC	13.01cC	29.27dC	80.59dC	6.92bB	149.09cB	7.50cA
5.56	23.42cC	13.57cC	30.53cC	83.95cB	7.25aA	152.43bA	7.37dA
6.95	25.15bB	14.59bB	32.83bB	86.55bA	7.41aA	153.76bA	7.33dA
8.34	27.13aA	15.74aA	35.42aA	88.32aA	7.62aA	156.43aA	7.23eA

注：同列数据大写字母不同表示 $LSR_{0.01}$ 差异显著；小写字母不同表示 $LSR_{0.05}$ 差异显著。下同。

7. 生物有机抗重茬复混肥对马铃薯经济性状和产量的影响

（1）对马铃薯块茎重的影响。随着生物有机抗重茬复混肥施用量梯度的增加，马铃薯块茎重在增加，生物有机抗重茬复混肥施用量 8.34t/hm²，马铃薯块茎重为 150.61g，对照马铃薯块茎重为 118.96g，生物有机抗重茬复混肥施用量 8.34t/hm²，与对照比较，马铃薯块茎重增加了 31.65g，差异极显著（$P<0.01$），经线性回归分析，得到的回归方程是 $y=119.9008+5.6493x$，回归系数（R）为 0.9934（表 13-22）。

（2）对马铃薯单株块茎重的影响。随着生物有机抗重茬复混肥施用量梯度的增加，马铃薯单株块茎重在增加，生物有机抗重茬复混肥施用量 8.34t/hm²，马铃薯单株块茎重为 700.08g/株，对照马铃薯单株块茎重为 555.23g/株，生物有机抗重茬复混肥施用量 8.34t/hm²，与对照比较，马铃薯单株块茎重增加了 144.85g/株，差异极显著（$P<0.01$），经线性回归分析，得到的回归方程是 $y=311.7366+14.6904x$，回归系数（R）为 0.9954（表 13-22）。

（3）生物有机抗重茬复混肥对马铃薯产量的影响。随着生物有机抗重茬复混肥施用量梯度的增加，马铃薯产量在增加，生物有机抗重茬复混肥施用量 8.34t/hm²，马铃薯产量为 50.91t/hm²，对照马铃薯产量为 40.38t/hm²，生物有机抗重茬复混肥施用量 8.34t/hm²，与对照比较，马铃薯产量增加了 10.53t/hm²，差异极显著（$P<0.01$），经线性回归分析，得到的回归方程是 $y=28.0575+1.3219x$，回归系数（R）为 0.9934（表 13-22）。

8. 生物有机抗重茬复混肥对马铃薯施肥利润的影响

随着生物有机抗重茬复混肥施用量梯度的增加，马铃薯产量在增加，但是施肥利润在递减，生物有机抗重茬复混肥施用量 5.56t/hm²，施肥利润达为 2 293.17 元/hm²，当生物有机抗重茬复混肥施用量大于 5.56t/hm² 时，施肥利润为 -34.53 元/hm²，由此可见，生物有机抗重茬复混肥适宜施肥量一般为 5.56t/hm²（表 13-22）。

9. 生物有机抗重茬复混肥经济效益最佳施用量和理论产量的确定

将生物有机抗重茬复混肥不同施肥量与马铃薯产量间的关系采用肥料效应函数方程 $y=a+bx-cx^2$ 拟合，得到的回归方程为：

$$y=40.38+2.1799x-0.0626x^2 \qquad (13-4)$$

对回归方程进行显著性测验的结果表明回归方程拟合良好。生物有机抗重茬复混肥价格（p_x）为 1 786.84 元/t，2018 年马铃薯市场价格（p_y）为 1 200 元/t，将（p_x）、（p_y）、肥料效应函数中的 b 和 c，代入最佳施肥量计算公式 $x_0=[(p_x/p_y)-b]/2c$，求得生物有机抗重茬复混肥经济效益最佳施肥量（x_0）为 5.51t/hm²，将 x_0 代入式（13-4），可求得马铃薯理论产量（y）为 50.49t/hm²（表 13-22）。

表 13-22　生物有机抗重茬复混肥对马铃薯经济性状和产量的影响

施肥量 （t/hm²）	块茎重 （g）	单株块茎重 （g/株）	产量 （t/hm²）	增产量 （t/hm²）	增产值 （元/hm²）	施肥成本 （元/hm²）	施肥利润 （元/hm²）
0（对照）	118.96 gC	555.23 fE	40.38 fC	/	/	/	/
1.39	128.16 fB	637.10 eD	46.33 eB	5.95	7 140.00	2 483.70	4 656.30
2.78	134.96 eB	663.64 dC	48.26 dA	7.88	9 456.00	4 967.41	4 488.59
4.17	140.14 dB	682.89 cB	49.66 cA	9.28	11 136.00	7 451.12	3 684.88
5.56	144.02 cB	695.40 bA	50.57 bA	10.19	12 228.00	9 934.83	2 293.17
6.95	148.41 bA	697.19 aA	50.70 aA	10.32	12 384.00	12 418.53	-34.53
8.34	150.61 aA	700.08 aA	50.91 aA	10.53	12 636.00	14 902.25	-2 266.25

注：尿素 2 000 元/t，磷酸二铵 4 000 元/t，硫酸钾 2 200 元/t，硫酸锌 4 000 元/t，油菜籽饼 800 元/t，抗重茬剂 20 000元/t，5406 菌剂 4 000元/t，马铃薯专用肥 2 334元/t。

（三）问题讨论与结论

土壤容重可以表明土壤的松紧程度及孔隙状况，反映土壤的透水性、通气性和作物根系生长的阻力状况，是表征土壤物理性质的一个重要指标，土壤容重值越大，土壤孔隙度越小，通透性能越差。土壤孔隙的大小直接影响土壤中的水分状况，从而影响了作物的生长，土壤孔隙度大，土壤的通气性就好，有利于作物根系的生长，同时高的孔隙度使土壤具有高的水分渗透性，增加了土壤的蓄水能力。随着生物有机抗重茬复混肥施肥量梯度的增加土壤容重在降低，孔隙度、持水量在增加，究其原因，一是生物有机抗重茬复混肥中的油菜籽饼肥含有丰富的有机质，降低了土壤容重，增大了土壤孔隙度；二是生物有机抗重茬复混肥中的有机质，在微生物作用下合成了土壤腐殖质，腐殖质的吸水率比黏土大 10 倍，因而增加了土壤的持水量。团聚体是表征土壤肥沃程度的重要指标，团聚体发达的土壤水、肥、气、热协调，大小孔隙比例合适，矿物质土粒、土壤水分、土壤空气比例适当，团聚体还决定着水流对土粒的分散破坏强度，团聚体越多、水稳性越强，则水流的分散作用越弱，搬运的土粒越少，土壤的抗蚀性越强。随着生物有机抗重茬复混肥施肥量梯度的增加，土壤团聚体在增加，究其原因生物有机抗重茬复混肥中的油菜籽饼肥，在微生物作用下合成了土壤腐殖质，腐殖质中的 COOH 功能团解离出 H$^+$ 离子，将 COO$^-$ 留在土壤中与 Ca^{2+} 离子结合形成了团聚体。土壤有机质和有机碳是土壤养分的重要来源，土壤有机质对改善土壤结构，保持土壤水分，提高土壤温度等方面都具有重要的作用，研究结果表明，随着生物有机抗重茬复混肥施肥量梯度的增加，土壤有机质、有机碳和有机贮量在增加，这种变化规律与生物有机抗重茬复混肥中的油菜籽饼肥的有机质有关。pH 值是土壤重要的化学指标，研究结果表明，随着生物有机抗重茬复混肥施用量梯度的增加，土壤 pH 值在下降，其原因是油菜籽饼肥中的有机质是一种含碳化合物被微生物分解产生的有机酸，因而降低了土壤酸碱度。随着生物有机抗重茬复混肥施肥量梯度的增加，马铃薯经济性状、产量在增加，究其原因，一是生物有机抗重茬复混肥是依据本区土壤养分现状筛选的配方，养分种类和比例符合马铃薯生长发育规律；二是生物有机抗重茬复混肥不但含有氮磷钾大量元素，而且含有微量元素硫酸锌和有机质，将氮磷钾锌的速效与有机质缓效作用融为一体，缓急相济，互为补充，因而促进了马铃薯的生长发育，提高了马铃薯的产量。

研究结果表明，生物有机抗重茬复混肥施肥量与土壤总孔隙度、团聚体、持水量、有机质、有机碳、有机碳贮量、马铃薯经济性状和产量呈正相关关系，与土壤容重、pH 值呈负相关关系。经回归统计分析，生物有机抗重茬复混肥施肥量与马铃薯产量间的肥料效应回归方程是 $y = 40.38 + 2.1799x - 0.0626x^2$，最佳施肥量为 5.51t/hm^2，最高产量施肥量为 50.49t/hm^2。在马铃薯种植田上施用生物有机抗重茬复混肥，有效的改善了土壤的理化性质，提高了马铃薯的产量。

经回归统计分析，生物有机抗重茬复混肥施肥量与马铃薯产量间的肥料效应回归方程是：$y = 40.38 + 2.1799x - 0.0626x^2$，生物有机抗重茬复混肥最佳施肥量为 5.51t/hm²，最高产量施肥量为 50.49t/hm²。

二、生物复混肥配方筛选及对土壤养分和马铃薯经济效益的影响

甘肃省张掖市民乐、山丹县昼夜温差大，是加工型马铃薯种植和贮藏的理想场所，近年来，建成了加工型马铃薯生产基地 3 万 hm²，年产加工型马铃薯 112.5 万 t，马铃薯产业已发展成为本区农民增收，企业增效的重要支柱产业之一。目前日益凸显的主要问题是：土壤氮钾含量高，有效磷低；缺锌的生理性病害经常发生；农户施用的传统复混肥有效成分和比例不符合本区冷凉灌区土壤养分现状和马铃薯对养分的吸收比例；土壤养分比例失衡，马铃薯产量低而不稳。因此，研究和开发马铃薯专用肥成为复混肥研发的关键所在。近年来，有关复混肥研究受到了广泛关注，但生物复混肥配方筛选及对土壤速效养分和马铃薯经济效益的影响未见文献报道。本文针对上述存在的问题，选择马铃薯专用肥、硫酸锌、5406 菌肥 3 种原料，采用正交试验方法，筛选配方，合成生物复混肥，进行田间验证试验，以便对生物复混肥的肥效做出确切的评价。

（一）材料与方法

1. 试验地概况

试验地位于民乐县南固镇城南村连作 10 年的马铃薯田上进行，该试验地海拔高度 2 200m，年均温度 6.50℃，年均降水量 250mm，年均蒸发量 1 800mm，无霜期 140~150 天，土壤类型是耕种灰钙土，0~20cm 土层含有机质 15.56g/kg，碱解氮 48.56mg/kg，有效磷 7.98mg/kg，速效钾 146.32mg/kg，pH 值 7.80，土壤质地为轻壤质土，前茬作物是马铃薯。

2. 试验材料

尿素，含 N 46%，宁波远东化工集团有限公司产品；磷酸二铵，含 N 18%、P₂O₅ 46%，北京利奇世纪化工商贸有限公司产品；硫酸钾，含 K₂O 50%，湖北兴银河化工有限公司产品；硫酸锌，含 Zn 23%，新疆先科农资有限公司产品；5406 菌肥有效活菌数≥20 亿个/g，华远丰农生物科技有限公司产品；马铃薯专用肥，自己配制，将尿素、磷酸二铵、硫酸钾重量比按 0.43∶0.10∶0.47 混合，含 N 19.78%；含 P₂O₅ 4.60%、K₂O 23.50%；生物复混肥，自己配制，将马铃薯专用肥、硫酸锌、5406 菌肥重量百分比按 0.8333∶0.0238∶0.1429 混合得到生物复混肥，含 N 16.42%、P₂O₅ 3.83%、K₂O 19.58%、Zn 0.55%。马铃薯品种为大西洋，由甘肃万向德农马铃薯种业有限公司提供。

3. 试验方法

（1）试验处理。

试验一，生物复混肥配方筛选。2017 年 4 月 20 日，选择马铃薯专用肥、硫酸锌、5406 菌肥为 3 个因素，每个因素设计 3 个水平，按正交表 L_9（3^3）设计 9 个处理，按表 13-23 因子与水平编码括号中的数量称取各种原料混合均匀后组成 9 个试验处理。每个试验小区单独收获，将田间试验小区产量折合成公顷产量，采用正交试验分析方法计算出各因素不同水平的 T 值和因素间效应值（R），确定因素间最佳组合，组成生物复混肥配方。

表 13-23　L_9（3^3）正交试验设计

试验处理	A 马铃薯专用肥	B 硫酸锌	C 5406 菌肥
1 = $A_1B_1C_3$	1（1 050）	1（30）	3（360）
2 = $A_3B_1C_1$	3（3 150）	1（30）	1（120）
3 = $A_2B_1C_2$	2（2 100）	1（30）	2（240）
4 = $A_2B_2C_2$	2（2 100）	2（60）	2（240）
5 = $A_3B_2C_3$	3（3 150）	2（60）	3（360）
6 = $A_1B_2C_1$	1（1 050）	2（60）	1（120）
7 = $A_3B_3C_1$	3（3 150）	3（90）	1（120）
8 = $A_1B_3C_2$	1（1 050）	3（90）	2（240）
9 = $A_2B_3C_3$	2（2 100）	3（90）	3（360）

注：括号内数据为试验数据（kg/hm^2），括号外数据为正交试验编码值。

试验二，生物复混肥与传统化肥比较试验。2017 年 4 月 25 日，在纯 N、P_2O_5、K_2O 投入量相等的条件下（纯 N 415.29kg/hm^2 + P_2O_5 96.52kg/hm^2 + K_2O 493.42kg/hm^2）。试验共设计 3 个处理：处理 1：对照（不施肥）；处理 2：传统化肥，尿素施用量 0.82t/hm^2 + 磷酸二铵施用量 0.21t/hm^2；硫酸钾施用量 0.99t/hm^2；处理 3：生物复混肥，施用量为 2.52t/hm^2。每个试验处理重复 3 次，随机区组排列。

（2）种植方法。田间试验小区面积为 28.80m^2（6m×4.8m），每个小区四周筑埂，埂宽 40cm，埂高 30cm，播种时间为 2017 年和 2018 年 4 月 27 日，每个小区种植 4 垄，垄距 110cm，垄宽 70cm，垄高 40cm，行距 55cm，播种深度 15cm，每垄播种 2 行，株距 25cm，两行穴眼错开呈三角形，生物有机生物复混肥做底肥，在播种垄中间开一条深 20cm 的沟，将肥料撒施在沟内，覆土起垄。分别在马铃薯发棵期和开花期各灌水 1 次，其他田间管理措施与大田相同。

（3）测定项目与方法。马铃薯收获时，在试验小区内随机采集 15 株，测定马铃薯经济性状，每个试验小区单独收获，将小区产量折合成公顷产量进行统计分析。马铃薯收获后，分别在试验小区内按 S 形路线布点，采集 0~20cm 耕作层土样 4kg，用四分法带回 1kg 混合土样，风干后过 1mm 筛供室内化验分析，碱解氮采用碱解扩散法测定；有效磷采用碳酸氢钠浸提—钼锑抗比色法测定；速效钾采用醋酸铵浸提—火焰光度计法测定。马铃薯茎粗采用游标卡尺法，马铃薯地上部分干重采用105℃烘箱杀青30min，80℃烘干至恒重。

（4）数据处理方法。经济性状和产量采用 DPS V13.0 软件分析，差异显著性采用多重比较，LSR 检验。

（二）结果分析

1. 生物复混肥配方确定

（1）生物复混肥因素间的（R）效应。2017 年 9 月 10 日，马铃薯收获后测定结果可知，不同因素间的效应（R）是 A>C>B，说明影响马铃薯产量的因素依次是：马铃薯专用肥（54.46）>5406 菌肥（51.25）>硫酸锌（18.91）。

（2）生物复混肥各因素的效应 T 值。比较各因素不同水平的 T 值可以看出，$T_{A2}>T_{A1}>T_{A3}$，$T_{B2}>T_{B3}>T_{B1}$ 说明马铃薯产量随马铃薯专用肥和硫酸锌施用量的增大而增加，当马铃薯专用肥和硫酸锌施用量超过 2 100kg/hm² 和 60kg/hm²，马铃薯产量又随马铃薯专用肥和抗重茬剂施用量的增大而降低；$T_{C3}>T_{C2}>T_{C1}$，说明随着5406 菌肥施用量的增加，马铃薯产量在增加，5406 菌肥适宜用量一般为360kg/hm²。

（3）生物复混肥因素间最佳组合。从各因素的 T 值可以看出，因素间最佳组合为：A_2（马铃薯专用肥 2 100kg/hm²），B_2（硫酸锌 60kg/hm²），C_3（5406 菌肥 360kg/hm²），将马铃薯专用肥、硫酸锌、5406 菌肥重量百分比按 0.8333：0.0238：0.1429 混合得到生物复混肥（表 13-24）。

表 13-24　L_9（3^5）正交试验分析

试验处理	A 马铃薯专用肥	B 硫酸锌	C 5406 菌肥	马铃薯产量（t/hm²）
$1=A_1B_1C_3$	1（1 050）	1（30）	3（360）	10.74
$2=A_3B_1C_1$	3（3 150）	1（30）	1（120）	6.03
$3=A_2B_1C_2$	2（2 100）	1（30）	2（240）	24.79
$4=A_2B_2C_2$	2（2 100）	2（60）	2（240）	23.34
$5=A_3B_2C_3$	3（3 150）	2（60）	3（360）	23.78
$6=A_1B_2C_1$	1（1 050）	2（60）	1（120）	13.37
$7=A_3B_3C_1$	3（3 150）	3（90）	1（120）	1.07
$8=A_1B_3C_2$	1（1 050）	3（90）	2（240）	15.32
$9=A_2B_3C_3$	2（2 100）	3（90）	3（360）	37.19

（续表）

试验处理	A 马铃薯专用肥	B 硫酸锌	C 5406 菌肥	马铃薯产量 （t/hm²）
T_1	39.43	41.57	20.47	
T_2	85.33	60.48	63.45	155.63（T）
T_3	30.87	53.57	71.72	
R	54.46	18.91	51.25	

2. 生物复混肥与传统化肥对土壤速效养分的影响

（1）对土壤碱解氮的影响。2017 年 9 月 11 日马铃薯收获后测定结果可知，不同处理土壤碱解氮由大到小的变化顺序依次为：生物复混肥>传统化肥>对照。生物复混肥与传统化肥比较，碱解氮增加 1.36%，差异不显著（$P>0.05$），与对照比较，碱解氮增加 58.59%，差异极显著（$P<0.01$）；传统化肥与对照比较，碱解氮增加 56.47%，差异极显著（$P<0.01$）（表 13-25）。

（2）对土壤有效磷的影响。从表 13-25 可知，不同处理土壤有效磷由大到小的变化顺序依次为：生物复混肥>传统化肥>对照。生物复混肥与传统化肥比较，有效磷增加 3.78%，差异不显著（$P>0.05$），与对照比较，有效磷增加 58.20%，差异极显著（$P<0.01$）；传统化肥与对照比较，有效磷增加 52.44%，差异极显著（$P<0.01$）。

（3）对土壤速效钾的影响。从表 13-25 可知，不同处理土壤速效钾由大到小的变化顺序依次为：生物复混肥>传统化肥>对照。生物复混肥与传统化肥比较，速效钾增加 0.77%，差异不显著（$P>0.05$），与对照比较，速效钾增加 11.63%，差异极显著（$P<0.01$）；传统化肥与对照比较，速效钾增加 10.78%，差异极显著（$P<0.01$）。

表 13-25　生物复混肥与传统化肥对土壤化学性质和有机质及速效养分的影响

试验处理	碱解氮 （mg/kg）	有效磷 （mg/kg）	速效钾 （mg/kg）
对照 CK	48.56 bB	7.99 bB	146.23 bB
传统化肥	75.98 aA	12.18 aA	161.99 aA
生物复混肥	77.01 aA	12.64 aA	163.24 aA

3. 生物复混肥对马铃薯植物学性状的影响

（1）对马铃薯株高的影响。2017 年 9 月 11 日马铃薯收获后测定结果可知，不同处理马铃薯株高由大到小的变化顺序依次为：生物复混肥>传统化肥>对照。生物复混肥与传统化肥比较，株高增加 2.04%，差异不显著（$P>0.05$），与对照比较，株高增加 55.83%，差异极显著（$P<0.01$）；传统化肥与对照比较，株高增加 52.71%，差异极显著（$P<0.01$）（表 13-26）。

（2）对马铃薯茎粗的影响。从表 13-26 可知，不同处理马铃薯茎粗由大到小的变化顺序依次为：生物复混肥>传统化肥>对照。生物复混肥与传统化肥比较，茎粗增加 2.00%，差异不显著（$P>0.05$），与对照比较，茎粗增加 25.12%，差异极显著（$P<0.01$）；传统化肥与对照比较，茎粗增加 22.67%，差异极显著（$P<0.01$）。

（3）对马铃薯生长速度的影响。从表 13-26 可知，不同处理马铃薯生长速度由大到小的变化顺序依次为：生物复混肥>传统化肥>对照。生物复混肥与传统化肥比较，生长速度增加 2.12%，差异不显著（$P>0.05$），与对照比较，生长速度增加 56.28%，差异极显著（$P<0.01$）；传统化肥与对照比较，生长速度增加 53.04%，差异极显著（$P<0.01$）。

（4）对马铃薯地上部分鲜重的影响。从表 13-26 可知，不同处理马铃薯地上部分鲜重由大到小的变化顺序依次为：生物复混肥>传统化肥>对照。生物复混肥与传统化肥比较，地上部分鲜重增加 2.50%，差异不显著（$P>0.05$），与对照比较，地上部分鲜重增加 44.44%，差异极显著（$P<0.01$）；传统化肥与对照比较，地上部分鲜重增加 40.91%，差异极显著（$P<0.01$）。

（5）对马铃薯地上部分干重的影响。从表 13-26 可知，不同处理马铃薯地上部分干重由大到小的变化顺序依次为：生物复混肥>传统化肥>对照。生物复混肥与传统化肥比较，地上部分干重增加 2.49%，差异不显著（$P>0.05$），与对照比较，地上部分干重增加 44.19%，差异极显著（$P<0.01$）；传统化肥与对照比较，地上部分干重增加 40.69%，差异极显著（$P<0.01$）。

表 13-26　生物复混肥与传统化肥对马铃薯植物学性状的影响

试验处理	株高 （cm）	茎粗 （mm）	生长速度 （mm/天）	地上部鲜重 （g/株）	地上部干重 （g/株）
对照 CK	56.74 bB	8.16 bB	2.47 bB	314.16 bB	94.25 bB
传统化肥	86.65 aA	10.01 aA	3.78 aA	442.69 aA	132.60 aA
生物复混肥	88.42 aA	10.21 aA	3.86 aA	453.77 aA	135.90 aA

4. 生物复混肥对马铃薯经济性状和产量的影响

（1）对马铃薯块茎重的影响。从表 13-27 可知，不同处理马铃薯块茎重由大到小的变化顺序依次为：生物复混肥>传统化肥>对照。生物复混肥与传统化肥比较，块茎重增加 5.26%，差异显著（$P<0.05$），与对照比较，块茎重增加 19.63%，差异极显著（$P<0.01$）；传统化肥与对照比较，块茎重增加 13.65%，差异极显著

（$P<0.01$）。

（2）对马铃薯单株块茎重的影响。从表13-27可知，不同处理马铃薯单株块茎重由大到小的变化顺序依次为：生物复混肥>传统化肥>对照。生物复混肥与传统化肥比较，单株块茎重增加5.35%，差异显著（$P<0.05$），与对照比较，单株块茎重增加31.97%，差异极显著（$P<0.01$）；传统化肥与对照比较，单株块茎重增加25.26%，差异极显著（$P<0.01$）。

（3）对马铃薯产量的影响。从表13-27可知，不同处理马铃薯产量由大到小的变化顺序依次为：生物复混肥>传统化肥>对照。生物复混肥与传统化肥比较，产量增加5.35%，差异显著（$P<0.05$），与对照比较，产量增加31.96%，差异极显著（$P<0.01$）；传统化肥与对照比较，产量增加25.25%，差异极显著（$P<0.01$）。

5. 生物复混肥对马铃薯施肥利润的影响

从表13-27看出，传统化肥施肥利润为7 234.00元/hm²，而生物复混肥施肥利润为8 550.46元/hm²，生物复混肥与传统化肥比较，施肥利润增加1 316.46元/hm²。

表13-27　生物复混肥与传统化肥对马铃薯经济性状和增产效果的影响

试验处理	块茎重（g/个）	单株块茎重（g/株）	产量（t/hm²）	增产量（t/hm²）	增产值（元/hm²）	施肥成本（元/hm²）	施肥利润（元/hm²）
对照CK	134.26 cB	539.53 cB	39.24 cB	/	/	/	/
传统化肥	152.58 bA	675.83 bA	49.15 bA	9.91	11 892.00	4 658.00	7 234.00
生物复混肥	160.61 aA	712.04 aA	51.78 aA	12.54	15 048.00	6 497.54	8 550.46

注：尿素2 000元/t，磷酸二铵4 000元/t，硫酸钾2 200元/t，硫酸锌4 000元/t，5406菌肥4 000元/t，马铃薯专用肥2 294元/t，生物复混肥2 578.39元/t；马铃薯市场收购价1 200元/t。

（三）讨论与结论

不同处理土壤碱解氮、有效磷和速效钾由大到小变化顺序依次为：生物复混肥>传统化肥>对照，这种变化规律与生物复混肥含氮磷钾有关。不同处理马铃薯农艺性状、经济性状和产量由大到小变化顺序依次为：生物复混肥>传统化肥>对照，究其原因是生物复混肥配方是依据本区土壤养分现状配制的，养分种类和比例符合马铃薯生长发育规律，因而促进了马铃薯的生长发育，提高了马铃薯的产量。研究结果表明，影响马铃薯产量因素由大到小的顺序依次是：马铃薯专用肥>5406菌肥>硫酸锌；最佳配方组合是：马铃薯专用肥0.8333：硫酸锌0.0238：5406菌肥0.1429。不同处理土壤速效养分、马铃薯农艺性状、经济性状和产量由大到小的变化顺序依次为：生物复混肥>传统化肥>对照。

三、抗重茬复混肥对土壤养分和马铃薯施肥利润影响的研究

张掖市海拔 1 800~2 800m 是祁连山区与走廊平原的过渡地带，区内日照时间长，昼夜温差大，种植的马铃薯平均产量为 45t/hm²，产值为 5.4 万元/hm²。近年来，市委、市政府下发了《关于加快马铃薯产业发展的意见》，制定了《张掖市马铃薯产业发展规划》，提出了在全省建设一流的马铃薯生产加工基地的目标，目前形成了以山丹、民乐沿山冷凉灌区为主的加工型马铃薯生产基地，马铃薯产业已发展成为张掖冷凉灌区农民增收，企业增效的重要支柱产业之一。目前日益凸显的首要问题是：马铃薯种植面积大，轮作倒茬矛盾特别突出，连作年限较长，土壤养分比例失衡，缺素的生理性病害经常发生；有机肥料投入量严重不足，化肥超量施用，施肥成本增加，土壤板结；市场上流通的复混肥有效成分和比例不符合本区冷凉灌区土壤养分现状和马铃薯对养分的吸收比例，且不具备改土功效，影响了本区马铃薯产业的可持续发展。因此，研究和开发马铃薯抗重茬复混肥成为复混肥研发的关键所在。近年来，有关功能性肥料研究受到了广泛关注，但马铃薯改土性专用肥未见文献报道。本文针对上述存在的问题，应用作物营养科学施肥理论和改土培肥理论，选择马铃薯专用肥、抗重茬剂和腐殖酸铵为原料，合成马铃薯抗重茬复混肥，进行田间验证试验，以便为马铃薯产业可持续发展提供技术支撑。

（一）材料与方法

1. 试验地概况

试验地位于民乐县南固镇城南村连作 10 年的马铃薯田上进行，该试验地海拔高度 2 200m，年均温度 6.50℃，年均降水量 250mm，年均蒸发量 1 800mm，无霜期 140~150 天，土壤类型是耕种灰钙土，0~20cm 土层含有机质 15.56g/kg，碱解氮 48.45mg/kg，有效磷 8.83mg/kg，速效钾 148.57mg/kg，pH 值 7.80，土壤质地为轻壤质土，前茬作物是马铃薯。

2. 试验材料

尿素（宁波远东化工集团有限公司），磷酸二铵（北京利奇世纪化工商贸有限公司），硫酸钾（湖北兴银河化工有限公司），硫酸锌（新疆先科农资有限公司），腐殖酸铵（澳大利亚独资生物工程有限公司），抗重茬剂（河北省秦皇岛禾苗生物技术有限公司），马铃薯专用肥（自己配制：尿素、磷酸二铵、硫酸钾、硫酸锌重量比为 0.41：0.10：0.47：0.02），抗重茬复混肥（自己配制：马铃薯专用肥、抗重茬剂、腐殖酸铵重量百分比为 0.7792：0.0259：0.1949）。马铃薯品种为大西洋，由甘肃万向德农马铃薯种业有限公司提供。

3. 试验方法

（1）试验处理。

试验一，抗重茬复混肥配方筛选。2016年4月27日，选择马铃薯专用肥、抗重茬剂、腐殖酸铵为3个因素，每个因素设计3个水平，按正交表 L_9（3^3）设计9个处理（表13-28），按表13-28因子与水平编码括号中的数量称取各种原料混合均匀后组成9个试验处理。每个试验小区单独收获，将田间试验小区产量折合成公顷产量，采用正交试验分析方法计算出各因素不同水平的 T 值和因素间效应值（R），确定因素间最佳组合，组成抗重茬复混肥配方。

表13-28 L_9（3^4）正交试验设计表

试验处理	A 马铃薯专用肥	B 抗重茬剂	C 腐殖酸铵
1＝$A_1B_1C_3$	1（900）	1（30）	3（450）
2＝$A_3B_1C_1$	3（2 700）	1（30）	1（150）
3＝$A_2B_1C_2$	2（1 800）	1（30）	2（300）
4＝$A_2B_2C_2$	2（1 800）	2（60）	2（300）
5＝$A_3B_2C_3$	3（2 700）	2（60）	3（450）
6＝$A_1B_2C_1$	1（900）	2（60）	1（150）
7＝$A_3B_3C_1$	3（2 700）	3（90）	1（150）
8＝$A_1B_3C_2$	1（900）	3（90）	2（300）
9＝$A_2B_3C_3$	2（1 800）	3（90）	3（450）

注：括号内数据为试验数据（kg/hm²），括号外数据为正交试验编码值。

试验二，抗重茬复混肥与传统化肥比较试验。2017年4月27日，在纯 N、P_2O_5、K_2O 投入量相等的条件下（纯 N 162.62kg/hm² ＋P_2O_5 82.69kg/hm² ＋K_2O 422.96kg/hm²），试验共设计3个处理。处理1为对照（不施肥）；处理2为传统化肥，尿素施用量 0.74t/hm² ＋磷酸二铵施用量 0.18t/hm²，硫酸钾施用量 0.92t/hm²；处理3为抗重茬复混肥，施用量 2.31t/hm²。每个试验处理重复3次，随机区组排列。

（2）种植方法。小区面积为32m²（4m×8m），磷酸二铵、硫酸钾、抗重茬复混肥在播种前施入0~20cm耕作层做底肥，尿素分别在马铃薯开花期和块茎膨大期结合灌水追施，追肥方法为穴施，播种时间为每年的4月27日，播种深度为4~5cm，株距为22cm，行距为50cm，其他田间管理措施与大田相同。

（3）测定项目与方法。9月11日马铃薯收获时，在试验小区内随机采集15株，测定马铃薯经济性状，每个试验小区单独收获，将小区产量折合成公顷产量进行统计分析。马铃薯收获后，分别在试验小区内按 S 形路线布点，采集 0～20cm 耕作层土样 4kg，用四分法带回 1kg 混合土样，风干后过 1mm 筛供室内化验分析。碱解氮采用碱解扩散法测定，有效磷采用碳酸氢钠浸提—钼锑抗比色法测定，速效钾采用醋酸铵浸提—火焰光度计法测定。马铃薯茎粗采用游标卡尺法，马铃薯地上部分干重采用 105℃烘箱杀青 30min，80℃烘干至恒重。

（4）数据处理方法。经济性状和产量采用 DPS V13.0 软件分析，差异显著性采用多重比较，LSR 检验。

（二）结果分析

1. 抗重茬复混肥配方确定

将正交试验资料统计分析可以看出，不同因素间的效应（R）是 A>C>B，说明影响马铃薯产量的因素依次是：马铃薯专用肥>腐殖酸铵>抗重茬剂。比较各因素不同水平的 T 值可以看出，$T_{A2}>T_{A1}>T_{A3}$，$T_{B2}>T_{B3}>T_{B1}$ 说明马铃薯产量随马铃薯专用肥和抗重茬剂施用量的增大而增加，当马铃薯专用肥和抗重茬剂施用量超过 1 800kg/hm² 和 60kg/hm²，马铃薯产量又随马铃薯专用肥和抗重茬剂施用量的增大而降低；$T_{C3}>T_{C2}>T_{C1}$，说明随着腐殖酸铵施用量的增加，马铃薯产量在增加，腐殖酸铵适宜量一般为 450kg/hm²。从各因素的 T 值可以看出，因素间最佳组合为：A_2（马铃薯专用肥 1 800kg/hm²），B_2（抗重茬剂 60kg/hm²），C_3（腐殖酸铵 450kg/hm²），将马铃薯专用肥、抗重茬剂、腐殖酸铵重量百分比按 0.7792：0.0259：0.1949 混合得到抗重茬复混肥（表 13-29）。

表 13-29 L_9（3^5）正交试验分析

试验处理	A 抗重茬剂	B 马铃薯专用肥	C 腐殖酸铵	马铃薯产量（t/hm²）
1 = $A_1B_1C_3$	1（0.03）	1（0.60）	1（7.00）	11.49
2 = $A_3B_1C_1$	1（0.03）	2（1.20）	2（14.00）	6.45
3 = $A_2B_1C_2$	1（0.03）	3（1.80）	3（21.00）	26.52
4 = $A_2B_2C_2$	2（0.06）	1（0.60）	2（14.00）	24.96
5 = $A_3B_2C_3$	2（0.06）	2（1.20）	3（21.00）	25.43
6 = $A_1B_2C_1$	2（0.06）	3（1.80）	1（7.00）	14.30
7 = $A_3B_3C_1$	3（0.09）	1（0.60）	3（21.00）	1.14
8 = $A_1B_3C_2$	3（0.09）	2（1.20）	1（7.00）	16.38
9 = $A_2B_3C_3$	3（0.09）	3（1.80）	2（14.00）	39.78
T_1	44.46	37.59	42.17	

张掖灌区农作物科学施肥理论与实践

（续表）

试验处理	A 抗重茬剂	B 马铃薯专用肥	C 腐殖酸铵	马铃薯产量 （t/hm²）
T₂	64.69	48.26	71.19	166.45（T）
T₃	57.30	80.60	53.09	
R	20.23	43.01	29.02	

2. 抗重茬复混肥与传统化肥对土壤速效养分的影响

（1）对土壤碱解氮的影响。2017年9月11日马铃薯收获后，分别在试验小区内采集耕层0~20cm土样测定结果可以看出，对照土壤碱解氮最低，平均为48.45mg/kg，而传统化肥和抗重茬复混肥碱解氮高达58.59mg/kg和61.36mg/kg，抗重茬复混肥与传统化肥比较，碱解氮增加4.73%，差异显著（$P<0.05$）；抗重茬复混肥与对照比较，碱解氮增加26.65%，差异极显著（$P<0.01$）；传统化肥与对照比较，碱解氮增加20.93%，差异极显著（$P<0.01$）（表13-30）。

（2）对土壤有效磷的影响。从表13-30看出，对照土壤有效磷最低，平均为8.83mg/kg，而传统化肥和抗重茬复混肥有效磷高达11.67mg/kg和11.78mg/kg，抗重茬复混肥与传统化肥比较，有效磷增加0.94%，差异显著（$P<0.05$）；抗重茬复混肥与对照比较，有效磷增加33.41%，差异极显著（$P<0.01$）；传统化肥与对照比较，有效磷增加32.16%，差异极显著（$P<0.01$）。

（3）对土壤速效钾的影响。从表13-30看出，对照土壤速效钾最低，平均为148.57mg/kg，而传统化肥和抗重茬复混肥速效钾高达155.04mg/kg和156.77mg/kg，抗重茬复混肥与传统化肥比较，有效磷增加1.12%，差异显著（$P<0.05$）；抗重茬复混肥与对照比较，速效钾增加5.52%，差异显著（$P<0.05$）；传统化肥与对照比较，有效磷增加4.35%，差异显著（$P<0.05$）。

表13-30 抗重茬复混肥与传统化肥对土壤化学性质和有机质及速效养分的影响

试验处理	碱解氮 （mg/kg）	有效磷 （mg/kg）	速效钾 （mg/kg）
对照CK	48.45 cB	8.83 bB	148.57 bA
传统化肥	58.59 bA	11.67 aA	155.04 aA
抗重茬复混肥	61.36 aA	11.78 aA	156.77 aA

3. 抗重茬复混肥对马铃薯农艺性状的影响

（1）对马铃薯株高的影响。2017年9月11日马铃薯收获时测定数据可知，不同处理马铃薯株高由大到小的变化顺序依次为：抗重茬复混肥>传统化肥>对照，其中，对照马铃薯株高最低，平均为51.59cm，而传统化肥和抗重茬复混肥株高高达 77.48cm 和 78.56cm，抗重茬复混肥与传统化肥比较，株高增加 1.39%，差异不显著（$P>0.05$）；抗重茬复混肥与对照比较，株高增加 52.28%，差异极显著（$P<0.01$）；传统化肥与对照比较，株高增加 50.18%，差异极显著（$P<0.01$）（表 13-31）。

（2）对马铃薯茎粗的影响。从表 13-31 看出，不同处理马铃薯茎粗由大到小的变化顺序依次为：抗重茬复混肥>传统化肥>对照，其中，对照马铃薯茎粗最低，平均为 7.75mm，而传统化肥和抗重茬复混肥茎粗高达 9.54mm 和 9.85mm，抗重茬复混肥与传统化肥比较，茎粗增加 3.25%，差异不显著（$P>0.05$）；抗重茬复混肥与对照比较，茎粗增加 27.10%，差异极显著（$P<0.01$）；传统化肥与对照比较，茎粗增加 23.10%，差异极显著（$P<0.01$）。

（3）对马铃薯生长速度的影响。从表 13-31 看出，不同处理马铃薯生长速度由大到小的变化顺序依次为：抗重茬复混肥>传统化肥>对照，其中，对照马铃薯生长速度最低，平均为 2.89mm/天，而传统化肥和抗重茬复混肥生长速度高达 4.21mm/天和 4.31mm/天，抗重茬复混肥与传统化肥比较，生长速度增加 2.38%，差异不显著（$P>0.05$）；抗重茬复混肥与对照比较，生长速度增加 49.13%，差异极显著（$P<0.01$）；传统化肥与对照比较，生长速度增加 45.67%，差异极显著（$P<0.01$）。

（4）对马铃薯地上部分干重的影响。从表 13-31 看出，不同处理马铃薯地上部分干重由大到小的变化顺序依次为：抗重茬复混肥>传统化肥>对照，其中，对照马铃薯地上部分干重最低，平均为 55.54g/株，而传统化肥和抗重茬复混肥地上部分干重高达 83.65g/株和 84.59g/株，抗重茬复混肥与传统化肥比较，地上部分干重增加 1.12%，差异不显著（$P>0.05$）；抗重茬复混肥与对照比较，地上部分干重增加 52.30%，差异极显著（$P<0.01$）；传统化肥与对照比较，地上部分干重增加 50.61%，差异极显著（$P<0.01$）。

表 13-31 抗重茬复混肥与传统化肥对马铃薯植物学性状的影响

试验处理	株高 （cm）	茎粗 （mm）	生长速度 （mm/天）	地上部干重 （g/株）
对照 CK	51.59 bB	7.75 bB	2.89 bB	55.54 bB
传统化肥	77.48 aA	9.54 aA	4.21 aA	83.65 aA
抗重茬复混肥	78.56 aA	9.85 aA	4.31 aA	84.59 aA

4. 抗重茬复混肥对马铃薯经济性状和产量的影响

（1）对马铃薯块茎重的影响。马铃薯收获时测定数据可知，对照马铃薯块茎重最低，平均为 132.35g，而传统化肥和抗重茬复混肥块茎重高达 162.37g 和 170.72g，抗重茬复混肥与传统化肥比较，块茎重增加 5.14%，差异显著

（P<0.05）；抗重茬复混肥与对照比较，块茎重增加 28.99%，差异极显著（P<0.01）；传统化肥与对照比较，块茎重增加 22.68%，差异极显著（P<0.01）（表13-32）。

（2）对马铃薯单株块茎重的影响。从表13-32看出，对照马铃薯单株块茎重最低，平均为 506.74g/株，而传统化肥和抗重茬复混肥单株块茎重高达670.42g/株和 703.70g/株，抗重茬复混肥与传统化肥比较，单株块茎重增加4.96%，差异不显著（P>0.05）；抗重茬复混肥与对照比较，单株块茎重增加38.87%，差异极显著（P<0.01）；传统化肥与对照比较，单株块茎重增加32.30%，差异极显著（P<0.01）。

（3）对马铃薯产量的影响。从表13-32看出，对照马铃薯产量最低，平均为36.86t/hm²，而传统化肥和抗重茬复混肥产量高达48.76t/hm²和51.18t/hm²，抗重茬复混肥与传统化肥比较，产量增加4.96%，差异不显著（P>0.05）；抗重茬复混肥与对照比较，产量增加38.85%，差异极显著（P<0.01）；传统化肥与对照比较，产量增加32.28%，差异极显著（P<0.01）。

5. 抗重茬复混肥对马铃薯施肥利润的影响

从表13-32看出，传统化肥施肥利润为 10 056.00 元/hm²，而抗重茬复混肥施肥利润为 11 066.20 元/hm²，抗重茬复混肥与传统化肥比较，施肥利润增加1 010.20元/hm²。

表13-32　抗重茬复混肥与传统化肥对马铃薯经济性状和增产效果的影响

试验处理	块茎重 （g）	单株块茎重 （g/株）	产量 （kg/hm²）	增产量 （kg）	增产值 （元/hm²）	施肥成本 （元/hm²）	施肥利润 （元/hm²）
对照 CK	132.35 cB	506.74 bB	36.86 cC	/	/	/	/
传统化肥	162.37 bA	670.42 aA	48.76 bB	11.90	14 280.00	4 224.00	10 056.00
抗重茬复混肥	170.72 aA	703.70 aA	51.18 aA	14.32	17 184.00	6 117.80	11 066.20

注：尿素2 000 元/t，磷酸二铵4 000 元/t，硫酸钾2 200 元/t，硫酸锌4 000 元/t，腐殖酸铵1 600 元/t，抗重茬剂20 000 元/t，马铃薯专用肥2 334 元/t，抗重茬复混肥2 648.40 元/t；马铃薯市场收购价1 200 元/t。

（三）讨论与结论

不同处理土壤碱解氮、有效磷和速效钾由大到小变化顺序依次为：抗重茬复混肥>传统化肥>对照，究其原因是抗重茬复混肥中的马铃薯专用肥含 N 16.11%、P_2O_5 3.59%、K_2O 18.33%，因而提高了土壤碱解氮、有效磷和速效钾。不同处理马铃薯农艺性状、经济性状和产量由大到小变化顺序依次为：抗重茬复混肥>传统化肥>对照，究其原因，一是抗重茬复混肥含有氮磷钾，二是抗重茬复混肥含有微量元素锌，养分种类和比例符合马铃薯生长发育规律，因而促进了马铃薯的生长发育，提高了马铃薯的产量。研究结果表明，影响马铃薯产量因素由大到小的顺序依次是：马铃薯专用肥>腐殖酸铵>抗重茬剂；最佳配方组合是：马铃薯专用肥0.7792∶抗重茬剂0.0259∶腐殖酸铵0.1949。马铃薯施用抗重茬复混肥与传统化肥比较，土壤碱解氮、有效磷和速效钾分别增加4.73%、0.94%和1.12%；马铃薯株高、茎粗、生长速度和地上部分干重分别增加1.39%、3.25%、2.38%和1.12%；块茎重、单株块茎重、产量和施肥利润分别增加5.14%、4.96%、4.96%和1 010.20元/hm^2。不同处理土壤速效养分、马铃薯农艺性状、经济性状和产量由大到小的变化顺序依次为：抗重茬复混肥>传统化肥>对照。

四、葡萄酒渣复混肥对土壤理化性质和马铃薯效益影响的研究

甘肃省张掖市海拔1 650~2 800m的冷凉灌区，光照时间长，昼夜温差大，是加工型马铃薯种植和贮藏的理想场所。近年来，从国外引进了大西洋、夏波蒂、费乌瑞它等马铃薯新品种，建成了加工型马铃薯生产基地3万hm^2，年产加工型马铃薯112.5万t，建成了有年金龙6 000t雪花全粉生产线，荷兰爱味客10万t马铃薯全粉生产线，20万t法式薯条生产线，西域恒昌3万t精淀粉生产线，丰源薯业1万t精淀粉生产线，瑞达公司5 000t全粉生产线、马铃薯产业已发展成为本区农民增收，企业增效的重要支柱产业之一。目前日益凸显的主要问题是：农户施用的传统复混肥有效成分和比例不符合本区冷凉灌区土壤养分现状和马铃薯对养分的吸收比例，影响了本区马铃薯产业的可持续发展。因此，研究和开发多功能专用肥成为复混肥研发的关键所在。近年来，有关复混肥研究受到了广泛关注，但多功能专用肥对土壤理化性质和马铃薯经济效益的影响未见文献报道。针对上述存在的问题，应用作物营养科学施肥理论和改土培肥理论，选择马铃薯专用肥、土壤酵母肥、葡萄酒渣3种原料，采用正交试验方法，筛选出了配方，合成葡萄酒渣复混肥，在甘肃省张掖市山丹县位奇镇孙家营村连续种植马铃薯8年的基地上进行了验证试验，以便对葡萄酒渣复混肥的改土培肥效益做出确切的评价。

（一）材料与方法

1. 试验材料

（1）试验地概况。试验地位于张掖市山丹县位奇镇孙家营村3社，海拔高度2 030m，年均温度5.50℃，年均降水量250mm，年均蒸发量1 800mm，无霜期140~150天，土壤类型是耕种灰钙土，0~20cm土层含有机质22.01g/kg，碱解氮为66.43mg/kg，有效磷为8.65mg/kg，速效钾为140.51mg/kg，pH值为8.33，土壤质地为轻壤质土，前茬作物是马铃薯。

（2）参试材料。葡萄酒渣，是酿酒后提取多酚酶、蛋白质、粗纤维后剩余的

皮和种子，含有机质 40%、P_2O_5 2.20%、K_2O 6.8%，葡萄酒厂家可以提供；尿素，含 N 46%，甘肃刘家峡化工厂生产；磷酸二铵，含 N 18%、P_2O_5 46%，粒径为 2~5mm，青岛市三华化工有限责任公司产品；硫酸钾，含 K 50%，粒径为 2~3mm，湖北兴银河化工有限公司产品；土壤酵母肥，澳大利亚独资生物工程有限公司产品；5406 抗生菌肥，有效活菌数≥20 亿个/g，华远丰农生物科技有限公司产品；马铃薯专用肥（自己配制），尿素、磷酸二铵、硫酸钾、硫酸锌重量比按 0.41∶0.10∶0.47∶0.02 混合，含 N 20.66%；含 P_2O_5 4.60%、K_2O 23.50%；葡萄酒渣复混肥，将葡萄酒渣、马铃薯专用肥、土壤酵母肥风干重量比按 0.7268∶0.2616∶0.0116 混合，含有机质 29.07%、N 5.37%，含 P_2O_5 2.78%、K_2O 11.04%；参试作物是马铃薯，品种是克星，由甘肃天润薯业有限责任公司提供。

2. 试验方法

（1）试验处理。

试验一：葡萄酒渣复混肥配方筛选。2016 年 4 月 24 日，选择马铃薯专用肥、土壤酵母肥、葡萄酒渣为 3 个因素，每个因素设计 3 个水平，按正交表 L_9（3^3）设计 9 种配方（表 13-33），称取各种材料混合，在马铃薯播种前做底肥施入 20cm 土层，每个试验小区单独收获，将小区产量折合成公顷产量，计算因素间的效应（R）和各因素不同水平的 T 值，组成葡萄酒渣复混肥配方。

表 13-33　L_9（3^3）正交试验设计表

试验处理	A 马铃薯专用肥	B 土壤酵母肥	C 葡萄酒渣
$1 = A_2B_3C_1$	2（900）	3（90）	1（1 875）
$2 = A_1B_2C_1$	1（450）	2（60）	1（1 875）
$3 = A_3B_1C_1$	3（1 350）	1（30）	1（1 875）
$4 = A_1B_3C_2$	1（450）	3（90）	2（3 750）
$5 = A_3B_2C_2$	3（1 350）	2（60）	2（3 750）
$6 = A_2B_1C_2$	2（900）	1（30）	2（3 750）
$7 = A_3B_3C_3$	3（1 350）	3（90）	3（5 625）
$8 = A_2B_2C_3$	2（900）	2（60）	3（5 625）
$9 = A_1B_1C_3$	1（450）	1（30）	3（5 625）

注：括号内数据为试验数据（kg/hm^2），括号外数据为正交试验水平代码值。

试验二：葡萄酒渣复混肥对土壤理化性质和马铃薯经济效益影响的研究。2017 年 4 月 22 日，将葡萄酒渣复混肥施用量梯度设计为：不施肥（对照）、1.29t/hm^2、2.58t/hm^2、3.87t/hm^2、5.16t/hm^2、6.45t/hm^2、7.74t/hm^2、9.03t/hm^2 共 8 个处理。以处理 1 为对照，每个试验处理重复 3 次，随机区组排列。

（2）种植方法。田间试验小区面积为 30.80m² （7m×4.4m），每个小区四周筑埂，埂宽 40cm、埂高 30cm，2017 年 4 月 26 日播种，种薯采用 0.2% 的适乐时拌种，每个小区种植 4 垄，垄距 110cm，垄底宽 70cm，垄面宽 70cm，垄高 35cm，播种深度 15cm，每垄 2 行，株距 20cm，两行穴眼错开呈三角形，葡萄酒渣复混肥做底肥，在播种时撒入土表，覆土起垄。分别在马铃薯发棵期、开花期和块茎膨大期各灌水 1 次，每个处理罐水量相等，其他田间管理措施与大田相同。

（3）测定项目与方法。2017 年 9 月 26 日，马铃薯收获后分别在试验小区内按 S 形路线布点，采集耕层 0~20cm 土样 4kg，用四分法带回 1kg 混合土样室内风干化验分析（土壤容重、团聚体用环刀取原状土）。自然含水量采用烘干法；容重采用环刀法；孔隙度采用计算法；团聚体采用干筛法；最大持水量 = （面积×总孔隙度×土层深度）；有机碳采用 $K_2Cr_2O_7$ 法；有机质贮量（t/hm²）按公式（有机质贮量（t/hm²）= 有机质含量（g/kg）× 2 250/ 1 000求得；pH 值采用 5：1 水土比浸提，用 pH-2F 数字 pH 计测定；边际产量 = （后一个处理产量-前一个处理产量）；边际产值 = （边际产量×产品价格）；边际施肥量 = （后一个处理施肥量-前一个处理施肥量）；边际成本 = （边际施肥量×肥料价格）；边际利润 = （边际产值-边际成本）；肥料贡献率 = （施肥区产量-无肥区产量）/施肥区产量×100%）。马铃薯收获时每个试验小区随机采集 30 株，测定经济性状。每个试验小区单独收获，将小区产量折合成公顷产量进行统计分析。

（4）数据处理方法。土壤物理化性质、马铃薯经济性状和产量采用 DPSS10.0 统计软件分析，差异显著性采用多重比较，LSR 检验。经济效益最佳施肥量按公式 $(x_0) = [(p_x/p_y) - b]/2c$ 求得；马铃薯理论产量按肥料效应回归方程式 $y = a + bx - cx^2$ 求得。

（二）结果分析

1. 葡萄酒渣复混肥配方筛选

2016 年 9 月 22 日，马铃薯收获后将田间小区试验产量折合成公顷产量，采用正交试验统计分析方法，对马铃薯产量进行 T 值和 R 值计算可以看出，原料间的效应（R）是 A>C>B，说明影响马铃薯产量大小的原料依次是马铃薯专用肥>葡萄酒渣>土壤酵母肥；比较各因素不同水平的 T 值可以看出，$T_{A3}>T_{A1}$ 和 T_{A2}，说明马铃薯产量随马铃薯专用肥施用量的增大而增加，马铃薯专用肥适宜用量一般为 1 350kg/hm²；$T_{B2}>T_{B1}$ 和 T_{B3}，说明土壤酵母肥适宜用量为 60kg/hm²；$T_{C2}>T_{C3}$ 和 T_{C1}，说明马铃薯产量随葡萄酒渣施用量的增大而增加，但葡萄酒渣施用量超过 3 750kg/hm² 后，马铃薯产量又随着葡萄酒渣施用量的增大而降低。从各因素的 T 值可以看出，原料间最佳组合为：A_3 （马铃薯专用肥 1 350kg/hm²）：B_2 （土壤酵母肥 60kg/hm²）：C_2 （葡萄酒渣 3 750kg/hm²），将马铃薯专用肥、土壤酵母肥、葡萄酒渣风干重量比按 0.2616：

0.0116∶0.7268 混合得到葡萄酒渣复混肥（表 13-34）。

表 13-34　L₉（3³）正交试验分析

试验处理	A 马铃薯专用肥	B 土壤酵母肥	C 葡萄酒渣	马铃薯产量 （t/hm²）
1	2（900）	3（90）	1（1 875）	18.39
2	1（450）	2（60）	1（1 875）	30.43
3	3（1 350）	1（30）	1（1 875）	33.82
4	1（450）	3（90）	2（3 750）	31.36
5	3（1 350）	2（60）	2（3 750）	53.69
6	2（900）	1（30）	2（3 750）	25.09
7	3（1 350）	3（90）	3（5 625）	40.53
8	2（900）	2（60）	3（5 625）	28.04
9	1（450）	1（30）	3（5 625）	37.85
T₁	99.64	96.76	82.64	
T₂	71.52	112.16	110.14	
T₃	128.04	90.28	106.42	304.20（T）
R	56.52	21.88	28.78	／

2. 葡萄酒渣复混肥对土壤物理性质的影响

（1）对土壤容重的影响。2017 年 9 月 26 日，马铃薯收获后采集耕作层 0～20cm 土样测定结果可知，随着葡萄酒渣复混肥施用量梯度的增加，土壤容重在下降，葡萄酒渣复混肥施用量为 9.03t/hm²，土壤容重为 1.21g/cm³；不施肥土壤容重为 1.43g/cm³，葡萄酒渣复混肥施用量 9.03t/hm²，与不施肥比较，土壤容重降低了 15.38%，差异显著（$P<0.05$）。经相关性分析，葡萄酒渣复混肥施用量与土壤容重之间呈显著的负相关关系，相关系数为 -0.9888（表 13-35）。

（2）对土壤总孔隙度的影响。随着葡萄酒渣复混肥施用量梯度的增加，土壤总孔隙度在增大，葡萄酒渣复混肥施用量 9.03t/hm²，土壤总孔隙度为 54.33%，不施肥总孔隙度为 46.04%，葡萄酒渣复混肥施用量 9.03t/hm²，与不施肥比较，总孔隙度增加了 18.01%，差异显著（$P<0.05$）。经相关性分析，葡萄酒渣复混肥施用量与总孔隙度之间呈显著正相关关系，相关系数为 0.9897（表 13-35）。

（3）对土壤团聚体的影响。随着葡萄酒渣复混肥施用量梯度的增加，土壤团聚体在增加，葡萄酒渣复混肥施用量 9.03t/hm²，土壤团聚体为 32.36%，不施肥土壤团聚体为 23.78%，葡萄酒渣复混肥施用量 9.03t/hm²，与不施肥比较，土壤团聚体增加了 36.08%，差异显著（$P<0.05$）。经相关性分析，葡萄酒渣复混肥施用量与土壤团聚体之间呈显著正相关关系，相关系数为 0.9864（表 13-35）。

（4）对土壤持水量的影响。随着葡萄酒渣复混肥施用量梯度的增加，土壤持水量在增加，葡萄酒渣复混肥施用量 9.03t/hm²，土壤持水量为 1 080.60t/hm²，不施肥土壤持水量为 920.80t/hm²，葡萄酒渣复混肥施用量 9.03t/hm²，与不施肥比较，土壤持水量增大了 18.01%，差异显著（$P<0.05$）。经相关性分析，葡萄酒渣复混肥施用量与土壤持水量之间呈显著正相关关系，相关系数为 0.9776（表 13-35）。

3. 葡萄酒渣复混肥对土壤有机质和有机碳的影响

（1）对土壤有机质含量的影响。随着葡萄酒渣复混肥施用量梯度的增加，土壤有机质含量在增加，葡萄酒渣复混肥施用量 9.03t/hm²，土壤有机质含量为 23.13g/kg，不施肥土壤有机质含量为 22.01g/kg，葡萄酒渣复混肥施用量 9.03t/hm²，与不施肥比较，土壤有机质含量增加了 5.09%，差异显著（$P<0.05$），经线性回归分析，得到的回归方程是 $y=22.0233+1.6728x$，回归系数（R）为 0.9915（表 13-35）。

（2）对土壤有机碳含量的影响。随着葡萄酒渣复混肥施用量梯度的增加，土壤有机碳含量在增加，葡萄酒渣复混肥施用量 9.03t/hm²，土壤有机碳含量为 13.42g/kg，不施肥土壤有机碳含量为 12.76g/kg，葡萄酒渣复混肥施用量 9.03t/hm²，与不施肥比较，土壤有机碳含量增加了 5.17%，差异显著（$P<0.05$），经线性回归分析，得到的回归方程是 $y=11.17+0.0179x$，回归系数（R）为 0.9988（表 13-35）。

（3）对土壤有机质贮量的影响。随着葡萄酒渣复混肥施用量梯度的增加，土壤有机贮量在增加，葡萄酒渣复混肥施用量 9.03t/hm²，土壤有机贮量为 52.04t/hm²，不施肥土壤有机贮量为 49.82t/hm²，葡萄酒渣复混肥施用量 9.03t/hm²，与不施肥比较，土壤有机贮量增加了 4.46%，差异显著（$P<0.05$），经线性回归分析，得到的回归方程是 $y=49.6541+0.2585x$，回归系数（R）为 0.9948（表 13-35）。

4. 葡萄酒渣复混肥对土壤 pH 值的影响

随着葡萄酒渣复混肥施用量梯度的增加，土壤 pH 值在下降，葡萄酒渣复混肥施用量为 9.03t/hm²，土壤 pH 值为 8.23，不施肥土壤 pH 值为 8.33，葡萄酒渣复混肥施用量 9.03t/hm²，与不施肥比较，土壤 pH 值降低了 1.20%，差异显著（$P<0.05$），经线性回归分析，得到的回归方程是 $y=8.3275-0.0105x$，回归系数（R）为 -0.9958（表 13-35）。

表 13-35　葡萄酒渣复混肥对土壤理化性质的影响

施肥量 （t/hm²）	容重 （g/cm³）	总孔隙度 （%）	团聚体 （%）	最大持水量 （kg/m³）	有机质 （g/kg）	有机碳 （g/kg）	有机质贮量 （t/hm²）	pH 值
不施肥	1.43 aA	46.04 ghA	23.78 hA	920.80 ghA	22.01 hA	12.76 hA	49.82 hA	8.33 aA
1.29	1.41 abA	46.79 fgA	25.04 gA	935.80 fgA	22.17 gA	12.86 gA	49.88 gA	8.31 bA

（续表）

施肥量 （t/hm²）	容重 （g/cm³）	总孔隙度 （%）	团聚体 （%）	最大持 水量 （kg/m³）	有机质 （g/kg）	有机碳 （g/kg）	有机质贮量 （t/hm²）	pH 值
2.58	1.38 cA	47.92 efA	26.92 fA	955.80 fA	22.34 fA	12.95 fA	50.27 fA	8.30 bcA
3.87	1.36 cdA	48.67 deA	28.64 deA	973.40 eA	22.49 eA	13.05 eA	50.60 eA	8.29 cdA
5.16	1.33 eA	49.81 cdA	29.83 cdA	996.20 dA	22.66 dA	13.14 dA	50.98 dA	8.27 eA
6.45	1.30 fA	50.94 cA	30.76 bcA	1 018.80 cA	22.80 cA	13.23 cA	51.30 cA	8.26 efA
7.74	1.25 gA	52.83 bA	31.38 abA	1 056.60 bA	22.97 bA	13.32 bA	51.68 bA	8.25 fgA
9.03	1.21 hA	54.33 aA	32.36 aA	1 086.60 aA	23.13 aA	13.42 aA	52.04 aA	8.23 hA

5. 葡萄酒渣复混肥对马铃薯经济性状的影响

（1）对马铃薯块茎重的影响。随着葡萄酒渣复混肥施用量梯度的增加，马铃薯块茎重在增加，葡萄酒渣复混肥施用量 9.03t/hm²，马铃薯块茎重为 167.90g，不施肥马铃薯块茎重为 117.13g，葡萄酒渣复混肥施用量 9.03t/hm²，与不施肥比较，马铃薯块茎重增加了 50.77g，差异显著（$P<0.05$），经线性回归分析，得到的回归方程是 $y=119.9008+5.6493x$，回归系数（R）为 0.9934（表 13-36）。

（2）对马铃薯单株块茎重的影响。随着葡萄酒渣复混肥施用量梯度的增加，马铃薯单株块茎重在增加，葡萄酒渣复混肥施用量 9.03t/hm²，马铃薯单株块茎重为 436.52g，不施肥马铃薯单株块茎重为 304.55g，葡萄酒渣复混肥施用量 9.03t/hm²，与不施肥比较，马铃薯单株块茎重增加了 132.03g，差异显著（$P<0.05$），经线性回归分析，得到的回归方程是 $y=311.7366+14.6904x$，回归系数（R）为 0.9954（表 13-36）。

6. 葡萄酒渣复混肥对马铃薯产量的影响

随着葡萄酒渣复混肥施用量梯度的增加，马铃薯产量在增加，葡萄酒渣复混肥施用量 9.03t/hm²，马铃薯产量为 39.29t/hm²，不施肥马铃薯产量为 27.41t/hm²，葡萄酒渣复混肥施用量 9.03t/hm²，与不施肥比较，马铃薯产量增加了 11.88t/hm²，差异极显著（$P<0.01$），经线性回归分析，得到的回归方程是 $y=28.0575+1.3219x$，回归系数（R）为 0.9934（表 13-36）。

7. 葡萄酒渣复混肥对马铃薯肥料贡献率的影响

随着葡萄酒渣复混肥施用量梯度的增加，马铃薯肥料贡献率在增加，葡萄酒渣复混肥施用量 9.03t/hm²，马铃薯肥料贡献率为 30.23%，葡萄酒渣复混肥施用量 1.29t/hm²，马铃薯肥料贡献率为 7.49%。葡萄酒渣复混肥施用量 9.03t/hm²，与葡萄酒渣复混肥施用量 1.29t/hm²比较，马铃薯肥料贡献率增加了 303.60%（表 13-36）。

8. 对马铃薯单位数量肥料增产量的影响

随着葡萄酒渣复混肥施用量梯度的增加，马铃薯单位数量肥料增产量在下降，葡萄酒渣复混肥施用量为 9.03t/hm²，马铃薯单位千克肥料增产量为 1.32kg；葡萄酒渣复混肥施用量 1.29t/hm²，马铃薯单位千克肥料增产量为 1.72kg。葡萄酒渣复混肥施用量 9.03t/hm²，与葡萄酒渣复混肥施用量 1.29t/hm² 比较，马铃薯单位千克肥料增产量降低了 23.26%（表 13-36）。

表 13-36　葡萄酒渣复混肥对马铃薯经济性状和产量的影响

施肥量 （t/hm²）	块茎重 （g）	单株块茎重 （g/株）	产量 （t/hm²）	增产量 （t/hm²）	增产率 （%）	肥料贡献率 （%）	肥料 增产量 （kg）
不施肥	117.13 hA	304.52 gA	27.41 hE	/	/	/	/
1.29	126.62 gA	329.22 fA	29.63 gD	2.22	8.09	7.49	1.72
2.58	135.60 fA	352.56 eA	31.73 fC	4.32	15.76	13.61	1.67
3.87	143.80 deA	373.89 dA	33.65 eB	6.24	22.76	18.54	1.61
5.16	151.28 cdA	393.33 cA	35.40 dA	7.99	29.14	22.57	1.55
6.45	157.73 bcA	410.11 bcA	36.91 cA	9.50	34.65	25.74	1.47
7.74	163.20 abA	424.33 abA	38.19 abA	10.78	39.32	28.23	1.39
9.03	167.90 aA	436.55 aA	39.29 aA	11.88	43.34	30.23	1.32

9. 葡萄酒渣复混肥对马铃薯经济效益的影响

随着葡萄酒渣复混肥施用量梯度的增加，马铃薯产量在增加，但是边际产量、边际利润在递减，葡萄酒渣复混肥施用量在 6.45t/hm² 的基础上，再增加 1.29t/hm²，边际利润为负值，由此可见，葡萄酒渣复混肥适宜施肥量一般为 6.45t/hm²（表 13-37）。

10. 葡萄酒渣复混肥经济效益最佳施用量和理论产量的确定

将葡萄酒渣复混肥不同施肥量与马铃薯产量间的关系采用肥料效应函数方程 $y = a + bx - cx^2$ 拟合，得到的回归方程为：

$$y = 27.41 + 1.9345x - 0.0709x^2 \qquad (13-5)$$

对回归方程进行显著性测验的结果表明回归方程拟合良好。葡萄酒渣复混肥价格（p_x）为 1 209.06元/t，马铃薯市场价格（p_y）为 1 200元/t，将（p_x）、（p_y）、肥料效应函数的 b 和 c，代入最佳施肥量计算公式 $x_0 = [(p_x/p_y) - b] / 2c$，求得葡萄酒渣复混肥经济效益最佳施肥量（$x_0$）为 6.51t/hm²，将 x_0 代入式（13-5），求得马铃薯理论产量（y）为 37.01t/hm²，葡萄酒渣复混肥投资为 0.78 万元/hm²，马铃薯利润为 3.65 万元/hm² (表 13-37)。

表 13-37 葡萄酒渣复混肥对马铃薯增产效应和经济效益的影响

施肥量 (t/hm²)	产量 (t/hm²)	增产量 (t/hm²)	边际产量 (t/hm²)	边际产值 (元/hm²)	边际成本 (元/hm²)	边际利润 (元/hm²)
不施肥	27.41	/	/	/	/	/
1.29	29.63	2.22	2.22	2 664.00	1 559.69	1 104.31
2.58	31.73	4.32	2.10	2 520.00	1 559.69	960.31
3.87	33.65	6.24	1.92	2 304.00	1 559.69	744.31
5.16	35.40	7.99	1.75	2 100.00	1 559.69	540.31
6.45	36.91	9.50	1.51	1 812.00	1 559.69	252.31
7.74	38.19	10.78	1.28	1 536.00	1 559.69	-23.69
9.03	39.29	11.88	1.10	1 320.00	1 559.69	-239.69

注: 尿素 2 000 元/t, 磷酸二铵 4 000 元/t, 硫酸钾 2 200 元/t, 硫酸锌 4 000 元/t, 萄酒渣 800 元/t, 土壤酵母肥 2 000 元/t, 马铃薯专用肥 2 310.50 元/t, 葡萄酒渣复混肥 1 209.06 元/t, 马铃薯 1 200 元/t。

(三) 问题讨论与结论

土壤容重可以表明土壤的松紧程度及孔隙状况,反映土壤的透水性、通气性和作物根系生长的阻力状况,是表征土壤物理性质的一个重要指标,土壤容重值越大,土壤孔隙度越小,通透性能越差。土壤孔隙的大小直接影响土壤中的水分状况,从而影响了作物的生长,土壤孔隙度大,土壤的通气性就好,有利于作物根系的生长,同时高的孔隙度使土壤具有高的水分渗透性,增加了土壤的蓄水能力。随着葡萄酒渣复混肥施肥量梯度的增加马铃薯种植田容重在降低,孔隙度、持水量在增加,究其原因一是葡萄酒渣复混肥中的葡萄酒渣含有丰富的有机质,降低了土壤容重,增大了土壤孔隙度;二是葡萄酒渣复混肥中的有机质,在微生物作用下合成了土壤腐殖质,腐殖质的吸水率比黏土大 10 倍,因而增加了土壤的持水量。团聚体是表征土壤肥沃程度的重要指标,团聚体发达的土壤水、肥、气、热协调,大小孔隙比例合适,矿物质土粒、土壤水分、土壤空气比例适当,团聚体还决定着水流对土粒的分散破坏强度,团聚体越多、水稳性越强,则水流的分散作用越弱,搬运的土粒越少,土壤的抗蚀性越强。随着葡萄酒渣复混肥施肥量梯度的增加,马铃薯种植田团聚体在增加,究其原因葡萄酒渣复混肥中的有机质,在微生物作用下合成了土壤腐殖质,腐殖质中的 COOH 功能团解离出 H^+ 离子,将 COO^- 留在土壤中与 Ca^{2+} 离子结合形成了团聚体。土壤有机质和有机碳是土壤养分的重要来源,土壤有机质对改善土壤结构,保持土壤水分,提高土壤温度等方面都具有重要的作用,研究结果表明，随着葡萄酒渣复混肥施肥量梯度的增加，马铃薯种植田土壤有机质、有机碳和有机贮量在增加，这种变化规律与葡萄酒渣复混肥施用有关。pH 值是土壤重要的化学指标，研究结果表明，随着葡萄酒渣复混肥施用量梯度的增加，土壤pH 值在下降，其原因是土壤有机碳中的单宁、树脂等含碳化合物被微生物分解产生的有机酸，因而降低了土壤酸碱度。随着葡萄酒渣复混肥施肥量梯度的增加，马铃薯经济性状、产量和肥料贡献率在增加，其原因一是葡萄酒渣复混肥是依据本区土壤养分现状筛选的配方，养分种类和比例符合马铃薯生长发育规律；二是葡萄酒渣复混肥不但含有氮磷钾大量元素，而且含有微量元素硫酸锌和有机质，将氮磷钾锌的速效与有机质缓效作用融为一体，缓急相济，互为补充，因而促进了马铃薯的生长发育，提高了马铃薯的产量。经回归统计分析，葡萄酒渣复混肥施肥量与马铃薯产量间的肥料效应回归方程是：$y = 27.41 + 1.9345x - 0.0709x^2$，经济效益最佳施肥量为 $6.51t/hm^2$，肥料投资为 0.78 万元$/hm^2$，利润为 3.65 万元$/hm^2$。

五、抗旱性复混肥对土壤物理性质和马铃薯效益影响的研究

张掖市建成加工型马铃薯生产基地 3 万 hm^2，年产加工型马铃薯 112.5 万 t。目前存在的主要问题是河西冷凉灌区，蒸发量大，降水量小，水资源匮乏，市场上流通的复混肥只具备营养，不具备保水功能，马铃薯 4 月下旬播种时土壤自然含水量低，出苗不整齐，造成缺苗断垄，导致产量下降，影响了本区马铃薯产业的可持续发展。因此，研究和开发抗旱性复混肥成为马铃薯复混肥研发的关键所在。近年来，有关复混肥研究受到了广泛关注，有关马铃薯抗旱性复混肥还未见报道。本文针对上述存在的问题，以保水剂、马铃薯专用肥、农业废弃物组合肥为原料，合成抗旱性复混肥，进行田间试验验证其肥效，以便对抗旱性复混肥的肥效做出确切的评价。

（一）材料与方法

1. 试验材料

（1）试验地概况。试验地位于张掖市山丹县位奇镇孙家营村三社，海拔高度2 030m，年均温度 5.50℃，年均降水量 250mm，年均蒸发量 1 800mm，无霜期 150天，土壤类型是耕种灰钙土，0～20cm 土层含有机质 13.28g/kg，碱解氮50.88mg/kg，有效磷 6.54mg/kg，速效钾 182.35mg/kg，pH 值 8.29，土壤质地为沙质土，前茬作物是马铃薯。

（2）参试材料。尿素，含 N 46%，生产厂家为甘肃刘家峡化工厂；磷酸二铵，含 N 18%、P_2O_5 46%，生产厂家为青岛市三华化工有限责任公司；硫酸钾，含K_2O 50%，粒径为 2～3mm，生产厂家为湖北兴银河化工有限公司；硫酸锌，含Zn 23%，生产厂家为甘肃刘家峡化工厂；葡萄酒渣，是酿酒后提取多酚酶、蛋白

质、粗纤维、后剩余的皮和种子，含有机碳 40%、P_2O_5 2.20%、K_2O 6.8%，甘肃紫轩酒业有限公司提供；油菜籽饼，是油菜籽榨油后排出的下脚料，含有机质 73.8%、N 5.25%、P_2O_5 0.8%、K_2O 1.04%，从甘州区南环路饮马桥榨油房购买；马铃薯专用肥，自己配制，尿素、磷酸二铵、硫酸钾、硫酸锌重量比按 0.41：0.10：0.47：0.02 混合，含 N 20.66%；含 P_2O_5 4.60%、K_2O 23.50%；废弃物组合肥，自己配制，发酵葡萄酒渣、发酵油菜籽饼肥风干重量比按 0.60：0.40 混合，含有机质 70.90%、N 2.10%、P_2O_5 1.64%、K_2O 4.49%；保水剂，吸水倍率 1 450g/g，甘肃民乐福民精细化工有限公司产品；抗旱性复混肥，自己配制，将废弃物组合肥、保水剂、马铃薯专用肥重量组合比按 0.5695：0.0071：0.4234 混合，含有机质 40.37%，含 N 8.74%、P_2O_5 1.94%、K_2O 9.95%；马铃薯品种是克星，由甘肃天润薯业有限责任公司提供。

2. 试验方法

（1）试验处理。

试验一：抗旱性复混肥配方筛选。2017 年选择废弃物组合肥、保水剂、马铃薯专用肥为 3 个因素，每个因素设计 3 个水平，按正交表 $L_9(3^3)$ 设计 9 种抗旱性复混肥配方（表 13-38），称取各种材料混合，在马铃薯播种前做底肥施入 20cm 土层，每个试验小区单独收获，将小区产量折合成公顷产量，计算因素间的效应（R）和各因素不同水平的 T 值，组成抗旱性复混肥配方。

表 13-38 $L_9(3^3)$ 正交试验设计表

试验处理	A 废弃物组合肥	B 保水剂	C 马铃薯专用肥
$1 = A_2B_3C_1$	2（6 000）	3（112.50）	1（1 115）
$2 = A_1B_2C_3$	1（3 000）	2（75.00）	3（3 345）
$3 = A_3B_1C_2$	3（9 000）	1（37.50）	2（2 230）
$4 = A_1B_3C_2$	1（3 000）	3（112.50）	2（2 230）
$5 = A_3B_2C_3$	3（9 000）	2（75.00）	3（3 345）
$6 = A_2B_1C_1$	2（6 000）	1（37.50）	1（1 115）
$7 = A_2B_3C_3$	2（6 000）	3（112.50）	3（3 345）
$8 = A_3B_2C_1$	3（9 000）	2（75.00）	1（1 115）
$9 = A_1B_1C_2$	1（3 000）	1（37.50）	2（2 230）

注：括号内数据为试验数据（kg/hm²），括号外数据为正交试验水平代码值。

试验二：抗旱性复混肥适宜施肥量试验。2018 年 4 月 26 日，将抗旱性复混肥施用量梯度设计为不施肥、1.32t/hm²、2.64t/hm²、3.96t/hm²、5.28t/hm²、

6.60t/hm²共 6 个处理，以处理 1 为对照（CK），每个试验处理重复 3 次，随机区组排列。

（2）种植方法。田间试验小区面积为 30.80m²（7m×4.4m），每个小区四周筑埂，埂宽 40cm、埂高 30cm，2018 年 4 月 26 日播种，种薯采用 0.2%的适乐时拌种，每个小区种植 4 垄，垄距 110cm，垄底宽 70cm，垄面宽 70cm，垄高 35cm，播种深度 15cm，每垄 2 行，株距 20cm，两行穴眼错开呈三角形，改土性专用肥做底肥，在播种时撒入土表，覆土起垄。分别在马铃薯发棵期、开花期和块茎膨大期各灌水 1 次，每个处理灌水量相等，其他田间管理措施与大田相同。

（3）测定指标与方法。2018 年 9 月 20 日，马铃薯收获后分别在试验小区内按 S 形路线布点，采集耕层 0~20cm 土样 4kg，用四分法带回 1kg 混合土样室内风干化验分析（土壤容重、团聚体用环刀取原状土），马铃薯收获时每个试验小区随机采集 30 株，测定经济性状。自然含水量按公式（自然含水量=湿土重−烘干土重÷烘干土重×100%）求得；容重按公式（容重=环刀内湿土质量÷100+自然含水量）求得；总孔隙度按公式（总孔隙度=土壤比重−土壤容重÷土壤比重×100%）求得；毛管孔隙度按公式（毛管孔隙度=自然含水量×土壤容重×100%）求得；非毛管孔隙度按公式（非毛管孔隙度=总孔隙度−毛管孔隙度）求得；最大持水量按公式（最大持水量=面积×总孔隙度×土层深度）求得；毛管持水量按公式（毛管持水量=面积×毛管孔隙度×土层深度）求得；非毛管持水量按公式（非毛管持水量=面积×非毛管孔隙度×土层深度）求得；肥料贡献率按公式（肥料贡献率=施肥区产量−无肥区产量/施肥区产量×100%）求得。

（4）数据处理方法。试验小区单独收获，将小区产量折合成公顷产量进行统计分析。土壤物理化性质马铃薯经济性状等数据采用 DPSS10.0 统计软件分析，差异显著性采用多重比较，LSR 检验。抗旱性复混肥施肥量与土壤物理性质、持水量、马铃薯经济性状、产量间的关系，按回归方程为 $y = a + bx$ 求得，马铃薯产量间的关系采用肥料效应回归方程 $y = a + bx - cx^2$ 求得，抗旱性复混肥经济效益最佳施用量按公式 $(x_0) = [(p_x/p_y) - b]/2c$ 求得。

（二）结果分析

1. 抗旱性复混肥配方筛选

由 2017 年 9 月 22 日马铃薯收获后测定结果可知，因素间效应（R）为 C>A>B，说明影响马铃薯产量大小的因素依次是马铃薯专用肥>废弃物组合肥>保水剂。比较各因素不同水平的 T 值可以看出，$T_{A1} > T_{A3}$ 和 T_{A2}，$T_{B1} > T_{B2}$ 和 T_{B3}，说明废弃物组合肥和保水剂适宜用量为 3 000kg/hm² 和 37.50kg/hm²。$T_{C2} > T_{C3}$ 和 T_{C1}，说明马铃薯产量随马铃薯专用肥施用量的增大而增加，但马铃薯专用肥施用量超过 2 230kg/hm² 后，马铃薯产量又随着马铃薯专用肥施用量的增大而降低。从各因素的 T 值可以看出，最佳

组合为 A_1（废弃物组合肥 3 000kg/hm²）B_1（保水剂 37.50kg/hm²）C_2（马铃薯专用肥 2 230kg/hm²），将废弃物组合肥、保水剂、马铃薯专用肥重量组合比按 0.5695：0.0071：0.4234 混合得到抗旱性复混肥（表 13-39）。

表 13-39　L_9（3³）正交试验分析表

试验处理	A 废弃物组合肥	B 保水剂	C 马铃薯专用肥	马铃薯产量 （t/hm²）
$1 = A_2B_3C_1$	2（6 000）	3（112.50）	1（1 115）	5.45
$2 = A_1B_2C_3$	1（3 000）	2（75.00）	3（3 345）	26.51
$3 = A_3B_1C_2$	3（9 000）	1（37.50）	2（2 230）	28.29
$4 = A_1B_3C_2$	1（3 000）	3（112.50）	2（2 230）	26.68
$5 = A_3B_2C_3$	3（9 000）	2（75.00）	3（3 345）	29.59
$6 = A_2B_1C_1$	2（6 000）	1（37.50）	1（1 115）	15.55
$7 = A_2B_3C_3$	2（6 000）	3（112.50）	3（3 345）	1.94
$8 = A_3B_2C_1$	3（9 000）	2（75.00）	1（1 115）	2.65
$9 = A_1B_1C_2$	1（3 000）	1（37.50）	2（2 230）	41.90
T_1	95.09	85.75	23.65	
T_2	22.95	58.75	96.87	178.56
T_3	60.53	34.07	58.05	
R	72.14	51.68	73.22	

2. 抗旱性复混肥对土壤物理性质的影响

土壤容重是表征土壤物理性质的一个重要指标。土壤容重越小，其蓄水能力越强，于 2018 年 9 月 20 日马铃薯收获后，分别在试验小区内采集耕层 0~20cm 土样测定结果可以看出，抗旱性复混肥施肥量与土壤容重呈负相关关系，其回归方程为 $y = 1.3580 - 0.0245x$，相关系数（R）为 -0.9651（表 13-40）。

土壤孔隙的大小直接影响土壤中的水分状况，毛管孔隙度大的土壤蓄水能力强。据 2018 年 9 月 20 日测定结果可以看出，抗旱性复混肥施肥量与土壤总孔隙度、毛管孔隙度、非毛管孔隙度呈正相关关系，其回归方程分别为 $y = 48.7471 + 0.9312x$、$y = 16.4861 + 0.2869x$、$y = 32.2609 + 0.6502x$，相关系数（R）分别为 0.9649、0.9793、0.9086。抗旱性复混肥施肥量为 6.60t/hm² 时，与对照（CK）比较，容重降低了 11.19%，差异极显著（$P < 0.01$）；土壤总孔隙度增加了 11.45%，差异极显著（$P < 0.01$）；毛管孔隙度增加了 10.90%，差异极显著（$P < 0.01$）；非毛管孔隙度增加了 11.72%，差异极显著（$P < 0.01$）。原因是抗旱性复混肥中的葡

萄酒渣和油菜籽饼肥含有丰富的有机质，使土壤疏松，增大了土壤孔隙度，降低了土壤容重（表13-40）。

表13-40　抗旱性复混肥对土壤物理性质的影响

专用肥施用量 （t/hm²）	容重 （g/cm³）	总孔隙度 （%）	毛管孔隙度 （%）	非毛管孔隙度 （%）
0.00（CK）	1.34 aA	49.43 efEF	16.42 cC	33.01 bB
1.32	1.33 abAB	49.81 eDE	16.74 cC	33.07 bB
2.64	1.31 cC	50.56 dCD	17.36 bB	33.20 bB
3.96	1.28 dD	51.69 cC	17.82 bB	33.87 bB
5.28	1.21 eE	54.34 bAB	17.93 bB	36.41 aA
6.60	1.19 fEF	55.09 aA	18.21 aA	36.88 aA

3. 抗旱性复混肥对土壤持水量的影响

土壤持水量是表征土壤贮水能力的重要指标，从表13-41可以看出，抗旱性复混肥施用量与土壤自然含水量、饱和持水量、毛管持水量、非毛管持水量呈正相关关系，相关系数（R）分别为0.9932、0.9649、0.9791、0.9087。抗旱性复混肥施肥量为6.60t/hm²时，与对照（CK）比较，土壤自然含水量、饱和持水量、毛管持水量、非毛管持水量分别增加了3.04%、113.20kg/m³、35.80kg/m³和77.40kg/m³。分析这一结果产生的原因，一是抗旱性复混肥中的保水剂，保水剂是一类高分子聚合物，这类物质分子结构交联成网络，本身不溶于水，却能在10min内吸附超过自身重量100～1 400倍的水分，体积大幅度膨胀后形成饱和吸附水球，吸水倍率很大，在提高土壤持水性能方面具有重要的作用；二是抗旱性复混肥中的葡萄酒渣和油菜籽饼肥，在土壤中合成腐殖质，腐殖质的最大吸水量可以超过500%，因而提高了土壤的持水量。

表13-41　抗旱性复混肥对土壤持水量的影响

施肥量 （t/hm²）	自然含水量 （%）	饱和持水量 （t/hm²）	毛管持水量 （t/hm²）	非毛管持水量 （t/hm²）
0.00（CK）	12.26 fC	988.60 fF	328.40 fEF	660.20 fF
1.32	12.59 eC	996.20 eE	334.80 deDE	661.40 eE
2.64	13.25 dB	1 011.20 cdD	347.20 dD	664.00 dCD
3.96	13.92 cB	1 033.80 cBC	356.40 bcBC	677.40 bcBC
5.28	14.82 bA	1 086.80 bB	358.60 bB	728.20 bB
6.60	15.30 aA	1 101.80 aA	364.20 aA	737.60 aA

4. 对马铃薯经济性状的影响

（1）对马铃薯块茎重的影响。随着抗旱性复混肥施用量梯度的增加，马铃薯块茎重在增加，抗旱性复混肥施用量为 $6.60t/hm^2$，马铃薯块茎重为 161.31g，与对照（CK）比较，马铃薯块茎重增加了 27.66g，差异极显著（$P<0.01$），经线性回归分析，得到的回归方程是 $y=130.87+4.3712x$，回归系数（R）为 0.9712（表13-42）。

（2）对马铃薯单株块茎重的影响。随着抗旱性复混肥施用量梯度的增加，马铃薯单株块茎重在增加，抗旱性复混肥施用量 $6.60t/hm^2$，马铃薯单株块茎重为 451.67g，与对照（CK）比较，马铃薯单株块茎重增加了 130.97g，差异极显著（$P<0.01$），经线性回归分析，得到的回归方程是 $y=324.2085+20.0883x$，回归系数（R）为 0.9970（表13-42）。

5. 对马铃薯产量的影响

随着抗旱性复混肥施用量梯度的增加，马铃薯产量在增加，抗旱性复混肥施用量 $6.60t/hm^2$，马铃薯产量为 $40.65t/hm^2$，与对照（CK）比较，马铃薯产量增加了 $11.78t/hm^2$，差异极显著（$P<0.01$），经线性回归分析，得到的回归方程是 $y=29.1809+1.8027x$，回归系数（R）为 0.9971（表13-42）。

6. 对马铃薯肥料贡献率的影响

随着抗旱性复混肥施用量梯度的增加，肥料贡献率在增加，抗旱性复混肥施用量 $6.60t/hm^2$，肥料贡献率为 28.97%，与抗旱性复混肥施用量 $5.28t/hm^2$、$3.96t/hm^2$、$2.64t/hm^2$、$1.32t/hm^2$ 比较，肥料贡献率分别是原来的 1.10 倍、1.42 倍、1.88 倍、3.22 倍（表13-42）。

表13-42 抗旱性复混肥对马铃薯经济性状和产量的影响

施肥量 （t/hm^2）	块茎重 （g）	单株块茎重 （g/株）	产量 （t/hm^2）	增产量 （t/hm^2）	增产率 （%）	肥料贡献率 （%）
0.00（CK）	133.65 efEF	320.7 fF	28.87 fF	/	/	/
1.32	135.60 eDE	352.56 eDE	31.73 eDE	2.86	9.90	9.01
2.64	140.37 dCD	379.00 dCD	34.12 dCD	5.25	18.19	15.39
3.96	144.05 cC	403.33 cC	36.30 cC	7.43	25.74	20.47
5.28	155.59 bAB	435.66 bAB	39.21 AB	10.34	35.82	26.37
6.60	161.31 aA	451.67 aA	40.65 aA	11.78	40.80	28.97

7. 对马铃薯施肥利润的影响

从表13-43可知，抗旱性复混肥施用量由 $1.32t/hm^2$ 增加到 $5.28t/hm^2$，施肥利润由 1 218.44元/hm^{2}增加到 3 553.76元/hm^2，抗旱性复混肥施用量由 5.28t/hm^{2}增加到 6.60t/hm^2，施肥利润降低了 485.56 元/hm^2，出现了报酬递减律，由此可见，抗旱性复混肥适宜用量为 5.28t/hm^2。

8. 抗旱性复混肥经济效益最佳施用量确定

将抗旱性复混肥不同施用量与马铃薯产量间的关系采用肥料效应回归方程 $y = a+bx-cx^2$拟合，得到的回归方程为

$$y = 28.87+2.5814x-0.1114x^2 \tag{13-6}$$

对回归方程进行显著性测验的结果表明回归方程拟合良好。抗旱性复混肥价格（p_x）为 1 676.94元/t，马铃薯市场价格（p_y）为 1 200元/t，将（p_x）、（p_y）、回归方程的参数 b 和 c，代入经济效益最佳施用量计算公式 $x_0 = [(p_x/p_y) - b]/2c$，求得抗旱性复混肥经济效益最佳施用量（x_0）为 5.30t/hm^2，将 x_0代入式（13-6），求得马铃薯理论产量（y）为 39.42t/hm^2，统计分析结果与田间试验处理 5 相吻合（表 13-43）。

表 13-43　抗旱性复混肥对马铃薯施肥利润的影响

施肥量 （t/hm^2）	产量 （t/hm^2）	增产量 （t/hm^2）	增产值 （元/hm^2）	施肥成本 （元/hm^2）	施肥利润 （元/hm^2）
0.00（CK）	28.87	/	/	/	/
1.32	31.73	2.86	3 432.00	2 213.56	1 218.44
2.64	34.12	5.25	6 300.00	4 427.12	1 872.88
3.96	36.30	7.43	8 916.00	6 640.68	2 275.32
5.28	39.21	10.34	12 408.00	8 854.24	3 553.76
6.60	40.65	11.78	14 136.00	11 067.80	3 068.20

注：尿素 2 000 元/t，磷酸二铵 4 000 元/t，硫酸钾 2 200 元/t，硫酸锌 4 000 元/t，葡萄酒渣 800 元/t，油菜籽饼肥 1 200 元/t，保水剂 20 000 元/t，马铃薯专用肥 2 334 元/t，抗旱性复混肥 1 209.06 元/t，废弃物组合肥 960 元/t，抗旱性复混肥 1 676.94 元/t。

（三）结论

影响马铃薯产量的因素由大到小依次为：马铃薯专用肥>废弃物组合肥>保水剂，因素间最佳组合是：废弃物组合肥 0.5695：保水剂 0.0071：马铃薯专用肥 0.4234。抗旱性复混肥施肥量与土壤容重呈负相关关系，与土壤总孔隙度、毛管孔隙度、非毛管孔隙度呈正相关关系。随着抗旱性复混肥施用量梯度的增加，土壤自然含水量、总持水量、毛管持水量、非毛管持水量在增加；随着抗旱性复混肥施用量梯度的增加，马铃薯块茎重、单株块茎重、肥料贡献率在增加。当抗旱性复混肥施用量由 5.28t/hm^{2}增加到 6.60t/hm^{2}时，施肥利润降低了 485.56 元/hm^2，出现了

张掖灌区农作物科学施肥理论与实践

报酬递减律。经回归统计分析，抗旱性复混肥施肥量与马铃薯产量间肥料效应回归方程是：$y=28.87+2.5814x-0.1114x^2$，经济效益最佳施肥量（$x_0$）为 5.30t/hm²，统计分析结果与田间试验处理 5 相吻合。

六、糠醛渣功能型复混肥对土壤理化性质和马铃薯效益影响的研究

张掖市海拔 1 650~2 800m 的山丹、民乐冷凉灌区，光照时间长，昼夜温差大，是马铃薯种植的理想场所。近年来，从国外引进了大西洋、夏波蒂、费乌瑞它等马铃薯新品种，建成加工型马铃薯生产基地 3 万 hm²，年产马铃薯 112.5 万 t，成为张掖市最大的马铃薯生产基地，马铃薯产业已发展成为张掖市山丹和民乐农民增收的重要支柱产业之一。目前日益凸显的主要问题是马铃薯种植面积大，连作年限长，化肥投入量大，有机肥投入量少，导致土壤有机质含量下降，土壤团粒结构遭到破坏，土壤贮水功能削弱，土壤板结，不利于马铃薯块茎的膨大，土壤养分比例失衡，缺锌和钼的生理性病害经常发生；农户施用的传统复混肥不具备抗重茬、保水、改土功效，影响了本区马铃薯产业的可持续发展。因此，研究和开发糠醛渣功能型复混肥成为复混肥研发的关键所在。经调查河西走廊制种玉米面积常年稳定在 10 万 hm²，年产玉米芯 65 万 t，玉米芯用于家庭燃料、饲料的占的 85%，剩余 10 万 t 的玉米芯，甘肃共享化工有限公司、张掖市玉鑫化工有限责任公司、临泽县汇隆化工有限责任公司、甘州区东北郊糠醛厂用于生产糠醛，每年排出的糠醛渣总量为 9.83 万 t。经室内化验分析，糠醛渣含有机质 76%，全氮 0.61%，全磷 0.36%，全钾 1.18%，残余硫酸 3%~5%，pH 值 2~3，粒径 0.05~1mm，重金属元素 Hg、Cd、Cr、Pb 含量均小于 GB 8172—87 规定的农用有机废弃物控制含量标准。目前糠醛渣用于家庭燃料、直接还田的占总资源量的 30%，剩余的 6.88 万 t 的糠醛渣堆积如山，不但对环境造成了污染，而且给厂家增加了拉运糠醛渣的费用和安全隐患。为了促进糠醛渣资源的循环和增值，本文以糠醛渣、土壤结构改良剂——聚乙烯醇、多元复混肥、保水剂、抗重茬剂为原料，合成糠醛渣功能型复混肥，进行田间验证试验，以便对糠醛渣功能型复混肥的改土培肥效应做出确切的评价。

（一）材料与方法

1. 试验地概况

试验于 2016—2018 年在甘肃省张掖市民乐县六坝开发园区连续种植加工型马铃薯 6 年的基地上进行，试验地海拔高度为 1 750m，年均温度 6.50℃，年均降水量 250mm，年均蒸发量 1 900mm，无霜期 150 天，土壤类型是淡灌漠土，0~20cm 耕作层有机质含量为 14.25g/kg，碱解氮 66.43mg/kg，有效磷为 8.65mg/kg，速效钾为 140.51mg/kg，pH 值为 8.46，土壤质地为轻壤质土，前茬作物是马铃薯。

2. 试验材料

糠醛渣，含有机质 76%、全氮 0.61%、全磷 0.36%、全钾 1.18%，残余硫酸

3%~5%，pH 值 2~3，粒径 0.05~1mm，甘肃共享化工有限公司产品；尿素，粒径 2~3mm，含 N 46%，甘肃刘家峡化工厂产品；磷酸二铵，粒径 2~5mm，含 N 18%、P_2O_5 46%，云南云天化国际化工股份有限公司产品；硫酸锌，粒径 1~2mm，甘肃刘家峡化工厂产品；钼酸铵含 Mo 50%，粒径 1~2mm，郑州裕达化工原料有限公司产品；聚乙烯醇，粒径 0.05~2mm，甘肃兰维新材料有限公司产品；柠檬酸，粒径 1~2mm，山东潍坊英轩实业有限公司产品；保水剂，吸水倍率为 645g/g，粒径 1~2mm，甘肃民乐福民精细化工有限公司产品；抗重茬剂，含海洋生物钙18%，甲壳素1.5%，美国司特邦科技有限公司产品；多元复混肥（自己配制），将尿素、磷酸二铵、硫酸锌、钼酸铵重量比按 0.57：0.39：0.03：0.01 混合，含 N 33%、P_2O_5 18%、Zn 0.69%、Mo 0.50%；功能性改土剂（自己配制），将聚乙烯醇、抗重茬剂、保水剂、柠檬酸重量比按 0.30：0.28：0.22：0.20 混合；糠醛渣功能型复混肥（自己配制），将多元复混肥、功能性改土剂、糠醛渣重量比按 0.0738：0.0037：0.9225 混合，含 N 2.30%、P_2O_5 1.26%、Zn 0.06%、Mo 0.04%，价格 375.11 元/t；参试作物是马铃薯，品种是大西洋，甘肃万向德农马铃薯种业公司提供。

3. 试验方法

（1）糠醛渣改性。在 1 000kg 糠醛渣中，加入尿素 5.4kg，将糠醛渣 C/N 调整为 25：1，再加入石灰粉 35kg，加水使其含水量达到 60%~65%，混合均匀，堆置并覆盖塑料棚膜，每平方塑料棚膜开直径 35cm 的小孔 2~3 个，堆置发酵 60 天后，在阴凉干燥处风干 15 天，含水量小于 5% 时，全部过 1~5mm，经室内测定改性后的糠醛渣含碳 14.14%~15.23%，氮 0.57%~0.61%，pH 值 6.80~7.30。

（2）试验处理。

试验一：糠醛渣功能型复混肥配方筛选。2016 年选择多元复混肥、功能性改土剂、糠醛渣为 3 个因素，每个因素设计 3 个水平，按正交表 L_9 (3^3) 设计 9 种糠醛渣功能型复混肥配方（表 13-44），称取各种材料混合，在马铃薯播种前做底肥施入 20cm 土层，每个试验小区单独收获，将小区产量折合成公顷产量，计算因素间的效应（R）和各因素不同水平的 T 值，组成糠醛渣功能型复混肥配方。

表 13-44 L_9 (3^3) 正交试验设计表

试验处理	A 多元复混肥	B 功能性改土剂	C 糠醛渣
1 = $A_1B_2C_2$	1（600）	2（120）	2（30 000）
2 = $A_3B_1C_3$	3（1 800）	1（60）	3（45 000）
3 = $A_2B_3C_1$	2（1 200）	3（180）	1（15 000）
4 = $A_2B_1C_2$	2（1 200）	1（60）	2（30 000）

（续表）

试验处理	A 多元复混肥	B 功能性改土剂	C 糠醛渣
$5=A_3B_3C_3$	3 （1 800）	3 （180）	3 （45 000）
$6=A_1B_2C_1$	1 （600）	2 （120）	1 （15 000）
$7=A_3B_3C_2$	3 （1 800）	3 （180）	2 （30 000）
$8=A_1B_2C_3$	1 （600）	2 （120）	3 （45 000）
$9=A_2B_1C_1$	2 （1 200）	1 （60）	1 （15 000）

注：括号内数据为试验数据（kg/hm^2），括号外数据为正交试验水平代码值。

试验二：糠醛渣功能型复混肥最佳施用量的确定。2017 年按照试验一筛选的糠醛渣功能型复混肥配方比例，将多元复混肥、功能性改土剂、糠醛渣重量比按 0.0738 : 0.0037 : 0.9225 混合，得到糠醛渣功能型复混肥，糠醛渣功能型复混肥施用量梯度设计为不施肥（对照）、$3.25t/hm^2$、$6.50t/hm^2$、$9.75t/hm^2$、$13.00t/hm^2$、$16.25t/hm^2$、$19.50t/hm^2$ 共 7 个处理，以处理 1 不施肥为对照，每个试验处理重复 3 次，随机区组排列。

试验三：糠醛渣功能型复混肥与传统化肥的肥效比较。2018 年在纯 N、P_2O_5 投入量相等的条件下（纯 N $373.75kg/hm^2$ + P_2O_5 $204.75kg/hm^2$）。试验共设计 3 个处理：处理 1，对照（不施肥）；处理 2，传统化肥，尿素施用量 $638.33kg/hm^2$ + 磷酸二铵施用量 $445.10kg/hm^2$；处理 3，糠醛渣功能型复混肥，施用量为 16 250kg/hm^2。

（3）种植方法。田间试验小区面积为 28.80m^2（6m×4.8m），每个小区四周筑埂，埂宽 40cm、埂高 30cm，2018 年 5 月 6 日播种，选择 25g 左右的薯块，采用高垄覆膜双行种植，垄宽 40cm，垄高 40cm，株距 35cm，行距 55cm，播种深度 15cm，每垄两行，两行穴眼错开呈三角形，糠醛渣功能型复混肥在播种前施入 0~20cm 耕作层做底肥，在马铃薯开花期结合灌水追施尿素 300kg/hm^2，追肥方法为穴施，每个试验小区为一个支管单元，在支管单元入口安装闸阀、压力表和水表，在垄中间安装 1 条薄壁滴灌带，滴头间距 25cm，流量 4.65L/（m·h），每个支管单元压力控制在 5m 水头，分别在马铃薯发棵期、开花期、块茎膨大期各灌水 1 次，每个小区灌水量相等，每次灌水 2.16m^3。

（4）测定项目与方法。2018 年 9 月 11 日马铃薯收获时，每个试验小区随机采集 30 株，测定块茎重、单株块茎重，每个试验小区单独收获，将小区产量折合成公顷产量进行统计分析。铃薯收获后，分别在试验小区内按 S 形路线布点，采集 0~20cm 耕作层土样 4kg，用四分法带回 1kg 混合土样室内风干化验分析（土壤容重、团粒结构用环刀取原状土）。土壤容重采用环刀法；孔隙度采用计算法；团粒结构采用干筛法；饱和持水量按公式（面积×总孔隙度×土层深度）求得；有机质采用重铬酸钾法；碱解氮采用扩散法；有效磷采用碳酸氢钠浸提——钼锑抗比色法；速效钾采用火焰光度计法；pH 值采用 5∶1 水土比浸提，用 pH-2F 数字 pH 计测定。

（5）数据处理方法。试验小区单独收获，将小区产量折合成公顷产量进行统计分析。糠醛渣功能型复混肥因素间的效应（R）和各因素的 T 值采用正交试验直观分析方法求得。土壤理化性质、持水量、马铃薯经济性状等数据采用 DPSS10.0 统计软件分析，差异显著性采用多重比较，LSR 检验。糠醛渣功能型复混肥最佳施肥量按公式（x_0）＝［（p_x/p_y）$-b$］/2c 求得；马铃薯理论产量按肥料效应回归方程式 $y=a+bx-cx^2$ 求得。

（二）结果分析

1. 糠醛渣功能型复混肥配方筛选

由 2016 年 9 月 11 日马铃薯收获后测定结果可知，因素间效应（R）为 A>B>C，说明影响马铃薯产量大小的因素依次是多元复混肥>功能性改土剂>糠醛渣。比较各因素不同水平的 T 值，可以看出，$T_{A2}>T_{A3}$ 和 T_{A1}，说明马铃薯产量随多元复混肥施用量的增大而增加，但多元复混肥施用量超过 1 200kg/hm^2 后，马铃薯产量又随着多元复混肥施用量的增大而降低。$T_{B1}>T_{B3}$ 和 T_{B2}，$T_{C1}>T_{C3}$ 和 T_{C2}，说明功能性改土剂和糠醛渣适宜用量为 60kg/hm^2 和 15 000kg/hm^2。从各因素的 T 值可以看出，最佳组合为 A_2（多元复混肥 1 200kg/hm^2）B_1（功能性改土剂 60kg/hm^2）C_1（糠醛渣 15 000 kg/hm^2），将多元复混肥、功能性改土剂、糠醛渣重量组合比按 0.0738∶0.0037∶0.9225 混合得到糠醛渣功能型复混肥（表 13-45）。

表 13-45 L_9（3^3）正交试验分析

试验处理	A 多元复混肥	B 功能性改土剂	C 糠醛渣	马铃薯产量（t/hm^2）
$1=A_1B_2C_2$	1（600）	2（120）	2（30 000）	0.28
$2=A_3B_1C_3$	3（1 800）	1（60）	3（45 000）	1.61
$3=A_2B_3C_1$	2（1 200）	3（180）	1（15 000）	1.71
$4=A_2B_1C_2$	2（1 200）	1（60）	2（30 000）	1.61
$5=A_3B_3C_3$	3（1 800）	3（180）	3（45 000）	1.64
$6=A_1B_2C_1$	1（600）	2（120）	1（15 000）	0.92
$7=A_3B_3C_2$	3（1 800）	3（180）	2（30 000）	0.07
$8=A_1B_2C_3$	1（600）	2（120）	3（45 000）	1.06
$9=A_2B_1C_1$	2（1 200）	1（60）	1（15 000）	2.56

（续表）

试验处理	A 多元复混肥	B 功能性改土剂	C 糠醛渣	马铃薯产量 （t/hm²）
T₁	2.26	5.78	5.19	
T₂	5.88	2.26	1.96	11.46（T）
T₃	3.32	3.42	4.31	
R	3.62	3.52	3.23	

注：括号内数据为试验数据（kg/hm²），括号外数据为正交试验水平代码值。

2. 施用糠醛渣功能型复混肥对土壤物理性质影响

（1）对土壤容重的影响。2017 年 9 月 11 日，马铃薯收获后采集耕作层 0~20cm 土样测定结果可知，随着糠醛渣功能型复混肥施用量梯度的增加，土壤容重在下降，糠醛渣功能型复混肥施用量为 19.50t/hm² 时，与对照比较，容重降低了 0.17g/cm³，差异极显著（$P<0.01$）。经线性回归分析，糠醛渣功能型复混肥施用量与土壤容重之间呈显著的负相关关系，相关系数为 -0.9927（表 13-46）。

（2）对土壤总孔隙度的影响。随着糠醛渣功能型复混肥施用量梯度的增加，总孔隙度增大，糠醛渣功能型复混肥施用量为 19.50t/hm² 时，与对照比较，总孔隙度增加了 6.41%，差异极显著（$P<0.01$）。经线性回归分析，糠醛渣功能型复混肥施用量与土壤总孔隙度之间呈显著正相关关系，相关系数为 0.9928（表 13-46）。

（3）对土壤团聚体的影响。随着糠醛渣功能型复混肥施用量梯度的增加，土壤团聚体增加，糠醛渣功能型复混肥施用量为 19.50t/hm² 时，与对照比较，团聚体增加了 10.34%，差异极显著（$P<0.01$）。经线性回归分析可知，糠醛渣功能型复混肥施用量与土壤团聚体之间呈显著正相关关系，相关系数为 0.9925（表 13-46）。

（4）对土壤饱和持水量的影响。随着糠醛渣功能型复混肥施用量梯度的增加，土壤饱和持水量增加，糠醛渣功能型复混肥施用量为 19.50t/hm² 时，与对照比较，饱和持水量增大了 128.20t/hm²，差异极显著（$P<0.01$）。经线性回归分析可知，糠醛渣功能型复混肥施用量与土壤饱和持水量之间呈显著正相关关系，相关系数为 0.9853（表 13-46）。

表 13-46 糠醛渣功能型复混肥对土壤物理性质的影响

施用量 （t/hm²）	容重 （g/cm³）	总孔隙度 （%）	>0.25mm 团聚体 （%）	饱和持水量 （t/hm²）
不施肥（对照）	1.43 aA	46.04 gE	21.38 gE	920.80 gF

（续表）

施用量 （t/hm²）	容重 （g/cm³）	总孔隙度 （%）	>0.25mm 团聚体 （%）	饱和持水量 （t/hm²）
3.25	1.40 bA	47.17 fD	22.19 fE	943.40 fE
6.50	1.39 cB	47.55 eD	24.83 eD	951.00 eD
9.75	1.35 dB	49.06 dC	25.85 dD	981.20 dD
13.00	1.33 eB	49.81 cC	27.26 cC	986.20 cC
16.25	1.30 fB	50.94 bB	29.35 bB	1 018.80 bB
19.50	1.26 gC	52.45 aA	31.72 aA	1 049.00 aA

3. 施用糠醛渣功能型复混肥对土壤有机质和速效养分及 pH 值的影响

（1）对土壤有机质的影响。随着糠醛渣功能型复混肥施用量梯度的增加，土壤有机质在增加，糠醛渣功能型复混肥施用量为 19.50t/hm² 时，与对照比较，土壤有机质增加了 8.49%，差异极显著（$P<0.01$），经线性回归分析，糠醛渣功能型复混肥施用量与土壤有机质之间呈显著正相关关系，相关系数为 0.9999（表 13-47）。

（2）对土壤速效养分的影响。随着糠醛渣功能型复混肥施用量梯度的增加，土壤碱解氮、有效磷、速效钾在增加，糠醛渣功能型复混肥施用量为 19.50t/hm² 时，与对照比较，土壤碱解氮增加了 21.36%，差异显著（$P<0.05$）；有效磷增加了 11.45%，差异显著（$P<0.05$）；速效钾增加了 12.91%，差异显著（$P<0.05$）。经线性回归分析，糠醛渣功能型复混肥施用量与土壤碱解氮、有效磷、速效钾之间呈显著正相关关系，相关系数分别为 0.9880、0.9881、0.9939（表 13-47）。

（3）对土壤 pH 值的影响。随着糠醛渣功能型复混肥施用量梯度的增加，土壤 pH 值在减低，糠醛渣功能型复混肥施用量为 19.50t/hm² 时，与对照比较，土壤 pH 值降低了 0.15，差异显著（$P<0.05$）。经相关分析可知，糠醛渣功能型复混肥施用量与土壤 pH 值之间呈显著负相关关系，相关系数为 -0.9983（表 13-47）。

表 13-47　糠醛渣功能型复混肥对土壤有机质和速效养分及 pH 值的影响

施用量 （t/hm²）	有机质 （g/kg）	碱解氮 （mg/kg）	有效磷 （mg/kg）	速效钾 （mg/kg）	pH 值
不施肥（对照）	14.25 gC	66.43 gA	8.65 gA	140.51 fgA	8.46 aA
3.25	14.46 fB	68.51 fA	8.84 fA	144.85 efA	8.43 bA
6.50	14.66 eB	70.18 eA	8.96 eA	146.31 deA	8.41 cA
9.75	14.86 dB	75.34 dA	9.11 dA	149.30 cdA	8.39 dA

（续表）

施用量 （t/hm²）	有机质 （g/kg）	碱解氮 （mg/kg）	有效磷 （mg/kg）	速效钾 （mg/kg）	pH 值
13.00	15.06 cA	76.24 cA	9.28 cA	153.92 bcA	8.36 eA
16.25	15.26 bA	78.58 bA	9.43 bA	155.47 abA	8.34 fA
19.50	15.46 aA	80.62 aA	9.64 aA	158.65 aA	8.31 gA

4. 施用糠醛渣功能型复混肥对马铃薯经济性状和产量及施肥利润的影响

（1）对马铃薯经济性状和产量的影响。将2017年9月11日马铃薯收获后的数据进行相关分析可知，糠醛渣功能型复混肥施用量与马铃薯块茎重、单株块茎重、产量呈显著正相关关系，相关系数分别为0.8809、0.9588、0.9989。糠醛渣功能型复混肥施用量16.25t/hm²与对照比较；单株块茎重增加了161.70g/株，差异极显著（$P<0.01$）；产量增加了8.40t/hm²，差异极显著（$P<0.01$）（表13-48）。

表13-48　糠醛渣功能型复混肥对马铃薯经济性状和产量的影响

施用量 （t/hm²）	单株块茎重 （g/株）	产量 （t/hm²）	增产量 （t/hm²）	增产率 （%）
不施肥（对照）	545.73 gE	28.35 gF	/	/
3.25	606.37 fD	31.50 fE	3.15	11.11
6.50	643.91 eC	33.45 eD	5.10	17.98
9.75	669.90 dC	34.80 dC	6.45	22.75
13.00	693.00 cB	35.90 cB	7.55	26.63
16.25	707.43 bA	36.75 bB	8.42	29.62
19.50	716.10 aA	36.93 aA	8.58	30.26

（2）施用糠醛渣功能型复混肥对马铃薯施肥利润的影响。糠醛渣功能型复混肥施用量由3.25t/hm²，增加到16.25t/hm²时，施肥利润随着糠醛渣功能型复混肥施用量的增加而递增，当糠醛渣功能型复混肥施用量大于16.25t/hm²时，施肥利润随着糠醛渣功能型复混肥施用量的增加而递减，出现了报酬递减律。由此可见，糠醛渣功能型复混肥适宜用量为16.25t/hm²（表13-49）时，施肥利润最大。

5. 糠醛渣功能型复混肥经济效益最佳施用量和理论产量的确定

将糠醛渣功能型复混肥不同施用量与马铃薯产量间的关系采用肥料效应回归方程 $y=a+bx-cx^2$ 拟合，得到的回归方程为：

$$y=28.35+0.7872x-0.0166x^2 \tag{13-7}$$

对回归方程进行显著性测验的结果表明回归方程拟合良好。糠醛渣功能型复混肥价格（p_x）为375.11元/t，马铃薯市场价格（p_y）为1 500元/t，将（p_x）、（p_y）、回归方程的参数b和c，代入经济效益最佳施用量计算公式$x_0 = [(p_x/p_y) - b]/2c$，求得糠醛渣功能型复混肥最佳施用量（x_0）为16.28t/hm²，将x_0代入式（13-7），求得马铃薯的理论产量（y）为36.77t/hm²，计算结果与田间小区试验处理6相吻合（表13-49）。

表13-49　糠醛渣功能型复混肥对马铃薯施肥利润的影响

施用量 （t/hm²）	产量 （t/hm²）	增产量 （t/hm²）	增产值 （元/hm²）	施肥成本 （元/hm²）	施肥利润 （元/hm²）
不施肥（对照）	28.35 gF	/	/	/	/
3.25	31.50 fE	3.15	4 725.00	1 219.11	3 505.89
6.50	33.45 eD	5.10	7 650.00	2 438.22	5 211.78
9.75	34.80 dC	6.45	9 675.00	3 657.32	6 017.68
13.00	35.90 cB	7.55	11 132.50	4 876.43	6 448.57
16.25	36.75 bB	8.42	12 630.00	6 095.54	6 534.46
19.50	36.93 aA	8.58	12 870.00	7 314.65	5 555.35

注：多元复混肥3 530元/t，功能性改土剂21 000元/t，糠醛渣40元/t，糠醛渣功能型复混肥375.11元/t。

6. 糠醛渣功能型复混肥与传统化肥对土壤理化性质的影响

2018年9月11日马铃薯收获后测定数据可以看出，土壤总孔隙度、团聚体、饱和持水量、有机质由大到小的变化顺序为：糠醛渣功能型复混肥>传统化肥>对照，糠醛渣功能型复混肥与传统化肥比较，总孔隙度增加了4.15%，差异极显著（$P<0.01$）；团聚体增加了7.91%，差异极显著（$P<0.01$）；饱和持水量增加了83.00t/hm²，差异极显著（$P<0.01$）；有机质增加了1.19g/kg，差异极显著（$P<0.01$）。土壤容重、pH值由小到大的变化顺序为：糠醛渣功能型复混肥<传统化肥<对照，糠醛渣功能型复混肥与传统化肥比较，容重降低了0.11g/cm³，差异极显著（$P<0.01$）；pH值降低了0.07，差异极显著（$P<0.01$）（表13-50）。

表13-50　糠醛渣功能型复混肥与传统化肥对土壤理化性质的影响

试验处理	容重 （g/cm³）	总孔隙度 （%）	>0.25mm 团聚体（%）	饱和持水量 （t/hm²）	pH值	有机质 （g/kg）
对照 （不施肥）	1.43 aA	46.04 bB	21.38 bB	920.80 bB	8.46 aA	14.25 bB
传统化肥	1.41 aA	46.79 bB	21.44 bB	935.80 bB	8.41 bA	14.27 bB

（续表）

试验处理	容重 （g/cm³）	总孔隙度 （%）	>0.25mm 团聚体（%）	饱和持水量 （t/hm²）	pH 值	有机质 （g/kg）
糠醛渣功能 型复混肥	1.30 bB	50.94 aA	29.35 aA	1 018.80 aA	8.34 cB	15.46 aA

7. 糠醛渣功能型复混肥与传统化肥对马铃薯经济性状和施肥利润的影响

2018 年 9 月 14 日马铃薯收获后测定结果可以看出，不同处理马铃薯经济性状、产量、施肥利润变化顺序依次为：糠醛渣功能型复混肥>传统化肥，糠醛渣功能型复混肥与传统化肥比较，马铃薯块茎重增加了 6.11g，差异显著（P<0.05）；单株块茎重增加了 33.87g/株，差异极显著（P<0.01）；产量增加了 2.86t/hm²，差异极显著（P<0.01）；施肥利润增加了 1 172.06元/hm²（表 13-51）。

表 13-51　糠醛渣功能型复混肥与传统化肥对马铃薯经济性状和施肥利润的影响

试验处理	块茎重 （g）	单株块茎重 （g/株）	产量 （t/hm²）	增产量 （t/hm²）	增产值 （元/hm²）	施肥成本 （元/hm²）	施肥利润 （元/hm²）
对照 （不施肥）	82.90 cB	523.91 cC	28.07 cC	/	/	/	/
传统化肥	146.53 bA	645.26 bB	33.52 bB	5.45	8 175.00	3 057.06	5 117.94
糠醛渣功 能型复混肥	152.64 aA	679.13 aA	36.38 aA	8.31	12 465.00	6 175.00	6 290.00

（三）结论

土壤容重是表征土壤松紧程度的一个重要指标，也是计算土壤孔隙度的重要参数，土壤孔隙度是表征土壤通气性和透水性的重要指标，土壤团聚体是表征肥沃土壤的指标之一。研究结果表明，随着糠醛渣功能型复混肥施用量梯度的增加，土壤容重降低，总孔隙度增大，团聚体增加，原因一是糠醛渣功能型复混肥中的聚乙烯醇是一种胶结物质，可以把小土粒粘在一起，形成较稳定的团聚体。二是糠醛渣功能型复混肥中的糠醛渣在土壤微生物的作用下合成了土壤腐殖质，腐殖质中的酚羟基、羧基、甲氧基、羰基、羟基、醌基等功能团解离后带负电荷，吸附了河西内陆盐土中的 Ca^{2+}，Ca^{2+} 是一种胶结物质，促进了土壤团聚体的形成。土壤饱和持水量是评价土壤涵养水源及调节水分循环的重要指标，随着糠醛渣功能型复混肥施用量梯度的增加，土壤饱和持水量在增加，原因一是糠醛渣功能型复混肥中的保水剂是一类高分子聚合物，这类物质分子结构交联成网络，本身不溶于水，却能在 10min 内吸附超过自身重量 100~1 400倍的水分，体积大幅度膨胀后形成饱和吸附水球，吸水倍率很大，在提高土壤持水性能方面具有重要的作用；二是糠醛渣功能型复混肥中的糠醛渣在土壤微生物的作用下合成了土壤腐殖质，腐殖质的最大吸水量可以超过500%，因而提高了土壤饱和持水量。土壤有机质包括土壤中所有的含碳化合物，是表征土壤肥力的重要指标。随着糠醛渣功能型复混肥施用量梯度的增加，土壤有机质在增加，究其原因是糠醛渣功能型复混肥中的糠醛渣含有丰富的有机质，因而提高了土壤有机质含量。土壤速效养分主要包括碱解氮、有效磷和速效钾，是植物营养的三要素。随着糠醛渣功能型复混肥施用量梯度的增加，土壤碱解氮、有效磷、速效钾在增加，究其原因是糠醛渣功能型复混肥含有氮磷钾，因而提高了土壤速效养分含量。pH值是土壤重要的化学性质，随着糠醛渣功能型复混肥施用量梯度的增加，pH值在降低，原因一是糠醛渣功能型复混肥中的柠檬酸是一种极强酸性化合物，因而降低了土壤的酸碱度；二是糠醛渣功能型复混肥中的糠醛渣，含残余硫酸3%~5%，降低了土壤的酸碱度。研究结果表明，糠醛渣功能型复混肥配方最佳组合为多元复混肥0.0738∶功能性改土剂0.0037∶糠醛渣0.9225。经线性回归分析，糠醛渣功能型复混肥施用量与土壤总孔隙度、团聚体、饱和持水量、有机质、速效氮磷钾、马铃薯经济性状和产量呈显著的正相关关系，与土壤容重、pH值呈显著的负相关关系。糠醛渣功能型复混肥最佳施用量为16.28t/hm²时，马铃薯理论产量为36.77t/hm²。

第三节　马铃薯多功能生态肥科学施肥技术研究

一、多功能生态肥对马铃薯连作种植田的改良效果研究

张掖市海拔1 800~2 800m是祁连山区与走廊平原的过渡地带，区内日照时间长，昼夜温差大，种植的马铃薯平均产量为45t/hm²，产值为5.40万元/hm²，目前形成了以山丹和民乐县沿山冷凉灌区为主的加工型马铃薯生产基地，马铃薯产业已发展成为张掖冷凉灌区农民增收，企业增效的重要支柱产业之一。目前日益凸显的主要问题是：马铃薯种植面积大，连作年限长，土壤养分比例失衡，缺素的生理性病害经常发生；化肥超量施用，土壤团聚体遭到破坏，土壤板结，不利于马铃薯块茎的膨大，马铃薯产量低而不稳，影响了本区马铃薯产业的可持续发展。

近年来，有关功能性肥料研究受到了广泛关注，马世军等研究认为功能性肥料施用量与制种玉米田总孔隙度、毛管孔隙度、非毛管孔隙度、团聚体、微生物数量呈线性正相关关系，与制种玉米田体积质量呈线性负相关关系。钟宏科等研究认为功能性腐植酸螯合肥，能够提高大白菜的生长指标以及大白菜的产量，从而提高经济效益。功能性腐植酸符合国家环境友好的现代农业发展战略，以及无公害绿色农产品的发展需求，具有较为广阔的市场应用前景。袁洋等采用尿素-黄腐酸为原料、添加生物促控调节剂尿囊素、甲壳胺，辅以中微量元素合成的生物促控多功能肥料，小麦增产14.3kg，小麦病虫害发生率降低10.3%~17.5%。马军伟等研究认

为水稻施用多功能控释肥料，与常规施肥比较，杂草株防效可达90%以上，同时节省了施肥与除草的用工。邓志城等利用湿鸡粪经EM细菌发酵和烘干处理后，加入保水剂和增效剂经造粒制成保水有机肥，不仅原有有机肥料营养得以保持，还可明显地改善土壤的团粒结构，提高土壤的保水性能，大大节约灌溉用水。杜建军等开发出以HWAR和单质肥料为原料的掺混型节水专用肥与等养分的复合肥比较，产量增加5.16%，节水率达27.7%；同时证明了使用高吸水性树脂以控制养分释放能明显减少肥料的损失。陈晓佳和苏文强等将肥料与羧甲基纤维素、丙烯酸合成了肥料复合型高吸水树脂，吸水倍率为400g/g，其中所复合的肥料具有良好的缓释性能，为保水型肥料的开发提供了一种新的思路。赵国林等以泥炭配以氮磷钾和多种微量元素制成的腐殖酸复混系列专用肥（包括玉米、大豆、小麦等），经多年试验证明，在培肥地力、作物增产和改善作物品质等方面效果显著。岳延盛等利用褐煤腐殖酸制备硝基腐殖酸的同时，加入（NH_4）$_2CO_3$和Ca_3（PO_4）$_2$，合成含有R–$COONH_4$的腐殖酸有机无机复合肥料，试验证明能显著提高其肥效。师伟杰等研究认为在风沙土上施用多功能复混肥，有效地改善了土壤的理化性质和生物学性质，提高了制种玉米的施肥利润和产量。

目前有关功能性肥料研究存在的主要问题是只具备营养功效，不具备改土、抗重茬功能。因此，研究和开发集营养、改土、抗重茬为一体的多功能生态肥成为本文研究的关键所在。本文针对上述存在的问题，应用作物营养科学施肥理论和改土培肥理论，选择抗重茬菌肥、土壤结构改良剂、马铃薯营养剂为原料，采用正交试验方法筛选配方，合成集营养、改土为一体的多功能生态肥，进行田间验证试验，以便对多功能生态肥对马铃薯连作种植田的改良效果做出确切的评价。

（一）材料与方法

1. 试验材料

（1）试验地概况。试验于2015—2017年在甘肃省张掖市民乐县南固镇城南村连作种植马铃薯10年的基地上进行，试验地海拔2 200m，东经100.4838°，北纬38.5288°，年均温度6.5℃，年均降水量350mm，年均蒸发量1 800mm，无霜期140天，土壤类型是耕种灰钙土，0~20cm土层含有机质16.14g/kg，碱解氮41.12mg/kg，有效磷7.37mg/kg，速效钾131.23mg/kg，有效锌0.46mg/kg，有效锰5.34mg/kg，有效钼0.10mg/kg，pH值7.89。

（2）试验材料。尿素（N 46%）；磷酸二铵（N 18%、P_2O_5 46%）；硫酸钾（K_2O 50%），硫酸锌（Zn 23%）；硫酸锰（Mn 26%）；钼酸铵（Mo 54%）；抗重茬菌肥（有效活菌数≥20亿个/g）；发酵羊粪（有机质38.30%、N 0.01%、P_2O_5 0.22%、K_2O 0.53%，粒径1~5mm）；发酵鸡粪（有机质42.77%、N 1.031%、P_2O_5 0.41%、K_2O 0.72%，粒径1~5mm）；改性糠醛渣（在糠醛渣中

加入 4% 碳酸氢铵，将 pH 值调整到 7.50，有机质 76.21%、N 0.66%、P_2O_5 0.36%、K_2O 1.18%，粒径 1~2mm）；聚丙烯酰胺（吸水倍率 200g/g，pH 值 6.9，粒径 1~2mm）；多聚糖（pH 值 6.50，粒径 1~2mm）；无机营养剂（依据马铃薯对养分的吸收比例和试验区土壤速效养分供肥量自制，将尿素、磷酸二铵、硫酸锌、硫酸锰和钼酸铵风干重量比按 0.5515：0.3676：0.0552：0.0183：0.0074 混合，含 N 31.99%、P_2O_5 16.91%、Zn 1.27%、Mn 0.48%、Mo 0.40%）；有机营养剂（依据试验区糠醛渣和畜禽粪便资源量自制，将改性糠醛渣、发酵羊粪、发酵鸡粪风干重量比按 0.5000：0.3000：0.2000 混合，含有机质 38.04%、N 0.54%、P_2O_5 0.33%、K_2O 0.89%，粒径 1~5mm）；马铃薯营养剂（自制，有机营养剂与无机营养剂风干重量比按 0.9478：0.0522 混合，含有机质 36.05%、N 2.18%、P_2O_5 1.20%、K_2O 0.84%、Zn 0.07%、Mn 0.03%、Mo 0.02%，粒径 1~5mm）；土壤结构改良剂（自制，聚丙烯酰胺、多聚糖风干重量比按 0.6000：0.4000 混合）；多功能生态肥（按照试验 1 筛选的配方，将抗重茬菌肥、马铃薯营养剂、土壤结构改良剂风干重量比按 0.0036：0.9936：0.0028 混合，有机质 35.82%、N 2.16%、P_2O_5 1.19%、K_2O 0.83%、Zn 0.07%、Mn 0.03%、Mo 0.02%）；马铃薯品种（克新 4 号，由黑龙江省农业科学研究院选育）。

2. 试验方法

（1）羊粪与鸡粪发酵方法。将羊粪、鸡粪晾干粉碎过 2cm 筛，喷自来水使含水量达到 60%~65%（用手握有水分从指缝漏出）全部混合均匀，堆成高 1.50m 的梯形，盖上塑料薄膜，在塑料薄膜上开直径 3~5cm 小洞 20~25 个，堆在温室内（室温 25~30℃）发酵 30 天后捣翻 1 次，再发酵 45 天，堆内出现白色菌丝，颜色呈黑褐色，发酵结束。

（2）试验处理。

试验 1：多功能生态肥配方筛选。2015 年 4 月 30 日，选择抗重茬菌肥、马铃薯营养剂、土壤结构改良剂为 3 种原料，每种原料设计 3 个水平，选择正交表 $L_9(3^4)$ 设计 9 个试验处理，按表 13-52 因素与水平编码括号中的数量称取各种材料组成 9 种多功能生态肥。

试验 2：多功能生态肥经济效益最佳施肥量研究。2016 年 4 月 30 日，依据试验 1 筛选的配方，将多功能生态肥施用量梯度设计为 0t/hm²（CK）、6.00t/hm²、12.00t/hm²、18.00t/hm²、24.00t/hm²、30.00t/hm² 和 35.00t/hm² 共 7 个处理。每个试验处理重复 3 次，随机区组排列。

试验 3：多功能生态肥与传统化肥对比试验。2016 年 4 月 30 日，在纯养分投入量相等的条件下（纯 N 712.80kg/hm²+P_2O_5 392.70kg/hm²+K_2O 273.90kg/hm²+Zn 23.10kg/hm²+Mn 9.90kg/hm²+Mo 6.60kg/hm²），试验共设计 3 个处理：处理 1，对照（CK）；处理 2，施用传统化肥（尿素施用量 1.22t/hm²+磷酸二铵施用量

0.85t/hm² + 硫酸钾施用量 0.55t/hm² + ZnSO₄ 施用量 0.10t/hm² + 硫酸锰施用量 0.04t/hm² + 钼酸铵施用量 0.01t/hm²）；处理 3，施用多功能生态肥（施用量 33.00t/hm²）。每个试验处理重复 3 次，随机区组排列。

（3）种植方法。田间试验小区面积为 35.2m²（8m×4.4m），每个小区四周筑埂，埂宽 35cm，埂高 35cm，每个试验处理的肥料在马铃薯播种前做底肥施入 0～20cm 土层。播种时间为 2015—2017 年每年的 4 月 28 日，播种深度 15cm，株距 25cm，垄距 55cm，垄高 35cm，每个小区种植 4 垄，每垄定植 2 行，每个小区定植 256 株。每个试验小区为一个支管单元，在支管单元入口安装闸阀、压力表和水表，在马铃薯垄上安装 1 条薄壁滴灌带，滴头间距 0.30m，流量 2.60L/（m·h），每个支管单元压力控制在 0.14MPa，分别马铃薯开花期、块茎膨大期和收获前各灌水 1 次，每个小区灌水量为 2.06m³。其他田间管理措施与大田相同。

（4）样品采集方法。马铃薯收获时每个试验小区随机采集 30 株测定经济性状，每个试验小区单独收获，将小区产量折合成公顷产量进行统计分析。马铃薯收获后，分别在试验小区内按"S"形选取 5 个点，采集 0～20cm 土样混合均匀后分为 2 份，1 份新鲜土样放入 4℃冰箱避光保存测定微生物数量和酶活性，另一份样品风干过 1mm 筛供室内化验分析。土壤容重和团聚体测定用环刀采集原状土，未进行风干。

（5）测定项目与方法。土壤容重测定采用环刀法；总孔隙度测定采用计算法（土壤比重−土壤容重）／土壤比重×100%）求得；0.25mm 团聚体测定采用干筛法（具体方法是：采集长 10cm，宽 10cm，厚度 20cm 的土柱，剥离受采样刀具影响的土柱边面，放在饭盒内运回室内，沿土壤的自然结构将原状土剥成小土块，并剔去粗根和小石块，土样摊平风干 15 天，称取 100g 风干土 5 份，放置在孔径 0.25mm 的土筛中，人工筛 1min 后，采用天平称取>0.25mm 团聚体质量，每个样品重复 6 次，取平均数）；pH 值测定采用酸度计法（水土比 5∶1）；CEC 测定采用交换剂浸提—乙酸铵—氯化铵法；有机质测定采用重铬酸钾法；碱解氮测定采用扩散法；有效磷测定采用碳酸氢钠浸提—钼锑抗比色法；速效钾测定采用中性醋酸铵溶液浸提—火焰光度计法；Cd 测定采用石墨炉原子吸收分光光度法；Hg 测定采用冷原子-荧光光谱法；Pb 测定采用火焰原子吸收分光光度法；Cr 测定采用分光光度法；饱和持水量按公式（饱和持水量＝面积×总孔隙度×土层深度）求得；微生物数量测定采用稀释平板法；蔗糖酶测定：3,5-二硝基水杨酸比色法，以 24h 后 1g 土壤中含有的葡萄糖毫克数表示；脲酶测定：靛酚比色法，活性以 24h 后 1g 土壤中 NH₃-N 的毫克数表示；磷酸酶测定：磷酸苯二钠比色法，以 1g 土壤中 24h 后苯酚的毫克数表示；多酚氧化酶测定：碘量滴定法，酶活性用滴定相当于 1g 土壤滤液的 0.01mol/L 的毫升数；边际产量、边际产值和边际成本及边际利润以及边际施肥量分别表示的是每增加一个单位肥料用量时所得到的产量、每增加一个单位肥料用量时所得到的产值和每增加一个单位肥料用量时所投入的成本以及每增加一个单位肥料用量时所得到的利润和后一个处理施肥量与前一个处理施肥量的差，其公式分别为（每增加一个单位肥料用量时所得到的产量减前一个处理的产量）、（边际产量×产品价格）和（边际施肥量×肥料价格）及（边际产值减边际成本）以及（后一个处理施肥量减前一个处理施肥量）。

（6）数据处理方法。采用 SPSS16.0 统计软件进行数据统计分析，采用 Duncan 新复极差法进行多重比较。

（二）结果与分析

1. 多功能生态肥配方筛选

将 2015 年 9 月 20 日马铃薯收获后测定数据进行方差分析可知，处理 3（A_1 抗重茬菌肥 0.12t/hm², B_3 马铃薯营养剂 33.00t/hm²，C_3 土壤结构改良剂 0.09t/hm²），与其他处理比较，差异极显著（$P<0.01$）。处理 9 与处理 6 和 1 比较，差异不显著（$P>0.05$），但与处理 2、4、5、7 和 8 比较，差异极显著（$P<0.01$）。处理 6 与处理 1 比较，差异不显著（$P>0.05$），与处理 2 比较，差异显著（$P<0.05$），但与处理 4、5、7 和 8 比较，差异极显著（$P<0.01$）。处理 1 与处理 2 比较，差异显著（$P<0.05$），但与处理 4、5、7 和 8 比较，差异极显著（$P<0.01$）。处理 2 与处理 4、5、7 和 8 比较，差异极显著（$P<0.01$）（表 13-52）。

将表 13-52 数据采用正交试验分析方法可以看出，3 种原料间的效应（R）由大到小的变化顺序依次为：B>A>C，说明影响马铃薯产量的原料依次是：马铃薯营养剂（$R=37.60$）>抗重茬菌肥（$R=33.91$）>土壤结构改良剂（$R=17.53$）。比较各原料不同水平的 T 值可以看出，$T_{A1}>T_{A3}>T_{A2}$，说明抗重茬菌肥施用量不要超过 0.12t/hm²；$T_{B3}>T_{B2}>T_{B1}$，说明随着马铃薯营养剂施用量梯度的增加，马铃薯产量增加，马铃薯营养剂适宜施用量一般为 33.00t/hm²；$T_{C3}>T_{C1}$ 和 T_{C2}，说明随着土壤结构改良剂施用量梯度的增加，马铃薯产量在增加，土壤结构改良剂适宜施用量为 0.09t/hm²。从各因素的 T 值可以看出，原料间最佳组合为 A_1 抗重茬菌肥 0.12t/hm²，B_3 马铃薯营养剂 33.00t/hm²，C_3 土壤结构改良剂 0.09t/hm²，多功能生态肥配方最佳组合比例为：抗重茬菌肥 0.0036：马铃薯营养剂 0.9936：土壤结构改良剂 0.0028（表 13-52）。

表 13-52　L_9（3^4）正交试验设计与分析

试验处理	A 抗重茬菌肥	B 马铃薯营养剂	C 土壤结构改良剂	产量 （t/hm²）
1	(0.12) 1	(11.00) 1	(0.03) 1	28.40 bB
2	(0.12) 1	(22.00) 2	(0.06) 2	26.76 cB
3	(0.12) 1	(33.00) 3	(0.09) 3	39.07 aA

（续表）

试验处理	A 抗重茬菌肥	B 马铃薯营养剂	C 土壤结构改良剂	产量（t/hm²）
4	（0.24）2	（11.00）1	（0.06）2	9.39 gD
5	（0.24）2	（22.00）2	（0.09）3	22.36 dC
6	（0.24）2	（33.00）3	（0.03）1	28.57 bB
7	（0.36）3	（11.00）1	（0.09）3	21.05 eC
8	（0.36）3	（22.00）2	（0.03）1	19.81 fC
9	（0.36）3	（33.00）3	（0.06）2	28.80 bB
T₁ 值	94.23	58.84	76.78	
T₂ 值	60.32	68.93	64.95	
T₃ 值	69.66	96.44	82.48	
效应（R）	33.91	37.60	17.53	
主次顺序		B>A>C		
最优水平	A₁	B₃	C₃	
最优组合		A₁B₃C₃		

注：括号内数据为试验数据（t/hm²），括号外数据为正交试验编码值。

2. 多功能生态肥经济效益最佳施用量的确定

2016年9月20日，马铃薯收获后测定数据进行统计分析可知，多功能生态肥施用量在30.00t/hm²的基础上，再增加6.00t/hm²，边际利润出现负值（表13-53）。将多功能生态肥不同施肥量与马铃薯产量间的关系采用肥料效应函数方程$y=a+bx-cx^2$拟合，得到的回归方程为：

$$y=22.5000+0.8408x-0.0108x^2 \qquad (13-8)$$

对回归方程进行显著性测验，$F=25.08^{**}$，$>F_{0.01}=23.43$，$R=0.9982^{**}$，说明回归方程拟合良好。多功能生态肥价格（p_x）为255.52元/t，2016年马铃薯市场平均价格（p_y）为2 000元/t，将（p_x）、（p_y）、肥料效应函数的b和c，代入最佳施肥量计算公式$x_0=[(p_x/p_y)-b]/2c$，求得多功能生态肥经济效益最佳施肥量（x_0）为33.01t/hm²，将x_0代入式（13-8），求得马铃薯理论产量（y）为38.48t/hm²，回归统计分析结果与试验处理6基本吻合（表13-53）。

表13-53　多功能生态肥施用量对马铃薯经济效益的影响

试验处理	施肥量（t/hm²）	试验产量（t/hm²）	边际产量（t/hm²）	边际产值（元/hm²）	边际成本（元/hm²）	边际利润（元/hm²）
1	0.00（CK）	22.50 gE	/	/	/	/
2	6.00	26.70 fD	4.20	8 400.00	1 495.68	6 904.32

（续表）

试验处理	施肥量 （t/hm²）	试验产量 （t/hm²）	边际产量 （t/hm²）	边际产值 （元/hm²）	边际成本 （元/hm²）	边际利润 （元/hm²）
3	12.00	30.60 dC	3.90	7 800.00	1 495.68	6 304.32
4	18.00	33.95 cB	3.35	6 700.00	1 495.68	5 204.32
5	24.00	36.68 bA	2.73	5 460.00	1 495.68	3 964.32
6	30.00	38.17 aA	1.49	2 980.00	1 495.68	1 484.32
7	35.00	38.89 aA	0.72	1 440.00	1 495.68	-55.68

注：尿素 1 800 元/t，磷酸二铵 3 600 元/t，硫酸钾 3 600 元/t，硫酸锌 3 500 元/t，硫酸锰 3 000 元/t，钼酸铵 30 000 元/t，抗重茬菌肥 8 000 元/t，发酵羊粪 60 元/t，发酵鸡粪 80 元/t，改性糠醛渣 40 元/t，聚丙烯酰胺 12 000 元/t，多聚糖 10 000 元/t，无机营养剂 2 786.16 元/t，有机营养剂 54.00 元/t，马铃薯营养剂 196.62 元/t，多功能生态肥 255.52 元/t。

3. 施用多功能生态肥对土壤性质和马铃薯经济效益的影响

（1）对马铃薯连作种植田物理性质和持水量的影响。2017 年 9 月 20 日马铃薯收获后，采集耕作层 0~20cm 土样测定结果可知，不同处理马铃薯连作种植田容重由大到小变化的顺序依次为：对照>传统化肥>多功能生态肥，总孔隙度、团聚体和饱和持水量由大到小变化的顺序依次为：多功能生态肥>传统化肥>对照。多功能生态肥与传统化肥比较，容重降低 7.46%，差异显著（P<0.05）；总孔隙度和饱和持水量增加 7.65% 和 7.65%，差异显著（P<0.05）；团聚体增加 18.67%，差异极显著（P<0.01）（表 13-54）。

（2）对马铃薯连作种植田化学性质及有机质和速效氮磷钾的影响。由表 13-54 可知，不同处理马铃薯连作种植田 pH 值由大到小变化的顺序依次为：对照>传统化肥>多功能生态肥，有机质、碱解氮、有效磷、速效钾和 CEC 由大到小变化的顺序依次为：多功能生态肥>传统化肥>对照。多功能生态肥与传统化肥比较，pH 值降低 7.12%，差异显著（P<0.05）；有机质增加 8.85%，差异显著（P<0.05）；碱解氮、有效磷和速效钾增加 0.26%、0.52% 和 1.62%，差异不显著（P>0.05）；CEC 增加 5.56%，差异显著（P<0.05）。

表 13-54 施用多功能生态肥对马铃薯连作种植田理化性质及有机质和速效氮磷钾的影响

处理	容重 （g/cm³）	总孔隙度 （%）	>0.25mm 团聚体 （%）	饱和 持水量 （t/hm²）	有机质 （g/kg）	碱解氮 （mg/kg）	有效磷 （mg/kg）	速效钾 （mg/kg）	pH 值	CEC （cmol/kg）
对照 CK	1.36 aA	48.68 bA	30.68 bB	973.60 bA	16.14 bA	41.12 bB	7.37 bB	131.23 bA	7.89 aA	18.06 cB
传统化肥	1.34 aA	49.43 bA	30.80 bB	988.60 bA	16.16 bA	68.76 aA	9.57 aA	154.16 aA	7.87 aA	23.04 bA

张掖灌区农作物科学施肥理论与实践

（续表）

处理	容重 (g/cm³)	总孔隙度 (%)	>0.25mm 团聚体 (%)	饱和 持水量 (t/hm²)	有机质 (g/kg)	碱解氮 (mg/kg)	有效磷 (mg/kg)	速效钾 (mg/kg)	pH值	CEC (cmol/kg)
多功能 生态肥	1.24 bA	53.21 aA	36.55 aA	1 064.20 aA	17.59 aA	68.94 aA	9.62 aA	156.65 aA	7.31 bA	24.32 aA

（3）对马铃薯连作种植田微生物及酶活性和重金属离子的影响。由表13-55可知，不同处理马铃薯连作种植田微生物和酶活性由大到小的变化顺序依次为：多功能生态肥>传统化肥>对照，重金属离子 Hg、Cd、Cr 和 Pb 由大到小的变化顺序为：传统化肥>多功能生态肥>不施肥。施用多功能生态肥与传统化肥比较，真菌、细菌和放线菌增加76.60%、25.78%和21.98%；差异极显著（$P<0.01$）；蔗糖酶、磷酸酶和多酚氧化酶增加53.66%、32.00%和23.61%，差异极显著（$P<0.01$），脲酶增加7.86%，差异显著（$P<0.05$）；重金属离子 Hg、Cd、Cr 和 Pb 降低17.07%、28.07%、15.73%和18.00%，差异极显著（$P<0.01$）。

表13-55 施用多功能生态肥对马铃薯连作种植田微生物及酶活性和重金属离子的影响

试验处理	真菌 (×10⁴/g)	细菌 (×10⁷/g)	放线菌 (×10⁷/g)	蔗糖酶 [mg/(g·天)]	脲酶 [mg/(kg·h)]	磷酸酶 [g/(kg·天)]	多酚氧化酶 (ml/g)	Hg (mg/kg)	Cd (mg/kg)	Cr (mg/kg)	Pb (mg/kg)
对照（CK）	1.39bB	1.23bB	0.88bB	2.82bB	1.14cB	0.21cC	0.70bB	0.33dB	0.40bB	24.78bB	8.05bB
传统化肥	1.41bB	1.28bB	0.91bB	2.87bB	1.40bA	0.25bB	0.72bB	0.41aA	0.57aA	29.49aA	9.89aA
多功能 生态肥	2.49aA	1.61aA	1.11aA	4.41aA	1.51aA	0.33aA	0.89aA	0.34bB	0.41bB	24.85bB	8.11bB

（4）对马铃薯经济性状及产量和效益的影响。由表13-56可知，不同处理马铃薯经济性状、产量、增产值和施肥利润由大到小变化的顺序依次为：多功能生态肥>传统化肥。多功能生态肥与传统化肥比较，块茎重、单株块茎重和产量增加5.14%、7.89%和7.82%，差异显著（$P<0.05$）；增产值、施肥利润和肥料投资效率增加22.05%、29.82%和23.26%。

表13-56 施用多功能生态肥对马铃薯经济性状及产量和经济效益的影响

处理	块茎重 (g)	单株块茎重 (g/株)	产量 (t/hm²)	增产量 (t/hm²)	增产值 (元/hm²)	施肥成本 (元/hm²)	施肥利润 (元/hm²)	肥料投资效率
对照CK	128.73 cB	315.16 cB	22.95 cB	/	/	/	/	/
传统化肥	159.15 bA	488.55 bA	35.56 bA	12.61	25 220.00	8 006.00	17 214.00	2.15

（续表）

处理	块茎重 （g）	单株块 茎重 （g/株）	产量 （t/hm²）	增产量 （t/hm²）	增产值 （元/hm²）	施肥成本 （元/hm²）	施肥利润 （元/hm²）	肥料 投资效率
多功能 生态肥	167.33 aA	527.08 aA	38.34 aA	15.39	30 780.00	8 432.16	22 347.84	2.65

（三）讨论与结论

施用多功能生态肥后马铃薯连作种植田孔隙度、团聚体、饱和持水量增大，容重降低，这种变化规律与肖占文和张春梅等研究结果相一致。产生这种变化规律的原因，一是多功能生态肥中的有机营养剂使土壤疏松，因而降低了容重，增大了孔隙度；二是多功能生态肥中的有机质在土壤微生物的作用下合成土壤腐殖质，促进了团聚体的形成；三是多功能生态肥中的聚丙烯酰胺和多聚糖土壤结构改良剂可以把小土粒黏在一起形成稳定的团聚体；四是多功能生态肥中的有机质，在土壤中合成腐殖质，腐殖质最大吸水量可以超过 500%，因而提高了饱和持水量。施用多功能生态肥后马铃薯连作种植田有机质、CEC、碱解氮、有效磷和速效钾增大，pH值和重金属离子降低，李栋也得出了相似的结论。其原因一是多功能生态肥含有丰富的有机质和速效氮磷钾；二是多功能生态肥中的有机质被微生物分解后产生的部分有机酸，因而降低了 pH 值；三是多功能生态肥重金属离子 Hg、Cd、Cr 和 Pb 含量比传统化肥低。施用多功能生态肥后马铃薯连作种植田微生物数量和酶活性表现为细菌、放线菌蔗糖酶、磷酸酶、多酚氧化酶和脲酶增加，这种变化规律与马宗海和朱晓涛研究结果相似。这是因为多功能生态肥中的有机质和速效氮磷钾以及微量元素，为微生物的生长发育提供了丰富的矿质营养，因而促进了微生物的繁殖和生长发育，同时了也提高了土壤酶活性。在马铃薯连作种植田上施用多功能生态肥后，马铃薯增产值和施肥利润有所提高，其原因一是多功能生态肥配方是依据本区马铃薯连作种植田养分现状筛选的；二是多功能生态肥含有丰富的有机质和速效氮磷钾以及微量元素，施用多功能生态肥协调了土壤养分平衡，促进了马铃薯的生长发育，因而提高了其产量。

经回归统计分析，多功能生态肥施用量与马铃薯产量间的回归方程为 $y = 22.5000 + 0.8408x - 0.0108x^2$，多功能生态肥经济效益最佳施肥量为 33.01t/hm²，经济效益最佳施肥量时的马铃薯理论产量为 38.48t/hm²。不同处理马铃薯连作种植田容重和 pH 值由大到小变化的顺序依次为：对照>传统化肥>多功能生态肥；总孔隙度、团聚体、饱和持水量、有机质、碱解氮、有效磷、速效钾、CEC、微生物、酶活性、马铃薯经济性状、产量、增产值和施肥利润由大到小变化的顺序依次为：多功能生态肥>传统化肥>对照；重金属离子 Hg、Cd、Cr 和 Pb 由大到小的变化顺序为：传统化肥>多功能生态肥>不施肥。

二、有机碳生态肥对风沙土改良效果和马铃薯效益的影响

风沙土是风成母质上发育的一种初育土壤，甘肃河西走廊分布面积为 $8.50 \times 10^5 hm^2$。近年来，由于种植面积逐渐扩大，分布在河西走廊绿洲边缘的风沙土被农户开垦后种植马铃薯，由于风沙土沙粒多，黏粒少，质地粗，>0.25mm 的水稳性团聚体较少，保水肥能力弱；有机质、速效氮磷钾和微量元素锌含量低，缺素的生理性病害经常发生，种植的马铃薯产量较低。近年来，有关土壤改良剂的研究受到了广泛关注，秦晓霞等将改土剂与化肥配合施用，与单施化肥比较，玉米株高增加 4.26cm，茎粗增加 0.19cm，生长速度增加 0.85mm，地上部分干重增加 3.34g，施肥利润增加 851.55 元/hm²。梁锋等施用改土剂可显著提高收获期玉米株高、穗位高度和茎粗，平均可增产 9.5%。汪德水等在土壤中施用沥青乳剂和 PAM 后，减少了土面水分蒸发，提高了水分利用效率。巫东堂等在土壤中施用沥青乳剂后，水分利用率提高 32.3%，耗水系数降低 24.6%。郭和蓉等在土壤中施用营养型土壤改良剂后，活化了酸性土壤中的磷和钾，提高了养分利用率。冯浩等在土壤中施用聚丙烯酸、聚乙烯醇、脲醛树脂 3 种聚合物类改良剂后，土壤侵蚀量减少 58% 以上。周恩湘等在滨海盐化潮土上施用沸石后，提高了土壤的盐基交换能力，使土壤中可溶性盐分减少，土壤阳离子交换量增大。张晓海等在土壤中施用土壤改良剂后，可在短时间内迅速增加烟田土壤微生物的数量。邢世和等研究发现采用土壤改良剂处理过的土壤，土壤微生物（细菌、真菌、放线菌、磷细菌、钾细菌、纤维素分解菌）数量、土壤酶（过氧化氢酶、脲酶、磷酸酶和纤维素酶）的活性及烤烟产量均比对照有不同程度提高。刘玉环等在甘肃河西走廊的灰棕荒漠土施用功能型土壤改良剂与传统化肥比较，灰棕荒漠土容重和 pH 值降低 7.20%、5.51%；总孔隙度、团聚体和总持水量增加 6.44%、27.35% 和 6.44%；施肥利润和肥料投资效率增加 29.70% 和 85.28%。唐泽军等施用土壤改良剂（PAM）后，制种玉米鲜物质质量比对照提高了 24%。目前存在的主要问题是单一改良剂（如废菌棒、沸石、蒙脱石粉、硅酸钙粉、橄榄石粉、硫矿粉、硼矿粉、锌矿粉、腐殖酸、纤维素类、沼渣、聚乙烯醇、聚丙烯酰胺、聚丙烯酰胺、膨润土、聚乙二醇、脲醛树脂、粉煤灰、甲壳素、石膏、沸石、磷石膏、有机酸等）功能单一，而有关改土、营养和保水等功能融为一体的功能型土壤改良剂研究报道的较少。本文依据上述存在的问题，采用作物营养平衡理论和改土培肥理论，有针对性的选择生物有机碳肥、土壤营养剂和土壤结构改良剂——聚丙烯酰胺为原料，采用正交试验方法确定原料最佳配合比例，合成集营养和改土为一体的有机碳生态肥，在河西走廊的风沙土上进行田间验证试验，以便对有机碳生态肥的改土效果做出确切的评价。

（一）材料与方法

1. 试验材料

（1）试验地概况。试验于2014—2018年在甘肃省河西走廊的张掖市甘州区沙井镇坝庙村进行。试验地海拔1 485m，东经100.2689°，北纬39.1083°，年降水量116mm，年蒸发量1 850mm，年平均气温7.50℃，日照时数3 053h，无霜期160天。土壤类型是耕种风沙土，种试验地前采集土样室内测定，0~20cm土层有机质11.29g/kg，CEC11.74cmol/kg，碱解氮32.89mg/kg，有效磷5.15mg/kg，速效钾91.86mg/kg，有效锌0.39mg/kg，有效硼0.41mg/kg，有效钼0.10mg/kg，pH值7.89，容重1.63g/cm³，>0.25mm团聚体19.94%，饱和持水量，769.90t/hm²，总孔隙度38.79%，土壤质地为细沙土，前茬作物是玉米。

（2）试验材料。尿素（N 46%，甘肃刘家峡化工厂产品）；磷酸二铵（N 18%、P_2O_5 46%，云南云天化国际化工股份有限公司产品）；硫酸钾（K_2O 50%，湖北兴银河化工有限公司产品）；硫酸锌（Zn 23%，甘肃刘家峡化工厂产品）；生物活性菌肥（市售，有效活菌数≥20亿个/g，山东大地生物科技有限公司产品）；土壤结构改良剂——聚丙烯酰胺（粒径0.05~2mm，兰州新型材料有限责任公司产品）；发酵牛粪（有机质43.58%、全氮1.56%、全磷0.38%、全钾1.10%，粒径1~2mm，甘州区沙井镇坝庙村农户提供）；发酵猪粪（有机质38.42%，全氮2.03%、全磷0.65%、全钾0.98%，粒径1~2mm，甘州区沙井镇坝庙村农户提供）；土壤营养剂［自制，$CO(NH_2)_2$、$(NH_4)_2HPO_4$、K_2SO_4、$ZnSO_4$风干重量比按0.41：0.10：0.47：0.02混合，含N 19.69%、P_2O_5 4.60%、K_2O 23.50%、Zn 0.46%］；生物有机碳肥（自制，发酵牛粪、发酵猪粪、生物活性菌肥风干重量比按0.60：0.39：0.01混合，含有机质40.75%、N 1.71%、P_2O_5 0.48%、K_2O 1.03%，有效活菌数0.20亿个/g）；参试马铃薯品种为克新4号，张掖市甘州区从黑龙江省农业科学研究院引进。

2. 试验方法

（1）牛粪与猪粪发酵方法。将牛粪、猪粪晾干粉碎过2cm筛，每立方米牛粪、猪粪加入2%尿素溶液100kg混合均匀，喷自来水，水分含量达到60%~65%（用手握有水分从指缝漏出）全部混合均匀，堆成高1.50m的梯形，盖上塑料薄膜，在塑料薄膜上开直径3~5cm小洞15~20个，堆在温室内（室温25~30℃）发酵30天后捣翻1次，再发酵60天，堆内出现白色菌丝，颜色呈黑褐色，没有讨厌的臭味，发酵结束。

（2）有机碳生态肥产品合成方法。将生物有机碳肥、土壤营养剂和土壤结构改良剂——聚丙烯酰胺风干（含水量<5%）分别粉碎，过粒径1~2mm筛，依据试验1筛选的配方，将生物有机碳肥、土壤营养剂和土壤结构改良剂——聚丙烯酰胺

张掖灌区农作物科学施肥理论与实践

重量比按 0.8811:0.1133:0.0056 混合搅拌均匀，采用螺旋挤压造粒机造粒（粒径 4~6mm），得到有机碳生态肥产品。经室内化验分析，含有机质 35.86%、N 2.17%、P_2O_5 0.51%、K_2O 2.59%、Zn 0.0.05%，有效活菌数 0.35 亿个/g。

（3）试验处理。

试验 1：有机碳生态肥配方筛选。2014 年 4 月 28 日，选择生物有机碳肥、土壤营养剂和土壤结构改良剂——聚丙烯酰胺为 3 种原料，每种原料设计 3 个水平施用量，选择正交表 $L_9(3^4)$ 设计 9 个试验处理，按表 13-57 原料与水平编码括号中的数量称取各种原料组成 9 种有机碳生态肥。

试验 2：有机碳生态肥经济效益最佳施用量研究。2015—2016 年每年的 4 月 28 日，将试验 1 筛选的有机碳生态肥产品施用量梯度设计为 $0t/hm^2$、$3.20t/hm^2$、$6.40t/hm^2$、$9.60t/hm^2$、$12.80t/hm^2$、$16.00t/hm^2$ 和 $19.20t/hm^2$ 共 7 个处理，以处理 1 为 CK（对照），每个处理重复 3 次，随机区组排列。

试验 3：有机碳生态肥与传统化肥对比试验。2017—2018 年每年的 4 月 28 日，在纯 N、P_2O_5、K_2O、Zn 投入量相等的条件下（纯 N $0.35t/hm^2$+P_2O_5 $0.08t/hm^2$+K_2O $0.41t/hm^2$+Zn $0.008t/hm^2$），试验共设计 3 个处理：处理 1，对照（不施肥）；处理 2，传统化肥，尿素施用量 $0.70t/hm^2$+磷酸二铵施用量 $0.18t/hm^2$+硫酸钾施用量 $0.82t/hm^2$+硫酸锌施用量 $0.04t/hm^2$；处理 3，有机碳生态肥，施用量为 $16.00t/hm^2$。每个试验处理重复 3 次，随机区组排列。

（4）种植方法。田间试验小区面积为 $35.2m^2$（8m×4.4m），每个小区四周筑埂，埂宽 35cm、埂高 35cm，每个试验处理的有机碳生态肥、磷酸二铵、硫酸钾和硫酸锌在播种前施入 0~20cm 耕作层做底肥，尿素分别在马铃薯块茎膨大期结合灌水追施，追肥方法为条施。播种时间为 2015—2018 年每年的 4 月 28 日，播种深度 15cm，株距 25cm，垄距 55cm，垄高 35cm，每个小区种植 4 垄，每垄定植 2 行，每个小区定植 256 株，其他田间管理措施与大田相同。

（5）灌水方法。每个试验小区为一个支管单元，在支管单元入口安装闸阀、压力表和水表，在沟内安装 1 条薄壁滴灌带，滴头间距 0.30m，流量 5.60L/（m·h），每个支管单元压力控制在 4 903MPa，分别马铃薯开花期、块茎膨大期和收获前各灌水 1 次，每个小区灌水量为 $2.06m^3$。

（6）样品采集方法。马铃薯收获时每个试验小区随机采集 30 株测定经济性状，每个试验小区单独收获，将小区产量折合成公顷产量进行统计分析。马铃薯收获后，分别在试验小区内按"S"形选取 5 个点，采集 0~20cm 土样混合均匀后分为 2 份，1 份新鲜土样放入 4℃冰箱避光保存测定微生物数量和酶活性，另一份样品风干过 1mm 筛供室内化验分析。土壤容重和团聚体测定用环刀采集原状土，未进行风干。

（7）测定指标与方法。土壤物理性质容重、孔隙度和 >0.25mm 团聚体测定，采用环刀法、计算法和干筛法；土壤化学性质 pH 值和 CEC 测定，采用酸度计法

（水土比 5∶1）和乙酸铵—氯化铵法；有机质、碱解氮、有效磷和速效钾测定，采用重铬酸钾法、扩散法、碳酸氢钠浸提—钼锑抗比色法、火焰光度计法；重金属离子 Cd、Hg、Pb 和 Cr 测定，采用石墨炉原子吸收分光光度法、冷原子-荧光光谱法、火焰原子吸收分光光度法、分光光度法；饱和持水量按公式（饱和持水量=面积×总孔隙度×土层深度）求得；微生物数量、脲酶、蔗糖酶、磷酸酶、过氧化氢酶和多酚氧化酶测定，采用采用稀释平板法、靛酚比色法、3，5-二硝基水杨酸比色法、磷酸苯二钠比色法、滴定法和碘量滴定法；边际产量、边际产值和边际成本及边际利润以及边际施肥量分别表示的是每增加一个单位肥料用量时所得到的产量、每增加一个单位肥料用量时所得到的产值和每增加一个单位肥料用量时所投入的成本以及每增加一个单位肥料用量时所得到的利润和后一个处理施肥量与前一个处理施肥量的差，其公式分别为（每增加一个单位肥料用量时所得到的产量-前一个处理的产量）、（边际产量×产品价格）和（边际施肥量×肥料价格）及（边际产值-边际成本）以及（后一个处理施肥量-前一个处理施肥量）。

（8）数据处理方法。采用 SPSS16.0 统计软件进行数据统计分析，采用 Duncan 新复极差法进行多重比较。依据经济效益最佳施用量计算公式 $x_0 = [(p_x/p_y) - b]/2c$，求得营养型保水剂经济效益最佳施用量（x_0），依据 $y = a + bx - cx^2$ 回归方程，求得马铃薯块根理论产量（y）。

（二）结果与分析

1. 有机碳生态肥配方筛选

将 2014 年 9 月 28 日马铃薯收获后测定数据进行方差分析可知，处理 3（$A_1B_3C_3$），与其他处理比较，差异极显著（$P<0.01$）。处理 9 与处理 6 和 1 比较，差异不显著（$P>0.05$），但与处理 2、4、5、7 和 8 比较，差异极显著（$P<0.01$）。处理 6 与处理 1 比较，差异不显著（$P>0.05$），与处理 2 比较，差异显著（$P<0.05$），但与处理 4、5、7 和 8 比较，差异极显著（$P<0.01$）。处理 1 与处理 2 比较，差异显著（$P<0.05$），但与处理 4、5、7 和 8 比较，差异极显著（$P<0.01$）。处理 2 与处理 4、5、7 和 8 比较，差异极显著（$P<0.01$）（表 13-57）。

将表 13-57 数据采用正交试验分析方法可以看出，3 种原料间的效应（R）由大到小的变化顺序依次为：B>A>C，说明影响马铃薯产量的原料依次是：土壤营养剂（$R=38.83$）>生物有机碳肥（$R=35.03$）>土壤结构改良剂——聚丙烯酰胺（$R=18.12$）。比较各原料不同水平的 T 值可以看出，$T_{A1}>T_{A3}>T_{A2}$，说明生物有机碳肥施用量不要超过 14.00t/hm²；$T_{B3}>T_{B2}>T_{B1}$，说明随着土壤营养剂施用量梯度的增加，马铃薯产量增加，土壤营养剂适宜施用量一般为 1.80t/hm²；$T_{C3}>T_{C1}$ 和 T_{C2}，说明随着土壤结构改良剂—聚丙烯酰胺施用量梯度的增加，马铃薯产量在增加，土壤结构改良剂——聚丙烯酰胺适宜施用量为 0.09t/hm²。从各因素的 T 值可以看出，原料间最佳组合为 A_1 生物有机碳肥 14.00t/hm²，B_3 土壤营养剂 1.80t/hm²，C_3 土壤结构改良剂——聚丙烯酰胺 0.09t/hm²，即有机碳生态肥配方组合为：生物有机碳肥 0.8811：土壤营养剂 0.1133：土壤结构改良剂——聚丙烯酰胺 0.0056。

表 13-57　L_9（3³）正交试验设计与分析

试验处理	A 生物有机碳肥	B 土壤营养剂	C 土壤结构改良剂——聚丙烯酰胺	产量 （t/hm²）
1	1（14.00）	1（0.60）	1（0.03）	29.34 bB
2	1（14.00）	2（1.20）	2（0.06）	27.64 cB
3	1（14.00）	3（1.80）	3（0.09）	40.36 aA
4	2（28.00）	1（0.60）	2（0.06）	9.70 gD
5	2（28.00）	2（1.20）	3（0.09）	23.10 dC
6	2（28.00）	3（1.80）	1（0.03）	29.51 bB
7	3（42.00）	1（0.60）	3（0.09）	21.75 eC
8	3（42.00）	2（1.20）	1（0.03）	20.46 fC
9	3（42.00）	3（1.80）	2（0.06）	29.75 bB
T_1值	97.34	60.79	79.31	
T_2值	62.31	71.20	67.09	
T_3值	71.96	99.62	85.21	
效应（R）	35.03	38.83	18.12	
主次顺序		B>A>C		
最优水平	A_1	B_3	C_3	
最优组合		$A_1B_3C_3$		

注：括号内数据为试验数据（t/hm²），括号外数据为正交试验水平代码值。

2. 有机碳生态肥经济效益最佳施用量确定

连续定点试验 2 年后，于 2016 年 9 月 28 日马铃薯收获后测定数据进行回归统计分析可知，有机碳生态肥施用量在 16.00t/hm² 的基础上，再增加 3.20t/hm²，边际利润出现负值。将有机碳生态肥不同施用量与马铃薯产量间的关系采用肥料效应函数方程 $y=a+bx-cx^2$ 拟合，得到的回归方程为：

$$y=22.5000+1.7707x-0.0496x^2 \tag{13-9}$$

对回归方程进行显著性测验，$F=22.39^{**}$，$>F_{0.01}=20.92$，$R=0.9787^{**}$，说

明回归方程拟合良好。有机碳生态肥价格（p_x）为 378.88 元/t，2016 年马铃薯市场平均价格（p_y）为 2 000 元/t，将（p_x）、（p_y）、回归方程的 b 和 c，代入最佳施用量计算公式 $x_0 = [(p_x/p_y) - b]/2c$，求得有机碳生态肥最佳施用量（x_0）为 15.94t/hm²，将 x_0 代入式（13-9），求得马铃薯理论产量（y）为 38.12t/hm²，回归统计分析结果与试验处理 6 基本吻合（表 13-58）。

表 13-58　不同剂量有机碳生态肥对马铃薯经济效益的影响

试验处理	有机碳生态肥施用量（t/hm²）	试验产量（t/hm²）	边际产量（t/hm²）	边际产值（元/hm²）	边际成本（元/hm²）	边际利润（元/hm²）
1	0（CK）	22.50 gG	/	/	/	/
2	3.20	26.70 fF	4.20	8 400.00	1 308.80	7 091.20
3	6.40	30.60 eE	3.90	7 800.00	1 308.80	6 491.20
4	9.60	33.95 dD	3.35	6 700.00	1 308.80	5 391.20
5	12.80	36.68 cC	2.73	5 460.00	1 308.80	4 151.20
6	16.00	38.17 abAB	1.49	2 980.00	1 308.80	1 671.20
7	19.20	38.81 aA	0.64	1 280.00	1 308.80	-28.80

注：尿素 1 800 元/t，磷二铵 3 600 元/t，硫酸钾 2 500 元/t，硫酸锌 4 000 元/t，土壤结构改良剂—聚丙烯酰胺 8 000 元/t，生物活性菌肥 4 000 元/t，牛粪 35 元/t，猪粪 40 元/t，土壤营养剂 2 353 元/t，生物有机碳肥 76.60 元/t，有机碳生态肥 378.88 元/t。

3. 有机碳生态肥与传统化肥对比对风沙土理化性质的影响

连续定点试验 2 年后，于 2018 年 9 月 28 日马铃薯收获后，采集耕作层 0~20cm 土样测定结果可知，有机碳生态肥与传统化肥在纯 N、P_2O_5、K_2O、Zn 投入量相等的条件下，不同处理风沙土容重和 pH 值由大到小变化的顺序依次为：对照>传统化肥>有机碳生态肥；总孔隙度、团聚体、饱和持水量、有机质、速效氮磷钾和 CEC 由大到小变化的顺序依次为：有机碳生态肥>传统化肥>对照。施用有机碳生态肥与传统化肥比较，容重和 pH 值降低 7.45% 和 7.12%，差异显著（$P<0.05$）；有机质和 CEC 增加 8.66% 和 5.47%，差异显著（$P<0.05$）；总孔隙度、饱和持水量和团聚体增加 10.57%、10.57% 和 13.64%，差异极显著（$P<0.01$）；碱解氮、有效磷和速效钾增加 0.25%、0.45% 和 1.62%，差异不显著（$P>0.05$）（表 13-59）。

表 13-59　有机碳生态肥与传统化肥对比对风沙土理化性质及有机质和速效氮磷钾的影响

试验处理	容重（g/cm³）	总孔隙度（%）	>0.25mm团聚体（%）	饱和持水量（t/hm²）	有机质（g/kg）	碱解氮（mg/kg）	有效磷（mg/kg）	速效钾（mg/kg）	pH 值	CEC（cmol/kg）
对照 CK	1.63aA	38.49bB	19.94bB	769.80bB	11.29bA	32.89bB	5.15bB	91.86bA	7.89aA	11.74cB

张掖灌区农作物科学施肥理论与实践

（续表）

试验处理	容重 （g/cm³）	总孔隙度 （%）	>0.25mm 团聚体 （%）	饱和 持水量 （t/hm²）	有机质 （g/kg）	碱解氮 （mg/kg）	有效磷 （mg/kg）	速效钾 （mg/kg）	pH 值	CEC （cmol/kg）
传统化肥	1.61aA	39.25bAB	20.02bB	785.00bB	11.31bA	55.01aA	6.70aA	107.91aA	7.87aA	14.98bA
有机碳 生态肥	1.49bA	43.40aA	22.75aA	868.00aA	12.29aA	55.15aA	6.73aA	109.66aA	7.31bA	15.80aA

4. 施用有机碳生态肥对风沙土对微生物及酶活性和重金属离子的影响

由表13-60可知，不同处理风沙土微生物和酶活性由大到小的变化顺序依次为：有机碳生态肥>传统化肥>对照。施用有机碳生态肥与传统化肥比较，细菌和放线菌增加25.78%和21.98%，差异极显著（$P<0.01$）；蔗糖酶、磷酸酶和多酚氧化酶增加53.66%、32.00%和23.61%，差异极显著（$P<0.01$），脲酶增加7.86%，差异显著（$P<0.05$）。不同处理风沙土重金属离子Hg、Cd、Cr和Pb由大到小的变化顺序为：传统化肥>有机碳生态肥>不施肥。施用有机碳生态肥与传统化肥比较，Hg、Cd、Cr和Pb降低17.07%、28.07%、15.73%和18.00%，差异极显著（$P<0.01$）；施用有机碳生态肥与不施肥比较，Hg、Cd、Cr和Pb增加3.03%、2.50%、0.28%和0.75%，差异不显著（$P>0.05$）。

表13-60　有机碳生态肥与传统化肥对比对风沙土微生物及酶活性和重金属离子的影响

试验处理	细菌 （×10⁷/g）	放线菌 （×10⁷/g）	蔗糖酶 [mg/ （g· 天）]	脲酶 [mg/ （kg· h）]	磷酸酶 [g/ （kg· 天）]	多酚 氧化酶 （ml/g）	Hg （mg/kg）	Cd （mg/kg）	Cr （mg/kg）	Pb （mg/kg）
对照（CK）	1.23bB	0.88bB	2.82bB	1.14cB	0.21cC	0.70bB	0.33dB	0.40bB	24.78bB	8.05bB
传统化肥	1.28bB	0.91bB	2.87bB	1.40bA	0.25bB	0.72bB	0.41aA	0.57aA	29.49aA	9.89aA
有机碳 生态肥	1.61aA	1.11aA	4.41aA	1.51aA	0.33aA	0.89aA	0.34bB	0.41bB	24.85bB	8.11bB

5. 施用有机碳生态肥对马铃薯经济性状及产量和施肥利润的影响

由表13-61可知，不同处理马铃薯经济性状和产量由大到小变化的顺序依次为：有机碳生态肥>传统化肥>对照。施用有机碳生态肥与传统化肥比较，马铃薯块茎重、单株块茎重和产量增加5.14%、7.89%和7.82%，差异显著（$P<0.05$）；增产值和施肥利润分别增加22.05%和17.14%。

表 13-61　有机碳生态肥与传统化肥对比对马铃薯经济性状及产量和施肥利润的影响

试验处理	块茎重 (g)	单株块茎重 (g/株)	产量 (t/hm²)	增产量 (t/hm²)	增产值 (元/hm²)	施肥成本 (元/hm²)	施肥利润 (元/hm²)
对照 CK	128.73 cB	315.16 cB	22.95 cB	/	/	/	/
传统化肥	159.15 bA	488.55 bA	35.56 bA	12.61	25 220.00	4 118.00	21 102.00
有机碳生态肥	167.33 aA	527.08 aA	38.34 aA	15.39	30 780.00	6 060.08	24 719.92

注：传统化肥 4 118.00 元/hm²，有机碳生态肥 6 060.08 元/hm²，马铃薯市场售价 2 000 元/t。

(三) 问题讨论与结论

将生物有机碳肥、土壤营养剂、土壤结构改良剂——聚丙烯酰胺风干重量比按 0.8811 : 0.1133 : 0.0056 混合，得到有机碳生态肥与施用传统化肥比较，容重降低 7.45%，总孔隙度、团聚体和饱和持水量分别增加 10.57%、13.64% 和 10.57%，其原因：一是有机碳生态肥中的有机质，在土壤微生物的作用下合成了腐殖质，腐殖质中的羧基解离后羧酸根带负电荷，吸附了河西石灰性土壤中的 Ca^{2+}，Ca^{2+} 是一种胶结物质，在土壤种形成较稳定的团聚体，具有团聚体的土壤比较疏松，因而增大了孔隙度，降低了容重；二是有机碳生态肥中的腐殖酸，在土壤中合成的腐殖质最大吸水量可以超过 500%，因而提高了饱和持水量。三是聚丙烯酰胺是一种高聚合物土壤结构改良剂，黏度较大，可以把小土粒粘在一起形成团聚体。施用有机碳生态肥与施用传统化肥比较，有机质和 CEC 增加 8.66% 和 5.47%，原因一是有机碳生态肥含有丰富的有机质，因而提高了有机质和 CEC。施用有机碳生态肥与施用传统化肥比较，pH 值降低 7.12%，其原因是有机碳生态肥中的有机质被微生物分解后产生的部分有机酸，因而降低了 pH 值。施用有机碳生态肥与施用传统化肥比较，细菌和放线菌增加 25.78% 和 21.98%，蔗糖酶、磷酸酶、多酚氧化酶和脲酶增加 53.66%、32.00%、23.61% 和 7.86%，原因一是有机碳生态肥中的生物活性菌肥含有丰富的有效活性微生物；二是有机碳生态肥中的有机质和氮磷钾元素，为微生物的生长发育提供了有机碳和氮磷钾，促进了微生物的繁殖和生长发育，提高了酶的活性。施用有机碳生态肥与传统化肥比较，风沙土重金属离子 Hg、Cd、Cr 和 Pb 降低 17.07%、28.07%、15.73% 和 18.00%，原因是有机碳生态肥重金属离子含量比化肥低。施用有机碳生态肥与施用传统化肥比较，马铃薯增产值和施肥利润分别增加 22.05% 和 17.14%，一是有机碳生态肥配方是依据本区风沙土养分现状筛选的；二是有机碳生态肥含有丰富的有机质和氮磷钾元素，施用有机碳生态肥协调了土壤养分平衡，促进了马铃薯的生长发育，因而提高了其产量。在风沙土上施用有机碳生态肥，改善了土壤理化性质和生物学性质，提高了马铃薯产量和经济效益。

三、有机生态肥配方筛选及对土壤理化性质和马铃薯施肥利润影响的研究

甘肃省张掖市民乐、山丹县昼夜温差大，是加工型马铃薯种植和贮藏的理想场所，近年来，建成了加工型马铃薯生产基地 3 万 hm^2，年产加工型马铃薯112.5 万 t，马铃薯产业已发展成为本区农民增收，企业增效的重要支柱产业之一。目前日益凸显的主要问题是农户施用的传统复混肥有效成分和比例不符合本区冷凉灌区土壤养分现状和马铃薯对养分的吸收比例，影响了本区马铃薯产业的可持续发展。因此，研究和开发马铃薯功能性复混肥成为复混肥研发的关键所在。近年来，有关复混肥研究受到了广泛关注，但有机生态肥配方筛选及对土壤理化性质和马铃薯施肥利润的影响未见文献报道。针对上述存在的问题，应用作物营养科学施肥理论和改土培肥理论，选择马铃薯专用肥、高钾宝、中微量元素营养宝、有机生物酵母肥 4 种原料，采用正交试验方法，筛选出了马铃薯有机生态肥配方，在甘肃省张掖市民乐县南固镇城南村连续种植马铃薯 10 年的基地上进行了验证试验，以便对马铃薯有机生态肥的改土培肥效益做出确切的评价。

（一）材料与方法

1. 试验材料

（1）试验地概况。试验地位于民乐县南固镇城南村连作 10 年的马铃薯田上进行，该试验地海拔高度 2 200m，年均温度 6.50℃，年均降水量 250mm，年均蒸发量 1 800mm，无霜期 140~150 天，土壤类型是耕种灰钙土，0~20cm 土层含有机质15.56g/kg，碱解氮 56.49mg/kg，有效磷 11.30mg/kg，速效钾 147.10mg/kg，pH值 7.80，土壤质地为轻壤质土，前茬作物是马铃薯。

（2）试验材料。发酵牛粪，含有机质 14.50%、全 N 0.52%、全 P 0.22%、全K 0.16%，粒径 2~20mm，张掖市甘州区长安乡前进村奶牛产提供；尿素，含N 46%，宁波远东化工集团有限公司产品；磷酸二铵，含 N 18%、P_2O_5 46%，北京利奇世纪化工商贸有限公司产品；硫酸钾，含 K_2O 50%，湖北兴银河化工有限公司产品；硫酸锌，含 Zn 23%，新疆先科农资有限公司产品；5406 抗生菌肥，有效活菌数≥20 亿个/g，华远丰农生物科技有限公司产品；高钾宝，含 K_2O 40%，山东天威农药有限公司产品；土壤酵母肥，含有机质 45%、N 10%、P_2O_5 5%、K_2O 8%，澳大利亚独资生物工程有限公司产品；中微量元素营养宝，含 Ca 6.5%、B 3.8%、Zn 8.4%、Mo 6.50%，美国独资潍坊化工有限公司产品；有机生物酵母肥，自己配制，将发酵牛粪、5406 抗生菌肥、土壤酵母肥重量比按 0.5718：0.1858：0.2424 混合，含有机质 9.50%，N、P_2O_5、K_2O 总量 4.62%；马铃薯专用肥，自己配制，将尿素、磷酸二铵、硫酸钾、硫酸锌重量比按 0.41：0.10：

0.47：0.02 混合，含 N 20.66%、P_2O_5 4.60%、K_2O 23.50%、Zn 0.46%；有机生态肥自己配制，根据试验一筛选的配方，将高钾宝、马铃薯专用肥、中微量元素营养宝、有机生物酵母肥重量比按 0.0164：0.7423：0.0371：0.2042 混合，含有机质 2.10%、N 15.28%、P_2O_5 3.40%、K_2O 17.39%、Zn 0.34%。马铃薯品种为大西洋，由甘肃万向德农马铃薯种业有限公司提供。

2. 试验方法

（1）试验处理。

试验一，2015 年以高钾宝、马铃薯专用肥、中微量元素营养宝、有机生物酵母肥为 4 个试验研究因素，选择正交表 L_9（3^4）设计试验，则每个因素有 3 个水平，共 9 个处理（表 13-62）。采用表中括号中用量制成 9 种有机生态肥。

表 13-62　L_9（3^4）正交试验设计

试验处理	A 高钾宝	B 马铃薯 专用肥	C 中微量元 素营养宝	D 有机生物 酵母肥
$1 = A_1B_2C_1D_1$	1（20）	2（1 200）	1（30）	1（165）
$2 = A_2B_1C_3D_1$	2（40）	1（600）	3（90）	1（165）
$3 = A_3B_3C_2D_1$	3（60）	3（1 800）	2（60）	1（165）
$4 = A_1B_1C_2D_2$	1（20）	1（600）	2（60）	2（330）
$5 = A_2B_3C_3D_2$	2（40）	3（1 800）	3（90）	2（330）
$6 = A_3B_2C_1D_2$	3（60）	2（1 200）	1（30）	2（330）
$7 = A_1B_3C_3D_3$	1（20）	3（1 800）	3（90）	3（495）
$8 = A_2B_2C_1D_3$	2（40）	2（1 200）	1（30）	3（495）
$9 = A_3B_1C_2D_3$	3（60）	1（600）	2（60）	3（495）

注：括号内数据为试验数据（kg/hm²），括号外数据为正交试验编码值。

试验二，有机生态肥与传统化肥比较试验　2016 年在纯 N、P_2O_5、K_2O 投入量相等的条件下（纯 N 371.30kg/hm²+P_2O_5 82.62kg/hm²+K_2O 422.57kg/hm²），试验共设计 3 个处理：处理 1，对照（不施肥）；处理 2，传统化肥，尿素施用量 0.74t/hm²+磷酸二铵施用量 0.18t/hm²，硫酸钾施用量 0.85t/hm²；处理 3，有机生态肥，施用量为 2.43t/hm²。每个试验处理重复 3 次，随机区组排列。

（2）种植方法。田间试验小区面积为 28.80m²（6m×4.8m），每个小区四周筑埂，埂宽 40cm，埂高 30cm，2015 年 4 月 27 日播种，选择 90cm 地膜，25g 左右的薯块，采用高垄覆膜双行种植，每个小区种植 4 垄，垄距 110cm，垄宽 70cm，垄高 40cm，行距 55cm，播种深度 15cm，每垄两行，株距 25cm，两行穴眼错开呈三

张掖灌区农作物科学施肥理论与实践

角形，有机生态肥做底肥，在播种垄中间开一条深 20cm 的沟，将肥料撒施在沟内，覆土起垄。分别在马铃薯发棵期和开花期各灌水 1 次，灌水量 80m³/亩，其他田间管理措施与大田相同。

（3）测定指标与方法。2016 年 9 月 11 日马铃薯收获时，在试验小区内随机采集 15 株，测定马铃薯经济性状，每个试验小区单独收获，将小区产量折合成公顷产量进行统计分析。马铃薯收获后分别在试验小区内按 S 形路线布点，采集耕层 0~20cm 土样 4kg，用四分法带回 1kg 混合土样室内风干化验分析（土壤容重、团聚体用环刀取原状土）。土壤容重采用环刀法；孔隙度采用计算法；团聚体采用干筛法；碱解氮采用扩散法；有效磷采用碳酸氢钠浸提—钼锑抗比色法；速效钾采用火焰光度计法；pH 值采用 5∶1 水土比浸提，用 pH-2F 数字 pH 计测定。马铃薯茎粗采用游标卡尺法，马铃薯地上部分干重采用 105℃ 烘箱杀青 30min，80℃ 烘干至恒重。

（4）数据处理方法。试验小区单独收获，将小区产量折合成公顷产量进行统计分析。土壤物理化性质、马铃薯农艺性状、经济性状等数据采用 DPSS10.0 统计软件分析，差异显著性采用多重比较，LSR 检验。

（二）结果分析

1. 不同因素及不同处理对马铃薯经济性状和产量的影响

据 2015 年 9 月 28 日马铃薯收获后测定结果可以看出，因素间的效应（R）是 B>C>D>A，说明影响马铃薯产量因素依次是马铃薯专用肥>中微量元素营养宝>有机生物酵母肥>高钾宝。比较各因素不同水平的 T 值，可以看出，$T_{A2}>T_{A3}>T_{A1}$，说明马铃薯产量随高钾宝用量的增大而增加，但高钾宝用量超过 40kg/hm² 后，马铃薯产量又随高钾宝用量的增大而降低。$T_{B3}>T_{B1}>T_{B2}$，$T_{C3}>T_{C1}>T_{C2}$，$T_{D3}>T_{D1}>T_{D2}$，说明马铃薯专用肥、中微量元素营养宝和有机生物酵母肥的适宜用量分别为 1 800kg/hm²、90kg/hm² 和 495kg/hm²。从各因素的 T 值可以看出，因素间最佳组合是 A_2 高钾宝 40kg/hm²，B_3 马铃薯专用肥 1 800kg/hm²，C_3 中微量元素营养宝 90kg/hm²，D_3 有机生物酵母肥 495kg/hm²。即高钾宝、马铃薯专用肥、中微量元素营养宝、有机生物酵母肥重量组合比分别为 0.0164∶0.7423∶0.0371∶0.2042（表 13-63）。

表 13-63　L₉（3⁴）正交试验分析

试验处理	A 高钾宝	B 马铃薯 专用肥	C 中微量元素 营养宝	D 有机生物 酵母肥	产量 （t/hm²）
1 = A₁B₂C₁D₁	1（20）	2（1 200）	1（30）	1（165）	13.85

（续表）

试验处理	A 高钾宝	B 马铃薯 专用肥	C 中微量元素 营养宝	D 有机生物 酵母肥	产量 （t/hm²）
2＝A₂B₁C₃D₁	2（40）	1（600）	3（90）	1（165）	22.92
3＝A₃B₃C₂D₁	3（60）	3（1 800）	2（60）	1（165）	25.43
4＝A₁B₁C₂D₂	1（20）	1（600）	2（60）	2（330）	23.57
5＝A₂B₃C₃D₂	2（40）	3（1 800）	3（90）	2（330）	40.10
6＝A₃B₂C₁D₂	3（60）	2（1 200）	1（30）	2（330）	18.87
7＝A₁B₃C₃D₃	1（20）	3（1 800）	3（90）	3（495）	30.53
8＝A₂B₂C₁D₃	2（40）	2（1 200）	1（30）	3（495）	21.14
9＝A₃B₁C₂D₃	3（60）	1（600）	2（60）	3（495）	32.24
T₁	67.95	80.68	53.86	62.29	
T₂	84.54	53.87	81.39	82.99	228.65（T）
T₃	76.63	96.49	93.94	83.95	
R	16.59	42.62	40.08	21.66	/

2. 有机生态肥与传统化肥对土壤物理性质的影响

（1）对土壤容重的影响。2016 年 9 月 11 日马铃薯收获后采集耕作层 0～20cm 土样测定结果可知，不同处理土壤容重变化顺序为：对照>传统化肥>有机生态肥，有机生态肥土壤容重为 1.42g/cm³，与传统化肥比较，容重降低了 1.38%，差异显著（$P<0.05$）；与对照比较容重降低了 2.07%，差异显著（$P<0.05$）；传统化肥容重为 1.44g/cm³，与对照比较，容重降低了 0.69%，差异不显著（$P>0.05$）（表 13-64）。

（2）对土壤总孔隙度的影响。从表 13-64 看出，不同处理土壤总孔隙度变化顺序为：有机生态肥>传统化肥>对照，有机生态肥总孔隙度为 46.42%，与传统化肥比较，总孔隙度增大了 1.87%，差异显著（$P<0.05$）；与对照比较，总孔隙度增大了 2.52%，差异显著（$P<0.05$）；传统化肥总孔隙度为 45.57%，与对照比较，总孔隙度增大了 0.64%，差异不显著（$P>0.05$）。

（3）对土壤团聚体的影响。从表 13-64 看出，不同处理土壤团聚体变化顺序为：有机生态肥>传统化肥>对照，有机生态肥团聚体为 33.43%，与传统化肥比较，团聚体增大了 7.80%，差异极显著（$P<0.01$）；与对照比较团聚体增大了 7.98%，差异极显著（$P<0.01$）；传统化肥团聚体为 31.01%，与对照比较，团聚体增大了 0.16%，差异不显著（$P>0.05$）。

表 13-64 有机生态肥与传统化肥对土壤物理性质的影响

试验处理	容重 (g/cm³)	总孔隙度 (%)	0.25mm 团聚体 (%)
对照 CK	1.45 bA	45.28 bA	30.96 bB
传统化肥	1.44 bA	45.57 bA	31.01 bB
有机生态肥	1.42 aA	46.42 aA	33.43 aA

3. 有机生态肥与传统化肥对土壤有机质和 pH 值的影响

（1）对土壤有机质的影响。从表 13-65 看出，不同处理土壤有机质变化顺序为：有机生态肥>传统化肥>对照，有机生态肥有机质为 16.02g/kg，与传统化肥比较，有机质增加了 1.97%，差异显著（$P<0.05$）；与对照比较，有机质增加了 2.96%，差异显著（$P<0.05$）；传统化肥有机质为 15.71g/kg，与对照比较，有机质增加了 0.96%，差异不显著（$P>0.05$）。

（2）对土壤 pH 值的影响。从表 13-65 看出，不同处理土壤 pH 值变化顺序为：对照>传统化肥>有机生态肥，有机生态肥 pH 值为 7.43，与传统化肥比较，pH 值降低了 4.74%，差异显著（$P<0.05$）；与对照比较 pH 值降低了 4.99%，差异显著（$P<0.05$）；传统化肥 pH 值为 7.80，与对照比较，pH 值降低了 0.25%，差异不显著（$P>0.05$）。

4. 有机生态肥与传统化肥对土壤速效养分的影响

（1）对土壤碱解氮的影响。从表 13-65 看出，不同处理土壤碱解氮变化顺序为：有机生态肥>传统化肥>对照，有机生态肥碱解氮为 62.09mg/kg，与传统化肥比较，碱解氮增加了 1.14%，差异不显著（$P>0.05$）；与对照比较，碱解氮增加了 9.91%，差异极显著（$P<0.01$）；传统化肥碱解氮为 61.39mg/kg，与对照比较，碱解氮增加了 8.67%，差异极显著（$P<0.01$）。

（2）对土壤有效磷的影响。从表 13-65 看出，不同处理土壤有效磷变化顺序为：有机生态肥>传统化肥>对照，有机生态肥有效磷为 12.41mg/kg，与传统化肥比较，有效磷增加了 1.06%，差异不显著（$P>0.05$）；与对照比较，有效磷增加了 33.44%，差异极显著（$P<0.01$）；传统化肥有效磷为 12.28mg/kg，与对照比较，有效磷增加了 32.04%，差异极显著（$P<0.01$）。

（3）对土壤速效钾的影响。从表 13-65 看出，不同处理土壤速效钾变化顺序为：有机生态肥>传统化肥>对照，有机生态肥速效钾为 155.22mg/kg，与传统化肥比较，速效钾增加了 1.14%，差异不显著（$P>0.05$）；与对照比较，速效钾增加了 5.52%，差异显著（$P<0.05$）；传统化肥速效钾为 153.47mg/kg，与对照比较，速效钾增加了 4.33%，差异显著（$P<0.05$）。

表 13-65　有机生态肥与传统化肥对土壤化学性质和有机质及速效养分的影响

试验处理	有机质 （g/kg）	pH 值	碱解氮 （mg/kg）	有效磷 （mg/kg）	速效钾 （mg/kg）
对照 CK	15.56 bA	7.82 aA	56.49 bB	9.30 bB	147.10 bA
传统化肥	15.71 bA	7.80 aA	61.39 aA	12.28 aA	153.47 aA
有机生态肥	16.02 aA	7.43 bA	62.09 aA	12.41 aA	155.22 aA

5. 有机生态肥对马铃薯农艺性状的影响

（1）对马铃薯株高的影响。2016 年 9 月 11 日马铃薯收获后测定数据可知，不同处理马铃薯株高变化顺序为：有机生态肥>传统化肥>对照，有机生态肥株高为 82.70cm，与传统化肥比较，株高增加了 1.40%，差异不显著（$P>0.05$）；与对照比较，株高增加了 52.30%，差异极显著（$P<0.01$）；传统化肥株高为 81.56cm，与对照比较，株高增加了 50.20%，差异极显著（$P<0.01$）（表 13-66）。

（2）对马铃薯茎粗的影响。从表 13-66 看出，不同处理马铃薯茎粗变化顺序为：有机生态肥>传统化肥>对照，有机生态肥茎粗为 10.37mm，与传统化肥比较，茎粗增加了 3.18%，差异不显著（$P>0.05$）；与对照比较，茎粗增加了 27.08%，差异极显著（$P<0.01$）；传统化肥茎粗为 10.05mm，与对照比较，茎粗增加了 23.16%，差异极显著（$P<0.01$）。

（3）对马铃薯生长速度的影响。从表 13-66 看出，不同处理马铃薯生长速度变化顺序为：有机生态肥>传统化肥>对照，有机生态肥生长速度为 4.54mm/天，与传统化肥比较，生长速度增加了 2.48%，差异不显著（$P>0.05$）；与对照比较，生长速度增加了 48.85%，差异极显著（$P<0.01$）；传统化肥生长速度为 4.43mm/天，与对照比较，生长速度增加了 45.25%，差异极显著（$P<0.01$）。

（4）对马铃薯地上部分干重的影响。从表 13-66 看出，不同处理马铃薯地上部分干重变化顺序为：有机生态肥>传统化肥>对照，有机生态肥地上部分干重为 89.04g/株，与传统化肥比较，地上部分干重增加了 1.11%，差异不显著（$P>0.05$）；与对照比较，地上部分干重增加了 52.31%，差异极显著（$P<0.01$）；传统化肥地上部分干重为 88.06g/株，与对照比较，地上部分干重增加了 50.63%，差异极显著（$P<0.01$）。

表 13-66　有机生态肥与传统化肥对马铃薯农艺性状的影响

试验处理	株高 （cm）	茎粗 （mm）	生长速度 （mm/天）	地上部干重 （g/株）
对照 CK	54.30 bB	8.16 bB	3.05 bB	58.46 bB

（续表）

试验处理	株高 （cm）	茎粗 （mm）	生长速度 （mm/天）	地上部干重 （g/株）
传统化肥	81. 56 aA	10. 05 aA	4. 43 aA	88. 06 aA
有机生态肥	82. 70 aA	10. 37 aA	4. 54 aA	89. 04 aA

6. 有机生态肥对马铃薯经济性状和产量的影响

（1）对马铃薯块茎重的影响。2015 年 9 月 11 日马铃薯收获后测定数据可知，不同处理马铃薯块茎重变化顺序为：有机生态肥>传统化肥>对照，有机生态肥块茎重为 169. 03g，与传统化肥比较，块茎重增加了 5. 14%，差异显著（$P<0.05$）；与对照比较，块茎重增加了 28. 99%，差异极显著（$P<0.01$）；传统化肥块茎重为 160. 76g，与对照比较，块茎重增加了 22. 68%，差异极显著（$P<0.01$）（表 13-67）。

（2）对马铃薯单株块茎重的影响。从表 13-67 看出，不同处理马铃薯单株块茎重变化顺序为：有机生态肥>传统化肥>对照，有机生态肥单株块茎重为 773. 41g/株，与传统化肥比较，单株块茎重增加了 2. 25%，差异不显著（$P>0.05$）；与对照比较，单株块茎重增加了 38. 89%，差异极显著（$P<0.01$）；传统化肥单株块茎重为 756. 36g/株，与对照比较，单株块茎重增加了 35. 83%，差异极显著（$P<0.01$）。

（3）对马铃薯产量的影响。从表 13-67 看出，不同处理马铃薯产量变化顺序为：有机生态肥>传统化肥>对照，有机生态肥产量为 56. 25t/hm²，与传统化肥比较，产量增加了 2. 25%，差异不显著（$P>0.05$）；与对照比较，产量增加了 38. 89%，差异极显著（$P<0.01$）；传统化肥产量为 55. 01t/hm²，与对照比较，产量增加了 35. 83%，差异极显著（$P<0.01$）。

表 13-67 有机生态肥与传统化肥对马铃薯经济性状和产量的影响

试验处理	块茎重 （g）	单株块茎重 （g/株）	产量 （t/hm²）
对照 CK	131. 04 cB	556. 85 bB	40. 50 bB
传统化肥	160. 76 bA	756. 36 aA	55. 01 aA
有机生态肥	169. 03 aA	773. 41 aA	56. 25 aA

7. 有机生态肥与传统化肥对马铃薯施肥利润的影响

从表 13-68 看出，不同处理马铃薯施肥利润变化顺序依次为：有机生态肥>传统化肥，有机生态肥施肥利润 13 586 元/hm²，与传统化肥比较，施肥利润增加 244. 00 元/hm²。

表 13-68　有机生态肥与传统化肥对马铃薯施肥利润的影响

试验处理	产量 （t/hm²）	增产量 （t/hm²）	增产值 （元/hm²）	施肥成本 （元/hm²）	施肥利润 （元/hm²）
对照 CK	40.50 cB	/	/	/	/
传统化肥	55.01 bA	14.51	17 412.00	4 070.00	13 342.00
有机生态肥	56.25 aA	15.75	18 900.00	5 313.99	13 586.00

注：尿素 2 000 元/t，磷酸二铵 4 000 元/t，硫酸钾 2 200 元/t，硫酸锌 4 000 元/t，高钾宝 4 000 元/t，中微量元素营养宝 4 000 元/t，牛粪 80 元/t，5406 抗生菌肥 4 000 元/t，马铃薯专用肥 2 334 元/t，土壤酵母肥 1 600 元/t，有机生物酵母肥 1 176.78 元/t，有机生态肥 2 186.83 元/t；马铃薯市场收购价 1 200 元/t。

（三）问题讨论与结论

土壤容重可以表明土壤的松紧程度及孔隙状况，土壤容重值越大，土壤孔隙度越小，通透性能越差。土壤孔隙的大小直接影响土壤中的水分状况，从而影响了作物的生长，土壤孔隙度大，土壤的通气性就好，有利于作物根系的生长。不同处理土壤容重由大到小变化顺序依次为：对照>传统化肥>有机生态肥；而土壤孔隙度由大到小变化顺序依次为：有机生态肥>传统化肥>对照。原因是有机生态肥中的牛粪、有机生物酵母肥含有丰富的有机质，因而降低了土壤容重，增大了土壤孔隙度。土壤团聚体是表征土壤肥沃程度的重要指标，团聚体发达的土壤水、肥、气、热协调，大小孔隙比例合适，不同处理土壤团聚体由大到小变化顺序依次为：有机生态肥>传统化肥>对照，原因是有机生态肥中的牛粪、有机生物酵母肥，在微生物作用下，合成了土壤腐殖质，腐殖质中的 COOH 功能团解离出 H^+ 离子，将 COO^- 留在土壤中与 Ca^{2+} 离子结合形成了团聚体。土壤有机质是土壤养分的重要来源，土壤有机质对改善土壤结构，保持土壤水分，提高土壤温度等方面都具有重要的作用，不同处理土壤碱解氮、有效磷和速效钾由大到小变化顺序依次为：有机生态肥>传统化肥>对照，这种变化规律与有机生态肥中的马铃薯专用肥和中微量元素营养宝有关。pH 值是土壤重要的化学指标，不同处理土壤 pH 值由大到小变化顺序依次为：对照>传统化肥>有机生态，原因是有机生态肥中的牛粪和有机生物酵母肥中的有机质是一种含碳化合物被微生物分解产生的有机酸，因而降低了土壤酸碱度。不同处理马铃薯农艺性状、经济性状和产量由大到小变化顺序依次为：有机生态肥>传统化肥>对照，原因一是有机生态肥是依据本区土壤养分现状筛选的配方，养分种类和比例符合马铃薯生长发育规律；二是有机生态肥不但含有氮磷钾大量元素，而且含有中微量元素和有机质，将氮、磷、钾和中微量元素的速效与有机质的缓效作用融为一体，因而促进了马铃薯的生长发育，提高了马铃薯的产量。

第十四章 蔬菜科学施肥技术研究

第一节 蔬菜氮磷钾科学施肥技术研究

一、张掖市温室蔬菜氮素经济效益最佳施用量的研究

张掖市温室蔬菜栽培面积已发展为 0.40 万 hm^2，初步形成了黄瓜、番茄、茄子、西葫芦、辣椒为主的种植区，温室蔬菜平均产量由 2000 年的 $75t/hm^2$ 增加到现在的 $90t/hm^2$，温室蔬菜产业已成为河西走廊农业增效、农民增收的重要支柱产业之一。目前存在的问题是温室蔬菜化肥投入量较大，蔬菜平均施氮量超过了 $700kg/hm^2$，菜户种植的瓜类、茄果类蔬菜产品硝酸盐含量大于 650mg/kg，如人均食用鲜蔬菜按 0.80kg/天计算，则硝酸盐摄入量为 520mg/天，超过了联合国世界卫生组织标准规定的人均允许硝酸盐摄入量 216mg/天的 2.41 倍，超量摄入的硝酸盐在人体内还原为亚硝酸盐，与仲胺结合形成次亚级硝胺是食道癌、鼻咽癌、胃癌、肝癌致癌物。为了防止蔬菜硝酸盐含量超标，为食品安全和张掖市温室蔬菜产业可持续发展提供技术支撑，于 2014—2018 年进行了张掖市温室蔬菜氮素经济效益最佳施用量的研究，现将研究结果分述如下。

（一）材料与方法

1. 试验材料

试验于 2014—2018 年在张掖市甘州区、临泽县、高台县日光温室内进行，温室长度 70m、脊高 4.0m、跨度 8.0m、墙体底宽 1.80m、上口宽 1.40m，前屋面采用无立柱大棚骨架。参试土壤类型是灌漠土，0~20cm 土层理化性质是有机质含量 12.46~14.30g/kg，碱解氮 67.54~80.28mg/kg，有效磷 10.61~12.48mg/kg，速效钾 142.54~156.34mg/kg，pH 值 7.86~8.21。参试肥料：$CO(NH_2)_2$（含 N 46%），$NH_4H_2PO_4$（含 N 18%、P_2O_5 46%），K_2SO_4（含 K_2O 50%）。

2. 试验方法

（1）试验处理。分别在西葫芦、黄瓜、茄子、辣椒和番茄 5 种蔬菜上开展了氮素适宜用量的研究。

① 西葫芦氮素适宜用量的研究。试验于 2014—2016 年在高台县巷道乡日光温室内进行。参试西葫芦品种是绿宝石，由中国种子集团公司选育。试验共设 6 个处理，处理 1，N_0 为对照（$0kg/hm^2$，CK）；处理 2，N_{42}（$42kg/hm^2$）；处理 3，N_{84}（$84kg/hm^2$）；处理 4，N_{126}（$126kg/hm^2$）；处理 5，N_{168}（$168kg/hm^2$）；处理 6，N_{210}（$210kg/hm^2$）。每个处理施用 P_2O_5 $80kg/hm^2$+K_2O $296kg/hm^2$ 做底肥。

② 黄瓜氮素适宜用量的研究。试验于 2014—2016 年在甘州区长安乡日光温室内进行。参试黄瓜品种是津优 30，由天津市黄瓜研究所选育。试验共设 6 个处理，处理 1，N_0 为对照（$0kg/hm^2$，CK）；处理 2，N_{60}（$60kg/hm^2$）；处理 3，N_{120}（$120kg/hm^2$）；处理 4，N_{180}（$180kg/hm^2$）；处理 5，N_{240}（$240kg/hm^2$）；处理 6，N_{300}（$300kg/hm^2$）。每个处理施用 P_2O_5 $96kg/hm^2$+K_2O $428kg/hm^2$ 做底肥。

③ 茄子氮素适宜用量的研究。试验于 2016—2018 年在甘州区梁家墩镇日光温室内进行。参试茄子品种是兰杂二号，由兰州市西固区农技站选育。试验共设 6 个处理，处理 1，N_0 为对照（$0kg/hm^2$，CK）；处理 2，N_{57}（$57kg/hm^2$）；处理 3，N_{114}（$114kg/hm^2$）；处理 4，N_{171}（$171kg/hm^2$）；处理 5，N_{228}（$228kg/hm^2$）；处理 6，N_{285}（$285kg/hm^2$）。每个处理施用 P_2O_5 $76kg/hm^2$+K_2O $426kg/hm^2$ 做底肥。

④ 辣椒氮素适宜用量的研究。试验于 2016—2018 年在临泽县沙河镇进行。参试辣椒品种是绿宝 A，由美国阿特拉斯种子公司选育。试验共设 6 个处理，处理 1，N_0 为对照（$0kg/hm^2$，CK）；处理 2，N_{78}（$78kg/hm^2$）；处理 3，N_{156}（$156kg/hm^2$）；处理 4，N_{234}（$234kg/hm^2$）；处理 5，N_{312}（$312kg/hm^2$）；处理 6，N_{390}（$390kg/hm^2$）。每个处理施用 P_2O_5 $123kg/hm^2$+K_2O $120kg/hm^2$ 做底肥。

⑤ 番茄氮素适宜用量的研究。试验于 2016—2018 年在高台县南化镇进行。参试番茄品种是中杂 102 号，由中国农业科学院蔬菜花卉研究所选育。试验共设 6 个处理，处理 1，N_0 为对照（$0kg/hm^2$，CK）；处理 2，N_{92}（$92kg/hm^2$）；处理 3，N_{184}（$184kg/hm^2$）；处理 4，N_{276}（$276kg/hm^2$）；处理 5，N_{368}（$368kg/hm^2$）；处理 6，N_{460}（$460kg/hm^2$）。每个处理施用 P_2O_5 $90kg/hm^2$+K_2O $225kg/hm^2$ 做底肥。

（2）试验方法。试验小区面积为 $28m^2$（$7m×4m$），每个处理重复 3 次，随机区组排列。定植时间：西葫芦、黄瓜 2014 年至 2016 年 11 月上旬，茄子、辣椒、番茄 2016 年至 2018 年 2 月中旬。定植密度：黄瓜、辣椒株距 25cm，行距 50cm；茄子、番茄株距 40cm，行距 55cm；西葫芦株距 60cm，行距 100cm。施肥方法：$NH_4H_2PO_4$、K_2SO_4 定植前全部做底肥施入耕作层，$CO(NH_2)_2$ 分别在西葫芦根瓜采收后、黄瓜第 1 层瓜条采收后、茄子第 1 果穗膨大期、辣椒第 1 次采收后、番茄第 2 果穗核桃大小结合灌水穴施，施肥深度为 10cm，产量测定方法：每个小区单独收获折合成公顷产量。

（3）资料统计方法。应用 SAS 软件进行回归统计分析。

（二）结果与分析

1. 温室蔬菜氮素增产效益及经济效益分析

西葫芦、黄瓜、茄子、辣椒、番茄收获时测定产量进行统计分析可以看出，西葫芦、黄瓜、茄子、辣椒、番茄氮素施用量分别为 168kg/hm²、240kg/hm²、228kg/hm²、312kg/hm²、368kg/hm² 时，产量分别为 82.50t/hm²、81.12t/hm²、63.03t/hm²、69.14t/hm²、97.65t/hm²，增产值分别为 1.32 万元/hm²、1.08 万元/hm²、1.18 万元/hm²、1.29 万元/hm²、1.04 万元/hm²，施氮成本分别为 420 元/hm²、600 元/hm²、570 元/hm²、780 元/hm²、920 元/hm²，施氮利润分别为 1.28 万元/hm²、1.02 万元/hm²、1.12 万元/hm²、1.21 万元/hm²、0.95 万元/hm²。西葫芦、黄瓜、茄子、辣椒、番茄氮素施用量超过 210kg/hm²、300kg/hm²、285kg/hm²、390kg/hm²、460kg/hm² 时，施氮利润随着氮素用量的增加而递减，由此可见，西葫芦、黄瓜、茄子、辣椒、番茄氮素适宜用量分别为 168kg/hm²、240kg/hm²、228kg/hm²、312kg/hm²、368kg/hm² 时施氮利润最大，而不同蔬菜施氮利润的顺序是：西葫芦>辣椒>茄子>黄瓜>番茄（表 14-1）。

表 14-1　温室蔬菜 N 素增产效益及经济效益分析

蔬菜种类	N 素用量 （kg/hm²）	产量 （t/hm²）	增产量 （t/hm²）	增产值 （万元/hm²）	施氮成本 （元/hm²）	施氮利润 （万元/hm²）
西葫芦	0.00	71.52	/	/	/	/
	42.00	75.29	3.77	0.45	105.00	0.44
	84.00	78.42	6.90	0.83	210.00	0.81
	126.00	80.85	9.33	1.12	315.00	1.09
	168.00	82.50	10.98	1.32	420.00	1.28
	210.00	81.67	10.15	1.22	525.00	1.17
黄瓜	0.00	70.32	/	/	/	/
	60.00	74.03	3.71	0.37	150.00	0.36
	120.00	77.11	6.79	0.68	300.00	0.65
	180.00	79.49	9.17	0.92	450.00	0.88
	240.00	81.12	10.80	1.08	600.00	1.02
	300.00	80.31	9.99	1.00	750.00	0.93

（续表）

蔬菜种类	N素用量（kg/hm²）	产量（t/hm²）	增产量（t/hm²）	增产值（万元/hm²）	施氮成本（元/hm²）	施氮利润（万元/hm²）
茄子	0.00	54.64	/	/	/	/
	57.00	57.52	2.88	0.40	142.50	0.39
	114.00	59.92	5.28	0.74	285.00	0.71
	171.00	61.77	7.13	1.00	427.50	0.96
	228.00	63.03	8.39	1.18	570.00	1.12
	285.00	62.04	7.76	1.09	712.50	1.02
辣椒	0.00	59.94	/	/	/	/
	78.00	63.09	3.15	0.44	195.00	0.42
	156.00	65.72	5.78	0.81	390.00	0.77
	234.00	67.75	7.81	1.09	585.00	1.03
	312.00	69.14	9.20	1.29	780.00	1.21
	390.00	68.44	8.50	1.19	975.00	1.09
番茄	0.00	84.65	/	/	/	/
	92.00	89.11	4.46	0.36	230.00	0.34
	184.00	92.83	8.18	0.65	460.00	0.60
	276.00	95.70	11.05	0.88	690.00	0.81
	368.00	97.65	13.00	1.04	920.00	0.95
	460.00	96.67	12.02	0.96	1 150.00	0.85

2. 温室蔬菜氮素经济效益最佳施用量

将表14-1西葫芦、黄瓜、茄子、辣椒、番茄N素不同用量与产量两者间的关系，应用SAS软件进行回归统计分析，得到的肥料效应回归方程（表14-2），N素价格（p_x）为2.5元/kg，西葫芦、黄瓜、茄子、辣椒、番茄市场销售价格（p_y）分别为1.20元/kg、1.00元/kg、1.40元/kg、1.50元/kg、0.80元/kg，将p_x、p_y代入最佳施肥量计算公式$x_0 = [(p_x/p_y) - b]/2c$，西葫芦、黄瓜、茄子、辣椒、番茄N素经济效益最佳施肥量（x_0）分别为167.66kg/hm²、239.52kg/hm²、227.54kg/hm²、311.38kg/hm²、367.26kg/hm²；将x_0代入回归方程，西葫芦、黄瓜、茄子、辣椒、番茄N素最佳施N量时的理论产量（y）分别为82 342.09kg/hm²、80 959.71kg/hm²、62 899.86kg/hm²、69 004.13kg/hm²、96 854.34kg/hm²，与N素田间试验结果基本吻合。

表 14-2　温室蔬菜 N 素经济效益最佳施用量

蔬菜种类	N 素施用量（kg/hm²）	肥料效应回归方程式	r	氮素经济效益最佳施用量（kg/hm²）	理论产量（kg/hm²）
西葫芦	42~172	$y=4\,758.67+923.3885x-2.7475x^2$	0.9045	167.66	82 342.09
黄瓜	60~300	$y=4\,678.62+634.4496x-1.3192x^2$	0.9768	239.52	80 959.71
茄子	57~285	$y=3\,635.38+519.1249x-1.1368x^2$	0.9256	227.54	62 899.86
辣椒	78~390	$y=3\,988.01+415.9299x-0.6652x^2$	0.9230	311.38	69 004.13
番茄	92~460	$y=5\,632.05+495.2584x-0.6722x^2$	0.9682	367.26	96 854.34

（三）小结

在河西走廊的灌漠土上进行了氮素肥效试验，结果表明，西葫芦、黄瓜、茄子、辣椒、番茄 N 素用量分别为 164.00kg/hm²、240.00kg/hm²、228.00kg/hm²、312.00kg/hm²、368kg/hm² 时施 N 利润最大，而不同蔬菜施 N 利润的顺序是：西葫芦>辣椒>茄子>黄瓜>番茄；经回归统计分析，西葫芦、黄瓜、茄子、辣椒、番茄 N 素经济效益最佳施肥量分别为 167.66kg/hm²、239.52kg/hm²、227.54kg/hm²、311.38kg/hm²、367.26kg/hm² 时的理论产量（y）分别为 82.34t/hm²、80.96t/hm²、62.90t/hm²、69.00t/hm²、97.45t/hm²，与 N 素田间试验结果相吻合。

二、张掖市温室蔬菜磷素最大利润施肥量的确定

张掖市温室蔬菜产业已成为农业增效、农民增收的重要支柱产业。到目前为止，温室蔬菜栽培面积已发展为 0.40 万 hm²，初步形成了以西葫芦、黄瓜、茄子、番茄、辣椒为主的种植区。目前，存在的主要问题是菜户片面追求高产，普遍存在着超量施肥的现象。有关河西走廊温室蔬菜施肥技术的研究国内外报道的资料较多，但未见张掖市温室蔬菜磷素最大利润施肥量方面的报道。为了对张掖市温室蔬菜磷素适宜用量做出科学的评价，本文以张掖市温室蔬菜和磷素为研究材料，旨在探索张掖市温室蔬菜磷素最大利润施肥量，从而为张掖市温室蔬菜合理施用磷肥提供科学依据，现将研究结果分述如下。

（一）试验处理与方法

1. 试验处理

2016—2018 年连续三年分别在西葫芦、黄瓜、茄子、番茄和辣椒 5 种蔬菜上开展了磷素相关肥效的试验研究。

（1）磷素对西葫芦的肥效研究。试验在张掖市高台县巷道镇温室内进行，海

拔 1 342m，年均温度 7.70℃，≥10℃ 积温 3 000℃，年均降水量 110mm，年均蒸发量 2 010mm，无霜期 160 天。供试土壤类型是盐化潮土，耕层 0～20cm 理化性质是：有机质含量 12.35g/kg，碱解氮 68.21mg/kg，有效磷 7.35mg/kg，速效钾 168.26mg/kg，pH 值 8.43。供试肥料：$CO（NH_2）_2$（含 N 46%）；$NH_4H_2PO_4$（含 N 18%、P_2O_5 46%）；K_2SO_4（含 K_2O 50%）。参试西葫芦品种是绿宝石，由中国种子集团公司选育。试验共设 6 个处理，处理 1，P_0（不施 P_2O_5，为 CK）；处理 2，P_{45}（P_2O_5 45kg/hm²）；处理 3，P_{90}（P_2O_5 90kg/hm²）；处理 4，P_{135}（P_2O_5 135kg/hm²）；处理 5，P_{180}（P_2O_5 180kg/hm²）；处理 6，P_{225}（P_2O_5 225kg/hm²）。每个处理施用 N 170kg/hm²+K_2O 200kg/hm² 做底肥。试验小区面积 22.50m²（7.5m×3m），3 次重复，随机区组排列，每个小区四周筑埂，埂宽 40cm，埂高 30cm，定植时间为每年 10 月上旬，垄宽 80cm，垄高 45cm，株距 45cm，沟距 60cm。$NH_4H_2PO_4$、K_2SO_4 定植前全部做底肥施入耕作层，$CO（NH_2）_2$ 分别在西葫芦初瓜期和盛瓜期结合灌水穴施。

（2）磷素对黄瓜的肥效研究。试验在甘肃省张掖市甘州区长安乡温室内进行，海拔 1 473m，年均温度 7.60℃，≥10℃ 积温 3 050℃，年均降水量 116mm，年均蒸发量 1 986mm，无霜期 160 天。供试土壤类型为暗灌漠土，耕层 0～20cm 理化性质是：有机质含量 16.24g/kg，碱解氮 96.51mg/kg，有效磷 11.21mg/kg，速效钾 156.48mg/kg，pH 值 8.67。供试肥料：$CO（NH_2）_2$（含 N 46%）；$NH_4H_2PO_4$（含 N 18%、P_2O_5 46%）；K_2SO_4（含 K_2O 50%）。参试黄瓜品种是津优 30，由天津市黄瓜研究所选育。试验共设 6 个处理，处理 1，P_0（不施 P_2O_5，为 CK）；处理 2，$P_{67.5}$（P_2O_5 67.5kg/hm²）；处理 3，P_{135}（P_2O_5 135kg/hm²）；处理 4，$P_{202.5}$（P_2O_5 202.5kg/hm²）；处理 5，P_{270}（P_2O_5 270kg/hm²）；处理 6，$P_{337.5}$（P_2O_5 337.5kg/hm²）。每个处理施用 N 170kg/hm²+K_2O 200kg/hm² 做底肥。试验小区面积 21m²（7m×3m），3 次重复，随机区组排列，每个小区四周筑埂，埂宽 40cm，埂高 30cm，定植时间为每年 9 月下旬，株距 25cm，行距 50cm。$NH_4H_2PO_4$、K_2SO_4 定植前全部做底肥施入耕作层，$CO（NH_2）_2$ 分别在黄瓜初瓜期和盛瓜期结合灌水穴施。

（3）磷素对茄子的肥效研究。试验在张掖市临泽县沙河镇兰家堡村进行，海拔 1 452m，年均温度 7.50℃，≥10℃ 积温 3 020℃，年均降水量 113mm，年均蒸发量 1 998mm，无霜期 160 天。供试土壤类型为淡灌漠土，耕层 0～20cm 理化性质是：有机质含量 14.37g/kg，碱解氮 82.64mg/kg，有效磷 9.24mg/kg，速效钾 176.57mg/kg，pH 值 8.34。供试肥料：$CO（NH_2）_2$（含 N 46%），$Ca（H_2PO_4）_2$（含 P_2O_5 14%），K_2SO_4（含 K_2O 50%）。参试茄子品种是兰杂二号，由兰州市西固区农技站选育。试验共设 6 个处理，处理 1，P_0（不施 P_2O_5，为 CK）；处理 2，$P_{12.50}$（P_2O_5 12.50kg/hm²）；处理 3，$P_{25.00}$（P_2O_5 25.00kg/hm²）；处理 4，$P_{37.50}$（P_2O_5 37.50kg/hm²）；处理 5，$P_{50.00}$（P_2O_5 50.00kg/hm²）；处理 6，$P_{62.50}$（P_2O_5 62.50kg/hm²）。每个处理施用 N 170kg/hm²+K_2O 200kg/hm² 做底肥。试验小

区面积 21m² (7m×3m)，3 次重复，随机区组排列，每个小区四周筑埂，埂宽 40cm，埂高 30cm，定植时间为每年 2 月上旬，株距 40cm，行距 50cm。Ca (H₂PO₄)₂、K₂SO₄定植前全部做底肥施入耕作层，CO (NH₂)₂ 分别在茄子初瓜期和盛瓜期结合灌水穴施。

（4）磷素对番茄的肥效研究。试验在张掖市高台县南华镇进行，海拔 1 342m，年均温度 7.70℃，≥10℃积温 3 000℃，年均降水量 110mm，年均蒸发量 2 010mm，无霜期 160 天。供试土壤类型为潮土，耕层 0~20cm 理化性质是：有机质含量 10.87g/kg，碱解氮 59.65mg/kg，有效磷 8.66mg/kg，速效钾 173.28mg/kg，pH 值 8.49。供试肥料：CO (NH₂)₂（含 N 46%）；Ca (H₂PO₄)₂（含 P₂O₅ 14%）；K₂SO₄（含 K₂O 50%）。参试番茄品种是中杂 102 号，由中国农业科学院蔬菜花卉研究所选育。试验共设 6 个处理，处理 1，P₀（不施 P₂O₅，为 CK）；处理 2，P₁₁₈（P₂O₅ 118kg/hm²）；处理 3，P₂₃₆（P₂O₅ 236kg/hm²）；处理 4，P₃₅₄（P₂O₅ 354kg/hm²）；处理 5，P₄₇₂（P₂O₅ 472kg/hm²）；处理 6，P₅₉₀（P₂O₅ 590kg/hm²）。每个处理施用 N 170kg/hm²+K₂O 200kg/hm²做底肥。试验小区面积 22.50m² (7.5m×3m)，3 次重复，随机区组排列，每个小区四周筑埂，埂宽 40cm，埂高 30cm，定植时间为每年 8 月下旬，株距 30cm，行距 60cm。Ca (H₂PO₄)₂、K₂SO₄定植前全部做底肥施入耕作层，CO (NH₂)₂ 分别在番茄第一果穗和第二果穗核桃大小时结合灌水穴施。

（5）磷素对辣椒的肥效研究。试验在甘肃省张掖市甘州区梁家墩镇进行，海拔 1 473m，年均温度 7.60℃，≥10℃积温 3 050℃，年均降水量 116mm，年均蒸发量 1 986mm，无霜期 160 天。供试土壤类型为灌漠土，耕层 0~20cm 理化性质是：有机质含量 15.36g/kg，碱解氮 85.64mg/kg，有效磷 10.34mg/kg，速效钾 152.47mg/kg，pH 值 8.35。供试肥料：CO (NH₂)₂（含 N 46%）；NH₄H₂PO₄（含 N 18%，P₂O₅ 46%）；K₂SO₄（含 K₂O 50%）。参试辣椒品种是绿宝 A，由美国阿特拉斯种子公司选育。试验共设 6 个处理，处理 1，P₀（不施 P₂O₅，为 CK）；处理 2，P₁₅（P₂O₅ 15kg/hm²）；处理 3，P₃₀（P₂O₅ 30kg/hm²）；处理 4，P₄₅（P₂O₅ 45kg/hm²）；处理 5，P₆₀（P₂O₅ 60kg/hm²）；处理 6，P₇₅（P₂O₅ 75kg/hm²）。每个处理施用 N 170kg/hm²+K₂O 200kg/hm²做底肥。试验小区面积 22.50m² (7.5m×3m)，3 次重复，随机区组排列，每个小区四周筑埂，埂宽 40cm，埂高 30cm，定植时间为每年 8 月下旬，株距 40cm，行距 50cm。NH₄H₂PO₄、K₂SO₄定植前全部做底肥施入耕作层，CO (NH₂)₂ 分别在辣椒开花期和果实膨大期结合灌水穴施。

2. 试验方法

（1）测定项目与方法　每个试验小区单独收获，将小区产量折合成公顷产量。边际产量=后一个处理的产量−前一个处理的产量；边际产值＝边际产量×产品价格；边际施肥量=后一个处理施肥量-前一个处理施肥量；边际成本=边际施肥量×肥料价格；边际利润=边际产值-边际成本；千克 P 素增产量=施用 P 素增产量/P 素施用量。

（2）资料统计方法取平均产量，采用多重比较，新复极差（LSR）检验。P 素不同用量与蔬菜产量两者间的关系用 SAS 软件统计分析，用一元二次肥料效应数学模型拟合。蔬菜价格依据试验时间内当地市场价格确定。

（二）结果与分析

1. 磷素不同用量对蔬菜增产效应和经济效益分析

将 3 年蔬菜平均产量进行统计分析可以看出，西葫芦、黄瓜、茄子、番茄、辣椒磷素施用量分别为 $180kg/hm^2$、$270kg/hm^2$、$50kg/hm^2$、$472kg/hm^2$、$60kg/hm^2$ 时，边际产量分别为 $1.65\ t/hm^2$、$1.92t/hm^2$、$1.86t/hm^2$、$2.09t/hm^2$、$1.93t/hm^2$，边际产值分别为 1 980 元$/hm^2$、1 920 元$/hm^2$、2 604 元$/hm^2$、1 672 元$/hm^2$、2 895 元$/hm^2$，边际利润分别为 1 777.50元$/hm^2$、1 616.25元$/hm^2$、2 547.75元$/hm^2$、1 141.00元$/hm^2$、2 827.50元$/hm^2$，施肥利润分别为 12 366 元$/hm^2$、9 395 元$/hm^2$、12 501元$/hm^2$、8 100元$/hm^2$、15 090元$/hm^2$。当西葫芦、黄瓜、茄子、番茄、辣椒磷素施用量超过 $180kg/hm^2$、$270kg/hm^2$、$50kg/hm^2$、$472kg/hm^2$、$60kg/hm^2$ 时，边际利润出现负值，施肥利润也随着磷素施用量的增加而递减。由此可见，西葫芦、黄瓜、茄子、番茄、辣椒磷素用量分别为 $180kg/hm^2$、$270kg/hm^2$、$50kg/hm^2$、$472kg/hm^2$、$60kg/hm^2$时，施肥利润最大；不同蔬菜施肥利润的顺序是：辣椒>茄子>西葫芦>黄瓜>番茄。处理间的差异显著性经 LSR 检验达到显著和极显著水平（表 14-3）。

张掖灌区农作物科学施肥理论与实践

表 14-3　蔬菜磷素增产效应及经济效益分析

蔬菜种类	磷施用量（kg/hm²）	产量（t/hm²）	边际产量（t/hm²）	边际产值（元/hm²）	边际成本（元/hm²）	边际利润（元/hm²）	增产值（元/hm²）	施肥成本（元/hm²）	施肥利润（元/hm²）
西葫芦	0.00	73.00 eE	/	/	/	/	/	/	/
	45.00	76.77 dD	3.77	4 524	202.50	4 321.50	4 524	202.50	4 321.50
	90.00	79.90 cC	3.13	3 756	202.50	3 553.50	8 280	405.00	7 875.00
	135.00	82.33 bB	2.43	2 916	202.50	2 713.50	11 196	607.50	10 588.50
	180.00	83.98aAB	1.65	1 980	202.50	1 777.50	13 176	810.00	12 366.00
	225.00	84.11aA	0.13	156	202.50	-46.00	13 332	1 012.50	12 319.50

（续表）

蔬菜种类	磷施用量（kg/hm²）	产量（t/hm²）	边际产量（t/hm²）	边际产值（元/hm²）	边际成本（元/hm²）	边际利润（元/hm²）	增产值（元/hm²）	施肥成本（元/hm²）	施肥利润（元/hm²）
黄瓜	0.00	71.77 eE	/	/	/	/	/	/	/
	67.50	75.52 dD	3.75	3 750	303.75	3 446.25	3 750	303.75	3 446.25
	135.00	78.35 cC	2.83	2 830	303.75	2 526.25	6 580	607.50	5 972.50
	202.50	80.46 bB	2.11	2 110	303.75	1 806.25	8 690	911.25	7 778.75
	270.00	82.38 aA	1.92	1 920	303.75	1 616.25	10 610	1 215.00	9 395.00
	337.50	82.65 aA	0.27	270	303.75	−33.75	10 880	1 518.75	9 361.25
茄子	0.00	56.23 eE	/	/	/	/	/	/	/
	12.50	59.34 dD	3.11	4 354	56.25	4 297.75	4 354	56.25	4 297.75
	25.00	61.38 cC	2.04	2 856	56.25	2 799.75	7 210	112.50	7 097.50
	37.50	63.26 bB	1.88	2 632	56.25	2 575.75	9 842	168.75	9 673.25
	50.00	65.32 aA	1.86	2 604	56.25	2 547.75	12 726	225.00	12 501.00
	62.50	64.50 aA	−0.82	−1 148	56.25	−1 204.25	11 578	281.25	11 296.75
番茄	0.00	85.34 eE	/	/	/	/	/	/	/
	118.00	90.10 dD	4.76	3 808	531	3 277	3 808	531	3 277
	236.00	93.24 cC	3.14	2 512	531	1 981	6 320	1 062	5 258
	354.00	96.03 bB	2.79	2 232	531	1 701	8 552	1 593	6 959
	472.00	98.12 aA	2.09	1 672	531	1 141	10 224	2 124	8 100
	590.00	98.46 aA	0.34	272	531	−259	10 496	2 655	7 841
辣椒	0.00	61.04 fF	/	/	/	/	/	/	/
	15.00	65.12 eE	4.08	6 120	67.50	6 052.50	6 120	67.50	6 052.50
	30.00	67.24 dD	2.12	3 180	67.50	3 112.50	9 300	135.00	9 165.00
	45.00	69.35 bcBC	2.11	3 165	67.50	3 097.50	12 465	202.50	12 262.50
	60.00	71.28 abA	1.93	2 895	67.50	2 827.50	15 360	270.00	15 090.00
	75.00	70.15 bAB	−1.13	−1 695	67.50	−1 762.50	13 665	337.50	13 327.50

注：表内数据后大写字母为 $LSR_{0.01}$，小写字母为 $LSR_{0.05}$ 显著差异水平（下同）。

2. 不同蔬菜磷素最大利润施用量和理论产量

将表14-3磷素不同施用量与西葫芦、黄瓜、茄子、番茄、辣椒产量两者间的关系用 SAS 软件统计分析，用一元二次肥料效应数学模型 $y=a+bx-cx^2$ 拟合，得到的肥料效应回归方程（表 14-4），磷素价格（p_x）为 4 500 元/t，西葫芦、黄瓜、茄子、番茄、辣椒当地市场价格（p_y）分别为 1 200 元/t、1 000 元/t、1 400 元/t、800 元/t、1 500 元/t，将 p_x、p_y、b、c 代入最大利润施肥量计算公式 $x_0=[(p_x/p_y)-b]/2c$，西葫芦、黄瓜、茄子、番茄、辣椒磷素最大利润施肥量（x_0）分别为 0.182t/hm²、0.269t/hm²、0.049t/hm²、0.468t/hm²、0.060t/hm²；将 x_0 分别代入回归方程，西葫芦、黄瓜、茄子、番茄、辣椒磷素最大利润施肥量（x_0）时的理论产量（y）分别为 83.96t/hm²、82.30t/hm²、65.44t/hm²、98.27t/hm²、72.28t/hm²，与田间试验处理 5 结果相吻合。

表 14-4　不同蔬菜磷素最大利润施用量和理论产量

蔬菜种类	P_2O_5 施用量（kg/hm²）	肥料效应回归方程式	相关系数	最大利润施磷量（t/hm²）	理论产量（t/hm²）
西葫芦	45.00~225.00	$y=73.00+116.3418x-309.3182x^2$	0.9576	0.182	83.96
黄瓜	67.50~337.50	$y=71.77+73.4649x-128.1875x^2$	0.9785	0.269	82.30
茄子	12.50~62.50	$y=56.23+372.4540x-3767.7958x^2$	0.9857	0.049	65.44
番茄	118.00~590.00	$y=85.34+49.8139x-47.2053x^2$	0.9658	0.468	98.27
辣椒	15.00~75.00	$y=61.04+371.6664x-3072.2222x^2$	0.9465	0.060	72.28

（三）结论与讨论

磷素田间肥效试验资料表明，西葫芦、黄瓜、茄子、番茄、辣椒磷素施用量分别为 180kg/hm²、270kg/hm²、50kg/hm²、472kg/hm²、60kg/hm² 时，施肥利润最大。不同蔬菜施肥利润的顺序是：辣椒>茄子>西葫芦>黄瓜>番茄。经回归统计分析，西葫芦、黄瓜、茄子、番茄、辣椒磷素最大利润施肥量分别为 0.182t/hm²、0.269t/hm²、0.049t/hm²、0.468t/hm²、0.060t/hm² 时，理论产量（y）分别为 83.89t/hm²、82.21t/hm²、65.43t/hm²、98.36t/hm²、72.28t/hm²，回归统计分析结果与田间试验处理 5 结果基本吻合，对指导农户合理施肥具有科学意义。

三、张掖市日光温室主要蔬菜钾素经济效益最佳施用量研究

张掖市温室蔬菜产业已发展成为农业增效、农民增收的重要支柱产业之一，截至 2017 年已建成高标准日光节能温室 9.2×10⁶hm²，形成了以甘州区、临泽县和高台县为主的茄子、辣椒、番茄、黄瓜、西葫芦和芹菜为主的温室蔬菜种植基地。随着温室蔬菜产业的发展，菜农普遍超量施用氮肥和磷肥而不施钾肥的问题日益凸显。经社会实践调查，张掖市的甘州区、临泽县和高台县菜户种植的西葫芦、黄

瓜、茄子、番茄、辣椒、芹菜6种蔬菜的氮素平均投入量为828kg/hm²，磷素平均投入量为586kg/hm²，钾素平均投入量为112kg/hm²，氮磷钾素投入量比例为1：0.71：0.14。

张掖地区菜户种植的番茄在果实膨大期叶缘黄化，果实蒂部周围的果皮呈绿背病状；芹菜生长中期老叶叶缘发黄，进而变褐呈焦枯状，叶柄短而粗，小叶卷曲不舒展；黄瓜在果实膨大期，下部叶片黄化，叶脉呈绿色，老叶边缘出现褐色枯边，叶面有不规则的白斑，果实发育不良，易产生大肚瓜；辣椒在果实膨大期，下部老叶边缘发黄，叶片呈焦枯状或出现疮痴症状；西葫芦在坐瓜盛期，下部老叶边缘发黄，形成褐色斑点，叶片呈焦枯状。以上症状都是由缺钾引起的生理性病害。经室内化验分析，张掖市日光温室主要土壤耕作层速效钾含量为117.33mg/kg，按照土壤养分分级指标为速效钾中等的土壤。为了对张掖市温室蔬菜钾素适宜用量做出科学的评价，以张掖市温室蔬菜和钾素为研究材料，探索温室蔬菜钾素经济效益最佳施用量，为张掖市温室蔬菜合理施用钾肥提供科学依据。

（一）材料和方法

1. 试验地概况

试验于2016—2018年在甘肃省张掖市甘州区、临泽县、高台县温室蔬菜种植基地进行，试验地基本情况见表14-5。

表14-5 试验地基本情况

| 蔬菜种类 | 试验地点 | 土壤类型 | 0~20cm 土层理化性质 | | | | | |
			有机质（g/kg）	碱解氮（mg/kg）	速效磷（mg/kg）	速效钾（mg/kg）	pH 值	可溶性盐（g/kg）
西葫芦	临泽县鸭暖镇	盐化潮土	14.49	91.53	11.43	104.14	8.43	4.20
黄瓜	甘州区新墩镇	暗灌漠土	26.14	165.36	16.52	134.95	7.86	2.45
茄子	高台县巷道镇	灌漠土	15.26	96.35	12.04	105.75	8.20	3.05
番茄	高台县南华镇	潮土	21.20	133.94	13.37	121.74	8.34	3.78
辣椒	甘州区新墩镇	灌漠土	23.56	148.82	14.86	128.20	8.20	2.74
芹菜	临泽县板桥镇	灰灌漠土	16.96	107.15	13.37	109.25	7.98	3.40

2. 试验材料

日光节能温室（长度70~100m，高度3.5~5.0m，跨度7~10m，墙体厚度1.8~2.0m）；尿素（含N 46%）；磷酸二铵（含N 18%、P_2O_5 46%）；硫酸钾（含K_2O 50%）；西葫芦（品种是冬玉，从法国引进）；黄瓜（品种是津优30，天津市黄瓜研究所选育）；茄子（品种是紫阳长茄，山东潍坊市农业科学研究所选育）；

番茄（品种是中杂 102 号，中国农业科学院蔬菜花卉研究所选育）；辣椒（品种是华美 1 号，西安恒丰种苗有限公司选育）；芹菜（品种是文图拉西芹，北京市特种蔬菜种苗公司选育）。

3. 试验处理

试验于 2016—2018 年在甘肃省张掖市甘州区、临泽县、高台县日光温室连续定点试验 3 年，分别研究西葫芦、黄瓜、茄子、番茄、辣椒、芹菜 6 种蔬菜的钾素经济效益最佳施用量，试验小区四周筑埂，埂宽 40cm，埂高 30cm，每种蔬菜 K_2O 施用量设计 6 个处理，每个处理重复 3 次，试验处理见表 14-6。

表 14-6　试验处理

| 蔬菜种类 | 各处理 K_2O 施用量（kg/hm²） | | | | | | 施用方 |
	1	2	3	4	5	6（CK）	
西葫芦	32	64	96	128	160	0	每个处理施用 N 507kg/hm² + P_2O_5 338kg/hm²。试验小区面积 51.2m²，株距 45cm，行距 80cm，磷酸二铵、硫酸钾定植前全部做底肥施入耕作层，尿素分别在西葫芦初瓜期和盛瓜期结合灌水穴施
黄瓜	40	80	120	160	200	0	每个处理施用 N 458kg/hm² + P_2O_5 300kg/hm²。试验小区面积 32m²，株距 28cm，行距 50cm，磷酸二铵、硫酸钾定植前全部做底肥施入耕作层，尿素分别在黄瓜初瓜期和盛瓜期结合灌水穴施
茄子	10	20	30	40	50	0	每个处理施用 N 415kg/hm² + P_2O_5 350kg/hm²。试验小区面积 32m²，株距 35cm，行距 50cm，磷酸二铵、硫酸钾定植前全部做底肥施入耕作层，尿素分别在茄子初瓜期和盛瓜期结合灌水穴施
番茄	60	120	180	240	300	0	每个处理施用 N 530kg/hm² + P_2O_5 410kg/hm²。试验小区面积 38.4m²，株距 30cm，行距 60cm，磷酸二铵、硫酸钾定植前全部做底肥施入耕作层，尿素分别在番茄第 1 果穗和第 2 果穗核桃大小时结合灌水穴施

张掖灌区农作物科学施肥理论与实践

（续表）

蔬菜种类	各处理 K_2O 施用量（kg/hm²）						施用方
	1	2	3	4	5	6（CK）	
辣椒	65	130	195	260	325	0	每个处理施用 N 434kg/hm² + P_2O_5 309kg/hm²。试验小区面积 32m²，株距 35cm，行距 50cm，磷酸二铵、硫酸钾定植前全部做底肥施入耕作层，尿素分别在辣椒开花期和门椒膨大期结合灌水穴施
芹菜	50	100	150	200	250	0	每个处理施用 N 488kg/hm² + P_2O_5 315kg/hm²。试验小区面积 24m²，株距 35cm，行距 30cm，磷酸二铵、硫酸钾定植前全部做底肥施入耕作层，尿素分别在芹菜定植后 45 天和定植后 60 天结合灌水穴施

4. 数据处理及分析方法

蔬菜收获时每个小区单独收获，将小区产量折合成公顷产量进行统计分析。

钾素投资效率=施肥利润/施肥成本；边际施肥量按公式（边际施肥量=后一个处理施肥量-前一个处理施肥量）求得；边际产量按公式（边际产量=每增加一个单位肥料用量时所得到的产量-前一个处理的产量）求得；边际产值按公式（边际产值=边际产量×产品价格）求得；边际成本按公式（边际成本=边际施肥量×肥料价格）求得；边际利润按公式（边际利润=边际产值-边际成本）求得。

差异显著性采用 DPS 10.0 统计软件分析，多重比较用 LSR 检验法。依据经济效益最佳施肥量计算公式求得蔬菜经济效益最佳施肥量（x_0）：

$$x_0 = [(p_x/p_y) - b] /2c \qquad (14-1)$$

式中，p_x 为钾素平均销售价格（元/t）；p_y 为蔬菜平均收购价格（元/t）；b，c 为回归系数。

依据肥料效应函数方程，求得蔬菜理论产量：

$$y = a + bx - cx^2 \qquad (14-2)$$

式中，a 为不施肥的产量；b 为开始阶段产量增产趋势；c 为肥料效应曲线曲率；y 为理论产量。

（二）结果与分析

1. 钾素不同施用量对蔬菜增产效应和经济效益的影响

采用经济学原理进行增产效应及经济效益分析可以看出，西葫芦、黄瓜、茄子、番茄、辣椒和芹菜钾素施用量分别为 128kg/hm²、160kg/hm²、40kg/hm²、240kg/hm²、260kg/hm²、200kg/hm² 时，边际产量分别为 0.28t/hm²、0.32t/hm²、0.06t/hm²、0.60t/hm²、0.25t/hm²、0.72t/hm²，边际产值分别为 300 元/hm²、768 元/hm²、300 元/hm²、1 800 元/hm²、1 300 元/hm²、1 584 元/hm²，边际利润分别为 124.00 元/hm²、540.00 元/hm²、245.00 元/hm²、1 470.00 元/hm²、942.50 元/hm²、1 309.00 元/hm²，施肥利润分别为 4 919.00 元/hm²、6 824.00 元/hm²、2 180.00 元/hm²、13 110.00 元/hm²、11 414.00 元/hm²、11 528.00 元/hm²。当西葫芦、黄瓜、茄子、番茄、辣椒和芹菜钾素施用量超过 128kg/hm²、160kg/hm²、40kg/hm²、240kg/hm²、260kg/hm²、200kg/hm² 时，施肥利润开始递减，边际利润出现负值。由此可见，西葫芦、黄瓜、茄子、番茄、辣椒和芹菜钾素适宜用量分别为 128kg/hm²、160kg/hm²、40kg/hm²、240kg/hm²、260kg/hm²、200kg/hm²。随着钾素施用量梯度的增加，钾素投资效率在递减，不同蔬菜施肥利润由大到小的变化顺序为：番茄>芹菜>辣椒>黄瓜>西葫芦>茄子。

表 14-7 钾素施用量对蔬菜经济效益分析

蔬菜种类	K_2O 施用量 (kg/hm²)	边际产量 (t/hm²)	边际产值 (元/hm²)	边际成本 (元/hm²)	边际利润 (元/hm²)	增产值 (元/hm²)	施肥成本 (元/hm²)	施肥利润 (元/hm²)	钾素投资效率
西葫芦	0 (CK)								
	32	1.12	2 240	176.00	2 064.00	2 240	176.00	2 064.00	11.73
	64	0.85	1 700	176.00	1 524.00	3 940	352.00	3 588.00	10.19
	96	0.56	1 120	176.00	944.00	5 060	528.00	4 532.00	8.58
	128	0.28	300	176.00	124.00	5 620	701.00	4 919.00	7.02
	160	0.07	140	176.00	−36.00	5 760	880.00	4 880.00	5.55
黄瓜	0 (CK)								
	40	1.29	3 096	220.00	2 876.00	3 096	220.00	2 876.00	13.07
	80	0.96	2 304	220.00	2 084.00	5 400	440.00	4 960.00	11.27
	120	0.64	1 536	220.00	1 316.00	6 936	660.00	6 276.00	9.51
	160	0.32	768	220.00	540.00	7 704	880.00	6 824.00	7.76
	200	0.08	192	220.00	−28.00	7 896	1 100.00	6 796.00	6.18

张掖灌区农作物科学施肥理论与实践

（续表）

蔬菜种类	K₂O 施用量 （kg/hm²）	边际产量 （t/hm²）	边际产值 （元/hm²）	边际成本 （元/hm²）	边际利润 （元/hm²）	增产值 （元/hm²）	施肥成本 （元/hm²）	施肥利润 （元/hm²）	钾素投资 效率
茄子	0（CK）								
	10	0.18	900	55.00	845.00	900	55.00	845.00	15.36
	20	0.14	700	55.00	645.00	1 600	110.00	1 490.00	13.55
	30	0.10	500	55.00	445.00	2 100	165.00	1 935.00	11.73
	40	0.06	300	55.00	245.00	2 400	220.00	2 180.00	9.91
	50	0.01	50	55.00	−5.00	2 450	275.00	2 175.00	7.91
番茄	0（CK）								
	60	1.81	5 430	330.00	5 100.00	5 430	330.00	5 107.00	15.48
	120	1.42	4 260	330.00	3 930.00	9 690	660.00	9 030.00	13.68
	180	0.98	2 940	330.00	2 610.00	12 630	990.00	11 730.00	11.85
	240	0.60	1 800	330.00	1 470.00	14 430	1 320.00	13 110.00	9.93
	300	0.10	300	330.00	−30.00	14 730	1 650.00	13 080.00	7.93
辣椒	0（CK）								
	65	0.99	5 148	357.50	4 790.50	5 148	357.50	4 790.50	13.40
	130	0.74	3 848	357.50	3 490.50	8 996	715.00	8 281.00	11.58
	195	0.49	2 548	357.50	2 190.50	11 544	1 072.50	10 471.50	10.35
	260	0.25	1 300	357.50	942.50	12 844	1 430.00	11 414.00	7.98
	325	0.06	−312	357.50	−45.50	13 156	1 787.50	11 368.50	6.36
芹菜	0（CK）								
	50	2.16	4 752	275.00	4 477.00	4 752	275.00	4 477.00	16.28
	100	1.68	3 696	275.00	3 421.00	8 448	550.00	7 898.00	14.36
	150	1.18	2 596	275.00	2 321.00	11 044	825.00	10 219.00	12.39
	200	0.72	1 584	275.00	1 309.00	12 628	1 100.00	11 528.00	10.48
	250	0.12	264	275.00	−11.00	12 892	1 375.00	11 517.00	8.38

注：表中同列数据后不同小写字母表示 0.05 水平差异显著，大写字母表示 0.01 水平差异极显著。

2. 不同蔬菜钾素经济效益最佳施肥量的确定

将钾素不同施用量与西葫芦、黄瓜、茄子、番茄、辣椒和芹菜产量两者间的关系用 SAS 软件统计分析，采用肥料效应函数方程（2）拟合，得到肥料效应回归方程（表 14-8）。钾素 2016—2018 年市场平均销售价格 [p_x 为 5 500 元/t，西葫芦、黄瓜、茄子、番茄、辣椒和芹菜 2016—2018 年当地市场平均销售价格（p_y）分别为 2 000 元/t、2 400 元/t、5 000 元/t、3 000 元/t、5 200 元/t、2 200 元/t]，将 p_x，p_y，回归方程的 b 和 c 代入公式（1），求得西葫芦、黄瓜、茄子、番茄、辣椒和芹菜钾素经济效益最佳施肥量（x_0）分别为 128.60kg/hm²、161.50kg/hm²、40.30kg/hm²、239.42kg/hm²、258.91kg/hm²、199.47kg/hm²；将 x_0 代入肥料效应回归方程，求得西葫芦、黄瓜、茄子、番茄、辣椒和芹菜钾素经济效益最佳施肥量（x_0）时的理论产量（y）分别为 78.38t/hm²、77.51t/hm²、58.02t/hm²、92.44t/hm²、65.02t/hm²、103.99t/hm²。

表 14-8 不同蔬菜钾素经济效益最佳施用量

蔬菜种类	K₂O 施用量（kg/hm²）	肥料效应回归方程式	相关系数	F	$F_{0.01}$	经济效益最佳施肥量（kg/hm²）	理论产量（t/hm²）
西葫芦	32~160	$y = 75.1900 + 46.8067x - 171.2939x^2$	0.9576	24.85	21.12	128.60	78.38
黄瓜	40~200	$y = 73.9500 + 41.6734x - 121.9294x^2$	0.9785	18.13	15.41	161.15	77.49
茄子	10~50	$y = 57.8900 + 5.1145x - 49.8118x^2$	0.9857	9.47	8.04	40.30	58.02
番茄	60~300	$y = 87.8600 + 36.4398x - 72.2844x^2$	0.9658	21.08	17.92	239.42	92.44
辣椒	65~325	$y = 62.8300 + 16.6300x - 1\,029x^2$	0.9465	14.03	11.93	258.91	65.02
芹菜	50~250	$y = 98.3700 + 53.9474x - 128.9602x^2$	0.9465	26.44	22.47	199.47	103.99

（三）小结

西葫芦、黄瓜、茄子、番茄、辣椒和芹菜钾素施用量分别为 128kg/hm²、160kg/hm²、40kg/hm²、240kg/hm²、260kg/hm²、200kg/hm² 时，边际产量、边际产值、边际利润和施肥利润随着钾素施用量梯度的增加而递增，当钾素施用量超过 128kg/hm²、160kg/hm²、40kg/hm²、240kg/hm²、260kg/hm²、200kg/hm² 时，施肥利润开始递减，边际利润出现负值。随着钾素施用量梯度的增加，钾素投资效率在递减，不同蔬菜施肥利润由大到小的变化顺序为：番茄>芹菜>辣椒>黄瓜>西葫芦>茄子。西葫芦、黄瓜、茄子、番茄、辣椒和芹菜钾素经济效益最佳施肥量分别为 128.60kg/hm²、161.50kg/hm²、40.30kg/hm²、239.42kg/hm²、258.91kg/hm²、199.47kg/hm² 时，理论产量分别为 78.38t/hm²、77.51t/hm²、58.02t/hm²、92.44t/hm²、65.02t/hm²、103.99t/hm²，回归统计分析结果与田间试验处理 5 基本吻合。

第二节 蔬菜功能性组合肥施肥技术研究

一、张掖市主要蔬菜有机生态型基质栽培专用肥最佳施肥量研究

有关蔬菜有机生态型无土栽培技术报道的资料较多，而张掖市荒漠化区域蔬菜有机生态型无土栽培专用肥最佳施肥量的研究报道的资料较少。为了揭示有机生态型基质栽培专用肥施用量与蔬菜产量间的关系，本文以河西走廊荒漠化区域蔬菜有机生态型基质栽培专用肥为研究材料，以蔬菜目标产量和对氮磷钾吸收比例以及栽培基质的供肥量为依据，应用营养平衡理论，配制了蔬菜系列专用肥料，旨在探讨蔬菜有机生态型基质栽培专用肥的最佳施肥量，从根本上摆脱菜农超量施肥的弊病，使蔬菜有机生态型基质栽培与蔬菜高产、优质、无公害生产紧密结合，为食品安全和蔬菜有机生态型基质栽培产业可持续发展提供技术支撑。

（一）材料与方法

1. 试验材料

试验于 2017—2019 年在张掖市临泽县倪家营乡下营村日光温室内进行。温室坐北向南，长度 70m，跨度 8.00m，脊高 4.00m，后屋面仰角大于 45°，墙体底宽 1.60~1.80m，上口宽 1.20~1.40m，前屋面采用无立柱大棚骨架。

（1）栽培槽。在日光温室内由北向南挖宽 50cm、深 20cm 的土槽，栽培槽南低北高，坡度为 100∶1，槽底中间挖宽 15cm、深 10cm 的"V"形槽，栽培槽间距 120cm，栽培槽底铺一层塑料棚膜，折高 35cm，在栽培槽南侧下方 30cm 深处将棚膜开一洞，用直径 4cm、长 35cm 的 PVC 管作通向排水沟的排水管，将栽培槽内多余的水分排到温室南端排水沟，流入贮水池，以便循环利用。

（2）栽培基质。参试基质原料有沙石砾（粒径 0.5~10mm）、牛粪（粒径 2~20mm）、羊粪（粒径 2~20mm）、鸡粪（粒径 2~20mm）、麦草（长度 10~200mm）、玉米秸秆（长度 10~200mm）、糠醛渣（粒径 1~10mm）。将羊粪、牛粪、鸡粪、玉米秸秆、麦草、糠醛渣、沙石砾容积比按 0.10∶0.20∶0.10∶0.10∶0.20∶0.10∶0.20 混合，加入 $CO(NH_2)_2$ 2.0kg/m³、$NH_4H_2PO_4$ 1.50kg/m³，加水使基质含水量达到 60%~65%（手握有水滴漏出），全部掺匀堆置发酵，堆内温度达到 60~65℃时捣翻 1 次，以后间隔 20 天捣翻 1 次，堆置发酵 90 天后，加入 75% 多菌灵 100g/m³ 备用。

（3）灌溉系统。灌溉系统由贮水池、潜水泵、滴灌管三部分组成，贮水池采用地下式，贮水容积为 20m³，潜水泵用油浸式潜水泵，滴灌设施由主管、管接头、直径 4cm 双孔滴灌管连接而成。

（4）蔬菜专用肥料。根据蔬菜目标产量和对氮磷钾吸收比例以及基质供肥量，采用营养平衡理论，配制了蔬菜系列专用肥料（表14-9）。

表14-9　蔬菜有机生态型无土栽培专用肥配方和有效成分

蔬菜种类	CO（NH$_2$）$_2$（kg）	NH$_4$H$_2$PO$_4$（kg）	K$_2$SO$_4$（kg）	糠醛渣（kg）	N（%）	P$_2$O$_5$（%）	K$_2$O（%）
辣椒	40.00	8.70	50.00	1.30	20.00	4.00	25.00
西葫芦	41.40	10.80	46.00	1.80	21.00	5.00	23.00
黄瓜	22.90	30.46	44.00	2.70	16.00	14.00	22.00
茄子	36.00	13.00	50.00	1.00	19.00	6.00	25.00
芹菜	52.40	21.70	22.00	3.90	28.00	10.00	11.00
番茄	19.50	39.10	40.00	1.40	16.00	18.00	20.00

（5）参试蔬菜及品种。辣椒（陇椒2号）、番茄（樱桃圣女果）、芹菜（美国西芹）、茄子（兰杂2号）、黄瓜（津优30号）、西葫芦（冬玉）。

2. 试验方法

（1）填入基质。先在栽培槽内填入粒径3~5cm（核桃大小）的石砾或炉渣10cm，在其上方水平铺1层编制袋，填入20cm厚的混合基质，稍压实整平。

（2）定植。定植前10天，覆盖棚膜密闭大棚，温室地温稳定在15~18℃，气温在25~28℃时定植，每个栽培槽定植2行，芹菜、黄瓜、辣椒、茄子、番茄、西葫芦株距分别为10cm、25cm、35cm、40cm、45cm、60cm。定植后再灌水1次，室温保持26~28℃，5~7天后长出新叶，出现新根，此时降温、降湿、蹲苗，室温白天25~28℃，夜间10~12℃。

（3）灌溉。采用膜下滴灌，定植前一次性灌透，定植后再灌1次，每次灌水量240m^3/hm^2，使基质田间持水量保持在60%~65%，以后根据湿度在夏季每隔5~7天灌溉1次，冬季每隔10~15天灌溉1次。

（4）施肥。蔬菜定植时将不同处理肥料施入栽培槽，用锄头浅耕将肥料与基质混合均匀。

（5）基质洗盐及消毒。连续种植蔬菜3茬后，用清水滴灌栽培基质，使基质的水分达到饱和状态，将基质槽内水分通过栽培槽南端的排水沟进入贮水池，作为废弃物处理。上茬蔬菜收获后，在高温季节，用70%的多菌灵农药稀释100倍液，用滴灌管灌入栽培槽中进行基质消毒，将基质自然含水量保持在25%左右，用塑料棚膜覆盖栽培槽，密闭大棚，基质温度保持在50~60℃，暴晒15~20天，使栽培基质重复利用。

（6）测定项目。每个处理收获 1m² 蔬菜测定产量。

（7）资料统计方法。应用 SAS 软件进行回归统计分析。

3. 试验处理

不同蔬菜专用肥施用量分别设定 7 个处理。番茄专用肥施用量依次设计为 0.00kg/m²（对照）、0.05kg/m²、0.10kg/m²、0.15kg/m²、0.20kg/m²、0.25kg/m² 和 0.30kg/m² 7 个处理；辣椒专用肥施用量依次设计为 0.00kg/m²（对照）、0.03kg/m²、0.06kg/m²、0.09kg/m²、0.12kg/m²、0.15kg/m² 和 0.18kg/m² 7 个处理；芹菜专用肥施用量依次设计为 0.000kg/m²（对照）、0.025kg/m²、0.050kg/m²、0.075kg/m²、0.100kg/m²、0.125kg/m² 和 0.150kg/m² 7 个处理。茄子专用肥施用量依次设计为 0.00kg/m²（对照）、0.02kg/m²、0.04kg/m²、0.06kg/m²、0.08kg/m²、0.10kg/m² 和 0.12kg/m² 7 个处理；黄瓜专用肥施用量依次设计为 0.00kg/m²（对照）、0.04kg/m²、0.08kg/m²、0.12kg/m²、0.16kg/m²、0.20kg/m² 和 0.24kg/m² 7 个处理；西葫芦专用肥施用量依次设计为 0.00kg/m²（对照）、0.03kg/m²、0.06kg/m²、0.09kg/m²、0.12kg/m²、0.15kg/m² 和 0.18kg/m² 7 个处理。温室内每 3 个栽培槽为 1 个处理，每个处理重复 3 次，小区面积为 31.50m²，随机区组排列。

（二）结果与分析

1. 专用肥对蔬菜增产效应及经济效益分析

将三年蔬菜产量进行统计分析可以看出，番茄、辣椒、芹菜、茄子、黄瓜、西葫芦专用肥施用量分别为 0.25kg/m²、0.15kg/m²、0.125kg/m²、0.10kg/m²、0.20kg/m²、0.15kg/m² 时，平均产量分别为 8.62kg/m²、6.70kg/m²、6.62kg/m²、9.04kg/m²、9.72kg/m²、10.20kg/m²，增产值分别为 0.92 元/m²、2.30 元/m²、0.79 元/m²、2.76 元/m²、2.36 元/m²、2.15 元/m²，施肥成本分别为 0.59 元/m²、0.33 元/m²、0.23 元/m²、0.23 元/m²、0.47 元/m²、0.33 元/m²，施肥利润分别为 0.33 元/m²、1.97 元/m²、0.56 元/m²、2.53 元/m²、1.89 元/m²、1.82 元/m²。当番茄、辣椒、芹菜、茄子、黄瓜、西葫芦专用肥施用量超过 0.25kg/m²、0.15kg/m²、0.125kg/m²、0.10kg/m²、0.20kg/m²、0.15kg/m² 时，施肥利润随着肥料用量的增加而变化不明显。由此可见，番茄、辣椒、芹菜、茄子、黄瓜、西葫芦专用肥适宜用量分别为 0.25kg/m²、0.15kg/m²、0.125kg/m²、0.10kg/m²、0.20kg/m²、0.15kg/m² 时，施肥利润最为显著；不同蔬菜施肥利润的顺序是：茄子>辣椒>黄瓜>西葫芦>芹菜>番茄（表 14-10）。

表 14-10　蔬菜有机生态型无土栽培专用肥增产效应及经济分析

蔬菜种类	专用肥用量 （kg/m²）	平均产量 （kg/m²）	增产量 （kg/m²）	增产值 （元/m²）	施肥成本 （元/m²）	施肥利润 （元/m²）
番茄	0.00	7.70	/	/	/	/
	0.05	7.92	0.22	0.22	0.12	0.10
	0.10	8.13	0.43	0.43	0.23	0.20
	0.15	8.32	0.62	0.62	0.35	0.27
	0.20	8.49	0.79	0.79	0.47	0.32
	0.25	8.62	0.92	0.92	0.59	0.33
	0.30	8.69	0.99	0.99	0.70	0.29
辣椒	0.00	5.06	/	/	/	/
	0.03	5.52	0.46	0.64	0.07	0.57
	0.06	5.86	0.80	1.12	0.13	0.99
	0.09	6.18	0.12	1.57	0.20	1.37
	0.12	6.48	1.42	2.00	0.26	1.74
	0.15	6.70	1.64	2.30	0.33	1.97
	0.18	6.82	1.76	2.46	0.40	2.06
芹菜	0.000	5.63	/	/	/	/
	0.025	5.94	0.31	0.25	0.05	0.20
	0.050	6.14	0.51	0.41	0.09	0.32
	0.075	6.31	0.68	0.54	0.14	0.40
	0.10	6.47	0.84	0.67	0.18	0.49
	0.125	6.62	0.99	0.79	0.23	0.56
	0.15	6.64	1.01	0.81	0.27	0.54
茄子	0.00	6.66	/	/	/	/
	0.02	7.18	0.52	0.60	0.05	0.55
	0.04	7.67	1.01	1.17	0.09	1.08
	0.06	8.15	1.49	1.73	0.14	1.59
	0.08	8.61	1.95	2.26	0.18	2.08
	0.10	9.04	2.38	2.76	0.23	2.53
	0.12	9.13	2.47	2.87	0.27	2.60

张掖灌区农作物科学施肥理论与实践

（续表）

蔬菜种类	专用肥用量（kg/m²）	平均产量（kg/m²）	增产量（kg/m²）	增产值（元/m²）	施肥成本（元/m²）	施肥利润（元/m²）
	0.00	7.16	/	/	/	/
	0.04	7.74	0.58	0.53	0.09	0.44
	0.08	8.28	1.12	1.03	0.19	0.84
黄瓜	0.12	8.80	1.64	1.51	0.28	1.23
	0.16	9.30	2.14	1.97	0.37	1.60
	0.20	9.72	2.56	2.36	0.47	1.89
	0.24	9.93	2.77	2.55	0.56	1.99
	0.00	7.34	/	/	/	/
	0.03	7.97	0.63	0.47	0.07	0.40
	0.06	8.58	1.24	0.93	0.13	0.80
西葫芦	0.09	9.17	1.83	1.37	0.20	1.17
	0.12	9.72	2.38	1.79	0.27	1.52
	0.15	10.20	2.86	2.15	0.33	1.82
	0.18	10.31	2.97	2.23	0.40	1.83

2. 专用肥经济效益最佳施肥量

将表 14-10 专用肥不同施用量与番茄、辣椒、芹菜、茄子、黄瓜、西葫芦产量间的关系应用 SAS 软件进行回归统计分析，得到肥料效应回归方程式（表 14-11），番茄、辣椒、芹菜、茄子、黄瓜、西葫芦专用肥价格（p_x）分别为2.34 元/kg、2.20 元/kg、1.80 元/kg、2.25 元/kg、2.34 元/kg、2.21 元/kg，番茄、辣椒、芹菜、茄子、黄瓜、西葫芦市场销售价格（p_y）分别为 1.00 元/kg、1.40 元/kg、0.80 元/kg、1.16 元/kg、0.92 元/kg、0.75 元/kg，将 p_x、p_y 代入最佳施肥量计算公式 $x_0 = [(p_x/p_y) - b] / 2c$，番茄、辣椒、芹菜、茄子、黄瓜、西葫芦专用肥经济效益最佳施肥量（x_0）分别为 0.25kg/m²、0.15kg/m²、0.125kg/m²、0.10kg/m²、0.20kg/m²、0.15kg/m²；将 x_0 代入相应的回归方程，番茄、辣椒、芹菜、茄子、黄瓜、西葫芦专用肥经济效益最佳施肥量时的理论产量（y）分别为 8.40kg/m²、5.86kg/m²、6.12kg/m²、7.60kg/m²、8.15kg/m²、9.37kg/m²，与田间试验结果基本吻合。

表 14-11　蔬菜有机生态型无土栽培专用肥经济效益最佳施肥量

蔬菜种类	肥料施用量 (kg/m²)	肥料效应回归方程式	相关系数 (R)	经济效益最佳施肥量 (kg/m²)	理论产量 (kg/m²)
番茄	0.05~0.30	$y=7.70+3.24x-1.814x^2$	0.9982	0.25	8.40
辣椒	0.03~0.18	$y=5.06+7.82x-20.98x^2$	0.8962	0.15	5.86
芹菜	0.025~0.150	$y=5.63+6.61x-22.02x^2$	0.9768	0.125	6.12
茄子	0.02~0.12	$y=6.66+17.25x-78.12x^2$	0.9638	0.10	7.60
黄瓜	0.04~0.24	$y=7.16+7.48x-12.66x^2$	0.9889	0.20	8.15
西葫芦	0.03~0.18	$y=7.34+13.73x-0.1479x^2$	0.9965	0.15	9.37

(三) 结论

番茄、辣椒、芹菜、茄子、黄瓜、西葫芦专用肥适宜用量分别为 $0.25kg/m^2$、$0.15kg/m^2$、$0.125kg/m^2$、$0.10kg/m^2$、$0.20kg/m^2$、$0.15kg/m^2$ 时，施肥利润最为显著；而不同蔬菜施肥利润是：茄子>辣椒>黄瓜>西葫芦>芹菜>番茄。经回归统计分析番茄、辣椒、芹菜、茄子、黄瓜、西葫芦专用肥经济效益最佳施肥量为 $0.25kg/m^2$、$0.15kg/m^2$、$0.125kg/m^2$、$0.10kg/m^2$、$0.20kg/m^2$、$0.15kg/m^2$ 时，理论产量为 $8.40kg/m^2$、$5.86kg/m^2$、$6.12kg/m^2$、$7.60kg/m^2$、$8.15kg/m^2$、$9.37kg/m^2$，与田间试验结果基本吻合。

二、有机碳肥对温室土壤改良效果和黄瓜经济效益的影响

张掖市拥有耕地面积 31.0 万 hm^2，日照时间 2 752~3 117h，年均温度 3.4~7.7℃，≥10℃ 的积温为 2 500~3 100℃，年降水量 110~343mm，年蒸发量 1 623~1 765mm，境内海拔 1 200~5 555m。目前，张掖市已成为河西走廊蔬菜栽培面积最大地区，截至 2016 年，全市蔬菜播种面积 5.31 万 hm^2，年生产各类蔬菜 297.63 万 t。在蔬菜产业发展过程中日益凸显的主要问题是：氮磷化肥施肥量大，有机肥和复混肥施肥量少，土壤养分比例失衡，缺锌和缺钼的生理性病害经常发生；长期大量施用化肥，导致土壤板结，容重增大，孔隙度降低；长期施用 $(NH_4)_2HPO_4$，$(NH_4)_2HPO_4$ 中的磷酸根离子与河西石灰性土壤中的 Ca^{2+} 结合，降低了磷的利用率；化肥氮磷投入量与有机肥氮磷投入量之比为 1∶0.28，导致施肥成本高。经调查每生产 $75t/hm^2$ 黄瓜，$CO(NH_2)_2$ 投入量为 $1.65t/hm^2$，$(NH_4)_2HPO_4$ 投入量为 $0.90t/hm^2$，施肥成本为 6 900元/hm^2；市场上销售的复混肥有效成分和比例不符合黄瓜对养分的吸收比例，导致蔬菜产量和品质下降。经调查甘肃共享化工有限公司、张掖市玉鑫化工有限责任公司、临泽县汇隆化工有限责任

公司、甘州区东北郊糠醛厂用于生产糠醛，每年排出的糠醛渣总量为 9.83 万 t，经室内化验分析，糠醛渣含有机质 76%，全氮 0.61%，全磷 0.36%，全钾 1.18%，残余硫酸 3%~5%，pH 值 2~3，粒径 0.05~1mm，重金属元素 Hg、Cd、Cr、Pb 含量均小于 GB 8172—87 规定的农用有机废弃物控制含量标准。为了促进糠醛渣资源的循环和增值，本文将糠醛渣、尿素、磷酸二铵、锌钼微肥按比例混合，合成有机碳肥，解决蔬菜产业发展过程中存在的上述问题，为张掖市乃至河西灌区蔬菜合理施肥提供技术支撑。

（一）材料与方法

1. 试验材料

试验于 2014—2019 年在张掖市甘州区党寨镇陈寨村的日光温室内进行，试验地海拔高度 1 450m，温室长 100m，跨度 8m，脊高 4m，土壤类型是灌漠土，0~20cm 土层容重为 1.36g/cm³，总孔隙度 48.68%，团聚体 31.15%，饱和持水量 973.60t/hm²，有机质含量 22.50g/kg，碱解氮 60.14mg/kg，有效磷 31.4mg/kg，速效钾 263mg/kg，pH 值为 8.70，CEC 16.06cmol/kg，有效锌 1.19mg/kg，有效硼 1.53mg/kg。尿素，含 N 46%；磷酸二铵，含 N 18%、P_2O_5 46%；硫酸锌，含 Zn 23%；钼酸铵，含 Mo 50%；糠醛渣，含有机质 650~700g/kg，全氮 0.61%、全磷 0.36%、全钾 1.18%，pH 值为 2.1，粒径 1~2mm；锌钼微肥（自己配制），将硫酸锌、钼酸铵重量比按 0.70∶0.30 混合，含 Zn 16.10%、Mo 15%；参试蔬菜是黄瓜，品种津优 35 号，天津科润黄瓜研究所选育。

2. 试验方法

（1）试验处理。试验共分为三个阶段，2014—2015 年进行有机碳肥配方筛选试验，2016—2017 年进行有机碳肥经济效益最佳施肥量研究，2018—2019 年进行有机碳肥与传统化肥比较试验。

试验一：有机碳肥配方筛选。选择糠醛渣、尿素、磷酸二铵、锌钼微肥为 4 个因素，每个因素设计 3 个水平，按正交表 $L_9(3^4)$ 设计 9 种有机碳肥配方，称取各种材料混合，组成有机碳肥配方（表 14-12）。

表 14-12　$L_9(3^4)$ 正交试验设计表

试验处理	A 糠醛渣	B 尿素	C 磷酸二铵	D 锌钼微肥
1	(450) 1	(450) 1	(300) 1	(135) 3
2	(450) 1	(900) 2	(600) 2	(90) 2
3	(450) 1	(1 350) 3	(900) 3	(45) 1
4	(900) 2	(450) 1	(600) 2	(135) 3

（续表）

试验处理	A 糠醛渣	B 尿素	C 磷酸二铵	D 锌钼微肥
5	（900）2	（900）2	（900）3	（90）2
6	（900）2	（1 350）3	（300）1	（45）1
7	（1 350）3	（450）1	（900）3	（135）3
8	（1 350）3	（900）2	（300）1	（90）2
9	（1 350）3	（1 350）3	（600）2	（45）1

注：括号内数据为公顷施肥量（kg/hm²），括号外数据为正交试验编码值。

试验二：黄瓜有机碳肥经济效益最佳施肥量研究。依据试验一配方筛选结果，将糠醛渣、尿素、磷酸二铵、锌钼微肥重量比按 0.5114 : 0.3409 : 0.1136 : 0.0341 混合得到黄瓜有机碳肥，经室内测定，含有机质 35.89%、N 18.03%，含 P_2O_5 5.30%、Zn 0.54%、Mo 0.51%。将有机碳肥施肥量梯度设计为 0.00t/hm²、0.53t/hm²、1.06t/hm²、1.59t/hm²、2.12t/hm²、2.65t/hm² 和 3.18t/hm² 共 7 个处理，处理 1 不施肥为 CK，每个处理重复 3 次，随机区组排列。

试验三：有机碳肥与传统化肥比较试验。在纯 N（481.40kg/hm²）、纯 P_2O_5（141.51kg/hm²）、纯 Zn（14.42kg/hm²）和纯 Mo（13.62kg/hm²）投入量相等的条件下，设计 3 个处理。其中，处理 1 为不施肥（CK），不施氮、磷、钾肥、锌肥、钼肥；处理 2 为传统化肥，尿素 930.50kg/hm²+磷酸二铵 307.63kg/hm²+硫酸锌 62.70kg/hm²+钼酸铵 27.22kg/hm²；处理 3 为有机碳肥，施用量为 2 670kg/hm²。每个处理重复 3 次，随机区组排列。

（2）种植方法。试验小区面积为 28m²（7m×4m），每个小区四周筑埂，埂宽 40cm、埂高 30cm，分别在 2014—2019 年每年的 2 月 20 日定值，垄宽 50cm，垄高 30cm，株距 22cm，行距 50cm。有机碳肥、磷酸二铵、硫酸锌、钼酸铵在黄瓜定植前做底肥施入 0~20cm 土层，尿素分别在黄瓜结瓜期、结瓜盛期和结瓜后结合灌水追施，施肥方法为穴施；分别在黄瓜定植后、初花期、结瓜期、结瓜盛期和结瓜后各灌水 1 次，每个小区灌水量相等。

（3）测定指标与方法。黄瓜收获时在试验小区中间 2 垄内按顺序采集 30 株，测定株高、茎粗、地上部分鲜重和地上部分干重，茎粗采用游标卡尺法测定，地上部分干重采用 105℃烘箱杀青 30min，80℃烘干至恒重，每个小区单独收获，将小区产量折合成公顷产量进行统计分析。黄瓜收获后，在试验小区内按对角线布置 5 个采样点，采集耕层（0~20cm）土样 5kg，用四分法带回 1kg 混合土样，风干后在室内进行室内分析，其中土壤容重、团聚体用环刀采用原状土，未进行风干。容重按公式（土壤容重=环刀内湿土质量/100+自然含水量）求得；总孔隙度按公式（总孔隙度=土壤比重-土壤容重/土壤比重×100）求得；毛管孔隙度按公式（毛管

张掖灌区农作物科学施肥理论与实践

孔隙度＝自然含水量×土壤容重×100）求得；非毛管孔隙度按公式（非毛管孔隙度＝总孔隙度-毛管孔隙度）求得；团聚体采用干筛法；碱解氮采用扩散法；速效磷采用碳酸氢钠浸提—钼锑抗比色法；速效钾采用火焰光度计法；pH值采用5∶1水土比浸提，用pH-2F数字pH计测定；总持水量＝（面积×总孔隙度×土层深度）；毛管持水量＝（面积×毛管孔隙度×土层深度）；非毛管持水量＝（面积×非毛管孔隙度×土层深度）。重金属离子Cd、Hg、Pb、Cr测定分别采用的是石墨炉原子吸收分光光度法、冷原子—荧光光谱法及火焰原子吸收分光光度法。微生物数量、脲酶、蔗糖酶和磷酸酶测定分别采用的是稀释平板法、靛酚比色法、3，5-二硝基水杨酸比色法、磷酸苯二钠比色法；边际产量、边际产值和边际成本及边际利润以及边际施肥量分别表示的是每增加一个单位肥料用量时所得到的产量、每增加一个单位肥料用量时所得到的产值和每增加一个单位肥料用量时所投入的成本以及每增加一个单位肥料用量时所得到的利润和后一个处理施肥量与前一个处理施肥量的差，其公式分别为（每增加一个单位肥料用量时所得到的产量减前一个处理的产量）、（边际产量×产品价格）和（边际施肥量×肥料价格）及（边际产值减边际成本）以及（后一个处理施肥量减前一个处理施肥量）。

（4）数据处理方法。差异显著性采用DPSS 10.0统计软件分析，多重比较，LSR检验法。依据经济效益最佳施用量计算公式 $x_0＝[(p_x/p_y)-b]/2c$ 求得糠醛渣生态肥最佳施用量（x_0），依据肥料效应回归方程式 $y＝a+bx-cx^2$，求得有机碳肥最佳施用量时的黄瓜理论产量（y）。

（二）结果与分析

1. 有机碳肥配方筛选

连续定点试验2年后，于2015年6月28日黄瓜收获后测定数据可知，处理8产量最高，平均为93.89t/hm²，与处理9比较，差异不显著（$P>0.05$），与处理1、2、3、4、5、6、7比较，差异极显著（$P<0.01$）；处理9平均产量为89.37t/hm²，与处理1、2、3、4、5、6、7比较，差异极显著（$P<0.01$）；处理3平均产量为83.78t/hm²，与处理1、2、4、5、6、7比较，差异极显著（$P<0.01$）；处理1平均产量为73.15t/hm²，与处理2、4、7比较，差异不显著（$P>0.05$）；处理6平均产量为61.70t/hm²，与处理5比较，差异显著（$P<0.05$）。经差异显著性分析可知，处理8产量最高，差异显著高于处理1、2、3、4、5、6、7。由此可见，有机碳肥配方组合为A_3糠醛渣1 350kg∶B_2尿素900kg∶C_1磷酸二铵300kg∶D_2锌钼微肥90kg，即糠醛渣、尿素、磷酸二铵、锌钼微肥重量组合比例分别为0.5114∶0.3409∶0.1136∶0.0341（表14-13）。

表 14-13 L₉ (3⁴) 正交试验分析

表 14-13　L₉（3⁴）正交试验分析

试验处理	A 糠醛渣	B 尿素	C 磷酸二铵	D 锌钼微肥	产量 （t/hm²）
1	1	1	1	3	73.15±2.31 cC
2	1	2	2	2	70.74±3.06 cC
3	1	3	3	1	83.78±2.642 bB
4	2	1	2	3	71.22±4.16 cC
5	2	2	3	2	56.82±2.32 eD
6	2	3	1	1	61.70±2.48 dD
7	3	1	3	3	70.26±3.04 cC
8	3	2	1	2	93.89±2.45 aA
9	3	3	2	1	89.37±3.56 aA

2. 不同剂量有机碳肥对土壤理化性质、持水量及有机质和速效养分的影响

（1）对容重及孔隙度和持水量的影响。连续定点试验 2 年后，于 2017 年 6 月 30 日黄瓜收获后采集耕作层 0~20cm 土样测定结果可知，有机碳肥施肥量与土壤容重之间呈负相关关系，相关系数（R）为 -0.9983，有机碳肥施肥量 3.18t/hm² 与不施肥比较，容重降低 11.03%，差异极显著（$P<0.01$）。

由表 14-14 可知，有机碳肥施肥量与土壤总孔隙度、毛管孔隙度、非毛管孔隙度和团聚体之间呈正相关关系，相关系数（R）分别为 0.9941、0.9944、0.9937 和 0.9739，有机碳肥施肥量 3.18t/hm² 与不施肥比较，总孔隙度、毛管孔隙度、非毛管孔隙度和团聚体分别增加 11.63%、11.62%、11.64% 和 35.89%，差异极显著（$P<0.01$）。

由表 14-14 可知，有机碳肥施肥量与土壤饱和持水量、毛管持水量和非毛管持水量之间呈正相关关系，相关系数（R）分别为 0.9941、0.9944 和 0.9937，有机碳肥施肥量 3.18t/hm² 与不施肥比较，饱和持水量、毛管持水量和非毛管持水量分别增加 11.63%、11.62% 和 11.64%，差异极显著（$P<0.01$）。

表 14-14　不同剂量有机碳肥对土壤物理性质的影响

施肥量 （t/hm²）	容重 （g/cm³）	总孔隙度 （%）	毛管孔隙度 （%）	非毛管孔隙度 （%）	>0.25mm 团聚体 （%）	饱和持水量 （t/hm²）	毛管持水量 （t/hm²）	非毛管持水量 （t/hm²）
0.00	1.36aA	48.68gB	26.77dD	21.91dD	31.15gD	973.60gE	535.40gG	438.20gF
0.53	1.33bA	49.81fB	27.39cC	22.42cC	35.99fC	996.20fD	547.80fF	448.40fE

（续表）

施肥量 （t/hm²）	容重 （g/cm³）	总孔隙度 （%）	毛管 孔隙度 （%）	非毛管 孔隙度 （%）	>0.25mm 团聚体 （%）	饱和 持水量 （t/hm²）	毛管 持水量 （t/hm²）	非毛管 持水量 （t/hm²）
1.06	1.31cA	50.56eB	27.81cC	22.75cC	36.43eC	1 011.20eC	556.20eE	455.00eD
1.59	1.29dB	51.32dB	28.23bB	23.09bB	37.43dC	1 026.40dC	564.60dD	461.80dC
2.12	1.26eB	52.45cB	28.85bB	23.60bB	39.82cB	1 049.00cB	577.00cC	472.00cB
2.65	1.24fB	52.83bB	29.06aA	23.77bB	41.48bA	1 056.60bB	581.20bB	475.40bB
3.18	1.21gB	54.34aA	29.88aA	24.46aA	42.33aA	1 086.80aA	597.60aA	489.20aA

（2）对 pH 值及有机质和速效养分的影响。由表 14-15 可知，有机碳肥施肥量与土壤 pH 值之间呈负相关关系，相关系数为-0.9598，有机碳肥施肥量 3.18t/hm² 与不施肥比较，pH 值降低 11.83%，差异极显著（$P<0.01$）。

由表 14-15 可知，有机碳肥施肥量与土壤有机质、碱解氮、有效磷和速效钾之间呈正相关关系，相关系数（R）分别为 0.9981、0.9991、0.99127 和 0.9956，有机碳肥施肥量 3.18t/hm² 与不施肥比较，有机质增加 3.97%，差异显著（$P<0.05$），碱解氮和速效磷分别增加 23.69% 和 60.46%，差异极显著（$P<0.01$），速效钾增加 2.02%，差异不显著（$P>0.05$）。

表 14-15　不同剂量有机碳肥对土壤有机质和速效养分的影响

施肥量 （t/hm²）	pH 值	有机质 （g/kg）	碱解氮 （mg/kg）	有效磷 （mg/kg）	速效钾 （mg/kg）
0.00	8.45 aA	18.65 bA	60.14 gC	6.12 gD	144.23 bA
0.53	8.40 bA	18.79 bA	62.80 fC	7.07 fC	145.34 bA
1.06	8.34 cA	18.93 bA	65.34 eB	7.93 eC	146.07 bA
1.59	8.04 dA	19.06 aA	67.68 dB	8.60 dB	146.14 bA
2.12	8.01 eA	19.18 aA	69.82 cB	9.05 cA	146.60 bA
2.65	7.84 fB	19.29 aA	71.83 bB	9.41 bA	146.75 bA
3.18	7.45 gB	19.39 aA	74.39 aA	9.82 aA	147.15 aA

（3）不同剂量有机碳肥对黄瓜农艺性状及经济性状和产量的影响。2017 年 6 月 30 日黄瓜收获时测定数据进行相关分析可知，有机碳肥施肥量与黄瓜株高、茎粗、地上部分鲜重和地上部分干重之间呈正相关关系，相关系数（R）分别为 0.9615、0.6529、0.9666 和 0.9672，有机碳肥施肥量 3.18t/hm² 与不施肥比较，黄瓜株高、茎粗、地上部分鲜重和地上部分干重分别增加 13.04%、31.39%、

34.71%和45.24%，差异极显著（$P<0.01$）（表14-16）。

有机碳肥施肥量与黄瓜单株结瓜数、单瓜重、单株瓜重和产量之间呈正相关关系，相关系数（R）分别为0.8198、0.9116、0.9456和0.9389，有机碳肥施肥量3.18t/hm²与不施肥比较，黄瓜单株结瓜数、单瓜重、单株瓜重和产量分别增加9.75%、47.21%、47.20%和46.56%，差异极显著（$P<0.01$）（表14-17）。

表14-16　不同剂量有机碳肥对黄瓜农艺性状的影响

施肥量（t/hm²）	株高（cm）	茎粗（mm）	地上部分鲜重（g/株）	地上部分干重（g/株）
0.00	1.61 gB	9.24 cA	464.73 fB	129.32 fB
0.53	1.70 fA	11.98 bA	504.93 eA	151.48 eA
1.06	1.72 eA	12.00 bA	525.97 dA	157.79 dA
1.59	1.75 dA	12.02 bA	559.55 cA	167.86 cA
2.12	1.78 cA	12.06 bA	582.86 bA	174.85 bA
2.65	1.80 bA	12.10 bA	613.35 aA	184.01 aA
3.18	1.82 aA	12.14 aA	626.06 aA	187.82 aA

表14-17　有机碳肥与传统化肥对不同剂量有机碳肥对黄瓜农艺性状及经济性状和产量的影响

施肥量（t/hm²）	单株结瓜数（个/株）	单瓜重（g）	单株瓜重（kg/株）	产量（t/hm²）	增产量（t/hm²）	增产值（万元/hm²）	施肥成本（万元/hm²）	施肥利润（万元/hm²）
0.00	8.51 dB	134.72 fB	1.25 eD	69.43 fC	/	/	/	/
0.53	9.04 cA	169.74 eA	1.45 dC	80.71 B	11.28	1.80	0.09	1.81
1.06	9.21 cA	174.63 dA	1.61 cB	89.69 dA	20.26	3.24	0.18	3.06
1.59	9.27 bA	184.71 cA	1.72 bB	95.64 cA	26.21	4.20	0.27	3.93
2.12	9.29 bA	192.41 bA	1.78 bB	99.41 bA	29.98	4.80	0.36	4.44
2.65	9.33 aA	197.02 aA	1.83 aA	101.51 aA	32.08	5.13	0.45	4.68
3.18	9.34 aA	198.32 aA	1.84 aA	101.76 aA	32.33	5.17	0.54	4.63

注：尿素2 000元/t，磷酸二铵4 000元/t，硫酸锌4 000元/t，钼酸铵35 000元/t，糠醛渣60元/t，锌钼微肥13 302.80元/t，有机碳肥1 613.93元/t。

3. 有机碳肥经济效益最佳施肥量的确定

经相关分析可知，有机碳肥施肥量由0.53t/hm²增加到2.65t/hm²时，施肥利润达到最大值，当有机碳肥施肥量大于2.65t/hm²时，施肥利润开始递减。由此可见，有机碳肥适宜用量为2.65t/hm²（表14-17）。将有机碳肥不同梯度施肥量与黄瓜产量间的关系采用肥料效应回归方程 $y=a+bx-cx^2$ 拟合，得到的回归方程为：

$$y=69.4300+23.5200x-4.2049x^2 \qquad (14-3)$$

对回归方程进行显著性测验的结果表明回归方程拟合良好。有机碳肥价格（p_x）为 1 613.93元/t，黄瓜价格（p_y）为 1 600元/t，将（p_x）、（p_y）、回归方程的参数 b 和 c，代入经济效益最佳施肥量计算公式 $x_0 = [(p_x/p_y) - b]/2c$，求得有机碳肥经济效益最佳施肥量（x_0）为 2.67t/hm²，将 x_0 带入式（14-1），求得黄瓜理论产量（y）为 102.25t/hm²，计算结果与田间小区试验处理 6 基本吻合。

4. 有机碳肥与传统化肥对土壤理化性质及持水量和有机质、速效养分的影响

连续定点试验 2 年后，于 2019 年 6 月 28 日黄瓜收获后采集耕作层 0~20cm 土样测定结果可知，不同处理土壤容重和 pH 值由大到小的变化顺序依次为：不施肥>传统化肥>有机碳肥。施用有机碳肥与传统化肥比较，容重和 pH 值分别降低 8.33% 和 4.87%，差异显著（$P<0.05$）。不同处理土壤总孔隙度、团聚体、总持水量、有机质、速效氮磷钾和 CEC 由大到小的变化顺序为：有机碳肥>传统化肥>不施肥。施用有机碳肥与传统化肥比较，总孔隙度、总持水量、有机质和 CEC 分别增加 8.27%、8.27%、9.08% 和 6.54%，差异显著（$P<0.05$）；团聚体增加 20.01%，差异极显著（$P<0.01$）；碱解氮、有效磷和速效钾分别增加 0.10%、3.19% 和 1.19%，差异不显著（$P>0.05$）（表 14-18）。

表 14-18　有机碳肥与传统化肥对土壤理化性质及持水量和有机质、速效养分的影响

试验处理	容重 (g/cm³)	总孔隙度 (%)	>0.25mm 团聚体 (%)	总持水量 (t/hm²)	有机质 (g/kg)	碱解氮 (mg/kg)	有效磷 (mg/kg)	速效钾 (mg/kg)	pH 值	CEC (cmol/kg)
不施肥 (CK)	1.34 aA	49.43 cA	31.30 cC	988.60 cA	18.58 cB	60.13 bB	6.14 bB	134.36 bB	8.45 aA	16.06 bA
传统化肥	1.32 aA	50.19 bA	32.24 bB	1 003.80 bA	18.95 bA	110.07aA	10.04aA	164.08aA	8.42 aA	18.03 aA
有机碳肥	1.21 bA	54.34 aA	38.69 aA	1 086.80 aA	20.67 aA	110.18aA	10.36aA	166.03aA	8.01 bA	19.21 aA

5. 有机碳肥与传统化肥对土壤微生物、酶活性和重金属离子的影响

由表 14-19 可知，不同处理土壤微生物数量和酶活性由大到小的变化顺序为：有机碳肥>传统化肥>不施肥。施用有机碳肥与传统化肥比较，真菌、细菌和放线菌分别增加 58.25%、40.63% 和 23.38%，差异极显著（$P<0.01$）；蔗糖酶、脲酶和磷酸酶分别增加 53.61%、13.85% 和 11.11%。不同处理土壤重金属离子由大到小的变化顺序为：传统化肥>有机碳肥>不施肥。施用有机碳肥与传统化肥比较，重金属离子 Hg、Cd、Cr 和 Pb 分别降低 18.42%、28.30%、15.75% 和 18.08%，差异极显著（$P<0.01$），与不施肥比较，Hg、Cd、Cr 和 Pb 增加 3.33%、2.70%、0.26% 和 0.67%，差异不显著（$P>0.05$）。

表 14-19 有机碳肥与传统化肥对比对土壤微生物及酶活性和重金属离子的影响

试验处理	真菌 ($\times 10^7/g$)	细菌 ($\times 10^7/g$)	放线菌 ($\times 10^7/g$)	蔗糖酶 [mg/ (g·天)]	脲酶 [mg/ (kg·h)]	磷酸酶 [g/ (kg·天)]	Hg (mg/kg)	Cd (mg/kg)	Cr (mg/kg)	Pb (mg/kg)
不施肥 (CK)	1.01bB	0.93bB	0.74bB	2.57bB	1.28cB	0.26cB	0.30dB	0.37bB	23.00bB	7.47bB
传统化肥	1.03bB	0.96bB	0.77bB	2.63bB	1.30bB	0.27bB	0.38aA	0.53aA	27.37aA	9.18aA
有机碳肥	1.63aA	1.35aA	0.95aA	4.04aA	1.48aA	0.30aA	0.31bB	0.38bB	23.06bB	7.52bB

6. 有机碳肥与传统化肥对黄瓜经济性状及产量和效益的影响

由表 14-20 可知，不同处理黄瓜经济性状及产量和效益由大到小的变化顺序依次为：有机碳肥>传统化肥>不施肥。施用有机碳肥与传统化肥比较，单瓜重和产量分别增加 5.77% 和 5.26%，差异显著（$P<0.05$）；单株瓜重增加 4.76%，差异不显著（$P>0.05$）；增产值和施肥利润分别增加 0.81 万元/hm^2 和 0.84 万元/hm^2。

表 14-20 有机碳肥与传统化肥对黄瓜经济性状及产量和经济效益的影响

试验处理	单瓜重 (g)	单株瓜重 (kg/株)	产量 (t/hm^2)	增产量 (t/hm^2)	增产值 (万元/ hm^2)	施肥成本 (万元/ hm^2)	施肥利润 (万元/ hm^2)
不施肥 (CK)	153.00 cB	0.75 bB	68.73 cB	/	/	/	/
传统化肥	208.00 bA	1.05 aA	95.47 bA	26.74	4.27	0.46	3.81
有机碳肥	220.00 aA	1.10 aA	100.49 aA	31.76	5.08	0.43	4.65

（三）问题讨论与结论

土壤容重是表征土壤松紧程度的一个重要指标，也是计算土壤孔隙度的重要参数，土壤孔隙度是表征土壤通气性和透水性的重要指标，土壤团聚体是表征肥沃土壤的指标之一。研究结果表明，随着有机碳肥施用量梯度的增加，土壤容重在降低，总孔隙度、毛管孔隙度、非毛管孔隙度在增大，团聚体在增加，原因一是有机碳肥中的糠醛渣使土壤疏松，孔隙度增大，容重降低；二是有机碳肥中的糠醛渣在土壤微生物的作用下合成了土壤腐殖质，腐殖质中的酚羟基、羧基、甲氧基、羰基、羟基、醌基等功能团解离后带负电荷，吸附了河西内陆盐土中的 Ca^{2+}，Ca^{2+} 是一种胶结物质，促进了土壤团聚体的形成。土壤饱和持水量是评价土壤涵养水源及调节水分循环的重要指标，随着有机碳肥施用量梯度的增加，土壤饱和持水量、毛管持水量和非毛管持水量在增加，原因是有机碳肥中的糠醛渣在土壤微生物的作用下合成了土壤腐殖质，腐殖质的最大吸水量可以超过500%，因而提高了土壤持水量。土壤有机质包括土壤中所有的含碳化合物，是表征土壤肥力的重要指标。随着有机碳肥施用量梯度的增加，土壤有机质在增加，原因是有机碳肥中的糠醛渣含有丰富的有机质，因而提高了土壤有机质含量。土壤速效养分主要包括碱解氮、速效磷和速效钾，是植物营养的三要素。随着有机碳肥施用量梯度的增加，土壤碱解氮、速效磷、速效钾在增加，原因是有机碳肥含有氮磷钾，因而提高了土壤速效养分含量。pH值是土壤重要的化学性质，随着有机碳肥施用量梯度的增加，pH值在降低，原因是有机碳肥中的糠醛渣是一种酸性废弃物，因而降低了土壤酸碱度。

研究结果表明，有机碳肥施肥量与土壤容重和pH值之间呈负相关关系，与总孔隙度、团聚体、持水量、有机质、碱解氮、有效磷、速效钾、黄瓜株高、茎粗、地上部分鲜重、地上部分干重、单株结瓜数、单瓜重、单株瓜重和产量之间呈正相关关系。有机碳肥施肥量由 $0.53t/hm^2$，增加到 $2.65t/hm^2$ 时，施肥利润达到最大值，当有机碳肥施肥量大于 $2.65t/hm^2$ 时，施肥利润开始递减。有机碳肥施肥量与黄瓜产量间的肥料效应回归方程式为：$y = 69.4300 + 23.5200x - 4.2049x^2$，经济效益最佳施肥量为 $2.67t/hm^2$，黄瓜理论产量为 $102.25t/hm^2$。不同处理土壤容重和pH值由大到小的变化顺序依次为：不施肥>传统化肥>有机碳肥；重金属离子 Hg、Cd、Cr、Pb 由大到小变化的顺序依次为：传统化肥>有机碳肥>不施肥；团聚体、总持水量、有机质、速效氮磷钾、微生物数量、酶活性、黄瓜农艺性状、经济性状和产量由大到小的变化顺序为：有机碳肥>传统化肥>不施肥。在温室土壤上施用有机碳肥，有效地改善了土壤理化性质和生物学性质，提高了土壤持水量和有机质含量。

第三节 蔬菜化肥减量畜禽肥增量施肥技术研究

一、化肥减量畜禽肥增量对灌漠土性质及番茄品质和效益影响的研究

甘肃省河西内陆灌区温室蔬菜产业已发展成为农业增效、农民增收的重要支柱产业之一，截至 2018 年已建成温室蔬菜种植基地 $1.84 \times 10^7 hm^2$。经调查，甘肃省河西内陆灌区的武威、张掖和酒泉市菜户种植的番茄氮磷钾平均投入量为 1 641kg/hm²，而有机肥氮磷钾投入量为 185kg/hm²，化肥氮磷钾投入量与有机肥氮磷钾投入量比例为 1∶0.11。番茄产量的提高主要依赖化肥的施用，长期超量施用化肥，导致土壤有机质含量低，土壤养分比例失衡，番茄可溶性糖、维生素 C 和可溶性固形物含量低，硝酸盐和可滴定酸含量高，产量低而不稳。因此，研究化肥减量畜禽肥增量对灌漠土性质及番茄品质和效益的影响成为本区番茄产业可持续发展的关键所在。甘肃省河西内陆灌区拥有 $3.47 \times 10^7 t$ 的畜禽粪便，其中家庭燃

料、沼气工程、直接还田等减量系数折算为 0.54，还有 $1.60×10^7$t 的畜禽粪便没有相应的管理措施，随意堆放在居民点、田间地头、道路上，经风吹日晒雨淋后污染了环境。据室内化验分析，这些畜禽粪便含有机质 221.20～243.40g/kg、全氮 3.20～8.30g/kg、全磷 1.50～4.00g/kg、全钾 4.40～6.00g/kg，而重金属离子 Hg、Cd、Cr、Pb 含量均小于国家规定（GB 8172—87）的畜禽粪便含量标准。为了加快畜禽粪便资源化利用进程，保障蔬菜安全生产，本文进行了化肥减量畜禽肥增量对灌漠土性质及番茄品质和效益影响的研究，现将研究结果分述如下。

（一）材料与方法

1. 试验材料

（1）试验地概况。试验于 2016—2018 年在甘肃省张掖市甘州区沙井镇沙井村连续种植 8 年的日光节能温室内进行，试验地海拔 1 485m，东经 100°15′56″，北纬 39°05′01″。温室坐北向南，长度 90m，跨度 7.50m，脊高 3.50m，后屋面仰角大于 45°，墙体底宽 2.00～2.20m，上口宽 1.6～1.80m，前屋面采用无立柱大棚骨架。试验地年降水量 116mm，年蒸发量 1850mm，年平均气温 7.50℃，日照时数 3 053h，无霜期 160 天。土壤类型是灌漠土，试验地种植前采集土样进行分析，耕层 0～20cm 土层含有机质 16.36g/kg，碱解氮 61.13mg/kg，有效磷 8.94mg/kg，速效钾 134.36mg/kg，阳离子交换量 19.25cmol/kg，可溶性盐 1.83mg/kg，pH 值 8.36，前茬作物是西葫芦。

（2）参试材料。尿素（N 46%，粒径 2～3mm）；过磷酸钙（P_2O_5 20%，粒径 4～6mm）；硫酸钾，（K_2O 50%，粒径 2～3mm），腐熟鸡粪（有机质 42.77%、N 1.031%、P_2O_5 0.41%、K_2O 0.72%，粒径 1～5mm）；腐熟羊粪（有机质 38.30%、N 0.32%、P_2O_5 0.29%、K_2O 0.31%，粒径 1～5mm）；腐熟牛粪（有机质 25.41%、N 0.01%、P_2O_5 0.22%、K_2O 0.16%，粒径 1～5mm）；生物菌肥（市售，有效活菌数≥10 亿个/g，粒径 1～2mm）；畜禽肥（自制，腐熟鸡粪、腐熟羊粪、腐熟牛粪、生物菌肥风干重量比按 0.5319∶0.2660∶0.1995∶0.0026 混合，含有机质 38.09%、N 0.37%、P_2O_5 0.25%、K_2O 0.20%，有效活菌数≥0.03 亿个/g，粒径 1～5mm）；番茄品种中杂 102 号，中国农业科学院蔬菜花卉研究所选育。

2. 试验处理

试验共设计 6 个处理，处理 1，不施任何肥料（CK）；处理 2，100% 化肥；处理 3，25% 畜禽肥+75% 化肥；处理 4，50% 畜禽肥+50% 化肥；处理 5，75% 畜禽肥+25% 化肥；处理 6，100% 畜禽肥。每个处理重复 3 次，随机区组排列。各不同处理施肥量见表 14-21。

表 14-21 不同处理施肥量

试验处理	畜禽肥 （t/hm²）	尿素 （t/hm²）	过磷酸钙 （t/hm²）	硫酸钾 （t/hm²）
CK（不施肥）	0.00	0.00	0.00	0.00
100%化肥	0.00	0.61	0.95	0.30
25%畜禽肥+75%化肥	18.75	0.46	0.71	0.23
50%畜禽肥+50%化肥	37.50	0.31	0.48	0.15
75%畜禽肥+25%化肥	56.25	0.15	0.24	0.08
100%畜禽肥	75.00	0.00	0.00	0.00

3. 种植方法

试验小区面积 27m²（7.5m×3.6m），每个小区四周筑埂，埂宽 40cm、埂高 30cm。定植前将每个小区的过磷酸钙、硫酸钾、畜禽肥分别计量后，浅耕翻入 20cm 土层做基肥，1/3 尿素在番茄第 1 果穗乒乓球大小时结合灌水追施，2/3 尿素在番茄第 2 果穗乒乓球大小时结合灌水追施。定植时间为 2016—2018 每年的 5 月 10 日，垄高 35cm，垄距 60cm，株距 30cm，行距 60cm，每垄定植 2 行，每个小区定植 3 垄，每个小区定植 150 株。每个小区为一个支管单元，在支管单元入口安装闸阀、压力表和水表，在番茄垄上安装 1 条薄壁滴灌带，滴头间距 0.30m，流量 2.60L/（m·h），每个支管单元压力控制在 0.14MPa，分别在番茄定植后、开花期、第 1 果穗、第 2 果穗、第 3 果穗乒乓球大小和收获前各灌水 1 次，每个小区灌水量为 1.60m³。

4. 样品采集方法

定点试验 3 年后，于 2018 年 10 月 6 日番茄收获时，每个试验小区选择 3 垄，每垄采集 5 株，共采集 15 株测定单果重、单株果重、可溶性糖、维生素 C、硝酸盐和可滴定酸。每个试验小区单独收获，将小区产量折合成公顷产量进行统计分析。番茄收获后，分别在试验小区内按对角线布置 5 个采样点，采集 0~20cm 耕作层土样 5kg，用四分法留 2kg，1kg 新鲜土样放入 4℃冰箱避光保存测定微生物数量和酶活性，另外，1kg 土样风干过 1mm 筛供室内化验分析。土壤容重和团聚体测定用环刀采集原状土，未进行风干。

5. 测定指标与方法

土壤容重测定采用环刀法；土壤总孔隙度采用计算法求得；>0.25mm 团聚体测定采用干筛法；自然含水量测定采用烘干法；田间持水量测定采用威尔科克斯法；有机质测定采用重铬酸钾氧化—外加热法；CEC（阳离子交换量）测定采用 $NH_4OAc—NH_4Cl$ 法；pH 值测定采用电位法（5∶1 水土比浸提）；饱和持水量按公

式（饱和持水量=面积×总孔隙度×土层深度）求得；土壤有机碳按公式（土壤有机碳=土壤有机质测定值/1.724）求得；Cd 测定采用石墨炉原子吸收分光光度法；Hg 测定采用冷原子—荧光光谱法；Pb 测定采用火焰原子吸收分光光度法；Cr 测定采用分光光度法；微生物数量测定采用稀释平板法；蔗糖酶测定采用 3, 5-二硝基水杨酸比色法；脲酶测定采用靛酚比色法；磷酸酶测定采用磷酸苯二钠比色法；多酚氧化酶测定采用碘量滴定法；硝酸盐测定采用水杨酸硝化法；维生素 C 测定采用 2, 6-二氯靛酚滴定法；可溶性糖测定采用蒽酮–硫酸法；可滴定酸测定采用碱滴定法；土壤有机碳密度计算公式为：$SOC = T \times q \times C \times 0.01$，式中 SOC 为土壤有机碳密度（$kg/m^2$），$T$ 为土层厚度（cm），q 为土壤容重（g/cm^3），C 为土壤有机碳平均含量（g/kg）。

6. 数据分析方法

差异显著性采用 DPSS 10.0 统计软件分析，多重比较，LSR 检验法。

（二）结果与分析

1. 不同处理对灌漠土物理性质和水分的影响

（1）对物理性质的影响。连续定点试验 3 年后，于 2019 年 4 月 26 日番茄收获后测定数据表 14-22 可知，随着畜禽肥施用量梯度的增加，灌漠土容重在降低，总孔隙度和团聚体在增大。容重最小的是 100%畜禽肥，平均值为 1.16g/cm³，容重最大的为 CK，平均值为 1.30g/cm³。100%畜禽肥与 75%畜禽肥+25%化肥和 50%畜禽肥+50%化肥比较，容重降低 3.33%和 4.92%，差异不显著（$P>0.05$）；与 25%畜禽肥+75%化肥比较，容重降低 7.94%，差异显著（$P<0.05$）；与 100%化肥和 CK 比较，容重降低 10.08%和 10.77%，差异极显著（$P<0.01$）。总孔隙度最大的是 100%畜禽肥，平均值为 56.23%，最小的为 CK，平均值为 50.94%。100%畜禽肥与 75%畜禽肥+25%化肥和 50%畜禽肥+50%化肥比较，总孔隙度增加 2.76%和 4.21%，差异不显著（$P>0.05$）；与 25%畜禽肥+75%化肥比较，总孔隙度增加 7.21%，差异显著（$P<0.05$）；与 100%化肥和 CK 比较，总孔隙度增加 9.57%和 10.38%，差异极显著（$P<0.01$）。团聚体最多的是 100%畜禽肥，平均值为 39.06%，团聚体最少的是 CK，平均值为 32.02%。100%畜禽肥与 75%畜禽肥+25%化肥比较，团聚体增加 2.36%，差异不显著（$P>0.05$）；与 50%畜禽肥+50%化肥比较，团聚体增加 5.25%，差异显著（$P<0.05$）；与 25%畜禽肥+75%化肥、100%化肥和 CK 比较，团聚体增加 13.45%、18.62%和 21.99%，差异极显著（$P<0.01$）。

（2）对水分的影响。由表 14-22 可以看出，随着畜禽肥施用量梯度的增加，灌漠土水分在增加。自然含水量最大的是 100%畜禽肥，平均值为 140.39g/kg，自然含水量最小的是 CK，平均值为 108.51g/kg。100%畜禽肥与 75%畜禽肥+25%化肥和50%畜禽肥+50%化肥比较，自然含水量增加1.56%和3.86%，差异不显著（$P>0.05$）；与25%畜禽肥+75%化肥、100%化肥和CK比较，分别增加18.84%、24.32%和29.38%，差异极显著（$P<0.01$）。田间持水量最大的是100%畜禽肥，平均值为24.33%，田间持水量最小的是CK，平均值为19.39%。100%畜禽肥与75%畜禽肥+25%化肥比较，田间持水量增加2.06%，差异不显著（$P>0.05$）；与50%畜禽肥+50%化肥比较，田间持水量增加5.23%，差异显著（$P<0.05$）；与25%畜禽肥+75%化肥、100%化肥和CK比较，田间持水量增加9.64%、16.63%和25.48%，差异极显著（$P<0.01$）。饱和持水量最大的是100%畜禽肥，平均值为1 124.60t/hm²，饱和持水量最小的是CK，平均值为1 018.87t/hm²。100%畜禽肥与75%畜禽肥+25%化肥和50%畜禽肥+50%化肥比较，饱和持水量增加2.76%和4.30%，差异不显著（$P>0.05$）；与25%畜禽肥+75%化肥比较，饱和持水量增加7.21%，差异显著（$P<0.05$）；与100%化肥和CK比较，饱和持水量增加9.57%和10.38%，差异极显著（$P<0.01$）。

表14-22 不同处理对灌漠土物理性质和水分的影响

试验处理	容重（g/cm³）	总孔隙度（%）	>0.25mm团聚体（%）	自然含水量（g/kg）	田间持水量（%）	饱和持水量（t/hm²）
不施肥（CK）	1.30 aA	50.94 cA	32.02 dB	108.51 dB	19.39 dC	1 018.87 cB
100%化肥	1.29 aA	51.32 cA	32.93 dB	112.93 cB	20.86 cB	1 026.40 bB
25%畜禽肥+75%化肥	1.26 bB	52.45 bA	34.43 cB	118.13 bB	22.19 bA	1 049.00 bB
50%畜禽肥+50%化肥	1.22 cB	53.96 aA	37.11 bA	135.17 aA	23.12 aA	1 078.20 aA
75%畜禽肥+25%化肥	1.20 cB	54.72 aA	38.16 aA	138.23 aA	23.84 aA	1 094.40 aA
100%畜禽肥	1.16 cB	56.23 aA	39.06 aA	140.39 aA	24.33 aA	1 124.60 aA

2. 不同处理对灌漠土有机质及有机碳和化学性质的影响

（1）对有机质和有机碳的影响。由表14-23可以看出，随着畜禽肥施用量梯度的增加，灌漠土有机质和有机碳在增加。100%畜禽肥与75%畜禽肥+25%化肥比较，有机质增加6.38%，差异显著（$P<0.05$）；与50%畜禽肥+50%化肥、25%畜禽肥+75%化肥、100%化肥和CK比较，有机质增加13.50%、18.49%、30.40%和31.13%，差异极显著（$P<0.01$）。100%畜禽肥与75%畜禽肥+25%化肥比较，有机碳增加6.36%，差异显著（$P<0.05$）；与50%畜禽肥+50%化肥、25%畜禽肥+75%化肥、100%化肥和CK比较，有机碳增加13.49%、18.56%、30.48%和31.18%，差异极显著（$P<0.01$）。100%畜禽肥与75%畜禽肥+25%化肥比较，有机碳密度增加2.91%，差异不显著（$P>0.05$）；与50%畜禽肥+50%化肥和25%畜禽肥+75%化肥比较，有机碳密度增加 8.02%和 9.27%，差异显著（$P<0.05$）；与 100%化肥和 CK 比较，有机碳增加 17.43%和 17.43%，差异极显著（$P<0.01$）。

（2）对化学性质的影响。由表 14-23 可以看出，随着畜禽肥施用量梯度的增加，灌漠土 pH 值在降低，CEC 在增大。pH 值最小的是 100%畜禽肥，平均值为 8.06，pH 值最大的为 CK，平均值为 8.19。100%畜禽肥与 75%畜禽肥+25%化肥、50%畜禽肥+50%化肥、25%畜禽肥+75%化肥、100%化肥和 CK 比较，pH 值降低 0.37%、0.74%、1.10%、1.35%和 1.59%，差异不显著（$P>0.05$）。CEC 最大的是 100%畜禽肥，平均值为 21.11cmol/kg，CEC 最小的为 CK，平均值为 17.86cmol/kg。100%畜禽肥与 75%畜禽肥+25%化肥比较，CEC 增加 3.13%，差异不显著（$P>0.05$）；与 50%畜禽肥+50%化肥比较，CEC 增加 6.40%，差异显著（$P<0.05$）；与 25%畜禽肥+75%化肥、100%化肥和 CK 比较，CEC 增加 11.16%、13.68%和 23.80%，差异极显著（$P<0.01$）。

表 14-23　不同处理对灌漠土有机质及有机碳和化学性质的影响

试验处理	有机质（g/kg）	有机碳（g/kg）	有机碳密度（kg/m²）	pH 值	CEC（cmol/kg）
不施肥（CK）	16.03 fB	9.30 fB	2.41 cB	8.19 aA	17.86 eB
100%化肥	16.12 eB	9.35 eB	2.41 cB	8.17 aA	19.45 dB
25%畜禽肥+75%化肥	17.74 dB	10.29 dB	2.59 cA	8.15 aA	19.89 cB
50%畜禽肥+50%化肥	18.52 cB	10.75 cB	2.62 bA	8.12 aA	20.78 bA
75%畜禽肥+25%化肥	19.76 bA	11.47 bA	2.75 aA	8.09 aA	21.44 aA
100%畜禽肥	21.02 aA	12.20 aA	2.83 aA	8.06 aA	22.11 aA

3. 不同处理对灌漠土微生物及酶活性和重金属离子的影响

（1）对微生物的影响。由表 14-24 可以看出，随着畜禽肥施用量梯度的增加，灌漠土微生物在增加。100%畜禽肥与 75%畜禽肥+25%化肥比较，细菌和放线菌增加 4.47 和 4.82%，差异不显著（$P>0.05$）；与 50%畜禽肥+50%化肥比较，细菌增加 8.09%，差异显著（$P<0.05$），放线菌增加 10.83%，差异极显著（$P<0.01$）；与 25%畜禽肥+75%化肥、100%化肥和 CK 比较，细菌增加 12.65%、16.88%和 18.35%，放线菌增加 16.78%、46.22%和 47.46%，差异极显著（$P<0.01$）。

（2）对酶活性的影响。由表 14-24 可以看出，100%畜禽肥与 75%畜禽肥+25%化肥比较，蔗糖酶、脲酶、磷酸酶和多酚氧化酶增加 4.30%、4.85%、2.44%和 1.27%，差异不显著（$P>0.05$）；与 50%畜禽肥+50%化肥比较，蔗糖酶、磷酸酶和多酚氧化酶增加 7.78%、7.69%和 5.96%，差异显著（$P<0.05$）；脲酶增加 9.64%，差异极显著（$P<0.01$）；与 25%畜禽肥+75%化肥、100%化肥和 CK 比较，

蔗糖酶增加 11.49%、14.12% 和 14.79%，脲酶增加 11.92%、12.50% 和 16.76%，磷酸酶增加 13.51%、20.00% 和 23.53%，多酚氧化酶增加 10.34%、12.68% 和 14.29%，差异极显著（$P<0.01$）。

（3）对重金属离子的影响。由表 14-24 可以看出，随着畜禽肥施用量梯度的增加，灌漠土重金属离子在降低。100% 畜禽肥与 75% 畜禽肥+25% 化肥比较，Hg、Cd、Cr 和 Pb 降低 15.79%、13.46%、10.72% 和 13.07%；与 50% 畜禽肥+50% 化肥比较，Hg、Cd、Cr 和 Pb 降低 21.95%、19.64%、16.06% 和 20.07%；与 25% 畜禽肥+75% 化肥比较，Hg、Cd、Cr 和 Pb 降低 25.58%、23.73%、19.43% 和 24.80%；与 100% 化肥比较，Hg、Cd、Cr 和 Pb 降低 30.43%、28.57%、23.35% 和 28.60%，差异极显著（$P<0.01$）；100% 畜禽肥与 CK 比较，Hg、Cd、Cr 和 Pb 增加 3.23%、4.65%、4.07% 和 3.38%，差异不显著（$P>0.05$）。

表 14-24　不同处理对灌漠土微生物及酶活性和重金属离子的影响

试验处理	细菌 ($\times 10^7$/g)	放线菌 ($\times 10^7$/g)	蔗糖酶 [mg/ (g·天)]	脲酶 (mg/kg·h)	磷酸酶 [g/ (kg·天)]	多酚氧化酶 (ml/g)	Hg (mg/kg)	Cd (mg/kg)	Cr (mg/kg)	Pb (mg/kg)
不施肥（CK）	1.58eB	1.18fB	1.69eB	1.85eB	0.34eB	1.40eB	0.31eD	0.43fF	26.02eC	10.94fD
100% 化肥	1.60dB	1.19eB	1.70dB	1.92dB	0.35dB	1.42dB	0.46aA	0.63aA	35.33aA	15.84aA
25% 畜禽肥+75% 化肥	1.66cB	1.49dB	1.74cB	1.93cB	0.37cB	1.45cB	0.43bB	0.59bB	33.61bA	15.04bA
50% 畜禽肥+50% 化肥	1.73bA	1.57cB	1.80bA	1.97bA	0.39bA	1.51bA	0.41bB	0.56cC	32.26bA	14.15cB
75% 畜禽肥+25% 化肥	1.79aA	1.66aA	1.86aA	2.06aA	0.41aA	1.58aA	0.38cC	0.52dD	30.33cA	13.01dC
100% 畜禽肥	1.87aA	1.74aA	1.94aA	2.16aA	0.42aA	1.60aA	0.32dD	0.45eE	27.08dB	11.31eD

4. 对番茄经济性状及产量和品质的影响

（1）对经济性状和产量的影响。由表 14-25 可以看出，随着畜禽肥施用量梯度的增加，番茄经济性状和产量在递增。100% 畜禽肥与 75% 畜禽肥+25% 化肥比较，单果重、单株果重和产量增加 2.76%、3.29% 和 3.10%，差异不显著（$P>0.05$）；与 50% 畜禽肥+50% 化肥比较，单果重、单株果重和产量增加 5.58%、6.08% 和 5.89%，差异显著（$P<0.05$）；与 25% 畜禽肥+75% 化肥比较，单果重增加 7.51%，差异显著（$P<0.05$），单株果重和产量增加 12.95% 和 13.03%，差异极显著（$P<0.01$）；与 100% 化肥比较，单果重、单株果重和产量增加 11.13%、19.85% 和 20.25%，差异极显著（$P<0.01$）；与 CK 比较，单果重、单株果重和产量增加 31.41%、34.19% 和 34.65%，差异极显著（$P<0.01$）。

（2）对品质的影响。由表 14-25 可以看出，随着畜禽肥施用量梯度的增加，番茄可溶性糖和维生素 C 在递增。100%畜禽肥与 75%畜禽肥+25%化肥比较，可溶性糖和维生素 C 增加 4.32%和 3.10%，差异不显著（$P>0.05$）；与 50%畜禽肥+50%化肥比较，可溶性糖和维生素 C 增加 6.52%和 5.39%，差异显著（$P<0.05$）；与 25%畜禽肥+75%化肥比较，可溶性糖和维生素 C 增加 11.28%和 11.12%，差异极显著（$P<0.01$）；与 100%化肥比较，可溶性糖和维生素 C 增加 13.79%和 13.63%，差异极显著（$P<0.01$）；与 CK 比较，可溶性糖和维生素 C 增加 25.90%和 44.44%，差异极显著（$P<0.01$）。随着畜禽肥施用量梯度的增加，番茄硝酸盐和可滴定酸在递减。100%畜禽肥与 75%畜禽肥+25%化肥比较，硝酸盐和可滴定酸降低 6.98%和 9.38%，差异显著（$P<0.05$）；与 50%畜禽肥+50%化肥比较，硝酸盐和可滴定酸降低 11.11%和 14.71%，差异极显著（$P<0.01$）；与 25%畜禽肥+75%化肥比较，硝酸盐和可滴定酸降低 14.10%和 21.62%，差异极显著（$P<0.01$）；与 100%化肥比较，硝酸盐和可滴定酸降低 21.61%和 30.95%，差异极显著（$P<0.01$）；与 CK 比较，硝酸盐和可滴定酸降低 20.01%和 25.64%，差异极显著（$P<0.01$）。

表 14-25　不同处理对番茄经济性状及产量和品质的影响

试验处理	单果重 (g)	单株果重 (kg/株)	产量 (t/hm²)	可溶性糖 (%)	维生素 C (mg/100g)	硝酸盐 (mg/100g)	可滴定酸 (g/kg)
不施肥（CK）	113.85 eC	1.17 eC	64.79 eC	13.63 dC	61.46 dC	113.17 bA	0.39 aA
100%化肥	134.63 dB	1.31 dB	72.55 dB	15.08 cB	78.12 cB	115.48 aA	0.42 aA
25%畜禽肥+75%化肥	139.16 cB	1.39 cB	77.18 cB	15.42 cB	79.89 cB	105.39 cB	0.37 bA
50%畜禽肥+50%化肥	141.70 bA	1.48 bA	82.39bA	16.11 bA	84.23 bA	101.85 dC	0.34 cB
75%畜禽肥+25%化肥	145.59 aA	1.52 aA	84.62 aA	16.45 aA	86.10 aA	97.32 eD	0.32 dB
100%畜禽肥	149.61 aA	1.57 aA	87.24 aA	17.16 aA	88.77 aA	90.53 fE	0.29eB

5. 不同处理对番茄经济效益的影响

化肥减量畜禽肥增量，减少了化肥施用量，促进了畜禽肥资源的循环和增值，降低了施肥成本，提高了施肥利润，达到了节本增效的目的。从表 14-26 可以看出，不同处理施肥利润由大到小的变化顺序依次为：100%畜禽肥>75%畜禽肥+25%化肥>50%畜禽肥+50%化肥>25%畜禽肥+75%化肥>100%化肥，100%畜禽肥与 75%畜禽肥+25%化肥、50%畜禽肥+50%化肥、25%畜禽肥+75%化肥和 100%化肥比较，施肥利润增加 0.68 万元/hm²、1.24 万元/hm²、2.70 万元/hm² 和 3.97 万元/hm²。化肥减量畜禽肥增量，提高了肥料投资效率。从表 14-26 可以看

出，不同处理肥料投资效率由大到小的变化顺序依次为：50%畜禽肥+50%化肥>
75%畜禽肥+25%化肥>100%畜禽肥>25%畜禽肥+75%化肥>100%化肥，50%畜禽
肥+50%化肥与75%畜禽肥+25%化肥、100%畜禽肥、25%畜禽肥+75%化肥和
100%化肥比较，肥料投资效率增加0.75、1.12、1.28和2.32。由此可见，50%畜
禽肥+50%化肥配合施肥番茄肥料投资效率比单施化肥好。

表14-26　不同处理对番茄经济效益的影响

试验处理	产量 （t/hm²）	增产量 （t/hm²）	增产值 （万元/hm²）	施肥成本 （万元/hm²）	施肥利润 （万元/hm²）	肥料投资 效率
CK（不施肥）	64.79 eC	/	/	/	/	/
100%化肥	72.55 dB	7.76	2.33	0.29	2.04	7.03
25%畜禽肥+75%化肥	77.18 cB	12.39	3.72	0.41	3.31	8.07
50%畜禽肥+50%化肥	82.39 bA	17.60	5.28	0.51	4.77	9.35
75%畜禽肥+25%化肥	84.62 aA	19.83	5.95	0.62	5.33	8.60
100%畜禽肥	87.24 aA	22.45	6.74	0.73	6.01	8.23

注：尿素1 800元/t，过磷酸钙800元/t，硫酸钾3 600元/t，腐熟鸡粪120元/t，腐熟羊粪
60元/t，腐熟牛粪40元/t，生物菌肥4 000元/t，畜禽粪便组合肥97.56元/t。

（三）问题讨论与结论

随着畜禽肥施用量梯度的递增，化肥施用量梯度的递减，灌漠土物理性质表现
为，孔隙度、团聚体和饱和持水量增大，容重降低。其原因一是畜禽肥中的鸡粪、
羊粪和牛粪使土壤疏松，因而降低了容重，增大了孔隙度；二是畜禽肥中的鸡粪、
羊粪和牛粪在土壤中合成腐殖质，促进了团聚体的形成；三是畜禽肥在土壤中合成
腐殖质，腐殖质的吸水率较大，因而提高了温室土壤的饱和持水量。随着畜禽肥施
用量梯度的递增，化肥施用量梯度的递减，灌漠土化学性质表现为，有机质、有机
碳和CEC增大，pH值降低。原因一是畜禽肥含有丰富的有机质，因而灌漠土CEC
增大，有机质增加；二是畜禽肥中的鸡粪、羊粪和牛粪被微生物分解后产生了有机
酸，因而降低了pH值。随着畜禽肥施用量梯度的递增，化肥施用量梯度的递减，
灌漠土的生物学性质和酶活性表现为，细菌、放线菌、蔗糖酶、磷酸酶、多酚氧化
酶和脲酶增加。其原因一是畜禽肥中的生物活性菌肥含有丰富的有效活性微生物；
二是畜禽肥中的有机质、大量元素和微量元素，为微生物的生长发育提供了丰富的
营养物质，促进了微生物的繁殖和生长发育，同时提高了土壤酶的活性。随着畜禽
肥施用量梯度的递增，化肥施用量梯度的递减，灌漠土总孔隙度、团聚体、持水
量、有机质、CEC、微生物、酶活性、番茄产量、可溶性糖和维生素C在递增，灌
漠土容重、pH值、重金属离子、番茄硝酸盐和可滴定酸在递减。原因是畜禽肥中
的鸡粪、羊粪和牛粪含有番茄生长发育所必需的大量元素和微量元素，促进了番茄

的生长发育，提高了番茄产量，改善了其品质。

随着畜禽肥施用量梯度的递增，化肥施用量梯度的递减，灌漠土总孔隙度、团聚体、持水量、有机质、有机碳、有机碳密度、CEC、微生物、酶活性在递增，容重、pH 值、重金属离子在递减；番茄产量、产值、施肥利润、可溶性糖和维生素 C 在递增，硝酸盐和可滴定酸在递减。不同处理灌漠土性质及番茄品质、产量、产值由大到小的变化顺序依次为：100%畜禽肥>75%畜禽肥+25%化肥>50%畜禽肥+50%化肥>25%畜禽肥+75%化肥>100%化肥，而不同处理肥料投资效率由大到小的变化顺序依次为：50%畜禽肥+50%化肥>75%畜禽肥+25%化肥>100%畜禽肥>25%畜禽肥+75%化肥>100%化肥。将 50%畜禽肥+50%化肥配合施用，可以取长补短，缓急相济，促进了畜禽粪便资源的循环利用，有效的改善了土壤理化性质、生物学性质和番茄品质，达到了化肥减量耕地质量提升的目的，为保障国家蔬菜安全生产提供了技术支撑。

二、畜禽粪便组合肥对温室土壤性质和番茄果实品质影响的研究

甘肃省河西内陆灌区温室蔬菜产业已发展成为农业增效、农民增收的重要支柱产业之一，截至 2018 年已建成高标准日光节能温室 $1.84×10^7 hm^2$，基本上形成了以武威、金昌、张掖、酒泉、嘉峪关市为主的茄子、辣椒、番茄、黄瓜、西葫芦、芹菜、韭菜、西瓜为主的种植基地。经调查，甘肃省河西内陆灌区的武威、张掖和酒泉市菜户种植的番茄、西葫芦、黄瓜、茄子、辣椒、芹菜化肥氮磷钾平均投入量为 $1335kg/hm^2$，而有机肥氮磷钾投入量为 $145kg/hm^2$，化肥氮磷钾投入量与有机肥氮磷钾投入量比例为 1：0.11，蔬菜产量的提高主要依赖化肥的施用，长期超量施用化肥，导致生产成本高，土壤有机质含量低，土壤养分比例失衡，蔬菜品质下降。因此，研究施用畜禽粪便组合肥对温室土壤性质和番茄果实品质的影响成为本地区蔬菜产业可持续发展的关键所在。甘肃省河西内陆灌区分布着 $3.47×10^7 t$ 的畜禽粪便，其中家庭燃料、沼气工程、直接还田等减量系数折算为 0.54，还有 $1.60×10^7 t$ 的畜禽粪便没有相应的管理措施，随意堆放在居民点、田间地头、道路上，经风吹日晒雨淋后污染了环境。据室内化验分析，这些畜禽粪便含有机质 $221.20～243.40g/kg$、全氮 $3.20～8.30g/kg$、全磷 $1.50～4.00g/kg$、全钾 $4.40～6.00g/kg$，而重金属离子 Hg、Cd、Cr、Pb 含量均小于国家规定（GB 8172—87）的畜禽粪便含量标准。为了加快畜禽粪便资源化利用进程，保障蔬菜安全生产，本文进行了长期施用畜禽粪便组合肥对温室土壤性质和番茄果实品质的影响的研究，现将研究结果分述如下。

（一）材料与方法

1. 试验材料

（1）试验地概况。试验于 2016—2018 年在甘肃省张掖市甘州区沙井镇坝庙村

张掖灌区农作物科学施肥理论与实践

连续种植 10 年的日光节能温室内进行，温室坐北向南，长度 75m，跨度 8m，脊高 4m，后屋面仰角大于 45°，墙体底宽 1.60~1.80m，上口宽 1.40~1.60m，前屋面采用无立柱大棚骨架。试验地海拔 1 485m，100°15′68″E，39°05′90″N，年降水量 116mm，年蒸发量 1 850mm，年平均气温 7.50℃，日照时数 3 053h，无霜期 160 天。土壤类型是耕种风沙土，试验地种植前采集土样进行分析，耕层 0~20cm 土层含有机质 16.36g/kg，碱解氮 61.13mg/kg，有效磷 8.94mg/kg，速效钾 134.36mg/kg，有效硼 0.43mg/kg，有效锰 6.71mg/kg，有效铜 1.43mg/kg，有效锌 0.46mg/kg，有效铁 4.50mg/kg，有效钼 0.11mg/kg，阳离子交换量 19.25cmol/kg，可溶性盐 1.89mg/kg，pH 值 8.36，前茬作物是黄瓜。

（2）参试材料。尿素（含 N 46%，粒径 1~3mm，甘肃刘家峡化工厂产品）；磷酸二铵（含 N 18%、P_2O_5 46%，粒径 3~4mm，云南云天化国际化工股份有限公司产品）；K_2SO_4（含 K_2O 50%，粒径 1~2mm，湖北兴银河化工有限公司产品）；腐熟鸡粪（含有机质 42.77%、N 1.031%、P_2O_5 0.41%、K_2O 0.72%、粒径 1~10mm，张掖市甘州区沙井镇农户提供）；腐熟羊粪（含有机质 38.30%、N 0.32%、P_2O_5 0.29%、K_2O 0.31%，粒径 1~10mm，张掖市甘州区沙井镇农户提供）；腐熟牛粪（含有机质 25.41%、N 0.01%、P_2O_5 0.22%、K_2O 0.16%，粒径 1~10mm，张掖市甘州区沙井镇农户提供）；生物菌肥（市售，含有效活菌数 ≥10 亿个/g，粒径 1~5mm，山东大地生物科技有限公司产品）；畜禽粪便组合肥（自制，将腐熟鸡粪、腐熟羊粪、腐熟牛粪、生物菌肥风干重量比按 0.5319∶0.2660∶0.1995∶0.0026 混合搅拌均匀得到畜禽粪便组合肥，经室内化验分析，含有机质 38.09%、N 0.37%、P_2O_5 0.25%、K_2O 0.20%，有效活菌数 ≥0.03 亿个/g，粒径 1~10mm）。番茄品种为中杂 102 号，中国农业科学院蔬菜花卉研究所选育。

2. 试验方法

（1）试验处理。畜禽粪便组合肥施用量梯度设计为 0t/hm²（CK）、15t/hm²、30t/hm²、45t/hm²、60t/hm² 和 75t/hm² 共 6 个处理，以处理 1 为 CK，每个处理重复 3 次，随机区组排列。

（2）种植方法。试验小区面积 27m²（7.5m×3.6m），每个小区四周筑埂，埂宽 40cm、埂高 30cm。定植前将农户传统化肥施用量（尿素 900kg/hm²，磷酸二铵 750kg/hm²，硫酸钾 450kg/hm²）按 50% 减量（尿素 450kg/hm²，磷酸二铵 375kg/hm²，硫酸钾 225kg/hm²），每个小区的磷酸二铵、硫酸钾、畜禽粪便组合肥分别计量后，浅耕翻入 20cm 土层做基肥，1/3 尿素在番茄第 1 果穗乒乓球大小时结合灌水追施，2/3 尿素在番茄第 2 果穗乒乓球大小时结合灌水追施。定植时间为 2016—2018 年每年的 5 月 1 日，垄高 35cm，垄距 60cm，定植深度 10cm，株距 30cm，行距 60cm，每垄定植 2 行，每个小区定植 3 垄，每个小区定植 150 株。每个小区为一个支管单元，在支管单元入口安装闸阀、压力表和水表，在番茄垄上安装 1 条薄壁滴灌带，滴头间距 0.30m，流量 2.60L/（m·h），每个支管单元压力控制在 0.14MPa，分别在番茄定植后、开花期、第 1 果穗、第 2 果穗、第 3 果穗乒乓球大小和收获前各灌水 1 次，每个小区灌水量为 1.60m³。

（3）样品采集方法。定点试验 3 年后，于 2018 年 9 月 30 日番茄收获时，每个试验小区选择 3 垄，每垄采集 5 株，共采集 15 株测定单果重、单株果重、可溶性糖、维生素 C、可溶性蛋白质、硝酸盐和可滴定酸。每个试验小区单独收获，将小区产量折合成公顷产量进行统计分析。番茄收获后，分别在试验小区内按对角线布置 5 个采样点，采集 0~20cm 耕作层土样 5kg，用四分法留 2kg，1kg 新鲜土样放入 4℃冰箱避光保存测定微生物数量和酶活性，另外 1kg 土样风干过 1mm 筛供室内化验分析。土壤容重和团聚体测定用环刀采集原状土，未进行风干。

（4）测定指标与方法。土壤容重采用环刀法测定；土壤孔隙度采用计算法求得；>0.25mm 团聚体采用干筛法测定；自然含水量采用烘干法测定；有机质采用重铬酸钾氧化—外加热法测定；碱解氮采用扩散法测定；速效磷采用 $NaHCO_3$ 浸提—钼锑抗比色法测定；速效钾采用 NH_4OAc_3 浸提—火焰光度法测定；CEC（阳离子交换量）测定采用 $NH_4OAc—NH_4Cl$ 法；pH 值采用电位法测定，5∶1 水土比浸提；容积含水量按公式（容积含水量=自然含水量×土壤容重）求得；饱和持水量按公式（饱和持水量=面积×总孔隙度×土层深度）求得；毛管持水量按公式（毛管持水量=面积×毛管孔隙度×土层深度）求得；非毛管持水量按公式（非毛管持水量=面积×非毛管孔隙度×土层深度）求得；土壤有机碳按公式（土壤有机碳=土壤有机质测定值/1.724）求得；土壤供碳量（t/hm²）按公式（土壤供碳量=土壤有机碳测定值×2.25）求得；土壤供氮磷钾量按公式（土壤供氮磷钾量=土壤碱解氮、速效磷、速效钾测定值×2.25）求得；微生物数量采用稀释平板法测定；蔗糖酶采用 3，5-二硝基水杨酸比色法测定；脲酶采用靛酚比色法测定；磷酸酶采用磷酸苯二钠比色法测定；多酚氧化酶采用碘量滴定法测定；硝酸盐采用水杨酸硝化法测定；维生素 C 采用 2，6-二氯靛酚滴定法测定；可溶性糖采用蒽酮-硫酸法测定；可溶性蛋白采用考马斯亮蓝 C-250 染色法测定；可滴定酸采用碱滴定法测定；边际施肥量按公式（边际施肥量=后一个处理施肥量-前一个处理施肥量）求得；边际产量按公式（边际产量=每增加一个单位肥料用量时所得到的产量-前一个处理的产量）求得；边际产值按公式（边际产值=边际产量×产品价格）求得；边际成本按公式（边际成本=边际施肥量×肥料价格）求得；边际利润按公式（边际利润=边际产值-边际成本）求得。

（5）数据分析方法。差异显著性采用 DPSS 10.0 统计软件分析，多重比较，LSR 检验法。依据经济效益最佳施肥量计算公式求得畜禽粪便组合肥经济效益最佳施肥量（x_0）：$x_0=[(p_x/p_y)-b]/2c$，式中 p_x 为肥料平均销售价格（元/t），p_y 为农产品平均收购价格（元/t），b、c 为回归系数。依据肥料效应函数方程，求得番

茄理论产量 $y=a+bx-cx^2$。

(二) 结果与分析

1. 不同梯度畜禽粪便组合肥对温室土壤物理和化学性质的影响

(1) 对物理性质的影响。连续定点试验 3 年后，于 2018 年 9 月 30 日番茄收获后测定数据可以看出，随着畜禽粪便组合肥施用量梯度的增加，温室土壤容重在降低，孔隙度和团聚体在增加。畜禽粪便组合肥施用量 75t/hm²，容重最小，平均值为 1.21g/cm³，CK 的容重最大，平均值为 1.35g/cm³；畜禽粪便组合肥施用量 75t/hm²，总孔隙度、毛管孔隙度、非毛管孔隙度和团聚体最大，平均值为 54.33%、17.33%、37.00% 和 39.86%，CK 的总孔隙度、毛管孔隙度、非毛管孔隙度和团聚体最小，平均值分别为 49.06%、14.94%、34.12% 和 32.67%。经相关分析，畜禽粪便组合肥施用量与容重之间呈显著的负相关关系，与总孔隙度、毛管孔隙度、非毛管孔隙度和团聚体之间呈显著的正相关关系，相关系数 (R) 为 -0.9672、0.9666、0.9046、0.9563 和 0.9785。畜禽粪便组合肥施用量 75t/hm² 与 60t/hm² 和 45t/hm² 比较，容重降低 0.82% 和 2.42%，差异不显著 ($P>0.05$)，与 30t/hm² 比较，容重降低 6.20%，差异显著 ($P<0.05$)；与 15t/hm² 和 CK 比较，容重降低 8.33% 和 10.37%，差异极显著 ($P<0.01$)。畜禽粪便组合肥施用量 75t/hm² 与 60t/hm² 和 45t/hm² 比较，总孔隙度增加 0.69% 和 2.10%，毛管孔隙度增加 0.70% 和 1.40%，非毛管孔隙度增加 0.68% 和 2.44%，差异不显著 ($P>0.05$)；与 30t/hm² 比较，总孔隙度、毛管孔隙度和非毛管孔隙度分别增加 5.87%、5.86% 和 5.87%，差异显著 ($P<0.05$)；与 15t/hm² 和 CK 比较，总孔隙度增加 8.27% 和 10.74%，毛管孔隙度增加 8.93% 和 16.00%，非毛管孔隙度增加 7.97% 和 8.44%，差异极显著 ($P<0.01$)。畜禽粪便组合肥施用量 75t/hm² 团聚体最大，平均值为 39.86%，CK 的团聚体最小，平均值为 32.67%。畜禽粪便组合肥施用量 75t/hm² 与 60t/hm² 比较，团聚体增加 2.36%，差异不显著 ($P>0.05$)；与 45t/hm² 比较，团聚体增加 5.25%，差异显著 ($P<0.05$)；与 30t/hm²、15t/hm² 和 CK 比较，团聚体增加 13.43%、18.63% 和 22.01%，差异极显著 ($P<0.01$) (表 14-27)。

(2) 对化学性质的影响。由表 14-27 可知，随着畜禽粪便组合肥施用量梯度的增加，温室土壤 pH 值在降低，CEC 在增大。畜禽粪便组合肥施用量 75t/hm²，pH 值最小，平均值为 8.22，CK 的 pH 值最大，平均值为 8.36；畜禽粪便组合肥施用量 75t/hm² CEC 最大，平均值为 22.56cmol/kg，CK 的 CEC 最小，平均值为 19.25cmol/kg。经分析，畜禽粪便组合肥施用量与 pH 值之间呈显著的负相关关系，与 CEC 之间呈显著的正相关关系，相关系数 (R) 为 -0.9823 和 0.9933。畜禽粪便组合肥施用量 75t/hm² 与 60t/hm²、45t/hm²、30t/hm²、15t/hm² 和 CK 比较，pH 值分别降低 0.48%、0.84%、1.20%、1.44% 和 1.67%，差异不显著 ($P>0.05$)。

畜禽粪便组合肥施用量 75t/hm² 与 60t/hm² 比较，CEC 增加 3.11%，差异不显著（$P>0.05$）；与 45t/hm² 比较，CEC 增加 6.42%，差异显著（$P<0.05$）；与 30t/hm²、15t/hm² 和 CK 比较，CEC 增加 11.13%、13.65% 和 17.19%，差异极显著（$P<0.01$）。

表 14-27　不同梯度畜禽粪便组合肥对温室土壤物理性质的影响

组合肥施用量（t/hm²）	容重（g/cm³）	总孔隙度（%）	毛管孔隙度（%）	非毛管孔隙度（%）	>0.25mm团聚体（%）	pH 值	CEC（cmol/kg）
0（CK）	1.35 aA	49.06 cB	14.94 cB	34.12 cB	32.67 dB	8.36 aA	19.25 dB
15	1.32 aA	50.18 bB	15.91 cB	34.27 cB	33.60 dB	8.34 aA	19.85 dB
30	1.29 bB	51.32 bB	16.37 bA	34.95 bA	35.14 cB	8.32 aA	20.30 cB
45	1.24 cB	53.21 aA	17.09 aA	36.12 aA	37.87 bA	8.29 aA	21.20 bA
60	1.22 cB	53.96 aA	17.21 aA	36.75 aA	38.94 aA	8.26 aA	21.88 aA
75	1.21 cB	54.33 aA	17.33 aA	37.00 aA	39.86 aA	8.22 aA	22.56 aA

2. 不同梯度畜禽粪便组合肥对温室土壤水分的影响

（1）对含水量的影响。由表 14-28 可知，随着畜禽粪便组合肥施用量梯度的增加，温室土壤自然含水量和容积含水量递增。经相关分析，畜禽粪便组合肥施用量与自然含水量和容积含水量之间呈显著的正相关关系，相关系数（R）为 0.9508 和 0.9063。畜禽粪便组合肥施用量 75t/hm²，自然含水量和容积含水量最大，平均值为 143.26g/kg 和 17.34%，CK 的自然含水量和容积含水量最小，平均值为 110.72g/kg 和 14.95%。畜禽粪便组合肥施用量 75t/hm² 与 60t/hm² 和 45t/hm² 比较，自然含水量增加 1.56% 和 3.86%，容积含水量增加 0.81% 和 1.46%，差异不显著（$P>0.05$）；与 30t/hm² 比较，自然含水量增加 12.90%，差异极显著（$P<0.01$），容积含水量增加 5.93%，差异显著（$P<0.05$）；与 15t/hm² 和 CK 比较，自然含水量增加 18.84% 和 29.39%，容积含水量增加 8.92% 和 15.99%，差异极显著（$P<0.01$）。

（2）对持水量的影响。温室土壤施用畜禽粪便组合肥后，增加了土壤有机胶体，有机胶体的吸水率比土粒大，对土壤持水量有重要的影响。由表 14-28 可知，畜禽粪便组合肥施用量 75t/hm² 饱和持水量、毛管持水量和非毛管持水量最大，平均值为 1 086.60t/hm²、346.60t/hm² 和 740.00t/hm²，CK 的饱和持水量、毛管持水量和非毛管持水量最小，平均值为 981.20t/hm²、298.80t/hm² 和 682.40t/hm²。经相关分析，畜禽粪便组合肥施用量与饱和持水量、毛管持水量和非毛管持水量之间呈显著的正相关关系，相关系数（R）为 0.9666、0.9046 和 0.9563。畜禽粪便组合肥施用量 75t/hm² 与 60t/hm² 和 45t/hm² 比较，饱和持水量增加 0.69% 和 2.10%，毛管持水量增加 0.70% 和 1.40%，非毛管持水量增加 0.68% 和 2.44%，差异不显著（$P>0.05$）；与 30t/hm² 比较，饱和持水量、毛管持水量和非毛管持水量增加 5.87%、5.86% 和 5.87%，差异显著（$P<0.05$）；与 15t/hm² 和 CK 比较，饱和持水量增加 8.27% 和 10.74%，毛管持水量增加 8.93% 和 16.00%，非毛管持水量增加 7.97% 和 8.44%，差异极显著（$P<0.01$）。

3. 不同梯度畜禽粪便组合肥对温室土壤有机质和有机碳及速效氮磷钾的影响

（1）对有机质和有机碳的影响。土壤有机质是土壤的重要组成部分，是衡量土壤肥力的重要指标之一，畜禽粪便组合肥含有丰富的有机质，施用畜禽粪便组合肥后土壤有机质含量发生了明显的变化。由表 14-28 可知，随着畜禽粪便组合肥施用量梯度的增加，温室土壤有机质和有机碳在递增。畜禽粪便组合肥施用量 75t/hm² 有机质和有机碳最大，平均值为 21.44g/kg 和 12.44g/kg，CK 的有机质和有机碳最小，平均值为 16.36g/kg 和 9.49g/kg。经相关分析，畜禽粪便组合肥施用量与有机质和有机碳之间呈显著的正相关关系，相关系数（R）为 0.9423 和 0.9424。畜禽粪便组合肥施用量 75t/hm² 与 60t/hm² 比较，有机质和有机碳增加 6.35% 和 6.42%、差异显著（$P<0.05$），与 45t/hm²、30t/hm²、15t/hm² 和 CK 比较，有机质增加 13.50%、25.53%、30.33% 和 31.05%，有机碳增加 13.50%、25.53%、30.40% 和 31.09%。

（2）对速效氮磷钾的影响。由表 14-28 可知，随着畜禽粪便组合肥施用量梯度的增加，温室土壤速效氮磷钾含量在递增。畜禽粪便组合肥施用量 75t/hm² 速效氮磷钾含量最高，平均值为 85.91mg/kg、15.18mg/kg 和 147.69mg/kg，CK 的速效氮磷钾含量最低，平均值为 61.13mg/kg、8.94mg/kg 和 134.36mg/kg。经相关分析，畜禽粪便组合肥施用量与速效氮磷钾含量之间呈显著的正相关关系，相关系数（R）为 0.9806、0.9967 和 0.9996。畜禽粪便组合肥施用量 75t/hm² 与 60t/hm² 比较，碱解氮增加 6.22%，差异显著（$P<0.05$），有效磷增加 11.21%，差异极显著（$P<0.01$）；与 45t/hm²、30t/hm²、15t/hm² 和 CK 比较，碱解氮增加 13.20%、21.14%、30.05% 和 40.54%，有效磷增加 20.29%、36.14%、49.70% 和 69.80%，差异极显著（$P<0.01$）；畜禽粪便组合肥施用量 75t/hm² 与 60t/hm² 和 45t/hm² 比较，速效钾增加 1.68% 和 4.26%，差异不显著（$P>0.05$），与 30t/hm² 比较，速效钾增加 5.64%，差异显著（$P<0.05$），与 15t/hm² 和 CK 比较，速效钾增加 7.78% 和 9.92%，差异极显著（$P<0.01$）。

表 14-28　不同梯度畜禽粪便组合肥对温室土壤水分及有机质和速效氮磷钾的影响

组合肥施用量 (t/hm²)	自然含水量 (g/kg)	容积含水量 (%)	饱和持水量 (t/hm²)	毛管持水量 (t/hm²)	非毛管持水量 (t/hm²)	有机质 (g/kg)	有机碳 (g/kg)	碱解氮 (mg/kg)	有效磷 (mg/kg)	速效钾 (mg/kg)
0 (CK)	110.72dB	14.95dB	981.20bB	298.80cB	682.40cB	16.36dC	9.49dC	61.13fE	8.94fF	134.36bB
15	120.55cB	15.92cB	1 003.6bB	318.20cB	685.40cB	16.45dC	9.54dC	66.06eD	10.14eE	137.03bB
30	126.89bB	16.37bA	1 026.4bA	327.40bA	699.00bA	17.08dC	9.91dC	70.92bC	11.15dD	139.80bA
45	137.93aA	17.09aA	1 064.2aA	341.80aA	722.40aA	18.89cB	10.96cB	75.89cE	12.62cC	141.66aA
60	141.06aA	17.20aA	1 079.2aA	344.20aA	735.00aA	20.16bA	11.69bA	80.88bA	13.65bB	145.25aA
75	143.26aA	17.34aA	1 086.6aA	346.60aA	740.00aA	21.44aA	12.44aA	85.91aA	15.18aA	147.69aA

（3）对供肥量的影响。由表 14-29 可知，随着畜禽粪便组合肥施用量梯度的增加，温室土壤供肥量在递增。畜禽粪便组合肥施用量 75t/hm² 供碳量、供氮量、供磷量和供钾量最大，平均值为 27.99t/hm²、192.30kg/hm²、34.16kg/hm² 和 332.30kg/hm²，CK 的供碳量、供氮量、供磷量和供钾量最小，平均值为 21.35t/hm²、137.54kg/hm²、20.11kg/hm² 和 302.31kg/hm²。经相关分析，畜禽粪便组合肥施用量与供碳量、供氮量、供磷量和供钾量之间呈显著的正相关关系，相关系数（R）为 0.9428、0.9999、0.9967 和 0.9958。畜禽粪便组合肥施用量 75t/hm² 与 60t/hm² 比较，供碳量和供氮量增加 6.43% 和 5.67%，差异显著（$P<0.05$）；与 45t/hm²、30t/hm²、15t/hm² 和 CK 比较，供碳量增加 13.50%、25.52%、30.37% 和 31.10%，供氮量增加 12.62%、20.51%、29.37% 和 39.81%，差异极显著（$P<0.01$）。畜禽粪便组合肥施用量 75t/hm² 与 60t/hm²、45t/hm²、30t/hm²、15t/hm² 和 CK 比较，供磷量增加 11.23%、20.28%、36.15%、49.69% 和 69.80%，差异极显著（$P<0.01$）。畜禽粪便组合肥施用量 75t/hm² 与 60t/hm² 和 45t/hm² 比较，供钾量增加 1.68% 和 4.26%，差异不显著（$P>0.05$）；与 30t/hm² 比较，供钾量增加 5.64%，差异显著（$P<0.05$）；与 15t/hm² 和 CK 比较，供钾量增加 7.78% 和 9.92%，差异极显著（$P<0.01$）。

表 14-29　不同梯度畜禽粪便组合肥对温室土壤供肥量的影响

畜禽粪便组合肥施用量 (t/hm²)	供碳量 (t/hm²)	供氮量 (kg/hm²)	供磷量 (kg/hm²)	供钾量 (kg/hm²)
0 (CK)	21.35 dC	137.54 dC	20.11 cB	302.31 eC
15	21.47 dC	148.64 cB	22.82 bB	308.32 dB

（续表）

畜禽粪便组合肥施用量（t/hm²）	供碳量（t/hm²）	供氮量（kg/hm²）	供磷量（kg/hm²）	供钾量（kg/hm²）
30	22.30 dC	159.57 bA	25.09 bB	314.55 cB
45	24.66 cB	170.75 bA	28.40 bB	318.74 bB
60	26.30 bA	181.98 bA	30.71 aA	326.81 aA
75	27.99 aA	192.30 aA	34.16 aA	332.30 aA

4. 不同梯度畜禽粪便组合肥对温室土壤微生物和酶活性的影响

（1）对微生物数量的影响。由表 14-30 可知，随着畜禽粪便组合肥施用量梯度的增加，温室土壤微生物数量在递增。畜禽粪便组合肥施用量 75t/hm² 时细菌和放线菌数量最多，分别为 1.82×10^7/g 和 1.34×10^7/g，CK 的细菌和放线菌最少，分别为 1.61×10^7/g 和 1.20×10^7/g。经相关分析，畜禽粪便组合肥施用量与细菌和放线菌之间呈显著的正相关关系，相关系数（R）为 0.9896 和 0.9667。畜禽粪便组合肥施用量 75t/hm² 与 60t/hm² 比较，细菌和放线菌增加 3.41% 和 2.29%，差异不显著（$P>0.05$）；与 45t/hm² 比较，细菌和放线菌增加 5.81% 和 6.35%，差异显著（$P<0.05$）；与 30t/hm²、15t/hm² 和 CK 比较，细菌分别增加了 7.69%、10.98% 和 13.04%，放线菌分别增加了 8.06%、9.84% 和 11.67%，差异极显著（$P<0.01$）。

（2）对酶活性的影响。由表 14-30 可知，随着畜禽粪便组合肥施用量梯度的增加，温室土壤酶活性在递增。畜禽粪便组合肥施用量 75t/hm² 时蔗糖酶、脲酶、磷酸酶和多酚氧化酶活性最大，分别为 1.91mg/（g·天）、2.13mg/（kg·h）、0.43g/（kg·天）和 1.63ml/g，CK 的蔗糖酶、脲酶、磷酸酶和多酚氧化酶活性最小，平均值为 1.72mg/（g·天）、1.89mg/（kg·h）、0.35g/（kg·天）和 1.43ml/g。经相关分析，畜禽粪便组合肥施用量与蔗糖酶、脲酶、磷酸酶和多酚氧化酶活性之间呈显著的正相关关系，相关系数（R）为 0.9216、0.9874、0.9831 和 0.9789。畜禽粪便组合肥施用量 75t/hm² 与 60t/hm² 比较，蔗糖酶、脲酶、磷酸酶和多酚氧化酶增加 1.06%、2.40%、2.38% 和 3.16%，差异不显著（$P>0.05$）；与 45t/hm² 比较，蔗糖酶、脲酶和多酚氧化酶增加 6.70%、5.97% 和 5.84%，差异显著（$P<0.05$），磷酸酶增加 7.50%，差异极显著（$P<0.01$）；与 30t/hm²、15t/hm² 和 CK 比较，蔗糖酶增加 7.91%、9.14% 和 11.05%，脲酶增加 8.12%、10.94% 和 12.70%，磷酸酶增加 13.16%、19.44% 和 22.86%，多酚氧化酶增加 10.14%、12.41% 和 13.99%，差异极显著（$P<0.01$）。

表 14-30　不同梯度畜禽粪便组合肥对温室土壤微生物及酶活性的影响

畜禽粪便组合肥施用量（t/hm²）	细菌（×10⁷/g）	放线菌（×10⁷/g）	蔗糖酶［mg/（g·天）］	脲酶［mg/（kg·h）］	磷酸酶［g/（kg·天）］	多酚氧化酶（mL/g）
0（CK）	1.61 bB	1.20 bB	1.72 bB	1.89 bB	0.35 dB	1.43 bB
15	1.64 bB	1.22 bB	1.75 bB	1.92 bB	0.36 dB	1.45 bB
30	1.69 bB	1.24 bB	1.77 bB	1.97 bB	0.38 cB	1.48 bB
45	1.72 bA	1.26 bA	1.79 bA	2.01 bA	0.40 bB	1.54 bA
60	1.76 aA	1.31 aA	1.89 aA	2.08 aA	0.42 aA	1.58 aA
75	1.82 aA	1.34 aA	1.91 aA	2.13 aA	0.43 aA	1.63 aA

5. 不同梯度畜禽粪便组合肥对番茄经济性状及产量和品质的影响

（1）对番茄经济性状和产量的影响。由表 14-31 可知，随着畜禽粪便组合肥施用量梯度的增加，番茄单果重、单株果重和产量在递增。畜禽粪便组合肥施用量 75t/hm² 单果重、单株果重和产量最大，平均值为 157.46g、1.65kg/株 和 91.83t/hm²，CK 的单果重、单株果重和产量最小，平均值为 119.84g、1.23kg/株 和 68.20t/hm²。经相关分析，畜禽粪便组合肥施用量与单果重、单株果重和产量之间呈显著的正相关关系，相关系数（R）为 0.8809、0.9285、和 0.9354。畜禽粪便组合肥施用量 75t/hm² 与 60t/hm² 比较，单果重增加 2.04%，差异不显著（$P > 0.05$）；与 45t/hm² 和 30t/hm² 比较，单果重增加 5.56% 和 7.53%，差异显著（$P < 0.05$）；与 15t/hm² 和 CK 比较，单果重增加 11.11% 和 31.39%，差异极显著（$P < 0.01$）。畜禽粪便组合肥施用量 75t/hm² 与 60t/hm² 比较，单株果重增加 0.61%，差异不显著（$P > 0.05$）；与 45t/hm² 比较，单株果重增加 5.10%，差异显著（$P < 0.05$）；与 30t/hm²、15t/hm² 和 CK 比较，单株果重分别增加 10.74%、18.71% 和 34.15%，差异极显著（$P < 0.01$）。畜禽粪便组合肥施用量 75t/hm² 与 60t/hm² 比较，增产 0.95%，差异不显著（$P > 0.05$）；与 45t/hm² 比较，增产 5.25%，差异显著（$P < 0.05$）；与 30t/hm²、15t/hm² 和 CK 比较，分别增产 11.31%、19.26% 和 34.65%，差异极显著（$P < 0.01$）。

（2）对番茄品质的影响。由表 14-31 可知，随着畜禽粪便组合肥施用量梯度的增加，番茄果实可溶性糖、维生素 C 和可溶性蛋白质在递增，硝酸盐和可滴定酸在递减。经相关分析，畜禽粪便组合肥施用量与可溶性糖、维生素 C 和可溶性蛋白质之间呈显著的正相关关系，与硝酸盐和可滴定酸之间呈显著的负相关关系，相关系数（R）为 0.9486、0.8372、0.9865、−0.9836 和 −0.9815。畜禽粪便组合肥施用量 75t/hm² 与 60t/hm² 比较，可溶性糖、维生素 C 和可溶性蛋白质分别增加 4.29%、3.10% 和 4.26%，差异不显著（$P > 0.05$）；与 45t/hm² 比较，可溶性糖和维生素 C 分别增加 6.51% 和 5.39%，差异显著（$P<0.05$），可溶性蛋白质增加 7.52%，差异极显著（$P<0.01$）；与 30t/hm²、15t/hm² 和 CK 比较，可溶性糖分别增加 11.25%、13.78% 和 25.88%，维生素 C 分别增加 11.11%、13.64% 和 47.38%，可溶性蛋白质分别增加 9.99%、13.74% 和 16.26%，差异极显著（$P<0.01$）。畜禽粪便组合肥施用量 75t/hm² 与 60t/hm²、45t/hm²、30t/hm²、15t/hm² 和 CK 比较，硝酸盐分别降低 6.98%、11.11%、14.11%、16.67% 和 20.00%；可滴定酸分别降低 9.09%、14.29%、21.05%、25.00% 和 26.83%，差异极显著（$P<0.01$）。

表 14-31 不同梯度畜禽粪便组合肥对番茄经济性状及产量和品质的影响

组合肥施用量（t/hm²）	单果重（g）	单株果重（kg/株）	产量（t/hm²）	可溶性糖（%）	维生素 C（mg/100g）	可溶性蛋白质（mg/100g）	硝酸盐（mg/100g）	可滴定酸（g/kg）
0（CK）	119.84 dC	1.23 eD	68.20 eD	13.91 cC	61.46 dC	9.47 bB	115.48 aA	0.41 aA
15	141.71 cB	1.39 dC	77.00 dC	15.39 bB	79.71 cB	9.68 bB	110.86 bB	0.40 aA
30	146.43 bA	1.49 cB	82.50 cB	15.74 bB	81.52 cB	10.01 bB	107.55 bB	0.38 bA
45	149.16 bA	1.57 bA	87.25 bA	16.44 bA	85.95 bA	10.24 bA	103.93 cC	0.35 cB
60	154.31 aA	1.64 aA	90.97 aA	16.79 aA	87.86 aA	10.56 aA	99.31 bD	0.33 dB
75	157.46 aA	1.65 aA	91.83 aA	17.51 aA	90.58 aA	11.01 aA	92.38 eE	0.30 cC

6. 不同梯度畜禽粪便组合肥对番茄经济效益的影响

定点试验 3 年后，于 2018 年 9 月 30 日番茄收获时测定数据可以看出，畜禽粪便组合肥施用量由 15t/hm² 递增到 60t/hm² 时，施肥利润随着畜禽粪便组合肥施用量梯度的增加而递增，畜禽粪便组合肥施用量大于 60t/hm² 时，施肥利润开始下降。由此可见，畜禽粪便组合肥施用量不要超过 60t/hm²。将畜禽粪便组合肥不同梯度施用量与番茄产量进行经济效益分析可以看出，随着畜禽粪便组合肥施用量梯度的增加，边际产量由最初的 9.00t/hm² 递减到 0.63t/hm²；边际产值由 2.52 万元/hm² 递减到 0.18 万元/hm²；边际利润由 2.33 万元/hm² 递减到 -0.01 万元/hm²。畜禽粪便组合肥施用量在 60t/hm² 的基础上再继续增加施用量，边际利润出现负值（表 14-32）。

7. 番茄畜禽粪便组合肥经济效益最佳施肥量确定

将表 14-32 畜禽粪便组合肥不同梯度施用量与番茄产量间的关系，采用肥料效应函数方程式拟合，得到的回归方程为：

$$y = 68.2000 + 0.6994x - 0.0055x^2 \tag{14-4}$$

对回归方程进行显著性测验，$F = 24.28^{**}$，$>F_{0.01} = 22.65$，$R = 0.9785$，说明回归方程拟合良好。畜禽粪便组合肥平均价格（p_x）为128.64元/t，2018年番茄果品市场平均销售价格（p_y）为2 800元/t，将p_x、p_y、回归方程的b和c代入经济效益最佳施肥量计算公式$x_0 = [(p_x/p_y) - b]/2c$，求得番茄畜禽粪便组合肥最佳施用量（x_0）为59.40t/hm^2，将x_0代入式（14-2），求得番茄畜禽粪便组合肥最佳施用量时的番茄理论产量（y）为90.34t/hm^2，回归统计分析结果与田间试验处理5畜禽粪便组合肥施用量60t/hm^{2}基本吻合（表14-32）。

表14-32　不同梯度畜禽粪便组合肥对番茄经济效益的影响

组合肥施用量（t/hm^2）	产量（t/hm^2）	增产值（万元/hm^2）	施肥成本（万元/hm^2）	施肥利润（万元/hm^2）	边际产量（t/hm^2）	边际产值（万元/hm^2）	边际成本（万元/hm^2）	边际利润（万元/hm^2）
0（CK）	68.20 eD	/	/	/	/	/	/	/
15	77.20 dC	2.52	0.19	2.33	9.00	2.52	0.19	2.33
30	82.70 cB	4.06	0.39	3.67	5.50	1.62	0.19	1.43
45	87.45 bA	5.39	0.58	4.81	4.75	1.33	0.19	1.14
60	91.20 aA	6.44	0.77	5.67	3.75	1.05	0.19	0.86
75	91.83 aA	6.62	0.97	5.65	0.63	0.18	0.19	-0.01

注：腐熟鸡粪150元/t，腐熟羊粪80元/t，腐熟牛粪60元/t，生物菌肥6 000元/t，畜禽粪便组合肥128.64元/t。

（三）问题讨论与结论

施用不同梯度畜禽粪便组合肥后，温室土壤的物理性质表现为，孔隙度、团聚体和饱和持水量增大，容重降低，这种变化规律与马宗海等研究结果相吻合。其原因一是畜禽粪便组合肥中的鸡粪、羊粪和牛粪使土壤疏松，因而降低了容重，增大了孔隙度；二是畜禽粪便组合肥中的鸡粪、羊粪和牛粪在土壤中合成腐殖质，促进了团聚体的形成。三是畜禽粪便组合肥在土壤中合成腐殖质，腐殖质的吸水率较大，因而提高了温室土壤的饱和持水量。施用不同梯度畜禽粪便组合肥后，温室土壤的化学性质表现为，有机质和CEC增大，pH值降低，这种变化规律与朱晓涛等研究结果相一致。原因一是畜禽粪便组合肥含有丰富的有机质，因而温室土壤CEC增大，有机质增加；二是畜禽粪便组合肥中的鸡粪、羊粪和牛粪被微生物分解后产生的有机酸，因而降低了pH值。施用畜禽粪便组合肥后温室土壤的生物学性质和酶活性表现为，细菌、放线菌、蔗糖酶、磷酸酶、多酚氧化酶和脲酶增加，这种变化规律与程红玉等研究结果相吻合。原因一是畜禽粪便组合肥中的生物活性菌肥含有丰富的有效活性微生物；二是畜禽粪便组合肥中的有机质、大量元素和微量元素，为微生物的生长发育提供了丰富的营养物质，促进了微生物的繁殖和生长发育，同时提高了土壤酶的活性。温室土壤施用不同梯度畜禽粪便组合肥后，提高了番茄可溶性糖、维生素 C、可溶性蛋白质、单果重、单株果重和产量，降低了番茄硝酸盐和可滴定酸含量。这种变化规律与杨丽娟等研究结果相吻合。原因是畜禽粪便组合肥中的鸡粪、羊粪和牛粪含有番茄生长发育所必需的大量元素和微量元素，促进了番茄的生长发育，提高了番茄产量，改善了其品质。

不同梯度畜禽粪便组合肥施用量与温室土壤总孔隙度、团聚体、含水量、持水量、有机质、有机碳、CEC、供肥量、速效氮磷钾、微生物、酶活性、番茄可溶性糖、维生素 C、可溶性蛋白质、单果重、单株果重和产量呈显著的正相关关系；与温室土壤容重、pH 值、番茄硝酸盐和可滴定酸呈显著的负相关关系。畜禽粪便组合肥施用量由 $15t/hm^2$ 递增到 $60t/hm^2$ 时，施肥利润随着畜禽粪便组合肥施用量梯度的增加而递增，畜禽粪便组合肥施用量大于 $60t/hm^2$ 时，施肥利润开始下降。经线性回归分析，畜禽粪便组合肥经济效益最佳施用量为 $59.40t/hm^2$，番茄理论产量为 $90.34t/hm^2$。在温室土壤上长期施用畜禽粪便组合肥，促进畜禽粪便资源的循环利用，有效的改善了温室土壤理化性质、生物学性质和番茄品质，达到了化肥减量耕地质量提升的目的，为保障国家蔬菜安全生产提供了技术支撑。

第四节　蔬菜土壤改良剂施用技术研究

一、糠醛渣有机营养改土剂对土壤物理性质和西葫芦效益影响的研究

河西走廊位于甘肃省内的黄河以西，土地总面积 $21.5×10^4 hm^2$，耕地面积 $67.40×10^4 hm^2$。由于种植年限的延长，复种指数不断增大，化学肥料施用量逐年增加，有机肥料施用量不足。2014—2016 年粮食、蔬菜作物化肥 N、P_2O_5 投入总量平均为 $345kg/hm^2$；而有机肥 N、P_2O_5 投入总量为 $97kg/hm^2$，化肥 N、P_2O_5 投入量与有机肥 N、P_2O_5 投入总量之比为 1：0.28。农作物产量的提高主要依赖化肥的施用，长期大量施用化学肥料农田耕作层土壤有机质平均含量只有 $13.94g/kg$，由于土壤有机质含量较低，土壤紧实、板结，贮水功能减弱，水、肥、气、热比例失调。如何在经济发展的同进，采取改土措施培肥土壤，实施沃土工程，从而保持土地资源持续利用是河西走廊农业面临的艰巨任务。为此，本试验选用腐质酸含量高的废弃物——糠醛渣（用玉米芯生产糠醛后排出的废渣）；有机质含量高，并含有农作物所需要的 N、P、K 和微量元素的纯鸡粪；饱和吸水率大的蛭石，配制成糠醛渣有机营养改土剂，探索糠醛渣有机营养改土剂对土壤物理性质和西葫芦生长发育的关系，从而为糠醛渣合理利用开辟一条有效途径，达到变废为宝、改土培肥、增产节水的目的。现将研究结果分述如下。

（一）材料与方法

1. 试验材料

试验于 2014—2016 年在甘肃省张掖市甘州区沙井镇西六村进行，海拔 1 450m，年均温度 7.50℃，>10℃积温 3 000℃，年均降水量 106mm，年均蒸发量 2 250mm，无霜期 160 天。供试土类为灰灌漠土，0～20cm 土层中有机质含量 21.36g/kg，碱解氮 86.41mg/kg，有效磷 12.32mg/kg，速效钾 154.82mg/kg，CEC 15.26cmol/kg，pH 值为 7.63，土壤容重 1.39g/cm³，总孔隙度 47.54%，土壤质地 为轻壤，成土母质是洪积物。

供试肥料：西葫芦专用肥（含有机质 28%、N 12%、P_2O_5 6.5%、K_2O 24%）。糠醛渣改土剂（自制，将 0.25kg 聚乙烯醇用 80℃的热水稀释 50 倍，与糠醛渣 44.30kg、CO（NH_2）$_2$ 44.30kg、KH_2PO_4 10kg、$ZnSO_4 \cdot 7H_2O$ 1kg 混合搅拌均匀，在室内发生化学反应 1h，置于阴凉干燥处风干，过 1mm 筛。经室内测定，糠醛渣改土剂饱和吸水率为 248.32g/g，有机质含量为 33.99%，N 含量为 21.20%，P_2O_5 含量为 5.20%，K_2O 含量为 3.50%，有效 Zn 含量为 0.23%，pH 值为 6.50）；日光节能温室：长度 50m，脊高 3.50m，跨度 7.5m，后墙高度为 2.80m。

参试蔬菜：西葫芦，品种为翠玉。

2. 试验方法

（1）试验处理。试验共设 5 个处理，处理 1、2、3、4 改土剂施用量分别为 7.50t/hm²、15.00t/hm²、22.50t/hm²、30.00t/hm²，处理 5 不施改土剂为对照（CK），试验小区面积 32m²，3 次重复，随机区组排列。每个处理四周筑埂，埂宽 40cm、埂高 30cm。改土剂在西葫芦定植前施入 20cm 土层，每个处理在播种前基施西葫芦专用肥 0.45t/hm² 为底肥，每个处理灌水量均相等，每次灌水 2 250m³/hm²。

（2）栽培方法。采用育苗移栽，垄宽 80cm，垄高 45cm，株距 60cm，行距 80cm，定植时间为每年的 11 月中旬，分别在根瓜 5~8cm、根瓜采收后追肥，每次追西葫芦专用肥 0.52t/hm²。

（3）土样采集方法。每年 3 月中旬西葫芦收获后，分别在试验小区内按"S"形布点，采集 0~20cm 土样 5kg，用四分法带回 0.50kg 混合土样室内风干化验分析，土壤容重、团粒结构用环刀取原状土。

（4）测定项目与方法。土壤体积质量采用环刀法、土壤总孔度采用计算法、自然含水量采用烘干法、>0.25mm 团粒结构采用约尔得法；土壤贮水量＝土壤容重×自然含水量×土层深度×面积；土壤饱和蓄水量＝面积×总孔隙度×土层深度；土壤毛管蓄水量＝面积×毛管孔隙度×土层深度；土壤非毛管蓄水量＝面积×非毛管孔隙度×土层深度。

（5）资料统计方法。取 2014—2016 年 3 年平均数统计分析，多重比较，LSR

检验。

(二) 结果分析

1. 糠醛渣有机营养改土剂对土壤物理性质的影响

从表 14-33 可以看出，随着改土剂施用量的增加，0~20cm 土壤孔隙度在增大，团粒结构在增加，而土壤容重在降低。其中处理 4 的土壤总孔隙度、毛管孔隙度、非毛管孔隙度、>0.25mm 团粒结构分别为 56.23%、33.99%、22.24%、28.51%，与处理 1 比较，分别增加了 6.42%、2.57%、3.85%、6.28%；与处理 2 比较，分别增加了 4.54%、1.83%、2.71%、3.81%；与处理 3 比较，分别增加了 2.27%、0.27%、2.00%、1.66%；与处理 5（对照）比较，分别增加了 8.69%、3.89%、4.80%、8.73%。而 0~20cm 土层土壤容重大小为处理 4<处理 3<处理 2<处理 1<处理 5，其中处理 4 土壤容重为 1.16g/cm³，与处理 1、2、3、5 比较，分别降低了 0.17g/cm³、0.12g/cm³、0.06g/cm³、0.23g/cm³。不同处理间的差异显著性经 LSR 检验达到显著和极显著水平。

表 14-33　糠醛渣有机营养改土剂对土壤物理性质的影响

试验处理	土壤容重（g/cm³）	总孔隙度（%）	毛管孔隙度（%）	非毛管孔隙度（%）	>0.25mm 团粒结构（%）
1	1.33 cdCD	49.81 cdCD	31.42 cdCD	18.39 cdCD	22.23 dD
2	1.28 cBC	51.69 cBC	32.16 cBC	19.53 cBC	24.70 cC
3	1.22 dAB	53.96 bAB	33.72 bAB	20.24 bAB	26.85 abAB
4	1.16 aA	56.23 aA	33.99 aA	22.24 aA	28.51 aA
5（CK）	1.39 eE	47.54 eE	30.10 eE	17.44 eE	19.78 eE

2. 糠醛渣有机营养改土剂对土壤保水性能的影响

从表 14-34 可以看出，在土壤中施入不同用量的改土剂后，处理间的土壤含水量存在着明显的差异。随着改土剂施用量的增加，土壤保水性能也在增强。土壤水分含量为处理 4>处理 3>处理 2>处理 1>处理 5（对照）。其中，处理 4 土层自然含水量、饱和蓄水量、毛管蓄水量、非毛管蓄水量、贮水量分别为 293.01g/kg、1 124.60t/hm²、679.80t/hm²、444.80 t/hm²、679.80m³/hm²；与处理 1 比较，分别增加了 56.74g/kg、128.40t/hm²、51.40t/hm²、77.00t/hm²、51.40m³/hm²；与处理 2 比较，分别增加 41.71g/kg、90.80t/hm²、36.60t/hm²、54.20t/hm²、36.60m³/hm²；与处理 3 比较，分别增加 16.58g/kg、45.40t/hm²、5.40t/hm²、40.00t/hm²、5.40m³/hm²；与处理 5 比较，分别增加 76.44g/kg、173.80t/hm²、77.80t/hm²、96.00t/hm²、77.80m³/hm²。不同处理间的差异显著性经 LSR 检验达

到显著和极显著水平。

表14-34 糠醛渣有机营养改土剂对土壤保水性能的影响

试验处理	自然含水量 （g/kg）	饱和蓄水量 （t/hm²）	毛管蓄水量 （t/hm²）	非毛管蓄水量 （t/hm²）	贮水量 （m³/hm²）
1	236.27 dCD	996.20 dCD	628.40 dCD	367.80 dCD	628.40 dCD
2	251.30 cC	1 033.80 cC	643.20 cC	390.60 cC	643.20 cC
3	276.43 bAB	1 079.20 bAB	674.40 bAB	404.80 bAB	674.40 bAB
4	293.01 aA	1 124.60 aA	679.80 aA	444.80 aA	679.80 aA
5（CK）	216.57 eE	950.80 eE	602.00 eE	348.80 eE	602.00 eE

3. 糠醛渣有机营养改土剂对西葫芦经济性状的影响

从表14-35资料分析，处理1、2、3、4四个处理的西葫芦经济性状、产量均大于处理5（对照）。其中，处理4西葫芦株高、茎粗、单瓜重、单株瓜重、产量分别为91.17cm、28.07cm、414.09g、4.58kg/株、96.14t/hm²；与处理1比较，分别增加了20.87cm、6.13cm、105.62g、0.49kg/株、10.15t/hm²，与处理2比较，分别增加了13.06cm、3.96cm、67.48g、0.23kg/株、4.72t/hm²；与处理3比较，分别增加4.38cm、1.86cm、28.96g、0.04kg/株、0.78t/hm²；与处理5（对照）比较，分别增加了25.42cm、8.42cm、128.83g、0.78kg/株、16.28t/hm²。处理1、2、3、4与处理5（对照）比较，增产率分别为7.68%、14.48%、19.41%、20.39%。处理4与处理1、2、3、5比较，分别增产10.15t/hm²、4.72t/hm²、0.78t/hm²、16.28t/hm²；不同处理间的增产顺序是处理4>处理3>处理2>处理1>处理5（对照）。由此可见，改土剂中含有丰富的有机质和速效氮磷钾以及微量元素，随着改土剂施用量的增加，西葫芦产量也在增加。

表14-35 糠醛渣有机营养改土剂对西葫芦经济性状和产量的影响

试验处理	株高 （cm）	茎粗 （mm）	单瓜重 （g）	单株瓜重 （kg/株）	产量 （t/hm²）	增产率 （%）
1	70.30 dD	21.94 dA	308.57 dD	4.09 dD	85.99 dD	7.68
2	78.11 cC	24.11 cA	346.71 cC	4.35 cC	91.42 cC	14.48
3	86.79 bAB	26.21 dA	385.23 bAB	4.54 bAB	95.36 bAB	19.41
4	91.17 aA	28.07 aA	414.19 aA	4.58 aA	96.14 aA	20.39
5（CK）	65.75 eE	19.65 eA	285.36 eE	3.80 eE	79.86 eE	/

4. 糠醛渣有机营养改土剂对西葫芦经济效益的影响

从表14-36可以看出，改土剂施用量由7.50t/hm²增加到30.00t/hm²，西葫芦产量由 85.99 t/hm² 增加到 96.14t/hm²，但边际产量由最初的 6.13t/hm² 递减到 0.78t/hm²，边际利润由 0.40 万元/hm² 减少到 -0.03 元/hm²。改土剂施用量 22.50t/hm² 的利润是 7.35 万元/hm²，改土剂施用量 30.00t/hm²，利润是 7.33 万元/hm²，改土剂施用量 30.00t/hm² 与改土剂施用量 22.50t/hm² 比较，利润降低了 0.02 万元/hm²。改土剂施用量由 7.50t/hm² 增加到 15.00t/hm²、22.50t/hm²、30.00t/hm²，利润依次为 6.79 万元/hm²、7.13 万元/hm²、7.35 万元/hm²、7.33 万元/hm²；由此可见，改土剂施用量在 22.50t/hm² 时，经济效益最佳，改土剂的适宜施用量一般为 15.00~22.50t/hm²。

表 14-36　糠醛渣有机营养改土剂对西葫芦经济效益的影响

试验处理	施用量 (t/hm²)	产量 (t/hm²)	增产量 (t/hm²)	边际产量 (t/hm²)	边际产值 (万元/hm²)	边际成本 (万元/hm²)	边际利润 (万元/hm²)	产值 (万元/hm²)	成本 (万元/hm²)	利润 (万元/hm²)
5 (CK)	0.00	79.86	/	/	/	/	/	/	/	/
1	7.5	85.99	6.13	6.13	0.49	0.09	0.40	6.88	0.09	6.79
2	15.00	91.42	11.56	5.43	0.43	0.09	0.34	7.31	0.18	7.13
3	22.50	95.36	15.50	3.94	0.32	0.09	0.23	7.62	0.27	7.35
4	30.00	96.14	16.28	0.78	0.06	0.09	-0.03	7.69	0.36	7.33

（三）结论

土壤施用糠醛渣有机营养改土剂后，容重降低，毛管孔隙度增大、团粒结构、自然含水量、饱和蓄水量、毛管蓄水量、贮水能力增加；改土剂适宜施用量一般为 15.00~22.50t/hm²；西葫芦施用改土剂后，株高、单果重、单株果重、产量经 LSR 检验达到显著和极显著水平，不同处理间的增产顺序是处理 4>处理 3>处理 2>处理 1>处理 5。

二、功能性土壤改良剂对灰棕漠土理化性质和番茄效益影响的研究

河西走廊有着悠久的种植历史，由于种植年限的延长，化学肥料施用量逐年增加，有机肥料施用量严重不足。2015—2017 年蔬菜化肥 N、P_2O_5 投入总量平均为 445kg/hm²；而有机肥 N、P_2O_5 投入总量为 124.60kg/hm²，化肥 N、P_2O_5 投入量与有机肥 N、P_2O_5 投入总量之比为 1:0.28。蔬菜产量的提高主要依赖于化肥的施用，长期大量施用化学肥料使土壤有机质不断消耗，土壤紧实、板结，贮水功能减弱。而河西走廊广泛分布着 3 470.10 万 t 的有机固体废弃物，据室内化验分析，这些有机固体废弃物含有机质 14.94%~87.50%，全氮 0.38%~1.25%，全磷 0.11%~1.90%，全钾 0.23%~1.33%，而重金属离子 Hg、Cd、Cr、Pb 含量均小于

GB 8172—87 规定的农用有机固体废弃物控制含量标准。为了开发利用河西走廊资源丰富的有机固体废弃物，实施沃土工程。本试验选用有机质和氮磷钾含量高的沼渣、蘑菇渣、糠醛渣、鸡粪、羊粪、牛粪、油菜籽饼、棉籽壳、锯末，饱和吸水率大的聚丙稀酰胺为材料，按一定比例配制成功能性土壤改良剂，经高温发酵处理后施入土壤进行蔬菜栽培，系统研究了功能性土壤改良剂与灰棕漠土理化性质的关系。现将研究结果分述如下。

（一）材料与方法

1. 试验材料

试验于 2015—2017 年在甘肃省张掖市甘州区红沙窝林场日光温室内进行。温室长度 50m，脊高 3.50m，跨度 7.5m。参试蔬菜为番茄，品种是中蔬 6 号。参试土类为耕灌灰棕漠土，0~20cm 土层中有机质含量 18.09g/kg，碱解氮69.51mg/kg，有效磷 9.76mg/kg，速效钾 151.40mg/kg，CEC16.99cmol/kg，pH 值 8.20。参试肥料：番茄专用肥含 N 15%、P_2O_5 18%、K_2O 18%；CO $(NH_2)_2$，含 N 46%；$NH_4H_2PO_4$，含 N 18%、P_2O_5 46%；聚丙稀酰胺粉剂，辽宁抚顺市化工厂生产。参试有机固体废弃物种类及养分含量见表 14-37。

表 14-37　参试农业固体废弃物种类及养分含量

种类	粒径 （mm）	有机质 （%）	全氮 （%）	全磷 （%）	全钾 （%）
沼渣	1~5	40.42	1.25	1.90	1.33
蘑菇渣	1~5	34.80	1.02	0.25	1.11
糠醛渣	1~5	26.20	0.73	0.14	0.38
鸡粪	1~5	23.77	1.03	0.41	0.72
羊粪	1~5	32.30	1.01	0.22	0.53
牛粪	1~5	14.94	0.38	0.10	0.23
油菜籽饼	1~5	73.80	5.25	0.80	1.04
棉籽壳	1~5	62.10	2.20	0.21	0.17
锯末	1~5	85.20	0.24	0.10	0.14

2. 试验方法

功能性土壤改良剂配制。① 号功能性土壤改良剂（简称①号改土剂）：沼渣、鸡粪、油菜籽饼重量比为 0.40∶0.50∶0.10；② 号功能性土壤改良剂（简称②号

张掖灌区农作物科学施肥理论与实践

改土剂）：蘑菇渣、羊粪、锯末重量比为 0.40∶0.50∶0.10；③ 号功能性土壤改良剂（简称③号改土剂）：糠醛渣、牛粪、棉籽壳重量比为 0.40∶0.50∶0.10。三种功能性土壤改良剂按上述比例分别配好，加入 $CO(NH_2)_2$ 10kg/t，调节 C/N 为（25~30）∶1，石灰粉 25kg/t，调节 pH 值 7.0~7.50，将含水量调到以手捏有水滴为宜，堆成 1.2m 厚的体形，在日光温度 32~35℃ 条件下堆置发酵 7 天，堆内温度达到 60~65℃ 捣翻 1 次，以后间隔 15~20 天捣翻 1 次，每次捣翻加少量水，堆置发酵 90 天后在阴凉干燥处风干 30 天，过 5mm 筛，加入 $CO(NH_2)_2$ 30kg/t、$NH_4H_2PO_4$ 50kg/t、K_2SO_4 40kg/t、聚丙稀酰胺粉剂 8kg/t，全部掺匀室内分析其理化性质见表 14-38。

表 14-38　功能性改土剂理化性质

改土剂编号	容重 （g/cm³）	吸水倍率 （g/g）	EC （ms/cm）	pH 值	有机质 （%）	N （%）	P_2O_5 （%）	K_2O （%）
① 号改土剂	0.46	268.34	14.16	6.84	36.79	6.46	6.91	6.84
② 号改土剂	0.43	257.42	12.35	6.69	34.36	4.98	4.36	4.32
③ 号改土剂	0.41	247.05	10.06	6.56	30.65	4.56	4.89	4.85

3. 试验处理

试验共设 4 个处理，处理 1 为①号改土剂，施用量为 10.0t/hm²；处理 2 为②号改土剂，施用量为 11.87t/hm²；处理 3 为③号改土剂，施用量为 12.68t/hm²；处理 4 为不施改土剂，为 CK（对照）。为了使试验具有可比性，处理 1、2、3 改土剂施用量不等，但投入的有机质和氮磷钾总量均为 55.70t/hm²，每个处理重复 3 次，随机区组排列。分别在 2015—2017 年 10 月中旬定植，株距 45cm、行距 60cm，定植前将改土剂、番茄专用肥（0.45t/hm²）施入 0~20cm 土层。

4. 测定项目与方法

于 2018 年 4 月中旬番茄收获后，分别在试验小区采集 0~20cm 混合土样 1kg，风干、过筛、备用。容重、团粒结构用环刀取原状样。容重用环刀法，总孔隙度通过计算求得，自然含水量用烘干法，团粒结构用约尔得法，pH 值用水浸提、酸度计法，有机质用重铬酸钾法，碱解氮用扩散法，速效磷用碳酸氢钠浸提—钼锑抗比色法，速效钾用火焰光度计法，CEC 用 NH_4OAc—NH_4Cl 法，改土剂吸水倍率按公式（样品吸水后质量-样品烘干质量）/样品烘干质量求得，土壤贮水量按公式（土壤容重×自然含水量×土层深度×面积）求得，土壤饱和蓄水量按公式（面积×总孔隙度×土层深度）求得，土壤毛管蓄水量按公式（面积×毛管孔隙度×土层深度）求得。

5. 资料统计方法

多重比较，LSR 检验。

（二）结果分析

1. 功能性土壤改良剂对土壤物理性质的影响

2018 年 4 月中旬番茄收获后采集耕作层土样室内分析结果（表 14-39）可以看出，连续 3 年施用功能性土壤改良剂后，处理 1、2、3 耕作层土壤总孔隙度、毛管孔隙度、非毛管隙孔度均大于处理 4（对照），原因是处理 1、2、3 施用的功能性土壤改良剂含有丰富的有机质，使土壤疏松，孔隙度增大。处理 1、2、3 耕作层团粒结构分别为 24.52%、23.78%、21.07%，较处理 4（对照）分别增加 6.14%、5.40%、2.69%，原因是处理 1、2、3 施用的功能性土壤改良剂中的有机质在土壤中进行腐殖化过程合成腐殖质，腐殖质是很好的胶结物质，有助于团粒结构的形成。土壤容重大小依次为处理 4（对照）>处理 3>处理 2>处理 1，其中处理 1、2、3 耕作层容重分别为 1.32g/cm³、1.36g/cm³、1.41g/cm³，较处理 4（对照）分别降低了 0.13 g/cm³、0.09g/cm³、0.04g/cm³。功能性土壤改良剂中加入的有机固体废弃物和聚丙稀酰胺的吸水率较大，对保持土壤水分具有重要的意义。处理 1、2、3 耕作层土壤含水量、贮水量均大于处理 4（对照）。由于功能性土壤改良剂配置的有机固体废弃物种类不同，保水性能存在着明显的差异，不同处理间土壤水分含量为处理 1>处理 2>处理 3>处理 4（对照）。处理间的差异显著性经 LSR 检验达到显著和极显著水平。

表 14-39　功能性改土剂对土壤物理性质的影响

试验处理	容重 （g/cm³）	总孔隙度 （%）	毛管孔隙度 （%）	非毛管 孔隙度 （%）	>0.25mm 团粒结构 （%）	自然含水量 （g/kg）	贮水量 （m³/hm²）
1	1.32 dA	50.19 aA	25.24 aA	24.95 aA	24.52 aA	191.20 aA	504.77 aA
2	1.36 cA	48.67 dB	24.75 bA	23.92 aA	23.78 bA	181.98 bB	494.76 bB
3	1.41 bB	46.79 cC	24.24 bA	22.55 bB	21.07 cB	171.91 cC	484.75 cC
4（CK）	1.45 aB	45.28 dC	23.76 cC	21.52 cB	18.38 dC	163.86 dD	475.19 dD

2. 功能性土壤改良剂对土壤化学性质和养分含量的影响

从表 14-40 可以看出，处理 1、2、3 三个处理的土壤 pH 值较处理 4（对照）分别降低了 0.79、0.55、0.98，原因是功能性土壤改良剂的有机质在分解过程中产生有机酸使 pH 值降低。处理间土壤有机质、碱解氮、有效磷、速效钾、CEC 值得大小依次均为处理 1>处理 2>处理 3>处理 4（对照）。其中，处理 1 耕作层土壤有机质、碱解氮、有效磷、速效钾、CEC 分别为 19.72g/kg、89.27mg/kg、12.36mg/kg、165.89mg/kg、18.24cmol/kg，较处理 2 分别增加了 0.09g/kg、

张掖灌区农作物科学施肥理论与实践

6. 25mg/kg、1. 13mg/kg、4. 98mg/kg、0. 37cmol/kg；较处理 3 分别增加了 0. 16g/kg、12. 90mg/kg、1. 75mg/kg、9. 81mg/kg、0. 73cmol/kg；与处理 4（对照）比较，分别增加了 1. 63g/kg、19. 76mg/kg、2. 60mg/kg、14. 49mg/kg、1. 25cmol/kg。这种变化规律可能与 3 种功能性土壤改良剂的有机质和氮磷钾含量有关。处理间的差异显著性经 LSR 检验达到显著和极显著水平。

表 14-40　功能性改土剂对土壤化学性质的影响

试验处理	pH 值	有机质（g/kg）	碱解氮（mg/kg）	有效磷（mg/kg）	速效钾（mg/kg）	CEC（cmol/kg）
1	7. 41 cA	19. 72 aA	89. 27 aA	12. 36 aA	165. 89 aA	18. 24 aA
2	7. 65 bA	19. 63 aA	83. 02 bA	11. 23 bA	160. 91 bA	17. 87 bB
3	7. 22 dA	19. 56 aA	76. 37 cB	10. 61 cA	156. 08 cA	17. 51 bB
4（对照）	8. 20 aB	18. 09 bB	69. 51 dC	9. 76 dA	151. 40 dB	16. 99 cC

3. 功能性土壤改良剂对番茄经济效益的影响

从表 14-41 可以看出，不同处理番茄产量和利润均大小依次为处理 1>处理 2>处理 3>处理 4（对照）。处理 1、2、3 番茄产量分别为 94. 58t/hm²、92. 79t/hm²、90. 96t/hm²，较处理 4（对照）分别增加了 11. 87t/hm²、10. 08t/hm²、8. 25t/hm²。处理 1、2、3 番茄利润分别为 7. 16 万元/hm²、7. 04 万元/hm²，6. 92 万元/hm²，较处理 4（对照）分别增加了 0. 54 万元/hm²、0. 42 万元/hm²、0. 30 万元/hm²。处理间的差异显著性经 LSR 检验达到显著和极显著水平。

表 14-41　功能性改土剂对番茄经济效益的影响

试验处理	产量（t/hm²）	产值（万元/hm²）	改土剂成本（元/hm²）	利润（万元/hm²）
1	94. 58 aA	7. 57 aA	4 061. 25	7. 16 aA
2	92. 79 bA	7. 42 bA	3 835. 50	7. 04 aA
3	90. 96 cA	7. 27 cA	3 485. 25	6. 92 bB
4（CK）	82. 71 dB	6. 62 dB	0. 00	6. 62 cC

（三）小结

采用沼渣、鸡粪、油菜籽饼重量比按 0. 40：0. 50：0. 10 配制的改土剂能明显改善土壤理化性状，提高土壤蓄水功能。连续 3 年施用改土剂后，土壤容重降低，孔隙度增大、团粒结构和贮水量增加；番茄产量、产值经 LSR 检验达到显著和极显著水平。

第十五章　张掖市耕地质量建设与化肥减量增效技术研究探索

张掖市制种玉米肥料利用率试验浅析

赵　霞

摘　要： 在张掖市开展制种玉米肥料利用率试验。结果表明，制种玉米配方施肥氮肥的利用率是21.08%，比常规施肥提高了2.86%；配方施肥磷肥的利用率是14.53%，比常规施肥8.86%提高了5.67%；配方施肥钾肥的利用率是31.29%，比常规施肥提高了1.85%。

关键词： 张掖市；制种玉米；配方施肥；肥料利用率

张掖市位于甘肃省西部、河西走廊中段，是全国最大的杂交玉米种子繁育基地，近年来全市玉米制种面积稳定在6.6667万 hm^2 左右，种子调出量占全国用种量40%以上，制种玉米产业已成为张掖市的支柱产业。随着制种玉米面积的不断扩大和效益的不断提升，农民施肥量逐年增加，盲目施肥、偏施肥现象极为严重。为摸清全市制种玉米氮肥、磷肥和钾肥的利用率现状和测土配方施肥提高氮、磷和钾肥利用率的效果，进一步完善制种玉米施肥体系。2015年，在张掖市甘州区具有代表性的制种玉米区域开展氮肥、磷肥和钾肥对比及其利用率田间试验。

1　材料与方法

1.1　材料

指示作物：甘肃润丰源农业开发有限责任公司制种玉米。

供试肥料：氮肥——尿素（含氮量46%），阿克苏华锦化肥有限公司生产；磷肥——重过磷酸钙（有效磷含量44%），云天化国际化工股份有限公司生产；钾肥——硫酸钾（有效钾含量51%），青上化工集团生产。

1.2　方法

1.2.1　试验地基本情况　试验安排在张掖市甘州区沙井镇五个墩村农户郭雄的制种田。海拔1 487m，土壤类型耕灌灰棕漠土，pH值7.96，有机质18.43g/kg，全氮0.99g/kg，有效磷23.9mg/kg，速效钾167.38mg/kg，碱解氮71.31mg/kg。试验地平坦、整齐、肥力均匀，光照充足，前茬作物制种玉米。

1.2.2 试验设计 试验采用裂区无重复设计，主区为常规施肥和配方施肥 2 个处理，区间设 1m 灌水沟；副区设全养分处理、缺氮处理、缺磷处理、缺钾处理 4 个，采用随机排列设计，全养分处理小区面积 216m²，缺素处理小区面积 54m²，区间设置 50cm 隔离行。试验保护区均在 1m 以上，各小区单灌单排，单收计产。试验共八个处理。配方施肥区氮、磷、钾配比为 28∶16∶8，常规施肥区氮、磷、钾配比为 28∶12.6∶2。

配方全素区：施用尿素 913kg/hm²，重过磷酸钙 545kg/hm²，硫酸钾 235kg/hm²。其中，尿素 40% 做基肥，60% 做追肥，在拔节期、大喇叭口期、抽雄期三次施入；磷肥钾肥全做基肥。

配方缺氮区：施用重过磷酸钙 545kg/hm²，硫酸钾 235kg/hm²；磷肥钾肥全做基肥。

配方缺磷区：施用尿素 913kg/hm²，硫酸钾 235kg/hm²。其中，尿素 40% 做基肥，60% 做追肥，在拔节期、大喇叭口期、抽雄期三次施入；钾肥做基肥。

配方缺钾区：施用尿素 913kg/hm²，重过磷酸钙 545kg/hm²。其中，尿素 40% 做基肥，60% 做追肥，在拔节期、大喇叭口期、抽雄期三次施入；磷肥做基肥。

常规全素区：施用尿素 913kg/hm²，重过磷酸钙 429kg/hm²，硫酸钾 58kg/hm²。其中，尿素 40% 做基肥，60% 做追肥，在拔节期、大喇叭口期、抽雄期三次施入；磷肥钾肥全做基肥。

常规缺氮区：施重过磷酸钙 429kg/hm²，硫酸钾 58kg/hm²，磷肥钾肥全做基肥。

常规缺磷区：施用尿素 913kg/hm²，硫酸钾 58kg/hm²。其中，尿素 40% 做基肥，60% 做追肥，在拔节期、大喇叭口期、抽雄期三次施入；钾肥做基肥。

常规缺钾区：施用尿素 913kg/hm²，重过磷酸钙 429kg/hm²。其中，尿素 40% 做基肥，60% 做追肥，在拔节期、大喇叭口期、抽雄期三次施入；磷肥做基肥。

1.2.3 田间管理 各处理田间管理措施相同。4 月 9 日划线加埂、取土、施入基肥、覆膜，4 月 20 日播种母本，4 月 26 日、4 月 30 日按照制种公司要求错期种植父本。幼苗 3 叶 1 心时定苗，全生育期灌水 5 次，防病虫害 2 次。9 月 22 日田间考种，9 月 25 日小区收获单收计产。

2 结果分析

2.1 生育期观察记载

从表 1 可知，缺氮区的玉米较其他处理早 3 天成熟，叶片早衰明显，其他处理对玉米生育期的影响无明显差异。

表1 不同处理玉米生育期

处理	播种 （日/月）	出苗 （日/月）	拔节 （日/月）	大喇叭口 （日/月）	吐丝 （日/月）	乳熟 （日/月）	成熟 （日/月）	生育期 （天）
配方缺氮区	20/4	2/5	17/6	26/6	9/7	10/8	19/9	152
配方缺磷区	20/4	2/5	17/6	26/6	9/7	10/8	22/9	155
配方缺钾区	20/4	2/5	17/6	26/6	9/7	10/8	22/9	155
配方全素区	20/4	2/5	17/6	26/6	9/7	10/8	22/9	155
常规缺氮区	20/4	2/5	17/6	26/6	9/7	10/8	19/9	152
常规缺磷区	20/4	2/5	17/6	26/6	9/7	10/8	22/9	155
常规缺钾区	20/4	2/5	17/6	26/6	9/7	10/8	22/9	155
常规全素区	20/4	2/5	17/6	26/6	9/7	10/8	22/9	155

2.2 经济性状

从表2可知，全素区与各缺素区处理间玉米经济性状差别明显。配方全素区与常规全素区相比穗粒数基本相同，分别为332粒和333粒，千粒重增加了12.9g。

表2 不同处理玉米经济性状

处理	株高 （cm）	穗位高 （cm）	茎粗 （cm）	穗长 （cm）	穗粗 （cm）	秃项长 （cm）	穗粒数 （粒）	千粒重 （g）
配方缺氮区	157.7	72.4	2.28	15.7	4.6	1.8	223	329.3
配方缺磷区	161.9	78.9	2.32	16.2	4.9	2.3	308	345.2
配方缺钾区	164.2	66.9	2.31	17.4	4.9	1.9	336	302.7
配方全素区	165.1	74.4	2.47	18.1	5.1	2.3	332	355.8
常规缺氮区	142.3	58.6	2.32	14.1	4.7	1.5	237	321.7
常规缺磷区	157.2	70.3	2.31	16.9	4.8	1.8	311	333.6
常规缺钾区	147.2	78.1	2.33	16.2	4.6	1.7	288	345.3
常规全素区	170.7	81.6	2.37	17.1	4.8	2.6	333	342.9

2.3 经济产量

从表3可知，配方缺氮区、配方缺磷区、配方缺钾区较配方施肥区相对产量分别是62.2%、89.9%和86.1%；常规缺氮区、常规缺磷区、常规缺钾区较常规施肥区相对产量分别是66.6%、90.8%和87.0%。说明氮肥对玉米产量的影响最大，钾肥和磷肥影响次之。

表3　不同处理玉米产量和相对产量

处理	产量 （kg/hm²）	缺素区较配方区的 产量（%）	缺素区较常 规区的产量（%）
配方缺氮区	4 686	62.2	/
配方缺磷区	6 234	89.9	/
配方缺钾区	6 484.5	86.1	/
配方全素区	7 534.5	/	/
常规缺氮区	4 852.5	/	66.6
常规缺磷区	6 618	/	90.8
常规缺钾区	6 339	/	87.0
常规全素区	7 282.5	/	/

2.4　百千克籽粒养分吸收量

根据公式：100kg 经济产量养分吸收量 =（籽粒产量×籽粒养分含量+茎叶产量×茎叶养分含量）/籽粒产量×100 计算。

测土配方施肥下该玉米品种每形成 100kg 经济产量养分吸收量 N 是 2.83kg，P_2O_5 是 1.93kg，K_2O 是 2.46kg；常规施肥情况下每形成 100kg 经济产量养分吸收量 N 是 2.80kg，P_2O_5 是 1.79kg，K_2O 是 2.06kg。

2.5　肥料利用率

根据公式：肥料利用率 =（施肥区作物吸收养分总量−无肥区作物吸收养分总量）/所施肥料中肥料养分的总量×100% 计算。

测土配方施肥下氮肥的利用率是 21.08%，磷肥利用率是 14.53%，钾肥的利用率是 31.29%；常规施肥下氮肥的利用率是 18.22%，磷肥利用率是 8.86%，钾肥的利用率是 29.44%。

3　小结

制种玉米配方施肥氮肥的利用率是 21.08%，比常规施肥氮肥的利用率 18.22% 提高了 2.86%；配方施肥磷肥的利用率是 14.53%，比常规施肥磷肥的利用率 8.86% 提高了 5.67%；配方施肥钾肥的利用率是 31.29%，比常规施肥钾肥的利用率 29.44% 提高了 1.85%。

从试验结果可以看出，张掖市肥料利用率低于全国肥料利用率的平均值 30%，其原因主要是因为近年来张掖市大力发展玉米制种产业，企业和农户为追求产值最大化，主要依赖大量的化肥投入来维持高产出高产值，不施或者少施农家肥，耕地质量逐年下降，保肥能力差，直接影响和制约了化肥利用率的提高。试验结果表明配方施肥氮、磷、钾的肥料利用率均大于常规施肥，说明测土配方施肥可有效提高作物对氮、磷、钾肥的利用率，张掖市制种玉米通过大力推广测土配方施肥，实现增产增收具有很大潜力。

（本文发表于《农业科技通讯》2016年第4期，略有改动）

配施有机肥对制种玉米产量及土壤理化性状的影响

付忠卫　毛　涛

摘　要：通过探讨研究不同品种有机肥对制种玉米田土壤养分变化和产量影响，表明在制种玉米田施用有机肥，可有效改善土壤理化性状，提高土壤有机质含量，土壤养分变化明显。以施用商品有机肥（4.5t/hm²）＋配方肥（1.2t/hm²）较对照施用配方肥（1.2t/hm²）增产938kg/hm²，增幅5.98%，增产效果显著。

关键词：有机肥；土壤养分；产量；影响

中图分类号：S147.2；S513　　**文献标识码**：A　　**文章编号**：1001-1463X（2019）07-0015-04

张掖市位于甘肃省河西走廊中段，属大陆性温带干旱气候区，具有蒸发强烈、降水稀少、日照时间长、昼夜温差大等特点[1-2]。张掖市是全国杂交玉米和优质商品粮生产基地之一。全市农作物年播种面积25.33万hm²，其中制种玉米6万hm²左右，占总播种面积的25%，是农民增收的重要支柱产业[3-4]。近年来，为了缓解张掖市制种玉米田有机肥投入量少、化肥大量施用，导致土壤有机质含量低、土壤板结等问题[5]，以改善耕地质量和提高农产品品质为核心，张掖市大力实施"祁连山黑河流域山水林田湖生态保护修复工程有机肥替代化肥示范推广奖补项目"，增施有机肥，推进"化肥零增长"行动。为此我们进行了不同品种有机肥在制种玉米田上施用效果试验。

1　材料与方法

1.1　试验材料

1.1.1　试验作物　制种玉米，由北京顺鑫农科种业公司提供。

1.1.2　试验材料　配方肥选用"星硕绿州"玉米配方专用肥（21-17-7），商品有机肥选用"旺达绿禾"（有机质含量≥45%、N+P₂O₅+K₂O≥5%、pH值5.5~8.5），农家肥（牛粪）。

1.1.3　试验地基本情况　试验地在甘州区沙井镇五个墩村，前茬作物为制种玉米。供试土壤为耕灌灰棕漠土，试验地平坦，排灌便利。试验前土壤养分含量分析化验状况：pH值8.28、有机质17.20g/kg、全氮1.20g/kg、碱解氮171mg/kg、有效磷14.6mg/kg、速效钾165mg/kg、容重1.31g/cm³。

1.2　试验设计

本试验设3个处理、3次重复，小区面积56.5m²（11.35m×5m），随机区组排列。小区间设隔离埂，各小区单排单灌，试验周边设置保护行。各处理如下：处理

1：配方肥（CK）（21-17-7）1.2t/hm²。于制种玉米出苗后头水前施用配方肥600kg/hm²，大喇叭口期追施配方肥600kg/hm²。处理2：农家肥（15t/hm²）+配方肥（21-17-7）（1.2t/hm²），农家肥做底肥一次施入，配方肥施入同处理1。处理3：商品有机肥（4.5t/hm²）+配方肥（21-17-7）（1.2t/hm²），商品有机肥做底肥一次施入，配方肥施入同处理1。

1.3　农事操作

4月初浅翻、耙糖试验田，以1m间距划行，喷洒除草剂后覆膜（膜宽70cm），于4月17日滚筒点播母本，株距20cm。5月18日定苗，亩保苗约6 000株。全生育期灌水6次，中耕除草2次。9月8日开始考取不同处理玉米主要农艺性状，9月14日各小区进行了单打单收，计实产。

2　结果与分析

2.1　生育期

表1　不同处理玉米物候期及生育期

处理	出苗期（日/月）	拔节期（日/月）	大喇叭口期（日/月）	抽雄期（日/月）	灌浆期（日/月）	成熟期（日/月）	生育期（天）
1	2/5	6/6	30/6	7/7	1/8	14/9	151
2	2/5	6/6	30/6	7/7	1/8	14/9	151
3	2/5	6/6	30/6	7/7	1/8	14/9	151

从表1看出，各处理的生育期相同均为151天。

2.2　农艺性状

表2　不同处理玉米农艺性状

处理	株高（cm）	穗位（cm）	茎粗（cm）	穗长（cm）	穗粗（cm）	秃顶（cm）	穗行数（行）	行粒数（粒）	千粒重（g）
1	141.5	63.5	23.26	16.52	45.01	1.28	15.13	27.13	225.6
2	154.6	71.9	23.66	16.85	46.28	1.52	14.73	25.83	226.3
3	143.9	68.3	21.97	16.07	44.98	1.37	15.24	26.24	253.7

从表2可看出，处理2较处理1在株高、穗位高、茎粗、穗长、穗粗、千粒重等方面有明显变化，分别增加13.1cm、8.4cm、0.4cm、0.33cm、1.27cm、0.7g；处理3较处理1在株高、穗位高、千粒重方面有显著提高，分别增加2.4cm、4.8cm、28.1g。综合比较，处理2的农艺性状较为突出，处理3的千粒重较为显著。

2.3　土壤养分变化

表3　土壤养分变化

处理	pH 值	有机质 （g/kg）	全氮 （g/kg）	碱解氮 （mg/kg）	有效磷 （mg/kg）	速效钾 （mg/kg）	容重 （g/cm³）
试验前	8.28	17.20	1.20	171	14.6	165	1.31
处理2	8.09	17.34	1.21	168	14.1	168	1.28
处理3	8.21	17.51	1.23	173	14.2	174	1.30

2018年玉米收获后，对处理2、3分别取土分析化验，从结果看（表3），处理2 pH值下降0.19，降幅2.29%；有机质增加0.14g/kg，增幅0.81%；全氮增加0.01g/kg，增幅0.83%；速效钾增加3mg/kg，增幅1.82%；容重降低0.03g/kg，降幅2.29%。处理3 pH值下降0.07，降幅0.85%；有机质增加0.31g/kg，增幅1.80%；全氮增加0.03g/kg，增幅2.5%；碱解氮增加2mg/kg，增幅1.17%；速效钾增加9mg/kg，增幅5.45%；容重降低0.01g/kg，降幅0.76%。在制种玉米田施用农家肥，可有效改善土壤理化性状；增施商品有机肥土壤养分变化明显。

2.4　产量结果

表4　产量结果

处理	小区平均产量 （kg/56.5m²）	折合产量 （kg/hm²）	较对照增产 （kg/hm²）	增产率 （%）
1	88.67	15 693.8	/	/
2	89.87	15 906.2	212.4	1.36
3	93.97	16 631.8	938.0	5.98

从产量结果（表4）看，处理2较处理1增加212.4kg/hm²，增幅1.36%；处理3较处理1增加938.0kg/hm²，增幅5.98%。方差分析（表5）结果表明，重复间差异不显著（$F<F_{0.05}$），试验处理间差异显著（$F>F_{0.05}$）；进一步用LSD法进行多重比较，处理3较处理1、2增产效果显著；处理2较处理1增产效果不显著。

表5　产量结果方差分析表

变异因素	自由度	平方和	方差	F	$F_{0.05}$	$F_{0.01}$
重复间	2	7.25	3.62	1.39	6.94	18
处理间	2	46.34	23.17	8.92*	6.94	18
误　差	4	10.39	2.60	/	/	/

（续表）

变异因素	自由度	平方和	方差	F	$F_{0.05}$	$F_{0.01}$
总变异	8	63.98	/	/	/	/

2.5 经济效益

表6 经济效益分析表

处理	产量（kg/hm²）	产品单价（元/kg）	产值（元/hm²）	增加产值（元/hm²）	肥料投入（元/hm²）	产投比（元/元）	纯收益（元/hm²）
1	15 694	5.0	78 469	—	3 840	20.43/1	—
2	15 906	5.0	79 531	1 062	6 840	11.63/1	−1 938
3	16 632	5.0	83 159	4 690	5 640	14.74/1	2 890

注：配方肥3.2元/kg，商品有机肥0.4元/kg（买一补二价格），农家肥（牛粪）0.2~0.3元/kg（以低价计）。

从经济效益分析结果（表6）看，制种玉米产值以处理3较高，为83 159元/hm²，较处理1增加4 690元/hm²；处理2较低，为79 531元/hm²，较处理1增加1 062元/hm²。纯收益以处理3较高，为2 890元/hm²，有一定经济效益；处理2、3较处理1产投比有明显下降，主要原因是有机肥的投入成本明显增加。

3 小结与讨论

（1）经化验分析比较，在制种玉米田增施有机肥，土壤养分前后变化明显，说明增施有机肥能有效改善土壤结构，提高土壤有机质含量，在土壤保水保肥能力方面还需进一步研究探讨。

（2）在制种玉米田增施有机肥较配方肥有一定的增产效果，商品有机肥（4.5t/hm²）增产率较高，达5.98%；农家肥（牛粪）（15t/hm²）增产率为1.36%。

（3）按照张掖市"祁连山黑河流域山水林田湖生态保护修复工程有机肥替代化肥示范推广奖补项目"的"买一补二"奖补办法核算，纯收益以商品有机肥（4.5t/hm²）较高，为2 890元/hm²；农家肥（牛粪）（15t/hm²）由于施入量多、且投入成本以市场价进行效益分析，则没有节本作用。

综合考虑，在制种玉米田增施有机肥，能有效改善土壤理化性状，提高土壤有机质含量，生态效益显著，并有一定的增产效果。建议在注重高品质，追求长效益，附加值较高的经济作物上推广使用有机肥，可获生态经济双收益。

参考文献

［1］ 周俊.张掖市耕地质量评价［M］.兰州：甘科科学技术出版社，2017.

［2］ 张如龙，毕建龙，巴建文.张掖城市湿地土壤盐渍化分布特征及成因浅析［J］.甘科农业，2010（10）：19-20.

［3］ 侯德明，周俊，薛勇.张掖市绿肥生产发展存在的问题及建议［J］.现代农业科技，2011（8）：265-266.

［4］ 刘五喜，靳彩霞，柳琳，等.秸秆还田对干旱区土壤理化性状及玉米产量的影响［J］.甘科农业科技，2016（6）：58-60.

［5］ 秦嘉海，景鹏成，马宗海，等.有机生态肥对制种玉米田理化性质和吉祥一号玉米经济效益的影响［J］.中国种业，2015（4）：43-46.

（本文发表于《甘肃农业科技》2019年第7期，略有改动）

微生物菌剂在马铃薯上的肥效试验报告

李文伟

摘 要：本文在张掖市民乐县新天镇韩营村进行了新型微生物菌剂在马铃薯上的肥效试验，结果表明，施用该微生物菌剂较常规施肥有显著增产效果，具有一定的推广价值。

关键词：微生物菌剂；马铃薯；肥效试验

中图分类号：S532 **文献标识码**：B **文章编号**：1003-6997（2019）01-0025-03

为探讨和验证合缘牌植宝露微生物菌剂在张掖市马铃薯上的应用效果，以及为大面积示范推广提供依据，特开展此试验。

1 材料与方法

1.1 供试肥料

合缘牌植宝露微生物菌剂由武汉合缘绿色生物股份有限公司自主研发生产，产品通用名为微生物菌剂，产品形态为液体，主要技术指标：有效活菌数 ≥ 2.0 亿/ml。

1.2 供试土壤分析

试验地设在张掖市民乐县新天镇韩营村的甘肃汇丰种业承包地，东经 100.59°，北纬 38.54°，海拔 2 189m。试验地块平整，肥力均匀，灌溉渠系配套。前一年机耕深翻并灌冬水，当年春耙耱整地，前茬作物为中药材板蓝根。供试土壤为灰钙土，试验前土壤（0~20cm）养分测定值为：pH 值 8.1，有机质 16.87g/kg、全氮 1.05g/kg、碱解氮 113mg/kg，有效磷 56mg/kg，速效钾 119mg/kg。

1.3 供试作物

供试作物为马铃薯，品种为克星 1 号，由甘肃汇丰种业有限公司提供。

1.4 试验设计和方法

试验设 3 个处理，3 次重复，各小区面积 90m²（18m×5m）随机排列。处理 1：常规施肥+合缘牌植宝露微生物菌剂，即每小区铺膜前用 33.7ml 植宝露稀释 100 倍液在播种沟内喷施，马铃薯苗期和现蕾期分别用 33.7ml 植宝露稀释 200 倍液进行叶面喷施；处理 2：常规施肥（CK，13.7:11.5:8），即每小区基施尿素 2.69kg、磷二铵 3.37kg、40%硫酸钾 2.69kg；处理 3：常规施肥+与处理 1 同期施等量清水，即每小区铺膜前用 3 370ml 清水在播种沟内喷施，马铃薯苗期和现蕾期分别用 6 740ml 清水进行叶面喷施。

1.5　田间管理

本试验马铃薯为半膜垄作方式种植，垄距 120cm，每垄点播 2 行，株距 20cm，播深 15cm，保苗 63 000 株/hm²。5 月 1 日整地、施肥、铺膜，5 月 8 日播种，9 月 25 日考种测产，9 月 27 日收获。全生育期灌水 3 次，人工除草 2 次，7 月 15 日飞机喷施阿泰灵预防病毒病，8 月 2 日飞机喷施银法利化学防治晚疫病，所有其他农事操作均保持一致。

2　结果与分析

2.1　不同处理对马铃薯生育期的影响

表 1　马铃薯生育期记载

处理	播种期（日/月）	出苗期（日/月）	初花期（日/月）	盛花期（日/月）	成熟期（日/月）	生育期（天）
1	8/5	12/6	6/7	25/7	25/9	138
2（CK）	8/5	12/6	6/7	25/7	25/9	138
3	8/5	13/6	6/7	25/7	25/9	138

通过对马铃薯各生育期的调查（表 1）可知，3 个处理马铃薯各生育期表现无明显差异，生育期均为 138 天。

2.2　不同处理对马铃薯主要经济性状指标的影响

表 2　马铃薯测产主要指标统计

处理	株高（cm）	茎粗（cm）	10 株块茎数（个）	块茎重（kg/10 株）
1	63.5	1.05	72	8.357
2（CK）	54.85	0.98	63	7.692
3	55.24	0.98	67	7.91

在马铃薯生理成熟期，每个小区随机选 10 株测定株高、茎粗，统计茎块数、茎块重和产量，测定结果见表 2。株高：处理 1 最高，为 63.5cm；处理 2 最低，为 54.85cm。茎粗：处理 1 最高，为 1.05cm；处理 2、处理 3 无明显差异，均为 0.98cm。块茎数（10 株）：处理 1 最多，为 72 个；处理 2（CK）最低，为 63 个。块茎重（10 株）：处理 1 最高，为 8.357kg；处理 2 最低，为 7.692kg；处理 3 为 7.91kg。

2.3 不同处理对马铃薯产量的影响

表3 产量测定结果

处理	小区产量（kg/90m²）				折合产量（kg/hm²）	较对照	
	I	II	III	平均		增产（kg/hm²）	增产率（%）
1	485.4	472.6	468.6	475.5 a	52 780.5	4 117.5	8.5
2（CK）	430.3	449.6	435.5	438.4 b	48 663.0	—	—
3	450.4	452.7	442.3	448.5 b	49 783.5	1 120.5	2.3

从测定结果（表3）可知，处理1产量最高，为 52 780.5kg/hm²，较处理2（CK）增加4 117.5kg/hm²，增产8.5%；处理3产量次之，为 49 783.5kg/hm²，较处理 2（CK）增加 1 120.5kg/hm²，增产 2.3%；处理 2（CK）产量最低，为 48 663.0kg/hm²。

表4 方差分析

变异来源	DF	SS	MS	F 值	$F_{0.05}$	$F_{0.01}$
重复间	2	141.98	70.99	1.05	6.94	18
处理间	2	2 206.54	1 103.27	16.27*	6.94	18
误差	4	271.18	67.8	—	—	—
总变异	8	2 619.7	—	—	—	—

对小区测产结果进行方差分析，结果表明（表4），重复间无显著差异，各处理间差异达到显著水平（$F = 16.27 > F_{0.05}$）。经用多重比较法得知，处理1与处理2之间差异达显著水平，处理3与处理2之间差异不显著。

2.4 不同处理的经济效益分析

表5 经济效益分析

处理	产量（kg/hm²）	产值（元/hm²）	投入成本（元/hm²）	效益（元/hm²）	较CK增效（元/hm²）	产投比
1	52 780.5	41 167.5	3 712.5	37 455.0	2 086.5	11.08：1
2（CK）	48 663.0	37 956.0	2 587.5	35 368.5	—	14.66：1
3	49 783.5	38 830.5	3 037.5	35 793.0	424.5	12.78：1

备注：1. 投入成本指肥料与施肥人工投入；2. 马铃薯当地的订单收购价以 0.78 元/kg 计；3. 肥料单价：合缘牌植宝露微生物菌剂销售价 30 元/500ml、尿素 1.5 元/kg、磷二铵 2.9 元/kg、硫酸钾 3.5 元/kg。4. 人工成本按当地价每人 100 元/天，每天可以喷施 0.67 hm²，人工成本 150 元/hm²，全生育期共 3 次。

从马铃薯各处理经济效益分析（表 5）可知，处理 1 产值最高，为 41 167.5 元/hm²，较处理 2（CK）增产值 3 211.5 元/hm²，较处理 3 增产值 2 337 元/hm²。扣除投入成本（指肥料和施肥人工投入），处理 1 效益最高，为 37 455 元/hm²，较处理 2（CK）增加 2 086.5 元/hm²，较处理 3 增加 1 662 元/hm²。由于增加菌剂和人工投入，处理 1 产投比为 11.08∶1，低于处理 2（CK）和处理 3。

3　结论

通过本次试验可知，合缘牌植宝露微生物菌剂能提高马铃薯产量，增产幅度为 8.5%，增产值 3 211.5 元/hm²，增效 2 086.5 元/hm²，增产增收效果显著。

（本文发表于《农业科技与信息》2019 年第 1 期，略有改动）

增施商品有机肥减少化肥用量对娃娃菜产量影响试验研究

毛　涛，李文伟

摘　要：以改善农业环境质量为核心，以实现"一控两减三基本"为目标，探索增施有机肥减少化肥用量的有效技术模式，在张掖市甘州区暖馨种植农民专业合作社开展了增施商品有机肥减施化肥用量对娃娃菜产量影响的试验研究。试验结果表明，试验施 4 500kg/hm² 有机肥减少化肥 5%～10% 内可以保障娃娃菜的正常生长发育，促进增产增收，且对娃娃菜的品质有一定程度的提升；当减少 20% 以上会出现减产，有机肥不能够完全替代化肥。

中图分类号：S634.1　文献标识码：B　文章编号：1003-6997（2019）10-0010-03

张掖灌区农作物科学施肥理论与实践

1　试验目的

通过分析增施有机肥减少化肥用量对蔬菜产量及产品性状的影响，确定有机肥与化肥之间最适替代量，为大面积示范推广提供科学依据，特开展本试验。

2　材料与方法

2.1　供试地情况

试验地点设在张掖市甘州区暖馨种植农民专业合作社日光温室生产基地，东经 100.46859°，北纬 38.88141°，海拔 1 449m。试验地块平整，肥力均匀，灌溉设施配套完善。今春深耕耙糖整地，前茬作物为辣椒。供试土壤为灰棕漠土，试验前土壤（0～20cm）养分测定值为：pH 值为 7.92，有机质 17.5g/kg、全氮 1.004g/kg，碱解氮 67mg/kg、有效磷 24.9mg/kg、速效钾 154mg/kg。

2.2　供试材料

2.2.1　供试肥料　"星硕绿州"有机肥（有机质 ≥45%，$N+P_2O_5+K_2O ≥ 5\%$，水分≤30%），由甘肃星硕生物科技有限公司生产提供；开磷牌复合肥（16-8-21）由贵州开磷（集团）有限责任公司生产；尿素（N 46%）由中国石油天然气股份有限公司生产；撒可富牌磷二铵（18-46-0）由湖北大峪口化工有限责任公司生产。

2.2.2　供试作物　娃娃菜，品种为金美皇。

3　设计与方法

试验设 4 个处理，3 次重复，随机区组排列，小区面积 45.5m²（6.5m×7m）。

具体处理如下。

处理 1：增施有机肥 4 500kg/hm²+常规施肥减少 5%；

处理 2：增施有机肥 4 500kg/hm²+常规施肥减少 10%；

处理 3：增施有机肥 4 500kg/hm²+常规施肥减少 20%；

处理 4：增施有机肥 4 500kg/hm²+常规施肥减少 30%；

处理 5：增施有机肥 4 500kg/hm²+常规施肥；

处理 6：常规施肥，即基施 450kg/hm² 复合肥（16-8-21）和 225kg/hm² 磷二铵，于娃娃菜莲座期和结球期分别随水追施 225kg/hm² 尿素。

试验于 4 月 5 日育苗，4 月 28 日施基肥、起垄覆膜，5 月 1 日定植。采用单垄双行种植，垄宽 70cm，沟宽 30cm，株距 30cm。各试验小区除肥料严格按照试验设计执行外，所有其他农事操作措施均保持一致。

4 结果与分析

4.1 不同处理对娃娃菜生育期的影响

表 1 娃娃菜生育期记载表

处 理	育苗期 （日/月）	定植期 （日/月）	莲座期 （日/月）	结球期 （日/月）	成熟期 （日/月）	生育期 （天）
1	5/4	1/5	6/6	20/6	2/7	62
2	5/4	1/5	6/6	20/6	3/7	63
3	5/4	1/5	6/6	21/6	5/7	65
4	5/4	1/5	6/6	22/6	7/7	66
5	5/4	1/5	6/6	20/6	2/7	62
6	5/4	1/5	7/6	22/6	6/7	66

通过对娃娃菜各生育期的调查（表 1）可知，处理 1、处理 2、处理 5 各处理间莲座期和结球期时间相同，成熟期时间前后相差 1 天，区别不大，较处理 3、处理 4 和处理 5 分别提前了 3~4 天。生育期最短是处理 1 和处理 5，生育期 62 天，生育期最长的是处理 6 为 66 天。

4.2 不同处理对娃娃菜主要农艺性状的影响

表 2 娃娃菜主要农艺性状调查表

处理	株高 （cm）	株幅 （cm）	球茎 （cm）	单株重 （kg）	单球重 （kg）	商品率 （%）
1	20.8	19.2~20.2	10.1	1.34	1.07	86.66

（续表）

处理	株高（cm）	株幅（cm）	球茎（cm）	单株重（kg）	单球重（kg）	商品率（%）
2	20.8	19.0~20.1	10.1	1.33	1.06	86.60
3	20.2	18.8~19.6	9.6	1.23	0.96	84.41
4	19.6	18.4~19.6	9.3	1.15	0.88	80.41
5（CK）	21.2	19.2~20.3	10.1	1.36	1.08	86.18
6（CK$_2$）	19.4	18.4~19.4	9.2	1.12	0.85	78.52

每小区中随机挑选10株娃娃菜测定其主要农艺性状，从所得结果（表2）可知，处理1、处理2与处理5娃娃菜的各项农艺性状指标相差不大，并均优于其他处理，处理3优于处理4，处理6（CK$_2$）各项农艺性状指标最低。

4.3　不同处理对娃娃菜产量的影响

通过对各小区娃娃菜进行实地测产，由所得产量结果（表3）可知，处理5（CK$_1$）产量高，为97 477.5kg/hm^2，处理1和处理2较处理5（CK$_1$）减产不明显，减产率在1%~2%，处理3和处理4较处理5（CK$_1$）分别减产10 972.5kg/hm^{2}和18 009.0kg/hm^2，减产率分别是11.2%和18.4%。处理6（CK$_2$）产量最低，为76 566kg/hm^2。各处理较处理6（CK$_2$）增产2 902.5~20 911.5kg/hm^2，增产3.7%~27.3%。

表3　产量测定结果表

处理	小区产量（kg/45.5m^2） I	II	III	平均	折合产量（kg/hm^2）	与CK$_1$相比 增产（kg/hm^2）	增产率（%）	较CK$_2$相比 增产（kg/hm^2）	增产率（%）
1	438.9	436.8	438.8	438.2	96 355.5	-1 122.0	-1.1	19 789.5	25.8
2	433.5	435.5	434.6	434.5	95 542.5	-1 935.0	-1.9	18 976.5	24.8
3	392.1	393.6	394.5	393.4	86 505.0	-10 972.5	-11.2	9 939	13.0
4	359.8	362.5	361.8	361.4	79 468.5	-18 009.0	-18.4	2 902.5	3.7
5（CK$_1$）	440.8	443.5	445.7	443.3	97 477.5	—	—	20 911.5	27.3
6（CK$_2$）	349.1	347.5	348.2	348.2	76 566.0	—	—	—	—

表4　方差分析表

变异来源	DF	SS	MS	F值	F$_{0.05}$	F$_{0.01}$
重复间	2	7.39	3.70	2.10	4.10	7.56

（续表）

变异来源	DF	SS	MS	F 值	$F_{0.05}$	$F_{0.01}$
处理间	5	26 036.6	5 207.32	2 954.97	3.33	5.64
误差	10	17.62	1.76	—	—	—
总变异	17	26 061.61	—	—	—	—

表 5 多重分析表

处　理	小区平均	差异显著性	
		5%	1%
5（CK₁）	443.3	b	B
1	438.2	b	B
2	434.5	b	B
3	393.4	a	A
4	361.4	a	A
6（CK₂）	348.2	a	A

对测产结果进行方差分析，结果表明（表4），重复间差异不显著，处理间差异达到极显著水平（F= 2 594.97>$F_{0.01}$）。经用多重比较法（表5）得知，处理1、处理2、处理5（CK₁）重复间和处理间差异均不显著，处理3、处理4与处理6间差异达到显著水平。

4.4 经济效益分析比较

表 6 经济效益分析表

处理	产量（kg/hm²）	产值（元/hm²）	投入（元/hm²）	效益（元/hm²）	较CK₁增效（元/hm²）	较CK₂增效（元/hm²）	产投比
1	96 355.5	48 177.75	5 212.5	42 965.25	965.25	14 742.75	9.24∶1
2	95 542.5	47 696.25	5 167.5	42 528.75	529.5	14 306.25	9.23∶1
3	86 505	34 602	5 097	29 505	-12 495	1 282.5	6.78∶1
4	79 468.5	31 785.9	5 017.5	26 767.5	-15 232.5	-1 450.5	6.33∶1
5（CK₁）	97 477.5	48 743.1	5 242.5	42 000	—	—	9.30∶1
6（CK₂）	76 566	31 571.1	4 852.5	28 222.5	-13 777.5	—	6.51∶1

备注：1. 亩投入仅指肥料投入；2. 娃娃菜单价：处理1、处理2、处理5 以 0.5 元/kg，处理3、处理4 处理6 以 0.4 元/kg 计；3. 肥料单价：有机肥 1 元/kg、开磷牌复合肥 4.2 元/kg、尿素 1.65 元/kg、撒可富磷二铵 3.2 元/kg。

从娃娃菜各处理经济效益分析（表6）可知，处理5产值最高，为48 743.1元/hm²，处理1、较处理2与其差别不大，产值分别达到48 177.75元/hm²和47 696.25元/hm²。处理3、处理4较处理5产值减少14 141.1~16 957.2元/hm²。

5　结论

通过试验可知，在常规施肥的基础上，施4 500kg/hm²有机肥减少化肥试验，处理1和处理2较处理5（CK₁）减产不明显，处理3和处理4较处理5（CK₁）分别减产10 972.5kg/hm²和18 009kg/hm²，减产11.3%和18.5%。处理6（CK₂）产量最低，为76 566kg/hm²。各处理较处理6（CK₂）增产2 902.5~20 911.5kg/hm²，增产3.8%~27.3%。

通过试验证明，该试验施4 500kg/hm²有机肥减少化肥5%~10%区间内可以保障娃娃菜的正常生长发育，且对娃娃菜的产量和品质有一定程度的提升，当减少20%以上会出现减产。由此可知，在张掖日光温室蔬菜生产中，应当大力推广增施有机肥减少化肥用量技术模式，促进蔬菜产量和品质提，减少化肥用量，降低化肥养分对土地的污染。

（本文发表于《农业科技与信息》2019年第10期，略有改动）

有机硅肥料配施对张掖市盐碱地
甜菜生产的影响试验初报

毛 涛

摘 要：以糖用 KUHN1125 为指示品种，研究了有机硅大量元素水溶肥和有机硅水溶缓释复合肥配施对盐碱地理化性状及糖用甜菜的影响。结果表明，有机硅大量元素水溶肥和有机硅水溶缓释复合肥配合施用对耕层土壤（0~20cm）pH 值、容重、全盐含量和阳离子交换量等盐碱性状指标会产生一定的影响，耕层土壤 pH 值下降 0.25~0.38，土壤容重降低 3.17%~4.76%，土壤全盐含量降低了 0.18~0.24g/kg，脱盐率达 4.34%~5.78%；阳离子交换量提高 4.17%~6.68%，可见有机硅大量元素水溶肥和有机硅水溶缓释复合肥配合施用对盐碱地土壤有一定的改良效果。同时看出，播前基施有机硅大量元素水溶肥 900kg/hm^2，苗期随灌水追施有机硅水溶缓释复合肥 225kg/hm^2 处理的甜菜折合产量最高，为 90 416.67kg/hm^2，较常规肥料配施增产 7.74%；播前基施有机硅大量元素水溶肥 600kg/hm^2，甜菜苗期随灌水追施有机硅水溶缓释复合肥 150kg/hm^2 处理的折合产量较高，为 86 901.04kg/hm^2，较常规肥料配施增产 3.55%。这 2 个处理的甜菜块根直径、块根长，块根单重均较常规肥料配施有所增加，但糖度略有降低。

关键词：甜菜；有机硅大量元素水溶肥；有机硅水溶缓释复合肥；配方施肥；产量；盐碱地；张掖市

中图分类号：S566.3；S147.2　**文献标识码**：A　**文章编号**：1001-1463（2019）06-0015-04

甜菜（*Beta vulgaris* L.）是藜科甜菜属二年生草本植物，根圆锥至纺锤状，多汁，茎直立，基生叶矩圆形，长叶柄，叶柄粗壮。原产于欧洲西部和南部沿海，是甘蔗以外的一个主要糖来源[1-3]。甘肃省是我国甜菜主产区之一，张掖市具有光照充足、昼夜温差大、灌溉便利等适宜发展甜菜种植的有利条件，甜菜种植历史已经超过 50 年，甜菜作为张掖市农业生产的一大支柱产业，目前已形成了规模生产基地[4-5]。但由于粮糖比价不合理，农民不掌握甜菜科学种植技术，比较效益差，产前产后服务跟不上等多种因素，群众种植甜菜的积极性一直不高。随着市场经济的不断完善，食糖市场的竞争日益激烈，制糖工业对原料的要求不断提高，大力发展甜菜生产已成为发展甘肃省制糖业和"两高一优"农业的迫切需要[6-7]。盐碱地是各种盐土和碱土以及不同程度盐化和碱化土壤的总称，其特点是土体中含有较多的盐碱成分，具有不良的物理化学性质，致使大多数植物的生长受到不同程度的抑制，甚至不能成活。目前张掖市共有盐碱地 7.31 万 hm^2，其中耕地盐碱地

3.40万hm²，已治理0.88万hm²，未治理2.52万hm²；荒地盐碱地3.91万hm²，均未治理[8]。土壤盐碱化是制约当地农业经济发展的限制因素之一。由于甜菜是耐盐碱性较强的作物[9]，近年来，张掖市利用甜菜等耐盐碱性较强的作物来开发和利用盐碱地，取得了较好效果。为了进一步提高盐碱地甜菜的品质及产量，张掖市耕地质量建设管理站从河北硅谷肥业有限公司引进了土壤培肥改良与治理修复产品有机硅大量元素水溶肥有机硅大量元素水溶肥和机硅水溶缓释复合肥料，在临泽县进行了盐碱地甜菜不同肥料配施对比试验，以验证有机硅大量元素水溶肥和有机硅水溶缓释复合肥料在张掖市盐碱耕地甜菜上的施用效果及其最佳施用量。

1 材料与方法

1.1 试验地概况

试验设在甘肃省临泽县新华农场进行，地理位置东经99°58′28.21″、北纬39°16′2.87″，海拔1 333m。属温带大陆性干旱气候，年均无霜期170天，年平均气温7.5℃，≥0℃的活动积温为3 646℃，≥10℃的有效积温为3 149℃，年均日照时数2 975h。年均降水量155mm，年均蒸发量2 029mm。试验地块地势平坦，土壤肥力均匀，排灌便利，土壤为灰灌漠土。耕层土壤含有机质17.60g/kg，全氮0.98 g/kg，碱解氮87mg/kg，有效磷16mg/kg，速效钾149mg/kg，pH值8.3。前茬玉米，秋收后灭茬深翻灌冬水蓄墒。

1.2 供试材料

供试肥料为有机硅大量元素水溶肥（N+P_2O_5+K_2O≥54%、N-P_2O_5-K_2O为18-18-18、B≥0.3%、Zn≥0.2%），该肥料为粉剂肥料，由河北硅谷肥业有限公司生产并提供。有机硅水溶缓释复合肥（N+P_2O_5+K_2O≥50%、N-P_2O_5-K_2O为10-5-35），颗粒状肥料，由河北硅谷肥业有限公司生产并提供。供试化肥为尿素（N≥46.0%），甘肃刘家峡化工集团生产并提供；磷酸一铵（N+P_2O_5+K_2O≥54%、N-P_2O_5-K_2O为11-44-0），云南云天化国际化工股份有限公司生产并提供；硫酸钾（K_2O≥50.0%），国投新疆罗布泊钾盐有限责任公司生产并提供。指示作物为糖用甜菜品种KUHN1125，由张掖市经济作物技术推广站提供。

1.3 试验方法

试验共设3个处理。处理1为播前基施有机硅大量元素水溶肥600kg/hm²，甜菜苗期随灌水追施有机硅水溶缓释复合肥150kg/hm²。处理2为播前基施有机硅大量元素水溶肥900kg/hm²，甜菜苗期随灌水追施有机硅水溶缓释复合肥225kg/hm²。处理3为常规肥料配施，施氮磷钾养分总量与处理1等同，播前基施磷酸一铵262.5kg/hm²、硫酸钾321.0kg/hm²、尿素54.6kg/hm²，甜菜苗期随灌水追施尿素150kg/hm²。试验随机区组排列，3次重复，小区面积76.8m²（12.8m×6.0m）。试验采用半膜平作种植，于3月21日结合整地按试验设计准确称量肥料基施并布置试验小区，3月22日机械覆膜点播，每个带幅宽160cm，膜覆140cm，每膜种植3

行，株距 20cm，保苗 90 000 株/hm²。甜菜生长期间喷施除草剂 1 次，人工除草 1 次，灌水 3 次，其余田间管理与当地大田一致。于 10 月 9 日机械收获。

1.4 测定指标与方法

田间观测记载物候期及生育期。甜菜收获前每小区各随机选取长势均匀且具有代表性植株 27 株（每小区随机选取 3 个点，每点选取同一膜面上的 9 株甜菜）测定甜菜块根直径，块根长，块根单重，糖度。播前、收获后分别按照"S"形法布点采集土样，采样深度为 20cm，采样时统一使用不锈钢土样采集器，对采集的土样进行 pH 值、土壤容重、全盐含量、阳离子交换量等盐碱理化性状的测定；收获时按小区分别单收计产。

1.5 数据分析

数据统计采用 Excel 和 SPSS 软件进行分析[10-11]。

2 结果与分析

2.1 物候期

田间观察结果，3 个施肥处理的各物候期一致，生育期也保持一致。

2.2 主要经济指标

从表 1 可以看出，块根直径以处理 1 最粗的，为 12.22cm，较处理 2 粗 0.17cm，较处理 3 粗 0.22cm。块根长以处理 2 最长，为 23.08cm，较处理 1 长 0.42cm，较处理 3 长 1.10cm。块根单重以处理 2 最重，为 1.182kg，较处理 1 增加 0.046kg，较处理 3 增加 0.085kg。糖度以处理 3 最高，为 18.40%，较处理 1 增加 0.22 个百分点，较处理 2 增加 0.87 个百分点。

表 1 不同处理对甜菜的主要经济指标的影响

处理	块根直径（cm）	块根长（cm）	块根单重（kg）	糖度（%）
1	12.22	22.66	1.136	18.18
2	12.05	23.08	1.182	17.53
3	12.00	21.98	1.097	18.40

2.3 产量

从表 2 可以看的出，甜菜折合产量以处理 2 最高，为 90 416.67kg/hm²，较处理 1 增产 4.04%，较处理 3 增产 7.74%；处理 1 次之，折合产量为 86 901.04kg/hm²，较处理 3 增产 3.55%；处理 3 折合产量最低，为 83 919.27kg/hm²。对产量进行方差分析，结果重复间差异不显著（$F = 6.2001 < F_{0.05} = 6.94$），处理间差异显著（$F = 8.7950 > F_{0.05} = 6.94$）。进一步进行 LSR 多重比较可以看的出，处理 2 与处理 1 差异不显著，与处理 3 差异显著；处理 1 与处理 3 差异不显著。

表2　不同处理对甜菜产量的影响

处　理	小区平均产量 （kg/76.8m²）	折合产量 （kg/hm²）	较处理1增产 （%）	较处理3增产 （%）
1	667.4	86 901.04 ab	/	3.55
2	694.4	90 416.67 a	4.04	7.74
3	644.5	83 919.27 b	−3.43	/

2.4　土壤盐碱理化性状

从表3可以看出，各处理耕层土壤pH值收获后较播前均有所下降，其中以处理2下降幅度最大，降低了0.38；处理1次之，降低了0.25；处理3下降幅度最小，降低了0.14。土壤容重收获后较播前均有降低，其中以处理2下降幅度最大，降低4.76%；处理1次之，降低了3.17%；处理3下降幅度最小，降低了1.59%。土壤全盐含量收获后较播前均有所降低，其中以处理3降幅最大，脱盐率达到5.78%；处理1次之，脱盐率达到4.34%；处理3最低，脱盐率为1.45%。收获后的阳离子交换量较播前均有提高，其中以处理2提高幅度最大，增幅为6.68%，处理1次之，增幅4.17%，处理3增幅最小，为2.64%。可以看出，处理2能明显改善土壤理化性状，有效地改良土壤的盐碱性。

表3　不同处理对土壤盐碱理化性状的影响

处理	pH值	土壤容重 （g/cm³）	全盐含量 （g/kg）	脱盐率 （%）	阳离子交换量 （cmol/kg）
			播前		
1	8.3	1.26	4.15		7.19
2	8.3	1.26	4.15		7.19
3	8.3	1.26	4.15		7.19
			收获后		
1	8.05	1.22	3.97	4.34	7.49
2	7.92	1.20	3.91	5.78	7.67
3	8.16	1.24	4.09	1.45	7.38

2.5　经济效益

从表4可以看出，各处理的产值以处理2最高，为36 166.67元/hm²，较处理1增加1 406.25元，较处理3增加2 598.96元。纯收益以处理3最高，为21 717.71元，较处理1增加7 237.29元，较处理2增加11 471.04元。由于处理1和处理2的供试肥料价格较高，导致其纯收益明显低于处理3。

表4 不同处理对甜菜经济效益的影响

处理	折合产量 （kg/hm²）	产值 （元/hm²）	肥料投入 （元/hm²）	其他投入 （元/hm²）	纯收益 （元/hm²）
1	86 901.04	34 760.42	11 280	9 000	14 480.42
2	90 416.67	36 166.67	16 920	9 000	10 246.67
3	83 919.27	33 567.71	2 850	9 000	21 717.71

注：各投入产出价格均为 2018 年平均市场价格，其中甜菜单价 400 元/t，有机硅大量元素水溶肥 16.1 元/kg，有机硅水溶缓释复合肥 11.20 元/kg，磷酸一铵 3.40 元/kg，硫酸钾 4.80 元/kg，尿素 1.98 元/kg。

3 小结

有机硅大量元素水溶肥和有机硅水溶缓释复合肥配合施用对耕层土壤（0~20cm）的 pH 值、土壤容重、全盐含量和阳离子交换量等土壤盐碱性状指标会产生一定的影响，耕层土壤 pH 值下降 0.25~0.38，土壤容重降低 3.17%~4.76%；土壤全盐含量降低了 0.18~0.24g/kg，脱盐率达到 4.34%~5.78%；阳离子交换量提高 4.17%~6.68%。可见，有机硅大量元素水溶肥和有机硅水溶缓释复合肥配合施用对盐碱地土壤有一定的改良效果。播前基施有机硅大量元素水肥 900kg/hm²，甜菜苗期随灌水追施有机水溶缓释复合肥 225kg/hm² 处理的甜菜折产量最高，为 90 416.67kg/hm²，较常规 1 肥配施增产 7.74%；播前基施有机硅大量元水溶肥 600kg/hm²，甜菜苗期随灌水追施机硅水溶缓释复合肥 150kg/hm² 处理的折产量较高，为 86 901.04kg/hm²，较常规肥，配施增产 3.55%。2 个处理的甜菜块根直径、块根长、块根单重均较常规肥料配施有增加，但糖度略有减少。综合考虑认为机硅大量元素水溶肥和有机硅水溶缓释复合肥配合施用适宜在张掖市盐碱地甜菜生产应用。

参考文献

[1] 杨万平，姚虎平. 甜菜耐丛根病新品种中甜——甘糖 4 号选育简报 [J]. 甘肃农业科技，1998（8）：18-19.

[2] 路海儒. 甜菜品种陇糖 1 号繁种技术 [J]. 甘肃农业科技，2003（5）：20-21.

[3] 漆燕玲. 甜菜新品种陇糖 2 号选育报告 [J]. 甘肃农业科技，1999（10）：9-10.

[4] 祁居仕，汪如贵. 临泽县甜菜无公害栽培术规范 [J]. 甘肃农业科技，2009（9）：48-49.

［5］ 王永平，闫斌杰，王长魁，等 . 张掖地区甜菜生产徘徊不前的原因及发展对策［J］. 甘肃农业科技，1998（2）：4-6.

［6］ 陈志国 . 6 种杀虫剂对甜菜甘蓝夜蛾的防治效果［J］. 甘肃农业科技，2005（6）：50-51.

［7］ 华军 . 26 个甜菜品种（系）在酒泉市引种验初报［J］. 甘肃农业科技，2013（9）：43-44.

［8］ 吴培宾 . 张掖市盐碱地治理现状及对策［J］. 农业科技与信息，2016（2）：105，107.

［9］ 张彬贤，赵建德，刘复权 . 高盐分盐碱地甜菜栽培技术探讨［J］. 甘肃农业科技，1992（6）：14-16.

［10］ 苏银芬，武军艳，赵立群，等 . 干旱胁迫对白菜型冬油菜幼苗生理及农艺性状的影［J］. 甘肃农业科技，2018（3）：68-72.

［11］ 冯守疆，赵欣楠，杨君林，等 . 配方施肥为洋葱品质及产量的影响初报［J］. 甘肃农业科技，2018（12）：52-55.

（本文发表于《甘肃农业科技》2019 年第 6 期，略有改动）

张掖灌区农作物科学施肥理论与实践

张掖市水肥一体化模式下增施有机肥对蔬菜产量的影响

赵　蕊

摘　要：通过蔬菜水肥一体化技术种植模式下，开展"商品有机肥+水溶肥"不同组合用量对作物产量的影响对比试验，筛选验证商品有机肥与化肥最佳用量组合，努力创新集成可复制、可推广、可持续的耕地质量提升与化肥减量增效技术模式，为大面积推广应用提供基础依据。

关键词：水肥一体化；化肥减量；试验

中图分类号：S147.2　**文献标识码**：B　**文章编号**：1002-381X（2019）08-0072-02

水肥一体化技术是农业部确定的一号农业推广技术。利用水肥一体化集成推广应用耕地质量提升和化肥减量增效技术，是稳步提升耕地质量、促进化肥减量增效、实现农业有机废弃物资源化利用、增强农业综合生产能力、促进绿色发展产业发展、推进循环可持续农业发展的有效途径。

1　材料与方法

1.1　试验地概况

试验安排在甘肃省张掖市临泽县蓼泉镇寨子村的连体钢架拱棚内。供试土壤为灌耕土，肥力均匀，地力中上，地势平坦，前茬种植娃娃菜。试验前取耕层土壤进行理化性质分析，有机质 20.84g/kg、碱解氮 126mg/kg、有效磷 86.1mg/kg、速效钾 164mg/kg、pH 值 8.54。

1.2　供试材料

供试蔬菜选择西葫芦，品种为玉莹。供试肥料："星硕绿州"有机肥（有机质≥45%，$N+P_2O_5+K_2O≥5\%$，pH 值 5.5~8.5），"星硕晟地源"大量元素水溶肥（$N:P_2O_5:K_2O=18:12:20$），均由甘肃星硕生物科技有限公司生产提供。

1.3　试验设计

试验共设 5 个处理，其中处理 1 为对照，亩施大量元素水溶肥 50kg；处理 2 亩基施商品有机肥 300kg+大量元素水溶肥 47.5kg；处理 3 亩基施商品有机肥 500kg+大量元素水溶肥 47.5kg；处理 4 亩基施商品有机肥 500kg+大量元素水溶肥 45kg；处理 5 亩基施商品有机肥 500kg+大量元素水溶肥 42.5kg。所有处理的大量元素水溶肥随西葫芦全生育期结合灌水滴施 5 次，每次施用量相同。试验采用大区设计，不设重复，每个处理面积 360m²。

1.4　试验过程

2018 年 3 月 25 日用多菌灵处理耕层土壤、按试验设计施用有机肥、整地覆膜，膜面 1.2m、空沟宽 0.3m；28 日催芽直播，行距 80cm，株距 45cm，亩保苗 2 100 株，定植后及时浇水；4 月 28 日进入始花期，7 月 23 日收获完毕，全生育期共采收 20 次。各处理栽培方式和田间管理均按照当地普遍应用方式进行并保持一致。

2　结果与分析

2.1　不同处理对西葫芦生育期的影响

由表 1 可以看出，处理 2 与对照处理 1 的生育期表现一致；处理 3 至处理 5 较处理 1 的始花期提前 2 天，初采期提前 2~3 天，其他各生育期表现一致。这说明亩增施商品有机肥 500kg 可促进西葫芦生长发育，提早成熟；亩增施商品有机肥 300kg 对西葫芦的生长发育没有明显的影响。

表 1　各处理西葫芦生育期记载表

处　理	播种期 （日/月）	出苗期 （日/月）	始花期 （日/月）	采收初期 （日/月）	采收末期 （日/月）	生育期 （天）
1（CK）	28/3	05/4	28/4	13/5	23/7	118
2	28/3	05/4	29/4	13/5	23/7	118
3	28/3	05/4	27/4	11/5	23/7	118
4	28/3	05/4	27/4	10/5	23/7	118
5	28/3	05/4	27/4	10/5	23/7	118

2.2　不同处理对西葫芦产量及效益的影响

由表 2 可见，处理 1 至处理 5 的西葫芦亩产量分别为 5 203.7kg、5 266.7kg、5 666.7kg、5 533.4kg、5 400.0kg。处理 2 至处理 5 的西葫芦亩产量均高于对照，其中，处理 3 亩产量最高，较对照亩增产 463kg，增产率为 8.90%；处理 4 亩产量次之，较对照亩增产 329.7kg，增产率为 6.34%；处理 5 和处理 2 分别较对照亩增产 3.77% 和 1.21%。说明水肥一体化模式下增施商品有机肥可显著提高西葫芦产量，同时在增施商品有机肥的基础上，可适当减少化肥用量。各处理亩产值是由各试验小区每次采收产量与当时收购价换算而来。处理 3 的亩产值最高，达到 5 893.3 元，较处理 1 亩增产值 1 730.3 元；处理 4、5、2 较对照分别亩增产值 1 149.0 元、589.0 元、261.0 元。处理 3 亩效益最高，达到 5 313.3 元，较处理 1 节本增效 1 550.3 元；处理 4 次之，较对照节本增效 989.0 元，处理 5 和处理 2 分别较对照节本增效 449.0 元和 161.0 元。说明增施商品有机肥适度减少化肥用量可提高西葫芦的产值，达到节本增收效果。

张掖灌区农作物科学施肥理论与实践

表 2　各处理西葫芦产量及经济效益情况

处　理	亩产量 （kg）	增产率 （%）	亩产值 （元）	亩投入成本 （元）	亩效益 （元）	亩节本增效 （元）
1（CK）	5 203.7	—	4 163.0	400	3 763.0	—
2	5 266.7	1.21	4 424.0	500	3 924.0	161.0
3	5 666.7	8.90	5 893.3	580	5 313.3	1 550.3
4	5 533.4	6.34	5 312.0	560	4 752.0	989.0
5	5 400.0	3.77	4 752.0	540	4 212.0	449.0

　　注：1. 西葫芦收购价为 0.5~1.2 元/kg；2. 投入成本仅指肥料投入。其中，有机肥料按照张掖市有机肥替代化肥示范推广奖补项目"买一补二"政策执行，故单价以 0.4 元/kg 计；大量元素水溶肥以 8.0 元/kg 计。

3　结论

　　试验中，以"亩基施商品有机肥 500kg+大量元素水溶肥 47.5kg"处理的西葫芦产量最高、产值效益最好，"亩基施商品有机肥 500kg+大量元素水溶肥 45kg"次之。增施商品有机肥 500kg，可有效促进西葫芦生长发育，提前开花结果，因而早期采摘的西葫芦错过大量集中上市时间，收购单价较高，可明显提高产值与效益；与当地推荐施肥相比，增施商品有机肥 500kg/亩，同时减少化肥用量 5%~10%，可明显增加西葫芦的生产效益。

　　结合农业生产实际和本试验结果，在耕地质量保护与提升建设方面，建议在作物上大面积推广应用商品有机肥，且使用量的 300kg/亩以上；综合考虑农业生产效益最大化，建议在附加值高的蔬菜生产中增施商品有机肥，且使用量在 500kg/亩，同时在水肥一体化技术模式下可节约 5%~10% 化肥用量，进而提高肥料利用率，促进农业节肥、节水、增产、增收、增效。

（本文发表于《中国农技推广》2019 年第 8 期）

主要参考文献

包兴国，邱进怀，刘生战，等. 1994. 绿肥与氮肥配合施用对培肥地力和供肥性能的研究 [J]. 土壤肥料（2）：27-29.

曹志洪. 1998. 科学施肥与我国粮食安全保障 [J]. 土壤（2）：57-63，69.

车宗贤，俄胜哲，袁金华. 2016. 甘肃省耕地土壤肥力演变 [M]. 北京：中国农业出版社.

陈伦寿，李仁. 1983. 农田施肥原理与实践 [M]. 北京：中国农业出版社.

陈伦寿，陆景陵. 2002. 蔬菜营养与施肥技术 [M]. 北京：中国农业出版社.

陈式谷，张辛未，朱宏斌. 1995. 化肥与有机肥及两者配施长期定位试验 [J]. 安徽农业科学，23（2）：161-163，181.

陈修斌，邹志荣. 2005. 河西走廊旱塬长期定位施肥对土壤理化性质及春小麦增产效果的研究 [J]. 土壤通报，36（6）：888-890.

陈志宇，苏继影，栾冬梅. 2004. 畜禽粪便堆肥技术研究进展 [J]. 当代畜牧（10）：41-43.

迟继胜，李杰，黄丽芬，等. 2006. 长期定位施肥对作物产量及土壤理化性质的影响 [J]. 辽宁农业科学（2）：20-23.

仇少君. 2006. 有机无机氮源配合施用对土壤微生物生物量氮及氮素循环的影响 [D]. 长沙：湖南农业大学.

崔增团，顿志恒. 2008. 测土配方施肥实用技术 [M]. 兰州：甘肃科学技术出版社.

崔增团，张瑞玲，孙大鹏. 2003. 甘肃省几种主要农田肥力监测结果 [J]. 土壤肥料（5）：3-7.

崔增团. 2004. 测土配方施肥是确保粮食安全的战略性举措 [J]. 甘肃农业（8）：55-56.

邓彩清. 2012. 有机肥在现代农业中的作用和施用技术 [J]. 福建农业科技（12）：56-58.

樊廷录，周广业，王勇，等. 2004. 甘肃省黄土高原旱地冬小麦—玉米轮作制长期定位施肥的增产效果 [J]. 植物营养与肥料学报，10（2）：127-131.

高贤彪. 2001. 蔬菜施肥新技术 [M]. 北京：中国农业出版社.

郭俊炜，郭文龙. 2010. 蔬菜日光温室施肥与土壤养分状况研究 [J]. 中国农学通报，26（13）：243-246.

郭天文，谭伯勋. 1998. 灌漠土区吨粮田开发与持续农业建设 [J]. 西北农业学报（4）：91-96.

韩晓日，郑国砥，刘晓燕，等. 2007. 有机肥与化肥配合施用土壤微生物量氮动态、来源和供氮特征 [J]. 中国农业科学，40（4）：765-772.

侯彦林，任军. 2008. 生态平衡施肥体系 [C]. 中国土壤学会第十次全国会员代表大会暨第五届海峡两岸土壤肥料学术交流研讨会文集（面向农业与环境的土壤科学专题篇）.

侯彦林. 2014. 生态平衡施肥理论、方法及其应用 [M]. 北京：中国农业出版社.

侯彦林. 1998-11-18. 可持续发展呼唤"生态肥料" [N]. 中国科学报（2）.

胡玉清，郭新声. 2002. 无公害蔬菜施肥技术 [M]. 北京：金盾出版社.

黄昌勇. 2000. 土壤学 [M]. 北京：中国农业出版社.

黄绍敏，宝德俊，皇甫湘荣，等. 2006. 长期定位施肥小麦的肥料利用率研究 [J]. 麦类作物学报，26（2）：121-126.

江苏省淮阴农业学校. 1990. 土壤肥料学 [M]. 北京：中国农业出版社.

姜文彬，杨铁成，单文波. 1986. 玉米诊断施肥技术的研究与应用 [J]. 吉林农业大学学报，8（4）：62-68.

蒋仁成，厉志华，李德民. 1990. 有机肥和无机肥在提高黄潮土肥力中的作用研究 [J]. 土壤学报，27（2）：179-185.

金继运，白由路. 2001. 精准农业与土壤养分管理 [M]. 北京：中国大地出版社.

金耀青. 1989. 配方施肥的方法及其功能（对我国配方施肥工作的评述） [J]. 土壤通报，20（1）：46-49.

雷永振，邱卫文，王祥珍，等. 2003. 玉米钾肥长期定位试验作物产量和土壤钾素的变化 [J]. 辽宁农业科学（4）：1-3.

李强，陈琼贤，吕业成，等. 2010. 珠三角主菜区土壤速效磷状况调查及施磷效应研究 [J]. 广东农业科学，37（5）：73-76.

李生秀. 1999. 植物营养与肥料学科的现状与展望 [J]. 植物营养与肥料学报，5（3）：193-205.

李志宏，刘宏斌，张树兰，等. 2001. 小麦—玉米轮作下土壤—植物系统对氮肥的缓冲能力 [J]. 中国农业科学，34（6）：637-643.

李忠芳，徐明岗，张会民，等，2012. 长期施肥条件下作物产量演变特征的研究进展 [J]. 西南农业学报，25（6）：2387-2392.

林治安，赵秉强，袁亮，等. 2009. 长期定位施肥对土壤养分与作物产量的影响 [J]. 中国农业科学，42（8）：2809-2819.

刘莉，杨伟. 2009. 甘肃省蔬菜产业现状与发展对策 [J]. 甘肃农业科技（9）：34-37.

刘淑云，董树亭，赵秉强，等. 2007. 不同施肥制度对夏玉米产量特性的影响 [J]. 中国农学通报，23（2）：167-171.

刘杏兰，高宗，刘存寿，等. 1996. 有机—无机肥配施的增产效应及对土壤肥力影响的定位研究 [J]. 土壤学报，33（2）：138-147.

陆景陵. 2003. 植物营养学 [M]. 北京：中国农业大学出版社.

陆欣. 2004. 土壤肥料学 [M]. 北京：中国农业大学出版社.

陆允甫，昌晓男. 1995. 中国测土施肥工作的进展和展望 [J]. 土壤学报，32（3）：241-250.

吕家珑，张一平，王旭东，等. 2001. 长期单施化肥对土壤性状及作物产量的影响 [J]. 应用生态学报，12（4）：569-572.

吕英华. 2003. 无公害蔬菜施肥技术 [M]. 北京：中国农业出版社.

南京农业大学. 1996. 土壤农化分析 [M]. 北京：中国农业出版社.

秦嘉海，陈广泉. 1997. 固氮菌肥的使用技术研究 [J]. 甘肃农业科技（12）：28-29.

秦嘉海，陈广泉. 1997. 糠醛渣混合基质在番茄无土栽培中的应用 [J]. 中国蔬菜（4）：13-15.

秦嘉海，陈广泉. 2004. 几种全营养混合基质的理化性状比较及在番茄生产中的应用 [J]. 甘肃农业科技（4）：36-37.

秦嘉海，金自学. 生活垃圾复混肥对土壤理化性质牧草产草量的影响 [J]. 草业科学（10）：33-36.

秦嘉海，吕彪，赵芸晨. 2004. 河西走廊盐土资源及耐盐牧草改土培肥效应的研究 [J]. 土壤，36（1）：71-75.

秦嘉海，吕彪. 1989. 糠醛渣复合肥的增产效果及应用 [J]. 甘肃农业科技（2）：23-25.

秦嘉海，吕彪. 2001. 河西土壤与合理施肥 [M]. 兰州：兰州大学出版社.

秦嘉海，王进. 2005. 北方作物营养与施肥 [M]. 兰州：兰州大学出版社.

秦嘉海，张春年. 1994. 糠醛渣的改土增产效应 [J]. 土壤通报，25（5）：233，237-238.

秦嘉海. 2002. 河西走廊盐渍土的分布及改良利用措施 [J]. 甘肃农业科技（11）：37-38.

秦嘉海. 2002. 生活垃圾复混肥在农业上的应用 [J]. 农村科技开发（10）：25.

秦嘉海. 2004. 河西走廊荒漠化土壤资源及生物改土培肥的效应 [J]. 农村生态环境，20（1）：34-36.

秦双月，薛世川. 2002. 施肥原理与肥料生产监测技术 [M]. 北京：中国农业

张掖灌区农作物科学施肥理论与实践

出版社.

屈宝香，李文娟，钱静斐. 2009. 中国粮食增产潜力主要影响因素分析［J］. 中国农业资源与区划，30（4）：34-39.

陕西省农林学校. 1987. 土壤肥料学［M］. 北京：中国农业出版社.

宋永林，李小平. 2008. 长期施肥对作物氮磷利用及土壤速效氮磷供应能力的影响［J］. 磷肥与复肥，23（2）：71-72，78.

孙立新，袁汀，张弛. 2006. 农民收入与农资成本之间的博弈——与全国10大种粮标兵谈农资［J］. 中国农资（4）：7-12.

索东让，韩顺斌. 2008. 河西农田养分投入产出平衡的长期定位研究［J］. 水土保持通报，28（3）：53-58，76.

索东让. 2008. 河西走廊绿洲灌区灌漠土肥料利用率研究［J］. 干旱地区农业研究，26（2）：18-27，37.

谭金芳，张自立，邱慧珍. 2003. 作物施肥原理与技术［M］. 北京：中国农业大学出版社.

唐国昌，雷鸣，徐林晓. 2008. 几种确定作物施肥量的方法［J］. 磷肥与复肥，28（6）：76-78.

唐近春. 1994. 中国土壤肥料工作的成就与任务［J］. 土壤学报，31（4）：341-347.

王勤礼，张文斌，闫芳，等. 2019. 高原夏菜技术创新与实践［M］. 北京：中国农业科学技术出版社.

王荫槐. 1992. 土壤肥料学［M］. 北京：中国农业出版社.

王应君，李保明，秦嘉海. 1997. 土壤肥料学［M］. 北京：中国农业出版社.

王应君. 1997. 土壤肥料学［M］. 北京：中国农业科技出版社.

徐志强，代继光，于向华，等. 2008. 长期定位施肥对作物产量及土壤养分的影响［J］. 土壤通报，39（4）：767-769.

薛志成. 2008. 蔬菜施用磷肥技术［J］. 山西农业（致富科学）（8）：34-35.

杨镜奎. 2009. 腐植酸类物质化学研究的独特性及新进展［J］. 腐植酸（5）：6-17.

杨佑明. 1993. 科学施肥指南［M］. 北京：科学技术文献出版社.

杨准新，刘逊忠，黄德福，等. 2014. 优化配方施肥对玉米产量、品质及效益的影响［J］. 广西农学报，24（4）：14-16，23.

姚源喜，杨廷蕃. 1989. 有机肥和无机氮肥配合施用对调节土壤磷素平衡的影响［J］. 土壤肥料（1）：5-9.

银英梅，银友善，韩风群，等. 2006. 关于测土配方施肥中土壤供肥性能的研究［J］黑龙江农业科学（4）：44-49.

张大光，刘武仁，边秀芝，等. 1987. 玉米测土施肥中几个主要参数及其应用

的研究 [J]. 吉林农业科学 (1)：58-63.

张志斌，纳添仓. 2009. 作物叶面肥施用技术 [J]. 现代农业科技 (22)：273-275.

周俊. 2017. 张掖市耕地质量评价 [M]. 兰州：甘肃科学技术出版社.

周玉琪. 1994. 固体有机废物沤肥化技术方法 [J]. 环境科学研究，7 (5)：57-61.

朱济成，田应录. 1996. 化学氮肥与地下水污染 [J]. 水文地质—工程地质 (5)：38-41.

朱兆良，孙波. 2008. 中国农业面源污染控制对策研究 [J]. 环境保护，394 (4B)：4-6.

朱兆良，文启孝. 1992. 中国土壤氮素 [M]. 南京：江苏科学出版社.

朱兆良，张绍林，徐银华. 1986. 平均适宜施氮量的含义 [J]. 土壤，18 (6)：316-317.

庄远红，吴一群，李延. 2009. 不同种类磷肥施用对蔬菜地钾素淋失的影响研究 [J]. 漳州师范学院学报 (自然科学版) (1)：97-100.

张掖灌区农作物科学施肥理论与实践